2023年
农业主推技术

中华人民共和国农业农村部 编

中国农业出版社

北 京

图书在版编目（CIP）数据

2023年农业主推技术 / 中华人民共和国农业农村部
编 . —北京：中国农业出版社，2024.5
ISBN 978 - 7 - 109 - 31867 - 0

Ⅰ. ①2… Ⅱ. ①中… Ⅲ. ①农业技术－技术推广－
中国－2023 Ⅳ. ①F324.3

中国国家版本馆 CIP 数据核字（2024）第 069304 号

中国农业出版社出版

地址：北京市朝阳区麦子店街 18 号楼
邮编：100125
责任编辑：郭银巧 张 利 李 蕊
文字编辑：耿韶磊 李兴旺 张田萌 王禹佳
版式设计：王 晨 责任校对：吴丽婷
印刷：中农印务有限公司
版次：2024 年 5 月第 1 版
印次：2024 年 5 月北京第 1 次印刷
发行：新华书店北京发行所
开本：787mm×1092mm 1/16
印张：50
字数：1248 千字
定价：298.00 元

编 委 会

前　言

　　为深入贯彻落实党的二十大和中央农村工作会议精神，发挥科技支撑对全国粮油等主要作物大面积单产提升的作用，我们面向各省（自治区、直辖市）农业农村主管部门、部直属事业单位、国家产业技术体系、涉农高校等组织征集了一批先进适用技术，经专家遴选，确定175项技术为2023年农业主推技术，予以推介发布。这些技术主要围绕粮油作物大面积单产提升，满足不同区域主导产业、绿色发展、节本增效、健康养殖等多方面要求，具有较强的实用性、适用性。

　　下一步，将依托基层农技推广体系改革与建设项目实施，加强基层农技推广体系与国家现代农业产业技术体系、高素质农民培育体系、社会化市场化服务力量贯通协作，持续开展主推技术示范展示、培训指导和推广应用，引导广大农户和新型农业经营主体科学应用农业先进技术，推动农业主推技术进村入户到田，为推进乡村全面振兴、加快建设农业强国提供有力的科技支撑。

　　为方便各级农业农村部门、基层农技推广机构、科研机构等相关单位和人员研究运用主推技术，特将2023年入选的主推技术结集出版，供广大读者参考学习。

农业农村部科学技术司

中国农学会

2023年12月

目 录

园 艺 类

植 保 类

畜 牧 类

兽 医 类

水　产　类

资　源　环　境　类

机械装备和设施工程类

粮 油 类

大豆宽台大垄匀密高产栽培技术

一、技术概述

（一）技术基本情况

针对东北地区春大豆生产中的旱涝灾害频发、肥料利用率低、群体抗逆能力弱、比较效益低等问题研究形成的技术体系。该技术在"三垄栽培"技术基础上，实现了以"宽台大垄"为载体，提高了大豆植株抵御春季低温、夏季旱涝灾害能力，提升土壤蓄水保墒能力，推动生态系统的恢复和重续；筛选适宜"宽台大垄"密植的秆强抗倒伏、优质高效大豆品种资源，构建合理群体，增强密植大豆抗倒伏能力，提高保苗株数；基于大豆全生育期化学调控技术，提高了大豆抗旱能力，降低了密植后大豆株高，协调群体形态建成，提高植株抗倒伏能力、坐荚率和有效节数；基于营养诊断与立体施肥技术，改善植株营养状况，提高植株综合抗逆能力，优化大豆群体质量，构建了优质大豆立体诊断安全高效集约施肥技术，防止后期倒伏和落花落荚；增强生物防治作用，降低农药残留，保证大豆品质。集成与创新实现了东北春大豆产量提升，化肥和农药施用量降低，恢复了土壤生态保育能力。

（二）技术示范推广情况

"大豆宽台大垄匀密高产栽培技术"主要在黑龙江省和内蒙古自治区东部地区进行推广和应用，2019—2022年累计推广5 545.8万亩*，累计新增经济效益35.88亿元，获得良好效果，2020年被黑龙江省农业农村厅推介为黑龙江省农业主推技术。

（三）提质增效情况

与常规技术相比，应用本技术平均单产增加10千克/亩以上，水分、肥料利用率提高10%以上，化肥、农药用量降低5%以上，土壤团聚体增加10%左右，种植成本降低10%，增收60元/亩以上。通过宽台大垄和垄作互卡技术，提高了土壤蓄水保墒能力和生态保育能力，降低了种植成本；化控技术提高群体抗逆能力；减肥减药显著改善农业生产环境，提升了大豆品质；在大豆规模化生产区推广示范增产显著，提高了农户种植大豆积极性，促进了种植业结构调整。

（四）技术获奖情况

"大豆宽台大垄匀密高产栽培技术示范与推广"于2018年6月获黑龙江省农垦总局科学技术进步奖一等奖；"大豆宽台大垄匀密高产栽培技术研究与推广"于2020年12月获黑龙江省科学技术进步奖二等奖。

二、技术要点

1. 抗旱保墒耕整地

前茬为玉米，无深松、深翻基础的地块，采用伏秋深松或深翻，松耙或翻耙结合，深松

---

* 亩为非法定计量单位，15亩＝1公顷。下同。——编者注

深度达到 25 厘米以上，深翻深度 20 厘米以上，耙深 12～15 厘米；有深翻深松基础的地块，采用双轴垄沟垄台灭茬机，耙茬整地，耙深 15 厘米以上；垄形保持较好的地块，采用原垄卡种模式。秋起垄，垄距 110 厘米，垄向直、无大坷垃，百米弯曲度不大于 5 厘米，结合垄偏差小于±3 厘米，垄高 20 厘米以上，垄面宽度在 60～70 厘米。

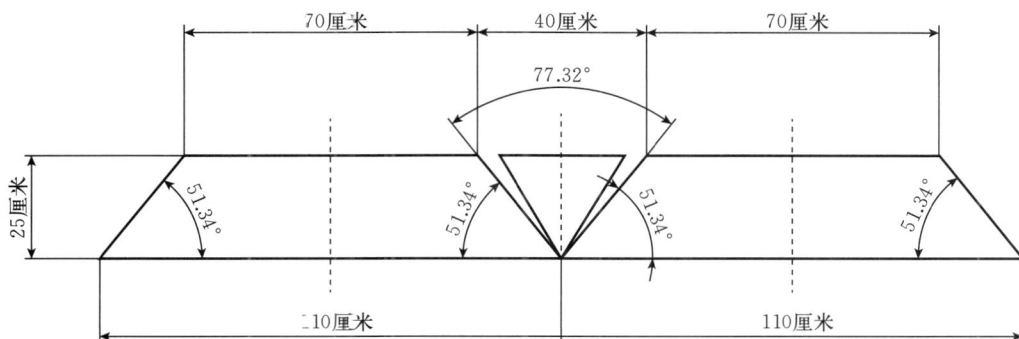

大垄切面尺寸示意图

2. 优质抗性强大豆品种选择与种子处理

选择高产、优质、抗病、适应性强、耐密植、适合于机械化栽培、适合本区域种植的品种，播种前应用种衣剂拌种。

3. 大豆分层定位定量施肥

总施肥量 12～20 千克/亩，氮、磷、钾比例 1:（1.1～1.5）:（0.5～0.8）。底肥要做到分层侧深施，上层施于种下 5～7 厘米处，施肥量占底肥量的 1/3；下层施于种下 10～12 厘米处，施肥量占底肥量的 2/3。积温较低的冷凉地区，适当减少下层施肥比例。

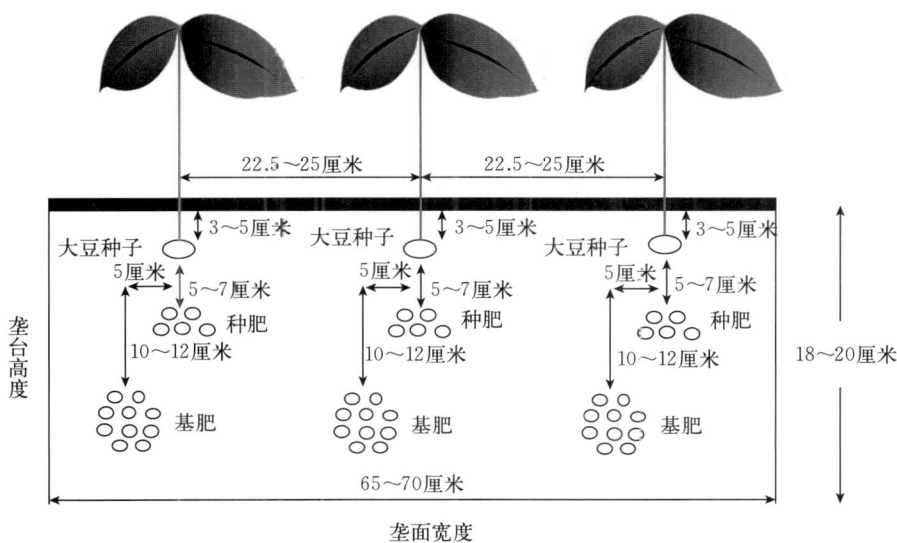

垄上 3 行施肥示意图

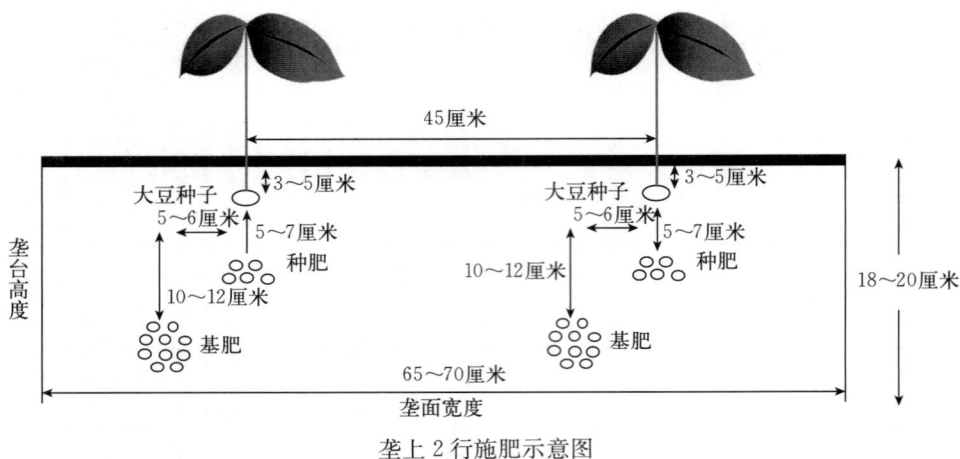

垒上 2 行施肥示意图

4. 宽台大垒精量播种

一般 5 厘米地温稳定通过 8 摄氏度时开始播种。垒上 3 行，行距 22.5～25 厘米，中间一行比边行降密 1/4～1/3；垒上 2 行，行间距 45 厘米左右。保苗株数 2 万～2.5 万株，具体播量依据品种的耐密性、土壤肥力、施肥量、降雨及灌溉情况适当调整。

5. 田间综合管理

大豆生育期间进行 2～3 遍中耕，应在土壤墒情适宜时进行。以苗前封闭除草配合机械除草为主，必要时选择符合绿色标准的化学除草剂进行苗后茎叶除草。生长过于旺盛的大豆田，采取化控技术防止倒伏，常用化控剂有三碘苯甲酸、增产灵、多效唑等。

6. 病虫害综合治理

以农业防治、物理防治、生物防治为主，化学防治为辅，必要时选择符合绿色标准的杀虫剂和杀菌剂。

7. 机械收获

在叶片全部落净、豆粒归圆时进行收获，割茬高度以不留底荚为准，一般为 5～6 厘米。

三、适宜区域

本技术体系适用于东北春大豆一年一熟区。

四、注意事项

1. 尽量选用地势平坦、土壤疏松、地面干净、土壤肥沃的地块。前茬作物以非豆科类作物为宜，忌重茬和迎茬。秋季起垒，保证垒台平整。

2. 注意避免前茬药害，如前茬施用过含氯磺隆、甲磺隆、莠去津成分的除草剂，则后茬种植大豆有药害。

技术依托单位

黑龙江八一农垦大学

联系地址：黑龙江省大庆市高新区新风路 5 号

邮政编码：163319

联　系　人：张玉先

联系电话：0459-2673855

电子邮箱：zyx_lxy@126.com

黄淮海夏大豆免耕覆秸机械化生产技术

一、技术概述

（一）技术基本情况

黄淮海地区为我国大豆重要产区之一。该区农作物以一年两熟为主，大豆的前茬作物为小麦。针对该地区大豆播种时麦秸麦茬处理困难，大豆播种质量差，雨后土壤板结严重影响大豆出苗，麦秸焚烧造成严重空气污染、土壤有机质含量持续下降、土壤肥力不断衰退，病虫害逐年加重，生产成本居高不下等问题，研究形成了农艺农机深度融合、良种良法有机配套、生产生态协调兼顾的技术体系。通过该技术，实现了小麦秸秆的全量还田，解决了播种时秸秆堵塞播种机、麦秸混入土壤后造成散墒影响种子发芽、秸秆焚烧造成空气污染和有机质损失等长期悬而未决的难题；通过覆盖秸秆，提高了土壤水分利用效率，避免了播种苗带土壤板结；在小麦原茬地上，一次性完成"种床清理、侧深施肥、精量播种、封闭除草、秸秆覆盖"等5项作业，降低生产成本；通过侧深施肥，提高了肥料利用效率；通过化肥农药减施和品质全程监控，保证了大豆品质。

（二）技术示范推广情况

2013年以来，该技术不断得到优化和完善，在黄淮海地区得到大面积推广应用，并在宁夏、新疆、江西等相关地区进行了初步推广，获得良好效果。2013—2022年，在中国农业科学院作物科学研究所新乡试验基地连续进行小面积展示示范，平均亩产308千克，最高亩产为336千克。2015—2019年，在安徽省宿州市进行大面积生产示范，平均亩产分别为175、213、239、197、211千克。2019、2020年在河南省新乡市实打实收面积100亩以上，亩产连续超过300千克，为中国第一、二例实收面积超过100亩、亩产超300千克的高产典型。2021年，在河南省北部地区连续暴雨特殊年份条件下，位于新乡市获嘉县的千亩技术示范田平均亩产254千克，充分证明了该技术的抗逆稳产潜力。2022年，在河南省获嘉县实收164亩，平均亩产310千克，第三次创造百亩实收超过300千克的高产典型。

（三）提质增效情况

与常规技术相比，应用该技术大豆可增产10%以上，水分、肥料利用率提高10%以上，化肥、农药用量降低5%以上，亩增收节支60元以上，同时秸秆全量还田且覆盖在耕层表面，避免土壤板结，提高土壤蓄水保墒能力，土壤肥力不断提高，并有效缓解因秸秆焚烧造成的环境污染，生产生态效益显著。

（四）技术获奖情况

以本技术为核心的"黄淮海麦茬夏大豆免耕覆秸栽培技术体系构建与示范"项目获2019年度北京市科学技术进步奖一等奖。

二、技术要点

1. 高产多抗优质品种选择

选择标准：蛋白质、豆浆和豆腐产率较高；高产田块大面积种植产量能达到 200 千克/亩；抗大豆花叶病毒、疫霉根腐病，抗旱、耐涝，稳产性好；抗倒性好，底荚高度适中，成熟时落叶性好，不裂荚。

2. 种子处理

精选种子，保证种子发芽率。按照每粒大豆种子黏附根瘤菌 $10^5 \sim 10^6$ 个的用量接种根瘤菌剂，直接拌种或采用高分子复合材料包膜根瘤菌包衣技术。根瘤菌直接拌种后要尽快播种（12 小时内）；采用高分子复合材料包膜技术，可以在播前 1~2 个月将根瘤菌包衣到种子上，适合大面积机械化播种。防治苗期病害用 37.5 克/升精甲霜灵＋25 克/升咯菌腈悬浮种衣剂包衣。

3. 小麦秸秆处理

综合考虑小麦收获成本及籽粒损失，建议小麦收获茬高 30 厘米，无须对小麦秸秆进行粉碎、抛撒处理。

4. 麦茬免耕覆秸精量播种

麦收后趁墒播种，宜早不宜晚，底墒不足时造墒播种。采用麦茬地大豆免耕覆秸播种机播种，横向抛秸、侧深施肥（药）、精量播种、封闭除草、秸秆覆盖一次完成，行距 40 厘米，播种深度 3~5 厘米。结合播种亩施复合肥（15-15-15）10 千克，施肥位置在种子侧面 3~5 厘米，种子下面 5~8 厘米。每亩播种量 3~4 千克，每亩保苗 1.5 万株。

大豆免耕覆秸精量播种

大豆免耕覆秸精量播种后小麦秸秆均匀覆盖情况

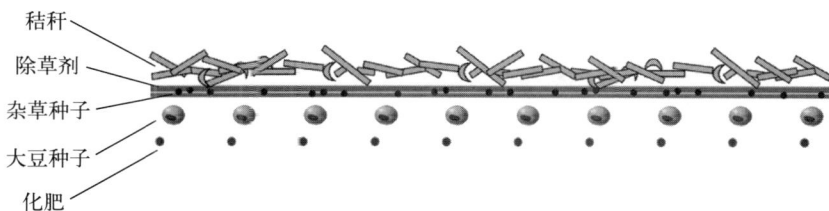

大豆免耕覆秸精量播种后土壤表面及耕作层模式图

5. 病虫害综合防治

蛴螬发生较重的地区或田块，可结合侧深施肥亩施 30％毒死蜱微囊悬浮剂 0.5 千克加 200 亿孢子/克卵孢白僵菌（或绿僵菌）粉剂 0.5 千克，防治蛴螬。可结合播种实施田间封闭除草，亩施用精甲·嗪·阔复合除草剂 135 克，机械喷雾每亩用量 15～20 升，防治黄淮海地区大豆田常见的杂草。

幼苗期注意防治大豆根腐病、蚜虫、红蜘蛛等，花期注意防治点蜂缘蝽、蛴螬、造桥虫、豆天蛾、棉铃虫等，鼓粒期注意防治豆天蛾、造桥虫等。尽量使用生物杀虫剂或高效低毒杀虫剂。防治点蜂缘蝽，可在开花期喷施吡虫啉、氰戊菊酯、氯虫·噻虫嗪等杀虫剂，隔 7～10 天喷 1 次，连喷 2～3 次。注意防治成株期病害，主要包括大豆根腐病、大豆溃疡病、大豆拟茎点种腐病、炭疽病等，可在开花初期及结荚期使用嘧菌酯＋苯醚甲环唑进行防控。

6. 低损机械收获

联合收获最佳时期在完熟初期，此时大豆叶片全部脱落，植株呈现原有品种色泽，籽粒含水量降为 18％以下。大豆联合收获机低损收获调整：①割台：配置扰性割台或大豆低割装置割台；②拨禾轮：转速尽量降低；③脱粒系统：配置大豆低破损脱粒滚筒，凹板筛栅条之间的有效间隙为 15～18 毫米，脱粒滚筒与凹板筛之间的间隙为 20～30 毫米，脱粒滚筒线速度≤13 米/秒，将脱粒滚筒脱粒部件除锐角、倒钝；④排草口：安装拨草装置，保持排草口顺畅；⑤清选系统：调整清选系统风机转速与振动筛类型，保证清选清洁度。

三、适宜区域

黄淮海麦、豆一年两熟区及相似区域。

四、注意事项

封闭除草如因天气原因造成封闭除草效果不佳，应及时采取茎叶处理。

技术依托单位
中国农业科学院作物科学研究所
联系地址：北京市海淀区中关村南大街 12 号
邮政编码：100081
联 系 人：吴存祥　徐彩龙
联系电话：010-82105865　13511055456
电子邮箱：wucunxiang@caas.cn

大豆优质安全丰产高效生产技术

一、技术概述

（一）技术基本情况

根据《全国种植业结构调整规划》《大豆振兴计划实施方案》和《"十四五"全国种植业发展规划》要求，提升大豆产能，通过"扩面积提单产"双轮驱动，增加国产大豆供给。为促进吉林省大豆生产，制定了"大豆优质安全丰产高效技术规程"，内容包括选地与整地、品种选择与播种、施肥、田间管理及收获等综合生产技术。重点对轮作条件下的秸秆还田、播种、除草剂使用和施肥等关键栽培措施进行说明，以确保大豆提质增效，实现农民增产增收。

（二）技术示范推广情况

该技术已在吉林省东部大豆主产区及中、西部玉米-大豆轮作区大面积示范推广。2021年在吉林省敦化市累计推广 47 万亩、农安县 7 万亩；2022 年在吉林省敦化市累计推广 63 万亩、农安县 9 万亩；两年累计示范推广 126 万亩。

（三）提质增效情况

2021—2022 年，在吉林省敦化市和农安县累计示范推广 43 万亩，技术的实施可实现节肥 15% 以上、节药 20% 以上、增产 5% 以上。两年累计获得节肥效益 1 764 万元，获得节药效益 504 万元，增产大豆获得直接效益 6 300 万元，累计实现节本增效 8 568 万元。

（四）技术获奖情况

"大豆节本增效关键技术研究与应用"获 2022 年吉林省科学技术进步奖二等奖。

二、技术要点

（一）选地与整地

1. 选地

实行玉米—玉米—大豆三年以上合理轮作。

2. 整地

根据当地气候条件及耕作机具，因地制宜地选择不同整地方式。

（1）秸秆深翻还田　前茬作物收获后，进行秸秆粉碎，长度<10 厘米，将秸秆深翻入土，耕翻深度 30～35 厘米，进行旋耕耙地、起垄，垄距 60～65 厘米，起垄宜在秋季进行，达到待播种状态。

（2）秸秆碎混还田　灭茬机将前茬的根茬和散落的秸秆进行深度破碎，旋耕起垄机将碎混秸秆和土壤进行翻耕、起垄，垄距 60～65 厘米。

（3）秸秆覆盖还田　秸秆粉碎还田的长度一般<10 厘米，均匀覆盖在地表。春季利用免耕播种机播种。

（4）非秸秆还田整地　灭茬、深松起垄，深度 25 厘米，垄向直，垄距 60～65 厘米，垄体规范，深度均匀。

秸秆深翻还田整地情况　　　　　　　　秸秆覆盖还田整地情况

（二）品种选择与播种

1. 品种选择

根据生态区域及市场需求的不同，选择通过省级以上农作物品种审定委员会审（认）定的丰产性好、抗性强的高蛋白或高油品种。

2. 种子处理

种子播种前要进行精选，用大豆选种机或人工挑选，剔除病粒、残粒、虫蛀粒及杂粒，质量要符合 GB 4404.2 的规定。选用取得国家农药登记的大豆种衣剂，严格规范包衣，自然阴干后装袋存放。

3. 播种

土壤 8 厘米处地温稳定通过 10 摄氏度的日期为播种期。起垄地块，采用垄上双行精量播种机播种，行间距 10～12 厘米，播深一致、覆土均匀，播后及时镇压，镇压后土层厚度 3～5 厘米；前茬秸秆覆盖地块，秸秆归行后，使用免耕播种机播种。播种密度为 20 万～25 万株/公顷。

秸秆深翻还田播种情况　　　　　　　　秸秆覆盖免耕播种情况

（三）施肥

由于前茬种植玉米，施肥量较大，大豆施肥可适量减少。施肥要分层施入，底肥结合整地施入，种肥结合播种施入；如播种时种肥不能施入，结合整地一次性施入。

1. 底肥

尿素 35～40 千克/公顷＋磷酸二铵 70～105 千克/公顷＋硫酸钾 60～80 千克/公顷，或大豆复合肥（氮磷钾含量大于 45%）180～210 千克/公顷，施肥深度要达种下 10～15 厘米，结合翻整地施入。

2. 种肥

尿素 15～20 千克/公顷＋磷酸二铵 30～45 千克/公顷＋硫酸钾 25～35 千克/公顷，或大豆复合肥（氮磷钾含量大于 45%）60～90 千克/公顷，施肥深度达种下 4～5 厘米处。

（四）田间管理

1. 化学除草

禁止使用国家禁用农药，应选择登记的农药品种，按农药标签标注的使用范围、使用方法、用药量均匀施药，不漏喷，不重喷。

封闭除草：播种后 3～5 天，选择晴朗无风天气的早晨或傍晚进行喷药，中午高温不宜喷药。选择 90%乙草胺或异丙草胺与嗪草酮、扑草净、2,4-滴辛酯、异噁草松等药剂混用。

茎叶除草：在大豆苗后 2～3 叶期，杂草 2～4 叶期施药。以禾本科杂草为主的大豆田，可选用精喹禾灵、高效氟吡甲禾灵、烯禾啶或精吡氟禾草灵等；以阔叶杂草为主的大豆田，可选用灭草松、三氟羧草醚或氟磺胺草醚等；禾本科杂草与阔叶杂草混发的大豆田，可以选择上述两类除草剂混用。

2. 中耕除草

不进行化学除草的，可以实行铲趟制。在幼苗第一片复叶展开时，进行第一遍深松；苗高 10 厘米左右，进行第二遍铲趟，中耕深度 12 厘米，趟成张口垄；初花期，进行第三遍铲趟，深铲多培土，培土达到第一复叶节，趟成四方头垄。

化学除草效果较好，有条件的也可以进行第一遍深松和第三遍趟地，以破除土壤板结层，防止后期倒伏。

3. 促控处理

植株长势较弱时，在始花期，每公顷用尿素 7 千克＋硼钼微复肥 0.2 千克＋磷酸二氢钾 1.5 千克，对水 500 千克叶面喷施；在始荚期，每公顷用尿素 7 千克，对水 500 千克叶面喷施。

如果大豆前期生长旺盛，大豆初花期，即将封垄前，每公顷用 5%烯效唑粉剂 900 克，对水 450 千克叶面喷施，防止倒伏。

4. 主要病虫害防治

（1）大豆根腐病防治　可选用 62.5 克/升精甲·咯菌腈、或 22%苯醚·噻咯、或 35%噻虫·萎锈·福悬浮种衣剂，进行种子包衣，一般拌种包衣后 7 天内播种。

（2）灰斑病和霜霉病防治　可在发病初期用 50%多菌灵可湿性粉剂或 70%甲基硫菌灵可湿性粉剂，对水喷雾防治。

（3）菌核病防治　发病初期可用 50%速克灵或 40%菌核净可湿性粉剂 1 000 倍液喷雾防治。

（4）胞囊线虫病防治　在胞囊线虫病常发生地区进行种子处理，用 10％的克百威种衣剂进行包衣。

（5）大豆蚜虫防治　蚜虫发生时期一般为 6 月中旬至 7 月中旬，当 5％～10％的植株卷叶或百株苗蚜量在 1 500 头以上时防治。每公顷用 10％联苯菊酯 750 克＋5％阿维菌素 450 克，对水喷施。

（6）大豆食心虫防治　在卵高峰期释放赤眼蜂，每公顷释放 30 万～45 万头；或每公顷用白僵菌菌粉 7.5～9.75 千克，加细土 90 千克，混拌均匀，在 9 月上旬食心虫脱荚之前撒在垄台上；或每公顷用 2.5％高效氯氟氰菊酯水乳剂 300 毫升，或 2.5％溴氰菊酯乳油 300～450 毫升，对水 450 升喷雾。

（五）收获

人工收获，落叶率达 90％时进行；机械收获，叶片全部落净，豆粒归圆时进行；机械收获要求：损失率≤3％、破碎率≤1％、割茬不留底荚。

三、适宜区域

适宜轮作春大豆主产区示范推广。

四、注意事项

1. 使用除草剂时，避免对下茬玉米产生药害。异噁草松属长残效除草剂，与其他除草剂混用时要限制其使用药量，即 48％异噁草松 1 000 毫升/公顷以内；另外，不能重复施药，随意增加用药量，使用标准的喷雾机械，药液喷洒要均匀。切记用药量过大时，下茬不能种玉米、小麦、甜菜、马铃薯等对异噁草松敏感作物。

2. 建议不选择咪唑乙烟酸（普施特、豆草特、豆施乐）、氯嘧磺隆（豆黄隆、豆草隆）等残留时间长、对下茬作物有危害的除草剂。

3. 种植玉米时应控制对大豆敏感的除草剂用量。玉米除草剂莠去津（阿特拉津）有效成分超过 1 000 毫升/公顷时，对下茬大豆会有不同程度的不良影响或药害。

4. 若玉米或大豆产生除草剂药害时，可选用功能性植物营养剂缓解药害。如碧护（赤·吲乙·芸薹）、益微（SOD 菌剂）、禾生素（壳聚糖- N）等，混用效果更好，每公顷用碧护 30 克＋益微 300 毫升或 4％禾生素 450～750 毫升喷雾缓解药害。

技术依托单位

吉林省农业科学院
联系地址：吉林省长春市生态大街 1363 号
邮政编码：130033
联 系 人：张　伟
联系电话：0431-87063239　13224344870
电子邮箱：zw.0431@163.com

大豆苗期病虫害种衣剂拌种防控技术

一、技术概述

（一）技术基本情况

大豆苗期普遍受到疫霉根腐病、镰孢根腐病、猝倒病、立枯病和拟茎点种腐病等多种土传与种传病害及地下害虫、蚜虫、烟粉虱、蓟马和叶蝉等害虫危害，导致出苗率低、幼苗死亡、植株早衰等问题，限制品种潜力表现，制约大豆单产提升。该技术采用防治主要病原卵菌与真菌及害虫的复合悬浮种衣剂和"干式拌种法"对大豆进行拌种，操作简单，可随拌随播，适宜各种播种方式，安全性高，不影响种子出芽率和出芽时间，促进苗齐、苗全、苗壮，同时降低了中后期农药的施用量和施用次数。

（二）技术示范推广情况

该技术依托国家大豆产业技术体系、国家重点研发计划、农业农村部大豆病虫害防控重点实验室等平台或项目，近年在东北春大豆产区的黑龙江、内蒙古、吉林等地，黄淮海夏大豆产区的江苏、安徽、山东、河南、河北等地，南方多作大豆产区的四川、广西、云南、江西、福建等地，以及西北旱作大豆产区的新疆、宁夏等地进行了大面积示范和推广，促进了大豆绿色增产、农民增收。

（三）提质增效情况

与大豆"白籽下地"的常规戒培方式相比，每亩有效株数提高 30% 以上，苗期根腐病等病虫害发生率下降 60% 以上，农药施用量降低 20% 以上，增产 10% 以上（近 5 年核心示范区增产 32%～45%）。

（四）技术获奖情况

相关技术成果获第十届大北农植物保护奖（2017）、黑龙江省科学技术进步奖二等奖（2017）、福建省科学技术进步奖一等奖（2022），入选"十三五"国家重点研发计划农业重点专项推介成果、江苏省农业重大科技进展（2021）、山东省农业主推技术（2022）、农业农村部粮油生产主推技术（2022）等。

二、技术要点

1. 种子筛选

做好品种抗性鉴定，选择抗耐疫霉根腐病和镰孢根腐病、拟茎点种腐病等病（虫）害的大豆品种。做好种子的清选、精选及带菌检测（疫），严格选用未见病斑和霉腐的优质种子。

2. 种衣剂选择

选用含精甲霜灵·咯菌腈等戒分的悬浮种衣剂防治大豆苗期的卵菌（疫霉根腐病、猝倒病等）和真菌（镰孢根腐病、立枯病和拟茎点种腐病等）病害。地下害虫、蚜虫、烟粉虱、蓟马和叶蝉等害虫发生严重的地亏，添加含噻虫嗪等成分的悬浮种衣剂一起拌种。务必选用在大豆上取得国家农药登记的正规产品。

3. 拌种方法

严格按照说明书确定药剂的使用量，以 6.25％精甲霜灵·咯菌腈悬浮种衣剂为例，每千克种子用药 3～4 毫升；防虫可添加 30％或 48％噻虫嗪悬浮种衣剂 2～3 毫升。每千克种子使用悬浮种衣剂的总剂量控制在 4～8 毫升，种衣剂不必加水稀释。根据播种量使用拌种机、干净容器或塑料袋进行拌种，拌种过程控制在 1 分钟内，避免种子过度膨胀及机械搅拌受损。可按需随拌随播，干爽通风条件下一般可不用专门做晾干处理；种子较湿润时可在阴凉处摊开晾干。

经悬浮种衣剂不加水拌种的大豆

拌种的大豆出苗整齐、长势良好

利用拌种机对大量种子进行拌种

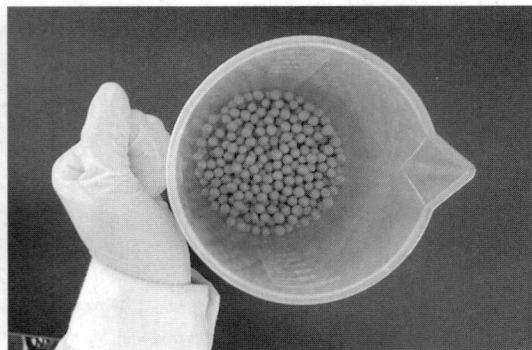
利用干净容器对少量种子进行拌种

4. 播种方式

拌种后的大豆种子可使用播种机（器）或人工等方式进行播种。

5. 生长期防控

及时监测病虫害的发生情况，初花期前后或结荚鼓粒期酌情喷施含吡唑醚菌酯、苯醚甲环唑、嘧菌酯等成分的杀菌剂，含噻虫嗪、氯虫苯甲酰胺、高效氯氟氰菊酯等成分的杀虫剂，预防中后期病虫害引起的早衰等问题，宜利用高杆喷雾机或植保无人机进行防治。

三、适宜区域

各个大豆生产区均适用。

四、注意事项

合理轮作，防止积涝。

技术依托单位

1. 南京农业大学

联系地址：江苏省南京市玄武区卫岗 1 号

邮政编码：210095

联 系 人：王源超　叶文武

联系电话：13815882573　13770381681

电子邮箱：yeww@njau.edu.cn

2. 吉林农业大学

联系地址：吉林省长春市新城大街 2888 号

邮政编码：130118

联 系 人：史树森　高　宇

联系电话：13039147363　13578788042

电子邮箱：sss-63@263.com

3. 安徽省农业科学院植物保护与农产品质量安全研究所

联系地址：安徽省合肥市庐阳区农科南路 40 号

邮政编码：230001

联 系 人：赵　伟

联系电话：17755107511

电子邮箱：bioplay@sina.com

盐碱地大豆轻简化栽培技术

一、技术概述

（一）技术基本情况

1. 技术研发推广背景

大豆起源于中国，已有五千年的栽培历史，是我国重要的粮油饲兼用作物，在我国农业和工业生产中占有重要地位。随着人民生活水平的不断提高，膳食结构发生改变，我国对大豆的需求量急剧增加。但是近年来，我国大豆生产总体效益低、国际竞争力差，我国大豆的种植面积、总产占世界大豆生产的比例越来越低。为满足巨大的需求缺口，我国大豆进口量逐年增加。因此，在种植面积不能扩大的前提下，提高大豆单产、降低成本投入成为提高大豆国际竞争力的必要措施。

黄河三角洲盐碱地作为我国现阶段重要的后备土地资源，是我国耕地"扩容、提质、增效"的重要来源。习近平总书记到黄河三角洲考察调研时，重点强调"用好盐碱地，事关国家粮食安全，要加大研发力度，端稳中国粮，盐碱地大有可为"。盐碱地治理与高效利用已上升到国家战略层面，开展盐碱地综合利用对生态保护和农业高质量发展、保障国家粮食安全、端牢中国饭碗具有重要战略意义。农业农村部印发的《"十四五"全国种植业发展规划》也提出，要开发盐碱地种植大豆。

针对大豆的耐盐和轻简化栽培技术，由山东农业大学牵头，组织山东省农业技术推广中心、山东省现代农业技术体系杂粮（含大豆）创新团队相关专家，总结创新团队大豆耐盐新品种选育、大豆生产高效施肥及轻简化栽培技术、大豆病虫害防治等研究成果，通过技术集成，建立了适合黄河三角洲地区夏大豆轻简化生产的技术规程。

2. 能够解决的主要问题

（1）适宜于黄河三角洲区域机械化收获的大豆耐盐品种选择。

（2）黄河三角洲区域大豆栽培的科学、精准施肥。

（3）黄河三角洲区域大豆栽培管理的机械化。

3. 专利范围及使用情况

该项技术形成的《大豆轻简化栽培技术规程》（DB37/T 4136—2020）于2020年9月25日发布，2020年10月25日在山东省实施。

（二）技术示范推广情况

本技术于2018—2019年，在山东省菏泽市东明县、鄄城县、牡丹区，济宁市嘉祥县、兖州区多地开展试验示范及验证，示范面积2 000亩；大豆轻简化栽培技术规程于2020年9月25日发布，2020年10月25日实施，现已在黄河三角洲盐碱地大豆栽培区示范展示。

（三）提质增效情况

1. 经济效益分析

该技术扩大了大豆的栽培面积，提高了大豆栽培的机械化水平，降低了劳动力投入成本，提高了大豆产量，降低了环境污染负荷，提升了大豆品质，每亩直接增加经济收益 200 元以上，实现了大豆的轻简化栽培。该技术在黄河三角洲盐碱地推广应用中，经济效益十分显著。

2. 社会效益分析

该技术提高了黄河三角洲盐碱区域农业现代化水平，促进大豆产业发展，有利于提高农民收入、解决三农问题；通过大豆轻简化栽培技术的实施，实现了大豆生产的轻便简捷、节本增效，极大地提高了大豆的生产能力、促进了大豆产业的高效、可持续发展，同时也有助于增强我国大豆产业综合竞争力。

3. 环境效益分析

大豆轻简化栽培技术的推广应用，有助于全面提升大豆生产的肥料和农药利用率，减低或避免因为过量施用化肥和农药造成的生态环境污染，促进大豆产业的可持续发展，推动环境友好型技术应用，提高农民环境保护意识和适度用肥用药理念，缓解区域生态压力，促进生态环境明显改善，全面提升区域农业和农村生态环境质量。

（四）技术获奖情况

《大豆轻简化栽培技术规程》（DB37/T 4136—2020）作为山东省地方标准于 2020 年 9 月 25 日发布。核心技术先后获 2019 年山东省科学技术进步奖一等奖、全国农牧渔业丰收奖一等奖、中国商业联合会科技奖一等奖、山东省农牧渔业丰收奖一等奖。

二、技术要点

（一）品种选择及处理技术

选择已通过国家级或省级审定，适宜黄河三角洲区域内种植的高产、优质、抗病抗倒性好、耐逆能力强、生育期适宜且适合机械化收获的大豆品种，如齐黄 34、中黄 13 等。

播种前采用大豆选种机对种子进行精选，剔除病斑粒、虫食粒及杂质。然后进行种子处理（可采用以下任何一种方法）：①大豆种子在播种前可晒种 1～2 天，但避免暴晒。②进行种子包衣，采用大豆专用种衣剂包衣。③用钼酸铵拌种，将钼酸铵用 40 摄氏度温水溶解，均匀喷洒在种子上，堆放 8 小时，阴干后播种。拌种比例为每千克大豆种子用钼酸铵 3～4 克，对水适量。④大豆根瘤菌接种，每亩施用菌剂 0.25 千克，均匀拌在种子上，切记不能混用杀菌剂，拌种后 24 小时内播种。

（二）化肥科学施用技术

（1）依据大豆养分需求，氮磷钾（$N-P_2O_5-K_2O$）施用比例在高肥力土壤为 1∶1.5∶1.2；在低肥力土壤为 1∶1.2∶2。

（2）推荐每亩施用 1 000 千克腐熟有机肥或 150 千克商品有机肥作基肥。

（3）产量水平 150～200 千克/亩，施氮肥（N）1.5～2.5 千克/亩、磷肥（P_2O_5）2～3 千克/亩、钾肥（K_2O）1.5～2.5 千克/亩；产量水平 200～250 千克/亩，施氮肥（N）2～3 千克/亩、磷肥（P_2O_5）2.5～3.5 千克/亩、钾肥（K_2O）2～3 千克/亩；产量水平 250 千克/亩以上，施氮肥（N）2～3 千克/亩、磷肥（P_2O_5）3～4.5 千克/亩、钾肥（K_2O）2.5～3.5 千克/亩。

（三）机械化播种及管理技术

1. 机械化整地

机械化灭茬整地或翻耕，深度 15～30 厘米。然后平整田面，要求畦面平整，土细均匀，无大小明暗垄。也可免耕，直接用播种机贴茬播种，无须整地。

2. 机械化播种

采用精量种肥同播机，播种时无须施底肥，种肥施于种子侧下方 4～6 厘米处。每亩播种量一般为 4～6 千克，播深 3～5 厘米，行距 40 厘米左右，或宽行 40～50 厘米、窄行 20～25 厘米，宽窄行播种。肥力高地块，分枝多品种一般每亩为 1.3 万株左右；肥力低地块，分枝少品种一般每亩为 1.5 万～1.8 万株。

夏大豆播期以 6 月 10～15 日为宜，正常情况下不超过 6 月 20 日。春大豆播种时间不早于 4 月 15 日。土壤相对含水量以 70%～80% 为宜。墒情不足地块，需浇水造墒后播种。

3. 病虫害防治

播种后 1 天内进行芽前土壤封闭，每亩用 72% 异丙甲草胺 100～120 毫升或 50% 乙草胺 100～150 毫升，对水 25～35 千克均匀喷雾。

对于达到防治指标，确需用药防治的，可选用高效生物制剂或高效低毒的化学药剂进行综合防治，如每亩施用 4.5% 高效氯氰菊酯乳油 20～40 毫升，对水 40～50 千克；或 50% 甲基硫菌灵 90～110 克，对水 80～100 千克，采用无人机或打药机喷雾。

4. 化学控制

大豆旺长趋势强烈的地块需要化学控制，可于初花期每亩施用 15% 多效唑 50 克，对水 50 千克进行叶面喷洒；或用 25% 助壮素水剂 10～20 毫克，对水 50 千克喷施。如盛花期仍有旺长趋势，用药量可提高 20%～30% 进行第二次旺控。化学控制均采用无人机或打药机喷雾施用。

5. 机械化收获

大豆成熟后，含水量低于 13% 时收获，避免带露水收获。机械联合收割，收割机应配备大豆收获专用割台，割台高度不超过 12 厘米，茬高 5～6 厘米，综合损失率小于 3%，破碎率小于 5%，泥花脸率小于 5%，清洁率大于 95%。

三、适宜区域

适宜于黄河三角洲轻中度盐渍土区域，其他自然生态要素与本区相似的大豆种植区亦可参考使用。

四、注意事项

1. 根据区域气候、土壤盐分含量等特点，因地制宜选择大豆品种。
2. 施肥量根据土壤肥力状况、目标产量适当调整。

技术依托单位

1. 山东农业大学

联系地址：山东省泰安市岱宗大街 61 号

邮政编码：271018

联 系 人：诸葛玉平　娄燕宏　王　会　潘　红　杨全刚

联系电话：0538-8243918

电子邮箱：zhugeyp@sdau.edu.cn

2. 山东省农业技术推广中心

联系地址：山东省济南市历城区闵子骞路21号

邮政编码：250100

联 系 人：马荣辉　侯恒军　郭跃升　董艳红　张姗姗　赵庆鑫

联系电话：0531-81608041

电子邮箱：mronghui518@163.com

3. 菏泽市农业科学院

联系地址：山东省菏泽市牡丹区黄堽镇

邮政编码：274000

联 系 人：王秋玲　刘艳

联系电话：0530-5646314

电子邮箱：wangqiuling@163.com

大豆花生提质固氮耦合绿色增产技术

一、技术概述

（一）技术基本情况

2021年12月25日，习近平总书记主持召开中央政治局常委会会议专题研究"三农"工作时强调，要实打实地调整结构，扩种大豆和油料，见到可考核的成效。2022年和2023年的中央1号文件分别提出"大力实施大豆和油料产能提升工程""深入推进大豆和油料产能提升工程"，其中依靠科技提高单产水平已经成为农业领域重点任务。一方面，花生、大豆是我国重要油料作物，易受剧毒强致癌黄曲霉毒素污染，控制难，威胁食品安全与高质量发展，国外面临同样难题；另一方面，花生、大豆属豆科作物，可结瘤固氮，但自然条件下结瘤很少，固氮活性差，尤其是在大豆鼓粒期及花生饱果期氮肥需求旺盛时，根瘤却在衰败，固氮酶活性丧失，制约单产提升，难以满足高效生产需求，因此如何提高花生大豆结瘤固氮效率同样是世界热点前沿难题。

针对上述两大难题，我国独辟蹊径，首次研究发明了能够诱发促进土著根瘤菌与花生大豆作物共生结瘤固氮、与黄曲霉毒素源头阻控耦合的微生物菌剂 ARC-BBBE，创建了大豆花生提质固氮耦合绿色增产技术，在不使用根瘤菌肥的条件下实现了黄曲霉毒素源头绿色阻控与诱导结瘤固氮的耦合。该技术已在我国花生大豆主产区连续3年示范应用，发现超级结瘤现象，延长了结瘤固氮时间，颠覆了对根瘤菌固氮传统认知，示范点普遍实现了显著增产，且显著降低了黄曲霉毒素产毒菌丰度，提高了质量安全水平，具有应用简单、适应性广、环境友好等特点，一举突破上述产业难题。该技术目前为我国独家拥有，技术水平处于国内外领先地位，在新时期国家科技创新重大战略需求背景下，若能在全国花生大豆主产区推广应用，将对我国大豆油料保供给和提单产具有重要意义。

技术示范区花生根系超级结瘤固氮现象

（二）技术示范推广情况

大豆花生提质固氮耦合绿色增产技术已经示范应用 3 年，并取得了重大突破。在湖北省（襄阳、红安、麻城、大悟、阳逻）等全国 20 省花生大豆主产区建立了大田示范应用基地，累计应用超过 100 个点次，南起福建、广东、广西，北至内蒙古和东三省，所有示范点普遍实现了大豆或花生"提质""增产"双重效果。

以 2022 年为例，在鄂鲁豫等全国 16 省花生主产区 40 个主产县示范应用点中，每株花生根瘤数、固氮酶活成倍增加，根瘤数增加高达 40.10 倍，固氮酶活增加高达 17.26 倍，且大豆鼓粒期及花生饱果期仍有新生根瘤产生，延长了结瘤时间，起到了防止脱肥和早衰的作用；ARC 处理全部实现了显著增产，全国农业技术推广服务中心组织的四大产区现场测产花生增产达 19.8％以上，且花生果表面黄曲霉毒素产毒菌丰度平均降低了 67.5％，显著提升了质量安全水平。在黑吉辽蒙等全国 18 省大豆主产区 28 个主产县示范应用点中，每株大豆固氮酶活增加到 3 倍以上，全部实现了显著增产，大豆平均增产率达 17.9％。

内蒙古扎兰屯(大豆结荚期220727)

黑龙江海伦(大豆花期220729)

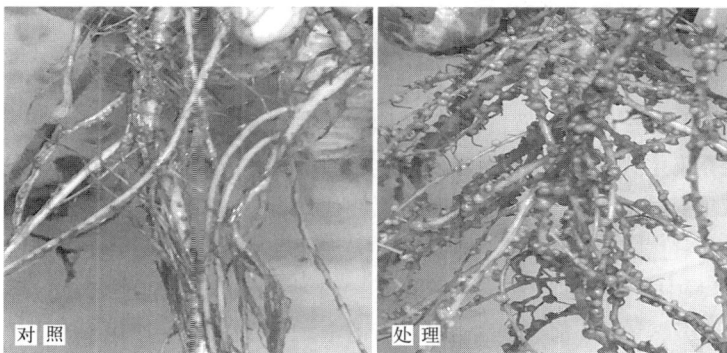

2021年9月26日湖北襄阳双沟镇示范点收获期花生

ARC 微生物菌剂促进花生大豆超级结瘤典型照片

全国农业技术推广服务中心组织的现场观摩与测产专家组一致认为，该技术具有显著的增产、增效、增安全、减毒、减损、减肥、减本、减碳"三增五减"作用效果。

辽宁阜新花生示范点防旱衰现象（2021 年 9 月 19 日，花生成熟期）

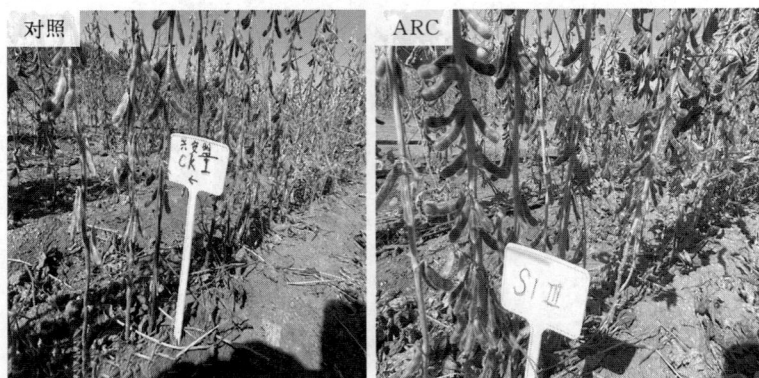

内蒙古兴安盟额尔格图镇大豆示范点，2022 年 9 月 28 日，大豆成熟期，处理茎秆仍有绿色、豆荚数明显增多

ARC 微生物菌剂防脱肥早衰、延缓衰老典型照片

（三）提质增效情况

1. 大幅提升了花生质量安全水平

大豆花生提质固氮耦合绿色增产技术应用后，从生产源头有效降低了花生果表面黄曲霉毒素产毒菌丰度（平均降低了 67.5％），花生黄曲霉毒素污染水平降低了 80％以上），显著提升了花生质量安全水平，对保障食品安全和人民生命健康具有重要意义。

2. 显著提升了花生大豆单产水平

以 2022 年该项技术全国 83 个点试验示范应用结果为例，花生平均增产 19.67％，大豆平均增产 17.93％，且各生态区、各类产田都实现了显著增产。其中全国 16 省花生主产区高产田（11 个点）、中产田（11 个点）、低产田（14 个点）、盐碱地（4 个点）花生增产率依次达 15.42％、17.07％、25.60％、15.23％。全国 18 省大豆主产区高产田（9 个点）、中产田（9 个点）、低产田（7 个点）、盐碱地（3 个点）大豆增产率依次达 10.91％、14.99％、31.41％、16.36％。

3. 实现了增产增收，具有显著节本增效作用

以 2022 年全国 40 个花生示范应用点为例，ARC 微生物菌剂市场终端价格 30 元/亩，应用后增产花生 50 千克/亩以上，按市价约 6 元/千克计，该技术可为花生种植户净增收 120 元/亩，则该项技术每应用 1 万亩可增收 120 万元。此外，据辽宁兴城、湖北襄阳、河南兰考等示范点负责人与种植大户反馈，通过应用该项技术，花生烂果病显著减少，籽粒饱满，花生果外观品相好，每千克花生还多卖了 0.6～0.8 元，示范应用增收增效作用显著。

2022 年全国 10 个点 ARC 微生物菌剂对花生减肥试验结果，减施氮 20%～30%，花生仍有 10% 以上增产，即按每亩地可以减施氮 3 千克以上，再按相关业内较为公认的每生产 1 千克氮肥平均需要释放约 10 千克二氧化碳计算，则该项技术应用每 1 000 万亩可减排二氧化碳 30 万吨。按氮肥 2 500 元/吨，则可节本 7.5 亿元，具有显著节本增效作用。

4. 具有显著的农田生态环保效益

ARC 微生物菌剂已经通过了安全性评价并获得了国家肥料登记证书微生物肥（2019）准字（6664）号，具有绿色、安全、环保等特点，且对黄曲霉毒素产毒真菌具有显著阻控作用，技术应用后土壤黄曲霉毒素产毒菌丰度降低 60% 以上，从源头实现了对花生黄曲霉毒素的绿色阻控，改良了土壤，保护了农田生态环境。花生大豆超级结瘤固氮作用对减少化肥使用、保护耕地与农田生态环境具有重要意义。

（四）技术获奖情况

无。

二、技术要点

花生大豆播种时，将 ARC 微生物菌剂颗粒与底肥混拌施用，每亩施用 2～3 千克，可机播施、撒施或穴施。ARC 微生物菌剂作为底肥施用效果最佳，施用前后土壤保持一定湿度，有利于有益菌繁殖。其他均采用当地同样生产措施即可。

ARC 微生物菌剂机播施用方式

三、适宜区域

适用于我国东北、西北、黄淮海、长江流域及南方等花生大豆主产区。

四、注意事项

1. ARC 微生物菌剂为活菌制剂，应存放在阴凉干燥处，避免阳光暴晒。
2. ARC 微生物菌剂施肥前后土壤保持一定湿度，利于有益菌繁殖。
3. ARC 微生物菌剂避免与含有杀菌剂的包衣剂种子混拌。

技术依托单位
中国农业科学院油料作物研究所
联系地址：湖北省武汉市武昌区徐东二路 2 号
邮政编码：430062
联 系 人：李培武　张　奇
联系电话：13554102486
电子邮箱：zhangqi01@caas.cn

玉米无膜浅埋滴灌水肥一体化技术

一、技术概述

（一）技术基本情况

玉米无膜浅埋滴灌水肥一体化技术是为了破解长期制约内蒙古地区玉米生产水资源过度超采、浪费严重、种植方式粗放、水肥利用效率不高、地膜污染严重等诸多瓶颈问题，经过多年、大量的试验研究、技术集成与示范推广的一项精简实用、易于操作、区域针对性强的重大创新性技术。该技术是以浅埋滴灌技术为核心，将玉米大小垄种植技术与滴灌系统水肥一体化技术相结合的节水、节肥、减药、减膜绿色增产增效种植技术。其核心的浅埋滴灌技术是指在不覆膜的前提下，将滴灌带埋设于小垄中间深度 3～5 厘米处，利用输水管道实现水肥一体化的种植技术。

（二）技术示范推广情况

该技术于 2013 年开始在通辽市科左中旗开展试验，后经不断改进和优化，技术逐步完善成熟，推广面积和辐射范围逐年扩大，在全区 8 个盟市 29 个旗县区累计推广 3 052.17 万亩，总增产玉米 39.19 亿千克。其中，2019—2021 年在通辽市、鄂尔多斯市、赤峰市、兴安盟累计推广 2 232.92 万亩，增产玉米 32.89 亿千克，种植户增收 75.65 亿元。2022 年全区推广面积近 1 000 万亩。其中，通辽市推广面积约 600 万亩，平均单产 817.87 千克/亩；兴安盟推广面积为 163.07 万亩，平均单产 712.21 千克/亩；赤峰市推广面积为 85.6 万亩，增产率为 15.7％。目前该技术已辐射到辽宁省、吉林省等周边地区。

（三）提质增效情况

无膜浅埋滴灌与常规裸地垄源相比，平均亩节水 126 米^3，节水率 48.46％；亩节肥8.17 千克，节肥率 17.25％；亩省膜 4 千克，亩减少地膜投入 50 元。该技术是一项符合绿色、可持续发展要求的精简实用、易于操作、区域针对性强的重大创新性技术模式。该技术的创新、集成和大范围推广应用，实现了内蒙古主产区玉米生产方式的变革，有效提高了科学种田水平和农民种粮收益，为国家粮食生产安全和实现绿色、标准化生产提供了有力技术支撑。

（四）技术获奖情况

该项技术获 2016—2018 年度全国农牧渔业丰收奖一等奖；获 2016—2018 年度内蒙古自治区农牧渔业丰收奖一等奖；2018 年颁布为内蒙古自治区地方标准玉米无膜浅埋滴灌水肥一体化技术规范（DB15/T 1335—2018）；入选 2021 年农业农村部发布的农业主推技术。

二、技术要点

（一）选地与整地

选择适宜玉米种植的、具有滴灌条件的平原区中高产田、轻度盐碱地，坡度≤15 度的坨沼地、丘陵等中低产田，亩施入农家肥 2 000～3 000 千克，结合田块情况，采取灭茬、旋耕、深翻或深松措施，精细整地。

（二）选择良种

选择通过国家或自治区审定或引种备案的，适宜当地种植和机械化的高产、优质、多抗、耐密玉米品种，并进行种子包衣。

（三）适期播种

4 月下旬至 5 月上旬，当 5～10 厘米土层温度稳定通过 8～10 摄氏度时，即可播种。坨沼地、易风蚀地要错过春季大风时间播种。每亩用种量 2～2.5 千克，精量播种。

（四）机械播种

采用大小垄种植模式，一般按照小垄宽 40 厘米，大垄宽 80 厘米，双行种植。株距根据密度确定，建议亩播种密度 4 700～5 500 株，亩保苗 4 500 株以上。

1. 播种机具

可选用 2MB－6 型浅埋滴灌带种、肥分层播种机，实施机械化精量播种、施肥、铺带。也可利用大小垄播种机或膜下滴灌播种机进行改装，即在播种机横梁上焊接滴灌带支架，两个播种盘中间横梁处焊接一个开沟器（小铧子），也可焊接在镇压轮前，用于在小垄中间开沟，将滴灌带铺入沟中。引导轮也可以自行焊接改装。

2. 播种方法

播种同时在小垄中间开沟，将滴灌带埋入土壤 3～5 厘米沟内，同时完成施种肥、精量播种、覆土、镇压等作业。滴灌毛管埋深因土质而异，沙土、白浆土宜深，黑土、五花土、白五花土或碱性土宜浅。

3. 播种深度

应根据品种特性和土壤类型确定，深浅一致，覆土均匀。镇压后五花土、白浆土、盐碱土播深 3～4 厘米，风沙土 5～6 厘米。

（五）田间管理

适时适量灌水：播种后，视天气和土壤墒情及时灌水，提高出苗率。生育期内，按需灌水，尤其要保障播种后、拔节期、小喇叭口期、大喇叭口期、抽雄期、灌浆期和乳熟期等关键期玉米水分需求。

科学按需施肥：根据土壤肥力状况，按照产量目标科学配方施肥。种肥以磷、钾肥为主；追肥以氮肥为主，配施微肥。追肥应利用滴灌系统，在玉米拔节期、抽雄前和乳熟期与灌水结合追施液态肥或水溶肥。

（六）适时晚收

收获前回收滴灌带，避免污染。一般在 9 月末至 10 月初，玉米完熟后一周，及时收获。机械收获应在籽粒含水率降至 30％以下进行，在霜期允许的条件下可适时晚收。

（七）结合秸秆还田秋整地

可采用玉米联合收割机械，在收获籽粒的同时，粉碎秸秆，并结合深翻作业，秸秆还田。

三、适宜区域

适宜内蒙古自治区具备滴灌条件的玉米种植区或其他同等生态类型地区。

四、注意事项

1. 选用国家或自治区审定或引种备案的适期品种。
2. 做到适期早播。
3. 选择专用浅埋滴灌播种机。
4. 收获前一定要先回收滴灌带，避免造成田间污染。

技术依托单位

1. 内蒙古自治区农牧业技术推广中心

联系地址：内蒙古呼和浩特市赛罕区鄂尔多斯东街尚东国际2号楼1309

邮政编码：010011

联 系 人：马日亮

联系电话：13847121423

电子邮箱：nntlsk@163.com

2. 内蒙古民族大学

联系地址：内蒙古通辽市科尔沁区霍林河大街西536号

邮政编码：028000

联 系 人：杨恒山

联系电话：13947519082

电子邮箱：13947519082@163.com

3. 通辽市农牧技术推广中心

联系地址：内蒙古通辽市科尔沁区建国路北2349号

邮政编码：028000

联 系 人：叶建全

联系电话：13947578968

电子邮箱：yejianquan@126.com

玉米"一翻两免"秸秆全量还田轮耕技术

一、技术概述

（一）技术基本情况

针对东北地区耕作方式单一，耕层浅、实、硬，秸秆全量还田难度大，秋季耕整地作业时间短，秋整地作业紧张等问题，研究形成的技术体系。通过该技术，以三年为一个轮耕周期，年际间分别采用翻耕、免耕和深松耕作技术，实现了玉米秸秆全量还田，解决了秸秆还田当年耕作方式单一化造成的耕层土壤质量差等问题。通过三年轮耕，在土壤下层（≥25厘米）、土壤表层（0厘米）和土壤中层（0～15厘米）形成"立体"的秸秆储存库，实现了秸秆分层、分步有效腐解，土壤耕层的全面培肥。通过翻埋还田，提高了秸秆降解效率，可增加土壤有机质，培肥地力；通过玉米秸秆覆盖地表，提高了土壤水分利用效率，可有效恢复耕地生产和生态功能；通过深松，打破犁底层加深耕层，提高了渗透性和土壤库容量，作物根系扎得深、抗倒伏、产量高。该技术的应用实现了土地生产力的全面提升，提高了作物产量，提升了玉米产业竞争力。

（二）技术示范推广情况

核心技术"玉米'一翻两免'秸秆全量还田轮耕技术"于2018年作为黑龙江省地方标准（DB23/T 2232）颁布实施，2020—2022年连续三年遴选为黑龙江省农业主推技术，目前在哈尔滨市、绥化市、农垦系统各大农场推广应用，近3年累计推广应用8 500万亩。

（三）提质增效情况

与农民传统的旋耕种植模式相比，该技术每亩节本增效可达84元以上，同时秸秆全量还田，解决秸秆焚烧污染，让空气更洁净，增加人民对环境改善的幸福感，解决以往持续小型农机动力浅耕作业及农田重用轻养掠夺性生产方式导致的耕层变浅、犁底层加厚、土壤缓冲能力减弱等耕层环境恶化、耕地质量下降等问题，有效解决玉米的耕层障碍，实现玉米进一步高产稳产，促进玉米产业健康发展。

（四）技术获奖情况

2019年该技术作为"农作物秸秆区域全量利用关键技术研发与集成应用"中的一项主体技术，获神农中华农业科技奖二等奖。2022年该技术作为"玉米秸秆全量还田'一翻两免'耕作栽培技术集成与推广"的主体内容获全国农牧渔业丰收奖二等奖。

二、技术要点

该技术模式3年为一个轮耕周期：第一年秋季玉米收获后实施翻耕作业，玉米秸秆翻埋还田；第二年秋季玉米收获后不进行土壤耕作，玉米秸秆地表覆盖还田，翌年春季采取免耕播种；第三年秋季玉米收获后进行土壤松耙作业，秸秆碎混还田，翌年春季采取免耕播种。第四年开始新一轮的轮耕周期。

（一）第一年：秸秆翻埋还田

1. 作业流程

玉米机械化收获→秸秆粉碎→翻耕→耙地→起垄→镇压→翌年播种。

2. 作业要求

（1）玉米收获 用玉米收获机完成摘穗或籽粒直收，同时进行秸秆粉碎抛撒，作业质量符合 NY/T 1355 的规定。

（2）秸秆粉碎 采用 90 马力*以上拖拉机为牵引动力，配套秸秆粉碎还田机。作业时秸秆要经过 3～5 天晾晒；如果垄沟为有长秸秆，可在车头前加装搂草装置把秸秆清理到垄台上再进行粉碎作业。秸秆粉碎长度≤10 厘米、宽度≤5 厘米，切碎长度合格率≥85%，留茬平均高度≤8 厘米，秸秆抛撒不均匀度低于 30%，无堆积，无漏切，其他作业质量应符合 NY/T 500 的要求。

（3）翻耕 应在土壤水分≤25% 时进行，不应湿翻地。一般要求以 180 马力以上拖拉机为牵引动力，配套 3 铧或 5 铧以上液压翻转犁，前后犁铧深浅一致，不留生格，翻垡一致，要求翻深≥25 厘米，到头到边。翻耕仅限于有效土层（黑土层）25 厘米以上的土壤，如遇到耕层下有石头、盐碱土、黄土等，此处不宜进行翻耕作业。

秸秆翻埋还田翻耕作业

（4）耙地 土壤水分 25% 左右时，采用 180 马力以上拖拉机牵引圆盘重耙对垄线或与垄向呈 30 度角交叉耙地 2 遍，耙后不起黏条，土壤散碎，混拌秸秆均匀，耙深 15～20 厘米，作业质量符合 NY/T 741 的规定。

耙地作业

---

* 马力为非法定计量单位，1 马力≈735 瓦。下同。——编者注

（5）起垄　采用 120 马力以上拖拉机牵引中耕机或起垄施肥机作业，起平头大垄，垄距 1.1～1.3 米，垄台高 15～18 厘米，垄台宽≥90 厘米，整齐，到头到边，垄距均匀一致，垄向直，百米误差≤5 厘米，垄面平整，土碎无坷垃。

翻耕耙平后起垄作业

（6）镇压　在表土风干 1 厘米以上时采用 V 形镇压器作业，压实土壤。

（7）播种　采用播种机精量播种，种肥同播，播后及时镇压。

（二）第二年：秸秆覆盖还田

1. 作业流程

玉米机械化收获→春季秸秆粉碎→免耕播种→中耕深松。

2. 作业要求

（1）玉米收获　同第一年相同环节。

（2）秸秆粉碎　播种前采用秸秆粉碎还田机进行秸秆粉碎，秸秆粉碎质量同第一年相同环节。

（3）播种　应采用配有切刀和拨草轮的免耕播种机进行播种，作业质量符合 NY/T 1628 的规定。

免耕播种

（4）中耕深松　玉米苗期进行中耕深松，宽窄行栽培方式，在宽行上深松深度 30 厘米左右；均匀垄栽培方式，深松深度 20 厘米左右。

（三）第三年：秸秆碎混还田

1. 作业流程

玉米机械化收获→秸秆粉碎→深松→耙地→起垄（或平作）→免耕播种。

2. 作业要求

（1）玉米收获和秸秆粉碎　分别同第一年相同环节。

（2）深松　一般要求以 260 马力以上拖拉机为牵引动力，配套 4 行或 4 行以上深松机。深松作业深度 35 厘米以上，具体深度以打破犁底层为准，要求到头到边，其他作业质量符合 NY/T 741 的规定。

深松混拌秸秆

（3）耙地　同第一年相同环节。

（4）起垄　低洼易涝地应起平头大垄，垄高 15 厘米左右，防止秸秆集中堆放。漫岗地可以不起垄，采用平作，春季直接播种。

（5）免耕播种　采用免耕播种机播种，种肥同播，播后及时镇压，作业质量符合 NY/T 1628 的规定。

三、适宜区域

技术适用于活动积温≥2 300 摄氏度、年降水量≥400 毫米的玉米种植区，不适用于风沙干旱区。

四、注意事项

1. 本技术是一个前后呼应，优势互补的新型耕作体系，三种还田方式年际间应按既定顺序实施，才能真正发挥技术的生产潜力和后续效应。

2. 秸秆粉碎质量是本技术的一项重要指标，关系到玉米后期的播种质量和保苗密度。本技术秸秆粉碎质量应符合以下标准：秸秆粉碎长度≤10 厘米、宽度≤5 厘米，切碎长度合格率≥85％，留茬平均高度≤8 厘米，秸秆抛撒不均匀度低于 30％，无堆积，无漏切，其他作业质量应符合 NY/T 500 的要求。

3. 翻埋还田时，翻地作业应在有效土层（黑土层）25 厘米以上的土壤和土壤水分≤25%时进行，不应湿翻地，并且秸秆翻埋作业之后要及时耙地，起垄镇压，达到待播状态，避免土壤立垡越冬。

技术依托单位

1. 黑龙江省农业科学院耕作栽培研究所

联系地址：黑龙江省哈尔滨市松北区科技创新 3 路 800 号

邮政编码：150028

联 系 人：钱春荣

联系电话：13845073906

电子邮箱：qcr3906@163.com

2. 黑龙江省农业机械化技术推广总站

联系地址：黑龙江省哈尔滨市南岗区文明街 17 号

邮政编码：150001

联 系 人：郭雪峰

联系电话：18945696886

电子邮箱：18945696886@163.com

玉米机械籽粒收获技术

一、技术概述

（一）技术基本情况

玉米机械籽粒直收（机械粒收）是利用联合收获机进行摘穗、脱粒一次完成的收获方式，是现代玉米生产的重要技术。我国玉米收获机械化率已达78％，但仍以机械穗收方式为主，机械粒收比例占比较低，已经成为制约玉米生产机械化发展的瓶颈。玉米机械籽粒收获技术通过品种筛选、合理密植、抗倒防病、保健栽培、适期收获、农机农艺融合以及烘干存储等关键技术环节，降低生产成本，改善玉米品质，是我国玉米生产转方式、增效益和提升竞争力的主要技术途径。

（二）技术示范推广情况

"玉米籽粒机收新品种及配套技术体系集成应用"被评选为"十三五"农业十大科技成果；"玉米机械籽粒收获高效生产技术"入选2020年中国农业农村重大新技术；"玉米籽粒低破碎机械收获技术"入选2019年全国农业十大引领技术。该技术体系近年在新疆生产建设兵团和新疆地方、黑龙江农垦、内蒙古东四盟等北方春播玉米区已大面积推广应用，并在河南、河北、山东、安徽等黄淮海夏播玉米区进行了技术示范，增产增效显著。

（三）提质增效情况

收获是玉米生产中最繁重的体力劳动环节，约占整个玉米种植过程人工投入的50％～60％。玉米机械粒收不仅可以大大降低劳动强度、节约成本，而且还会避免晾晒、脱粒过程中的籽粒霉烂与损失。多年多地试验示范表明，玉米籽粒机收比果穗机收节约成本15％，降低粮损6％左右，提升品质等级1级以上，亩节本增效150元左右，相当于每千克降低成本0.2～0.3元。同时，将秸秆直接粉碎还田，有利于培肥地力，避免秸秆集中焚烧引发严重雾霾，减少碳排放，具有巨大的生态价值。2019年，宁夏探索玉米籽粒直收免烘干技术，创建试验基地5个，实现玉米亩产1 000千克，生产成本降低10％，效益提高10％。

（四）技术获奖情况

"西北灌区玉米密植机械粒收关键技术研究与应用"获2019年新疆维吾尔自治区科学技术进步奖一等奖；"玉米机械粒收关键技术研究及应用"获2019年度中国作物学会作物科技奖；"黄淮海夏玉米机械粒收关键技术研究与应用"获2021年神农中华农业科技奖二等奖。

二、技术要点

（一）科学选种，合理密植

根据当地自然条件，选择经国家或省审定、在当地已种植并表现优良的耐密、抗倒、适宜籽粒机械收获的品种。种植密度比当前大田生产增加500～1 000株/亩。根据收获机具作业方式配置种植模式，尽量满足对行收获。

（二）精细管理，提高群体整齐度

采用机械精量单粒播种，保障播种质量；根据田间杂草发生情况，选用苗前或苗后化学除草；根据产量目标和地力水平进行配方施肥，提高肥料利用效率；通过精品种子、精细整地、高质量播种和田间管理，提高群体整齐度。

大田密植高质量玉米群体

（三）保健栽培，抗逆管理

种子精准包衣防控苗期病虫害，中后期重点防治茎腐病、玉米螟和穗粒腐病，兼顾防治当地常发的病虫害；在玉米 6～8 展叶期，喷施玉米专用化控药剂，控制基部节间长度，增强茎秆强度，预防倒伏。

（四）适时收获，提高收获质量

收获时期一般在生理成熟（籽粒乳线完全消失）后 2～4 周进行（春玉米区籽粒含水率应降至 25%，夏玉米籽粒含水率应降至 28% 以下）。根据种植行距及作业质量要求选择合适的收获机械，根据玉米生长情况和籽粒水分状况调整机具工作参数，保障作业质量。田间落粒与落穗合计总损失率不超过 5%，籽粒破碎率不高于 5%，杂质率不高于 3%。收获玉米籽粒及时烘干。

机械籽粒收获现场

（五）秸秆还田，培肥地力

玉米秸秆可采用联合收获机自带粉碎装置粉碎，或收获后采用秸秆粉碎机粉碎还田。玉米茎秆粉碎还田，茎秆切碎长度≤100毫米，切碎长度合格率≥85%，抛散均匀。用综合整地机械进行秸秆碎粉还田或翻转犁将秸秆翻地（深度30～40厘米）或下年采取免耕播种。

三、适宜区域

东北玉米区、西北玉米区、黄淮海玉米区等能够进行机械作业的地区，其他区域可参照执行。

四、注意事项

玉米机械化生产要抓好播种与收获2个关键环节，玉米密植后要抓好群体整齐度、植株抗倒伏和减少后期早衰3个关键问题。机械收粒时间应适当推迟，保证收获质量。

技术依托单位

1. 中国农业科学院作物科学研究所
联系地址：北京市海淀区中关村南大街12号
邮政编码：100081
联系人：李少昆　明　博
联系电话：010-82108891
电子邮箱：lishaokun@caas.cn

2. 中国农业大学
联系地址：北京市海淀区清华东路17号
邮政编码：100083
联系人：张东兴　崔　涛
联系电话：010-62737765
电子邮箱：zhangdx@cau.edu.cn

3. 宁夏农林科学院农作物研究所
联系地址：宁夏银川市金凤区黄河东路590号
邮政编码：750002
联系人：王永宏　赵如浪
联系电话：0951-3808534
电子邮箱：wyhnx2002-3@163.ccm

夏玉米抗逆减灾单产提升栽培技术

一、技术概述

（一）技术基本情况

近年，我国玉米种植面积在 6 亿亩以上，但平均单产只有 420 千克/亩，相当于美国的 60％。在玉米种植面积难以扩大的情况下，提升单产是解决我国玉米供给总量的重要路径。黄淮海是我国最重要的夏玉米主产区，生产中干旱、渍涝、热害、阴雨寡照等非生物逆境和病虫害等生物逆境高发、频发、重发，造成收获面积不稳定、生育期延迟、土壤养分流失、植株发育迟缓、产量三因素失调、收获困难、单产较低等不良后果，严重影响我国玉米产业提质增效和国家粮食安全。根据玉米生育期内主要逆境对发育及产量形成的影响机理，有针对性地提出防灾、避灾、减灾措施，以确保夏玉米抗逆减灾提单产。

本技术的核心是"四法抗旱、四法防涝、化控促壮、一防两减、抗热抗阴"，通过良种、良田、良法配套技术体系有效降低旱、涝、热害、寡照等逆境对玉米生产的不利影响，减少了干旱时土壤中水分的流失，保持了渍涝时土壤的养分，改善了土壤的理化性质和空间微生态环境，从而为玉米提供有利的地上地下生长环境，实现良种良法配套和农机农艺融合。通过合理密植化控防倒，控制合理株高，增强植株抗倒性，提高收获穗数。通过"覆盖保墒、中耕促根、磷钾抗旱、集雨补灌"等技术，有效减少土壤水分蒸发，增强玉米的根系吸水能力，促进旱季玉米的正常生长；运用"疏通沟渠、降墒种植、中耕减渍、追肥壮苗"等防御渍涝对策，促进涝期地面径流和加快排泄速度，快速降低土壤耕层的滞水量和滞水时间，改善玉米根系分布和土壤的通气条件，有效避免或减轻渍涝的危害，使植株根系尽快恢复正常生长。通过增加田间湿度减轻高温热害，飞机扰动增加授粉机会提高穗粒数。通过喷施叶面肥，提高植株光合性能，降低阴雨寡照造成的不利影响。通过适期晚收，延长玉米灌浆的时间，充分发挥品种高产潜力，增加籽粒重量，提高玉米产量。通过以上措施，因地因情、因灾制宜，为玉米授粉和灌浆创造了良好的条件，充分挖掘了夏玉米的高产潜力，提高了玉米单产水平，实现了高产高效。

（二）技术示范推广情况

该技术近年来在山东、河北等地开展了应用推广示范，实现了较大面积的推广应用。核心技术"玉米避涝减灾"自 2010 年初进行专题试验研究并全部获得成功，于 2011 年初开始示范推广，至 2019 年累计推广避涝面积达 500 万亩，玉米保收率从避涝前（2011—2013年）平均的 61.3％上升到避涝后（2016—2019 年）平均的 96.7％。核心技术"夏玉米抗旱适水"技术在山东和河北自 2003 年实施，到 2020 年，干旱年份夏玉米产量提升 8.7％～13.6％。2021 年"洪涝、干旱灾害防灾减灾技术"在山东、河南、河北等省进行推广应用，获得良好效果，为实现大灾之年夺丰收和玉米单产提高打下良好基础。目前该技术正在黄淮海夏玉米种植区推广应用。

（三）提质增效情况

与常规技术相比，应用该技术旱季可增产夏玉米 10% 以上，水分、肥料利用率提高 10% 以上，降低化肥、农药用量 5% 以上，亩增收节支 60 元以上；涝季玉米保收率提高到 95% 以上，达到基本不减损的目的。应用该技术可以有效应对夏玉米种植期间发生的气象灾害，根据灾害发生时期、发生程度，因地制宜，科学做好防灾减灾工作，把因灾损失降到最低。提高授粉质量，保证粒数，确保光合面积和时间，防止早衰，增加粒重，促进玉米及时恢复生长，以提高单产弥补因灾减产，减小对产量的影响。

（四）技术获奖情况

该技术内容获国家科学技术进步奖二等奖 1 项，山东省科学技术进步奖一等奖 1 项，全国农牧渔业丰收奖二等奖 3 项；入选 2022 年度农业农村部农业主推技术，2021、2022 年度山东省农业主推技术。

二、技术要点

（一）"良种良田"两基本御旱涝技术

1. 良种抗逆

抗逆品种选择要与地力、灌溉条件等充分结合。对于生产条件较好地区，选择增产潜力大的品种；对于一般地区，应选择抗逆能力强又稳产的品种；种子包衣在常规杀虫、杀菌的基础上增加调控根冠比类化控制剂，并利用多糖、寡糖和超声波技术，有效提高出苗率，缩短出苗时间，增强苗期抗逆能力。

2. 良田抗逆

采用秋深松和夏免耕技术构建合理耕层。秋深松和夏免耕均可显著提高水分储

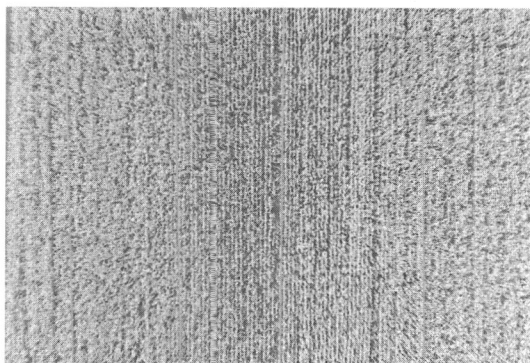

其他品种　宇玉268　中天301　郁青358　郑单958

不同品种综合表现对比

秸秆还田培肥地力

量、减少蒸腾量、提高作物抗逆能力。明确秋深松深度为 25～30 厘米，频率为 2～3 年 1 次；有条件地区，可在玉米播种时实施条带旋耕，有效蓄积夏季降雨资源。增施有机肥、实施黄淮海地区秸秆"覆盖-深埋"技术，即小麦全量秸秆覆盖还田和玉米粉碎深耕还田技术，解决该区域两季秸秆难还田的问题，提升耕层有机质，改善土壤结构，构建合理耕层。

（二）密植化控促壮防倒技术

合理密植，根据品种特性确定播种密度。耐密型玉米品种密度：中低产田 4 200～4 500 株/公顷，高产田 4 500～5 000 株/公顷；非耐密型品种密度：中低产田 3 800～4 000 株/公顷，高产田 4 000～4 500 株/公顷。

玉米生育前期，水肥充足或群体过大，容易造成植株旺长，增加倒伏风险，可在玉米 7～11 片叶片展开期喷施化控剂，适度控制株高，增强抗逆能力和抗倒伏能力，有利于改善群体结构。使用化控剂要注意合理浓度配比，以免影响施用效果。密度合理、生长正常的田块，低肥力的中低产田、缺苗补种地块，不宜化控。

构建合理群体结构

（三）"四法"抗旱技术

1. 覆盖保墒

冬小麦秸秆机械还田后平铺于耕种地面，不仅可以有效减少水分流失，还可以节约大量的人力物力，也是夏玉米种植节约水资源、提升土壤肥力的一项有效措施。

2. 中耕促根

机械中耕一般应进行 2 次。苗期中耕 1 次，以松土、除草为主；到拔节期，再中耕 1 次。掌握苗旁宜浅，行间要深的原则，主要作用是松土、除草，改善土壤透气性，增加土壤微生物活力，减少地面水分蒸发，减少地面径流，以促进根系生长，提高玉米抗旱能力。

3. 磷钾抗旱

增施磷肥、钾肥可促进玉米根系生长，提高玉米抗旱能力。改"一炮轰"施肥为分次施肥，肥力高的地块氮肥以 3∶5∶2 比例为好，即全部有机肥、70%磷钾肥和 30%氮肥作基肥，30%的磷钾肥和 50%氮肥用作穗肥，20%氮肥用作粒肥；中肥力地块氮肥以 3∶6∶1 比例为好，即全部有机肥、70%磷钾肥和 30%氮肥作基肥，30%的磷钾肥和 60%氮肥用于穗期，10%氮肥用于粒期。根据试验，旱地玉米适宜的施肥量为亩施纯 N 18～21 千克、P_2O_5 5～7.5 千克、K_2O 5～6 千克。

4. 集雨补灌

中低产田和旱肥地玉米单产不稳定，是提高玉米总产的重要构成部分，修建集雨窖（池），在夏玉米缺水期，尤其在玉米播种期和抽雄吐丝期，由于气温较高，蒸腾作用旺盛，对水分的需求量较大，给予玉米植株必要的水分供给，确保适期播种出苗和授粉结实。

（四）"四法"防涝技术

1. 疏通沟渠

因地制宜搞好农田排水设施，提早疏通沟渠，尤其是区域或者流域范围内的沟渠修缮和疏通，确保雨涝发生后积水能够顺畅及时排除，避免形成渍涝。

2. 降墒种植

容易受涝的玉米田，采用大垄双行或开挖沥水沟。一是利于耕层土壤沥水，快速减少土壤耕层的滞水量；二是改善玉米根系着生和分布程度，以及玉米根系分布土壤的通气条件。

渍涝发生开挖沥水沟快速排水

3. 中耕减渍

渍涝发生后及早中耕松土，尤其是玉米苗期对渍涝最为敏感，中耕不仅可疏松表土、增加土壤通气性、促进表层土壤水分的散失、减轻渍涝危害，还能改善土壤水、气、热条件。土壤较湿时，可以沿玉米垄先划锄一遍，这样既可以减轻对根系的伤害，又能提高松土的效率。

4. 追肥壮苗

受涝地块容易养分流失和根系缺氧，出现渍涝要及时喷施叶面肥，排涝后应补充速效氮肥，以促进玉米尽快恢复生长，减少对产量的影响。穗期渍涝应每亩追施尿素15～20千克、硫酸钾15～18千克，高产地块适当加大施肥量。利用机械在距植株10厘米左右处开沟，10厘米处深施。

无人机扰动促进散粉授粉

（五）增湿抗逆促授粉

通过种植耐热品种、及时灌溉，以及叶面喷施微肥和抗逆剂等措施，防御高温热害。开花授粉期遇到高温热害或阴雨寡照，严重影响授粉质量，可采取无人机扰动等措施，辅助授粉，提高结实率，防止花粒出现，增加穗粒数。

（六）"一防双减"防病虫

花期用药防治后期病虫害

大喇叭口期至授粉期是进行"一防双减"的关键时期，应科学组配四氯虫酰胺、氯虫·噻虫嗪、除脲·高氯氟等杀虫剂和吡唑醚菌酯、唑醚·氟环唑、丙环·嘧菌酯等杀菌剂，利用大型车载施药器械或无人机进行规模化防治，压低玉米中后期穗虫发生基数，减轻病虫害流行程度，降低

病虫害造成的产量损失。病虫害防治要防治结合、统防统治、整体推进，确保防治效果。

（七）适期收获提单产

在不影响小麦适时播种的前提下，适当推迟收获时间，充分利用晚秋气候资源，延长玉米灌浆时间，充分发挥品种高产潜力，促进田间站秆脱水，降低机械收获损失，增加籽粒重量，提高玉米单产，改良玉米品质。黄淮海北片宜 10 月 5～10 日收获，不迟于 10 月 15 日；黄淮海南片宜 10 月 10～20 日收获，不迟于 10 月 25 日。

适期收获提高单产

三、适宜区域

黄淮海夏玉米种植区，主要包括山东省、河南省、河北省的中南部等地区。

四、注意事项

玉米拔节后进入营养生长和生殖生长并进期，是大穗发育的关键时期，也是旱涝多发、容易旱涝急转的季节，此时应抗旱、防涝一起抓，做到旱能及时浇水，涝能及时排水。7 月上旬常年偏旱，应结合施穗肥抓紧浇水，尽快解除旱情，确保群体生物量，保证玉米正常生长。中后期浇水更为重要：一是应重点浇好开花水，抽雄开花期是玉米需水的临界期，缺水会造成小花败育，籽粒明显减少；二是浇好灌浆水，根据降雨情况，一般玉米抽雄开花到成熟应小水浇 2～3 次，以满足后期灌浆对水分的需求，同时要注意防洪防涝，提前做好玉米排水准备。

技术依托单位

1. 山东省农业技术推广中心
联系地址：山东省济南市历下区解放路 15 号
联系人：韩 伟 刘光亚
联系电话：0531-67866302
电子邮箱：whan01@163.com

2. 中国农业科学院农业环境与可持续发展研究所
联系地址：北京市海淀区中关村南大街 12 号
联 系 人：吕国华 刘恩科 白文波
联系电话：010-82109773
电子邮箱：liuenke@caas.cn

3. 山东农业大学农学院
联系地址：山东省泰安市岱宗大街 61 号
联 系 人：任佰朝 张吉旺 刘 鹏
联系电话：0538-8241485
电子邮箱：renbaizhao@sina.com

小麦玉米轮作浅埋滴灌水肥一体化节水增粮技术

一、技术概述

（一）技术基本情况

1. 技术研发推广背景

粮食安全是"国之大者"，党中央、国务院高度重视粮食生产，要求把稳定粮食面积和产量、确保粮食安全作为农业农村工作的头等大事和政治任务抓紧抓好。冬小麦、夏玉米是我国主要粮食作物，常年播种面积近 6 亿亩，主要集中于我国华北、黄淮海地区，作为重要的粮食生产基地，该区域小麦、玉米增产对我国粮食安全的保障作用举足轻重。

水是农作物生长的基本要素，我国人多地少水缺，华北地区更是资源型缺水、地下水超采严重地区，已形成世界上最大的地下水漏斗区。如河北省人均和亩均水资源量为全国平均水平的 1/7，远低于国际公认的极度缺水标准，而当地农田灌溉主要依靠地下水，水资源短缺问题已成为制约粮食增产的瓶颈。2019 年，农业农村部等 5 部委联合印发《华北地区地下水超采综合治理行动方案》，要求降低流域和区域水资源开发强度，切实解决华北地区地下水超采问题。近年来，《"十四五"节水型社会建设规划》《黄河流域生态保护和高质量发展规划纲要》等文件均提出，要大力推广滴灌等高效节水灌溉技术。因此，破解水资源短缺和粮食增产需求矛盾，推广高效节水灌溉技术，对提高粮食单产和水资源利用率意义重大。

2. 能够解决的主要问题

贯彻落实国家关于保障粮食安全、发展高效节水灌溉的决策部署，全国农业技术推广服务中心联合河北省农业技术推广总站，立足华北地下水超采现状，积极探索节水增粮增效新路径，经过多年多点试验示范，集成优化小麦玉米轮作浅埋滴灌水肥一体化节水增粮技术模式。通过依托农业生产社会化服务组织，以及专业合作社、种植大户、农业园区等规模经营主体，广泛开展试点示范和推广应用。实践证明，该项技术先进实用、可操作性强，实现了"三节（节水节肥节药）""三省（省工省时省力）""三增（增产增收增效）"效果，为推进粮食增产和农业绿色高质量发展提供了重要技术支撑。

（二）技术示范推广情况

近年来，依托农业农村部旱作节水农业技术推广、绿色高质高效生产等重大项目，将"小麦玉米一年两熟浅埋滴灌水肥一体化节水增产技术"纳入项目实施范围，在河北、河南、山东等省得到大力推广。2020 年，重点在河北省 9 个市和雄安新区的 35 个县（市、区）试点示范面积 10 万亩；2021 年在河北省扩大至 50 个县（市、区）50 万亩；2022 年，该技术推广面积扩大到 200 万亩。

（三）提质增效情况

一是提高单产成效明显。利用水肥一体化技术进行水肥精准调控管理，较对照小麦平均亩增产 70 千克以上、玉米平均亩增产 130 千克以上，周年亩增产 200 千克以上，提升单产 15%～50%。二是增加收入效果显著。示范区小麦平均亩产 617 千克，常规种植区是 534 千克，亩增产 83 千克。按小麦 3.0 元/千克计，亩均增收达 249 元；示范区玉米平均亩产 771 千克，常规种植区是 622.8 千克，亩增产 148.2 千克，按照玉米 2.6 元/千克计，亩均增收达 385 元；一年两季亩均总增收 634 元。三是节水节肥节地效果显著。水、肥直达作物根部周围，减少棵间土壤表面水分蒸发损耗和灌溉过程中田间径流造成的肥料损失，避免了撒施追肥后氮肥挥发的损失，提高水肥利用效率。与常规畦灌相比节水 30% 以上，小麦玉米全生育期每亩大约节水 60 米³ 以上，节肥 30% 左右。此外，浅埋滴灌技术取消了农渠、田间灌水沟及畦埂，可节省土地 5% 以上。四是省工省时效率提升。灌水期间不需要人工开沟铲土或搬运设备，灌溉劳动强度显著降低，一个人能轻松浇百亩地，节省用工成本，同时灌水量减少，亩均灌溉时间缩短。尤其在玉米植株较高时灌溉，省工效果更加明显。五是绿色环保效果显现。滴灌仅湿润作物根部附近的部分土壤，湿润区土壤水、热、气、养分状况良好，土壤不板结，且土壤表面干燥减少杂草生长和病虫害发生，避免过量施入化肥农药等破坏土壤团粒结构、造成土壤盐渍化。

（四）技术获奖情况

以该技术为核心的成果获 2019 年度国家节水农业科技奖一等奖。

二、技术要点

小麦玉米浅埋滴灌主要是将滴灌带覆土浅埋固定在地表以下 3～5 厘米处，以滴灌形式进行灌溉的技术。一般是在有井灌条件的基础上，由之前的地面灌溉或喷灌等方式改建而成，应符合 GB/T 50485《微灌工程技术标准》相关要求。

（一）浅埋滴灌系统设计

1. 水源

水源一般为从机井提取的地下水，水质符合 GB 5084《农田灌溉水质标准》相关要求，如果水源含沙量大应配建沉淀池。

2. 首部枢纽

（1）过滤器　根据水质情况、流量等选择过滤器，应能过滤掉大于滴头流道尺寸 1/10 粒径的杂质，可选用离心过滤器＋网式过滤器（或叠片过滤器）组合方式。离心过滤器的进出水口直径常用 3 寸* 或 4 寸。网式过滤器选用 120～200 目，可 2 个并联使用。

（2）施肥装置　根据水溶性肥料和控制面积要求选择施肥装置。建议选用控量精准的注入式施肥泵，有条件的规模化种植可选用自动施肥机。肥料溶液过滤后注入滴灌系统管路。

（3）量测设备　水表要求阻力损失小、灵敏度高、量程适宜。压力表精度不低于 1.6 级，量程宜为测压点位置设计压力的 1.3～1.5 倍。

（4）安全和控制设备　水泵出水口处设置逆止阀。进排气阀设在首部最高处、管道起伏的高处、逆止阀的上游等位置，通气面积折算直径不小于管道直径的 1/4。

3. 输配水管网

根据流量、流速等选用相应直径和承压指标的干管、支管。滴灌带宜选用内镶贴片式，符合 GB/T 19812《塑料节水灌溉器材》要求，公称内径 16 毫米，壁厚 0.2～0.3 毫米，工作压力 90～100 千帕，滴头间距 30 厘米，出水量 1～3 升/时。

---

* 寸为非法定计量单位，3 寸＝10 厘米，下同。——编者注

4. 轮灌组划分

根据机井控制面积、出水量、地块形状、系统压力等因素科学划分轮灌组。每根支管前端设置控制阀，以支管为单位分轮灌组浇灌。每个轮灌组的各条支管、滴灌带的首尾流量偏差率应均小于 10%。各轮灌组面积基本相同，计算公式 $S_轮 = 1\,000WS_lS_e/(666.7Q_j)$，式中：$S_轮$—轮灌面积（亩）；$W$—水泵出水量（米^3/时）；$S_e$—灌水器间距（米）；$S_l$—毛管间距（米）；$Q_j$—滴灌带灌水器平均流量（升/时）。

(二)浅埋滴灌系统安装和维护

1. 首部安装

首部设备集中安装在滴灌系统前端，注意正确的水流方向。离心过滤器平稳放置在硬化的地面上。施肥装置安装在离心过滤器与网式过滤器（或叠片过滤器）的中间，上游管路作为旁路连接在离心过滤器的出水口管路上，并设置防回流装置；下游管路连接在网式过滤器（或叠片过滤器）的进水口管路上。水表一般安装在过滤器之后的干管上。压力表安装在首部进水口和过滤器进、出水口及施肥装置进、出水口等位置，选用缓冲管连接。

2. 管网铺设

滴灌带顺种植行向铺设，不可拉拽过紧，适当留有余量，间距 60 厘米，出水口向上。滴灌带在黏土或壤土地埋深 2~3 厘米，沙壤土地埋深 4~5 厘米。支管垂直滴灌带方向铺设。根据地块形状、机井位置等情况，可将滴灌带置于支管两侧或同侧，也可选用闭路双向对冲方式铺设。

3. 冲洗、试压和试运行

安装完成后对干管、支管、滴灌带逐级冲洗。管道试验水压 150 千帕，保持 10 分钟。试运行按轮灌组为单元依次进行，检查滴灌系统运行是否安全正常。

4. 系统维护

经常检查和清洗施肥设备，定期对离心过滤器的集沙罐进行排沙。注意检查系统流量和压力，及时清洗网式或叠片式过滤器，注意检修滴灌带、阀门、滤网、密封圈等。如滴灌带堵塞可打开末端堵头放水冲洗。入冬前排净系统各部位残留积水。选用生态防控措施防治地下害虫对滴灌带的损坏。

(三)配套栽培技术

1. 精细整地

一般每 3 年深松 1 次，深松后进行耕翻。通常机械旋耕 2 遍，深度 15 厘米，把耢平整地面，使土壤细碎平整，耕层上松下实，达到滴灌带埋设的土壤条件。

2. 小麦播种

使用具有浅埋铺设滴灌带功能的小麦播种机，同步进行小麦播种和铺设滴灌带。小麦宜采用"四密一稀"形式条播，窄行距 11~13 厘米，宽行距 21~27 厘米。滴灌带铺设于 4 条窄行的中间位置。如有条件

冬小麦播种铺设滴灌带一体化

可用北斗导航辅助驾驶系统，提高播种和铺设滴灌带的作业质量。

3. 播后镇压

小麦播后适时镇压，按照 DB13/T 2366《冬小麦播后镇压技术规程》中相关要求执行。

4. 玉米播种

夏玉米宜采用 60 厘米的行距，在宽行的中间位置免耕贴茬直播，播种机播幅宽度与上茬小麦播种机保持一致。以小麦宽行麦茬为参照物，适当降低播种机行进速度，注意避开滴灌带。如有条件可使用存有上茬小麦播种轨迹的北斗导航辅助驾驶系统。

（四）水肥精准管理

根据作物长势、土壤墒情和近期天气预报酌情合理安排灌溉。

1. 小麦灌溉

可参照 DB13/T 2364《冬小麦测墒灌溉技术规程》相关要求进行灌溉，每次灌水量 25～35 米^3/亩。

2. 玉米灌溉

夏玉米播种后，如果 0～20 厘米土壤相对含水量小于 70% 滴灌出苗水 15 米^3/亩左右；当拔节期 0～40 厘米土壤相对含水量小于 65% 灌水 15～20 米^3/亩；大喇叭口-灌浆期 0～60 厘米土壤相对含水量小于 70% 灌水 20～25 米^3/亩。

浅埋滴灌小麦苗期长势均匀

3. 滴灌时长

每个轮灌组每次的滴灌时长计算公式 $t = M \times S_轮 / W$，式中：t—滴灌时长（小时）；M—计划灌溉水量（米^3/亩）；$S_轮$—轮灌面积（亩）；W—水泵出水量（米^3/时）。

4. 追肥

追肥操作参照 NY/T 2623《灌溉施肥技术规范》相关要求执行，结合滴灌以水肥一体化方式进行。追肥前先滴灌清水 30 分钟后开始施肥，追肥结束后再滴灌清水 30 分钟以上。

（1）小麦追肥　小麦追肥的用量可参照 DB13/T 5043《冬小麦测土配方施肥技术规程》等规程中相关要求执行，根据苗情，在起身-拔节期、孕穗-开花期滴灌随水追肥。

（2）玉米追肥　玉米追肥的用量参照 DB13/T 924《小麦玉米节水、丰产一体化栽培技术规程》等规程中相关要求执行，或者按当地农业农村部门制定的测土配方施肥意见，在大喇叭口期、抽雄吐丝期滴灌随水追肥。

（五）滴灌带回收

滴灌带的使用期限为 1 年。玉米收获后，使用收带机回收滴灌带。收带机行走速度和卷轮旋转速度不宜过快，作业时注意观察，如发现滴灌带扯断及时缠绕到回收机上。

浅埋滴灌小麦拔节期长势

三、适宜区域

适用于有灌溉条件的小麦玉米一年两熟制生产区。

四、注意事项

1. 保持小麦播种行顺直，玉米播种避开滴灌带，避免损坏。小麦收获前，将田间地面支管暂时收卷保存，待玉米播种后及时铺装。

2. 如果地下害虫破坏滴灌带现象较重，可选用杀虫灯、性诱剂等绿色生态防控技术，也可选用合适的低毒高效药剂在整地时处理土壤，适时滴灌用药驱虫。

技术依托单位

1. 全国农业技术推广服务中心

联系地址：北京市朝阳区麦子店街 20 号楼

邮政编码：100125

联 系 人：吴 勇　钟永红　陈广锋

联系电话：010-59194532

电子邮箱：chenguangfeng@agri.gov.cn

2. 河北省农业技术推广总站

联系地址：河北省石家庄市裕华区兴苑街 4 号

邮政编码：050011

联 系 人：张泽伟　康振宇

联系电话：0311-86683058

电子邮箱：hbnyjsk@126.com

3. 成都云图控股股份有限公司

联系地址：四川省成都市新都区蓉都大道南二段 98 号附 101 号

邮政编码：610500

联 系 人：马 亮　朱共霞

联系电话：028-83966562

电子邮箱：maliang@wintrueholding.com

小麦-玉米周年"双晚双减"丰产增效技术

一、技术概述

（一）技术基本情况

山东省的主要种植制度为冬小麦-夏玉米一年两熟制，山东省作为小麦、玉米粮食主产区对保障国家粮食安全具有极其重要的作用。实际生产中，一是小麦播种偏早导致冬小麦冬前旺长，群体质量差，易遭受严重冻害和倒伏而造成减产。同时夏玉米传统收获期较早，而此时籽粒灌浆仍未停止，收获籽粒重仅为完熟时的80%左右，造成相对减产，而且小麦-玉米周年衔接性差、农耗时间长，造成大量光温资源浪费。二是普遍存在周年施肥量过多且统筹性差、施肥次数多（小麦季2～3次、玉米季1～2次）、肥料产品不匹配且施肥方式（撒肥或浅施肥）不合理等问题，导致肥料利用率低、增肥低增产、籽粒营养品质差与土壤质量恶化等问题日益突出。而且随着农村劳动力的缺乏，费工费力的肥料浅施和多次施肥技术在大田作物上已难于实行。在环境与资源双重约束下，国家提出了化肥行业转型升级和化肥使用零增长的要求，对提高肥料利用率和减少化肥用量为代表的绿色增产增效技术需求较为迫切。

基于此，山东省农业科学院小麦玉米栽培生理生态与栽培创新团队，与山东省农业技术推广总站围绕"小麦-玉米双晚双减丰产增效技术"联合攻关，重点研究明确了小麦-玉米周年"双晚"（即小麦晚播和玉米晚收）高产高效栽培模式，通过选用晚播中早熟高产小麦品种和中晚熟高产玉米品种，抓好关键技术措施落实，最大限度将小麦冗余的光、热资源分配给高光效作物玉米，实现双季高产，提高周年光温利用效率；创新了小麦-玉米周年"双减"（减少肥料用量和施肥次数）增产增效技术，即通过对控释氮肥在田间的氮素释放特征与作物氮素吸收匹配规律的研究，进行了新型肥料筛选及配方研发，在减少肥料用量同时实现小麦-玉米周年一次性基施的简化施肥技术。通过小麦-玉米"双晚双减"丰产增效技术应用，实现周年茬口有效衔接、肥料减量简化施用、玉米种肥精准同播，从而实现周年增产节本增效。

（二）技术示范推广情况

本技术于2014年开始研发，在鲁中、鲁西南、鲁北和鲁东等区域建设小麦-玉米"双晚双减"丰产增效技术百千亩示范方16处，已累计示范推广面积超过500万亩，与常规技术相比，玉米收获籽粒破碎率降低17.0%，含杂率降低12.9%，周年产量提高17.5%，周年积温生产效率提高14.2%，周年氮肥用量减少20%～30%，周年氮肥利用效率提高7.6个百分点以上，节本增效效果显著。

玉米免耕种肥精准同播

（三）提质增效情况

该技术主要通过小麦玉米品种优化配置、播期播量调整、肥水统筹高效利用、新型肥料筛选及配方研发、玉米免耕播种机防堵部件优化等关键技术，实现了周年茬口有效衔接、肥料减量简化施用、玉米种肥精准同播，从而实现周年增产节本增效。与常规技术相比，可减少人工投入 2～3 人/亩，节约成本 50～80 元/亩，周年产量提高 17.5%，周年积温生产效率提高 14.2%，周年氮肥用量减少 20%～30%，氮肥利用效率提高 7.6 个百分点以上，节本增效91.9～235.0 元/亩。

（四）技术获奖情况

本技术的关键技术环节已获得国家发明专利 2 件，于 2018 年被山东省市场监督管理局批准发布为山东省地方标准 2 项，2021 年推荐为山东省农业主推技术；以该技术为核心技术获 2019—2021 年度全国农牧渔业丰收奖一等奖。

二、技术要点

1. 匹配作物品种

小麦选用单株生产力高和抗逆性强的优质高产中早熟品种；玉米选用耐密抗倒、适应性强、高产宜机收的中晚熟品种。

2. 统筹周年肥料用量

以周年控氮、小麦重磷、玉米重钾、平衡施肥为原则，实现小麦玉米周年养分协同。优化周年氮肥（N）用量为 25～28 千克/亩（周年减氮 10%～20%），小麦季 55%、玉米季45%；磷肥（P_2O_5）用量为 10～14 千克/亩，小麦季 60%、玉米季 40%；钾肥（K_2O）用量为 11～13 千克/亩，小麦季 45%、玉米季 55%。每隔 2 年配施硫酸锌 2～3 千克/亩、商品有机肥 60～100 千克/亩或农家肥 300～400 千克/亩。

3. 耕层土壤合理耕作

以"增碳调氮、两旋一松"为原则，双季秸秆还田且优化调节 C/N 至 25∶1，玉米季免耕、小麦季两年旋耕＋1 年深松 35 厘米打破犁底层，逐步加厚耕层土壤。

4. 优化适宜播期和收获期

以小麦晚播玉米晚收、适当延长玉米季为原则，实现周年光温资源利用效率的提高。小麦延期播种 7～10 天、蜡熟末期至完熟初期及时收获，其中鲁东、鲁中、鲁北适宜播期为10 月 1～10 日，鲁西适宜播期为 10 月 3～12 日，鲁南、鲁西南适宜播期为 10 月 5～15 日；玉米抢茬播种、延期收获 5～10 天，待籽粒乳线基本消失、基部黑层形成时机械收获，待籽粒水分含量降至 26% 以下时即可籽粒直收。

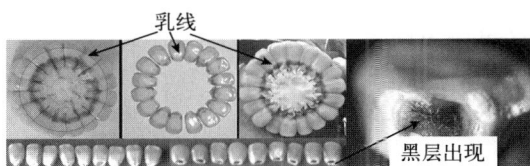

玉米籽粒完全成熟

小麦-玉米周年零茬口收获播种

5. 种肥同播节本增效

施用小麦专用控释配方肥（$N-P_2O_5-K_2O=26-11-8$，含锌≥1％）50～55 千克/亩，基肥一次性施用；玉米专用缓控释肥（$N-P_2O_5-K_2O=26-8-11$，含锌≥1％）45～50 千克/亩，种肥同播。小麦选用带有镇压装置的小麦宽幅精播机，苗带宽控制在 8 厘米左右，行距控制在 22～26 厘米，播种深度为 3～5 厘米，播种机行走速度 5 千米/时左右，以保证播量准确、行距一致、不漏播、不重播、籽粒分布均匀；玉米选用带有施肥装置的单粒精播机进行种肥同播，行距 60 厘米，播深 3～5 厘米，种子与肥料水平距离 10～15 厘米，播种机行走速度在 5 千米/时左右，避免漏播、重播或镇压轮打滑。

6. 化学除草

小麦 3 叶期或返青后及时进行化学除草 1 次。阔叶杂草每亩可用 10％苯磺隆 10～15 克或 75％苯磺隆干悬浮剂 1.5～2 克，对水 30 升喷雾防治。禾本科杂草每亩用 6.9％精噁唑禾草灵乳剂（骠马）40～58 毫升，对水 30 升喷雾。阔叶杂草和禾本科杂草混合发生的可用以上药剂混合使用。玉米出苗前防治，可在播种时每亩同步均匀喷施 40％乙·阿合剂 200～250 毫升，或 33％二甲戊乐灵乳油 100 毫升或 72％异丙甲草胺乳油 80 毫升，对水 50 升喷雾，在地表形成一层药膜。出苗后防治，可在玉米幼苗 3～5 叶期、杂草 2～5 叶期，每亩喷施 4％烟嘧磺隆悬浮剂 80 毫升，对水 50 升，定向喷雾处理。

7. 病虫害综合防控

小麦季苗期地下害虫每亩可用 5％辛硫磷颗粒剂 2 千克，对细土 30～40 千克，拌匀后顺垄撒施，接着划锄覆土；起身至拔节期每亩用 5％井冈霉素水剂 100～150 毫升对水 5 升喷洒小麦茎基部防治纹枯病；亩用 20％哒螨灵乳油或 1.8％阿维菌素乳油 10～15 毫升，对水 2 升喷雾防治麦蜘蛛；开花至灌浆期亩用 20％甲三唑酮乳油 50 毫升＋10％吡虫啉可湿性粉剂 10 克＋磷酸二

病虫害飞防

氢钾 100 克，对水 30 升喷雾防治。玉米季苗期可用 5％吡虫啉乳油 2 000～3 000 倍液或 40％乐果乳油 1 000～1 500 倍液喷雾，防治灰飞虱和蓟马；用 20％速灭杀丁乳油或 50％辛硫磷 1 500～2 000 倍液防治黏虫；在大喇叭口期（第 11～12 叶展开），用 2.5％的辛硫磷颗粒剂撒于心叶丛中防治玉米螟，每株用量 1～2 克；用 10％双效灵 200 倍液，防治玉米茎腐病；用 25％三唑酮可湿性粉剂 1 000～1 500 倍液，或者用 50％多菌灵可湿性粉剂 500～1 000 倍液喷雾，防治锈病、小斑病、大斑病等。

三、适宜区域

适宜在黄淮海冬小麦-夏玉米一年两熟制地区推广应用。

四、注意事项

保肥保水能力差的沙壤土地块不宜采用本技术。

技术依托单位

1. 山东省农业科学院

联系地址：山东省济南市历城区工业北路 23788 号

邮政编码：250100

联 系 人：刘开昌　张　慧　刘霄晓　钱　欣

联系电话：0531-66659091

电子邮箱：liukc1971@163.com

2. 山东省农业技术推广总站

联系地址：山东省济南市历下区解放路 15 号

邮政编码：250100

联 系 人：鞠正春

联系电话：0531-67866308

电子邮箱：juzhengchun@163.com

3. 山东省农业科学院作物研究所

联系地址：山东省济南市历城区工业北路 23788 号

邮政编码：250100

联 系 人：李升东

联系电话：0531-66658123

电子邮箱：lsd01@163.com

玉米秸秆全量深翻还田地力提升技术

一、技术概述

（一）技术基本情况

针对东北中部半湿润区早春低温干旱频发、土壤质量下降等生态条件限制及玉米生产上存在的化肥农药施用量大、利用效率低等问题，以秸秆全量深翻还田耕种技术为核心，优化集成精量播种、养分调控、病虫草害防治等配套技术，构建秸秆全量深翻还田地力提升技术模式。本技术的应用实现了土壤肥力与玉米产量和效率的协同提升。

（二）技术示范推广情况

经过多年技术实证与示范，本技术已在吉林省中部地区实现较大范围的推广应用。近年来，在公主岭、伊通、榆树、农安、宁江等黑土地保护示范县年均累计应用面积达 70 万亩以上，且推广面积逐年增加。

（三）提质增效情况

本技术的应用能够有效增加耕层厚度、改善土壤结构、提高土壤有机质含量，实现土壤肥力的大幅提升。对比传统耕作模式，技术实施 6 年后，耕层实际深度增加至 35 厘米，全耕层蓄水能力提高 10％以上；0～20 厘米和 20～40 厘米土壤容重降低 11.0％和 6.6％，有机质含量增加 9.5％和 20.1％，速效氮含量增加 16.1％和 12.2％。

多年试验结果表明，玉米秸秆全量深翻还田地力提升技术模式较传统耕种模式增产幅度在 10％以上，氮肥利用率平均提高 8％以上，生产效率提升 20％，节本增效 8％以上。经计算，传统耕作模式农机耕作成本总计约 5 200 元/公顷，平均产量为 10 000 千克/公顷左右，纯收益约为 9 800 元/公顷；秸秆深翻还田技术模式成本总计约 5 400 元/公顷，平均产量为 11 000 千克/公顷左右，纯收益约为 11 115 元/公顷，较传统模式每公顷平均增收 1 315 元，收益增加明显。

（四）技术获奖情况

1. "黑土地玉米秸秆全量直接还田地力提升技术集成与示范"获 2019—2021 年度全国农牧渔业丰收奖农业技术成果推广一等奖；

2. "黑土地增碳提质与玉米节肥增效技术体系创建及应用"获 2021 年度吉林省科学技术进步奖一等奖；

3. "玉米秸秆直接还田地力提升技术集成与示范"获 2018—2020 年度吉林省农业技术推广奖一等奖。

4. "一种基于玉米秸秆全量还田的种植方法"获国家授权发明专利（ZL 201610878057.0）。

二、技术要点

（一）秸秆翻埋与整地

1. 秸秆深翻

玉米进入完熟期后，采用大型玉米收获机进行收获，同时将玉米秸秆粉碎（长度≤20

厘米），均匀抛撒于田间。如秸秆粉碎长度不合格，可采用秸秆粉碎机进行二次粉碎。采用液压翻转犁将秸秆翻埋入土，翻耕深度30～35厘米，配套动力大于150马力，行驶速度应为6～10千米/时。

2. 耙地

重耙耙地，耙深16～18厘米，做到不漏耙、不拖堆、土壤细碎，耙后地表平整度达到待播状态。如作业后地表平整度差，可在春季播种前轻耙一次。

秸秆深翻作业

（二）翌年春季播种

1. 品种与密度

宜选择株型为紧凑型或半紧凑型的中晚熟品种。低肥力地块种植密度5.5万～6.0万株/公顷，高肥力地块种植密度6.0万～7.0万株/公顷。

2. 播种

当土壤5厘米处地温稳定通过8摄氏度、土壤耕层含水量在20%左右时可抢墒播种，以确保全苗。采用机械化平地播种方式，一次性完成施肥与播种等环节。如播种期内土壤含水量低于20%，可采用补水装置进行补水播种，播种时注意水流速度及水流方向，防止种子随水移动，造成种子堆积、断苗。

3. 镇压

播后对苗带及时镇压。当土壤含水量在22%～24%时，镇压强度为300～400克/厘米^2；当土壤含水量低于22%时，镇压强度为400～600克/厘米^2。

（三）施肥

根据土壤肥力和目标产量确定合理施肥量。肥料养分投入总量为纯氮（N）180～220千克/公顷、磷（P_2O_5）50～90千克/公顷、钾（K_2O）60～100千克/公顷。氮肥的40%与全部磷、钾肥作底肥，在机械播种的同时，进行机械深施，施肥深度在种床下3～5厘米。8～10展叶期（拔节前）追施氮肥总量的60%。

（四）除草

视当季雨量选择苗前或苗后除草，如雨量较小，宜选择苗前封闭除草；如雨量充沛，应在降雨之后选择苗后除草。

1. 封闭除草

在玉米播后苗前土壤较湿润时，选用莠去津类胶悬剂及乙草胺乳油进行土壤喷雾。

2. 苗后除草

玉米出苗后，使用烟嘧磺隆、溴苯腈等混合喷施，药剂用量严格按照说明书使用。

（五）病虫防治

1. 玉米螟防治

7月初释放赤眼蜂及新型白僵菌颗粒或粉剂，采用新型球孢白僵菌颗粒剂，应用无人机对白僵菌颗粒剂进行田间高效投放。

播种与施肥

2. 黏虫防治

按照药剂说明书使用剂量，喷施丙环嘧菌酯＋氯虫噻虫嗪。

（六）收获

玉米生理成熟后 7～15 天，籽粒含水率以 20％～25％为最佳收获期，使用玉米收割机适时晚收。

三、适宜区域

东北中部降水量为 450～650 毫米、土地平整、有效土层厚度在 30 厘米以上的地区。

四、注意事项

1. 秸秆深翻还田宜在秋季收获后进行，避免春季动土散墒。

2. 秸秆深翻还田作业时应注意土壤水分，土壤水分过高不宜操作，否则将造成土块过大、过黏，不利于春季整地。

技术依托单位

吉林省农业科学院

联系地址：吉林省长春市净月区生态大街 1363 号

邮政编码：130033

联 系 人：蔡红光　王立春　刘剑钊　梁 尧 任 军

联系电话：0431-85076539　15584441606

电子邮箱：caihongguang1981@163.com

冬小麦-夏玉米周年气候资源高效利用及防灾减灾技术

一、技术概述

（一）技术基本情况

山东省是粮食生产大省，是全国 13 个粮食主产省之一，常年粮食播种面积 1.25 亿亩左右，约占全国的 7%；总产 550 亿千克左右，约占全国的 8%，面积产量均在全国第三位，其中夏玉米种植面积和总产居全国第一，冬小麦种植面积和总产居全国第二。但是，小麦-玉米周年生产过程中气象灾害频发等问题，制约着山东省粮食产业的提质增效和健康发展，亟需以冬小麦-夏玉米周年生产中的气象灾害防御和粮食生产防灾减灾等关键问题为导向，突出关键技术集成示范，创建冬小麦-夏玉米周年气象防灾减灾技术为周年粮食生产提供技术支撑。

本技术核心是冬小麦-夏玉米全生育期内抗逆能力提升防灾技术、突发性特殊气象应答调控技术和积累性气象灾害动态减灾技术。通过改善小麦玉米粮食生产过程中播种、田间管理环节技术措施，提高两种作物抗逆能力，结合肥水运筹、耕作管理等增强对突发性气象条件的调节应答能力和对积累性气象灾害的防御缓解水平。

（二）技术示范推广情况

该技术在山东泰安、聊城、德州、滨州等地开展了应用推广示范，同时技术合作依托单位借助粮丰工程项目，在河南、河北等省实现了较大面积的推广应用。

（三）提质增效情况

通过多年综合技术的应用与示范，优化的"双晚"技术适当增加"双晚"的时间，夏玉米百粒重增加 10.7%～11.9%，产量增加 9.8%～10.7%，周年产量增加 7.5%～10.5%，增产潜力大；不增加施肥总量，通过磷肥前移技术，冬小麦抗倒伏、抗低温能力显著增加，冬小麦产量增加 3.5%～27.6%，尤其是灾害年份，抗倒伏能力强，稳产保产能力显著增加；深松技术增强了冬小麦的抗干旱能力，极度干旱年份，比不深松产量损失减少近 30%，有效提高了稳产保产能力，夏深松的蓄水保墒效果更优；积极干预冬小麦晚霜冻害和干热风，通过提前干预和灾后恢复，轻度灾害不减产，中度和重度灾害与不干预相比损失减少 30%以上；从周年产量及不同气象年景分析，与传统耕作模式相比，可以实现冬小麦稳产或增产，夏玉米平均增产 10%以上，周年产量增加 9%，增产效果显著。

（四）技术获奖情况

该技术获 2019 年、2022 年全国农牧渔业丰收奖二等奖，获 2021 年山东省科学技术进步奖一等奖。

二、技术要点

技术包含冬小麦-夏玉米全生育期内抗逆能力提升防灾技术、突发性特殊气象应答调控技术和积累性气象灾害动态减灾技术。

（一）抗逆能力提升防灾技术

抗逆能力提升的防灾技术针对气象灾害防控和气候资源高效利用，对常规技术进行了优化。

1. 优选良种和种子包衣

抗逆良种选择应与地力、灌溉条件等因素充分结合。对于生产条件较好地区，选择增产潜力大的品种，利用地力优势充分发挥高产潜力；对于一般地区，选择抗逆能力强、产量表现稳定的品种，发挥品种稳产特性。种子包衣在常规杀虫、杀菌的基础上增加调控根冠比类调控制剂，采用超声波等物理活化技术提高种子活力，用寡糖、多糖等进行种子处理提高苗期抗逆性，促进植株生长发育，筑牢产量基础。

2. "双晚"技术的优化

双晚时间进一步优化，根据试验结果，将玉米晚收推迟 10～20 天，冬小麦晚播推迟 10～20 天，可以获得较高的经济效益，同时冬小麦播量增加弥补主茎分蘖不足的缺点。

3. 周年施肥总量不变，磷肥前移

周年肥料总量不变条件下，夏玉米季施用的磷肥前移至冬小麦季。麦玉体系下，根据土壤肥力和目标产量，确定冬小麦和夏玉米的氮肥、磷肥和钾肥周年使用总量，其中夏玉米 50％磷肥提前施作冬小麦底肥，可显著提高冬小麦抗倒伏、抗低温等能力。

4. 构建抗逆耕层结构

采用秋深松和夏深松均可显著提高周年水分储量及作物抗逆能力。明确了秋深松深度为 25～30 厘米，频率为 2～3 年 1 次；有条件地区，可调整秋深松为夏深松，夏深松结合玉米深松播种施肥一体机进行，可有效蓄积夏季降雨资源。夏免耕减少蒸腾量，可以提高玉米抗逆能力，提高水分利用效率，确保干旱发生时利用有限水分保耕保苗。增施有机肥、实施秸秆"一覆盖一深埋"技术，即小麦全量秸秆覆盖还田和玉米粉碎深耕还田技术，即可解决该区域两季秸秆难还田的问题，同时构建合理抗逆耕层。

（二）突发性特殊气象应答调控技术

1. 晚播冬小麦"四补一促"

对因小麦适播期内发生强降雨，田间积水、土壤湿度大造成播期推迟的地块，应落实"四补一促"晚播技术。以种补晚：合理选用早熟品种，弥补小麦生育期短的不足；以好补晚：晚播地块要注重精细整地，切实提高整地质量，杜绝在播种基础差的情况下抢耕抢种；以密补晚：根据"早播少播、晚播多播"原则，视情况加大播量，一般在适播期后，每推迟一天播量增加 0.5 千克，确保构建合理群体；以肥补晚：积水地块容易造成养分淋失，要指导农民在播种时施足底肥，适当增施磷钾肥，促进壮苗，增强小麦抗逆能力，积水时间长的地块要进行测土配方施肥，确保小麦生长养分充足；田间管理以促为主，冬前一般不要追肥浇水，以免降低地温，影响发苗，可在墒情适宜时镇压浅锄 2～3 遍，以起到松土、保墒、增温的作用，促进壮苗成穗。

运筹肥水防冻害

2. 运筹肥水防冻害

冬小麦生长季内遭受冻害，一要根据小麦受冻程度，抓紧追施速效化肥，一般每亩追施尿素 10 千克左右；二要及时适量浇水，平衡植株水分状况，增加有效分蘖数，弥补主茎损失；三要及时喷施芸薹素内酯、复硝酚钠等植物生长调节剂，促进中小分蘖的迅速生长和潜伏芽的快发，增加小麦成穗数。

3. 排水散墒防渍涝

夏玉米生长季内遇强降水，一是开挖沥水沟配合抽水泵，快速排水，降低土壤耕层的滞水量；二是排水后及早中耕松土，增加土壤通气性，促进表层水分散失，减轻渍涝危害；三是及时喷施叶面肥，排涝后应及时补充速效氮肥，促进玉米及时恢复生长，减少产量影响。穗肥以氮肥为主，每亩追施尿素 15～20 千克、硫酸钾 15～18 千克，高产地块适当加大施肥量。利用机械在距植株 10 厘米左右处开沟，10 厘米处深施。

排水散墒防渍涝

4. 辅助授粉防热害和寡照

夏玉米开花授粉期遇到高温热害或阴雨寡照，严重影响授粉质量，可采取人工辅助授粉等补救措施，提高结实率，防止花粒，增加穗粒数。有条件的地方可用小型无人机低飞辅助授粉，提高效率。结合叶面喷施微肥、寡糖多糖、调控剂等措施，防御高温热害和阴雨寡照等逆境。

（三）积累性气象灾害动态减灾技术

1. 小麦生长季根据越冬及返青期气候特征，结合返青后苗情，确定灌溉和追肥，调整返青期追肥或拔节期追肥。暖冬条件下，苗势旺盛，为预防晚霜冻害，灌溉延

辅助授粉防热害和寡照

后，反之亦然；返青后，针对一类苗，追肥适当后移，降低晚霜冻害风险；二类和三类苗，追肥适当前移，促进壮苗、调控群体密度。

2. 玉米生长季增施磷肥、钾肥促进玉米根系生长，提高玉米抗旱能力。要改 "一炮轰" 施肥为分次施肥，高肥力地块氮肥以 3∶5∶2 比例为好，即全部有机肥、70%磷钾肥和 30%氮肥做基肥，30%磷钾肥和 50%氮肥用作穗肥，20%氮肥用作粒肥；中肥力地块氮肥以 3∶6∶1 比例为好，即全部有机肥、70%磷钾肥和 30%氮肥做基肥，30%磷钾肥和 60%氮肥用于穗期，10%氮肥用于粒期。根据试验，旱地玉米适宜的施肥量为每亩施纯 N 18～21 千克、P_2O_5 5～7.5 千克、K_2O 5～6 千克。

三、适宜区域

黄淮海地区适宜开展机械作业的冬小麦-夏玉米轮作种植区。

四、注意事项

1. 冬小麦和夏玉米播种时应适墒播种，提高播种质量，确保苗齐苗壮。
2. "双晚"技术中，根据冬小麦播期协同调整播量，优化群体结构。
3. 科学防治病虫害，冬小麦和夏玉米分别推广"一喷三防"和"一防双减"。
4. 确保配套技术，保障稳产高产。

技术依托单位

1. 山东省农业技术推广中心
联系地址：山东省济南市历下区解放路 15 号
联 系 人：刘光亚　韩　伟
联系电话：0531-67866302
电子邮箱：whan01@163.com
2. 中国农业科学院农业环境与可持续发展研究所
联系地址：北京市海淀区中关村南大街 12 号
联 系 人：吕国华　刘恩科　白文波
联系电话：010-82109773
电子邮箱：liuenke@caas.cn
3. 山东农业大学农学院
联系地址：山东省泰安市岱宗大街 61 号
联 系 人：任佰朝　张吉旺　刘　鹏
联系电话：0538-8241485
电子邮箱：renbaizhao@sina.com

玉米密植滴灌高产关键技术

一、技术概述

（一）技术基本情况

增粮和提高资源效率是当前我国农业生产的主要任务。产量不高、水资源不足、干旱以及水肥利用率低、生产成本高等问题是制约玉米产业发展的主要问题。密植是国内外玉米增产的主要途径，水肥一体化精准调控技术可以有效解决干旱和水肥利用率低的问题，并有效增加种植密度，显著提高产量。集成密植、水肥一体化精准调控及全程机械化于一体的"玉米密植滴灌高产关键技术"，是行之有效的增粮与资源高效协同技术模式。

（二）技术示范推广情况

2019—2022 年，以密植高产水肥精准调控为核心的玉米生产技术在新疆（北疆 900 万亩玉米）、宁夏（450 万亩玉米）、甘肃河西走廊（300 万亩玉米）等地进行大面积推广应用，近三年累计推广面积超过 5 000 万亩。2019—2022 年，该项技术模式在东北春播玉米区的内蒙古通辽、赤峰地区，以及辽宁省、吉林省、黑龙江省西部地区开展示范推广，辐射带动面积已超过百万亩。

因此，该项技术已在新疆、甘肃、宁夏、陕西、内蒙古、辽宁、吉林、黑龙江等地进行了示范展示，属于在较大范围的推广应用。

（三）提质增效情况

中国农业科学院作物栽培生理创新团队自 2004 年以来，系统探索玉米产量提升的技术途径，以密植高产群体调控栽培和滴灌水肥一体化精准调控技术为核心，配套耐密抗倒宜机收品种筛选、单粒精量点播与导航播种、秸秆覆盖与免耕、机械籽粒直收等全程机械化关键技术，构建了玉米节水增粮的密植高产水肥精准调控全程机械化技术体系，先后 7 次刷新中国玉米高产纪录，2020 年最高亩产达到 1 663.25 千克。

2021—2022 年，在内蒙古、辽宁、吉林、黑龙江等东北补充灌溉玉米区，经实际测产，采用该技术模式的 474 户农民的玉米平均产量达到了 1 039.45 千克/亩，其中 74.6%的农户玉米单产超过 1 000 千克/亩，与周边传统稀植漫灌田对比，在相同施氮量和灌溉量条件下，密植滴灌技术可增产 389.1~547.8 千克/亩，增幅 48.3%~55.72%；氮肥偏生产力、灌溉水利用效率和水分生产效率分别增加了 22.8 千克/千克、1.4 千克/米³ 和 1.2 千克/米³，实现了产量与资源利用效率的协同提高。

该技术模式不仅能够大幅度增加产量，还能够显著提高资源利用效率。与传统施肥灌溉方式对比，在相同施氮量（N，18 千克/亩）和灌溉量（300 米³/亩）条件下，氮肥偏生产力、灌溉水利用效率和水分生产效率分别增加了 33.2%、32.9%和 59.5%（15.6 千克/千克、0.93 千克/米³ 和 0.91 千克/米³）。增密种植与水肥一体化精准调控技术融合运用，不仅显著提高玉米生产水平，还能在不增加水肥投入量前提下，实现产量、效率与效益的协同提升，是灌溉区和补充灌溉区的节水增粮新模式。

（四）技术获奖情况

以该技术为核心的成果分别获新疆生产建设兵团 2016 年度、新疆维吾尔自治区 2019 年度科学技术进步奖一等奖，以及宁夏回族自治区 2020 年度科学技术进步奖一等奖。

二、技术要点

该技术内容主要包括玉米密植增产和滴灌水肥精准调控栽培技术。

（一）铺设滴灌管道

根据水源位置和地块形状的不同，主管道铺设方法主要有独立式和复合式两种：独立式主管道的铺设方法具有省工、省料、操作简便等优点，但不适合大面积作业；复合式主管道的铺设可进行大面积滴灌作业，要求水源与地块较近，田间有可供配备使用动力电源的固定场所。支管的铺设形式有直接连接法和间接连接法两种：①直接连接法，投入成本少但水压损失大，造成土壤湿润程度不均；②间接连接法，具有灵活性、可操作性强等特点，但增加了控制、连接件等部件，一次性投入成本加大。支管间距离在 50～70 米时滴灌作业速度与质量最好。

（二）精细整地，施足底肥

播种前整地，采用灭茬机灭茬翻耕或深松旋耕，翻耕深度要求 28～30 厘米，结合整地施足底肥，做到上虚下实，无坷垃、土块，达到待播状态。一般每亩施优质农家肥 1 000～2 000 千克、磷酸二铵 15～20 千克、硫酸钾 5～10 千克或者用复合肥 30～40 千克做底肥施入，采用大型联合整地机一次性完成整地作业，整地效果好。

（三）科学选种，合理密植

选择株型紧凑，穗位适中，抗倒抗逆性强，耐密性好，穗部性状好的中秆、中穗、增产潜力大、熟期适宜、适合机械籽粒直收的品种。合理增加种植密度，其中，西北灌溉区种植密度 6 000～7 500 株/亩，东北补充灌溉区 5 000～6 000 株/亩，黄淮海夏播区 5 000～6 000株/亩。

（四）宽窄行配置，导航精量播种

利用带导航的拖拉机和玉米精播机将铺滴灌带、施种肥和播种等作业环节一次性完成。行距采用 40 厘米＋（70～80）厘米宽窄行配置，导航精量播种，毛管铺设在窄行内，一条毛管滴灌两行玉米，毛管铺设采用浅埋式处理，埋深 3～5 厘米，主要起固定毛管的作用。

（五）密植群体调控

1．滴水齐苗

播种后立即接通毛管并滴出苗水，达到出全苗、出苗整齐一致的目的。干燥土壤每亩滴水 20～30 米³，墒情较好每亩滴水 10～15 米³。

2．化学调控

为防止密植植株倒伏，在 6～8 展叶期用玉米专用生长调节剂化控。

3．综合植保

通过种子精准包衣解决土传病害和苗期病虫害；苗前苗后化学除草控制杂草；在大喇叭口期和吐丝后 15 天各进行一次化防，每次喷洒杀虫杀菌剂防治玉米螟、叶斑病、茎腐病和穗粒腐病。

（六）按需分次精准灌溉与施肥

1. 精准灌溉

根据玉米需水规律进行灌溉，灌水周期和灌溉量依据不同生育时期玉米耗水强度和不同耕层最佳土壤含水量来确定。拔节期，土壤湿润深度控制在 0.4～0.5 米，孕穗期土壤湿润深度控制在 0.5～0.6 米。如果采用水分传感器监测进行自动化灌溉，采用小灌量、高频次灌溉，应始终把耕层土壤水分控制在田间合理持水量上下较小波动变幅内，更有利于提高产量和水分利用效率。

2. 精准施肥

优先选用滴灌专用肥或其他速效肥，根据玉米水肥需求规律，按比例将肥料装入施肥器，随水施肥，做到磷肥深施、氮肥后移、适当补钾，氮肥少量多次分次追肥原则，基肥施入氮肥的 20%～30%，磷、钾肥的 50%～60%，其余作为追肥随水滴施。吐丝前施入氮肥的 45% 左右，吐丝至蜡熟前施入约氮肥的 55%，防止玉米前期旺长、后期脱肥早衰，提高水肥利用率。

3. 灌溉与施肥建议

在东北补充灌溉区，7～8 展叶期滴第一水，参考灌溉量 20～30 米³/亩，施纯氮 3 千克/亩；10～12 天之后滴第二水，参考灌溉量 20～30 米³/亩，施纯氮 4 千克/亩；8～10 天之后滴第三水，参考灌溉量 25～30 米³/亩，施纯氮 4 千克/亩；8～10 天之后滴第四水，参考灌溉量 30～35 米³/亩，施纯氮 3 千克/亩；8～10 天之后滴第五水，参考灌溉量 25～35 米³/亩，施纯氮 2 千克/亩；10～12 天之后滴第六水，参考灌溉量 20～35 米³/亩，施纯氮 2 千克/亩；10～12 天之后滴第七水，参考灌溉量 20～25 米³/亩，施纯氮 1 千克/亩；10 天之后，沙土地滴第八水，参考灌溉量 20～25 米³/亩。

（七）机械收获

为使玉米充分成熟，降低籽粒水分，提高品质，应在生理成熟后（籽粒水分降至 30% 以下）进行收获。可根据具体情况采取粒收或穗收。籽粒直收在籽粒水分含量降至 25% 以下时进行，收获质量达到以下标准：籽粒破碎率不超过 5%，产量损失率不超过 5%，杂质率不超过 3%。

（八）回收管带与秸秆处理

1. 回收管带

收获前后，清洗过滤网、主管和支管，收回田间的支管和毛管。

2. 秸秆处理

在回收管带作业之后，秸秆粉碎翻埋还田，达到培肥土壤，改善土壤结构的目的。翻耕前通过增施有机肥，提高土壤有机质含量。秸秆翻埋还田时，耕深不小于 28 厘米，耕后耙透、镇实、整平，消除因秸秆造成的土壤架空。秸秆量大的地块可将一部分秸秆打捆作饲草料。

三、适宜区域

适宜在西北灌溉春玉米区和东北灌溉、补充灌溉春玉米区推广应用，黄淮海夏播区和西南玉米区可参照执行。

四、注意事项

1. 注意增密群体的倒伏、大小苗和早衰等问题，可以通过选用耐密抗倒品种、化控、滴水出苗、水肥调控、耕层构建等关键技术综合施用，实现密植群体防倒、防衰和提高整齐度。

2. 根据密植群体的生长发育和水肥需求规律，按需分次灌溉和施用肥料，避免"一炮轰"式施肥带来的前期旺长、后期倒伏和早衰，实现群体生长的精准调控。

3. 每次施肥时结合灌溉，水肥一体化，应计算出每个灌溉区的用肥量，将肥料在大的容器中溶解，再将溶液倒入施肥罐中，每次施肥前，先滴清水 2 小时，然后再开始滴肥，以保证施肥的均匀性。收获后，及时排空管道内积水，防止冻裂。

技术依托单位

1. 中国农业科学院作物科学研究所

联系地址：北京市海淀区中关村南大街 12 号

邮政编码：100081

联 系 人：王克如 薛 军 侯 鹏

联系电话：010-82108595 18600806492

电子邮箱：wkeru01@163.com Xuejun@caas.cn Houpeng@caas.cn

2. 全国农业技术推广服务中心粮食作物技术处

联系地址：北京市朝阳区麦子店街 20 号

邮政编码：100125

联 系 人：鄂文弟 贺 娟

联系电话：010-59194183

电子邮箱：hejuan@agri.gov.cn

3. 全国农业技术推广服务中心节水农业技术处

联系地址：北京市朝阳区麦子店街 20 号

邮政编码：100125

联 系 人：吴 勇 陈广锋

联系电话：010-59196092 15901103889

电子邮箱：wuyong@agri.gov.cn

冬小麦-夏玉米水肥一体化高产栽培技术

一、技术概述

（一）技术基本情况

习近平总书记视察山西时指出，有机旱作是山西农业的一大传统技术特色。要坚持走有机旱作农业的路子，完善有机旱作农业技术体系，使有机旱作农业成为我国现代农业的重要品牌。2022年山西省人民政府印发《山西省"十四五"有机旱作农业发展规划》提出十大工程，在"农水集约增效"工程中提出以黄河、汾河等河流流域为重点，以滴灌、微喷灌、垄膜沟灌、膜下滴灌为重点模式，推广水肥一体化技术，到2025年推广面积达15万亩。

技术以冬小麦、夏玉米生产中地面漫灌、化肥过量施用和水肥利用率低、面源污染严重等问题，以及水肥一体化技术走向大田粮食作物亟待解决的问题为切入点，研发了低成本易于推广的微喷灌、滴灌水肥一体化的节水灌溉方式，以肥水高效耦合、变量精准运筹和科学促控延衰为核心的"冬小麦-夏玉米水肥一体化高产栽培技术"。具体技术内容为：①冬小麦季高效变量灌水，化肥合理分配适量减施技术，即根据冬小麦生育期培育高产群体，利用水分需求规律，采用单次灌水量差异化，实现节水和培育高产壮苗群体同步；同时根据水肥在土壤运移转化规律、小麦需肥特点和化肥特性，分配底肥和追肥比例，实现化肥高效利用和适量减施统一；②玉米季关键生育期补水、生育中后期采用水肥一体化技术少量多次肥水管理，即夏玉米小喇叭口期前适当干旱胁迫，促进根系生长，小喇叭口期后采用水肥一体化少量多次肥水管理，满足灌浆期肥水需要，促进光合作用，增加干物质积累而高产。

技术按照"以水带肥、以肥促水、因水施肥、水肥耦合"的技术路径，解决了我国干旱地区水资源缺乏、农业用水量少、水肥利用率低等问题，实现了节水省肥、高产高效，使水肥一体化技术由"高端农业"向普及应用发展，从设施农业走向大田生产，真正成为应用广泛的环境友好型现代农业"一号技术"。

据统计，2020年我国水肥一体化应用面积已达7 000余万亩，其中冬小麦、夏玉米等大田粮食作物呈快速发展趋势，应用面积逐年扩大。目前山西省冬小麦、夏玉米一年两熟区应用面积在5万亩左右，全国累计推广应用面积在1 000万亩以上。2023年"中央1号文件"提出新一轮增加千亿斤[*]粮食产能中水肥一体化技术，必将作为一项"扩面积提单产"的重要技术措施。

该技术授权相关发明专利"一种小麦微喷灌化肥精准减施高产高效小麦栽培方法（ZL201910281482.5）""一种小麦玉米一年两熟轮作区光热水肥高效栽培方法（ZL202010233864.3）"和"小麦/玉米一年两熟秸秆全量还田下平衡施肥方法

---

*　斤为非法定计量单位，2斤＝1千克，余同。——编者注

（ZL201410832051.0）"3 项；获得计算机软件著作权证书"冬小麦夏玉米水肥一体化智能管控系统（2020SR1036718）"1 项；制定发布山西省地方标准"小麦-玉米微喷灌水肥一体化技术规程（DB14/T 1388—2017）""水地冬小麦壮苗技术规程（DB14/T 1629—2018）"和"小麦施肥技术规程（DB14/T 2090—2020）"3 项，临汾市地方标准"冬小麦滴灌生产技术规程（DB1410/T 065—2017）"1 项。

该技术在 2021 年黄淮麦区遭遇最强秋汛，冬小麦越冬前普遍晚播弱苗情况下，采用喷灌、微喷灌、滴灌水肥一体化可实现少量多次田间肥水精准管理，对早春地温影响小且回升快，有利于早返青早生长，且肥水管理与需求同步，促进了苗情快速转化，在"科技壮苗保丰收"中发挥了重要作用，创造出许多亩产 800 千克以上的"晚播弱苗高产典型"。

冬小麦滴灌水肥一体化促弱转壮典型：位于山西省临汾市尧都区屯里镇的山西农业大学小麦研究所韩村试验示范基地，因 2021 年 9 月和 10 月临汾市降水 477.5 毫米，较常年降水多 378.6 毫米，夏玉米较常年晚收 15 天，冬小麦于 10 月 24 日播种，由于气温低，出苗期长，冬前积温不足等，造成越冬前呈晚播"一根针"弱苗田。运用该技术在返青期进行滴灌水肥管理，地温回升快，促进了弱苗田早返青、早分蘖，配合拔节期水肥一体化精准管理，实现了苗情快速转化升级，灌浆期水肥一体化延长了灌浆期，促进干物质积累与运转提高粒重。经测产调查该示范田亩穗数 50.88 万，穗粒数 34.32 粒，千粒重 45 克，亩产量达746.4 千克。

冬小麦滴灌水肥一体化高产典型：位于山西省临汾市翼城县唐兴镇东关自然村的山西瑞德丰种业有限公司示范基地，2018 年在山西农业大学小麦研究所韩村试验基地观摩学习后，由翼城县农业技术人员引进冬小麦-夏玉米滴灌水肥一体化高产栽培技术，在创出亩产790.2 千克、830.84 千克山西省高产纪录后，2021 年因最强秋汛，导致 10 月下旬播种，冬前和早春苗情偏弱情况下，采用滴灌水肥一体化高产栽培技术，紧盯春季田间肥水管理，增加春季分蘖，构建壮苗群体，配合叶面喷肥等，经专家实收测产亩产达 855.13 千克，刷新山西省水地小麦高产纪录。

（二）技术示范推广情况

该技术已被列为 2022 年山西省农业农村产业发展重大技术需求，是 2023 年山西省农业生产的主推技术之一。2014 年开始在山西农业大学小麦研究所韩村试验基地以"水肥一体化节水减肥技术走向大田"为目的进行研发，通过田间灌水方式、冬小麦-夏玉米水氮高效耦合规律、灌水轻简运筹模式和化肥精准减施等技术研究，探明了冬小麦-夏玉米水肥一体化下土壤水肥运转和吸收规律、耕层土壤质量变化和冬小麦、夏玉米水肥需求规律与产量关系等，于 2016 年基本集成"冬小麦-夏玉米水肥一体化高产技术"，同年在山西农业大学小麦研究所韩村和洪堡试验基地示范推广，并成为临汾市、运城市农业新技术观摩实训基地，累计 300 余人次的农技人员和 2 000 人次合作社带头人、种粮大户和农民来基地观摩学习，并开展室内技术培训 50 余场次，培训 3 000 余人次。

2017 年临汾市尧都区农业农村局在临汾继农种业有限公司推广使用该技术；2018 年翼城县农业农村局开始引进，并在山西瑞德丰种业有限公司、山西新翔丰农业科技有限公司推广使用该技术；2019 年运城市新绛县山西瑞恒农业科技有限公司总经理晁贞良、晁瑞玲一行 5 人观摩学习后，在公司基地和托管田推广该技术 260 余亩，示范田创出亩产

技术研发团队负责人对临汾市农技人员进行观摩实训

735.6 千克的高产典型。2021 年和 2022 年襄汾县泽阳粮食种植专业合作社和襄汾县建旺种植专业合作社引进使用该技术。该技术在冬小麦-夏玉米一年两熟轮作区推广面积逐年快速扩大，山西省 2020 年应用面积运 1 万余亩，目前已达 5 万亩左右，未来将进一步快速推广应用。

（三）提质增效情况

冬小麦-夏玉米水肥一体化高产栽培技术周年亩灌水 240 米^3，施用纯氮（N）32 千克、磷（P_2O_5）11 千克和钾（K_2O）6.2 千克，较地面大水漫灌节水 40.7％以上，化肥减施 18.46％，周年化肥利用率提高 17.94％，增产 8.1％～14.9％，扩大灌溉面积 40％左右，增加实际耕种面积 10％～15％，冬小麦季和夏玉米季亩净收入分别增加 215.8～321.5 元和 453.2～460.3 元。

对土壤耕层质量和生态环保的影响结果表明，连续微喷（滴）灌 6 年，降低了 0～20 厘米土层土壤容重、增加了土壤总孔隙度，有利于大团聚体的形成，减少了深层土壤硝态氮含量，因此改善了耕层土壤质量且减少了地下水污染。

2021 年 6 月 16 日《农民日报》头版以"我要让亲朋好友都用水肥一体化技术"为题对该技术进行报道，山西省临汾市尧都区大阳镇坡子村水地小麦水肥一体化技术示范田亩产达 586.3 千克，比周边农民田亩增产 78.6 千克，增幅 15.5％；运城市新绛县山西瑞恒农业股份有限公司的 260 亩示范田平均亩产 753.4 千克，比周边农户漫灌田块亩平均增产 100～150 千克。2021 年 6 月 18 日《山西农民报》以"应用这项技术种田 节水节肥'藏粮于地'"为题再次报道该技术；2021 年 7 月 30 日《农民日报》头版以"粮食安全的'三晋风景'"为题报道了该项技术在翼城县唐兴镇东关村的应用情况，冬小麦亩产达 830.84 千克，创山西省小麦高产纪录。

2020 年 6 月 14 日、2021 年 6 月 16 日、2022 年 6 月 18 日，经专家连续 3 年在翼城县唐兴镇东关村对冬小麦滴灌水肥一体化技术进行实收测产，亩产分别为 790.2 千克、830.84 千克和 855.13 千克，连续刷新山西省小麦单产纪录。

（四）技术获奖情况

以该技术为核心的山西省地方标准"水地冬小麦壮苗技术规程（DB14/T 1629—2018）"，是山西省 2022 年农业领域主推标准，获得第一届山西省标准化创新贡献奖二等奖。

二、技术要点

技术以微喷灌、滴灌水肥一体化为灌溉方式，以肥水高效耦合、变量精准运筹、科学促控延衰为核心，配套规范化整地播种技术和病虫草害减药绿色防控技术。

（一）冬小麦延衰肥水管理要点

1. 高效变量灌水

秸秆还田后播种小麦，生育期亩总灌水 120 米³，分别于越冬前（11 月下旬）用微喷灌、滴灌水肥一体化亩灌水 40 米³、返青期（2 月中下旬）亩灌水 20 米³、拔节期（4 月上旬）亩灌水 40 米³ 和灌浆期（5 月中旬）亩灌水 20 米³。

2. 科学高效施肥

亩总施肥量为纯氮 16 千克、磷肥（五氧亿二磷）6 千克和钾肥（氧化钾）2.5 千克，其中氮肥按照基肥、拔节期和灌浆期

冬小麦浇越冬水

各施入 70％、20％和 10％，磷肥和钾肥按照基肥和拔节期各施入 80％和 20％，基肥撒施或条施，追肥采用水肥一体化技术施入。

冬小麦拔节期水肥一体化

冬小麦灌浆期水肥一体化

（二）夏玉米促控肥水管理要点

1. 关键期适量灌水

硬茬播种玉米，生育期总灌水最多 120 米³，播种后出苗前、大喇叭口期（11～13 片叶）、抽雄期和灌浆期，根据墒情和降水情况，达到灌溉标准后，采用微喷（滴）灌水肥一体化分别亩灌水 20 米³、40 米³、30 米³ 和 30 米³。

夏玉米出苗期浇水

2. 少量多次平衡施肥

硬茬播种时，亩机械条施复合肥（20-15-10）25～30 千克和含锌的多元微肥 1 千克；大喇叭口期和抽雄期采用水肥一体化亩施尿素 10 千克和 7.5～10 千克，灌浆期采用水肥一体化亩追施水溶肥（17-17-17）5 千克。

（三）科学铺设微喷带、滴灌带

冬小麦、夏玉米播种后浇地前，每 2.2～2.5 米冬小麦或每 4 行玉米，铺设直径 5 厘米的斜 5 孔或 7 孔 PE 微喷带 1 条，铺设长度 60～70 米；或每 2～4 行小麦或每 2 行玉米，铺设直径 16 毫米、滴孔距 15 厘米的单孔或滴孔距 20 厘米的双孔 PE 滴灌带 1 条，铺设长度 60～70 米。冬小麦、夏玉米最后一次浇水后收获前，将微喷带或滴灌带收起妥善保存，以利于收获和耕作。

夏玉米大喇叭口期水肥一体化

铺设滴灌带

（四）配套技术

1. 规范化整地播种技术

小麦季选用优种拌种、玉米秸秆全量还田、精细整地、适期适量适墒播种，玉米季抢时硬茬播种。

2. 病虫草害减药绿色防控技术

冬前化学除草或冬春中耕锄草，小麦季防治红蜘蛛、蚜虫和白粉病等，玉米季防治黏虫、玉米螟、茎基腐病和大斑病等。

三、适宜区域

适宜有水源的冬小麦-夏玉米一年两熟生态区。

四、注意事项

1. 选用适宜水肥一体化的易溶解化肥，如尿素、磷酸二铵、磷酸二氢钾等，或水溶肥，不宜用复合肥，且肥液应过滤后施用，避免堵塞。

2. 微喷（滴灌）带铺设长度≤70 米，否则可能造成浇水不均匀。

3. 水源中含泥沙量较多时，应加装过滤装置。

技术依托单位

山西农业大学小麦研究所

联 系 人：裴雪霞　党建友　韩炳岳

联系电话：15235798006

电子邮箱：peixuexia@163.ccm

玉米通透式高产栽培技术

一、技术概述

（一）技术基本情况

1. 研发背景

玉米是世界上重要的粮食作物之一，其播种面积仅次于小麦、水稻，位居第三。玉米自16世纪传入中国，现已成为中国重要的粮食作物和工业原料，同时也是畜牧生产中首要的饲料来源。玉米产量是由品种的遗传特性、生态环境条件和种植密度等三者协同作用共同决定的。在玉米的各项增产栽培措施中，合理密植是其中最经济有效、易于推广的种植调控技术。在传统栽培学中，通过增加玉米种植密度，提高对光、温、热、水等资源的利用率，依靠群体发挥增产潜力是玉米高产的重要途径。据报道，美国玉米增产的21%的贡献率是由增加密度而实现的。但是大量的研究结果表明，玉米籽粒的产量与种植密度呈二次抛物线关系，即当种植密度超过一定范围时，籽粒产量随种植密度的增加而降低。因此，通过适度增加玉米种植密度从而实现增产的目的，是被国内外一致认可的。由于黑龙江省地处寒地，有效积温少，秋天玉米脱水慢，导致每年大量的玉米都要利用烘干塔烘干，浪费资源亦污染环境，同时也加大了农民的生产成本。

近些年，黑龙江省也成为台风的波及地区，台风或大风过后，玉米倒伏严重，倒伏的玉米很难机械化收获，只能靠人工收获，这也从客观上增加了玉米的生产成本。随着玉米群体密度的增大，玉米植株之间争光气、争肥水的问题严重，作物茎秆纤细，根系在不同耕层的空间分布发生改变，根系伸展受到限制，玉米倒伏的风险加大。国内外每年由于玉米倒伏而造成的产量损失一般为5%～25%，重者为30%～50%，同时也由于密度大，果穗脱水和散失水分困难，造成收获的果穗含水量过高，商品性差。可见，在合理密植保障产量的情况下，改进玉米的空间分布状态，减少倒伏率和含水量，对玉米实现稳产、高产具有重要的意义。

2. 解决的问题

该技术旨在不降低玉米种植密度的情况下，增加玉米田的通风透光程度、降低倒伏率，利用间隔空垄增加边际效应提高产量，另外也开辟了玉米中后期小型拖拉机进地喷药作业的通道，利用割秆空顶，让玉米棒三叶充分暴露在阳光下，增加产量的同时也有效降低玉米籽粒的含水量。利用横向空地，实现垄长地块的横向通风，让急风有泄风通道，减少整个玉米田的风压，可以有效降低倒伏率。该栽培技术应用情况下，玉米大斑病和玉米螟虫的发生危害显著低于普通对照栽培模式，同时玉米含水量明显下降。

3. 技术内容

本技术集成了间隔空垄、割秆空顶和横向空地3种栽培措施，形成了玉米"三空"栽培模式：①玉米按种植12垄，空2垄的形式（间隔空垄数：播种垄数=2∶12）种植；②抽雄后，12垄的玉米田内割秆去顶中间4垄玉米（割秆处理垄数：未割秆处理垄数=4∶8）；割秆去顶具体方法为割去棒三叶以上的叶及雄穗；③当垄长大于 1 000 米时，每隔 500 米，垂直于垄向，在田间横向空 2 米通风道。

4. 使用情况

在玉米种植区均可使用。目前在黑龙江省已推广应用 7 年，受到玉米种植户的一致好评。

（二）技术示范推广情况

目前已实现了大范围的推广应用。2015—2017 年在佳木斯地区推广应用 190 万亩，在鹤岗市绥滨地区推广应用 52 万亩。

（三）提质增效情况

2015—2017 年在黑龙江省地区应用玉米"三空"栽培技术，该技术减少化学农药的使用量，降低了玉米生产成本，三年推广应用 242 万亩，新增经济效益 11 616 万元。

（四）技术获奖情况

获得 2017 年黑龙江省农业科学技术进步奖二等奖。

二、技术要点

玉米"三空"栽培模式具体分为"一空"间隔空垄、"二空"割秆空顶和"三空"横向空地 3 种栽培措施，具体内容如下：①"一空"：玉米按种植 12 垄，空 2 垄的形式（间隔空垄数：播种垄数＝2：12）种植。②"二空"：抽雄后，12 垄的玉米田内割秆去顶中间 4 垄玉米（割秆处理垄数：未割秆处理垄数＝4：8），割秆去顶具体方法为割去棒三叶以上的叶及雄穗。③"三空"：当垄长大于 1 000 米时，每隔 500 米，垂直于垄向，在田间横向空 2 米通风道。

三、适宜区域

玉米种植区域均适宜。

四、注意事项

1. 种植密度

本技术虽然种植 12 垄空 2 垄，但总体播种量不能减少，将空出来的 2 垄玉米籽粒均匀地播种在种植的垄上，以保证亩保苗数量同其他常规生产田一致。

2. 农业机械的使用

玉米生长中后期，由于其植株高度，病虫害防治及叶面肥喷施大型机械进入农田受限，如果没有无人机条件，可以采用小四轮进入玉米田进行农事操作，未种植玉米的空出来的 2 垄可作为小四轮在田间的行车道。

技术依托单位

黑龙江省农业科学院佳木斯分院

联系地址：黑龙江省佳木斯市东风区安庆街 531 号

邮政编码：154007

联　系　人：杨晓贺

联系电话：0454-8351067　18745498376

电子邮箱：yangxiaohe_2000@163.com

夏玉米精准滴灌水肥一体化栽培技术

一、技术概述

（一）技术基本情况

针对黄淮海玉米一年两熟区干旱频繁发生、地下水超采严重、玉米生产上盲目施肥、过量施肥、养分供给与作物需求不同步、水肥利用率低等问题，经过多年研究，形成夏玉米滴灌水肥一体化高效栽培技术。通过优化麦茬玉米管网配置模式、灌溉施肥制度及配套滴灌机械机具，实现了水肥按需滴灌精量供给，减少了水肥用量，提高了水肥利用效率，实现了全程滴灌轻简机械化作业。该技术将滴灌水肥一体化应用于玉米生产，解决了粮食生产面临的农业水资源短缺、肥料浪费严重、劳动力不足等问题，为现代农业特别是粮食规模化生产提供了有力的技术支撑，具有良好的经济、社会和生态效益。面对未来资源和环境压力，坚持"资源节约、精准使用"发展方向，是解决农业水资源不足、农业生态环境污染问题、提升抵御自然灾害能力、增加粮食单产的根本途径。2023年"中央1号文件"明确提出要加快农业投入品减量增效技术推广应用，推进水肥一体化。针对夏玉米滴灌水肥一体化现状和生产技术需求，在国家重点研发项目、星火计划项目、山东省现代农业产业体系和山东省重点研发计划等项目资助下，青岛农业大学联合山东省农业技术推广中心、青岛市农技推广中心经过多年技术攻关，研究提出了与滴灌水肥一体化相配套的夏玉米种植、田间管网布置模式、灌溉、施肥精量调控技术以及农机农艺相结合全程机械化技术，获得国家授权发明专利2项——"免耕直播下的麦茬夏玉米滴灌水肥一体化栽培方法""一种水肥一体化智能灌溉系统"；实用新型专利3项，并建立了相关技术规程，在山东、河北、河南不同生态区域进行了示范推广，其中"夏玉米滴灌水肥一体化栽培技术"被列为2019年、2021年和2022年山东省农业主推技术，为我国黄淮海夏玉米滴灌水肥一体化高效栽培技术的大面积推广提供了技术支撑。

（二）技术示范推广情况

核心技术"夏玉米滴灌水肥一体化高效栽培技术"，自2014年以来，分别在山东、河北、河南等多省市进行了试验示范，节水省肥省工效果明显，累计示范应用面积超过500万亩。近年来在基层农技推广人员和农创体培训班、省电视台农科直播间开展夏玉米滴灌水肥一体化技术培训服务讲座50多次，培训人员累计达到5 000余人。2022年，"滴灌技术变革助力种粮轻松又高效"入选全国种植业技术推广典型案例。

（三）提质增效情况

与传统灌溉施肥方式相比，夏玉米滴灌水肥一体化高效栽培技术有效解决了玉米关键生育期缺水，中后期追肥难、脱肥严重的突出问题，增产11%以上，水分利用率提高20%以上，肥料利用率提高15%以上，每亩节省劳动力2～3个，目前规模种植条件下（百亩）标准滴灌设备投入的年成本120元/亩（麦玉两茬）。在中小型农户（30～50亩）中试用的简易滴灌设备投入的年成本80元/亩（麦玉两茬），总体实现了丰产稳产、节本增效和农业生产的绿色可持续发展目标。2015年在山东省昌邑市实现小面积实打验收玉米亩产1 131.07千克。2016 年在青岛、潍坊、烟台等地的千亩示范田亩产量达到 800 千克以上。2020 年玉米季遭遇多次强降雨导致土壤养分淋失严重，中后期通过滴灌及时进行补肥，青岛胶州市百亩示范田实打验收达到 882.44 千克/亩。2022 年平度示范基地小麦、玉米实测产量分别达到 823.2 千克/亩和 931.86 千克/亩，该技术 2019 年、2021 年和 2022 年被遴选为山东省农业主推技术。该技术将滴灌水肥一体化应用于玉米生产，有效解决了粮食生产面临的农业水资源短缺、肥料浪费严重、劳动力不足等问题，为我国现代农业特别是粮食规模化生产提供了有力的技术支撑，具有良好的经济、社会和生态效益。

（四）技术获奖情况

以夏玉米精准滴灌水肥一体化技术为核心技术获得奖励 2 项（小麦玉米周年丰产肥水高效关键技术创新与应用，山东省科学技术进步奖一等奖，2020；玉米温光资源定量优化增产增效技术与应用，神农中华农业科技奖一等奖，2019），授权专利 6 项（免耕直播下的麦茬夏玉米滴灌水肥一体化栽培方法，ZL201710575743.5；一种水肥一体化智能灌溉系统，ZL202010479363.3；小麦、玉米浅埋式滴灌带铺设机，ZL202123237628.8；小麦、玉米滴灌水肥一体化智能化装置，ZL201521035685.X；一种玉米滴灌铺管播种一体机，ZL201721572242.3；一种移动式滴灌收管机，ZL201821261475.6），计算机软件著作权 2 部（夏玉米滴灌精准灌溉施肥管理软件 V1.0，登记号：2020SR1764731；基于云存储的小麦、玉米水肥一体化数据分析软件 V1.0，登记号：2019SR0057204），制定团体标准 1 项（T/SDAS 387—2022），"夏玉米滴灌水肥一体化栽培技术"被列为山东省 2018 年农业地方技术规程（一 & 二期），也被列为 2019 年、2021 年和 2022 年山东省农业主推技术。

二、技术要点

（一）品种选择与种子处理

选择通过国家或省审定的高产、耐密、抗逆性强的玉米品种，种子应进行包衣。

（二）播种铺管

选用集播种、铺管、施肥等功能于一体的玉米播种机进行播种、铺管、施肥，采用 60 厘米行距或者小行距 40 厘米、大行距 80 厘米的大小行播种方式。播深 3~5 厘米为宜，采用精量单粒播种，根据品种特性选择适宜种植密度。等行距播种方式滴灌管铺设在苗带上，滴灌管距离苗 7~10 厘米，大小行播种方式滴灌管铺设在小行中间。滴灌带铺设长度与水压成正比，长度一般为 60~85 米，选用迷宫式或内镶贴片式滴灌带，滴头出水量 1.8~2.0 升/时，滴头距离 30 厘米。

（三）水肥管理

1. 水分管理

滴灌灌水次数与灌水量依据玉米需水规律、土壤墒情及降雨情况确定。在足墒播种的情况下，苗期一般不需浇水，控上促下，保证苗期-拔节期、拔节期-吐丝期、吐丝期-灌浆中期、灌浆后期各阶段田间相对含水量分别达到 60%、70%、75%、60%。

2. 肥料管理

（1）施肥量　施肥量按照目标产量根据养分平衡法计算，滴灌水肥一体化条件下每生产 100 千克籽粒需氮（N）2.2 千克，磷（P_2O_5）1.0 千克，钾（K_2O）2.0 千克。施肥量（千克/亩）＝（作物单位产量养分吸收量×目标产量－土壤测定值×0.15×土壤有效养分校正系数)/(肥料养分含量×肥料利用率)。

（2）滴灌追肥方法　播种期、大喇叭口期、抽雄吐丝期施肥占比：氮肥为 40%：20%：40%；磷肥为 35%：25%：40%；钾肥为 75%：25%：0%；大喇叭口期添加硫酸锌肥1.0 千克/亩，追肥应选用水溶性肥料或液体肥料。大喇叭口期随滴灌施肥的开始时间安排在灌水总量达到 1/2 后，抽雄吐丝期随灌施肥开始时间安排在灌水总量达到 1/3 后。滴灌施肥结束后，保证滴清水 20～30 分钟，将管道中残留的肥液冲净。

（四）病虫草害防治

按照"预防为主，综合防治"的原则，合理使用化学防治。

（五）收获及收管

根据玉米成熟度适时进行机械收获作业，提倡适当晚收，即籽粒乳线基本消失、基部黑层出现时收获；玉米收获前一周采用滴灌带回收机械回收滴灌带（管）。

可移动式滴灌首部

玉米滴灌播种铺管一体化作业

玉米滴灌播种铺管一体化作业

三、适宜区域

黄淮海地区有灌溉条件的夏玉米生产区。

四、注意事项

1. 水肥一体化系统的设计、管网布局、安装和材料质量是水肥一体化的基础。

2. 实施水肥一体化，最重要的是管理，科学灌溉、施肥制度是保证水肥一体化效果的关键。其次，水溶肥的质量和配方是水肥一体化产量和品质的保证。

技术依托单位

1. 青岛农业大学

联系地址：山东省青岛市城阳区长城路 700 号

邮政编码：266109

联 系 人：姜 雯 刘树堂 孙雪芳

联系电话：0532-58957447

电子邮箱：jwen1018@163.com

2. 山东省农业技术推广中心

联系地址：山东省济南市历下区解放路 15 号

邮政编码：250100

联 系 人：韩 伟

联系电话：0531-67866302

电子邮箱：whan01@163.com

3. 青岛市农业技术推广中心

联系地址：山东省青岛市燕儿岛路 10 号凯悦中心

邮政编码：266071

联 系 人：孙旭亮 王 军 李松坚

联系电话：0532-81707510

电子邮箱：qdnjzxnjtg@qd.shandong

东北地区旱地春玉米沃土稳产减排增效种植技术

一、技术概述

（一）技术基本情况

为深入贯彻落实习近平总书记关于保护黑土地的重要指示精神，推进国家《东北黑土地保护性耕作行动计划（2020—2025年）》落实落地，实现国家"藏粮于地、藏粮于技"战略。针对东北地区水资源短缺、旱灾频发，农田风蚀水蚀严重，土壤有机质含量下降，玉米产量低而不稳等问题，农业农村部农业生态与资源保护总站、辽宁省农业科学院和中国科学院沈阳应用生态研究所等单位，依托气候智慧型农业-东北地区秸秆还田与土壤健康促进项目、国家重点研发计划"辽河平原区褐土防蚀保墒培肥与产能协同提升关键技术和示范"项目、中国科学院"黑土粮仓"科技会战阜新示范区建设项目等，在多年研究基础上，构建了以整秸秆全量覆盖还田、免耕播种和二比空种植为核心的春玉米沃土稳产减排增效技术体系。该技术实现了休闲季玉米秸秆全覆盖防蚀保墒，春季全量秸秆覆盖还田机械化耕种，一次性完成"种床秸秆清理、耕整种床、侧深施肥、精量播种、覆土镇压、喷施除草剂"等作业，解决了土壤侵蚀、干旱少雨、地力下降、播种质量差、产量不稳等难题，实现了防风固土、保墒抑蒸、固碳减排、节本增效、稳产增产的目标，对提高玉米田耕地质量，促进土壤健康发展，提高粮食产能和碳达峰、碳中和起到积极促进作用。

研发了"一种玉米全秸秆错位卧秆还田二比空种植方法"等国家发明专利和实用新型专利6件，制定了《玉米秸秆覆盖防蚀栽培技术规程》等辽宁省地方标准4项，实现了技术制度化，该技术简单，农户容易接受，已在东北春玉米区广泛应用，与普通技术相比，作物产量提高10%以上、作业成本减少40元/亩，农田风蚀降低93%、水肥利用效率提高10%以上，为全面推动东北地区黑土地保护与利用和农业绿色高质量发展提供了技术支撑。

（二）技术示范推广情况

自2011年以来，农业农村部农业生态与资源保护总站、辽宁省农业科学院和中国科学院沈阳应用生态研究所开展了大量的技术效应试验，并联合东北地区不同的高校和科研单位在不同区域开展了大面积的试验示范，均表现出了良好的效果。春玉米沃土稳产减排增效种植技术单独或作为其他技术的核心内容，连续在阜新、铁岭、朝阳、锦州及葫芦岛等辽西北地区累计应用1 000万亩以上，亩增加玉米产量80千克，累计增加玉米产量8亿吨，增加间接经济效益16亿元；亩成本减少40元，累计节减生产成本4亿元，节本增效20亿元，并在黑龙江、吉林、内蒙古东四盟地区等同类地区广泛推广应用。

（三）提质增效情况

春玉米沃土稳产减排增效种植技术多年试验示范数据监测表明，一是有效防止风蚀水蚀，提高土壤蓄水能力。土壤风蚀较传统种植降低93%，春播前耕层土壤含水量提高3～4个百分点，有效防止半干旱风沙区农田风蚀水蚀，提升土壤蓄水能力。二是保证作物出苗率，作物稳产增产性能增强。作物出苗率平均稳定在 92％以上，较传统种植方式提高 8～10 个百分点，为提高作物产量奠定基础，丰水年不减产，平水年增产 8％左右，枯水年增产 15％以上，2020—2022 年连续 3 年经专家测产，示范区平均亩产 871 千克以上。三是提高作物耐旱性和水分利用效率。特别是 2020 年辽西地区遭遇了严峻伏旱，自 6 月 26 日至 7 月 27 日连续 31 天无有效降雨，该技术使作物耐旱性显著提高，0～20 厘米土壤含水量比传统种植提高 41％，20～40 厘米土壤含水量比传统种植提高 18.7％，作物水分利用效率提高 18.68％。四是减少农田温室气体排放，实现固碳减排。该技术降低了化肥的投入量及农机耕作次数，根据生命周期法估算，比传统种植方式整个生产过程可减排温室气体 12.2％，减排 CO_2 量约为 1 822.8 千克/公顷。五是调节土壤结构，增加土壤有机质含量。2021 年 9 月土壤剖面结果显示，示范区 10～20 厘米紧实层消失，土壤总孔隙度增加，蚯蚓数量是传统耕作的 2 倍，秸秆全量还田每年可增加土壤有机质 0.1％左右，还可以增加氮磷钾等养分含量。六是提高生产效率，实现节本增效。直接采用免耕播种机作业，最佳作业速度高达 10～12 千米/时，比传统耕种方式作业效率提高 2 倍以上，同时，减少了耕整地环节，作业成本节省 40 元/亩以上。

（四）技术获奖情况

以春玉米沃土稳产减排增效种植技术为核心形成的科技成果获省部级以上科技奖励 5 项，其中国家科学技术进步奖二等奖 1 项、辽宁省科学技术进步奖一等奖 2 项、神农中华农业科技奖优秀创新团队奖 1 项、农业农村部全国农牧渔业丰收成果奖二等奖 1 项。2020 年入选辽宁省农业主推技术。

二、技术要点

春玉米沃土稳产减排增效种植技术是指收获后秸秆全部覆盖地表，播种时采用"种两行，空一行"的大宽窄行，秸秆在行间交替（或间隔）覆盖还田、种植/休闲相结合的技术模式。上年玉米收获秸秆还田后，翌年春播前采用集行机集行秸秆，在原均匀行距条件下，"种两行，空一行"，形成窄行作为苗带、宽行放置秸秆的种植模式，宽行、窄行隔年交替种植。

（一）关键技术

1. 机械收获与秸秆处理

秋收时可采用高留茬碎秆处理，留茬高度不低于 30 厘米；若收割机无高留茬功能，收获时关闭收割机还田动力部分，秸秆顺垄卧倒即可。无论采取何种方式，均应保障秸秆均匀覆盖不堆砌，不进行任何整地作业。

2. 品种选择与种子处理

选用抗玉米大斑病、茎腐病、抗倒性和稳产性好的耐密杂交品种。精选种子，去除瘪粒及虫粒，保证种子发芽率。可以在播前 2～3 天进行种子包衣，播种时加入适量碳粉保证种子光滑度。

3. 免耕播种与种植模式

春播季节，当表层 10 厘米土壤平均地温稳定通过 12 摄氏度，土壤含水率在 10％～25％，采用二比空种植方式进行免耕播种作业，全量秸秆覆盖条件下播种作业可进行前置秸秆归行作业，保障播种质量。播种前，用秸秆集行机将种植条带（窄行）覆盖的秸秆集中至非种植条带（宽行），清理 40 厘米以上的种植带后，配合免耕播种机实现免耕播种。免耕播种机应具有良好的通过性能，一次性完成苗带秸秆清理、侧深施肥、单粒播种、覆土、镇压、喷施除草剂以及电子监控等作业。依据播种密度及实际垄距调节播种株距，播种深度一般 3～5 厘米即可，最深不高于 7 厘米，底肥侧深施，覆土镇压至 12～15 厘米，种肥横向间隔 5～7 厘米。

4. 病虫草害防治

播种后 2～3 天，可采用乙草胺＋阿特拉津合剂封闭防控杂草，如若封闭防控效果不佳，苗后 5 叶前采用烟嘧磺隆进行茎叶处理，防治玉米田常见的杂草。拔节期采用"氯虫苯甲酰胺"复配"苯醚甲环唑"前移防控玉米螟等鳞翅目害虫及玉米斑病。

5. 适时深松作业

根据田间土壤情况可进行必要的深松作业，可在秋季或春季苗期进行，采用间隔深松方式，即只对非种植条带作业，深松深度≥25 厘米，保证深松整地质量。

（二）技术流程

机械收获＋秸秆全部覆盖还田→秸秆集行处理→免耕播种→病虫草害防治。

播前准备	免耕播种	田间管理	秋收处理
秋收后━━→谷雨（4月19日前）	谷雨━━→芒种（6月5日前后）	芒种━━→中秋（国庆节前后）	中秋━━→10月下旬
秋收后至播种前，不进行耕整地作业。将"农闲期"由"春分"延长到"谷雨"。亩节省耕地费用40元。	谷雨至芒种期间，墒情适宜即可播种，墒情不足可采用坐水播种。采用免耕播种机一次性完成播种、施肥、覆土及镇压等作业。	如非精量播种，出苗后需及时间苗并防控杂草，玉米拔节期进行追肥，6月中下旬注意防控玉米大斑病和玉米螟。	玉米籽粒尖端出现黑层，并能轻易剥离穗轴即为玉米成熟，秸秆不倒的条件下，建议适当晚收5～10天。

全秸秆覆盖 | 免耕二比空播种 | 玉米苗期 | 机械收获秸秆不打碎

高留茬秸秆覆盖保墒 | 秸秆前置归行免耕播种 | 玉米大喇叭口期 | 秋深松来年种植条带

技术要点：秸秆全部覆盖还田，必须垄作地区可在播种前1周对秸秆打碎归行，无需整地。选择康达或德邦为专等免耕播种机种，准备农资，保障谷雨前后播种不误农时。

技术要点：建议选择中晚熟耐密品种。种植模式为二比空，底肥侧深施，一般亩施三元复合肥28～33千克，播种后喷施除草剂。

技术要点：如苗期杂草较多，一般在玉米3～5叶采用烟嘧磺隆复配莠去津进行苗后化学除草，可用康宽(或福戈)＋杨彩在6月下旬防控玉米大斑病和玉米螟。干旱时有条件需及时灌溉。

技术要点：秋收时关闭收获机还田动力部分，利用整秆防风保证均匀覆盖。秋季深松来年种植条带(以后每2～3年深松1次)，深松深度25～30厘米，漏水漏肥的沙土地总深松。

东北地区旱地春玉米沃土稳产减排增效种植技术图谱

春玉米全秸秆覆盖

春玉米免耕二比空播种

三、适宜区域

东北春玉米种植区及生态相似玉米一年一熟种植区。

四、注意事项

1. 建议二比空窄行行距≥50厘米，宽行行距≥100厘米，以不影响播种作业为宜。

2. 建议选择免耕播种机进行免耕播种作业，保证作业质量，满足农艺要求，特别注意播种密度和施肥量。免耕播种机应配置免耕播种功能部件（如破茬、切草、清垄、开沟、防缠绕等部件）并具备相应功能，实现电子监控。

3. 若秸秆量过大，可提前进行秸秆归行处理，低洼湿凉区可适当延后播种以提高地温；如果因为天气原因造成封闭除草效果不佳，应及时采取茎叶处理；土壤黏重且耕层较浅区域应及时辅助深松作业。

技术依托单位

1. 农业农村部农业生态与资源保护总站

联系地址：北京市朝阳区麦子店街24号楼

邮政编码：100125

联系人：王全辉　李俊霖

联系电话：010-5919637

电子邮箱：bdpmo@vip.163.com

2. 辽宁省农业科学院

联系地址：辽宁省沈阳市沈河区东陵路84号

邮政编码：110161

联系人：孙占祥　白　伟

联系电话：024-31538937　13080721101　024-31029891　13709824479

电子邮箱：sunzx67@163.com　libai200008@126.com

3. 中国科学院沈阳应用生态研究所

联系地址：辽宁省沈阳市沈河区文化路72号

邮政编码：110016

联系人：张丽莉

联系电话：024-83970607　13940066843

电子邮箱：llzhang@iae.ac.cn

黄淮海地区玉米高质量精量播种技术

一、技术概述

（一）技术基本情况

黄淮海地区玉米种植面积约 2.4 亿亩，以玉米小麦一年两熟种植模式为主，生产规模相对较小，玉米需要在前茬小麦秸秆还田的情况下不整地直接播种，作业质量容易受秸秆堆集和地块条件影响，种床基础较差，主要表现在：一是秸秆多，小麦收获后，大量新鲜秸秆和根茬残留，容易造成播种机具拥堵和种子土壤结合不紧密；二是土质硬，经过前茬小麦生产多次碾压，表层土壤容重大、较坚实，增加了播种开沟作业难度；三是地不平，与耕整过后的土壤相比，土壤高低不平，坑坑洼洼，提高了仿形难度，播种时容易造成深浅不一，发芽率降低，已发芽种子整齐度差。

当前黄淮海地区玉米机播 90％以上采用勺轮式播种机，该机型具有结构简单、价格低廉等优点，市场普及率高，特别是小农户大都使用该机型，但该机型适用性不强，特别是在较高作业速度（6 千米/时以上）、田块平整度较低等情况下，播种作业质量较差，播种株距、深度一致性相对差，造成出苗疏密不均和"大小苗"，还容易缺苗断垄，出苗率在 80％左右，严重制约了本地区玉米产量的提升。

本技术结合前茬小麦秸秆处理、单体同位精准仿形、精量排种、适度镇压等技术，一次进地可完成高质量种床整备、开沟施肥、精量播种、均匀覆土、适度镇压等作业，减少作业工序，保证了秸秆还田条件下玉米精量播种质量，粒距均匀，播深一致，实现一播全苗、苗齐苗壮，该技术是实现黄淮海地区提升玉米播种质量、提高产量的有效途径。相关技术获国家发明专利十余项，技术内容在黄淮海地区进行了多年集成与应用。

（二）技术示范推广情况

2016—2022 年在黄淮海地区的山东济宁、德州、潍坊，河北衡水、石家庄、邯郸，河南漯河、新乡、鹤壁、洛阳等地进行较大范围的示范应用。

（三）提质增效情况

该技术在黄淮海玉米主产区进行试验和示范推广，有效解决了麦玉两熟区小麦秸秆还田情况下玉米精量播种的问题，与传统播种技术相比，显著提高了玉米出苗率和群体质量，苗齐苗匀苗壮，平均增产 5％～10％，节本增收 60～120 元/亩，对提升本区域玉米单产水平、保障粮食安全意义重大。

（四）技术获奖情况

以该技术为核心的科技成果获得 2019 年国家科学技术进步奖二等奖（北方玉米少免耕高速精量播种关键技术与装备，证书编号：2019－J－25103－2－01－R02）和 2017 年教育部科学技术进步奖二等奖（玉米机械化单粒精量播种关键技术研究与应用，证书编号：2016－222）各 1 项。

二、技术要点

选用适用于黄淮海地区的高质量免耕精量播种机，一次进地可完成高质量种床整备、开沟施肥、精量播种、均匀覆土、适度镇压等作业，实现一播全苗，苗齐苗壮。

1. 秸秆处理

在播种机前部或各行播种单元开沟器前方配置主动式秸秆清理装置（可采用清茬机构或清茬破土刀等结构，可实现播种带秸秆归行清理、播种带根茬处理等功能）。秸秆清理装置连接拖拉机 PTO 动力，依靠秸秆清理装置拨开或粉碎播种条带上的秸秆。播种开沟器在干净的种带上或破土刀开出的松土带工作，开沟深度稳定，可以保证播种深度一致，同时避免秸秆拥堵情况发生。破土刀可以打碎土壤中的块状结构体，增加土壤流动性，有利于土壤流回种沟。

秸秆清理装置

2. 适时播种

根据生产条件和高忾能播种机单粒精量播种特点，因地制宜地选用高产耐密抗逆品种，精选高质量种子，针对当地各种病虫害实际发生的程度，选择相应防治药剂进行种子包衣、药剂拌种等处理，保证种子发芽率、芽势及纯度，避免因种子质量问题造成缺苗断垄。黄淮海地区墒情不足时于播后浇蒙头水，实现一播全苗。保苗密度需达到 4 500～5 000 株/亩。

3. 单体同位仿形镇压精量播种

采用四连杆仿形播种单体，单体具有一定自重，采用弹簧式单体下压力调节方式，保证作业过程中各部件与地表的紧密接触；播深调整装置挡位准确，播种开沟器和仿形轮处于同一横向位置，保证开沟深度一致；采用圆盘开沟器，提高种子回流种沟能力；采用 V 形独立覆土镇压装置，保证种子上方二层厚度均匀和镇压强度一致，保证种子与土壤的紧密接触，为种子发育提供较好的环境条件。

4. 高精度排种器

采用指夹式、气力式排种器，保证高速下的排种质量和粒距均匀性。作业过程中应注意按照不同排种器形式合理控制作业速度，避免因速度不合适造成播种质量下降，保证作业质量。指夹式排种器适宜作业速度一般在 6～8 千米/时，气力式一般在 8～10 千米/时。

5. 合理施肥

深施肥或者分层施肥，施肥深度≥10 厘米。根据产量目标和地力基础配方施肥，施用纯氮量为 180～240 千克/公顷、纯磷量（P_2O_5）80～85 千克/公顷、纯钾量（K_2O）95～100 千克/公顷的缓释复混肥，结合氮肥机械深施和缓释专用肥一次性施用，施肥深度 5～8 厘米，侧距种子 4～6 厘米。

6. 智能化播种监测信息系统

配置基于北斗定位的智能化播种质量监控系统，能够对播种单行作业进行漏播、堵塞报警和定位记录，可对播种量、作业速度、作业面积实时监测，有效防止作业过程中因漏播导致缺苗，提高播种质量和效益。

三、适宜区域

适用于黄淮海地区玉米主产区。

四、注意事项

技术应用过程中，注意前茬小麦灭茬粉碎的秸秆长度要小于 10 厘米，同时应尽量均匀抛撒于地表，以免影响秸秆处理效果，进而影响播种质量。同时田间作业时注意提前检视、调整机械作业状态。应注意加强宣传培训，提高机手作业技能水平；加强技术应用指导，标准化规范作业，确保技术装备应用到位；强化作业主体培育，提升区域整体农机作业服务质量。

技术依托单位

1. 农业农村部农业机械化总站

联 系 地 址：北京市朝阳区东三环南路 96 号

邮 政 编 码：100122

联 系 人：王 超 刘德普

联 系 电 话：15901443016

电 子 邮 箱：moralzjxc@163.com

2. 中国农业大学

联 系 地 址：北京市海淀区清华东路 17 号

邮 政 编 码：100083

联 系 人：张东兴 杨 丽 崔 涛

联 系 电 话：13466716366

电 子 邮 箱：cuitao@cau.edu.cn

3. 潍柴雷沃智慧农业科技股份有限公司

联 系 地 址：山东省诸城市密州东路 6789 号

邮 政 编 码：262200

联 系 人：张崇勤

联 系 电 话：13506464397

电 子 邮 箱：zhangchongqin@lovol.com

小麦-玉米秸秆精细化全量还田技术

一、技术概述

（一）技术基本情况

山东省是农业大省，农业废弃物产量较大，全省常年农作物秸秆总量 8 000 万吨左右。部分地区因秸秆还田技术和配套措施不到位，秸秆连年直接还田后，对农作物生长造成一定不利影响：一是大型秸秆还田机械不足，秸秆粉碎程度不够，影响作物出苗和对养分的吸收；二是还田秸秆过多，追施氮肥不足，造成碳氮比失调，土壤肥力相对下降；三是携带病虫害的秸秆未经处理直接还田，造成来年病虫害加重。近年来，随着粮食主产区推广大型农机具作业，玉米机械收获率不断提高，秸秆粉碎效果越来越好，秸秆还田技术不断增强。推广秸秆还田技术不仅可以解决秸秆焚烧的问题，还可以培肥地力、增加土壤有机质，实现经济效益和生态效益的统一，其应用前景广阔。

该模式基于黄淮海地区小麦-玉米轮作种植区，在小麦收获季节，利用带有秸秆粉碎还田装置的联合收割机将小麦秸秆就地粉碎，均匀抛洒于地表，直接免耕播种玉米，节约成本，不误农时。同时，地表有秸秆覆盖，能提高土壤蓄水保墒能力，有利于提高作物产量。在玉米收获季节，用秸秆粉碎机完成玉米秸秆粉碎，然后采用大马力旋耕机进行旋耕，省工省时，能实现玉米秸秆全量还田利用。

（二）技术示范推广情况

在德州市齐河县，持续开展了小麦-玉米精细化全量还田技术试验，优化秸秆还田配套技术措施，观测还田效果，累计试验示范面积 60 余万亩。2021 年，通过国家秸秆综合利用试点县，开展精细化还田面积超过 100 万亩，带动全省玉米秸秆还田面积 2 000 余万亩，全省秸秆综合利用能力和技术水平得到明显提升。

（三）提质增效情况

通过实施秸秆精细化全量还田技术，每亩 800 千克左右玉米秸秆粉碎还田等同于向土壤投放纯氮 7.6 千克、五氧化二磷 1.0 千克、氧化钾 13.2 千克，通过试验表明土壤有机质含量显著提高，每亩节约肥料投入 60 多元，玉米亩产平均可提高 35 千克。粉碎的秸秆翻埋地下，增强土壤通透性、改善土壤结构，提升了耕地质量，促进土地综合生产能力和可持续发展能力的提高，同时提高了作物抗逆性，促进作物根深叶茂、穗大粒饱、高产优质，确保粮食高产和粮食安全。

（四）技术获奖情况

2017 年，农业部将该技术遴选为"秸秆农用十大模式"之一，印发了《关于推介发布秸秆农用十大模式的通知》（农办科〔2017〕24 号），向全国推介发布。

二、技术要点

1. 小麦收获时，利用带有秸秆粉碎还田装置的联合收割机将小麦秸秆就地粉碎，均匀抛洒于地表，直接免耕播种玉米。

2. 玉米收获时，使用大马力玉米联合收割机将玉米秸秆切碎，长度小于 5 厘米。

将玉米秸秆切碎

3. 增施氮肥调节碳氮比，解决冬小麦因微生物争夺氮素而黄化瘦弱的问题。秸秆粉碎后，在秸秆表面每亩撒施尿素 5～7.5 千克。

4. 每亩配施 4 千克的有机物料腐熟剂，可以加快秸秆腐熟，使秸秆中的营养成分更好更快地释放，从而培肥地力。

5. 采用深耕或旋耕整地（1 年深耕 2 年深旋，深耕深度 25 厘米以上），使粉碎的玉米秸秆、秸秆腐熟剂与土壤充分混合。

6. 足墒播种，播后镇压，沉实土壤。

配施腐熟剂　　　　　　　　　耕深 25 厘米以上

此外，带病的秸秆不能直接还田，应该喷洒杀菌药以减少病菌越冬基数；也可用于生产沼气或通过高温堆腐后再施入农田。

三、适宜区域

适宜于一年两熟制小麦-玉米轮作区，要求光热资源丰富，在秸秆还田后有一定的降雨（雪）天气，或具有一定的水浇条件；同时要求土地平坦，土层深厚，成方连片种植，适合大型农业机械作业。

四、注意事项

1. 玉米秸秆切碎长度小于5厘米。

2. 每亩均匀撒施尿素5～7.5千克，调节碳氮比。

3. 每亩均匀撒施4千克的有机物料腐熟剂。

4. 墒情要足，小麦播种前墒情不足时要先造墒，微生物分解玉米秸秆也需要在墒情适宜的条件下进行。

5. 沉实土壤，采用深耕或旋耕后先镇压再播种，随播种用镇压轮镇压，密实土壤，杜绝土壤悬空跑墒造成吊苗死苗。

技术依托单位
山东省农业生态与资源保护总站
联系地址：山东省济南市历城区二业北路200号
邮政编码：250100
联 系 人：王 莉 李德伟
联系电话：0531-81608C83
电子邮箱：lidewei@shandong.cn

水稻丰产优质高效协同栽培技术

一、技术概述

（一）技术基本情况

我国是世界水稻生产与稻米消费的第一大国，全国水稻栽培面积约占粮食作物总面积的1/3，总产量接近粮食总产量的1/2，由此可见，水稻在国家粮食生产中起着举足轻重的作用。水稻产量的高低及其品质的好坏直接关系国家粮食安全和人民生活质量。近年来，面对复杂多变的国际形势、经济社会的快速发展，生产经营方式的转变，国内外市场竞争的加剧，我国水稻生产面临着前所未有的挑战：首先，水稻生产要能够稳定增产，保证人民生活对口粮的基本需求，保障经济发展、国家安全和社会稳定。其次，在当前要加快推进农业现代化，提升农业质量效益与竞争力的大背景下，水稻在追求高产的同时必须提升品质，急需要在优质的基础上实现水稻的稳定丰产。此外，我国水稻生产长期以来存在肥料、农药投入量较大，成本较高，不利于实现绿色生产等问题。针对上述问题，2023年中央1号文件明确指出既要全力抓好粮食生产，稳住面积，主攻单产，力争多增产，还要实施好优质粮食工程，实现优质优价，同时还要加快农业投入品减量增效技术的推广应用，推进农业绿色发展。因此，我国水稻生产十分迫切需要推广以水稻产量品质效益协同提升为主体的技术，以加快推进稻米产业高质量发展，提升我国稻米在国内外市场上的竞争力，保障国家粮食安全。

"十三五"以来，扬州大学牵头实施了国家重点研发项目"水稻优质丰产高效品种筛选及其配套栽培技术"和农业重大技术协同推广计划项目"水稻品质产量效益协同提升技术集成推广"等项目，联合全国农业技术推广服务中心、江苏省农业技术推广总站等单位，创新建立了以丰产优质高效水稻品种的筛选应用、水稻生产各生态区温光资源的优化利用与调控、节氮高效施肥技术与全程机械化技术、病虫草绿色飞防技术为主要内容的水稻丰产优质高效协同的机械化栽培技术。在此基础上，集成了毯苗机插和钵苗机插为代表的水稻丰产优质高效的机械化栽培技术模式并制定技术标准，在江苏、安徽、湖北、河南、山东等地大面积示范和推广。其中，江苏省姜堰、黄海农场、泗洪、溧阳和山东省鱼台等地示范方经专家实产验收，均实现了高产优质高效的协同。该技术获2项国家发明专利授权和3项行业或地方标准。以该技术为主要内容的"多熟制地区水稻机插栽培关键技术创新及应用"等成果先后获江苏省科学技术进步奖一等奖、国家科学技术进步奖二等奖、全国农牧渔业丰收奖一等奖和江苏省农业技术推广奖一等奖。本技术具有增产提质，提高肥料利用效率和机械化作业效率等特点，可有效促进水稻产量、品质和效益的协同提升，助力稻农挣钱获利。

（二）技术示范推广情况

自2015年以来，水稻丰产优质高效协同的机械化栽培技术已在江苏、安徽、湖北、河南、山东等地示范和推广。2022年，"水稻质产效协同提升技术"被列为江苏省种植业主推技术，在全省范围内大面积推广。该集成技术中的"水稻钵苗机插优质丰产栽培技术"被列为2022年粮油生产主推技术，在全国范围内推广。2015—2022年，该技术已在江苏、安徽、湖北、河南、山东等地示范推广 1 865 万亩，增产提质增效明显。

（三）提质增效情况

水稻丰产优质高效协同的机械化栽培技术增产提质增效显著。2020 年，在江苏省姜堰基地和盐城黄海农场基地，南粳 9108 和南粳 5718 丰产优质高效协同的机械化栽培技术示范方经专家测产验收，平均亩产分别达 697.74 千克和 760.21 千克；2021 年，在江苏省泗洪基地，泗稻 301 丰产优质高效协同的机械化栽培技术示范方经专家测产验收，平均亩产790.2 千克；2022 年，在江苏省溧阳基地和山东省鱼台基地，南粳 46 和润农 11 丰产优质高效协同的机械化栽培技术示范方经专家测产验收，平均亩产分别达 753.1 千克和 708.7 千克。在现有的多省应用中，亩产稻谷增加 10% 以上，肥料利用效率提高 5%～10%，品质提高 0.5～1 个等级，经济、社会和生态效益显著。

江苏溧阳示范方测产验收   山东鱼台示范方测产验收

（四）技术获奖情况

该技术理论与实践基础扎实，先进可靠，具有广泛的适应性与普遍指导性，在我国大面积水稻绿色增产提质增效中发挥重要作用。先后获 2017 年度江苏省科学技术进步奖一等奖（多熟制地区水稻机插栽培关键技术创新及应用），2018 年国家科学技术进步奖二等奖（多熟制地区水稻机插栽培关键技术创新及应用），2019 年全国农牧渔业丰收奖一等奖（水稻优质绿色机械化栽培关键技术集成与推广），2020 年江苏省农业技术推广奖一等奖（江苏优良食味稻米绿色高效生产技术集成与推广）。

二、技术要点

（一）核心技术

1. 丰产优质高效水稻品种评价与综合筛选技术

根据某一主产区生态特点与稻米产业发展需求，有针对性地收集在该区主体种植制度与机械化栽培方式下能正常生育与安全成熟的、近 5 年生产中的主推品种，正在参加区试与生产性试验、综合性状优良（产量达较高水平，品质达到国标三级优质米标准或符合地方优质食味水稻要求的，综合抗性达到国家或省部门品种审定要求）的苗头性品系，进而根据水稻品种生育类型开展规范性的田间比较试验，对产量、品质、氮肥利用效率等性状进行综合评价，对照已建立或因产业特定要求修订的丰产优质高效协同的水稻产量、品质和氮肥利用效率等综合评价标准，筛选出适合当地的丰产优质高效水稻品种。以江苏粳型水稻为例，在建立了丰产优质高效水稻的分级标准后，各项指标达该标准的品种可筛选为适宜江苏种植的丰产优质高效协同的粳型水稻品种。"十三五"期间，筛选出的徐稻9号、南粳5718、南粳46、南粳9108、宁香粳9号、苏香粳100等，已成为大面积主推品种。

优质水稻品种综合评价指标与定等分级标准

评价指标	非软米水稻			软米水稻		
	一级	二级	三级	一级	二级	三级
整精米率（%）	≥67.0	≥61.0	≥55.0	≥67.0	≥61.0	≥55.0
垩白度（%）	≤2.0	≤4.0	≤6.0	≤6.0	≤8.0	≤10.0
直链淀粉含量（%）	14～20			6～13		
蛋白质含量（%）	6.5～9.0					
食味值	≥75	≥70	≥65	≥90	≥85	≥80

高产高效水稻品种综合评价指标与定等分级标准

评价指标	中熟中粳		迟熟中粳		早熟晚粳	
	高产高效	中产中效	高产高效	中产中效	高产高效	中产中效
产量（吨/公顷）	≥9.75	≥9.00	≥10.00	≥9.25	≥10.25	≥9.5
氮肥偏生产力*（千克/千克）	≥36.5	≥33.5	≥37.0	≥34.0	≥37.5	≥34.5
有效积温产量**［（千克·摄氏度）/公顷］	≥4.0					

注：*氮肥偏生产力（千克/千克）＝水稻施氮后的单位面积籽粒产量（千克/公顷）/单位面积氮肥施用量（千克/公顷）

**有效积温产量［（千克·摄氏度）/公顷］＝水稻单位面积籽粒产量（千克/公顷）/生育期有效积温（摄氏度）

2. 水稻丰产优质高效协同的温光生态调控技术

在一定纬度范围和统一的栽培管理条件下，水稻产量品质形成与生长发育各阶段的温度关系最为密切。应用Delphi方法确定对水稻产量、品质进行综合评价的指标及其权重：其中产量指标中选择实产（X1，权重0.500），品质指标依据优质粳稻的定级指标分别选择加工品质中的整精米率（X2，权重0.052 5），外观品质中的垩白度（X3，权重0.129 5）和食味品质中的食味值（X2，权重0.318 5）指标，基于每个指标的权重值，应用层次分析法对水稻产量、品质进行了综合评价，得出水稻产量、品质的综合评分值，以该值与水稻播种-抽穗和抽穗-成熟阶段的温度和全生育期的有效积温进行相关性或回归分析，计算出水稻丰产优质协同形成的全生育期有效积温值和生长发育各阶段的适宜温度值。依据水稻高产优质协同形成的有效积温和温度需求，结合当地历年稻季相关温度数据和品种生育期、机械化种植方式选择（毯苗机插或钵苗机插）特点，确定出水稻适宜的播种期，从而将水稻的播种、齐穗和成熟期安排在最适宜的栽培期，使水稻各生育阶段有序持续地处在最佳温光生态环境里，从而达到丰产优质高效的协同。

以江苏为例，根据苏南、苏中、苏北不同类型粳稻各生育阶段对温度的需求，将水稻的播种、齐穗和成熟期安排在适宜的栽培期，便可相对精准地实现对水稻生育全程的温光生态调控。

不同类型水稻优质丰产协同的多生育阶段适宜温度需求（摄氏度）

生态点	生育类型	播种-抽穗	抽穗扬花期	抽穗-成熟	全生育期积温
苏北	中熟中粳	26.0～27.0	24.5～28.0	20.0～23.0	2 000.0
苏中	迟熟中粳	26.5～27.5	25.0～29.0	21.0～24.0	2 200.0
苏南	早熟晚粳	27.0～28.5	26.5～30.0	22.0～24.0	2 400.0

不同生态区水稻优质丰产高效协同的适宜栽培期（月/日）

生态区	生育类型	播种期	齐穗期	成熟期
苏北	中熟中粳	5/10～5/20	8/25～9/5	10/10～10/25
苏中	迟熟中粳	5/15～5/25	8/30～9/10	10/15～10/30
苏南	早熟晚粳	5/20～5/30	9/5～9/15	10/25～11/10

3. 水稻丰产优质高效协同的节氮高效施肥技术

根据各地土壤肥力水平、前茬种类等按需配方施肥。中等地力条件下，总施氮量粳稻以每亩施用 16～18 千克纯氮为宜，籼稻以每亩施用 12～15 千克纯氮为宜。氮肥根据水稻产量、品质和效率协同提升规律分次施用，其中基蘖肥与穗肥比例，粳稻为 7：3 或 6：4，籼稻为 7：3 或 8：2。分蘖肥于移栽后 5～7 天施用，粳稻穗肥于倒 4 叶一次性施用，或于倒 4 叶和倒 2 叶等量分次施用，籼稻穗肥于倒 3 叶或倒 2 叶一次性施用。根据土壤测土结果配方施肥，增施磷钾肥，添加锌肥、硅肥，补充必要的微肥。一般每亩大田推荐施磷肥（P_2O_5）5～8 千克，钾肥（K_2O）8～12 千克，硅肥（SiO_2）30～50 千克，锌肥（$ZnSO_4$）1～1.5 千克。磷肥、硅肥和锌肥主要做基肥一次性施用。钾肥以 5：5 比例做基肥和拔节肥施用。

（二）配套技术

1. 标准化壮秧培育技术

根据育秧方式、品种类型及机插方式合理选择播种机械，例如可选择育秧播种流水线、田间轨道式育秧播种机和自走式摆盘育秧播种机。

毯苗机插培育壮秧：精量控种，30 厘米×60 厘米规格的秧盘常规稻播量 120～150 克/盘，杂交稻 80～100 克/盘。旱（湿）育秧苗，保持盘土相对含水量 60%～80%，一叶一心期化控。最终培育的标准化毯状秧苗标准：秧龄 15～20 天，叶龄 3～4 叶，苗高 12～17 厘米，单株茎基宽 0.25 厘米，地上部分百株干重 2.0 克以上，叶挺、色绿，无黄叶，单株白根数 10 条以上，根系盘结牢固，起秧提起时完整如毯状，无病虫害。

钵苗机插培育壮秧：精量控种，平均钵孔成苗数，常规粳稻 3～5 苗，杂交粳稻 2～3 苗，常规籼稻 2～4 苗，杂交籼稻 2～3 苗。旱育秧苗，保持盘土相对含水量 60%～85%，随叶龄增加适度下降，二叶一心期化控。最终培育的标准化钵形秧苗标准：秧龄 25～30 天，叶龄 3～5 叶，苗高 15～20 厘米，单株茎基宽 0.3～0.4 厘米，平均单株带蘖 0.3～0.5 个，根系发达，单株白根数 13～16 条，百株干重 8.0 克以上，秧根盘结好，孔内根土成钵完整，无病斑虫迹，植株健壮。

2. 大田精细整地技术

秸秆全量还田，选择合适的秸秆还田机型旋耕埋草，提高埋草耕整平整度。大田耕翻深度 18～20 厘米，整地要平，田面平整、整洁，全田高度差不大于 3 厘米，表土软硬适中，田面无杂草、杂物。整地后沙土沉实 1～2 天，黏土沉实 2～3 天。薄水浅插，栽后不漂不倒。

3. 精准栽插技术

根据水稻品种类型、育秧机械方式、土壤肥力与目标产量的高低精准确定机栽规格与合理的基本苗。

毯苗精准栽插：单季稻适宜采用 30 厘米行距，杂交稻穴距 17～20 厘米，每穴 2～3 苗，亩栽 1.1 万～1.3 万穴；常规稻穴距 11～16 厘米，每穴 3～5 苗，亩栽 1.4 万～2.0 万穴。

钵苗精准栽插：针对常用的钵苗插秧机（行距：23～33 厘米宽窄行，平均行距 28 厘米）机型，根据水稻品种不同，中、小穗型常规粳稻一般穴距 12.4～13.2 厘米，每穴 4～5 苗，亩栽 1.8 万～2.0 万穴；大穗型常规粳稻一般穴距 13.8～14.1 厘米，每穴 3～4 苗，亩栽 1.6 万～1.8 万穴。常规籼稻一般穴距 15.7～16.5 厘米，每穴 3～4 苗，亩栽 1.44 万～1.52 万穴。杂交籼稻一般穴距 17.9 厘米，每穴 1～2 苗，亩栽 1.33 万穴。

栽插时，调整并控制好栽插深度，一般在 1.5～2.5 厘米范围内；根据田块形状、面积大小，合理规划作业行走路线，栽插时，直线匀速行走，接行准确。

4. 实施"浅-搁-湿"灌溉

薄水栽秧，适当露田返青活棵，浅水分蘖，分蘖期浅水勤灌，水深以 3 厘米为宜。苗期到拔节期分次轻搁田，拔节后至抽穗扬花期采取"水层-湿润-落干"过程反复交替，灌浆结实期采取"浅水-湿润-落干"过程反复交替，直到成熟前 7 天断水落干。

5. 病虫草绿色飞防技术

稻田杂草防治采用"一封二杀三补"防控技术。在稻田整平后上水、水稻移栽前 3～5 天，采用丁草胺、丙草胺、苯噻酰草胺、噁草酮等药剂封闭处理。在水稻 3 叶期，杂草 2～3 叶期前后，应用五氟磺草胺、噁唑酰草胺、双草醚、氰氟草酯等药剂，采用植保无人机茎叶喷雾的方式防除前期残存的大龄杂草。针对拔节前后田间阔叶杂草和莎草发生较重的田块或者田内斑块，可补充防治。病虫害防治通过长持效药剂如氰烯·杀螟丹、杀螟·乙蒜素等进行浸种或拌种。移栽前 1～3 天带药下田，喷施吡蚜酮等药剂，预防本田前期（栽后 1 个月）的病虫。破口前后综合用药，通过植保无人机喷施三环唑、稻瘟酰胺、肟菌·戊唑醇、吡蚜酮、三氟苯嘧啶等药剂，防治稻瘟病、稻曲病、纹枯病、稻飞虱、二化螟、稻纵卷叶螟、大螟。

三、适宜区域

适宜我国水稻主产区。

四、注意事项

掌握水稻丰产优质高效协同的品种评价指标体系和综合评价技术，要基于当地水稻生态特点、主体种植制度、栽培方式与产业高质量发展需求等关键因素，筛选出适合本区域的丰产优质高效的水稻品种。依据水稻品种高产优质协同形成的有效积温和温度需求，结合当地历年稻季温光资源数据和品种常年生育期、机械化种植方式，确定适宜的播种期。掌握品种的生育特性和关键叶龄期，结合当地水稻生产要求，精准确定肥料施用时期与用量。该技术示范推广过程中，要结合当地农艺要求，建立健全毯苗和钵苗标准化育秧技术规程，因地制宜地培育标准化壮秧。同时要做好病情虫情的测报预报，及时做好病虫害的绿色防控。

技术依托单位

1. 扬州大学

联系地址：江苏省扬州市文汇东路 48 号

邮政编码：225009

联 系 人：张洪程　魏海燕

联系电话：0514-87974509

电子邮箱：hczhang@yzu.edu.cn　wei_haiyan@163.com

2. 中国农业技术推广服务中心

联系地址：北京市朝阳区麦子店街 20 号

邮政编码：100125

联 系 人：冯宇鹏

联系电话：010-59194509

电子邮箱：fengyupeng@agri.gov.cn

3. 江苏省农业技术推广总站

联系地址：江苏省南京市鼓楼区凤凰西街 277 号

邮政编码：210036

联 系 人：杨洪建

联系电话：13813815698

电子邮箱：jsszzzcz@163.com

稻麦周年丰产优质绿色栽培技术

一、技术概述

（一）技术基本情况

稻-麦两熟是我国最主要的种植制度，常年种植面积 8 000 万亩以上，占全国稻麦种植面积的 20％以上，年产粮食 7 000 万吨以上，占全国粮食产量的 30％以上，因此其生产水平的高低直接影响着国家粮食安全与稻农种粮积极性。然而受社会经济的不断发展、劳动力的大量转移与气候趋暖的影响，以劳动密集型为主的传统稻麦轮作高产栽培模式已越来越不适应现代农业发展的要求。主要表现为：传统栽培不适应气候变化，稻麦生产季节进程与丰产优质生育进程匹配度差，温光资源利用率低，灾害趋重，产量不高不稳，品质差；水稻改为小苗机插与直播，迟播迟熟，也影响了小麦适期播种与生育，两季高产优质协调难；稻麦周年秸秆全量还田量大、质量差，稻麦群体起点量质不符合丰产优质栽培要求，大田栽培管理难；稻麦周年肥水药投入精准性差、利用率低，稻麦丰产优质绿色高效生产难，严重影响到区域粮食安全生产、农民增收与生态环境友好。针对上述突出难题，21 世纪以来，扬州大学、江苏省农业技术推广总站、安徽省农业科学院等单位依托国家粮丰工程、省部现代农业重大（点）攻关与示范推广等项目，以丰产优质绿色高效生产为目标，以稻麦周年温光资源高效利用为突破口，在不同生态区设置核心试验示范与应用基地，采取"关键技术攻关—技术熟化示范—技术集成应用"协同推进模式，研究明确了不同生态区稻麦两熟丰产优质茬口高效衔接与品种利用、全程机械化农机选型优化、秸秆全量机械化高质还田、精准耕播（栽）、精确定量施肥等技术，集成应用了不同生态区稻-麦周年丰产优质绿色机械化生产模式与技术，并在江苏、安徽、湖北等地进行了示范应用，不仅有效提高了稻麦产量与品质，还减少了化肥与农药用量，提高了肥水药利用率，促进了稻-麦周年高产优质、绿色生态、轻简高效生产。

（二）技术示范推广情况

21 世纪以来，该技术以项目带动为抓手，通过与高等科研院所（校）、农机农艺推广部门与新型经营主体紧密结合，采用"关键技术攻关—技术熟化示范—技术集成应用"协同推进模式，在江苏兴化、姜堰、高邮、海安、如东、射阳、盐都、洪泽、泗洪、睢宁、东海，以及安徽阜阳、蚌埠、淮南、滁州、六安、合肥、安庆、池州、铜陵、芜湖、马鞍山、宣城等地得到了有效示范，并实现了规模化应用。其中在江苏兴化、姜堰等地创造了水稻亩产900 千克以上、小麦亩产 600 千克以上、稻麦周年亩产 1 500 千克以上的高产纪录；江苏全省稻麦吨粮县（市、区）达 20 个以上，占全省的 1/3 以上。近三年年应用面积达 1 500 万亩以上。

（三）提质增效情况

与常规稻麦生产技术相比，稻麦新技术试验示范平均亩产分别可达 700 千克以上、450千克以上，新技术平均亩增产 20％以上；温光资源利用率提高 15％以上，肥水利用率提高

15%以上，生产效率提高 30%以上；稻麦周年亩增产 150 千克以上，亩增产 20%左右，亩增效 30%以上，品质达优质稻麦生产要求；稻麦新技术大面积推广应用后，周年温光资源利用率提高 12%以上，肥水利用率提高 10%以上，生产效率提高 20%以上；稻麦周年亩增产 60 千克以上，亩增产 8%左右，亩增效 20%以上，品质明显改变。

（四）技术获奖情况

该技术的核心技术"水稻丰产定量栽培技术及其应用"获 2011 年度国家科学技术进步奖二等奖；"多熟制地区水稻机插栽培关键技术创新及应用"获 2018 年度国家科学技术进步奖二等奖；"稻-麦两熟丰产高效绿色栽培关键技术创建与应用"获 2020 年度江苏省科学技术进步奖一等奖；"江淮稻-麦周年丰产高效抗逆关键技术创新及应用成果"获 2021 年度安徽省科学技术进步奖一等奖；"稻麦养分定量遥感与测土配方施肥全程智能化服务关键技术及应用成果"获 2021 年度神农中华农业科技奖二等奖。

二、技术要点

（一）核心技术

1. 稻-麦两熟周年丰产优质协同生产的茬口高效衔接与品种选用

选用水稻适度迟熟（15～20 天）、小麦适度耐迟播（10～15 天）的高产优质品种，改传统的水稻中大苗手插与小麦适期条（撒）播为水稻中小苗机插与小麦机条（匀）播，构建适应不同生态区的稻麦周年丰产生育进程与资源高效利用的茬口衔接与品种配置模式，提高稻麦周年温光资源利用率与生产效率。其中，江南地区水稻选用优质迟熟中籼/早熟晚粳品种毯苗/钵苗机插，小麦选用抗赤霉病强、耐渍害强的春性小麦品种机条（匀）播；江淮地区水稻选用优质中熟中籼/迟熟中粳品种毯苗/钵苗机插，小麦选用抗赤霉病强、耐渍害强的弱春性小麦品种机条（匀）播；淮北地区选用优质早熟中籼/中熟中粳品种毯苗/钵苗机插，小麦选用抗寒性好、抗赤霉病强、耐渍害强的优质半冬性小麦品种机条（匀）播。

2. 稻麦秸秆机械化高效还田耕整技术

稻麦成熟并达到收获标准后，选用相应的稻麦收获机械并启动均匀抛撒装置使秸秆切碎并均匀抛撒，秸秆长度≤10 厘米，留茬高度≤18 厘米，埋草覆盖率≥95%。根据机械化作业条件，选用大马力稻麦秸秆机械反旋灭茬旱耕旱整或中马力小麦秸秆机械旱耕水整-水稻秸秆机械旋耕埋茬。旋耕埋茬深度≥15 厘米，埋茬覆盖率≥95%，耕深稳定系数≥85%，碎土系数≥90%。稻麦秸秆还田的同时或还田后进行整地作业，以保证田块满足后茬作物的种植需求。

3. 水稻毯（钵）苗机械化育插秧技术

以"控种、控水、化控与暗化齐苗"为核心，通过育秧播种流水线完成水稻毯（钵）状苗的播种、装盘作业，再进行标准化的秧苗管理，最终育成高质量的毯（钵）状苗，并根据水稻品种类型、产量目标与秧苗质量，合理确定适宜的栽插穴数与穴苗数，提高机插秧作业质量。

4. 小麦机械化播种技术

根据稻田墒情，选用适宜的耕作方式与小麦条播机或小麦复式播种机，实现小麦的条状或带状播种，保障小麦出苗数量适宜，苗齐、苗匀与苗壮。

5. 稻麦机械化精准施肥技术

根据土壤肥力、产量目标、品种类型与品质要求合理确定施肥种类、施肥量与施肥比例，根据苗情和逆境特点进行精准追肥。提倡有机无机肥配施，有条件的地方，推广应用水稻侧深施肥与小麦种肥同播。

（二）配套技术

1. 病虫草害机械化绿色综合防控技术

坚持"预防为主、综合防治"的方针，采用农业防治、物理防治、生物防治、生态调控以及科学、合理、安全使用农药的技术综合防治病虫草害。水稻主要防治水稻纹枯病、稻瘟病、稻曲病、稻飞虱、稻纵卷叶螟、螟虫与稻田杂草；小麦主要防治赤霉病、纹枯病、白粉病、黏虫、蚜虫和麦田杂草，要及时用药、用对药剂、足量用药，当前白粉病、纹枯病推荐使用高效植保机械、植保无人机精准施药，提升农药利用率，降低农业面源污染。

2. 稻麦机械化收获与烘干技术

稻麦成熟后选用高效环保稻麦联合收获机进行机械收割，提高稻麦收获效率，减少水稻迟收与小麦迟播问题；与此同时，采用低温循环式谷物干燥机对收获后的稻麦及时进行科学烘干，烘干时稻麦初始含水率不高于 30％，防止机器堵塞，提高粮食品质。

三、适宜区域

江苏省、安徽省、湖北省、河南省及生态条件类似的稻-麦周年轮作区。

四、注意事项

1. 不同生态区需精准选用适宜本地区机械化栽插与机播的稻麦品种及其相应的合理栽培方式与播期。

2. 不同生态区需选择与本地土壤类型及墒情配套的秸秆全量还田耕播机型及技术，以提高秸秆还田与耕整质量及作业效率，缩短周年种植茬口衔接时间。

3. 本成果主要在江苏、安徽等地进行了关键技术研发与技术集成应用，对于其他稻麦轮作区或稻、麦单季种植区仍需结合各地的生态与土壤耕作条件及机械化发展水平，开展相应的本土化技术研究与集成示范，形成相应的技术参数，不能简单生搬硬套。

技术依托单位

1. 扬州大学

联系地址：江苏省扬州市文汇东路 48 号

邮政编码：225009

联 系 人：霍中洋

联系电话：0514-87972363　13092003512

电子邮箱：huozy69@163.com

2. 江苏省农业技术推广总站

联系地址：江苏省南京市凤凰西街 277 号

邮政编码：210036

联 系 人：荆培培

联系电话：025-86263538　18452601872
电子邮箱：jsrice@126.com
3. 安徽省农业科学院
联系地址：安徽省合肥市农科南路40号
邮政编码：230041
联　系　人：吴文革
联系电话：0551-62160186　17730225936
电子邮箱：aaasrri@163.com

再生稻高产栽培技术

一、技术概述

（一）技术基本情况

再生稻是在头季水稻收割后，采用一定的栽培管理措施促进稻桩上的休眠芽萌发生长成穗而再次收割一季的水稻种植模式。目前，全国再生稻面积 1 500 万亩以上。据测算，在不影响双季稻生产的前提下，南方一季稻区还有约 5 000 万亩适宜发展再生稻的潜力。再生稻因生育期短、日产量高、省种、省工、节水、调节劳力、生产成本低、经济效益高等优点，已成为我国南方稻区提高复种指数、增加单位面积产量和经济收入的有效措施之一。

2023 年中央 1 号文件提出，要鼓励有条件的地方发展再生稻。但部分地区对再生稻生产不够重视，多数农户没有把再生稻真正当一季粮食，"有收就收、无收就丢"，技术管理粗放，蓄留再生稻产量较低时放弃管理，制约了再生稻的推广应用。本技术模式通过筛选适宜机械收割的再生稻品种、优化肥水管理，集成再生稻高产栽培技术，提高再生稻产量水平，有效提高农户种植积极性，促进增产增收，带动水稻产能提升。

（二）技术示范推广情况

该技术目前已在南方稻区种植一季稻热量有余而种植双季稻热量又不足的地区累计推广应用面积 1 300 万亩以上。

（三）提质增效情况

据调查，2021 年再生稻亩成本 160 元（化肥 70 元、机收费 70 元、水肥管理 20 元），亩均收益 580 元（稻谷按市场价 2.9 元/千克计算），亩纯收益达 420 元，一种双收、效益突出。再生稻生长季节高温已过、降雨减少，避开了"两迁"害虫等病虫害危害高峰，一般年份不需要喷施农药；每亩仅需施用尿素 20~25 千克，化肥投入量少。试验表明，与双季稻生产相比，"中稻＋再生稻"模式肥料用量减少 30%~50%，农药用量减少 40% 左右，是一种化肥农药减量增效的种植方式，是促进水稻绿色发展的重要途径。

（四）技术获奖情况

该技术入选 2022 年农业农村部粮油生产主推技术，"再生稻丰产高效栽培技术集成与应用"获 2019—2021 年度全国农牧渔业丰收奖农业技术推广成果奖一等奖。

二、技术要点

（一）优选品种

再生稻种一次收两季，要选择通过国家或地方审定的生育期 130 天左右、稻米品质优、综合抗性好、再生力强和适合机械化生产的品种。

（二）适时播种

"春分"提早播种，争取头季稻"立秋"早收，确保把头季稻和再生季的抽穗扬花期安排在光温最佳时段，同时为再生季生长争取足够的时间，降低"寒露风"的威胁。部分季节矛盾紧张的地区建议在 3 月上旬播种。推荐采用集中育秧方式培育壮秧，机插秧秧龄控制在 30 天以内，确保再生稻机械化插秧漏插率不超过 5%，伤秧率低于 4%，均匀度合格率不低于 85%，覆盖率达到 98%以上。同时，确保秧苗呈现直行、充足、浅栽的栽植形式，做到不漂、不倒、不深。

（三）合理密植

头季稻适当密植是再生稻争多穗的基础，杂交稻机插移栽每亩推荐密度为 1.4 万～1.6 万丛，每丛插 3～4 棵谷秧；常规稻机插移栽每亩推荐密度为 1.4 万～1.5 万丛，每丛插 5～6 棵谷秧。杂交稻 4 万～5 万基本苗、常规稻 6 万～7 万基本苗。

（四）科学施肥

根据目标产量要求和所推广地区稻田土壤养分含量合理确定施肥量。中等肥力稻田头季稻每亩施用氮（N）10～12 千克、磷（P_2O_5）4～6 千克、钾（K_2O）9～10 千克，注意氮肥后移，根据苗情适量施穗肥；施好促芽肥和促蘖肥，促芽肥在头季稻抽穗后 15 天或收割前 10 天左右施用（如不施促芽肥，应当在头季稻收割后加大促蘖肥用量），亩施尿素 5～7.5 千克和钾肥 3～5 千克；再生季促蘖肥在头季稻收后 2～3 天内早施，亩施尿素 7.5～10 千克（如未施用促芽肥，促蘖肥用量加大到 12.5～17.5 千克）。

再生稻头季收获后再生芽快速萌发

（五）精细管水

头季稻浅水分蘖、提早晒田、有水孕穗、花后跑马水养根保叶促灌浆，收割前 1 周断水干田，以利于头季机械收割时减轻收割机对稻桩的碾压；头季稻收获后晒田 2 天，复浅水层 1～2 厘米，促进再生蘖生长、中后期干湿交替。抽穗扬花期若遇寒露风天可灌深水保温护苗。

（六）合理留桩

合理的留桩高度是再生稻机收能否成功和高产的关键技术之一。留桩高度应以再生季能安全齐穗为前提，结合提高再生季成熟的整齐度来确定。头季稻收割时一般留桩高度保留倒二叶叶枕，机收控制留桩高度为 40～45 厘米。长江中游地区头季稻在立秋前收割，留桩高度可降低到 35 厘米左右；如头季稻在 8 月 15 日以后收割，应采用高留茬收割，留桩高度 45 厘米左右。

再生稻再生季齐穗期

（七）防控病虫

病虫危害不仅影响头季稻产量，而且严重影响再生芽萌发，要加强测报及时防治。以农业、物理、生物等综合防治为原则，选择高效、低毒、低残留的农药，采用高效宽幅远射程喷雾机或无人机等现代植保机械进行专业化统防统治，及时绿色防控。重点防治稻瘟病和纹枯病等病害和二化螟、稻纵卷叶螟、稻飞虱等虫害。5 月中旬防治二化螟，6 月中旬防治稻纵卷叶螟、稻飞虱、纹枯病、稻瘟病、稻曲病等。

（八）适时收获

再生稻头季最好在九成熟时收割。过早过迟收割都不好，过早收割既影响头季产量又不利于再生萌发，过迟收割既会影响再生季安全齐穗、又会导致倒二节再生芽伸长后被收割机割断。适宜选用再生稻专用收割机或割台宽/履带宽比较大的全喂入联合收割机收割，结合合理规划收割路线，尽量减轻稻茬的碾压程度和比例。如无后茬季节矛盾，再生季应适当迟收，让其全部成熟后再收割。

再生稻头季机械收获

三、适宜区域

南方稻区种植一季稻热量有余而种植双季稻热量又不足的地区以及中稻-冬闲地区，灌溉条件满足两季生长需要，且适合机械化作业的田块。

四、注意事项

该技术示范推广过程中，一定要注意稻瘟病、纹枯病等病害的防治和再生稻的水分管理。

技术依托单位

1. 全国农业技术推广服务中心

联系地址：北京市朝阳区麦子店街 20 号

邮政编码：100125

联 系 人：冯宇鹏　鄂文弟

联系电话：010-59194509

电子邮箱：fengyupeng@agri.gov.cn

2. 华中农业大学

联系地址：湖北省武汉市洪山区狮子山街 1 号

邮政编码：430070

联 系 人：黄见良

联系电话：13100633046

电子邮箱：jhuang@mail.hzau.edu.cn

3. 福建省农业科学院

联系地址：福建省福州市仓山区城门镇

邮政编码：350018

联 系 人：黄庭旭

联系电话：13860641750

电子邮箱：610143535@qq.com

双季稻"早专晚优"全程绿色生产技术

一、技术概述

（一）技术基本情况

双季稻是湖南粮食生产"保面稳量"的关键所在。但目前双季稻生产中存在机械化生产水平低，早籼稻食味品质较差、直接食用价值低，优质晚稻适应品种少、季节矛盾突出、产量和品质难保证等技术难题。在农村劳动力不断减少和水稻生产效率持续低位的双重压力下，双季稻区"双改单"现象严重，双季稻种植面积持续下滑。据估算，湖南省早稻产值为1 058元/亩，晚稻产值为1 185元/亩。一般情况下，稻农自主进行传统人工生产纯收入为早稻776元/亩，晚稻903元/亩（不计人工成本），稻农自主租赁农机进行全程机械化生产纯收入为早稻367元/亩，晚稻494元/亩。总体上说，湖南双季稻生产效益很低。因此，改变早籼稻食用用途，发展具有食品加工、高档饲料等用途的专用早稻和发展优质晚稻是湖南双季稻生产高产高效与可持续发展的关键。

本技术以改变早籼稻用途、提高晚籼稻品质的思路，在建立专用早稻和优质晚稻品种评价体系与品种筛选，以及机插专用早稻和优质晚稻质量形成机理与栽培调控的系统研究的基础上，研发了"早专晚优"茬口衔接、工厂育秧与分层无盘旱育秧、水稻全程机械化栽培等关键技术，集成创新"早专晚优"双季稻全程机械化绿色生产关键技术体系，起草并发布了湖南省农业技术规程《双季稻早专晚优全程机械化生产技术规程》，专用稻品种筛选以专题节目在中央电视CCTV-10进行展播，以双季稻"早专晚优"全程机械化绿色生产技术为核心内容的示范推广获得了2019—2021年度全国农牧渔业丰收奖农业技术推广成果奖一等奖。

（二）技术示范推广情况

申请人依托国家粮食丰产科技工程等科研项目，通过技术研发，提出了双季稻"早专晚优"全程机械化绿色生产技术。本技术以湖南省赫山区、华容县、衡阳县、醴陵市、浏阳市、安乡县和安仁县七个县市为核心示范区，在2017—2021年累计示范推广549.2万亩。

（三）提质增效情况

双季稻"早专晚优"全程机械化绿色生产技术在2017—2021年间综合示范取得了良好的结果。①核心示范区5年双季稻年均产量加权平均达到1 028.2千克/亩，比非技术区增加106.1千克/亩，双季稻两季合计增产率为11.50%。②核心示范区节省生产用工1.05个/亩。③核心示范区节省农资成本26.7元/亩。④核心示范区采取干湿交替灌溉、减氮密植和专业化统防统治等措施，减少了大田用水量12%、减少氮肥用量18.2%、减少农药成本11.5%。

（四）技术获奖情况

以本技术为核心的科技成果《双季稻"早专晚优"提质增效全程机械化技术集成应用》获得2019—2021年度全国农牧渔业丰收奖农业技术推广成果奖一等奖。

二、技术要点

（一）技术路线

基于本项目技术较传统的双季稻栽培技术的突出优势，提出了"五改一增一减"的技术路线，具体如下：

1. 改早、晚稻高产品种为早稻专用稻、晚稻优质稻品种

在筛选到适合湖南双季稻搭配专用早稻品种 12 个、优质晚稻品种 12 个的基础上，实现双季稻"早专晚优"品种合理搭配（湘中以北地区：早熟品种搭配中熟品种、中熟品种搭配早熟品种；湘中以南地区：中熟品种搭配中熟品种）。

2. 改传统水稻育秧方式为工厂化育秧或旱式育秧

一是将人工和流水线无序播种改为印刷播种机定位播种，实现专用早稻大田用种量由 3.0～3.5 千克/亩减少为 1.5～1.7 千克/亩，优质晚稻大田用种量由 1.7～2.0 千克/亩减少为 0.9～1.5 千克/亩；二是将传统的田间小拱棚基质/泥浆育秧改为工厂化集中育秧或旱式育秧，实现成秧率提高 10%，秧龄弹性从 15～20 天增加到 15～30 天，秧苗素质大幅度提升，用工减少 0.5 个/亩。

3. 改传统人工或机械耕整平地为激光平地

实现田块内高低差不大于 3 厘米，有利于杂草防控和水肥高效利用。

工厂化育秧技术　　　　　　　　　　　激光平地技术

4. 增加水稻机插密度

通过增加机插密度，减少肥料用量。机插密度早稻由每亩 2 万蔸增加到 2.4 万蔸，晚稻由每亩 1.6 万～1.8 万蔸增加到 2.0 万～2.2 万蔸。早晚稻氮肥用量由 10～12 千克减少为 8～10 千克，实现稻米品质提升和氮肥高效利用。

5. 改淹水灌溉为干湿交替灌溉

双季稻以雨时蓄水深灌为主，水层保持 3～5 厘米；旱时以浅灌溉为主，水稻在分蘖末期、拔节初期晒田 5～10 天，实现双季稻稻田平均节水 12%。

6. 改分户防治为专业化统防统治

采用病虫草害统防统治，能够减少农药用量和面源污染，节省用工和成本，分别比常规防治用工减少 0.5 个/亩、农药使用投入减少 9.4 元/亩。

7. 减少机械收获损失

因地制宜选择机械和收获期，督促大户抢晴早收，规范机收作业流程，减少谷物机收损失，全喂入式控制在 2.8% 以下，半喂入式控制在 2.5% 以下。

（二）技术方案与要点

1. 农机设备与设施准备

耕整机械：选用拖拉机牵引的水田耕整机、自走式旋耕机、水田激光平地机、整地机械。

播种机械：选用播种流水线或自走式秧盘播种机。

床土机械：粉碎机、筛选机。

催芽设施：催芽器、催芽室。

喷水设施：喷灌、洒水设备。

育秧托盘：选用 58 厘米×23 厘米×2.5 厘米规格的毯秧或钵毯秧硬质塑料育秧盘。

插秧机械：选用行距 25 厘米，株距 10~17 厘米的插秧机。

植保机械：选用单旋翼或多旋翼植保无人机、喷杆式喷雾机、喷枪喷雾机或其他喷雾机械。

保温设施：简易育秧大棚、工厂化育秧温室或塑料薄膜、竹弓等覆盖物。

收割机械：选用损耗低、清选效果好的水稻联合收割机。

烘干机械：选用低温循环式或横流式、混流式谷物烘干机。

2. 大田选择

双季稻区集中连片，田块面积较大，地势较平坦，适于农机作业的非潜育性稻田。

3. 品种选择与搭配

早稻品种：早稻选用适合加工专用稻品种。米粉稻品种：直链淀粉含量为 21%~25%，碱消值在 5~7；饲料稻品种：糙米率>79%、粗蛋白质含量>10%；糖浆稻品种：大米总淀粉含量>72%、蛋白质含量<7%等。全生育期 110 天左右，湘北不长于 110 天，湘南不长于 115 天，综合性状好，种子质量符合国家相关标准规定。

晚稻品种：晚稻选用米质达部颁三等优质米标准以上，食味佳的优质稻品种。全生育期 115 天左右，湘北不长于 115 天，湘南不长于 120 天，综合性状好，种子质量符合国家相关标准规定。

品种搭配：早晚两季品种生育期搭配，湘北地区可选用早熟品种加中熟品种或中熟品种加早熟品种搭配，湘南地区可选用中熟品种加中熟品种搭配，确保晚稻在寒露风来临前安全齐穗。

4. 工厂机械育秧

育秧大棚：育秧大棚应建在避风向阳、水源充足、排灌畅通、运秧方便的地方，不能建在低洼潮湿，易积水的地方。工厂化育秧大棚按每 500 亩大田建一个 1 050 米² 多层立体大棚的规模建设。育秧塑料大棚按 30 亩大田建设 1 个 30 米×8 米×3.2 米塑料大棚的规模建设。

育秧基质：选用商品基质或过筛细土（粒径≤5 毫米，pH5.5~6.5）。

浸种催芽：种子经清水或盐水清选后，用强氯精或咪酰胺等消毒剂浸种消毒 8~12 小时，清水洗净后，用种子催芽器或在催芽室内催芽至 90% 的种子破胸露白，芽长、根长不超过 2 毫米。芽谷在阴凉处晾干 6~8 小时或过夜后播种，播种前芽谷还可用烯效唑和防治苗期病虫效果好的拌种剂拌种。

适时播种：早稻在日平均气温稳定在 8 摄氏度以上、棚内温度稳定在 12 摄氏度以上时开始播种，宜在 3 月 15～25 日播种，确保秧龄 18～25 天机插，最长不超过 30 天。

晚稻一般根据早稻成熟期确定播种期。早稻在 7 月 15 日前成熟，宜 6 月 25～28 日播种；7 月 15 日以后成熟，宜 6 月底至 7 月初播种，确保晚稻秧龄 18～25 天插完，最长不超过 30 天。

精量播种：种子用量为每亩大田杂交稻 2.0～2.5 千克，常规稻 3.0～4.0 千克。每亩大田备秧 45 盘，每盘播种量：芽谷杂交稻 60～70 克，常规稻 110～130 克。用 58 厘米×23 厘米×2.5 厘米规格的毯秧或钵毯秧硬塑秧盘，采用播种流水线或自走式秧盘播种机播种。秧盘底土厚度 2 厘米，盖土以盖没芽谷为宜。如采用定位播种方法，应用杂交稻印刷播种机，每盘横向播种 16 行（25 厘米行距插秧机）或 20 行（30 厘米行距插秧机），纵向播种 34～36 行经包衣处理的杂交稻种子。早稻定位播种 2 粒，晚稻和一季稻定位播种 1～2 粒。边播种边进行纸张卷捆，以便于运输。

叠盘出苗：播种后将秧盘集中叠码在秧架中间，层高 7～8 盘，用地膜严密覆盖保温保湿或密室出苗。一般叠盘 4～5 天，待芽长达到 5 毫米左右、根系开始下扎时及时上架育苗。

育苗管理：①温光控制。出苗期棚内温度控制在 30～32 摄氏度；1 叶期，棚内温度控制在 22～25 摄氏度；秧苗 1.5～2.5 叶期，逐步增加通风量，棚内温度控制在 20～22 摄氏度，严防高温烧苗和秧苗徒长；秧苗 2.5～3.0 叶期，棚内温度控制在 20 摄氏度以下，移栽前将大棚边膜揭开炼苗 3 天左右。出苗后注意调整棚内光照，使秧盘受光均匀，秧苗生长一致。②水分管理。出苗阶段保持盘土湿润。出苗后，如盘土表面发白，秧苗微卷，应及时喷水，喷至盘底开始滴水为止。机插时秧块含水量以不超过 40% 为宜。③病害防治。齐苗和雨过天晴后，亩用 75% 敌克松可湿性粉剂 250 克对水 40 千克或 90% 噁霉灵可湿性粉剂 1 500 倍液喷施，预防立枯病和绵腐病。④叶面施肥。秧苗后期如出现脱肥现象，应叶面喷施大量元素水溶性肥料（按使用说明书操作）；起秧前 1 天，喷施 1 次 0.5% 尿素溶液作"送嫁肥"。⑤壮秧指标。秧龄 18～25 天，叶龄 2.5～3.5 叶，苗高 12～17 厘米，茎基宽≥2.0 毫米，单株白根数≥10。秧块苗齐苗匀，根系盘结牢固，提起不散，每平方厘米秧苗数杂交稻 1.5～2.5 株，常规稻 2.5～3.5 株。

5. 分层旱式育秧

选择平整的稻田、旱地或水泥坪作为育秧场地，采用农用岩棉＋编织袋布（或带孔薄膜）构建固定秧床进行分层无盘育秧。

构建水肥层：如采用稻田和旱地育秧，先开沟做秧厢，厢面宽 130～140 厘米、沟宽 50 厘米，然后在秧厢上铺放岩棉，浇水（或灌水）湿透岩棉，均匀喷施水溶性肥料（45% 复合肥 40 千克/亩）于岩棉上，再铺放编织袋布（或带孔薄膜）防止过多根系下扎至岩棉中，造成取秧困难。如采用水泥坪育秧，直接将岩棉铺于水泥坪上，再用泥巴将岩棉死封住，以防岩棉中的水分过快蒸发，其他操作同稻田和旱地育秧。

构建根层：在编织袋布（或带孔薄膜）上铺放无纺布条，无纺布条宽度根据插秧机规格确定，25 厘米行距插秧机为 22.3 厘米，30 厘米行距插秧机为 27.8 厘米，再在无纺布条上填放 1.5～2.0 厘米厚的专用基质，种子朝上平铺印刷播种纸张，覆盖 0.5～1.0 厘米厚的专用基质，浇水湿透种子及基质，保持基质透气、湿润，以利种子出苗。

秧田管理：早稻用竹片搭拱，薄膜覆盖；晚稻用无纺布平铺覆盖，厢边用泥固定，以防风雨冲荡。种子破胸后、出苗前厢面保持湿润（无水层），出苗后干旱管理炼苗。对于早稻，当膜内温度达到35摄氏度以上，揭开两端薄膜通风换气、炼苗；播种后连续遇到低温阴雨时，揭开两端薄膜通风换气，预防病害。对于晚稻，当秧苗1叶1心后，揭开无纺布（最迟可到秧苗2叶1心期）。1叶1心期每亩用15%的多效唑粉剂64克，对水32千克，细雾喷施，以促进分蘖发生和根系生长。

6. 大田耕整

早稻田一般在机插前10～15天进行翻耕，机插前2～3天进行旋耕和平田；晚稻田待早稻收割后即灌水翻耕。犁耕深度15～20厘米，旋耕深度10～15厘米，田面平整无残茬杂物、高低差<3厘米，大田平整沉实1～2天后机插。

7. 机械插秧

插秧机调试：机插前按程序做好插秧机保养与调试工作，确保各系统和整机运转正常。

起秧与运秧：起秧时可将秧块连同秧盘提起，平放在运秧车或运秧架上运往田头，也可从秧盘内小心卷起秧块，叠放于运秧车或其他运秧工具内，叠放层数一般2～3层，秧块运至田头应随即卸下平放，使秧苗自然舒展，以利机插。

密度与基本苗：机插密度常规稻25厘米×（10～12）厘米，杂交稻25厘米×（13～14）厘米，每亩插2万～2.6万蔸。基本苗：杂交稻7万～9万，常规稻9万～11万，具体根据品种特性、气候条件、土壤质地、肥力和管理水平等调整确定。

插秧机行走路线：根据田间道路布局和田块形状、大小，确定插秧机进出田块的位置，设计好插秧机行走路线，从第二插幅开始插秧。

取秧量和试插：为保证基本苗，毯秧机插一般将插秧机取秧量调到最大。钵毯秧机插要求每蔸插1钵秧，须将横向取秧次数调至与秧盘横向钵数相同，纵向取秧量与秧盘纵向钵间距相同。在各调节手柄按作业要求设定并在载秧台放置秧苗后试插2～3米，确认穴株数和栽插深度，调准取秧量。栽插深度以1厘米左右为宜。

插秧质量："五花水"（水深处不超过2厘米）插秧，漏插率<5%，漂倒率<5%，伤秧率<5%，不弯蔸，不壅泥，每蔸苗数2～5苗，平均3～4苗，插完后灌浅水护苗活蔸。

8. 大田管理

科学管水：坚持浅水插秧（水深1～2厘米），插后立即灌浅水护苗活蔸，灌水深度，以全田不见泥，水不淹心叶为度，促返青分蘖；返青后应薄水勤灌，促进根系生长，分蘖期内宜多次短时间（每次2～3天）露田，促发新根和分蘖；当每亩苗数杂交稻达18万～20万、常规稻达22万～25万时，排水晒田，控制无效分蘖；幼穗分化期应浅水常灌，保持干干湿湿；孕穗至抽穗期保持3厘米左右水层，不能缺水；灌浆乳熟期干干湿湿，以干为主，以水调气，养根保叶，壮籽防衰；收割前7天断水，切忌断水过早。若遇强冷空气和异常高温天气时，要注意灌深水保温和降温。

合理施肥：基肥在大田翻耕前每亩施用水稻配方肥或复合肥25～40千克；分蘖肥在插后5～7天第一次亩施尿素6千克，插后10～12天第二次亩施尿素5千克、氯化钾7.5千克，促进分蘖早发、稳发；孕穗肥在晒田复水后视苗情每亩补施尿素3～4千克、氯化钾3千克，促进颖花分化争大穗；壮籽肥在齐穗期叶面喷施大量元素水溶性肥料（按产品说明书使用），壮籽防早衰。如果机插密度早稻达到2.4万蔸/亩以上，晚稻达到2.0万～2.2万蔸/亩以上，可采用密植减氮的方法，提高稻米品质，氮肥用量早稻和晚稻均为 8～10 千克/亩，氮肥分基肥 50％、蘖肥 20％和穗肥 30％三次施用。

封闭除草：插后 5～7 天结合追施第一次分蘖肥，选用异丙草胺或苯噻酰与苄嘧磺隆或吡嘧磺隆复配可湿性粉剂与肥料拌匀撒施，施药后保持 3～5 厘米水层 5～7 天，进行第一次封闭除草；移栽后 15～20 天，如田间稗草和千金子较多，则每亩叶面喷施 2.5％五氟磺草胺乳油 60 毫升或 10％氰氟草酯乳油 50～80 毫升，进行第二次除草（除草剂使用方法见产品说明书）。

病虫害防控：防控对象主要有纹枯病、稻瘟病、二化螟、稻纵卷叶螟、稻飞虱、稻水象甲等。应根据当地植保部门的预测预报和防治指导意见，使用高效率植保机械防治，提倡由专业化服务组织统防统治。施药时，①每亩对水 30 千克喷雾（使用植保无人机低容量喷雾，亩药液量 500～1 000 毫升）；②露水未干时不施药，宜选晴天下午 3 时以后或阴天施药；③施药时田中有 2～3 厘米水层；④药剂需二次稀释对成母液后再对水喷雾。

9. 机械收割

谷粒黄熟达 90％时，选晴好天气损耗低（损失率＜3％）、清选效果好的水稻联合收割机及时收割。

10. 机械干燥

根据生产规模和稻谷含水量，配套相应的烘干机械和设施，选择相应的干燥技术参数，按烘干机使用说明和程序操作烘干稻谷，入库储藏。

三、适宜区域

湖南省传统双季稻区。

四、注意事项

1. 水稻机械化作业适合规模化，受制于湖南山地和丘陵地貌，多数的单个田块面积小，小型农机耕作效益依旧不高，高标准农田建设有利于更大程度上地推广此项技术。

2. 当前农村劳动力老龄化严重，文化水平不高，习惯沿用传统水稻耕种方式，缺少对新事物的学习热情，对该项技术的推广应用存在一定程度的制约。

技术依托单位
湖南农业大学
联系地址：湖南省长沙市芙蓉区农大路 1 号
联 系 人：陈光辉
联系电话：13908496136
电子邮箱：cgh68@163.com

水稻"三控"施肥技术

一、技术概述

（一）技术基本情况

水稻"三控"施肥技术是针对我国南方水稻生产中化肥农药过量施用、环境污染严重、病虫害和倒伏等突出问题而研发的以控肥、控苗、控病虫（简称"三控"）为主要内容的高效安全施肥及配套技术体系。与传统技术相比，该技术具有省肥省药、增产增收、操作简便的优势。主要解决 3 个问题：①氮肥利用率低导致的化肥面源污染问题。一般节省氮肥20％，增产 10％左右，氮肥利用率提高 10 个百分点（相对提高 30％）以上，环境污染大幅减轻。②病虫害多导致的农药用量大的问题。纹枯病、稻飞虱、稻纵卷叶螟等主要病虫害减少 20％～60％，每季少打农药 1～3 次。③倒伏问题。抗倒性大幅提高，稳产性好。通过增产和节省化肥农药等成本，平均每亩增收节支 180 元。2020 年 11 月 27 日，中国农学会组织有关专家对该技术成果进行了第三方评价，评价专家组一致认为"该技术在通过氮肥的科学运筹实现群体定量调控和高产控害抗倒的协调方面取得了重大突破，成果整体达到同类研究的国际领先水平"。2012 年首次入选农业部农业主推技术，2021—2022 年连续入选农业农村部农业主推技术。

水稻"三控"施肥技术增产增收（左）、抗倒性强（右）

（二）技术示范推广情况

水稻"三控"施肥技术已在南方稻区大规模应用。先后入选农业农村部农业主推技术（2012，2021—2022）以及广东（2008，2010—2022）、海南（2011，2018）、江西（2017—2022）等省农业主推技术。2014—2020 年入选世界银行贷款广东农业面源污染治理项目重点推广技术，2018—2020 年被国家重点研发计划"华南及西南水稻化肥农药减施增效技术集成研究与示范"和"长江中下游水稻化学肥料和农药减施增效综合技术集成研究与示范"项目用作支撑技术，在南方稻区示范推广多年，被广泛用于粮食高产创建、化肥农药"两减"、农业面源污染治理等重大项目（工程）中，节本增产增收效果显著而稳定。通过建立专门的技术推广网站（www.sankong.org）和"三控大师"手机 App、制作并发放通俗易懂的技术资料促进成果技术落地。该技术受到广大基层农技人员和水稻种植户的热烈欢迎，2017—2019 年连续三年被评为"广东省最受欢迎的农业主推技术"。

（三）提质增效情况

该技术减肥减药、增产增收，较好地实现了粮食安全（高产）与生态安全的协调。与传统技术相比，该技术增产 10%左右，每亩节约化肥、农药等成本 30~50 元，每亩增收节支180 元。仅 2017—2019 年在粤桂赣浙琼 5 省（自治区）累计应用 1.1 亿亩，增产稻谷 49.0亿千克，节约成本 42.1 亿元，增收节支 175.2 亿元。同时，由于氮肥利用率提高，减少氮肥环境损失 19.0 万吨，氮肥用量的减少还使温室气体 N_2O 排放减少，环境效益显著。农药用量的减少还有利于稻米食用安全。

（四）技术获奖情况

以该技术为核心的科技成果获 2012 年度广东省科学技术奖一等奖、2011 年度广东省农业技术推广奖一等奖、2013—2014 年度江西省农牧渔业技术改进奖一等奖、2014—2016 年度全国农牧渔业丰收奖二等奖、2020—2021 年度神农中华农业科技奖二等奖。成果第一完成人钟旭华获 2014 年国际植物营养奖（Norman Borlaug Award）。以该技术为核心内容之一的"水稻节水减肥低碳高产栽培技术"于 2017 年入选国家发改委重点推广低碳技术目录。

二、技术要点

1. 选用良种，培育壮秧

选用株型和群体通透性好、抗病性较强的高产、优质良种。育秧方式可采用水、旱育秧或塑料软盘育秧等。大田育秧要求适当稀播，培育适龄壮秧。一般早稻秧龄为 25~30 天，晚稻秧龄为 15~20 天。

2. 合理密植，保证基本苗数

根据育秧方式不同，可采用机插秧、人工插秧、抛秧等方式，每亩栽插或抛植 1.8 万穴左右。杂交稻每穴插植 1~2 苗，每亩基本苗数达 3 万；常规稻每穴插 3~4 苗，每亩基本苗数达 6 万。有条件的地方，推荐采用宽行窄株插植。插植规格以 30 厘米×13.3 厘米为宜。

3. 氮肥总量控制

根据目标产量和不施氮空白区产量确定总施氮量。以空白区产量为基础，每增产 100 千克稻谷施氮 5 千克左右。空白区产量可通过试验确定，也可通过调查估计。目标产量根据品种、土壤和气候等条件确定。

4. 氮肥的分阶段调控

在总施氮量确定后，按照基肥占 40%左右、分蘖中期（移栽后 15 天左右）占 20%左右、幼穗分化始期占 30%左右、抽穗期占 5%~10%的比例，确定各阶段的施氮量，追肥前再根据叶色作适当调整。该技术的最大特点是"氮肥后移"，大幅减少分蘖肥，控制无效分蘖，在保证穗数的前提下主攻大穗。

5. 磷钾肥的施用

在不施肥空白区产量基础上，每增产 100 千克稻谷需增施磷肥（以 P_2O_5 计）2~3 千克，增施钾肥（以 K_2O 计）4~5 千克。在缺乏空白区产量资料的情况下，可按 $N：P_2O_5：$

$K_2O = 1.0 : (0.2 \sim 0.4) : (0.8 \sim 1.0)$ 的比例确定磷钾肥施用量。磷肥全部作基肥，钾肥在分蘖期和穗分化始期各施一半。

6. 水分管理

寸水回青，回青后施用除草剂。浅水分蘖，当全田茎数达到目标穗数 80%～90% 时（早稻插秧后 25 天左右，晚稻插秧后 20 天左右）排水晒田，但不宜重晒。倒二叶抽出期（插秧后 40～45 天）停止晒田，此后保持水层至抽穗。抽穗后干干湿湿，养根保叶，收割前 7 天左右断水，不宜断水过早。

7. 病虫害防治

以防为主，按病虫测报及时防治病虫害。结合浸种做好种子处理，秧田期注意防治稻飞虱、叶蝉、稻蓟马、稻瘟病等，移栽前 3 天喷施"送嫁药"。插秧后注意防治稻瘟病、纹枯病、稻飞虱、三化螟和稻纵卷叶螟等，插秧后 45 天左右防治纹枯病一次。破口期防治稻瘟病、纹枯病、稻纵卷叶螟等，后期注意防治稻飞虱。采用"三控"施肥技术的水稻病虫害一般较轻，可酌情减少施药次数。

三、适宜区域

南方稻区（包括双季稻和单季稻）。

四、注意事项

1. 要保证栽插密度，每亩栽插 1.6 万～2.2 万穴，不能太稀，保证高产所需穗数。

2. 保水保肥能力差的土壤，或者栽插密度和基本苗达不到要求的，应在插秧后 5～7 天增施尿素 3～5 千克/亩。

3. 若前作是蔬菜或绿肥，施肥量要酌情减少。

技术依托单位

1. 广东省农业科学院水稻研究所

联系地址：广东省广州市天河区金颖东一街 3 号

邮政编码：510640

联 系 人：钟旭华

联系电话：020-87579473　18998336766

电子邮箱：xzhong8@163.com

2. 广东省农业技术推广中心

联系地址：广东省广州市天河区柯木塱南路 28 号

邮政编码：510520

联 系 人：林　绿

联系电话：020-87036799　13902211113

电子邮箱：linlvok@sina.com

水稻钵苗机插优质高产技术

一、技术概述

（一）技术基本情况

自 2010 年以来，扬州大学联合农业农村部农业机械化总站、常州亚美柯机械设备有限公司与江苏省内外 30 多个单位合作，联合研发建立了水稻钵苗机插优质高产新技术，可实现精量穴盘播种，培育长秧龄壮秧，将水稻生长季向前延伸，无植伤机械化移栽，发苗快，水稻生长发育充分，有利于优质高产的协同，同步侧深施肥，实现肥料绿色低耗高效利用，在多地创造高产典型的同时获得了较大面积的推广应用。2017 年和 2018 年，以该技术为核心内容的"多熟制地区水稻机插栽培关键技术创新及应用"等成果分别获江苏省科学技术进步奖一等奖和国家科学技术进步奖二等奖，2022 年水稻钵苗机插优质丰产栽培技术被列为农业农村部粮油生产主推技术。近年来，围绕提高水稻单产，保障粮食安全的国家战略，针对优质稻、杂交稻再增产高产难、双季稻和一年三季种植茬口衔接不上、丘陵地区适合水稻机插高产机械少、中高端优质稻小苗机插与直播条件下生育不充分从而制约品质产量、虾田稻及东北深翻地泥脚深机插难和生产风险大等问题，项目组开展联合攻关，研发了适于丘陵地区小地块作业的 2ZB－6B（RX－60B）单人乘水稻钵苗移栽机产品，以及适合中高端优质稻、双季稻、寒地水稻等生产的 2ZB－6AK（RXA－60TK）型、2ZB－6AKD（RXA－60TKD）加强型双人宽窄行水稻钵苗移栽机及其成套装备，不仅可以宽窄行（33/23 厘米）作业，增加栽插穴数（0.84 万～2.05 万穴），优化秧苗在田间的布局，增强水稻后期的通风透光性，提高群体质量，并可同时配置侧深施肥装置，减少了施肥用工，提高了肥料利用效率。新机型还加大了前后轮直径，增强了动力，六轮驱动无级变速，大幅提高稻虾田及深泥脚地块作业质量与效率，其穴距可调范围也进一步扩大，最高可栽 2.05 万穴/亩，满足稻虾田水稻高密度栽插需求。该技术先进适用，不仅有效解决了小苗机插与直播等轻简栽培条件下生育不充分、品质不优、产量不丰等突出问题，也有利于生育期长的中高端优质稻扩大种植范围，还解决了综合种养水稻难以机插、水稻群体质量不高、产量不高的技术难题。

（二）技术示范推广情况

水稻钵苗机插优质高产技术经过十多年的改进完善和试验推广，机械产品和技术日趋成熟，在全国十多个水稻种植主产区进行了推广示范应用，成效十分显著。

江苏稻区每年水稻钵苗机插优质高产技术推广面积达 30 万亩左右，主要分布在黄海农场、响水、海安、射阳、盱眙、阜宁等，2021 年，该技术大面积水稻产量平均在 720 千克左右，同比毯苗亩增产 100 千克左右。

浙江东南稻区从 2017 年开始，台州地区温岭、义乌、慈溪等地累计推广钵苗插秧机 100 台，依托钵苗机插优质高产技术实现种植模式创新：原先以早稻—西兰花为主的一年二季种植，改为一年三季为主的种植模式创新，主要有早稻—晚稻—大麦，早稻—晚稻—蔬菜，提高了单位面积产出值。该技术得到了浙江省农业农村厅和浙江省农业科学院的认可，

2021 年试验点早晚双季稻亩产突破 1 400 千克，单季晚稻亩产突破 800 千克。

东北稻区以黑龙江地区、哈尔滨地区和辽宁盘锦地区为主，积极采用超早育苗和钵苗机插相结合的农机农艺融合方案，实现寒地水稻优质品种跨积温带种植，达到提质增效和优质高产双重效益。截至目前，东北水稻钵苗机插技术应用已达一百多台套。2020 年和 2021 年两年试验表明，种植盐丰 47，亩产 770 千克，增产 10%，亩增效 236 元，种植越光，亩产450 千克，亩增效 250 元。

南方稻区以江西和广东为主，在广东兴宁实现了双季稻亩产突破 1 500 千克，达1 536 千克，并广泛应用在优质稻品种丝苗米种植上，核心解决双季稻区域晚稻生产茬口紧张及生长期短等生产难点并实现高产栽培技术。

（三）提质增效情况

该技术每亩节省育苗用种 40% 以上，每亩节省育苗用土近 50%，每亩节省补苗成本近50 元，每亩节省分蘖肥投入近 20 元，氮肥利用率提高 5%～10%，稻米品质提高 0.5～1.0个等级，亩产优质稻谷 550～650 千克，粮食增产达 8%～20%。该技术可通过延长秧龄提高光温利用率，通风透光性好，有害生物影响低，抗逆性强，病情指数降低 67.0% 左右，早期上水可实现以水抑草、生态控草、减少化肥农药使用量实现水稻绿色生产，具有较大的经济效益、社会效益和生态效益。

（四）技术获奖情况

2017—2018 年，以钵苗机插优质高产技术为核心内容的"多熟制地区水稻机插栽培关键技术创新及应用"等成果分别获江苏省科学技术进步奖一等奖和国家科学技术进步奖二等奖。2019 年，以钵苗机插技术为重要支撑内容的"水稻优质绿色机械化栽培关键技术集成与推广"项目获全国农牧渔业丰收奖一等奖。2021 年，由扬州大学牵头起草的农业行业标准 NY/T 3839—2021《水稻钵苗机插栽培技术规程》正式颁布并实施。

二、技术要点

（一）全自动精量播种育秧技术

1. 精确播种

水稻钵苗播种机 2BD - 600/400（LSPE - 600/400）是我国首创的水稻田钵苗播式、定量精确的全自动播种设备，从秧盘供给、床土、压实、播种、覆土、淋水所有工艺均全自动

精确定量播种

工厂化育苗

精确播种作业。采用448穴专用钵苗穴盘，可实现每穴3～5粒、5～7粒定量精确播种，如采用杂交稻专用滚轮也可实现2～4粒精确播种。

2. 节省种子

常规粳稻每亩用种3.0～3.5千克，杂交粳稻每亩用种1.5～2.0千克，常规籼稻每亩用种2.0～2.5千克，杂交籼稻每亩用种1.0～1.5千克，比较传统育苗方式（钵苗播种）可节省种子40%、节省育苗用土50%。

3. 培育标准化壮秧

壮秧指标：秧龄25～35天，叶龄3.0～5.5，苗高15～20厘米，单株茎基宽0.30～0.50厘米，单株绿叶数≥4.0，平均单株带蘖0.3～0.5个。根系发达，单株白根数13～16条，单株发根数5～10条，百株干重8.0克以上，秧根盘结好，孔内根土成钵完整。钵孔成苗率：常规稻≥95%，杂交稻≥90%；平均钵孔成苗数：常规粳稻3～4苗，杂交粳稻2～3苗，常规籼稻2苗，杂交籼稻1～2苗；秧苗带蘖率：常规稻≥30%，杂交稻≥50%。秧盘间、孔穴间的苗数、苗高以及粗壮度整齐一致。

通过采取钵苗育秧的农艺水肥管理措施，育出的钵体秧苗素质好、发芽齐，成苗率高，根系发达，可达到"齐、匀、壮"的标准化壮秧要求。

（二）全自动带钵无植伤移栽技术

水稻钵苗移栽机采用"五步法精准作业，带钵无植伤移栽"等核心技术，通过"推、接、落、送、插"五个步骤精确配合，将钵体秧苗无植伤均匀有序移栽于大田，实现了钵苗机械化、有序化、精准化栽插，不伤苗不伤根、立苗快、不漂秧、无返青期、存活率高、分蘖快、根茎壮，发根力提高30%以上，分蘖提早3～5天，稻米品质提高0.5个等级以上。同时，钵体大苗移栽还有利于水稻前中期建立水层，有效抑制杂草生长，实现水层生态控草；

根部独立钵体，无植伤移栽

并可在综合种养稻虾田30～45厘米深泥脚条件下高质量移栽作业。

（三）宽窄行栽植技术

移栽机配套"23厘米+33厘米"宽窄行栽植技术，株距调节范围为11.6～25.2厘米，基本苗密度调节范围为0.9万～2.05万穴/亩，可根据水稻不同品种确定大田适宜密度，实现稀植或密植移栽。宽窄行技术具有通风透光性好，光能利用率高，枝梗数、每穗总粒数多，单穗稻谷重，实现"足穗、大穗、大粒"水稻机械化种植增产高产（增产可达5%～15%）。

中、小穗型常规粳稻一般采用穴距12.4

水稻钵苗宽窄行栽植

厘米或 13.2 厘米，每亩插 1.92 万穴或 1.80 万穴，每穴 4～5 苗，基本苗 7 万～9 万/亩。

大穗型常规粳稻一般采用穴距 13.8 厘米或 14.1 厘米，每亩插 1.73 万穴或 1.69 万穴，每穴 3～4 苗，基本苗 5 万～7 万/亩。

杂交粳稻一般采用穴距 16.5 厘米或 16.8 厘米，每亩插 1.44 万穴或 1.42 万穴，每穴 2～3 苗，基本苗 3 万～4 万/亩。

常规籼稻一般采用穴距 15.7 厘米或 16.5 厘米，每亩插 1.52 万穴或 1.44 万穴，每穴 3～4 苗，基本苗 4 万～5 万/亩。

杂交籼稻一般采用穴距 17.9 厘米，每亩插 1.33 万穴，每穴 1～3 苗，基本苗 3 万/亩左右。

栽插时，调整并控制好栽插深度，一般在 1.5～2.5 厘米范围内；根据田块形状、面积大小，合理规划作业行走路线，栽插时，直线匀速行走，接行准确。

（四）同步侧深定量施肥技术

移栽机采用独创的"软轴传动＋沟槽式输出滚轮"机械式排肥机构设计，搭载在水稻钵苗移栽机上同步作业，实现秧苗侧位"点穴式"施肥，在农艺要求根深、根侧距离 10 毫米范围内定量精准施肥，肥力见效快、有效期长、利用率高，减少化肥用量 15%～30%，降低水质土质污染，实现化肥减量增效。

实现无植伤移栽、同步侧深施肥

三、适宜区域

适宜我国水稻各主产区。

四、注意事项

该技术示范推广过程中，要结合当地农艺要求，建立健全标准化育秧技术规程，掌握机插钵苗标准化壮秧培育方法，特别是控种（苗数）、控水、化控，可提高钵孔成苗率。摆盘前铺设细孔纱布（切根网），方便起盘。播种盖土时清理好孔间土，秧田期水不能漫过秧盘面，防止孔间秧苗串根而影响机插秧质量。

技术依托单位

1. 扬州大学

联系地址：江苏省扬州市邗江区文汇东路 48 号

邮政编码：225009

联 系 人：张洪程　魏海燕

联系电话：0514-87974509

电子邮箱：hczhang@yzu.edu.cn

2. 农业农村部农业机械化总站

联系地址：北京市朝阳区东三环南路 96 号农丰大厦

邮政编码：100122

联 系 人：徐　峰　王韵弘

联系电话：010-59199053

电子邮箱：moralzjxc@163.com

3. 常州亚美柯机械设备有限公司

联系地址：江苏省常州市钟楼经济开发区樱花路 19 号

邮政编码：213023

联 系 人：徐小林

联系电话：0519-83282338

电子邮箱：czamec@126.com

宜机化区中稻-再生稻全程轻简优质丰产技术

一、技术概述

(一) 技术基本情况

中稻蓄留再生稻是一项一种蔗收、省工节本、绿色高效，提高复种指数和水稻单产的重要栽培技术，被誉为重庆农业"三绝"之一。再生稻全程机械化栽培技术顺应了水稻生产规模化、集约化、现代化农业生产发展的趋势，有效解决传统再生稻模式生产劳动强度大、生产效率低的突出问题。近年来，随着机收水稻技术大面积推广，传统的中稻无序机收对稻桩碾压现象极为严重，导致再生稻腋芽萌发率明显降低，再生稻单产处于较低水平，加之再生稻全程机械化栽培仍存在强再生力水稻品种少、腋芽促发栽培技术缺乏、农机和农艺措施不够配套等限制因素，制约了再生稻技术大面积应用。再生稻全程机械化轻简栽培是再生稻规模化种植发展的必然选择，近年来得到了快速发展。四川、重庆等地形成了一批机械化轻简再生稻的集中产区，可推广种植面积 500 万亩左右。因此，开展宜机化区中稻-再生稻全程机械化优质丰产栽培技术推广，是提高区域再生稻单产和效益、确保地区粮食安全的重要途径。

(二) 技术示范推广情况

"十三五"期间，在国家重点研发计划子课题等多个省部级项目的支持下，重庆市农业科学院"渝优水稻创新团队"持续多年开展中稻-再生稻全程机械化优质丰产栽培技术创新和推广工作。近年来，研究团队从播种期、水肥耦合、缓控肥侧条施肥、密肥互作等方面开展了 20 余项田间试验研究，集成创新了再生稻农技农艺相融合的全程机械化栽培关键技术。2022 年，科研团队承担了"十四五"国家重点研发计划课题"丰产优质机收再生稻品种鉴选与应用"和子课题"机收再生稻农机农艺融合关键技术研究与应用"等研发专项，进一步开展再生稻宜机化种植农机农艺融合技术攻关。"十三五"以来，研究结果已发表科研论文 9 篇，授权国家发明专利 1 项，实用新型专利 5 项，发布重庆市地方标准"毯苗机插水稻育插秧作业质量"(DB50/T 1112—2021) 和"机插水稻稀泥育秧技术规程"(DB50/T 1246—2021) 2 项，立项重庆市地方标准"中稻-再生稻全程机械化栽培技术规程"(渝市监发〔2020〕53 号) 1 项，研究成果"再生稻丰产高效栽培技术集成与应用"获 2019—2021 年全国农牧渔业丰收奖一等奖 (编号：FCG—2022-1-384-03R)。

2017—2022 年期间，在重庆再生稻区进行示范推广，先后在永川、大足、潼南、铜梁、江津等进行百亩核心片技术示范工作，累计建设百亩核心示范片 10 余个。2020—2022 连续 3 年作为重庆市农业主推技术在全市大面积推广 (渝农办发〔2020〕30 号、渝农办发〔2021〕37 号、渝农办发〔2022〕78 号)。

(三) 提质增效情况

2017 年，在永川区南大街兴隆村的强再生力杂交水稻 Q6 优 28 再生稻高产示范，采用 4LZ-0.3A 型全喂入小型收割机收获，550 亩再生稻示范片平均产量为 214.6.0 千克/亩。

2019 年，永川来苏镇观音井村的渝香 203 百亩示范片经测产验收，头季稻平均亩产 703.9 千克，再生稻平均亩产 226.5 千克，两季达到 930.4 千克，较当地非示范片增产 10％以上，种植效益提高 15％以上。2020 年，在永川来苏镇实施的千亩渝香 203 中稻-再生稻全程机械化两季丰产增效示范片，经专家组随机抽取田块测产验收，头季稻平均亩产 656.8 千克，再生稻平均亩产 170.3 千克，较当地非示范片再生稻亩产 115.4 千克增产 54.9 千克，再生稻生产效率提升 30％。特别是 2022 年，在极端高温伏旱气候环境下，团队在重庆永川、荣昌、璧山、梁平和开州开展关键技术示范，基于中稻-再生稻全程机械化优质丰产栽培技术，配套抗旱保水剂、外源植物生长调节剂等应急技术，核心示范片亩产达到 152.1～352.5 千克，实现再生稻亩减灾增收 350～440 元，技术辐射带动了上述区域 10.5 万亩再生稻增产增收。"十三五"期间，宜机化区中稻-再生稻全程机械化优质丰产栽培技术累计在重庆市应用面积 142.5 万亩，累计新增稻谷 1.44 亿千克，累计新增产值 3.73 亿元。

（四）技术获奖情况

"再生稻丰产高效栽培技术集成与应用"获 2019—2021 年度全国农牧渔业丰收奖一等奖（第三完成单位，证书编号：FCG - 2022 - 1 - 384 - 03R）。

二、技术要点

1. 选择强再生力品种

选择生育期适中（头季稻生育期 145～155 天）、再生力强、抗倒伏性强、丰产性好、稻米品质达到国颁三级以上的优质稻品种，如渝香 203、深两优 5814、渝香优 8133、晶两优华占等。

2. 冬耕整田，减少病虫源

再生稻收获后，应当年冬季机耕整田，耕地质量应达到田块平整，地面无杂物。冬季蓄积降水，腐解水稻秸秆，培肥稻田。

3. 适时早播，培育壮秧

当日平均温度稳定通过 12 摄氏度时，采用塑料硬盘稀泥育秧法集中育机插秧。每亩用种量 1.1～1.3 千克，大粒稻种播干谷 70～80 克/盘，小粒稻种播干谷 60～70 克/盘。宜在 3 月 10 日左右完成播种，最迟不得超过 3 月 15 日。秧苗期防治好稻蓟马、恶苗病、立枯病等病虫害。

4. 中小苗移栽，规范密植

秧龄 3.5 叶时，即可移栽，最佳移期为 3.5～4.5 叶。宜采用久保田 SPW - 48C 型手扶式插秧机栽插，插秧机应按照稻田的长边行进行栽插。栽插行距 30.0 厘米，株距（18±2）厘米。连续缺穴 3 穴以上的，应及时人工补苗。

5. 精确施肥，提高群体质量

头季稻应亩施纯氮 7～8 千克，氮（N）：磷（P_2O_5）：钾（K_2O）应为 1：0.5：0.8，应按照基肥：穗肥＝7：3 比例施用。

6. 干湿交替灌溉，及时晒田控苗

薄水机插，寸水活棵。当苗数达到有效穗 80％左右，应排水晒田，抽穗开花期保持浅水，灌浆结实至成熟期干湿交替，收割前 7～10 天排水晒田，利于机收。

7. 头季稻病虫害绿色综合防治

根据病虫预报，选用高效、低毒、低残留农药，在关键时期防治好稻瘟病、纹枯病和水稻二化螟、稻飞虱、稻纵卷叶螟和稻苞虫等病虫害。

8. 早施粒芽肥

在头季稻齐穗期至齐穗后 5 天，在稻田有水的条件下，施用尿素 10～15 千克/亩。

9. 看苗抢收头季稻，规范机收降低压桩率

蓄留时间在 8 月上旬，留桩高度宜 30～35 厘米；蓄留时间在 8 月中旬，留桩高度宜 40～45 厘米。机械收获时，收割机应按照稻田的长边行进行收割，提高全程机械化种植再生稻成功率。

10. 立即复水，抗旱保芽

头季稻收获后，立即复水，水层厚度 5～7 厘米。再生芽萌发期，逐渐保持浅水层，再生季苗期至灌浆期，采用干湿交替水分管理，接近黄熟时排水晒田。

11. 巧施提苗肥

头季稻收获后 1～3 天内，结合田间复水灌溉，施用尿素 5～10 千克/亩作提苗肥。

12. 适当喷施赤霉素（九二〇），提高抽穗整齐度

再生稻抽穗 10%～20%，施用赤霉素 3～4 克/亩（折纯），对水 20 千克，叶面喷施。

13. 再生稻病虫挑治

根据病虫预报，防治好稻瘟病、纹枯病和水稻三化螟、稻飞虱、稻纵卷叶螟等病虫害，对病虫严重的田块重点挑治。

14. 及时收获，颗粒归仓

当再生稻全田稻穗黄熟 90% 以上，机械收割，按稻谷标准含水量 13.5% 水分要求机械烘干，入仓贮存。

三、适宜区域

重庆、四川等海拔 350 米以下的沿江河谷及丘陵、平坝地区，农田水利设施完善，排灌方便，有水源保证的宜机化中稻-再生稻适宜区。

四、注意事项

1. 本技术相比传统人工种植，应确保机械化操作的规范性，确保机插、机收按照稻田的长边进行，并集中成片示范推广，提高再生稻产量和成功率。

2. 本技术相比传统人工种植，头季稻生育期有一定延迟，特别是再生稻收获在 10 月中下旬，需要收割机和烘干机配套，避免阴雨寡照对稻谷收储的影响。

技术依托单位

重庆市农业科学院

联系地址：重庆市永川区南大街科园路 9 号

邮政编码：402160

联 系 人：李经勇　姚　雄　张巫军

联系电话：023-49847739　023-49847001　18983692235

电子邮箱：869515984@qq.com　17829517@qq.com　zhangwj881125@163.com

稻蟹优质高效生态种养技术

一、技术概述

(一) 技术基本情况

稻田养蟹是 20 世纪 80 年代以来逐步发展起来的稻田综合种养模式，该技术模式将种稻与养蟹有机融合为一体，高效利用稻田水土资源，同步实现水稻生产与河蟹养殖以及经济效益和生态效应协同提高，近 20 年来得到了快速发展。虽然稻蟹种养产业取得了长足的发展，但是，稻蟹种养是水稻种植与水产养殖于一体的种养模式，一直以来，水稻种植和河蟹养殖之间的矛盾尤为突出，关键技术尚未解决，严重制约了稻蟹产业的健康发展，水稻产量减少，河蟹品质及产量不高，水稻与河蟹平均亩产量长期徘徊在 450 千克和 15 千克左右，虽然产出的稻蟹累计经济效益有所增加，但增加幅度有限。

该技术模式营造了满足河蟹生长发育要求的水环境条件和其他立体多样化生态环境，通过利用田间养殖工程，适时提早进水放苗，科学饲育，提高了河蟹品质、产量与规格；创造了便于水稻优质高产栽培的水肥调控和控制水稻病虫草害发生的生态调控条件；采用"测土推荐施肥"和"目标产量需肥"相结合的一次性深施肥技术，保证了河蟹养殖安全且满足了水稻全生育期生长养分需求；通过稻蟹种养生物多样性结构优化配置生态控害协同生物防治、理化诱控等技术，有效地防控了病虫草害，解决了水稻施肥、病虫草害防治与河蟹健康养殖的矛盾。该技术模式为推进"稻蟹"品质双提升提供了技术支撑。

(二) 技术示范推广情况

该技术模式近 5 年在辽宁省累计推广应用 298.3 万亩，新增经济效益 33.74 亿元。同时，在黑龙江、内蒙古、吉林、新疆、宁夏、河北、天津、山东、广西、云南、四川、河南等稻区进行示范推广，累计推广应用面积 450 余万亩，取得了良好的经济、生态和社会效益。

(三) 提质增效情况

稻蟹优质高效生态种养技术模式实现了"水稻＋水产＝粮食安全＋食品安全＋生态安全＋农民增收＋企业增效"，即"1＋1＝5"，达到了"一水两用、一地多收"的效果。与当地常规水稻生产技术相比，该技术模式可减施氮肥 10%～36%，减施化学农药 40%～91%，水稻增产 3.7%～5.3%，亩收获成蟹 24.8～27.2 千克。整体来看，该技术模式的综合效益增加 50% 以上。

(四) 技术获奖情况

以该技术为核心形成的"稻蟹生态种养关键技术研究与应用"于 2012 年获得辽宁省科学技术进步奖一等奖，"稻蟹生态种养优质高效技术集成与推广"于 2022 年获得全国农牧渔业丰收奖一等奖；制定实施相关行业标准 1 项，地方标准 3 项。

二、技术要点

(一) 核心技术

稻蟹优质高效生态种养技术模式的核心要旨为：沟畦并行、比空种植（或深沟高畦、沟边密植）、水域空间、优化配置、测土配方、一次施肥、河蟹除草、过腹肥田、埝埂种豆、清洁生产、植被优化、涵养天敌、生态控害、生物防治、早放精养、水质调控、科学饲育、稻蟹双赢。

(二) 全环节关键技术

1. 稻蟹种养水稻种植技术

(1) 苗田育秧技术

① 水稻品种选择。选择抗病、抗倒伏，适合当地种植的优质高产品种。

② 育苗方式。采用工厂化、六棚或园田拱棚旱育苗。

③ 秧田管理。苗床保持湿润，控制温度，加强病、虫、草、鼠和鸟害的防治及水肥管理。

④ 带药移栽。移栽前 3～5 天，苗床喷施内吸性杀虫剂，防治本田前期的稻水象甲、稻潜叶蝇等害虫。

(2) 本田移栽管理技术

① 整地施肥。肥料不宜选用铵态氮类肥料，宜选用秸秆还田、有机无机配施、缓控释肥料等。按照设定的水稻目标产量，采用一次性施肥技术，所有肥料均匀深施 10～15 厘米后犁（旋）耙田。

② 机械化移栽。水稻移栽时，可采用每隔 12 行空一行比空插秧，也可采用 40/20 厘米宽窄行插秧，水稻秧苗密度宜为 21.6 万～22.5 万穴/公顷。

③ 水层管理。依据水稻需水规律和河蟹生长的需求，科学调控不同阶段稻田水质、水体。

④ 病虫草害防治。

a) 防治对象

水稻病害：立枯病、恶苗病、稻瘟病、纹枯病、稻曲病、白叶枯病、条纹叶枯病、干尖线虫病等。

水稻害虫：稻水象甲、二化螟、稻飞虱、稻纵卷叶螟、稻潜叶蝇等。

稻田杂草：稗草、扁秆藨草、眼子菜、雨久花、野慈姑、水绵、泽泻、萤蔺、牛毛毡等。

b) 防治方法　应用生态调控、农业措施、物理防治、生物农药、化学诱控等综合防治手段将有害生物控制在经济损害允许水平以下。具体方法：以杀虫灯、性信息素、赤眼蜂、显花植物、香根草等防治水稻二化螟、稻纵卷叶螟、稻水象甲等害虫。以浅水或湿润管水降低稻水象甲的落卵量。以河蟹蚕食杂草、田埂种植大豆涵养天敌等生物措施控制稻田杂草及部分害虫。化学与生物农药施用详见下表。

稻蟹种养田病虫草害药剂防治方法

防治对象	防治药剂	用药量	用药方法
恶苗病	25％氰烯菌酯悬浮剂	2 000～3 000 倍液	浸种
干尖线虫病	17％杀螟·乙蒜素可湿性粉剂	200～400 倍液	浸种
立枯病	12％甲·嘧·甲霜灵悬浮剂 62.5 克/升精甲霜灵·咯菌腈悬浮剂	250～500 毫升/100 千克种子 200～300 毫升/100 千克种子	拌种
纹枯病	240 克/升噻呋酰胺悬浮剂 5％井冈霉素可溶性粉剂 3％多抗霉素可湿性粉剂	300～330 毫升/公顷 1 500～2 250 克/公顷 450～750 克/公顷	喷雾
稻瘟病	75％三环唑可湿性粉剂 6％春雷霉素水剂 0.2％补骨脂种子提取物微乳剂 1 000 亿孢子/克枯草芽孢杆菌可湿性粉剂 10 亿芽孢/克解淀粉芽孢杆菌可湿性粉剂	375～450 克/公顷 600～750 克/公顷 675～900 克/公顷 375～450 克/公顷 1 050～1 500 克/公顷	喷雾
稻曲病	30％苯醚甲环唑·丙环唑乳油 45％丙环唑水乳剂	300～450 毫升/公顷 225～300 毫升/公顷	喷雾
稻水象甲 稻潜叶蝇	25％噻虫嗪水分散粒剂 40％氯虫·噻虫嗪水分散粒剂	60～90 克/公顷 90～120 克/公顷	秧苗喷雾
二化螟、 稻纵卷叶螟	200 克/升氯虫苯甲酰胺悬浮剂 苏云金杆菌（8 000 IU/毫克）悬浮剂 80 亿孢子/克金龟子绿僵菌 CQMa421 可分散油悬浮剂	75～150 克/公顷 3 000～6 000 毫升/公顷 900～1 350 毫升/公顷	喷雾
稻飞虱	25％噻虫嗪水分散粒剂 50％烯啶虫胺水分散粒剂	60～90 克/公顷 60～75 克/公顷	喷雾
稗草、扁秆藨草、眼子菜、雨久花、野慈姑等	12％噁草酮＋60％丁草胺＋10％吡嘧磺隆	1 500～2 250 毫升/公顷＋1 500～2 250 毫升/公顷＋150～300 克/公顷	土壤封闭

⑤ 水稻收获。河蟹起捕后，适时收割水稻。

2. 稻蟹种养河蟹养殖技术

（1）稻蟹种养扣蟹养殖技术

① 单元养殖面积。0.5～10.0 公顷为一个养殖单元。

② 田间工程。每个养殖单元的四周修筑坝埂，坝高 50～70 厘米，坝顶宽不少于 50 厘米。在养殖单元中开挖一定数量的养殖沟；采用水稻比空栽培方式的稻田，可在空垄处开设宽 30 厘米、深 20 厘米的条形养殖沟；较大面积的养殖单元可利用进排水渠作为养殖沟。

③ 防逃设施。选用幅宽 60 厘米的塑料膜。塑料膜下端呈 U 形埋入地下 15～18 厘米，

上端回折 5～7 厘米，固定于竹竿上，保证地上有效高度在 30 厘米以上。每个养殖单元的进排水管口设置严密坚固的纱网，纱网目数不低于 20 目。

④ 蟹苗选择。选择规格整齐、活力强、肠道物充实、出池盐度 0.4% 以下的大眼幼体。

⑤ 放养密度。设定产量目标为 750～900 千克/公顷，规格为 80～160 只/千克的扣蟹，需放养 2 250～3 750 克/公顷大眼幼体。

⑥ 日常巡池。每日检查防逃设施有无破损、饲料余缺、河蟹活动及水质水体变化等情况。定期泼洒生石灰或利用光合细菌调节水质，预防河蟹发病。

⑦ 饲料选择。以全价配合饲料为主、天然饵料为辅，并协同部分人工饵料。

⑧ 投饲。8 月上旬之前，每日傍晚投饲 1 次（日投饲量占扣蟹总重的 3%～5%），以前一日投饲饲料略有剩余为准。8 月中旬以后，停止投饲 3～4 周，起捕前 2 周育肥越冬。育肥期饲料日投饲量占扣蟹总重的 5%～7%，至扣蟹性腺颜色微黄停止育肥。

⑨ 起捕方法。在养殖单元内选择作业方便、运输便利处设置陷阱起捕扣蟹。

⑩ 越冬储存。选择水深 2 米以上，面积在 0.1～1.0 公顷的池塘作为越冬池。储存密度为 11 250～15 000 千克/公顷。

⑪ 越冬管理。保持冰下水深 1 米以上、水中溶解氧在 5 毫克/升以上，及时清除冰上积雪及覆尘等。

（2）稻蟹种养成蟹养殖技术

① 单元养殖面积。0.5～10.0 公顷为一个养殖单元。

② 田间工程。每个养殖单元的四周修筑坝埂，坝高 50～70 厘米，坝顶宽不少于 50 厘米。在养殖单元中开挖一定数量的养殖沟；采用水稻比空栽培方式的稻田，可在空垄处开设宽 30 厘米、深 20 厘米的条形养殖沟；较大面积的养殖单元可利用进排水渠作为养殖沟。

③ 防逃设施。选用幅宽 60～85 厘米的塑料膜。塑料膜下端呈 U 形埋入地下 15～18 厘米，上端回折 5～7 厘米，固定于竹竿上，保证地上有效高度在 35 厘米以上。每个养殖单元的进排水管口设置严密坚固的纱网，纱网不大于 8 目。

④ 扣蟹质量。规格整齐，体质健壮，爬行敏捷，附肢齐全，指节无损伤，无寄生虫附着。规格为 80～200 只/千克的扣蟹。

⑤ 苗种消毒。扣蟹入池前，用 30～40 毫克/升高锰酸钾溶液浸泡 2～3 分钟或 4% 的盐水浸泡 5～8 分钟。

⑥ 放养密度。设定成蟹目标产量为 300～375 千克/公顷，需放养 6 000～9 000 只/公顷。

⑦ 日常巡池。每日检查防逃设施有无破损、饲料余缺、河蟹活动及水质水体变化等情况。定期泼洒生石灰或利用光合细菌调节水质，预防河蟹发病。

⑧ 饲料选择。以全价配合饲料为主、天然饵料为辅，并协同部分人工饵料。

⑨ 投饲。扣蟹入池至 8 月中下旬，每日傍晚投饲 1 次（日投饲量占扣蟹总重的 3%～5%），以前一日投饲饲料略有剩余为准。8 月中下旬之后，每天投饲两次，投饲量依据上一次投饲饲料剩余及天气、水质等情况灵活掌握。

⑩ 集中育肥。9 月上旬河蟹陆续上岸后，开始起捕和集中育肥。

⑪ 起捕方法。在养殖单元内选择作业方便，运输便利处设置陷阱起捕成蟹。

植保无人机施用绿僵菌防治稻水象甲

河蟹除草协同坝埂种豆生态控草

12 比空稻蟹种养技术模式

"深沟高畦、大垄双行"种养技术模式

三、适宜区域

国内具有较好灌溉条件的水稻种植区。

四、注意事项

1. 河蟹放养后，防止鸟、鼠、蛇等的侵害。
2. 加强田间巡查，检查防逃网破损、田埂垮塌等情况。

技术依托单位

1. 辽宁省农业科学院

联系地址：辽宁省沈阳市沈河区东陵路 84 号

邮政编码：110161

联 系 人：李志强　孙文涛

联系电话：024-31025099　13609881988

电子邮箱：13609881988@163.com

2. 辽宁省水稻研究所

联系地址：辽宁省沈阳市苏家屯区枫杨路 129 号

邮政编码：110101

联 系 人：马　亮

联系电话：024-89133681　13840100280

电子邮箱：malhd@126.com

3. 盘山县河蟹技术研究所

联系地址：辽宁省盘锦市盘山县新县城综合楼 1 号

邮政编码：124100

联 系 人：于永清

联系电话：18525706656

电子邮箱：ps3583073@163.com

水稻无人机智慧施肥技术

一、技术概述

（一）技术基本情况

智慧农业是当今世界农业发展的新潮流，随着 5G、物联网、人工智能、智能装备等技术的快速发展，传统作物栽培正向现代作物栽培演变。当前，大面积水稻生产仍缺乏苗情实时快速诊断与精确施肥技术及配套的智能农机装备，导致施肥量普遍偏大、作业效率低、生产成本高等系列问题，从而影响了水稻生产的均衡化绿色丰产高效。如能面向现代水稻生产目标，根据实时长势信息精确推荐适宜追肥用量，并通过大载重无人机等智能装备进行田间变量作业，则可为化肥减施增效和作业效率提升等提供新的技术途径。近年来，本项目组将现代农学、信息技术、农业工程等综合应用于作物施肥管理过程，建立以"实时诊断、动态调控、变量作业、智能服务"为特征的现代稻作管理方式，集成构建了水稻无人机精确施肥技术体系，实现了长势指标的定量诊断、施肥方案的精确设计、施肥作业的智能实施这一技术链创新，为水稻生产提供了全新的关键技术和应用载体，有力促进了作物施肥管理的定量化、精确化和智慧化。

（二）技术示范推广情况

自 2019 年起，以水稻生长监测诊断设备及应用系统、无人机精确施肥装备为主要应用载体，以水稻长势研判图、追肥调控处方图、作业路径规划图为主要技术形式，以农技推广服务站、农业专家工作站、科技小院等基地为主要依托，通过技术培训—示范应用—辐射推广的业务流程，在江苏、安徽、江西等水稻主产区开展了规模化示范推广，极大地提升了当地水稻生产管理水平和综合效益。

（三）提质增效情况

本项目的技术系统和设备操作简单，效率高，可适应不同生产条件和目标，技术可综合运用，也可单独运用，具有明显的增产、节本、提质、增效等优势。在核心区和示范区技术应用覆盖率达到 100%，辐射区达到 80%，诊断决策精度达到 94%，亩均增产 5.4%～6.9%；与农户习惯施肥相比，核心区、示范区、辐射区化肥使用量平均分别减少 19.2%～20.8%、15.4%～16.7%、12.6%～14.6%，作业效率提高 5～6 倍。通过技术的实施，加快推进农作生产管理的信息化和工程化，解决了传统作物栽培中看苗诊断和施肥推荐定量难的问题，提高了农业生产管理智能化、机械化水平。同时，基于稻田状况的空间差异，实施肥料变量按需投入，可提高肥料利用效率，减轻水稻病虫害，降低农业面源污染，产生良好的生态效益。

（四）技术获奖情况

以作物栽培方案精确设计为核心的"基于模型的作物生长预测与精确管理技术"成果，获 2008 年国家科学技术进步奖二等奖；以作物生长监测诊断为核心的"稻麦生长指标光谱监测与定量诊断技术"成果，获 2015 年国家科学技术进步奖二等奖；"稻麦精确管理技术的集成与推广"成果，获 2017 年江苏省农业技术推广成果奖一等奖；"稻麦生长指标光谱监测与精确施肥技术"成果，获 2019—2021 年度全国农牧渔业丰收奖农业技术推广成果奖一等奖。

二、技术要点

1. 基于无人机的水稻长势定量诊断技术

运用无人机平台搭载的 RGB 相机等，快速监测水稻生长过程中的苗情长势信息，构建苗情指数空间分布图，实现水稻氮素营养相关指标的快速定量诊断。

叶片氮积累量 千克/公顷
☐ <30(1.03%)
☐ 30～50(35.63%)
☐ 50～70(40.24%)
■ >70(23.09%)

水稻长势无损诊断设备及苗情指数空间分布图

2. 水稻空间追肥处方精确设计技术

利用诊断调控模块生成适宜生长指标动态曲线（即"专家曲线"），并根据实时长势信息与"专家曲线"的偏离程度，精确推荐适宜的追肥用量，并以空间作业处方图等形式提供技术指导。

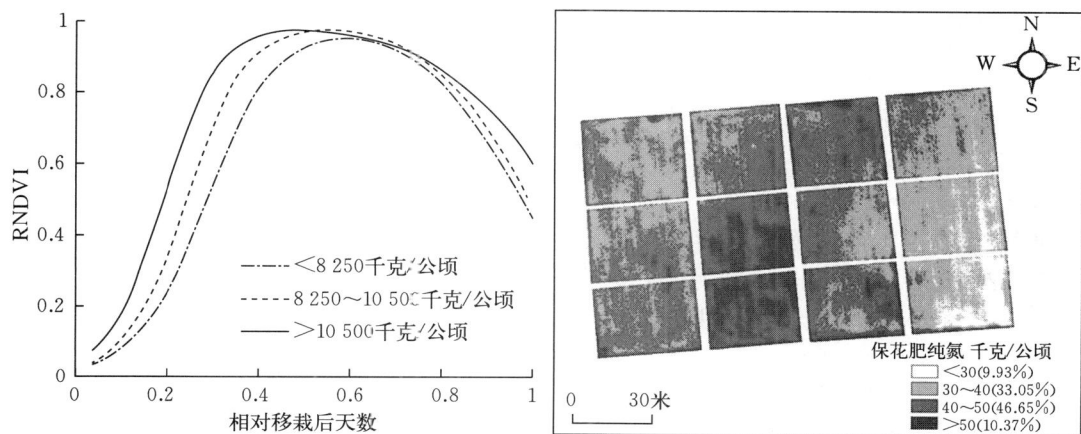

保花肥纯氮 千克/公顷
☐ <30(9.93%)
☐ 30～40(33.05%)
■ 40～50(46.65%)
■ >50(10.37%)

水稻适宜指标动态曲线及追肥处方图

3. 水稻无人机智慧施肥作业系统

以大载重植保无人机装备为载体，通过量化飞行高度、速度与喷洒速率间的相互关系，将追肥施用量作业处方图与导航路径规划图相融合，开展基于实时苗情的水稻追肥精确变量作业。

水稻无人机智慧施肥装备（大疆 T40）及导航路径图

三、适宜区域

适宜推广应用的主要区域为长江下游单季稻区（江苏、安徽），南方双季稻区（江西、湖南），以及东北稻区等。

四、注意事项

（1）追肥时期的确定　各稻作区应根据水稻生育进程和追肥要求，合理确定水稻无人机长势诊断与精确施肥时期。

（2）作业时间的选择　最好选择在晴朗无云或少云的天气进行。

（3）作业注意事项　植保无人机作业时，机手应遵守农用航空无人机操作规范和当地禁飞区规定，在稻田中确保无电线杆或树木等障碍物。

技术依托单位

1. 南京农业大学

联系地址：江苏省南京市玄武区卫岗 1 号

邮政编码：210095

联 系 人：刘小军　曹　强　田永超

联系电话：13512547551

电子邮箱：liuxj@njau.edu.cn

2. 神农智慧农业研究院南京有限公司

联系地址：江苏省南京市溧水区白马镇茶兴路 5 号

邮政编码：211225
联 系 人：张小虎
联系电话：18205096568
电子邮箱：365688495@qq.com
3. 深圳市大疆创新科技有限公司
联系地址：广东省深圳市南山区创维半导体设计大厦
邮政编码：518000
联 系 人：钟　颖
联系电话：13826512596
电子邮箱：497532325@qq.com

杂交中稻-再生稻优质丰产高效栽培技术

一、技术概述

（一）技术基本情况

再生稻是我国南方稻区一季稻热量有余而种植双季稻热量又不足的地区，或双季稻区只种一季中稻的稻田提高复种指数，增加单位面积产量和经济收入的措施之一。再生稻具有生育期短、日产量较高、米质优、省种、省工、节水、调节劳力、生产成本低和效益高等优点，是充分利用秋季温光资源、确保我国粮食安全的一条重要途径。从头季稻收割到再生稻成熟生育期仅 60～80 天。头季稻收割后需 30 天左右、气温大于 23 摄氏度的日均温，才能保证再生稻安全齐穗，一般年均温在 18 摄氏度以上、活动积温 4 200～4 800 摄氏度的地区，水稻安全生长期在 180 摄氏度以上、头季稻生育期在 130～150 天的情况下，可选择不同熟期的品种蓄留再生稻。根据再生稻所需温度条件测算，全国能种植再生稻的面积在 5 000 万亩左右，但现有再生稻总面积仅 1 200 万亩左右，还有巨大的发展前景。

近年来，四川、福建、湖北、重庆、江西、安徽等省，因地制宜地集成了多套杂交中稻蓄留再生稻高产高效技术规程，同行专家评价认为均具有针对性强、成熟度高、适用性广等特点，社会、经济、生态效益显著。成果总体达到同类研究国际先进水平，建议进一步加大推广力度。

（二）技术推广情况

1980 年以来，四川省农业科学院针对川东南海拔 400 米以下冬水田地区，以穗数型杂交中稻汕优 63、K 优 5 号、II 优 7 号等品种，进行了再生稻高产栽培技术试验、示范与推广，再生稻产量提高到 200～300 千克/亩。1990—1999 年，四川、重庆、福建、湖北等省开始对杂交水稻蓄留再生稻的生理、生态及其高产技术进行了深入研究。2000 年以来，随着重穗型杂交水稻在南方稻区的推广，头季稻产量有明显提高，但再生稻产量有所下降，多数品种再生稻产量在 150 千克/亩以下。福建再生稻核心区连续多年高达 500 千克/亩。2015 年前后，针对头季稻机械的普及对稻桩碾压毁兜、再生稻生育期延长、再生稻比传统人工收割大幅度减产等问题，湖北、四川、福建、重庆、湖南等地开展了头季稻机收蓄留再生稻技术研究与示范。目前由于农村劳动力进一步短缺，劳动力成本快速增加，再生稻尤其是头季机收蓄留再生稻面积在江西、湖南、安徽等省迅速扩大，在再生稻丰产高效理论与技术研究方面取得了较大成就。

2015 年以来，四川省每年推广以"优质强再生力品种、底肥一包清（亩施 N 7.5 千克、P_2O_5 2 千克、K_2O 3 千克）、适度稀植（亩栽 0.9 万～1.0 万穴）和粒芽肥高效施用量"为核心技术的再生稻技术体系 300 万～350 万亩。其中，2018—2021 年在国家重点研发计划"川南杂交中稻-再生稻丰产高效技术集成与示范"（2018YFD0301201）资助下，杂交中稻-再生稻示范面积 124.46 万亩，加权平均单产 853.72 千克/亩。隆昌市云顶村 100 亩超高产示范片，连续 4 年亩产超过 1 000 千克，其中 2021 年优质稻品种内 6 优 107，经专家验收，头季稻亩产 757.5 千克、再生稻亩产 349.2 千克，两季亩产 1 106.7 千克，创造了四川省杂交中稻-再生稻高产纪录。

华中农业大学研发的"机收再生稻丰产高效栽培技术集成与应用"项目，2015—2017 年累计推广面积 539 万亩，高产攻关田亩产达 400 千克以上。福建再生稻高产栽培百亩示范片连续 22 年中稻、再生稻两季平均亩产 1 305.5 千克，最高达 1 449.7 千克；全程机械化栽培连续 9 年平均亩产 857.6 千克，最高达 1 026.7 千克，取得了显著的社会、经济效益。

（三）提质增效情况

四川、重庆、福建等丘陵低海拔是我国再生稻主要产区，受地理条件限制，实施机械化难度大。如田块面积小、不规则、位置高差大，既无水源保证，又无机耕道；冬水（闲）田不仅排灌条件均难以达到机械化的理想要求，而且只有少部分可实施。因此，水稻生产成本高，新型经营主体流转土地规模不足 5%，水稻生产仍以手插秧与人工收割为主的传统方式。在目前农村劳动力十分紧缺情况下，杂交中稻蓄留再生稻只能走"优质、省力、高效"的技术路线。关键技术：选用优质稻品种，稻田耕作方式采用免耕，插秧方式为抛秧或直播，施肥方式为底肥一道清＋粒芽肥。2018—2020 年在泸县生产示范表明，中稻与再生稻两季总产可达 850 千克/亩左右，与传统技术相比产量相当，但可节省稻田耕作人工 2 个/亩，分别减少育（插）秧人工和施肥人工 1~2 个/亩、0.5 个/亩，减少生产投入 280~320元/亩。与双季稻产量比较，杂交中稻与再生稻两季总产与双季稻相当；而米质方面，杂交中稻好于双季早稻，再生稻与双季晚稻相当。因此中稻-再生稻模式相比于双季稻，具有显著的优质、稳产、节本、增效优势。

2018—2020 年分别在泸县、隆昌、翠屏大区同田对比试验结果表明，再生稻示范技术与传统技术相比，氮肥偏生产力、降雨生产效率、太阳辐射利用率、稻谷日产量分别提高 15.06%、20.31%、13.33%、12.68%，示范区劳动生产效率提高 30.61%。

（四）技术获奖情况

四川省农业科学院水稻高粱研究所自 20 世纪 80 年代以来，针对四川盆地东南部 500 万亩冬水田区再生稻产量低、年度间产量不稳定等生产问题，历经 40 余年，对强再生力品种鉴定方法、品种筛选、粒芽肥增产机理与高效施用量等关键技术，开展了大量技术创新研究与示范推广工作。发表相关论文 80 余篇、出版学术专著 1 册，制定（修订）再生稻技术四川省地方标准 3 个（次）。

据统计（1997—2020 年），南方各省再生稻技术研究获省级科学技术进步奖 8 项（一等奖 4 项）。其中，获四川省及重庆市政府科学技术进步奖 5 项（一等奖 1 项、二等奖 1 项、三等奖 3 项）。该技术经同行专家评价达国际领先或国际先进水平，累计增收节支 200 多亿元，社会、经济效益显著。最新修订的四川省地方标准"冬水田杂交中稻-再生稻高产高效技术"（DB51/T 1655—2021），于 2021 年 2 月 10 日颁布实施。

再生稻技术获奖成果情况

成果名称	主要完成人	主要完成单位	获奖情况
长江上游杂交中稻-再生稻高产栽培技术机理及模式研究与应用	李经勇，徐富贤，等	重庆市农业科学院、四川省农业科学院水稻高粱研究所	2015 年度重庆市科学技术进步奖一等奖

（续）

成果名称	主要完成人	主要完成单位	获奖情况
川东南杂交中稻-再生稻高产栽培技术集成与应用	熊洪，徐富贤，等	四川省农业科学院水稻高粱研究所	2008 年度四川省科学技术进步奖二等奖
杂交中稻再生力鉴定方法的研究与应用	徐富贤，熊洪，等	四川省农业科学院水稻高粱研究所	2006 年度四川省科学技术进步奖三等奖
杂交中稻库源结构和物质分配研究及其在再生稻上的应用	徐富贤，熊洪，等	四川省农业科学院水稻高粱研究所	2001 年度四川省科学技术进步奖三等奖
再生稻的生态和高产技术研究	熊洪，罗文质，等	四川省农业科学院水稻高粱研究所	1997 年度四川省科学技术进步奖三等奖

二、技术要点

（一）选择优质强再生力品种

选用再生力强、抗倒性好、传统亩栽 1.2 万穴下群体穗粒数≤180 粒、头季稻开花期耐高温、品质达国标 3 级以上（其中直链淀粉 16% 以下）、生育期 145～150 天的杂交中稻品种。

（二）培育中苗机插壮秧

1. 选择有水源保证的菜园地或田地，冬季增施有机肥培肥地力，撒播旱育秧或盘育机插秧，亩用 20 千克复合肥（15-15-15）作为苗床基肥。

2. 2 月底 3 月初播种，亩播种量 1 千克，用"旱育保姆"拌种，盘育机插秧每盘播种 80 克，每亩播种 25～30 盘。播种后用细床土盖种，然后用旱秧净或其他旱育秧专用除草剂对水喷雾。秧苗长到 1.5～2.0 叶时，用 1 000 倍敌克松溶液喷施苗床，防止立枯病发生。2 叶 1 心期亩施 5 千克尿素促进分蘖；移栽前 4～6 天亩施 8～10 千克复合肥做起身肥。

3. 旱育苗床地未出现卷叶不浇水，湿润盘育机插秧于移栽前 7～10 天排干秧田水。

（三）头季稻底肥一包清

4.5 叶期左右按 30 厘米×20 厘米规格机栽本田，亩栽 1.1 万穴左右，每穴 1～2 苗，每亩插足基本苗 5 万～6 万；机收头季稻地区按 20 厘米×（30 厘米＋30 厘米＋55 厘米）/3 规格插秧，以减少头季机收压桩率。长江上游冬水田区每亩施用底肥一包清专用肥 1 包（25 千克/包，含 N 7 千克、P_2O_5 3 千克、K_2O 4 千克和 2 种水稻除草剂），头季稻不再施促蘖肥、穗肥和稻田除草除稗；长江中下游地区每亩施 N 10～12 千克、P_2O_5 5 千克、K_2O 8 千克。遇高温喷施 0.2% 磷酸二氢钾溶液或 S 诱抗素 500 倍液。

（四）高效施用粒芽肥

头季稻齐穗期到齐穗后 5 天，根据植株长势每亩施尿素 15～25 千克作为粒芽肥，可依据品种穗粒数确定施肥量，即颖花数 130～150 粒/穗品种亩施 8 千克、151～170 粒/穗品种亩施 12 千克、171～190 粒/穗品种亩施 16 千克、191 粒/穗以上品种亩施 20 千克；有条件的也可测剑叶叶绿素含量（SPAD 值）并按下表对应值精准施用粒芽肥，并按 $N:K_2O=1:0.5$ 配施相应钾肥。

剑叶叶绿素含量（SPAD值）与粒芽肥（尿素）高效施用量对照表

SPAD值	尿素施用量（千克/亩）	SPAD值	尿素施用量（千克/亩）
34	21.33	41	10.17
35	19.74	42	8.57
36	18.14	43	6.98
37	16.55	44	5.38
38	14.95	45	3.79
39	13.36	46	2.19
40	11.76	47	0.60

（五）强化纹枯病防治

在防治好稻瘟病、水稻螟虫基础上，重点防治水稻纹枯病。防治两次，第一次防治适期在头季稻高苗期前后，第二次防治适期在孕穗期前后。以上午稻株有露水时施药为佳，每亩用井冈霉素 2 包对水 75 千克喷雾。

（六）见芽收割头季稻

50％稻株休眠芽开始破鞘现青时收割头季稻，留桩高度 33～40 厘米。

（七）搞好再生稻田间管理

1. 在头季稻收割时，要保护好稻桩，及时清除田间杂草，并将堆放的田间稻草分散在稻桩行间。

2. 再生稻发苗盛期，根据当地植保部门预测预报预防第三代螟虫 1 次，亩用杀虫双水剂 0.25～0.5 千克，对水 75 千克喷雾。

3. 发苗至抽穗期采用浅水灌溉，齐穗后湿润灌溉至成熟；头季稻机收稻田于齐穗后 15～20 天至成熟晒田。

（八）九成黄收获再生稻

当全田 90％左右的籽粒黄熟时及时收获。

三、适宜区域

本技术适用于南方海拔 400 米以下水稻种植区。

四、注意事项

该技术具有显著的提质丰产增效特点，示范推广中要因地制宜与农艺、农机融合以便于进一步节本增效。

技术依托单位

1. 四川省农业科学院水稻高粱研究所

联系地址：四川省德阳市旌阳区玉泉路 508 号

邮政编码：618000

联 系 人：徐富贤

联系电话：18090167012

电子邮箱：xu6501@163.com

2. 华中农业大学

3. 福建省农业科学院水稻研究所

再生稻高产高效生产关键技术

一、技术概述

（一）技术基本情况

1. 技术研发推广背景

再生稻是利用头季收获后的稻桩上休眠腋芽萌发成穗，进而再收获一季的水稻。再生稻具有增产增收、省种省工、减肥减药，有效提高复种指数和土地利用率等优势，对于温光资源种一季有余两季不足的稻区，发展再生稻是增加粮食总产量的一条重要途径。党的十八大以来，以习近平同志为核心的党中央高度重视粮食生产，把粮食安全作为治国理政的头等大事，并多次强调，"中国人的饭碗任何时候都要牢牢端在自己手中，饭碗主要装中国粮"。在福建工作期间，习近平总书记到尤溪考察调研时指出，"要把发展再生稻作为粮食增产和提高双季稻米质的主要措施来抓"，指示"村两委干部及党员要示范推广，带头种植再生稻，扎实抓好山地开发"。目前，再生稻已成为我国成效显著的水稻种植模式，年种植面积超过1 000万亩。据估算，中国潜在的再生稻种植面积达5 000万亩以上，按种再生稻每亩增产300千克计算，全国能增收150亿千克稻谷。再生稻对实现"藏粮于地、藏粮于技"战略和确保粮食安全将发挥更加重要的作用。

研究团队创建再生力评价体系，育成高产、优质、抗逆、广适的强再生力水稻新品种，提高强再生力品种选育效率；研究再生稻产量形成的生物学特性，明确了腋芽萌发的调控模式；集成"一促两调三控"为核心的再生稻高产高效生产关键技术体系。在福建省尤溪县西城镇麻洋村同一片百亩示范片上，连续22年头季平均亩产843.2千克，再生季平均亩产493.6千克，全年合计亩产达1 336.8千克，最高达1 449.7千克；在福建省浦城县再生稻全程机械化高效栽培示范中，两季产量连续9年平均达957.6千克/亩以上，全程机械化高效栽培经济效益是传统再生稻栽培的2倍。福建省高产栽培示范产量水平全国领先，引领全国再生稻生产不断创新发展。

2. 解决的主要问题

再生稻种植方式正向规模化、机械化、轻简化、集约化和标准化转型，而制约这一转型的主要因素：一是适宜机收的再生稻品种较少；二是农机与农艺融合程度依然有限，栽培技术仍不能满足再生稻生产需求。本项技术有利于选育出更多能在生产上大面积应用、适合于全程机械化操作、"四性"（高产、优质、抗病、广适）综合在较高水平上的强再生力水稻新品种；而且通过研创农艺与农机深度融合的轻简化的技术体系，可大幅提高再生稻生产效率，降低劳动成本，促进再生稻产业持续发展。

3. 应用情况

本项技术边研创边应用，自2000年始，已在福建、湖南、湖北、广西、云南、江西、四川、重庆等南方稻区推广应用。

（二）技术示范推广情况

本项技术已在南方各省实现较大范围推广应用。

（三）提质增效情况

2000—2020 年，成果累计推广 6 359.6 万亩，再生稻百亩示范片连续 22 年平均亩产 1 336.8 千克以上，最高达 1 449.7 千克；其中 2018—2020 年，在福建、湖南、湖北、广西、云南、江西、四川、重庆等省（市）推广 1 287.9 万亩，新增稻谷 3.78 亿千克，新增经济效益 9.44 亿元，节本 11.59 亿元，按照缩值系数 0.9 计算，累计 18.93 亿元，经济、社会和生态效益显著。

（四）技术获奖情况

"再生稻高产高效生产关键技术创新与应用"获 2019 年度福建省科学技术进步奖一等奖。

二、技术要点

（一）核心技术

1. 创建再生力评价体系，育成高产、优质、抗逆、广适的强再生力水稻新品种，明确腋芽萌发的调控模式，提高强再生力品种选育效率和再生稻产量水平

创建了以头季齐穗后伤流量衰减率和叶片 SPAD 值衰减指数、再生芽出鞘率、再生季有效穗数与头季母茎数比值（穗茎比）、再生季产量作为水稻生育前、中、后期再生力强弱的评价指标体系，建立了再生季产量预测模型，预测精度达 85% 以上；育成和筛选内 6 优 7075 等数十个强再生力品种适应不同的生态条件，在生产上大面积推广应用。明确油菜素内酯（BR）信号通路参与了腋芽萌发过程，有效促进再生稻高产调控和生产应用。

2. 集成"一促两调三控"为核心的再生稻高产高效生产关键技术体系

再生季施肥由前重后轻改为平衡施肥，形成适宜的叶面积，后期施肥维持抽穗后叶片光合速率和根系活力，在多穗基础上促大穗，增产 13.6%。筛选出"抗倒酯"作为再生稻头季抗倒伏调节剂，显著增强了再生稻头季茎秆的抗倒伏能力。集成"一促两调三控"（促进腋芽萌发成穗，调改种植方式和收获方式，研创控肥、控水和控倒伏技术）为核心的再生稻高产高效生产关键技术体系，创制省工节本的再生稻体系。再生稻生产人工成本比传统再生稻减少了 62.0%，经济效益提高了 2.0 倍，实现了再生稻生产高产、节本、增效和环境友好。

（二）配套技术

1. 选用中迟熟良种

宜选择生育期适中、再生能力强、株型紧凑、茎秆粗壮、分蘖性中等、株高适当、节间粗壮、根系发达、耐肥抗倒的高产、优质、抗病品种。

2. 优化培育壮秧

利用智能化育秧大棚培育秧苗，推行在安全播种前提下的早播早栽，即在旬平均气温升达 12 摄氏度的 3 月中旬播种，掌握秧龄 25～30 天，优化培育壮秧，适时早播、早插、早管。每亩大田需用秧盘 22～25 盘，备足田土 75～80 千克，用 600 倍敌克松进行土壤消毒，用种 3.0～3.5 千克；叶龄 3.5～4.5 叶栽秧，1 叶 1 心期亩用 15% 多效唑 25 克对水 15 千克喷雾。

3. 适时机插

4 月中旬初，抢晴机械插秧，插植规格 14 厘米×30 厘米，丛插 3～4 粒谷；插秧做到浅、直、匀，栽插深度以 1.5～2.0 厘米为宜，插后 2～3 天看情况补苗，确保每亩插足 1.5 万丛以上。

4. 间歇性灌溉

在插秧后的有效分蘖期内，实行薄水插秧、寸水护苗、浅水促蘖的灌溉方式。插秧后 20～25 天，当每丛秧苗达到 8～10 个茎蘖时，开始排水，结合清沟，进行烤田。烤田烤到畦面微裂，脚踏有印而不陷泥为度。烤田后实行间歇性灌溉，促进稻田耕作层靠毛细管水浸润，新鲜氧气沿土壤孔隙导入，从而保持土壤湿润透气状态，显著改善土壤还原性；既促进根系向深度发展，又提高根系活力，直至成熟前 10 天左右，清理田四周环沟，排水烤干田；保持根系发达，地上部穗多穗大，头季和再生季都大幅度增产。

5. 头季施肥

施纯 N 11～13 千克/亩，在掌控最佳施用量基础上，讲究分期定量施肥技巧：磷肥作基肥施用，钾肥作分蘖肥和穗肥分施。氮肥按基肥占 30%，促蘖肥占 30%，烤田后接力肥占 10%、穗肥占 20%、粒肥占 10%分施。基肥：每亩施水稻混合肥 30～40 千克，钙镁磷 25 千克，尿素 10 千克。蘖肥：插后 5～7 天结合查苗补苗，每亩施进口复合肥 15 千克，之后用抛栽灵（每亩用 1 包，60 克），拌匀后撒施，灌寸水保持静水 4～7 天。插后 15 天看苗补施平衡肥，消灭三类苗，每亩施尿素 2～5 千克、氯化钾 10 千克。5 月底 6 月初进入幼穗分化之前每亩施 10 千克进口复合肥；6 月下旬视苗情每亩施进口复合肥 7～10 千克作粒肥。

6. 再生季巧施壮苗肥

低留稻桩品种，在头季稻齐穗后 15～20 天，每亩施 5 千克尿素作保根肥。头季稻收割后当日，将堆压在稻桩上的稻草及时清理于株间，并灌跑马水保持土壤湿润，养根促芽。割后 6～7 天，当稻芽长出约 5 厘米时，灌入薄水，每亩施尿素 15 千克、氯化钾 10 千克，促齐芽壮苗。割后 15～20 天，每亩再施入尿素 5 千克，促进再生季大穗。

高留稻桩品种，在头季稻齐穗后 15～20 天，每亩施尿素 20 千克作促芽肥。为防止高浓度肥料对腋芽造成损伤，促芽肥施肥的方法，一般应分两次隔天施下。在头季收割后 2～3 天，结合灌溉，再施尿素 5 千克作壮苗肥，以促进再生芽生长，保证出苗整齐，达到按时抽穗扬花，提高结实率。

7. 头季稻机割

生育期短的品种头季机割方式采用低桩机割，生育期长的品种采用高桩机割。头季低桩机割的适宜割桩高度为基部 2 个节间高度加 5～8 厘米保护段，即距地表高 12～15 厘米；头季高桩机割的适宜割桩高度为倒 2 节间中部（或倒 3 叶枕处），即距地表高 35～40 厘米。

低桩再生稻的再生分蘖主要是倒 4、5 节位腋芽萌发而成，地下部分蘖芽有独立根系，但在萌发时其养分完全依赖母茎供养。母穗接近成熟时，自身谷粒充实已达到最大，才有富余的养分供养腋芽。因此，低桩再生稻头季务必十成黄时收割，利用母茎富余的光合产物供给腋芽，使腋芽充分发育，提高萌发率，增加枝梗颖花分化数，增加穗粒数。

杂交水稻地上部茎秆一般有 6 个左右的节位，除最上一个节位外，每个节位都有一个腋芽，每个腋芽都具有萌发成穗的潜在能力。倒 4、倒 5 节位的下部腋芽，其萌发率可达到

60%～70%，头季机收留桩高度 12 厘米左右。而对于具有低节位腋芽萌发优势的粳源品种，高节位腋芽基本不萌发，留桩高度 35 厘米左右，保留下来的营养段有利于低位再生芽的萌发。

8. 病虫害防治

为了防止迁飞性媒介虫危害，在稻苗返青分蘖期一旦发现病苗，要及时拔除，及时补苗，及时喷施"金好年"等防治刺吸性口器害虫的杀虫剂。在水稻幼穗分化期至孕穗期及时防治稻飞虱：幼穗分化期至孕穗期，平均每丛 20 头、灌浆成熟期 30 头时，每亩用 25%噻嗪酮（扑虱灵）可湿性粉剂 20～25 克，或 10%吡虫啉可湿性粉剂 10～15 克，对水 60 千克喷雾。纹枯病的防治：在分蘖期至孕穗期，当丛发病率达 15%～20%时，每亩用 5%井冈霉素 300 毫升对水 75 千克喷雾。在分蘖期根据病虫情报，酌情防治卷叶螟、二化螟、三化螟等病虫害；在破口始穗期喷施"爱苗""三环唑""好劳力"或"阿维菌素"等农药可以兼治穗颈瘟、白穗、稻曲病。

9. 除杂草

对于免耕直播田或前作杂草较多的翻耕直播田，特别是空闲田，为了减少老草残留量，在播种前 5～7 天，结合整地，可用除草剂 12%农思它（噁草酮）乳油 250 毫升对水喷雾。播种 3 天后，趁田间湿润施除草剂 30%苄嘧·丙草胺（亮镰）可湿性粉剂 100 克对水 30 千克，均匀喷雾。四叶一心期，亩用 69%苄嘧·苯噻酰可湿性粉剂 70 克结合施分蘖肥撒施，药后保水 3 天。

三、适宜区域

本项技术适宜在温光资源种一季有余两季不足的南方稻区推广。

四、注意事项

在技术推广应用过程中需注意病虫害防治，头季稻重点防治稻瘟病、纹枯病和二化螟、稻飞虱等病虫害，再生季稻重点防治稻瘟病、纹枯病和稻飞虱等病虫害。

技术依托单位

1. 福建省农业科学院水稻研究所

联系地址：福建省福州市仓山区城门镇黄山

邮政编码：350018

联 系 人：张建福

联系电话：0591-83408705　13860627938

电子邮箱：jianfzhang@163.com

2. 福建省种植业技术推广总站

联系地址：福建省福州市鼓楼区冠屏路 183 号

邮政编码：350003

联 系 人：林　武

联系电话：0591-87817483　13605949217

电子邮箱：lyk87811903@163.com

水稻叠盘出苗育秧技术

一、技术概述

（一）技术基本情况

水稻叠盘出苗育秧技术是针对现有水稻机插育秧方法存在的问题，根据水稻规模化生产及社会化服务的技术需求，经多年模式、装备和技术创新的一种现代化水稻机插二段育供秧新模式。该技术采用一个叠盘暗出苗为核心的育秧中心，由育秧中心集中完成育秧床土或基质准备、种子浸种消毒、催芽处理、流水线播种、温室或大棚内叠盘、保温保湿出苗等过程，而后将针状出苗秧连盘提供给育秧户，由不同育秧户在炼苗大棚或秧田等不同育秧场所完成后续育秧过程的一种"1个育秧中心＋N个育秧点"的育供秧模式。在暗室叠盘，通过控温控湿，创造利于种子出苗的环境，解决传统育秧存在的出苗难题，提高种子成秧率；种子出苗后分散育秧，便于运秧和管理，方便机插作业，有利于扩大育供秧能力，降低运输成本，推动机插育秧模式转型，育秧社会化服务。

（二）技术示范推广情况

水稻叠盘出苗育秧技术的创新及应用，提升了我国水稻机插秧技术水平，近几年分别在浙江、湖南、江西、江苏、安徽等省建立了一批水稻机插工厂化叠盘育秧中心，大面积推广应用该技术模式，与全国农业技术推广中心合作，制定了该模式的农业行业标准，为水稻规模化生产和社会化服务提供技术扶持，推进生产机械化发展。水稻叠盘出苗技术入选2018年中国农业科学院十大科技进展，先后入选农业农村部2019年、2021年农业主推技术，以及浙江省种植业十大成果，连续多年入选浙江省种植业主推技术，2022年该技术在浙江杭州、绍兴、温州等11个市推广，应用面积为191.24万亩，在湖南、江西、江苏等南方稻区年推广应用面积超1 000万亩，社会、经济效益显著。

（三）提质增效情况

水稻叠盘出苗育秧技术目前已在我国长江中下游稻区浙江、江西、湖南等省大面积推广应用，增产效果显著，与传统育秧及机插技术相比，具有出苗率高、秧苗素质好、机插伤秧伤根率和漏秧率低、插后返青快和促进早发等优点，据初步统计，近几年在浙江省不同地方、季节、品种试验示范，增产幅度为3%～15%，平均增产37.11千克/亩，通过节约育秧成本，节省机插漏秧补秧用工、节种和节肥，实现节本增效，累计平均每亩新增纯收益99.45元。

（四）技术获奖情况

以该技术为核心的科技成果"粮油产业技术团队协作推广模式的创新与实践"获2019年全国农牧渔业丰收奖合作奖，以及2020年浙江省农业农村厅技术进步奖一等奖。

二、技术要点

1. 品种选择

考虑当地生态条件、种植制度、种植季节、生产模式等因素，根据前后作茬口选择确保能安全齐穗期水稻品种，双季稻区应注意早稻与连作晚稻品种生育期的合理搭配，争取双季机插高产。

2. 种子处理

种子发芽率常规稻要求 90%，杂交稻种子 85% 以上。种子处理包括选种、浸种消毒、催芽。先晒种 1~2 个晴天，以提高种子发芽势和发芽率，然后用盐水或清水选种，为防止恶苗病、干尖线虫等病虫害发生，用使百克＋吡虫啉、劲护、适乐时等浸种消毒 48 小时，清水洗净后催芽，采用适温催芽，催芽要求"快、齐、匀、壮"，温度控制在 35 摄氏度左右。当种子露白，摊晾后即可播种。

3. 育秧土或基质准备

可选择培肥调酸的旱地土或育秧基质育秧，旱地土育秧应选择中性偏酸、疏松通气性好、有机质含量高、无草籽、无病虫源的肥沃土壤，为防止立枯病等，需要做好土壤调酸、消毒，建设土壤 pH 5.5~6.5；建议采用水稻机插专用育秧基质育秧，确保育秧安全，培育壮苗。

4. 适期播种

适时播种，南方早稻在 3 月气温变暖播种，秧龄 25~30 天，南方单季稻一般在 5 月中下旬至 6 月初播种，秧龄 15~20 天，连作晚稻根据早稻收获时间合理安排播种期，一般秧龄在 15~20 天。

5. 流水线精量播种

根据品种类型、季节和秧盘规格合理确定播种量，实现精量播种，南方双季常规稻播种量，9 寸秧盘一般 100~120 克/盘，每亩 30 盘左右；杂交稻可根据品种生长特性适当减少播种量；单季杂交稻 9 寸秧盘播种量 70~100 克/盘。7 寸秧盘按面积作相应的减量调整。选择叠盘暗出苗的专用秧盘，采用播种均匀、播量控制准确、浇水到位的机插秧流水线播种，一次性完成放盘、铺土、镇压、浇水、播种、覆土等作业。流水线末端可加装叠盘机构及配装自动上料等装备。播种前做好机械调试，调节好播种量、床土铺放量、覆土量和洒水量。

现代化育秧中心的流水线播种及叠盘

6. 叠盘暗出苗

将流水线播种后的秧盘，叠盘堆放，每 25 盘左右一叠，最上面放置一张装土而不播种的秧盘，每个托盘放 6 叠秧盘，约 150 盘，用叉车运送托盘至控温控湿的暗出苗室，温度控制在 32 摄氏度左右，湿度控制在 90％以上。放置 48～72 小时，待种芽立针（芽长 0.5～1.0 厘米）时用叉车移出，供给各育秧点育秧。

出苗室叠盘控温控湿出苗   暗室叠盘出苗的水稻芽苗

7. 摆盘育秧

早稻摆放在塑料大棚内，或秧板上搭拱棚保温保湿育秧，单季稻和连作晚稻可直接摆秧田秧板育秧，有条件可放入防虫网大棚内育秧。

水稻出苗摆盘育秧   大棚育秧秧苗

8. 秧苗管理

南方稻区早稻播种后立即覆膜保温育秧，棚温控制在 22～25 摄氏度，最高不超过 30 摄氏度，最低不低于 10 摄氏度，注意及时通风炼苗，以防烂秧和烧苗。注意控水，采用旱育秧方法，注意做好苗期病虫害防治，尤其是立枯病和恶苗病的防治。

9. 壮秧要求

秧苗应根系发达、苗高适宜、茎部粗壮、叶挺色绿、均匀整齐。南方早稻 3.1～3.5 叶，苗高 12～18 厘米，秧龄 25～30 天；单季稻和晚稻 3.5～4.5 叶，苗高 12～20 厘米，秧龄 15～20 天。

10. 病虫害防治

秧田期间重点防治立枯病、恶苗病、稻蓟马等。立枯病防治首先做好床土配制及调酸工作，中性或微碱性土壤，需施用壮秧剂或调酸剂进行土壤调酸处理，把 pH 调至 6.0 以下，同时做好土壤消毒；恶苗病防治首先选栽抗病品种，避免种植易感病品种，并做好种子消毒处理，建议用氰烯菌酯、咪鲜胺等药剂按量浸种，提倡带药机插。

三、适宜区域

适合在长江中下游稻区、华南稻区、西南稻区等适宜水稻机械化育、插秧地区推广应用。

四、注意事项

（1）通风降温 早稻种子叠盘出苗，秧盘从暗室转运出来，室内外温差不宜太大，注意转运前先让暗室通风降温 1~2 小时，再将出苗秧盘移出暗室。

（2）炼苗 目前南方生产上水稻秧苗较多在大棚育秧，机插前需做好炼苗，增强秧苗抗逆性。

技术依托单位

1. 中国水稻研究所
联系地址：浙江省杭州市体育场路 359 号
邮政编码：310006
联 系 人：陈惠哲 朱德峰 张玉屏
联系电话：0571-63371376
电子邮箱：chenhuizhe@163.com

2. 浙江省农业技术推广中心
联系地址：浙江省杭州市凤起东路 29 号
邮政编码：310020
联 系 人：王岳钧 陈叶平 秦叶凌
联系电话：0571-86757880
电子邮箱：qyb.leaf@163.com

寒地水稻标准化诊断调控技术

一、技术概述

（一）技术基本情况

水稻是黑龙江省的主要粮食作物，种植面积连年增加，截至 2017 年，全省播种面积已达 6 000 万亩，居全国首位，所产稻米品质优良，绿色安全，供给区域覆盖全国各地。黑龙江省水稻产业集科研、生产、开发和销售等于一体，不仅是黑龙江省经济的重要组成部分，而且为保证我国粮食安全做出了突出贡献。黑龙江省水稻科学历经多年发展，已取得长足的进步，为黑龙江省水稻行业的发展提供了坚实的理论基础和技术支撑。以"旱育稀植三化栽培技术""寒地水稻叶龄诊断技术""寒地水稻优质米生产技术"等为代表的先进生产技术构成了指导全省水稻生产的技术体系。但在技术的传播和应用上，还存在明显的不足，由于地域和传输渠道的限制，先进的水稻生产技术不能及时和精准地传播；受到自身水平的制约，农民对技术的掌握和灵活应用也进一步影响水稻的安全生产。这就导致生产上出现品种选择不合理、育秧水平低、肥水管理不当、病害和药害频发、抗自然灾害能力弱等多个问题，给黑龙江省水稻的安全生产带来极大的隐患。

黑龙江省农垦科学院水稻研究所在总结前人研究基础上，结合多年的试验结果，完善和更新寒地水稻生产的技术标准（包括水稻的生长发育标准、农时标准和农事活动标准），并与计算机、互联网、遥感及其他高新科学技术相结合，形成了符合现代化水稻生产新技术"寒地水稻标准化诊断调控技术"，内容涉及施肥、灌溉、植保、耕作和农田基础设施建设等多个方面，为寒地水稻生产提供了翔实、全面和科学的理论依据和技术标准。同时，研发出基于移动网络的智能手机 App 软件《稻得经》，使水稻科学技术标准的传播以信息化的方式进行，提高了高新水稻科学技术的传播效率，开启寒地水稻生产智能模式。

该项技术于 2019 年完成课题鉴定，鉴定结果：技术水平达国内领先水平，"寒地水稻标准化诊断调控技术"适合在寒地稻作区推广、普及应用。

（二）技术示范推广情况

目前，寒地水稻生育智慧调控技术已进行大面积示范推广，覆盖黑龙江省水稻的主要产区，年应用面积超过 100 万亩，累计应用面积已达 700 万亩。配套书籍《寒地水稻生育智慧调控技术》发放超过 10 000 册，软件用户达 8 000 余人，培训 40 余万人次，"专家答疑"功能已向用户开放，近四年水稻种植期间，回答农户 2 000 余个问题，实现了良好的技术服务效果。

（三）提质增效情况

寒地水稻生育智慧调控技术的推广与应用，指导农民科学选择品种，降低虚假宣传和盲目购种的风险；减少了因栽培技术差导致生产事故的概率；提高病、虫、草和冷害的防治效果；增加劳动生产效率；平均增产超过 5%，米质达国标 3 级以上，亩增效益超过 100 元。

（四）技术获奖情况

2020 年，"寒地水稻标准化诊断调控技术"获黑龙江省农垦总局科学技术进步奖一等奖。

二、技术要点

该技术把寒地水稻生产技术标准与计算机技术、互联网技术和其他先进科学技术相结合，形成符合现代水稻生产的新技术和新装备。以该技术为理论基础研发的手机 App 软件《稻得经》，是国内首款以寒地水稻生产为目标的手机 App 软件，具有三大主要功能：产前智慧决策、产中智能管理和产后数据分析。

农事百科界面

1. 产前智慧决策

《稻得经》App 数据库（农事百科）收录了黑龙江省近十年及超过十年但仍有一定种植面积的审定品种信息，还收录了黑龙江省寒地稻区主要栽培模式，用户在产前根据自身情况选择适宜的种植模式和水稻品种。

2. 产中智能管理

App 中的"标准种植"提供水稻生产的全程技术标准；在"我的田"内，软件根据水稻生育信息进行精准诊断和智能生产调控措施；"智能灾害预警系统"帮助农民进行病、虫和冷害防治；用户通过"专家答疑"功能程序以文字、图片和视频的方式提问，农垦科学院水稻研究所专家团队在 24 小时内回答；在"首页"的"通知公告"中，有新技术、新装备和新品种介绍和水稻技术专家撰写的科技文章。

3. 产后数据分析

软件记录水稻生产信息，包括开销、肥料使用、品种、土地及其他信息。帮助用户进行全年的生产总结。该软件 2020 年获得计算机软件著作权。

《稻得经》软件是"寒地水稻标准化诊断调控技术"的重要组成部分，兼具标准化、智能化、精准化、简便化和时效性的特点。不仅用于指导水稻生产，提高农民种植水平，还为从事水稻科研的科技人员提供数据支持，包括：水稻生长发育信息、农事活动时间、肥料和花销信息、品种及分布状况等。这些数据来源于生产中，具有实时、快速、准确的特点。

三、适宜区域

该技术适用于黑龙江省各水稻产区。

四、注意事项

对"寒地水稻标准化诊断调控技术"配套软件进行培训，使农民能够准确熟练使用。

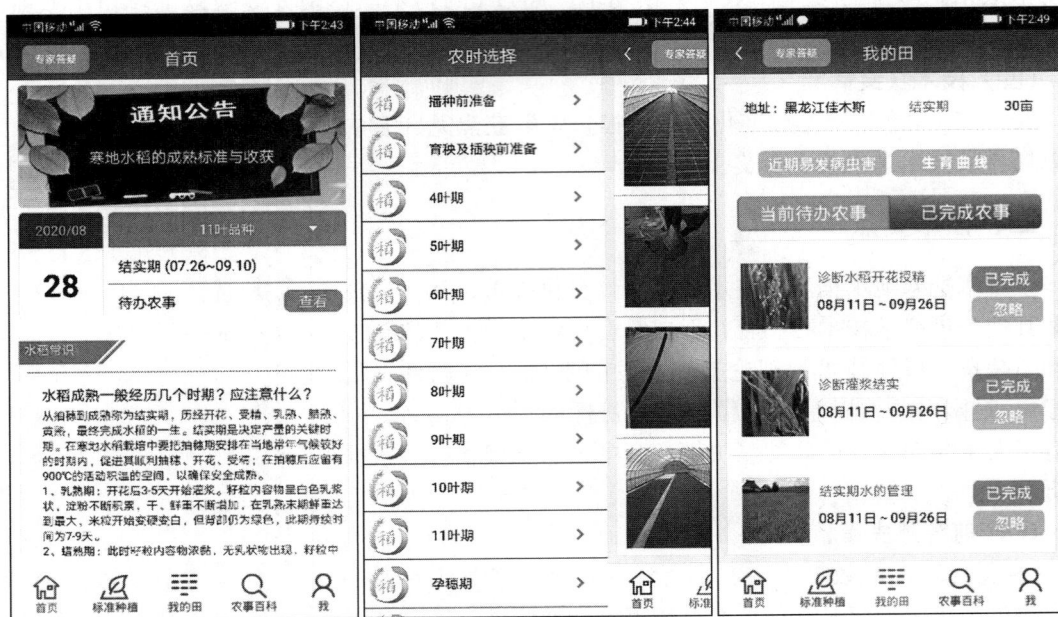

通知公告、标准种植和我的田界面

技术依托单位

黑龙江省农垦科学院水稻研究所

联系地址：黑龙江省佳木斯市安庆街 798 号

邮政编码：154007

联 系 人：杜　明

联系电话：18245491721

电子邮箱：lestat7777@126.com

长江中下游稻茬小麦机播壮苗肥药双控栽培技术

一、技术概述

(一) 技术基本情况

全国稻茬小麦种植面积 7 000 万亩左右，约占全国小麦种植面积的 20％左右，长江中下游地区是稻茬小麦的主要生产区域，光温资源丰富，是最具增产潜力的区域。但长江中下游麦区地处南北过渡地带，气候多变，湿害、冻害、倒伏等灾害频发，病虫危害较重；长期种植水稻的水稻土，湿度大、土质黏重、耕整困难，加之前茬水稻收获偏迟，季节紧张，不利于稻茬小麦适时播种和提高播种质量；水稻秸秆还田量大，机播壮苗培育难；造成本区域肥料农药使用量偏高，高产、稳产、优质、高效、安全生产的压力大。

本技术针对长江中下游地区稻茬小麦生产中的主要问题，围绕"低产变高产、高产更高产、逆境能稳产"的目标，依据"以适宜（尽可能少）的基本苗实现最佳穗数，以减少小花退化数为重点增加每穗粒数，以抗逆防早衰为中心提高粒重"的高产技术路线，以"精种、调肥、抗逆"为核心，以"播期播量与耕播方式协调、化肥农药协同双控、综合化调化保"为关键技术，主要通过"适期适量机械耕播、化肥农药控量减次、综合抗逆促壮防早衰"等技术的应用，推进本区域稻茬小麦实现播种质量提升、肥药利用效率提高，实现小麦高产优质高效生产。

(二) 技术示范推广情况

本技术的成功推广，促进了长江中下游地区稻茬小麦产量水平的不断提升，在江苏、上海、安徽等地的多个部省级小麦高产创建示范点，稻茬小麦小面积攻关田多年多点突破 650 千克，其中 2021 年江苏省方强农场实产验收 3.01 亩，创造了亩产 762.6 千克的稻茬小麦单产新纪录。在生产中多年、多点大面积示范应用，单产均明显高于当地大面积生产水平，增产率均在 10％以上，最高 35％以上。

(三) 提质增效情况

本技术结合其他技术的集成应用，通过精种壮苗实现节种、精确高效施肥喷药实现节肥节药，节本显著，安全高效，据 2017—2019 年江苏省典型示范方数据统计，小麦加权平均亩产 382.3 千克，比对照增产 12.4％（41.9 千克），节肥 4.25％，节药 6.14％。同时根据不同类型小麦品种产量与品质目标，通过适量施用肥药和合理运筹，实现产量、品质与效益的协同提高，增产增收效益显著，并为用麦企业提供了优质原料，也提高了企业效益。

(四) 技术获奖情况

以本技术作为核心技术完成的成果"稻茬小麦'两主体三配套'精准栽培技术体系集成与应用"获 2017 年度中国作物科技奖；"稻茬小麦'三调三控'绿色高效栽培技术体系示范推广"获 2020 年度江苏省政府农业技术推广奖一等奖；"稻-麦两熟丰产高效绿色栽培关键技术创建与应用"获 2020 年度江苏省科学技术奖一等奖。

二、技术要点

（一）核心技术

1. 因墒机械耕播壮苗培育技术

根据土壤墒情选用适宜的耕播作业流程与机械。土壤墒情适宜（土壤相对含水量为 70%～80%）条件下采用水稻秸秆切碎匀铺、深旋（耕翻）、旋/耙、种肥一体条播＋盖籽＋镇压＋开沟、封闭化除的作业流程，可用中、大型多功能播种机械；土壤偏湿（土壤相对含水量为 80%～85%）条件下采用水稻秸秆切碎匀铺、深旋、种肥一体条播＋盖籽＋轻压＋开沟、封闭化除的作业流程，可用中型多功能播种机械；土壤过湿（土壤相对含水量 ≥ 85%）条件下采用水稻秸秆切碎匀铺、旋耕灭茬＋施肥＋条（撒）播＋盖籽、因墒适时镇压、开沟、化除的作业流程，可用小型播种机械；如此能实现较高的籽粒产量、氮肥吸收效率和经济效益，且籽粒品质也较好。

本区域大面积生产在长江以南地区 11 月上旬、长江以北地区 10 月 25 日～11 月 5 日播种，基本苗 12 万～16 万/亩，能实现产量 500 千克/亩以上。迟于播种适期，要适当增加播种量，每晚播 1 天，基本苗增 0.5 万/亩，最多不超过预期穗数的 80%（晚播独秆栽培基本苗最多不超过 25 万/亩）。

2. 肥料控量高效运筹技术

根据实施地点土壤类型、地力水平、小麦品种类型及其产量水平等因素，合理确定 Stanford 方程中的麦田土壤当季供肥量、目标产量需肥量、肥料当季利用率三个参数的合理值，计算小麦目标产量施肥量，合理确定氮、磷、钾配比，构建小麦精确定量施肥技术。正常条件下，中、强筋小麦产量目标 500 千克/亩左右、品质达标，施氮量控制在 14～15 千克/亩，$N：P_2O_5：K_2O$ 采用 1：0.5：0.5 的比例配合施用磷、钾肥；弱筋小麦产量目标 400 千克/亩左右、品质达标，施氮量控制在 12～14 千克/亩，$N：P_2O_5：K_2O$ 采用 1：0.4：0.4 的比例配合施用磷、钾肥。

根据农田季节性供肥规律和小麦养分吸收特性，合理调整小麦肥料运筹比例，降低前期基蘖肥比例，增加后期拔节孕穗肥比例，提高肥料利用率。中、强筋小麦氮肥运筹基追比控制在 5：5，以基肥：壮蘖肥：拔节肥：孕穗肥＝5：1：2：2 为宜，3～4 叶期视群体大小和地力水平及时施壮蘖肥；倒 3 叶看苗施好拔节肥，剑叶抽出期施好孕穗肥。磷、钾肥的基肥：追肥比例为 5：5，追肥在拔节期施用，推荐施用多元高效复合肥。弱筋小麦氮肥运筹基追比控制在 7：3，以基肥：壮蘖肥：拔节肥＝7：1：2 为宜；磷、钾肥的基肥：追肥比例为 5：5，可在拔节期施用多元高效复合肥。

推介缓释（混）肥二次机械施用节本增效技术，等量条件下，建议采用硫包膜缓释肥分为 60%基肥＋40%返青肥（机械抛撒施或条施）施用，群体易优化，产量水平提高；且减少了施肥次数，降低了人工施肥成本，经济效益得到提升；或减量（纯量）15%条件下能实现稳产增效、生态安全。

3. 病虫草害综合化保技术

在选用综合抗性较好品种的基础上，推广应用以麦作丰产、优质、保健栽培为基础，结合农业防治，坚持病虫害防治指标、科学使用农药、保护利用自然天敌控制作用的麦作病虫草害综合防治体系，在农药使用种类、使用浓度、时间、残留量方面按照《生产绿色食品的农药使用准则》，保证产品安全性。

化学除草要求"一封一杀"（播后药剂封闭、冬前化学除草），春季田间杂草多时再补除（一封一杀一补）。纹枯病防治的关键时间在拔节期，白粉病防治的关键时间在拔节期至开花期，赤霉病防治的关键时期在小麦开花期，要坚持"适期防治、见花施药"。

药剂选择上应注意选择高效药剂，加大新型、低毒药剂及其复配制剂的推广应用力度，并轮换使用不同作用机理的药剂品种，延缓抗药性产生；同时药剂配置上可病虫害兼顾，减少施药次数与用工量。

在传统人力植保机械应用基础上，推广统防统治和专业化防治服务，加大悬挂式、牵引式、自走式喷杆喷药机等植保机械的应用力度；推广无人机飞防植保技术，提高喷药效率与效果。

（二）配套技术

1. 优质品种选用技术

根据种植区域的生态条件、市场需求选择适合各地推广应用的优质小麦品种，其中沿江和沿海的沙土和高沙土地区以综合抗性好、产量水平高的弱筋小麦品种为主，搭配种植红皮强筋小麦和中筋小麦品种；其他地区选择配麦质量高、综合抗性好、产量水平高的中筋小麦品种，部分区域可选用市场需要的红皮强筋小麦品种。

2. 秸秆深埋还田精种技术

推广秸秆碎草匀铺深埋还田，要求适时断水（水稻收获前 7～10 天及时断水，为小麦播种创造好的墒情）、碎草匀铺（水稻收获时将秸秆切碎为 5～8 厘米的小段，收获时利用机械将稻草抛撒均匀平铺于地表）、深埋稻草（深耕 25 厘米或深旋 12～15 厘米，防止稻草富集于播种层）、机械匀播（实现播深适宜、深浅一致、出苗均匀、苗量合理）、适墒镇压（播种前后或冬前根据土壤墒情适时镇压）。播种时根据土壤墒情调节播种深度，墒情好深度控制在 2～3 厘米，土壤偏旱播深调节为 3～4 厘米，行距 20～25 厘米。

3. 适时灌排防旱降渍技术

因区域、小麦生育期、天气状况采用合理的灌排方式，排水降湿，实现节水节本高效。

（1）配套沟系　重点在播种前后机械开好田间三沟（竖沟、横沟、腰沟）和田外三沟（隔水沟、农排沟、排降沟），做好内外"三沟"配套，确保能灌能排。

（2）精播镇压　水稻收获后及时精细整地，机械匀播，防止烂耕烂种。播后、冬季和早春返青期，根据土壤墒情、苗情、天气等适时适度镇压，提墒保墒，护根健苗。

（3）清沟理墒　冬季和早春及时清沟理墒、疏通田内外沟系，保证排水畅通，要做到雨止田干、沟无积水。冬春干旱少雨时可及时沟灌洇水，保证蘖、根、穗、花正常分化发育。

4. 综合抗逆促壮防早衰技术

调整播期播量、进行种子处理以减轻病害、冻害、倒伏等发生的概率；根据逆境发生特点选用适宜的缓解或补救技术；因品种类型合理化调增粒增重。

重点做好以下几个环节：①提前制定抗灾应变技术措施预案，灾害发生时，及时准确地落实应对措施。②推广种子处理，提高植株自身抗逆能力。③科学调整播种期播种量，减少因小麦过早播种、生育进程过于提前发生的冻害，以及群体过大、旺长带来的倒伏风险。④在播种时可采用生长延缓剂如多效唑、矮苗壮等拌种或苗期喷施，中期注意应用镇压、喷施生长延缓剂等措施，有效防御冻害、倒伏等。⑤后期注意"一喷三防"措施的应用，预防高温逼熟，增重防早衰。⑥适时收获，防止烂麦场和穗发芽。

三、适宜区域

长江中下游稻茬小麦种植地区，包括江苏、安徽、上海、浙江、湖北、河南南部稻茬小麦种植区。

四、注意事项

1. 提倡水稻田开沟并注意控制好最后灌水时间，为小麦耕作播种创造好的墒情条件。要突出强化水稻成熟即收的意识，家庭农场、种田大户因受晒干或烘干条件的制约常常影响收获进度与播种进度，尤其要注意早作预案，以加快收割与播种进度。

2. 应注意根据水稻腾茬早晚、土壤质地、墒情状况、农机具配套等情况，选择适宜的播种作业程序。

3. 在秸秆还田量较大、地表过松过软时，播种机自带镇压轮常难以达到理想的镇压效果，可在播种前墒情适宜时用专用镇压机压实播种层后再播种，提高播深均匀度；也可在播种后一周内，墒情适宜时用专用镇压机具进行播后镇压，使耕层紧密，以利于提高出苗率，促进全苗、齐苗。秋冬季及早春可根据土壤疏松程度及苗情、墒情进行镇压，但拔节后不可再镇压。

技术依托单位

1. 扬州大学

联系地址：江苏省扬州市文汇东路 48 号

联 系 人：朱新开　郭文善

联系电话：0514-87979300

电子邮箱：xkzhu@yzu.edu.cn　guows@yzu.edu.cn

2. 江苏省农业技术推广总站

联系地址：江苏省南京市鼓楼区凤凰西街 277 号

联 系 人：王龙俊　束林华

联系电话：025-86263333

电子邮箱：13601403866@163.com　slh8088@163.com

3. 全国农业技术推广服务中心

联系地址：北京市朝阳区麦子店街 20 号

联 系 人：梁　健

联系电话：13240920099

电子邮箱：liangjian@agri.gov.cn

杂交粳稻全程机械化制种技术

一、技术概述

（一）技术基本情况

粮食安全事关国家和社会稳定。农业农村部部长唐仁健指出："种子是农业的'芯片'，耕地是粮食生产的'命根子'，只有把这两个要害抓住了，才能从根本上确保国家粮食安全"。水稻是最主要的粮食作物之一，其年产量占全国粮食总产量的40%以上，我国60%以上人口以稻米为主食。

水稻分籼稻和粳稻，由于粳米食味好，随着经济增长和人民生活水平提高，21世纪以来，我国人均粳米消费量增加了40%，粳米需求量剧增。目前全球粳稻生产国仅有中国、日本、韩国、美国等少数几个国家。我国是世界上粳稻种植面积最大、总产量最高的国家，目前粳稻种植面积达1.4亿亩左右，约占世界粳稻总面积65%以上。国际市场粳米可供贸易量每年仅350万吨左右，不及我国粳米消费量的5%，尤其随着疫情和国际形势的变化，世界粮食环境更为紧张，因此粳米的需求必须立足国内生产。

国外种植的粳稻主要以常规粳稻为主，中国是世界上唯一实现杂交粳稻产业应用的国家。相对常规粳稻，杂交粳稻具有产量（增产20%以上）、抗性等方面杂种优势。在长三角等传统粳稻生产优势地区耕地面积日趋紧张情况下，发展优质高产杂交粳稻是增加粳米供给最有效的途径。

我国杂交粳稻生产按生态区域划分，主要有北方粳稻、江淮华北中粳、长江中下游杂交晚粳、云贵高原粳稻等四大地区；以杂交粳稻不育系类型划分，主要有BT型和滇型。长江中下游地区杂交晚粳主要为BT型，是我国杂交粳稻影响最大、推广面积最广的地区。上海杂交粳稻产业化优势突出，杂交粳稻种植比例达到40%左右，在全国居于领先地位，培育的组合已成为当前国内外推广面积最大的杂交粳稻品种。目前上海地区每年的杂交粳稻制种面积达到2万亩左右，是长三角地区最大的杂交粳稻种源生产基地，保障着该区域200万亩左右杂交粳稻生产用种的安全。杂交粳稻产业化应用最重要的限制因子就是种源生产。

针对BT型杂交粳稻不育系败育时间晚、混杂退化速度快，杂交粳稻恢复系的花粉量一般较杂交籼稻恢复系小，制种父母本花时不一致，制种产量也相对较低等特点，通过融合现代农机农艺栽培理论与技术，形成了杂交粳稻机械化制种技术。通过该技术应用，提升了杂交粳稻亲本质量，构建了高效制种群体，实现了杂交粳稻全程机械化生产，解决了长期以来杂交粳稻制种产量水平较低、种子质量不稳定等难题，实现了长三角地区杂交粳稻种源的高质量安全生产。

（二）技术示范推广情况

通过该技术实施，在上海市奉打造了一批杂交粳稻种源高效安全生产示范基地，杂交粳稻制种全程机械化率达到90%以上，制种平均产量达到200千克/亩以上，生产的杂交种纯度全部达到国家标准，为上海及周边地区的杂交粳稻生产提供了重要的种源保障。2022 年 10 月 30 日，江西农业大学原校长石庆华教授、曾勇军教授等专家，对奉贤区五四农场杂交粳稻申优 28 全程机械化高产制种技术集成示范基地进行了现场考察和测产，制种平均产量达到 256.6 千克/亩。核心技术"BT 型杂交粳稻机械化制种技术"连续 2 年（2021—2022）成为上海市农业主推技术，在长江中下游地区的杂交粳稻种源基地广泛应用，取得了良好效果。

（三）提质增效情况

与传统制种技术相比，应用该技术可增产杂交粳稻制种产量 60% 以上，节约劳动力 40%，制种田亩增收节支 2 500 元左右。同时通过杂交粳稻机械化制种技术的应用，杂交粳稻种源质量得到了有效保证，纯度合格率 100%，有效保障了上海及周边地区杂交粳稻生产用种的安全。

（四）技术获奖情况

2014 年获上海市科学技术进步奖一等奖，2021 年获神农中华农业科技奖一等奖。"一种杂交水稻制种花期相遇的方法"获国家发明专利。

二、技术要点

（一）种子生产基本要求

1. 隔离条件

为防止父本以外异品种花粉串花，制种田块要连片种植，采取空间隔离或时间隔离。空间隔离要求与异品种距离 100 米以上，或利用建筑物、河流等障碍物进行的屏障阻断花粉传播。杂交粳稻制种隔离可用父本或杂交种 F_1 代隔离，但与制种田相邻的田块必须用父本隔离。采取时间隔离要达到 GB/T 17314—2011 的规定，要求相邻品种抽穗期相差 20 天以上。

2. 田块选择

选择地势平坦、土壤肥沃且肥力均匀、灌排方便、无检疫性病虫害、基础设施建设较好、四周田埂可行驶拖拉机、便于机械化辅助授粉等操作的田块。

3. 亲本种子质量

制种需用的父、母本种子质量应达到 GB 4404.1—2008 的规定。

（二）制种田栽培管理

1. 培育壮秧

（1）父母本播种差期　由于本地区杂交粳稻制种亲本感光性较强，受气温影响较小，播种到始穗有一定规律性，一般推迟 6 天播种，始穗期推迟 1 天。因此建立了播差期通用公式：双亲播差期＝双亲播始历期之差×6。如：申优 26 父母本播始历期相差 4 天，制种父本第一期父本 5 月 15 日播种，母本推迟 24 天播种，于 6 月 8 日播种；为实现父本盛花期对母本全覆盖，一般情况下再推迟 7 天播种第二期父本。

（2）种子处理　晒种：播种前选晴天晒种 1 天，以增强种子发芽势，提高种子发芽率和秧苗抗逆能力。浸种：选择适宜的杀虫、杀菌剂进行浸种，父本需加防治干尖线虫病的药剂浸种，浸种时间 50～60 小时，母本不少于 60 小时。有氧催芽：掌握谷堆温度 35～38 摄氏度，不宜超过 40 摄氏度，防止持续高温烧芽。

（3）播种　母本机插的，采月秧盘育秧，每亩用种量 2 千克，每盘播干谷 80～100 克，每亩 17～18 盘；母本精量穴直播的，每亩用种量 2.5 千克。

父本人工栽插的，大田亩用种量 0.75 千克；播种量第一期父本每亩 10 千克，第二期父本每亩 15 千克；父本机插的，第一期父本每盘播干谷 80～90 克，第二期父本每盘播干谷 90～100 克；父本精量穴直播的，每亩用种量 0.8 千克。

以制种花期相遇和轻简栽培为目标，根据杂交粳稻父母本特征特性，进行制种双亲的不同播种方式自由搭配。

（4）秧田管理　秧盘移入秧田后立即灌水，保持秧沟有水、秧板无水，湿润不发白。齐苗后上水（揭去覆盖物），做到竖苗薄板水、秧盘不露出，二叶一心保持浅水层，插秧前 1～2 天排除沟水，以利于起秧。做好条纹叶枯病的防治。

2. 合理行比

母本采用机插秧的行比为 2∶（6～8），父母本行株距为 25 厘米×（14～18）厘米，每穴 2～3 株种子苗，基本苗 5 万株/亩左右。母本采用精量机穴播的行比为 2∶（10～12），父母本间行距为 25 厘米，母本间行株距为 20 厘米×（16～18）厘米，每穴 3～5 株种子苗，基本苗 5 万～7 万株/亩。为防止漏插、保证成苗率，应提高大田平整度，及时补苗，力保足够的母本基本苗。

3. 肥料运筹

总用氮量折合纯氮 20～25 千克/亩。具体为：每亩基肥施 25 千克复合肥，返青肥施 10 千克尿素，分蘖肥施 15 千克尿素＋5 千克氯化钾，结合花期调节，施 1～2 次穗肥（10 千克尿素/次）。

4. 水浆管理

制种田的水浆管理以促进分蘖生长为主，分蘖期保持浅水层，达穗数苗及时搁田，但须轻搁，以不陷脚为标准，之后以间歇灌溉为主，直至抽穗。

（三）花期预测和调节

通过杂交粳稻制种父母本番差期合理安排，制种双亲花期基本吻合。但父母本的生长发育进程还受到光、温、水、肥等诸多因素影响，加上田间管理的差异，父母本花期不完全相遇时常会发生，因此花期预测及微调是制种过程中非常重要的环节。

1. 花期预测

采用幼穗剥查法，结合叶龄余数法，根据幼穗发育 8 个时期预测。从 8 月上旬开始及时组织人员逐田进行父、母本幼穗发育进度剥查诊断，每天检查一次。

2. 花期调节

花期调整应遵循"宜早不宜迟，以促为主，促控结合"的原则。一般杂交粳稻制种母本对水分比较敏感，田间较干情况下，母本相对父本幼穗发育快，在田间深水灌溉条件下，母本幼穗发育受到一定抑制。一般在倒 4 叶末开始剥查制种父母本的幼穗，预测花期并进行调节。对幼穗分化处在Ⅳ期前的亲本，以水肥调节为主，对发育偏快的亲本偏施氮肥，一般施尿素 10 千克/亩，施肥前要放干田间水浆，使偏迟的一方吸收不到肥料，提高调节的效果。对幼穗分化达到Ⅳ期后的偏慢亲本，可用磷酸二氢钾每亩 200 克对水进行叶面喷施；到Ⅶ期后，可待发育偏慢亲本的幼穗变绿即喷施赤霉素 2～3 克/亩，可提早抽穗 1～2 天。

（四）病虫防治

根据当地植保部门发布的病虫情报，充分应用自走式高地隙喷杆式、车载式、无人机等植保机械，及时做好病虫草防治。

（五）机械辅助措施

1. 机械割叶

在始穗5％时用园林修割专用机器进行机械割叶，母本割去剑叶长度的1/3～2/3，父本割叶可稍重些，一般可割去剑叶的2/3。

2. 喷施"赤霉素"

在见穗期割叶后，父本喷施赤霉素6～8克/亩，隔天父母本同喷6克/亩。如遇父母本生长不一致，则对偏迟一方先喷赤霉素，促其早抽穗。

3. 机械辅助授粉

始穗后开始赶花粉，即实施机械辅助授粉，根据田间道路条件选择合适的拖拉机型号，至终花结束。赶花粉时间应以母本开花时间为准，每天首次赶花粉时间尽量迟，粳稻不育系开花集中，待80％以上的开颖母本花丝完全伸长时即可进行；以后间隔10～15分钟进行一次单向赶粉，直至所有母本闭颖为止。另外即使遇阴雨天，也应该抓住雨隙不放弃，最大限度赶好花粉，因为机械辅助授粉，花粉弹的距离远，小雨不影响花粉进入母本柱头受精。拖拉机赶粉速度以20～30千米/时为宜。

（六）种子质量控制

杂交粳稻制种从两个方面防杂保纯，一是防止异品种串粉造成生物学混杂，应通过严格隔离可以避免；二是防止生产过程中的机械混杂，收割、烘干、包装、装运等环节严格按标准操作，可有效降低混杂风险。在具备良好隔离条件下，严格控制杂交粳稻制种亲本质量。

1. 田间去杂

田间去杂可分为四个阶段进行，第一阶段在抽穗前，主要是拔除株型、叶型、叶色异常、早抽穗的植株；第二阶段在始穗期，主要是拔除母本中的散粉株及父本中的异常株；第三阶段在成熟收割前，父本刚沉头就开始整株拔除母本中结实率明显偏高的植株；第四阶段收割父本，要求尽可能完整收割父本，完全清理田间遗留的父本单株和单穗，然后再在母本行间反复去杂。

2. 收贮

经田间验收合格后，机械收割母本，一般齐穗后45～50天收割，速度为6～8亩/时为宜，降低损失率。收割时要将收割机清理干净，防止机械混杂，最后进行烘干（温度38～42摄氏度）、精选、包装，种子贮藏于专用仓库。

奉贤标准化杂交粳稻制种基地　　　　　崇明标准化杂交粳稻制种基地

制种机直播-插秧一体机

机械割叶

机械辅助授粉

三、适宜区域

上海等长江中下游地区。

四、注意事项

相关制种单位需要配套完善的农田设施及农机设备。

技术依托单位

上海市农业科学院

联系地址：上海市奉贤区金齐路1000号

邮政编码：201403

联 系 人：曹黎明

联系电话：18918162023

电子邮箱：clm079@163.com

南方稻田绿肥轻简高效节肥增效技术

一、技术概述

(一) 技术基本情况

绿肥在改善农田生态环境、提升耕地质量、保障农产品稳产增产等方面具有明显的支撑作用。我国南方稻田冬闲面积约2亿亩，利用冬闲田发展绿肥，可以减少土地季节性闲置，并生产大量有机肥源、提升稻田生产能力。同时，发展绿肥的重要限制因子之一是绿肥生产的轻简化。为此，近10多年来，以化肥减施增效、耕地质量提升、绿肥轻简化生产为主要目标，研发了稻田节肥养地型绿肥轻简高效利用技术，建立了适应新时代的水稻-绿肥高产高效绿肥生产技术体系。运用本技术，可实现南方稻田冬季绿色覆盖、绿肥轻简高效生产、大幅减施化肥，农田生态环境和农业清洁生产水平明显改善和提升。

(二) 技术示范推广情况

本技术可以大面积推广应用。近10多年来，在湖南、湖北、安徽、河南、江西、广西等地示范推广，累计示范及推广面积数千万亩，有力支撑了稻田生态环境改善，是稻田节肥减排的重要绿色技术。

大规模示范现场

(三) 提质增效情况

多年多点联合监测试验证明，运用本技术，水稻可节约氮、钾不低于30%，普遍可节氮、钾40%，部分地区可达到60%。

1. 支撑了水稻轻简高效清洁生产

①绿肥生产更加轻简。实现了绿肥生产从水稻收割、绿肥播种及管理、绿肥翻压、绿肥种籽收获的全程机械化。②土壤培肥更加高效。"一年种绿肥，三年田不瘦"被广泛认同。③稻田生产更加清洁、产出更加持续稳定。可保障水稻产量、减少化肥投入、阻控养分流失，农田生产更加清洁、稻米更加健康。

2. 推动了种植业健康发展

绿肥是紧盯耕地要害的重要实践。绿肥是纯天然有机肥源，也是农田土壤调理的内在动力，完全满足清洁农业生产的肥料要求，是缓解困扰社会的农田生态环境恶化难题的重要技术途径。

绿肥-优质稻米基地　　　　　　　　绿肥助力农田生态健康

（四）技术获奖情况

2020 年 12 月，以本技术为核心内容之一的"南方稻区现代绿肥生产与水稻提质增效技术创新及应用"，通过了中国农学会组织的成果鉴定，专家认为达到国际领先水平。此外，近 10 年来，以本技术为核心，获得了省部级一、二等奖及高影响力企业科技奖励 7 项，分别是：冬闲稻田紫云英高效种植与"一减双升"关键技术（2019 年河南省，二等奖）、稻田绿肥轻简高效生产利用技术创新与应用（2018 年湖南省，二等奖）、稻田绿肥新品种选育及"高效与轻简化"双靶标生产利用技术（2017 年大北农科技奖植物营养奖）、稻田绿肥-秸秆协同还田技术集成应用（2016—2017 年中华农业科技奖，二等奖）、主要绿肥作物生产技术体系构建及应用（2015 年湖北省，二等奖）、浙江绿肥作物高效种植与利用技术创新及应用（2015 年浙江省，二等奖）、稻田绿肥-水稻高产高效清洁生产体系集成及示范（2012—2013 年中华农业科技奖，一等奖）。

二、技术要点

（一）绿肥播种

可在晚稻收获前套播或水稻留高茬收获后择机播种。在不同区域，可依据实际需求选择飞播装置、专用电动播种机播种紫云英，亦可利用开沟播种一体机实施播种。绿肥一般用紫云英约 2 千克/亩，排水较好的稻田也可用毛叶苕子 3～4 千克/亩。在中/晚稻收获前 15～20 天套播。高留茬稻田亦可在水稻收割后及时撒播绿肥。

（二）中/晚稻收割留高茬

机械收割中、晚稻时，稻茬尽量留高（≥30 厘米，刈割的稻草切碎后均匀抛撒或尽量散开）。中/晚稻收割前 7～10 天落干，保持收割时田面干爽。采用机械化、留高茬形式收割，稻秸留茬 30～40 厘米、尽量更高，稻草切碎、抛撒还田。

机械化收割水稻留高茬及高茬下的绿肥长势

（三）绿肥管理

在中、晚稻收获时，采用与联合收割机配套的开沟犁、碎土抛散开沟装置进行稻田开沟；或者在中、晚稻收获后，采用绿肥开沟播种一体机开沟。根据田块大小，适时开围沟或中沟防渍，沟宽、深各 15～20 厘米，沟沟相通。

稻田开沟

（四）绿肥翻压

绿肥翻压前排空稻田积水，采用绿肥粉碎翻压复式作业机干耕，晒垡 2～3 天后灌浅水，沤肥 3～5 天后施基肥整地进行早稻移栽或抛秧，尽量做到绿肥翻压至水稻移栽后的 20 天内保持田面浅水、不排水。绿肥翻压前最好施石灰约 50 千克/亩。

干耕翻压

（五）化肥减施量

绿肥一般长势田，减施氮肥 30%，也可根据紫云英翻压量，每 1 000 千克/亩的绿肥鲜草，减施化肥 2 千克/亩。

绿肥还田后的化肥减量

三、适宜区域

南方单、双季稻区，包括江苏、安徽、上海、浙江、江西、湖北、湖南、福建、广西、广东等单、双季稻生产区。

四、注意事项

绿肥翻压后至早稻分蘖前期尽可能不排田面水，防止养分流失。

技术依托单位

1. 中国农业科学院农业资源与农业区划研究所
   联系地址：北京市海淀区中关村南大街 12 号
   邮政编码：100081
   联 系 人：曹卫东
   联系电话：010-82109622   13521817397
   电子邮箱：caoweidong@caas.cn
2. 农业农村部南京农业机械化研究所
   联系地址：江苏省南京市玄武区中山门外大街柳营 100 号
   邮政编码：210014
   联 系 人：吴惠昌
   联系电话：15366092973
   电子邮箱：huichangwu@126.com
3. 湖南省土壤肥料研究所
   联系地址：湖南省长沙市芙蓉区马坡岭远大二路 892 号
   邮政编码：410125
   联 系 人：聂 军
   联系电话：0731-84693197   13170402325
   电子邮箱：niejun197@163.com

优质小麦全环节高质高效生产技术

一、技术概述

（一）技术基本情况

随着经济快速发展和人民群众生活水平不断提高，小麦生产出现结构性供求矛盾，全国各地积极发展优质专用小麦，其种植面积不断扩大。但在生产中主要面临以下问题：①全环节集成技术推广力度不够，各个环节、各种技术之间融合度不高、衔接性不强，导致优质小麦产量不高，品质不达标，价格优势不能充分发挥；②区域化种植、规模化生产、单收单种单储程度低，不利于订单生产；③生产经营主体发生变化，缺乏有效推广机制。因此，迫切需要开展优质专用小麦技术集成、熟化、培训与示范推广，提升优质专用小麦生产质量效益和竞争力。

该技术模式以强筋小麦品种为基础，集成配套区域化布局、规模化种植、土壤培肥、深耕或深松、高质量播种、水肥后移、后期控水、叶面喷肥、病虫害综合防治、风险防控、适期收获、单收单贮等各环节关键技术措施，能够有效解决优质小麦生产中良种良法不配套，技术集成度、融合度不够，产量品质效益不同步等问题，为优质小麦发展提供技术支撑。

（二）技术示范推广情况

2017 年在 19 个示范县重点推广应用，2018 年在 37 个示范县重点推广应用，2019—2022 年在 37 个示范县和黄泛区农场重点推广应用，目前全省推广应用面积 1 400 万亩左右，且呈逐年增加趋势。2019 年该优质小麦全环节高质高效生产技术模式图在中央电视台《壮丽 70 年奋斗新时代——重温嘱托看变化》节目中体现。2019—2022 年印发优质小麦全环节技术挂图、台历、明白纸 65 万份。

（三）提质增效情况

一是初步实现了节本增效。该技术注重打牢播种基础，减少后期田间投入，初步实现了项目区节本增效 5％以上的目标任务。如示范推广的规范化耕种技术，不仅平均亩播量减少 1.5～2.5 千克，而且有利于培育冬前壮苗，提高综合抗逆能力，减少了田间管理。二是初步实现了绿色增效。示范推广的测土配方、机械深松、氮肥后移等节水节肥技术，有效提高了水肥资源利用率，示范区全面推广病虫害统防统治，不仅提高了防治效率，而且减少了农药用量。三是初步实现了优质增效。项目区运用规范化生产技术收获的优质专用小麦受到用粮企业的欢迎，收购价格较高。

（四）技术获奖情况

2020 年获得河南省农业技术推广成果奖一等奖，2018 年、2019 年、2020 年入选河南省农业主推技术，2020 年入选河南省十大农业绿色技术模式，2021 年入选河南省农业主推技术，2021 年入选全国农业主推技术，2022 年入选河南省农业主推技术，2022 年入选全国农业主推技术。

二、技术要点

（一）核心技术

区域化布局＋规模化种植＋土壤培肥＋深耕或深松＋高质量播种＋水肥后移＋后期控水＋叶面喷肥＋病虫害综合防治＋风险防控＋适期收获＋单收单贮。

（二）全环节关键技术

1. 区域化种植

强筋小麦适宜生态区。

2. 规模化种植

推广单品种集中连片种植。

3. 规范化耕种

（1）品种选用　选用适宜在河南省强筋小麦生态区种植的稳产高产优良品种。

（2）种子和土壤处理　根据病虫发生情况，选用包衣种子或药剂拌种，地下害虫严重发生地块，进行土壤处理。

（3）深耕机耙配套　耕深应达到 25 厘米，耕后耙实耙透，达到地表平整，上虚下实，表层不板结，下层不翘空。

（4）高效精准施肥　推广测土配方施肥，增施有机肥，补施硫肥。一般亩产 500 千克左右的田块，每亩总施肥量为氮肥（纯氮）12～14 千克、磷肥（五氧化二磷）6～8 千克、钾肥（氧化钾）3～5 千克。磷肥、钾肥和硫肥一次性底施，氮肥分基肥与追肥两次施用，基肥与追肥比例为 5∶5 或 6∶4。

（5）适期播种　一般豫北麦区适播期：半冬性品种为 10 月 10～15 日；豫中、豫东麦区适播期：半冬性品种为 10 月 15～20 日。

（6）控制播量　在适宜播期范围内，适当控制播量，一般每亩播量 8～10 千克。整地质量差、土壤偏黏地块应适当增加播量。

（7）高效播种　推广宽幅匀播机、宽窄行播种机等高效复式作业机具，播深 3～5 厘米，随播镇压或播后镇压。

4. 规范化田间管理

（1）前期管理（出苗—越冬）

① 化学除草。冬前是麦田化学除草的有利时机，可选用炔草酸、精噁唑禾草灵等防除野燕麦、看麦娘等；用甲基二磺隆、甲基二磺隆＋甲基碘磺隆防除节节麦、雀麦等；用双氟磺草胺、氯氟吡氧乙酸、唑草酮、苯磺隆、溴苯腈和二甲四氯水剂等防除双子叶杂草。防治时间宜选择在小麦 3～5 叶期、杂草 2～4 叶期、气温在 10 摄氏度以上的晴朗无风天气进行。

② 科学灌水。若冬前降水较少，土壤墒情不足，要浇好分蘖盘根水，促进冬前长大蘖、成壮蘖。对秸秆还田、旋耕播种、土壤悬空不实和缺墒的麦田必须进行冬灌，以踏实土壤，保苗安全越冬。冬灌的时间一般在日平均气温 3 摄氏度以上时进行，在封冻前完成，一般每亩浇水量为 40 米^3，禁止大水漫灌。浇后及时划锄松土，增温保墒。

（2）中期管理（返青—抽穗）

① 肥水后移。在小麦拔节期，结合灌水追施氮肥，每亩灌溉量以 40～50 米^3 为宜。追

氮量为总施氮量的 40%～50%左右。但对于早春土壤偏旱且苗情长势偏弱的麦田，灌水施肥可提前至起身期。

优质小麦拔节期灌水追肥

② 防治病虫害。在返青至抽穗期，重点防治小麦纹枯病、条锈病、红蜘蛛。坚持以"预防为主，综合防治"的防治原则，按病虫害发生规律科学防治，对症适时用药。

③ 预防倒伏。小麦起身期是预防倒伏的最后关键时期，对整地粗放、坷垃较多的麦田，开春后要进行镇压，以踏实土壤，促根生长；对长势偏旺的麦田，可在起身初期喷洒化控剂。另外，可采用深中耕断根，控制麦苗过快生长。

④ 预防冻害。及时浇好拔节水，促穗大粒多，增强抗寒能力，特别是要密切关注天气变化，在降温之前及时灌水，防御冻害。低温过后，及时检查幼穗受冻情况，一旦发生冻害，要落实追肥浇水等补救措施。

（3）后期管理（抽穗—成熟）

① 合理灌溉。干旱年份或缺墒地块在抽穗前后灌溉，保证小麦穗大粒多，每亩灌溉以 $30\sim40$ 米^3 为宜，一般不提倡浇灌浆水，严禁浇麦黄水。

② 防治病虫。在小麦抽穗—扬花期应对赤霉病进行重点防治。小麦齐穗期进行首次防治，若天气预报有 3 天以上连阴雨天气，应间隔 5 天再喷施一次。若喷药后 24 小时内遇雨，应及时补喷。同时灌浆期应注意防治白粉病、叶锈病、叶枯病、黑胚病及蚜虫等，成熟期前 20 天内停止使用农药。

③ 叶面喷肥。灌浆期结合病虫害防治，每亩用尿素 1 千克和磷酸二氢钾 0.2 千克对水 50 千克进行叶面喷施，促进氮素积累与籽粒灌浆。

5. 规范化收获与贮藏

抽齐穗后 10～20 天进行田间去杂，拔除杂草和异作物、异品种植株。机械化收获时按同一品种连续作业，防止机械混杂。收获后按单品种晾晒和贮藏。

优质小麦生育后期叶面喷施氨肥

单品种连片种植与单收单储

三、适宜区域

该技术模式适合在豫北强筋小麦适宜生态区和豫中、豫东强筋小麦次适宜生态区推广应用，土壤质地偏沙、瘠薄地及无灌溉的田块不宜推广。

四、注意事项

1. 在强筋小麦适宜生态区推广单品种集中连片种植。
2. 真正掌握整地播种质量标准和技术要领，确保田间整地播种作业质量。
3. 依据不同时期苗情、墒情、病虫情和天气变化，强化应变管理，科学防灾减灾。

技术依托单位

河南省农业技术推广总站

联系地址：河南省郑州市金水区农业路 27 号

邮政编码：450002

联系人：毛凤梧 蒋 向 王 策 赵 科 龚 璞

联系电话：0371-65917929

电子邮箱：xialiangke@126.com

小麦匀播节水减氮高产高效技术

一、技术概述

（一）技术基本情况

目前，小麦生产中主要存在以下问题：①常规条播或撒播播种质量较差、种子分布不够均匀、深浅不够一致等问题，致使个体发育不均衡影响群体构成；②现有播种方式分次完成施肥、旋耕、播种、镇压等作业工序，农耗时间长、散墒较重、成本偏高；③肥水投入过多及运筹不够合理，资源利用效率偏低。

针对上述问题，研发小麦立体匀播机，集"施肥、旋耕、播种、第1次镇压、覆土、第2次镇压"6道工序于一体，一次作业完成，融合微喷灌水肥一体化集成本技术体系。

应用本技术可通过集成作业，实现缩短农耗：匀播机实现多项工序联合作业，减少常规条播单独施肥、单独旋耕、单独镇压等工序，平均缩短更换机具等接茬农耗时间1~2天。通过精细覆土，实现等深种植：匀播机不仅使小麦种子相对均匀分布，将常规条播麦苗集中的一条"线"，变为麦苗相对分布均匀的一个"面"，而且通过精细覆土，使种子处于土壤同一深度（3厘米）土层内。通过两次镇压，实现减少散墒：匀播机械的两次镇压工序，使种子与土壤紧密结合的同时，进一步踏实土壤，抑制散墒，减少土壤水分损失0.4~1.0个百分点。通过微喷一体化，实现水肥高效：基于匀播小麦优势蘖水肥高效利用规律，减少浇水和施肥，融合微喷灌一体化，提高了水肥资源利用效率，减少了资源浪费和农田环境污染。

目前本技术获国际专利2项，国家发明专利1项，实用新型专利2项。

（二）技术示范推广情况

核心技术由中央电视台录制专题纪录片《小麦也可以这么种》。连续6年在不同省市实产验收，较常规条播生产对照田增产3.23%~10.28%，增产效果明显。自2014年已在全国11个省、直辖市、自治区（河南、河北、山东、山西、陕西、安徽、新疆、内蒙古、宁夏、北京、天津）大范围示范推广。

（三）提质增效情况

实现减少三个"3"：3千克种子＋3千克氮肥＋30米³灌水；增加两个"5"：5%产量＋50元收入。

与常规条播技术相比，本技术每亩可减少种子用量3千克、氮肥2~3千克、春季灌水30~40米³，平均提高产量5%左右，增加纯收入50元以上，同时分别提高水、氮、光能资源利用效率4%~10%、3%~8%、7%~14%。有效推动了小麦生产由高投入低产出多污染向高产高效绿色方向转变。

应用本技术的小麦亩产量稳定在550千克以上，在增产的同时，可以节省常规条播单独施肥、整地、播种所投入的机械成本，节本增产增效明显。

（四）技术获奖情况

2018年小麦节水保优生产技术主要内容被农业农村部列为十大引领性农业技术。2019

年 2 月 28 日，本技术通过中国农学会成果评价：成果总体达到同类研究国际领先水平。评价号为：中农（评价）字〔2019〕第 18 号。

二、技术要点

1. 立体匀播机播种

本技术体系核心技术为小麦立体匀播技术，采用立体等深匀播机械播种。在前茬作物收获秸秆粉碎还田的情况下，即可使用匀播机进行适墒播种（土壤含水量 12%～19%），同步完成"施肥、旋耕、播种、第 1 次镇压、覆土、第 2 次镇压" 6 道作业工序，每亩可节省用种 2～3 千克，实现一播全苗，苗全苗匀，奠定丰产结构。

2. 微喷灌水肥一体化

匀播机完成播种后，即可根据匀播机播幅进行微喷灌带铺设，配套相应的微喷灌水肥一体化设施完成小麦生育期间水肥管理。因立体匀播小麦出苗后无行无垄，微喷灌水肥一体化技术可根据匀播小麦群体生长需求优化水肥管理，节省了灌水和氮肥用量，同时减少后期田间操作对麦苗的损伤，最大限度保证群体成穗数和优良群体结构。

3. 优化水肥运筹

基于匀播与微喷灌的技术优势，对本技术水肥运筹进行科学优化。总体氮肥用量控制在 16 千克/亩以内，施肥比例调整为底肥 50%，拔节肥占 35%～40%，开花肥占 10%～15%；每亩春季灌水 50～70 米³，拔节和开花期分别占 60% 和 40%。后期施肥主要通过微喷灌技术进行。

本技术体系主要具有以下优势：

（1）强化均匀和等深　小麦立体匀播是以立体等深匀播为特征的新型播种技术，是通过匀播机械使小麦种子等深等距相对均匀地分布在土壤的立体空间中（株距根据不同的基本苗确定为 3.8～6.6 厘米，深度 3 厘米），确保麦苗单株营养面积和生长空间相对均衡，增加低位有效分蘖总量，在保持穗粒数及千粒重相对稳定或增加的基础上，提高单株和群体生产力，实现增产约 5%。

小麦立体匀播机播种及出苗情况

（2）强化节水和减氮　前茬作物收获后，采用具有分层镇压功能的匀播机械，在最适播期内趁墒实现等深匀播的同时，播前和播后的两次分层镇压可以减少土壤水分散失 0.4～1.0 个百分点，并使种子与土壤紧密结合，促进出苗，保证了苗全、苗匀、苗壮，形成均衡健壮个体及高质量群体，提高水、氮、光的利用效率，辅以高效微喷灌水肥一体化技术可实现每亩平均减少浇水 30 米^3 以上，节省氮肥用量 2～3 千克。

（3）强化减耗和省种　匀播机可一次性完成"施肥、旋耕、播种、第 1 次镇压、覆土、第 2 次镇压"等 6 道作业工序，提高作业效率，减少接茬机械更换等农耗时间 1～2 天，降低作业成本。匀播机一播全苗，使麦苗相对均匀地分布于田间，单株长势相对均衡，可以增加低位优势分蘖总量，每亩可提高群体有效成穗数 4 万～6 万，相应降低播种量 2～3 千克。因此，高质量播种及高质量群体可同步实现减少农耗时间、节省种子，从而增产节本，每亩纯收入提高 50 元以上。

小麦匀播微喷灌节水减氮高产高效技术麦田

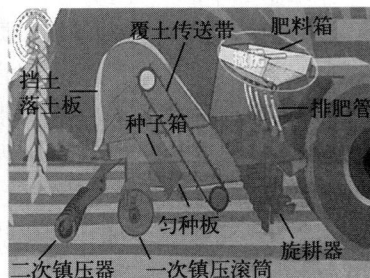

小麦立体匀播机具示意图

三、适宜区域

适宜应用区域包括北部冬麦区、黄淮冬麦区、新疆冬春麦区、北部春麦区、西北春麦区、东北春麦区。

四、注意事项

立体匀播机应配备 80 马力以上的拖拉机，且土壤含水量不宜过大或过小（壤土一般为 12%～19%，最适为 16%～18%），避免影响覆土镇压效果。

技术依托单位

1. 中国农业科学院作物科学研究所

联系地址：北京市海淀区中关村南大街 12 号

邮政编码：100081

联 系 人：常旭虹　王德梅

联系电话：010-82108576

电子邮箱：changxuhong@caas.cn

2. 全国农业技术推广服务中心

联系地址：北京市朝阳区麦子店街 20 号楼

邮政编码：100125

联 系 人：鄂文弟　梁　健　刘阿康

联系电话：010-59194509

电子邮箱：liangjian@agri.gov.cn

稻茬小麦精控机械条播高产高效栽培技术

一、技术概述

（一）技术基本情况

1. 稻茬小麦播种现状

我国稻茬小麦播种面积 7 000 多万亩。不同于旱作小麦生产区，稻茬小麦区域降雨较为丰富，小麦生产很少受水资源不足的制约，增产空间很大。但稻茬土壤质地黏重，土壤略干或偏湿均会严重降低土壤耕作质量，宜耕期短。而且稻茬小麦种植区域，在秋末冬初降雨偏多，易导致土壤湿烂，土地耕整难度很大。此外，在南方粳稻种植区域，粳稻生育期偏长，水稻收获至小麦播种之间的空闲期很短，几乎没有土地耕整时间。同时，水稻秸秆量大，秸秆还田质量差。上述因素导致稻茬小麦难以适期适墒播种，加上常规播种机排种均匀性差、控制精度低、入土深浅不一，导致稻茬小麦播种质量差、成苗差、壮苗难。麦农大多采用增加播种量、烂耕烂种、抢茬撒播的方式，通过弱苗、大群体弥补播种质量的不足。此外，生产中还会通过加大底肥用量，以弥补麦苗质量与播期偏迟等不利因素，进一步提高了稻茬小麦生产成本，成为制约稻茬小麦高产及全程机械化生产水平提升的主要技术障碍。因此，高质量的稻茬小麦播种技术研发推广与应用对提升稻茬小麦生产水平具有重大意义。

2. 稻茬小麦精控机械条播高产高效栽培技术

该技术依托新型小麦格栅式精控播种施肥一体机，通过自主研发的格栅式排种排肥器和数控电机实现精控精量均匀排种、排肥；配合研制的压沟轮开沟器，在实现稻秸旋/翻耕还田整地或稻茬地表匀铺免耕条件下，形成开沟深度、底沟宽度均匀的播种沟，结合精控排种机构，将种子匀铺于 3 厘米左右条状播种沟底，实现不同土壤墒情、不同土壤耕整条件下，稻茬小麦播种深浅一致，均匀度高。此外，该机具还具有同步精控施肥功能，将基肥播前均匀条施于播种条带，实现种肥同带分布。核心技术专利如下：①一种小麦全自动电控精确定量播种机（专利号：ZL201720287136.4）；②稻麦播种压沟器（专利号：ZL201822250591.4）；③数字式电控排种排肥装置（专利号：ZL201822254228.X）；④一种新型稻麦播种施肥箱（专利号：ZL201922245344.X）；⑤一种新型稻麦播种压沟装置（专利号：ZL201922245342.0）；⑥一种精确定量播种施肥免耕一体机（专利号：ZL201922245356.2）。

该技术可解决当前稻茬小麦存在的一系列问题，实现播种量精准控制、落种准确均匀、播深适宜且一致，实现小麦苗齐、苗匀、苗壮。具体如下：

（1）播量精准控制　可以准确实现预期设计的基本苗数，最大程度节约种子用量，同时又能精确地提前做好种子预算。

（2）落种准确均匀，无漏播断条　可以使种子准确均匀地落入播种沟内，形成规范的播种条带，合理密植，改善农作物植株之间的通风通光性能，使农作物能均匀地、充足地分配到水分、肥料、光照等生长所必须的资源，有利于种子根系的发育和生长。

（3）播深适宜且一致　播种过深出苗慢，养分消耗多，幼苗细弱，分蘖缺位，次生根少，生长不良；播种过浅种子易落干，影响出苗，即使出苗，也常因分蘖节过浅，易受旱、受冻。深浅适宜一致，则出苗早而齐，利于形成壮苗。

（4）高速行走，作业过程通过性好，播后的土地平整、无露籽　该技术较常规可提高播种作业效率、降低作业成本、抢占农时、减少对土壤的压实。通过性好指即便土壤黏重、秸秆覆盖量多时，也不会发生堵塞、壅土，影响机器的播种速度。

（5）实用性、可操作性强　我国农业信息化技术研发、推广和市场化应用发展迅速，在农机生产管理和服务中得到了普及应用。但不可否认的是，现阶段进行农事操作的从业人员仍然是科技知识相对匮乏的农民，该技术实用性和可操作性强，利于推广应用。

此外，以精准条播为基础，配套播后镇压、高效施肥、绿色综合防控等技术，形成了稻茬小麦精控机械条播高产高效栽培技术，实现了稻茬小麦高质量节种减肥增产增效。

（二）技术示范推广情况

该技术于 2018—2022 年在江苏省金坛、句容、泰兴、丹阳、海安、张家港、宜兴、如东、姜堰、大丰等地进行了大面积推广应用，已累计应用面积达 677 万亩。其中金坛累计示范 15.6 万亩，新增小麦 11 817.0 吨，平均亩增产 75.8 千克；宜兴累计示范 94.4 万亩，新增小麦 28 432.0 吨，平均亩增产 30.1 千克；如东累计示范 75.1 万亩，新增小麦 20 205.0 吨，平均亩增产 26.9 千克；海安累计示范 138.0 万亩，新增小麦 31 128.0 吨，平均亩增产 22.6 千克；张家港累计示范 49.6 万亩，新增小麦 19 622.0 吨，平均亩增产 39.6 千克；丹阳累计示范 98.0 万亩，新增小麦 37 177.0 吨，平均亩增产 37.9 千克；泰兴累计示范 151.5 万亩，新增小麦 29 332.0 吨，平均亩增产 19.4 千克；句容累计示范 1 万亩，新增小麦 662.7 吨，新增经济效益 175.7 万元；姜堰累计示范 28.6 万亩，新增小麦 3 242 吨，新增经济效益 2 049 万元。大丰累计示范 25.3 万亩，新增小麦 2 879 吨。小麦节种节肥效果显著，技术示范提质增效、生态效益和社会效益均十分显著。

（三）提质增效情况

依托长期大田试验的结果，结合对 2018—2022 年示范区的跟踪调查，综合效果如下：

高产：产量较常规种植增产 8% 以上。

高效：减种 20%，减肥 5%～10%，氮肥利用率提高 10% 左右，亩增效益 100 元以上。

（四）技术获奖情况

无。

二、技术要点

核心技术：精控播种与施肥技术。依据小麦生产目标产量，适期播种每公顷用种量为 112.5～150 千克、施氮量为 210～240 千克，氮肥运筹为基肥 40%、拔节孕穗肥 60%，磷、钾肥均按 50% 基肥和 50% 拔节肥施用。依托新型小麦格栅式精控播种机，解决小麦播种施肥粗放、肥料利用效率低、播种无法精确定量和播种质量差的问题，同时实现施肥播种高效一体化实施。该播种技术可适应不同土壤墒情，具体操作技术如下：土壤墒情适宜（土壤相对含水量为 70%～80%）条件下采用水稻秸秆切碎匀铺、旋耕（免耕）、压沟条播种条施肥一体化、链式覆土、镇压、开沟、封闭化除等作业流程；土壤偏湿（土壤相对含水量为 80%～85%）条件下采用水稻秸秆切碎匀铺、旋耕（免耕）、压沟条播种条施肥一体化、链式覆土、开沟、封闭化除等作业流程；土壤过湿（土壤相对含水量≥85%）条件下采用水稻秸秆切碎匀铺、旋耕（免耕）、压沟条播种条施肥一体化、开沟、封闭化除等作业流程。

适宜土壤墒情下轻简化作业（水稻秸秆切碎匀铺、免耕、压沟条播种条施肥一体化、链式覆土）

湿烂土壤墒情条件下（水稻秸秆切碎匀铺、免耕、压沟条播种条施肥一体化、开沟）

配套技术：①秸秆还田与高效耕整。稻秆留低茬，长度在3～5厘米左右，粉碎匀铺。如墒情适宜，稻秆12～15厘米深旋耕全量还田。如土壤较为湿烂，则直接板茬播种，该技术提供的播种机能较好地满足播种质量要求。②播后镇压。播种机自带镇压提高出苗质量，根据土壤墒情和苗情酌情开展冬前镇压抗逆和春后镇压防倒。③绿色植保综合防控技术。采用高效植保机械、植保无人机精准施药、高效低毒低残留新型药剂喷施以及一喷综防等技术，实现高效精准机械化绿色植保综合防控技术。

三、适宜区域

本技术适于南方稻茬小麦种植区域。

四、注意事项

该技术核心配套机械为小麦格栅式精控播种机，前茬水稻收获适当留低茬，秸秆粉碎匀铺更能发挥本技术的优势；播种出苗质量和基肥利用效率较高，播量较常规减量 15％～ 2C％，基肥较常规减量 5％～10％，具体播量与基肥用量根据田块土壤肥力、耕整质量、土壤墒情等酌情调整。此外，在土壤过湿（土壤相对含水量≥85％）条件下播种作业，无覆土条件，其播种时间务必是适期播种，确保低温寒潮之前已形成齐苗、大苗、根系生长良好。

技术依托单位

1. 南京农业大学

联系地址：江苏省南京市玄武区卫岗 1 号

邮政编码：210014

联 系 人：姜 东 蔡 剑

联系电话：138158749922 13915971660

电子邮箱：jiangd@njau.edu.cn caijiang@njau.edu.cn

2. 江苏省农业技术推广总站

联系地址：江苏省南京市鼓楼区凤凰西街 277 号

邮政编码：210018

联 系 人：王龙俊 束林华

联系电话：025-86263333

电子邮箱：13601403866@163.com slh8088@163.com

小麦探墒沟播适水减肥抗旱栽培技术

一、技术概述

（一）技术基本情况

山西农业大学旱作栽培及生理团队针对黄土高原干旱半干旱地区一年一作旱地小麦生产上存在的干旱缺水、土壤瘠薄、产量低而不稳、水肥利用效率低等问题，在山西省小麦主产区开展技术试验示范。经过多年研究，筛选出抗旱高产旱地小麦品种晋麦92、运旱618、运旱20410等；研发旱地小麦休闲期耕作蓄水保墒技术、宽窄行探墒沟播技术、适水减肥绿色生产技术等单项技术，集成"小麦探墒沟播适水减肥抗旱栽培技术"模式，大面积推广应用。

旱地小麦休闲期耕作蓄水保墒技术，是指前茬小麦收获后，约7月上中旬，在休闲期提前进行深翻或深松，提前进行秸秆还田或覆盖，提前进行深施有机肥，集耕作、培肥与秸秆还田为一体一次性完成的休闲期蓄水保墒增产技术，配合立秋后耙耱收墒，播前精细整地，做到无土块、无根茬、无杂草、上松下实，田面平整。可有效促进秸秆腐熟，增加土壤有机碳，提升休闲期降水利用效率，提高底墒，为适期播种打下基础，实现伏雨春用。

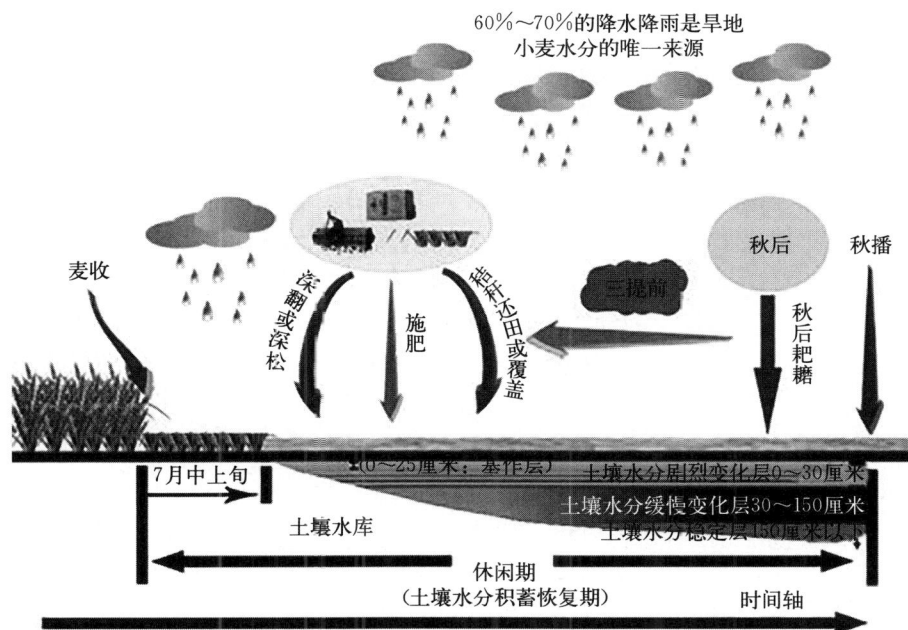

一年一作旱地小麦休闲期耕作蓄水保墒技术模式图

旱地小麦宽窄行探墒沟播技术，是一种运用联合机械将耕作、沟播、施肥等多个工序融为一体的节水保墒、保温防寒、省肥高效的简化栽培技术。技术要点及优势：耙干种湿，抗旱保全苗。群体充足，个体健壮。播后镇压，促苗早发。起垄沟播，集雨抗旱防冻。宽窄行播种，通风透光。深施化肥，提高肥效。简化环节，节约成本。适应性广，操作简单。

旱地小麦适水减肥绿色生产技术是指根据夏季降水量和播前土壤墒情，相应减少化肥投入，优化水肥资源配置，强化土壤水分和养分的协同增产、优质机制，达到产量和品质同步提高，水分和养分利用效率同步提高，实现高产、优质、绿色生产。

以上三项单项技术集成的小麦探墒沟播适水减肥抗旱栽培技术是将品种与技术结合、农机与农艺结合，集成的一套完整的高产、稳产、优质、绿色、高效技术模式，可以有效解决旱地小麦生产中水肥的供需矛盾，协调了土、肥、水、根、苗五大关系，实现产量与效率同步提高，产量与品质同步提升的技术模式。技术的应用可使亩穗数提高 1.5 万～3 万，穗粒数提高 2～4 粒，增产 23%～30%，水分利用效率提高 10%～15%，氮肥利用效率提高 10%～15%，籽粒蛋白质含量提高 10%～15%。目前，该技术已在山西南部小麦主产区各县市、陕西渭北旱塬及甘肃天水等旱作麦区推广应用，增产增效显著，有望在黄土高原干旱半干旱区域大面积推广。

（二）技术示范推广情况

该技术自 2010 年来，经过不断优化，已实现了较大范围推广应用。具体为，以山西为主要示范区域，辐射推广到周边的陕西、甘肃等省份。其中，在山西省以技术研发区域运城市闻喜县为核心，依托农业专业合作社开展技术试验示范和培训，与县级农业推广部门合作进行示范推广，然后进一步依托市级、省级推广部门辐射推广到全市、全省旱作麦区。目前山西省内推广区域涉及晋南小麦主产区的运城、临汾、晋城和长治等多个市。省外区域的辐射推广主要通过本单位与西北农林科技大学、甘肃省农科院等单位合作，再由合作单位联合当地农技推广部门进行。其中，陕西辐射推广区域主要分布在渭北旱塬的咸阳市长武县、永寿县和渭南市的白水县、合阳县等地；甘肃省的辐射推广区域主要分布在天水市的张家川县、甘谷县和麦积区。截至目前，旱作麦区累计推广面积超过 8 500 万亩，培训农技推广人员约 63 700 人次，农户约 49 500 人次。

（三）提质增效情况

该技术近 5 年加权平均产量为 318.5 千克/亩，按增产 25.5% 计算，平均增产 81.2 千克/亩，增加收益 149.4 元/亩；由于节省了播前旋耕费用、播种机械费和化肥投入，节本约 60 元/亩；合计节本增收约 209.4 元/亩。累计节本增收 209.4 元/亩×8 500 万亩＝1 779 900 万元。技术的实施可有效提升籽粒品质，增加稳定时间，籽粒蛋白质及清蛋白、醇溶蛋白、谷蛋白等组分含量，平均提高 14% 以上。可减少地表径流，在减轻黄土高原水土流失方面作用巨大；优化水肥资源配置，使水肥资源得到充分利用，提高小麦产量的同时减少因肥料施用过多造成的对土壤的污染，达到产量、品质、水分利用效率和养分利用效率的同步提高，实现优质、绿色生产，为构建有机旱作栽培技术体系提供有力支撑，为功能农产品提供优质原粮，助力山西省特色农业发展，为我国北方粮食安全做出了巨大贡献。

（四）技术获奖情况

1. 核心技术"旱地小麦蓄水保墒增产技术与配套机械的研发应用"获 2015 年山西省科学技术奖（科学技术进步类）一等奖。

2. 相关理论研究"黄土高原旱地作物根土水气系统研究与水肥高效利用机制"获 2019 年山西省科学技术奖（自然科学类）二等奖。

3. 核心技术"旱地小麦适水减肥绿色增产技术的研发应用"获 2021 年山西省科学技术奖（科学技术进步类）二等奖。

二、技术要点

1. 休闲期耕作蓄水保墒

前茬小麦收获时留高茬，入伏第一场雨后，大致在 7 月上中旬，亩撒施腐熟农家肥 2～3 吨或精制有机肥 100 千克，采用深翻机械深翻 25～30 厘米，使有机肥和秸秆同时翻入土壤深层，或者直接使用深松施肥机械与秸秆覆盖机械一次性深松土壤 30～40 厘米，同时每亩施入生物有机肥 50～100 千克，并将秸秆均匀的覆盖。立秋后旋耕整地，旋耕深度 12～15 厘米，耕后耙平地表。

深松＋深施有机肥＋秸秆覆盖

2. 探墒沟播

播前精细整地，做到无土块、无根茬、无杂草，上松下实，田面平整。山西南部中熟冬麦区适宜播期 9 月 25 日至 10 月 5 日，山西中部晚熟冬麦区适宜播期 9 月 18 日至 9 月 28 日。

根据品种特性确定基本苗，一般山西南部每亩基本苗 15 万～20 万，山西中部每亩基本苗 18 万～25 万。因此，适播期内，山西南部中熟冬麦区播种量为 8～10 千克/亩，山西中部晚熟冬麦区播种量为 10～12.5 千克/亩。适播期后每推迟 1 天，播量增加 0.5 千克/亩。适宜播种深度为 3～5 厘米。

播种选用当地大面积推广应用的探墒沟播机（2BMQF－7/14 型号全还田防缠绕免耕施

肥播种机）进行播种，一次完成灭茬、开沟、起垄、施肥、播种、覆土、镇压等作业。播种时根据休闲期（7、8、9 月）降雨量和土壤墒情相应地调整氮肥和磷肥投入，底墒约为 400～500 毫米、500～600 毫米、600 毫米以上时每亩分别施入氮肥 10 千克、12 千克、14 千克，底墒在 400～600 毫米范围内每亩施入磷肥 10 千克。开沟深度 7～8 厘米，起垄高度 3～4 厘米，秸秆残茬和表土分离于垄背上，化肥条施于沟底部中央，种子分别着床于沟底上方 3～4 厘米处、沟内两侧的湿土中，形成宽行 20～25 厘米，窄行 10～12 厘米的宽窄行种植方式。在常规播种基础上，播期提前 2～3 天，播量增加 0.5～1 千克/亩。

探墒沟播机及其播种效果

3. 冬前管理

遇雨发生板结，墒情适宜时耧划破土。播种后 7～10 天查苗，发现行内 10 厘米以上无苗，应及时用同一品种的种子浸种催芽后开沟补种，适当增加用种量。小麦 3～5 叶期，杂草 2～4 叶期化学除草。

4. 春季管理

（1）早春耙糖、划锄、镇压　弱苗田轻耙糖浅划锄，旺苗田深中耕重镇压。早春镇压保墒增温效果明显，因此，各类旱地麦田早春镇压都可以增产。

（2）春季病虫害防治　返青至拔节期以防治地下害虫、麦蜘蛛、麦蚜为主，兼治白粉病、锈病；孕穗至抽穗开花期的防治重点是穗蚜、白粉病、锈病等。

（3）预防晚霜冻害　4 月上中旬晚霜来临之前，每亩提前喷施 30％腐殖酸水溶肥 40 毫升、植物生长调节剂羟基芸薹素甾醇 10 毫升、氨基酸微量元素水溶肥 30 毫升。

5. 后期管理

抽穗至灌浆中期，每亩用尿素 100～150 克和磷酸二氢钾 10～15 克，对水 35～40 千克，叶面喷施 2～3 次。孕穗至开花期，以防治麦蚜为主，兼治白粉病、锈病等；灌浆期以防治穗蚜、白粉病、锈病为重点。采取叶面喷施微肥、杀虫剂、杀菌剂、植物生长调节剂等混合液，实现"一喷三防"，防病虫、防早衰、防干热风。

三、适宜区域

该技术适宜在山西、陕西和甘肃等黄土高原干旱半干旱一年一作旱地麦区大面积推广应用。目前，该技术及其核心技术在山西省年推广面积约 500 万亩，主要分布在运城市闻喜县、新绛县和临汾市洪洞、翼城等地。陕西省年推广面积约 140 万亩，主要分布在咸阳市长武县、永寿县和渭南市白水县、合阳县等地；甘肃省年推广面积约 90 万亩，主要分布在天水市。

四、注意事项

1. 旱区小麦结合休闲期耕作蓄水保墒技术保水效果显著，一定要配合立秋后耙耱收墒才能发挥蓄水保墒的良好效果。

2. 采用宽窄行探墒沟播机，作业拖拉机不小于 120 马力，播种作业速度不大于 5 千米/时。

技术依托单位

山西农业大学

联系地址：山西省晋中市太谷区铭贤南路 1 号

邮政编码：030801

联 系 人：高志强

联系电话：0354-6288344　13834835126

电子邮箱：gaozhiqiang1964@126.com

荒漠绿洲小麦化控防倒抗逆增产关键技术

一、技术概述

（一）技术基本情况

小麦是我国主要的口粮作物，常年种植面积 3.5 亿亩以上。每年因为暖冬、后期风雨、肥水过量等原因造成旺长倒伏，干旱、干热风等逆境多发，减产减收严重。每年种植面积 10% 以上的小麦发生不同程度的倒伏，倒伏区一般会造成 10%～30% 的减产，过早过重倒伏时甚至绝产，而且大幅度降低籽粒品质，增加后期的收获用工及成本，还增加后期病害、霉变和穗发芽等风险，严重制约了小麦产量和种植效益的持续提高。尤其是新疆、甘肃等荒漠绿洲农业生态区，面临低温、干旱、高温、干热风、盐碱、果麦间作寡照等逆境条件，加上肥水管理不科学、限水等人为因素，小麦产量和品质大幅下降，对粮食安全生产构成巨大威胁。同时，新疆等绿洲小麦生产区多处于荒漠边缘，生产水平参差不齐，使新疆粮食自给、社会稳定任务更为艰巨，迫切需要加强安全高效、防倒抗逆增产综合效果好、轻简化的新技术及新产品的研发。

作物化控技术是以应用植物生长调节物质为手段，通过改变植物内源激素系统，调节作物生长发育、内部生理代谢和外部形态特征，使其朝着人们预期的方向和程度发生转变的轻简化技术。该技术具有常规农艺措施不可替代作用，但二者结合可达到事半功倍的效果。申报技术团队针对小麦倒伏激素调控机制不明、安全高效防倒抗逆产品和技术缺乏、常规栽培技术和单一调节剂防倒抗逆增产效果不稳定等问题，在国家科技支撑计划"粮食主产区农田生态健康管理关键技术研究与示范"、国家 863 计划"植物生长调节剂、生物除草剂研究与产品创制"、国家农业科技成果转化项目"新疆主要农作物种子包衣技术及新型种衣剂中试"、公益性行业（农业）科研专项"南疆地区小麦和果树间作小麦配套关键栽培技术模式研究与示范"等支持下，历时 20 余年，揭示了小麦防倒抗逆的化学调控机制，研制了安全高效的调节剂新产品，创建了化控防倒抗逆增产技术体系，产业化生产和大面积应用效益显著，但在荒漠绿洲生态区推广应用少，迫切需要加大推广力度，为保障区域粮食安全、巩固脱贫攻坚成果、助力乡村振兴、促进社会稳定提供技术支撑。

该技术能解决小麦受风雨、肥水过量等原因造成旺长倒伏，以及干旱、干热风等逆境造成的产量和品质下降问题，同时解决现有小麦栽培生产中抗倒伏激素调控机制不明，常规栽培技术和单一调节剂防倒抗逆增产效果不稳定，矮壮素、多效唑等化控产品效果不稳定，残留残效高等问题，实现了小麦栽培管理全生育期系统化学调控，突破了倒伏和逆境对小麦高产高效生产的"瓶颈"制约，大面积应用效果显著，创造经济效益超过 4 亿元。

该技术包括国家发明专利 9 项，涵盖小麦植物生长调节剂、种衣剂、高效栽培技术等范围，已全部转化使用。

（二）技术示范推广情况

该技术是历经 20 余年研究出的成熟技术，已在全国山东、河南、河北、江苏、安徽、四川、黑龙江等地大面积推广，累计推广 4.25 亿亩次，减损增收 19.05 亿元。成果被农业农村部、山东、河南等 5 个以上主产省列为小麦主推技术和栽培管理指导意见的重要内容，保障了小麦丰产丰收和国家口粮安全，促进了小麦生产和化控行业科学技术进步。

该技术实现小麦全生育期系统化学调控，在新疆、甘肃等荒漠绿洲区推广较少，近年来每年推广面积 30 万亩左右，迫切需要在该生态区加大宣传、推广力度。

（三）提质增效情况

化控技术具有靶向性强、用量少、成本低、见效快、轻简化等特点，在塑形、控高、抗逆等方面较常规农艺栽培具有不可替代作用，但二者结合能达到事半功倍的效果，该技术基于小麦防倒抗逆增产化控栽培理论、新产品和新技术研发，实现了全生育期系统化学调控、促控有机结合，突破了倒伏和逆境对持续丰产高效的制约。与常规技术相比，应用本技术可显著增强小麦防倒伏能力，减少倒伏损失 5％以上，应用该技术、产品和配套技术体系，能提高小麦对干旱、高温、干热风、低温（苗期倒春寒）等逆境的抗性，增加小麦抗逆减灾能力，还可提高氮肥、水分利用率，保障小麦生产的稳产能力，未发生倒伏的区域亩增产幅度达 5％～10％，发生不同程度倒伏的区域，其倒伏率降低 95％以上，每亩止损增收 60～120元，亩化控药剂成本 5 元左右，产投比在 15：1 以上。除增产效果明显外，还可解决因倒伏、生长不整齐、成熟度不一致等因素造成的品质下降问题，提高耐干热风能力、增加籽粒饱满度及内在品质，从而实现高产、优质、节本、提质、增效。

该技术通过提高小麦抗旱、耐盐碱、耐干热风等逆境能力，从而提高光、温、水、土等资源效率。该技术选用技术组研发的绿色生长调节剂，解决长期使用矮壮素、多效唑等化控产品效果不稳定、残留残效高等问题，物理化学调控有机结合，有利于保护土壤、地下水、大气等环境安全，有利于保护生物多样性、提高水土资源利用率、减轻耕地质量退化、保障耕地面积和农业可持续发展。

（四）技术获奖情况

（1）"小麦化控防倒抗逆增产关键技术创建及应用"获 2020—2021 年度中华农业科技奖一等奖。

（2）"塔里木盆地西南缘绿洲粮棉果高效种植技术研究与示范"获 2014 年度新疆维吾尔自治区科学技术进步奖一等奖。

（3）"一种植物生长调节剂组合物微乳剂及其制备方法和用途"获 2010 年北京市发明专利奖二等奖。

（4）"抗旱耐盐碱种衣剂的研制及应用推广"获 2008—2009 年度新疆维吾尔自治区科学技术进步奖二等奖。

（5）"高效、低毒、抗逆型农作物种衣剂"获 2010 年度中国产学研创新成果奖。

二、技术要点

1. 播前种子处理

选择高产主栽品种，冬小麦推迟 10～15 天播种（春小麦一般提前 3～5 天播种），每 10千克种子使用甲哌鎓·烯效唑混剂或甲哌鎓·多效唑混剂有效成分约 0.6～1.0 克，进行种子包衣（或拌种）。种子包衣或拌种剂量：每 10 千克种子用 20.8％甲哌鎓·烯效唑微乳剂 3～5毫升。

2. 苗期喷施处理

对未拌种小麦田，可在小麦冬前苗期（春小麦苗期），选择晴朗微风或无风的傍晚，每亩用甲哌鎓·烯效唑混剂或甲哌鎓·多效唑混剂有效成分 1.0～2.0 克，对水 10～15 升进行叶面喷施处理。冬前苗期每亩喷施剂量为 20.8％甲哌鎓·烯效唑微乳剂 5～10 毫升。

3. 起身至拔节期喷施处理

选择晴朗微风或无风的傍晚，每亩应用甲哌鎓·烯效唑混剂或甲哌鎓·多效唑混剂有效成分 6～8 克，人工或机械施药用水 15～30 升、无人机施药用水 1 升，叶面喷施一次，中低产田正常肥水，高产田增施 10％～20％肥水。起身至拔节期每亩喷施剂量为 20.8％甲哌鎓·烯效唑微乳剂 30～40 毫升。

4. 孕穗至灌浆前期喷施处理

选择晴朗微风或无风的傍晚，每亩用芸薹素 1.5 毫克、γ-氨基丁酸 6 克或苄氨基嘌呤 1.5 克（有效成分），人工或机械施药用水 30 升，无人机施药用水 1～1.2 升，叶面穗部喷施。严格按照产品使用说明推荐剂量用药。

三、适宜区域

适宜新疆、甘肃等荒漠绿洲农业小麦生产区。

四、注意事项

在技术推广应用过程中需特别注意的环节是综合调控，不能局限于某一单项技术，需要以化控为主，选择抗倒伏、抗旱、耐干热风等小麦品种、种子包衣与喷施调节剂结合、水肥药全程协同调控。尽量选用安全性好、产投比高、低毒环保的绿色农药产品。

由于荒漠绿洲农业生态区地域辽阔、各生态区域内自然条件差异大、种植小麦品种差异大，在该技术推广中还需因地制宜、适当调整，如因为极个别敏感性异常品种或生产管理不善等原因，造成控旺防倒效果不明显或控旺过度，应适度调整剂量或喷清水进行缓解。

技术依托单位

1. 新疆农业科学院科技成果转化中心

联系地址：新疆乌鲁木齐市南昌路 403 号

邮政编码：830091

联 系 人：雷　斌

联系电话：13899962693

电子邮箱：leib668@xaas.ac.cn

2. 新疆农业科学院核技术生物技术研究所

联系地址：新疆乌鲁木齐市南昌路 403 号

邮政编码：830091

联 系 人：李　进

联系电话：17799291860

电子邮箱：939050971@qq.com

3. 新疆维吾尔自治区农业规划研究院

联系地址：新疆乌鲁木齐市天山区新华南路408号

邮政编码：830001

联 系 人：任晋兰

联系电话：13659993818

电子邮箱：78630086@qq.com

旱作谷子全程机械化生产技术

一、技术概述

（一）技术基本情况

针对谷子生产过程中，春季干旱播种质量差、缺苗断垄时有发生、间苗劳动强度大、田间管理和收获效率低、成本高等问题，山西农业大学谷子产业化技术创新团队从 2010 年开始研究谷子机械化精量播种和联合收获等技术，通过多年的研发、试验和推广，形成了谷子全程机械化技术体系。通过该技术体系，实现了谷子整地、施肥、覆膜抗旱精量播种、中耕除草、病虫草害绿色防控、收获、秸秆打捆回收等 7 个关键环节的机械化作业。不仅显著降低了谷子种植的劳动强度，且大幅提高了旱作谷子种植的机械化水平，基本实现了旱地谷子生产农机农艺融合、良种良法配套，加快了谷子产业转型升级。

研发过程中形成了"一种谷子覆膜穴播机"（ZL201610057551.0）、"一种精量膜侧沟播机"（ZL201721513922.8）、"一种防滑型谷子镇压播种机"（ZL201620083613.0）、"一种谷子收割机用进料台"（ZL201821976102.7）、"一种用于谷子收割机的收割台"（ZL201821977582.9）、"一种谷子收割机用脱粒滚筒装置"（ZL201821976101.2）、"一种谷子收割机用割刀结构"（ZL201920240725.6）、"一种谷子收割机用分禾器"（ZL201821977193.6）、"一种谷子专用收割机"（ZL201821977185.1）、"一种谷子秸秆处理装置"（ZL201721581316.X）、"谷子田化学除草定向喷雾装置"（ZL201721581337.1）等专利，并与寿阳县金穗种植专业合作社、繁峙县海丰农牧场等合作进行技术转化和应用。

（二）技术示范推广情况

核心技术"旱作谷子机械化精量播种、机械中耕培土、机械农药喷施、机械收获技术"等自 2011 年以来单独或集成，在山西、内蒙古、山东等地累计示范推广 80 万亩左右。目前，已在繁峙、广灵、怀仁、定襄、榆次、寿阳、汾阳、孝义、沁县等地建成 9 个千亩连片的谷子全程机械化示范基地，其中繁峙郝家湾基地连续 6 年实现谷子机械化联合收获，千亩连片，亩产超 500 千克。

（三）提质增效情况

与常规技术相比，"旋耕＋覆膜穴播"联合作业、"膜侧探墒沟播"等播种技术，与膜下滴灌相结合，可保证春旱时节省农时、抢墒播种、提高谷子出苗质量，配套施肥装置可实现种肥同播和精准施肥，减少作业次数。中耕培土机械通过中耕除草、追肥培土，实现控草、防倒、促根、抗旱。机械化联合收获、割晒＋捡拾分段收获，损失率约为 5％～8％。机械化谷子秸秆打捆回收，实现秸秆饲料化应用，有利于循环农业实现。应用该技术可大大减少劳动力投入，提高生产效率，每亩节省用工 4～6 个，每亩增产谷子 40～70 千克，扣除生产过程中农机租赁费 160 元，每亩增收节支 480～860 元，大大缓解农村因老龄化严重而造成的劳动力缺乏问题。

（四）技术获奖情况

"旱作谷子全程机械化栽培技术"分别获 2021 年度农业农村部农业主推技术、2021—2023 年度山西省农业主推技术，以该技术为核心的"谷子机械化精量播种与联合收割技术研究"于 2014 年经山西省科技厅鉴定达"国际先进"水平，"谷子机械化高产高效栽培技术集成与应用"于 2016 年获山西省科学技术进步奖三等奖，"有机旱作谷子生产全程机械化项目"于 2020 年获全国大众创业万众创新活动周最具投资价值产品（项目），"谷子联合收割技术示范与推广"于 2020 年获山西农业大学首届"绿荣杯"创新创业大赛奖三等奖，"有机旱作谷子全程机械化生产技术"于 2022 年在山西卫视进行宣传报道。

二、技术要点

因地制宜示范推广旱作谷子全程机械化栽培技术，包括精细整地、平衡施肥、精量播种、机械化中耕除草、病虫害绿色防控、机械化联合收割与分段收割、秸秆打捆回收利用等 7 项技术。

1. 整地保墒技术

前茬作物收获后，机械深松或深翻 25～30 厘米，平整土地，接纳雨水，蓄水保墒。春季在昼消夜冻时进行顶凌耙耱一次，塌墒保墒。播种前如果干旱严重则需要镇压提墒或等雨播种。

2. 平衡施肥技术

秋季结合深耕，每亩增施 1～2 米^3 有机肥作为底肥，提高土壤有机质含量，改善土壤结构；在春季整地旋耕时每亩施压复合肥（22-15-5）40～50 千克。

在谷子孕穗期每亩追施尿素 15 千克，也可以喷施含有钾或磷等微量元素的叶面肥或功能肥料，提高抗倒抗逆性，促进谷子生长，增加产量，改善品质。

叶面追肥或喷施功能肥料

3. 覆膜抗旱精量播种

（1）覆膜穴播精量播种技术　大地块采用"旋耕＋覆膜穴播"联合作业，集施肥、旋耕、镇压平地、覆膜、打孔播种、覆土、再镇压于一体，减少作业次数，缩短旋耕整地后时间，降低水分耗散，覆膜保墒，提高谷子出苗率。选用幅宽 700 毫米的农用地膜，100 马力的拖拉机进行作业，一次作业两膜四行，穴距为 22 厘米，膜上行距为 40～45 厘米，膜间行距为 55～60 厘米，下籽量可调为 5～20 粒，播深 3～4 厘米。中小地块可采用 30 马力以上拖拉机牵引，作业效率为 3～4 亩/时。

"旋耕＋覆膜穴播"联合作业技术

覆膜穴播的免间苗效果

（2）"膜侧探墒沟播＋种肥同播"联合作业技术　"膜侧沟播＋种肥同播"技术，集微垄、施肥、覆膜、膜侧沟播、镇压于一体，播深 3～4 厘米，株距 2～15 厘米，膜两侧行距为 45 厘米，膜间行距为 60 厘米，下籽量可调为 5～20 粒。

（3）膜下滴灌"干播湿出"播种技术　在有滴灌条件时，将覆膜穴播、膜侧沟播与膜下滴灌相结合，在春季土壤干旱、不具备出苗条件时，进行播种、铺设滴灌带、覆膜，然后在土壤温度、气温达到谷子出苗要求时，通过膜下滴灌方式少量滴水，促进谷子出苗，实现"干播湿出"抗旱播种保苗效果。

"膜侧沟播＋种肥同播"联合作业技术

"膜侧探墒沟播＋膜下滴灌"联合播种技术

4. 机械中耕培土除草技术

当谷子长到 20～30 厘米，行距不低于 40 厘米时，可选择 20～30 马力拖拉机牵引的中耕机在膜侧进行中耕培土除草作业，作业效率为 3～5 亩/时。较窄的行距可选择单行手推式微耕机（自带动力）作业，作业效率为 2～3 亩/时。

5. 病虫害绿色防控技术

病害：多采用药剂拌种处理，预防多种病害。苗期发生病害时，要在发病初期喷施不同类型的杀菌剂开展防控。

虫害：运用太阳能杀虫灯、黄色粘虫板、性诱捕装置等绿色防控产品防治虫害。

利用新型自走式喷药机、无人机、拖拉机挂载式植保喷雾等器械开展病虫害绿色防控。

机械中耕培土除草技术

无人植保机进行喷施绿色农药

6. 机械化收获技术

（1）联合收割技术　选用配有链齿式割台、改装后的约翰迪尔、久保田、雷沃谷神、沃得等轮式全喂入谷物联合收割机，可实现割倒、脱粒、清选和秸秆粉碎等工序一次性完成，适宜平坦较大地块作业，作业效率为8～10亩/时。

选用改装后的久保田、沃得锐龙、星光4LZ系列、中联重科PL系列等履带自走式全喂入谷物联合收割机收获，适宜丘陵山区平坦地块且符合收割机安全作业条件的作业效率为5～8亩/时。

中大型轮式谷物联合收割机

履带式小型谷物联合收割机

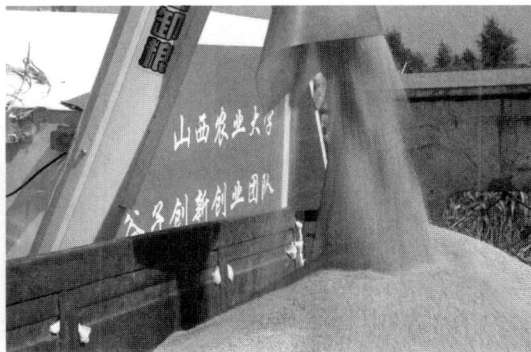

联合收获效果

（2）分段收获技术 在谷子蜡熟末期或完熟初期，采用割晒机将谷子割倒晾晒，平坦较大地块选用中大型割晒机，割幅宽 4.2 米，作业效率为 15～20 亩/时。待谷子含水量约 13%时，可选用配有捡拾台的联合收割机进行捡拾、脱粒、清选等一次性作业，适宜无晾晒场地的种植大户作业效率为 15～20 亩/时。

中大型割晒机割倒晾晒（左）和谷物联合收割机挂接捡拾台收获晾晒好的谷子（右）

田块较小，中大型机械作业效率低，丘陵山区梯田道路陡峭、坡度较大联合收割机无法安全作业，选用小型手扶式割晒机，割幅宽 1.2 米，作业效率为 2～3 亩/时，割晒后可采用脱粒机脱粒、清选一次性作业，作业效率为 3～5 亩/时。

7. 秸秆打捆回收利用技术

选用星光玉龙、雷沃、顺邦等农机公司生产的秸秆打捆机械，利用 100 马力以上拖拉机牵引，将谷子秸秆打捆回收，作为饲草用于牛、羊、马、驴等养殖业。

手扶式小型割晒机

机械秸秆打捆

三、适宜区域

该技术适合在北方谷子主产区推广应用。

四、注意事项

1. 根据当地的积温和无霜期等气候条件选择合适的高产优质品种。

2. 覆膜穴播作业时，保证鸭嘴破膜打孔正常，保证播种深度；同时尽可能直线行走，以防苗孔错位而影响出苗。

3. 调整播种机覆膜覆土装置，保证地膜盖严压实，以防风吹揭膜。

4. 根据地块大小和坡度考虑机器的安全作业条件，选用合适的机械收获作业方式。

技术依托单位

山西农业大学

联系地址：山西省晋中市太谷区铭贤南路1号

邮政编码：030801

联系人：原向阳　张丽光　董淑琦　温银元　李晓瑞　宋喜娥
　　　　赵　娟　郭　杰　任建宏　邱述金

联系电话：13593100936

电子邮箱：yuanxiangyang200@163.com

冬小麦节水省肥减排高产技术

一、技术概述

（一）技术基本情况

针对华北平原水资源紧缺，冬小麦现实生产中水肥高投入导致地下水超采、温室气体排放量大、环境污染、经济效益低的突出问题，研究形成节简化绿色高产栽培技术。本项技术以冬小麦（晚播）—夏玉米（晚收）种植体系为整体，采用"大群体、小株型、高效率"高产栽培途径，建立了"贮墒节灌"（三种节灌模式，足墒播种：春季不灌溉、春灌1水、春灌2水）和"集中施肥"相结合的水肥管理模式，组配关键调控技术，实现了小麦水肥高效和减排高产的统一。其主要技术原理是：①发挥2米土体的水库功能，夏贮春用，高效利用周年水肥资源。小麦季充分利用土壤水，减少灌溉水，提高当季水分利用效率；麦收后腾出较大库容接纳夏季多余降水，减少夏季水氮流失，提高周年水肥利用率。②适当减少氮肥投入，集中深施，促进前期根系发育和养分吸收，提高氮素利用率，同时可减少温室气体排放。③发挥适度水分亏缺对作物的有益调控作用，构建高效低耗群体结构。拔节前水分调亏促根控叶，改善株型，减少无效生长和水氮损耗；灌浆后期上层水分亏缺，促进碳氮转运，加速灌浆，并改善籽粒品质。④发挥综合技术的协调补偿作用，补偿阶段性干旱胁迫对产量形成的不利影响。通过增加基本苗补偿晚播和前期水分亏缺对穗数的不利影响；通过肥料集中基施促进壮苗，并通过中期因墒补灌稳定粒数；通过增苗扩大种子根群和增穗扩大非叶片光合面积，发挥种子根深层吸收和非叶器官（穗、茎、鞘）光合耐逆机能，补偿后期上层供水不足、叶片功能下降对粒重的不利影响。

冬小麦节水省肥高效灌溉与施肥模式

生育过程	播种→越冬	返青→拔节前	拔节→开花	灌浆→成熟
土壤水分 调控目标	水分适宜 晚播增苗增穗 安全越冬	表层水分调亏 促根控叶	水分适宜 保穗稳粒	上层水分调亏 深层吸水 加快灌浆
灌溉模式	浇足底墒水	镇压保墒	调墒补灌 （0～2水）	腾出土壤库容 接纳夏季降雨
施氮模式 （每亩总氮量10～14千克）	集中底施 （70%～100%）		因苗补氮 （0%～30%）	

（二）技术示范推广情况

本项技术在2015—2022年连续7年被农业农村部推介为全国农业主推技术，持续在华北地区大面积推广应用。2018年以本项技术为核心内容的"小麦节水保优技术"又被农业农村部列为"全国农业十大引领性技术"之一。"十三五"期间本项技术与节水品种配套应用，累计推广面积 1.1 亿多亩，累计节水 40 亿米³ 以上，累计节省氮肥（纯 N）约 3 亿千克，为促进我国小麦绿色增产增效、为华北地区地下水超采治理和农业面源污染防治做出了重要贡献。2020 年被农业农村部遴选为"十三五"全国农业科技十大标志性成果之一。本项技术体系所形成的机械化镇压技术在主产省广泛应用，为 2021—2022 年全国科技壮苗、抗逆增产发挥了重要作用。

（三）提质增效情况

在华北中上等肥力土壤上实施该项技术，正常年份足墒播种春浇 2 次水（每次灌水 60～75 毫米）亩产 500～600 千克或以上，春浇 1 次水亩产 450～500 千克，春不浇水亩产 400 千克左右，并保优增效，比传统高产栽培方式每亩减少灌溉水 50～100 米³，节省氮素 15%～20%，水分利用效率提高 15%～20%，降低温室气体 N_2O 累积排放量 20%～32%。技术措施简化，农民易掌握。

（四）技术获奖情况

本项主体技术获 2011 年中华农业科学技术进步奖一等奖。以该项技术为核心集成的"冬小麦-夏玉米贮墒旱作节简栽培技术"被农业农村部列为我国气候智慧型作物生产主体技术模式。技术推广获 2019 年、2022 年全国农牧渔业丰收奖。

二、技术要点

1. 贮足底墒

播前浇足底墒水，以底墒水调整土壤储水，使麦田 2 米土体的储水量达到田间最大持水量的 85%～90%。底墒水的灌水量由播前 2 米土体水分亏额决定，在常年 8、9 月降水量 200 毫米左右条件下，小麦播前灌底墒水 75 毫米，降水量大时，灌水量可少于 75 毫米，降水量少时，灌水量应多于 75 毫米，使底墒充足。

播前浇足底墒水

2. 优选品种

选用早熟、耐旱、穗容量大、灌浆快的节水优质品种。熟期早可缩短后期生育时间，减少耗水量，减轻后期干热风危害程度；穗容量大利于调整亩穗数及播期；灌浆快，粒重较稳定，适合应用节水高产栽培技术。精选种子，使种子大小均匀，严格淘汰碎瘪粒。

3. 集中施肥

在节水和节氮条件下，增加基肥施氮比例有利于抗旱增产和提高肥效。节水栽培以"限氮稳磷、补钾增锌、集中基施"为原则，调节施肥结构及施肥量。一般春浇 1～2 次水，亩产 400～600 千克，亩用纯氮量 10～14 千克，全部基施；或以基肥为主，拔节期少量追施，适宜基追比为 7∶3。若采用冬小麦-夏玉米贮墒旱作模式，冬小麦春季不浇水，控制全年每亩施氮（N）24～25 千克，其中，冬小麦施氮 60%～70%，全部基施，夏玉米施氮 30%～40%，可大幅减少全年温室气体排放。小麦基肥中稳定磷肥用量，亩施磷（P_2O_5）7～9 千克，补施钾肥（K_2O）7～9 千克、硫酸锌 1 千克。

4. 晚播增苗

适当晚播，有利于节水节肥。晚播以不晚抽穗为原则，生产上以入冬苗龄 3～5 叶为晚播的适宜时期，各地依此确定具体的适播日期。晚播需增加基本苗，以增苗确保足够穗数，并增加种子根数。在前述晚播适期范围内，以亩基本苗 30 万为起点，每推迟 1 天播种，基本苗增加 1.5 万，以基本苗 45 万为过晚播的最高苗限。

5. 精耕匀播

为确保苗全、苗齐、苗匀和苗壮，要求：①精细整地。秸秆应粉碎成碎丝状（<5 厘米）均匀铺撒还田。在适耕期旋耕 2～3 遍，旋耕深度要达 13～15 厘米，耕后适当耙压，使耕层上虚下实，土面细平。②窄行匀播。播种行距 12～15 厘米，做到播深一致（3～5 厘米），落籽均匀。严格调好机械、调好播量，避免下籽堵塞、漏播、跳播。地头边是死角，受机压易造成播种质量差和扎根困难，应先横播地头，再播大田中间。

前茬秸秆粉碎还田

旋耕整地要细平

提高机械播种质量确保出苗均匀

6. 镇压锄划

旋耕地播后应强力镇压一遍。应选好镇压机具，待表土现干时，均匀镇压。早春返青期应用自走式镇压机适时镇压，或镇压与锄划相结合，压土弥缝、提墒保墒，增温促苗。

播后务必均匀镇压

7. 适期补灌

一般春浇 1～2 次水，春季只浇 1 次水的麦田，适宜浇水时期为拔节至孕穗期；春季浇 2 次水的麦田，第 1 水在拔节期浇，第 2 水在开花期浇。每亩每次浇水量为 40～50 米^3。在地下水严重超采区，可应用"播前贮足底墒，生育期不再灌溉"的贮墒旱作模式，进一步减少灌溉用水。

小麦节水示范田群体长势

三、适宜区域

华北年降水量 500～700 毫米地区，适宜土壤类型为沙壤土、轻壤土及中壤土，不适于过黏重土及沙土地。

四、注意事项

强调"七分种、三分管"，确保整地播种质量；播期与播量应配合适宜；播后务必镇压。

技术依托单位

1. 中国农业大学

联系地址：北京市海淀区圆明园西路 2 号

邮政编码：100193

联 系 人：张英华　王志敏

联系电话：13811182048　13671185206

电子邮箱：zhangyh1216@126.com　cauwzm@qq.com

2. 河北省农业技术推广总站

联系地址：河北省石家庄市裕华区裕华东路 212 号

邮政编码：050011

联 系 人：王亚楠　曹　刚

联系电话：0311-86678024

3. 全国农业技术推广服务中心

联系地址：北京市朝阳区麦子店街 20 号楼

邮政编码：100125

联 系 人：梁　健

联系电话：13240920099

稻茬小麦免耕带旋播种高产高效栽培技术

一、技术概述

（一）技术基本情况

1. 技术研发推广背景

稻茬小麦是我国小麦生产的重要组成部分，现有面积约 7 000 万亩，占全国小麦总面积 20%。播种质量一直是制约稻茬小麦增产的关键因素。稻茬小麦播种质量受土壤黏重、含水量过高、前茬秸秆量过大三大因素的叠加影响。传统旋（翻）耕整地—播种—镇压模式往往造成播期延迟、僵苗弱苗、低产低效等问题。为了破解稻茬小麦"播不下、出不齐、长不好"的重大技术难题，四川省农业科学院作物研究所自 2005 年开始攻关，特别是在国家小麦产业技术体系的资助下，通过播种机设计创新和农艺优化创新，系统集成了"稻茬小麦免耕带旋播种高产高效栽培技术"。

2. 能够解决的主要问题

解决播种质量问题：该技术能在免耕、秸秆全量覆盖状态下，直接进行播种、施肥、喷施除草剂，省去不必要的旋耕或翻耕整地环节，实现适期播种和高质量播种。播种深浅一致、种子和肥料集中，出苗快、匀、齐、壮，为高产和节本增效奠定基础。

解决节本增效问题：该技术能显著节约种子、肥料、燃油、农药、用水、用工等戎本，每亩节约总成本 60～100 元，加上增产带来的收益，合计增效 150～200 元。

解决绿色发展问题：秸秆覆盖抑制杂草滋生，减少农药用量；化肥减施、燃油减量，同样利于绿色发展。同时，免耕栽培显著减少土壤硝态氮含量，降低了硝态氮渗漏引起的水体污染风险。入选 2021 年中国农业绿色发展研究会《四大粮食作物绿色增产技术发展情况报告》的小麦绿色增产技术清单。

3. 专利范围及使用情况

该技术先后获得国家专利授权 12 项，四川省农业科学院作物研究所作为第一单位拥有自主知识产权，专利处于有效状态，产权清晰。

（二）技术示范推广情况

技术研发始于 2005 年，至 2017 年得到进一步升级换代，最近 5 年持续扩大。目前，在西南冬麦区已普遍使用；在湖北、河南、安徽、江苏、山东等省市都有一定规模的示范面积，尤以湖北、河南的稻茬麦区发展较快。构成该项技术的核心内容"免耕带旋播种施肥机"已入选四川、湖北、河南农机购置补贴目录。2022 年应用该技术秋播小麦面积超过 200 万亩。

（三）提质增效情况

1. 技术试验提质增效情况

针对不同区域、不同土壤类型、不同秸秆处理方式、不同土壤水分等环境条件，进行了大量小区试验和同田对比试验。相较旋耕或翻耕栽培模式，该技术增产 5%～35%，多数增产幅度稳定在 10%～15%。举例 1：四川省广汉市连山镇连续 3 年试验结果，免耕带旋播种增产 31.17％、节本 8.11％、增效 301.27％。举例 2：扬州大学 2021 年试验结果，亩施 0、3、6、9、12、15 千克纯氮下，免耕带旋播种依次增产 31.33％、14.19％、9.27％、4.93％、7.86％、5.11％。

免耕带旋播种技术增产增效情况

播种技术	施氮量 （千克/亩）	产量 （千克/亩）	生产成本 （元/亩）	纯收益 （元/亩）	新技术增产 （％）	新技术增效 （％）
免耕带旋	0	242	271	−93	42.4	72.1
	6	490	431	441	34.2	732.1
	12	587	590	553	16.9	99.6
旋耕条播	0	170	309	−333	—	—
	6	365	468	53	—	—
	12	502	629	277	—	—

注：纯收益已扣除生产总成本和麦季土地租金 500 元；数据为 2019—2022 年平均值。2019—2022 年商品小麦平均价格 2.80 元/千克。旋耕条播方法是，深旋耕 1 次、浅旋耕 1 次，用山东宽幅精量播种机播种，播后镇压 1 次。

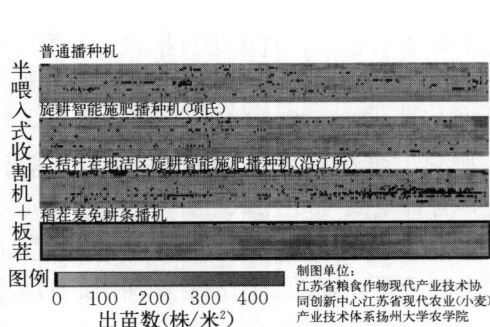

免耕条件下不同机型播种质量（王龙俊，2020）

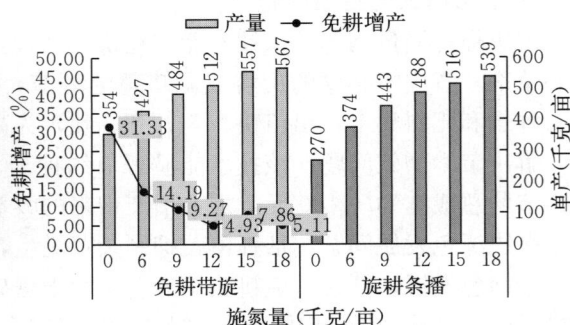

免耕带旋播种增产效果（李春燕，2021）

2. 大面积生产应用提质增效情况

根据大面积调查，免耕带旋播种技术普遍增产 10％～15％，节约生产成本 10％～15％，合计增效 30％～50％。种粮大户（合作社、家庭农场）非常欢迎该项新技术，规模在 1 000 亩以下的一般购置 1～2 台即可满足播种需求，1 000～3 000 亩规模的购置 3～6 台，也有大型合作社一次性购买 20 台，如四川省梓潼县佳裕家庭农场、湖北省南漳县清河农场。

2021 年河南淮滨县示范验收亩产 560.73 千克，增产 18.98％。2017—2019 年各地开展 26 个农户同田对比试验，平均增产达 14.53％，节本 10.44％，增效 84.06％。连续 3 年应用成效被中央媒体报道，央视"新闻联播"播出。2021 年专家组对四川省梓潼县免耕带旋播种技术千亩片田进行验收，连片实打收割 101 亩，平均亩产 511 千克，最高 703.6 千克；2022 年四川广汉市连山镇百亩规模免耕带旋播种技术田实打验收，平均亩产 600.2 千克，最高田块 687.5 千克。

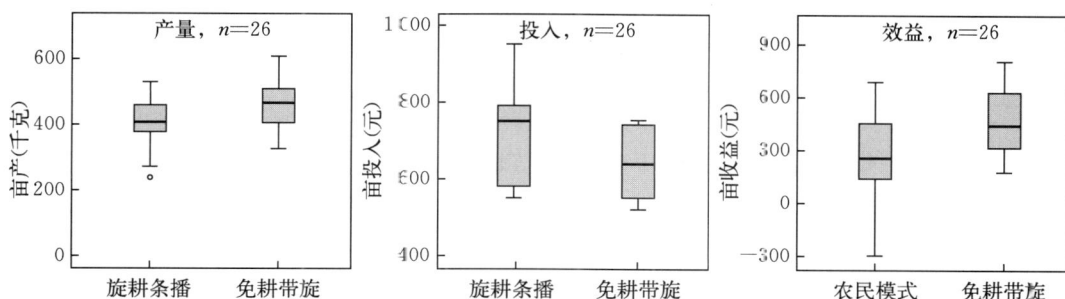

2017—2019 年多地农户同田对比试验的产量、投入和效益

四川省 2022 年典型农户使用免耕带旋播种技术实现增产增收情况

县市	户名	面积（亩）	平均单产（千克/亩）	产值（元/亩）	生产成本（元/亩）	土地租金*（元/亩）	净利润（元/亩）	总利润（万元）
广汉	冷辑龙	1 020	454	1 377	596	500	281	28.7
绵竹	徐守兵	450	500	1 500	419	490	591	26.6
江油	张开莲	2 600	454	1 380	647	263	471	122.0
梓潼	古国洪	1 020	485	1 494	490	300	704	71.81

* 仅指麦季土地租金；2022 年商品小麦价格 3.0～3.25 元/千克。

3. 农业农村部小麦专家指导组考察意见

2010 年 4 月，农业部小麦专家指导组郭天财教授一行考察稻茬小麦免耕带旋播种技术示范应用情况，形成了书面现场鉴定意见，认为技术较为成熟，增产增收效果显著，应进一步完善技术，加大推广力度。2019 年 5 月农业农村部小麦专家指导组郭文善教授一行，再次考察四川稻茬小麦免耕带旋播种技术大面积应用情况，并形成田间考察书面意见，认为该项技术已经成熟，节本增产增收效果显著，应大力推广并强化增产机理研究。2019 年 12 月，农业农村部小麦专家指导组郭文善教授一行考察安徽舒城稻茬小麦播种技术，在众多播种方式中，免耕带旋播种技术是表现最好的两项之一，认为免耕栽培优势突出。

（四）技术获奖情况

1. 获 2012 年四川省科学技术进步奖一等奖

成果名称：西南小麦产业提升关键技术研究与应用；

关键内容：稻茬小麦免耕带旋播种技术是成果核心内容之一。

2. 获 2020 年四川省科学技术进步奖一等奖

成果名称：西南麦区突破性小麦品种川麦 104 选育及应用；

关键内容：免耕带旋播种技术作为品种配套技术对新品种遗传潜力发挥和大面积应用发挥了重要作用。

二、技术要点

1. 核心技术

本项技术的核心技术是免耕带旋播种施肥机。该播种机能在免耕秸秆覆盖状态下一次性作业完成播种、施肥工序，其中一个型号还具备喷药功能，即一次性作业完成播种、施肥、封闭除草三道工序，苗期不再进行化学除草作业，既可省工，又能避免低温用药面临的药害风险。

2. 配套技术

（1）秸秆处理技术　目前水稻收割机主要有全喂入式和半喂入式联合收割机。尽量采用半喂入式收割机，收割水稻时将秸秆切碎抛撒；如果采用全喂入式收割机，秸秆杂乱、成带分布，需要在小麦播种之前用灭茬机处理一次。另外，部分沃德式收割机加载了秸秆处理装置，可以将留茬部分随收割过程而粉碎一次。收割机上最好加装分散装置，尽量将秸秆抛撒均衡。

（2）平衡施肥技术　免耕带旋播种技术，因种肥集中，加上稻茬麦田土壤肥力较高、秸秆覆盖于土表具有保墒和抑制肥料挥发的功效，氮肥利用效率显著提高。每亩纯氮施用量可从 15 千克左右降至 10～12 千克，其中 60％以复合肥方式作底肥、40％以尿素方式作拔节追肥。周年纯氮用量控制在每亩 25 千克以内。

（3）杂草防控技术　化学除草包括播前化除、封闭除草和苗期化除三种方式。当前，水稻以直播或机械移栽为主，成熟收获较晚，秋季杂草萌发量呈减少趋势。因此，优先选择封闭除草模式，可以选择带喷药功能的播种机，一次性完成播种、施肥、封闭除草工序，也可以在播完后再实施封闭除草或选择苗期化除，但必须注意用药时机，避免低温造成药害。

（4）病虫防控技术　以抗病品种为基础，实施"药剂拌种＋一喷多防"的简化防控模式。药剂拌种重点解决地下害虫和中前期的蚜虫危害，到齐穗至初花阶段，则以赤霉病预防为中心，兼顾田间其他病虫发生情况，进行混合用药。其他时期，根据病虫发生情况而确定用药种类。

水稻收割、秸秆处理方式和免耕带旋播种组合模式见下表。

水稻收割与秸秆处理方式和免耕带旋播种的组合模式

模式	水稻收割		小麦播种	
	收割机类型	水稻秸秆	播前秸秆处理	小麦播种
模式 1	半喂入式收割机	切碎抛撒	—	免耕带旋播种
模式 2	沃德全喂入式收割机	高茬收割、碎草	—	免耕带旋播种
模式 3	全喂入式收割机	高茬收割	灭茬 1 次	免耕带旋播种

两种收割机的水稻秸秆状态
左侧：全喂入式收割机，留高茬、成带分布；右侧：半喂入式收割机，切碎抛撒水稻秸秆

灭茬作业

带分散器的灭茬机

免耕带旋播种（履带式拖拉机驱动）

免耕带旋播种的出苗质量（左：四川广汉市；右：安徽舒城）

免耕带旋播种的中后期表现（左：湖北南漳县；右：河南淮滨县）

三、适宜区域

全国稻茬麦区；秋播期间土壤过湿的旱地麦区。

四、注意事项

1. 加强水稻水分管理，避免土壤遭受过度破坏

水稻"够苗"晒田，不仅利于提高水稻成穗率和产量，也能将表层土壤变硬；水稻成熟后期适时开缺排水，尽量避免立水收稻。平整的土壤表面更利于实施小麦免耕栽培。

2. 优化秸秆处理方法，避免秸秆成带成垛分布

优先选择半喂入式收割机收获水稻，切碎、匀铺秸秆。全喂入式收割机一般留茬较高，吐出来的秸秆柔软细长、成带分布，播前必须进行灭茬作业。因此，最好在灭茬机上加装分散装置，以更好地匀铺秸秆。

3. 选择性旋耕坑洼地，避免过度耕作造成积水

水稻收获时田块往往较湿，甚至还关着水，机械碾压破坏造成土表坑洼不平。可采取选择性旋耕，即对破坏严重的区域进行浅旋，填平大的坑凼，而不必进行全面旋耕整地。黏湿土壤过度耕作更易造成水分下渗困难，加重渍害。

4. 科学选择配置机械，最大限度实现提升质量

对于常年土壤过黏过湿的区域，播种机最好选择电子排种型号，即便行走轮打滑也不会停止排种，避免漏种、断垄。同时，动力尽量选择履带式拖拉机，减少进一步压实破坏。

技术依托单位

1. 四川省农业科学院作物研究所

联系地址：四川省成都市狮子山路 4 号

邮政编码：610066

联 系 人：汤永禄

联系电话：028-84504601　13518156838

电子邮箱：ttyycc88@163.com

2. 全国农业技术推广服务中心

联系地址：北京市朝阳区麦子店街20号楼

邮政编码：100020

联 系 人：梁　健

联系电话：010-59194508

电子邮箱：liangjian@agr.gov.cn

3. 四川省农业技术推广总站

联系地址：四川省成都市武侯祠大街4号

邮政编码：610041

联 系 人：覃海燕

联系电话：028-85505453　17828042190

电子邮箱：scnj@vip.163 com

稻稻（再）油周年绿色高产高效生产技术

一、技术概述

（一）技术基本情况

基于我国人多地少、耕地资源瓶颈突出、粮食生产任务艰巨以及油料供给缺口不断加大的现状，发展稻稻（再）油多熟种植模式是稳粮扩面增油的重要途径。稻稻（再）油周年绿色高产高效生产技术针对稻油茬口矛盾突出、机械化技术缺乏、技术集成应用不够、生产效益低等问题，统筹粮油发展实际，根据积温科学规划，集成水稻、油菜品种优选、茬口衔接、秸秆还田、精准播栽、科学施肥、水分管理、病虫害绿色防控、机械收获等关键技术，充分发展南方 7 000 万亩双季稻，促进 5 000 万亩冬闲田开发利用，保障水稻、油菜稳产增产，进而实现周年绿色高产高效，提高农户收入，助力乡村振兴。相关品种、技术产品获得省部级科技成果奖励 6 项，获得专利、农业行业标准和地方标准 4 项。

（二）技术示范推广情况

稻稻（再）油周年绿色高产高效生产技术能充分利用南方冬闲田，减少耕地闲置和抛荒，有效提高土地利用率和粮食生产基础资源利用率。近几年，中国农业科学院油料作物研究所和中国水稻研究所积极建立"科研院所＋政府＋合作社＋农户"模式，依托新型经营主体，在湖南、湖北、江西、广西、浙江等 5 省 10 县开展稻稻（再）油周年生产技术集成示范工作，带动南方稻区稻稻（再）油周年高效生产，2022 年建立核心区示范面积 2 000 余亩，取得较好的社会、经济效益。目前南方稻区稻稻（再）油种植面积达 150 余万亩，对推进三熟制发展及保障国家粮油安全起到重要作用。

2022 年技术核心示范情况

种植区域	示范基地	面积（亩）	油菜产量（千克/亩）	水稻产量（千克/亩）	增收（元/亩）
江西	赣州市上犹县东山镇	500	130	900	300
	吉安市安福县金田乡	50	140	950	400
	宜春市上高县锦江镇	500	120	900	350
湖南	衡阳市衡南县三潭镇	50	130	1 000	500
	永州道县祥霖辅镇	100	130	1 000	500
广西	柳州柳南区太阳村镇	400	110	850	300
湖北	荆州市洪湖市乌林镇	20	110	950	300
	黄冈市蕲春县赤东镇	200	110	1 000	400
浙江	温州市永嘉县碧莲镇	200	120	1 000	400
合计/平均		2 020	122	950	380

（三）提质增效情况

经济效益：稻稻（再）油周年绿色高产高效生产技术省工省力，节本增效，根据不同试验示范点统计，每亩可增收 300～500 元。

生态效益：种植油菜后减少后茬水稻的氮、磷、钾施用量，减少土壤环境污染，提高肥料利用效率，生态效益显著。

社会效益：技术应用促进南方双季稻、再生稻区冬闲田利用，在保障每亩周年稻谷产量 900 千克左右基础上，油菜产量 130 千克以上，有效保障粮油供给安全；经济效益增加提高农户种植积极性，有利于我国多熟制种植模式推广和乡村振兴战略实施，社会效益显著。

（四）技术获奖情况

"多功能复合菌剂的研制及其在油菜生产上的应用"获 2016 年湖北省科学技术进步奖二等奖；"油菜可持续绿色高产高效生产技术创新与应用"获 2017 年湖北省科学技术进步奖二等奖；"油菜绿色高产高效模式与关键栽培技术"获 2019 年神农中华农业科技奖二等奖；"油菜精准轻简高效养分管理关键技术创新及应用"获 2020 年湖北省科学技术进步奖一等奖；"直播油菜优质丰产机理与高效栽培技术研究及应用"获 2021 年湖北省科学技术进步奖一等奖；"超高产专用早籼稻品种中嘉早 17 等的选育与应用"获 2021 年浙江省科学技术进步奖二等奖；制定省部级农业行业标准 3 项，获省部级主导品种和主推技术 10 余项。

二、技术要点

本技术遵循粮油生产客观实际，依照积温进行科学规划，即北纬 27 度（即吉安市吉安县至湖南衡阳市）以南区域为稻稻油三熟制模式生产适宜区域，北纬 27 度至 30 度之间发展稻再油模式，切实保障粮食生产和油料生产安全同步。

1. 优选品种

稻稻油周年生产，早稻优选通过审定、高产优质、抗病抗逆、生育期 105 天以内的优质稻品种，如中早 35、中组 18、中嘉早 68、湘早籼 45 等；晚稻优选生育期 115 天以内的品种，如泰优 398、H 优 518、隆香优 130 等。油菜优选通过国家登记、耐密耐渍、高产优质、生育期 180 天以内、4 月 25 日前成熟的早熟品种，如阳光 131、中油 988、沣油 320 等。

稻再油周年生产，水稻优选通过审定、高产优质、生育期适当（头季稻＋再生稻生育期 210 天以内）、综合抗性好、再生能力强、适宜机械化种植的优质稻品种，如甬优 4949、野香优油丝、桃优香占等。油菜优选通过国家登记、抗逆、优质高产、生育期 175 天内、4 月 20 日前成熟的极早熟品种，如阳光 131、中油杂 24 等。

2. 茬口衔接

稻稻油周年生产，早稻 3 月下旬育秧，秧龄 30 天左右，4 月下旬或 5 月初机插秧，7 月中下旬收获；晚稻 7 月初播种，秧龄不超过 25 天，7 月下旬机插秧，10 月中下旬至 11 月初收获。油菜 10 月下旬机械直播或 9 月下旬至 10 月上旬育苗、10 月下旬至 11 月中旬机械移栽。

稻再油周年生产，水稻 3 月中下旬育秧，4 月下旬至 5 月初插秧，头季 8 月中旬收获，再生季 9 月 15 日前安全齐穗，10 月底前收获；直播油菜 10 月下旬完成播种；移栽油菜 10 月初育苗，10 月下旬至 11 月上旬移栽。

3. 精准播栽

水稻：早稻采用叠盘出苗育秧技术，控温控湿出苗，采用大钵体毯状苗机插或机抛，密度每亩早稻 2.2 万丛左右，晚稻 1.8 万丛左右，再生稻采用机插育秧高产栽培技术，密度每亩 1.6 万～1.8 万丛。

油菜：10 月下旬至 11 月上旬，50％～60％水稻秸秆还田，采用机械直播方式抢墒早播，每亩播种量为 400～500 克，增密缩行，行距 20～25 厘米；也可采用无人机飞播，每亩播种量为 500 克。季节迟的地区可采用毯状苗移栽方式。

4. 科学施肥

水稻：采用机插侧深施肥技术，早稻亩施纯氮 10 千克左右，晚稻亩施纯氮 12 千克左右，氮肥一般按照基肥占 50％～60％，分蘖肥占 20％，穗肥占 20％～30％施用；磷肥做基肥一次施用；钾肥做基肥和穗肥施用，比例各为 50％。再生稻控氮、稳磷、增钾，肥药精准施用，注意施好促芽肥、提苗肥。

油菜：在满足早熟油菜高产基本养分需求量（N：P：K＝10：4：5）的情况下，调控氮肥、钾肥施用比例和时间，促进油菜适期早熟。亩施油菜专用缓释型复合肥（25－7－8，含 B、Zn）30 千克，5 叶期施尿素 5 千克，蕾薹期前施钾肥 5 千克。

5. 水分管理

水稻：移栽后田间保持浅水层，促进早返青分蘖，分蘖期田面好气间歇灌溉，当苗数达到目标有效穗数 80％时开始控水搁田，到倒 2 叶抽出时复水，保持浅水层至抽穗，抽穗开花后田间干干湿湿，养根保叶，收割前 5～7 天断水。

油菜：渍害是南方稻田油菜生产主要灾害，要求厢宽不超过 2 米，机械开沟后还需人工疏通厢沟、腰沟和围沟衔接处，确实做到"三沟"相通，排水通畅。

6. 病虫害绿色防控

水稻：以预防为主，综合防治，根据当地病虫情报，结合田间病虫发生情况，选用高效低毒低残留农药进行防治，移栽前 3～4 天秧苗喷施送嫁药，破口抽穗期注意防治稻瘟病、纹枯病、稻纵卷叶螟等，后期注意防治稻飞虱。再生稻头季稻抓好田间纹枯病、稻瘟病、稻曲病及螟虫、稻飞虱等的防控。

油菜：播种后 3 天内进行芽前封闭除草。苗期注重菜青虫、蚜虫等虫害防治；12 月底油菜越冬期用 150 毫克/千克多效唑叶面喷施，防早薹早花；油菜初花期"一促四防"。

7. 机械收获

水稻：收获前 7～10 天排水晾田，双季稻成熟度为 95％时收获，留茬 30～40 厘米；再生稻头季九成熟收割，再生稻碾压区八成熟时收割，收割时同步粉碎秸秆。

油菜：稻稻油油菜于 4 月 25 日左右分段收获，稻再油油菜于 4 月 20 日左右分段收获。

机械密播＋精量施肥＋三沟配套

油菜大壮苗培育及机械移栽

水稻带蘖大苗培育及机械抛栽

三、适宜区域

本技术适用于江西、湖南、湖北、广西等光温资源适合三熟制生产的南方双季稻、再生稻区域。

四、注意事项

1. 稻稻（再）油三熟制周年生产季节相对紧张，需要做好不同季节之间品种的合理搭配，通过种植模式、技术及产品配套实现茬口合理衔接，达到周年高产目标。

2. 茬口紧张田块，可在油菜初花期连喷 3 天以油菜素内酯为主要成分的植物生长调节物质，对油菜熟期和产量进行调节，配合分段收获技术，可使收获期比正常熟期提早 7 天左右，有效缓解茬口矛盾。

3. 注意早熟油菜渍害和冻害防治，按照技术要求深沟窄厢，特别是农田排水口要通畅；根据油菜生长发育进程进行化控防冻。

4. 注意水田除草不要选用长效除草剂，避免油菜药害发生。

技术依托单位

1. 中国农业科学院油料作物研究所

联系地址：湖北省武汉市武昌区徐东二路 2 号

邮政编码：430062

联 系 人：马　霓　秦　璐　程　勇

联系电话：13627101992　18085056677　13808614864

电子邮箱：mani@caas.cn

2. 全国农业技术推广服务中心

联系地址：北京市朝阳区麦子店街 20 号

邮政编码：100125

联 系 人：王积军　汤　松

联系电话：13910705740　13391889111

3. 中国水稻研究所

联系地址：浙江省杭州市下城区体育场路 359 号

邮政编码：310006

联 系 人：陈惠哲　张玉屏

联系电话：15355460231　15397092027

冬闲田油菜毯状苗高效联合移栽技术

一、技术概述

（一）技术基本情况

我国长江流域稻油轮作区水稻收获期迟，迟播油菜生育期缩短导致产量下降 30% 以上，人工移栽用工量大，油菜种植比较效益低以及缺乏先进适用的油菜移栽机具，油菜种植面积日趋萎缩，致使出现大量冬闲田，2023 年中央 1 号文件也明确提出"推行稻油轮作，大力开发利用冬闲田种植油菜"。油菜机械化高效移栽是广大农民千百年来的梦想，也是解决我国油菜全程机械化的最后一个"堡垒"。现有移栽技术装备不适应稻茬田作业，作业效率也难以满足油菜大田种植的需求。油菜毯状苗高效联合移栽技术就是针对上述重大产业问题和需求而研发的全新技术装备。

该技术摒弃传统油菜低密度苗床育苗的传统人工裸苗移栽方式，通过培育油菜毯状苗，创新切块取苗对缝插栽的移栽原理，开发配套技术和装备，在水稻原茬地上，一次性完成"旋耕埋秸、开沟作畦、切缝插栽、推土镇压"等多道工序，实现水稻秸秆全量还田以及复杂土壤墒情条件下高密、高效、高质移栽，为开发冬闲田发展油菜生产、大幅提高食用油自给率提供了切实可行的技术途径和装备。

（二）技术示范推广情况

核心技术"油菜毯状苗高效移栽技术"连续多年列入农业农村部主推技术，评为 2018 年、2019 年度农业农村部十大引领技术，入选"十三五"十大农业标志性科技成果，2022 年中国农业农村重大新装备，入选 100 项重大农业科技成果等荣誉。相关技术成果授权云马农机制造有限公司、日本洋马株式会社、国机重工常林有限公司等国内外大型农机制造企业，实现批量生产和销售，技术成熟、产品质量有保证。多年来在江苏、安徽、江西、贵州、湖北等地开展大规模示范推广，累计推广面积 20 万余亩，央视《新闻联播》、新华社等媒体进行了宣传报道，受到社会广泛关注。

（三）提质增效情况

1. 移栽效率高

机械化切块取苗对缝插栽方式，移栽频率达 260 株/（行·分钟），是世界移栽频率最高方式，整机作业效率每小时 4～6 亩（联合移栽机），是人工移栽的 60 倍以上。

2. 适应性强

油菜毯状苗联合移栽机可以在土壤绝对含水率 15%～35% 的水稻原茬田上直接进行移栽，耕栽一体化作业，充分利用水稻收获后的土壤墒情，一般不需要浇水即可活棵，对田间条件适应性极强。该技术也适用于前茬旱作的田间条件下移栽。

3. 移栽产量高

毯状苗移栽油菜因为苗龄 30 天以上，弥补了因茬口推迟所造成的生育期的不足，带土移栽易活棵、缓苗期短，移栽密度达到 22 000 株/亩，具备良好的高产的条件，多地试验结果表明，毯状苗移栽比同期迟播油菜增产 30％以上。

4. 综合经济效益好

移栽机折旧成本、耗油成本、操作人员人工成本合计约 50 元/亩，育苗材料及管理成本 70 元/亩，两项合计 120 元/亩。与机械直播相比育苗材料及管理成本 70 元/亩，减掉节省用种成本 25 元/亩，实际增加育苗成本 45 元/亩，增加田间作业成本 10 元/亩，合计增加成本 55 元/亩。按照比同期直播油菜产量 130 千克/亩，增产 30％计，增产 39 千克/亩，折算 195 元/亩，减掉增加的成本，每亩净增效益 140 元/亩。与人工移栽相比，产量持平，节省用工成本 200 元/亩。由此可见，该技术综合经济效益较好。

（四）技术获奖情况

"油菜毯状苗机械高效移栽技术与装备"成果获 2018—2019 年度神农中华农业科技奖三等奖和 2019 年度中国农业科学院科技成果杰出科技奖以及中国专利优秀奖。2021 年制定并发布了 NY/T 3887—2021 油菜毯状苗移栽机作业质量行业标准。

二、技术要点

1. 培育毯状苗

（1）种子处理　播种前选晴天进行晒种，以提高种子发芽率。使用有效成分含量 5％的烯效唑处理种子，2.5 克烯效唑对水 500 毫升可以处理 20 千克种子。平均每 200 克种子吸取 5 毫升溶液，拌种时需将种子与溶液充分拌匀，种子晾干后才可以进行播种。种子处理剂拌种准确用量视品种特性、千粒重和播种密度而定，针对不同情况需要预先进行试验以达到最佳的效果。

（2）播种　使用播种流水线播种，应做好机器的调试工作，确保底土、浇水、播种以及盖土等环节符合油菜毯状苗培育农艺要求，具体要求如下：①底土厚度 16～18 毫米；盖土厚度 6～8 毫米；播种结束总的床土厚度≥22 毫米；②水量调到最大，底土浇水要浇透；③播种量控制在每盘 800～1 000 粒种子。

（3）叠盘暗化　将覆土后的苗盘层层叠放在一起，叠放层数以 30～50 层为宜，最上层用两张苗盘中间夹一层塑料薄膜盖顶。两列苗盘之间保持 5～10 厘米距离。叠好的苗盘不能置于阳光下和风口处，因苗盘内需保持充足的水分使种子发芽。时刻观察出苗情况，以便及时摆盘。

（4）摆盘　叠盘一段时间后需将苗盘及时摆出。摆出的时机对后期出苗至关重要。苗盘需摆放在通风、光照良好的地方。通风、光照的不足会影响菜苗在自给养阶段的发育。摆盘时机可用三种方法控制：①按时间估计，正常育苗季节，叠盘后 36～48 小时；②按有效积温估算，叠盘后有效积温达到 45～50 摄氏度；③根据目测，当看到苗盘内有 2/3 左右的籽粒露黄时即要将苗盘摆出到育苗场地。

摆盘应注意以下三点：①在田间或者苗床摆盘时，在苗盘与土壤之间应垫上一层塑料薄膜（对秧苗后期高度均匀性和控制至关重要），在水泥产地摆盘可以不垫塑料膜；②苗盘摆出后需及时浇透水，浇水过后覆盖白色无纺布；③当菜苗子叶完全展平且变绿时，即摆盘后 24～36 小时，可揭去无纺布，二叶期之前如遇大雨需适当遮盖。

（5）水肥管理

浇水：2 叶期前要保持床土湿润，视当地气候情况，1 天 1 次或早晚各 1 次，避免中午

摆盘时机的把握

摆盘后第1天、第2天、第3天秧苗状态

高温时浇水；2叶期后以苗盘边角部位不发生萎蔫为度，控制水分的供应，促进根系下扎，发生萎蔫时少量补充水。苗盘尽量做到不干不浇水；前期使用喷头浇水时不要对着秧盘浇水，应使水滴抛物线自由落下。

施肥：揭盖后要及时施用肥料。一般控制在5～7天施叶面肥一次，不同苗龄，施肥量如下表进行配方，喷施时间宜在早晚，避开晴朗的正午，后期看苗的情况而定，苗叶如果泛黄，需及时施肥。

各时期施肥量及配比

时期	配比	用量
1～2 叶期	200 克尿素＋20 升水	800～1 000 盘
3～5 叶期	500 克尿素＋20 升水	800～1 000 盘

2. 前茬水稻机械化收获和秸秆处理

前茬水稻收获时应选用带秸秆粉碎装置的联合收获机，秸秆切碎后均匀抛撒，避免秸秆堆积，水稻收获留茬高度≤30 厘米。

3. 油菜毯状苗高效联合移栽

（1）适栽期秧苗条件　油菜苗移栽时需达到以下指标：油菜毯状苗需要达到 500～600 株/盘，苗高 80～120 毫米，苗龄 30 天以上，叶龄 5～8 叶，绿叶数 3～4.5 叶，菜苗在苗盘上直立、均布，空格率低于 10％，菜苗健壮，75％以上菜苗的颈部直径应大于 1.8 毫米，菜苗盘根好，双手托起时不会断裂。

适合移栽的油菜毯状苗状态

油菜苗移栽前一天需补足定根水（浇透）和施用叶面肥，以增加移栽时根部的带土量，提高油菜苗的成活率和成活速度。如条件允许，移栽前一天按照 500 克尿素＋20 升水配制尿素溶液，将秧盘整体泡入尿素溶液中，使基质土浸透尿素溶液，择期移栽。如移栽时间推迟，需要再次补水。

（2）择机移栽　水稻收获后在满足土壤墒情和天气适宜的情况下即耕即栽。土壤含水率偏高，晾田至双脚站立土壤表面不渍水，或者拖拉机能下田不打滑，即可移栽。最好在降雨前移栽，栽后不需灌水活棵。移栽时间不宜迟于 11 月 20 日。移栽密度可通过株距调节，一般 16 厘米或 18 厘米株距为宜，对应移栽密度 13 000～12 000 穴（株）/亩。移栽密度高为高产创造条件，也为机械化收获带来方便。

4. 栽后管理

移栽时土壤绝对含水率低于 25％，移栽后需要畦沟内灌水活棵。如果栽后下中雨一次或小雨多次，也能自然活棵。如果干旱严重应适当灌水，或畦沟浸水。施肥、病虫害防治、

联合移栽机作业以及作业效果

除草等，与常规油菜种植的田间管理基本相同。

三、适宜区域

长江流域稻油轮作冬油菜区。

四、注意事项

1. 育苗环节需严格按照相关技术规程执行，具体实施过程可与技术依托单位联系。

2. 江西、湖南、湖北、四川等地部分水稻收获后气温较高，高密度育苗管理难度较大，建议 9 月下旬至 10 月初育苗播种、10 月下旬至 11 月中旬移栽较适宜。

3. 油菜高效联合移栽机配套拖拉机动力要充足，一般选用 88.2 千瓦（120 马力）以上的四轮拖拉机作为联合移栽机配套动力较适宜。

4. 移栽前茬水稻收获应选用带秸秆粉碎装置的联合收割机，保证秸秆抛洒均匀，不条铺、不堆积。

5. 油菜移栽后视土壤墒情和天气情况及时灌水活棵，做好排水沟连通工作。

技术依托单位

1. 农业农村部南京农业机械化研究所

联系地址：江苏省南京市玄武区柳营 100 号

邮政编码：210014

联 系 人：吴崇友

联系电话：15366092918

电子邮箱：542681935@qq.com

2. 扬州大学

联系地址：江苏省扬州市邗江区文汇东路 88 号

邮政编码：225000

联 系 人：冷锁虎

联系电话：18912133687

电子邮箱：oilseed@yzu.edu.cn

冬油菜育苗移栽扩种增产机械化技术

一、技术概述

（一）技术基本情况

全国冬油菜常年种植面积 9 000 万亩，其中 5 500 万亩采用人工撒播＋机械开沟、机械联合直播或无人机飞播的方式。油菜直播种植用种量大、播种作业质量差，难以做到一播全苗，且受稻油轮作茬口矛盾影响，生育期不足，抗病抗逆能力弱，有受冻绝收风险，产量低，易倒伏，收获损失高。油菜育苗移栽可以实现有序种植、缓解茬口矛盾、稳产增产，但人工移栽劳动强度大、用工成本高、生产效率低、种植密度低，迫切需要采用机械化措施实现油菜高速高密度移栽，解决南方冬油菜种不下、长不好，产量低等问题，推动南方冬闲田油菜扩种增产。

近几年，随着油菜毯状育苗、钵体育苗技术熟化完善，油菜机械化高速高密度移栽成为现实，形成了可大面积推广的冬油菜育苗移栽扩种增产机械化技术，主要包括两个方向：一是油菜毯状育苗移栽机械化技术。该技术由农业农村部南京农业机械化研究所与扬州大学共同研发攻关，借鉴水稻高速插秧机栽植方式，将油菜秧苗育成盘根成毯的苗片，苗龄 30～45 天，创制油菜切块取苗＋对缝插栽技术，栽植频率达到 300 次/分，立苗率超过 85%，推出了两款油菜毯状苗移栽机，实现如机插秧一样栽插油菜，既能适应南方稻茬田，又能高速高密度栽植。二是油菜钵体育苗移栽机械化技术。该技术由常州亚美柯机械设备有限公司与中国工程院院士、扬州大学张洪程教授合作引进创制，借鉴水稻、蔬菜钵体育苗移栽原理，将油菜进行独立钵状基质育苗、机械自动取苗、挠性圆盘开沟摆栽，能够适应南方黏重土壤，栽植频率达到 100 株/分以上，立苗率超过 90%，现有 45 厘米行距、33 厘米行距两款油菜钵苗移栽机，可实现油菜高速高密度栽植。

（二）技术示范推广情况

"油菜毯状育苗移栽机械化技术"连续多年列入农业农村部主推技术。通过技术转让方式，2018 年由洋马（中国）农业机械有限公司推出以插秧机底盘为动力的 2ZY－6 型油菜毯状苗移栽机，已实现批量生产和销售，在长江流域多个省份开展了示范推广，取得了良好效果；2020 年、2022 年分别由江苏云马农机制造有限公司、国机重工集团常林有限公司推出的拖拉机牵引集成耕整地和移栽功能于一体的 2ZGZK－6 型油菜毯状苗联合移栽机，2021 年、2022 年持续在南方稻油轮作区 7 个省 60 多个县开展了大范围示范推广。

"钵体育苗移栽机械化技术"2021 年、2022 年被评为农业农村部十大新技术、新装备，常州亚美柯 2ZSZJ－2Y 型油菜钵苗移栽机 2022 年开始在贵州、湖南、江西、江苏等不同类型油菜种植区域进行小范围示范展示，取得了良好效果。

（三）提质增效情况

各地示范推广情况表明，采用油菜毯状育苗移栽机械化技术，自走式油菜毯状苗移栽机作业效率 4～6 亩/时，比人工移栽提高工效 40～60 倍；拖拉机牵引油菜毯状苗联合移栽机作业效率 6～8 亩/时，比人工移栽提高工效 60～80 倍。两款机具栽植密度均可达到 11 000～22 000 穴/亩。

小范围示范展示表明，采用油菜钵体育苗移栽机械化技术，手扶式油菜钵苗移栽机作业效率 2～3 亩/时，比人工移栽提高工效 20～30 倍。栽植密度达到 7 000～8 000 株/亩，不伤苗、无缓苗，可实现油菜种植优质高产。

以上两项技术均可通过 9 月底育苗，11 月上中旬移栽，比迟播油菜抢回农时 30 天左右，达到冬油菜抢茬种植、高速密植、壮苗增产的效果。

（四）技术获奖情况

"油菜毯状苗机械高效移栽技术与装备"曾获 2018—2019 年度神农中华农业科技奖三等奖和 2019 年度中国农业科学院科技成果杰出科技奖以及中国专利优秀奖。2021 年制定并发布了《NY/T 3887—2021　油菜毯状苗移栽机作业质量》行业标准。

"钵体育苗移栽机械化技术"分别获国家科学技术进步奖二等奖、江苏省科学技术进步奖一等奖、江苏省农业技术推广奖一等奖。

包括油菜毯状苗移栽机、油菜钵苗移栽机在内的《DG/T 103—2023 油菜移栽机》农机推广鉴定大纲已颁布实施。

二、技术要点

1. 前茬处理

前茬水稻收获时应选用带秸秆粉碎装置的联合收获机，秸秆切碎后均匀抛撒，避免秸秆堆积，水稻收获留茬高度≤40 厘米。

2. 品种选择

在当地生态条件、种植制度、综合性状优良的主推品种中，选择早发能力强、抗倒伏、抗裂角、抗病、株型紧凑等机械化作业特性相对较好的油菜品种。

3. 秧苗准备

油菜移栽秧苗苗龄不小于 30 天，苗高 8～12 厘米，绿叶数 3～4 片。其中，毯状秧苗要求在苗片上直立、均匀分布，秧苗空穴率不大于 10%，苗片盘根好，双手托起时不断裂；钵体苗要求叶片不要太大且相邻叶片不要缠连，苗茎部尽量直立不弯曲，根系生长发达，在穴孔内盘牢基质土。

4. 择机移栽

水稻收获后在满足土壤墒情和天气适宜的情况下，应做到即耕即栽。对于油菜毯状苗移栽机、亚美柯钵苗移栽机，需要提前采用翻转埋茬旋耕机进行整地、开沟、作畦，畦面要平整，畦面宽度 200 厘米左右；对于油菜毯状苗联合移栽机，可直接在稻茬田进行旋耕整地、开沟作畦、移栽镇压一体化作业。在土壤含水率偏高的情况下，晾田至双脚站立土壤表面不渍水，或者机具能下田不打滑，择机移栽，整体移栽时间不宜迟于 11 月中旬。

5. 栽后管理

栽后土壤墒情好或有降雨，不需要喷洒活棵水，如果干旱严重应适当灌水，或畦沟浸水。施肥、病虫害防治、除草等与常规油菜种植的田间管理基本相同。

油菜毯状育苗情况

油菜钵体育苗情况

2ZY－6 型油菜毯状苗移栽机作业情况

2ZGZK－6 型油菜毯状苗联合移栽机作业情况

2ZSZJ－2Y 型油菜钵苗移栽机作业情况

油菜机械化育苗移栽长势情况

三、适宜区域

南方冬油菜种植区域。

四、注意事项

1. 育苗环节要严格按照相关技术规程执行，具体实施过程可与技术依托单位联系。

2. 江西、湖南、湖北、四川等地部分水稻收获后气温较高，高密度育苗管理难度较大，建议 9 月下旬至 10 月初育苗播种、10 月下旬至 11 月中旬移栽较适宜。

3. 单一移栽功能的油菜毯状苗移栽机、油菜钵苗移栽机作业前，需要对稻茬田进行整地、开沟、作畦，最好选用带反旋功能的翻转埋茬旋耕机作业。油菜毯状苗联合移栽机配套拖拉机动力要充足，一般选用 88.2 千瓦（120 马力）以上的四轮拖拉机。

4. 前茬水稻收获应选用带秸秆粉碎装置的联合收割机，保证秸秆抛洒均匀，不条铺、不堆积。

5. 油菜移栽后视土壤墒情和天气情况及时灌水活棵，做好排水沟连通工作。

技术依托单位

1. 农业农村部农业机械化总站
联系地址：北京市朝阳区东三环南路 96 号农丰大厦
邮政编码：100122
联系人：吴传云
联系电话：13693015974
电子邮箱：amted@126.com

2. 农业农村部南京农业机械化研究所
联系地址：江苏省南京市玄武区柳营 100 号
邮政编码：210014
联系人：吴崇友
联系电话：15366092918
电子邮箱：542681935@qq.com

3. 常州亚美柯机械设备有限公司
联系地址：江苏省常州市钟楼经济开发区樱花路 19 号
邮政编码：213023
联 系 人：刘治中
联系电话：13584590071
电子邮箱：czamec@126.com

长江流域直播油菜密植再高产生产技术

一、技术概述

（一）技术基本情况

我国食用植物油自给率仅 30％左右，安全供给形势严峻。为此，党中央国务院高度重视油料生产和供给。2021 年《中共中央 国务院关于全面推进乡村振兴加快农业农村现代化的意见》提出稳定大豆生产，多措并举发展油菜、花生等油料作物；2022 年《中共中央 国务院关于做好 2022 年全面推进乡村振兴重点工作的意见》明确提出大力实施油料产能提升工程。

油菜是我国第五大作物，也是第一大油料作物，年产"最健康大宗食用油"菜籽油 520多万吨，约占自产食用植物油的 55％；另外，还可提供 800 多万吨优质饲料饼粕。我国油菜常年种植面积 1 亿亩左右，长江流域种植面积约占全国的 90％。当前该产区直播油菜比例超过 70％，但生产中普遍存在进一步提升直播油菜单产难的问题，集成长江流域直播油菜密植再高产生产技术，降低生产成本，提高肥料等资源利用效率，对促进油菜产业发展、提升植物油自给率具有重要意义。

（二）技术示范推广情况

自 2016 年以来，华中农业大学与全国农业技术推广服务中心联合在湖北、江西、安徽、江苏、浙江、四川、云南等地开展了多年多点示范和推广，长江流域近 3 年累计推广面积达4 060.9 万亩，大面积示范亩产达 180 千克以上，小面积示范亩产突破 250 千克。2020 年 5月 12 日，华中农业大学组织专家对湖北宜昌 500 余亩稻田油菜绿色轻简高效示范区进行了实收测产，联合机收实收亩产为 208.2 千克，分段机收实收亩产为 244.9 千克，创造了长江中游稻田油菜实收亩产超 200 千克的高产典型。2021 年 5 月 12 日，创造了湖北旱地直播油菜亩产 281.3 千克的高产纪录，含油量增加 2.0％。农民日报、人民政协网、中国科技网等媒体进行了宣传报道及技术介绍。

近三年长江流域应用面积及经济效益

省份	应用面积 （万亩）	新增产量 （万千克）	总效益 （万元）	新增产值 （万元）	节本增效 （万元）
湖北	1 664.02	43 071.55	372 943.28	215 357.73	157 585.55
四川	1 038.45	19 323.36	216 497.59	118 143.80	98 353.79
云南	99.23	988.68	21 307.65	4 943.40	16 364.25
江西	670.60	13 481.00	136 833.96	73 486.09	63 347.88
安徽	416.00	9 667.75	93 236.09	53 839.44	39 396.39

（续）

省份	应用面积 （万亩）	新增产量 （万千克）	总效益 （万元）	新增产值 （万元）	节本增效 （万元）
江苏	172.66	5 064.71	38 727.80	22 372.56	16 355.24
累计	4 060.96	91 597.04	879 546.36	488 143.01	391 403.15

（三）提质增效情况

经济效益：与传统的直播油菜种植方式相比，该技术平均可增产 12.5%，亩平均减少用工 3.0 个，肥料利用率提高 9.2%，每亩净收益达 365 元，经济效益显著。

该技术与传统种植方式投入产出差异

投入收益门类	作业内容	传统育苗 移栽技术	农户习惯 直播技术	直播油菜 密植增效技术
物化成本（元/亩）	种子＋肥料＋病、虫防治＋草害防控	5＋120＋20＋5	10＋120＋20＋10	10＋100＋30＋15
机械作业（元/亩）	整地＋播种＋开沟＋收获	50＋50＋50	50＋50＋40	100＋80
人工投入（个/元）	移栽、清理三沟、机械作业辅工等	8/800	5/500	2/200
总投入（元/亩）		1 100	800	535
菜籽亩产（千克）		180	160	180
品质：含油量（%）		44	42.5	45
总收益（元/亩）		900	800	900
净收益（元/亩）		－200	0	365

注：肥料价格按 120 元/50 千克计；种子价格按 40 元/千克计；人工成本按 100 元/个计；菜籽价格按照 5.0 元/千克计。

生态效益：油菜秸秆就地粉碎还田，减少了秸秆露地焚烧；无人机飞防、油菜专用缓释肥的使用和栽培技术的优化，提高了栽培管理的科学性，提高了肥药利用效率，减少了肥、药用量，生态效益显著。

社会效益：该技术在全国油菜产区的大面积示范推广，进一步带动了油菜产业的发展：湖北直播油菜面积占比增长 49%，单产提高 22%；全国直播油菜面积占比增长 42%，单产提高 12%，从而可有效缓解我国食用植物油的供给矛盾；该技术提高油菜生产效益的同时，还可推动优质菜籽的标准化生产与菜籽油品牌的开发，社会效益显著。

（四）技术获奖情况

1. "油菜绿色轻简高效生产技术研发与应用" 2018 年通过中国农学会组织的成果鉴定，评价结果为国际先进水平。

2. "油菜绿色轻简高效生产技术研发与应用"获 2019 年全国农牧渔业丰收奖一等奖。

3. "直播油菜优质丰产机理与高效栽培技术研究及应用"获 2021 年湖北省科学技术进步奖一等奖、获 2019—2021 年度全国农牧渔业丰收奖农业技术推广贡献奖一等奖。

二、技术要点

1. 核心技术

（1）根据播期，合理增加密度，构建高效群体　长江流域不同产区播期（月-日）、密度

（万株/亩）及氮素（千克/亩）最优配置参数：上游 9 - 25～10 - 15、2.0～3.0、10～15；中游 9 - 25～10 - 10、3.0～3.5、12～15；下游 9 - 30～10 - 10、2.5～3.0、15～18。利用油菜直播机播种，每亩播量控制在 0.25～0.30 千克，行距设为 20～25 厘米，确保每亩基本苗达 3.0 万～3.5 万株。如条件允许也可采用宽行 30 厘米、窄行 15 厘米的配置模式。如播种期推迟，则播种量应作相应调整。播种期每推迟 5 天左右，每亩播种量增加 0.030 千克。如耕播条件不适宜，则可在前茬作物收获前 3 天内采用无人机播种，亩用种量为 0.50～0.60 千克。

（2）专用肥隔行集中深施，提高肥效，减少追肥用工　油菜播种时选用 N - P - K 含量为 20 - 7 - 9，且添加了硼等中、微量元素的油菜专用肥。利用播种机，将底肥隔行集中施入距地表 8～10 厘米左右的行内，长江上、中、下游中等地力田块分别亩基施 35.0～40.0 千克、40.0～50.0 千克、40.0～50.0 千克，5 叶期视苗情分别亩追施尿素（N 为 46%）7.5～10.0 千克、10.0～12.5 千克、10.0～15.0 千克。

（3）机械联合作业，简化播种工序，严格"三沟"配套　前茬作物收获后，选用联合作业直播机，一次性完成旋耕、灭茬、秸秆翻压还田、开沟、作畦、施肥、播种及镇压等多道工序。播种结束后，及时清理厢沟、腰沟、围沟。"三沟"深度要求分别达 20～25 厘米、25～30 厘米、25～30 厘米，确保沟沟相通，降低渍害影响。

2. 配套技术

（1）及时腾茬备播　如前茬为水稻，应在收获前 10～15 天排水晾田。采用集秸秆粉碎与抛撒装置于一体的联合收割机收获前茬作物，要求留茬高度小于 18 厘米，秸秆粉碎长度为 10～15 厘米。

（2）合理选用品种　选择高产、耐密、抗倒，且登记区域涵盖本产区的油菜品种。根肿病严重地区，可选用抗根肿病新品种；草害严重地区，可选用非转基因抗除草剂新品种。

（3）高质量群体的壮苗调控技术　长江上、中、下游冬至前 1 个月，亩群体绿叶数（万片）分别为 20.0～24.0、27.0～33.0、20.0～25.0，无须追肥；如分别为 16.0～20.0、21.0～27.0 和 15.0～20.0，亩追施尿素 5.0 千克、7.5 千克、10.0 千克；如分别为 10.0～14.0、15.0～18.0 和 7.5～12.5，亩追施尿素 10.0 千克、12.5 千克、15.0 千克；如分别超过 26.0、36.0 和 28.0，可采用无人机每亩喷 1 升浓度为 2.5 克/升的烯效唑控旺。蕾薹初期（薹高 8～12 厘米），亩追施 3～5 千克氯化钾，增强抗倒性，提高产量品质与机收效率。

（4）科学防治病虫草害　播种结束后 2 天内，选用乙草胺、精异丙甲草胺等进行封闭除草。苗期大田中有蚜株率达到 8%、菜青虫百株虫量达到 20～40 头以上，喷施 10% 的吡虫啉可湿性粉剂 2 000 倍液或 1.8% 阿维菌素可湿性粉剂 2 500 倍液，分别防控蚜虫、菜青虫。初花期喷施 40% 菌核净可湿性粉剂 1 000 倍液防控菌核病。

（5）适期机械收获，干燥贮藏　全株角果 70%～80% 落黄，且主茎中部角果籽粒呈该品种固有籽粒颜色时，割倒平铺于田间，3～5 天后，捡拾脱粒，秸秆粉碎还田；或全田角果枯黄时，采用油菜联合收获方式收获，秸秆粉碎还田。当籽粒含水量降至 9% 以下时装袋入库。

机械播

飞播

五密栽

飞防

联合收

分段收割

关键技术环节

三、适宜区域

本技术适用于长江流域油菜种植地区。

四、注意事项

1. 前茬水稻提前排水晒田，秸秆还田后影响油菜出苗成苗，做到抢墒播种，保证全苗、匀苗。

2. 秸秆按照要求粉碎翻压还田，秸秆量大的地块增加翻压深度，含水量在 70% 以下适当镇压保墒。

技术依托单位

1. 华中农业大学

联系地址：湖北省武汉市洪山区狮子山街 1 号

邮政编码：430070

联 系 人：蒯　婕　周广生

联系电话：027-87288969

电子邮箱：kuaijie@mail.hzau.edu.cn

2. 全国农业技术推广服务中心

联系地址：北京市朝阳区麦子店街 20 号楼

邮政编码：100125

联 系 人：张　哲

联系电话：18612969511

电子邮箱：zhangzhe@agri.gov.cn

3. 湖北省油菜办公室

联系地址：湖北省武汉市武珞路 519 号省农业事业大厦

邮政编码：430070

联 系 人：陈爱武

联系电话：027-87664620

电子邮箱：hbsycbgs@126.com

花生单粒精播节本增效高产栽培技术

一、技术概述

(一)技术基本情况

花生常规种植方式一般每穴播种 2 粒或多粒,以确保收获密度。但群体与个体矛盾突出,同穴植株间存在株间竞争,易出现大小苗、早衰,单株结果数及饱果率难以提高,限制了花生产量进一步提高。单粒精播能够保障花生苗齐、苗壮,提高幼苗素质;再配套合理密度、优化肥水等措施,能够延长花生生育期,显著提高群体质量和经济系数,充分发挥高产潜力。此外,花生穴播 2 粒或多粒用种量很大,全国每年用种量约 150 万吨荚果,约占全国花生总产量的 8%~10%,单粒精播技术节约用种显著。推广应用单粒精播技术对花生提质增效具有十分重要意义。目前授权国内外专利 10 余项,均在试验及生产中得到应用。

(二)技术示范推广情况

单粒精播技术先后作为省级地方标准和农业行业标准发布实施。2011—2017 年、2019—2020 年、2022 年累计 10 年被列为山东省农业主推技术,2015—2019 年、2021 年累计 6 年被列为农业农村部主推技术。2014—2016 年连续 3 年实收超过 750 千克/亩,其中 2015 年在山东省平度市实收达到 732.3 千克/亩,挖掘了花生单粒精播高产潜力,为我国花生实收高产典型。目前,该技术在全国推广应用,获得良好效果;其中,据山东省农技推广部门统计,山东省累计推广 2 000 余万亩。

(三)提质增效情况

较常规双粒或多粒播种,单粒精播技术亩节种约 20%,土壤肥力不同、增产幅度有差异,高产地块增产可达 8% 以上,花生饱满度及品质显著提升,亩节本增效 150 元以上,显著提高生物固氮能力,提升地力及肥料利用率、节肥、减少肥料淋溶及环境污染。

(四)技术获奖情况

技术内容获 2008 年国家科学技术进步奖二等奖;随着深入研究和推广应用,作为主要内容,获 2018 年山东省科学技术进步奖一等奖、山东省农牧渔业丰收奖一等奖及 2019 年度国家科学技术进步奖二等奖。

二、技术要点

1. 精选种子

精选籽粒饱满、活力高、大小均匀一致、发芽率≥98% 的种子,药剂拌种或包衣。

2. 平衡施肥

根据地力情况,配方施用化肥,增施有机肥和钙肥,提倡施用专用缓控释肥,确保养分全面平衡供应。分层施肥时,底肥结合耕地施入,钾肥施在根系层,钙肥重点施于结果层,种肥随播种施用。

3. 深耕整地

适时深耕翻，及时旋耕整地，随耕随
耙耢，清除地膜、石块等杂物，做到地平、
土细、肥匀。

4. 适期足墒播种

一般 5 厘米日平均地温稳定在 15 摄氏
度以上，高油酸花生需要地温在 18 摄氏度
以上，土壤含水量确保 65%～70%。春花
生适播期为 4 月下旬至 5 月中旬。麦套花生
在麦收前 10～15 天套种，夏直播花生应抢
时早播。

花生种子药剂拌种、包衣

5. 单粒精播

单粒播种，大花生密度适当降低、小花生密度适当增大，一般春播亩播 13 000～16 000
粒，宜起垄种植，垄距 85 厘米内，垄高 10～12 厘米，一垄两行，行距 30 厘米左右，穴距
10～12 厘米，裸栽播深 3～5 厘米，覆膜压土播深约 3 厘米。密度要根据地力、品种、耕作
方式和幼苗素质等情况来确定。肥力高、晚熟品种、春播、覆膜、苗壮，或分枝多、半匍匐
型品种，宜降低密度，反之增加密度。生育期较短的夏直播花生根据情况适当增加密度至
1 000～2 000 粒/亩。选用成熟的播种机械，覆膜栽培时，宜采用膜上打孔覆土方式，膜上
筑土带 4 厘米左右，引升子叶节出土，根据情况及时撤土清棵，确保侧枝出膜。

单粒精播播种规格（穴距）

机械化播种作业

单粒精播田花生出苗情况

6. 肥水调控

花生生长关键时期，遇旱适时适量浇水，遇涝及时排水，确保适宜的土壤墒情。花生生长中后期，酌情化控和叶面喷肥，雨水多、肥力好的地块，宜在主茎高 28～30 厘米开始化控，提倡"提早、减量、增次"化控，确保植株不旺长、不脱肥。

7. 防治病虫害

采用综合防治措施，严控病虫危害，确保不缺株、叶片不受危害。

三、适宜区域

适合山东乃至全国花生产区。

四、注意事项

田间病虫害无人机综合防治

要注意精选种子。密度要重点考虑幼苗素质，苗壮、单株生产力高，降低播种密度，反之则增加密度；肥水条件好的高产地块宜减小密度，肥力较差的地块适当增加密度。提早化控，防止倒伏。

技术依托单位

1. 山东省农业科学院

联系地址：山东省济南市历城区工业北路 23788 号

邮政编码：250100

联系人：郭 峰　万书波　张佳蕾

联系电话：0531-66659692　15053173246

电子邮箱：guofeng08-08@163.com　wanshubo2016@163.com

2. 山东省农业技术推广中心

联系地址：山东省济南市解放路 15 号

邮政编码：250100

联系人：曾英松　姚 远

联系电话：0531-67866303　13969072806

电子邮箱：zengys0214@sina.com

3. 全国农业技术推广服务中心

联系地址：北京市朝阳区麦子店街 20 号楼

邮政编码：100125

联系人：蒋靖怡

联系电话：010-59194506　17319049156

电子邮箱：1184615738@qq.com

花生带状轮作复合种植技术

一、技术概述

（一）技术基本情况

保障粮油安全是国家重大战略。花生是我国重要油料和经济作物，对保障我国油料安全十分重要。但生产中却存在三大突出问题：一是油料进口数量大、自给率不足 32%，在保障粮食安全前提下，扩大油料生产面临着与粮棉等作物争地的突出矛盾。二是长期形成的区域农作物种植结构单一（花生、玉米、棉花、高粱、谷子、油葵、芝麻等长期连作，冬小麦-夏玉米单一种植），导致肥药投入偏高、土壤板结、农田 CO_2 及含 N 气体排放增加、可持续增产潜力不足。三是传统间套作可缓解连作障碍、提高土地产出，实现稳粮增油，但机械化程度低、不适应规模化生产。为充分发挥花生根瘤固氮作用，以花生为主体，通过对花生与粮棉油等间套轮作模式研究与试验，研发出基于花生的带状轮作复合种植技术，该技术是压缩玉米、棉花等高秆作物株行距、增加其播种带密度，发挥边际效应，保障其稳产高产，挤出带宽种植花生，两种作物尽可能"等带宽"种植，次年两种作物"条带调换"种植，第三年再次调换种植，依此类推。实现间作与轮作有机融合、种地养地结合、防风固沙、碳氮减排及农业绿色发展。自 2010 年以来，山东省农业科学院等单位对基于花生的带状轮作复合种植技术进行了系统研究，授权专利 10 余项，并获得山东省专利二等奖 1 项，制定省级标准及技术规程 10 余项，均在生产中应用。

（二）技术示范推广情况

"花生带状轮作技术"2020 年被遴选为中国农业农村重大新技术，2021 年、2022 年被遴选为山东省农业主推技术，2022 年被遴选为农业农村部主推技术。其中，2015 年"玉米花生间作技术"作为主要内容之一被国务院列为农业转方式、调结构技术措施；2017—2019 年、2021 年被遴选为农业农村部主推技术；2017 年、2019—2020 年被遴选为山东省农业主推技术；被中国农村技术开发中心列为大田经济作物高效生产新技术，作为农村科技口袋书全国推广；作为减排固碳增效技术，被选为我国气候智慧型作物生产主体技术与模式。且均被中国科协遴选入驻科创中国，作为技术案例予以推广应用。

2016 年中国工程院农业学部组织院士专家对该模式进行了实地考察，亩产玉米 517.7 千克＋花生 191.7 千克，认为该技术探索出了适于机械化条件下的粮油均衡增产增效生产模式。2017 年全国农业技术推广服务中心印发《玉米花生宽幅间作技术示范方案》的通知，要求在黄淮海及东北花生主产区开展间作技术示范，并多次召开全国性观摩会。山东省财政厅、农业农村厅实施的 2018 年第二批粮油绿色高质高效创建项目，将玉米花生间作技术在临邑、莒县、泗水、昌乐等 4 地进行集中示范推广，每县 2.5 万亩。花生带状轮作复合种植技术在山东、辽宁、吉林、广西、新疆、河南、河北、广西、安徽、湖南、四川等全国各地进行了试验示范及应用，取得良好效果。技术示范及推广过程中，受到人民日报、新华社、CCTV-2、山东电视台等中央及省级媒体的广泛关注。

（三）提质增效情况

在保证玉米、棉花等作物高产稳产的同时，平均亩增收花生 120 千克以上，土地利用率提高 10％以上，亩效益增加 20％以上。该技术模式有效改善田间生态环境、缓解连作障碍、减轻东北区风蚀、减少碳氮排放，生态效益显著。

（四）技术获奖情况

核心专利之一"一种夏玉米夏花生间作种植方法"获 2018 年山东省专利奖二等奖；作为主要内容获 2018 年山东省农牧渔业丰收奖一等奖；花生带状轮作技术入选 2020 年度中国农业农村重大新技术，获□国发明办会 2022 年度发明创业创新奖二等奖。

二、技术要点

1. 选择适宜模式

花生与玉米带状种植：根据地力及气候条件选择不同的模式。黄淮区选择玉米与花生行比为 3∶4、3∶6 为主的模式，其中 3∶4 模式带宽 3.5 米，玉米行距 55 厘米、株距 14 厘米，3∶6 模式是在 3∶4 模式基础上增加 2 行（即 1 垄）花生；若选择种 2 行玉米时，宜将玉米行距缩至 40 厘米。

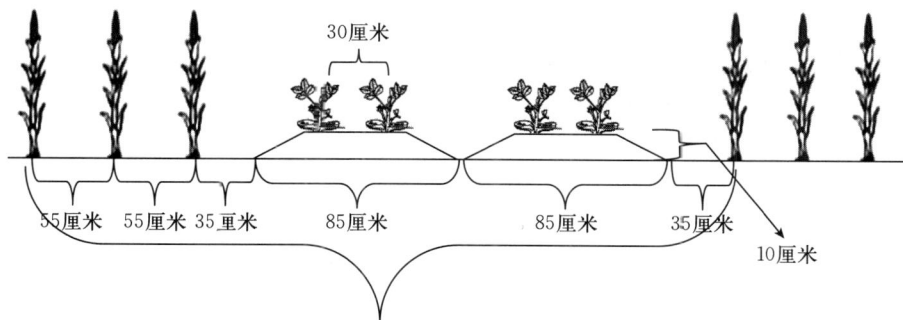

玉米与花生行比 3∶4 模式示意图

花生与棉花带状种植：黄淮区选择棉花与花生行比为 4∶6、4∶4 为主的模式，其中 4∶6 模式带宽 5.5 米，棉花等行距 75 厘米、株距 20 厘米。花生一垄 2 行，穴距 10 厘米，单粒精播。

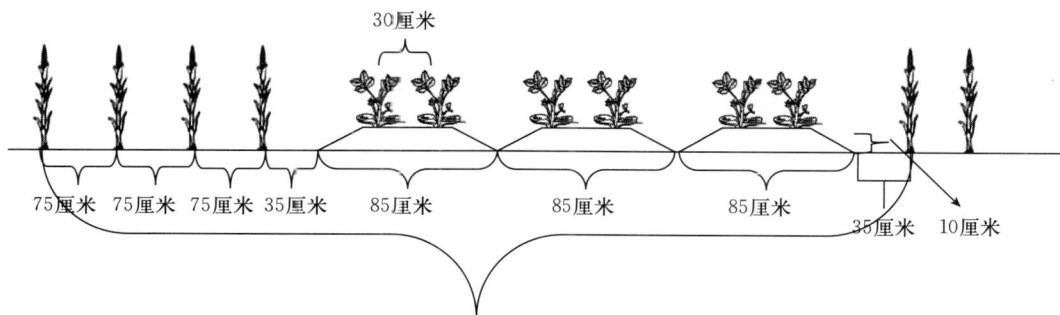

棉花与花生行比 4∶6 模式示意图

　　花生与谷子带状种植：选择谷子与花生行比 4∶4 为主的模式，带宽 3.5 米，谷子株距 2.5 厘米；花生一垄 2 行，穴距 10 厘米，单粒精播。

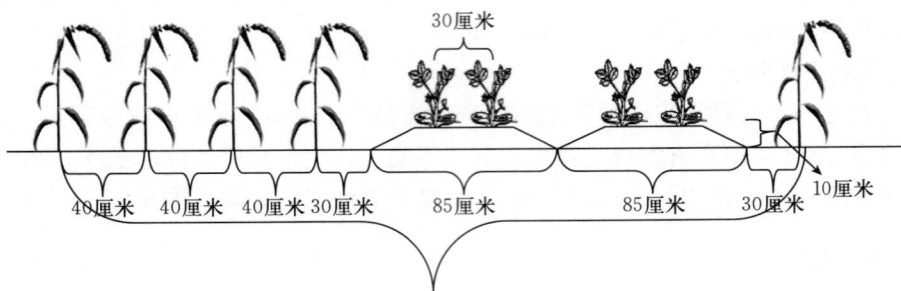

谷子与花生 4∶4 模式示意图

　　花生与油葵带状种植：选择油葵与花生行比 3∶4 为主的模式，带宽 3.5 米，油葵株距 15～16 厘米；花生一垄 2 行，穴距 10 厘米，单粒精播。

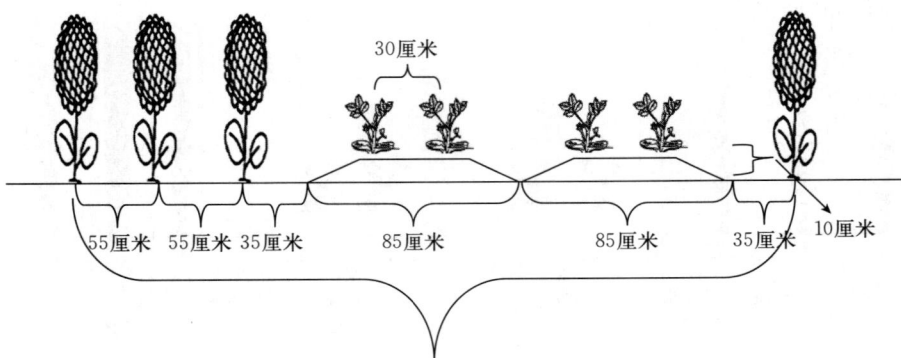

油葵与花生行比 3∶4 模式示意图

　　花生与高粱带状种植：选择高粱与花生行比 3∶4 为主的模式，带宽 3.4 米，高粱选中矮秆品种，株距 12～14 厘米；花生一垄 2 行，穴距 10 厘米，单粒精播。

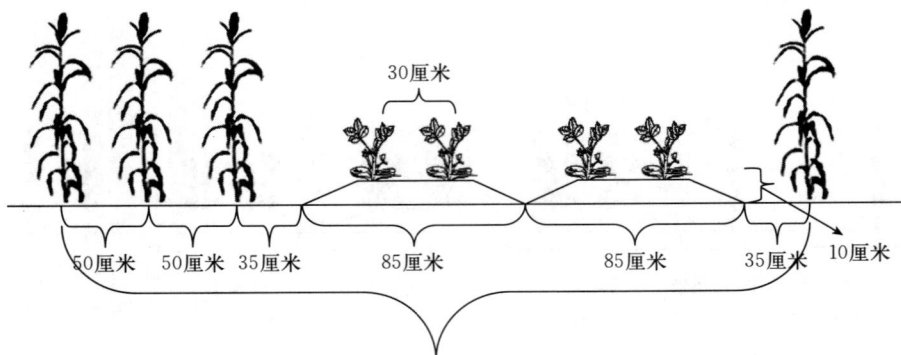

高粱与花生行比 3∶4 模式示意图

　　花生与芝麻带状种植：选择芝麻与花生行比 4∶4 为主的模式，带宽 3.25 米，穴距均为

10 厘米，花生一垄 2 行，单粒精播。

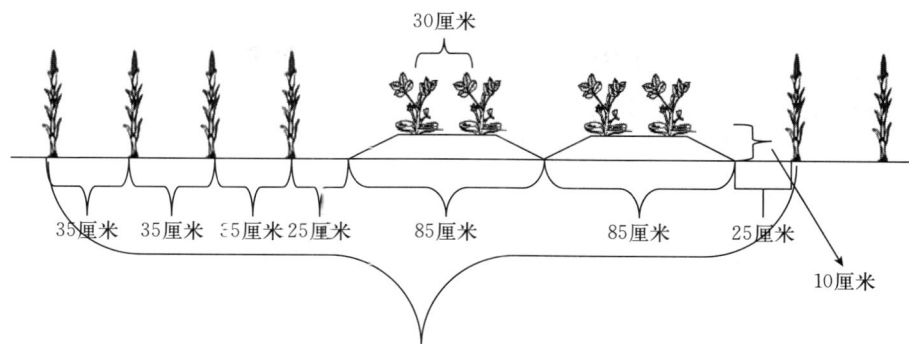

芝麻与花生行比 4：4 模式示意图

2. 选择适宜品种并精选种子

选用适合当地生态环境、抗逆高产良种。玉米等选用株型紧凑或半紧凑型的耐密品种；花生选用耐荫、耐密、抗倒高产良种。

精选种子，或选用经过包衣处理的商品种。花生应选籽粒饱满、活力高、大小均匀一致、发芽率≥95％的种子。

3. 选择适宜机械

选用目前生产推广应月的、成熟的播种机械和收获机械，实行条带分机播种、分机收获，或一体化播种机播种。

4. 适期抢墒播种保出苗

根据当地气温确定播期。每种模式的两种作物可同期播种、也可分期播种，要调整好作物时空搭配、充分利用光热资源。普通大花生宜在 5 厘米平均地温稳定在 15 摄氏度以上、小花生稳定在 12 摄氏度以上、高油酸花生一般在 18 摄氏度以上为适播期，土壤含水量确保65％～70％。夏播花生时间均应在 6 月 15 日前抢时早播。

5. 均衡施肥

重视有机肥的施用，以高效生物有机复合肥为主，两作物肥料统筹施用。根据作物需肥不同、地力条件和产量水平，实施条带分施技术。高秆需氮作物带宜增施氮肥（占总氮 70％左右）、花生带减氮增钙（全部钙肥）。每亩施氮（N）6～12 千克，磷（P_2O_5）5～9 千克，钾（K_2O）8～12 千克，钙（CaO）6～10 千克。适当施用硫、硼、锌、铁、钼等中、微量元素肥料。若用缓控释肥和专用复混肥，可根据作物产量水平和平衡施肥技术选用适宜肥料品种及用量。

6. 深耕整地

适时深耕翻，及时旋耙整地，随耕随耙耢，清除地膜、石块等杂物，做到地平、土细、肥匀。

对于小麦茬口，要求收割小麦时留有较矮的麦茬（宜控制在 10 厘米内），于阳光充足的中午前后进行秸秆还田，保证秸秆粉碎效果，而后旋耕 2～3 次，旋耕时要慢速行走、高转速旋耕，保证旋耕整地质量。

7. 控杂草、防病虫

重点采用播后苗前封闭除草措施。花生与玉米、棉花、芝麻间作喷施精异丙甲草胺；花生与高粱、油葵、谷子间作要分带隔离喷施除草剂，高粱带喷施莠去津、油葵带喷施精喹禾灵、谷子带喷施单嘧磺隆。出苗后均采用分带隔离喷施除草技术与机械，根据不同作物选择除草剂，避免两种作物互相喷到。

按常规防治技术主要加强地下害虫、蚜虫、红蜘蛛、玉米螟、棉铃虫、斜纹夜蛾、花生叶螨、叶斑病、锈病和根腐病的防治。

施药应在早、晚气温低、风力小时进行，大风天不要施药。

8. 田间管理控旺长

生长期遇旱及时灌溉，采用渗灌、喷灌或沟灌。遇强降雨，应及时排涝。

间作花生易旺长倒伏，当花生株高 28～30 厘米时，每亩用 5％的烯效唑可湿性粉剂 24～48 克，对水 40～50 千克均匀喷施茎叶（避免喷到其他作物），施药后 10～15 天，如果高度超过 38 厘米可再喷施 1 次，收获时应控制在 45 厘米内，确保植株不旺长；西北区以水控旺。根据棉花长势分别于苗蕾期、初花期、花铃期喷缩节胺。

9. 收获与晾晒

根据成熟度适时收获与晾晒。用于鲜食的玉米、花生应择时收获。

三、适宜区域

适宜山东乃至全国玉米、花生、棉花、谷子、高粱、油葵等作物种植区。

四、注意事项

应选择适宜当地的模式与品种；注重播种质量，注意调整播深，保证苗全、苗齐，确保密度；注重苗前化学除草；防止花生徒长倒伏。

技术依托单位

1. 山东省农业科学院

联系地址：山东省济南市历城区工业北路 23788 号

邮政编码：250100

联 系 人：郭　峰　万书波　张　正　孟维伟　张智猛

联系电话：0531-66659692　15053173246

电子邮箱：guofeng08-08@163.com

2. 山东省农业技术推广中心

联系地址：山东省济南市历下区解放路 15 号

邮政编码：250014

联 系 人：曾英松　杨武杰

联系电话：0531-67866303　13969072806

电子邮箱：zengys0214@sina.com

3. 全国农业技术推广服务中心

联系地址：北京市朝阳区麦子店街 20 号楼

邮政编码：100125

联 系 人：蒋靖怡

联系电话：010-59194506　17319049156

电子邮箱：1184615738@qq.com

园　艺　类

高山番茄避雨栽培技术

一、技术概述

（一）技术基本情况

高山蔬菜是指利用高海拔区域夏季自然冷凉气候条件生产的天然错季节商品蔬菜。我国高山蔬菜年生产外调面积 2 400 余万亩，产值逾 1 000 亿元，为满足夏秋淡季蔬菜供应、实现山区乡村振兴发挥着重要作用。番茄作为高山蔬菜主栽作物之一，是高寒山区农民增收的高效经济作物。

该技术针对高山地区番茄栽培中三大问题：一是因雨水多导致雨传病害重，用药量大、成本高（2 000 元/亩），产品质量安全风险增加；二是高山地区因暴雨淋溶易导致有机质下降、土壤酸化、化肥用量大、肥效差；三是雨水不均，番茄果实裂果早衰等影响番茄产量、商品性和效益。研究总结出高山番茄避雨栽培技术要点：①通过顶棚避雨覆盖、四周围纱网，大幅减轻晚疫病、细菌性斑点病、潜叶蝇等病虫危害和水分不均导致的裂果早衰，减少农药使用；②通过增施有机肥调酸补钙和配方平衡施肥，提高肥料利用效率，减少化肥施用量，提高产品品质；③后期用围膜达到保温效果，延长采收期，提高产量；④结合选育优良新品种，并通过漂盘育苗技术，提高种苗质量，缩短缓苗期，简化苗期管理，降低生产成本。该技术实现了高山番茄生产良种良法配套、生产生态协调。

（二）技术示范推广情况

核心技术"高山番茄避雨栽培技术"自 2014 年以来在湖北恩施、宜昌长阳土家族自治县、四川阿坝州、重庆武隆、贵州毕节威宁彝族回族自治县等多地进行示范与推广，为实现山区脱贫致富发挥了重要作用，成效显著。近三年，该技术在湖北及周边省市高山蔬菜主产区已累计建立核心示范基地 15 000 亩，推广面积达 15 万亩。2019 年在宜昌市长阳土家族自治县示范面

高山地区的番茄避雨栽培技术应用

积 10 000 亩，亩产达到 10 000 千克。目前该技术已在高山番茄主产区大面积推广应用。

（三）提质增效情况

与常规技术相比，应用高山番茄避雨栽培技术提质增效明显。首先可减轻病害发生，减少农药使用。晚疫病病情指数降低 59.1%、细菌性斑点病指数降低 68.7%，化学农药施用量减少 40% 以上，用药成本由约 2 000 元/亩降到 50 元/亩。其次可提高肥料利用率，减少化肥用量。复合肥由 150～200 千克/亩降低到 60 千克/亩，亩减少化学肥料施用量 20%～30%；同时实现增产增收。番茄商品性提高，番茄光泽度好、果形圆正、果面光洁、果蒂处无裂纹。亩产量由 5 689 千克增加至 6 126 千克，增产 7.68%，产量提升 5%～10%，价格

提高 10%～15%，平均亩增收 3 000 元以上。通过高山番茄避雨栽培技术应用达到减肥、减药、减工，增产、增值、增收的效果。

高山番茄收获场景

（四）技术获奖情况

该项技术成果作为《高山蔬菜优质生态栽培技术》内容之一，2015 年获湖北省科学技术进步奖一等奖；2018 年，发布湖北省地方标准《高山番茄避雨栽培技术规程》（DB42T 1440—2018），2020 年获湖北省科技成果推广奖二等奖。

二、技术要点

1. 产地环境选择

适宜海拔为 1 000～1 600 米，以海拔 1 200～1 400 米最为适宜。宜选择地势平坦、土层深厚、疏松肥沃、富含有机质、保水保肥、pH 5.8～6.8 的壤土，且水源洁净充足、渠系配套、灌排方便、具有一定面积的连片地块为宜。坡度应小于 25 度，无明显遮荫，具备交通运输条件。

2. 品种及茬口选择

宜选择耐贮运、商品性好、口感佳、产量高、综合抗病性强的品种，红果品种如瑞菲等，粉果品种如戴粉等。一般在 3～4 月播种，8～11 月采收。

3. 大棚设施及灌溉设施

大棚依地形而定，以利排水、采光和防风。一般钢架大棚跨度 7.5～8.0 米，高度 3.0～3.2 米，长度可根据地块和操作便利性而定，不宜超过 60 米。相邻相间隔距离不小于 1.2 米，棚头间隔距离大于 2.0 米。灌溉及追肥宜采用膜下滴管系统，膜下铺设双排孔滴带，滴带的喷水孔朝上，进水口一端用主管连在一起，分阀控制，尾部用折叠套堵住。

高山番茄避雨栽培技术中的大棚设施

4. 整地施肥技术

深耕整地，棚内开 5 厢，番茄栽培宜高畦，按 150 厘米包沟作畦，厢中间开沟施底肥，起垄作畦，沟宽 40 厘米，沟深 15～20 厘米，畦面呈半龟背状。宜采用幅宽 90～100 厘米的白色地膜覆盖。

采用水肥一体化配方精准施肥技术，增加 Ca、Mg、B 等中微量元素，改良品质。如湖北地区一次性施用底肥，每亩施用商品有机肥 80 千克＋42% 缓控释肥（N－P_2O_5－K_2O＝18-8-16）150 千克，或商品有机肥 200 千克＋40% 复合肥（N－P_2O_5－K_2O＝16-8-16）75 千克，钙镁磷肥 15 千克和硫酸钾 10 千克、硼肥 1 千克。同时果穗开始膨大时采用膜下滴管系统分 2～3 次追施水溶肥（$N - P_2O_5 - K_2O = 10 - 5 - 15$）20 千克作"催果肥"。

5. 病虫害绿色防控技术

一般定植缓苗后顶部薄膜覆盖，顶膜宽 9.2 米，避免雨水冲刷、降低棚内湿度，切断晚疫病、细菌性斑点病、溃疡病等雨传病害侵染路径；四周用 40 目宽 2.0 米防虫网隔离防虫，阻隔潜叶蝇、蓟马等害虫危害，后期换膜增温延长采收期。9 月中旬气温下降后及时盖边膜保温。

田间悬挂黄蓝板诱杀蚜虫、蓟马、烟粉虱、潜叶蝇等害虫。释放天敌，如捕食螨、寄生蜂。针对性选用高效药剂预防。斜纹夜蛾每亩用 16 000 IU/毫升苏云金杆菌可湿性粉剂 50～75 克，或 10％虫螨腈悬浮液 1 000 倍液，或 8 000 IU/毫克苏云金杆菌可湿性粉剂 600 倍液喷雾。晚疫病可用 72％霜脲·锰锌可湿性粉剂 600 倍液，或 50％烯酰吗啉可湿性粉剂 2 000 倍液喷雾。灰霉病可用 80％腐霉利可湿性粉剂 1 500 倍液，或 40％嘧霉胺悬浮剂 1 000 倍液，或 2 亿活孢子/克木霉菌可湿性粉剂 500 倍液喷雾。

三、适宜区域

技术适宜推广应用的区域：湖北、湖南、重庆、四川、云南、贵州等海拔 1 000～1 600 米山区可耕地。

四、注意事项

避雨栽培要解决好配套水源和配套滴灌系统；根据不同海拔选择适合种植的番茄品种及播种期。生产后期及时收膜，防止暴雪、冰雹等极端灾害对大棚设施的破坏影响。

技术依托单位

湖北省农业科学院经济作物研究所

联系地址：湖北省武汉市洪山区南湖大道 43 号

邮政编码：430064

联 系 人：邱正明

联系电话：027-87376701　13808640602

电子邮箱：qiusunmoon@163.com

新一代轻简自动无土栽培技术（SAS）

一、技术概述

（一）技术基本情况

习近平总书记在党的二十大报告中指出"树立大食物观，发展设施农业"。党的十八大以来，我国设施蔬菜产业实现了跨越式发展，取得了历史性成就，产量已占蔬菜总供应量的40%，在保障蔬菜周年供应，实现农业增效、农民增收和资源高效利用等方面发挥了重要作用。然而，长期连作与不合理药肥投入，导致设施土壤质地严重恶化、土传病虫害高发、土壤次生盐渍化日益严重，已成为威胁我国蔬菜稳定供应以及蔬菜产业可持续发展的重大战略问题。荷兰等发达国家在设施蔬菜生产中普遍采用环境精确控制技术，并利用岩棉/水等介质进行无土栽培，实现了蔬菜的高产优质。但该模式高投入与高能耗的特点不符合我国国情，无土栽培技术在我国长期无法得到推广。因此，急需开发一种适合我国设施蔬菜生产实际的低成本、轻简化无土栽培系统，实现传统蔬菜生产方式的转型升级和25亿亩荒漠化土地的开发利用。

新一代轻简自动无土栽培技术（SAS）由中国工程院喻景权院士团队历经二十年，研创了自动按需水肥精准灌溉、营养液精量配比、基质减量优化与重复利用等核心技术，并创新形成了新一代轻简自控无土栽培系统（SAS），具有投资成本低（4 000元/亩）、使用年限长（5~10年）、适用设施与作物类型广（各类温室与大棚、果菜与叶菜）、资源利用效率高（肥水利用率超过98%）、绿色安全等优点。

（二）技术示范推广情况

新一代轻简自控无土栽培系统（SAS）操作简便可靠、适用性广，已成为浙江等省份蔬菜栽培主推技术，在山东、浙江、甘肃、宁夏等主产区建立番茄、黄瓜、茄子、辣椒等设施主栽作物无土栽培核心示范基地20余个，面积1 000余亩。同时，研究团队在山东临沂、安徽安庆等地建立新型研发中心，积极扶持当地龙头企业，以"新型研发机构＋公司＋农户"方式推广本项技术，已累计推广应用2.86万亩。在成果目前取得成效基础上，将进一步改进技术方案，优化推广模式，在设施蔬菜主产区进行大规模应用，为设施蔬菜提质增效和现代化水平提升发挥更大作用。

（三）提质增效情况

新一代无土栽培SAS方法，肥水利用指数国际领先，大幅度降低成本，亩成本仅为3 000~4 000元，比传统岩棉基质培下降80%，使得无土栽培在我国大规模推广应用成为现实，有效解决了长期以来无土栽培技术无法在我国蔬菜产业中推广的瓶颈问题，促进了蔬菜产业的转型升级和非耕地的高效利用。

（四）技术获奖情况

无。

SAS 系统用于山东临沂黄瓜栽培

SAS 系统用于山东寿光番茄栽培

二、技术要点

研究团队在无土栽培技术原理与系统实施方式上取得重大突破，探明了作物根围固气液三相影响重要激素信号途径、肥水吸收与生长的机制，构建基于蔬菜作物生理功能的根际三相优化模型；突破了动态配液、精准供液和栽培基质三项关键技术，形成轻简自控无土栽培系统 SAS。

核心技术突破 1：将原本大型营养液储液装置和传输系统革新为水压差驱动营养液配比和传输系统，使得无土栽培的装置成本和场地大幅减少。

核心技术突破 2：将水肥灌溉方式由基于作物日照辐射量的高精度传感器和计算机控制灌溉改为基于液压原理的自动按需灌溉控制器精准控制灌溉。

核心技术突破 3：栽培基质由传统的不可再生和回收的岩棉条改为采用微生物改造的来源广泛且可以重复使用的农业生物质花生壳。

SAS 系统具有轻简自动、节本增效、绿色生态等优点。在轻简自动方面，做到了"三简"，即设备安装简便、营养液管理简化、基质消毒简单。在节本增效方面，具有"五省"，即省料，基质用量仅 4 米³/亩；省肥，每吨蔬菜生产仅需肥料成本约 100 元，大大降低了生产成本和资源消耗；省水，每吨蔬菜生产仅耗水 10～15 吨（耗水量主要取决于作物蒸腾量）；省药，无土传病害，空气湿度低、病害发生程度低，化学农药用量低；省力，全程自

SAS 系统用于甘肃酒泉戈壁农业生产

动化,无须耕作,省工省力。SAS 系统显著提高了蔬菜的商品率,番茄糖度显著提高,黄瓜风味提升。同时,肥水利用率达 98% 以上、化学农药施用量减少 90% 以上,并避免了地下水和土壤的污染。

三、适宜区域

我国设施蔬菜主产区和西北非耕地区域均可以使用。

四、注意事项

在北方水质较硬、电导率较高的地区,可以与喻景权院士团队研发的农用水高效淡化技术(MiST)联合使用,以获得更好的效果。

技术依托单位

浙江大学

联系地址:浙江省杭州市西湖区余杭塘路 866 号

邮政编码:310058

联 系 人:周 杰

联系电话:0571-88982975 18069795160

电子邮箱:jie@zju.edu.cn

果品采后商品化处理与精准贮藏物流技术

一、技术概述

（一）技术基本情况

食物多样化供给和供应链安全有保障是构建国家大食物安全观的根本要求。果实等生鲜农产品是大食物安全观的重要组成。但是一个高度协调的复杂生命体，易变质、易腐烂、不抗压、不耐震，并易受环境影响，常导致商品性下降，损耗严重。据统计，目前我国水果采后损失率在17％左右，年损失产值数亿元。不仅导致优质多样供给难以保障，影响食物有效供给；而且相当于浪费了大量果园土地和其他生产资源。

果品采后商品化处理与贮藏物流技术的研发应用，可有效减少果实采后劣变损耗，提升商品性和市场竞争力。技术依托单位按照从源头创新到产业应用的创新链条开展了果实贮藏物流减损技术研发，揭示了低温冷链贮藏物流对果实质地和芳香风味品质调控的新认知，并基于采后生物学的新发现，突破了采后品质劣变控制技术瓶颈，研发了预冷预贮、防腐清洗、检测分选、减振包装等产地商品化处理技术以及贮藏保鲜、冷链物流、监测追溯等贮藏物流技术，构建了"适时采收＋产地处理＋绿色保鲜＋功能包装＋精准贮藏＋冷链流通"的一体化产业模式并应用，解决了果实采后品质劣变及其调控机制不明，品质劣变无法精准控制，绿色防病保鲜技术产品缺乏，预冷处理能耗高效率低、供应链信息不透明智能化程度弱、果实供给半径小损耗高成本高等一系列技术和产业难题。围绕研究成果获得了一批国家发明专利，制（修）订了系列国家、行业和地方标准，并在全国水果主产区进行示范推广，建立了10余个成果示范推广基地，实现了果品采后保质减损增效，获得了显著的经济、社会、生态效益。技术整体处于部分国际先进（并跑），并有点状国际领先（领跑）的水平。

（二）技术示范推广情况

推荐技术的一部分已入选浙江省2022年农业主推技术清单，已在国内大宗和特色果实主产区和消费区实现较大范围的推广应用，包括山东、浙江、新疆、江苏、广东、四川、福建等省市自治区，覆盖黄淮海和环渤海、长江中下游、西南等水果优势产区以及长三角、京津冀、珠三角等城市群，服务全国20余家大型龙头企业，累计经济效益数百亿元。

（三）提质增效情况

成果应用后显著提升了果实采后供应链减损增效科技水平，有效保障了优质果品的优质多样安全供给，有力支撑了果农增收、果业增效：采用新建产地商品化处理作业，实现了20％～50％的果实错季销售增值，商品率提高15％～20％，能耗降低10％；采用精准贮藏物流技术，减少果实采后腐烂损失10％～15％；以某合作社为例，应用相关成果后，销售价格增加50％，果农人均收入增加48％，出口比例增加94％，出口价格增加85％；自主创制装备规模化应用，部分实现进口替代，如研发出蒸发冷却式压差预冷装备，比常规风冷装备节能 10%，效率提升 30%，冷链物流监测产品在浙江省的占有率为 90% 以上。此外，通过减少果实采后供给环节的腐烂损耗，相当于节约了大量耕地和其他生产资源。因此，本技术的经济、社会、生态效益显著。

（四）技术获奖情况

以本技术为核心的科技成果已先后获得国家级科学技术进步奖二等奖 2 项、省部级一等奖 5 项。

二、技术要点

1. 果品商品化处理技术

通过蒸发冷却式预冷、单元式压差预冷、流态冰预冷等系列产地处理装备快速降低果实田间热，通过程序降温等预贮技术、热激和等离子体等物理处理技术以及化学防腐技术提高果实贮藏性，通过无损检测和快速分选技术实现果品优质优价，通过缓冲减振包装技术减少果品机械损伤，并形成综合技术体系，提高果品的商品性。

2. 果品精准贮藏保鲜技术

通过应用物理-化学杀菌剂联用、无机防腐剂-有机防腐剂联用、防腐剂-保鲜剂联用等处理技术，结合定量熏蒸、气调包装、功能性保鲜材料、贮藏微环境精准监控等技术，减少果实腐烂损耗，延长果品贮藏期和货架期，同时实现减药增效，减少环境污染。

3. 果品冷链物流技术

通过超导管蓄冷保温箱、多温区蓄冷剂、多功能微型冷库等系列控温产品，保障果实从采收到货架均处于适宜的温度环境，实现冷库贮藏、冷藏车运输、保温配送、低温销售的全程冷链，有效维持果实品质和商品性。同时，配以温湿气振等物流微环境参数实时监测和溯源技术，监控冷链物流果实商品质量。

预冷技术	0摄氏度			20摄氏度货架
	0天	6天	9天	+1天
新型预冷工艺	0	1.94	5.83	8.33
对照	0	2.50	8.75	28.33

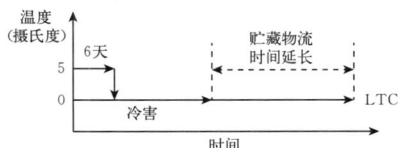

	天	CK	1-MCP
硬度(牛)	0		4.62
	8	6.14	5.64
褐变指数	0		
	8	0.64	0.27

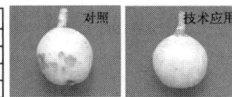

杨梅果实物流环境控制结合新型预冷技术　　枇杷果实采后品质劣变控制技术

	商品果率↑	腐烂率↓	物流半径/贮藏时间↑
杨梅	30%～40%	40%～50%	3倍（>1 500千米）
	☺每吨增加平均利润5 000元左右		
枇杷	60%～80%	50%～60%	70%
	☺每吨增加平均利润3 500元左右		

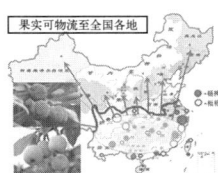

杨梅、枇杷果实贮藏物流核心技术研发及其集成应用。形成了系统解决方案，物流半径延伸至全国及世界各大洲，减损增效明显，有效支撑了杨梅枇杷产业健康发展，相关成果获 2013 年国家科学技术进步奖二等奖

	对照	实验
硬度	6	6.5
好果率	85%	97%

苹果、桃产地预冷及商品化处理技术

贮藏5个月后苹果品质对比分析

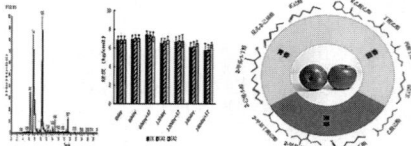

苹果精准气调贮藏技术

苹果、桃等大宗果品贮藏物流核心技术研发及集成应用。形成了"产地高效预冷＋精准气调贮藏＋控温物流"的综合冷链流通体系，牵头制定了《苹果冷链流通技术操作规程》《桃果冷链流通技术操作规程》等国家标准。相关成果获得国家科学技术进步奖二等奖

贮藏天数(天)	0	30	60	90	120
对照	0a	0a	1.00±2.03a	11.00±1.26a	18.30±2.35a
原有技术	0a	0a	0b	0.67±0.94b	2.35±1.06b
本成果技术	0a	0a	0b	0c	2.00±1.34b

· 对照：不用防腐保鲜剂
· 原有技术：250毫克/千克百可得＋300毫克/千克抑霉唑＋200毫克/千克2,4-D
· 本成果技术：热激处理(55摄氏度，20秒)＋原有技术防腐保鲜剂用量的25%

果实产地热处理装备应用现场图

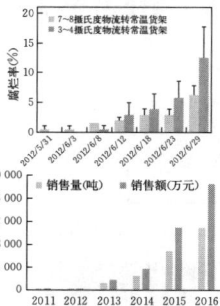

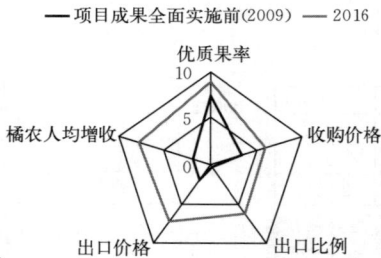

柑橘贮藏物流关键技术研究及推广应用。研发了贮藏物流损耗控制、提质减损增效技术装备，形成了防腐保鲜剂减量增效综合方案，适温物流果实损耗降低 20％左右，物流节能近 50％，果实销售半径由江、浙、沪、京、鲁等延伸至全国各省市。相关成果获 2017 年浙江省科学技术进步奖一等奖

品质环境信息智能感知标签　　　天车货信息一体化保障体系　　　全景信息融合决策体系

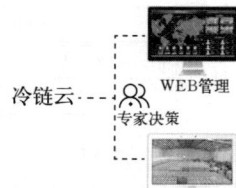

冷链大数据信息采集管理平台　　　　仓储保鲜冷链信息系统　　　　冷链物流监控管理系统推广应用

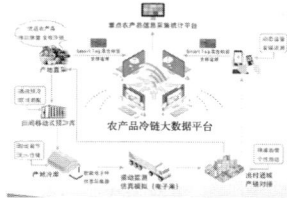

　　果实采后智慧透明供应链技术体系。通过区块链、互联网＋、云计算、物联网、智能传感、大数据等新一代信息技术与保鲜物流技术的融合创新，可实现物流全程监测与高效管理，提高冷链物流透明度，并降低运行成本。

蒸发冷却式预冷装置　　　　单元式压差预冷装置　　　　田间移动式节能高效预冷装备

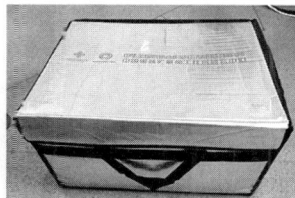

多温区蓄冷剂　　　　产销地地电商直送箱　　　　在全国多个水果产区规模化示范应用

　　果实产地预冷及冷链物流技术装备。可提供基于 CFD 仿真的果实最佳预冷参数确定服务；创新的蒸发式冷凝和多层级压差预冷技术，比常规风冷节能 10%，效率提升 30%；创新的机械制冷和相变蓄冷一体化处理技术，可节约能耗 30%；研发的专用蓄冷装置和多温区蓄冷剂，温度波动＜±1 摄氏度，且不会导致产品冻伤。

三、适宜区域

　　该技术适应推广应用的主要区域包括山东、浙江、新疆、江苏、广东、四川、福建等省市自治区，覆盖黄淮海和环渤海、长江中下游、西南等水果优势产区以及长三角、京津冀、珠三角等城市群。

四、注意事项

　　该技术适用于国内大部分果品的采后商品化处理和贮藏物流产业，但由于果品种类多，生理特性差别大，产业化应用时需注意根据不同果品品类、生产环境和销售需求，个性化选择最佳技术参数和操作工艺流程。

技术依托单位

1. 浙江大学

联系地址：浙江省杭州市西湖区余杭塘路 866 号

邮政编码：310058

联 系 人：陈昆松　吴　迪

联系电话：0571-88982226　13958186316　15888810695

电子邮箱：di_wu@zju.edu.cn

2. 中华全国供销合作总社济南果品研究所

联系地址：山东省济南市章丘区经十东路 16001 号

邮政编码：250220

联 系 人：杨相政

联系电话：0531-88632632　15865277717

电子邮箱：jnbxzx@163.com

3. 浙江省农业技术推广中心

联系地址：浙江省杭州市上城区凤起东路 29 号

邮政编码：310020

联 系 人：孙　钧

联系电话：0571-86757895　13600539818

电子邮箱：sj288@163.com

晚熟柑橘安全优质高效适用生产技术

一、技术概述

（一）技术基本情况

我国是柑橘生产第一大国，目前栽培面积283.1万公顷，产量5121.9万吨，均居世界首位。柑橘是长江流域及南方许多县域经济的农业支柱产业，在农业增效、农民增收、脱贫致富、乡村振兴中发挥重要作用。我国柑橘以鲜食为主，绝大部分主栽品种成熟期在10～12月，果实集中上市，导致果品销售难、售价低，造成增产不增效的局面。因此，熟期结构调整是产业稳健发展的关键和重要举措。湖北省、重庆市和四川省等部分柑橘产区具有得天独厚的"冬暖夏凉"气候条件，适宜发展晚熟品种。但晚熟柑橘产业发展面临适宜栽植地区不明晰、生产过程不标准、配套栽培技术研发不充分等制约因素，导致越冬晚熟柑橘果实枯水和落果、果品质量参差不齐、生产效率低、管理落后等问题，严重阻碍了晚熟柑橘产业的健康发展。

针对上述制约产业发展的技术瓶颈和产业需求，技术研发团队揭示了晚熟柑橘果实粒化诱因和留树越冬机制，明确了三峡库区和清江流域晚熟柑橘区域化布局，集成应用晚熟柑橘提质增效栽培技术，大面积推广了优良晚熟柑橘品种，满足了三峡库区柑橘品种结构、熟期优化和鲜食产品多样化需求。通过晚熟柑橘提质增效栽培技术，因地制宜，科学合理发展晚熟柑橘，在我国柑橘品种结构调优和延长柑橘鲜果供应期等方面起到了重要作用，在柑橘果品供给侧结构性改革方面具有重要意义。晚熟柑橘安全优质高效生产技术通过集成标准化建园、科学土肥水管理、合理整形修剪、花果调控、病虫害绿色防控、果实适期采收、树体越冬综合管理等技术，形成晚熟柑橘优质高效栽培技术体系，达到提高品质、节本增效的目的。

本技术主要解决晚熟柑橘优质高效、标准化生产、轻简栽培等重要技术问题，确保晚熟柑橘产业高效健康发展。该技术形成《晚熟脐橙标准化生产技术规程》（DB42/T 1102—2015）、《晚熟椪柑标准化生产技术规程》（DB42/T 1810—2022）、《柑橘绿色生产技术规程》（DB42/T 1688—2021）、《锦橙留树保鲜技术规程》（DB42/T 1886—2022）、《晚熟柑橘种植技术规程》（DB51/T 2744—2021）、《晚熟柑橘生产技术规程》（DB50/T 902—2018）省级地方标准6项、授权国内发明专利"亚精胺在柑橘留树保鲜中的应用"1项，实用新型专利5项，国外发明专利"Method for determining phenols in citrus fruits using HPLC"1项。

（二）技术示范推广情况

该技术实用性和可操作性强，易学易懂，对果实的安全性无影响，可使果实的风味和综合品质均得到明显的改善和提高。2010年以来在湖北省、重庆市、四川省和广西壮族自治区等柑橘产区累计推广晚熟柑橘131.23万亩，示范应用优质栽培技术66.30万亩，已实现大范围推广应用，平均价格8～16元/千克，亩经济效益1.5万元以上，累计产生经济效益

216.63 亿元，起到了很好的经济、社会和生态效益。研发的优质栽培技术为晚熟柑橘规模化种植提供了重要技术支撑，推动了晚熟柑橘产业发展，在三峡库区和清江流域形成了"春有晚橙、夏有夏橙、秋有早红、冬有纽荷"的良好格局，使该区率先成为我国"一年四季有鲜果下树"的产地。项目实施助推秭归脐橙、秭归夏橙、兴山脐橙、奉节脐橙、眉山春橘等获农产品地理标志登记，支撑示范区的 10 余个移民乡镇柑橘产业发展，服务移民稳定、脱贫攻坚和乡村振兴等重大战略，助力库区移民安置、长江生态大保护，取得了显著的经济、社会和生态效益，为柑橘产业发展提供了新的模式和借鉴。2018 年 4 月，习近平总书记在视察湖北省宜昌市时，晚熟脐橙作为重要的库区特色产品呈现给习近平总书记，引起了广泛的社会关注。目前该技术正在三峡库区大面积推广应用，有效促进了晚熟柑橘产业发展。

（三）提质增效情况

采用果园覆盖技术能有效改良土壤结构，增加土壤有机质含量，尤其在沙质土壤及丘陵山区黏性土壤地区效果明显，减轻秸秆焚烧，改善生态环境，美化果园；高光效修剪技术使柑橘树冠主枝错落不重叠，逐年疏除无效枝，减少营养消耗，使得有效枝的营养充足，枝条健壮，易于形成健壮的花芽，实现立体结果。采用生草栽培、肥水一体化以及物理、生物绿色防控技术，减少化肥农药用量，减少了面源污染，有效保护了三峡库区生态环境。

在湖北、四川、重庆三峡库区，晚熟脐橙越冬安全优质高效栽培技术示范推广面积达到 66.30 万亩，显著提升了晚熟脐橙果实品质，每亩增收节支 3 500 元以上，年新增效益达到 23.21 亿元，取得了显著的经济效益和社会效益。

（四）技术获奖情况

"晚熟柑橘优质栽培关键技术研发与集成应用"获 2022 年度湖北省科学技术进步奖一等奖；"高光效修剪技术"作为"优质杂柑新品种选育及高效栽培技术集成应用"的主要内容获全国农牧渔业丰收奖三等奖；"果园覆盖技术"作为"四川省集中重要果树无公害、标准化生产关键技术研究及产业化示范"的主要内容获四川省科学技术进步奖三等奖。

二、技术要点

1. 重点发展区域

晚熟柑橘品种发展主要集中在海拔 350 米以下的低山河谷地区，即长江干线及库区库湾沿线。

2. 高接换种技术

高接植株树龄以 20 年以下为宜，且要求树体生长健壮，无病虫危害，与换接品种亲和力强。品种以伦晚脐橙、红肉脐橙等晚熟品种为主。高接换种时间选择春、秋季，春接在 3~4 月进行，秋接在 8 月下旬至 10 月上旬进行。高接时要坚持因园、因树制宜原则，合理进行清砧，均匀分布嫁接点及芽头。并按照及时检查成活率、及时解绑锯砧、及时抹芽摘心、及时增肥补养、及时病虫防治等"五及时"要求抓好高接后的管理。

3. 果园改造技术

针对成龄密植郁闭脐橙园，采用密度改造、树体改造或者二者结合的方法，调节果园通风透光度，把密植园改为稀植园，改善通风透光条件。

（1）密度改造　对株行距小于 2 米×4 米的果园进行密度改造，当株距在 2 米以下时，采用隔株间伐进行改造；当行距在 3 米以下时，采用隔行间伐进行改造；根据实际情况，坡地果园每亩保留永久树 80 株左右，平地果园每亩保留永久树 60 株左右。

（2）树体改造　对树冠高度大于 3.0 米，树体结构紊乱或者行间枝条交接的果园进行树体改造。以开心形树形为主，采用开天窗回缩修剪的方法，大冠改小冠，以打开光路，提高通透率。对修剪的大枝干涂白进行保护。

4. 高光效修剪技术

针对大部分晚熟柑橘产区日照较少的气候特点，提出"以树为本"的理念，倡导幼树不整形，成树少修剪。高光效修剪技术的总体原则是：控高删密，去直留斜，剪上不剪下，通过整形修剪，达到上部不直立，下部不拖地，四周不拥挤，中间不重叠，内膛不光秃，园内不郁闭，通风透光，立体结果。该技术使柑橘树冠主枝错落不重叠，内膛光照好，每根枝条、每张叶片都能见光，光能利用率高。同时，逐年疏除无效枝，减少营养消耗，使得有效枝的营养充足，枝条健壮，易于形成健壮的花芽，实现立体结果，果树丰产稳产，果实养分积累多，风味好、品质优。一是上部去顶开窗。疏除树冠顶部的直立性枝，实现"开心"或"开天窗"，使得阳光投入树冠中下部，解决果树中部和下部枝叶光照问题。二是中部疏密开窗。疏除树冠外围密生枝、重叠的大枝，俗称"开侧窗"。通过修剪，实现枝组配置合理，分布均匀，枝枝见光，长势健壮，满树通风透光，保护和利用内膛枝结果，实现立体结果的效果。三是疏除树冠内膛下部触地弱枝，以减少无效消耗，提高果品质量。

5. 配方施肥技术

依照土壤类型和柑橘所需营养元素丰缺指标，采取测土配方进行施肥。推广施用生物有机肥，合理增施无机肥，适量补施微肥。一般全年进行地下施肥两次，5 月底至 6 月上旬增施一次有机肥加高效复合肥，0.75～1 千克/株；越冬肥在 10 月上中旬施入，肥料以生物有机肥为主或施柑橘专用复合肥，每株成年结果树可施用生物有机肥 1.5～2 千克或柑橘专用复合肥 0.5～1.0 千克，若遇干旱施肥应结合灌水。

6. 肥水一体化灌溉技术

柑橘在春梢萌动及开花期（3～5 月）对水分敏感，当田间持水量低于 60% 就要及时进行灌溉。春旱在花期和幼果期每 10 天灌水一次，以保证树体正常抽枝展叶、开花结果。同时，应结合地面覆盖，即可达到保畜节水的目的。采用肥水一体化滴灌技术，水分充分浸透根系分布的土层。

7. 花果调控技术

因树制宜，推行疏花疏果技术，合理调节花果量。在 3 月下旬和 4 月上旬合理控制花量，以多花树疏花，少花树疏梢为主，使营养枝和结果枝比例控制在接近 1：1，达到生殖生长和营养生长的平衡。在 6 月下旬至 7 月中旬进行疏果定果，重点疏除病虫果、畸形果、特大特小果等，以实现稳产优质目标。

8. 绿色防控技术

以坚持推行"经济、便捷、安全、高效"病虫防控技术为重点，以保护环境、提高生产安全水平为主体，优先采取果园挂灯、树干挂袋、树冠挂黄板等物理、生物绿色防控措施。

数量一般为每 50 亩挂 1 台频振灯、每亩挂黄色粘虫板 30 张，每株树挂捕食螨 1 袋，每 3～5 株树挂糖醋液罐 1 个。

9. 越冬综合管理技术

（1）巧施越冬肥　晚熟柑橘后期施肥要做到"冬肥秋施"，控施氮肥，增施磷钾肥。即于 10 月上中旬增施一次越冬肥。肥料以生物有机肥为主、合理配施一定量的柑橘专用复合或复混肥，每株成年果树可施用生物有机肥 1.5～2 千克或专用复合或复混肥 0.5～1 千克，若遇干旱施肥应结合灌水。

（2）灌足果园水　进入冬季，一般 10～15 天无降雨，叶片开始萎蔫，即要对果园进行灌溉，灌溉时要做到一次性灌足、灌透，并及时进行收墒覆盖。

（3）慎用保果剂　在晚熟柑橘生产中，不提倡使用激素类药品，若冬季遇强降温、降雪等恶劣天气，施用时必须控制施用浓度，一般 1 克 80% 晶体 2,4 - D 对水 35～40 千克为宜。

（4）做好防冻措施　一是覆盖防冻。即若遇强降温恶劣天气，为保护越冬果实，可采取树冠覆膜或单果套袋、地面覆草等措施防冻。二是主干刷白。三是园内熏烟增温。四是适量疏果，降低树体负载量，确保树体安全越冬和正常生长。

10. 果园覆盖技术

（1）果园生草覆盖　土壤条件好，管理较好的果园一般可播种紫花苜蓿、紫云英、光叶紫花苕及白三叶，土壤条件较差、需要保持水土的果园播种鼠茅草等。草带应距离树盘外缘 40 厘米左右，避免在树盘下（距离主干 60 厘米以内）生草。紫花苜蓿、紫云英、光叶紫花苕及白三叶用种量为 0.5～1.5 千克/亩，鼠茅草用种量 1～1.5 千克/亩。

（2）地布覆盖　地布应选择质地较密、厚度 0.09 厘米、宽度 1～1.2 米的黑地布。覆盖黑地布前，先将株间整理成内高外低形状，将行间整平，地布拉直、拉平覆盖在株间，在树干两边各覆一道，每 10 米用土压一道横梁，地布两边各用土压 10 厘米。

（3）秸秆覆盖　第一年每亩用秸秆量约 1 000～1 500 千克，以后每年用秸秆量 600～800 千克，覆盖秸秆厚度一般 20～25 厘米。秸秆覆盖在果树树盘范围内，同时在树干周围留出直径 40 厘米的空间，以防止蛀干类害虫发生。秸秆可以用麦秸、麦糠、玉米秸等，也可使用其他杂草。

三峡库区晚熟脐橙（伦晚）山地果园等高种植与宽行矮冠栽培示范

三峡库区晚熟脐橙（伦晚）果园生草栽培示范

三峡库区晚熟脐橙（伦晚）冬季树冠覆膜
防冻栽培示范

三峡库区晚熟脐橙（伦晚）冬季地面覆膜
防冻栽培示范

三峡库区晚熟脐橙（伦晚）冬季果实套袋
（黄色纸袋）防冻防落栽培示范

三峡库区晚熟脐橙（伦晚）冬季果园果实套袋
（白色防寒袋）防冻防落栽培示范

三、适宜区域

晚熟柑橘品种须集中在晚熟柑橘优势区域发展，重点集中在三峡库区的秭归、兴山和巴东，重庆的奉节、云阳，四川的仁寿、丹棱等，并要求在海拔 350 米以下的低山河谷地区，即长江干线及库区库湾沿线种植，在海拔 350 米以下的背阴地、平地、低洼地均要综合当地土壤和气候后选择性种植。海拔 350～400 米的阳坡地选择适宜的小气候适当种植。

四、注意事项

1. 晚熟脐橙应选择适宜区域栽植，果实越冬注意防寒防冻栽培，采用套袋、地面或树冠覆膜，避免果实受冻，减轻果实枯水的发生。

2. 山区果园建立蓄水池，注意防止春旱，实施果园生草栽培，保持水土和提高果园土壤有机质。

3. 按照无公害生产技术要求，选用低毒、高效农药，严禁使用剧毒、高残留农药。

技术依托单位

1. 华中农业大学

联系地址：湖北省武汉市洪山区狮子山街 1 号

邮政编码：430070

联 系 人：刘继红

联系电话：18627943136

电子邮箱：liujihong@mail.hzau.edu.cn

2. 湖北省农业科学院果树茶叶研究所

联系地址：湖北省武汉市洪山区南湖大道 10 号

邮政编码：4300640

联 系 人：吴黎明　宋　放　何利刚

联系电话：13545186506

电子邮箱：wuliming2005@126.com

3. 四川农业大学

联系地址：四川省成都市温江区公平街道惠民路 211 号

邮政编码：611130

联 系 人：汪志辉

联系电话：13545186506

电子邮箱：961124698@qq.com

山地柑橘智慧果园建设技术

一、技术概述

（一）技术基本情况

山地柑橘智慧果园建设技术是中国科学院重庆绿色智能技术研究院与重庆市农业技术推广总站联合研发的适宜于我国山地柑橘智慧发展的技术。

该成果针对果园田间感知数据稀疏、孤岛化和碎片化问题，应用自主高维稀疏大数据智能分析理论，研发了集人工智能、大数据、物联网、云计算等信息技术，气象、土壤墒情、视频、近程遥感等感知技术以及智能无人装备执行于一体的山地智慧果园建设技术。该技术主要针对山区乡村劳动力紧缺，果树生长状态感知、作业调度孤岛化，各生产环节碎片化难以统筹管理等问题。依靠村村通骨干光纤网和4G/5G通讯技术，建立果园田间自主无线局域网络系统和大数据管理服务系统；依靠田间大数据云服务系统，打通产业链各环节"数据孤岛"，实现田间气象、土壤墒情、视频等传感器数据与智能装备的互联互通和生产调度"一张图"管理；支撑营养诊断处方化精准管理和远程可视监控，柑橘产量、熟期和长势的预测，气象、病虫害灾情预警，肥药水一体灌溉、无人机、无人拖拉机等智能装备的自主作业运行，并为区域柑橘单品大数据云服务和可视溯源预留接口，可提高果园标准化管护作业效率，降低柑橘生产对劳动力的需求，进而实现果园节本增产，巩固拓展脱贫攻坚成果，促进乡村振兴。

（二）技术示范推广情况

在重庆市开州区临江镇福德村3 600亩果园进行了推广试验示范，在万州区、江津区的柑橘基地和巫溪县脆李基地落地应用，农业专家、领导给予了高度评价。同时，中国科学院重庆绿色智能技术研究院已与重庆渝北、奉节、涪陵、垫江、潼南、永川等多地达成协议，将进一步推广本成果，推广面积超过2万亩。

（三）提质增效情况

成果的应用，可以实时感知果冠气象、土壤墒情、树冠大小、在树果实数量等实时数据，实现云服务平台和移动作业平台交互，可实现远程实时可视监控、无人机巡检、植保作业，可直接指导肥水一体灌溉、无人电动拖拉机等智能无人装备作业，大大提高果园智能化水平和劳动生产效率。

建成的山地智慧果园运行效果良好，经用户方统计，果园年产量提高250千克/亩，降低人工成本45%，节约农资成本30%。

（四）技术获奖情况

该技术为核心的科技成果，获2019年重庆市自然科学奖一等奖；2010年重庆市科学技术进步奖三等奖；农业农村部信息中心：2021数字农业农村新技术新产品新模式优秀项目。

二、技术要点

核心技术一：果树生长状态智能分析系统

果园内的土壤墒情传感器、气象传感器、摄像头、巡检无人机等数据采集设备，通过果园内的自组物联网将数据汇总至果园管理大数据平台，同时平台会定期收集果园内土壤、叶片的营养元素检测结果以及公共气象报告数据，并基于本单位获奖成果"高维稀疏大数据智能分析理论与方法"，对这些数据进行趋势预测、变量拟合、图像识别等深度分析。

随后分析结果通过三个子系统应用于对果园中果树生长状态的精准感知和预测：一是根据土壤墒情、气象等数据，分析果园何时需要进行灌溉或应对灾害天气；二是根据营养检测数据以及《DB50/T 485—2012 柑橘营养诊断配方施肥技术规范》，自动生成果园的详细施肥方案；三是对摄像头、无人机采集的果树图像数据进行分析，检测果树是否存在异常表象，并及时上传至相关专家处进行病虫害诊断。对果园中果树的生长状况进行全方位掌握，进而大幅减少果园日常管护所需的巡检等作业，并可辅助精准灌溉、施肥及打药，减少农药化肥施用，实现绿色发展。

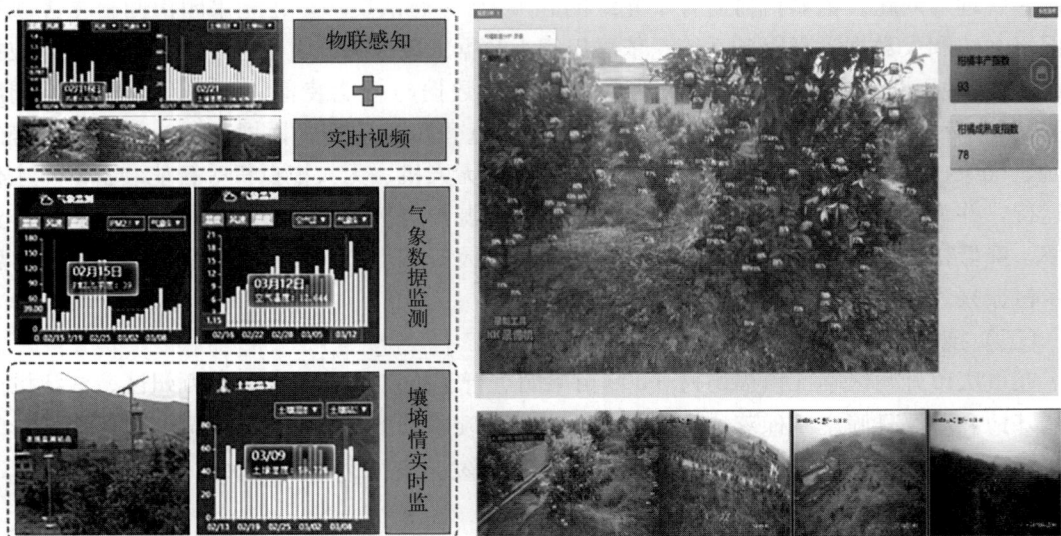

园区感知数据汇集与智能分析示意图

核心技术二：山地果园智能作业管理系统

本成果在核心技术一的基础上，将果园日常管护作业调度与乡村布局有机结合：首先，根据果园分布与管护人员居住位置，将果园进行地块划分，并按就近原则分配管护人员；同时，根据核心技术一的分析结果，自动生成各个果园地块内的作业任务，如某地块需要施肥、某地块需要防治病虫害等；最终，将各地块的任务通过微信小程序或短信发布到对应的管护人员手中开始执行，并在完成后通过手机进行上报。

再进一步，本系统可将果园智能作业装备纳入作业管理系统，待新作业任务生成后直接下达至水肥一体自动灌溉系统、植保无人机等无人作业装备自动执行，实现果园无人化作业。

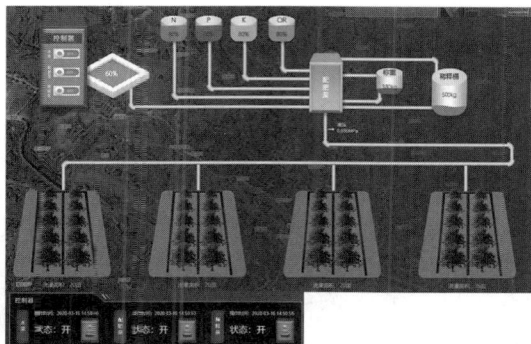

智能作业装备控制示意图

核心技术三：无人化作业体系

为了支撑核心技术二中对作业装备的智能化任务控制，需在果园中建立远程可控的无人化作业装备体系，主要包括：以水肥一体自动灌溉系统、地面无人农机以及植保无人机为代表的无人作业装备，由 4G/5G、园区自组网、WiFi 等组成的园区通讯网络覆盖，以及智能作业管理系统（核心技术二）。无人作业装备通过园区通讯网络，接收来自智能作业管理系统的作业任务，无人作业装备收到作业任务后，通过装备控制器对任务地点、作业内容以及作业时间等进行处理，然后按照预设线路或预设分区控制装备执行作业，并实时上报自身作业进度与自身状态，为管理系统调度提供数据支撑，从而实现果园的无人化作业。

无人驾驶电动拖拉机田间运输和喷药作业

无人驾驶多功能作业平台有机肥定向施投和电动拖拉机适配装备

实现天地一体无人化作业

三、适宜区域

适用于我国丘陵山区宜机械化柑橘果园。

四、注意事项

土壤墒情传感器、气象传感器、摄像头等需根据果园地形地貌因地制宜架设安装，摄像头安装需覆盖园区主要区域以获取果园全景图像数据，传感器需覆盖山顶、坡面与坡底等主要地貌以获取果园综合土壤与气象条件，无人作业体系需预设果园全景地图与作业路线图。

技术依托单位

1. 中国科学院重庆绿色智能技术研究院

联系地址：重庆市北碚区水土镇水土高新园方正大道 266 号

邮政编码：400714

联 系 人：熊棣文

联系电话：13983174310

电子邮箱：562259156@qq.com

2. 重庆市农业技术推广总站

联系地址：重庆市两江新区黄山大道 186 号

邮政编码：401121

联 系 人：孔文斌

联系电话：023-89133889 13290044065

电子邮箱：476945377@qq.com

香菇集中制棒、分散出菇技术

一、技术概述

（一）技术基本情况

食用菌是指一切可以食用的大型真菌，属于微生物的一种，具有"不与人争粮、不与粮争地、不与地争肥、不与农争时、不与其他争资源"的特点。同时，食用菌生产还能将大量的农林废弃物转化为可供人类食用的优质蛋白和健康食品，这对践行习近平总书记提出的"植物、动物、菌物三物循环生产"的发展理念，以及促进我国绿色低碳循环经济发展、实现资源高效利用、助力农业迈向高质量发展具有重要意义。

香菇是我国生产量和消费量最大的食用菌，据中国食用菌协会统计，2022年我国香菇总产量为1 295.48万吨，占全国食用菌总产量的30.68%，占世界香菇产量的90%以上。香菇生产具有见效快、带动性强、适用性广等特点，产业规模达千亿，在我国实施"精准扶贫"和"乡村振兴"战略中发挥了巨大作用，据统计，在国家脱贫攻坚过程中，有近一半的国家级贫困县选择发展香菇产业作为主导产业。近年来，香菇产业作为我国乡村振兴的重要抓手，发展迅速。传统香菇生产主要采用家庭小作坊式生产，费时费工，损耗严重，难以实现标准化、规模化及绿色生产。2003年开始，上海市农业科学院食用菌研究所与上海大山合集团联合在云南省施甸县开展集中制棒、分散出菇的技术模式探索，经过20年的科研攻关和产业实践，该技术模式已经成为各地发展香菇产业的主要模式。

我国幅员辽阔，各地生态气候及设施水平差异较大，而香菇菌棒生产环节工艺繁杂、技术难度大、标准化程度低，造成香菇菌棒质量一致性差别大，菌棒易污染，这大大增加了后期出菇管理的难度和成本，降低了出菇管理的一致性。本技术成果针对香菇产业发展面临的规模迅速扩张与技术转型升级双重挑战，集成了原料统一采购、菌棒自动化制作、环境控制发菌、生态化出菇为基础的"集中制棒，分散出菇"的新型香菇生产技术体系。香菇菌棒生产和培养阶段实现统一的集约化制棒，后期出菇阶段结合各地生态环境和设施设备条件进行因地制宜的低成本分散出菇，从而降低生产成本，提升菌棒生产质量，促进香菇产业转型升级。

（二）技术示范推广情况

该模式已经成为目前香菇生产主要模式，近三年该模式在河南、山东、湖北、贵州、甘肃、内蒙古等新老产区持续推广，促进了产业提质增效，持续为各地脱贫和乡村振兴发挥重要作用，经济和社会效益显著。

（三）提质增效情况

香菇"集中制棒，分散出菇"生产模式，耦合了品种、技术、设备和人工等生产要素，与传统模式相比，人均产出提高50%，成本降10%，网格培养设施较传统摆地方式培养密度提高3倍，解决香菇菌棒规模化培养的不均一问题，大大提高了香菇菌棒一致性和质量，降低后期出菇管理成本，成为目前香菇生产主要模式。该模式促进了产业提质增效，经济和社会效益显著。

（四）技术获奖情况

该成果分别通过中国农学会和中国菌物学会组织的专家鉴定，获 2018—2019 年神农中华农业科技奖一等奖和 2020 年上海市科学技术进步奖一等奖。

二、技术要点

1. 以原辅材料统一采购和加工为基础的原材料标准化制备技术

以木屑质地、颗粒度标准化、pH，辅料新鲜度，配方 pH、C/N、含水量等指标为主要控制点的培养料复配和制备技术，提高了原料的标准化程度，为菌棒的标准化生产奠定了基础。

木屑预处理

2. 自动化制棒及环境控制立体养菌技术

以料棒制备的重量、长度、松紧度为关键控制点，结合可控环境下菌棒培养的温光水气等参数控制，明确菌棒培养的刺孔标准、成熟度指标，实现了菌棒的标准化培养，为后期出菇的一致性奠定基础。

菌棒自动化制备

菌棒网格化环控立体培养

3. 基于品种、环境条件及专用设施大棚的低成本分散出菇管理技术

免割保水内套袋技术，菌棒有效保水时间延长 30％，省工 61％，优质菇率提高 15％，是干燥气候下香菇生产的关键技术，全国菌棒应用比例超 6 成；明确了品种和出菇环境调控对香菇子实体发育及产量水平的影响，综合考虑不同区域温度、湿度差异对香菇生长影响，形成了有针对性的脱袋、催蕾、控芽等关键环节环境控制策略，实现了低成本的分散出菇管理与提质增效目标。

香菇菌棒设施化层架出菇

香菇菌棒摆地出菇

三、适宜区域

适用于全国香菇产区。

四、注意事项

1. 主要原料预处理

香菇生产的主要原料为木屑，新鲜木屑可及时使用，但新鲜木屑较硬，持水性差，装袋时菌棒微孔率高，后期菌棒污染率高，易对养菌环境造成破坏，进而导致交叉污染。一般可采用木屑预湿堆置来解决上述问题。木屑预湿堆置一方面可以促使木屑软化，提高木屑持水性，另一方面木屑经过堆置和翻堆，各项理化性质更加均匀一致。木屑预湿堆置可大幅降低料棒在制作过程中破袋和微孔的发生率，同时提高菌棒后期发菌、出菇的一致性。

2. 栽培基质灭菌要彻底

栽培基质彻底灭菌是食用菌稳定生产的核心。集中制棒模式由于生产量大，灭菌环节是关键，灭菌时间过短或温度过低会导致灭菌不彻底，接种后会出现大批量污染；灭菌时间过长或温度过高会导致栽培基质碳化、pH 过低，不仅造成能源浪费而且会造成培养料营养损失严重。目前，香菇菌袋一般采用聚乙烯材料，可耐受 118～120 摄氏度高温；如果使用保水膜，一般灭菌温度控制在 112～116 摄氏度。灭菌过程中要注意调整进气和排气比例，灭菌锅升温阶段加大排气量有利于锅内冷空气排出；灭菌阶段适当减少排气量有利于节省能耗。要注意灭菌锅内的料棒升温速度相对于灭菌锅内空气升温具有滞后性，因此，在实际操作中一般锅内温度上升至 100～105 摄氏度时要保持 60～90 分钟，以使料棒温度和锅内温度趋于一致，从而保障灭菌效果。灭菌技术的改进不仅可提高灭菌效果，减少培养基养分损

失，有利于后期菌丝生长，还可大幅节省能源消耗，控制灭菌成本，有效降低灭菌过程中产生的水袋、胀袋比例。

3. 菌棒培养期间要适时增氧

香菇是好氧型真菌，要根据生产用种特性和菌棒瘤状物的状态，选择合适的时机进行刺孔增氧处理，刺孔的方式和数目不仅直接影响菌丝的氧气供应而且对菌棒后期转色、瘤状物的发生和出菇的蕾数控制至关重要。一般短菌龄易爆出的品种，可采取早刺孔、多刺孔的方法来控制瘤状物的发生；长菌龄不易出菇的品种，可采取晚刺孔、少刺孔的方法来刺激瘤状物的发生。

技术依托单位

1. 上海市农业科学院

联系地址：上海市奉贤区金齐路 1000 号

邮政编码：201403

联 系 人：于海龙

联系电话：021-52235465　18918162447

电子邮箱：18918162447@189.cn

2. 山东七河生物科技股份有限公司

联系地址：山东省淄博市淄川经济开发区松龄西路 496 号

邮政编码：255100

联 系 人：章炉军

联系电话：18918162215

电子邮箱：huolu1982@163.com

红肉猕猴桃避雨设施栽培技术

一、技术概述

（一）技术基本情况

我国是野生猕猴桃种质资源分布中心和世界首个红肉猕猴桃品种诞生地，目前，也是全球最大猕猴桃生产国和消费国。据 FAO 数据，2019 年 12 月，世界猕猴桃总收获面积约403.2 万亩、总产量 434.8 万吨，其中我国猕猴桃收获面积 273.9 万亩（占 68%）、产量219.67 万吨（占 51%）。据中国园艺学会猕猴桃分会统计数据，世界猕猴桃栽培面积中，红肉品种占 22%，且主要分布于我国。该类型品种因果肉颜色独特，果实品质优异，深受消费者喜爱，亩产值显著高于传统绿（黄）肉品种，已成为我国四川、贵州、云南、重庆、广西等地广袤山区助农增收的支柱产业，有力地助推了我国猕猴桃产业飞速发展，并曾得到习近平总书记的高度赞许。但红肉猕猴桃在种植过程中对溃疡病、褐斑病抗性较差，且花期早、易遭遇持续低温阴雨天气影响坐果。2010 年以来，四川省农业科学院园艺研究所联合四川省园艺作物技术推广总站等单位先后在都江堰市、苍溪县等猕猴桃老产区多点试验示范红肉猕猴桃避雨设施栽培技术，并深入开展了避雨栽培对猕猴桃园微环境、植株生长发育、果实品质、病虫危害等影响研究，发现避雨栽培不仅能显著提高红肉猕猴桃产量与品质，还是当前防控溃疡病最有效技术措施，且对褐斑病防效显著。2018 年，以避雨设施栽培为核心的红肉猕猴桃溃疡病综合防控技术成为农业农村部重大技术协同推广项目支持内容之一，在四川猕猴桃产区大面积应用，并逐步辐射至重庆、贵州、湖南、陕西等地。2019 年 5 月，四川省农村科技发展中心组织国内同行专家对"猕猴桃避雨设施栽培技术"进行了田间评价，专家组一致认为：该技术创新性、先进性、实用性强，建议进一步加大示范推广。

2021—2022 年，在国家柑橘产业技术体系支持下，进一步熟化和集成了"红肉猕猴桃避雨设施栽培技术本系"，为该技术在全国猕猴桃主产区推广应用提供了重要支撑。

（二）技术示范推广情况

2017—2020 年，四川省都江堰市依托国家天府源田园综合体、产业强镇、绿色循环高效示范等项目建设，在天马镇万亩猕猴桃园区推广应用避雨设施栽培技术 3 000 余亩，实现了因溃疡病毁园区域 1 年重建、2 年投产、3 年丰产，增产增收成效显著，并带动了广元市苍溪县、昭化区，雅安市雨城区，绵阳市安

四川省都江堰市 2010 年率全国之先建立的红肉猕猴桃避雨设施栽培示范区，总面积 3 000 余亩，成为 2014 年第八届国际猕猴桃研讨会观摩点，是 2017 年国家天府源田源综合体红肉猕猴桃出口示范区建设的核心区，也是 2019 年农业农村部重大技术协同推广猕猴桃项目核心示范基地，年接待国内外考察人员 5 000 人次以上

州区等地规模化应用。目前，红肉猕猴桃避雨设施栽培技术已在四川、重庆、浙江、贵州、湖南、陕西等猕猴桃主产区逐步推广应用。其中，四川省应用面积最大，已达 2.5 万亩，并将该技术列为四川省农业主推技术。预计今后几年，我国猕猴桃避雨设施栽培技术应用面积还将稳步增长。

四川省广元市昭化区 2018 年以来以红肉猕猴桃避雨设施栽培技术为核心创建的双凤猕猴桃现代农业园区，成为 2022 年度四川省五星级现代农业园区，这是目前为止，四川省唯一的猕猴桃五星级园区，2022 年 11 月 29 日，国际山地农业科技创新联盟工作推进会在广元市召开，该园区是唯一现场观摩点

（三）提质增效情况

该技术应用 1 年后，红阳猕猴桃结果枝数量增加 61％以上，同时期内膛结果枝长度增加 60％、粗度增加 14％，枝干溃疡病发病率减少 63％、平均病情指数降低 61％，叶片褐斑病防效达 80％以上，周年用药次数减少 3～4 次，亩用药成本减少 3.9～4.2 元/（亩·次），全年亩用药成本节省 100 元以上，单位面积产量增加 17％、产值增加 30％。四川省都江堰市天马镇猕猴桃园盖棚后 10 年期间溃疡病发生率稳定控制在 3％以内，棚内比棚外每年每亩增收 1.73 万元，助农增收效果显著。

四川省广元市苍溪县依托红肉猕猴桃避雨设施栽培技术正稳步实现产业振兴，全县推广该技术 1.5 万亩，"避雨栽培＋有机壮果"技术示范基地内生产的红阳猕猴桃 2018 以来多次获全国猕猴桃品鉴会金奖、最佳外观奖、最佳风味奖

四川省广元市苍溪县依托红肉猕猴桃避雨设施栽培技术正稳步实现产业振兴，全县推广该技术 1.5 万亩，"避雨栽培＋有机壮果"技术示范基地内生产的红阳猕猴桃 2018 以来多次获全国猕猴桃品鉴会金奖、最佳外观奖、最佳风味奖

（四）技术获奖情况

以该技术为重要支撑完成的科技成果"猕猴桃产业提升关键技术创新与应用"和"优质红肉猕猴桃品种创制与推广应用"先后获 2016 年四川省科学技术进步奖一等奖和 2019 年神农中华农业科技奖一等奖。与其相关的核心技术共获国家授权专利 11 项（其中：发明专利 8 项、实用新型专利 3 项）。

二、技术要点

（一）避雨设施棚架搭建技术要点

1. 建棚选址要求

坡度以不超过 15 度为宜。常年刮大风的迎风口不宜建棚。建棚后为减少风害概率，需在园区周围配套防风林。

2. 建棚与盖揭膜时间要求

棚架搭建时间以 10 月底至 11 月上中旬为宜（秋施基肥后），11 月底前必须完成盖膜。采取简易竹木拱棚方式的，建议在 5～7 月揭膜降温。采取钢架拱棚方式的，建造时需加设卷膜开窗系统或棚膜自动收缩功能，在高温期及时开天窗降温。

3. 棚架类型选择要求

目前，全国避雨设施棚建造类型较多，项目组通过多年观察比较，设计提出了简易竹木拱棚、简易钢架拱棚、连栋钢架拱棚、夯链复膜屋脊棚 4 种主要棚架结构，建议根据果园实际和资金投入情况进行合理选择。

（1）简易竹木拱棚

主要参数：选择直径≥10 厘米直立木桩，土下埋 50 厘米深，地面高度 2.5 米，木桩间距 3 米，行距 3 米。木桩之间用中梁直木棒钉牢，木桩地面上 2.2 米处横向钉一根长度 2.2～2.3 米垂直于木桩的支撑横木棒，横木棒拉通相连，直径≥5 厘米，横木棒中间左右两边等距离各钉一根支撑斜木条，斜木条直径≥5 厘米，下端交叉钉牢在木桩上，斜木条起到支撑和固定作用。横木棒两端各钉一根拉通相连的棚边直木条，直径≥5 厘米。用宽度≥3 厘米竹片绑在左右横木条和直木棒上方，竹片间距 1 米，形成拱。薄膜厚度≥0.08 毫米。亩成本 3 000～4 000 元。

主要优点：建造成本较低，适宜各类地形，竹木等可就地取材，易搭建，高度可自由调整，盖膜操作方便。

主要缺点：抗风雪能力差，骨干支撑材料寿命最多 3 年，因棚架矮，夏季高温时需加强枝蔓管理。

（2）简易钢架拱棚

主要参数：每 1～2 行为一个单棚，考虑稳固性，不超过 20 个单棚相连为一个单元连棚。位于栽培行中间的主立柱高度 3.5～4 米，间距 3～4 米；位于连棚两侧和天沟中央两端的侧立柱高度 2.8～3 米，主立柱和侧立柱为镀锌钢管，直径不低于 50 毫米，壁厚不低于 1.5 毫米。棚顶顺行一排钢管，每个单棚两边各一根棚边钢管，每根立柱有一个横向连接钢管，均为直径 25～32 毫米，壁厚 1.5 毫米的镀锌钢管，长度不超过 60 米。为方便农事操作和机械进出，可以在正面设置一根横向通道钢管，直径 40～50 毫米，壁厚 1.5～2 毫米；每个单元连棚四周、天沟正面通道钢管（或侧立柱）与背面侧立柱之间以钢丝绳相连接；位于四周边上的主立柱和侧立柱从顶端到地面，拉一根斜拉钢丝绳，所有钢丝绳直径不低于 4 毫米；所有立柱钢管、斜拉钢丝绳下必须有 40 厘米×40 厘米×40 厘米水泥桩，斜拉钢丝绳与水泥桩之间用花篮拉紧器拉紧。棚边钢管和棚顶钢管上用直径 25 毫米、壁厚 1.2 毫米镀锌钢管弯曲成撑膜弯拱，间距 1～1.2 米，或直径不低于 5 毫米的铝包钢筋弯曲成撑膜弯拱，间距不超过 0.5 米。棚架上盖普通 PE 或 PP 薄膜，厚度不低于 0.12 毫米，膜边用钢丝或夹子绑紧，至少每隔 6 米在膜上加两根相交叉的压膜绳。亩成本 23 000～25 000 元。

主要优点：结构较稳固，抗风雪能力较强，棚膜使用寿命 3～5 年，棚架寿命 5～7 年。

主要缺点：建设周期较长，成本较高，换膜或清洗薄膜不方便。

（3）标准钢架拱棚

主要参数：大棚为东西向，长度可依地块而定。大棚肩高为 4.2 米，脊高为 6 米，拱杆间距 1.3 米，横拉杆间距 4 米，大棚建造跨度可达 8 米，地块边缘可根据地形适当调整跨度，控制在 6～8 米，如跨度过小，投入成本过高，钢材浪费较大，如跨度超 9 米，需增设中立柱。棚架顶端最好设置通风口。温室框架结构主要由基础、立柱、拱杆、纵杆、横拉杆、天沟等组成。基础采用 C25 钢筋混凝土，全部为点式基础，尺寸为 50 厘米×50 厘米×50 厘米，埋深 50 厘米；立柱采用直径 60 毫米、壁厚 2.5 毫米热镀锌钢管；拱杆采用直径 32 毫米、壁厚 1.8 毫米热镀锌钢管；纵杆采用直径 25 毫米、壁厚 1.8 毫米热镀锌钢管；横拉杆采用直径 32 毫米、壁厚 1.8 毫米热镀锌钢管。卡槽使用温室专用 1.0 毫米热镀锌板卡槽；卡簧使用温室专用 2.7 毫米浸塑碳素钢丝；覆盖材料采用三层共挤无滴膜，厚度 0.12 毫米，薄膜初始透光率 90%，使用寿命 5 年；压膜线采用 8 号耐老化聚乙烯塑料绳。天沟采用 2.2 毫米冷弯镀锌板，大截面可抗 140 毫米/时的雨量，天沟与天沟使用防水专用粘接剂，每条天沟单向排水，通过排水管道导入排水沟。亩成本 30 000～40 000 元。

主要优点：结构稳固，抗风雪能力强，棚架使用寿命 8～10 年。

主要缺点：建设周期长，成本高，埋设立柱时对果园土壤有一定破坏，换膜或清洗薄膜不方便。

（4）夯链复膜屋脊棚

主要参数：棚宽 4～6 米、顶高 4～4.5 米、肩高 2.8～3 米。夯压基桩代替水泥桩，基桩地下深度≥80 厘米，基桩与立柱间以自攻螺丝固定，纵向同侧立柱顶端以钢丝绳相链接，横向立柱间以钢丝绳和钢丝相链接，形成十字链接并与斜拉基桩链接。新建园在立柱上用特制卡件在高度 1.7 米位置拉架面钢丝或钢丝绳。立柱钢管顶端有特制抗老化顶帽，棚宽 4 米以下为单幅棚膜，4 米以上为双幅棚膜，双幅棚膜顶端和模块之间以扣眼重叠相连，棚膜扣眼以挂钩和抗老化橡皮筋跟天沟或边沟立柱顶端的钢丝绳链接。天沟和边沟留有防高温通风和积雨保墒通道。亩成本 15 000～18 000 元。

主要优点：不挖基坑，建设周期短，抗风雪强，棚膜使用寿命 3～5 年，棚架寿命 10 年以上，收放较方便。

主要缺点：会一定程度影响园区机械化操作。

（二）土肥水管理技术要点

1. 盖膜前施足底肥控草保湿

盖棚前，全园每株撒施生物有机肥 10～20 千克＋均衡型颗粒复合肥 0.5～1 千克＋中微量元素肥 0.05～0.1 千克，内浅外深进行翻耕，7 天内加生根剂浇透水 1 次，并用松针、秸秆等进行树盘覆盖（厚度 10～15 厘米），行间人工播种白三叶草、毛叶苕子、紫云英等。

2. 盖膜后少量多次肥水供应

棚内必须配套安装喷灌或滴灌设施。夏季日均最低温≥20 摄氏度时，每 2～3 天补水一次，生长季节每 15～20 天结合补水适量添加水溶肥，肥液浓度应控制在 0.5％以内，冬季（12 月至次年 2 月）结合土壤情况，适当补水 2～3 次。

（三）花果管理技术要点

1. 花期做好人工辅助授粉

设施栽培后第 1～2 年猕猴桃物候期会提早 2～3 天，盖棚后会一定程度影响蜜蜂授粉，需充分做好人工辅助授粉准备。每亩备纯花粉 15～30 克＋染色石松粉 75～300 克，混匀后，分别于初花期、盛花期上午 8：00～11：00 用授粉器喷授 1 次。授粉后及时浇水。

2. 采前铺反光膜增糖提色

果实采收前半个月，在树盘两侧各铺设 1 米宽银白色反光膜，提高棚内光照强度，促进植株生长、提高果实品质。

（四）整形修剪技术要点

1. 培养多主干上架树形

目前，四川采用避雨栽培的猕猴桃园区，多数为已发生溃疡病的红肉猕猴桃园。建议发病植株在春季锯除感病部位后，嫁接口以上采取 3～5 个主干上架方式快速恢复树冠；嫁接口以下萌发的实生苗可适当保留 1～2 个，用作辅养枝，并在当年 6～8 月从基部疏除，促伤口愈合，也可在 6 月初用其进行夏季嫁接，增加骨干枝数量或进行品种改良。溃疡病控制住后，选择 2 个强壮主干培养成永久骨架，其余逐步从基部疏除，让树形逐渐恢复至双干双蔓十六侧蔓的丰产结构。

2. 防止更新枝攀援上棚

更新枝 1 米长时及时进行绑缚，并在 1.5 米长时进行捏尖控长。过于直立的旺盛更新枝应在 40 厘米长时保留 3 片叶进行重短截，促发二次枝培养成更新枝。旺盛结果枝宜在开花前 7～15 天进行捏尖控梢，防止长势过旺顺棚架攀援，影响树体结构。

（五）病虫害综合防控技术要点

1. 关注病虫发生规律变化

盖棚后溃疡病、早期落叶病发生率明显下降，周年用药次数较棚外减少 3～4 次。但因气候有所变化，需重点做好飞蚜、叶蝉、红黄蜘蛛、介壳虫、根结线虫以及灰霉病等防控。其中介壳虫孵化时间较棚外提早 1 周左右。

2. 调整好施药方法及浓度

棚内温度较露地高，施药浓度需比露地适当降低（尤其是药肥复配时），且喷药时重点喷施叶片背面。

三、适宜区域

本技术在我国适宜搭建避雨设施棚的猕猴桃园区均可推广应用，红肉猕猴桃园区使用效果更佳。

四、注意事项

1. 钢架大棚所有钢管需全部为热镀锌钢管，主立柱厚度需≥2 毫米，连栋钢架棚跨度不宜超过 9 米、长度不宜超过 100 米；棚膜厚度需≥0.12 毫米。夯链复膜屋脊棚跨度不宜超过 6 米、高度不宜超过 4.5 米，PEPO 膜使用寿命需≥3 年。

2. 土壤 pH≥7.8 的猕猴桃园盖避雨棚后需重视土壤盐分调控，防止植株黄化。

技术依托单位

1. 四川省农业科学院园艺研究所

联系地址：四川省成都市锦江区静居寺路 20 号

邮政编码：610066

联 系 人：涂美艳

联系电话：028-84504786

电子邮箱：95688237@qq.com

2. 四川省园艺作物技术推广总站

联系地址：四川省成都市武侯区武侯祠大街 4 号

邮政编码：610041

联 系 人：祝　进

联系电话：028-85505566

电子邮箱：19607349@qq.com

苹果高桩靓果技术

一、技术概述

（一）技术基本情况

苹果大多为异花授粉品种，需要配置授粉树进行异花授粉，生产上常因授粉树配置不合理和外界环境条件不良等原因造成受粉不良或授粉受精不完全，引起落花落果，导致产量降低。同时，授粉受精和营养不良也会导致苹果大头果或偏斜果增加，影响果实外观品质，减少了种植收益，据统计，每年因授粉受精和营养不良导致的经济效益损失高达300亿元。近年来，果农为了提高苹果的坐果率和改善果实外观品质，往往采用人工辅助授粉的方式，而人工授粉费工费时，在我国劳动力资源日益短缺的情况下，用工成本越来越高，严重影响了种植效益。因此，亟需一种方便有效的产品来提高苹果的坐果率、改善果实外观品质。我们基于苹果坐果和果实发育规律，经大量试验研究，研发出一种新的苹果外观品质改良技术，经生产实践验证效果显著。

该技术可全面提升果实外观品质，促进果实均衡高效生长，有效端正果形，降低偏斜果比例、促进着色，提高果品商业价值。产品属于生物制剂，生物安全性高，可用于绿色食品生产。

（二）技术示范推广情况

该技术已在陕西、辽宁、山东、甘肃、北京、山西、河北、内蒙古等地区示范应用，取得了良好的示范效果。

（三）提质增效情况

近年来，在红富士、金冠、王林、寒富等苹果主栽品种上的应用显示，该技术可保证花

苹果高桩靓果技术适用品种

期极端天气下正常坐果，提升坐果率 15％，提升果实端正果率 30％、果实高桩度 15％、萼洼宽度 20％，提高果面光洁度，果面着色均匀，果色更加艳丽。除增加果实外观品质以外，延长果实货架期 30 天。据估算，使用该产品的果园投入产出比达 1∶6，每亩增收近 1 000 元。

□ **保果**
防止花期极端天气落花落果，保证丰产稳产

□ **正果**
增加萼洼宽度，果形高桩，提升端正果率至90％

使用前　　　使用后　　　　　使用前　　　使用后

□ **靓果**
提高果面光洁度与着色度，果面干净，色彩靓丽

□ **贮果**
增加果皮蜡质层厚度20％，延长货架期30天！

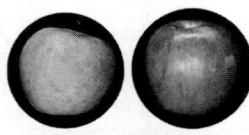

使用前　　　使用后　　　　　使用前　　　使用后

苹果高桩靓果技术使用效果

（四）技术获奖情况

本技术相关内容已授权国家发明专利 1 项（ZL201910410271.7，2020 年 3 月 17 日），"苹果自花结实性种质资源评价、创制及应用"作为核心技术获 2019 年农业农村部神农中华农业科技奖一等奖。

二、技术要点

（一）高桩靓果剂配制

将高桩靓果剂母液稀释 2 000～2 500 倍，以复合植物油作为助渗剂。

（二）喷施方法

可用普通压力式喷雾器、电动式静电喷雾器进行陆地喷施，或将普通压力式喷雾器、电动式静电喷雾器安装在无人机上进行遥控喷施，于盛花期（中心花开放 80％～90％）首次喷施开放花朵，间隔 12～14 天后第二次喷施幼果即可。每亩使用制剂母液 1 升。

三、适宜区域

全国各地苹果产区均可使用。

四、注意事项

1. 须严格清洗施药工具，避免其他化学药剂污染。

苹果盛花期人工或无人机喷雾施药

2. 全树喷施，重点喷花。

3. 施药时应选择晴朗无风的上午，施药 12 小时后遇雨水无须重新喷施。

4. 气温低于 12 摄氏度时暂缓施药。

技术依托单位

中国农业大学

联系地址：北京市海淀区圆明园西路 2 号

邮政编码：100193

联 系 人：李天忠

联系电话：13521126313

电子邮箱：litianzhong1535@163.com

蝴蝶兰花朵增多技术

一、技术概述

（一）技术基本情况

1. 技术研发推广背景

近几年，随着我国大陆经济的发展和人民生活水平的提高，蝴蝶兰逐渐成为市民节日庆典的新宠，蝴蝶兰产业也在我国大陆各大中城市中蓬勃发展。蝴蝶兰花序为总状花序，属无限花序，在通常情况下，当季开花的蝴蝶兰花序上的花朵数是有限的，而花序上花朵数是蝴蝶兰开花株商品质量的重要指标之一。一般情况下，大花系蝴蝶兰单株花梗有 1～2 枝，单梗花序上花朵数为 7～9 朵，部分蜡质花单梗花朵数更少。根据汕头市农业科学研究所制定实施的省级标准《蝴蝶兰盆花质量》（DB44/T 347—2006）的规定，大花系蝴蝶兰单梗花 A 级为 8 朵以上，B 级为 6～7 朵，C 级为 4～5 朵，而在栽培实践中兰株受个体、苗龄以及栽培条件等因素的综合影响，往往会出现成品花 A 级率不理想的情况。此外，随着人们对花朵厚实程度等品种类型的追求，蜡质、半蜡质花蝴蝶兰更加受到市民青睐，但这些品种类型的成品花 A 级率往往偏低，从而较大程度影响了其商品价值。

植物生长调节剂在植物生产中的应用技术，是未来农业五大新技术（植物化学调控技术）之一。在蝴蝶兰成品花生产中，合理使用植物生长促进剂，可以弥补育种与栽培工作中的不足，快速有效地促进蝴蝶兰成品花花朵数的增加，提高蝴蝶兰成品花的商品质量和商品价值，对提高我国蝴蝶兰产业的国内外市场竞争力、促进我国蝴蝶兰产业的可持续发展，对服务当地现代效益农业和促进农业增效、农民增收等均具有深远的历史意义和重要的现实意义。

蝴蝶兰自 20 世纪 90 年代末经我国台湾省传入我国大陆进行规模化生产以来，大陆蝴蝶兰产业发展迅速，期间蝴蝶兰的栽培技术也获得几次飞跃性的进步，大陆业界在台湾商人或专家的指引下，大胆探索适合当地的栽培技术方法，现已各自掌握较为完整的蝴蝶兰栽培技术方法，制定了栽培技术国家标准《蝴蝶兰栽培技术规程》（GB/T 28683—2012），并在汕头市农业科学研究所建成了国家级蝴蝶兰栽培标准化示范区。

在台湾"花蕾多"的启发下，2007 年起汕头市农业科学研究所开展了以植物生长促进剂等处理以增加蝴蝶兰花朵数的应用研究，取得了良好成效。在试验示范的基础上，研制出蝴蝶兰花朵增多配方制剂，并通过研究总结制剂在处理蝴蝶兰成品花花序后敏感期的环境需求和栽培技术要点，总结形成蝴蝶兰花朵增多技术。目前该技术广为当地及国内业界认可接受，10 多年来已累计应用于蝴蝶兰成品花 3 102.25 万株以上，应用效果良好，具有较大的推广应用价值。

2. 本技术解决的主要问题

本技术主要针对在栽培实践中兰株受个体、苗龄、品种特性以及栽培条件等因素的综合影响，而出现成品花 A 级率不理想的情况。应用本技术可以弥补育种与栽培工作的不足，快速有效地促进蝴蝶兰成品花花朵数的增加，提高蝴蝶兰成品花的商品质量和商品价值。

（二）技术示范推广情况

本项目研究成果推广应用以来，得到了花农的充分肯定和赞许，应用范围以汕头周边地区及广东省内为主，同时也逐步在福建、浙江、安徽、海南等地推广应用，至目前已累计推广应用 3 102.25 万株以上，并且应用范围正在逐步扩大至全国其他省市。

（三）提质增效情况

应用本技术可增加蝴蝶兰开花株单株花朵数 2 朵以上，让蝴蝶兰开花株提高一个商品等级，能及时弥补前期低温或其他栽培原因所造成的不足，目前已得到广泛应用，年应用数量达 600 万株以上，按每提高一个商品等级每株增收 3～5 元计，一年可新增经济效益 1 800 万～3 000 万元或以上，经济效益将极其显著。蝴蝶兰生产为设施栽培，可利用荒地，不占用农田，同时蝴蝶兰具有美化、绿化和净化空气的作用，具有良好的生态效益，在建设美丽中国和实施绿色发展战略中占据重要的产业优势地位。

（四）技术获奖情况

由本技术总结的"花序调控提高蝴蝶兰开花品质的应用研究"2016 年获汕头市科学技术奖二等奖，"蝴蝶兰花朵增多技术的研究与示范推广"2017 年获汕头市农业技术推广奖二等奖、2018 年获广东省农业技术推广奖二等奖、2019 年及 2021—2023 年被评为广东省农业主推技术。

技术应用场景 1

技术应用场景 2

技术应用场景 3

技术应用场景 4

技术获奖证书

二、技术要点

1. 处理剂量

（1）一般品种　采用制剂原液顶芽涂抹的方式，用小号描笔点抹顶芽，每芽涂一笔，每沾一次药剂可涂抹 4～5 株，每升处理 30 000 株。

（2）蜡质、半蜡质品种　采用制剂原液顶芽涂抹的方式，用小号描笔点抹顶芽，应适当增加使用剂量，分别于顶芽上下两面各涂一笔，每沾一次药剂可涂抹 2～3 株，每升处理 15 000～20 000 株。

（3）白花品种等　采用制剂原液顶芽涂抹的方式，用小号描笔点抹顶芽，应适当减少使用剂量，每沾一次药剂可涂抹 5～6 株，每升处理 30 000～40 000 株。

2. 涂抹时机

（1）一般品种（含白花品种）　涂抹最适时间为现蕾 5～6 个时。

（2）蜡质、半蜡质品种　涂抹最适时间为现蕾 3～4 个时。

（3）其他情况　如顶芽已明显休眠老化，应涂抹顶芽两笔，上下各一笔，增加剂量以加快顶芽萌动。

3. 处理次数

一般每株兰苗处理一次，因品种特性或生产实际，需多次处理以增加更多花朵数的，如第一次处理后顶芽未见明显停滞的，处理间隔期在 15～20 天；如因花序顶芽已深度休眠而第一次处理在 7～10 天后未见萌动的，应及时进行第二次处理以加快顶芽萌动。

三、适宜区域

本技术应用于设施栽培的蝴蝶兰，可不受地理区域限制，在具备蝴蝶兰盆花生产设施设备条件下的蝴蝶兰栽培均可适用。

四、注意事项

1. 处理方法

涂抹顶芽时应注意避免药剂直接涂在花苞上，同时避免用药量过多使药剂如水滴般停留在顶芽及附近小花苞处，以水膜涂抹方式为宜。

2. 田间管理及环境条件

（1）田间作业　涂抹顶芽一周内应避免大批量搬运等有可能导致根部受伤的田间操作。

（2）气候环境　涂抹后应避免环境急剧变化、长时间温度过高或过低、空气湿度过低等逆境胁迫情况发生，一般控制日夜温度 18～28 摄氏度，相对湿度 75%～85%，光照强度 15 000～25 000 勒克斯为宜，并保持良好通风以保证花梗株有适宜的外部生长环境。

（3）基质水分　涂抹后应防止基质水分缺失或过度干旱以及长时间湿透，使兰株根系有良好的呼吸和吸收环境，对过于干燥的单株应及时补水以免影响处理效果。

技术依托单位

汕头市农业科学研究所

联系地址：广东省汕头市金平区中山路 146 号

邮政编码：515041

联 系 人：洪生标

联系电话：0754-88101302　13509886061

电子邮箱：13509886061@139.com

鲜食型甘薯水肥一体化优质高效生产技术

一、技术概述

（一）技术基本情况

1. 技术背景

随着我国居民消费观念的转变，鲜食型甘薯消费量逐年增加，经济效益显著。然而，作为耐瘠薄作物，鲜食型甘薯大多种植在土壤肥力差的丘陵薄地和平原旱地，长期以来普遍存在种薯（苗）质量差、农机农艺融合度弱、农药化肥利用效率低以及商品薯率低等问题，针对上述问题，本研发团队开展了鲜食型甘薯品质提升、养分调控和绿色可持续病虫害防控技术研发，组装集成了鲜食型甘薯水肥一体化优质高效生产技术。

通过该技术的实施，实现了健康种薯（苗）快速繁育，从源头上减少了病毒病的发生；促进了农机农艺的深度融合，实现了重点环节机械化；实现了水肥药精准供给，解决了水肥利用效率低、劳动成本逐年增加、环境污染加重、产量和品质难以协同提高等问题；实现了病虫害绿色防控，提升了产品质量，降低了环境污染。该技术实现了鲜食型甘薯减肥减药增效生产，保证了鲜食型甘薯的外观和营养品质，对促进鲜食型甘薯优质高效和可持续健康发展具有重要意义。

2. 拟解决的主要问题

该技术的核心内容是利用种薯（苗）脱毒、机械化和水肥一体化等技术手段实施鲜食型甘薯优质高效生产。采用该技术的主要目的是解决鲜食型甘薯生产中限制产量和品质提高的诸多问题：①种薯（苗）质量差；②农机农艺融合度低；③水肥药利用率低；④商品薯率低。

（二）技术示范推广情况

该技术已在山东、江苏、河北、河南等地累计示范推广500万亩。

（三）提质增效情况

该技术应用达到了控水减肥、节本增效的目的，与传统栽培方式相比，用水节约10%～15%，肥料利用率提高10%～15%，劳动成本降低15%～20%，增产10%～15%，商品率提高15%～20%，亩增效益300～500元。

2020年，山东省泗水县星村镇，济薯26示范区面积100亩，鲜薯平均亩产4 475.32千克，外观评分98，食用品质评分97，商品薯率97.8%；山东省齐河县赵官镇，济薯26示范区面积200亩，鲜薯平均亩产4 473.31千克，外观评分95.73，食用品质评分92.45，商品薯率96.25%，亩增效益778.65元。

2021年，山东省泗水县圣水峪镇，济薯26示范面积200亩，鲜薯平均亩产3 503.64千克，外观评分92，食用品质评分93，商品薯率91.89%，亩增效益429.81元；江苏省睢宁县岚山基地应用水分精准管理、养分优化-库源平衡管理、农药减量保优、水肥药协同调控等技术，龙薯9号平均亩产4 266.9千克，苗薯双收，亩纯收益3 159.2元；普薯32亩产

2 120.4 千克，苗薯双收，亩纯收益 4 149.1 元。

（四）技术获奖情况

（1）"济薯 25、济薯 26 甘薯新品种培育与应用" 2020 年获山东省科学技术进步奖二等奖。

（2）"黄淮地区甘薯绿色增效关键技术与应用" 2020 年获淮海科学技术奖二等奖。

（3）"优质专用甘薯绿色高效生产技术集成与推广应用" 2021 年获山东省农牧渔业丰收奖一等奖。

（4）"优质专用甘薯绿色轻简高效生产技术集成与推广应用" 2022 年获全国农牧渔业丰收奖一等奖。

（5）"江淮分水岭地区甘薯绿色增效关键技术集成与应用" 2022 年获全国农牧渔业丰收奖二等奖。

（6）"鲜食型甘薯肥水精准供给轻简高效生产技术" 2021 年入选山东省农业主推技术。

（7）"鲜食型甘薯水肥药一体化高效生产技术" 2022 年入选江苏省特经特粮主推技术。

（8）"甘薯水肥一体化高效栽培技术规程" 2018 年列为山东省农业技术规程。

（9）"一种提高鲜食型紫甘薯食味品质与商品性的栽培方法" 2018 年授权国家发明专利。

（10）"一种甘薯专用保水剂及节水栽培甘薯的方法" 2021 年授权国家发明专利。

二、技术要点

1. 选用脱毒种苗

选用食味优、薯形好、耐逆性强、市场认可、宜机械化优质鲜食型甘薯品种脱毒种苗进行大田生产。

2. 田间整地

11～12 月深耕，4 月耙田整地，整地前亩施腐熟农家肥 1 500～2 000 千克、复合肥（N-P_2O_5-K_2O＝16-9-21，腐殖酸≥3％）15～20 千克。

3. 机械起垄、覆膜和铺设滴灌带

春薯栽插前一周左右，夏薯栽插前 2～3 天，进行机械起垄、覆膜和铺设滴灌带，滴灌带平放垄面中间，滴孔朝上。

起垄覆膜规格：垄高 30～35 厘米，膜厚度 0.01 毫米。单垄单行，垄距 80 厘米，地膜宽度 100 厘米；大垄双行，垄距 110 厘米，地膜宽度 120 厘米。

滴灌带类型和规格：贴片式滴灌带，滴灌带直径 16 毫米、壁厚 0.2 毫米、滴孔间距 20 厘米。

机械作业：单垄单行作业配套 25～40 马力中小四轮拖拉机，后轮距为 90～105 厘米；大垄双行作业配套 85～110 马力大四轮拖拉机，后轮距为 160～200 厘米。

4. 滴灌设备安装

根据取水方式和灌溉面积选择适宜的水泵规格，工作压力为 30～60 千帕。过滤器采用叠片式，大小与输水管配套。施肥器选用比例式注肥泵或文丘里施肥器。主输水管为直径 80～90 毫米的软管，二级输水管为直径 60～70 毫米的软管。垄长≤50 米时，滴灌系统从垄一端进入，采用三通接口；垄长≥50 米时，滴灌系统应从垄中间位置进入，采用四通接口。

施肥器

不同垄长田间布局

5. 田间栽插

采用破膜栽插的方式，以斜插和平栽为主。春薯栽插时间 5 月 1～15 日，夏薯栽插时间 6 月 10～25 日。春薯栽插密度为 4 000～4 500 株/亩，夏薯栽插密度为 4 500～5 000 株/亩。选用高剪苗，栽插前用甲基硫菌灵 500 倍液浸泡种苗基部 10～15 分钟。

6. 田间滴水

栽插后，根据土壤墒情，确定田间滴水量。土壤相对含水量≥80%，不需要进行田间滴水；60%≤土壤相对含水量<80%，滴水 5 米³/亩；40%<土壤相对含水量<60%，滴水 10 米³/亩；土壤相对含水量≤40%，滴水 15 米³/亩。

7. 田间肥水管理

在施肥桶内将肥料充分搅拌，根据土壤肥力和墒情，一般先滴水 20～30 分钟，再滴肥，待肥料全部滴入后，再滴水 20～30 分钟。

第一次肥水滴入时间为栽后 20 天，土壤速效氮含量：北方薯区≥60 毫克/千克，其他薯区≥80 毫克/千克，滴肥量为 10 千克/亩［腐殖酸水溶肥（$N-P_2O_5-K_2O=8-12-35$，腐殖酸≥3%)］；土壤速效氮含量：北方薯区<60 毫克/千克，其他薯区<80 毫克/千克，滴肥量为 10 千克/亩［腐殖酸水溶肥（$N-P_2O_5-K_2O=16-6-36$，腐殖酸≥3%)］；第二次和第三次肥水滴入时间分别为栽后 50 天和 80 天，滴肥量均为 10 千克/亩［腐殖酸水溶肥（$N-P_2O_5-K_2O=8-12-35$，腐殖酸≥3%)］。视田间墒情，一般总滴水量不超过 10 米^3/亩。

施肥桶（搅拌器）

栽插 80 天以后，根据田间降雨情况，若持续无降雨，应在栽插后 80～120 天，进行1～2 次田间滴水。

8. 化学除草与控旺

禾本科杂草选用低毒、残留少、内吸传导型芽前除草剂。特别注意前茬作物（如玉米）除草剂使用情况。

栽后 40～60 天，每亩用 5%的烯效唑可湿性粉剂 30～50 克对水 30 千克，进行叶面喷施，每隔5～7 天喷洒一次，连续喷 3～4 次。

9. 病虫害防控

栽插期滴水后，每亩随水滴入 1.8%阿维菌素 150～200 克；栽插后 30～90 天，视田间地下害虫危害情况，每亩随水滴入辛硫磷乳油 400～500 毫升，施用方式为先滴水，再滴药，滴药 1～2 次；栽后 90 天至收获期，田间不再施用农药。

10. 低损机械收获

在 10 月中上旬至霜降前完成收获。收获前，将滴灌带及主管道收放好，利用低损耗收获机具进行机械碎蔓和收获，收获后，将地膜捡拾干净。

水肥一体化技术与传统技术产量对比

三、适宜区域

该技术适宜在黄淮海薯区推广应用。

四、注意事项

1. 栽插时应尽量减少对地膜的破坏，栽插后，利用垄沟的细土封住扦插口，将薯苗与地膜隔离开，防止午后高温灼伤。

2. 注意土传病害的防治和多雨季节的田间控旺。

3. 注意南北方种薯调运过程中的检疫。

技术依托单位

1. 山东省农业科学院作物研究所

联系地址：山东省济南市历城区工业北路 202 号

邮政编码：250100

联系人：张海燕　段文学　解备涛　张立明　汪宝卿

联系电话：0531-66659029　15069098074

电子邮箱：zhang_haiyan02@163.com

2. 江苏徐淮地区徐州农业科学研究所

联系地址：江苏省徐州市徐海路高铁站北

邮政编码：221131

联系人：唐忠厚　靳　容　刘　明　赵　鹏　张强强

联系电话：0516-82189235　13813462008

电子邮箱：zhonghoutang@sina.com

草莓集约化育苗技术

一、技术概述

(一) 技术基本情况

1. 草莓产业是发展乡村特色产业的重要组成部分

据 FAO（2021 年）和国家统计局（2018 年）统计，我国草莓产业规模占全球 1/3，居世界首位。北京市草莓种植面积约 1.31 万亩，在北京各区均有种植，年产草莓 2.04 万吨。由于其栽培周期短、经济效益高、见效快，成为农民获得稳定收入和市民休闲采摘的支柱产业，在北京市农业增效、农民增收和乡村振兴中发挥着重要作用。

2. 种苗质量是草莓优质安全高效生产的基础

种苗质量是影响草莓生长的决定性因素，是草莓优质安全高效生产的基础。种苗带病、种苗质量差（较细弱）会造成草莓生长不统一、结果延迟、管理难度增加等问题，增加病虫害发生概率，严重影响草莓的安全性和产量。紧绷草莓质量安全之弦，促进优质高效生产，应当首先从源头抓起，提高种苗质量。

3. 草莓育苗已逐渐形成产业

随着草莓产业在休闲农业、乡村振兴和精准扶贫中发挥重要作用，草莓种苗需求也不断增加。我国草莓约 260 万亩，全国每年需生产种苗约 200 亿株，其中，环渤海湾地区约 100 亿株，京津冀约 20 亿株，北京约 1 亿株，草莓育苗已形成重要产业。种苗亩产值可达 3 万～8 万元。同时，随着产业不断升级和技术发展，草莓育苗产业逐渐由京津冀中、东部产区育苗向京津冀北部至西部冷凉优势区域异地育苗转移，由自繁自育向企业集约化育苗转变。

4. 集约化育苗技术推广势在必行

草莓集约化育苗是一种新型的高效率、高质量育苗形式，符合现代农业的发展需求，但由于缺乏集约化育苗技术的规范指导，企业和园区在育苗过程中大多依靠经验进行管理，不同园区在基质选择、肥水管理、子苗管理和病虫害防控等环节水平参差不齐，造成种苗数量和质量差异较大。

因此，制定适宜全国应用的集约化育苗技术，并加以推广，对于规范园区的种植行为，提高种植者技术水平，保证种苗质量具有重要意义，同时也将有力地推动全国草莓产业持续健康稳定发展。

(二) 技术示范推广情况

2022 年在北京市示范推广 180 亩。该技术已在环渤海湾、江苏、云南等草莓产区进行了示范展示，在京津冀、内蒙古、丹东、济南、昆明、玉溪、丽江、互助等地已实现较大范围的推广应用，辐射草莓生产 10 万亩以上。

(三) 提质增效情况

草莓集约化育苗技术是在传统引插和扦插育苗的基础上研发的一种高效、优质的草莓种苗繁育技术，充分发挥了京津冀北部冷凉地区至西部（内蒙古、青海、云南、山西、甘肃、陕西等地）的气候优势，核心技术包括匍匐茎苗促生技术和扦插苗促壮技术。利用此技术，每亩可繁殖优质生产苗 8 万株，单株穴盘苗成本降低 40%。生产苗定植后花芽分化提前 5～10 天，产量可提高 4.3%，亩增收入 1 万元。此技术在南方地区繁育匍匐茎，在北部地区进行扦插繁殖，可实现"南繁北育"，提高种苗产量和品质。

该技术引入内蒙古太仆寺旗、阿鲁科尔沁旗与河北尚义的高海拔冷凉地区，通过市区两级帮扶，促进了草莓产业融合发展，助力了产业精准扶贫。繁育种苗 1 554.9 万株，累计带动当地 120 余人就业，其中贫困人数 108 人，建档立卡贫困户近 30 户，人均增收约 1.35 万元，每户增收约 2.7 万元。

冷凉地区集约化育苗技术指导

（四）技术获奖情况

该技术先后获得北京市农业技术推广一等奖 1 项（2022 年）、二等奖 1 项（2019 年）、三等奖 2 项（2016 年、2019 年）。

二、技术要点

1. 母苗定植

育苗容器选择：可以使用由塑料、泡沫等材料制作的育苗槽，也可使用纱网、塑料膜固定在镀锌管上形成的栽培槽。宽 18～20 厘米，深 18～20 厘米，具有良好的排水性。

母苗选择：选择无病毒、健壮的原种 1 代或 2 代苗作为母苗，具有 4 叶 1 心，新茎粗不小于 0.6 厘米，须根不少于 6 条，根长不小于 6 厘米。

定植方法：在日平均气温达到 10 摄氏度以上即可定植。在北京地区 3 月中下旬定植。母苗单行或呈"之"字形双行定植在栽培槽上，株距 10 厘米，每亩定植 3 600～3 800 株，把握"深不埋心、浅不露根"的原则，保证母苗根系与基质充分接触。

2. 母苗田间管理

及时摘除老叶和病叶，便于通风透光。及时去除花蕾，减少养分消耗。母苗生长过程中，摘除细弱匍匐茎，选留健壮匍匐茎。母苗适宜生长温度在 24～28 摄氏度之间，夏季高温可在棚外部覆盖遮阳网（60%遮阳）、棚内安装环流风机加强通风。母苗定植水要浇透，保持湿润。母苗缓苗后，滴灌施肥，每 5～10 天一次，选用平衡型复合肥。当每条匍匐茎上有 3～4 株小苗时，剪下每一个匍匐茎苗，连接母苗或

高架生产匍匐茎苗

上一级匍匐茎苗的匍匐茎留 3～4 厘米长。

3. 子苗扦插

匍匐茎苗切离后进行消毒处理，用广谱性杀菌剂与氨基酸、腐殖酸类水溶液浸泡 30 分钟。不能马上扦插的，匍匐茎苗要冷藏保存（温度零下 2 摄氏度到 2 摄氏度），子苗扦插容器可使用 24 孔或 36 孔专用穴盘以及其他适合生长的容器，应当易于排水，方便管理操作和运输。定植方法：用育苗卡固定匍匐茎苗，生根部位与基质接触即可，不宜过深，扦插完毕后大量补水，浇透为止。

穴盘扦插

4. 子苗田间管理

子苗扦插前在苗棚上覆盖遮阳网，透光率为 30%，保持基质湿度不小于 90%，棚内根据天气情况，定期喷雾，要求雾化效果较高，提高空气湿度，保持 10 天左右。环境温度不宜过高，保持在 28 摄氏度以内，匍匐茎生新根、长新叶后进行正常滴灌管理。成活 7 天后使用水溶性平衡肥滴灌，每亩 3 千克，2 周一次；苗龄 35 天以后，控制氮肥，叶面喷施磷酸二氢钾溶液。

5. 病虫害防治

主要病害包括炭疽病、根腐病、白粉病等，主要害虫包括蚜虫、螨类等。以预防为主，防治结合。采用多种防治方法。

子苗成苗

农业防治： 使用无毒无病虫健壮母苗；清除苗地周边杂草，及时清除病株、病叶并销毁；合理调控温湿度；科学施肥；合理灌溉。

物理防治： 悬挂黄蓝板，对蚜虫等进行诱杀。

化学防治： 资材消毒，使用浓度为 0.2%～0.5% 的次氯酸钠溶液对使用过的育苗容器、育苗卡、剪刀等工具浸泡消毒 30 分钟，用清水冲洗干净，晾干后再使用。种苗缓苗后进行药剂预防，每周固定时间喷施 1 次杀菌剂，轮流用药；植株修整操作后增加一次药剂防控。

6. 种苗采收及包装运输

种苗采收： 苗龄 45～60 天种苗即可采收。采收标准为具有 4 片以上功能叶，新茎粗 0.8 厘米以上，根系发达，植株健壮。

包装运输： 按照包装箱规格，整齐码放种苗。保持根部基质湿润，存放在 0～5 摄氏度冷库中，尽快运输定植。

三、适宜区域

适宜在全国范围内采用避雨保护设施，如塑料大棚、联栋温室、日光温室等设施内推广应用。

四、注意事项

1. 保证棚室良好的避雨性。
2. 保证棚室良好的通风性，利于环境调控。
3. 重视对资材和环境消毒。
4. 扦插后一周内，保证棚室内湿度在 90% 以上。
5. 定期进行药剂预防，注意不同种类药剂轮换使用。

技术依托单位

1. 北京市农业技术推广站

联系地址：北京市朝阳区惠新里甲 10 号

邮政编码：100029

联 系 人：徐 晨 宗 静

联系电话：010-84625442　15201196837

电子邮箱：tszw2022@126.com

2. 北京市农林科学院林业果树研究所

联系地址：北京市海淀区香山瑞王坟甲 12 号

邮政编码：100093

联 系 人：钟传飞

联系电话：13810953428

电子邮箱：86356754@qq.com

3. 北京市昌平区农业技术推广站

联系地址：北京市昌平区府学路

邮政编码：102200

联 系 人：祝 宁

联系电话：13671182180

电子邮箱：980776236@qq.com

短期轮作防控苹果重茬障碍技术

一、技术概述

（一）技术基本情况

受土地资源限制，同时《国家基本农田保护条例》规定，禁止占用基本农田发展林果业，我国老龄苹果园更新时，将面临重茬栽培，调查结果显示，重茬建园占比45%～90%，由此带来重茬障碍（重茬幼树生长缓慢，病虫害严重，园相不整齐，根系腐烂、死树，产量、品质显著降低，甚至绝产，损失巨大）。轮作是克服苹果重茬障碍的措施之一，但传统轮作存在轮作作物针对性差、周期长（3～5年）、效果不佳等不足，生产中难以应用。在国家现代农业产业技术体系（CARS-27）资助下，课题组研究提出以小麦、叶用芥菜、葱为高效轮作植物，根据物候期，将上述三种植物合理排序，在一年时间完成轮作。上述技术实施后，优化了苹果重茬土壤微生物群落结构，降低了土壤有害酚酸类物质含量，克服了苹果重茬障碍现象。该技术将传统轮作所需3～5年时间缩短至1年，防控效果良好。

（二）技术示范推广情况

该技术在山东蓬莱、莱州及陕西洛川进行了示范应用。在莱州，采用该技术进行老龄苹果园更新重建，与对照（重茬）相比，植株长势健壮，第三年亩产可达到正茬建园水平。在洛川，建园500余亩，第三、第四年平均亩产分别是1500千克、2200千克，均比当地果农重茬建园增产50%以上，示范园园相整齐。

（三）提质增效情况

与传统轮作技术相比，该技术提前2～4年建园、结果，节约用工30%以上。与重茬建园相比，明显改善了连作土壤环境，土壤有机质含量提高0.2～0.3个百分点，土壤微生物群落结构得以优化，酚酸类物质总量降低60%，增产50%以上，实现了老龄苹果园更新重建后再植幼树的正常生长发育。

（四）技术获奖情况

该技术部分内容获2018年度山东省科学技术进步奖一等奖，相关内容分别发表在*Scientia Horticulturae*、*Horticultural Plant Journal*、《园艺学报》等学术期刊。该技术作为2022年山东省农业主推技术发布实施。

二、技术要点

（一）核心技术

1. 若冬前开始，于下列时间节点分别种植不同植物。

（1）11月上旬至小麦拔节前期　11月上旬于定植沟范围（宽度1.2米）种植小麦，播种量为35克/米²，小麦拔节前期，将小麦幼苗旋耕至土壤中，旋耕深度不低于35厘米。

（2）5月上旬至9月初　5月上旬种植叶用芥菜，播种量为2.5克/米²，播种下茬前，9月初将叶用芥菜旋耕至土壤中，旋耕深度同上。

（3）9 月中旬至第二年 4 月初 9 月中旬种植葱，播种量为 2.5 克/米^2，并于 4 月初收获葱后，定植幼树。

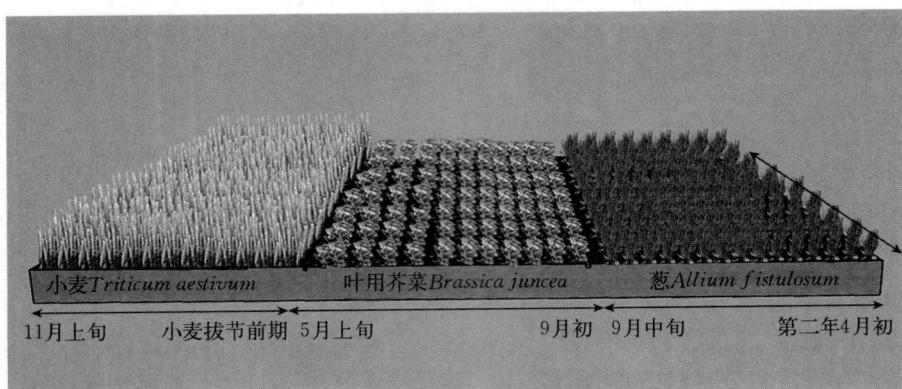

短期轮作模式一

2. 若春季开始，则以下列时间节点分别种植不同植物。

（1）3 月中旬至 6 月下旬 3 月中旬于定植沟范围（宽度 1.2 米）种植葱，播种量为 2.5 克/米^2，6 月下旬将葱收获。

（2）7 月上旬至 10 月初 7 月上旬种植叶用芥菜，播种量为 2.5 克/米^2，10 月初，将叶用芥菜旋耕至土壤中，旋耕深度不低于 35 厘米。

（3）10 月上旬至第二年小麦拔节前期 10 月上旬种植小麦，播种量为 15 克/米^2，于拔节前期将小麦幼苗旋耕至土壤中，旋耕深度同上，之后定植幼树。

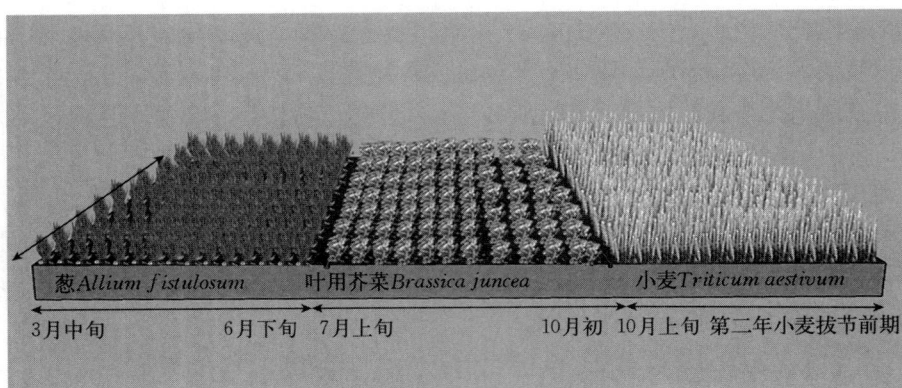

短期轮作模式二

（二）配套技术

1. 秋季果实采摘后去掉树体，全园撒施有机肥、旋耕，用量 7 000 千克/亩以上。

2. 轮作前开挖定植沟，宽 1.2 米，深度根据当地土层厚度，可达 50～80 厘米，并捡除该范围土壤中的残根。

3. 定植沟 30 厘米以下施入有机肥、与土拌匀，用量不低于 5 000 千克/亩。

三、适宜区域

该技术适合能够正常种植上述轮作植物的苹果产区。

四、注意事项

若原老果园土壤有白绢病，处理土壤时需专门防治。

技术依托单位

1. 山东农业大学

联系地址：山东省泰安市泰山区岱宗大街 61 号

邮政编码：271018

联 系 人：毛志泉　尹承苗

联系电话：13953822958

电子邮箱：mzhiquan@sdau.edu.cn

2. 山东农业工程学院

联系地址：山东省济南市历城区农干院路 866 号

邮政编码：250100

联 系 人：王功帅　潘凤兵

联系电话：15166488706

电子邮箱：15166488706@163.com

设施西甜瓜绿色高品质简约化生产技术

一、技术概述

（一）技术基本情况

长三角西甜瓜主产区是我国五大优势产区之一，面积与产量占全国总量的 1/3 左右。该项技术针对长三角设施西甜瓜生产中上市产品品质参差不齐、集约化育苗水平偏弱、配套简约化栽培技术缺乏、肥水一体化技术滞后、病虫害及连作障碍严重等影响设施西甜瓜稳产及高品质的主要限制因素，集成示范推广健康嫁接苗集约化生产、水肥一体化追肥滴灌、连作障碍生态防控、蜜蜂（熊蜂）授粉、设施机械化耕作、病虫害绿色防治和产品质量管控等技术为主的设施西甜瓜绿色高品质简约化生产技术，形成长三角设施西甜瓜高品质高效绿色简约生产技术体系。技术主要内容被列为 2017—2023 年江苏省农业重大技术推广计划、2019 中国十大农业农村重大新技术。该项技术的推广将进一步促进长三角地区设施西甜瓜产业提档升级与绿色高质量发展。

（二）技术示范推广情况

2019—2022 年，该项技术在长三角地区累计推广 574.39 万亩，覆盖率 62.43%，新增纯收益 74.73 亿元。该技术提升了西甜瓜质量品质和区域优势特色品牌竞争力，实现了西甜瓜周年均衡供应，促进了西甜瓜产业高质量发展，带动了当地农业农村经济发展和农民增收。

（三）提质增效情况

该技术平均亩节约成本 363.69 元，亩新增纯收益 1 723.19 元。化学农药和肥料使用量分别降低 22.96%、21.92%，农膜回收率增加 10.96%，标准商品瓜产量提高 15.17%，提高了工作效率，有效保护了农业生态环境，而且有助于增加土壤有机质含量，育土培肥，节约水资源，有利于推进西甜瓜产业全程绿色生产发展。

（四）技术获奖情况

该技术核心科技成果被列为 2019 中国十大农业农村重大新技术、获 2019—2021 年度全国农牧渔业丰收奖二等奖。

二、技术要点

（一）核心技术

1. 健康嫁接苗集约化生产技术

在集约化育苗场示范推广苏蜜 8 号、苏蜜 518、苏梦 6 号、浙蜜 8 号、迁丽 4 号西瓜，苏甜 4 号、苏甜碧玉、海蜜 10 号哈密瓜，镇甜 2 号甜瓜，西瓜嫁接砧木新品种京欣砧 1 号、甬砧 5 号、苏砧 1 号、苏砧 2 号，甜瓜嫁接砧木新品种思壮 8 号、甬砧 9 号等优质抗逆设施专用新品种，以及砧穗种子 BFB/CGMMV 快速检测与处理技术、健康基质、LED 补光、苗床电热线加薄膜覆盖节本嫁接换根育苗技术，实现主产核心区优质健康种苗直供。推广双断根嫁接技术，利用砧木品种强大的根系吸收能力和抗性，有效克服设施西甜瓜连作障碍，提高西甜瓜抗性和丰产性，降低能耗 10%，减少人工 20%，降低育苗成本 10%。

2. 水肥一体化追肥滴灌技术

针对设施土壤养分含量及西甜瓜需肥特性，依据多元营养平衡配方施肥原则，示范推广专用配方速溶肥料和精确滴灌技术。全层全量施足基肥。每亩施腐熟农家肥 2 000 千克或煮熟豆饼 100～150 千克或 800～1 000 千克商品有机肥＋硫基复合肥（15 - 15 - 15）30 千克＋硫酸钾 10 千克＋磷酸二铵 25 千克全畦混施，施后机耕旋翻。铺设带文丘里施肥器软管滴灌系统，西甜瓜果实 70%长到鸡蛋大时浇膨瓜水并每亩随水追施高钾高水溶性冲施肥 10～15 千克（对于易裂果品种，增施高水溶性钙肥），之后每隔 12～15 天灌溉 15～20 米^3，随水施冲施肥 10～15 千克，成熟前 1 周停止浇水施肥。在提高西甜瓜产量、改善果实品质的前提下，降低大棚内部的空气湿度和大棚土壤的盐分积累，达到设施西甜瓜高产优质栽培要求。减少化肥和水的用量 20%左右，同时降低了设施西甜瓜病虫害发生，提高了设施西甜瓜产品产量、品质和安全性。

3. 连作障碍生态防控技术

（1）高温闷棚技术　西甜瓜大棚 7～8 月闲置季节，在棚内开沟，铺施轧碎的作物秸秆，撒施氰胺化钙（俗称石灰氮）或尿素 30 千克，起垄灌水，用地膜覆盖地面，上面盖严大棚膜，闷棚 15～20 天，提温杀菌。或在大棚内每亩回铺 500 千克碎秸秆，浇施 3 吨沼液肥，覆土盖膜堆闷发酵半个月，然后耕耖、晾干、整畦，打孔定植秋季瓜苗。

（2）水（湿）旱轮作技术　针对西甜瓜易发生连作障碍的问题，利用芋、蕹菜、湿栽水芹、豆瓣菜和水稻、叶用甘薯等适宜湿润栽培的水生作物与西甜瓜进行轮作，水生作物生长过程中保持畦沟有水、畦面土表充分湿润，水生作物吸收富余养分并避免土壤盐分向土表积聚。主要茬口模式有：西甜瓜（3 月中下旬至 5 月下旬至 6 月上旬）—水稻、蕹菜（6 月上中旬至 11 月中下旬）—湿栽水芹、豆瓣菜（12 月至翌年 2 月底至 3 月上旬）等。

4. 蜜蜂（熊蜂）授粉技术

每棚放置蜜蜂一箱（约 6 000 只）。在西瓜和甜瓜第 2 雌花开花前 1～2 天的傍晚将蜂箱放入，蜂箱置于设施中央支架上，支架距地面 30～50 厘米，置于垄间，巢门向南，蜂箱上搭 1 层遮阴物，待蜂群稳定后将巢门打开。在蜂箱巢门附近放置装有清洁水的容器，每两天换 1 次水，在水面上放置少许干净的漂浮物，防止蜜蜂饮水时溺亡。上午 10:30 之前设施内温度宜控制在 22～28 摄氏度范围内，湿度宜控制在 50%～80%范围内，确保蜜蜂正常工作。禁止使用对蜜蜂有毒有害的农药。定植时禁止使用含有吡虫啉成分的缓释剂，在授粉前 1 周及授粉期间不用或谨慎选择使用各种农药。坐果后及时将蜂箱从棚内移除。该项技术可以有效解决设施西甜瓜授粉难、坐瓜率低的问题，用蜜蜂（熊蜂）授粉代替人工授粉、坐瓜灵提高坐果率，每棚可节省人工 3.5 个，减去蜜蜂（熊蜂）租金，每棚约节省费用 350 元。同时蜜蜂授粉的西瓜坐果率可达到 98%，果形圆整，畸形果减少。

（二）配套技术

（1）设施机械化耕作技术　耕整地作业是设施内生产的重要环节，也是劳动强度最大的环节。设施内可采用 35～60 马力大棚王拖拉机配套深松机、小型铧式犁、旋耕机等耕整地机械，进行深松、深翻、旋耕等作业，以使土壤平整、疏松、细碎，之后可根据栽培方式选用不同参数的开沟、起垄、覆膜机完成后续的耕整地作业。对于空间狭小的单跨大棚或温室，则可采用多功能田园管理机进行旋耕、开沟、起垄、覆膜等作业，满足设施西甜瓜耕整地要求。

（2）地膜减量替代技术　推广应用全生物降解地膜、高耐候易回收地膜替代普通塑料地膜，减少示范区"白色污染"，减少地膜回收人工成本，提高西甜瓜绿色生产水平，同时，示范与推广"一膜两用、多用"及茬口优化技术。

（3）病虫害绿色防治技术　集成示范设施西甜瓜农业防治、物理防治、生物防治、化学防治等病虫害综合防治技术，在病虫害发生早期用高效、低毒、低残留农药，交替、连续用药。降低农药成本，保护生态环境。春大棚西甜瓜生产期间病虫发生较轻，在病虫防治上要按照绿色防控的要求，重点防治红蜘蛛和蚜虫。在蔓枯病、炭疽病和疫病等发病初期用烟雾剂烟熏防治，做到早防早治，防烂瓜烂蔓，实现控病保产。

（4）产品质量管控技术　采前进行自检或委托检测，实施农产品合格证制度；授粉当日做标记，根据果实发育期及标记日期，推算成熟度，当果实达到九成熟时及时采收；做到卫生采摘、分级、包装；推广便捷、优质、高标准的"电商＋微商"营销新模式。

三、适宜区域

长三角地区设施西甜瓜规模化生产区（占全国面积的29％）。

四、注意事项

基地应尽量集中连片，注重核心技术和配套技术的融合，以利于规模化效应的发挥。注重典型带动，推广先进经验，充分利用多媒体和培训、观摩、论坛等多途径宣传推广设施西甜瓜优质绿色简约化栽培技术，扩大社会影响。

技术依托单位

1. 江苏省农业科学院蔬菜研究所
联系人：羊杏平　徐　建
联系电话：13809041478　15850547662
电子邮箱：1394654153@qq.com　929841852@qq.com

2. 江苏省农业技术推广总站
联系人：曾晓萍　马金骏
联系电话：18013908618　15850565048
电子邮箱：176581875@qq.com　108351240@qq.com

3. 农业农村部南京农业机械化研究所
联系人：龚　艳　陈　晓
联系电话：15366093017　15366092854
电子邮箱：nnnGongyan@qq.com　chenxiao6105@163.com

莲藕优质轻简高效生态栽培模式技术

一、技术概述

（一）技术基本情况

莲藕又称藕、莲、荷等，是莲科多年生水生草本植物，是我国种植面积最大的水生蔬菜，2022 年全国栽培面积约 1 000 万亩（国家特色蔬菜产业技术体系统计）。莲藕是我国"药食同源"的特色蔬菜，可做菜炒食、煨汤煮食、作水果生食·还可加工制成藕粉以及多种预制菜；莲藕未膨大根状茎（俗称藕带）可制成泡菜或直接炒食；莲藕产品除深受国内人们喜爱之外，我国莲藕还大量加工制成保鲜藕、盐渍藕和速冻藕等，大量出口日本、马来西亚等国家和地区，已成为我国重要的出口创汇蔬菜。

但近年来，随着经济社会的快速发展，莲藕生产用工多、效率低、劳动强度大、生产效益不稳定，尤其是定植、施肥、采收环节的用工占总成本的 70% 以上，以及种植模式单一、种植效益不稳定等问题已成为莲藕产业发展的重要制约因素。针对以上问题，技术团队研制莲藕施肥、采收机械装备及技术，已申请专利 8 件，其中授权发明专利 2 件、实用新型专利 4 件；集成出优良品种选择、缓释肥应用、机械施肥和采收、高效生态种养模式等莲藕优质轻简高效生态栽培模式技术；制定相关技术规程和标准，并在我国江苏、湖北、江西等莲藕主产区大面积推广应用，取得了显著成效。经中国工程院邹学校院士为组长的第三方专家组评价，认为该技术达国际先进水平，将为我国莲藕产业的提质增效、高质量发展提供技术支撑。

（二）技术示范推广情况

近年来，我国莲藕栽培已从长江流域向北拓展至黄河流域、向南发展至珠江流域，其中，江苏、湖北、江西、安徽、山东、广西等是主要栽培地区。莲藕优质轻简高效生态栽培模式技术已在江苏、江西、湖北等省市示范推广 3 年，累计辐射推广近 30 万亩。

（三）提质增效情况

莲藕优质轻简高效生态栽培模式技术在莲藕主产区推广应用提质增效显著。各示范基地应用该技术后，莲藕栽培平均减少追肥用量 20%～32%，栽培管理用工量较原栽培模式技术减少 22%～45%，莲藕商品率提高 5%～10%，仅莲藕栽培的规模效应与劳动生产效益就提高了 20%～25%；莲藕与小龙虾（鱼）高效种养模式还可增收小龙虾（鱼）效益 1 000～5 000 元/（亩·年）。

（四）技术获奖情况

该技术已申请专利 8 件，其中授权发明专利 2 件、实用新型专利 4 件；发表论文 6 篇，制定地方标准 1 个，出版栽培技术模式图 1 个，申请制订农业行业标准 1 个。经过以中国工程院院士邹学校为组长的第三方专家组评价，认为该技术达国际先进水平。

二、技术要点

（一）莲藕主推优良品种

莲藕的栽培种可分为藕莲、子莲和花莲 3 种类型。其中，藕莲以其肥大的根状茎（藕）供食用，植株叶片较大、叶脉突起，开花较少，莲籽结实率低。我国生产上应用的藕莲类型莲藕优良品种主要有：脆玉、脆佳、美人红、鄂莲 5 号、鄂莲 6 号、鄂莲 9 号等。

（二）主要栽培茬口与常用高效种植模式

1. 主要栽培茬口

莲藕生长发育要求温暖湿润的环境，主要在炎热多雨的季节生长，一般在当地日平均温度稳定在 15 摄氏度以上时种植。露地条件下，华南地区春季回暖较早，常在 3 月中旬前后种植；湖北、安徽南部地区一般在 3 月中下旬至 4 月中旬定植；江苏、浙江北部及安徽中北部地区多在 4 月中下旬至 5 月上旬种植；华北地区则常在 5 月中旬种植。长期以来，我国莲藕

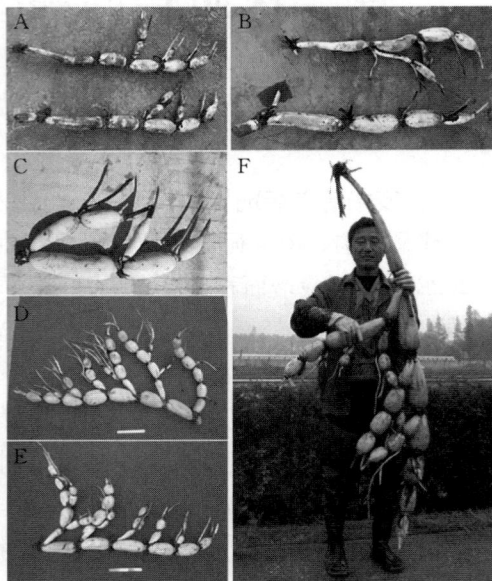

莲藕主推优良品种

均采用露地方式栽培，近年来，随着设施栽培技术的提高和完善，江苏、浙江等产区开始应用塑料大棚等设施栽培莲藕，种植期可提前到 2 月上中旬，采用早熟品种，采收期可提前到 6 月上中旬，经济效益较好；莲藕设施栽培还可与旱生设施蔬菜水旱轮作，可有效减轻连作障碍。

2. 莲藕—小龙虾高效种养模式

近年来，长江中下游及以南地区大面积推广莲藕-小龙虾高效种养模式，小龙虾在藕田里以部分莲藕茎叶、田间杂草等动植物为饵料，其排泄物又为藕田增加了有机肥料，有利于提高莲藕的产量和品质、改善藕田生态环境；夏季荷叶高大，可以遮光降温，为小龙虾创造优良的生长和栖息环境，有利于提高小龙虾产量和食用品质。该模式主要技术要点如下：

田块准备： 田块以 20～50 亩为一单元较为合适，田块四周开挖底宽 2.5～3.0 米、上口宽 5.0～6.0 米、深 1.0～1.2 米的环沟，挖出的土壤用于加宽、加高田埂，田埂坡比 1：（2～3）；环沟内可人工种植部分伊乐藻、轮叶黑藻、金鱼藻等；小龙虾养殖前彻底清除环沟和田间的各种野杂鱼；田埂四周设置加厚塑料膜做防逃网，塑料膜底部埋入土中 3～5 厘米、地上部高出地面 30～40 厘米，用木桩固定。

虾种放养： 虾种放养有三种方式。①放养亲虾。8 月初至 10 月中旬，直接从养殖池塘或天然水域捕捞的成虾中挑选亲虾，规格为每只 20～30 克，每亩莲藕田放养小龙虾 7.5～10.0 千克，雌雄比例约为 3：1，最好异地分别选购雌雄虾，防止近亲繁殖。②放养幼虾。7 月中下旬，选择优质幼虾，规格为每只 5～10 克，每亩放养量 20～25 千克，放养后人工投喂螺蛳蚌肉、小杂鱼和配合饲料进行强化培育，使其长成亲虾交配后入穴越冬。③放养虾

苗。3月中下旬至4月初，每亩莲藕田投放规格为2～3厘米的人工繁育虾苗1万～3万尾。

饲料投喂：小龙虾的饲料有米糠、豆饼、麸皮、小杂鱼、螺蚬蚌肉、蚕蛹、蚯蚓、屠宰场下脚料或配合饲料等。当水温达到22摄氏度左右时，一般每天上午的9:00～10:00和日落前后或夜间投喂2～3次，日投饲量为虾质量的5%～8%；饵料投放在靠近环沟、水位较浅和小龙虾集中的区域，以利其摄食和方便检查吃食情况。投喂的饲料要求新鲜、不变质，定期在饲料中添加一定量的大蒜素、复合维生素等，以预防小龙虾黑鳃病及细菌性疾病。有条件的最好安装频振式杀虫灯，不仅可以杀死田间害虫，减少农药用量，杀死的害虫还可以供小龙虾食用。

虾病防治：莲藕田生态环境较好的情况下，小龙虾一般很少暴发疾病，虾种放养时可用浓度为3%的食盐溶液浸浴虾体3～5分钟进行消毒；小龙虾生长期间每隔15～20天泼洒1次生石灰消毒，每次每亩用量10～15千克，可改善藕田水质，增加水中钙离子含量，促进小龙虾蜕壳生长。

小龙虾捕捞：根据小龙虾生长情况和市场行情，从3月初开始用地笼捕获小龙虾上市。地笼的网眼要定制，采取捕大留小的方法，直至莲藕开始萌芽长叶前要将大部分小龙虾捕尽，并降低水位将极少部分小规格小龙虾赶到四周环沟中。

注意事项：莲藕-小龙虾高效种养模式要防止莲藕种植、施肥等对小龙虾造成影响，莲藕萌芽出叶初期，要防止大规格小龙虾危害莲藕嫩叶。

3. 莲藕-慈姑或水芹轮作模式

江苏、广西等地区常采用莲藕-慈姑轮作模式，即春季早熟莲藕在7月中下旬采收结束，采收后立即耕翻田块施基肥，整地后栽培慈姑；慈姑于3月下旬至4月中旬育苗，7月下旬至8月初定植，定植后加强田间管理，于12月底开始采收。江苏苏南、上海等地区有种植和消费水芹的习惯，通常采用莲藕-水芹轮作模式，即莲藕在8月底前采收结束后施肥整地，于9月上中旬种植水芹，元旦、春节期间采收上市。

（三）莲藕栽种前准备

1. 藕田的选择及整地

选择避风向阳、保水性好、富含有机质的肥沃田块为宜。湖荡应选择水流平缓、水位稳定，最高水位不超过100～120厘米，淤泥层较深厚的地方栽种。栽种莲藕前，先耕翻田块，并筑固田埂，施足有机肥，一般每亩施商品有机肥400～500千克，或腐熟土杂肥2 000～3 000千克，或绿肥、厩肥5 000千克以上，多施有机肥可明显提高莲藕的产量和品质。

2. 种藕选择

应选择完整、无破损，具两节以上，芽壮，无病虫害，后把粗短，且符合该品种特征的成熟藕作种。种藕大、生长发育旺盛，有利于早熟、丰产。

（四）莲藕栽种

种藕一般于临栽前挖起，随挖随栽，不宜长时间暴露在空气中，以防叶芽失水干枯。栽藕密度视藕田情况、品种及上市期而异，一般田藕比塘藕密度大，早熟品种比晚熟品种密度大，早采收比晚采收密度大。每亩种藕用量一般为300～400千克。

栽藕时为了操作方便，田水宜浅，保持在3～5厘米即可。栽植时，各行栽植穴宜交错排列，藕田四周定植的种藕顶芽一律朝向田内，藕田中间定植的种藕顶芽应左右相对，分别朝向对面行的株间，种藕顶芽及各节应埋入土中8～10厘米深，种藕最后一节露出土壤表面，这样可使后期长出的立叶和结出的新藕分布均匀，还有利于后期机械化施肥和采收。

莲藕田间定植

（五）田间管理

1. 中耕除草

莲藕栽种后到荷叶封行前，可视杂草生长情况进行中耕除草。除草时应先排浅田水，再进行除草松土。除掉的杂草随即深埋土中作为肥料。除草时在田间走动脚步要轻，尽量避开地下茎，以免踩伤地下茎。待荷叶基本封行时，防止人、畜下田碰伤荷叶及地下茎。每次除草后立即恢复水层。

2. 追肥

莲藕喜肥，除施足基肥外，生长期间还应分期追肥。一般在田间长出少数立叶时追施发棵肥，每亩施入沼液肥或腐熟粪肥 1 000～1 500 千克，或尿素 10～15 千克，以促进分枝和出叶。田间荷叶基本封行时重施第 2 次追肥，一般每亩施尿素 20 千克、过磷酸钙 15 千克，缺钾土壤还应补施硫酸钾 15～20 千克，全田撒施。莲藕膨大初期进行第 3 次追肥，即催藕肥，每亩施三元素复合肥（15 - 15 - 15）40～50 千克。施肥应选择晴朗无风的天气，在清晨露水干后进行，以防肥料黏留在叶面上灼伤叶片。每次追肥前停止灌水，降低田间水层或尽量放干田水，以便肥料融入土中，提高肥料利用效率，施肥后第 2 天恢复原水层。

近年来，扬州大学水生蔬菜研究团队研发推广了《莲藕缓释肥一次性追肥栽培技术规程》（DB 3210/T 1096—2021），该技术是在莲藕定植后 20～30 天、开始进入立叶生长期时进行一次性追肥，即每亩追施缓释周期为 90 天或 120 天的缓释肥（18 - 7 - 15）50～70 千克。为减少追肥用工，提高追肥效率，无水层或浅水田块可用无人机进行追肥。针对莲藕栽培地块为浅水圩荡且有一定深度的水层，扬州大学水生蔬菜研究团队研发了船式气压施肥机，并研发了配套的追肥技术；试验结果表明，采用缓释肥可减少追肥用量 30% 以上，满足了莲藕生长中后期对肥料的需求，提高了莲藕产量和品质，莲藕商品率提高 10 个百分点以上，而且减少了肥料流失，解决了传统施肥技术追肥利用率低、莲藕生长中后期需肥而施肥困难等生产难题。利用缓释肥和无人机、船式气压施肥机一次性追肥，可以减少施肥用工 60% 以上。

莲藕缓释肥

追肥无人机

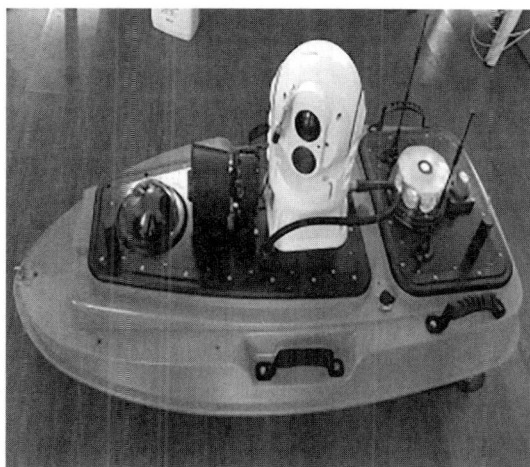

船式气压追肥机

3. 水层管理

莲藕萌芽生长期田间保持 2～3 厘米浅水层，以提高土壤温度，促进萌发。植株长出 1～2 片立叶后，生长势逐渐转旺，气温亦很快升高，水层要逐渐加深到 15～30 厘米，以促进立叶逐片高大；后期立叶满田芽开始出现后把叶时，逐渐将水位降至 5～10 厘米深，到莲藕膨大初期水层再降至 4～5 厘米深，以促进结藕。在莲藕整个生长期间水位的涨落要保持和缓，不能猛涨暴落和时旱时涝。长江中下游和沿海地区夏季经常有台风、暴雨侵袭，可灌深水防风保护荷叶，台风暴雨过后再排水，保持原来水位。湖荡种植莲藕要防止水面上涨淹没荷叶，造成减产。

4. 转藕头

在莲藕旺盛生长期，莲鞭生长迅速，两侧产生分枝，呈扇形向前伸展。当新抽生的卷叶距田边 1 米左右时，表明莲鞭的顶芽已逼近田埂，为防止莲鞭穿越田埂，应及时将莲鞭顶芽拨向田内。转藕头宜在中午以后茎叶柔软时进行，先找到莲藕顶芽，用周围泥土包裹着莲鞭顶芽小心拨转向田块内部，拨转后再用泥压稳。转藕头时还应注意莲鞭生长的稀密情况，尽量将过密处的莲鞭顶芽向稀疏的方向调整，以使莲鞭分布均匀，提高产量。

5. 病虫害防控

莲藕的主要病害有腐败病和僵藕，害虫主要有食根金花虫、夜蛾类害虫和蚜虫等。针对长期以来莲藕病虫害相关研究少，以及藕田水体环境下用药难度大、用工多、防治效果差等问题，扬州大学水生蔬菜研究团队初步明确了僵藕和食根金花虫的发生、流行机制，集成推广了莲藕主要病虫害的绿色轻简化防治技术。

莲藕腐败病：由土壤中的镰刀菌引起，病菌通过种藕和土壤传播，在各莲藕产区均有发生。主要危害莲藕地下茎，然后危害叶片，严重时地下茎腐烂，地上部随之枯死。

防治措施：选用抗病或耐病品种，栽植无病种藕；定植前可用50%多菌灵可湿性粉剂800～1 000倍液浸泡种藕1分钟；增施有机肥，不偏施氮肥；冬季耕翻冻垡或种植绿肥，清除埂边和田间杂草及枯枝烂叶；深水藕田在冬季每亩撒生石灰50～100千克进行消毒；及时进行水旱轮作。

僵藕：据扬州大学水生蔬菜研究团队研究，初步确定僵藕因病毒感染引起。表现为藕节段表面出现较多深入表皮下的棕褐色条（点）斑，藕身僵硬瘦小，顶端常扭曲、畸形，产量、品质大幅度下降，多年连作田发病会逐年加重。

防治措施：选用无病种藕，忌连作，同时要注意施肥充足、营养均衡。

食根金花虫：又称稻根叶甲，其幼虫俗称地蛆或水蛆，可潜入泥中危害地下茎和藕节段，影响莲藕产量和品质。

防治措施：栽培过程中可在田间放养黄鳝和泥鳅等防治食根金花幼虫；在田间每6亩设置杀虫灯1台、每隔10米设置1张黄色粘虫板防控其成虫。

夜蛾类害虫：可用黑光灯，或频振式杀虫灯，或糖醋液（糖6份、醋3份、白酒1份、水10份、90%敌百虫乳油剂1份）诱杀斜纹夜蛾成虫，或用性诱剂防治。

蚜虫：蚜虫对黄色、橙黄色有较强的趋性，田间可设置黄板诱杀蚜虫。

（六）采收和采后处理

1. 采收

当终止叶的叶背呈微红色、基部立叶叶缘枯黄时表明莲藕已基本成熟，成熟藕可以陆续采收至翌年萌芽前。目前莲藕采收主要有人工采收、高压水枪系统辅助人工采收、莲藕采收机（俗称挖藕机）采收3种方式。人工采收费时费力、效率低，1个壮实劳动力每天最多采收5～6小时，采收200～250千克，且人工采收对莲藕有较大的损伤；高压水枪辅助采收系统的应用在一定程度上提高了采收效率，平均1个劳动力每天采收5～6小时，可采收450千克左右，但仍需人工手持水枪冲挖，导致劳

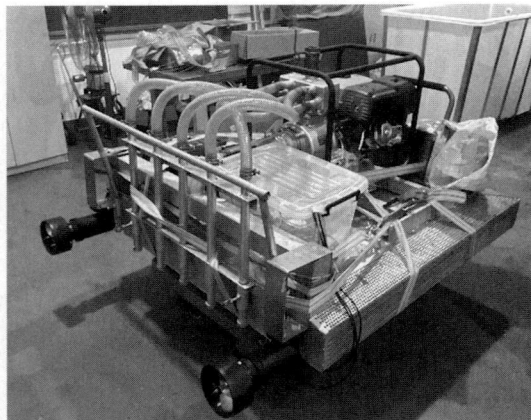

莲藕采收机械

动强度仍然较大；采用船式挖藕机每天采收 8～10 小时，可采收 800 千克左右，采收效率提高 180%～320%、减少采收用工 44.4%～68.8%，大幅度减轻了劳动强度。但因莲藕田的土壤结构、不同品种莲藕的入土深度、不同田块的水层深度千差万别，大多数莲藕采收机械的采收效果尚不稳定，加上莲藕采收机械的成本相对较高等因素，限制了莲藕采收机械的普遍推广应用，采收机械的相关采收参数和性能也需进一步完善和提高；高压水枪辅助采收系统因成本相对较低、采收过程可控、采收效率高于人工等优势，成为目前莲藕的主要采收方式。

2. 采后处理

莲藕采收后剔除破损和有病虫害的个体，带泥不洗，立即调运市场，上市时用高压水枪辅助清洗。莲藕还可经盐渍加工成咸莲藕，经 90～95 摄氏度的水漂烫加工成水煮藕，经破碎压榨制成莲藕汁饮料、藕粉等。目前多数莲藕加工企业已实现了加工前机械化清洗，极大地节约了人力和成本，提高了经济效益。

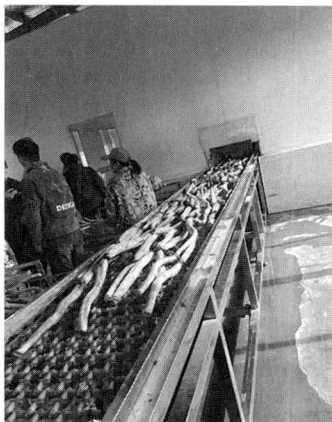

莲藕清洗线

三、适宜区域

江苏、湖北、安徽、江西、山东、广西等莲藕栽培区域。

四、注意事项

1. 种植前应对莲藕进行严格的选留种。目前，生产上专业莲藕种苗公司还很少，栽培应用的莲藕种苗病毒病、腐败病等病虫害，以及品种退化、混杂现象也很普遍，加强选留种工作，保证种苗质量，是莲藕优质高效生产的基础。

2. 莲藕生长过程中肥水管理应严格精准。我国莲藕生产中肥水管理普遍凭经验，不仅严重影响施肥效果，还常常污染水土环境，严格按要求分期、定量施肥并配套水层管理，是莲藕取得优质高产高效的关键。

3. 莲藕与小龙虾（鱼）种养结合时，在莲藕肥水、病虫害防治管理时要保证不对小龙虾（鱼）的生长发育产生影响，小龙虾（鱼）的投放、捕捞应不造成对莲藕生长的影响。科学布局莲藕与小龙虾（鱼）的和谐共生，是莲藕与小龙虾（鱼）高效生态种养的保证。

技术依托单位

扬州大学

联系地址：江苏省扬州市文汇东路 48 号

邮政编码：225009

联 系 人：李良俊

联系电话：13365110946

电子邮箱：ljli@yzu.edu.cn

西北露地甜瓜轻简机械化栽培与水肥高效利用技术

一、技术概述

（一）技术基本情况

甜瓜是西北地区极具特色的经济作物，是西北地区发展农村经济的支柱产业之一。2018年以来，西北地区甜瓜年种植面积超过 100 万亩，产量超过 300 万吨，也是西北地区外销的重要农产品，对产区农业增效、农民增收和乡村振兴具有重要意义。西北地区甜瓜的常规露地种植模式主要采用开沟种植和平畦一膜双行种植，两种模式种植过程中的突出问题：一是生产用工多且无法减省用工，随着"用工难""用工贵"等问题的逐年加剧，高成本人工投入的种植方式使得西北地区甜瓜生产的比较效益不断下降，按常规种植产量 2 000 千克/亩、均价 3 元/千克计算，如全成本核算，则投入产出比接近 1：1，甜瓜生产的经济收入主要来自瓜农自身劳动力投入所得，经济效益较低；二是机械化程度低，耕种收综合机械化率仅为20%～30%，田间管理作业主要依赖人工，生产效率低下；三是为保证商品率，必须精细管理，整枝留果作业繁琐，水肥管理实现标准化难度大，不具备可持续性，特别是对于大规模生产种植；四是种植过程中水、肥、药施用不规范，存在过量或盲目施用，而且形成了"高投入—高产量—低品质—低价格—低效益"的恶性循环问题，造成资源浪费和生态环境破坏。

为此，针对西北地区甜瓜生产存在的产业问题与技术瓶颈，围绕"膜下滴灌"和"垄膜沟灌"两种模式，通过筛选与选育优质高抗品种，研究一次性基施缓（控）释肥、不整枝（或简易整枝）的植株管理、高效节水与水肥耦合、精准施药等轻简化栽培技术与水肥药减施技术，研发旱塘瓜施肥开沟覆膜覆土一体化作业、有机肥化肥混合深施、瓜苗坐水移栽、小拱棚架设、高效植保等机械化技术与装备，集成创新甜瓜露地高效轻简机械化与水肥高效利用技术体系，实现了西北地区甜瓜生产农机农艺融合、良种良法配套、生产生态协调。该技术的示范推广大幅提升了西北地区甜瓜生产机械化水平和规模化生产能力，同时对国内其他甜瓜产区有着重要的参考意义，具有广阔的应用前景。

（二）技术示范推广情况

2013—2021 年，研发团队在新疆吐鲁番市、哈密市、喀什地区和甘肃省武威市、酒泉市等甜瓜主产区建立了 4 个核心技术综合研究示范区以及 11 个生产示范区，开展了甜瓜露地绿色高效轻简机械化栽培技术示范与推广，取得成果有：筛选出纳斯密、黄梦脆、黄皮9818、喀甜 2 号、俊秀、西洲密 25、银帝、金红宝等适宜露地轻简机械化栽培的优质高抗品种；通过一次性基施缓（控）释肥、有机肥化肥混合深施、水肥一体化等技术示范推广，提高化肥（氮肥）利用率近 15%，化肥减施 20%～30%；通过高抗品种、前期预防与健康栽培、精准施药及病虫害综合防治等技术的集成应用，平均减施农药 35%，果实总糖和维生素 C 含量分别提高 10%和 1%，果实芳香物质含量也显著提高；有机肥深施机、铺管铺膜坐水移栽复式作业机与小拱棚覆膜机等系列甜瓜专用化机械的研发与示范推广，解决了化肥与有机肥在线混合深施与配比精准调控、瓜苗旱地坐水移栽与种植穴精准覆土、小拱棚机械化架设与仿形覆膜等技术难题，实现了施有机肥、耕整地、种植等环节的高效轻简机械化作业。在新疆、甘肃甜瓜主产区进行了试验示范，取得良好成效，获得甜瓜育种、栽培、机械化等领域专家及甜瓜产区农机、农技推广服务部门、示范县甜瓜种植大户的充分肯定，《中国农机化导报》《农民日报》和 CCTV13 中央电视台、新疆电视台等主流媒体对该技术成果的成功研发与应用进行了报道，为进一步大规模推广应用奠定了基础。

2013—2021 年该技术在新疆、甘肃累计示范推广面积约 200 万亩，实现新增经济效益 8.72 亿元，举办各种培训班及田间现场会 100 多场次，培训瓜农和农技人员 8 万余人次。

（三）提质增效情况

以绿色发展理念为引领、以资源环境承载力为基准、以生态环境质量为约束、以提质增效为路径，通过甜瓜露地绿色高效轻简机械化栽培技术的试验示范与推广，大幅提高了甜瓜生产综合机械化水平，减少了用工成本，同时提高了生产效率和规模化生产能力，实现了西北地区甜瓜绿色优质高效生产。目前新疆在甜瓜春季生产用工集中时的人工成本为 200～350 元/（人·天），通过该技术的应用，每亩可降低人工成本 100 元以上，机械化作业效率较人工作业可以提高 8 倍以上，新增产量约 20 万吨，新增产值约 6 亿元，节水 8 000 万米³左右，节肥 3 万吨左右，水肥投入成本节约 7 200 万元左右，劳动力投入成本节约 2 亿元左右，经济效益显著；同时，通过有机肥机械化深施、一次性基施缓（控）释肥等技术的应用，促进了有机肥替代部分比例化肥，明确了在保证甜瓜正常生长条件下，最佳有机肥替代比例，对实现甜瓜化肥减量化目标具有重要指导意义。通过高效植保、水肥精准管理等技术与装备的优化提升，提高水肥药的有效利用率，避免因化肥农药不合理施用导致的资源浪费、农业面源污染、耕地生态系统功能退化等问题，环境生态效益显著。

（四）技术获奖情况

技术相关成果"新疆甜瓜露地轻简化栽培关键技术集成与推广应用"获 2019—2021 年度全国农牧渔业丰收奖二等奖；"旱区甜瓜水肥高效利用关键技术创新集成与示范"获 2022 年度甘肃省科学技术进步奖二等奖。"新疆甜瓜露地轻简化栽培关键技术集成研究与示范推广"获 2020 年度新疆维吾尔自治区科学技术进步奖二等奖。

二、技术要点

（一）耕地选择

以壤土或沙壤土为宜，排水良好，地势平坦，坡降小于 0.3‰，土层厚，土壤条件均匀一致，土壤含盐量 0.5% 以下，pH 7～8，土壤有机质含量 1% 以上，碱解氮 60 毫克/千克以上，速效钾 140 毫克/千克以上，有效磷 15 毫克/千克以上；不能连作种植甜瓜，轮作期不少于 3 年；不可与其他葫芦科作物及茄科作物连作或邻作，前茬以粮食、豆类或葱蒜类作物为宜。

（二）土壤整理

春季土壤合墒后，采用铧式犁、旋耕机、镇压器等土壤耕作机械对耕层土壤进行翻垡、松碎、平整、镇压等加工整理，翻耕深度 20～30 厘米，土壤耕整作业后，要求土壤表面平坦，土块细碎，无残枝等各类杂物。

（三）施基肥

采用有机肥深施机侧深施缓（控）释肥，或将有机肥与化肥按一定比例混合深施，一个作业流程完成开沟、施肥和沟土回填的机械化复式作业。膜下滴灌种植，开施肥沟 30 厘米深、30 厘米宽，沟心距 180～210 厘米（根据不同栽培品种特性）。每亩混合深施优质腐熟有机肥 3～4 米³，并施入氮、磷、钾复合肥 30～45 千克。垄膜沟灌种植，采用旱塘瓜施肥喷药开沟覆膜覆土一体机进行作业，配套施用甜瓜稳定性复合肥 60 千克/亩，施肥深度 15 厘米，开沟规格为：上宽 50 厘米，下宽 25 厘米，深度 30 厘米，垄宽 130 厘米。

（四）种子处理

种子处理宜采用干热处理方法，先将种子在 40 摄氏度干热恒温处理 24 小时，然后用 70 摄氏度干热处理 24 小时。

（五）育苗

在日光温室或塑料大棚内适时育苗，同时需根据季节气候条件配备相应的保温设备，育苗质量可参照 DBN6521/T 168—2016 中甜瓜壮苗标准，并且满足机械化移栽的要求：日历苗龄达到 25～35 天，胚轴长度 6.5 厘米以下、茎粗 0.3 厘米以上，根系发达，侧根数量多、呈白色，形成紧实根坨，叶片深绿、舒展，无病虫害。

（六）优质高抗品种选择

结合不同产区对品种的要求以及品种特点，选择适宜机械化移栽、结果性强、不易结根瓜、坐果节位合适、坐果时间集中、果形均匀、抗病性强的甜瓜品种。

（七）栽培模式

膜下滴灌平畦单行种植，于两根滴灌带之间移栽瓜苗，根据地力和种植品种合理控制株距 60～80 厘米，每亩种植 360～550 株。垄膜沟灌双行种植，开沟起垄，垄沟覆膜，播种前 5～7 天开沟，垄面宽 130 厘米，沟宽 50 厘米，沟深 30 厘米，用幅宽 140 厘米地膜覆盖垄沟和沟两侧垄面，甜瓜在距垄沟 10 厘米的垄面种植，株距 40～60 厘米，每亩种植 1 110～1 660 株。

膜下滴灌平畦单行种植　　　　　　　　　　　　垄膜沟灌双行种植

（八）移栽与小拱棚架设

春季移栽时，需 10 厘米地温稳定在 13～15 摄氏度，甘肃省、新疆（吐鲁番市、哈密市和喀什地区）甜瓜产区 3 月上中旬移栽、新疆（昌吉回族自治州、阿勒泰地区等）甜瓜产区 4 月中下旬至 5 月上旬移栽。移栽可采用铺管铺膜坐水移栽复式作业机，一个作业流程完成旋耕、铺滴灌带（毛管）、铺地膜及膜边覆土、钵苗膜上移栽、根底注水（保苗水）、种植穴覆土及镇压的机械化复式作业。在种植带上铺设两根毛管（毛管滴头间距 30 厘米，滴水量 3.2 升/时），两根毛管间距 25～30 厘米。移栽完毕，采用小拱棚覆膜机进行小拱棚支架栽插、覆棚膜和膜边覆二，形成简易保护设施。移栽和小拱棚架设完成后，将毛管接入主管，用滴灌设备滴定根水一次，滴水量在 10～15 米³/亩，以保证秧苗移栽成活率。

铺管铺膜坐水移栽

拱棚覆膜

（九）田间管理

（1）中耕除草　在甜瓜伸蔓前用小型拖拉机配套中耕除草机翻耕瓜畦间土壤，以提升土壤透水透气性和蓄水保墒能力，并去除瓜畦间杂草。

（2）整枝　瓜苗 5～6 真叶时打顶，留 4～5 个侧蔓，以后不再整枝，后期侧蔓生长过旺，长出畦面，可数次切除侧蔓生长点。

（3）疏果　摘除根瓜和畸形瓜，后期任意结瓜。

（4）灌溉　膜下滴灌平畦栽培模式，采用水肥一体化设备，苗期在出苗后蹲苗 30～40 天浇第 1 次水，每亩滴水量 10～30 米³，以水分浸润至膜外部边沿土壤为准；开花坐果期浇水 2～3 次，间隔 4～7 天，每亩每次滴水量 8～15 米³；果实膨大期浇水 2～3 次，间隔 3～5 天，每亩每次滴水量 8～20 米³；成熟前期浇水 1～2 次，每隔 5～7 天滴水 1 次，每亩每次滴水量 8～15 米³，采收前 10 天左右停止滴水，追肥参照 NY/T 496 的规定执行，伸蔓期至花果期追肥 1～2 次，果实膨大期追肥 2～3 次，每次每亩随水追施全溶性复合肥（17-17-17）3～5 千克，果实显露网纹后追施 2～3 次磷酸二氢钾，每亩每次 3 千克。

垄膜沟灌栽培模式，每亩灌溉定额为 150 米³，苗期每亩灌水量 20 米³，开花至坐果期每亩灌水量 30 米³，膨瓜期每间隔 5～6 天灌水一次，每次灌水量为 20 米³/亩，共灌水 5 次，甜瓜采收前 8～10 天停止灌水，膨果期追施 2～3 次高效水容复合肥（20-20-20），每次施肥量为 8～10 千克/亩。

（十）病虫害防治

主要病害为细菌性果斑病、白粉病、霜霉病、枯萎病、病毒病、蔓枯病和猝倒病。主要虫害有蚜虫、叶螨、潜叶蝇和烟粉虱。遵循 GB/T 23416.3 进行病虫害防治，化学农药使用按 GB 4285 和 GB/T 8321.1～8321.9 执行。甜瓜生长前期可采用喷杆喷雾机进入田间喷施杀菌剂和杀虫剂。喷杆喷雾机应安装 ST110-01、ST110-015、ST110-02 等型号的低量扇形雾喷头，喷雾压力 0.2～0.4 兆帕，喷雾高度应距离地面 50 厘米。中后期封行后，可采用植保无人机进行喷雾作业，应安装 ST110 - 01、ST110 - 015 型号的低量扇形雾喷头或低量离心雾化喷头，无人机飞行高度 3.0～4.0 米，飞行速度 2～3 米/秒，杀虫剂喷施药液量 0.8～1.0 升/亩，杀菌剂喷施药液量 2.0 升/亩为宜。

病虫害防治

三、适宜区域

甘肃省武威市、酒泉市和新疆吐鲁番市、哈密市、喀什地区等甜瓜产区。

四、注意事项

1. 田间管理与病虫害防治应根据当季的气候条件、土壤墒情、病虫害发生情况等进行适度调整。

2. 甜瓜垄膜沟灌水肥高效管理技术相关参数以厚皮甜瓜为主的试验得出，不宜在薄皮甜瓜生产中应用。

技术依托单位

1. 新疆农业科学院哈密瓜研究中心

联系地址：新疆乌鲁木齐市沙依巴克区南昌路 403 号

邮政编码：830091

联 系 人：胡国智 翟文强

联系电话：13009611511 15999300193

电子邮箱：hgz0901@126.com

2. 甘肃省农业科学院

联系地址：甘肃省兰州市安宁区农科院新村 1 号

联 系 人：马忠明 薛 亮 杜少平

联系电话：13893355571 13893482056

电子邮箱：xuel_3521@163.com

3. 农业农村部南京农业机械化研究所

联系地址：江苏省南京市玄武区中山门外柳营 100 号

邮政编码：210014

联 系 人：龚 艳 陈 晓

联系电话：15366093017 15366092854

电子邮箱：nnnGongyan@qq.cn

设施西瓜甜瓜优质高效生产及土传病害防控技术

一、技术概述

(一)技术基本情况

我国西瓜种植面积常年稳定在 3 000 万亩左右。随着种植业转型升级,设施栽培已成为我国西瓜甜瓜生产的主要模式。由于设施环境的特殊性和西瓜甜瓜品种适应性等因素的影响,设施西瓜甜瓜果品品质欠佳,不能很好满足消费者的需求;同时,设施西瓜甜瓜生产中田间管理繁琐,生产成本高,果品同质竞争大,造成种植效益不高不稳,影响产业发展。

设施西瓜甜瓜生产中,枯萎病、根腐病、疫病等土传病害发生严重。由于土传病害一般呈现早期侵染后期发病的特点,发病后的防治效果并不理想,造成重大产量损失;同时,土传病害病菌可在土壤中存活 8～10 年,连作栽培中病菌在土壤中不断累积,发病加重,难以根治,成为连作障碍的主要病理性因素。

为了进一步提高设施西瓜甜瓜的种植效益、提升果品品质、克服土传病害危害,国家西瓜甜瓜产业技术体系精准布局、岗站专家团队联合攻关,开展设施西瓜甜瓜生产中智能化集约育苗、水肥精准调控、双大棚多层覆盖、优化茬口配置、整枝授粉、设施环境温湿度调控、土壤消毒、嫁接栽培、生物防治等技术研发与应用,形成设施西瓜甜瓜优质高效生产及土传病害防控技术。本技术由浙江大学、江苏省盐城市蔬菜研究所、黑龙江省农业科学院园艺分院、安徽省农业科学院园艺研究所、陕西省渭南市农业研究院、山东省农业科学院蔬菜研究所、北京市大兴区种植业技术推广站、湖南省邵阳市农业科学研究院、内蒙古自治区巴彦淖尔市农牧业科学研究所等单位联合研发。

(二)技术示范推广情况

"设施西瓜甜瓜优质高效简约栽培技术"在江苏、浙江、山东等产区开展推广应用,累计推广面积约 240 万亩;"设施西瓜甜瓜土传病害防控技术"在黑龙江、浙江、江苏、山东等产区推广应用,累计推广 180 余万亩。

(三)提质增效情况

水肥一体智能节水控肥技术分别节水 65%、节肥 30%;长季节简约栽培模式在江苏、浙江产区可分别采收 3～4 批和 4～6 批西瓜,产值增加 50%～80%;一年三茬西瓜栽培模式可增加 1～2 茬经济收入,种植效益增加 50%～100%。

设施西瓜甜瓜土传病害防控技术,对枯萎病、根腐病等主要土传病害的防效达 80% 以上,增产 10% 以上,增效 10% 以上;同时,减少西瓜甜瓜生产中的农药使用,减药 20% 以上,实现提质增效。

(四)技术获奖情况

(1)"中小型西瓜系列品种选育与推广"获 2019 年全国农牧渔业丰收奖一等奖。

(2)"经济作物抑病型土壤微生物区系调控技术创建与应用"获 2019 年神农中华农业科技奖一等奖。

（3）"陕西省设施西瓜新品种引进选育及简约高效栽培技术应用与推广"获 2019 年农业农村部农牧渔业丰收奖二等奖。

（4）"西瓜甜瓜枯萎病综合治理技术体系创建与应用"获 2021 年黑龙江省科学技术进步奖二等奖。

（5）"优质设施西瓜甜瓜系列新品种选育及高效栽培技术"获 2017 年山东省科学技术进步奖二等奖。

（6）"优质抗病耐贮运小果型西瓜新品种选育与应用"获 2022 年度江苏省科学技术奖三等奖。

（7）"设施蔬菜连作障碍绿色防控技术集成与推广"获 2017 年江苏省农业技术推广奖一等奖。

（8）"西瓜重要土传真菌病害抗性鉴定技术创新与优异种质创制"获 2022 年江苏省农业科技奖一等奖。

（9）"大兴西瓜集约化育苗关键技术集成提升与推广"获 2022 年北京市农业技术推广奖二等奖。

（10）"设施西瓜甜瓜绿色高效抗逆简约技术集成创新与推广"获 2020 年江苏省农业技术推广奖三等奖。

二、技术要点

（一）西瓜甜瓜优质高效生产技术

1. 智能化集约育苗技术

选用日光温室、连栋大棚等设施，配备温、光、水、肥控制系统，推广健康基质、LED 补光、苗床电热线＋薄膜覆盖等技术。根据移栽时间确定播种时间，出苗前白天温度控制在 25～28 摄氏度、夜间 15～18 摄氏度；50％种子顶土时可适当降低温度。嫁接苗 3～5 天内注意遮阴、保温、保湿，夜间适当提高温、湿度，恢复生长后夜温逐渐降低，幼苗长至 1 叶 1 心时夜温可保持在 16～18 摄氏度，以促进花芽分化。浇水后及时通风排湿，连阴雨天可增加 LED 补光灯。

2. 水肥精准调控与物联网技术

铺设软管滴灌系统，针对设施土壤养分含量及西瓜甜瓜需肥特性，依据多元营养平衡配方施肥原则，示范推广专用配方速溶肥料和精确滴灌技术。第 1 茬（早春）西瓜移栽前 1 个月左右，结合整地，亩施优质商品有机肥 1 000 千克、生物菌肥 160 千克、硫基三元复合肥 20～25 千克，耕翻 30 厘米以上，使基肥与土壤混合均匀。后期根据植株长势适当补水补肥，雌花授粉后至幼瓜开始膨大时追施水溶肥 1～3 次，高温季可增加追肥次数。长季节栽培每批西瓜坐果后及采收后各追肥 1 次。

3. 双大棚多层覆盖技术

定植前 15 天搭建双层大棚或三层大棚，铺设地膜。南北向大棚长度 50～120 米，外棚跨度 6～8 米，薄膜覆盖分顶膜和裙膜；东西向大棚（长季节栽培）长度 30～40 米，不设围裙膜。可在大棚增加 1～2 道小拱棚，形成大棚＋小棚多层覆盖栽培。搭建大棚时配套建设田间内外三沟，确保雨过畦干。

4. 优化茬口配置

（1）长季节栽培　12月下旬至2月上旬播种育苗，5月上旬至11月收获，浙江地区共采收4～6批，持续采收至11月；江苏地区共采收3～4批，持续采收至9月。

（2）多茬次栽培　第1茬（早春）西瓜采用五棚六膜（三大棚＋两小拱棚＋地膜）覆盖栽培，于上年12月上旬至1月上旬播种育苗，1月中下旬至2月上旬移栽，五一节前成熟采收上市；第2茬（春连夏）西瓜于3月上中旬播种育苗，4月中下旬移栽定植，7月上中旬成熟采收；第3茬（秋延后）西瓜于7月中旬至8月初播种育苗，7月下旬至8月中旬移栽，9月底至国庆节可成熟采收。

5. 整枝授粉技术

第1茬（早春）西瓜采用3蔓整枝，主蔓第2～3雌花授粉．第2茬（春连夏）西瓜主蔓26节后选留雌花授粉，第3茬（秋延后）西瓜主蔓6～7片叶时打顶，侧蔓第4～6雌花授粉；每株留1果，小果型可留2果，坐果前及时摘除多余花朵、侧芽。

长季节栽培每采收1批瓜后间隔二株或三株拔除1株，及时整枝，选留1条新萌发的侧蔓坐瓜，及时摘除过多的侧芽，越夏期间防止高温和早衰，延长采收期。

吊蔓栽培甜瓜在植株达到4叶1心时摘心，选留1条子蔓作为结瓜蔓吊起。

采用人工授粉或蜜蜂（熊蜂）授粉。人工授粉在晴天上午8～10时进行，均匀授粉，早春低温时可用氯吡脲（坐果灵）辅助授粉；蜜蜂（熊蜂）授粉，每亩用蜜蜂5 000头以上，在坐瓜节位雌花开花前1～2天的傍晚将蜂箱放入，坐果后及时移除蜂箱，禁止使用对蜜蜂有毒有害的农药。

6. 温湿度调控技术

第1茬（早春）西瓜定植后封闭棚膜7天左右，活棵后控制大棚温度，白天25摄氏度以上、夜间15摄氏度以上；开花结果期棚温白天提高至30摄氏度以上；果实发育及成熟期温度不超过35摄氏度。棚温高于28～30摄氏度，可由内到外逐步撤去内层棚膜，后期揭开大棚围裙膜通风降温降湿，保持棚温不超过35摄氏度。第2茬（春连夏）西瓜坐果前棚温白天25～30摄氏度，夜间18摄氏度以上，果实发育期白天不超过32摄氏度。4月中旬后采取高温避雨栽培措施，即撤下外大棚围裙膜、保留顶膜，并覆盖遮阳网。第3茬（秋延后）西瓜栽培应适时揭膜通风和闭棚保温，西瓜伸蔓期、结果期控制棚温32摄氏度左右，不超过35摄氏度，覆盖遮阳网、防虫网；9月中下旬主要采取棚两头揭膜通风，降低棚内湿度，减轻病虫害发生，后期要适当闭棚保温，尤其是果实成熟前要注意防止夜间低温，可增加一道小拱棚，增加棚内温度，促进西瓜成熟。

7. 产品质量追溯技术

授粉当日做标记，根据果实发育期及标记日期，推算成熟度，当果实九成熟时及时采收；采摘后清理瓜面，按大小分级包装、品牌销售；示范推广农业生产智能化监控与自动化管理系统等，实时监控并采集质量管理监测数据，做到生产全过程可追溯。

（二）土传病害防治技术

1. 抗病品种应用

根据产区生产特点和市场需求，从主推品种中选择高抗枯萎病的西瓜甜瓜品种．如黑龙江省产区可选龙盛9号西瓜品种、香瑞靓甜甜瓜品种等，江苏、浙江产区可选用京嘉301、苏蜜518、浙蜜8号、都蜜5号等西瓜品种。

2. 土壤消毒结合生物有机肥施用

土壤消毒可以选择使用双膜法太阳能土壤消毒、棉隆土壤消毒、生石灰土壤消毒、淹水处理土壤消毒等方法。本技术推荐棉隆药剂土壤消毒方法，具体如下：

药剂：98％棉隆微粒剂。

用量：25～30 千克/亩。

时期：收获后夏季高温时期。

方法：清除作物残体，施足腐熟基肥和底肥，旋耕土壤 20～25 厘米；翻耕整地，沟施或撒施药剂，再次翻耕，使药剂与土壤混合均匀；适当浇水，保持土壤中含水量 60％～75％；覆盖塑料薄膜（厚度 0.04 厘米以上原生膜），采用反埋法覆盖；在高温时期覆膜10～15 天；揭膜后按每亩 150～300 千克用量撒施或穴施生物有机肥或复合微生物菌剂，翻耕松土 25～30 厘米，整地作畦；5～7 天后移栽西瓜甜瓜苗。

棉隆药剂土壤消毒处理的主要环节

3. 栽培防病措施

（1）轮作　收获后，揭除棚膜保留棚架，种植一季水稻，起到水旱轮作效果，减轻土传病害发生。

（2）嫁接栽培　选择抗病性强、亲和力高、对品质影响小的南瓜、葫芦等砧木品种，与西瓜接穗品种嫁接，生产并应用抗病嫁接瓜苗。

（3）水分管理　高垄栽培，降低地下水位；采用膜下滴灌，严禁大水漫灌；雨后及时排水，防止积水。

（4）容器栽培　连作多年、土传病害发生严重的设施大棚，可以采用容器栽培，充分利用设施棚室，基本控制土传病害，提高产量 30％以上，节约成本 10％以上。

4. 生物防治

制剂：选用芽孢杆菌类、木霉菌等微生物生防制剂。

方法：育苗时按所选制剂推荐用量进行拌种或施入育苗土（每亩西瓜苗使用 500～1 000 克枯草芽孢杆菌拌育苗土）；移栽后一个月内按推荐用量（如枯草芽孢杆菌制剂每株 1 克或每亩 2 000～3 000 克）对水，灌根穴施 2～3 次，间隔 10～14 天。

5. 药剂防治

连作两年以上设施大棚，实生苗栽培的大棚，往年土传病害发生严重的大棚，均应重视土传病害预防和防治。

（1）枯萎病和根腐病

药剂：25％咪酰胺乳油、50％多霉灵粉剂、70％噁霉灵粉剂、50％腐霉利可湿性粉剂、10％苯醚甲环唑水分散粒剂、62.5％精甲霜灵·咯菌腈悬浮剂、34％氟唑菌酰羟胺·咯菌腈悬浮剂、2％精甲霜灵·氰霜唑颗粒剂等药剂或类似产品。

方法：灌根穴施或泼浇/喷施根茎部。

次数：西瓜甜瓜移栽后，连续 2～3 次；在移栽后 7～10 天第一次施用，10～14 天后第二次施用，视情况再施用第三次。

用量：按照药剂推荐使用量，对水配制药液；根据植株大小和根系分布，在植株根茎部灌根穴施或泼浇施用 200～500 毫升药液，确保药液达到并覆盖植株整个根系区域。

（2）蔓枯病和炭疽病

药剂：32.5％嘧菌酯·苯醚甲环唑悬浮剂（阿米妙收）、43％氟吡菌酰胺·肟菌酯悬浮剂（露娜森）、30％苯醚甲环唑悬浮剂、45％咪鲜胺水乳剂倍、75％百菌清粉剂等或类似药剂。

方法：发病初期用药，均匀喷施叶面和茎蔓部位，连续 2～3 次，间隔 7～10 天。

用量：按照药剂推荐使用量、浓度以及药液喷施量用药；选用广谱杀菌剂，达到对多种病害的一药兼治。

（3）疫病

药剂：50％烯酰吗啉可湿性粉剂、80％代森锰锌可湿性粉剂、58％甲霜灵锰锌可湿性粉剂、2％精甲霜灵·氰霜唑颗粒剂、25％嘧菌酯悬浮剂等或类似药剂。

方法：移栽后穴施精甲霜灵·氰霜唑颗粒剂，每株 1～1.5 克，施后覆土浇水即可；发病初期施药，选用烯酰吗啉、代森锰锌、甲霜灵锰锌、嘧菌酯等药剂，按推荐用量，均匀喷雾叶片和茎蔓，每 5～7 天一次，连续 2～3 次。

三、适宜区域

本技术或其单项技术在我国西瓜甜瓜各产区均适宜使用。

四、注意事项

1. 应开展必要的适应性试验示范，确认效果后再对本技术或其单项技术开展大面积推广应用。

2. 应根据不同茬口选择适宜的优质品种，如早春栽培应选择耐低温寡照、坐果能力强的优质高产品种，春连夏栽培中应选择耐高温、多抗品种，秋延后栽培宜选择耐高温、多抗、高产优质品种。

3. 尽量选用全生物降解地膜、高耐候易回收地膜，示范与推广"地膜减量替代""一膜两用、多用"等技术。

4. 棉隆处理时，应在消毒前加入农家肥，棉隆施用不超过三茬次；处理后应施用微生物有机肥、复合微生物菌剂等生物制剂，不能与杀菌剂（铜制剂、抗生素类药剂）混合施用。

5. 药剂防治中，应在土壤半干半湿时用药为好；视植株大小确定药液用量；根据病情、土壤、药剂等确定用药间隔期；轮换使用药剂。

技术依托单位

1. 浙江大学

联系地址：浙江省杭州市余杭塘路 866 号

邮政编码：310058

联 系 人：宋凤鸣

联系电话：0571-88982269　13516828709

电子邮箱：fmsong@zju.edu.cn

2. 江苏省盐城市蔬菜研究所

联系地址：江苏省盐城市亭湖区瑞鹤路 268 号

邮政编码：224001

联 系 人：孙兴祥

联系电话：0515-81880415　13905108646

电子邮箱：ycsxx@126.com

3. 黑龙江省农业科学院园艺分院

联系地址：黑龙江省哈尔滨市香坊区哈平路 666 号

邮政编码：150069

联 系 人：王喜庆

联系电话：0451-86666432　13804584770

电子邮箱：xiqingwang100@163.com

春季冬瓜化肥减量关键技术

一、技术概述

（一）技术基本情况

春季是冬瓜种植最主要的季节。春季冬瓜存在苗期时常遭遇低温，生长发育过程中高温高湿气候，疫病、蓟马等主要病虫灾害频发等产业问题。而冬瓜种植过程中，有机肥施用率低，氮磷钾肥投入总量高，存在养分投入数量多，配比不平衡，且忽视中微量元素肥料投入的问题。华南区域冬瓜种植体系中的主要病害有蔓枯病、疫病、炭疽病、白粉病等，主要虫害有蓟马、白粉虱。病虫害主要在早春低温、中后期高温高湿天气，连作地、排水不良，施肥和农艺管理不当的条件下发生。因此，在广东春季雨水多，化肥减量难度大的环境条件下，如何在不影响冬瓜产量、品质的基础上，实现化肥减量是本技术重点针对的问题。应用该综合技术体系可提高冬瓜产量 12% 以上，降低化肥用量 13%～40%，减少农药用量 30%～50%，平均每亩节本增收近 1 000 元。通过增产增收，给农民带来切实的效益；绿色栽培技术的应用，降低商品农药残留，有益于保障食品安全；减轻了农业生产过程中对自然环境的污染，生态环保意义重大。

（二）技术示范推广情况

该技术通过减少化肥用量，尤其是氮肥用量，结合镁肥及时供应，不仅可以防止贪青，还明显促进光合产物向果实转运，提高收获指数，实现增产。通过嫁接和绿色防控技术，有效降低病虫害发生频率，减少农药用量。应用水肥一体化技术，极大减少人工成本，最终实现节本增效。近三年来，该技术在华南冬瓜产区开展了大量的示范推广活动。通过建立示范基地、举办培训班、田间地头讲解、发放技术资料等多种形式，示范推广春季冬瓜化肥减量关键技术，辐射推广面积超过 50 万亩，取得显著的经济、生态和社会效益。

1. 冬瓜化肥减量关键技术的研究与示范活动

从 2019 年起，广东省农业科学院蔬菜研究所与佛山市三水区白坭镇康喜莱蔬菜专业合作社在白坭西江农业园内打造了康喜莱农业科技园，占地面积 142 亩，建设了 1 个典型核心示范基地，在白坭镇原有冬瓜种植方式的基础上，引进冬瓜化肥减量关键技术进行示范种植。

耕地、育苗

冬瓜苗移栽、定植

搭架、挂蓝板

研究过程中的田间采样和检测

现场观摩会、培训

　　2022 年 6 月 24 日，广东省农业科学院蔬菜研究所与佛山市三水区白坭镇康喜莱蔬菜专业合作社合作举行优质冬瓜"三护"栽培技术研究与示范活动。活动现场介绍了以冬瓜化肥减量为主的优质高产栽培关键技术，并带领大家进行田间观摩，现场对冬瓜果实进行采收和产量测定。

现场观摩会

2022年6月29日，广东省农业科学院蔬菜研究所与始兴县蔬菜产业园主体企业始兴县美青农业发展有限公司签订始兴县蔬菜省级现代农业产业园科技支撑协议。2022年11月1日上午，始兴县10个乡镇农技站代表人员、县农科所、蔬菜企业、种植大户及周边县市相关从业代表人员、省农业科学院蔬菜研究所科技人员共计80多人参加了蔬菜新品种新技术展示观摩会。本次观摩会示范了以冬瓜为主的45个新优品种，展示了蔬菜集约化育苗、轻简化栽培模式、水肥一体化调控、病虫害绿色防控等4项高效栽培技术。蔬菜研究所在其中提供了种植规划、新优品种和实用技术，以及对科技人员全程支持和服务。从本次试验示范的结果来看，95%以上品种在始兴县表现良好，栽培新技术落地实操性强，经济效益前景可观。参观人员表示大开眼界，受益匪浅。本次示范观摩会受到韶关电视台关注，以"始兴：新品种新技术示范推广助推蔬菜产业发展"为题进行报道。"南方Plus"以"助力农民提高种植技术，助推蔬菜产业高质量发展"为题进行报道。

科技支撑始兴县蔬菜产业园

技术培训现场

2. 省市级地方院所合作推广

与佛山市农业科学研究所合作，大力推广该技术，为佛山市顺德区智谷生态农业有限公司在佛山市顺德区 18 亩农旅项目的冬瓜种植提供技术服务。对冬瓜种植从品种布局、茬口安排、育苗技术、绿色防控、适时用药、节本增效、景观打造等方面提供全方位技术支撑，在生产优质冬瓜产品的同时，打造"菜园"变"公园"的田园景观。服务开展过程中以"良种良法展示"为抓手，展示工厂化育苗技术、测墒自动化灌溉技术、养分智能管控技术等，立足广东省资源禀赋，聚焦冬瓜产业，坚持绿色生产，提升产品品质，注重科技支撑，引导产业绿色高质量发展，结合后期黄龙村冬瓜美食品牌建设愿景，共同打造黄龙村黑皮冬瓜乡村产业品牌，实施后取得良好的社会效益，达到弘扬和宣传黄龙冬瓜文化的目的，让村民有所获、有所盼，在乡村振兴中提升获得感、幸福感。项目受到北滘镇电视台报道。

黄龙冬瓜公园刚开始平整土地时场景

对公园地块进行拍摄（左：筹划种植方案；右：实际种植全图）

整地起垄指导

技术指导下的设施育苗

测墒灌溉技术和搭棚架技术指导

大冬瓜都成熟了，种植户喜笑颜开

黄龙冬瓜公园场景

6月25日当天观摩会系列场景及北滘镇电视台报道

蔬菜研究所与佛山市、韶关市等多地政府、企事业单位共同合作，多次举办冬瓜王大赛、农民丰收节等活动，大力推广该技术。

佛山市冬瓜王大赛、韶关农民丰收节等活动现场

3. 冬瓜产业大会

以良种、良技为抓手，集成展示了冬瓜全产业链关键技术，于2022年2～6月筹备了

全国第二届冬瓜产业大会。大会成功涵盖了"冬瓜"细分领域，展示品种200余个，涵盖大冬瓜、小冬瓜、水果冬瓜、节瓜等多种类型，还对潜力新组合进行了展示。大会采用1+N办会模式，不断向产业链延伸扩展，以市场需求为导向，集结产学研力量，贯穿育种、栽培、流通、加工、食品等全产业链，共促行业发展。组织农技服务田头兵，深入生产一线进行田头课直播、科普小视频录制等线上线下活动，更有优秀科普视频被推送到学习强国广州学习平台首页，活动多次受到《南方农村报》等省级以上媒体报道。

田头课直播

农技服务田头兵技术指导现场

4. 科技小院

通过培树典型，努力营造学习先进、弘扬典型的浓厚氛围，起到辐射带动作用。创新推广模式，联合中国农业大学，建立了广东省首家蔬菜类"科技小院"，形成"地方农业部门协调＋专家指导＋企业参与＋示范基地搭建＋技术员跟进＋多途径培训＋回访调研"的推广机制，加速研究成果转化应用，有效辐射带动了该区域以水肥一体化技术为纽带的冬瓜化肥减量关键技术的大面积推广和示范。

通过科技小院平台，培养研究生 2 名，发表文章 8 篇，获得国家授权发明专利 5 项。

5. 农业主推技术方面

"广东春季冬瓜化肥农药减施关键生产技术"入选 2021—2022 年度广东省农业主推技术。

入选广东省农业主推技术证书

（三）提质增效情况

1. 产量稳定，甚至增产

应用植物疫苗（如氨基寡糖素水）提高冬瓜抗寒性。该种植方法可以明显增强冬瓜植株的防寒性能，保证冬瓜植株的生长和挂果，降低冬瓜的受冻率，有效提高产量。

2. 化肥用量显著降低，节约成本

采用测土配方、有机替代、水肥一体化、调整基追比、补充中微量营养的办法，有效降低化肥用量。

3. 减少温室气体排放

采用水肥一体化追肥，养分利用率提高，科学的低氮低磷高钾配比，减轻了农业生产过程中对自然环境的污染。

4. 减少化肥用量

首先根据冬瓜养分需求总量进行化肥总量控制，每生产 1 000 千克果实，冬瓜需要 N、P、K、Ca、Mg 分别为 1.2 千克、0.2 千克、2.4 千克、1.2 千克、0.2 千克。基肥与追肥比例以 3∶7 为宜，追肥分为 3～4 次，分别是苗期、初果期、中果和膨果期。

5. 果实商品性好，贮存品质高

注意镁肥和钙肥的补充，若采用具有缓释效果的杂卤石等肥料，宜做基肥施用；若采用溶解性高的养分，则采用水肥一体化或叶面喷施方法。微量元素因缺补缺。最终可显著提高冬瓜果实大小、果皮色泽度、可溶性糖、糖酸比等产量和品质性状。

（四）技术获奖情况

该技术相关内容获广东省科学技术奖 2 项、广西科学技术奖 1 项、佛山市科学技术奖 1 项、广东省农业技术推广奖 2 项，入选 2021—2023 年广东省农业主推技术。

二、技术要点

1. 选用抗病优良品种

目前铁柱系列冬瓜（广东省农业科学院蔬菜研究所培育）、墨地龙（湖南省农业科学院蔬菜研究所培育）等是各地冬瓜主产区首选抗病优良品种。

2. 种子处理

药剂消毒：浸种 6 小时后用 0.1%～0.2% 高锰酸钾浸种 30 分钟或 25% 瑞毒霉 800 倍液浸种 2 小时。

3. 嫁接技术

选择优良砧木品种如海砧 1 号、中叶白籽南瓜等优良嫁接砧木品种。

4. 苗期防寒技术

应用植物疫苗提高冬瓜抗寒性，将种子经温汤浸种后，再放入 5% 氨基寡糖素水剂 1 000 倍液浸种 15～20 分钟，然后正常催芽播种。在初花期、盛果期分别喷施 5% 海岛素疫苗水剂 1 000 倍液，可以明显增强冬瓜植株的防寒性能。

5. 精准施肥技术

包括测土配方施肥：首先根据冬瓜养分需求总量进行总量控制，每生产 1 000 千克果实，冬瓜需要 N、P、K、Ca、Mg 分别为 1.2 千克、0.2 千克、2.4 千克、1.2 千克、0.2 千克。基肥与追肥比例以 3：7 为宜，使用有机肥 500 千克/亩或水稻秸秆生物炭 200 千克/（亩·年），追肥分为 3～4 次，分别在苗期、初果期、中果和膨果期。采用水肥一体化追肥，养分利用率提高，建议冬瓜 N、P_2O_5、K_2O、Mg 养分用量为 16.7、4.3、20.0、4.0 千克/亩。建议苗期一周一次肥水，花期以后一周两次肥水，并采用 16 - 8 - 18、13 - 6 - 21 等低氮低磷高钾配比复合肥。需格外重视镁肥和钙肥的补充；应用生物炭和水肥一体化结合的减肥措施时，可显著降低 CO_2、N_2O、CH_4 累积排放量，实现低碳栽培。

6. 绿色防控技术

开深沟，垄高 30 厘米以上，垄形状为龟背形，避免积水，降低病害发生率；在开花初期，一次性彻底摘除雌雄花，降低蓟马等害虫虫口数。安放昆虫性信息素，以诱杀甜菜夜蛾成虫；应用粘虫板诱杀技术，利用黄板防治粉虱，利用蓝板防治蓟马；应用太阳能杀虫技术，综合诱杀各种鳞翅目害虫。使用植物源生物制剂防治病害，如烟叶生产副产品、苦楝等。

三、适宜区域

华南冬瓜种植区域，尤其适合在广东、广西、湖南、海南等省区推广应用。

四、注意事项

严格按照技术要点落实好苗期防寒技术与精准施肥技术。

技术依托单位

1. 广东省农业科学院蔬菜研究所

联系地址：广东省广州市天河区金颖路 66 号

邮政编码：510640

联 系 人：张白鸽

联系电话：13427547716

电子邮箱：plantgroup@126.com

2. 广东省农业技术推广中心

联系地址：广东省广州市天河区柯木塱南路 28 号

邮政编码：510520

联 系 人：李　强

联系电话：020-37236567

电子邮箱：Lqtgzz@163.com

葡萄提质增效绿色健康栽培技术

一、技术概述

（一）技术基本情况

葡萄是我国重要经济作物之一。近年来，我国葡萄栽培总面积为1 089.3万亩，居世界第二，仅次于西班牙；产量达1 419.54万吨，居世界第一。针对我国葡萄主产区存在生产技术复杂、费工费时、优质果率低、投入产出比低、栽培方式传统等关键性技术难题，通过成熟先进、实用性强的葡萄提质增效绿色健康栽培技术的应用，可实现葡萄产品品质提升、产业增效、农民增收，为葡萄产业的高质量绿色发展提供科技支撑。基于葡萄产品在生产中可塑性较强的特点，申请发明专利（一种葡萄栽培方法），通过对葡萄生产过程的精细化管理，生产出目标产品，形成差异化竞争，有效解决葡萄市场供求矛盾；基于该项技术成果，制定了农业农村部中国绿色食品发展中心发布的《黄河故道绿色食品葡萄生产操作规程》（LB/T 059—2020）与安徽省地方标准《葡萄避雨栽培技术规程》（DB34/T 2012—2019）、《葡萄生产技术规程》（DB34/T 1131—2019），在安徽葡萄主产区及周边部分省份得到广泛应用。

（二）技术示范推广情况

该项技术在全国小范围示范展示，在安徽全省实现较大范围推广应用。2022年该项技术成果成为安徽省农业农村厅（皖农教函〔2022〕334号）农业主推技术之一，在全省累计示范推广24.88万亩，先后在安徽省葡萄主产区的宿州市萧县和埇桥区、淮北市杜集区、亳州蒙城县、合肥市庐江县和包河区、淮南市、六安市金安区、滁州市来安县和定远县、安庆市宿松县、芜湖市繁昌区、黄山市歙县、宣城市等地得到推广应用；依托国家葡萄产业技术体系平台，加强试验站间合作，分别在广西兴安县、湖北公安县、江苏宜兴市、山东莱州市、云南元谋县、浙江温岭市等地建立示范区6个，累计推广总规模4.12万亩。

（三）提质增效情况

通过田间试验、示范与推广，该项技术节本增效显著，有效提高了果实品质。与传统栽培模式相比，平均亩产量达1 500千克以上，优质果率90%，化肥减量25%以上，肥料利用率提高15%以上，化学农药减量30%以上，平均亩产值达到1.0万元以上，每亩节约劳动力成本300元，亩均增收1 200元以上。

（四）技术获奖情况

该项技术为核心的科技成果"葡萄新品种选育及提质增效关键技术研究与应用"获安徽省2015年度科学技术进步奖二等奖。

二、技术要点

（一）核心技术

核心技术主要包括"适度稀植＋省力化整形修剪＋花果市场目标化精细管理＋病虫害绿

色防控"等关键技术。

1. 适度稀植

结合品种、砧木、土壤、设施、栽培架式、产量等因素，采用"大树稀植"技术和"早期密植、后期间伐"模式。确定永久植株。一般篱架株行距为（1.0～4.0）米×（1.5～3.0）米，每亩定植 56～444 株；棚架株行距为（2.0～4.0）米×（3.0～8.0）米，每亩定植 20～111 株。

"大树稀植"每亩 6 株树成效图

2. 省力化整形修剪

（1）单干双臂形简约化整形修剪　又称单干"T"字形或"一"字形树形。基本骨架为 1 个直立主干，两个主蔓。主蔓长度视行距而定，分布在立柱平面架下的镀锌钢丝上，每个主蔓两侧间隔 15～25 厘米培养 1 个结果枝组，每个结果枝组上留 1 个结果母枝。

（2）"H"字形树形简约化整形修剪　主干高度 1.8～2.0 米，顶部以主干为原点沿行向各培养 0.9～1.0 米的中心主蔓，中心主蔓两端各配置 2 个对生的主蔓，与中心主蔓垂直，在架面水平延伸，两个主蔓间距 1.8～2.0 米。主蔓上直接配置结果母枝，其配置密度为每米 10 个，在株行距为 4 米×8 米的栽培密度下，单株配置 150～160 个结果母枝。每亩配置结果母枝 3 300 个，每个母枝选留新梢 1 个。

"省力化整形修剪"技术成效图

3. 花果市场目标化精细管理

（1）产量控制　早熟品种每亩产量以 1 000～1 500 千克为宜；中晚熟品种每亩产量 1 500～2 000 千克。

（2）疏花技术　疏花应根据葡萄品种而定。疏除细弱的花穗，每条结果枝保留一穗花，弱枝一般不留花穗。在开花前疏花，欧美杂交种花序保留 3～5 厘米穗尖；欧亚种每花穗保留 8～10 厘米穗尖。

（3）疏果技术　对大多数品种在结实稳定后越早进行疏粒越好，增大果粒的效果也越明显。不同的品种疏果的方法有所不同，主要分为疏除小穗梗和果粒两种方法，对于过密的果穗要适当除去部分支梗，以保证果粒增长有适当空间，对于每一支梗中所选留的果粒数也不可过多，通常果穗上部可适当多一些，下部适当少一些。疏果主要疏除瘦小、畸形、果柄细弱、朝内生长的果粒。一般中大粒品种每穗留 40～60 粒，小粒品种保留 80～100 粒。

（4）保果技术　花期遇到低温或阴雨天气，影响坐果。初花期用 12～25 毫克/千克的赤霉酸（GA₃）或 3～5 毫克/千克的氯吡脲（CPPU）或两者混合的水溶液浸蘸或喷布花穗。不同品种对赤霉酸和氯吡脲敏感性不同，不同发育阶段的敏感性也不同，需要在上述浓度范围内试验后大面积使用。

"花果市场目标化精细管理"技术成效图

4. 病虫害绿色防控

（1）农业防治　及时清理病僵果、病虫枝条、病叶等病组织，刮除老蔓和老翘裂皮，减少初侵染源；加强栽培管理，改善通风透光条件，提高树体抗病能力。

（2）物理防治　利用防虫网和防鸟网等措施降低虫害、鸟害；利用糖醋液、黄板、频振式诱虫灯等诱杀成虫。

（3）生物防治　在葡萄园周围种植波斯菊、硫华菊等显花植物助迁和保护瓢虫、草蛉、捕食螨等害虫天敌；利用昆虫信息激素诱杀或干扰成虫交配等。

（4）化学防治　芽萌动时，全园喷施 3～5 波美度石硫合剂。萌芽至开花前，喷 1:0.7:（200～240）倍的波尔多液，预防黑痘病、灰霉病、穗轴褐枯病。花期喷施 40%嘧霉胺悬浮剂 1 000 倍液防治灰霉病、

"病虫害绿色防控"技术成效图

穗轴褐枯病。花后至幼果期，喷施 75%百菌清可湿性粉剂 600～800 倍液，连喷 1～2 次。幼果期喷施 36%甲基硫菌灵悬浮剂 800 倍液，每隔 10～15 天喷 1 次，重点防治白腐病。浆果转色期至成熟期喷施 70%甲基硫菌灵超微可湿性粉剂 1 000 倍液，间隔 10～15 天喷 1 次，重点防治炭疽病、灰霉病。果实采后全园喷施 2 次 1:0.7:（200～240）倍的波尔多液，间

隔期为 15～20 天。

（二）配套技术

配套技术包括"优良品种＋避雨设施＋水肥一体化管理＋适宜果袋应用＋园艺地布覆盖＋沥水沟地膜排水"等关键技术。

1. 优良品种选择

根据市场需求，结合气候特点、土壤条件和品种的成熟期、抗逆性和品质特性等，选择适宜品种。

2. 避雨设施

（1）简易避雨棚　采取南北走向，一般以畦为单位，避雨棚立柱与葡萄架柱合用，葡萄架柱为单位，棚宽与行距大小一致；在架上方搭拱形避雨棚，与葡萄篱架对应，形成半封闭状态。避雨棚之间的间隙与畦沟对应。简易避雨棚一般行距在 2.5～3.0 米，棚肩宽为 2.0～2.5 米，棚高 2.0～2.5 米，避雨棚间隙保持在 50 厘米以上。

（2）连栋避雨棚　连栋避雨大棚，由若干个镀锌钢管单棚相联，采取南北走向，每单棚跨度 6.0～8.0 米，长度 40～60 米，顶高 3.6～4.0 米，肩高 2.0～2.3 米，单棚间设排水槽联结。

3. 水肥一体化管理

萌芽前追肥以氮、磷为主，果实膨大期和转色期追肥以磷、钾为主，选择水溶性肥料。

（1）肥料管理　根据土质、品种、树势、树龄和树体需肥规律等确定适宜的施肥量。按照每年每产 100 千克浆果需氮（N）0.25～0.75 千克、磷（P_2O_5）0.25～0.75 千克、钾（K_2O）0.35～1.10 千克的标准，进行平衡施肥。

（2）水分管理　萌芽前、花期前后、浆果膨大期及采收后灌水。幼果期田间持水量应保持在 80% 左右，成熟期保持在 50%～60% 为宜。宜采用滴灌等节水灌溉技术。覆膜的园区除每次施肥后进行灌水外，根据土壤水分情况适时灌水。揭膜后应在追肥及干旱时及时灌水。果实采收前 15 天停止灌水。雨季注意排水防涝。

4. 适宜果袋应用

选择葡萄果实专用袋。套袋时期应选择在坐果后 20 天至果实第一次膨大末期。套袋前，先对果穗进行适当修整，疏除小果、畸形果，然后用 40% 嘧霉胺悬浮剂＋30% 醚菌酯悬浮剂 1 000～1 500 倍液喷洒果穗，待果面干爽后及时套袋。果实成熟前 7～10 天，在晴好天气，及时去袋。

5. 园艺地布覆盖

（1）地布的选择　应选择使用年限较长可降解的黑色园艺地布，一般最少应达到 3 年。

（2）地布铺设　整理好畦面后铺设地布。树两侧畦面的地布相互交接，然后用园艺地布钉将地布边缘固定。葡萄主干部位两侧留出 20 厘米左右空隙，保持地布上尽量无土。

6. 沥水沟地膜排水

葡萄园区为沙质壤土，果实进入膨大期，土壤干旱情况下遇暴雨，容易裂果；简易避雨设施通过行间沥水沟铺设地膜，可及时有效地排除田间积水，减少果实裂果。

三、适宜区域

适用于非埋土防寒地区鲜食葡萄产区的葡萄生产。

"沥水沟地膜排水"技术成效图

四、注意事项

无。

技术依托单位

1. 安徽省农业科学院园艺研究所

联系地址：安徽省合肥市庐阳区农科南路 40 号

邮政编码：230031

联 系 人：孙其宝

联系电话：0551-65160952 13956066968

电子邮箱：anhuisqb@163.com

2. 安徽农业大学园艺学院

联系地址：安徽省合肥市蜀山区长江西路 130 号

邮政编码：230036

联 系 人：孙 俊

联系电话：13866765720

电子邮箱：sunjunahau.edu.cn

设施番茄高畦宽行宜机化种植技术

一、技术概述

（一）技术基本情况

设施番茄种植模式多样，标准化水平低。通常采用平畦或小高垄，1.2～1.4米宽度栽植两行（小行距30～50厘米，大行距70～90厘米）。上述种植模式往往造成根区土壤湿度大，易板结，透气性差，冬季地温提升慢；生长后期群体郁闭，通风透光条件差，果实转色慢，易诱发病害；不利于人工管理和机械作业，生产用工多，劳动效率低等问题。

为提升设施番茄种植的标准化、机械化和现代化水平，研发出了高畦宽行宜机化种植模式。该技术模式明确了适于番茄生长的高畦规格，加厚了根区土层，改善了土壤疏松透气性能，提高了增温降湿效果；增加了行间距，改善了植株通风透光条件，提高了光能利用效率，方便了田间管理和机械作业；改善了番茄生长的地上和地下环境，促进根系发育、植株生长和果实成熟，减少病害发生，提高产量，改善品质；提高了设施番茄种植的标准化水平，有利于实现机械化管理作业，降低用工成本。

（二）技术示范推广情况

2019年以来，该技术模式先后在山东省的德州禹城、潍坊寿光、临沂兰陵、济南济阳和莱芜以及河南省的安阳等设施蔬菜产区进行了示范推广，增产增效显著。

（三）提质增效情况

综合多茬次试验和生产示范结果，在相同种植密度下，与传统栽培模式相比，采用高畦宽行栽培模式可使日光温室、塑料大棚番茄增产5%～12%，果实成熟时间提早1～3天，并明显改善果实商品性及营养品质。同时，大幅度提高整地、做畦、覆膜、移栽以及后期田间管理的方便程度和机械化水平，减少劳动力投入，降低用工成本，提高劳动生产率，推动现代设施蔬菜发展，经济、社会和生态效益显著。

（四）技术获奖情况

无。

二、技术要点

1. 整地前，彻底清理棚室，将土壤浇透，待墒情合适时，施足底肥，然后深翻土壤20～30厘米，并耙细整平。

2. 按照间距160～180厘米做高畦，高畦规格为底宽70～90厘米、顶宽50～60厘米、高20～30厘米，畦间走道宽80～100厘米，将畦面和畦沟整平。做畦前，也可在畦底部位集中施用部分化肥或有机肥作底肥。

3. 选择适宜规格的滴灌管或滴灌带，根据确定的小行距在畦面上平行铺设，然后在其上覆盖地膜，并将膜的两侧压实。也可以先定植，然后再铺设滴灌带、覆盖地膜。

4. 在畦面上双行定植番茄秧苗，每亩栽植2 400株左右，小行距40厘米，160厘米行距时株距 35 厘米，180 厘米行距时株距 30 厘米。定植后灌水，促进缓苗。

5. 定植后的棚室环境调控、水肥管理、植株管理等参照常规做法。整地、做畦、覆膜、移栽以及后期的环境、水肥和植株管理等尽可能采用机械代替人工作业。

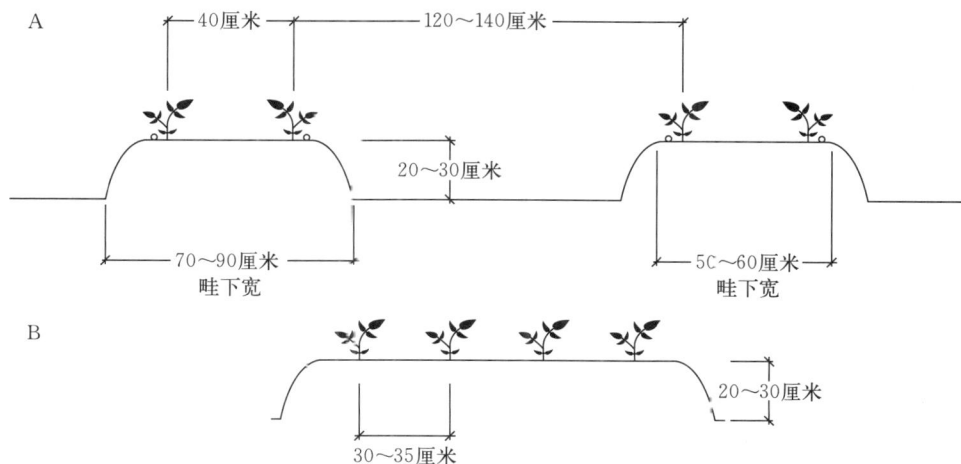

番茄高畦宽行种植模式示意图
A. 切面图；B. 侧面图

塑料大棚南北行向高畦宽行制作

塑料大棚南北行向高畦宽行定植

日光温室南北行向高畦宽行定植

日光温室东西行向高畦宽行种植

三、适宜区域

该技术适宜在山东以及黄淮海地区日光温室和塑料大棚番茄生产中推广应用。

四、注意事项

推行机械化种植管理，应选择宜机化的日光温室和塑料大棚。

技术依托单位

1. 山东农业大学

联系地址：山东省泰安市泰山区岱宗大街 61 号

邮政编码：271018

联 系 人：魏　珉

联系电话：0538-8246296

电子邮箱：minwei@sdau.edu.cn

2. 山东省农业技术推广中心

联系地址：山东省济南市历下区解放路 15 号

邮政编码：250014

联 系 人：高中强

联系电话：0531-67866372

电子邮箱：zhongqianggao@163.com

梨果实脱萼新技术

一、技术概述

（一）技术基本情况

我国梨主栽品种如库尔勒香梨、砀山酥梨等果实的萼片往往宿存于顶端，俗称为"公梨"。与之对应，萼片脱落的果实称为"母梨"。"公梨"果实萼端突出、形状不整齐，并且伴随着果实石细胞含量增多、含糖量降低、风味淡化等品质下降的问题。此外，由于果顶部萼片宿存给病虫害的栖生提供了更加有利的场所。因此，国内外消费者对"公梨"的接受程度低，"公梨"的市场价格显著低于"母梨"，如库尔勒香梨的"公梨"比"母梨"销售价格每千克至少低1元，给生产经营者带来巨大的经济损失。

这些主要栽培品种的果实因萼片宿存形成"公梨"的现象，已经成为我国梨产业急需解决的突出问题之一。在莱阳茌梨和砀山酥梨生产上，常采用人工剪萼的方法来解决梨果萼片宿存的问题，这种方法虽然是降低"公梨"率的好办法，但是田间操作费工耗时，劳动力成本高，不适合大规模的集约化生产，而且剪萼后的果实顶部仍然常会留下一小块疤迹，在一定程度上影响果实外观品质。喷施包括多效唑、乙烯利或其他混合试剂等来提高梨果实脱萼率，虽然具有省工省力等优点，但脱萼效果不太明显，或混合试剂配置使用困难，甚至伴随某些副作用的发生，因此，生产上迫切需要解决梨果实萼片宿存的简便技术。

针对上述问题，研究发现萼片脱落过程涉及了光合作用、植物激素信号转导、细胞壁修饰、转录调控以及碳水化合物代谢等相关基因，进一步证实2个与脱萼相关的功能基因 *PsIDA* 和 *PsJOINTLESS*；明确了细胞壁水解酶活性与果实萼片脱落与宿存显著相关，在此基础上发明了"一种提高梨果实脱萼率的方法"（专利号：ZL201010522173.1），旨在通过简单的试剂、适当浓度的组合及关键时期的施用，达到安全、高效脱除梨果顶萼片的目的，明显改善梨果实外观和内在品质，提高经济效益。

库尔勒香梨宿萼果（"公梨"）

（二）技术示范推广情况

2012年以来，该技术已在新疆、江苏、河北、浙江、湖北和山东等地梨产区推广应用，取得良好的应用效果，目前该技术正在全国梨种植主产区推广应用。

（三）提质增效情况

该技术可将自然条件下库尔勒香梨果实脱萼率由47.3%提高到98.2%，实现"母梨"生产，按照正常年产量145万吨计，可增加梨农年收益7亿元以上；可将莱阳茌梨果实脱萼率由7.7%提高到75.6%，在砀山酥梨等品种上也有良好的应用。该技术不仅简便易行，充分利用了梨栽培管理的重要环节，在进行杀菌防病（如防治梨黑星病和锈病等）、调节果实生长发育的技术处理过程中，同步进行果实脱萼处理，节约了劳动力成本和时间，无毒副作用，且果实的外观和内在品质都得到明显改善。

应用该技术能有效提升梨果实外观品质

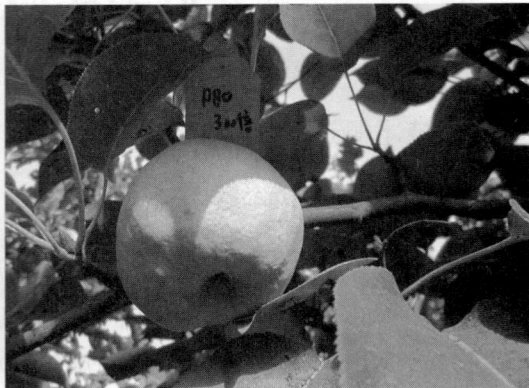

应用本技术后果实萼片脱落，实现"母梨"生产

（四）技术获奖情况

以关键核心技术为主要内容，获 2017 年神农中华农业科技奖一等奖（KJ2017 - R1 - 013 - 01）、2014 年江苏省农业技术推广奖一等奖、2013 年教育部技术发明奖一等奖等。

二、技术要点

（一）脱萼试剂的配制

1. 福星 6 000 倍液的配制

按照 1 毫升福星乳油加 6 000 毫升清水的比例，将福星乳油稀释成乳浊液。

2. PBO 300 倍液的配制

按照 1 克 PBO 加 300 毫升清水的比例，将 PBO 溶解，配制成 PBO 水溶液。

（二）使用时间和方法

在梨花露白期，用福星 6 000 倍乳浊液将梨树的全部花蕾喷湿。此后于梨花盛花期用 300 倍的 PBO 水溶液将梨树全部花朵喷湿。

使用喷雾器喷施脱萼剂

三、适宜区域

适宜在全国梨产区推广应用。

四、注意事项

1. 上午 9:00 或下午 4:00 左右一次性喷洒至花瓣全湿，有药液滴下为止。
2. 在喷施时，应根据气候、品种、树势不同因地制宜，合理使用。

技术依托单位
南京农业大学
联系地址：江苏省南京市玄武区卫岗 1 号
邮政编码：210095
联 系 人：张绍铃　陶书田
联系电话：025-84396580　13851584662
电子邮箱：nnzsl@njau.edu.cn

茶树新品种金牡丹及其
化肥减施增效栽培关键技术

一、技术概述

（一）技术基本情况

茶叶是福建省传统特色优势产业，至 2021 年底，全省茶园种植面积 348 万亩，毛茶产量 48.8 万吨，全产业链总产值 1 400 亿元。福建茶叶单产、总产、茶树良种覆盖率、毛茶产值、全产业链产值、国家级龙头企业数量、中国驰名商标数量、出口金额等八项指标均居全国前列。

茶树良种是发展现代茶产业最重要的物质条件，在提高茶叶产量、产品质量与市场竞争力方面具有不可替代的基础性作用。随着物质文化生活水平的不断提高，人们对茶叶优质化、多样化的需求也日益增强。福建现有的茶树品种结构和茶叶产品结构，已经满足不了现代茶业和消费市场发展的需求。为确保福建茶产业健康发展，亟需进一步选育应用优质、高产、特色等多样化的茶树品种，为福建乃至全国茶树品种结构调整以及茶产业高质量发展提供科技支撑。

在茶园管理中，施肥是茶园生产的重要环节，但茶农习惯性施用化肥导致茶园存在施肥过量、养分投入比例不合理等问题，这不仅造成茶园土壤酸化、面源污染等负面影响，而且直接影响了茶叶的品质和茶农的经济收入。

鉴于上述茶叶生产中出现的问题，研发优质、高产、特色茶树新品种，并集成和示范推广新品种配套的化肥减施增效技术具有重要的现实意义。

（二）技术示范推广情况

利用茶树新品种金牡丹加工制作的乌龙茶、红茶等茶产品屡获"中茶杯""国饮杯""闽茶杯"以及地方各种名优茶评比"特等奖""金奖""一等奖"等，近年来，已在福建各产茶县市及浙、苏、川、渝、黔、粤等省市大面积推广，辐射推广面积 8 万亩以上，居福建省内茶树杂交创新品种推广面积第 2 位，为全国茶树品种结构调整提供了重要的支撑作用。

项目技术实施以来，已在福安市仙阁梁茶叶专业合作社、邵武市岚缘茶叶种植农民专业合作社、邵武市晶品岩茶业有限公司、邵武市兰氏茶业有限公司、大田县云韵茶业有限公司、武夷山中远生态茶业有限公司建立茶树新品种金牡丹"化肥减施增效栽培技术模式（专用配方肥、有机肥＋专用肥）"研究示范点 6 个，并且已在福建武夷山、霞浦、福鼎、顺昌、大田等地累计辐射推广该技术模式 1 万亩以上。相较于习惯性施肥方式，应用"化肥减施技术模式（专用配方肥、有机肥＋专用肥）"，化肥减量 30％以上，实现了氮、磷、钾平衡施肥，产生了良好的经济、社会与生态效益。

（三）提质增效情况

已在福建福安、寿宁、福鼎、蕉城、松溪等地建立金牡丹茶树良种繁育基地与生产示范

茶树新品种金牡丹及其化肥减施技术示范基地

注：示范基地采用推荐肥料组合（二）方法。①基肥：商品有机肥 250 千克/亩，施用时间 11～12 月；②春茶追肥：茶树专用有机无机复混肥（21-6-9）30 千克/亩，施用时间萌芽前 20～30 天；③秋茶追肥：茶树专用有机无机复混肥（21-6-9）30 千克/亩，施用时间 8 月上旬；④全年养分用量：商品有机肥 250 千克/亩，茶树专用有机无机复混肥 60 千克/亩。

基地，近年来，累计繁育苗木约 2.4 亿株以上，苗木价格为 0.20～0.80 元/株，仅种苗产值可达 1.2 亿元以上。

相较于习惯性施肥方式，茶树新品种金牡丹集成示范应用"化肥减施技术模式（专用配方肥、有机肥＋专用肥）"，化肥减量达 30％以上，平均亩增收节支 200 元，实现了氮、磷、钾平衡施肥，保护了生态环境，经济、社会与生态效益显著。

金牡丹等茶树良种增产效益明显，金牡丹在广东梅州示范种植每亩产值达到 2 万元、在宁德福安示范种植由原来亩效益 3 000～4 000 元提升到 1 万元、在浙江龙泉地阳红生态农业有限公司每亩净利润能达到 1 万元以上。金牡丹年均亩产干茶 100 千克，以优质茶产品占比 31％，销售均价 0.02 万元/千克计算，年亩产值 0.62 万元，净效益 0.32 万元，以投产茶园 8 万亩计，年产值可达 4.96 亿元以上。

（四）技术获奖情况

茶树新品种金牡丹及其化肥减施增效栽培技术，参与"福建现代茶产业技术体系提质增效关键技术集成创新与示范推广"项目，获 2019—2021 年度全国农牧渔业丰收奖一等奖。

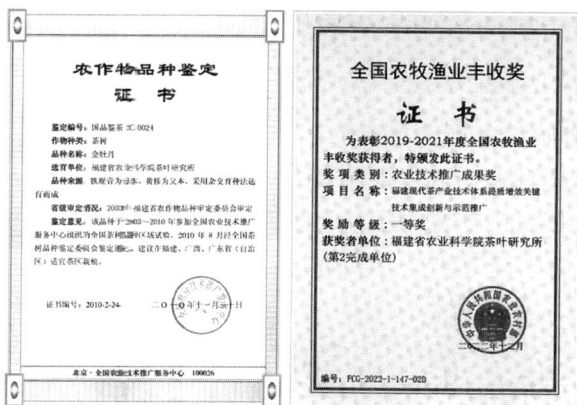

茶树新品种金牡丹主要获奖证书

二、技术要点

(一) 茶树新品种金牡丹基本情况与性状特征

1. 基本情况

品种来源（亲本）：以铁观音为母本，黄棪为父本，采用杂交育种法选育而成。2010 年 8 月通过国家级茶树品种鉴定（编号：国品鉴茶 2010024）。2023 年拟提交全国非主要农作物新品种登记。

2. 性状表现

(1) 无性系，灌木型，中叶类，早生种，二倍体。植株中等大小，树姿较直立，分枝较密，叶片呈水平状着生。叶椭圆形，叶色绿或深绿，叶面隆起，具光泽，叶缘微波，叶身平，叶尖钝尖，叶齿较锐浅密，叶质较厚脆。芽叶紫绿色，茸毛少，嫩梢肥壮，节间较短。芽叶生育力强，发芽较密，持嫩性特强。开采期早，比黄棪迟 3 天左右，比铁观音早 10 天左右。

(2) 适制乌龙茶与绿茶、红茶、白茶，适制性广。制乌龙茶可保持铁观音的优质性状及"韵味"特征，条索圆紧重实，香气高，花香特显，滋味醇厚，耐冲泡，品质优异，制优率特高，超过黄棪，香气与制优率比铁观音高。一芽二叶含茶多酚 27.4%、儿茶素 21.7%、氨基酸 2.9%、咖啡碱 3.1%、水浸出物 48.0%。乌龙茶香气特征成分含量丰富，香精油特高。

(3) 杂种优势强。产量高，比铁观音增产 60% 以上，与对照黄棪相当或增产 10% 以上。扦插繁殖力、抗性与适应性强，超过双亲或对照黄棪，遗传性状稳定。

(二) 配套栽培技术

1. 深翻改土

新茶园建园或旧茶园改造时，应全园深翻，深垦 50 厘米以上。挖种茶沟深、宽各 40 厘米。pH 低于 4.0 的酸性土壤，可施用白云石粉、石灰等物质调节 pH 到 4.5~5.5，pH 高于 6.0 则使用生理酸性肥料进行调节。山顶茶园土壤浅薄，肥力低，更应深挖重肥，改良土壤。

2. 施用底肥

杂交种金牡丹杂种优势强，产量超过父母本，需肥量大，耐肥，因此，以有机肥和矿物源肥料为底肥，种植前开沟深施，

茶园深翻改土

每亩施沤堆发酵过的饼肥 0.5 吨或厩肥 2.5 吨左右，结合施过磷酸钙或钙镁磷肥 50 千克左右，与土壤拌匀混合，施肥深度 30~40 厘米。

3. 建立排灌系统

水分影响茶树的成活、生长发育和产量与品质，干旱季节应注意茶园的灌溉，补充水分。茶园梯层内侧设横沟蓄水，山顶、园边、路边、陡坡荒地设置蓄水池，建立以蓄为主的排灌系统。有条件的茶区铺设喷灌或滴灌设备，实施节水灌溉。

4. 茶园绿化

在茶园四周、空隙地、山顶、反口、路边、梯壁、陡坡荒地植树种草，种草与种植绿肥作物相结合，防止水土流失，调节茶园小气候，丰富生物多样性，改善茶园生态环境。山顶与风口的茶园风蚀、雨蚀程度严重，应种植、培育大树，且适度密植，以减轻风蚀、雨蚀危害。

5. 规范种植

根据当地气候条件和茶园的海拔高度，选择宜栽天气种茶，以提高成活率。宜在雨季或下雨前种植，不宜在霜冻期或炎热晴天种植。福建茶区一般在春节前后种植为宜，海拔 600 米以上的高海拔茶区春季种植为好，且应注意预防晚霜冻害。金牡丹树姿直立，应缩小行距，增加种植密度。采用双条列双株种植，大行距 150 厘米（含条距），条距 30 厘米，穴距 30 厘米，穴与穴成三角形。每穴种 1~2 株，每亩一般种植 5 000~5 500 株。种植时茶苗根颈处离土表 3 厘米左右，根系离基肥 5~10 厘米。

金牡丹茶树新品种新植茶园

注：种植方法。双条列双株种植，大行距 150 厘米，条距 30 厘米，穴距 30 厘米，穴与穴成三角形。每穴种 2 株，每亩一般种植 5 000~5 500 株。

种后务必踩紧压实，让根系与土壤紧密黏结。如遇连续数天高温晴天，或者种植在沙质土壤的茶园，种后需灌水、遮阳。

6. 铺草覆盖

铺草覆盖是十分经济、有效、实用的技术措施，能防止土壤冲刷流失，保蓄水分，稳定土温，冬暖夏凉，增加有机质，减少杂草生长。铺草覆盖茶园幼年期茶树生长状况显著优于未铺草覆盖茶园。

7. 病虫防治

遵循"预防为主，综合治理"方针，实施以生防为主的农业、物理、生物、化学综合防治措施，及时防治病虫害、草害。创造不利于病、虫、草等有害生物孳生，而有利于各类天敌繁衍的环境条件，有效控制病、虫、草害，严防农药残留量超标。

铺草覆盖

注：铺草宜就地取材，覆盖物可就地取材，山菁、麦秆、稻草等均可，覆盖在茶树两旁各 30 厘米以上，厚度 10 厘米，每亩用量 1 500 千克左右，上压碎土。

8. 树冠培育

种植后即进行第一次定型修剪，离地 18~20 厘米高，第二次定剪高度 33~35 厘米，第三次定剪高度 48~50 厘米，当树高达 60 厘米左右，以打顶采摘代替第四次定剪，两年内定剪 3~4 次。每次定剪前可结合打顶采摘，剪后封园留养，培养"矮、壮、密"树冠。

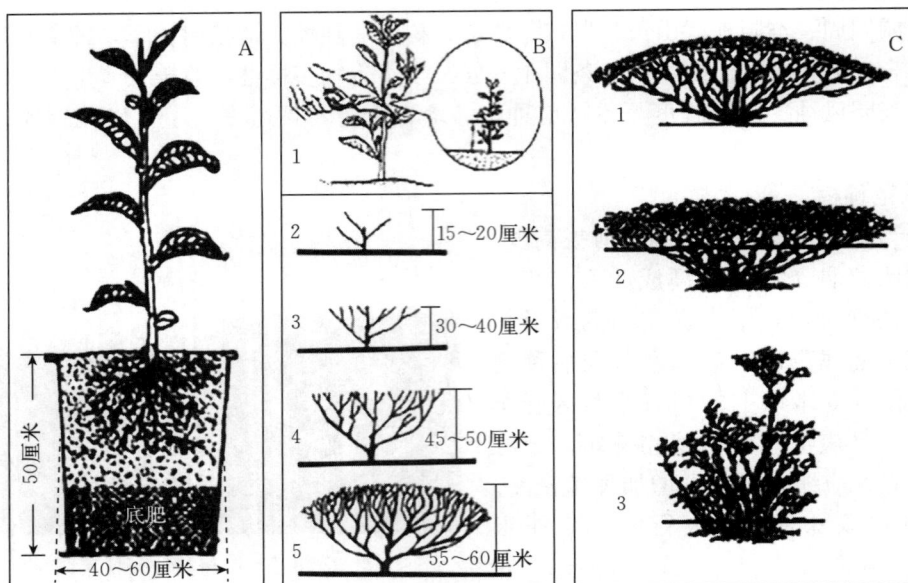

幼苗定植与树冠培养技术

注：A. 茶树幼苗栽植（种植沟深50厘米左右，宽40～60厘米；避免茶苗根系与底肥直接接触，离底肥10厘米以上）；B. 幼龄茶树定型修剪（1. 幼苗修剪；2. 第一次打顶剪或以采代剪，控制树高15～20厘米；3. 第二次水平剪，控制树高30～40厘米；4. 第三次水平剪，控制树高45～50厘米；5. 第四次弧形剪，控制树高55～60厘米）；C. 成龄茶树修剪（1. 轻修剪：剪去蓬面5厘米左右，目的是平整树冠，培养采摘面，塑造高产树型，每年春/秋茶后进行；2. 重修剪：剪去树冠表面15厘米左右，目的是减去"鸡爪枝"，恢复树势，提高发芽能力，5年左右进行一次；3. 台刈：离地5～10厘米剪去地上全部枝干，目的是重构地上部分，复壮栽培年份较长茶树）。

（三）化肥减施增效技术

推荐施肥量见下表。

推荐肥料组合与用量（千克/亩）

推荐肥料组合与用量（一）	推荐肥料组合与用量（二）	
专用肥	商品有机肥	专用肥
120～150	215～250	60～90

注：①茶树专用肥（$N-P_2O_5-K_2O-MgO=21-6-9-2$，有机质≥15％；或相近配方）；②肥料组合（一）使用方法：基肥，按茶树专用肥全年用量的40％施用；春茶追肥、秋茶追肥分别按茶树专用肥全年用量的30％、30％施用；③肥料组合（二）使用方法：基肥，全部商品有机肥；春茶追肥、秋茶追肥按茶树专用肥全年用量的50％、50％施用。基肥在茶树行间开沟15～20厘米或结合深耕施用；追肥开浅沟5～10厘米施用或撒施后旋耕。

三、适宜区域

适宜在福建及华南、西南、江南气候条件与福建相似的茶区推广。

四、注意事项

1. 建立纯种茶园，对混杂的异种杂株要挖除。

2. 繁育种苗采用短穗扦插法。母树应选择纯种，树龄较年轻，枝粗叶茂，无病虫害的幼、青年茶树，或更新复壮茶树。培育品种纯一、无异种混杂，根多茎粗，无病虫害的标准苗木。

3. 采摘茶园加强轻修剪，培育肥壮嫩梢，衰老、半衰老茶树进行台刈或重剪，培育健壮茶树。

技术依托单位

1. 福建省农业科学院茶叶研究所

联系地址：福建省福州市晋安区新店镇埔垱路 104 号

邮政编码：350013

联 系 人：王让剑

联系电话：15859357328

电子邮箱：rangjian. wang@163. com

2. 福建省种植业技术推广总站

联系地址：福建省福州市台江区华林路 123 号

邮政编码：350003

联 系 人：高 峰

联系电话：13559125133

电子邮箱：fgao66@126. com

优质高产协同的麦（油）后棉现蕾-成铃-吐絮"三集中"栽培技术

一、技术概述

（一）技术基本情况

1. 技术研发推广背景

麦（油）棉两熟是长江流域棉区主要种植制度，为保障该区粮食、油料和棉花的安全有效供给做出了重要贡献。目前，麦（油）后棉生产中存在优质与高产难协同、农机与农艺不融合等问题，严重制约了长江流域棉区棉花产业发展。为此，2011—2022 年南京农业大学、江苏省农业科学院、扬州大学等单位联合攻关，研发集成了以麦（油）后棉现蕾-成铃-吐絮"三集中"为主体、农机与农艺融合的技术体系，实现了麦（油）后棉产量与品质协同提高，也为棉花生产全程机械化提供了技术支撑。

该技术确定了麦（油）后棉现蕾-成铃-吐絮"三集中"、优质与高产协同的种植模式、适宜品种特性、土壤肥力条件等，提出了棉花"三集中紧凑个体"与"高光效群体"协同的关键生长发育指标，并创新了相应的生育、养分、株型等栽培技术。同时，制定了江苏省标准早熟棉直播栽培技术规程（DB32/T 3520—2019）、麦棉轮作两熟全程机械化生产技术规程（DB32/T 3861—2020）。该技术历经 10 余年的示范应用，已经在长江流域棉区得到大面积推广。

2. 能够解决的主要问题、专利范围及使用情况等

主要解决四个问题：①解决了粮（油）棉两熟争地的问题；②解决了传统麦（油）棉两熟种植棉花产量与品质难以协同提高的问题；③解决了传统麦（油）棉两熟种植棉花用工多、化肥农药等物化投入多等所导致的植棉效益低、生产不可持续等问题；④解决了传统麦（油）棉生产农机与农艺不融合、机械化程度低等问题。

形成的发明专利"一种促进盐碱地棉花苗期安全有效生长的抗盐保苗剂（ZL201310455502.9）"解决了盐碱地麦（油）后棉生长发育延迟等问题，形成的发明专利"一种用于脱叶的组合物、棉花脱叶剂及其制备方法（ZL201910383480.7）"解决了麦（油）后棉"集中吐絮"等问题，为"三集中"栽培管理提供了技术支撑。上述专利技术均已应用于生产。

（二）技术示范推广情况

该技术自 2011 年研发，通过制定技术标准、撰写书籍论文、召开现场观摩会等多渠道加大宣传。2013 年首次在江苏盐城创造了籽棉产量 5 265 千克/公顷高产水平，并开创了长江流域棉区棉花机械采收的先河。之后在江苏、安徽、江西、湖北、湖南等地推广应用，2016 年以来，年推广面积在 3 万公顷以上，累计推广 30 万公顷以上。

（三）提质增效情况

在长江流域棉区建立技术示范区 10 个，技术应用后，麦（油）后棉在优质（棉纤维长

度 29～30 毫米、断裂比强度 29.5～30.1 厘牛/特）基础上籽棉产量达 4 500 千克/公顷。2015—2022 年示范区平均籽棉产量达 5 730 千克/公顷，最高籽棉产量达 7 770 千克/公顷。麦（油）后棉避开了棉田主要害虫和枯黄萎病的爆发期，实现减肥 20%～40%、减药 20%～30%，减轻了棉田肥药面源污染。另外，麦（油）后棉达到了机减收获的标准、一次性收花可减少用工 45～60 个/公顷。

优质高产协同的麦（油）后棉现蕾-成铃-吐絮"三集中"栽培技术应用（江苏盐城，2021）

（四）技术获奖情况

相关技术属科技成果"棉花优质高产协同理论与高效栽培技术"的部分内容，于 2019 年获神农中华农业科技奖（科研类）一等奖。

二、技术要点

（一）核心技术

麦（油）后棉因播期推迟，现蕾、开花显著延后，为了在保证品质基础上实现籽棉产量不低于传统的育苗移栽棉花、达到大面积生产应用的目标，选择适宜早熟品种，根据棉花产量品质形成对温光水肥的需求特性，建立棉花集中现蕾、集中成铃、集中吐絮的"三集中"高效群体，使棉花高光合效能期、现蕾成铃高峰期与资源高效期同步，达到适宜 LAI_{max} 4.2～

4.5，群体生物量 12 吨/公顷以上，总铃数 90 万个/公顷以上，优质铃（伏桃＋早秋桃）占 75％以上。核心技术主要包括生育、养分、株型等栽培调控技术。

1. 生育调控技术

以"加快生育进程，以促为主"为核心。调控生育进程达到：5 月底至 6 月上旬播种，6 月底至 7 月初现蕾，7 月底开花，9 月底开始吐絮，10 月下旬集中吐絮；在温光高效期 7 月 15～30 日、7 月 30 日至 8 月 30 日分别形成现蕾高峰［10 万个/（公顷·天）以上］、成铃高峰［3 万个/（公顷·天）以上］。

2. 养分调控技术

以"增密减氮、密肥耦合和麦棉周年秸秆还田补钾"为核心。在麦（油）棉周年秸秆还田基础上，与种植密度 8.3 万～11.5 万株/公顷相耦合的施氮量为 150～180 千克/公顷，施氮降低 25％～45％，氮肥利用率提高 18％～37％；养分运筹比例 $N：P_2O_5：K_2O$ 为 1：0.55：（0.8～1）。氮肥分 2 次施入，施用比例为 4：6，第 1 次氮肥结合整地作基肥撒施或于出苗后 1 周左右在距离棉株 10 厘米处条施，施肥深度均 10 厘米左右，同时将磷、钾肥一次性施用；第 2 次氮肥于初花期在距离棉株 10 厘米处条施，施肥深度 5～10 厘米。

3. 株型调控技术

以塑造"三集中个体、高光效群体"为核心。使用缩节胺全程化控，调控株型结构达到：株高 100 厘米左右，果枝始节 5～6 个且高度大于 20 厘米，果枝长度 22～30 厘米，单株果枝 11～13 个，果节 35～55 个，节枝比 3.2～3.4；合理的株型结构提高了麦（油）后棉光截获量，光能利用率提高 12.8％～20.3％。按照"苗期轻控、初花期普控、盛花期重控"的原则塑造株型结构，缩节胺总用量为 105～150 克/公顷，对水 150 千克/公顷均匀喷雾，苗期、初花期、盛花期缩节胺用量比例为（1～2）：（5～6）：（8～12）。

（二）配套技术

1. 种植模式确定

选择麦（油）棉两熟种植模式，周年秸秆旋耕还田。根据刷辊式采棉机机械采收的需求布局田间沟系，于 5 月底至 6 月上旬机械播种，棉花行距 76 厘米或 81 厘米。

2. 棉花品种选择

棉花品种要求温光高效，环境适应性、可塑性和补偿能力强，对化学调控敏感；结铃性强且成铃集中，具有优质高产协同特性且适合机采；生育期 100 天以内，铃重 5.5 克以上，抗枯黄萎病。

3. 土壤肥力要求

土壤肥力中等以上，有机质含量 10.0 克/千克以上，速效氮、速效磷、速效钾含量分别在 75、20、85 毫克/千克以上。

4. 脱叶催熟与机械采收

10 月上中旬，待棉花吐絮率达 40％时，于晴天无风天气每公顷用噻苯隆 450 克与乙烯利 3 升对水 450 千克全田喷雾；同时要保证喷药后连续 7 天日均温度不低于 20 摄氏度。棉花脱叶率和吐絮率大于 90％时收花。

三、适宜区域

适宜在长江流域棉区及黄河流域棉区的河南、山东南部推广应用。

四、注意事项

无。

技术依托单位

1. 南京农业大学

联系地址：江苏省南京市卫岗1号

邮政编码：210095

联 系 人：周治国　胡　伟

联系电话：13851498678

电子邮箱：giscott@njau. edu. cn

2. 江苏省农业科学院

联系地址：江苏省南京市钟灵街50号

邮政编码：210014

联 系 人：杨长琴　刘瑞显

联系电话：13675132160

电子邮箱：ychq2003@jaas. ac. cn

3. 扬州大学

联系地址：江苏省扬州市邗江区文昌中路567号

邮政编号：225100

联 系 人：陈德华　张　祥

联系电话：18051058960

电子邮箱：cdh@yzu. edu. cn

樱桃耐贮运优良品种筛选及提质增效栽培技术

一、技术概述

（一）技术基本情况

樱桃是我国近 20 年来发展最快的果树之一，由于其上市早，有"春果第一枝"的美誉，由于其单位面积产值高、市场需求量大的优势，故把其列为重要的新型经济果树，其栽植区域已从环渤海地区扩展到渭河、黄河、淮河沿线以北和西南高海拔地区，成为一些重点产区的优势果树产业。"小樱桃，大产业"，按投入产出效益计算，单位面积收益在水果中居于首位，贡献率位居第一，被誉为黄金产业、朝阳产业。此外，其果实色艳、味美、营养丰富，深受消费者青睐。我国目前生产的甜樱桃主要销往北京、上海、广州、西安等大城市，鲜食樱桃每千克售价可达 40～60 元，且在大城市周边的果园，通过休闲观光采摘，其获得的经济效益更高，比如，2015 年北京甜樱桃观光采摘收入占全市甜樱桃生产总收入的 71.8%。对于普通果农来说，盛果期樱桃亩产达 1 000～1 300 千克，批发价每千克 10～20 元不等，果农收入每亩上万元。种植樱桃不但可以帮助农民脱贫致富，而且可以利用樱桃防风治沙，经济效益、社会效益和生态效益"三效"俱佳。

中国甜樱桃种植面积在近 20 年中发展迅速。以陕西为例，20 世纪 90 年代末，陕西樱桃种植面积仅 1 万多亩，而到 2012 年已发展至近 21 万亩，到 2020 年增长至 56 万亩，种植面积跃居全国第二。从全国来看，2005 年种植面积约 60 万亩（4 万公顷），到 2020 年增长至约 350 万亩（23.33 万公顷）；2010 年我国甜樱桃产量约 45 万吨，而到 2020 年增长至 170 万吨，总产量逐年提高。据海关总署统计数据，2015—2017 年，我国每年进口樱桃量达 10 万吨以上，2018 年 4 月至 2019 年 3 月，我国樱桃进口总量为 18.6 万吨，年增长量 83%，进口总金额达 12.9 亿美元，年增长量 86%，总进口量位居我国进口水果首位，为世界樱桃第一进口大国。国际樱桃栽培的发达国家，人均甜樱桃年消费量约为 3 千克，而我国人均占有量不足 1 千克，樱桃市场出现供不应求情况，市场空间巨大。此外，相对于我国的人口总量来看，目前的生产水平还远远满足不了我国樱桃市场的需求，更满足不了人们对甜樱桃的需求。因此，无论国内市场还是国际市场，甜樱桃都有着很大的发展空间。据有关资料统计，中国大樱桃达到供需平衡尚有 300 万亩发展缺口，市场前景广阔，中国成为世界上樱桃种植面积增长速率最快的国家，樱桃产业已由最初的传统栽培模式向良种化现代化高效生产模式发展。

虽然我国樱桃产业处于快速发展阶段，但是樱桃科研、生产水平和栽培管理技术与先进的欧洲大樱桃主产国相比仍存在一定差距。就陕西省而言，目前，樱桃生产栽培品种仍较单一、缺少耐贮运优良品种、优果率低、栽培管理技术不标准、贮藏保鲜与加工技术落后。存在樱桃果品果个小、风味淡，樱桃果蝇、樱桃果腐病、黑斑病危害，叶果比、枝组搭配等因素引起的品质较差的现象；樱桃果园施肥、水肥一体化及培肥技术运用存在错误理念；不重视果园标准化管理和樱桃品质与产量的提高；采后樱桃因不耐贮导致货架期短及无法长途远销等。因此，筛选优质、耐贮运大樱桃品种，集成提质增效技术并予以示范推广，有助于提高农民收入，打造中高樱桃品质，同时对保障陕西省樱桃产业高水平、快速、可持续发展具有重要意义。

樱桃耐贮运优良品种筛选及提质增效栽培技术主要解决目前陕西省樱桃产业上存在的以下问题：①大樱桃栽培品种仍较为单一，且耐贮运早、中、晚熟品种缺乏，尤其是早熟品种，仍以早大果、秦樱1号和红灯为主，其平均单果重均在8～9克，且硬度较低，均低于200克/毫米，耐贮性较差。②樱桃标准化建园及果园栽培管理技术落后，导致结果枝组搭配不合理，叶果比不达标，影响果实品质，最直观的就表现在果个上。③樱桃促早花早果和坐果技术落后，盲目使用生长调节剂，导致果实风味淡、畸形果严重等。④樱桃果园施肥、水肥一体化及培肥技术运用存在错误理念，且存在盲目追施氮肥、浇水引起的果品风味偏淡、偏酸，甚至裂果现象。⑤不重视坐果期树体营养管理和病虫害管理，如树体 K、Mg、Ca、B、Zn 等营养元素，以及樱桃果蝇、果腐病、褐斑病等危害，从而降低果实内在和外观品质，降低商品性。⑥不重视采果后果园管理，主要包括夏季修剪、追肥和温湿度控制，从而影响花芽分化、花芽和次年果实质量。⑦果品采后处理技术落后，不注重采后散热或包装前预冷，以及分级、残次果去除等，进而降级果品价格，导致货架期短，甚至无法长途远销。

（二）技术示范推广情况

该技术目前在陕西省西安市（灞桥区、长安区、蓝田县等）、铜川市（新区、耀州区、印台区、宜君县）、宝鸡市（渭滨区、眉县、岐山县）、咸阳市（三原县、兴平市）、渭南市（合阳县、澄城县等）、汉中（西乡县、略阳县等）、延安市、榆林市等地已经实现较大范围的示范推广应用。

（三）提质增效情况

1. 经济效益

该技术通过建立品种示范园和技术示范推广基地，极大地推动了陕西果业的良性发展。示范基地的建立，可以在整个果树产业链上新增大量的就业岗位，推动当地经济的发展；此外，通过人员培训和技术演示，切实增强农技人员及农户的专业技术水平，增加陕西果业的整体竞争力，对推进陕西省樱桃产业健康持续发展具有很强的示范辐射带动作用，对农民增收有积极的促进作用。生产美观、优质、安全的绿色水果，也可为促进陕西省农业产业结构的调整提供经验基础，促进整个农业结构的优化。

2. 社会效益

樱桃是西北地区经济效益最好的产业之一。陕西省部分地区樱桃已成为当地乡村振兴的主导产业，不仅带来了良好的经济效益，也为当地农户提供就业机会，开辟了致富途径，有助于维护社会稳定，双效俱佳。

3. 环境效益

该技术中标准化无害化生产技术的应用、生物有机肥的施用等，对改良土壤、保持水土、绿色美化农业生态环境、建设美丽乡村有很好促进作用，会产生较好的绿色生态效益，实现生态环境的良性循环；现代设施、节水灌溉技术的应用，使土地等资源得到了高效利用，促进了生态环境与经济社会的可持续发展，涵养水源，促进了生态观光农业和乡村旅游发展。同时，选育的多抗性樱桃砧木能够使樱桃在陕西省陕北一带的沙漠荒地种植，这将为防风固沙、绿化生态环境做出巨大贡献。

（四）技术获奖情况

该技术获 2021 年陕西省农业技术推广成果奖一等奖，授权国家发明专利 1 项，目前已进入正式示范推广阶段。

二、技术要点

该技术的核心技术是超细长纺锤形、"V"字形、多主干篱壁式栽培及整形修剪技术。

樱桃超细长纺锤形栽培模式要点：以马哈利 CDR-1、CDR-2 及同类树势砧木为基础，采用不定干的定植方式，利用刻芽和抹芽的技术促发主枝，中央领导干上着生 20～25 个角度开张的主枝，螺旋上升，主枝间距 10～20 厘米，对结果期树以长放修剪为主，树冠高度控制在 3.0～4.0 米。每亩产量 1 200～1 800 千克。适合于陕西省盐碱性强、干旱半干旱及土壤贫瘠的地区采用。

超细长纺锤树形

樱桃"V"字形和多主干篱壁式栽培模式要点：以马哈利 CDR-1 和 CDR-2 等樱桃半矮化和矮化樱桃为砧木，利用栽培技术，减少樱桃的直立性。"V"字形是将树体呈东西两侧与地面呈 45 度定植，主枝向南北两侧拉枝呈 90 度，控制其树势生长，盛果期树势控制在 2.5～3 米，并采用宽窄行栽培技术，不影响机械化作业。多主干篱壁式是通过栽培或修剪技术使其形成呈南北方向的两大主干，并与地面呈 30～45 度，在两大主干上培养多个直立性主枝，互相牵制，并使其呈篱壁式，盛果期将树势可控制在 2.5～3.0 米之间。

"V"字形栽培模式

多主干篱壁式栽培模式

此外，该技术的配套技术包括以下主要内容：①樱桃优良栽培品种及砧木选育技术；②樱桃标准化建园技术；③樱桃果园品种高接换优技术；④樱桃果园配方施肥技术；⑤樱桃花期授粉、果实膨大期水肥和营养管理等花果期管理技术；⑥樱桃果蝇、蛴螬、介壳虫、褐斑病、细菌性穿孔病、果腐病等樱桃病虫害防控技术；⑦樱桃采前和采后管理技术；⑧樱桃省工、省力化整形修剪和栽培管理技术；⑨樱桃大棚栽培温度控制技术和授粉受精技术；⑩酸樱桃栽培管理技术；⑪樱桃气调贮藏保鲜技术。

三、适宜区域

适宜在陕西省西安市（灞桥区、长安区、蓝田县等）、铜川市（新区、耀州区、印台区、宜君县）、宝鸡市（渭滨区、眉县、岐山县）、咸阳市（三原县、兴平市）、渭南市（合阳县、澄城县等）、汉中（西乡县、略阳县等）、延安市、榆林市等地方示范推广。

四、注意事项

技术推广过程要兼顾多种推广模式。主要包括以下：

1. "试验示范基地＋农技单位（公司）＋农户"的推广模式

在樱桃产区建立试验示范基地，筛选适合当地的砧木、品种和栽培管理技术；对在基地开展樱桃产业过程中发现的问题，进一步开展试验研究，集成解决方法或栽培管理技术。通过农技单位进行新优品种和技术辐射推广，进行规模化生产示范，产品市场销售等工作。农户负责生产及果园管理工作。

2. "以大学为技术依托示范推广"的推广模式

以西北农林科技大学为技术依托，以农民为主体，地方推广部门参与组织和培训的"省-市-县（区）-乡（镇）-村-农民技术骨干"的逐层推广模式。

3. "科研单位＋企业＋合作社＋电商"的推广模式

按照项目管理的方式运行，成立课题组，采用首席专家负责制，育种、栽培、贮藏保鲜和经管专家分工协作。科研人员主要负责新品种的选育、新技术的组装配套，省、市、县、乡、农民技术员的技术培训工作。企业负责组织生产，示范基地资金筹措，产品市场销售等二作。在樱桃主产区成立农村专业合作社，由其负责示范园建设，农资、农机具的统一调配。当地农民参与生产组织、果园管理、产品的市场销售。在樱桃销售环节，引进电商，通过京东、淘宝等线上平台，结合各类直播平台，如抖音、西瓜视频等，进行宣传与销售产品。

技术依托单位
西北农林科技大学
联系地址：陕西省咸阳市杨凌示范区邰城路 3 号
邮政编码：712100
联 系 人：蔡宇良
联系电话：13186045875
电子邮箱：cylxlcz0673@sina.com

丘陵山区果蔬茶水肥药协同灌溉技术

一、技术概述

（一）技术基本情况

果蔬茶等种植是丘陵山区特色经济农作物支柱型产业，丘陵山区果蔬茶传统的灌溉方式主要有喷灌、滴灌、流灌等，施肥方式主要有穴施、沟施和根外追肥等人工方式，喷药方式主要为人工喷药。针对传统方式的灌水效率低易发生地表径流、肥药利用率低养分流失、灌溉智能化程度不足等问题，通过系统研究形成了适宜丘陵山区果蔬茶水肥药协同灌溉技术体系。

通过该技术的实施，解决了丘陵山区灌溉水肥利用效率低、水分养分流失严重、智能化程度低等难题，主要包括：①创建了丘陵山区果蔬茶适宜的喷灌系统、装备及喷洒模式，提高了喷洒均匀性及水分利用效率，避免了坡地地表径流；②创新设计了注肥（药）配肥（药）一体化装备、水肥药多功能喷头等灌溉系统的核心部件，提高了肥料和农药的利用效率；③构建了智能控制系统，提升了水肥药协同灌溉管理智能化水平，解决了丘陵山区特色经济作物生产劳动力大的问题。结合丘陵山区果蔬茶等种植栽培等农艺措施，集成灌水、施肥及喷药制度，实现了丘陵山区果蔬茶的水肥药高效利用、提质增效，以及绿色生产。

本技术共授权国家发明专利 11 项、获批计算机软件著作权 1 项，已在江苏省丘陵山区果蔬茶种植中推广应用。

（二）技术示范推广情况

自 2016 年以来，核心技术"丘陵山区果蔬茶水肥药协同灌溉技术"作为其他技术的核心内容，在江苏、浙江、山东、四川等多地进行示范及推广。自 2020 年以来，作为单独技术，以全国农业科技现代化先行县——江苏省镇江市句容市为示范基地，在果蔬茶特色经济作物为主要种植品种的典型丘陵山区市县进行大面积示范及应用，获得良好效果。

该技术在江苏省句容市地区果蔬茶种植中得到广泛应用，该地区的茶园采用水肥一体化喷灌技术及喷洒模式，喷洒均匀、自动化程度高、稳定可靠、避免了地表径流，为该地区茶叶的提质增效提供了重要支撑，并辐射至周边地区；该地区的葡萄作物采用水肥药一体化微喷技术及喷洒模式，在同一灌溉系统中实现灌水、施肥和喷药三种功能，灌水均匀、喷药雾化程度高、运行稳定，减少肥料和农药浪费。

近 6 年来，累计应用面积约 7.5 万亩，取得了显著的经济效益，为带动地方经济发展做出了重要贡献，目前该技术正在江苏省果蔬茶等特色经济作物主产区推广应用。

（三）提质增效情况

与常规技术相比，该技术灌水、施肥、喷药的均匀性均达 85% 以上，水分利用率提高 10% 以上，降低化肥、农药用量 5% 以上，茶叶作物的亩增收节支 800 元以上，同时还避免了坡地径流引起的水分养分流失，减少了肥料农药的使用量，使得茶叶、葡萄等果蔬茶特色经济作物的品质得到显著提升。

（四）技术获奖情况

（1）"高效多工况喷灌装备关键技术研究与应用"获 2020 年农业机械科学技术奖一等奖。

（2）"高性能智能喷灌机组与装备关键技术及产业化"获 2021 年神农中华农业科技奖科学研究类成果一等奖。

（3）"丘陵山区果蔬茶灌溉装备关键技术与应用"获 2022 年江苏省科学技术奖三等奖（公示中）。

二、技术要点

1. 建立灌水、施肥及施药方案

根据丘陵山区作物水分、养分利用特点，确定作物高产高效需水、需肥指标、土壤水分和养分指标，建立优化方案判别指标体系，建立茶叶、葡萄等典型作物水肥平衡优化配置技术；根据丘陵山区果蔬茶作物病虫草害发生规律，结合作物的栽培模式、耕作方式改变等导致的病虫草害发生新特点，建立平衡用药指标；最终建立喷灌或微喷灌条件下茶叶和葡萄等典型作物的水肥药综合技术优化方案。

2. 水肥药协同灌溉多功能装备

根据丘陵山区茶叶作物的水肥一体化喷灌系统的模式，采用创新研制的注肥配肥一体化装备、压力调节器和均匀喷洒喷头，根据喷头的喷洒性能，确定茶叶水肥一体化喷灌系统最佳运行参数。

根据丘陵山区葡萄作物的水肥药一体化微喷系统的模式，采用创新研制的注肥药配肥药一体化装备、压力调节器和水肥药一体化多功能喷头，根据喷头的喷洒性能，确定葡萄水肥药一体化微喷系统最佳运行参数。

上述系统中发明的水肥药一体化多功能喷头，实现了低压工况灌水施肥、中高压喷药的双重功能；压力调节器安装在灌溉系统支管节点处，解决了系统远距离输送及地势高低引起的压力不均问题；创新研制的注肥药配肥药一体化装备，采用蠕动泵为核心部件，泵的正转实现配肥药功能、反转实现注肥药功能，解决了灌溉系统过流部件的腐蚀性问题，同时降低了成本。

3. 灌溉系统水肥药喷洒模式与智能控制技术

根据丘陵山区果蔬茶作物灌水、施肥及施药方案，采用水肥药协同灌溉多功能装备，建立了水肥药协同灌溉系统，针对系统在灌水和施肥不同模式下的性能指标，对系统进行优化配置，并构建喷洒模式。

集成作物、土壤、气象感知技术，建立了灌水、施肥以及喷药的决策模型，研制了水肥药协同灌溉系统的智能化控制器，实现了精准控制及系统不同模式间的多功能调控，解决了现有丘陵山区灌溉系统运行参数不科学、智能化程度低等问题。

通过本技术实现了丘陵山区果蔬茶灌溉的节水、节肥、节药，作物的提质增效及绿色生产，极具推广前景。

句容市茅山茶场坡地灌溉应用

丘陵茶园水肥一体化喷灌系统

丘陵葡萄作物水肥药协同微喷系统

三、适宜区域

适用于全国丘陵山区果蔬茶种植地区。

四、注意事项

在水肥药协同灌溉系统首部需要安装过滤装置，避免系统堵塞。

技术依托单位
江苏大学
联系地址：江苏省镇江市学府路 301 号
邮政编码：212013
联 系 人：袁寿其　朱兴业
联系电话：13812465816
电子邮箱：zhuxy@ujs.edu.cn

植 保 类

纳米农药预混技术

一、技术概述

（一）技术基本情况

纳米农药预混技术利用纳米农药技术，先将农药制备成透明稳定的水性纳米农药单剂，然后根据作物病虫害的防治需求，将多种单剂科学配制成多靶标防治的复配制剂，成为供无人机喷施使用的纳米农药预混剂。纳米农药预混剂可以事先在工厂配制，也可在喷施现场临时配制。

由于加工中多种有效成分共用了溶剂和助剂，相对于加工成各种有效成分的单剂后再混用的方式，该技术减少了溶剂和助剂的用量，从而减少了化学品的环境投放量，也降低了使用成本和田间现混使用的工作量，有利于保护生态环境、提高工作效率。

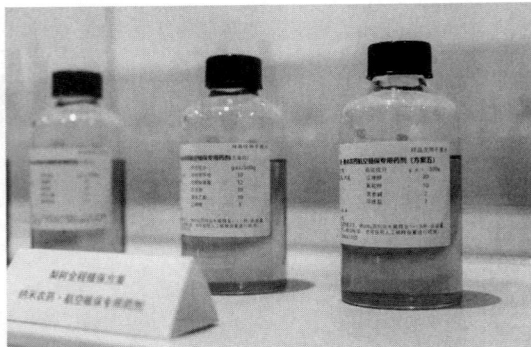

纳米农药预混剂清澈透明

近年来，植保无人机在防治作物病虫害方面的技术日趋成熟。2016年以来，我国植保无人机发展迅猛。2016年，植保无人机保有量仅4 000架，植保面积2 882.6万亩次；截至2021年底，植保无人机保有量达到16万架，植保面积14.6亿亩次。短短几年，植保无人机已成为防治作物病虫害重要的高效施药工具之一。

植保无人机的崛起，改变了"桶混"所需的水量，从常规施药器械用水量30～50升降低至植保无人机的0.8～1.5升。以水稻病虫害防治为例，农户在田间将市售传统农药进行"桶混"，这些市售传统农药往往包含十余种有效成分，如杀虫剂、杀菌剂、植物生长调节剂、防漂移剂和叶面肥等。这些农药往往来自不同的生产厂家，剂型也不相同，如此多不同类型的产品在超低容量条件下进行"桶混"，则会出现浑浊、析出、分层、沉淀等现象，严重影响了植保效率和效果，造成不必要的浪费和污染。

纳米农药预混剂具有稳定、细腻、防飘移等优点，广泛适用于市面各种植保机械，尤其适用于低容量喷雾的植保无人机，完美弥补了传统农药及配药方法的短板，是低容量、低气流、小喷头植保无人机的首选，能提高植保无人机作业效率约25%。

南京善思生态科技有限公司（简称"南京善思"）的纳米农药预混技术目前已拥有12项中国发明专利和5项国际发明专利。2019—2021年，相关成果先后获得业内权威专家组织的有用性、科学性和先进性论证。2021年，南京善思与中国农业科学院植物保护研究所、农业农村部农药检定所共同牵头编写制定《纳米农药产品质量标准编写规范》，这是全球首个由官方（政府）批准制定的关于纳米农药的标准。

（二）技术示范推广情况

1. 在全国开展广泛试验推广，深受好评

2018 年，全国农业技术推广服务中心在 18 个省份持续开展纳米农药预混剂防治病虫害的试验示范。在黑龙江、江苏等 8 个省份发文，通过建立纳米农药减量增效预混技术示范区、开展纳米农药预混技术集成与应用、绿色防控技术推荐等方式在地方推广使用纳米农药预混剂。纳米农药预混剂入选了黑龙江、吉林、江苏等省份的绿色推广目录，同时也入选了南京市"2019 年创新产品推广示范推荐目录"。截至目前，南京善思的纳米农药预混剂已在全国水稻、小麦、玉米、马铃薯、茶叶、柑橘等 18 种作物上开展了超过 1 000 万亩次的试验示范与推广应用。结果表明纳米农药预混剂具有良好的防效，明显提高了田间作业效率和植保效果，深受服务组织好评和欢迎。

安徽省明光市客户赠送锦旗

2. 积极探索新推广模式，开展农业社会化服务

南京善思在致力于保障中国粮食安全可靠的过程中，逐步探索适合纳米农药预混剂的新型推广模式，以造福广大农民群众。现阶段农村人口老龄化问题日趋严重，从事农业生产的青壮年劳动力逐年减少，中国的耕地由谁种、怎么种的问题日益凸显。南京善思利用纳米农药预混剂的便捷性，从 2020 年起，在江苏多地实践开展基于纳米农药预混剂的定制化植保托管服务。

2020—2021 年，南京善思累计在江苏、安徽的 11 个县（市、区）建立了小麦、水稻病虫害防治服务示范点，组建 90 余人的一线本土化服务团队，直接扎根于乡镇，通过大数据平台流程化、标准化管理，为农户提供田间技术服务。

2022 年至今，南京善思立足江苏、面向全国，提供纳米农药预混剂定制化服务，同时扩大一线服务范围，在广东组建服务团队重点针对台山水稻病虫害防治提供定制植保托管服务。

（三）提质增效情况

1. 农药纳米化，破解农药绿色难题

南京善思的纳米农药实现了绿色制备、稀释稳定和使用便捷。绿色制备：选用天然物质或其衍生物作为溶剂和助剂，不使用高毒的溶剂和有害的助剂，无"三废"产生，大大减少了环境污染；稀释稳定：实现了稀释药液在 2 小时内稳定不析出沉淀；使用便捷：为农户定制农药方案，发展了固定规格，省去二次稀释。"绿色纳米农药技术在航空植保中的应用"成果显著，2021 年被业内权威专家评为"技术达到国际领先水平"。

南京善思与全国农业技术推广服务中心、江苏省植物保护植物检疫站、中国农业科学院植物保护研究所、南京农业大学、华南农业大学、扬州大学等的项目合作，构建了"产、学、研、推"一体化平台，依托平台建设，组建了来自高校、科研院所和农业农村主管部门的专家团队，持续科研，提高纳米农药预混剂的科学水平，为农民增产创收做出贡献。

2. 预混剂使用方便，适用于大面积农业生产

配制好的纳米农药预混剂将农户一次病虫害防治所需要的杀虫剂、杀菌剂、植物生长调节剂和防漂移剂预先混配在一起，制作成 10 千克的包装，满足 50～100 亩的田块使用，农

户拿到预混剂后使用方便，无须现场桶混，对水稀释直接使用。与传统农药相比，省工增收，减少配药的人力成本，提高作业效率，用户反馈一架无人机一天至少提高 60～80 亩地的作业量。以作业费 6 元/亩计算，一天增收 360～480 元，这还不包括节省的配药人力支出。

3. 农药方案定制化，精确精准用药

南京善思将农技服务、农药供应、植保托管、农机作业等环节通过"农田时空档案"平台进行有机整合，形成"一站式"服务，破解长期以来农户由于缺乏专业技术，导致选药不对路、用药不科学、打药不及时、混配不合理等"痼疾"，大幅改善农户随意混配、随意加大用药量等问题。实践证明，南京善思的纳米农药预混剂可有效减少农药用量 20% 以上。

依托当地植保部门的权威指导、田块病虫害踏查和高低空遥感监测，构建"三位一体"的作物病虫害监控体系。该体系在原有植保系统有效工作的基础上，进一步拓展了监测面，提升了反馈速度，有利于作物病虫害情况，特别是突发情况的分析研判和有效处置，及时出具有效解决方案，提升对作物病虫害情况的准确预判与精准防治水平。

4. 扎根农业生产基层，推广社会化服务模式

南京善思自 2018 年开始，依托纳米农药预混技术构建了专项研发团队，对农业社会化服务过程中的植保托管服务进行各类数据实时采集，包括农户档案、田块档案、查田数据、解决方案、防效反馈、无人机作业情况等。以种植面积在 100 亩以上的家庭农场和种植户作为主要客户，逐渐发展出特色鲜明的"定制化植保托管服务"模式，建立了一套行之有效的"管家式服务＋定制化产品＋精准化作业"农业社会化服务创新体系，实现了定制化植保托管服务的流程标准化、模式可复制。

江苏睢宁：试用"纳米农药"获农户好评

中央电视台农业农村频道对纳米农药预混剂及农业社会化服务模式进行报道

5. 依靠纳米农药预混流程数字化，破解农业标准化难题

南京善思自主研发的农业大数据平台，是一个农田精准管理智能化系统、农业大数据收集系统。农业大数据的实时采集和数据统计，将服务过程中线下服务团队为农户提供的查田数据、使用方案、防效反馈、无人机作业及使用参数等，在数字农业大数据平台上记录并积累。

南京善思的标准化建设包括作物医生拜访客户、签订协议、圈地查田、送药收费、指导打药、预测产量等，并初步建设了一个能满足公司运行的标准化体系，涵盖 67 个国家标准、

108 个企业标准、2 个行业标准、1 个地方标准和 4 个团体标准。标准体系的建设和运行，实现了定制化托管服务过程全部信息和服务流程的数字化，保障了数字化管理的有效性。

（四）技术获奖情况

1. 2018 年，"稻麦无人机精准施药技术集成与推广"获江苏省农业技术推广奖三等奖，JSTGJ（2017）-3-15-R23。

2. 2020 年，"绿色纳米药物技术的集成与应用"获第五届江苏省科协青年会员创新创业大赛农业科技领域创业组二等奖，JSQC2020A2003。

3. 2021 年，入选江苏省绿色防控技术名录（苏农保〔2021〕9 号）。

4. 2022 年，入选江苏省绿色防控技术名录（苏农保〔2022〕10 号）。

5. 2021 年，入选"全国农业社会化服务创新试点组织"（农经办〔2021〕15 号）。

6. 2022 年，入选"全国农业社会化服务典型"（农经办〔2022〕6 号）。

7. 2021 年，入选"江苏省农业社会化服务典型案例"（苏农经办〔2021〕5 号）。

8. 2022 年，再次入选"江苏省农业社会化服务典型案例"（苏农便〔2022〕275 号）。

9. 2022 年，入选江苏省农业农村行业条线工作要点（苏农办〔2022〕4 号）。

10. 2022 年，入选江苏省农业数字化建设优秀案例（苏农便〔2022〕205 号）。

11. 2022 年，承担的江苏省服务业标准化试点建设项目验收获得"优秀"等级。

二、技术要点

1. 核心技术

（1）精准配方技术　技术依托单位根据田间稻麦病虫害实际发生情况，参考植保部门实时测报数据和历史数据，选择对路药剂品种、合理使用剂量、科学使用频次及喷施适期，提出"精准定制"的预混剂生产方案。

（2）纳米预混技术　技术依托单位受农户委托在生产纳米农药预混剂时，将农作物病虫害防治所需的杀虫剂、杀菌剂、植物生长调节剂、防漂移剂等根据实际防治需要科学进行预混。

（3）统配稀释技术　技术依托单位生产的纳米农药预混剂在田间进行"统配"时操作简单便捷，只需在喷施前，按照亩用水量及使用说明的亩用药剂量，将所需药剂直接倒入洁净的水中，使药剂迅速分散均匀即可。

（4）精准喷施技术　结合植保无人机等高效施药器械，根据不同农作物的生长情况、病虫害发生程度及地形地貌等，制定飞行参数，精准喷施，减量增效。

2. 配套技术

（1）纳米农药预混剂定制化生产技术　规模化发展纳米农药预混剂，可以使其对防治靶标和农作物具有更高的穿透性，可提高农药利用效率和防治效果。

（2）病虫害专业化统防统治　通过专业的病虫害防治社会化服务组织，向农户提供病虫害防治服务，规范农作物病虫害专业化服务行为，提升植保社会化服务能力。

（3）农业大数据监测分析技术　在农作物病虫害监测防治过程中，构建病虫害监测信息平台、统防统治管理平台等，做到数据上传、图片上传和视频上传。

（4）减少包装废弃物　全部使用 10 千克大包装，减少农药包装废弃物对环境的污染。

三、适宜区域

纳米农药预混技术适用于全国各地、各种植保施药机械，以承担重大病虫害统防作业的地区为重点，也适用于各县（市）组织开展区域性统防统治。

四、注意事项

1. 配制农药前需要佩戴护面罩，戴胶皮手套，按照规定的剂量量取药液，不得随意增加用药量。现配现用，配制完成后2小时内使用完毕。

2. 喷施工作结束后，及时将喷药机械清洗完毕，农药包装要及时回收，不得随意丢弃，以防造成农业污染。

3. 施药人员要注意个人防护，配药施药现场应该禁烟、禁食。

技术依托单位

1. 南京善思生态科技有限公司
联系地址：江苏省南京市雨花台区凤展路32号A1幢2202、2205室
邮政编码：210012
联 系 人：殷毅凡
联系电话：18061431372
电子邮箱：yifan.yin@scienx.cn

2. 江苏省植物保护植物检疫站
联系地址：江苏省南京市鼓楼区凤凰街道凤凰西街277号9楼
邮政编码：210029
联 系 人：朱 凤
联系电话：13951685095
电子邮箱：596495764@qq.com

3. 南京农业大学
联系地址：江苏省南京市卫岗1号
邮政编码：210095
联 系 人：窦道龙
联系电话：15850549618
电子邮箱：ddou@njau.edu.cn

利用生态调控防治水稻害虫技术

一、技术概述

（一）技术基本情况

单纯依赖和大量使用化学肥料和农药等投入品实现水稻高产，导致农田生态系统生物多样性急剧下降，生态系统服务功能显著削弱，引起水稻病虫害频繁暴发成灾，进一步增加了农药的使用量，从而制约了水稻生产的可持续发展和病虫害的可持续治理。在对当地稻田生态系统各关键因子调查分析的基础上，针对水稻主要害虫，进行稻田生态系统的合理设计，围绕土著天敌和人工释放天敌的保护、增殖与提高控害能力，采取田埂种植和保留蜜源植物、栖境植物、螟虫诱集植物以及斑块化种植储蓄植物等生态工程措施，调节和恢复稻田生态系统中害虫与天敌之间的均衡性，使水稻害虫种群量处于相对较低的水平，不对水稻生长构成危害。该项技术经多年多稻区大面积示范应用，可有效地保护和提高稻田害虫天敌种类和数量，增强天敌的控害能力，水稻稻飞虱、稻纵卷叶螟、二化螟等重大害虫发生程度明显下降，大幅度减少化学农药使用次数和用量，实现水稻病虫害的可持续治理和生态平衡。

（二）技术示范推广情况

经广泛开展技术培训、示范展示、宣传推广，利用生态调控防治水稻害虫技术得到大面积应用，2013年以来，一直被列入全国水稻重大病虫害防控技术方案，2017—2022年连续被列入浙江省农业主推技术，2019—2021年在南方稻区推广应用3 759.3万亩次，促进了稻米高质量发展和品牌化提升，为保障我国粮食安全、农药减量、农业绿色发展发挥了极其重要的促进作用，取得了显著的生态、社会、经济效益。

（三）提质增效情况

多年多地试验示范及大面积应用结果表明，该技术应用后可显著降低稻飞虱、稻纵卷叶螟和二化螟等主要害虫发生量和发生程度，具有良好的控害效果，稻田寄生性和捕食性天敌种类和种群量增加，缨小蜂科天敌数量是农民自防田的4～40倍，蜘蛛数量为1.9～3.4倍，捕食性盲蝽数量为1.8～15倍，豆娘数量为2.0～8.3倍，青蛙数量为4.9～6.3倍，这种差异在农民自防田用药后的取样调查中尤为明显。经过测算表明，技术推广实施区亩均可减少50%～60%的杀虫剂用量，亩均防治成本减少81元，辐射推广区亩均防治成本减少50元。同时，技术应用区域的稻田，大幅度减少了杀虫剂使用，稻米品质提升，销售价格和品牌效益提高，加之生态工程田边种植芝麻、茭白、丝瓜、咖啡黄葵等显花作物，销售后还可获得收益，取得了较好的经济效益。

通过技术推广应用，提升了稻米价值，改善了农田生态环境，提升了自然控害能力，保护了农田生态系统，提升了水稻产业的质量效益和竞争力，促进了种植业绿色发展。

（四）技术获奖情况

以该技术为核心的科技成果获得浙江、贵州等省份科学技术进步奖以及神农中华农业科技奖、教育部科学技术进步奖等省部级奖项。主体内容获国家发明专利授权20余件，制定农业行业标准、省级地方标准和团体标准等 10 余项。

二、技术要点

1. 选用抗（耐）性品种

因地制宜选用抗（耐）稻瘟病、白叶枯病、条纹叶枯病、稻曲病、黑条矮缩病、南方水稻黑条矮缩病等水稻品种，避免种植高（易）感品种。注意根据当地稻瘟病、白叶枯病病原菌优势小种，合理布局种植不同遗传背景的水稻品种。

2. 种植载体植物

（1）冬季空闲田种植绿肥，豆科作物紫云英每亩鲜草产量达 1 500 千克以上，翌年（3月下旬至 4 月初）翻耕灌水腐熟，为稻田节肢动物天敌提供越冬场所。全年田边保留功能性禾本科杂草，为水稻天敌提供庇护场所。

（2）田间区域（或田块）插花种植重要天敌载体植物（作物），如种植茭白保护蜘蛛和缨小蜂，种植粃谷草、游草保护缨小蜂和赤眼蜂等。

| 田埂留草 | 田边种植茭白 |

3. 种植蜜源植物

在水稻全生长季，稻田生态系统中插花种植或田埂种植芝麻等显花植物，保留田埂开花杂草，为寄生性天敌提供营养，延长天敌寿命，提高天敌控害能力。

| 种植蜜源植物（芝麻） | 种植蜜源植物（硫华菊） |

4. 种植诱集植物

稻田田边、机耕道边成行种植诱虫植物香根草，间隔 3~5 米种植 1 丛，可以引诱稻螟虫产卵钻蛀，致使幼虫不能完成发育而死亡。香根草的有效控害距离为 20~30 米，如条件允许，宜将香根草在多条田埂上平行种植，且行间距不大于 60 米。稻螟虫发生前可给香根草适量施用氮肥，增强香根草对稻螟虫的引诱能力。

种植诱集植物（香根草）

5. 加强农艺措施

（1）推广抗（耐）性水稻品种和减少氮肥施用量，降低害虫种群自然增长速率。

（2）提倡增施磷、钾肥，增强水稻的耐害性。在生态培肥的基础上，应控制氮肥施用量，增施磷、钾肥和硅肥。根据水稻目标产量和地力水平确定总施肥量及氮、磷、钾肥施用比例，施肥量以施氮肥为标准，氮∶磷∶钾按照 1∶（0.3~0.5）∶（0.6~0.8）的比例来确定磷、钾肥的施用量。移栽前 1~3 天施用基肥，移栽后 15~18 天施保蘖肥，幼穗分化二期施穗肥，破口抽穗期看苗施用粒肥，可有效提高肥料利用率，氮肥施用量减少 5%~20%，保持水稻稳产。

三、适宜区域

适宜我国东北、西南、黄淮单季稻区，华南双季稻区以及长江中下游单双季混栽稻区。

四、注意事项

1. 首先调查当地稻田生态状况，根据稻田主要害虫及天敌种类和种群量，合理规划，才能达到较好的控害效果。

2. 本着蜜源植物要有利于天敌而不利于害虫的原则，蜜源植物的选择要建立在生态安全性评价的基础上，不是所有的开花植物都适合于生态调控技术。

3. 香根草不能种植在稻田内或田间的小田埂上，以免影响水稻生长和农事操作。香根草对除草剂较敏感，在较宽的机耕土路、沟渠坡道、田边种植香根草时，周围应慎用除草剂。

4. 水稻移栽后 45 天内不用药或慎用药，水稻生长前期发挥植株的补偿能力，可放宽稻飞虱、稻纵卷叶螟等害虫的防治指标，在害虫密度达到防治指标时，优先选用微生物农药，必要时使用选择性强、对天敌安全的农药品种。

技术依托单位

1. 全国农业技术推广服务中心

联系地址：北京市朝阳区麦子店街 20 号

邮政编码：100125

联 系 人：卓富彦

联系电话：010-59194542

电子邮箱：zhuofuyan@agri.gov.cn

2. 浙江省农业科学院植物保护与微生物研究所

联系地址：浙江省杭州市石桥路 198 号

邮政编码：310021

联 系 人：吕仲贤　徐红星

联系电话：0571-86404077

电子邮箱：luzxmh@163.com

苹果树腐烂病防控技术

一、技术概述

（一）技术基本情况

苹果树腐烂病是我国苹果主产区的主要病害，尤其对管理不良、营养失衡和树势衰弱的果园，其发生和危害更加严重。

近年来，围绕苹果树腐烂病的研究有不少新的进展：在腐烂病病斑上形成的病原菌孢子，随雨水、修剪工具和蛀干害虫传播到枝干表层、剪锯口或伤口等部位，萌发后利用表层坏死组织的营养生长，并长期存活。当树势衰弱时，栓皮层遭到破坏，病原菌菌丝侵入皮层，杀死皮层组织，诱发腐烂病病斑。在枝干表层、剪锯口、木质部及伤口坏死组织内的定殖（利用死体营养生长扩展）是腐烂病病原菌侵染致病的基础；冬季低温能提高腐烂病病原菌的致病力；钾元素能提高树体的抗病性，阻止病原菌的侵入和扩展；当叶片钾含量达到或超过1.3％时，果园病株率大幅度降低。本技术规程采用"清、护、健、治"防控策略，即以彻底"清"除腐烂病病斑和侵染菌源为基础，用药保"护"枝干，以防止病原菌在枝干和剪锯口上定殖为核心，以合理肥水、"健"树栽培为保障，以及时"治"疗病斑、减少其危害为补救。

在腐烂病防控制剂方面，除传统的化学药剂外，研究人员研发出以枯草芽孢杆菌为生防菌的强力伤口愈合剂，以及通过树体涂白减轻冻害、对伤口包裹菌泥治疗腐烂病病斑的防控技术等。

基于近年来的最新研究成果，为了进一步丰富和完善苹果树腐烂病防控技术，在2017年国家苹果产业技术体系制定的《苹果树腐烂病防控技术规程》基础上，本技术规程做了较大修订，并以季节为序列集成七项措施。

（二）技术示范推广情况

采用试验示范和技术服务相结合的技术推广模式，在陕西、河北、山西、甘肃、山东等9个省份建立示范点103个，示范推广累计1 923万亩。

（三）提质增效情况

示范区病株率由65％下降到7％以下，防病有效率近90％，挽回产量损失345.1万吨，节省用工12亿元，累计增收节支94.5亿元，培训技术人员和果农累计50余万人次，技术成果辐射全国70％苹果产区，解决了苹果树腐烂病防控大难题，提升了我国苹果生产整体水平，有力推动了该产业的健康持续发展。

（四）技术获奖情况

本技术成果获国家科学技术进步奖二等奖、省级科技成果一等奖2项、大北农科技成果一等奖，技术成果已应用于本领域教科书和相关研究。

二、技术要点

1. 改冬剪为春剪，促进伤口愈合

提倡春季剪树，避免在雾天或降雪天气修剪。修剪当天，对所有剪锯口涂伤口保护剂进

行保护，药剂可以选用氟硅唑膏剂、强力伤口愈合剂、腐殖酸铜等。修剪工具触碰病部组织后，对修剪工具要进行消毒，或擦干净，避免交叉感染。

2. 做好果园卫生，减少接种体数量

早春结合清园，刨除死树、病树、残桩；锯除或剪除死枝、病枝和弱枝；刮除主干和主枝上的死皮、病皮、粗皮；全园喷布 3～5 波美度石硫合剂，或其他铲除剂。

3. 及时刮治病斑，阻止病原菌扩展

春季天气转暖后（柳树露绿前后），及时检查树体上的新发腐烂病病斑。枝条上发现腐烂病病斑后，从腐烂病病斑以下 5～10 厘米处，剪除病枝，并保护剪锯口；主干或主枝发生腐烂病，当剪除病枝对树体和产量影响较大时，需及时刮治腐烂病病斑。刮治要注意三点：①彻底将变色组织刮干净，往外再刮 1～2 厘米；②刮口不要拐急弯，要圆滑、不留毛茬；③及时涂药，可用氟硅唑膏剂、强力伤口愈合剂或腐殖酸铜等。其他季节，只要发现病斑就要及时刮治。由于腐烂病病原菌有在木质部深层扩展并导致复发的特点，刮治越早，越容易治愈，因此应尽可能早发现、早治疗，防止病原菌向周围和深层木质部扩展。

4. 生长季节保护枝干，减少病原菌侵染概率

4～10 月苹果生长季节，每月至少喷药一次，将药液均匀地喷布到枝干上，防止腐烂病病原菌从微伤口侵入并在枝干上定殖。每次喷药前，彻底清除果园内的死枝、病斑等。对于腐烂病发生严重的果园，如新发病斑的病株率超过 5%，可分别于 6 月和 8 月，选择渗透性较强的杀菌剂，如氟硅唑、抑霉唑、噻霉酮、戊唑醇、苯醚甲环唑或丙环唑等，专门喷布树体的枝干以杀灭潜伏病原菌。

5. 适量追施钾肥，提高树体抗病性

对于腐烂病发生较轻的果园（病株率<3%），全年按每产 100 千克苹果施纯氮 0.8 千克、纯钾（氧化钾）1.6 千克操作；对于病害较重的果园（病株率>3%），全年按每产 100 千克苹果施纯氮 0.8 千克、纯钾 2.4 千克操作。

对于重病果园施肥的具体要求：5 月下旬至 6 月上旬，每亩追施 98% 农用硫酸钾 1 次。对于亩产 3 000 千克左右的果园，施用硫酸钾 80～100 千克。施用方法：沿树盘东南西北各开一条长 1 米左右、深 20～30 厘米的沟，均匀撒入肥料、覆土。6 月下旬至 8 月下旬，严控氮肥的施用或不施用。根外追肥：结合施用农药，加入 99% 磷酸二氢钾或 0.3% 硫酸钾叶面喷施，全年施用 5～6 次。

6. 做好秋施肥，严控树势过旺

秋施基肥以施用复合肥为主，结合施用有机肥。施肥量根据亩产量确定。例如，对于成龄结果园，在 9 月下旬或采收果实后尽早施用有机肥 3～4 米³/亩，加氮磷钾复合肥（15 - 15 - 15）160 千克。

7. 秋冬季预防冻害，减少树体冻裂伤口

对易发生冻害的地区，提倡冬季对树干及主枝向阳面以及因腐烂病造成的裸露疮面涂白或涂枝干保护剂，或使用"轮纹终结者 1 号""腐轮 4 号""靓桩"等涂干剂喷涂树干。

三、适宜区域

适于渤海湾、黄土高原和黄河故道等苹果产区应用，西南高原和新疆苹果产区可参考应用。

四、注意事项

不同产区的苹果树物候期差异较大，上述各项操作的时间是依据渤海湾产区的物候期给出的，其他产区应根据本地的物候期做相应调整。

技术依托单位

1. 河北农业大学

联系地址：河北省保定市乐凯南大街 2596 号

邮政编码：071001

联 系 人：曹克强　王树桐

联系电话：13513220263

电子邮箱：cao _ keqiang@163.com

2. 西北农林科技大学

联系地址：陕西省杨凌区邰城路 3 号

邮政编码：712199

联 系 人：黄丽丽　孙广宇

联系电话：029-87092075　13384922506

电子邮箱：sgy@nwsuaf.edu.cn

3. 青岛农业大学

联系地址：山东省青岛市城阳区长城路 700 号

邮政编码：266109

联 系 人：李保华

联系电话：13791962343

电子邮箱：baohuali@qau.edu.cn

长江中下游水稻重大病虫害全程绿色防控
（农药定额施用）技术

一、技术概述

（一）技术基本情况

针对长江中下游稻区水稻"两迁"害虫等重大病虫害呈多发、常发、重发态势，防控成本上升、难度加大等问题，研究、示范、推广、集成了农业防治（种植抗性品种、灌水翻耕杀蛹、健康栽培等）、生态调控技术（种植显花植物、诱虫植物等）、理化诱控（隔离育秧、性信息素诱杀、灯光诱杀等）、生物防治（释放天敌赤眼蜂、稻鸭共作、生物农药防治等）、科学用药（适期用药、对口用药、合理用药等）为主要内容的全程绿色防控技术体系。通过该技术的应用，有效降低了水稻重大病虫害的基数、病虫草害暴发危害的概率和风险，实现了水稻重大病虫害可持续控制，保障了粮食生产安全、农产品质量安全和农业生态安全。

（二）技术示范推广情况

核心技术"长江中下游水稻重大病虫害全程绿色防控技术"自 2012 年以来单独或作为其他技术的核心内容，连续 8 年被遴选为农业农村部主推技术，在浙江、江苏、上海、安徽、江西、湖南、湖北等省份进行示范、推广，获得良好效果。2022 年，浙江省创建省级水稻病虫害绿色防控示范区 172 个，示范带动各类水稻绿色防控示范面积 100 万亩以上，推广面积 578 万亩，水稻病虫害绿色防控覆盖率达到 64.9%，病虫害损失率总体控制在 2.16% 以下，挽回产量损失 128.2 万吨，有效保障了浙江省粮食生产安全。早稻生产实现总产和亩产"双增"，获得农业农村部表扬。

（三）提质增效情况

与农户常规技术相比，应用该技术可降低化学农药用量 30% 以上，亩节本增效约 200 元，同时稻田生物多样性显著增加，病虫抗药性得到有效缓解，稻米更加绿色优质，农田景观更加丰富、美丽，乡村振兴、美丽乡村得到有效促进。

（四）技术获奖情况

该技术先后获农业农村部中华神农奖一等奖 1 次，浙江省丰收奖一等奖 2 次、科学技术进步奖二等奖 1 次。

二、技术要点

1. 农业防治

（1）选用抗（耐）性品种　避免种植甬优 15、中浙优 194 等高（易）感病品种，减轻恶苗病、白叶枯病、稻瘟病等。

（2）春季翻耕灌水　3 月下旬至 4 月中旬越冬代稻螟虫化蛹期连片翻耕冬闲田、绿肥田，并灌深水浸没稻桩 7～10 天，杀灭越冬代稻螟虫，降低害虫基数。

（3）健身栽培　加强水肥管理，适时晒田，避免重施、偏施、迟施氮肥，适当增施磷、钾肥，提高水稻抗逆性。

2. 生态调控

在田埂保留禾本科杂草；稻田机耕路两侧或田埂种植芝麻、硫华菊等显花植物（宽度 50 厘米左右）和诱虫植物香根草（丛间距 3～5 米）。

3. 理化诱控

（1）隔离育秧　在水稻秧苗期，采用 20～40 目防虫网或 15～20 克/米² 无纺布隔离育秧，防止白背飞虱传播南方水稻黑条矮缩病。

（2）性信息素诱杀　自 3 月下旬起，选用持效期 3 个月以上的诱芯和干式飞蛾诱捕器，每亩设置 1 套二化螟性信息素诱捕器，放置高度以诱捕器底端距地面 50～80 厘米为宜，降低二化螟成虫基数，减轻二化螟危害。

（3）灯光诱杀　每 2 公顷设置一盏杀虫灯，在稻螟虫羽化期或迁入高峰期，每晚 20:00 至翌日凌晨 1:00 开灯诱杀害虫。

4. 生物防治

（1）生物农药防治　针对不同靶标病虫，可选用甘蓝夜蛾核型多角体病毒、苏云金杆菌、金龟子绿僵菌、短稳杆菌、梧宁霉素、井冈霉素 A、申嗪霉素、春雷霉素等生物药剂。

（2）释放天敌控害　在水稻二化螟、稻纵卷叶螟成虫始盛期释放稻螟赤眼蜂或螟黄赤眼蜂，间隔 3～5 天放蜂 2～3 次，每次放蜂 0.8～1 万头/亩，均匀放置 5～8 个点/亩，高温季节宜在傍晚放蜂，蜂卡放置高度以分蘖期高于植株顶端 5～20 厘米、穗期低于植株顶端 5～10 厘米为宜。

（3）稻鸭共作　水稻分蘖初期，将 15～20 天的雏鸭放入稻田，每亩放鸭 10～30 只，水稻齐穗时收鸭。通过鸭子的取食活动，减轻纹枯病、稻飞虱、福寿螺和杂草等发生危害。

5. 科学用药技术

（1）种子处理技术　采用甲霜·种菌唑、肟菌·异噻胺、咪鲜胺、氟环·咯·精甲等种子处理剂预防恶苗病；吡虫啉、噻唑锌等药剂拌种或浸种预防秧苗期蓟马、稻飞虱、白叶枯病等。

（2）带药移栽技术　减少大田前期用药。秧苗移栽前 2～3 天施用内吸性较强的对口药剂，带药移栽，预防白叶枯病、稻螟虫、稻蓟马、稻飞虱和稻叶蝉及其传播的病毒病。

（3）穗期综合防治技术　水稻孕穗末期至破口期，主攻稻瘟病、纹枯病、稻曲病、穗腐病、稻螟虫、稻飞虱等穗期综合病虫害。

水稻化学农药定额施用（折纯）标准：早稻不超过 100 克/亩，连晚、单季稻不超过 170 克/亩。

三、适宜区域

长江中下游稻区。

四、注意事项

落实农药定额制施用，确保农药安全施用。

技术依托单位

1. 浙江省植保检疫与农药管理总站

联系地址：浙江省杭州市江干区秋涛北路 131 号

邮政编码：310020

联 系 人：姚晓明

联系电话：0571-86757340　18757107741

电子邮箱：xmyao7@126.com

2. 浙江省农业科学院植物保护与微生物研究所

联系地址：浙江省杭州市江干区石桥路 198 号

邮政编码：310021

联 系 人：徐红星

联系电话：0571-88045127　13588332930

电子邮箱：13588332930@163.com

茶园主要害虫绿色精准防控技术

一、技术概述

（一）技术基本情况

1. 技术研发推广背景

由于缺乏高效绿色防控技术，茶小绿叶蝉、灰茶尺蠖等茶园重要害虫的防治主要依赖化学农药，且易浸出到茶汤中的高水溶性农药使用普遍。过度依赖化学农药和不合理用药，严重威胁我国茶叶质量安全和茶园生态安全，制约了我国茶产业的健康可持续发展。

2. 解决的主要问题

为克服茶园传统物理诱杀技术效率低、天敌误伤大的弊端，为填补茶园重要鳞翅目害虫性信息素防治技术的空白，相继明确了重要害虫灰茶尺蠖、小贯小绿叶蝉与茶园优势天敌间趋光趋色特性和视敏度的差异，鉴定出灰茶尺蠖、茶尺蠖、茶毛虫等重要害虫的性信息素并精准解析了性信息素组分的生物学功能，提出了灰茶尺蠖、茶尺蠖等 7 种害虫的高效性诱剂、窄波 LED 杀虫灯、黄红双色诱虫板等绿色防控新技术。依托国家茶叶产业技术体系，在全国范围开展的验证试验显示：相对传统物理诱杀产品，精准物理诱杀产品窄波 LED 杀虫灯提高叶蝉诱杀量 2.1 倍、降低天敌误杀量 56.8％，黄红双色诱虫板降低天敌误杀量达 35.4％且不影响叶蝉捕杀量；研发的灰茶尺蠖、茶尺蠖、茶毛虫性诱剂的诱蛾效果较市售同类商品提升 4～264 倍、64 倍和 1 倍。其中，窄波 LED 杀虫灯可使距灯 20 米范围内的叶蝉虫口密度下降 35.6％～50.5％；春茶结束修剪后放置黄红双色诱虫板，可使叶蝉高峰期虫口密度下降 58％；连续诱杀两代雄蛾，灰茶尺蠖性诱杀技术的防效达 67.2％。

同时为应对水溶性农药对饮茶者的健康威胁，进行了替代农药种类筛选和示范推广。筛选出尺蠖病毒制剂、短稳杆菌、天然除虫菊素等高效生物农药和虫螨腈、茚虫威、唑虫酰胺等高效低水溶性农药替代水溶性农药。

3. 专利范围及使用情况

专利一：一种灰茶尺蠖雄虫性诱剂及含该性诱剂的诱芯制备方法（ZL201610251023.9）。权利要求包括：灰茶尺蠖性诱剂的组分、配比和配制方法。专利已成果转化，并在我国灰茶尺蠖发生区域大范围推广应用。

专利二：茶小绿叶蝉环境友好型色板的颜色设计与制作方法（ZL201711435049.X）。权利要求包括：色板的颜色、图案、胶层厚度等。专利已成果转化，在全国各茶区推广应用。

专利三：一种茶园专用天敌友好型诱虫光源（ZL201721031069.6）。权利要求包括：诱虫灯的发射光谱、灯型、外观等。专利已成果转化，在全国各茶区推广应用。

（二）技术示范推广情况

技术具有较强的适用性、稳定性、可操作性，已实现大范围推广应用。依托国家茶叶产业技术体系、国家重点研发计划"茶园化肥农药减施增效技术集成研究与示范"等项目，近三年在浙江、湖北、福建、四川、湖南、广东等 15 个产茶省份建立 70 余个示范点，推广应用超 400 万亩。

茶园主要害虫绿色精准防控技术集成

（三）提质增效情况

技术示范区害虫发生得到有效控制，化学农药减施明显，茶叶产量得到保证，茶叶质量安全提升明显，农民效益得到提升。近三年全国范围内各茶区主要示范点调查数据显示，技术应用区化学农药减施 50% 以上，茶叶增产近 10%，2022 年茶叶中高水溶性农药吡虫啉、啶虫脒检出率较 2016 年下降 27.0%；2021 年，因避免了虫害造成的产量损失和质量安全水平提升带来的茶叶价格上涨，每亩茶园减损增效 948.1 元。

2018 年，茶园主要害虫绿色精准防控技术入选科学技术部"科技精准扶贫先进实用技术"；2020 年，基于此技术，与全国农业技术推广服务中心和广东、浙江、福建、湖北等省份联合推出闽北乌龙茶、浙江名优绿茶、广东名优红茶等茶叶绿色高质高效生产技术模式挂图 7 套；2021 年、2022 年以本技术为素材拍摄的短视频"茶树害虫高效绿色防控技术""灰茶尺蠖、茶尺蠖绿色精准防控技术模式"，在全国农业技术推广服务中心、中国农药工业协会联合举办的全国绿色园艺新模式新技术新产品短视频学习交流活动中获最具推广价值短视频。

（四）技术获奖情况

技术部分内容曾获 2019 年的国家科学技术进步奖二等奖（茶叶中农药残留和污染物管控技术体系创建及应用）。

二、技术要点

针对灰茶尺蠖、茶小绿叶蝉等茶园重要害虫，在害虫发生初期，通过精准理化诱控技术和生物农药将害虫种群数量控制在危害水平以下，同时利用高效低水溶性化学农药进行害虫应急防治。

（一）核心技术

1. 茶树鳞翅目害虫高效性诱剂

可用来防治灰茶尺蠖、茶尺蠖、茶毛虫、斜纹夜蛾、茶细蛾等茶园鳞翅目害虫。大面积、连片、持续使用效果佳。性诱剂具有专一性，需根据目标害虫选择性诱剂种类，并配合船型诱捕器、粘板使用。根据往年害虫发生数量，每公顷均匀悬挂船型诱捕器 30～60 个。诱捕器高于茶树蓬面 25 厘米。越冬代成虫羽化前悬挂，直至害虫越冬。一般来说，防治灰茶尺蠖、茶尺蠖，性诱剂悬挂时间为 3～11 月；防治茶毛虫，性诱剂悬挂时间为 5～11 月。为保证诱杀效率，诱捕器需及时更换粘板，每 3 个月更换 1 次性诱芯。

灰茶尺蠖性诱剂 12 小时诱虫效果　　　　茶毛虫性诱剂 12 小时诱虫效果

2. 窄波 LED 杀虫灯

针对茶小绿叶蝉、灰茶尺蠖、茶尺蠖、茶毛虫等茶园主要害虫设计诱虫光源光谱，极大减少天敌误杀。同时配备负压捕虫装置，极大增加对小型害虫的捕杀能力。该灯大面积、持续使用效果佳。平地茶园每 2.2 公顷放置 1 台窄波 LED 杀虫灯，山地茶园适当增加密度。注意地形地貌对杀虫灯的遮挡，合理布点安装。灯管下端高于茶蓬 40～60 厘米。3 月上旬开启电源，11 月下旬关闭电源。杀虫灯每日根据日落时间，自动工作 3 小时。定期清理虫兜。此外，该灯接物联网，可通过手机远程控制与监测。

窄波 LED 杀虫灯

3. 黄红双色诱虫板

黄色引诱害虫，红色驱避天敌，主要用于防治茶小绿叶蝉和黑刺粉虱。防治茶小绿叶蝉时，春茶结束修剪后放置色板；防治黑刺粉虱时，越冬代成虫羽化盛期，即春茶期，放置色板。色板每公顷均匀悬挂 375 张。色板朝向平行茶行，其下沿位于茶蓬上方 20 厘米。悬挂时间 2～3 周。色板拆除后妥善安置，防止污染茶园环境。

4. 高效安全防治药剂

当灰茶尺蠖、茶毛虫等鳞翅目害虫虫

黄红双色诱虫板

口密度超过防治指标时，推荐施用短稳杆菌、病毒-Bt 制剂等高效生物农药和虫螨腈、联苯菊酯等高效低溶性化学农药。当茶小绿叶蝉、茶棍蓟马、害螨等吸汁害虫虫口密度超过防治指标时，推荐施用天然除虫菊素、茶皂素、印楝素、矿物油等植物源、矿物源农药，和虫螨腈、唑虫酰胺、茚虫威等高效低水溶性农药。注意药剂轮换、科学施用。

生物源农药对紫外线敏感，需在傍晚或阴天施用；病毒制剂适宜在 4、5、10 月施用；喷施生物农药防治茶小绿叶蝉、茶棍蓟马时，需提早并间隔 5～7 天连喷 2 次。

（二）配套技术

配套技术包括：秋冬季深翻、石硫合剂封园、合理修剪勤采等良好农艺措施和释放捕食螨等。其中，石硫合剂封园要在秋冬季气温不低于 4 摄氏度时进行，每亩用水量需达 70～75 L，将全园喷透；释放胡瓜钝绥螨等捕食螨要在害螨发生初期进行，每亩释放 4～6 万头。

三、适宜区域

国内所有茶区。

四、注意事项

无特别注意的环节。

技术依托单位
中国农业科学院茶叶研究所
联系地址：浙江省杭州市梅灵南路 9 号
邮政编码：310008
联 系 人：蔡晓明
联系电话：0571-86656597
电子邮箱：cxm_d@tricaas.com

抗药性捕食螨防治柑橘害螨技术

一、技术概述

（一）技术基本情况

1. 技术研发推广背景

我国柑橘年均产量已逾 5 500 万吨，种植面积和产量均居世界首位。随着种植结构调整及全球气候变暖，害螨在我国各柑橘产区大面积暴发成灾，尤其在三峡库区等特殊种植区更为猖獗，杀螨剂用量占整个橘园用药量的 70% 以上，严重影响柑橘产量和质量安全。捕食螨是柑橘害螨最为重要的天敌，但无法控制所有柑橘害虫危害，因此化学防治仍然是生产上不可缺少的防治措施，化学农药施用不可避免导致化学防治与生物防治的矛盾，特别是有机磷和菊酯等广谱性杀虫剂施用对捕食螨毒性极大，严重影响捕食螨田间应用效果。

为了协调化学防治与生物防治的矛盾，世界各国均加大力度针对广谱性杀虫剂选育捕食螨抗性品系。目前，国外已报道培育出了将近 10 种不同水平的捕食螨抗性品系，少数品种已用于果园害螨的控制，但没能大面积推广应用。20 世纪 80 年代，国内曾有不同学者选育出 20～30 倍不等的尼氏真绥螨抗性品系，但也没能在生产上推广应用。近年来，西南大学柑桔研究所（中国农业科学院柑桔研究所）在国家、市级项目资助下，通过室内多年持续选育，分别获得对有机磷和菊酯类杀虫剂具有高水平抗性的巴氏新小绥螨（捕食螨）新品系，建立了高效繁育和田间应用技术，在国内外率先实现抗药性捕食螨大面积推广应用，显著提升了"以螨治螨"实际应用效果。

2. 能够解决的主要问题

抗药性捕食螨防治柑橘害螨能在很大程度上协调化学防治与生物防治的矛盾，可显著提升捕食螨防治柑橘害螨的实际效果，因此，能够有效解决柑橘害螨危害与果品质量安全管控的难题。通过对抗药性捕食螨防治柑橘害螨技术的进一步推广应用，可为我国柑橘绿色生产发挥更大作用。

3. 专利范围及使用情况

西南大学柑桔研究所（中国农业科学院柑桔研究所）申报了与本技术相关的专利 7 项，目前均获得授权，内容涉及巴氏新小绥螨抗性选育、抗性评价、高效繁育和田间应用等。为促进上述专利尽快转化，自选育出抗药性巴氏新小绥螨（捕食螨）、建立高效繁育技术伊始，西南大学柑桔研究所便自筹资金 600 余万元，新建了 500 米² 抗性捕食螨生产车间，加快专利实施。同时，加强与农业主管和技术推广部门的联系与交流，加大力度示范、宣传抗药性捕食螨防治柑橘害螨技术，有力推动了抗药性捕食螨大面积推广应用。

（二）技术示范推广情况

抗药性巴氏新小绥螨已经在我国重要柑橘产区进行大面积推广应用。2016—2022 年，先后在重庆、四川、湖北、广西、贵州、浙江、云南等省份的 30 余个县（市）进行抗药性捕食螨示范应用，建立了 12 个示范点，示范面积 1 200 余亩，推广应用 100 余万亩。"抗药性捕食螨防治柑橘害螨技术"成功入选 2022 年度重庆市农业主推技术。

(三) 提质增效情况

抗药性捕食螨推广应用显著提升了柑橘害螨的防治效果,有效降低了化学农药施用量。2016 年以来,先后生产销售捕食螨 5 000 万袋,新增效益 2 000 万元,农民增收 17 亿元,化学农药减施近 350 吨,支撑认证绿色食品 10 余个,为柑橘害螨高效防控、化学农药减施和保障果品质量安全做出了重大贡献。

(四) 技术获奖情况

以抗药性捕食螨高效繁育及田间应用为核心的科技成果"柑橘害螨绿色治理关键技术创新与应用"和"柑橘害螨成灾机制及持续控制关键技术创新与应用"分别获 2019 年度重庆市科学技术进步奖一等奖和 2022 年度教育部科学研究优秀成果奖一等奖。"捕食螨绿色防控技术"短视频获首届全国绿色园艺"三新"短视频最具推广价值奖。

二、技术要点

1. 抗药性捕食螨释放方法

抗药性捕食螨释放采用"一钉两剪"的缓释袋释放法,效果较好,即释放前将缓释袋上下方同时剪口,上口方便捕食螨爬出,下口防止雨天积水,然后用订书机将上下方同时剪口的缓释袋固定在主干分叉处。抗药性捕食螨释放 20 天防效达 90% 以上,持效期达 6 个月。

缓释袋上方剪口

缓释袋下方剪口

固定缓释袋

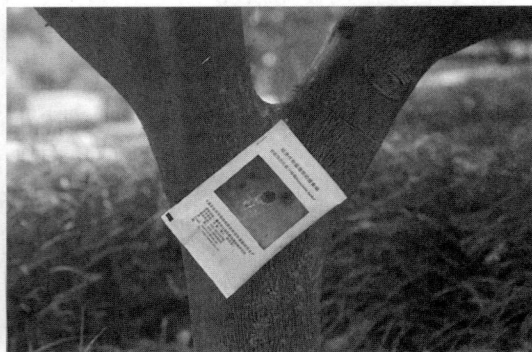

固定好的缓释袋

2. 抗药性捕食螨释放时间

在春季柑橘害螨螨口密度（1～3 头/叶）较低时释放抗药性巴氏新小绥螨，整个生长季节柑橘害螨螨口密度维持在 2 头/叶以下，害螨可以得到较好地控制。秋季如有柑橘红蜘蛛发生，在 5～6 头/叶时释放抗药性巴氏新小绥螨。

3. 抗药性捕食螨释放数量

成年果园每亩挂 50 袋左右，树冠特别大的果树，可适当增加释放数量。幼树园在害螨发生中心株上挂捕食螨 1 袋。

三、适宜区域

我国各柑橘产区均可以推广抗药性巴氏新小绥螨（捕食螨）。

四、注意事项

1. 抗药性捕食螨生产出来应尽快发送到柑橘生产基地，基地接收到捕食螨尽快释放。
2. 在搬运、拿取捕食螨的过程中应轻拿轻放，用手拿包装袋的封口边沿。
3. 释放捕食螨前应先看天气预报，捕食螨释放后短期内不要下雨。
4. 抗药性捕食螨释放后橘园注意留草。

技术依托单位

西南大学

联系地址：重庆市北碚区柑桔村 15 号

邮政编码：400712

联 系 人：冉　春

联系电话：023-68349798　13908360787

电子邮箱：ranchun@cric.cn

花生主要土传病害综合防控技术

一、技术概述

（一）技术基本情况

花生是我国总产量和种植业产值最大的大宗油料作物，然而受生产规模扩大、耕作制度改革、气候变化加剧等因素的综合影响，全国各产区多种土传病害的发生范围不断扩大、危害程度不断提高，包括青枯病、白绢病、果腐病、黄曲霉病等土传病害引起的产量损失、品质下降、食品安全风险已成为制约花生产业绿色高质量发展的关键问题，年经济损失上升到百亿元。与其他农作物一样，花生土传病害的病原菌存在于土壤中难以根除，多种土传病害混合交错发生且互相促进，防控难度总体上远远大于其他病害（如叶部病害），加上新时期轻简免耕栽培技术的普及和秸秆禁烧、肥药"双减"等绿色化发展要求的落实，对防控技术的要求越来越高。

在上述背景下，中国农业科学院油料作物研究所等单位利用其发明专利"一种快速鉴定病原真菌的方法"，鉴定和明确了不同产区土传病害病原菌的种类和分布。在此基础上，研究建立了花生主要土传病害的综合防控技术体系，针对各产区土传病害的种类及危害特点，有效集成了"一选二拌三灵活"的防控策略，其中"一选"即选择适合特定生态区的多抗高产优质花生品种并精选种子，显著降低危害程度，尤其可减轻重点疫区青枯病、果腐病等毁灭性病害的发生，抗病品种的培育利用了发明专利"一种温室苗期白绢病抗性鉴定方法"和农业行业标准《花生种质资源抗青枯病鉴定技术规程》；"二拌"即在花生播种前使用杀菌剂、杀虫剂及微肥拌种，提高了出苗率和保苗率，显著减少了苗期和生长中期的病虫害；"三灵活"即根据各产区实际情况采取合适的农业、化学和生物防控措施，有针对性地防控在生生长中后期的主要病害。该综合防控技术可以有效减少农药的施用，降低花生产量损失，保障质量安全和食品安全，具有绿色、节本、增效、安全的特点。

"一选二拌三灵活"技术的示范应用

（二）技术示范推广情况

2014 年以来，花生主要土传病害综合防控技术结合国家花生产业技术体系、国家重点研发计划、中国农业科学院科技创新工程、国际合作等研发任务及推广工作，在湖北、江西、安徽、江苏、山东、河南、河北、辽宁、吉林、广东、广西、四川等省份示范和推广。一是在长江流域及其以南的花生青枯病疫区推广高抗青枯病高产系列品种，由于多数抗青枯病品种也兼具果腐病和黄曲霉病抗性，所以较好地解决了青枯病疫区的主要病害问题。二是在黄淮产区针对麦茬夏播花生的苗期冠腐病、根腐病及后期的白绢病和果腐病，集成抗病品种辅助药剂拌种和起垄防渍栽培技术，显著降低了上述主要病害的危害。三是在华北和东北产区针对生长前期温度较低易引起苗期病害和生长后期局部产区果腐病严重的问题，集成的药剂拌种、起垄防渍、灌溉调控技术取得了良好的防控效果。上述综合防控技术总体上操作简便，不需要额外增加劳动力和成本，能有效降低土传病害的危害，已在全国推广 3 000 多万亩，提高了农户收益。

（三）提质增效情况

2014—2021 年，花生主要土传病害综合防控技术在各主产区进行了系统试验示范，并获得良好结果。在湖北襄阳示范基地采用综合防控技术，花生出苗率平均提高 12.03%，荚果亩增产 20.57%，亩增收 133 元。在安徽合肥示范基地，出苗率提高 20.45%，荚果亩增产 24.35%，亩增收 126 元。2019—2021 年在河南开封示范基地，出苗率提高 4.5%，荚果亩增产 10.51%，亩增收 208 元。2019—2021 年在山东潍坊示范基地，出苗率提高 6.5%，荚果亩增产 13.8%，亩增收 376 元。与常规技术相比，应用该技术可使花生增产 10% 以上，降低农药用量 15% 以上，亩增收节支 100 元以上，利用复合拌种剂可同时减轻地下害虫的危害，减少虫果率，降低荚果腐烂和黄曲霉毒素污染的风险，能显著提高花生的产量和品质，保障产品质量安全。

（四）技术获奖情况

与本技术相关的兼抗青枯病、烂果病和黄曲霉病的中花 6 号等品种获 2017 年度国家科学技术进步奖二等奖；"抗病高淮高产花生新品种及配套生产技术"获 2020 年湖北省科学技术进步奖一等奖；"花生青枯病特异抗性种质发掘与创新利用"获 2021 年中国农业科学院青年科技创新奖。

二、技术要点

1. 选择抗病优质高产花生新品种

根据各产区的生态条件，选择适宜种植的抗病优质高产花生新品种。青枯病区一定要选用高抗青枯病品种，最好选择高抗青枯病的高油酸新品种中花 29、中花 30；非青枯病区可以选择抗其他土传病害的品种；产量达到当地的高产品种要求；出仁率适中；抗倒伏、抗旱、耐涝。

2. 药剂拌种防治苗期病虫害

各产区均建议采用。花生播种前带壳晒种 2～3 天，剥壳后挑选饱满成熟的种子（剔除出芽、病斑、虫斑和不饱满的种子）。通过多年拌种剂试验，已筛选出如下高效拌种药剂配方：①25% 噻虫·咯·霜灵，300～700 毫升拌种 100 千克；②40% 萎锈·福美双＋60% 吡虫啉，400 毫升＋300 毫升拌种 100 千克。上述两种药剂任选其一，均具有较好的防病兼防

选择抗土传病害品种

虫效果，在生产上广泛应用。拌种后需晾干，建议即拌即用（当天播种），不宜在拌种后长时间存放。

拌种　　　　　未拌种

拌种　　　　　未拌种

药剂拌种提高花生出苗率

花生起垄种植

花生生长中后期病害防控

花生收获后利用风干囤进行荚果干燥

3. 因地制宜防控生长中后期病害

根据当地花生生长中后期主要发生的土传病害如青枯病、白绢病、果腐病以及黄曲霉毒素污染，分别采取相应的防控措施。

（1）采用起垄栽培种植，防止田间渍害，减轻白绢病和果腐病发生。

（2）合理灌溉，在干旱胁迫下灌水是增加产量和减少黄曲霉毒素污染的有效措施，但要避免在白天温度最高的时段浇水，也要避免浇灌温度较低的地下水，否则容易增加果腐病的发生概率。

（3）实施膜下滴灌时要保证土地的平整，避免局部长时间渍水，否则会增加果腐病的发生风险。

（4）以花生专用肥为基肥，平衡营养成分，增施土壤改良剂，改善土壤 pH，有机肥要充分腐熟，减少带菌量。

（5）针对白绢病目前尚无高抗品种的情况，重病地在花生封垄前喷施 24％噻呋酰胺或50％氯溴异氰尿酸，间隔 2 周再喷施 1 次，防控生长中后期的白绢病。

（6）叶斑病或网斑病较重的产区，在播种后 70 天起可灵活施药防治 1～3 次。

三、适宜区域

全国花生四大主产区：华南产区、长江流域产区、黄淮产区、东北产区。

四、注意事项

1. 花生药剂拌种建议即拌即用，尽量当天播种。

2. 花生灌水应避免在中午高温下进行，以减少烂果发生。

3. 施用防控白绢病的药剂时，建议在花生封垄前喷施，使药剂接触茎基部及附近土壤，降低菌核的萌发率。

技术依托单位

1. 中国农业科学院油料作物研究所

联系地址：湖北省武汉市武昌区徐东二路 2 号

邮政编码：430062

联 系 人：廖伯寿　晏立英

联系电话：027-86712292　86812725

电子邮箱：lboshou@hotmail.com　yanliying@caas.cn

2. 河南省作物分子育种研究院

3. 山东省花生研究所

弥粉法施药防治设施蔬菜病害技术

一、技术概述

（一）技术基本情况

近年来大面积发展的设施栽培蔬菜，由于其环境密闭、棚室内湿度过大，导致病害频发，因此湿度控制成为设施蔬菜生产中的关键环节。湿度控制不好常常导致病害的暴发，给农民的生产造成重大损失。现在普遍采用的喷雾法不仅劳动强度大、费工费时，还会人为地增加棚室内湿度，导致病害控制不住，越防越重，形成恶性循环，特别是阴雨天极易造成病害的发生流行。

喷粉施药可以很好地解决上述问题，但传统粉剂在喷施量较大的情况下，喷施后会在植株表面留下明显的附着物，且施药过程烦琐，施药器械落后，不适于大面积应用。

针对病害防治需求及传统防治方法存在的问题，中国农业科学院蔬菜花卉研究所（简称"本所"）开发了"弥粉法施药防治设施蔬菜病害技术"，通过精量电动弥粉机及配套研发的微粉剂，施药过程无须对水，避免了喷雾施药增加棚室的湿度，解决了低温高湿、雨雪雾霾天气传统喷雾无法使用的问题。该技术主要用于防治设施高湿环境下发生的蔬菜灰霉病、霜霉病、疫病、菌核病、黄瓜棒孢叶斑病、蔓枯病、番茄灰叶斑病等，对黄瓜细菌性角斑病、黄瓜细菌性茎软腐病、番茄细菌性斑点病、辣椒疮痂病等各类细菌性病害，防治效果能达到85%以上。

（二）技术示范推广情况

该技术2013年起陆续在全国各设施蔬菜主产区推广应用，2017年开始大面积应用，主要推广地区包括山东省、辽宁省、河北省、浙江省、北京市、天津市、山西省、江苏省、湖北省、甘肃省、陕西省等设施蔬菜主产区。近三年本所所属企业中蔬生物科技（寿光）有限公司年直接推广面积超过30万亩，引领了弥粉法施药行业的进步，全行业弥粉法施药技术年推广面积超过500万亩，自技术推广以来累计应用面积超过3 000万亩，有效解决了设施蔬菜生产中的高湿病害问题，挽回了巨大的经济损失。

（三）提质增效情况

对设施蔬菜产量影响最大的是病害问题，控制不及时会导致减产20%～50%，危害严重的甚至绝产。传统防治方法因为采用喷雾法用药，为达到理想的防治效果，需要不断增加用药量，选用进口药剂进行防治，增加了投入成本。采用弥粉法施药防治设施蔬菜病害技术，综合防治效果在85%以上，相同药剂用量条件下药剂作用效果提升20%，减少化学农药使用量超过30%，有效降低设施蔬菜农药残留风险，显著提升蔬菜品质，减轻了农药对设施耕地和设施栽培环境的污染，具有重要的生态环保意义。弥粉法施药解决了传统喷雾施药无法有效解决的高湿病害问题，显著提升了防治效果，每亩地可以挽回产量损失20%以上，节约用药成本100元，产量增加收入500元以上，每亩地节本增收600元。每亩地施药仅需3～5分钟，节省施药人工超过90%。

（四）技术获奖情况

1. 精量电动弥粉机入选 2021 年中国农业农村重大新装备。

2. 中国农业科学院蔬菜病害防控创新团队，以弥粉法施药防治设施蔬菜病害技术为核心，获得"2023 年中国农业科学院成果转化优秀团队奖"。

二、技术要点

以手持式精量电动弥粉机为核心设备，调节喷粉量在每分钟 30 克（4～5 档），将定量的药剂装入弥粉机的药箱中，注意药箱内不可有水或湿气。弥粉前棚室通风口关闭，尽量确保棚室的密封效果。从棚室最旦面开始，操作人员站在过道上，摇动弥粉管从植株上方喷粉，边喷边后退，行进速度为每分钟 15～20 米（可以根据均匀度灵活调节），施药后密闭棚室。病害发生前或发生初期，选择旁晚进行弥粉操作，弥粉结束后即可放下草帘或保温被。每亩地的弥粉量不超过 100 克，根据植株大小调整弥粉量。可有效防治灰霉病、霜霉病、黄瓜棒孢叶斑病等设施蔬菜高湿病害。

三、适宜区域

本技术适用于全国各设施蔬菜产区。

四、注意事项

施药过程中为了减少药剂损失需要关闭棚室的风口，因此弥粉法施药最佳时间为每天下午 16:00—18:00，避免晴天中午施药。

技术依托单位

中国农业科学院蔬菜花卉研究所

联系地址：北京市海淀区中关村南大街 12 号

邮政编码：100081

联 系 人：李宝聚　谢学文

联系电话：010-62197975　13718315536

电子邮箱：libaoju@caas.cn

新疆棉花病虫害全程绿色防控技术

一、技术概述

（一）技术基本情况

1. 推广技术研发背景

棉花是世界性的重要经济作物，是世界上最主要的天然纺织纤维原料，也是世界范围的大宗国际贸易特殊商品。我国是全球第二大棉花生产国、全球最大棉花进口国和消费国，2020 年我国棉花产量和进口数量均占全球的 25%。因此，棉花产业是关系我国国计民生的支柱性产业，也是影响世界大宗农产品及下游纺织品贸易格局的战略性产业。进入 21 世纪以来，我国实施了棉花区域布局的战略性调整，棉花种植向新疆集中转移。2022 年，新疆棉花种植面积与产量分别为 3 745.35 万亩、539.1 万吨，占全国棉花总种植面积及总产量的 83.22%、90.19%，对保障全国棉花产业及纺织业安全至关重要。同时，棉花产业是新疆农业经济的主导产业。据统计，约 15% 的全疆财政收入和 50% 的产棉县财政收入都来自棉花及其延伸产业，35% 的全疆农民收入和 60% 的南疆农民收入来自棉花种植。棉花安全生产在全疆经济发展、民族团结和社会稳定中发挥着重要作用。

病虫害是影响棉花安全生产的关键性制约因素。新疆棉区热量丰富、日照充足、降水稀少、空气干燥、昼夜温差大并利用雪水人工灌溉，为棉花生长提供了得天独厚的自然环境条件，但同时也造就了独特的病虫害种类组成结构和发生危害规律。随着近年来气候变化加剧、棉花集中大面积连作、覆膜和滴灌等栽培新模式的普及以及果树面积增加等棉区作物种植结构调整，新疆棉花病虫害的发生规律出现了明显改变，棉蚜、棉叶螨、棉蓟马、黄萎病、苗病、铃病等多种病虫害严重发生。根据全国农业技术推广服务中心统计资料显示，2001—2020 年新疆棉花病虫害发生面积增长了 55%，产量损失（实际损失加挽回损失）增加了 2.1 倍，重发年份产量损失比例（产量损失占棉花产量的比例）最高达 27.3%。此外，新疆棉花病虫害防控过程中过度依赖化学农药的问题仍然突出。因此，在棉花全程机械化种植和绿色发展新形势下，创新研究并推广应用新疆棉花病虫害全程绿色防控技术，已成为保障我国棉花种植安全与绿色生产的重大战略需求。

2. 解决的主要问题

针对新疆棉花病虫害持续严重发生且过度依赖化学防治的突出问题，在研究明确棉花重要病虫害的演替与灾变规律基础上，研发棉花主要病虫害智能化、精准化监测技术，创新棉花病虫害绿色防控新技术新产品，最终集成棉花病虫害全程绿色防控技术模式并推广应用，全面提升棉花病虫害绿色防控与专业化防治技术水平，为持续推动新疆棉花产业绿色高质量发展提供重要科技支撑。本技术主要解决如下 3 个问题：

（1）明确棉花重要病虫害的演替与灾变规律 针对新形势下棉花病虫害发生种类、危害程度不断变化问题，阐明气候变化、棉花品种更替、植棉制度变革等对棉花病虫害时空演替及灾变规律的影响，明确暴发成灾的生态学机制，揭示黄萎病、铃病等重要病害的病原种群演化路径与危害机制，探索节肢动物食物网结构及功能变化的驱动因子和调控机制，为棉花病虫害智能监测预警、绿色防控技术产品创新利用及防控技术体系集成提供科学依据。

（2）研发棉花病虫害智能化监测与预警技术　研发棉保 App"棉花病虫草害调查诊断与决策支持系统"，实现了手机端棉花病虫害浏览查询和智能诊断；针对棉花病虫害监测预警仍以人工调查等传统手段为主的问题，研发区域尺度棉花病虫害卫星遥感监测技术、田块水平病虫害无人机遥感监测技术、害虫成虫智能诱测技术；制修订棉花重要病虫害测报技术规范，实现棉花病虫害监测预警的智能化、信息化及标准化。

（3）创新棉花病虫害绿色防控新技术新产品　针对新疆棉区棉花病虫害防治单一依赖化学农药以及农药使用严重过量的突出问题，创新棉花病虫害生态调控、棉花抗性品种利用、农药科学使用、害虫抗药性治理、害虫成虫诱杀、天敌保育利用及其人工扩繁与释放等重要技术，突破了棉花病虫害绿色防控关键技术缺乏的短板，显著丰富了棉花病虫害绿色防控的方法手段。

在技术创新的基础上，根据棉花不同发育时期病虫害的发生规律及防控中存在的突出问题，创新棉花病虫害绿色防控对策，遴选核心技术产品，熟化配套方法并进行多种技术科学集成组装，构建形成适宜全程机械化的新疆棉花病虫害绿色防控技术体系。

3. 专利范围及使用情况

"十三五"以来，研发的"分子标记和引物对以及检测棉花植株对黄萎病菌抗性的方法和试剂""利用特异基因鉴定高致病型大丽轮枝菌的方法及其应用""一种鉴定大丽轮枝菌弱致病型的核酸和引物对及试剂盒"等 9 项专利适用于棉花抗病性和病原变异性的快速分子检测，为棉花抗性品种筛选与利用提供技术支撑。"防治棉花黄萎病的菌剂及其制备方法和它们的应用"发明专利适用于生防菌可湿性粉剂及种子包衣剂的开发，为棉花病害生防产品创制提供了技术支撑。"一种棉铃虫引诱剂""香叶醇在引诱食蚜蝇中的应用""一种提高红颈常室茧蜂雌蜂比例的繁育方法""一种新型绿盲蝽复合驱避剂及其制备方法与应用"等 5 项专利为棉花害虫成虫诱杀、成虫驱避及棉花害虫寄生蜂天敌产品的创制提供技术支撑。

（二）技术示范推广情况

在中国农业科学院植物保护研究所主持的"十三五"国家重点研发计划"棉花化肥农药减施技术集成研究与示范"和"十四五"国家重点研发计划"新疆棉花病虫害演替规律与全程绿色防控技术体系集成示范"资助下，创建了"政府主导＋专家指导＋协同推进"推广模式，与新疆棉花主产县（市）和团场全面对接合作，通过示范展示、集中培训、巡回指导、技术服务、线上咨询、媒体宣传等模式推广"新疆棉花病虫害全程绿色防控技术"。2017 年以来，累计培训农技人员 1.6 万人次、高素质农民 28.4 万人次；在新疆巴州、阿克苏、喀什、昌吉、奎屯、博乐等棉区，累计示范应用 1 750 万亩、辐射带动 2 685 万亩，社会、经济及生态效益显著。

（三）提质增效情况

新疆棉花病虫害全程绿色防控技术推广应用有效控制了棉花病虫害发生，综合防控效率稳定在 85％以上。在技术示范区，棉田农药减量 25.0％～33.3％，棉花增产 3.1％～6.0％，新疆建设兵团示范区节本增效 101.4～118.7 元/亩，自治区节本增效 38.5～115.3 元/亩。通过技术辐射，带动全疆棉花病虫害绿色防控技术覆盖率由 2016 年不到 28％提升到 2021 年42.3％，促进了棉花产业的绿色发展，同时助力全疆农药使用量自 2019 年起实现负增长。

（四）技术获奖情况

新疆棉花病虫害全程绿色防控技术的创新与推广应用获得了农业技术推广系统和广大棉农的充分肯定，也获得了主管部门和同行专家的高度评价。该技术作为"十三五"国家重点研发计划专项"棉花化肥农药减施技术集成研究与示范"的核心成果，获得了以宋宝安院士为组长的专家组的充分肯定和高度评价，综合绩效评价优秀。

二、技术要点

根据棉花不同生育期病虫害发生危害特点以及现阶段棉花产业绿色高质量发展要求，基于现代信息技术和大尺度景观生态学理论，创新智能化精准化监测预警技术，构建棉田外与棉田内协调布局、棉花植株抗性与病虫靶标防治紧密结合的棉花病虫害绿色防控技术体系，充分发挥棉区生态系统的自然控害服务功能，显著减少棉田化学农药施用范围及施用量，实现棉花病虫害绿色持续防控，促进棉花产业绿色高质量发展。

（一）主体技术

1. 监测预警技术

利用棉保 App "棉花病虫草害调查诊断与决策支持系统"，实现棉花病虫害手机端浏览查询和智能诊断，解决棉农准确识别棉花病虫害难题。利用无人机光谱监测技术开展棉田病虫害快速化智能监测，明确田块水平棉花病虫害发生危害程度，提高了监测准确率，指导棉田病虫害科学防治。通过多源、多时相卫星遥感监测技术，开展大区尺度棉花病虫害精准监测，明确主要病虫害危害程度及空间分布，指导区域棉花病虫害统防统治。

棉花蚜虫卫星遥感监测预警图

注：不同颜色代表棉花蚜虫发生危害程度，红色危害级别最高。0级，无蚜虫，叶片平展；1级，有蚜虫，叶片无受害；2级，有蚜虫，受害最重的叶片皱缩或微卷，近半圆；3级，有蚜虫，受害最重的叶片卷曲达半圆或半圆以上，呈弧形。

2. 生态调控技术

通过乙氧氟草醚、唑啉·炔草酯等选择性除草剂的使用，保留棉田周边骆驼刺、苦豆子、甘草、罗布麻等功能植物，为瓢虫等有益天敌提供食物来源及庇护所，涵养自然天敌，增强天敌对棉蚜等害虫的控制能力。在棉田周边种植油菜条带诱集滋养天敌，油菜成熟收割后大量天敌迁至棉田，可有效控制棉蚜、棉蓟马等害虫。

棉田周边选择性保留功能植物苦豆子涵养保育自然天敌
注：早春田埂天敌种群保育，对于早期棉田天敌迁入以及后续持续控害至关重要

3. 抗性品种利用技术

因地制宜选用通过审定的转基因抗虫棉、抗/耐黄萎病、高抗枯萎病的高产优质品种，对控制棉铃虫与枯萎病危害、减轻黄萎病发生具有关键作用。

中植棉2号　　　对照品种

高抗枯萎病、抗黄萎病棉花品种及敏感对照的田间表现

4. 科学用药技术

（1）种子包衣　种子包衣可以有效防治立枯病、猝倒病等多种苗期病害，并能预防苗期棉蓟马、棉蚜等害虫发生。包衣选用适宜的杀虫剂、杀菌剂、植物免疫诱抗剂和生长调节剂，杀虫剂可选用噻虫嗪、吡虫啉等，杀菌剂可选用咯菌腈、萎锈·福美双、精甲霜灵等，植物免疫诱抗剂和生长调节剂可选用枯草芽孢杆菌、氨基寡糖素或芸薹素内酯等。

（2）药剂选择　依据新疆棉花病虫害发生规律及抗药性发展现状，合理选择药剂并科学防治。苗期重点防治蓟马、棉蚜、盲蝽、立枯病等病虫害；蕾期重点防治棉蚜、棉叶螨、棉铃虫、盲蝽、枯萎病、黄萎病等病虫害；花铃期重点防治棉蚜、叶螨、棉铃虫、盲蝽、蓟马、黄萎病、铃病等病虫害。

①棉蓟马。可选用苦参碱、吡虫啉、噻虫嗪、啶虫脒等进行防治。

②棉蚜。当益害比低于 1∶150（天敌单位与棉蚜种群），同时苗蚜 3 片真叶前卷叶株率达 5%～10% 或 4 片真叶后卷叶株率达 10%～20% 时，进行药剂点片挑治；伏蚜单株上中下 3 叶蚜量 200～300 头时，全田防治。可选用苦参碱、吡蚜酮、氟啶虫胺腈、啶虫脒等药剂。

③棉叶螨。点片发生时或有螨株率低于 15% 时挑治中心株，有螨株率超过 15% 时全田防治。可选用阿维菌素、苦参碱、乙螨唑、四螨嗪、哒螨灵等药剂。

④棉盲蝽。以保顶尖保蕾铃为重点，蕾期虫量达 12 头/百株、花期 20 头/百株、铃期 40 头/百株时，可选用阿维菌素、啶虫脒、吡虫啉、氟啶虫胺腈等药剂。

⑤棉铃虫。当转基因抗虫棉百株低龄幼虫超过 10 头、非转基因抗虫棉百株累计卵量 100 粒时进行防治，可选用甲氨基阿维菌素苯甲酸盐、茚虫威、氯虫苯甲酰胺、虱螨脲等药剂。

⑥立枯病等苗期病害。发病初期尤其是遇低温阴雨天气时及时药剂防治，可选用氨基寡糖素、芸薹素内酯、吡唑醚菌酯等药剂。

⑦枯萎病和黄萎病。苗期至蕾期发病前或发病初期防治，可选用氨基寡糖素、乙蒜素等药剂。

⑧铃病。发病前或初见病时，以花蕾和幼铃为重点喷药预防，或花铃期雨前预防、雨后及时喷药控制，可选用三乙膦酸铝、多抗霉素等药剂进行防治。

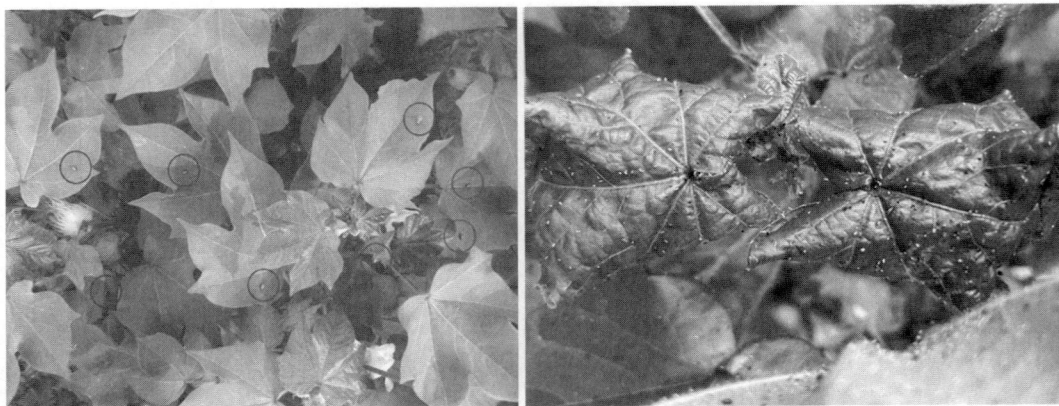

选择性药剂控制棉蚜并保护天敌

左图：施用苦参碱有效防治棉蚜危害，同时保护天敌，红色圆圈为天敌瓢虫；右图：施用化学农药后棉蚜严重猖獗危害，叶片皱缩卷曲且呈油渍状

（3）无人机喷施　采用无人机对棉花病虫害进行防治，参数可选用作业高度 1.5 米、飞行速度 4 米/秒，提高药剂沉积效果；喷液量采用 15 升/公顷时，雾滴粒径更小、叶片背面沉积量大；喷施药剂时，可添加倍达通、威持、权润等助剂提高雾滴密度及覆盖率。

（4）抗药性治理　采取镶嵌用药、轮换用药等方法科学施用农药，减少用药次数，避免多次施用同一种农药，以避免和延缓害虫抗药性的发展；及时监测棉花害虫抗药性，避免施用产生抗药性的农药，轮换不同杀虫作用机理的农药。针对棉蚜要避免使用高效氯氰菊酯、溴氰菊酯、丁硫克百威等药剂，轮换使用双丙环虫酯、氟啶虫酰胺、氟啶虫胺腈等不同作用机理的农药。严禁使用氧化乐果、久效磷及甲拌磷等高毒和剧毒农药，避免引起环境污染、杀伤天敌和造成害虫再猖獗等问题。

（5）益害比调控　当棉田益害比（天敌单位与棉蚜种群比）高于 1∶150 时，不施药防治，利用自然天敌控制棉蚜；需要药剂防治时，优先选用既高效防治害虫、又保护天敌的高选择性农药，促进棉田益害比提升，从而持续有效控制棉蚜等害虫发生。

（二）配套技术

1. 农业防治措施

清洁棉田及四周的残枝、落叶、烂铃和杂草，秋季深翻，有条件的棉区秋冬灌水保墒，压低病虫越冬基数。对于黄萎病严重病株，直接拔除并带出田外销毁。适时定苗、间苗、培育壮苗，及时中耕除草，清除田边杂草，合理调控水肥，适时化控、打顶，防止棉花徒长，改善棉田通风透光条件，减少害虫的转移危害，提高棉花抗（耐）病能力。在棉田周边种植玉米、向日葵、红花等诱集植物，结合定期施药对棉铃虫、盲蝽等害虫进行高效诱杀。避免棉花与春玉米、加工番茄等作物大面积邻作，并远离枣园等果园、集中连片的温室大棚，减少棉铃虫、盲蝽、烟粉虱等杂食性害虫转移至棉田危害。

2. 理化诱控技术

利用性诱剂、食诱剂等信息素及灯诱或杨树枝把（喷施 1∶1 000 倍液草酸）等，诱杀棉铃虫、盲蝽、地老虎等害虫成虫，减少棉田落卵量；诱捕器设置密度为 3～5 个/亩，杀虫灯有效控制面积为 2～3 公顷/盏，集中诱杀成虫，实现防治节点前移，体现预防为主。

3. 生物防治技术

释放双尾新小绥螨等捕食螨防控棉叶螨等害虫，可选择在害螨等发生密度较小时（1∶5 及以上的益害比）进行释放；在害螨发生到中等程度后，建议进行二次释放；若害螨密度较大时，建议采用先喷施丁氟螨酯等选择性杀螨剂减小害螨密度、后释放捕食螨的方式，提高防治效果。针对棉铃虫低龄幼虫危害，可选用棉铃虫核型多角体病毒进行防治。针对黄萎病和枯萎病，滴灌出苗水时或发病前，可选用枯草芽孢杆菌等生防菌剂灌根滴施，连续用药 2～3 次，间隔 10 天，预防和控制病情发展。

三、适宜区域

新疆棉花病虫害全程绿色防控技术适宜推广应用的主要区域为棉花产量占全国九成的新疆棉区。

四、注意事项

1. 区域尺度智能化监测预警应结合农技推广体系的预测预报工作，将区域尺度预测结果与测报技术人员田间调查结果相结合，结合精准化棉花病虫害预测模型，提升区域性病虫害测报准确性，指导科学实施绿色防控与统防统治。

2. 生产上优先选择种植抗虫、抗（耐）病棉花品种。

3. 化学防治在棉花病虫害防治中的作用仍非常重要，一方面要科学用药、减缓或控制抗药性，另一方面要用选择性药剂，避免或减轻误杀天敌，无论是绿色防控还是农药减施，均需重点考虑、有效兼顾。

4. 药剂按照说明书规定剂量施用，严格执行农药施用操作规程，避免过量施用农药，保护生态环境，遵守农药安全间隔期。

技术依托单位

1. 中国农业科学院植物保护研究所

联系地址：北京市海淀区圆明园西路 2 号

邮政编码：100193

联 系 人：陆宴辉　陈捷胤　刘　杰

联系电话：010-62816631　13810055311

电子邮箱：luyanhui@caas.cn　chenjieyin@caas.cn

2. 全国农业技术推广服务中心

水稻病虫害全程绿色防控技术

一、技术概述

（一）技术基本情况

为贯彻落实《"十四五"推进农业农村现代化规划》《"十四五"全国农业绿色发展规划》《"十四五"全国种植业发展规划》要求，持续推进农药减量增效，湖南省各级农业植保部门因地制宜集成应用病虫害绿色防控技术，在水稻上大力推广应用翻耕深水灭蛹技术、低茬收割技术、种子处理技术、健身栽培技术、生态调控技术、性信息素诱杀技术、生物防治技术、杀虫灯诱杀成虫技术、稻鸭共育控虫技术、科学用药技术十大水稻病虫害绿色防控技术，着力实现控害保安和农药减量。

（二）技术示范推广情况

2022 年水稻病虫害全程绿色防控技术在湖南省水稻种植区六范围推广，辐射带动全省水稻绿色防控应用面积达 3 152.77 万亩，覆盖率达 53.15%，实现了控害保安与化学农药减量双赢，推动了全省农业绿色高质量发展。

（三）提质增效情况

水稻病虫害全程绿色防控技术示范区单季亩平均增产 53.2 千克，化学农药施用次数减少 1~2 次，每亩降本提质增产 69 元，农药施用量平均减少 25%，生物多样性指数平均增加 23%，蜘蛛、黑肩绿盲蝽、隐翅虫等天敌数量最高增加 57.3%，农产品质量安全水平显著提升，取得了较好的社会、经济、生态效益。

（四）技术获奖情况

湖南省植保植检站牵头的"湖南省二化螟全程绿色防控技术推广"获得 2016—2018 年度全国农牧渔业丰收奖一等奖；牵头的"稻烟轮作区二化螟和斜纹夜蛾性信息素开发与集成应用"课题获湖南省科学技术进步奖二等奖。

二、技术要点

（一）翻耕深水灭蛹技术（主治螟虫）

田间稻桩是水稻螟虫越冬的主要场所。充分利用螟虫化蛹期抗逆性弱的特点，抢在越冬代螟虫化蛹期（湖南地区 3 月底至 4 月上中旬），及时将冬闲田、绿肥田等有效虫源田深耕晒垡，灌 10 厘米以上深水，浸没稻桩 10 天以上，达到杀蛹灭螟目的。

（二）低茬收割技术（主治螟虫）

中晚稻收获时尽量降低稻桩高度，留茬不超过 10 厘米。有条件的地区组织开展稻桩粉碎，减少越冬虫量。

（三）种子处理技术（主治病害）

1. 推广应用抗（耐）性品种是防治水稻病害最经济有效的措施。针对稻瘟病、稻曲病常发区，要结合本地生态气候特点，选用当地的抗耐病品种，避免栽种易感品种（抗性水平

7级以上为易感），培育无病壮秧，增强对病害的抵抗能力。

2. 预防恶苗病、稻瘟病等病害，用25%咪鲜胺1 000倍液浸种10～12小时，浸好后直接催芽。预防南方水稻黑条矮缩病，在种子催芽露白后，用60%以上吡虫啉种衣悬浮剂或60%以上噻虫嗪种衣悬浮剂拌种，晾干4～10小时后播种，同时能有效控制秧田期稻秆潜蝇、稻蓟马和稻飞虱的危害。

3. 使用碧护、芸薹素内酯、5%氨基寡糖素等植物生长调节剂拌种，促根壮苗，增强抗冻、抗旱、抗病虫能力。

（四）健身栽培技术（增强抗性）

1. 科学施肥

大力推广种植绿肥和测土配方施肥，坚持有机肥与化肥结合，氮肥与磷、钾肥结合，不偏施，促禾苗生长健壮，增强植株抗耐害能力。

2. 科学管水

坚持干湿结合的原则。浅水分蘖，苗足晒田，湿润长穗，特别是在分蘖末期适时晒田可有效控制纹枯病的发生蔓延。

（五）生态调控技术（天敌控害）

根据田间垄块分布，在田埂上合理布局种植大豆、芝麻等显花作物，为水稻害虫天敌提供生境栖息场所和转移通道，增强田间害虫天敌蓄积功能，以此利用青蛙、蜘蛛、绒茧蜂、蜻蜓、黑肩绿盲蝽、隐翅虫等捕食性天敌和寄生性天敌的控害作用控制害虫危害。

（六）性信息素诱杀技术（主治螟虫）

1. 放置时间

始蛾期开始放置，蛾末期收回。根据性诱剂诱芯持效期长短进行诱芯更换。

2. 放置密度

平均1亩放置1个。外围区稍密，要求每隔15米放置1个，中心区稍疏，要求每隔28米放置1个。详见如下示意图：

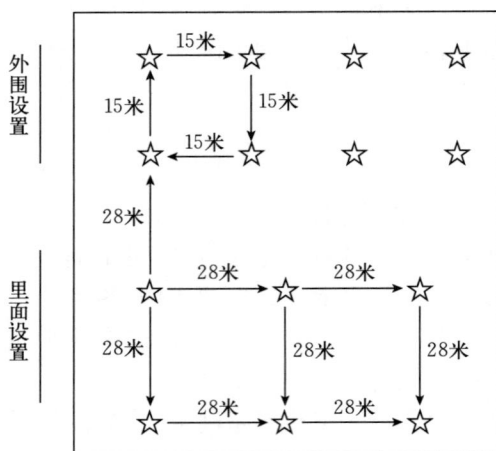

二化螟诱剂田间放置示意图

3. 放置高度

水稻分蘖期，诱芯距离地面的高度以50厘米为宜，水稻穗期，诱芯位置以高于稻株顶端 15~30 厘米为宜。

4. 注意事项

①靠近大路边或者高的田埂边上由于风力难以企及，安放密度稍大。②诱芯储藏适宜放在－18 摄氏度的冰箱中。③1 个诱捕器只能挂 1 个诱芯。④若田块有明显的风向，诱捕器一般安放在上风口的位置。

（七）生物防治技术（主治二化螟、稻纵卷叶螟）

1. 赤眼蜂防控技术

（1）放蜂时间　赤眼蜂是卵寄生蜂，第一次放蜂时间宜早，立在害虫（二化螟、稻纵卷叶螟）产卵初期，确保赤眼蜂的羽化期与害虫的产卵期相吻合。

（2）放蜂次数　应根据害虫的产卵历期确定，一般每代释放 2~3 次，针对世代重叠、产卵期长、虫口密度大的情况，放蜂次数可增加 1~2 次。

（3）放蜂量和放蜂密度　初次放蜂，害虫卵量不大，放蜂量可少些（0.8 万~1 万头/亩次）；卵始盛期，应加大放蜂量（至少 1 万头/亩次）；产卵后期，赤眼蜂在田间的自然繁殖和田间其他天敌种群数量增多，放蜂量可适当减少。放蜂密度，提倡每亩地设 5~8 个放蜂点。

（4）放蜂方法　蜂卡（杯式释放器）挂放的高度与水稻叶冠层齐平至叶冠层之上 10 厘米；高温季节蜂卡置于叶冠层下 5~10 厘米；抛撒型释放器直接投入田间。

以上技术详细使用方法及注意事项可参看企业赤眼蜂产品具体说明。

2. 生物食诱技术

（1）使用时间　配合精准测报，在稻纵卷叶螟、草地贪夜蛾成虫高峰期前 5 天左右。

（2）放置密度　每亩布置 1~3 套。

（3）使用方法　挥散芯与诱捕器配合使用，苗期诱捕器悬挂高度为离地面 50 厘米，生长期诱捕器底部稍高于水稻叶冠面 5~10 厘米，在生殖成熟前进行雌雄通杀。

（八）杀虫灯诱杀成虫技术（主治害虫）

利用害虫对光的趋性，在田间设置杀虫灯，诱杀二化螟、大螟、稻飞虱、稻纵卷叶螟等害虫的成虫，降低虫口基数。

1. 放置密度

平原区每 30~40 亩安装 1 盏灯，丘陵区每 20~30 亩安装 1 盏灯，采用"井"字形或"之"字形排列，灯距为 150~200 米，灯高距地面约为 1.5 米。

2. 开灯时间

增强灯光诱杀时效，一般天黑开灯，凌晨 1:00 关灯，定时清扫虫灰。

3. 注意事项

优先选用扇吸式杀虫灯，尽可能保护天敌，减少对益虫的杀灭。

（九）稻鸭共育控虫技术（主治二化螟、稻飞虱、稻纵卷叶螟以及杂草）

准备好田间饲养设施，即在田的四周用网围成防逃圈，在田的一角建鸭舍，并于田间开挖丰产沟若干条；掌握好放鸭技术，在水稻抛秧 15 天或移栽 12 天后，每亩放雏鸭 10~20 只，每天定时收鸭，放鸭时间为 50~60 天，至孕穗抽穗期收鸭。

（十）科学用药技术

1. 秧苗送稼药技术

在秧苗移栽前 2~5 天，每亩秧田用 50% 吡蚜酮 20 克＋20% 氯虫苯甲酰胺 15 克对水 15

千克喷雾，可有效预防大田前期蝼虫、稻蓟马、稻飞虱、稻秆潜蝇等害虫。

2. 生物农药技术

在病虫发生初期和轻发生时优先使用生物农药，早防早控，减轻后期压力，减少化学农药施用次数，减缓抗药性的产生。

（1）防治二化螟、稻纵卷叶螟等害虫，选用苏云金杆菌、金龟子绿僵菌 CQMa421、甘蓝夜蛾核型多角体病毒、球孢白僵菌（400 亿孢子/克以上）、短稳杆菌（100 亿孢子/毫升以上）等。

（2）防治纹枯病、稻曲病，选用申嗪霉素、井冈霉素、井冈·蜡芽菌（12.5％以上）等。

（3）防治稻瘟病，选用枯草芽孢杆菌（1 000 亿芽孢/克以上）、春雷霉素（2％以上）、梧宁霉素等。

（4）防治细菌性条斑病、白叶枯病，选用中生菌素、梧宁霉素等。

3. 科学施用化学农药技术

加强病虫监测，精准预报，在水稻主要病虫害的关键防治适期或达到防治指标时，推广应用高效低风险绿色农药，集中开展专业化统防统治，提倡不同作用机理药剂合理轮用与混配，避免长期、单一施用同一药剂。严格按照农药施用操作规程用药，遵守农药安全间隔期，确保稻米质量安全。提倡施用高含量单剂，避免施用低含量复配剂。禁止施用含拟除虫菊酯类成分的农药，建议应用阿维菌素、三氟苯嘧啶等环境友好型农药。

水稻主要病虫害防治指标和时间

病虫害名称	防治指标或防治适期
二化螟	分蘖期：枯鞘株率 3.5％；穗期：上代亩平均残留虫量 500 条以上，当代卵孵盛期与水稻破口期相吻合
稻飞虱	分蘖盛期百丛 500 头，穗期常规稻百丛 1 000 头、杂交稻百丛 1 500 头
稻纵卷叶螟	分蘖及圆秆拔节期每百丛有 50 个束尖，穗期亩平均幼虫超 10 000 头
纹枯病	水稻分蘖盛期封行时防治一次，病丛率达 20％时再次防治
稻瘟病	分蘖期田间出现急性病斑或发病中心，老病区及长期适温阴雨天气后水稻穗期预防，老病区秧苗期加一次预防措施
稻曲病	水稻破口抽穗前 5～7 天施药，如遇适宜发病天气，7 天后第 2 次施药
南方水稻黑条矮缩病	重在药剂拌种和秧苗期预防

水稻主要病虫草害防治常用药剂及注意事项

病虫害名称	推荐药剂及每亩有效成分施用剂量	施用方法	安全间隔期（天）	每季作物最多施用次数
白背飞虱	20％及以上含量的呋虫胺，10 克	若虫盛孵期喷雾	14	2
	25％及以上含量的吡蚜酮，6～7.5 克	若虫盛孵期喷雾	14	2
	高含量吡虫啉，4 克	若虫盛孵期喷雾	14	2
	25％及以上含量的噻虫嗪，4 克	若虫盛孵期喷雾	14	2

（续）

病虫害名称	推荐药剂及每亩 有效成分施用剂量	施用方法	安全间隔期 （天）	每季作物最 多施用次数
褐飞虱	10％三氟苯嘧啶，1.6 克	若虫盛孵期喷雾	14	1
	25％及以上含量的呋虫胺，10 克	若虫盛孵期喷雾	14	2
	25％及以上含量的吡蚜酮 5～7.5 克， 加 10％及以上含量的烯啶虫胺 5 克	若虫盛孵期喷雾	14	2
	80％敌敌畏，200 克	后期田间缺水情况下撒施	6	1
稻纵卷叶螟	20％氯虫苯甲酰胺，2 克	1、2 龄幼虫高峰期喷雾	15	2
	1.8％阿维菌素，0.36 克	1、2 龄幼虫高峰期喷雾	7	2
	3％及以上含量的甲维盐，1.5 克	1、2 龄幼虫高峰期喷雾	14	2
	15％茚虫威，1.8 克	1、2 龄幼虫高峰期喷雾	30	2
二化螟	20％氯虫苯甲酰胺，2 克	蚁螟盛孵期喷药	15	2
	8 000 IU/毫升的苏云金芽孢杆菌，200 毫升	蚁螟盛孵期喷药	12	1
	1.8％及以上含量的阿维菌素，5 克	蚁螟盛孵期喷药	12	2
	5％及以上含量的甲维盐，5 克	蚁螟盛孵期喷药	12	1
纹枯病/稻曲病	30％苯醚甲·丙环唑，6.0～9.0 克	见防治适期	15	2
	43％戊唑醇，8.5 毫升	见防治适期	28	2
	10％己唑醇，5 克	见防治适期	32	2
	1％申嗪霉素，0.6 克	见防治适期	14	2
	24％噻呋酰胺，4.8 克	见防治适期	15	2
	75％ 肟菌·戊唑醇，11.25 克	见防治适期	21	2
	20％井冈霉素，20 克	见防治适期	14	2
	12.5％井·蜡芽，150 毫升（商品量）	见防治适期	14	2
	醚菌·氟环唑，13.8 毫升	见防治适期	21	2
稻瘟病	40％稻瘟灵，40 克	见防治适期	28	2
	75％三环唑，22.5～30 克	见防治适期	21	2
	75％ 肟菌·戊唑醇，11.25 克	见防治适期	21	2
	2％春雷霉素，100 毫升（商品量）	苗期预防	21	2
	枯草芽孢杆菌，15 克（商品量）	苗期预防	无	1
	25％吡唑·醚菌酯，4 克	穗期预防与治疗	15	2

三、适宜区域

湖南省水稻种植区。

四、注意事项

水稻病虫害全程绿色防控技术选择与组装应从农田生态系统的整体出发，追求生态系统多样性的提高。技术选择前要深入实地调查当地的生态环境、气候条件、种植制度和规模、主要病虫害发生规律、农民防治习惯等，从而有针对性地选择相应的防控技术，探索一套适宜当地的技术集成。

技术依托单位

湖南省植保植检站

联系地址：湖南省长沙市岳麓区枫林路9号

邮政编码：410006

联 系 人：林宇丰

联系电话：13278856577

电子邮箱：hunanfzk@163.com

向日葵列当综合防控技术

一、技术概述

（一）技术基本情况

向日葵是四大油料作物之一，具有抗旱、耐瘠薄、耐盐碱等特点，对调整种植结构、发展农业生产、增加农民收入都具有十分重要的意义。近年来，随着向日葵种植面积的逐年扩大，我国同欧美国家的种子、材料交流频繁，一些新的病虫草害在内蒙古乃至全国向日葵产区严重发生，尤其是向日葵列当发生危害日趋严重，成为向日葵种植中的主要植保问题。向日葵列当（*Orobanche cumana*）是一种根寄生一年生杂草，国内主要分布于黑龙江、吉林、内蒙古等向日葵主产区。靠假根和向日葵根维管束建立寄生关系，掠夺向日葵的营养和水分，对向日葵造成的产量损失介于30%～50%，严重时绝收。此前由于向日葵生产企业、种植户和农技推广人员对向日葵列当的发生危害规律及防控技术还认识不清，向日葵抗性材料、防控技术缺乏，致使向日葵列当在向日葵主产区内迅速蔓延危害，成为严重威胁向日葵产业发展的有害生物。

由内蒙古自治区农牧业科学院、内蒙古农业大学组成的研究团队，自2009年起，在国家特色油料产业技术体系、内蒙古自治区应用技术研究与开发资金计划等项目的支持下，围绕向日葵列当的发生危害及防控技术开展了系统的攻关工作。经过10余年研究，探明了我国向日葵列当的生理小种结构、适宜环境条件等成灾机制，为科学防控奠定了基础；明确了向日葵诱导抗性建立机制并创制了诱抗剂防控新技术，突破了单纯依靠少数抗性品种的现状；构建了以农业措施为基础、以抗性品种为核心、以诱抗剂为重要措施的向日葵列当综合防控技术体系，该技术体系适用性广、经济有效且对生态环境友好。围绕上述研究，发表多篇论文，制定颁布地方标准4项，曾分别于2017年和2019年获得内蒙古自治区农牧业丰收奖一等奖和农业农村部全国农牧渔业丰收奖一等奖。2022年，由技术研发单位主持的"向日葵列当灾变机制及绿色防控技术体系的构建与应用"通过农业农村部农业科技发展中心组织的成果评价，评价专家组一致认为本项成果总体达国际先进水平，其中列当与向日葵互作及诱抗剂的相关成果达到国际领先水平。2019—2021年，技术在内蒙古、新疆等向日葵主要产区应用面积249.53万亩，为种植户挽回损失9.779亿元，经济、社会效益显著。本技术的应用成功遏制了向日葵列当的进一步危害蔓延，为保障我国油料作物安全做出了重要贡献。

向日葵列当严重危害地块

（二）技术示范推广情况

2014—2018 年，本项技术成果先后在新疆、黑龙江和内蒙古等向日葵列当发生严重的地区以边研究、边推广、边完善的方式进行大面积示范推广。建立核心示范区 62 个，面积 2.95 万亩。示范区平均挽回产量损失 67.16 千克/亩。通过示范区的带动引领作用，累计总推广面积达 319.43 万亩，累计为我国向日葵产业挽回经济损失 9.578 亿元。

随着向日葵列当灾变机制及防控技术研究不断深入，防控技术进一步完善。2019—2021 年，项目组引进了抗除草剂向日葵品种并配套研发了相应的防控向日葵列当用药技术，在业界首次应用诱抗剂防控向日葵列当，而联合育种企业鉴定、培育的抗列当（免疫）向日葵新品种更是得到大规模应用，其中在内蒙古、新疆等向日葵主产区累计推广 249.533 万亩，各类模式的应用为向日葵产业挽回损失累计 9.779 亿元。

向日葵列当综合防控技术的应用推广情况

2022 年，本项技术被列为内蒙古自治区农牧业主推技术，成为我国向日葵主产区的重要技术保障之一。

（三）提质增效情况

根据 2014—2018 年推广效果进行计算，本项技术集成以下 5 种防治模式，单位规模新增纯收益分别为：①抗（耐）品种＋除草。新增产值 398.79 元/亩，新增成本 20 元/亩，新增纯收益 378.79 元/亩。②抗（耐）品种＋缓释肥＋土壤调理剂防治。新增产值 353.81 元/亩，新增成本 10 元/亩，新增纯收益 343.81 元/亩。③抗（耐）品种＋滴灌措施。新增产值 328.48 元/亩，新增成本 16 元/亩，新增纯收益 312.48 元/亩。④种植免疫油葵品种。新增产值 366.39 元/亩，新增成本 0 元，新增纯收益 366.39 元/亩。⑤种植免疫食葵品种。新增产值 916.65 元/亩，新增成本 84 元/亩，新增纯收益 832.65 元/亩。

根据 2019—2021 年推广效果进行测算：①以诱抗剂为主的防治模式新增产值 483.65 元/亩，新增成本 26 元/亩，新增纯收益 457.65 元/亩。②以农业措施为主的防治模式新增产值 399.61 元/亩，新增成本 13 元/亩，新增纯收益 386.61 元/亩。③以种植免疫向日葵品种为主的防治模式新增产值 977.15 元/亩，新增成本 90.3 元/亩，新增纯收益 886.85 元/亩。

总而言之，技术的实施对传统的市场主导品种来说，解决了因向日葵列当造成的品质下降问题，对维护向日葵市场的稳定以及确保产业的高质量发展具有十分重要的作用。向日葵列当综合防控技术以抗、耐、免疫品种为主，用诱抗剂作为药剂防治的重要手段，替代用量大、防效低、污染重的除草剂防治，充分利用调整播期和灌溉模式、轮作作物、水肥调控等辅助措施，没有增加化学农药和肥料的应用，符合国家"科学植保、公共植保、绿色植保"的植保新理念，生态效益显著。

（四）技术获奖情况

以本技术为核心的"向日葵列当发生规律及综合防控技术研究与应用推广"于 2017 年获得内蒙古自治区农牧业丰收奖一等奖，2019 年获得全国农牧渔业丰收奖一等奖。

二、技术要点

根据各地的环境条件、生理小种类型、种植模式和市场需求，合理布局不同抗、耐品种以及抗除草剂品种，同时选择农业防治、药剂防治和植物诱抗剂等配套防控措施。具体防控措施如下：

（一）加强检疫

列当的种子微小，可随向日葵种子进行远距离传播，因此应严格做好向日葵种子调运检疫工作，避免向非疫区传播。

（二）合理选择向日葵抗、耐列当的品种

根据各地向日葵列当优势生理小种和危害程度的差异，合理选择不同抗性级别的向日葵品种。其中在以 G、F 小种为主的发生区域可选择商品性较好、对当地列当群体免疫的食葵品种（如 HZ2399、同辉15、双星 60 和欧瑞克 3 号等）、油葵品种（TO12244、同辉 562 等），也可选用高抗（三瑞 3 号）或耐性较好的品种，结合水肥或诱抗剂调控减轻列当危害。

抗列当品种（左）与感列当品种（右）寄生情况对比图

（三）农业防治

1. 水肥调控

秋灌浸泡土壤，可有效降低土壤中列当种子的存活率。内蒙古河套灌区、黄河沿岸耕地每年从 11 月开始利用黄河水灌溉压碱和补充土壤墒情，到翌年 5 月黄河水逐步退去，一般连续 4 年即可使田间向日葵列当种子全部失活；合理增施水肥可以改善向日葵自身的生长状况，抑制向日葵列当的萌发和寄生。播种时，在种肥中增加可改善土壤 pH 的偏酸性土壤调节剂，同时在向日葵现蕾之前漫灌一次，具有减轻向日葵列当危害的作用。

2. 人工铲除

在向日葵列当新发生区、轻发生区列当密度较小，可在向日葵列当出土以后至种子成熟之前，连续铲除 3～4 次，避免列当产生种子。另外，铲除的列当茎秆应进行集中销毁，避免离体列当种子后熟继续传播危害。

3. 适时播种

在内蒙古巴彦淖尔市 6 月上旬播种、新疆阿勒泰地区 5 月 12 日前播种，均可降低向日葵列当的寄生率。其他地区需结合各地生产实际推行适时播种，降低或推迟列当对向日葵的寄生，降低危害和损失。

4. 与诱捕作物轮作

向日葵可与玉米、亚麻、胡萝卜、青椒、豌豆等具有诱导萌发作用的非寄主农作物进行复种或轮作，降低土壤中向日葵列当有效种子的库存量。

（四）抗除草剂品种

对新世 1 号等抗除草剂（咪唑啉酮类）向日葵品种，在向日葵 4～8 叶期施用 5％咪唑乙烟酸水剂 50～100 毫升/亩，对向日葵进行定向喷雾处理，可有效防治向日葵列当；若田

间阔叶杂草较多的情况下，根据杂草叶龄大小选择 100～200 毫升/亩用药量，对水 30 升/亩进行茎叶喷雾处理，可实现兼治阔叶杂草的作用。

（五）植物诱抗剂 IR - 18

在向日葵 8～10 叶期、14～16 叶期，选择植物诱抗剂 IR - 18 600～800 倍液对向日葵进行茎叶喷雾处理，施药 2～3 次（每次间隔 7～10 天），对向日葵列当具有较好的抑制作用。

（六）综合防控技术集成

根据各地生态环境、农田基础设施条件、向日葵列当优势生理小种和发生危害程度的差异，合理选择不同抗性级别、不同生育期的向日葵品种。其中在向日葵列当重度危害地区，可选择商品性较好的免疫食葵（如 HZ2399、同辉 15、双星 60、三瑞 11 号和欧瑞克 3 号等）、油葵（TO12244、S606 等），也可选用高抗（三瑞 3 号）或耐性较好的品种，配合水肥调控、使用诱抗剂等措施；在轻度危害区，可选择高抗品种配合水肥调控或适时播种措施，也可选用如 SH363、SH361、JK601 和 3638c 等商品性较好的感列当品种，配合水肥调控、使用诱抗剂等措施；中度发生区除可采取与重度发生区相同措施外，亦可根据各地实际采取抗、耐品种配合适时播种措施。在所有列当发生地区，均可采取向日葵与玉米等作物进行轮作的措施，减轻向日葵列当的危害。

植物诱抗剂 IR - 18 防治向日葵列当效果对比图

向日葵列当关键防控技术研发

三、适宜区域

本项技术适用于内蒙古、新疆、河北、甘肃等向日葵主要产区。

四、注意事项

技术推广过程中，应明确当地向日葵列当的主要生理小种及发生严重程度，有针对性地采取防治措施，以达到提高防治效果、降低防治成本的目的。

技术依托单位

1. 内蒙古自治区农牧业科学院

联系地址：内蒙古呼和浩特市玉泉区昭君路 22 号

邮政编码：010031

联 系 人：云晓鹏

联系电话：18686007611

电子邮箱：y8x7peng@163.com

2. 内蒙古农业大学

联系地址：内蒙古呼和浩特市赛罕区昭乌达路306号

邮政编码：010018

联 系 人：赵　君

联系电话：13674859145

电子邮箱：zhaojun@imau.edu.cn

小麦条锈病"压、延、阻"全程绿色防控技术

一、技术概况

（一）技术基本情况

小麦条锈病是发生在我国小麦上的一种跨区域流行的重大病害，曾多次在全国和部分麦区大流行或特大流行，造成小麦严重减产，严重威胁小麦稳产高产。近年来，由于条锈菌毒性小种变异，加之气候异常，小麦条锈病流行频率提高，2017 年发病面积超过 8 000 万亩，造成小麦减产 200 多万吨，严重威胁国家粮食安全。为此，全国植保科教推广研发单位依托"十三五""十四五"国家重点研发计划等项目实施，在系统揭示小麦条锈菌新毒性小种产生及毒性变异机制，以及病害跨区域传播流行、田间发生动态的基础上，系统完善了小麦条锈病侵染循环和大区流行规律，制定了"强化监测预警、分区分类施策、坚持源头治理、实施全程控制、推行联防联控、实现绿色发展"的防控策略，重构了以压减菌源基地初始菌源量为重点，以延缓病原菌变异频率、延长抗病品种使用寿命为关键，以阻遏病原菌跨区传播为保障的小麦条锈病绿色防控技术，大大降低了条锈菌越夏菌源量，延缓了病原菌变异速度并延长了抗病品种使用寿命，有效控制了全国小麦条锈病流行趋势，减轻了危害损失，示范应用效果和效益显著，为确保粮食安全发挥了重要作用。

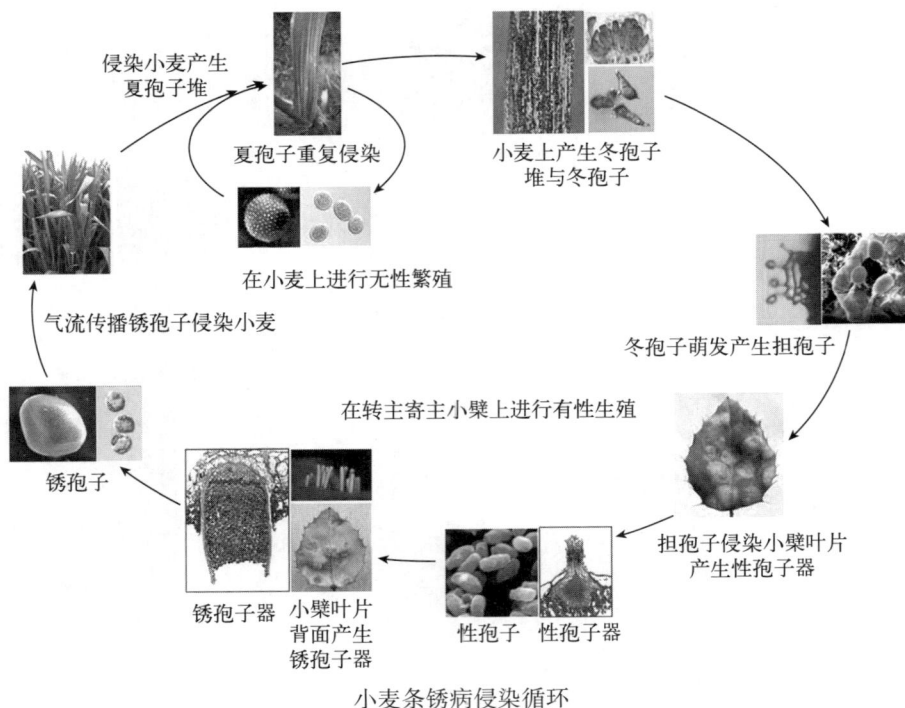

侵染小麦产生夏孢子堆

夏孢子重复侵染

小麦上产生冬孢子堆与冬孢子

在小麦上进行无性繁殖

气流传播锈孢子侵染小麦

冬孢子萌发产生担孢子

在转主寄主小檗上进行有性生殖

锈孢子

担孢子侵染小檗叶片产生性孢子器

锈孢子器

小檗叶片背面产生锈孢子器

性孢子　性孢子器

小麦条锈病侵染循环

小麦条锈病暴发危害状
左图：陕西陇县，2022；右图：陕西岐山，2020

（二）技术示范推广情况

在示范推广方面，该技术主要依托全国植保体系、科研院所及项目承担单位等在全国不同种植区和条锈病流行区分别集成分区技术模式，通过项目带动、汇聚全国优势科研教学推广单位，采用边研究、边示范的方法，将最新研究成果和技术集成，由全国农业技术推广服务中心牵头，在全国小麦条锈病发生的关键区域，分别建立防控技术示范区，并组织开展现场观摩和技术培训，主要采用点上试验示范与面上技术推广相结合、线上与线下相结合、理论培训与技术指导相结合的方式。从 2003 年开始，以我国西北、西南小麦条锈病越夏区综合治理为核心，在全国小麦主产区进行示范和推广应用。2022 年，在研究实践的基础上，进一步集成了"小麦条锈病'压、延、阻'全程绿色防控技术"，由全国农业技术推广服务中心牵头在全国推广应用。

（三）提质增效情况

该技术支撑的两个成果，在小麦条锈病有效防控和小麦生产提质增效方面发挥了重要作用。其中，小麦条锈菌新毒性小种监测与抗锈基因的挖掘及其应用成果推广后，使陕西省 2011—2014 年小麦条锈病发生面积较 2002—2010 年年平均值分别减少了 126.4 万亩、284.2 万亩、77.5 万亩和 297.3 万亩，有效地控制了陕西省小麦条锈病危害，四年共挽回产量损失 24.9 万吨，折合人民币 9.96 亿元。另外，由于种植抗病品种和精确预报，减少了农药的施用量和人工费用，累计减少防治面积 1 952 万亩，减少投入 2.93 亿元。合计增收节支 12.89 亿元。小麦条锈菌毒性变异与条锈病综合防治技术体系研发与应用成果推广后，在陕西和甘肃建立了试验示范基地，累计推广 1 817 万亩，挽回产量损失 31.53 万吨，折合人民币 12.61 亿元，减少防治费用 2.73 亿元，合计增收 15.34 亿元。该技术近三年在条锈病不同发生区示范后，示范区平均防病效果达 85% 以上，平均单产提高 5% 以上，对小麦主产区农户形成了良好的带动效果。其中，河南邓州示范基地 2022 年现场验收结果表明，通过推广该项技术，较农民自防增产7.7％，较对照增产27.5％，将条锈病病叶率控制在1.5％以下，绿色防控覆盖率达68.5％，减少农药施用29.4％。从全国看，每年至少降低发生程度1个级别，发病面积减少2 000 万亩，减少粮食损失22.5 万吨，减少农药用量20％以上，经济、社会和生态效益十分显著。

（四）技术获奖情况

该技术核心成果"小麦条锈病菌新毒性小种监测与抗锈基因的挖掘及其应用"获2015年度陕西省科学技术进步奖一等奖（2016年3月颁发证书）；"小麦条锈菌毒性变异与条锈病综合防治技术体系研发与应用"获2017年度陕西省科学技术进步奖一等奖（2018年4月颁发证书）。

二、技术要点

1. 压减条锈病菌源基地菌源量技术

甘肃东南部和陇中、宁夏南部、四川西北部、青海海东地区以及云南、贵州等的高海拔冬麦区是小麦条锈病菌菌源基地和变异关键区，其治理的核心是压低条锈菌初始菌源量，防控技术要点如下：

（1）调整作物种植结构　关键越夏区实施结构调整，种植油菜、豆类、薯类、中药材、青稞等，减少越夏区小麦种植面积。

（2）铲除越夏期病原寄主　采取深翻深耕、机械铲除或除草剂杀灭等技术，铲除自生麦苗和禾本科杂草，铲除条锈菌寄主。

（3）种植全生育期抗病品种　在菌源基地大力推广种植全生育期抗病品种。加强抗病品种布局规划，并注意选择与其他麦区遗传背景差异大的小麦品种，减缓病原菌变异。

（4）秋播小麦拌种技术　在越夏区、冬繁区和关键越冬区，对不是全生育期抗性品种实施小麦秋播药剂拌种全覆盖，杜绝白籽下种。应用具内吸传导性的高效低毒杀菌剂，进行小麦种子包衣或拌种。同时，因地制宜推广适期晚播。

（5）秋苗早期防治技术　加强条锈病发生动态监测和预警预报，及早发现，及时开展越夏区、冬繁区和关键越冬区秋苗防治，压低菌源基数，减少外传菌源数量。加强病情信息共享，指导冬繁区防控。

2. 延缓条锈菌变异技术

在关键越夏区，小麦田周边小檗生长比较密集区域，通过采取遮盖小麦秸秆堆垛、铲除小麦田周边小檗或对染病小檗喷施农药等措施阻断条锈菌有性繁殖，降低条锈菌变异概率，减缓条锈菌新毒性小种产生速度。主要技术要点如下：

（1）铲除小麦田周围小檗　在条锈菌主要越夏区和关键越冬区，对小麦田周围50米范围内的小檗进行人工铲除。

（2）遮盖小檗附近的麦垛　冬季尽量处理掉小麦秸秆，或者对小檗周围堆放的麦垛采用人工遮盖，防止小麦秸秆上的病原菌冬孢子传入周围小檗，阻止有性繁殖发生。

（3）杀菌剂喷施发病小檗　如果小檗密度大，在刚开始发病时，采用高效杀菌剂对其进行喷雾，阻断病原菌有性繁殖、变异和产生新的毒性小种。

3. 阻遏条锈菌跨区域传播技术

在小麦条锈病越夏区、关键越冬区和冬繁区、春季流行区，通过病害精准监测、分区域选用

铲：铲除邻近麦田小檗
遮：遮盖小檗附近的麦垛，防止冬孢子传播至小檗，减少冬孢子源

喷：小檗受侵前或早期喷施杀菌剂，阻断有性繁殖发生，减缓新小种产生速度

| 小檗喷药 | 喷药叶片 | 没有喷药 |

小麦条锈病病原菌有性阶段及防变异阻断

不同类型的抗病品种，实施合理布局，阻遏条锈菌跨区域传播，有效控制条锈病传播流行。

（1）精准监测和预报技术　充分利用遥感技术、孢子捕捉技术和大数据技术建立条锈病自动化监测体系，完善监测预警网络，对条锈病菌源量和田间发病情况进行实时监测。开发应用早期诊断和预测技术，及时发布预报，指导防治工作开展。

（2）抗病品种合理布局技术　在条锈病各流行区，根据不同生态区特点和条锈病流行传播路线，合理利用不同抗病品种，在不同区域进行布局，建立生物屏障，阻遏病原菌跨区传播。越冬区和冬繁区应选择种植全生育期抗病品种；春季流行区可以选择种植成株抗病品种。

（3）跨区应急防控技术　根据小麦条锈病大区流行特点，对条锈病流行快、发生危害重的区域，采取应急防控，开展统防统治。在小麦穗期结合"一喷三防"措施，采用针对性的杀菌剂、杀虫剂和叶面肥等，对条锈病和其他病虫害进行全面防控，提高防治效果，保障小麦生产安全。

小麦条锈病预防秋播拌种处理

小麦生长中后期大面积喷药防治条锈病

三、适宜区域

该技术适宜在全国小麦条锈病常发流行区推广应用。已经在陕西、甘肃、河南、湖北、山东、河北、四川、贵州、云南、青海、宁夏等省份应用。

四、注意事项

1. 强化预防措施

坚持"预防为主、综合防治"植保方针，树立"防"重于"治"的理念，尤其越夏区、越冬和冬繁区要强化秋播种子处理措施，压低早期菌源基数。

2. 强化越夏治理

越夏区自生麦苗的铲除和耕翻措施对压低秋苗发病率作用明显，但由于本项措施对当季作物无效益，因而落实不彻底，要注意加强。

3. 强化有性阻断

在西北关键越夏区和越冬区要通过遮盖小麦秸秆堆垛、春夏季铲除小麦田周边小檗或对染病小檗喷施农药等措施阻断条锈菌的有性繁殖，减缓或阻止新的毒性小种产生，延长抗病品种使用年限。

技术依托单位

1. 西北农林科技大学

联系地址：陕西省杨凌区邰城路3号

邮政编码：712100

联系人：王晓杰　王保通　赵　杰　康振生

联系电话：029-87080063　13572410050

电子邮箱：wangxiaojie@nwsuaf.edu.cn

2. 全国农业技术推广服务中心

联系地址：北京市朝阳区麦子店街20号楼704室

邮政编码：100125

联系人：刘万才　李　跃

联系电话：010-59194542　13621269778

电子邮箱：liuwancai@agri.gov.cn

农作物有害生物定量风险评估技术

一、技术概述

(一)技术基本情况

生物入侵是人类共同面对的突出问题。我国是遭受生物入侵威胁与损失较为严重的国家之一,检疫性有害生物和外来入侵物种种类多,造成损失大,潜在危害重,对水稻、小麦、玉米及马铃薯等粮食生产和食品安全构成了巨大威胁。近些年影响我国农业生产的红火蚁、草地贪夜蛾、加拿大一枝黄花、水葫芦等外来入侵生物种类繁多,且具有高度隐蔽性、无序撒播性、灵活多变性、危害传递性等特征。这些入侵生物不仅破坏生物多样性,且严重威胁我国粮食和重要农产品安全供给。

中国农业大学植物保护学院、农业农村部植物检疫性有害生物监测防控重点实验室李志红教授团队针对玉米、柑橘等重要粮果作物开展有害生物风险分析(PRA)研究与应用。集成建立了有害生物定量评估技术体系,预测了玉米外来有害生物入侵风险,并提出了增补玉米褪绿斑驳病毒为全国农业检疫性有害生物的防控措施,预测了重要经济实蝇和玉米外来有害生物的潜在地理分布和潜在经济损失并提出了防控措施。代表性研究:基于虫口统计学的多种实蝇入侵模型,当前及未来气候变化对橘小实蝇、番石榴果实蝇、蜜柑大实蝇、甜瓜迷实蝇、草地贪夜蛾、红火蚁、三米根萤叶甲、玉米褪绿斑驳病毒、刺萼龙葵、刺果瓜等潜在地理分布的影响。

(二)技术示范推广情况

李志红教授团队通过 20 余年的风险分析研究及实践,建立了有害生物风险分析定量评估集成技术体系,其相关技术同样适用于我国玉米及其他农作物外来有害生物的风险评估。首先,利用自组织映射网络(self - organizing map,SOM)工具进行多种玉米外来有害生物的风险初筛;其次,利用场景模型结合@RISK 软件进行某种玉米外来有害生物的入侵可能性评估,利用 MaxEnt 和 CLIMEX 等物种分布模型进行某种玉米外来有害生物的潜在地理分布(适生区)预测,利用场景模型结合@RISK 软件进行某种玉米外来有害生物的潜在经济损失预测;最后,运用多指标综合评判模型对玉米外来有害生物的入侵风险进行综合评估。其中,玉米外来有害生物的地理分布、检疫截获、生物学和危害以及风险分析地区的地图、交通运输、气象、玉米种植等为定量风险评估的重要基础数据。全国农业技术推广服务中心与中国农业大学合作,联合启动境外玉米种子输华有害生物风险分析工作。采用"SOM+MatLab"技术筛选出玉米主要有害生物 1 251 种,并进行了风险排序,在此基础上,针对 MCMV、MDMV、玉米内州萎蔫病菌(*Clavibacter michiganensis* subsp. *nebraskensis*)、玉米细菌性枯萎病菌(*Pantoea stewartii* subsp. *stewartii*)和玉米褐条霜霉病菌(*Sclerophthora rayssiae*)这 5 种代表性玉米种子病原物,结合其在我国的适生区预测结果,采用"场景模型+@RISK"技术预测了其对我国玉米产业造成的潜在经济损失。该研究是我国首次系统开展境外玉米种子输华风险分析,也是对上述定量评估集成技术体系的首次应用，在国外玉米引种检疫审批工作中发挥着重要作用。

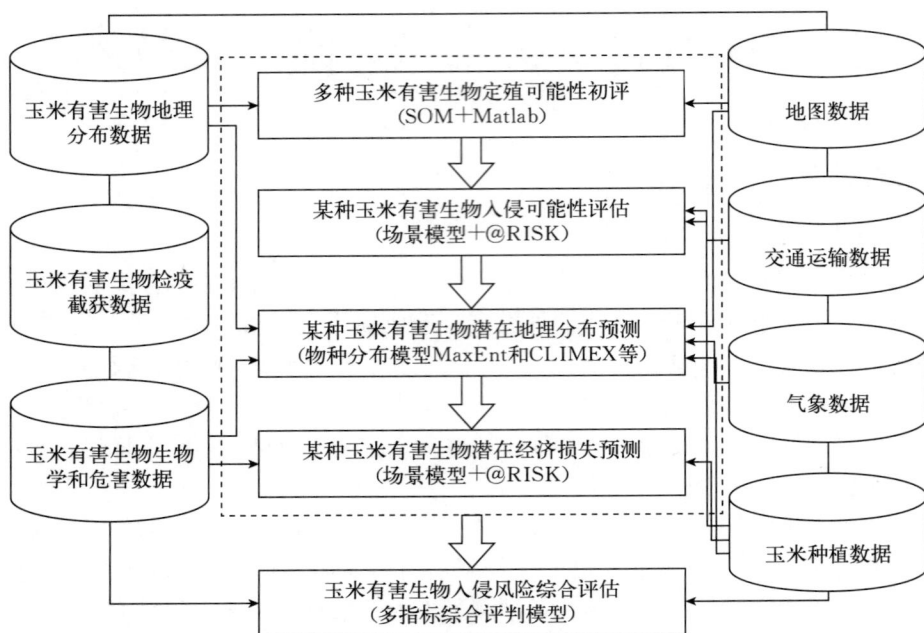

玉米外来物种入侵防控定量风险评估集成技术体系

境外引进玉米种子风险分析专著

（三）提质增效情况

针对亟须加强 PRA 工作的植物或植物产品（如粮食、水果、木材及繁殖材料等）及有害生物（如国外严重危害但在我国尚未发生的有害生物、已入侵我国但分布局限的有害生物等），将 SOM 模型、CLIMEX 地点比较模型、MaxEnt 模型、生物实验模型、@RISK 场景模型以及多指标综合评判模型等系统性地应用于 PRA 工作中，促进我国各类植物检疫性有害生物名录的修订工作，提升了我国有害生物入侵防控的水平。针对"一带一路"沿线国家和地区等的生物入侵防控需求，通过技术培训、短期互访及长期合作等方式，促进了我国有害生物风险分析定量评估集成技术体系走向国际，指导、帮助西亚、东南亚、非洲等主要贸易国家和地区做好有害生物入侵防控工作，为今后 PRA 相关国际标准的制修订奠定基础，进一步发挥了我国《国际植物保护公约》签约国的作用，提升了全球生物入侵防控的能力。

（四）技术获奖情况

技术曾获 2013 年国家科学技术进步奖二等奖，项目名称为"主要农业入侵生物的预警与监控技术"，中国农业大学植物保护学院李志红教授为第六完成人。

国家科学技术进步奖证书

二、技术要点

中国农业大学李志红教授团队根据 20 余年从事 PRA 研究和应用的经验，综合考虑有害生物入侵过程、现有定量风险评估模型和软件的适合性以及定量风险评估的现实需求，提出现阶段适合于我国的有害生物风险分析定量评估集成技术体系。如图所示，这一技术体系包括 5 个定量评估模块（针对多种有害生物的定殖可能性评估模块、针对某种有害生物的入侵可能性评估模块、针对某种有害生物的潜在地理分布预测模块、针对某种有害生物的潜在经济损失预测模块、针对有害生物的入侵风险综合评估模块），第 1 至第 5 模块依次相接，每一模块均有可供选择的定量评估模型和软件作为技术支撑，第 1 至第 4 模块的评估结果为第 5 模块提供具体风险信息，同时 7 个基础数据库（有害生物地理分布数据库、有害生物检疫截获数据库、有害生物生物学和危害数据库、有害生物寄主数据库、地图数据库、交通运输数据库以及气象数据库）为各评估模块提供必要的数据支撑。如果 PRA 的起点是某一植物或植物产品，建议选择第 1 至第 5 模块依次进行评估；如果 PRA 的起点是某一有害生物，则建议选择第 2 至第 5 模块依次完成评估。上述集成技术体系贯穿了有害生物入侵的全过程，能够对两个起点的 PRA 实现全方位的定量风险评估。

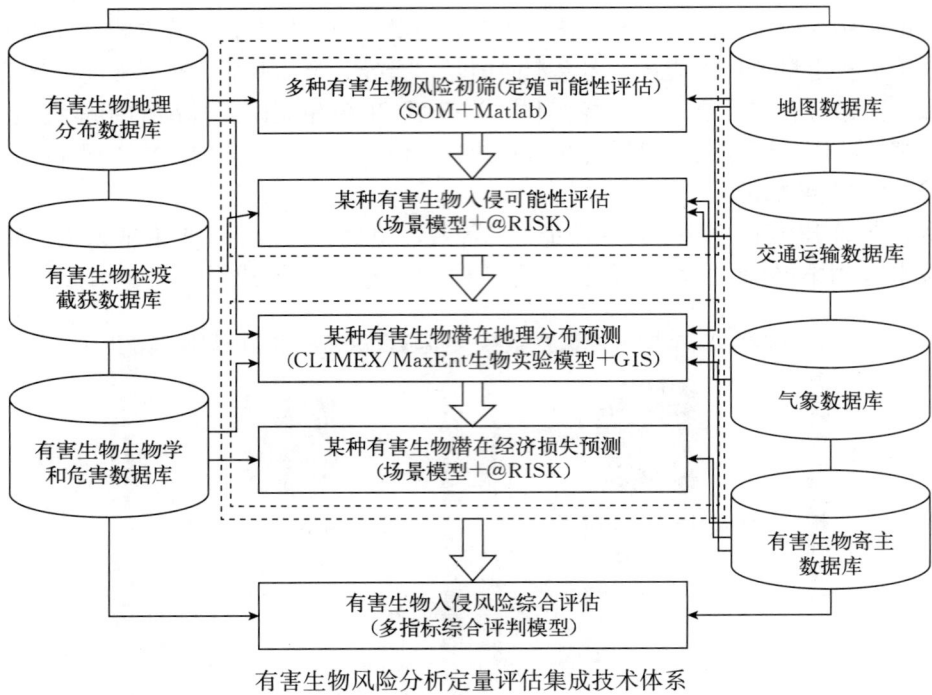

有害生物风险分析定量评估集成技术体系

三、适宜区域

有害生物风险分析定量评估集成技术体系适宜从玉米推广到水稻、小麦、牧草、木薯、水生动物等植物检疫和农业外来入侵生物防控，符合国家生物安全重大需求。

四、注意事项

有害生物风险分析定量评估集成技术体系中的模型和软件均有其产生的时代背景和技术基础，针对有害生物风险分析定量评估的不同内容，各具特色、各有优势和不足。在开展 PRA 实际工作中，对于相关的模型和软件的选择，应注意三个方面：①要根据 PRA 工作的要求和需求。②要把握各个定量评估模型和软件的特点。③要依据对各个定量评估模型和软件的熟练程度。

技术依托单位
中国农业大学植物保护学院
联系地址：北京市海淀区圆明园西路 2 号
邮政编码：100193
联 系 人：李志红
联系电话：010-62733000
电子邮箱：lizh@cau.edu.cn

小菜蛾农药减量增效关键技术

一、技术概述

(一)技术基本情况

小菜蛾是危害十字花科蔬菜的世界性害虫,繁殖力强,发生代数多,世代重叠严重,成虫具有远距离迁飞习性,是分布最广、对十字花科蔬菜危害最严重的鳞翅目害虫。由于气候的变化和栽培方式的改变,小菜蛾呈多发、频发、重发的态势,严重时可致蔬菜产量损失90%以上甚至绝收,全球每年受损害及治理的相关总费用达到40亿~50亿美元。多年来,化学防治一直是防治小菜蛾的主要手段,特别是在高发期,通常采用提高施药浓度、增加施药次数等方法进行防治,致使小菜蛾对多种类型杀虫剂产生了抗药性,并引发蔬菜农药残留超标和环境污染等问题。项目组针对小菜蛾抗药性强及农药过量施用的突出问题,经过10多年系统研究和协作攻关,在揭示小菜蛾抗药性适合度代价、明确适合度劣势基础上,有针对性地研发了小菜蛾防控药剂减量增效关键技术,创制了适应不同系统的小菜蛾防控药剂减量增效综合技术模式,产生了显著的效益,推进农药减量控害技术改造升级,促进蔬菜生产可持续发展。

(二)技术示范推广情况

自2011年以来,该技术在福建各地区蔬菜生产中推广应用,2013—2017年累计推广452.95万亩次,新增产值17.88亿元,完成单位新增利润1 963.96万元。研究成果提升了科学用药技术水平,有效减少农药用量,提升害虫防控效果,对提升食品质量安全水平具有重大意义。

(三)提质增效情况

本项目基于小菜蛾抗药性代价,提出了以虫情监测、害虫内分泌干扰、药剂增效、药剂轮换替代为核心的小菜蛾防控药剂减量增效策略,集成行为调节、生物防治、农业防治技术,创建了适用于十字花科蔬菜的小菜蛾防控药剂减量增效综合技术模式,防治效果可达95%以上,减少农药用量35%以上。

化学杀虫剂的过量施用引发科学、生态和社会等深层次问题。该项目构建的农药减量增效技术,帮助减少农药用量,降低农药施用频率,有助于控制农残,注重源头治理、标本兼治,实现农药减量施用、科学施用,保障农产品质量安全。

本项目农药减量增效技术的实施,为创造"资源节约型、环境友好型、质量安全型"农业产业提供了有力保障,加强生产过程中农药的科学安全施用,实现生产过程的质量安全控制,减少农药对农产品和环境的污染,保护人民的身心健康,对减轻农业面源污染、保护农田生态环境、促进生产与生态协调发展、推动传统农业向高效生态农业转型、实现农业产业的可持续发展具有重大现实意义。

(四)技术获奖情况

获2018年福建省科学技术进步奖一等奖。

二、技术要点

1. 揭示了小菜蛾抗药性引发的适合度代价（劣势），为药剂减量增效提供新途径

（1）田间监测明确了福建省小菜蛾对氰戊菊酯、阿维菌素等 10 种常用药剂均产生了显著抗性，年度间抗性水平变化不显著，不同药剂抗性衰退与增强不均衡。

（2）率先揭示了抗拟除虫菊酯类药剂的小菜蛾适合度劣势表现为内分泌激素方面，并且可遗传，在生物学上引发生活力和繁殖力下降。

（3）阐明了内分泌调控关键基因的分子特征与功能，鉴定了保幼激素合成、转运、代谢、受体和 3 个 Broad-complex 基因，发现低剂量农药等外源因子能显著干扰保幼激素调控路径。

2. 研发了农药减量增效三项关键技术，提高科学用药水平

（1）研发低剂量药剂对小菜蛾的内分泌干扰技术　创制了保幼激素酯酶抑制剂（3-二辛硫基-1,1,1-三氟-2-丙酮，OTFP）与 10 种低剂量药剂联用方法，药剂减量 35％以上；创制了茶皂素、低剂量阿维菌素内分泌干扰方法，提出利用温度与低剂量阿维菌素协同干扰小菜蛾的方案，减少农药用量 35％以上；研制了以内分泌为靶标的新农药 5％氟铃脲乳油，田间防治效果达 95％以上。

（2）研发了植物精油增效技术　创制了以土荆芥精油、苎麻精油为主要成分的增效剂以及土荆芥精油-茶皂素复合增效剂，农药用量减少 5％～30％。

（3）研发出 6 种轮换替代新药剂及田间应用技术　防治效果达 95％以上。

3. 创制了区域小菜蛾防控药剂减量增效综合技术模式，推广应用后产生了显著效益

基于小菜蛾抗药性代价，提出了以虫情监测、害虫内分泌干扰、药剂增效、药剂轮换替代为核心的小菜蛾防控药剂减量增效策略，集成行为调节、生物防治、农业防治技术，创建了适用于十字花科蔬菜的小菜蛾防控药剂减量增效综合技术模式，防治效果可达 95％以上，减少农药用量 35％以上。

 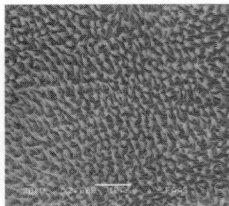 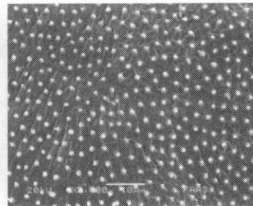 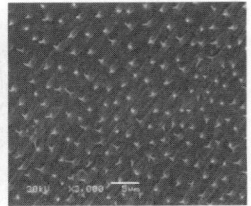

土荆芥植株　　　　　清水处理　　　　　土荆芥精油处理　　　　苎麻精油处理

低剂量茶皂素内分泌干扰技术：开发茶皂素新用途，引发小菜蛾生长迟缓、产卵量降低等亚致死症状

　　清水处理　　　　　　OTFP 处理　　　　　　　茶皂素内分泌干扰
　　正常化蛹　　　　无法化蛹或化蛹延迟　　　引发小菜蛾出现亚致死效应

➤抑制生长
➤降低产卵量

率先将土荆芥精油应用到农业害虫防治领域：影响昆虫表皮结构，加快农药透皮吸收，抑制害虫抗性解毒酶活性，干扰内分泌激素表达

规模化露地蔬菜种植模式和设施蔬菜种植模式

三、适宜区域

适用于十字花科蔬菜种植的区域。

四、注意事项

无。

技术依托单位

福建省农业科学院植物保护研究所

联系地址：福建省晋安区新店镇埔垱 104 号

邮政编码：350013

联 系 人：陈艺欣

联系电话：0591-87585561

电子邮箱：chenyixin@faas.cn

红棕象甲监测与绿色防控技术

一、技术概述

（一）技术基本情况

红棕象甲是重要的外来入侵害虫，原产于印度。红棕象甲主要危害椰子、油棕、槟榔等26种棕榈植物。20世纪90年代，红棕象甲传入我国，很快扩散到长江以南地区。红棕象甲成虫于寄主组织中产卵，幼虫在寄主组织中钻蛀取食。由于其为隐蔽性危害，寄主受害早期难以发现危害，危害后期寄主多无法挽救，因而该虫被称为棕榈植物的隐形杀手。在国外，埃及等国家椰枣树因其遭受毁灭性的打击，全球56个国家将其列为检疫性害虫。项目团队经过20年的研究，明确了其发生危害规律、入侵扩散路径和成灾机制，研发出早期声音监测技术，构建了田间发生预测模型；发明信息素微胶囊、诱芯和诱捕装置，创制新产品3个，

声音监测技术

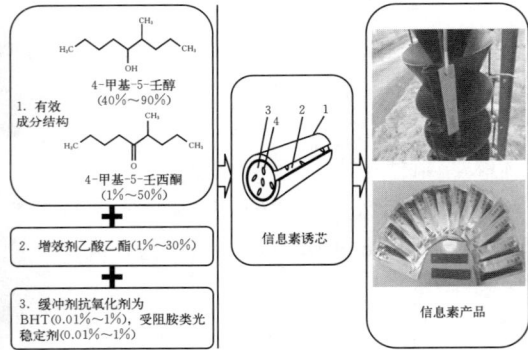

聚集信息素及产品

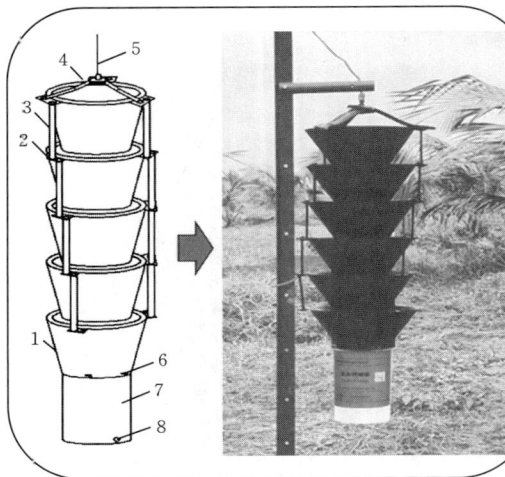

漏斗式诱捕器

传菌装置

探明田间信息素监测应用技术；创新"聚集信息素＋诱捕器"的成虫诱捕监测技术，研发不育干扰关键技术，筛选出环境友好型农药并提出田间施药方法；发明了伤口保护组合物，保护效果显著；创制了"诱捕器（红色或黑色）＋发酵物（甘蔗或椰子）＋聚集信息素"新型理化诱控技术和产品 2 个，诱捕效果比单用信息素提高 300％以上；创新生物防治关键技术，筛选出 3 个高致病力菌株，研制出金龟子绿僵菌油悬浮剂 1 种，发明致病菌和信息素联用传菌装置。相关技术与产品在国内外广泛应用。该成果国际先进，部分国际领先。

（二）技术示范推广情况

红棕象甲监测与绿色防控技术目前在海南大量推广使用，并在广东珠海和中山、云南景洪、贵州贵阳、福建厦门和漳州等地广泛示范应用，国外在阿联酋和巴基斯坦等 10 多个国家推广应用。

（三）提质增效情况

红棕象甲对棕榈植物的危害几乎是毁灭性的。通过本技术，可以将危害发现期由 90 天提前到危害早期的 7 天，从而为采取化学防治手段创造了先机。通过日常借助聚集信息素、增效助剂和诱捕装置进行田间害虫诱杀，使田间种群密度下降 80％以上，进而降低了田间危害率，将田间危害水平降低到经济阈值以下。

（四）技术获奖情况

该技术获海南省科学技术进步奖一等奖，获广东省农业科技推广奖二等奖。

二、技术要点

针对红棕象甲入侵、扩散、暴发等特点，创建入侵阻截防控"三道防线"。第一道防线"入侵拦截"，在涉外港口、码头等应用声音与信息素监测技术，一旦发现红棕象甲入侵立即进行应急化学除治，把该虫拦截在港口、码头之外；第二道防线"扩散阻截"，在红棕象甲可能扩散区或未发生区应用信息素监测技术进行实时监测，定期发布预警信息，一旦发现其入侵立即进行应急化学除治，把该虫扼杀在萌芽状态；第三道防线"绿色防控"，在入侵蔓延区或暴发区或大面积发生区，综合应用模型预测、声音监测、信息素监测、不育干扰、理化诱控、化学防治和生物防治等技术进行绿色防控，有效遏制该虫发生与扩散危害。

三、适宜区域

本技术适宜在海南、广东、广西、云南、贵州、西藏（墨脱）、福建、浙江、上海等红棕象甲分布省份使用。

四、注意事项

在利用红棕象甲聚集信息素和诱捕装置诱捕红棕象甲成虫时，应将红棕象甲诱捕装置设置在棕榈植物园外围而不是中心分布区，以免将红棕象甲成虫引诱到园中。

技术依托单位
1. 中国热带农业科学院椰子研究所

联系地址：海南省文昌市文清大道 496 号

邮政编码：571339

联 系 人：覃伟权

联系电话：0898-63330885

电子邮箱：qwq268@163.com

2. 漳州市英格尔农业科技有限公司

联系地址：福建省漳州市龙文区梧桥中路 12 号科能科技园

联 系 人：梁景华

联系电话：13799705365

电子邮箱：1024467861@qq.com

小麦病虫害高效防控技术

一、技术概述

（一）技术基本情况

民为国基，谷为民命，粮食安全是国之大者。作物有害生物防控不仅是农业生产力的重要组成部分，更是保障粮食安全和重要农产品有效供给的基石。习近平总书记在党的二十大报告中明确指出：全方位夯实粮食安全根基，全面落实粮食安全党政同责，强化农业科技和装备支撑，健全种粮农民收益保障机制和主产区利益补偿机制，确保中国人的饭碗牢牢端在自己手中。

河南省是我国重要的粮食主产区，用占全国 1/16 的耕地，生产了全国 1/4 的小麦。同时，河南省地处中原，多样化的地理环境、气候以及耕作制度等导致作物病虫害种类繁多、发生频繁、防治困难。据联合国粮食及农业组织估计，全球高达 40% 的粮食歉收由植物病虫害引起，且我国农作物病虫害造成的粮食产量损失约占粮食总产量的 1/6。近年来，因种植方式调整及全球气候变暖导致包括河南省在内的小麦主产区小麦茎基腐病等土传病害，以及蚜虫、地下害虫等重大虫害频发，对小麦的安全生产造成了巨大威胁，加之当前农作物种植中普遍存在劳动力老龄化、壮劳力严重缺乏现象，亟须探索病虫害防控新理论、新技术、新方法，以提高作业功效，降低劳动力投入成本。在以河南省为代表的主要粮食产区有针对性地开展小麦病虫害高效防控技术的研发，是保障口粮绝对安全的国家战略需求，也是圆满完成习近平总书记"河南要扛稳粮食安全的重任"嘱托的科技基础。

（二）技术示范推广情况

针对以河南省为代表的黄淮海小麦主产区小麦茎基腐病及纹枯病等土传病害频发且危害严重的技术难题，研究团队发现粉唑醇在室内对小麦茎基腐病的优势病原——假禾谷镰刀菌（*Fusarium pseudogra min earum*）及小麦纹枯病的病原——禾谷丝核菌（*Rhizoctonia cerealis*）均具有较强的抑菌活性，其平均 EC_{50}（半数效应浓度）分别为 0.400 微克/毫升和 0.438 微克/毫升。项目研究团队从 2019 年开始，持续在河南省、山东省等小麦主产省份开展了粉唑醇防控小麦茎基腐病及小麦纹枯病等重大土传病害的田间示范试验，初步田间试验结果表明，1% 粉唑醇颗粒剂以 50 克/亩用量对小麦进行拌种处理后采用常规机施播种的施药方式，对小麦茎基腐病的防效高达 84.59%，显著优于对照药剂噁霉灵对小麦茎基腐病的防治效果。同时，当 1% 粉唑醇颗粒剂分别以 20 克/亩、30 克/亩和 50 克/亩施用后对小麦纹枯病的防治效果分别为 78.62%、85.69% 和 100.00%，显著优于对照杀菌剂噁霉灵的防治效果。1% 粉唑醇颗粒剂通过与基肥拌施的施用方式对小麦茎基腐病和小麦纹枯病均表现出了优异的防治效果，在保障土传病害防控效果的同时，也显著减少了田间作业次数，这为高效防控小麦茎基腐病和小麦纹枯病提供了可能，并对小麦的优质高产具有重要意义。经过近 3 年的推广，粉唑醇在防控小麦茎基腐病及小麦纹枯病等重大土传病害方面已推广 78 万亩。

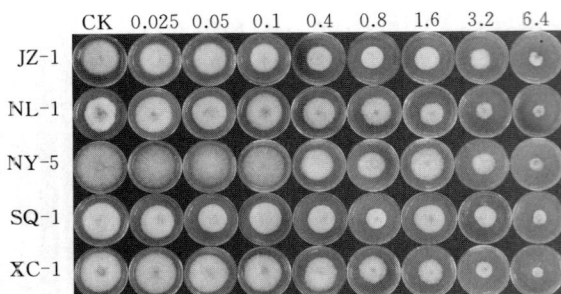

粉唑醇对假禾谷镰刀菌的抑菌活性分析试验

1‰粉唑醇颗粒剂防控小麦茎基腐病的田间
防效试验（山东省德州市）

近年来，在黄淮海小麦主产区，小麦虫害发生也同样呈上升趋势，特别是蚜虫及地下害虫在河南、山东、河北等的小麦种植区常造成危害。蚜虫繁殖速度快、发生面积广，极易暴发成灾，同时也是传播小麦黄矮病毒病的重要媒介。严重发生时导致麦穗枯白，不能结实，甚至整株枯死，严重影响小麦的产量和品质。从小麦苗期到籽粒乳熟期，均可遭受地下害虫危害，尤其是籽粒乳熟期前后，很多小麦植株呈片状枯黄，拔掉植株，茎基部有着参差不齐的虫咬痕迹，此时正值小麦需要大量营养元素及水分的时期，茎基部位被地下害虫啃咬后，致使植株营养输送渠道受阻，继而出现黄化死亡。为此，研究团队从2018年开始，持续在河南、山东、河北等小麦主产省份开展了0.08‰噻虫嗪颗粒剂防控小麦蚜虫及地下害虫等重大虫害的田间示范试验，初步结果表明对小麦蚜虫防控效果可达99‰以上，对地下害虫的防控效果可达95‰以上，得到了广大小麦种植户的一致认可，这为小麦蚜虫及地下害虫的有效防控奠定了基础，并对小麦的优质高产具有重要意义。经过多年推广，0.08‰噻虫嗪颗粒剂在防控小麦蚜虫及地下害虫等重大虫害方面已推广500余万亩。

0.08‰噻虫嗪颗粒剂防控小麦蚜虫及地下害虫的田间防效试验（河南省开封市）

总之，研究团队在利用粉唑醇防控小麦茎基腐病及小麦纹枯病等重大土传病害，以及利用噻虫嗪防控小麦蚜虫及地下害虫等重大虫害方面已经开展了大量的研究、示范和推广工作，在高效防控小麦病虫害的同时，取得了显著的田间防控效果。

（三）提质增效情况

经济效益：通过本项目的实施，2年内预计使粉唑醇的销售量增加约200‰，使广西田园生化股份有限公司的年销售额增加 3 500 余万元，生产成本降低约 200 万元；2 年内预计使噻虫嗪的销售量增加约 150%，使河南金田地农化有限责任公司的年销售额增加 5 000 余万元，生产成本降低约 380 万元。同时，促进农业经营主体减少施药次数，减少劳动力投入 2 000 余万元，增加产量约 1 亿千克，提升小麦品质。

社会效益：项目的实施可有效防控小麦茎基腐病、小麦纹枯病等土传病害，以及小麦蚜虫和地下害虫，降低农业面源污染，显著提高环境效益，有利于实现乡村振兴战略和美丽中国建设，保障农产品质量安全。

（四）技术获奖情况

该技术获 2020 年河南省教育厅科技成果一等奖，获 2020 年河南省科学技术进步奖二等奖。

二、技术要点

1. 高效防控小麦主要病虫害的农药筛选。
2. 高效农药制剂开发。
3. 农药对病虫害的防控机理。
4. 田间防控试验。
5. 综合集成小麦病虫害防控技术。构建以小麦重大病虫害为靶标的可持续治理技术体系，实现病虫害由点面防控向综合区域化治理的转变，以及由多次施药向一次施药的高效植保转变。

三、适宜区域

黄淮海小麦主产区。

四、注意事项

无。

技术依托单位
河南科技学院
联 系 人：刘润强
联系电话：18790655527

"全覆盖式防虫网＋"豇豆绿色防控技术

一、技术概述

海南省豇豆受蓟马、斑潜蝇、枯萎病等主要病虫害影响，造成豇豆产量损失、品质下降，严重危害了海南省豇豆产业发展，当前豇豆种植户主要依靠化学农药防治豇豆病虫害，但总体上存在用药水平不高、防治措施不到位、用药不科学等问题，给海南省农产品质量安全带来风险。为了科学防治豇豆主要病虫害，乐东黎族自治县农业技术推广服务中心联合海南省植物保护总站在乐东黎族自治县利国镇、九所镇建立了"全覆盖式防虫网＋"豇豆绿色防控技术示范区340亩，吸引社会资本投入500万元以上，示范区通过融合使用生态调控技术、物理防控技术、生物防治技术和科学用药技术，在农药化肥减量、农产品提质增效上取得了较好的效果。海南省农业农村厅办公室发布了《关于印发〈推广"防虫网＋"技术控制豇豆害虫实施方案〉（试点）的通知》，在全省推广以"防虫网＋"为主的技术路线，对提高海南省豇豆质量安全水平，减少化学农药用量，降低农业成本，促进农民增收，促进海南省豇豆产业可持续发展具有重大意义。

二、增产增效情况

2022—2023年"全覆盖式防虫网＋"豇豆绿色防控技术示范区豇豆采收期平均80天，传统露地种植豇豆采收期平均40天，示范区采收期延长约40天，示范区豇豆平均亩产量2 750千克以上，传统种植豇豆平均亩产量1 500千克，示范区豇豆平均亩产量较传统露地种植区增加1 250千克以上，示范区豇豆每亩纯收益11 120元，较传统露地种植区4 740元/亩增加6 380元/亩，按采收期40天计算，示范区用药较传统种植区用药减少40％以上，且豇豆品质好、口感好。

三、技术要点

减少化学农药和化肥用量，减少施用次数，采取生态调控技术、物理防控技术、生物防治技术和科学用药技术相结合的方式，实现科学防控豇豆病虫害，降低农药残留，提高质量安全水平。

（一）生态调控与物理防控技术

一是以竹子为主材搭建可拆卸式（方便拆卸开展水旱轮作）防虫网大棚，防虫网大棚采用直径8厘米左右的竹子作为支撑主架，内部支撑竹子直径6厘米左右，大棚长3.3米，棚内高度控制在2.7～3.0米（根据种植地地形调整）；二是搭建全覆盖式防虫网，采用60～80目防虫网，在大棚搭架完成后覆网，整个生育期保持大棚全封闭，工人进出大棚工作及时封闭防虫棚，全程阻隔蓟马、斑潜蝇、鳞翅目害虫、粉虱等；三是豇豆采收结束后，水田种植水稻进行水旱轮作，坡地种植非豆科作物进行轮作；四是深沟高畦栽培，使用银灰色地膜阻隔害虫入土化蛹和防治杂草；五是在初花期、初果期以及极端不良天气时喷施氨基寡糖素等免疫诱抗剂（5%氨基寡糖素 800 倍液喷雾，具体喷施次数依据天气而定），以及芸薹素内酯等植物生长调节剂，起到保花保果、提高豇豆抗病性的作用；六是在田间设置全降解黄蓝诱虫色板诱杀蓟马、斑潜蝇、粉虱等害虫，同时可用于监测虫害发生情况，科学开展防控。诱虫色板可在整个生育期使用，用于监测时，要及早悬挂，胶板底边距离作物顶部 15～20 厘米，之后随植株生长提高诱虫色板位置。在害虫发生期每亩悬挂 50 片以上的诱虫色板，并均匀分布在田间。

示范基地俯瞰图(白色为防虫网大棚)

示范基地外观图

全降解黄蓝诱虫色板

（二）品种选择及种子处理技术

一是选用对光照敏感的抗性豇豆品种，种植前根据地区气候选择适宜品种，建议进行品种试种，筛选适宜品种；二是播前剔除破粒、病粒、杂粒，用 62.5 克/升精甲·咯菌腈悬浮种衣剂拌种，方法为每 100 千克豆种用种衣剂 300～400 克拌匀，减少苗期土传病害的发生；三是全覆盖式防虫网大棚会阻隔小部分阳光，为保证产量，要适当加宽豇豆间距，保持适宜的豇豆种植密度，较常规露地种植减少用种 10% 左右。

（三）施肥管理技术

结合整地、施肥进行土壤处理。一是增施（生物）有机肥改良土壤，每亩增施 500～1 000 千克，满足豇豆整个生育期用肥需求；二是施用枯草芽孢杆菌、解淀粉芽孢杆菌等生防菌剂防治根腐病、枯萎病等病害；三是安装水肥一体化设施，定期定量施用大量、中量水溶性肥料，大棚豇豆适当减少氮、磷肥用量，同时结合生产实际选择合适的微量元素叶面肥补充施肥，提高肥料利用率及补全作物所需营养元素。

水肥一体化＋地膜

（四）科学用药技术

科学选用豇豆上登记的药剂，按照"压前控后"原则，注意轮换使用不同作用方式和机制的药剂。"全覆盖式防虫网＋"豇豆绿色防控技术示范区幼苗期不使用或仅使用 1～2 次杀虫剂，抽蔓期着重在于控制防虫网大棚内豇豆徒长，开花结荚期是防治蓟马、斑潜蝇、豇豆荚螟的关键时期，重点采用高效低毒化学农药压低田间虫口基数，采收期以使用乙基多杀菌素、苦参碱、金龟子绿僵菌等生物农药为主进行防治。施药严格遵守安全间隔期，施药时间以花瓣张开且蓟马较为活跃的上午 9∶00 以前为宜，注意周边的地面、植株上下部以及叶片正反面都要喷到药液。

防虫网内丰收的豇豆

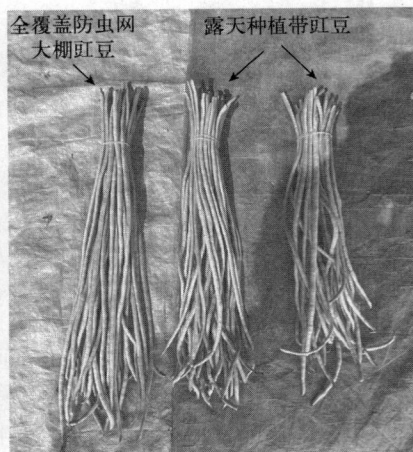

全覆盖防虫网大棚豇豆　　露天种植带豇豆

四、适宜地区

海南省豇豆种植区。

五、注意事项

海南省各地应根据种植地气候，尤其是南部与北部，在种植前开展品种试种筛选，选择符合当地气候条件及市场上接受程度较高的豇豆品种在防虫网大棚中进行种植。

技术依托单位

1. 海南省乐东黎族自治县农业技术推广服务中心

联系地址：海南省乐东黎族自治县抱由镇乐安路 411 号

邮政编码：572500

联系人：张　龙　符天锋

联系电话：18689510322　18289605520

电子邮箱：lednjzx@163.com

2. 海南省植物保护总站

联系地址：海南省海口市琼山区兴丹路 16 号

邮政编码：571100

联系人：李　涛

联系电话：13637616420

电子邮箱：hainanzibao111@126.com

3. 乐东携诚种植专业合作社

联系地址：海南省乐东黎族自治县利国镇乐三村委会

邮政编码：572500

联系人：容　伟

联系电话：13637672555

畜 牧 类

全株玉米青贮饲料霉菌毒素控制技术

一、技术概述

（一）技术基本情况

全株玉米青贮饲料是奶牛的当家饲料，占奶牛日粮配方的 25% 以上。玉米晒干成秸秆饲料营养物质损失 40%，全株玉米青贮饲料总营养物质损失率可降低 30 个百分点，维生素损失率可降低 80 个百分点。以我国每年全株玉米青贮饲料产量 6 000 万吨计，可显著节约粮食供给的营养物质。因此，制作高质量的全株玉米青贮饲料，提高其利用效率是贯彻落实党的二十大精神和 2023 年中央 1 号文件"大力发展青贮饲料""藏粮于地、藏粮于技"战略的重要举措。

全株玉米青贮饲料是容易霉变的饲料原料之一，全株玉米青贮饲料中黄曲霉毒素、玉米赤霉烯酮（ZEA）和呕吐毒素（DON）等霉菌毒素普遍存在。其中，黄曲霉毒素 M_1 为一级致癌物，玉米赤霉烯酮和呕吐毒素为三级致癌物。此外，饲料中的霉菌毒素向奶牛中的转移效率为 1%～6%，还会影响牛奶品质。霉菌毒素的控制一直都是饲料粮安全控制的重要研究领域，但目前尚无完全消除饲料中霉菌毒素污染的方法，只能做到在安全范围内防控。

通过研究和监测发现，呕吐毒素和玉米赤霉烯酮的污染主要发生在田间，黄曲霉毒素污染主要发生在贮运过程。本技术针对各环节关键控制点，提出霉菌毒素的有效防控措施。同时，依据霉菌毒素在奶畜体内的转移转化动物研究结果，制定青贮玉米饲料中黄曲霉毒素 B_1 限量为 10 微克/千克、玉米赤霉烯酮限量为 300 微克/千克、呕吐毒素限量为 2 000 微克/千克，从源头控制霉菌毒素的污染，提高全株玉米青贮饲料的利用效率。本技术可减少霉变等因素造成的饲料损失 60%，控制青贮饲料营养流失损失率低于 5%，对于节约饲料粮具有重要意义。本技术已经在全国 25 个省份 600 余个规模化奶牛场实现大规模应用。

（二）技术示范推广情况

本技术已经被农业农村部"全株青贮玉米推广示范应用项目"和国家奶业科技创新联盟优质乳工程特优级牧场采用，在河北、河南、山东、黑龙江和山西等 25 个省份 600 余个规模化奶牛场实现大规模应用。本技术青贮饲料中霉菌毒素控制较好，全部符合本技术形成的行业标准《全株玉米青贮霉菌毒素控制技术规范》（NY/T 3462—2019）的要求，黄曲霉毒素含量全部低于 10 微克/千克，玉米赤霉烯酮含量全部低于 300 微克/千克，呕吐毒素含量全部低于 2 000 微克/千克。

（三）提质增效情况

本技术服务政府监管重大需求，取得了显著社会效益。形成的行业标准《全株玉米青贮霉菌毒素控制技术规范》在"全株青贮玉米推广示范应用项目""粮改饲"等项目中采用。2022 年，在本技术基础上农业农村部出台了《奶牛养殖场玉米青贮饲料黄曲霉毒素防控技术指导意见》，有效控制了我国全株玉米青贮饲料的霉菌毒素风险，为保障我国奶产品质量安全水平显著提升发挥了重大技术支撑作用。

（四）技术获奖情况

本技术已经入选画说"三农"与系"十三五国家重点图书出版规划项目"《画说全株玉米青贮质量与安全控制技术》，形成系统科普视频《青贮饲料制作与质量安全控制技术》出版发行，还被翻译成哈萨克语用于少数民族提升制作青贮饲料质量和安全水平。同时，作为奶产品安全控制的关键技术成果，获得国家科学技术进步奖二等奖 1 项。

技术形成的系列科普培训视频材料

国家科学技术进步奖获奖证书

二、技术要点

1. 控制青贮玉米原料的干物质含量

全株玉米干物质含量，北方地区宜达到 30% 以上，南方地区宜达到 28% 以上，即可收获。不应在雨天收获，收获时应保证原料干净、无杂质、无污染。宜选用带有玉米籽粒破碎功能的专用青贮玉米收割机收割。

2. 控制青贮玉米原料的留茬高度和切割长度

青贮玉米收割时，留茬高度应控制在 15 厘米以上；切割长度宜在 2 厘米左右。

3. 控制好青贮的压实密度

青贮玉米切碎后，应及时运输至青贮窖，逐层压实，每层厚度应控制在 15 厘米以下；压实密度应达到青贮玉米鲜重 700 千克/米³ 以上，青贮玉米与窖墙接触区域应压实。

青贮玉米原料的切割长度　　　　　　　　　青贮压窖

4. 密封好青贮窖

宜选用 2 层农用薄膜覆盖，内层为透明薄膜，外层为黑白膜。内层透明薄膜宜延伸铺到青贮窖窖底 30 厘米以上，青贮窖窖顶透明薄膜交接处，宜相互叠加 3 米以上；外层黑白膜应黑面向里，白面向外，黑白膜交接处，应用耐热胶水密封。青贮原料填满压实后，应在 72 小时内密封。

5. 取用全株玉米青贮饲料要规范

若玉米青贮饲料表层有霉变部分，应清除霉变部分，从横截面逐层取用。取用截面应保持最小和平整。一旦开窖，应每天取用玉米青贮饲料深度达到 30 厘米以上，直至用完整堆玉米青贮饲料，如连续 2 天以上不取用，应将玉米青贮饲料横截面切割整齐、重新密封青贮窖。

青贮窖密封　　　　　　　　　　取料后青贮窖截面示意

6. 做好霉菌毒素监控计划

青贮窖开窖后，应制定监测全株玉米青贮饲料中黄曲霉毒素等霉菌毒素的计划，计划内容包括全株玉米青贮的抽检批次和时间间隔，梅雨季节或者青贮饲料出现霉变等特殊情况下的抽检批次和时间间隔；泌乳期家畜所用全株玉米青贮饲料中黄曲霉毒素 B_1 含量应小于 10 微克/千克，玉米赤霉烯酮含量应小于 300 微克/千克、呕吐毒素含量应小于 2 000 微克/千克。

三、适宜区域

本技术适用范围广、实用性强，我国适宜种植、制作全株玉米青贮的东北、华北、西北等地区的大中小型牧场均可推广应用。

四、注意事项

1. 注意青贮饲料收割干物质含量。
2. 压实密度要达到标准。
3. 保证青贮窖密封。

技术依托单位

1. 全国畜牧总站

联系地址：北京市朝阳区麦子店街 20 号楼

邮政编码：100125

联 系 人：黄萌萌　闫奎友

联系电话：010-59194037

电子邮箱：xmzznyc@163.com

2. 中国农业科学院北京畜牧兽医研究所

联系地址：北京市海淀区圆明园西路 2 号

邮政编码：100193

联 系 人：张养东　王加启

联系电话：010-62816069　15011523561

电子邮箱：zhangyangdong@caas.cn

畜禽粪便分子膜智能发酵堆肥技术

一、技术概述

（一）技术基本情况

"畜禽粪便分子膜智能发酵堆肥技术"是江苏思威博生物科技有限公司（以下简称思威博）联合南京农业大学沈其荣院士有机肥与土壤微生物团队，共同创新开发的一种先进的粪便处理技术，通过"微生物"和"分子膜"材料有机结合处理畜禽粪便等有机固体废弃物的静态高温好氧堆肥发酵。该技术经过多年的研发改进与实际应用，实现了高效环保、规模化、低成本、便携式资源化利用有机废弃物的功能。同时，通过思威博全国有机废弃物资源化利用基地实现了广泛应用，打通了有机废弃物资源化上下游产业链，实现了商业化应用，获得了良好的经济效益和社会效益。

该技术的创新研发和推广应用，降低了畜禽养殖业集约化发展与种植业结合不紧密而带来的畜禽粪便环境污染压力，有效实现对畜禽粪便资源的高效环保、规模化、低成本利用，推动了国家关于乡村振兴、土壤有机质提升、高标准农田建设、食品安全的战略提升，真正实现养殖业和种植业循环经济效益。该技术获得了全国农牧渔业丰收奖一等奖和发明专利（专利号 201510734976.6）。

（二）技术示范推广情况

"畜禽粪便分子膜智能发酵堆肥技术"，应用遍布全国 24 个省份 30 个以上生产基地，总产能超过 40 万吨，在建基地产能 9 万吨。

该技术已经实现在国内多家大型养殖业集团推广应用，为伊利优然牧业、华润五丰等多家大型养殖企业提供畜禽粪污资源化利用解决方案和技术服务。预计至 2025 年，将实现全国布局建立 100 个年产万吨以上的有机肥生产基地，同时建立产业化网络体系。

（三）提质增效情况

2022 年，利用该技术年处理固体废弃物 20 万吨以上，极大地降低了养殖基地畜禽粪污

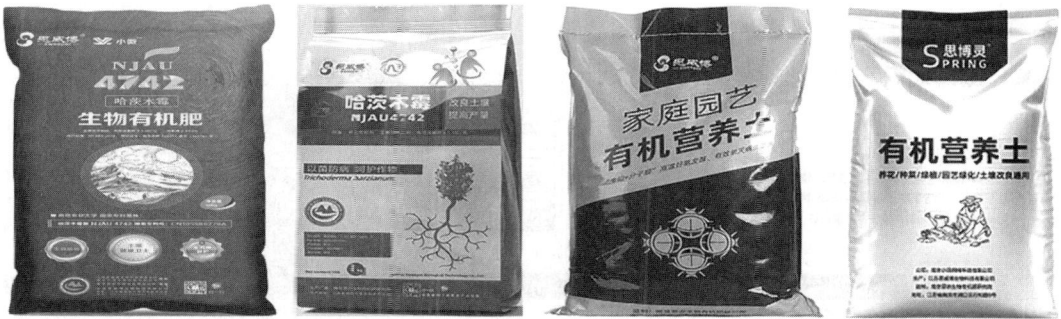

环保污染风险，降低了养殖业环保处理成本，获得客户一致好评。

2023 年，继续扩大该技术应用范围，实现该技术转化相关有机肥料产品销售量 30 万吨以上，大量应用于盐碱地改良、土壤有机质提升、高附加值经济作物、有机绿色食品种植领域，销售收入超过 1.5 亿元，对比 2021 年实现翻番增长。

（四）技术获奖情况

技术研发单位为国家高新技术企业，一直致力于畜禽粪污的专业处理，助力农牧绿色发展，并与南京国家农创中心、南京农业大学有机肥与土壤微生物团队共同

该技术应用服务的大型养殖集团

成立了南京思农生物有机肥研究院，定位"农业＋环保"领域。研究院成立后专业从事土壤、肥料、植株、农作物、农业微生物等农业领域的技术开发与检测服务工作，有效改善了土壤健康、作物品质和农业生态环境。

序号	申请号	专利名称	公开(公告)号	公开(公告)日	申请(专利权)人	法律状态
1	CN201820284607.0	一种动植物废弃物发酵装置[ZH]	CN208136245U	2018.11.23	江苏思威博生物科技有限公司	有权
2	CN201820284630.X	一种有机肥反应设备[ZH]	CN208998761U	2019.05.24	江苏思威博生物科技有限公司	有权
3	CN201820284654.5	一种生物膜发酵罐[ZH]	CN208136226U	2018.11.23	江苏思威博生物科技有限公司	有权
4	CN201820279187.T	一种黄烷MBR膜生物反应器[ZH]	CN208135963U	2018.11.23	江苏思威博生物科技有限公司	有权
5	CN201820280405.9	一种内循环式MBR膜生物反应器[ZH]	CN208135949U	2018.11.23	江苏思威博生物科技有限公司	有权
6	CN201721332982.X	一种快速安装卸的发酵通气管道[ZH]	CN207749102U	2018.08.21	江苏思威博生物科技有限公司	有权
7	CN201520991448.4	一种用生物膜的发酵装置[ZH]	CN205170861U	2016.04.20	江苏思威博生物科技有限公司	有权
8	CN201520991385.2	一种通过无线传感远程控制的有机生物膜的发酵装置[ZH]	CN205170860U	2016.04.20	江苏思威博生物科技有限公司	有权
9	CN201520991404.1	一种利用生物膜的有机废弃物发酵设备[ZH]	CN205165336U	2016.04.20	江苏思威博生物科技有限公司	有权
10	CN201520991400.3	利用生物膜的移动式有机废弃物发酵设备[ZH]	CN205165335U	2016.04.20	江苏思威博生物科技有限公司	有权
11	CN201520923074.2	一种反应器内压力的装填式生物膜封封沙漏[ZH]	CN205133614U	2016.04.06	江苏思威博生物科技有限公司	有权
12	CN201520923084.6	一种漫谈式生物膜密封沙漏[ZH]	CN205113895U	2016.03.30	江苏思威博生物科技有限公司	有权

据农业农村部公布的"2019—2021 年全国农牧渔业丰收奖"获奖成果情况，作为该技术核心的《畜禽粪污高效处理及资源化利用关键技术集成与推广》获得一等奖。

二、技术要点

（一）技术原理

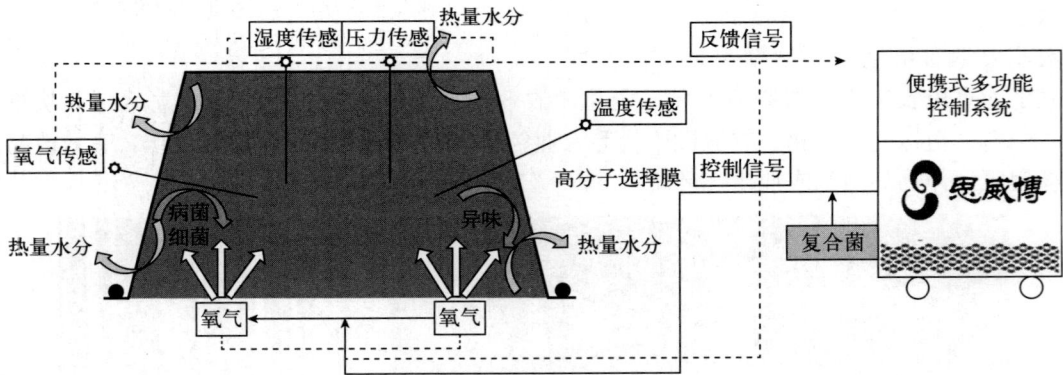

"生物＋分子膜"发酵工作原理

（二）工艺流程

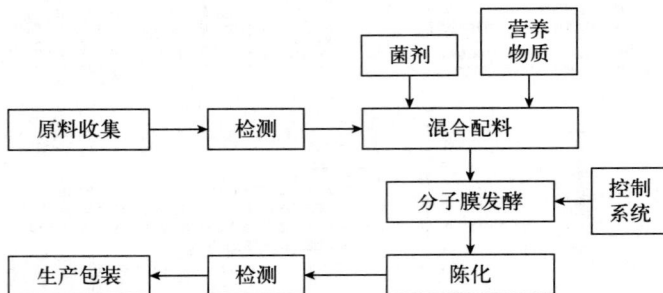

（三）"生物＋分子膜"发酵技术气味控制原理说明

"生物＋分子膜"发酵技术对臭气的控制是综合控制效果的体现，核心控制因素是微生物菌剂和分子发酵膜，具体控制原理如下：

1. 好氧发酵因素

"生物＋分子膜"发酵技术采用好氧发酵工艺，在堆体密闭的情况下，形成一定的发酵"气仓"压力，使堆体内有机废弃物颗粒完全被氧气分子"包裹"，从而形成充分的好氧发酵条件。在充分的好氧条件下，有机废弃物在发酵过程中所需的氮、磷、硫等营养元素得到充分利用和转化，从源头上减少 NH_3、H_2S、大分子臭味基团的产生和逸出。

2. 内源性发酵及堆体自吸附因素

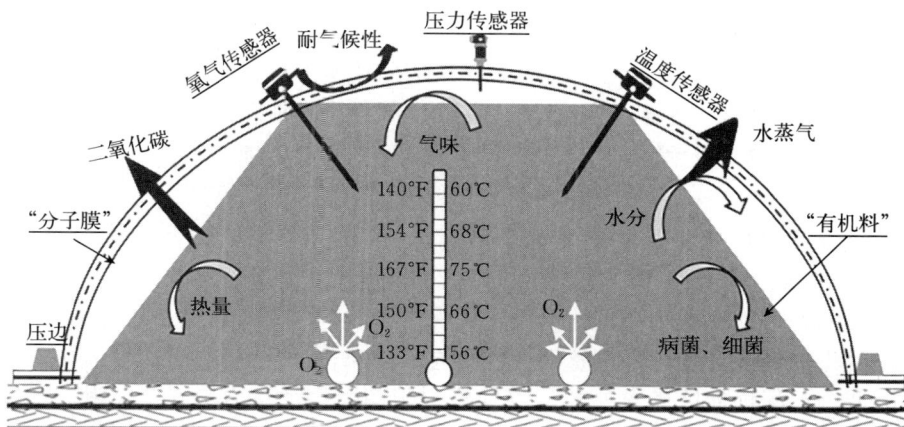

"生物＋分子膜"发酵技术可以称为内源性发酵，即氧气的供应点在堆体的中心，因此发酵的启动点就在堆体中心，随着好氧发酵的不断进行和深入，内层发酵过程中产生未被利用的 NH_3、H_2S、大分子臭味基团不断被相对外层的好氧菌利用，从而使整个发酵过程的臭味因子得到最有效的控制。

3. 特定复合菌因素

"生物＋分子膜"发酵技术选用特定培养的复合菌种，该复合菌种在长期应用实践中被不断优化，是目前对臭味基团利用和转化效率较高的菌种之一。

4. 分子膜核心因素

采用高分子材料复合而成的多层结构的分子膜，可以对大分子臭味基团进行有效膜分离，即大分子臭味基团无法通过分子膜，从而从根本上避免了臭味基团的释放。

（四）"生物＋分子膜"发酵技术的优势

1. 采用生物技术结合分子选择膜材料，针对现有传统有机固体废弃物处理方法存在的固定资产投入大，处理周期长、成本高，有害菌杀灭率低，用途单一，气候条件适应性差等问题，通过复合微生物菌及特有的分子选择膜，达到低成本、常年快速高效处理有机固体废弃物的目标。

2. "生物＋分子膜"发酵技术的可移动便携式特征，有效弥补了目前传统方法在处理固体废弃物时存在的移动灵活性不足和发酵产能增减受限等缺陷。

3. "生物＋分子膜"发酵技术将分子选择膜覆盖在堆体上并将膜周边压实使其形成气

仓，由于分子选择膜具备透气、透湿和保温的功能，能确保堆体的水汽正常挥发，同时又能维持堆体一定的湿度和温度；北方地区可保持 12 个月持续处理能力，不受地域和气候影响，确保处理产能稳定。

三、适宜区域

"畜禽粪便分子膜智能发酵堆肥技术"的应用不受区域限制。目前，该技术在黑龙江、新疆、云南、江苏、广东、湖北、青海、四川、贵州等不同纬度、不同气候、不同湿度、不同原辅料地区均有广泛应用。

四、注意事项

"畜禽粪便分子膜智能发酵堆肥技术"的应用包括有机固体废弃物的干湿分离、水分测试、原料混配、发酵过程控制、菌剂添加、产品陈化及检测等过程。配套工艺设备包括干湿分离设备、水分检测设备、原料混配机械、发酵控制系统、加菌除菌设备、分子选择膜、发酵供风系统、压边系统、远程数据传输和控制系统等。注意事项如下：

（一）配料

1. 对需要混合的有机废弃物进行有机质测试、无机养分测试、重金属测试（必要时）、水分测试和 pH 测试。

2. 将待发酵处理的有机物料进行粉碎，确保混合物料中颗粒度达到发酵要求。

3. 按比例将物料混合均匀，调整混合物料至发酵条件。

4. 菌剂调制：根据地区气候差异，将发酵专用菌、高活性复合菌、有机多肽酶活性促进剂等专用菌剂混合均匀，形成发酵用复合菌剂。

（二）一次发酵

1. 将混合好的物料转移至露天场地进行建堆，堆体长宽高根据场地确定。发酵场地要结合环评批复建设。

2. 堆体内设空气或氧气供应管道，通过控制系统进行自动控制。

3. 堆体整体温度起温均匀后，可将分子选择膜覆盖在堆体上，并将膜周边压实使其形成气仓。分子选择膜具备透气、透湿和保温功能，能确保堆体的水汽快速挥发，同时维持堆体一定的湿度和温度。北方地区发酵周期一般为 4 周，根据物料类型及最终用途可进入二次发酵或直接进入陈化阶段。

（三）二次发酵（对部分物料及特殊需求适用）

一次发酵后堆体明显萎缩，紧实度增加，生物发酵活动减弱。对堆体进行拆堆并重新混合均匀，并按照一次发酵的方式进行重新建堆发酵，进一步降低堆体水分含量。二次发酵周期一般为 2 周。

（四）陈化、检测及包装

一次发酵或二次发酵结束后进入陈化阶段，堆高后放置至少 2 周，并定期翻倒，确保充分陈化。陈化后检测产品水分、总养分及有机质含量等产品参数。根据需要进行产品包装并出库。

"生物＋分子膜"发酵技术可根据不同气候条件、场地、不同有机废弃物类型及客户对发酵产品的最终要求，对复合微生物进行针对性筛选。同时，可对分子膜结构及规格尺寸进行针对性调整，从而达到调节堆体高温期的长短、产品的水分含量控制、产品腐熟度及产品有害菌杀灭率等要求，确保发酵技术的广泛适用性。堆体发酵后水分含量可达到 40％～45％，发酵运营成本较传统处理方法低 50％。

该技术发酵复合菌的使用和控制、分子选择膜的结构选择和发酵控制系统的操作控制是影响最终发酵效果的关键因素。

技术依托单位

1. 江苏省畜牧总站

联系地址：江苏省南京市建邺区南湖路 97 号 1 号楼 203 室

联 系 人：朱慈根

联系电话：18915997074

电子邮箱：zhucigen@qq.com

2. 南京思农生物有机肥研究所

联系地址：江苏省南京市浦口区南京国家农创园公共创新平台 A 座 4 楼

联 系 人：宋克超

联系电话：18020111528

电子邮箱：845757582@qq.com

3. 江苏思威博生物科技有限公司

联系地址：江苏省南京市浦口区行知路 8 号南京国家农创园科创中心 1055 号

联 系 人：徐立明

联系电话：18969976932

电子邮箱：xuliming@sinosweeper.com

蛋种鸡"叠层笼养＋人工输精"高效繁殖技术

一、技术概述

（一）技术基本情况

近年来，规模化商品代蛋鸡场应用自动化、机械化程度较高的叠层笼饲养设备成为行业主流。其生产效率高、土地利用率高的优势明显，若将其应用于种鸡领域，并结合应用繁殖性能指标较高的人工输精操作技术，可将叠层笼饲养设备的生产效率与人工输精的繁殖效率完美结合。通过研发适合种鸡人工输精生产模式的 H 形笼养设施设备，并建立与之相匹配的扩繁生产关键技术及附属设备，突破了种鸡人工输精生产模式下无法采用叠层笼养设备的技术瓶颈。本技术成果包括设计研发种鸡专用笼具、研究调控鸡群产蛋节律的光照技术、创制人机协同操作系统、建立养殖物联互通模式，有效解决了种鸡生产效率低、养殖效益低的问题，大幅提高种鸡场单位面积的经济产能，节约蛋种鸡生产中的土地使用面积，促进我国种鸡产业高效健康发展。

（二）技术示范推广情况

蛋种鸡叠层笼饲养设备与扩繁技术工艺由分别在产业、技术、设备领域占据优势的企业与大学院校单位联合攻关共同研发，在峪口禽业公司大名种鸡基地率先展开应用，研发了适合种鸡人工输精生产模式的 H 形笼养设施设备，建立了与之相匹配的扩繁生产关键技术及附属设备，包括控制蛋鸡产蛋节律的光照控制技术、种鸡舍无风阻遮光设备技术，保证人工输精操作安全与效率的人工操作辅助输精设备等，提高叠层笼鸡舍环节适宜性的水帘导流板、挡风帘等设备。本技术项目率先在河北大名县、行唐县分别建设了 100 万套规模种鸡产业园项目，带动 6 629 户户均增收 1.2 万元，随后在山东、江苏、云南、新疆等地的种鸡生产基地进行大规模推广应用，累计推广 600 万套蛋种鸡，4.8 亿只商品雏鸡。

（三）提质增效情况

通过应用本技术，实现人均饲养种鸡量由 4 000 套提高到 8 000 套，人工输精周期由 5 天/轮延长至 8 天/轮，种公母鸡比例由 1∶50 降低至 1∶80，大幅提高了种鸡的生产效率。利用技术的集约化生产优势，单位土地种鸡饲养效率较原来提升 2.4 倍。在成果的支撑下，按照京系列蛋鸡年推广量 5 亿只计算，每只鸡全程（72 周龄）产蛋 20 千克，鸡蛋平均价格7.5 元/千克、盈利 1 元/千克计算，京系列蛋鸡每年可为全国养殖户创造收入 750 亿元，实现年经济效益 100 亿元；同时，1 只蛋鸡可以带动产业链中饲料、兽药、疫苗等产品产值约320 元，可以为蛋鸡产业增加年产值约 1 600 亿元，有效带动蛋鸡养殖户和相关从业人员增收致富。依据农业科研成果经济效益计算方法进行测算（中国农业科学院），成果投资年纯收益率达到 2.62%。同时，通过应用本技术的产业园示范作用可为我国蛋鸡产业向"设备自动化-生产数字化-管理智能化"转型升级提供一种可复制推广的模式，有力完善了我国良种蛋鸡繁育体系，全面提升良种蛋鸡供应能力。

（四）技术获奖情况

该技术获科学技术市场协会金桥奖项目优秀奖。

二、技术要点

1. 设计适合人工输精操作的叠层笼蛋种鸡舍和场区配套规划

规划设计国内首例"3＋3"6层H形叠层笼蛋种鸡舍，鸡舍长96米，宽14.6米，鸡舍檐高5.8米，屋脊净高1.32米，单栋占地面积约1 400米²。内部安装4列6层H形父母代蛋种鸡的笼架及配套饲养设备；在舍内3米高处铺设隔栅钢网，将6层笼分为上下3层，方便开展人工输精操作。

每栋鸡舍可饲养父母代种鸡3.9万套，每个标准化养殖小区建设8栋这样的鸡舍，1个小区可饲养31.2万套种鸡，产种蛋6 000余万枚。同时，配套建设年孵化能力6 000万枚种蛋的孵化厅1个，年产5万吨的饲料厂1个，形成料、产、孵相配套的种鸡生产体系。

2. 优化种鸡饲养专用笼具

根据人工输精特点，进行专业化蛋种鸡笼的优化设计，单笼饲养只数限定为4只，便于人工输精操作。同时，结合每只蛋种鸡占笼面积标准，优化确定母鸡笼的宽深高规格为40厘米×55厘米×43厘米，使每只母鸡占笼面积达到550厘米²，更适宜父母代蛋种鸡饲养。此外，设计公鸡笼规格和安装位置，根据公鸡体高参数设计专用公鸡笼宽深高规格为40厘米×55厘米×60厘米，实施单笼饲养，每只公鸡占笼面积达到2 200厘米²，保证公鸡有充足的活动面积，有利于繁殖性能的发挥。叠层笼鸡舍公鸡笼较传统公鸡笼的规格更大，以此为基础，通过优化饲喂流程、提供种公鸡专用饲料和定时补充营养的管理流程，实现种公鸡的精养，确保每只公鸡单次采精量达到0.5毫升以上。

3. 优化饲养环境适宜性

由于叠层笼蛋鸡舍的空间环境较普通鸡舍增加1倍以上，因而需对鸡舍内各层、左右各面和前后纵深方向的内环境进行多点同步监测，摸索各位置的差异与变化规律。经过对多个监测点测量温度和风速，掌握舍内环境变化规律。配套安装鸡舍导流板和挡风帘，以降低鸡群的体感温度，提高鸡舍环境的适宜性，确保叠层笼鸡舍饲养蛋种鸡的生产性能不受影响。

4. 输精操作标准化及辅助设备优化

通过遮光墙的设计、安装与使用，同一场区不同栋舍光照程序的调整，种蛋收集时间的调整，实现全天输精操作，提高人员工作效率，实现人均饲养量8 000只。改变传统稀释精液输精方式，采用原精液输精技术，提高输精操作效率，人工输精350只母鸡的输精时间由原来的35分钟，缩短为25分钟。从采精、输精等环节分别进行理论论证和入舍调查，并开展不同操作方法下的受精率对比试验，形成一整套标准化操作规范。应用人机工程学中的系统设计方法，创制了人机协同操作设备，实现各笼层鸡群均能实现人工输精操作，并安全开展、降低劳动强度。

5. 配套数字化养殖技术，实现信息化管理

叠层笼蛋种鸡舍除安装各项自动化配套设备之外，还安装有中央控制系统，整体协调控制各设备系统的运转工作。各项设备运行状态参数实现集中传输、保存到中央控制系统，并通过互联网远程传输到峪口禽业生产数据服务器中心；通过物联网集成系统远程管理鸡舍设备运转、监测舍内环境预警、数据统计生产分析、数据共享等综合管理，实现种鸡生产过程

的数字化、智能化管理。

6. 配套创新组织管理结构和工作流程

新模式的顺利运行需要配套的基本单元岗位设置和组织管理形式给予保障。通过工作量测定，每栋额定配备 4 名人员，两栋为 1 个生产单元，8 名员工协调配合开展输精操作工作。与岗位设置配套而建立全新的饲养管理流程，饮水喂料、通风降温、清粪、集蛋和光照全部实现自动化管理，人工劳动几乎全部用于输精操作，利用光照调控技术将一栋的鸡群产蛋时间提前到 2：00—6：00，鸡群错峰产蛋和集蛋，实现上午人工输精操作，另一栋不变，仍然在下午输精；专门化劳动提升操作技能和娴熟度，保证输精的工作质量。管理创新后的人均种鸡饲养量和输精量达到 9 500 套，人均生产效率在人工成本不增加的基础上较传统模式提高 1 倍以上。

三、适宜区域

本项技术应用范围广，目前已经在华北、西北、华东、华南开展推广应用，并取得良好的经济效益及社会效益，因此该技术适用于全国范围。

四、注意事项

本项技术在前期投入成本较高，养殖企业应根据自身经济承担能力做好投建效益评估，才能保证生产在日后顺利运行。

技术依托单位

北京市华都峪口禽业有限责任公司

联系地址：北京市平谷区峪口镇兴隆庄北街 3 号

邮政编码：101206

联 系 人：樊世杰

联系电话：15801099653

电子邮箱：yjy@hdyk.com.cn

秸秆膨化发酵与饲喂关键技术

一、技术概述

（一）技术基本情况

近年来，我国畜牧业快速发展，粗饲料资源不足、人畜争粮问题日益突出。2021年，我国草食家畜饲养量达14亿只羊单位，所需粗饲料量约7.62亿吨，全国天然草场和人工种植饲草能提供4.7亿吨粗饲料，粗饲料缺口约3亿吨。随着近两年养殖成本居高不下，秸秆资源的饲料化利用率逐年上升，2021年，全国秸秆饲料化利用量达1.32亿吨，利用率达18%，较2018年提高了3.7个百分点。但粗饲料缺口仍然较大，秸秆资源因纤维含量较高、适口性差和加工利用技术普及率低等问题，在奶畜饲养和肉牛、肉羊育肥中利用率较低。因此，对其采取预处理，从加工工艺、饲喂方式进行优化，提高利用效率是解决问题的关键。在控制秸秆离田和加工成本的情况下，如何改善秸秆适口性、提高消化率，实现利用率最大化？秸秆膨化发酵技术属于复合加工技术，先通过机械能转化为热能，形成高压喷放，使秸秆纤维细胞壁断裂，破坏秸秆表面蜡质膜，完成高温、高压、消毒、杀菌、熟化、糖化的质变过程，然后利用微生物方法及酶解方法进行处理，改变纤维素组成的稳定结构，改善其适口性，提高消化率。

通过膨化发酵技术，提高秸秆在牛羊日粮中的占比，降低养殖业生产成本，从而解决家畜粗饲料资源短缺的难题，实现秸秆资源高效利用，减少秸秆焚烧造成的资源浪费和解决环境污染的问题。同时，秸秆膨化处理后再经生物发酵，便将秸秆转化成营养丰富、绿色生态的膨化秸秆微生物发酵饲料，符合我国"禁抗"阶段的需求，有效降低家畜发病率，提高消化吸收率，保障家畜健康生长。

（二）技术示范推广情况

通过研发秸秆专用发酵菌制剂，优化膨化加工工艺与产品装备，研究牛羊饲喂技术，目前全国建立了示范基地6处，分别在内蒙古兴安盟、通辽市、赤峰市、巴彦淖尔市，辽宁省朝阳市和新疆喀什麦盖提县。该技术覆盖肉羊10万只，肉牛5万头。

（三）提质增效情况

1. 通过膨化处理技术，使秸秆纤维细胞壁断裂，破坏秸秆表面蜡质膜，有效提高秸秆纤维物质的消化率

针对秸秆中粗纤维含量高，纤维素、半纤维素和木质素紧密结合形成屏障，不易被微生物和酶分解，限制其消化吸收等问题，利用膨化技术，通过高温和压力差，瞬间膨化，使秸秆纤维细胞壁断裂，破坏秸秆表面蜡质膜，将秸秆熟化和糖化。玉米秸秆膨化处理后，电镜扫描发现表面具有明显孔洞，纤维变得蓬松、柔软，纤维束细纤维化现象明显，纤维素、半纤维素与木质素之间相互缠绕结构有一定破坏，能够增大微生物作用面积。通过实验室测定，玉米秸秆膨化处理干物质消化率提高16.17%。对秸秆高温膨化，能有效杀灭玉米秸秆里面的霉菌和有害菌，对其进行熟化和糖化处理，提高了家畜饲喂过程中安全性和吸收率。

2. 利用膨化发酵技术，改善了秸秆饲料适口性，提高了消化效率，实现了"安全，营养，易消化"

针对秸秆营养价值低、适口性差、消化率低等问题，通过膨化发酵技术，使蛋白质、脂肪等有机物的长链结构变为短链结构的程度增加，故变得更易消化，从而提高其利用率。玉米秸秆经过挤压膨化后发酵处理，通过电镜扫描发现，结构形成明显沟壑，有效地增大了与乳酸菌制剂的接触面积，经测定，相比普通玉米秸秆，膨化发酵处理后半纤维素含量降低6.73%，干物质消化率提高20.06%；棉秆膨化发酵处理，粗蛋白质含量提高4%~6%，采食量提高20%~40%，消化率提高10%~20%。

3. 秸秆膨化发酵处理有效提高家畜生产性能，降低养殖成本

秸秆膨化发酵处理使秸秆熟化，增加香味，提高适口性，能刺激家畜食欲，从而提高家畜采食量，增加在家畜日粮中的占比，降低养殖成本。课题组开展的玉米秸秆膨化发酵饲料饲喂杜寒杂交肉羊试验结果表明，玉米秸秆膨化发酵饲料极显著提高了羔羊采食量和日增重，内脏发育效果较明显，促进羔羊的生长，提高养殖收益。相对于干秸秆，膨化发酵秸秆饲料采食量增加了12.84%，育肥羊日增重提高了17.82%，胴体重提高了2.89%，肝重、瘤胃容积、大肠重、消化道总重均显著增加；经济效益提高14.22%。棉秆膨化发酵处理后饲喂育肥牛后日增重提高了5%以上。

4. 通过生物发酵技术，提高饲料利用效率，实现提质增效

微生物发酵技术可有效提高粗饲料营养价值，降解饲料中的抗营养因子，保持肠道菌群平衡，提高饲料的营养价值和转化效率，保证家畜机体健康，提高其肉品质。玉米秸秆膨化发酵饲料饲喂杜寒杂交肉羊，屠宰试验结果表明，饲喂玉米秸秆膨化发酵饲料明显改善了瘤胃内壁颜色、肠道发育、瘤胃微生物种类以及瘤胃发酵能力，氨态氮发酵率显著提高11.05%；肉品失水率降低13.36%，粗脂肪含量降低5.15%，蒸煮损失降低4.77%，改善了肉品质。棉秆膨化发酵处理后有效改善适口性，降低了游离棉酚含量，提高了利用率，育肥肉牛屠宰率提高了4%以上。

5. 通过生物转化，过腹还田利用，促进秸秆资源综合利用，减少环境污染

通过秸秆膨化、生物发酵等技术，提高秸秆饲料化利用率，提高秸秆资源的综合利用和农业副产值，解决畜牧业粗饲料短缺和养殖成本高的难题，降低养殖成本。同时，通过"过腹还田"实现资源的循环利用，减少秸秆资源过剩与浪费和环境污染。

（四）技术获奖情况

"北方牧区绵羊母子一体化高效养殖关键技术集成示范与推广应用"获 2019—2021 年全国农牧渔业丰收奖二等奖 1 项。"秸秆饲料化加工利用关键技术"（农办科〔2022〕22 号）入选农业农村部 2022 年农业主推技术；《肉用羊全混合生物发酵饲料制作规程》（标准号：DB15/T 1441—2018）被批准为内蒙古自治区地方标准；获得科技厅登记科研成果 2 项；受理发明专利 1 项。

二、技术要点

针对秸秆纤维物质含量高、适口性差、消化率低等问题，创制膨化技术、膨化发酵技术、营养素平衡调制技术，优化加工工艺及产品装备，完善了饲喂技术，研发了秸秆膨化发酵饲料、秸秆膨化发酵调制饲料等产品，有效改善了秸秆饲料适口性，提高消化率及其在家畜日粮中的占比，降低养殖业生产成本。

1. 秸秆膨化处理

将秸秆除尘除渣，铡短（1～3 厘米）、粉碎或揉丝，秸秆水分含量不高于 30％。热解膨化控制条件为：220～250 摄氏度，压力 2.5～4 兆帕，保持时间 2～5 分钟；采用螺旋挤压膨化技术时，利用传送带将秸秆传送至膨化机腔，通过挤压产热增压，瞬间释放物料，膨化腔温度控制在 120～140 摄氏度，压力 1 兆帕左右，保持时间 2～4 秒。

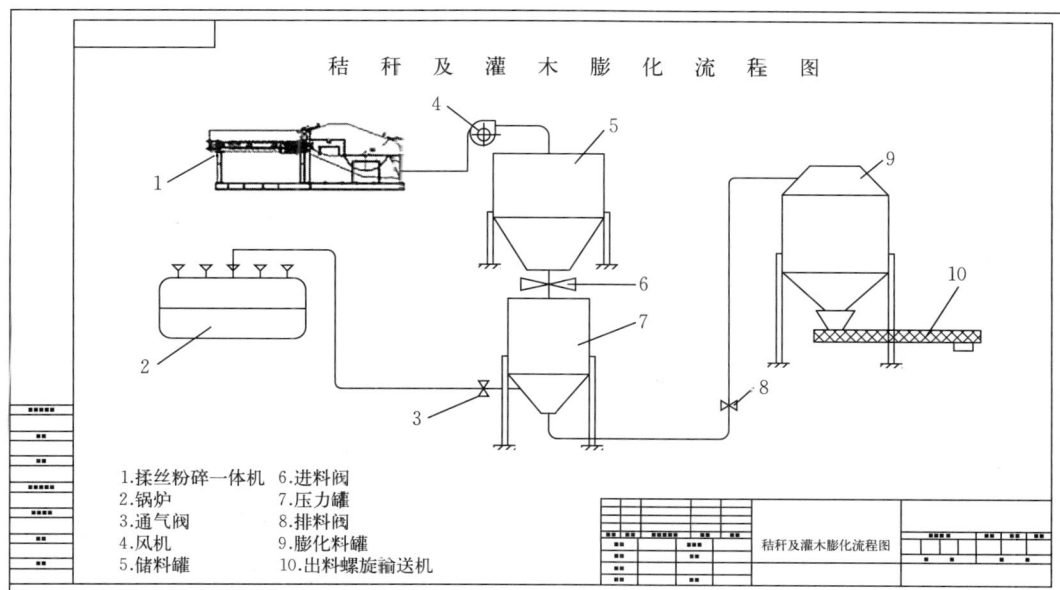

秸 秆 及 灌 木 膨 化 流 程 图

1.揉丝粉碎一体机　6.进料阀
2.锅炉　　　　　　7.压力罐
3.通气阀　　　　　8.排料阀
4.风机　　　　　　9.膨化料罐
5.储料罐　　　　　10.出料螺旋输送机

秸秆及灌木膨化流程图

螺旋挤压膨化机膨化秸秆

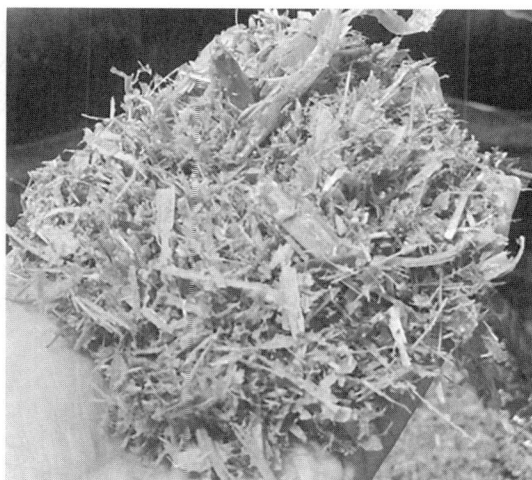

膨化玉米秸秆发酵饲料

2. 秸秆膨化发酵技术

膨化设备膨化后，补水加菌制剂或菌酶联合生物制剂调制（菌制剂可加可不加），水分含量调节至 50%～60%，搅拌均匀后用拉伸膜包裹 4 层，压实后入库发酵。菌制剂添加量按说明书确定。发酵秸秆最常用的菌制剂为植物乳杆菌，通过厌氧发酵，能够快速降低 pH。

3. 秸秆膨化发酵饲料饲喂技术

根据秸秆膨化发酵饲料的实测营养成分含量，结合家畜不同生长时期营养需要量，配以精饲料、矿物质，以及其他牧草等制定饲喂计划和日粮配方。秸秆膨化发酵饲料开始喂量要由少到多，逐渐增加。秸秆膨化发酵饲料建议饲喂量：母羊 600～1 000 克/天；育肥羊育肥前期的日粮中秸秆占比 30%～40%，育肥后期的日粮中秸秆占比 20%～30%。奶牛 4 000～5 000 克/天；育肥牛 1 500～2 000 克/天。

膨化发酵饲料饲喂育肥肉羊　　　　　　膨化秸秆发酵饲料饲喂育肥牛

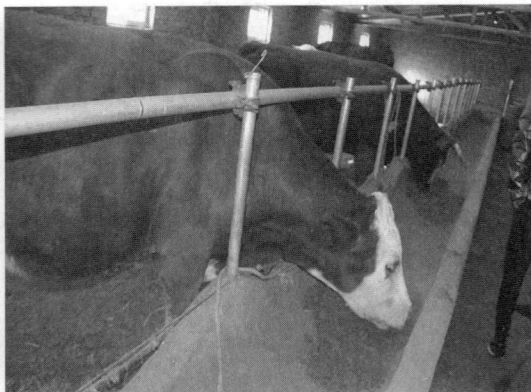

三、适宜区域

适合在北方农区、农牧交错区和北方牧区，包括黑龙江、吉林、辽宁、内蒙古、山东、山西、河北、河南、宁夏、甘肃、新疆等地区推广。

四、注意事项

1. 秸秆饲料化利用过程中除尘除渣是关键环节，建议采用籽粒兼收方式，从源头解决秸秆离田带土的问题，避免尘土较多，影响家畜采食适口性和健康。

2. 发酵饲料存放期间防止鼠害、鸟害，定期检查有无进水等。

技术依托单位

内蒙古自治区农牧业科学院

联 系 人：薛树媛

联系电话：13947189385

电子邮箱：shuyuanxue@163.com

蛋鸭发酵饲料饲养和旱养技术

一、技术概述

（一）技术基本情况

蛋鸭养殖为我国优势特色产业。2022 年，全国蛋鸭存栏量近 2 亿只，鸭蛋产量接近 300 万吨，总产值超过 400 亿元，是我国农业产业的重要组成之一，对推动地方农村经济发展和增加就业具有重要作用。近年来，随着国家重视环保、民众食品安全意识增强，以及蛋鸭产业化进程的发展需要，蛋鸭养殖中药物使用不合理及产品中药物残留超标等现象时有发生，传统放牧、圈养模式带来的环境污染等问题日益突出，已经不适应产业发展的需要，健康、环保、安全的蛋鸭养殖技术逐步形成共识。蛋鸭发酵饲料饲养和旱养技术属于蛋鸭绿色安全生产技术。发酵饲料饲养研究集成了菌种筛选、发酵设备选型、发酵工艺和参数制定、饲喂技术等技术体系，可以大幅度提高蛋鸭产品的安全性，鸭蛋和鸭肉无腥味、无抗生素残留，蛋黄色泽加深。蛋鸭旱养技术主要包括笼养和网上养殖，颠覆性地取代了传统的水养模式，有效保护了水体环境，提高了生产性能和效率，实现了离水养殖、节粮高产、洁蛋生产，有力推动了蛋鸭产业科学技术进步与转型升级。

（二）技术示范推广情况

蛋鸭发酵饲料饲养技术已在浙江省金华金婺农业发展有限公司等规模蛋鸭养殖场进行示范推广，年出栏蛋鸭 15 万余只，生产系列无抗鸭蛋 3 500 吨；旱养技术已在全国蛋鸭主产区进行推广应用，累计示范蛋鸭占全国蛋鸭总饲养量的 70% 以上。

（三）提质增效情况

发酵饲料饲养技术显著提高了蛋鸭产蛋率和日产蛋重，降低了料蛋比；加深了鸭蛋蛋黄色泽，提高了鸭蛋中天冬氨酸、丝氨酸等氨基酸含量，降低了三甲胺的含量；改善了肠道形态和肠道菌群。旱养技术解决了水体污染等环境污染问题，提高了劳动生产率和单位面积鸭舍利用率，改善了鸭蛋外观，提高了产品安全性。与传统水养模式相比，采用旱养技术的蛋鸭开产时间提早 21.2 天，全期产蛋量提高 6.1%，采食量平均下降 12.3%，产蛋期成活率提高 2.4%，鸭蛋洁净度提高 5% 以上，每只蛋鸭平均养殖效益增加 20 元。

（四）技术获奖情况

该技术作为成果重要内容获 2019 年度国家科学技术进步奖二等奖。浙江国伟科技有限公司入选国家农业标准化示范区和农业农村部畜禽养殖标准化示范场。金华金婺农业发展有限公司入选畜禽养殖标准化示范场和浙江省美丽牧场，生产的鸭蛋产品被农业农村部评为"名特优新"产品。

二、技术要点

1. 蛋鸭发酵饲料饲养技术

发酵菌种以乳酸菌、枯草芽孢杆菌等为主，发酵温度以 32 摄氏度为宜，在恒温箱厌氧环境中发酵，32 摄氏度条件下发酵 3 天，如果没有恒温箱，夏天发酵 3 天，冬天发酵 7 天。发酵饲料含水量 38% 为宜。7:30 饲喂发酵饲料，占全天饲料的 30%；16:00 饲喂常规配合饲料，占全天饲料的 70%。

2. 蛋鸭层叠式笼养技术

层叠式笼养适合大中型养殖场。鸭舍为全封闭式，屋顶、墙壁应具有良好的保温隔热性能，采用自动喂料、粪带、捡蛋、饮水及通风降温系统等。笼养蛋鸭选择体型小、成熟早、耗料少、产蛋多、适应性强的品种，如绍鸭、山麻鸭和金定鸭等。鸭笼采用重叠式，4～6 层，每笼饲养产蛋鸭 2 只。将饲养 90～100 日龄体质健壮且经免疫接种的青年鸭上笼，上笼时间最好选择在晴天，切忌雨天上笼。上笼后的第 1 周是饲养管理的关键时期，要教会鸭自动饮水。具体方法，将鸭喙放在饮水处半分钟左右，每天 3 次。

3. 蛋鸭半旱养模式

半旱养模式适合中小型养殖场。鸭场由栏舍、运动场、人工水池、牧草消纳地组成。其中，栏舍、运动场均由网床组成，采取网上养殖，网孔 2.5 厘米，网架高度 40 厘米。鸭舍高度 2.8～3 米。在栏舍内放置障碍性蛋窝，蛋窝长方形，四周高 15 厘米，窝内铺设 10 厘米厚草料，并保持整洁。游泳池四方形或者正方形，池壁由砖砌成，底部水泥处理防漏，与运动场相接，池深 40 厘米，冬季 3 天换水 1 次，夏天 1 天换水 1 次。人工水池中，每 1 000 只蛋鸭 1 天约 5 吨排放水量，其中氨氮 60 毫克/升，化学需氧量 900 毫克/升。池水均可直接通过牧草消纳地解决。通过该技术可节省人工 70%、垫料 98%、兽药 90%。

运动场、栏舍网下鸭粪要利用不同饲养批次间的间隔期予以清理。一般运动场每 2 批清理 1 次鸭粪，舍内也是每 2 批清理 1 次。鸭粪运送至肥料加工厂加工有机肥，或者堆肥发酵后直接供给蔬菜水果种植基地等。要积极利用运动场雨污水、游泳池废弃水种植黑麦草等牧草，补充蛋鸭营养需要，也可节约成本。也可利用鸭场废水种植苗木。10 000 只存栏蛋鸭应当配有 2 000 米² 的水田或池塘用于开展水产养殖或种植水生植物以消纳产生的污水。

蛋鸭发酵饲料

蛋鸭层叠式笼养

蛋鸭半旱养模式的运动场

三、适宜区域

全国蛋鸭饲养区，其中旱养技术特别适合城市郊区及水资源缺乏地区。

四、注意事项

1. 蛋鸭饲料中禁止使用抗生素。

2. 蛋用型鸭种都具有胆子小、神经敏感的特点，易受外界不良环境的刺激产生应激反应。高产蛋鸭应激反应更为严重。因此，如何筛选高产、胆子大、应激反应程度轻的适宜于旱养的蛋鸭品种尤为重要。

3. 笼养鸭舍空气中有害微生物含量增加，喷雾消毒药和消毒程序的筛选更为重要。

4. 传统养鸭方式，鸭可采食到贝壳、杂草、小动物等，阳光照射有助于维生素 D 的转化，提高钙的吸收能力。旱养条件下，需强化对维生素 D 和大颗粒钙源的补充。

技术依托单位

1. 浙江省农业科学院
联系地址：浙江省杭州市德胜路 298 号
邮政编码：310021
联 系 人：卢立志
联系电话：13306813018
电子邮箱：lulizhibox@163.com

2. 浙江国伟科技有限公司
联系地址：浙江省诸暨市暨南街道古井路 1 号
邮政编码：311813
联 系 人：陈斌丹
联系电话：15158272023
电子邮箱：chenbindan@163.com

3. 金华金婺农业发展有限公司
联系地址：浙江省金华市婺城区乾西乡栅川村川西路 108 号
邮政编码：321000
联 系 人：冯伟峰
联系电话：13515793330
电子邮箱：jiangchunqing2010@163.com

水禽（鹅、鸭）种蛋高性能孵化装备及技术

一、技术概述

（一）技术基本情况

与鸡蛋孵化相比，水禽种蛋孵化性能较低，如鹅的受精蛋孵化率一般只有85％左右，鸭的受精蛋孵化率一般在90％左右，严重影响水禽生产。为了提高水禽生产效率和水禽养殖综合经济效益，近年研发了新的水禽（鹅、鸭）种蛋高性能孵化技术，包括3个关键部分：①种蛋孵化前的储存技术，以提高活胚率。②大角度翻蛋孵化机，可以将翻蛋角度从常规的90度加大至150度。③变角度翻蛋孵化技术，大幅降低孵化后期胚胎死亡率，提高受精蛋孵化率。

目前，变角度翻蛋孵化技术已申报国家发明专利（一种鹅种蛋的孵化方法，202111132295.4）。通过以上技术应用，鹅受精蛋孵化率达到92％～94％、鸭受精蛋孵化率达到95％～96.5％的历史高水平。

（二）技术示范推广情况

水禽（鹅、鸭）种蛋高性能孵化技术目前已在广东、广西、江苏和安徽等地实现大范围推广应用。

广东省全年生产的近1亿只鹅苗，几乎全由大角度翻蛋孵化机孵化。大角度翻蛋孵化机和变角度翻蛋孵化技术在全国最大的种鸭生产企业桂柳牧业集团公司（以下简称桂柳公司）大规模应用，形成年孵化10亿多只白羽鸭苗的产量，占全国总量的30％左右。桂柳公司与技术申报团队合作，建立了江苏省农业科学院鹅产业研究院，形成了采用该技术全年孵化1500万只鹅苗的全国最大规模鹅苗生产基地。

（三）提质增效情况

1. 种蛋孵化前储存技术提高头照胚胎存活率

即将种蛋收集后，置于18～20摄氏度的低温环境中保存3～4天，抑制其胚盘发育，同时促进蛋清的液化，使早期胚胎在孵化时更易获得营养物质，可以降低早期胚胎死亡率达3～5个百分点。

2. 提高水禽种蛋孵化性能的设备及技术

在孵化机常规通风换气和温湿度控制技术基础上，改进孵化机蛋车和蛋盘设计，将孵化机的翻蛋角度从常规的90度提高到150度左右，使蛋内胚胎在孵化过程中获得更大翻动和相对运动，更好地获得氧气、营养物质供应和扩散代谢废物，也更好地维持胎位、减少胚外膜粘连，从而提高胚胎发育质量、孵化率。在鸭蛋鹅蛋孵化中，将二照之前的翻蛋角度控制在150度左右，二照之后将翻蛋角度减小至120度左右，即可以最大限度提高胚胎发育能力和质量及孵化率。应用大角度翻蛋孵化机和变角度翻蛋孵化技术，可将扬州鹅、三花鹅种蛋孵化率提高约4.5个百分点，种鹅生产经济效益提高13.2％；将南方狮头鹅的种蛋孵化率提高6～7个百分点，种鹅生产经济效益提高15％；将鸭蛋孵化率提高5～6个百分点，种鸭生产经济效益提高6％～16％。

（四）技术获奖情况

该技术作为"种鹅反季节高效繁殖关键技术研究与推广应用"成果的部分内容，申报获得了 2019 年神农中华农业科技奖二等奖。

该技术作为"水禽集约化高效生态养殖关键技术集成与推广"成果的主要组成技术，申报获得了 2016—2018 年度全国农牧渔业丰收奖一等奖。

二、技术要点

1. 种蛋孵化前储存技术要点

建造一个密闭的 15～20 米² 储蛋库，并安装空调，使温度能够降低至 18～20 摄氏度。然后，每天将收集的种蛋经消毒后置于蛋库储存 3～4 天。种蛋在入孵之前，需要从蛋库取出并逐步平衡至室温，避免水滴凝结在蛋壳表面。在每批种蛋入孵后，需要对蛋库进行熏蒸消毒。

2. 大角度翻蛋孵化机要点

改革常规孵化机的蛋盘左右各倾斜 45 度角且只能 90 度角翻蛋的做法，将蛋车设计成为前后上下各转动 70～75 度角使总翻蛋角度达到 150 度，实现大角度翻蛋。该孵化机目前由多家企业生产和销售应用。

3. 变角度翻蛋孵化技术要点

水禽种蛋孵化过程中，蛋钝端朝上置于蛋盘上，二照（鹅蛋为第 20 天左右，鸭蛋为第 15 天左右）之前采用 150 度翻蛋角度，二照之后采用 120 度翻蛋角度。鹅蛋翻蛋频率为每 2 小时 1 次，鸭蛋为每 1 小时 1 次，直到落盘停止翻蛋。落盘时间，鹅蛋为第 28 天，鸭蛋为第 26 天。

加大翻蛋角度
从45度至75度或60度

将常规孵化机的蛋盘左右倾斜 45 度角，改为新的蛋车前后转动至 75 度或 60 度角，实现大（变）角度翻蛋孵化。

常规孵化机的蛋盘左右倾斜 45 度角的翻蛋（左）孵化。新的蛋车前后转动最大至 75 度角的大角度翻蛋孵化（右），同时可以在二照之前采用 150 度角、二照之后采用 120 度角的变角度翻蛋孵化。

三、适宜区域

全国各鹅苗、鸭苗孵化区域均适用。

四、注意事项

1. 孵化场需确保有足够和稳定的电力供应，以进行储存及孵化环境控制。

2. 对储蛋库和孵化机均要每批熏蒸消毒，减少孵化过程中因细菌、霉菌污染导致的胚胎死亡及孵化率降低。

3. 夏季炎热季节，要将孵化厅温度控制在 25～28 摄氏度，以避免孵化机超温，防止胚胎烧死，保证孵化率。

技术依托单位

1. 江苏省农业科学院

联系地址：江苏省南京市玄武区钟灵街 50 号省农科院畜牧所

联 系 人：施振旦　郭彬彬

联系电话：13913888894　15150563512

电子邮箱：zdshi@jaas.ac.cn　guobinbin0801@163.com

2. 佛山市任氏机械科技有限公司

联系地址：广东省佛山市三水区芦苞镇四联刘岗路 9 号

联 系 人：任玉成

联系电话：13809250707

电子邮箱：rhm96888@qq.com

奶牛场数智化高效养殖技术

一、技术概述

（一）技术基本情况

1. 技术研发推广背景

我国奶牛养殖逐渐向规模化、现代化、集约化和标准化的方向发展，需要管理、饲养、营养、兽医、繁育等环节的高效协调配合，才能实现牧场的整体精准管理，提升奶牛养殖经济效益。目前，制约我国规模化牧场高效运营的关键仍然是数智化水平和应用效率低下。现阶段牧场产奶量显著提升，部分是建立在高蛋白饲料的基础上，增加了饲料成本。奶牛系统性的健康监测缺乏，繁殖技术使用效率低，导致首配受胎率低、产犊间隔延长、胎衣不下发病率高。奶牛性控精液受胎率和胚胎移植技术妊娠率低，影响了良种扩繁效率。奶牛乳腺健康监测、乳腺疾病预防和治疗依然缺乏有效的措施，如乳腺炎致病菌检测仍然使用传统的培养皿培养法，一次只能检测一种病菌，并且判断难度大，导致检测效率和准确率低下。奶牛乳腺炎治疗依然以抗生素为主，不符合畜牧业绿色高效发展理念。牧场管理方式没有有效调动饲养人员的积极性，人员考核困难，人工成本增加。

2. 技术解决的主要问题

本技术通过数字化、信息化构建智慧牧场，提升奶牛养殖效率，解决了牧场中存在的以下问题。

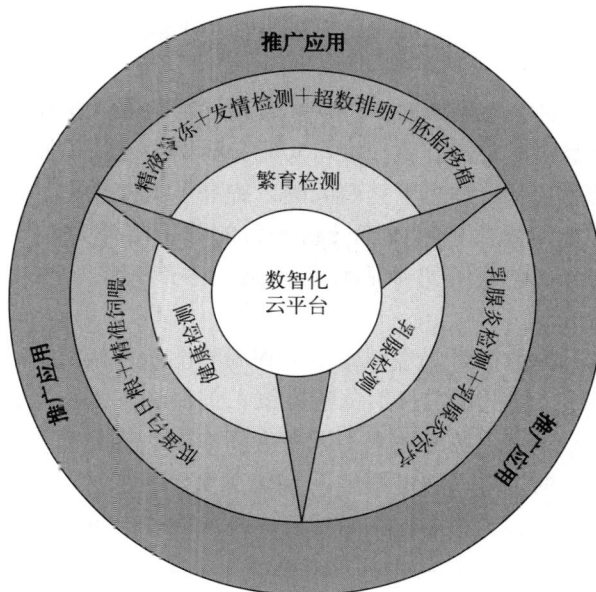

基于数智化提高奶牛养殖效率平台

（1）牧场信息化系统没有在节本增效和管理决策方面发挥实质性作用。各个信息化系统无法有效兼容，成为数据孤岛。系统智能化不高，人员依赖性强，导致数据采集来源不精准，造成数据误差和决策失误。硬件配套设备不全，精度不够，并且处于半自动状态。

（2）缺乏"数智化"的精准饲喂监测系统，导致目前饲料成本约占生产总成本的 70%，其中剩料过多、饲料加工浪费现象严重，牧场无法做好对剩料和加工过程的有效监管。同时，长期高蛋白饲料导致繁殖疾病发病率升高，影响了养殖效益。

（3）牧场牛群的整体健康状况和繁育效率监测不系统、数据不准确，没有与发情鉴定、超数排卵、人工授精等繁殖技术整合形成高效的"批次化"繁育流程，不能通过早期疾病（如产后乳腺炎、酮病、子宫内膜炎、发情障碍等）的分析来提高受胎率。

（4）奶牛生产性能测定（DHI）大数据系统利用效率不高，数据分析单一，在监测奶牛营养代谢、乳腺健康等方面的作用没有充分发挥，尤其在乳腺炎预防、检测、精准治疗方面的指导不足。

（5）牧场人员管理没有体现"数智化"，导致无法有效监测和提高人员工作效率。同时，没有将饲养人员从传统工作方式和强度中解放出来，牧场"福利"体现不足。

3. 专利范围及使用情况

本次主推的技术成果先后获国家授权专利 20 件，软件著作权 22 件。专利成果已经推广应用。

（二）技术示范推广情况

本项技术成果已在奶牛主要养殖区域，如宁夏、黑龙江、内蒙古等 20 多个省份进行示范推广，覆盖现代牧业（集团）有限公司、北大荒完达山乳业股份有限公司、天津嘉立荷牧业集团有限公司等 45 个奶牛养殖集团、396 个牧场，共计奶牛 119.306 9 万头。

（三）提质增效情况

1. 牧场大数据分析管理平台，实现了奶牛携带设备、TMR 设备、智能环控设备等的有效衔接，加快了牛群在饲喂、繁育、健康、泌乳等环节的数字化和智慧化管理进程，提升牧场生产人员工作效率 2～3 倍。

2. "数智化云平台"种公牛繁殖效率分析平台指导优化了人工授精程序，提高了配种效率。同时，与奶牛发情鉴定佩戴器有效衔接，实时分析奶牛发情检测数据，及时发现空怀母牛，21 天受胎率平均提高 3%，缩短了繁殖间隔，提高了繁殖效率。

3. 以"数智化云平台"母牛繁殖效率分析平台的分析结果为指导，将卵泡发育调控技术和超数排卵技术相结合，创建了奶牛体外胚胎高效生产体系，孵化胚胎发育率达 49%，提升了优质种源的利用效率。

4. "数智化云平台"大数据将奶牛健康指标和泌乳性能对接，指导精准饲喂。研制了基于 N-乙酰谷氨酸（NCG）的低蛋白日粮饲喂方案，饲料成本平均降低 9.3%，每头牛年总产奶量平均提升超过 900 千克，奶牛胎衣不下率下降 40%，整体提升了生产水平。

5. "数智化云平台"的奶牛乳腺健康监测和乳腺炎治疗技术，推进 DHI 数据对牧场生产管理的精准指导。开发了国内第一款同时检测 9 种致病菌的可视化检测系统，检出率和准确率达 95% 以上。研制的发酵中草药添加剂，乳腺炎治愈率达 88.9%，有效率为 100%。

（四）技术获奖情况

1. "基于数智化云平台的奶牛提质增效关键技术示范与推广"获得 2022 年全国农牧渔

业丰收奖-农业技术推广成果奖一等奖。

2."奶牛高效养殖关键技术创新与应用"获得 2022 年高等学校科学研究优秀成果奖（科学技术）二等奖。

二、技术要点

1. 针对牧场信息化系统无法有效兼容，奶牛信息成为数据孤岛，在节本增效和管理决策方面发挥作用不强等问题，研发了基于牧场大数据的"数智化云平台"管理系统，构建了"奶牛生产评估—预警—决策"一体化管理模型，推进了牧场"数智化"管理

建立了我国第一个基于"云计算"分析的奶牛养殖大数据管理平台，实现了对牧场数据的实时、高效采集和管理；利用大数据采集 ETL（Extract-Transform-Load）架构、大数据处理引擎 Apache Flink、大数据存储和分析等技术，开发了牧场大数据分析平台，实现了奶牛携带设备、TMR 设备、智能环控设备等的有效衔接，加快了牛群在饲喂、繁育、健康、泌乳等环节的数字化和智慧化管理进程，提升牧场生产人员工作效率 2～3 倍。同时，平台数据可以与乳品加工企业的生产加工、销售信息系统对接，实现全产业链数字化。结合奶牛生物学特性和"云计算"分析平台，构建了牛群结构、繁殖管理、精准饲喂管理、牛群健康管理和产奶数据管理五大评价体系，集成了"奶牛生产评估—预警—决策"一体化管理模型。

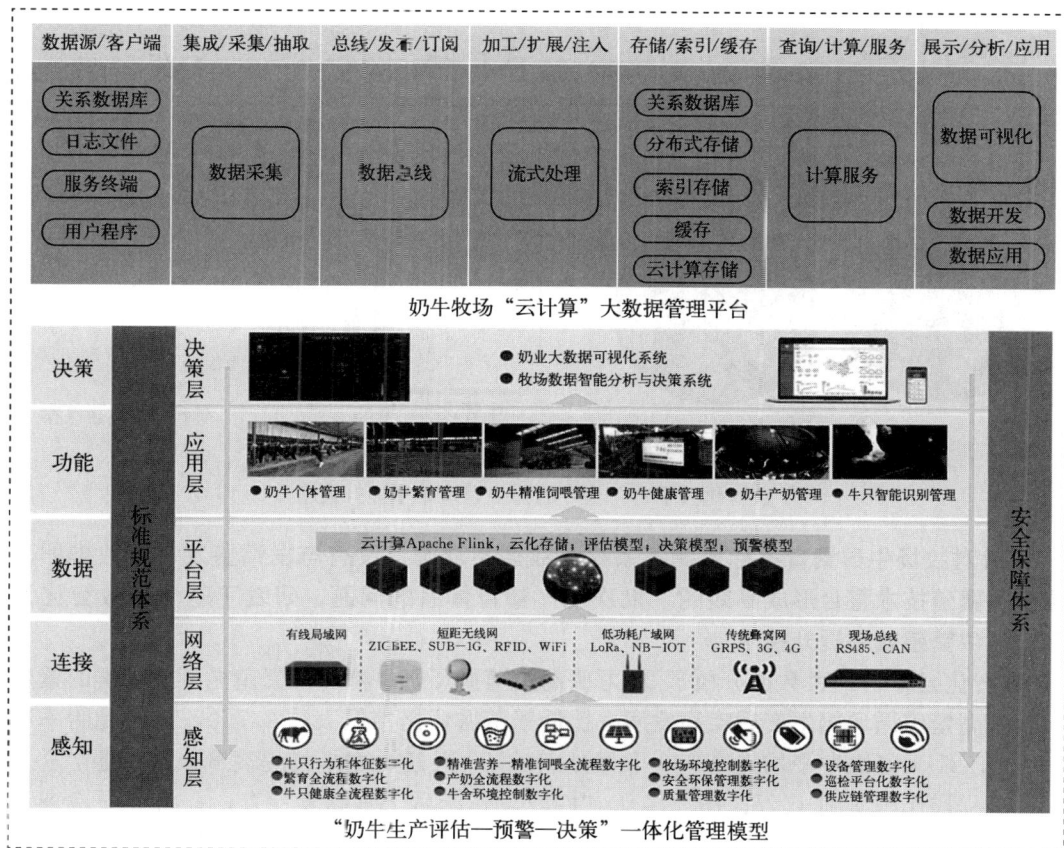

牧场数智化管理平台

2. 针对牧场人工授精受胎率低的问题，利用大数据分析，研发了基于"数智化云平台"种公牛繁殖效率提升技术

"数智化云平台"大数据分析了58万头母牛的人工授精配种效率，发现同一头母牛长期使用单一公牛精液授精受胎率较低，结果指导优化了人工授精程序，提高了配种效率。同时，针对优秀种公牛精液品质低下和育种价值利用不高的问题，从抗冻剂、能量物质和抗生素等多个方面优化了公牛精液冷冻配方，提高了解冻后精子指标和冻精生产效率。首次发现了公牛Y精子特有表面蛋白SRY，创新性地研发基于精子表面SRY蛋白作为靶标的性控胚胎生产技术，有效提高了优秀种公牛原精利用率，性控准确率达到80%以上。将"数智化云平台"与奶牛发情鉴定佩戴器有效衔接，实时分析奶牛发情检测，及时发现空怀母牛，显著提升了性控精液人工授精效率，21天受胎率平均提高3%，缩短了繁殖间隔，提高了繁殖效率。

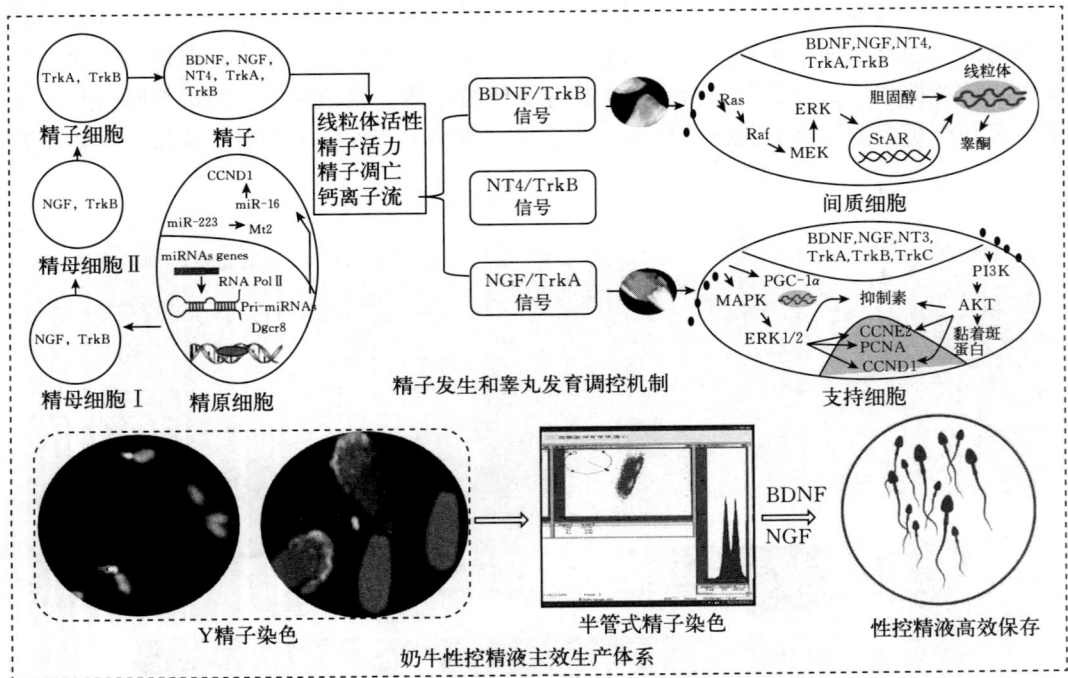

"数智化云平台"指导的公牛繁殖效率提升技术

3. 针对牧场牛群繁育指标监测不系统、数据不准确，没有与发情鉴定、超数排卵、人工授精等繁殖技术整合形成高效的"批次化"繁育体系的问题，研发了基于"数智化云平台"的母牛繁殖效率提升技术

"数智化云平台"大数据分析了21万头高繁殖循环奶牛群和低繁殖循环奶牛群的繁殖效率。发现高繁殖循环奶牛产后疾病发病率比低繁殖循环奶牛低大约2.7%，首配受胎率平均高8.4%，21天妊娠率平均提高3.3个百分点，130天妊娠率平均提高8.3%。建立了"批次化"流程操作中实施4、7、10、14天"四段"式产后子宫修复检查，并将妊娠检查天数提升至配后35天的繁殖方案，显著提升了受胎率，缩短了配种间隔。依据大数据分析，将卵泡发育调控技术和超数排卵技术相结合，创建了奶牛高效超排技术体系。发现了决定胚胎发育的关键分子，并将其用于体外胚胎生产体系，孵化胚胎比例达 40%，显著提高了体外生产胚胎的质量，提升了优质种源的利用效率。

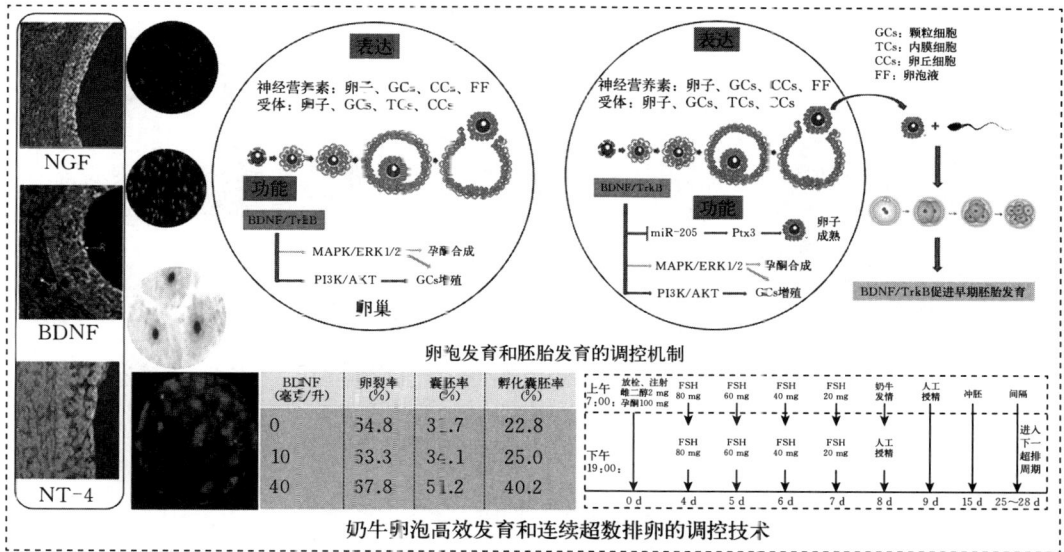

BDNF (毫克/升)	卵裂率(%)	囊胚率(%)	孵化囊胚率(%)
0	54.8	31.7	22.8
10	53.3	34.1	25.0
40	57.8	51.2	40.2

卵泡发育和胚胎发育的调控机制

奶牛卵泡高效发育和连续超数排卵的调控技术

"数智化云平台"指导的母牛繁殖效率提升技术

4. 针对牧场缺乏牛群整体健康状况监测，不能及时优化饲喂方案，导致饲料成本过高问题，研发了基于"数智化云平台"的奶牛健康监测和精准饲喂技术大数据将奶牛健康指标和泌乳性能对接，指导精准饲喂

分析了全国 24 个省份的 334 个牧场，共计 954 679 头奶牛的健康状况。成年母牛主动淘汰率平均增加 1.7%，侧面反映了牧场牛群健康管理水平的提升。监测了产后母牛代谢病、胎衣不下、子宫内膜炎、酮病、产后瘫痪、皱胃移位的发病率，子宫内膜炎发病率增加，说明牧场更加注重产后管理，疾病检测更加及时准确，为精准治疗赢得时间。同时，智能环控大数据实时监测牧场环境，及时改善，降低了环境造成的损失。根据不同生长阶段奶牛增重、采食量和健康状态大数据，制定奶牛精准饲喂配方。同时，针对高蛋白日粮引起的高血氨导致的生产性能降低和热应激引起的产奶量下降问题，创新性地研制了基于 NCG 的低蛋白日粮饲喂方案，饲料成本平均降低 9.3%，每头牛年总产奶量平均提高超过 900 千克，奶牛胎衣不下率下降 40%，整体提升了生产水平，践行了绿色高效的养殖理念。

5. 针对 DHI 数据利用效率不高，数据分析单一，在保障奶牛乳腺健康方面没有发挥有效作用的问题，研发了基于"数智化云平台"的奶牛乳腺健康监测和乳腺炎治疗技术

研发了基于"数智化云平台"和数据分析的 DHI 数据管理系统，监测乳品质量和乳腺健康。实现了与"丰顿奶牛生产性能测定分析系统软件""奶牛信息管理系统""奶牛生产性能测定数据处理系统"和"奶牛育种数据平台"等系统的数据对接，解决了传统采样和管理中存在的问题。分析了 DHI 数据与牛奶品质及乳腺健康之间的关系，推进 DHI 数据对牧场生产管理的精准指导。开发了国内第一款同时检测 9 种致病菌的可视化检测系统，检出率和准确率达 95％以上。同时，研发了 7 种乳腺炎致病菌的可视化 LAMP 检测技术，比传统 PCR 检测效率提高 3 倍。根据 DHI 平台分析，发现了血液中高水平尿素氮是诱发乳腺炎的关键因素，并发现了黄芪活性成分（黄芪甲苷）是保护乳腺细胞免受损伤的重要分子。根据中兽医学和药剂学理论，以黄芪、蒲公英等 7 味中药组成复方，研制了治疗奶牛乳腺炎的发酵中草药添加剂和乳腺喷雾剂，乳腺炎治愈率达 88.9％，有效率为 100％。

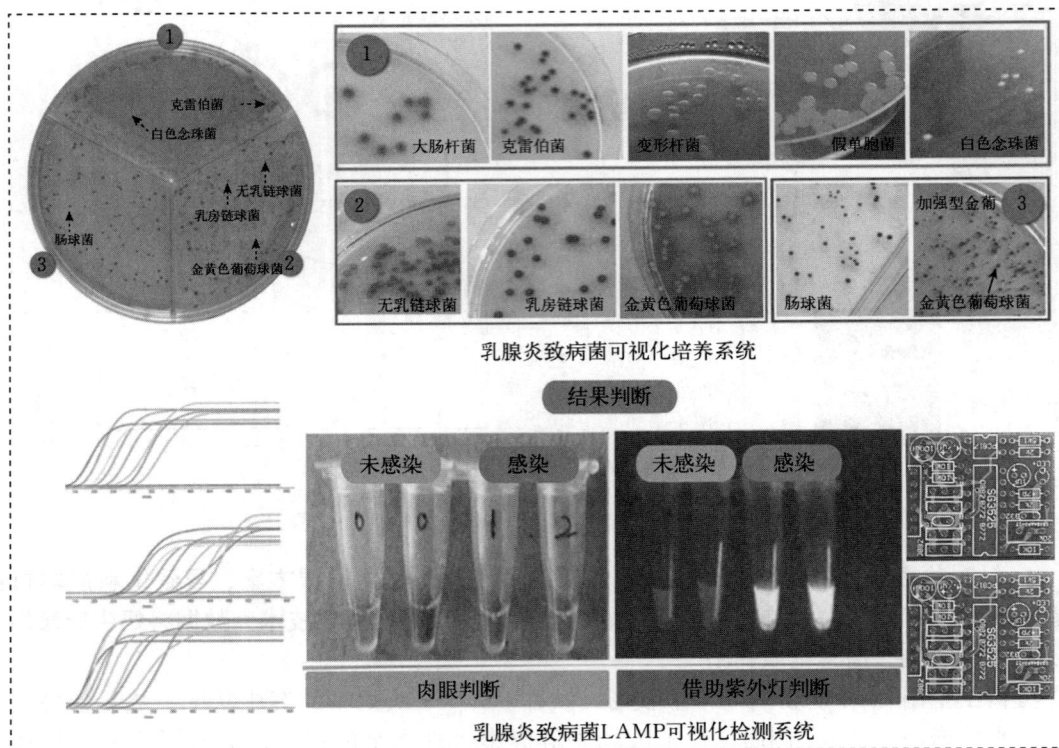

乳腺炎致病菌可视化培养系统

结果判断

乳腺炎致病菌LAMP可视化检测系统

"数智化云平台"指导的奶牛乳腺健康管理技术

三、适宜区域

技术适用于全国规模化奶牛养殖所有区域。

四、注意事项

本技术是基于牧场大数据分析管理平台整体提高牧场养殖效率的技术，所以数据的及时性和准确性是制定生产方案的核心。在使用过程中牧场要及时准确地录入牧场牛群的健康、繁殖、营养、生产等数据。

技术依托单位

1. 吉林大学

联系地址：吉林省长春市西安大路 5333 号

邮政编码：130062

联 系 人：李纯锦　周　虚

联系电话：0431-87836556　13154399391　0431-87836142　13944099656

电子邮箱：llcjj158@163.com　xzhcu65@vip.sina.com

2. 一牧科技（北京）有限公司

联系地址：北京市朝阳区新华科技大厦 A 座

邮政编码：100101

联 系 人：马志愤　董　飞

联系电话：010-86468938　18518485305　010-86468938　15810588412

电子邮箱：mazhifen@eyimu.com，dongfei@eyimu.com

绒肉兼用型绒山羊舍饲高效养殖技术

一、技术概述

（一）技术基本情况

1. 技术研发推广背景

辽宁绒山羊是我国独特的畜禽品种资源，产绒量世界第一，被誉为"中华国宝"，辽宁绒山羊产业是辽宁省具有特色的畜牧产业之一。2010年，辽宁省全面实施封山禁牧，绒山羊生产面临重重困境：①肉用性能选育开发滞后；②没有舍饲规模化养殖配套技术体系；③饲料和人工成本增加；④舍饲养羊饲草资源匮乏，秸秆饲料化利用水平低；⑤养羊场（户）标准化生产水平低。

为解决辽宁绒山羊舍饲出现的上述问题，项目单位（原辽宁省畜牧科学研究院）以国家绒毛用羊产业技术体系和辽宁省羊产业科技创新团队为依托，组建了"体系、高校、科研和生产"深度融合的产业技术研发团队，自2014年起，选育出了绒肉兼用型辽宁绒山羊、建立了舍饲配套的高效繁殖技术体系、创新了草畜平衡动态估测模型及秸秆饲料轻简化技术体系，研发了精准营养调控新技术，研制了一系列标准化生产技术规程，并将绒肉兼用型辽宁绒山羊选育扩繁及改良技术、舍饲高效养殖关键技术进行熟化、集成和推广，破解了绒山羊舍饲生产的技术瓶颈，实现了科技成果的高效转化和辽宁绒山羊产业转型升级，为全国发展生态高效养羊生产提供了可借鉴的示范模式。

2. 能够解决的主要问题

（1）能够解决绒山羊肉用性能选育开发滞后的问题　面对全国性羊肉价格上涨、羊绒价格下降的市场行情，养殖户急需产绒性能好，同时肉用性能突出的种羊进行改良生产，推广的绒肉兼用型辽宁绒山羊能够满足生产的需要。

（2）能够解决绒山羊舍饲规模化养殖技术水平低、生产效率低的问题　通过技术应用，舍饲生产各关键环节技术实现标准化、系统化，舍饲生产羊只疾病发病率和死亡率下降，出栏比例提高，出栏羊质量提高。

（3）能够解决舍饲养羊饲料和人工成本增加，生产效益降低的问题　通过绒山羊全混合日粮（TMR）、秸秆饲料化、营养调控等技术的应用，可以解决饲草资源匮乏的问题，提高秸秆饲料化利用水平，通过机械剪绒等技术应用，可以显著降低人工成本，提高生产效益。

3. 专利范围及使用情况

成果获辽宁省政府科学技术进步奖一等奖1项、二等奖1项，获授权发明专利3件、实用专利4件、计算机软件著作权2项，制定国家标准1个、行业标准2个、地方标准12个。

发明专利1：一种能提高种公羊繁殖性能的中草药添加剂，可以调解种公羊繁殖性能、提高公羊性欲、增加采精频率、改善精液质量等，已在部分养殖场（户）使用。

发明专利2：一种绒、毛、肉用羊全混合颗粒饲料及加工方法，通过专利技术进行精粗混合加工同时饲喂，节省人工成本、提高饲喂效率、扩大饲料来源等，已在部分养殖场（户）使用。

发明专利 3：一种制粒专用粗饲料复合防霉剂及制备方法，解决了传统制粒工艺中容易因含水量高而出现发霉、变质的难题，已在部分饲料厂和养殖场（户）使用。

实用新型专利 1：羔羊哺乳器，解决了母羊母性不强、母乳量少、羔羊过多而导致的羔羊哺乳困难问题，已在部分养殖场（户）使用。

实用新型专利 2：羊用恒温饮水器，解决了冬季饮水时水温容易快速降低而影响生产的问题，已在部分养殖场（户）使用。

实用新型专利 3：用于组装成可移动通道式羊运动场的片网组件，适用于羊养殖场（户）在注射疫苗、药浴、进行生产性能测定等操作时圈羊固定羊，已在部分养殖场（户）使用。

实用新型专利 4：简易的可移式升降羊保定床，适用于羊养殖场（户）对羊进行保定，已在部分养殖场（户）使用。

绒山羊恒温饮水系统

（二）技术示范推广情况

过去 8 年，在辽宁省累计繁育推广优良种公羊 9 725 只，改良羊 770 多万只，舍饲高效养殖技术在辽宁省绒山羊养殖区均有部分场（户）应用；良种羊推广到内蒙古、陕西、新疆等 17 个省份，部分舍饲高效养殖技术也被部分绒山羊主产区引入，年种羊省外销售近 10 万只。2020—2021 年实现新增效益 25.22 亿元。

（三）提质增效情况

拟推广的绒肉兼用型辽宁绒山羊，公羊平均体重、产绒量和屠宰率分别达到 89.0 千克、1 507.4 克、53.6%，比选育前分别提高 8.50 千克、122.9 克和 4.8 个百分点；母羊平均体重、产绒量和屠宰率分别达到 57.6 千克、986.6 克和 45.9%，比选育前分别提高 4.1 千克、71.4 克和 3.4 个百分点。通过推广的舍饲高效养殖技术，种羊选留比例达 33% 以上，比常规技术条件下提高近 10 个百分点；羊成活率提高到 95.62%，提高 4.58 个百分点；年繁殖成活率提高到 210%，提高 45 个百分点。采绒效率由 5 只/（天·人）提高到 50 只/（天·人），提高了 9 倍多。鲜精有效稀释倍数由 5 倍提高到 30 倍，低温保存期由 2 天延长至 6 天，配种效率比常规输精提高 10 倍以上。以使用疫病防治技术提高羊只成活率为例，每百只规模提高收益约 13 000 元；以开展机械剪绒技术提高效率节省人工费用为例，每百只规模节省费用约 3 000 元；以使用秸秆轻简化高效利用技术节约饲料成本为例，每百只规模节省费用约 11 300 元。

（四）技术获奖情况

1. 获省部级一等奖 1 项、二等奖 1 项

"种草养畜关键技术集成与产业化示范"成果获 2016 年辽宁省科学技术进步奖一等奖。"辽宁绒山羊舍饲生态高效养殖技术研究与示范"成果获 2020 年辽宁省科学技术进步奖二等奖。

2. 获市厅级一等奖 6 项、二等奖 4 项

"绒肉兼用型辽宁绒山羊选育扩繁及示范"成果获 2019 年辽宁省农业科技贡献奖一等奖。"辽东地区辽宁绒山羊改良"成果获 2018 年辽宁省畜牧业科技贡献奖一等奖。"优质高产绒山羊饲养管理技术推广"成果获 2017 年辽宁省畜牧业科技贡献奖一等奖。

"绒山羊产业五化技术及现代交易服务体系建设"成果获 2017 年辽宁省畜牧业科技贡献奖一等奖。"中国绒山羊饲养标准"成果获 2016 年辽宁省畜牧兽医科技贡献奖一等奖。"辽宁绒山羊肉用性能研究"成果获 2016 年辽宁省畜牧兽医科技贡献奖一等奖。"舍饲绒山羊常见营养代谢病的调控技术研究与示范应用"成果获 2019 年辽宁省农业科技贡献奖二等奖。"绒山羊副结核防控技术研究与应用"成果获 2019 年辽宁省农业科技贡献奖二等奖。

"秸秆饲料轻简化高效利用技术推广"成果获 2019 年辽宁省农业科技贡献奖二等奖。"绒山羊现代繁育技术研究与示范"成果获 2017 年辽宁省畜牧业科技贡献奖二等奖。

二、技术要点

（一）优质种源的选择

绒山羊舍饲高效养殖技术的关键是选择优质种源。本技术推荐选择的种源是绒肉兼用型辽宁绒山羊，公羊平均体重、产绒量和屠宰率分别达到 89.0 千克、1 507.4 克、53.6%，母羊平均体重、产绒量和屠宰率分别达到 57.6 千克、986.6 克和 45.9%。与国内外公布的绒山羊品种资源生产性能相比，其综合生产性能达到国际领先水平。经测定，遗传性能稳定，绒肉等主要性状遗传力均达到 0.4 以上。经推广应用，改良中低产绒山羊增绒、增重效果非常显著。

绒肉兼用型辽宁绒山羊成年公羊

（二）绒山羊高效扩繁技术体系

1. 绒山羊精液高倍稀释、鲜精低温长期保存技术，显著提高优良种公羊利用效率

以柠檬酸钠葡萄糖和卵黄为主的稀释液基础配方，辅以 Tris 和 EDTA 稳定剂、乳糖维持渗透压，达到抑制精子活动、减少体外耗能、降低对精子物理性冲击的作用，从而实现了高倍稀释下精子高活力、低畸形率，应用该配方对鲜精进行高倍稀释（30 倍）后配合子宫角深部输精技术实现受胎率达 88.5%，与原有低倍稀释（5 倍）的受胎率相当；鲜精低温保存技术，使鲜精在 0～4 摄氏度条件下保存期由 2 天延长至 6 天，鲜精配种利用率比使用该技术前提高了 10～20 倍。

2. 应用中草药添加剂调整种公羊繁殖性能

可以提高种公羊性欲、增加采精频率、改善精液质量等，主要应用于进行种公羊人工或自然采精的绒山羊养殖场（户）。

3. 过瘤胃葡萄糖调整母羊体况技术

在待产母羊的产前 1 个月和产后 1 个月，每天每只羊补饲定量的过瘤胃葡萄糖，可以提高机体糖代谢、氮代谢、脂代谢的效率，稳定繁殖激素水平，提高泌乳量，提高母羊产羔数量和羔羊生长性能，对防控舍饲母羊繁殖障碍有显著效果。

4. 舍饲诱导集中自然发情技术

在配种期前 1 个月，对羊群的体况进行精准调整；在配种期前 13 天肌内注射维生素 A、维生素 D、维生素 E 复合制剂、亚硒酸钠维生素 E（补硒），进一步改善母羊营养状况；配种前 10 天，将试情公羊放入母羊圈中，刺激母羊快速并集中发情；选择在秋分后配种，效果更好。

5. 两年三产技术

综合应用种公母羊中草药调控、过瘤胃葡萄糖调控等高效饲养管理技术、双羔诱导、舍饲诱导集中自然发情技术、人工授精技术、受精 22 小时妊娠早期诊断技术、羔羊早期断奶技术、哺乳母羊催情技术等，第一年 8 月配种，第二年 1 月产羔；第二年 3 月配种，8 月产羔；第二年 10 月配种，第三年 3 月产羔。整顿羊群，于 8 月配种，进入第二个两年三产的循环。

（三）绒山羊精准营养调控技术体系

1. 行业标准《绒山羊营养需要量》的应用

该技术首次应用比较屠宰法、限饲法等多种技术手段系统研究了能量、蛋白质、矿物质的需要量，建立数学析因模型 33 个，测算各类参数 3 172 个，开展了 52 种常用饲料营养价值评定，制定出《绒山羊营养需要量》，结束了世界上无绒山羊营养标准的历史，丰富了我国畜禽营养需要标准类别，可以指导绒山羊饲粮的配制工作。

2. 绒山羊过瘤胃营养调控技术

包括过瘤胃葡萄糖、过瘤胃蛋氨酸、过瘤胃赖氨酸、过瘤胃胆碱、过瘤胃维生素（维生素 A、维生素 D、维生素 E）、过瘤胃酵母硒/蛋氨酸锰、过瘤胃生物素和过瘤胃蛋氨酸锌等 8 项精准营养调控技术，实现了精准、正向营养调控。通过过瘤胃营养素精准介入，纠正了母羊产后能量负平衡、加速体质恢复和繁殖激素稳衡分泌，提升了繁殖效率；应用有机微量元素、过瘤胃维生素、离子/矿物质平衡、氮平衡技术，调控营养代谢过程和方向、提高抗氧化能力、防控营养代谢病，使双羔率增加 12.43 个百分点，种公羊尿结石发病率降低 2 个百分点，肢蹄病降低 13.01%。

3. 其他营养调控技术

应用角质细胞生长因子等精准调控次级毛囊发育水平，实现羊绒细度减少 0.77 μm、长度增加 0.22 厘米；应用茵陈蒿调控羊肉品质，羊肉中鲜味氨基酸总量提高了 66.7%、不饱和脂肪酸总量增加了 1 倍。

4. 草畜平衡动态估测模型技术

该技术依据规模化羊场生产水平，选择 8 个不同年龄、性别、生理阶段的绒山羊类群建立动态变化线性公式，并构建线性数学模型用以动态测算羊群结构；结合 TMR 日粮配方测算饲草（秸秆）需求量；根据饲草（秸秆）生产水平（产量、营养品质）规划设计牧草/作物品种、种植比例和面积，制定饲草种植（供给）方案，为规模场（户）科学构建粗饲料种植计划，实现了"以羊定草、以草定田、草畜平衡"，提高了规模化养羊场智能化管理水平和饲草利用水平及效率。

5. 秸秆饲料轻简化高效利用技术体系

研究集成了秸秆机械收割揉丝、机械压缩打包、塑包青黄贮、蛋白化微贮、塑包青黄贮日光暖棚（窖）贮存仓建设、塑包青黄贮饲料防鼠、秸秆型 TMR、TMR 颗粒复合防霉、全株青贮饲喂、玉米蜡熟期和完熟期适时利用等技术，形成秸秆饲料轻简化高效利用技术体系，实现秸秆饲料"收、贮、用"技术整合提升，解决了秸秆开发利用技术水平低、冬季冻结无法使用、易发生鼠害及霉变等实际问题。

（四）绒山羊"五化"生产技术标准体系

1. "五化"生产技术标准体系

围绕品种良种化、养殖设施化、生产规范化、防疫制度化、粪污处理无害化等"五化"技术需求，制定和集成生产技术标准 25 项，形成绒山羊舍饲养殖"五化"生产技术标准体系，其中新制定国家标准 1 项、行业标准 2 项、地方标准 12 项，规范了饲养、防疫、粪污处理等技术环节。

2. 行业标准《绒山羊饲养管理技术规范》的应用

该文件规定了绒山羊饲养管理基本要求、各类羊群管理等技术内容，建立并改进了机械剪绒技术，建立了副结核、肢蹄病等舍饲常见病防控技术，并同绒山羊选育、优繁快繁、秸秆轻简化利用、TMR 饲喂、育肥生产等舍饲关键技术进行集成熟化，按"五化"技术要求进行组装，创建了绒山羊舍饲高效养殖技术模式。

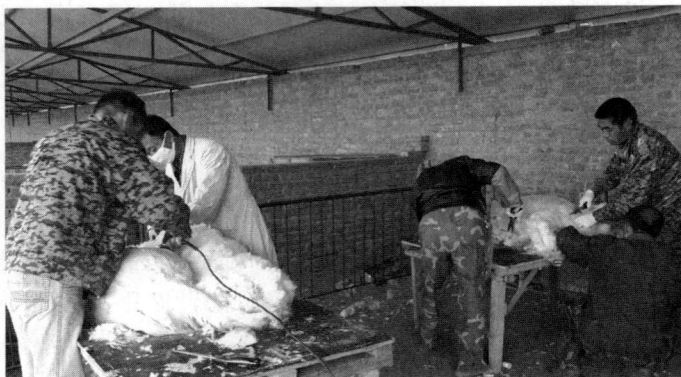

绒山羊机械剪绒技术

三、适宜区域

该技术适合在全国范围所有绒山羊产区进行推广应用，特别是生态环境对绒山羊养殖要求高的区域更加适宜。

四、注意事项

在其他绒山羊产区，应用舍饲高效养殖技术中的 TMR 制作及饲喂技术时，要根据当地粗饲料营养成分进行 TMR 配方调整；应用机械剪绒技术时，要根据当地气候条件进行时间上的调整；应用育肥生产技术时，要根据不同品种营养需要进行饲喂量的调整。

技术依托单位

1. 辽宁省现代农业生产基地建设工程中心（2018 年，原"辽宁省畜牧科学研究院"并入该中心）

联系地址：辽宁省沈阳市皇姑区陵园街 7-1 号

邮政编码：110033

联系人：韩　迪

联系电话：15524314550

电子邮箱：handi790302@163.com

2. 辽宁省辽宁绒山羊原种场有限公司

联系地址：辽宁省辽阳市太子河区虎驻路11号

邮政编码：111000

联 系 人：豆兴堂

联系电话：15904206520

电子邮箱：lnrsy@sina.com

3. 辽宁农业职业技术学院

联系地址：辽宁省营口市鲅鱼圈区熊岳镇育才里76－0号

邮政编码：115009

联 系 人：孙亚波

联系电话：15140740505

电子邮箱：sun-yabo@163.com

病死畜禽集中无害化处理技术

一、技术概述

（一）技术基本情况

病死畜禽和病害畜禽产品无害化处理（以下简称"病死畜禽无害化处理"）是防止动物疫病传播的重要途径，是防止病害产品流向餐桌的重要措施，事关畜牧业健康发展，事关人民群众舌尖上的安全和身体健康，事关生态环境和公共卫生安全。随着陕西省畜牧业的转型升级和高质量发展，畜禽饲养量逐年增长。2022年，陕西省畜禽饲养量为1.85亿头（只），其中生猪饲养量为2 181.6万头，牛210.8万头，羊1 523.2万只，家禽1.46亿只，但整体规模化率仅为58.88%，其中生猪为54.21%、肉牛31.33%、肉羊25.11%、家禽74.35%，畜禽规模化养殖程度普遍不高。按照生猪5%、牛4%、羊3%、家禽6%的发病率计算，2022年，陕西省至少需无害化处理病死畜禽1 039.352万头（只），其中处理生猪109.08万头，牛8.432万头，羊45.696万只，家禽876.144万只。据统计，陕西省实际无害化处理病死畜禽67.062 3万头（只），其中集中无害化处理猪55.442 1万头，占无害化处理生猪总量的50.83%，集中无害化处理水平和能力偏低。

国务院、省政府明确提出，要尽快建成覆盖饲养、屠宰、经营、运输等各环节的病死畜禽无害化处理体系，构建科学完备、运转高效的病死畜禽无害化处理机制。《动物防疫法》及其相关法律法规和农业农村部对做好病死畜禽无害化处理提出具体要求，要求落实病死畜禽无害化处理属地管理责任，根据本地区畜禽养殖、疫病发生和畜禽死亡等情况，统筹规划和合理布局病死畜禽无害化收集处理体系，组织建设覆盖饲养、屠宰、经营、运输等各环节的病死畜禽无害化处理场所，鼓励跨行政区域建设病死畜禽专业无害化处理场。病死畜禽集中无害化处理技术针对采用"统一收集、集中处理"的病死畜禽和病害畜禽产品，依托现代电子信息科技，优化病死畜禽报告受理、收集、暂存、运输和处理等各环节流程；以符合无害化处理技术规范的化制法为主要工艺技术，全面提升病死畜禽无害化处理能力。该技术对促进畜牧业绿色发展、动物疫病有效防控和畜牧业转型升级具有重要意义。

（二）技术示范推广情况

近年来，以提升陕西省病死畜禽无害化处理工作效率和促进畜牧业绿色健康发展为总目标，各地通过招商引资等形式引进专业无害化处理场建设项目，陕西省动物卫生与屠宰管理站作为技术支持单位，先后在渭南市澄城县，榆林市定边县，延安市宝塔区，咸阳市淳化县，宝鸡市麟游县，安康市汉阴县建成6家病死畜禽专业无害化处理场，开展病死畜禽集中无害化处理技术试点。目前，除安康市汉阴县外，其余6家专业无害化处理场已经通过病死畜禽无害化处理信息化平台，进行无害化处理病死畜禽报告、收集、取证、处理等环节管理，实现了病死畜禽无害化处理技术环保、安全有效、流程统一、管理规范、操作便捷。为该技术在陕西省大面积推广和应用奠定了坚实基础。2022年，通过信息化平台统计，各环节共收集病害畜禽19.95万头（只），畜禽产品301.37吨；无害化处理畜禽12.24万头

（只），畜禽产品 31.21 吨。养殖场自建无害化处理场和散养户自行无害化处理的情况，目前还不能通过信息化平台进行统计，集中无害化处理技术的推广还有较长的路要走。

（三）提质增效情况

病死畜禽集中无害化处理技术按照标准化、专业化、安全化、全覆盖的原则，全面提高病死畜禽集中无害化处理能力和水平，最大程度减少病死畜禽对生态环境安全造成的影响，有效防止动物疫病传播扩散，防止病害畜禽产品流向餐桌。为促进畜牧业绿色健康发展、保障人民健康、为动物疫病有效防控、畜牧业转型升级和公共卫生安全提供了保障。

（四）技术获奖情况

目前，江苏题桥循环经济科技有限公司已在安徽省、江苏省、黑龙江省、辽宁省、内蒙古和新疆生产建设兵团等地建设无害化处理项目 21 个，获得了 6 项实用新型专利，分别为"一种畜禽无害化处理系统""一种处理高浓度有机废气的处理装置""一种高浓度有机废气处理装置""废气处理设备""高浓度有机废气处理装置""地理式积温厌氧好氧一体发酵系统"。武汉至为科技有限公司负责的无害化处理信息平台，目前已在全国 24 个省份进行使用，获得 4 项计算机软件著作权登记证书，分别为"无害化收集管理系统 V1.0""无害化处理管理系统 V2.0""无害化即时通讯平台 V1.0""全国无害化处理监管信息平台 V1.0"。

二、技术要点

1. 病死畜禽的报告

养殖场（户）、屠宰场（厂）发现病死畜禽或病害畜禽产品后，通过电话向负责所在县（区、市）病死畜禽无害化处理的专业无害化处理场报告。

2. 报告受理

无害化处理场接到报告后，通过 Call Center 自动报收管理系统和 GIS 信息自动识别养殖场（户）位置，结合呼叫中心功能或通过电话在 24 小时内安排转运车辆到场收集。受理当日收集有困难的，收集人会及时与报告人沟通。

无害化处理场获取养殖场（户）位置后，电话通知或者系统呼叫所在村的防疫员或负责监管的官方兽医（以下简称"兽医人员"），后者接收到呼叫报告信息到场进行查验，初步确定病死畜禽的死亡原因。

3. 病死畜禽预处理

在兽医人员指导下，养殖场（户）、屠宰场（厂）将病死畜禽或病害畜禽产品按照要求拍照、登记和签字，装入尸体袋内密封，并进行消毒，等待转运车辆收集。不能及时收集的，放到自有的冷藏冷冻设施中或集中暂存点等待收集。

4. 现场收集和转运

（1）现场收集　现场收集由无害化处理场转运车辆工作人员或集中暂存点收集人员完成。无害化处理场收集的，直接转运至无害化处理场贮存或处理；集中暂存点收集的，转运至集中暂存点贮存。

无害化处理场转运车辆工作人员或暂存点收集人员对养殖场（户）或屠宰场（厂）的病死畜禽的耳标和数量进行核对、拍照后，登记造册，经过预处理的，直接登记造册，填写收集单。

（2）转运　直接转运。无害化处理场直接收集的，由备案的专用运输车辆按照既定的运输路线完成收集后，直接运至无害化处理场。

集中暂存点转运。由养殖场（户）或屠宰场（厂）转运至暂存点的，由委托时确定的运输方按要求运输至暂存点。集中暂存点冷库贮存至一定数量时，暂存点管理员报告无害化处理场，转运人员到达后核对病死畜禽种类、数量，填写处理调运单并签字（盖章）后，转运至无害化处理场。

消毒。运输车辆在到达后、装运结束离开前均应按照要求进行彻底消毒。

5. 贮存

（1）无害化处理场贮存　运输至无害化处理场的病死畜禽，直接进行处理或者进入冷库进行贮存。暂时不处理的病死畜禽，根据待处理时间的长短分别放入冷库或暂存区存放，等待处理。

转运车辆工作人员将当天收集到的病死畜禽数量、养殖场（户）主姓名、住址、联系电话等信息报告所在县级官方监管人员确认，或由驻场监管人员现场核实后，填写无害化处理单或者贮存入库单，贮存入库单经由贮存管理员签字确认后，入库贮存。

（2）集中暂存点贮存　在集中暂存点贮存的，暂存点管理人员将收集到的病死畜禽数量、养殖场（户）主姓名、住址、联系电话等信息登记造册，同时报告所在地县级官方监管人员确认。

（3）车辆消毒　转运车辆在进入无害化处理场前和卸载后，按规定进行清洗、消毒。卸载后要严格按照要求对整个车辆进行彻底清洗、消毒，有条件的车辆消毒后进行烘干处理。

6. 集中无害化处理

（1）开具处理单　病死畜禽直接运输至无害化处理场的，无害化处理人员进行手续交接和监管确认后，直接开具处理单。贮存的，由贮存管理人员与无害化处理人员进行手续交接和监管确认后，开具处理单。处理单包括处理畜禽种类、数量、交接人员签字等。

（2）预处理　活体动物需及时进行宰杀，动物尸体直接装入预破碎设备内进行破碎。

（3）无害化处理-化制法（干化法）　物料破碎。将处理好的物料统一消毒后直接装入预破碎设备内，破碎成≤30 厘米的肉块。

物料的输送。破碎处理好的物料需通过输送泵密闭、高速、稳定地输送至化制机内。全过程需密闭衔接，避免二次污染。

化制。破碎处理过的物料通过输送泵输送至化制机内，加温加压使破碎后的块状物料等分解成粉状物料。物料层压力须达到 0.4 兆帕，物料中心温度需≥140 摄氏度，时间≥4 小时（具体处理时间随处理物种类和体积大小而设定）。

化制后处理。干化后的固体物经压榨系统处理，油渣分离，固体物粉碎、包装后进行贮存或作为有机肥原料进一步处理或销售；油脂及油渣进贮油罐贮存做进一步处理或销售。

排气冷凝。烘干过程中的热蒸汽通过冷凝器冷凝。冷凝后微量气体通过负压站抽至废气处理系统进行处理，冷凝水通过水泵抽至污水处理系统进行处理。

（4）污染物处置　废气处理。生产工艺中恶臭气体采取负压收集，经"除臭塔＋生物质锅炉燃烧"处理，通过高 25 米的排气筒达标排放；污水处理车间的臭气采用负压将其引至活性炭吸附装置内进行处理后达标排放；生物质锅炉产生的烟气通过低氮燃烧器（燃烧器效率 50％）＋袋式除尘器（除尘器处理效率约 99％）处理后，通过高 25 米的排气筒达标排放。

废水处理。废水沼液还田,废水经收集后进入格栅井,去除颗粒杂物后,进入调节池,进行均质均量,再泵入黑膜发酵池厌氧发酵后,沼液还田;废水未沼液还田,废水经收集后进入废水处理站的格栅井,去除颗粒杂物后,进入调节池,进行均质均量,接入气浮机深度去除杂质,由 MBR 一体机进行污水处理,紫外线消毒后,回用于生产洗涤用水,处理后需达到《城市污水再生利用 城市杂用水水质》(GB/T 18920—2020)要求。

三、适宜区域

该技术适合在全省病死畜禽集中无害化处理区域应用,边远地区和交通不便地区以及畜禽养殖场(户)和屠宰场(厂)自行处理零星病死畜禽、病害畜禽产品的除外。

四、注意事项

(一)无害化处理场

1. 建设符合陕西省人民政府发布的无害化处理场所建设规划。

2. 取得《动物防疫条件合格证》。

3. 从事无害化处理的人员具备相关专业技能,掌握必要的安全防护知识。

4. 处理场和集中暂存点配备专门人员负责管理。

5. 与委托处理方签订委托合同,明确双方的权利和义务。

6. 建立设施设备运行、清洗消毒、人员防护、生物安全、安全生产和应急处理制度。

7. 安装视频监控设备,建立台账,确保无害化处理各个环节全程可追溯。

(二)防护与消毒

1. 病死畜禽收集、暂存、转运、无害化处理操作的工作人员应经过专门培训,掌握相应的动物防疫知识。

2. 工作人员在操作过程中应穿戴防护服、口罩、护目镜、胶鞋及手套等防护用具。

3. 工作人员应使用专用的收集工具、包装用品、转运工具、清洗工具、消毒器材等。

4. 工作完毕后,应对一次性防护用品进行销毁处理,对循环使用的防护用品进行消毒处理。

(三)病死畜禽专用运输车辆

1. 需经县级农业农村主管部门备案。

2. 不得运输病死畜禽和病害畜禽产品以外的其他物品。

3. 车厢密闭、防水、防渗、耐腐蚀,易于清洗和消毒。

4. 配备能够接入国家监管监控平台的车辆定位跟踪系统、车载终端。

5. 配备人员防护、清洗消毒等应急防疫用品。

6. 有符合动物防疫需要的其他设施设备。

(四)病死畜禽运输主体

1. 及时对车辆、相关工具及作业环境进行消毒。

2. 作业过程中发生渗漏的,应当妥善处理后再继续运输。

3. 做好人员防护和消毒工作。

(五)委托病死畜禽无害化处理场处理

1. 采取必要的冷藏冷冻、清洗消毒等措施。

2. 具有病死畜禽和病害畜禽产品输出通道。

3. 及时通知病死畜禽无害化处理场进行收集，或自行送至指定地点。

（六）集中暂存点

1. 有独立封闭的贮存区域，并且防渗、防漏、防鼠、防盗，易于清洗消毒。

2. 有冷藏冷冻、清洗消毒等设施设备。

3. 设置明显警示标识。

4. 有符合动物防疫需要的其他设施设备。

（七）化制法

1. 搅拌系统的工作时间应以烘干剩余物基本不含水分为宜，根据处理物量的多少，适当延长或缩短搅拌时间。

2. 应使用合理的污水处理系统，有效去除有机物、氨氮、达到 GB 8978 要求。

3. 应使用合理的废气处理系统，有效吸收处理过程中动物尸体腐败产生的恶臭气体，达到 GB 16297—2017 要求后排放。

4. 高温高压蒸汽灭菌容器操作人员应持证上岗。

5. 处理结束后，需对墙面、地面及其相关工具进行彻底清洗消毒。

6. 处理场（厂）定期填报病死畜禽无害化处理补助申报单，与监管部门核对数据的一致性，由双方共同存档。

（八）收集转运

1. 包装

（1）包装材料应符合密闭、防水、防渗、防破损、耐腐蚀等要求。

（2）包装材料的容积、尺寸和数量应与需处理病死及病害动物相关动物产品的体积、数量相匹配。

（3）包装后应进行密封。

（4）使用后，一次性包装材料应进行销毁处理，可循环使用的包装材料应进行清洗消毒。

2. 暂存

（1）采用冷冻或冷藏方式进行暂存的，应防止无害化处理前病死及病害动物和相关动物产品腐败。

（2）暂存场所应能防水、防渗、防鼠、防盗，易于清洗和消毒。

（3）暂存场所应设置明显的警示标识。

（4）应定期对暂存场所及周边环境进行清洗消毒。

3. 转运

（1）可选择符合 GB 19217 条件的车辆或专用封闭厢式车辆。车厢四壁及底部应使用耐腐蚀材料，并采取防渗措施。

（2）专用运转车辆应加施明显标识，并加装车载定位系统，记录转运时间和路径等信息。

（3）车辆驶离暂存、养殖等场所前，应对车轮及车厢外部进行消毒。

（4）转运车辆应尽量避免进入人口密集区。

（5）若转运途中发生渗漏，应重新包装、消毒后运输。

（6）卸载后，应对转运车辆及相关工具等进行彻底清洗消毒。

技术依托单位

1. 陕西省动物卫生与屠宰管理站

联系地址：陕西省西安市莲湖区未央路 28 号

邮政编码：710016

联 系 人：刘　浩

联系电话：029-86221750　13891916191

电子邮箱：358044964@qq.com

2. 上海题桥环保科技有限公司（正在更名为江苏题桥循环经济科技有限公司）

联系地址：江苏省南京市浦口区行知路 8 号南京国家农创园科创中心 1212 号

邮政编码：211800

联 系 人：黄欣武

联系电话：18252295999

电子邮箱：18252295999@139.com

3. 武汉至为科技有限公司

联系地址：湖北省武汉市现代世贸中心 G 栋 11 楼

邮政编码：430000

联 系 人：张　臻

联系电话：13407158505

电子邮箱：82431796@qq.com

肉鸭网上节水养殖技术

一、技术概述

（一）技术基本情况

肉鸭及其相关产品是我国居民重要的生活物资，传统的肉鸭养殖以小规模养殖为主，设施设备简陋，产生大量污水，粪污处理难度大且综合利用率低，疫病控制也十分困难，限制了肉鸭规模养殖和产业化发展，同时也增加了食品安全隐患。在推进实施乡村振兴战略中，迫切需要肉鸭产业转型升级，推进四川省肉鸭高质量发展。

肉鸭网上节水养殖技术是指通过架设网床设施饲养肉鸭，用新型乳头饮水器代替传统的饮水槽（池），使用机械刮板或传送带自动清粪，做到干湿分离，使肉鸭的饲养脱离水面、地面的饲养方式。该方式具有便于集约化管理，肉鸭患病少、生长速度快、饲料转化率高、粪污便于收集和综合利用等优点，是目前省内外规模化肉鸭养殖企业优选的养殖模式。

（二）技术示范推广情况

在全国范围内推广，尤其是在环境保护新要求下，全国特别是南方水网地区肉鸭养殖大部分已经由传统的水上养殖转为网床节水养殖模式，其技术不断优化升级，成熟度较高。

（三）提质增效情况

肉鸭网上节水养殖，整齐度高，大型白羽肉鸭一般 40～50 日龄上市体重 3～3.5 千克，优质麻羽肉鸭 56 日龄上市体重 2.8～3.0 千克；通过应用新型乳头饮水器，可节水 75％ 以上，节约用水成本 2 元/只；网下利用刮粪板机械或传送带自动清粪，干湿分离，废水等废弃物减少 70％，减小环保压力，同时节约人工成本 50％；网上节水养殖使肉鸭与地面、粪污彻底分开，减少了疾病的发生，饲养期成活率提高 2 个百分点；可实现出栏优质肉鸭每只平均增收 3 元。

（四）技术获奖情况

"四川麻鸭遗传资源的抢救性保护与开发利用"获得 2020 年度四川省科学技术进步奖三等奖；"肉鸭安全生产监测与养殖技术体系构建与示范"获 2013 年度四川省科学技术进步奖三等奖；"肉鸭网上节水养殖技术"被列为 2018 年、2019—2020 年、2022 年四川省农业主推技术；制定了《肉鸭网上节水养殖技术规程》（DB51/T 2675—2020）。

二、技术要点

（一）鸭舍建设

鸭舍结构及材料需要隔热降温通风好，舍内要求有隔热降温设备、通风设备、喂料和饮水设备。

（二）网床设置

1. 网上单层平养

网床高 0.6～0.8 米，宽 3～4 米，长度根据场地条件设计，设置单列式，也可双列式排列。主体架选择钢架或者耐用抗腐蚀复合材料，上面铺设塑料网。育雏期网床孔径，（0.3～0.5）厘米×（0.3～0.5）厘米；育肥期网床孔径，（1～1.5）厘米×（1～2）厘米。网床周围设宽 40～60 厘米的围栏，每 2～3 米设置分隔栏将网床分隔成小栏。单列式鸭舍网床靠纵墙一侧设置通道，双列式鸭舍在两网床中间设置通道，宽 1～1.2 米。网床下设置机械刮粪板，末端设置配套粪污收集池或粪污收集管网。

肉鸭网上单层平养育雏　　　　　　　　　肉鸭网上单层平养育肥

2. 网上多层笼养

多层立体笼养采用 H 形笼具。一般笼位 3～4 层，每个笼位长宽各 1～1.4 米，笼位高 65 厘米。每层笼位下方设置与笼位宽度相匹配的凹形粪污收集自动传输带，传输带末端设置配套粪污收集池或粪污收集管网。

肉鸭网上多层笼养

（三）饮水系统

采用鸭用乳头式自动饮水系统。单层网上平养在网床靠墙一侧设置自动饮水系统，多层立体笼养自动化饮水线从笼具间穿过，饮水线每隔 20～30 厘米设置 1 个乳头，并在乳头式饮水器下结合使用碗式饮水器。饮水器每分钟出水量为 70～80 毫升。饮水器采用锥螺纹固定密封，整条自动饮水系统最佳水压为 0.2～0.3 兆帕。

饮水系统

（四）饲喂系统

单层网上平养，每个网床小间每 20 米² 设置 2～3 个料箱，连接全自动投料机自动投料。多层立体笼养，在笼位前端外挂料槽，由全自动投料机自动投料。

饲喂系统

（五）肉鸭养殖

1. 温度

1～3 天，舍内温度为 31～32 摄氏度；4～7 天，舍内温度为 29～31 摄氏度；8～14 天，舍内温度为 23～29 摄氏度；15～29 天，舍内温度为 18～23 摄氏度；29 天至出栏，舍内温度为 15～23 摄氏度。

2. 湿度

1～7 天相对湿度应保持在 60%～70%；7 天后 55%～60%。

3. 密度

1 周龄饲养密度为 30～40 只/米²，2 周龄饲养密度为 15～20 只/米²，3 周龄饲养密度为 10～15 只/米²，4 周龄至出栏饲养密度为 4～5 只/米²。

4. 光照

单层网上平养：按照每 15 米² 设置 1 盏 4 瓦 LED 无频闪防水节能灯，灯位于网床上方，距地面 2.5～3 米。肉鸭整个饲养远程 24 小时光照。

多层立体笼养：每层笼位中部设置 LED 灯带照明，或在过道上方按照每 15 米² 设置 1 盏 4 瓦 LED 无频闪防水节能灯，距地面 2.5～3 米。1～7 天，每天 24 小时光照，8 天后每天 22 小时光照。

5. 通风与分群

保持舍内通风良好，空气新鲜。根据肉鸭个体大小、体质强弱进行分群饲养。

（六）鸭病综合防治

强调"防重于治"，制定并实施养殖场生物安全措施、科学的免疫程序和消毒预防措施，加强肉鸭常见病、多发病的防治，注重环境消毒。

（七）粪污资源化利用

饮水系统渗漏废水可直接还田。鸭粪实行干湿分离，配套建设粪污贮存处理设施。干粪进行堆肥发酵或送有机肥加工厂，污水进行多级沉淀处理后还田，实现粪污资源化综合利用。

三、适宜区域

该技术适宜在全国范围内肉鸭养殖区域推广应用。

四、注意事项

肉鸭网上节水养殖在圈舍设计及养殖过程中要注意干湿分离，做好废弃物终端处理，实现养殖废弃物资源化利用。

技术依托单位

1. 四川省畜牧总站

联系地址：四川省成都市武侯祠大街 17 号

邮政编码：610041

联系人：王万霞　王　斌　李戎遐　范绍岩

联系电话：028-85542138
电子邮箱：524867830@qq.com
2. 四川农业大学
联系地址：四川省成都市温江区惠民路211号
邮政编码：611130
联系人：李　亮　王继文　刘贺贺
联系电话：028-86291782
电子邮箱：157079445@qq.com
3. 四川省农业规划建设服务中心
联系地址：四川省成都市武侯祠大街4号
邮政编码：610041
联系人：郑灿财
联系电话：028-85505352
电子邮箱：1623519779@qq.com

文昌鸡育繁推一体化技术

一、技术概述

（一）技术基本情况

1. 技术研发推广背景

文昌鸡是国家级地方种质资源，是海南名优特色产品中久负盛名的历史"名片"。文昌鸡养殖是海南省畜牧业的支柱产业之一，多年发展过程中对地方品种开发利用、带动肉鸡产业链发展完善和促进农民增收均起到了重要作用，是地方品种开发利用的典范。目前，海南岛内年出栏肉鸡数量达到 1 亿只以上，随着养殖数量增加，资源约束和生产效率矛盾凸显，限制产业发展的主要因素有以下 3 点。

（1）高效配套系育种技术缺乏　文昌鸡开发利用起始于本品种群选群育，虽然保持了肉鸡品种优异特性，但种鸡使用周期短，肉鸡生长周期长、饲料转化率低，保种群体和育种群体界限不清，现代肉鸡育种体系不完善，总体生产效率低。随着肉鸡规模化养殖转型升级，原有的育种体系不适应产业发展需求。

（2）高效健康养殖技术缺乏　缺乏种鸡养殖的高效繁殖、营养保健等配套技术，产蛋量低、孵化率低；肉鸡养殖仍以地面散养为主，高温高湿应激、琼虫病等环境制约因素多，养殖效率低，不能有效保障产品品质。

（3）育繁推一体化技术体系亟须完善　海南独特的气候条件孕育了文昌鸡特有的产品特性，其保种、育种和生产均在海南岛内完成，具有地理条件制约因素。如何构建从品种保护、高效育种、健康养殖和产品加工一体化的技术支撑，实现产业链优质高效运转，总体提升产业经济价值，是亟须解决的问题之一。

综上所述，本技术立足于文昌鸡全产业链发展需求，研发和构建育繁推一体化的技术体系，从保种育种源头培育优质高效配套系，在养殖过程集成应用健康养殖技术，从屠宰加工终端开发优质特色产品，探索有效的推广模式，为海南文昌鸡产业的转型升级和高质量发展提供技术支撑，适应国际自贸港未来发展的战略需求。

2. 能够解决的主要问题

本技术从"文昌鸡配套系育种、高效健康养殖、屠宰加工"3 个层面开展技术研发和集成，培育出了潭牛文昌鸡配套系新品种，解决了制约文昌鸡产业从生产端到加工端的技术问题。

3. 专利范围及使用情况

项目技术共申请并授权国家实用新型发明专利 16 项，专利范围涉及饲料配制、养殖生产、粪污清理和养殖给水等技术，包含了文昌鸡养殖生产中的各个环节，并已经在示范场内进行中试应用。

（二）技术示范推广情况

该技术组建了产学研和地方推广单位的创新联合体，形成了"龙头企业带动、新型网络销售、地方政府推介"全覆盖的推广模式，最近 5 年来已经在海南全省推广肉鸡 1 亿多只，经济和社会效益显著。已经推广父母代种鸡 411 万套，商品鸡 29 500 万只，肉鸡屠宰加工1 650 万只，累计新增纯收益按当年值计算为 235 610.60 万元，已获经济效益 194 756.90 万元。未来推广期内，还可推广父母代种鸡 755 万套，商品鸡 55 000 万只，肉鸡屠宰加工4 100 万只，累计新增纯收益按照当年值计算为 446 623.00 万元，预计还可获经济效益226 440.28万元。在经济效益计算年限内，可获总经济效益 421 197.18 万元。用于该项科研成果的每 1 元研究费用，平均每年可为社会增加 4.83 元的纯收益。总体来看，该成果推广经济、社会效益显著。该技术成果"文昌鸡育繁推一体化技术体系研发与应用"获得了2019—2021 年全国农牧渔业丰收奖（成果奖）一等奖。

（三）提质增效情况

该技术立足于文昌鸡育繁推一体化的产业发展需求，从"文昌鸡配套系育种、高效健康养殖、屠宰加工" 3 个层面开展技术研发和集成，培育出潭牛文昌鸡配套系新品种 1 个，获得国家授权实用新型发明专利 16 项，父母代种鸡产蛋量达到 170 枚，商品肉鸡出栏上市率94% 以上，开发冰鲜、冰冻和深加工产品 50 种，实现了文昌鸡产业从地方品种的改良到品牌化创建的产业化生产；积极开展笼养、坡养条件下文昌鸡健康养殖技术研发、集成与示范应用，先后完成了文昌鸡粗蛋白质、脂肪、能量沉积及采食规律研究，植物单宁、植物黄酮等绿色饲料添加剂对文昌鸡替抗养殖效果研究，椰子粕、地瓜干在商品文昌鸡饲料中的添加效果研究，使文昌鸡无抗养殖达到了替抗效果，开发出不同养殖阶段文昌鸡替抗饲料配方 8个，申请国家实用新型发明专利 8 项，提高了文昌鸡的肉品质和养殖经济效益；组建产学研和地方推广单位的创新联合体，形成了"龙头企业带动、新型网络销售、地方政府推介"全覆盖的推广模式，3 年来推广肉鸡 1.9 亿只以上，新增经济效益 6.69 亿万元以上。

（四）技术获奖情况

"文昌鸡育种技术的转化与产业化生产示范推广"获得 2018 年海南省科学技术进步奖一等奖；"文昌鸡育繁推一体化技术体系研发与应用"获 2019—2021 年全国农牧渔业丰收奖（成果奖）一等奖；"文昌鸡绿色饲养技术研发与示范推广"获 2011 年海南省科学技术进步奖二等奖。

二、技术要点

1. 开展了国内最大群体的文昌鸡活体保种，鉴定优异种质特性

采用"家系等量随机选配法"等保种技术，繁育文昌鸡保种群 1 个品系、定向选育群 5个品系。保种群每个世代的群体数量 3 500 只，完整系谱记录达到 17 个世代，世代近交增量低于 0.001，有效保持了文昌鸡的群体遗传变异、外貌特征等种质资源特性。

系统研究了文昌鸡耐高温、抗逆性、糖脂代谢和优异肉蛋品质等种质特性。利用全基因组重测序对比文昌鸡、北京油鸡、大骨鸡和埃及 fayoumin 等不同地理环境的品种，解析了文昌鸡耐热种质特性的遗传机理，发现 Vascular smooth muscle contraction（血管平滑肌收缩）信号通路中 $CACNA1C$、$ADCY1$、$KCNMA1$ 等基因受到选择，在维持鸡体内的核心体温和体内稳态等方面起着关键作用；利用全基因组重测序数据，解析了肉鸡肌糖原代谢的遗传基础，鉴定到基因 $FOSL2$ 在调控肉鸡肌糖原代谢中具有重要作用；解析了肉鸡脂肪形成与代谢的分子机理及其调控网络。同时，鉴定了肉鸡抵抗沙门菌感染的关键通路和重要候

选功能基因。

利用 GC-MS 测定技术和主成分分析，鉴定出文昌鸡肉中包含 44 种脂溶性挥发性风味物质成分，其中己醛和 1-辛烯-3-醇是鸡肉中主要挥发性风味物质，二者约占挥发性风味物质总量的 33%；进一步利用 GC-O-MS 技术确定了文昌鸡风味肉品质的主要呈味贡献物质为己醛（青草味）、壬醛（奶香味）等挥发物，为文昌鸡优异种质资源特性评价提供了基础数据。

2. 培育出潭牛文昌鸡配套系，扭转了依赖本品种选育的低效生产模式

为提高文昌鸡的繁育和养殖效率，采用现代育种技术开展高效商用配套系的培育。在保种群的基础上，分离独立于保种群的文昌鸡专门化选育品系 5 个。以生长速度、繁殖性能为主选性状，同时保持体型外貌和肌肉品质特性，经过多世代持续选育，培育了通过国家审定的潭牛文昌鸡配套系（农 09 新品种证字第 50 号）。新品种采用羽速自别雌雄技术，鉴别准确率达到 99%，避免了人工翻肛鉴别造成损伤，雏鸡健康程度提高 2% 以上，在解决了依赖人工翻肛鉴别低效方式的同时满足了当地饲养和消费母鸡的需求。

3. 应用基因组育种新技术提高效率品质，推动文昌鸡产业转型升级

针对文昌鸡配套系目前存在的饲料转化率低、产蛋量低、腹脂率高而造成的规模化养殖效率低、屠宰加工产品品质有待提高等问题，实施了基因组育种新技术以全面提升品种性能。基于国内首款鸡全基因组育种芯片"京芯 1 号"，制定了针对文昌鸡的专门化基因组选择技术方案。目前，核心群选育品系公鸡留种率低于 2%，上笼母鸡测定数 3 000 只以上。

通过整合基因组芯片检测、表型性状精准测定、GWAS 分析和基因组育种值估计等技术，对父系测定了 1 500 多只个体的料重比、腹脂率，以及部分肌肉品质及风味物质，对母系测定了 2 000 只以上的个体产蛋量，解析了文昌鸡饲料转化率、腹脂率、产蛋量、关键风味物质等性状的遗传基础，初步鉴定出性状的相关功能基因（如剩余采食量和腹脂率：*SEL1L3*、*LGI2*、*KCNIP4*、*FAM184B*、*LDB2*）和显著关联的重要遗传变异位点 50 多个。

基因组育种新技术的应用，有效提高了文昌鸡的生产效率和加工品质，满足了在规模化笼养、屠宰加工和电商销售等新形势下对产品新的需求，从育种源头，为文昌鸡产业由初级生产转型为高效率高质量全产业链生产提供了有力技术支撑。

4. 种鸡高效繁殖和商品鸡健康养殖技术措施

（1）实施种鸡繁殖和健康保健技术，实现了从源头降本增效 为提高父母代种鸡受精率、孵化率，提高种鸡健康程度，研究实施了种鸡高效繁殖技术。通过对母鸡贮精时间间隔、种蛋受精率的对比测定分析，确定了人工授精的时间间隔由 5 天延长到 10 天，且维持受精率不低于 93% 的繁殖技术。该技术的实施减少了 50% 的公鸡饲养量和 50% 的人工工作时间，同时降低了产蛋期母鸡的应激程度。同时，在生产中实施了母鸡一针一管输精方式，配备了精液营养液，综合提升了种鸡繁殖效率、提高了雏鸡健康程度。

比较分析多种饲料配方，使用进口多维和种鸡专用碱性矿物离子包，添加益生菌、复合酶制剂、替抗素等绿色替抗投入品，调控种鸡在产蛋期营养需要和肠道健康，开展鸡白痢、禽白血病等垂直传播疾病的净化，达到国家种鸡健康要求，阳性率均维持在 0.1% 以下；采用自配型噬菌体，与场内细菌进行精准配对，对内外环境进行净化，健全和保障生物安全；安装使用先进的全自动孵化线，种蛋孵化率提高了 1~2 个百分点，健康雏鸡率大幅提高。

（2）精准分析营养需要量，制定专属饲养标准　为满足不同市场对文昌鸡的需求，分别从养殖场地、养殖日龄、肤色、肥瘦度、饲料配方等几个维度进行研究和开发，制定专属饲养标准、营养标准。

建立了文昌鸡特有的蛋白质和能量需要量预测模型。商品肉鸡出栏日龄达到 110 天以上，饲养周期长，营养需要量须多阶段划分并精准供给。通过测定 14 周龄体重和采食量的变化，建立了商品肉鸡的生长曲线 $[BW（千克）=2.432×e^{-3.841}×EXP（-0.022x）]$ 和采食量曲线 $（FI=-0.006\,6x^2+1.667\,8x-7.855\,2）$，利用比较屠宰法，建立代谢能需要量动态预测模型 $MEi=a×BW^{0.75}+b×ADG$，达到预测不同日龄文昌鸡代谢能需要量的目的。通过剂量反应法和氮平衡试验，确定文昌鸡 4 个阶段蛋白质的需要量。

（3）非常规饲料评定，促进了地源性资源充分利用　分析了海南地源性饲料椰子粕的营养参数。测定了 14 种椰子粕产品参数，包括 9 种常规养分含量和 15 种氨基酸含量。再通过蛋白质和能量消化率的测定，确定了椰子粕在文昌鸡专用饲料中的有效能值和蛋白质利用率，为开发当地非常规饲料资源提供了技术参数。

研究椰子饼作为饲料原料的添加水平。设计椰子饼不同添加水平（0.0%～7.50%）日粮，研究对生长性能和肌肉品质的影响。研究结果表明，添加 6%～7% 椰子饼，采食量、料重比、蒸煮损失和剪切力降低，而熟肉率、胸肌中蛋白质和蛋氨酸含量提高，从而改善了肉品质。这表明在文昌鸡肉鸡养殖中可充分利用当地来源丰富的椰子饼，节省饲料用粮，降低养殖成本。

（4）研发商品鸡无抗养殖技术　在国家饲料禁抗限抗的背景下，文昌鸡商品肉鸡地面散养模式存在产品质量安全隐患，缺乏专门无抗或限抗饲料配方。通过不同梯度添加饲养试验，确定了饲粮中添加植物单宁复合蛋白 250 毫克/千克，可以达到与添加抗生素同样的效果；确定了在饲料中添加山香圆叶提取物（0.067%），可使平均日增重提高 22%，料重比降低 10%。此外，研究了散养条件下肉鸡球虫药用药量、复合酶制剂和多维补充剂对肉鸡生产和健康程度的影响等，研究结果均已应用。研发了文昌鸡专用无抗饲料配方 3 个，并在肉鸡养殖场（户）中广泛应用。

5. 产品保鲜和加工技术措施

（1）针对性开发文昌鸡胴体切块和保鲜技术，引领黄羽肉鸡加工产品的开发　针对"椰子鸡"等分割产品对切块大小和均匀度的要求，通过改进提升日本、韩国切块技术，形成了针对文昌鸡屠宰后胴体大小的专有切块技术。鸡块大小 1.5 厘米×6 厘米，每只鸡切成 28～36 块，切块速度 800 只/时，克服了人工切块造成用工量大、交叉污染严重、原有机器切块鸡体不能还原、产品无法造型的问题，提高了产品质量和生产速度。生产切块成本从原来的 2.5 元/只降为 1.25 元/只，成本下降了 50%。

针对冰鲜产品物流保温的要求，研发和实施了鸡肉冰温保鲜技术，是从零摄氏度开始到生物体冻结温度为止的温域，大幅度提升生鲜产品的口感度、新鲜度。采用该技术后，冰鲜文昌鸡产品保质期达到 30 天，减少食材腐坏 20%，提升价值 50%～100%，减少能源消耗 20%。售卖货架期得到延长。

（2）挖掘海南特色原料的新加工产品，提升了文昌鸡的附加价值　系统解析了文昌鸡肌肉与椰子汁、木瓜汁与柠檬汁原料搭配，二者中的蛋白质、脂肪、脂肪酸、还原糖、氨基酸、硫胺素等会发生相互作用并生成与加工品质相关的前体物质，从而有更好的风味物质产生，为进一步分析风味物质组成提供基础性数据。

三、适宜区域

海南、广东、广西、云南等南部省份。

四、注意事项

无。

技术依托单位

海南省农业科学院畜牧兽医研究所

联系地址：海南省海口市琼山区兴丹路 14 号

邮政编码：571100

联 系 人：魏立民

联系电话：13976596471

电子邮箱：liminedu@126.com

蛋鸡抗菌药减量化使用适用技术模式

一、技术概述

（一）技术基本情况

随着生活水平的提高，人们的饮食结构越来越向安全、健康、绿色发展。国家也相继提出了畜牧业"减抗、无抗"的指导意见，倡导推进质量兴农、绿色兴农。伴随着养殖行业减抗和替抗技术的日趋成熟，蛋鸡抗菌药减量化使用适用技术的应用已经成为养殖户的现实选择，但在蛋鸡养殖过程中违规使用抗生素、超剂量使用抗生素、不严格执行休药期等问题时有发生，导致鸡蛋中抗生素残留超标，威胁人们的健康。为了消除人们饮食上的隐患，让老百姓吃上放心鸡蛋，应用天然植物提取物、酶制剂、精油、微生态制剂等饲料替抗物，示范推广兽用抗菌药减量化和兽药安全使用，推广应用水净化自动处理和养殖环境雾化加湿除臭消毒技术等先进管理技术模式迫在眉睫。

（二）技术示范推广情况

为推进抗菌药减量化使用适用技术在蛋鸡饲养中广泛应用，辽宁省技术推广部门积极开展各项工作。一是2021年，制定并下发《辽宁省农业农村厅办公室关于印发辽宁省兽用抗菌药使用减量化行动方案（2021—2025年）的通知》（辽农办畜发〔2021〕560号）文件，全省14个市均已按照要求制定了兽用抗菌药使用减量化行动时间表和路线图。截至2022年12月30日，全省共有1 200家规模养殖企业参加了当年的兽用抗菌药使用减量化行动，占规模养殖企业的15%。二是制定并下发了《辽宁省农业农村厅办公室关于发布辽宁省养殖场兽用抗菌药使用减量化行动减抗效果评价方法和标准的通知》（辽农办畜发〔2022〕69号）文件，指导全省各地有序开展兽用抗菌药使用减量化行动试点达标养殖场推荐工作。三是编制了《辽宁省兽用抗菌药减量化使用指导手册（2021—2025）》，汇集了近几年国家、省有关政策、行动方案、标识使用管理等文件，并以肉鸡养殖场为例，制定了相关制度、记录表格等供养殖企业参考，为基层工作人员和养殖企业参加减抗工作提供了技术参考。四是制定并下发了《关于印发辽宁省"兽用抗菌药使用减量化达标养殖场"标识使用管理办法的通知》（辽农办畜发〔2022〕235号），从标识使用申请与备案、使用管理、监督检查等方面制定了管理细则，为达标养殖场规范使用标识提供了政策支持。五是制定了《蛋禽产蛋期无抗养殖试验方案》，印制了《蛋禽产蛋期无抗养殖技术模式技术手册》500册，分别下发至朝阳、东港两个示范县。组织专家指导团与朝阳县、东港两示范县签订协议书和推广方案，按照时间节点开展技术模式推广工作。

2019年，在黑山县举办农业农村部减抗科技下乡公益活动暨"科学使用兽用抗菌药"百千万接力公益再行动系列活动；2020年，在丹东、锦州分别举办了辽宁省畜禽养殖减抗实用技术暨无抗养殖先进模式推广培训班2期，共培训800余人次；2021年，在朝阳市召开了全省蛋鸡产蛋期无抗养殖实用技术（与健康管理）培训班，全省各市农业农村局监管人员、饲料生产企业及蛋鸡养殖企业代表等130余人参加了现场培训。2022年，在沈阳市召开全省兽用抗菌药使用减量化实用技术线上培训会议，全省各市、县兽用抗菌药减量化行动工作负责同志、部分养殖企业技术负责人在分会场，共 1 200 余人次参加了此次线上培训会议。

农业农村部"科学使用兽用抗菌药"百千万
接力公益再行动系列活动

辽宁省畜禽养殖减抗实用技术暨无抗养殖
先进模式推广培训会

辽宁省兽用抗菌药使用减量化实用技术线上培训班

辽宁省蛋鸡产蛋期无抗养殖实用
技术（与健康管理）培训班

低蛋白无抗饲料的应用效果评价

（三）提质增效情况

蛋鸡抗菌药减量化使用适用技术生产的鸡产品具备"三高、一低、一小、一好"的特点，即饲料效能高、安全性能高、鸡蛋品质高、生产成本低、环境污染小、发展前景好。主要体现在以下几方面：

（1）产蛋率提升　使用微生态制剂前蛋鸡平均产蛋率在产蛋高峰为 87%，非高峰期为 75%；使用微生态制剂后，蛋鸡平均产蛋率在产蛋高峰提升至 90%，非高峰期提升至 76.5%。

（2）产蛋高峰期延长　该技术应用后，蛋鸡产蛋高峰较普通蛋鸡的 26 周延长至 28 周，即非高峰期较普通蛋鸡的 28 周缩短至 26 周。

（3）破蛋率降低　该技术应用后，鸡蛋破蛋率为 3%，普通蛋鸡破蛋率为 8%。

（4）蛋鸡死亡率降低　普通蛋鸡死亡率为 10%，而该技术应用后蛋鸡死亡率仅为 5%。

（5）蛋价提高　应用此技术的鸡蛋价格为 7.0 元/千克，普通鸡蛋价格为 6.6 元/千克。

（6）抗生素使用成本降低　在蛋鸡 500 天的养殖过程中，全程使用抗生素成本平均为 1.9 元/只。该技术推广后，抗生素使用量降低 60%～70%，抗生素使用成本约降低 1.24 万元/万只。

（四）技术获奖情况

"品牌鸡蛋安全绿色高效生产技术的研究与集成推广"和"新型安全高效饲料生产关键技术研究与应用"2022 年分别获得辽宁省农业科学技术进步奖一等奖；"饲料中霉菌毒素防治关键技术研究与应用"2021 年获得辽宁省农业科学技术进步奖一等奖；"饲料兽药安全生产与中草药替抗关键技术研究与应用"和"大豆蛋白饲料预消化技术研究与应用"2020 年分别获得辽宁省农业科学技术进步奖一等奖；"蛋鸡减抗养殖关键控制技术研究集成与示范"2019 年获得辽宁省农业科学技术进步奖二等奖；"节能型预消化饲料加工工艺研究及产业化"成果 2016 年获辽宁省畜牧兽医科技贡献奖二等奖。

二、技术要点

（一）水净化自动处理技术

（1）水中铁超标处理技术　催化剂式促氧化反应曝气装置，利用臭氧和催化剂的作用，将水中的 Fe^{2+} 氧化为 Fe^{3+}。

（2）水中氨氮超标处理技术　高吸附性的滤料及分子筛，将氨氮吸附及时反冲洗去除。

（3）水中农药超标处理技术　超高吸附性高碘值的果壳碳吸附及时反冲洗去除。

（4）水中细菌霉菌超标处理技术　采用孔径小于 50 纳米的滤膜过滤装置，以去除水中的微生物（细菌的直径一般为 500～5 000 纳米）。

（二）养殖环境雾化加湿除臭消毒技术

畜禽空气雾化加湿除臭消毒技术主要杀灭空气中、畜体表面、地面及屋顶墙壁等处的病原体，预防畜禽的呼吸道疾病及控制飞沫、气流传播疾病；降低畜禽舍内氨气浓度、臭气浓度；防暑降温。具体包括以下内容：

（1）雾化加湿除臭消毒发生装置的选择。

⑵雾化消毒工艺流程。

⑶雾化消毒管线技术要求。

⑷雾化消毒喷头技术要求。

⑸雾化消毒泵的技术要求。

（6）不同品种消毒药交替轮回消毒模式。

（三）养殖环境自动化控制技术

（1）用环控主机集成温湿度、光照、有害气体等传感器，实现自动控制现场的灯光、风机、水帘等电气设备。

（2）通过4G/5G无线网络接入Internet，实现养殖舍内环境（包括光照度、温度、湿度等）的集中、远程、联动控制。

（3）对采集自养殖舍各路信息的智能分析、检索、报警功能。

（4）根据设定的环境方案驱动电力控制系统，如根据温湿度条件自动启动风机或水帘，或根据有害气体浓度启动风机。

（5）提供权限管理功能，允许多个手机号码监控同一栋鸡舍的环境状况。

（四）饲料预消化技术

通过饲料原料体外模拟预消化理论的研究，以及异步酶解、多元酶制剂体外预消化配套新技术的应用，结合异步酶解、耐热木聚糖酶和脂肪酶的定向酶解生产工艺及微生物发酵工艺的实施，生产出大豆酶解蛋白预消化饲料产品，实现饲料高效消化吸收利用，具有调控肠道的营养保健功能，减少蛋鸡消化道疾病的发生。

（五）微量元素包膜缓释技术

利用纤维素钠、酯类、聚丙烯等材料对微量元素实施双层包膜，通过包膜工艺，形成微量元素包膜产品，进入蛋鸡体内缓慢释放，提高蛋鸡机体免疫力、抵抗力，大幅提升生产性能。

（六）兽用抗菌药减量化使用适用技术（兽药合理应用技术）

（1）蛋鸡饲养兽药使用准则　主要介绍生产无公害食品的蛋鸡饲养兽药使用准则和允许使用的兽药种类、剂型、用法与用量、休药期、注意事项等技术内容。

（2）蛋鸡产蛋期安全用药管控技术　主要介绍蛋鸡禁止使用的药品及其他化合物、标注"产蛋期不得使用"的兽药、未经批准使用的药物和停用兽药等技术内容。

（七）无抗饲料技术

通过酸化剂、酶制剂、微生态制剂、天然植物组方等综合替抗技术的应用，提高机体免疫力，减少蛋鸡机体对抗生素的依赖。

（八）禽蛋兽药残留速测技术

兽药残留的快速检测是指在短时间内，采用非传统方法检测动物产品中是否含有有毒有害物质，或被检测的物质是否超出标准规定值的一种检测、筛查行为。其具有检测时间相对较短，对仪器设备等条件要求不高，能够携带到养殖场实时检测等优点。

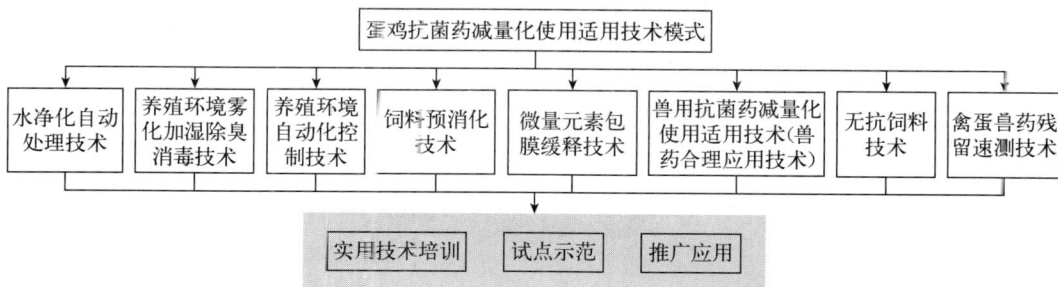

技术路线

三、适宜区域

我国北方地区都适宜示范推广。

四、注意事项

（1）日粮粗蛋白质水平的降低应适度，全期大幅降低日粮粗蛋白质浓度会对蛋鸡的生长发育造成严重影响。

（2）一碘醋酸、高铁氰化物和重金属离子等可与酶的必需基团结合或发生反应，使酶丧失活性，从而降低酶制剂在蛋鸡养殖过程中的减抗效果。

（3）如发生群发性动物疫病，应及时采取综合措施控制动物疫病。

技术依托单位

1. 辽宁省农业发展服务中心
联 系 地 址：辽宁省沈阳市和平区南四经街 143 号
邮 政 编 码：110003
联 系 人：汲全柱
联 系 电 话：024-23264033
电 子 邮 件：171100149@qq.com

2. 大连三仪动物药品有限公司
联 系 地 址：辽宁省大连市甘井子区营旭路 9 号
邮 政 编 码：116036
联 系 人：林 洋
联 系 电 话：15998662521
电 子 邮 箱：15998662521@163.com

3. 辽宁康普利德生物科技有限公司
联 系 地 址：辽宁省铁岭县新台子镇八里庄村
邮 政 编 码：112600
联 系 人：史纪新
联 系 电 话：024-78862999
电 子 邮 件：3357689@163.com

藏羊高效养殖综合配套技术

一、技术概述

（一）技术基本情况

青海省以解决高寒牧区藏母羊繁殖性能低下和羔羊生长发育缓慢等瓶颈问题为切入点，围绕青海藏母羊繁殖性能低下和羔羊生长发育缓慢的问题，开展了母羊关键繁育期和羔羊早期断奶后的舍饲或半舍饲养殖的系列精料补充料的研发，围绕实现高寒牧区藏羊均衡生产，研究营养水平与母羊繁殖质期之间的关系，探索通过营养调控技术实现母羊常年发情的方法措施，围绕构建适合青海牧区的羔羊高效生产技术体系，开展了对藏母羊泌乳规律的系统研究，通过攻关，研发藏羊羔羊的早期断奶技术，实现了高寒牧区传统藏羊养殖生产的方式创新和高寒牧区藏羊高效生产的技术创新，助推了高寒草地生态保护新模式的建立。

（二）技术示范推广情况

核心技术"藏羊高效养殖综合配套技术"自 2013 年以来单独或作为其他技术的核心内容，连续多年被遴选为农业农村部及青海省农业农村厅主推技术。2013 年以来，在全省藏羊养殖区进行示范推广，获得良好效果。羔羊断奶时间由原来的 5 月龄缩短至 2 月龄，实现了羔羊 6 月龄出栏。母羊繁活率比传统养殖提高了 2.85%，母羊损亡率比传统养殖降低了 1.7%。羔羊育肥期成活率比传统养殖提高了 8.06%，羔羊 6 月龄活体均重达 36.83 千克，比传统养殖提高了 19.64 千克。后备母羊当年配种繁活率比传统养殖提高 66.05%。目前，该技术正在全省牧区推广应用。

（三）提质增效情况

与常规藏羊养殖技术相比，羔羊断奶时间提前 2 月龄，实现了羔羊 6 月龄出栏。母羊繁活率提高了 2.85%，母羊损亡率降低了 1.7%。6 月龄羔羊活体均重达 36.83 千克，比传统养殖提高了 19.64 千克，以每 100 只母羊为核算单位，高效养殖比传统放牧生产增收 30 765 元。同时，减轻了天然草场放牧压力，降低载畜量 20%。在改善藏母羊饲养管理的基础上，进行羔羊早期断奶、半舍饲高效养殖，实现了当年羔羊 6 月龄出栏，相当于天然草场承载数量减少了 50%，加快了羊群周转，有效地减轻了草场压力，利用科技手段有效破解了生产、生态之间的固有矛盾，为牧区贯彻落实生态保护第一理念提供了可靠的现实路径。

（四）技术获奖情况

"藏羊高效养殖综合配套技术"获得了 2014—2016 年度全国农牧渔业丰收奖二等奖，2016 年青海省科学技术进步奖一等奖。

二、技术要点

1. 母羊组群及配种

在生态畜牧业专业合作社中选择有放牧草场（冬春和夏季）、水源、保温棚圈、补饲料槽、水槽等条件的牧户组建示范母羊群，公羊、母羊单独组群，分群饲养，母羊均为符合藏羊品种要求的适龄母羊，统一佩戴耳标，羊群规模为 500 只以上。采取同期发情、集中配种的方法。配种公羊均为良种补贴项目统一选调的一级成年藏系种公羊，种公羊单独组群，于配种季节分配到各母羊群中。

2. 母羊的饲养

妊娠前期为 3 个月，放牧饲养，母羊保持中等膘情。妊娠后期为 2 个月，放牧结合补饲饲养，补饲料为母羊精料补充料和青干草。母羊于分娩前 45 天开始补饲，下午归牧后补饲精料补充料 0.1 千克/只；每天放牧 6 小时，饮水 2 次。妊娠期每只母羊补饲精料补充料 4.5 千克。哺乳期为 2 个月，采用放牧结合补饲的饲养方式，早晨出牧前补饲青干草 0.25 千克/只，下午归牧后补饲精料补充料 0.25 千克/只；每天放牧 5 小时，饮水 2 次。哺乳期每只母羊补饲精料补充料 15 千克。

3. 羔羊的饲养

羔羊随母羊放牧饲养，10 日龄调教羔羊开食，20 日龄开始补饲羔羊营养补充料，每只每天补饲约 50 克，以后每 7 天增加 50 克，补饲至 60 日龄断奶。哺乳期每只羔羊补饲 6～8 千克。羔羊隔栏补饲，补饲栏面积按每只羔羊 0.15～0.20 米^2 计算，进出口宽 15～20 厘米，高 40 厘米。补饲栏可置于母羊运动场内，补饲栏内配备料槽和水槽。

藏羔羊断奶时间为 60 日龄，断奶个体重达到 12 千克以上。将适合断奶日龄和体重要求的羔羊进行分批断奶，单独组群饲养。羔羊断奶后的第 1 周全舍饲饲养，每天每只饲喂精料补充料 0.2 千克，青干草自由采食，自由饮水；第 2 周开始采用全舍饲或半舍饲饲养方式，饲养期 4 个月。

全舍饲：日喂精料补充料 3 次，青干草 2 次，自由饮水，保证水源清洁、卫生。

半舍饲：有条件补饲青干草时，前 1 个月，日喂精料补充料 3 次，青干草 1 次，放牧 2 小时；后 3 个月，日喂精料补充料 2 次，青干草 1 次，放牧 3 小时。无条件补饲青干草时，前 1 个月，日喂精料补充料 3 次，放牧 3 小时；后 3 个月，日喂精料补充料 2 次，放牧 5 小时。

羔羊饲养日程

指标	全舍饲	半舍饲			
		补饲青干草		未补饲青干草	
		前 1 个月	后 3 个月	前 1 个月	后 3 个月
精料补充料	8:30、12:00、16:00	8:30、12:00、16:00	8:30、16:00	8:30、11:30、16:00	8:00、16:00
青干草	10:00、14:00	10:30	10:30		
饮水	自由	2～3 次	2～3 次	2～3 次	2～3 次
放牧		13:30—15:30	12:30—15:30	13:00—16:00	11:00—16:00

羔羊精料补充料饲喂量要循序渐进，前 2 个月每 7 天调整 1 次，后 2 个月每 10 天调整 1 次。

羔羊精料补充料和青干草喂量

阶段	全舍饲		半舍饲			
			补饲青干草		未补饲青干草	
	精料补充料 千克/(只·天)	青干草 千克/(只·天)	精料补充料 千克/(只·天)	青干草 千克/(只·天)	精料补充料 千克/(只·天)	青干草 千克/(只·天)
0～7 天	0.20	0.20	0.20	0.10	0.20	0
8～14 天	0.25	0.20	0.25	0.10	0.25	0
15～21 天	0.30	0.25	0.30	0.15	0.30	0
22～28 天	0.35	0.25	0.35	0.15	0.35	0
29～35 天	0.40	0.30	0.40	0.20	0.40	0
36～42 天	0.45	0.30	0.45	0.20	0.45	0
43～49 天	0.50	0.35	0.50	0.25	0.50	0
50～60 天	0.55	0.35	0.55	0.25	0.55	0
61～70 天	0.60	0.40	0.60	0.30	0.60	0
71～80 天	0.65	0.40	0.65	0.30	0.65	0
81～90 天	0.70	0.45	0.70	0.35	0.70	0
91～100 天	0.80	0.45	0.80	0.35	0.80	0
101～110 天	0.90	0.50	0.90	0.40	0.90	0
111～120 天	1.0	0.5	1.0	0.40	1.0	0
合计	70	43.45	70	31.55	70	

注：欧拉羊的饲料喂量可适当调整。羔羊饲养 4 个月，活体重达 35 千克以上时出栏。

4. 常规免疫程序

藏羊常规免疫程序

	免疫时间	疫苗种类	接种对象	接种方法	免疫期	预防疾病
春防	2～3 月	羊四联	公羊、母羊、 育成羊	肌内注射	6 个月	羊快疫、羊肠毒血症、羊猝狙、羔 羊痢疾
	母羊产前 20～30 天	羊四联	妊娠母羊	肌内注射	6 个月	羔羊痢疾
	2～3 月	羊痘	公羊、母羊、 育成羊、羔羊	皮内注射	1 年	羊痘
	3～4 月	羊四联	羔羊	肌内注射	6 个月	羊快疫、羊肠毒血症、羊猝狙、羔 羊痢疾
	统一时间	口蹄疫	公羊、母羊、 育成羊、羔羊	肌内注射	6 个月	口蹄疫

（续）

免疫时间	疫苗种类	接种对象	接种方法	免疫期	预防疾病
秋防	8~9 月	羊四联	公羊、母羊、育成羊	肌内注射	6 个月	羊快疫、羊肠毒血症、羊猝狙、羔羊痢疾
	9 月	口疮弱毒细胞冻干苗	公羊、母羊、育成羊	口腔黏膜注射	1 年	羊口疮
	8~9 月	羊痘	公羊、母羊、育成羊	皮内注射	1 年	羊痘
	统一时间	口蹄疫	公羊、母羊、育成羊	肌内注射	6 个月	口蹄疫

三、适宜区域

全省牧区。

四、注意事项

无。

技术依托单位

青海大学农牧学院

联系地址：青海省西宁市城北区宁大路 251 号

邮政编码：810016

联 系 人：侯生珍

联系电话：13897263649

寒区畜禽微生态制剂与生物发酵饲料生产关键技术

一、技术概述

（一）技术基本情况

1. 技术研发推广背景

我国畜禽粪污年产量 38 亿吨，其中氮 102.48 万吨、磷 16.04 万吨，重金属、抗生素等也污染严重。畜禽粪污问题严重制约养殖业可持续发展。农业农村部《农业绿色发展技术导则（2018—2030 年）》提出：农业源氮、磷污染物排放强度和负荷分别削减 30% 和 40% 以上，畜禽饲料转化率较目前提高 10% 以上。我国饲料粮短缺，对粮食安全将形成巨大冲击。我国的玉米、大豆等饲料粮产量已不能满足畜禽养殖的需要，2020 年我国进口大豆为 10 033 万吨，玉米为 1 130 万吨。2021 年 3 月 15 日，农业农村部畜牧兽医局发布了关于推进玉米豆粕减量替代工作的通知。农业农村部公告第 194 号：自 2020 年 7 月 1 日起，饲料生产企业停止生产含有促生长类药物饲料添加剂（中药类除外）的商品饲料。饲料全面"禁抗"，对饲料配制技术提出更高的要求。

2. 能够解决的主要问题

畜禽微生态制剂与生物发酵饲料能减少饲料养分排放、提高饲料利用率，具有替抗功效，对解决畜产品安全、粮食短缺、环境污染等问题具有良好的应用前景，符合国家的政策导向。

畜禽微生态制剂与生物发酵饲料是东北农业大学猪营养代谢与调控团队联合农业微生物学国家重点实验室、哈尔滨微维饲料有限公司、哈尔滨远大牧业有限公司和讷河市五丰农牧科技发展有限公司共同开发的新型技术。畜禽微生态制剂与生物发酵饲料生产关键技术通过优良的微生物菌种和优化发酵条件，解决了寒区冬季体外养分预消化、贮存期和冷冻等疑难问题；创制的生物发酵饲料产品在改善畜禽生产性能和健康状况方面具有明显优势。

3. 专利范围及使用情况等

该技术已获得优良发酵菌种 12 株，在国家菌种保藏中心保藏 6 株，申请发明专利 3 项，获得授权发明专利 1 项。

（二）技术示范推广情况

畜禽微生态制剂与生物发酵饲料生产关键技术已在东北农业大学试验基地、亚布力的龙江森工-东北农大三产融合示范基地、绥化六顺种猪场进行试验和示范。目前，已在讷河建立微生态制剂生产和饲料发酵基地。同时，联合黑龙江省龙头饲料企业哈尔滨远大牧业有限公司、哈尔滨微维饲料有限公司、哈尔滨富康牧业有限公司，以及讷河市五丰农牧科技发展有限公司进行微生态制剂和猪湿发酵浓缩饲料示范、生产和推广，推广 1 万吨畜禽生物配合饲料。

（三）提质增效情况

畜禽微生态制剂与生物发酵饲料生产关键技术，针对我国饲料资源短缺、饲料利用率低、畜禽排放物对环境污染严重的问题，通过低蛋白饲粮配制关键技术、畜禽磷和重金属低排关键技术，以及生物发酵技术，提高饲料利用率，降低畜禽粪便中氮、磷和重金属元素的排放量，生产猪鸡环保型生物配合饲料产品并进行示范和推广。试验、示范或推广过程中均表明微生态制剂和发酵饲料在提质增效方面具有良好的效果。猪鸡饲粮中粗蛋白质水平比国家标准降低 1～3 个百分点。猪低磷低微量元素饲粮配制关键技术使猪饲粮中总磷水平比国家标准降低 20％以上，微量元素铜和锌水平比国家限定标准降低 30％以上。该技术可节省豆粕使用量 3％～5％，对解决豆粕"卡脖子"问题具有重要意义。

（四）技术获奖情况

以畜禽微生态制剂与生物发酵饲料生产关键技术为核心，获得 2016 年国家科学技术进步奖二等奖 1 项（功能性饲料关键技术研究与应用）和 2019 年黑龙江省科学技术进步奖二等奖 1 项（高效无抗动物饲料生产关键技术的开发利用）。

二、技术要点

（1）复合微生态制剂为肠道提供有益活菌和维护肠道有益菌群优势地位，具有调节肠道微生态平衡、增强机体免疫力、提高饲料利用率、抑制大肠杆菌等致病菌的繁殖功效。总菌数 $\geqslant 50$ 亿个/毫升，植物乳杆菌 $\geqslant 4.5 \times 10^9$ CFU/毫升，嗜酸乳杆菌 $\geqslant 4.0 \times 10^8$ CFU/毫升，乳酸片球菌 7.0×10^7 CFU/毫升，干酪乳杆菌 $\geqslant 1.0 \times 10^9$ CFU/毫升。

（2）畜禽生物发酵浓缩或配合饲料关键技术应用多年驯化的适宜东北地区环境的发酵菌种、发酵工艺和使用规范，减少饲料中的抗营养因子，在体外进行营养预消化，提高饲料利用率 5％以上，饲粮中豆粕使用量减少 5％～10％。

（3）发酵浓缩饲料富含植物乳杆菌、酵母、小肽、小分子酸，酸度可达 2.14％～2.81％，消除大豆抗原蛋白和抗营养因子危害。预防母猪便秘，减少母猪背部皮屑，减少眼屎，缩短产程（大多数不超过 2 小时），减少死胎、弱胎。提高哺乳母猪采食量、泌乳量、乳中免疫球蛋白 G 含量。降低仔猪断奶应激，保障肠道健康，防止腹泻，皮红毛亮，粪便成形、湿润。猪 150 天出栏体重 120 千克，料肉比（2.5～2.6）∶1。减少猪舍臭味。肉质鲜美。

（4）畜禽发酵饲料结合低蛋白饲粮配制关键技术，通过集成净能、可消化氨基酸平衡技术，并结合生物型饲料添加剂，以不同阶段畜禽的饲养标准为基础，可使饲粮粗蛋白质用量降低 1～3 个百分点，粪、尿氮排放减少 10％。

（5）畜禽发酵饲料同时配套畜禽磷和重金属低排关键技术。通过应用植酸酶、螯合有机微量元素、有机酸等技术，使粪便中磷排放量减少 15％以上，铜、锌等重金属污染物排放量减少 20％以上。

（6）通过集成上述研发的关键技术，创制低蛋白、低磷和低微量元素的猪鸡系列生物型浓缩或配合饲料新产品。发酵饲料产品可显著提高生长育肥猪免疫球蛋白含量、显著降低血清中炎症因子含量。

（7）畜禽微生态制剂与生物发酵饲料生产关键技术要点是通过优良微生物菌种，解决了体外养分预消化、贮存期和冷冻等疑难问题；在黑龙江省市场上率先创制了猪湿发酵浓缩饲料产品，在改善生产性能和健康状况方面有明显优势。同时，结合畜禽高效低氮环保型日粮配制技术，以及畜禽重金属减排日粮配制技术，可使猪鸡饲粮粗蛋白质用量降低 1～3 个百分点，减少铜锌用量 30% 以上。

发酵袋发酵饲料

液体发酵车间

固体发酵车间

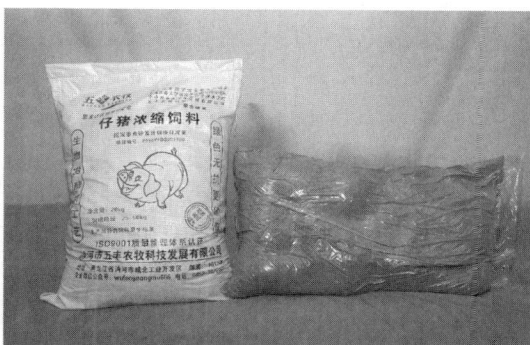

发酵饲料产品

三、适宜区域

畜禽微生态制剂与生物发酵饲料生产关键技术目前主要根据东北的气候特点进行驯化和研制，适宜在东北地区进行推广。

四、注意事项

微生态制剂和生物发酵饲料在使用中易受外界因素和使用技术的影响，因此在技术推广应用过程中需按标准操作规程进行应用，或者在专家现场指导下合理使用。

技术依托单位

1. 东北农业大学

联系地址：黑龙江省哈尔滨市香坊区长江路 600 号

邮政编码：150030

联 系 人：石宝明

联系电话：13091863728

电子邮箱：shibaoming1974@163.com

2. 哈尔滨远大牧业有限公司

联系地址：黑龙江省哈尔滨市开发区哈平路集中区渤海东路8号

邮政编码：150060

联 系 人：刘化伟

联系电话：15124507096

电子邮箱：191077259@qq.com

3. 哈尔滨神农微维饲料有限公司

联系地址：黑龙江省哈尔滨市香坊区木材街59号

邮政编码：150030

联 系 人：刁新平

联系电话：13904514209

电子邮箱：diaoxp63@163.com

蛋鸡低蛋白低豆粕多元化日粮生产技术

一、技术概述

（一）技术基本情况

我国蛋鸡存栏量 14 亿只，鸡蛋产量 2 800 万吨，每年淘汰蛋鸡 11 亿只，均居世界首位。生产这些鸡蛋消耗蛋鸡饲料 7 200 万吨。依照目前饲粮配制模式计算，需要玉米 4 500 万吨，豆粕 1 700 万吨。产蛋鸡属于成年鸡，比较耐粗饲。随着生产周龄增加，蛋鸡采食量增加、产蛋率降低，蛋鸡饲料蛋白需要降低，因饲料配方可以综合使用多种谷实类饲料（小麦、高粱、大麦、碎米等）等原料替代玉米，使用淀粉、油脂加工副产品（玉米蛋白粉、DDGS、棉粕、花生粕等）等原料替代豆粕。本技术有利于在现代养殖模式下充分发挥上述饲料资源的营养价值，通过精准营养供给，降低豆粕、玉米在产蛋鸡饲料中的使用比例。同时，保证生产性能、蛋鸡健康和鸡蛋优质，实现节本增效。

（二）技术示范推广情况

通过中牧实业股份有限公司、温氏食品集团股份有限公司、四川铁骑力士实业有限公司、北京大北农科技集团股份有限公司、帝斯曼（中国）有限公司、广东海大集团股份有限公司、中粮饲料有限公司、盐城惠民饲料科技有限公司等饲料企业，在中大型蛋鸡养殖场示范推广低蛋白低豆粕多元化日粮生产技术，示范产蛋鸡 1 亿只以上，高峰期维持 10 个月、料蛋比 2∶1，合格鸡蛋每只鸡增加 5 枚，每只鸡新增经济效益 2～5 元。

（三）提质增效情况

（1）评价了产蛋鸡常用饲料原料的可利用氨基酸含量（SID AA）、可利用能量（净能），初步构建了蛋鸡专用饲料原料数据库。建立了产蛋鸡饲粮理想氨基酸模式，为优化日粮蛋白质结构和降低蛋白质水平提供理论依据。在氨基酸水平和比例适宜的情况下，可将饲粮粗蛋白质水平从 16.5% 降低 10% 到 14.85%。本成果为提高非豆蛋白质饲料资源、非玉米能量饲料资源使用比例提供了理论依据。

（2）蛋鸡友好型营养调控技术，在不影响蛋鸡生产性能的前提下，充分利用动物的生理特点，降低饲粮粗蛋白质用量，综合使用多种谷实类饲料（小麦、高粱、大麦、碎米等）等原料替代玉米，使用淀粉、油脂加工副产品（玉米蛋白粉、DDGS、棉粕、花生粕等）等原料替代豆粕，从而降低生产成本、减少排放。

（3）通过抗氧化剂、免疫刺激剂的合理使用，在不增加饲料成本的前提下，维持蛋鸡良好的健康状况，减少了预防和治疗性药物的用量，从而改善蛋鸡生产性能和生产效益。

（4）在生产优质鸡蛋的过程中，仍可采用此技术，可显著改善鸡蛋和淘汰蛋鸡品质（口感、风味、功能特性等），能改善人类膳食脂肪酸不平衡造成的脂肪肝、心脑血管病等，鸡蛋的生产成本略高，销售价格是普通鸡蛋的 2 倍以上，增效明显。

（5）即将发布的团标《蛋鸡低蛋白低豆粕多元化日粮生产技术规范》，为项目的推进奠定了基础。研究的棉籽粕、菜籽粕、黑水虻、黄粉虫、发酵酒糟等产品在产蛋鸡饲粮中使用，可以使饲粮粗蛋白质水平降低 10％左右，不影响产蛋鸡生产性能和鸡蛋品质。

（四）技术获奖情况

"优质鸡蛋生产的营养调控关键技术"入选 2020 中国农业农村重大新技术；《优质鸡蛋生产技术规程》（T/CSWSL 034—2021）；"优质鸡蛋生产的营养调控技术体系创新与应用"获 2020—2021 年度神农中华农业科技奖科学研究类成果一等奖（2021）；"鸡蛋蛋壳品质营养调控关键技术创新"获第十二届大北农创新奖（2022）；"蛋鸡健康的抗氧化营养调控技术集成与示范"获北京市农业技术推广奖三等奖（2019）；"低胆固醇营养健康蛋鸡饲料生产及蛋鸡规模化养殖技术"（2006J-227-3-144-002）获湖北省跨级进步三等奖；"蛋鸡全阶段可利用必需氨基酸需要及理想蛋白模式"（2004农-2-015）获 2004 年北京市科学技术奖二等奖；"我国饲料质量安全评价及标准体系研究与应用"获 2016—2017 年度神农中华农业科技奖科研成果三等奖。

二、技术要点

1. 主要技术

包括基于氨基酸平衡的杂粮精饲料配制、非常规粗饲料营养指标及饲粮配制、非蛋白氮饲料添加剂的安全使用、秸秆综合利用典型配方等。

2. 配套技术

（1）常见可替代饲料原料的限量

蛋鸡不同生理阶段日粮中非常规饲料原料推荐最高用量（％）

项目		育雏期		育成期		产蛋期		
		0～2 周龄	2～6 周龄	育成前期（6～12 周龄）	育成后期（12～16 周龄）	开产前期	产蛋高峰期	产蛋后期
能量饲料	小麦	50	50	70	70	60	60	70
	高粱	10	30	50	50	50	50	50
	大麦	10	30	50	50	50	50	50
	稻谷	—	10	30	30	30	20	20
	碎米	30	30	60	60	60	60	60
	糙米	30	30	60	60	60	60	60
	燕麦	10	15	15	20	20	20	20
	次粉	10	10	30	30	20	20	20
	麸皮	10	10	30	30	20	20	20
	木薯粉	—	—	10	10	10	15	15
	苜蓿草粉	5	5	5	5	10	10	10
	喷浆玉米皮	—	—	5	5	3	3	3

（续）

项目		育雏期		育成期		产蛋期		
		0~2周龄	2~6周龄	育成前期（6~12周龄）	育成后期（12~15周龄）	开产前期	产蛋高峰期	产蛋后期
蛋白饲料	玉米蛋白粉	5	5	10	10	10	10	10
	玉米胚芽粕	8	8	10	10	15	15	20
	DDGS	5	5	10	10	15	15	15
	膨化全脂大豆	10	5	—	—	—	5	—
	米糠粕	10	10	15	15	20	20	20
	棉籽粕（低游离棉酚）	5	5	15	15	15	10	10
	双低菜籽粕	5	5	5	5	10	10	10
	葵花籽粕	5	5	10	10	15	15	15
	花生粕	3	3	8	8	10	10	10
	芝麻粕	—	—	5	5	10	10	10
	亚麻粕	—	—	5	5	8	8	8
	棕榈粕	—	—	5	5	10	10	10
	豌豆	—	5	5	5	10	10	10
	肉骨粉	5	5	10	10	5	5	5
	鱼粉	5	5	5	5	—	—	—
	羽毛粉	—	—	2	2	4	4	4
	酿酒酵母培养物	3	3	8	8	5	5	5
	椰子粕	—	—	5	5	10	10	10
	大豆浓缩蛋白	10	10	—	—	—	—	—

注：①注意原料新鲜度、霉菌毒素对替代比例的影响。②"—"表示不推荐使用或使用不经济。③开产前期，性成熟至产蛋率达到5%的阶段；产蛋高峰期，产蛋率由5%持续上升至高峰，并维持至不低于85%的阶段；产蛋后期，产蛋率由高峰过后的85%至淘汰的阶段。其余表格相同。

（2）蛋鸡配合饲料主要营养成分指标

蛋鸡配合饲料主要营养成分指标（%）

项目	育雏期		育成期		产蛋期		
	0~2周龄	2~6周龄	育成前期（6~12周龄）	育成后期（12~16周龄）	开产前期	产蛋高峰期	产蛋后期
粗蛋白质	19.0~22.0	17.0~19.0	15.0~17.0	14.0~16.0	16.0~17.0	15.0~17.5	13.0~16.0
赖氨酸	≥1.00	≥0.80	≥0.66	≥0.45	≥0.60	≥0.65	≥0.60
蛋氨酸[a]	≥0.40	≥0.30	≥0.27	≥0.20	≥0.30	≥0.32	≥0.30
苏氨酸	≥0.65	≥0.50	≥0.45	≥0.30	≥0.40	≥0.45	≥0.40
粗纤维	≤5.0	≤6.0	≤8.0	≤8.0	≤7.0	≤7.0	≤7.0
粗灰分	≤8.0	≤8.0	≤9.0	≤10.0	≤13.0	≤15.0	≤15.0

（续）

项目	育雏期		育成期		产蛋期		
	0～2 周龄	2～6 周龄	育成前期（6～12 周龄）	育成后期（12～16 周龄）	开产前期	产蛋高峰期	产蛋后期
钙	0.6～1.0	0.6～1.0	0.6～1.0	0.6～1.0	2.0～3.0	3.0～4.2	3.5～4.5
总磷b	0.40～0.70	0.40～0.70	0.35～0.75	0.30～0.75	0.35～0.60	0.35～0.60	0.30～0.50
氯化钠（以水溶性氯化物计）	0.30～0.80	0.30～0.80	0.30～0.80	0.30～0.80	0.30～0.80	0.30～0.80	0.30～0.80

注：a 表中蛋氨酸的含量为蛋氨酸或蛋氨酸＋蛋氨酸羟基类似物及其盐折算为蛋氨酸的量；如使用蛋氨酸羟基类似物及其盐，应在产品标签中标注蛋氨酸折算系数。

b 总磷含量已经考虑了植酸酶的使用。

（3）中国式多元化蛋鸡饲料配方体系构建 根据养殖场当地原料、蛋鸡等现状，以"先测、再配、后吃"的原则，充分利用已有添加剂（氨基酸、有机微量元素、植酸酶等酶制剂）做到精准供给粗蛋白质、钙、磷、微量元素，减少粪便的排放总量及其中未消化营养物质的量。

不同阶段蛋鸡低蛋白低豆粕多元化日粮典型配方（％）

饲料原料	育雏期		育成期		产蛋期		
	0～2 周龄	2～6 周龄	育成前期（6～12 周龄）	育成后期（12～16 周龄）	开产前期	产蛋高峰期	产蛋后期
玉米	50.93	56.43	50.53	57.06	50.70	44.20	55.40
小麦	15.00	10.00	19.00	12.00	12.24	12.39	6.50
高粱	—	—	—	—	2.00	10.00	3.00
次粉	5.00		—				
麸皮	—		8.00	10.00			
大豆粕	17.78	17.17	—	—	15.70	12.80	8.20
花生粕	2.50	3.50	7.00			1.50	
豌豆	2.00	—					
鱼粉	2.50						
芝麻粕	—			5.00	3.50		
玉米胚芽粕	—	5.80					1.50
DDGS	—	—	3.50		2.50		2.50
水解羽毛粉	—	2.50					
肉骨粉					2.50		
菜籽粕	—	—	3.60	3.50	2.50		2.50
米糠粕			—	2.70	—	2.00	—
玉米蛋白粉			—	3.00		2.00	2.00
棉籽粕			3.60	—		3.00	—

（续）

饲料原料	育雏期		育成期		产蛋期		
	0～2周龄	2～6周龄	育成前期（6～12周龄）	育成后期（12～16周龄）	开产前期	产蛋高峰期	产蛋后期
高粱酒糟	—	—	—	2.50	—	—	4.50
油脂	0.13	0.75	0.78	0.25	1.16	1.28	1.08
预混料	0.50	0.50	0.50	0.50	0.50	0.50	0.50
石粉	1.18	0.98	1.48	1.40	5.48	8.80	10.77
磷酸氢钙	1.68	1.72	1.08	1.15	0.76	0.76	0.85
氯化钠	0.30	0.30	0.30	0.30	0.30	0.30	0.30
L-赖氨酸	0.09	0.22	0.32	0.35	0.05	0.20	0.20
DL-蛋氨酸	0.41	0.13	0.15	0.15	0.11	0.21	0.15
L-苏氨酸	—	—	0.12	0.09	—	0.06	0.02
L-色氨酸	—	—	0.04	0.05	—	—	0.01
L-缬氨酸	—	—	—	—	—	—	0.02

注："—"表示本配方中未使用。

（4）动物健康是高效率利用蛋白原料的基础 根据蛋鸡所处饲养环境、饲养管理水平、品种和年龄阶段、季节等因素的变化，通过调控饲料营养组成，平衡饲粮营养物质、抗氧化剂、免疫刺激剂等功能性物料，满足蛋鸡健康的需要，达到"吃料保健康"的健康养殖目的。

（5）营养健康的复合目标群体的鸡蛋生产技术 综合利用蛋鸡健康和环境友好的集成技术，根据鸡蛋、淘汰蛋鸡消费人群的不同，在调研该类人群膳食结构的基础上，通过饲料调控鸡蛋富集该类人群膳食易缺乏的营养物质，平衡其膳食，达到健康的目的。

三、适宜区域

根据可利用的非豆粕、非玉米粮饲料资源的种类，因地制宜地推广应用本技术成果，一般有蛋鸡养殖的地方都能用到。

四、注意事项

因地制宜，需要在全面考察、评估的基础上，制定相应的技术方案，并不断调整，前提是不影响蛋鸡健康状况、生产性能和鸡蛋品质。

技术依托单位
中国农业科学院饲料研究所
联系地址：北京市海淀区中关村南大街12号
邮政编码：100081
联 系 人：武书庚
联系电话：010-82106097 13651049168
电子邮箱：wushugeng@caas.cn

水牛乳加工关键技术与标准化体系创新与推广

一、技术概述

（一）技术基本情况

水牛乳是世界产量最大的特种乳，相比普通牛乳，蛋白、脂肪、钙、镁、磷、铁、硒等基础营养，以及低聚糖、牛磺酸、唾液酸、磷脂、生物活性碱类等活性营养物质丰富，其衍生物具有抗氧化、抗炎、抗癌、抑菌、降血糖、降血脂、降血压等功能活性，是优质奶源。一直以来，奶水牛产业被认为是我国畜牧产业中具有发展潜力、活力的产业之一。然而，2013 年以前，产业发展困难重重：一是水牛乳营养与加工特征品质尚未得到充分研究，奶源利用效率低，市场上以普通液态乳为主，经济效益不显著；二是因检测方法及其标准缺失，养殖端与加工端均存在较为严重的掺杂牛属乳现象，全产业链上下游市场竞争无序，养殖与加工端互不信任，产业发展向心力严重不足；三是 2010 版乳及乳制品系列国家标准仅对普通牛乳进行了统一规定，没有充分体现水牛乳的品质标准。在缺乏标准的情况下，水牛乳产品全部采用国家标准，模糊了水牛乳的定义，降低了产品品质与竞争力。水牛乳业长期处于低质低效发展模式。本技术集成围绕上述产业发展瓶颈，开展水牛乳产品加工关键技术、关键装备及高值产品创新，构建水牛乳中掺杂牛属乳的快速识别技术体系，创建水牛乳全系列标准体系，形成技术集成，实现推广应用。

（二）技术示范推广情况

形成"特色高值产品为引擎＋掺假识别为手段＋地方标准作护航＋服务平台助推广"的水牛乳加工和标准技术体系和应用技术平台，为广大基层农户和加工企业提供技术支持和服务，并将相关技术进行成果转化。本成果已在广西皇氏乳业有限公司、广西百菲乳业股份有限公司、广西壮牛水牛乳业有限责任公司、广西桂牛水牛乳业股份有限公司等大型龙头加工企业，以及广西灵山、南宁、横县、博白等水牛乳主产区进行大规模推广应用，加工与养殖端增效增收显著。成果对水牛乳提升品质、凸显特质、筑牢内核、提高效益等成效显著。同时，推动理顺产业链上下游关系，形成一二三产业联动、高效、高质量发展的良好态势。2021年，广西奶水牛全产业链产值已经达到 50 亿元，"十四五"期间预计迈入 100 亿元产业之列。

（三）提质增效情况

2019—2021 年，累计产生经济效益新增销售额 31.88 亿元，新增利润 12.14 亿元，新增税收 2.33 亿元，带动农民增收 1.85 亿元（其中，灵山主产区为 1.55 亿元），经济效益显著。"水牛乳及其制品中掺入牛属乳快速掺假识别技术"推广应用，通过降低检测费用，鼓励养殖户、奶站、奶企重视识别奶源的真实性，推动提升了奶源品质，增加了养殖户收入，辐射带动农业间接经济效益增收 2.65 亿元。同时，促进本地秸秆饲料资源化利用，减少秸秆焚烧或直接还田，避免造成有机质资源的巨大浪费和环境污染，促进绿色生态健康农业发展。

（四）技术获奖情况

"水牛乳系列干酪综合生产技术集成及开发示范"获 2016 年度广西科学技术进步奖三等

奖（省部级）；"水牛乳深加工技术研究与开发"获 2021 年度广西农牧渔业丰收奖一等奖（市厅级）。

二、技术要点

1. 全面揭示水牛乳蛋白表达谱、多态性及其在体内消化的释放机制，创制并推广基于水牛乳特殊蛋白表型及其衍生基料的特色水牛乳产品，显著提高产品品质、产量或功能

（1）揭示水牛乳酪蛋白、乳清蛋白和乳脂球膜蛋白表达谱，明确水牛乳蛋白特征与优势。发现水牛乳清蛋白和乳脂球膜蛋白中含有多种免疫调节、抗菌、抗氧化活性等特征蛋白，如多聚免疫球蛋白受体（PIGR/SC）、α1-抗胰蛋白酶、酰基辅酶 A 结合蛋白（ACBP），为明确水牛乳核心标签、创新特质水牛乳制品提供理论基础。其中，利用水牛初乳富含免疫球蛋白、肌球蛋白，常乳富含乳铁蛋白等，开发免疫活性水牛乳产品"奶之初"。

（2）在分子及蛋白层面探明水牛乳酪蛋白及乳清蛋白的基因和蛋白多态性，深入解析不同表型蛋白及其组合对乳蛋白组成及加工特性的影响与机制。发现 BB 型 κ-CN、AB 型 β-CN 和 BB 型 αs1-CN 水牛具有更高的泌乳性能（包括产奶量，以及总乳固体、脂肪、蛋白质等乳成分含量），这些水牛乳具有更利于凝乳的酪蛋白胶束粒径，可缩短凝乳时间，实现更好的凝乳质地，为开发高品质水牛乳产品提供理论依据。

（3）明确酪蛋白表型显著影响马苏里拉和类蒙特利杰克干酪品质及产率，并通过遗传信息及其蛋白表达监测，为特种干酪加工提供定制奶源，精准提升干酪品质、产率及经济效益。其中，研发基于水牛乳特殊蛋白表型的干酪产品 2 个，即以 BB 型 κ-CN、AB 型 β-CN、BB 型 αs1-CN 水牛乳为奶源的马苏里拉干酪，以及以 BB 型 αs1-CN 水牛乳为奶源的类蒙特利杰克干酪，实现品质及产率显著提升。

（4）从基因-蛋白质-活性肽角度系统解析水牛乳 κ-CN、αs1-CN、β-CN 等基因和蛋白多态性及其对蛋白体外消化特性、肽的释放及其消化产物生物活性的影响与机制。研究表明，AA 型 β-CN 在体外模拟消化过程中消化率和酶解产物总抗氧化能力显著高于 BB 型，并利用水牛乳 AA 型 β-CN 奶源，研制出一种水牛乳 AA 型 β-CN 抗氧化物的制备方法，利用该抗氧化物，率先推广一款功能稳定的富集抗氧化肽的功能调制乳产品"肽美啦"。同时，首次发现我国水牛乳 β-CN 为 100% 纯天然 A2 型，并推广一款巴氏杀菌水牛乳"a2 水牛 1 号"。

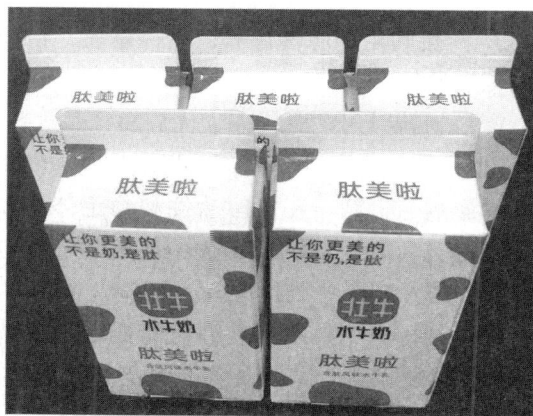

"肽美啦"产品

2. 探明传统手工制作的水牛乳制品姜撞奶、乳饼、双皮奶制备关键技术及机制，率先创新工业化生产技术，并在国内最先实现量化生产

（1）突破姜撞奶产业化生产技术　首次利用凝乳酶代替新鲜姜汁中的生姜酶，复配灭酶姜汁保持传统产品中的姜汁风味及功能特性，结合钙、乳化剂，以及巴氏杀菌、低温灌装和凝乳等创新技术，形成稳态化凝乳体系。显著提升产品的凝乳质地、风味及延长产品货架期，有效解决快速冲浆操作难以工业化生产、传统产品难以实现长时稳定品质的硬核难题。

（2）突破乳饼标准化生产技术　首次利用自主专利菌株鼠李糖乳杆菌 RSF‑1，快速降低酸度和加强分解脂肪能力，标准化制备富含活性酶和游离脂肪酸的乳清发酵基料，攻克传统自然发酵酸乳清品质不稳定，无法实现乳饼标准化生产的瓶颈问题。基于该基料，结合精准控酸、二次添加发酵基料等关键技术，显著提高乳饼得率，改善口感，保质期由传统工艺的 7 天延至 21 天，实现乳饼标准化、产业化生产。

（3）实现双皮奶生产线优化提升　利用全脂水牛乳蛋白和脂肪含量高的特点，创新集成全自动连续灌装和蒸煮设备，打破手工蒸煮无法实现连续生产的重大难题，产能从 50 千克/天提升到 2 吨/天，制备"一品鲜蛋水牛乳"单皮双皮奶，奶皮厚实，风味、外观与状态均优于传统双皮奶。

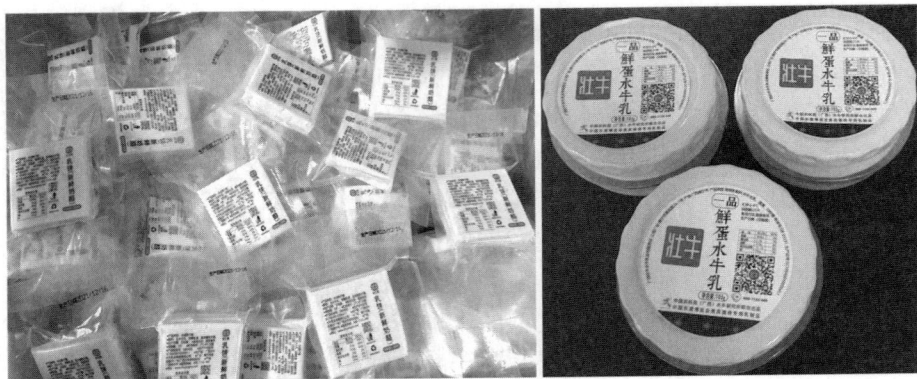

乳饼和一品鲜蛋水牛乳产品

3. 挖掘利用外源性营养、活性基质，协同强化乳基功能，实现系列功能发酵水牛乳制品的创制及推广

（1）创新引入广西特色、优势农产品（芒果、沃柑、百香果皮、甜茶、铁皮石斛、罗汉果）、益生菌等特色基料，深入揭示植物源物料多酚、多糖等功能成分加工变化，以及对发酵乳的影响与机制，在保留活性和稳定体系的基础上制作配方，采用控酸、护色、低温杀菌、高速剪切等综合技术，显著提升多酚、多糖含量及乳酸菌活菌数，推广兼具特色-营养-功能的发酵水牛乳系列产品 4 个。

（2）利用水牛乳制备内源性降血压活性肽基料，结合乳酸菌发酵技术，外源添加牛磺酸、益生瑞士乳杆菌和干酪乳杆菌等，提高发酵乳产品保健作用，增强辨识度和竞争力，研制并推广 1 款保留水牛乳营养价值兼具降血压功能的发酵水牛乳专利产品"多肽美"。

（3）创新采用特殊菌种，有机结合天然属性功能益生元（聚葡萄糖、胶原蛋白、菊粉、低聚乳糖等），确定适宜品种和配方，破解全脂水牛发酵乳高热量难题，通过水牛乳脱脂处理，研制低热量 0 糖 0 脂的益生元功能发酵水牛乳，提升产品持水能力和人体肠道益生菌定植能力的健康效应。

（4）利用生产水牛乳干酪的副产品乳清，结合酶解技术，研制高产抗氧化生物活性肽的乳清肽基料，复配脱脂水牛乳、发酵剂和甜味剂，研发具有抗氧化活性的风味发酵水牛乳及乳饮料，实现生产示范，破解副产品乳清再利用难题，延长乳制品加工产业链，提高水牛乳深加工产品的附加值。

4. 创新主食颗粒物料包埋技术，在国内首先创制并推出含颗粒物料主食化发酵产品

创新采用复合核壳结构的燕麦颗粒，成功解决燕麦颗粒在杀菌过程中淀粉糊化，以及在杀菌和混合过程中口感和营养成分易破坏的难题；通过特殊菌种筛选、奶源优化、杀菌设备的各部件设计及杀菌处理的各参数精确控制，显著延长产品货架期，并以"饭不着"产品系列实现了国内首款含主食包埋颗粒物料的发酵产品产业化生产及上市销售。

"饭不着"产品

5. 实现水牛乳加工关键设备体系创新，并集成推广应用

（1）首次实现含颗粒物料关键设备体系创新，并集成推广应用　首创发明食品颗粒胶合包埋反应罐，攻破搅拌死角颗粒堆积难题。反应罐主要由颗粒暂存罐、反应罐本体、振动筛、电机、搅拌桨、搅拌轴、出料管和出料阀等关键部件组成。创造性设计倒锥体结构的反应罐本体底部顶角，促进食品颗粒发生包埋，防止粘连堆积在罐底；设置相对竖直方向倾斜的搅拌轴，实现物料颗粒与胶体液在罐内上下翻滚均匀搅拌，防止搅拌死角颗粒堆积，成功实现胶合反应达到稳定包埋。

首创发明胶体溶液颗粒分离机，打破高黏度胶体溶液黏结成团，以及分离难度大的技术瓶颈。分离机创新使用尼龙材料做成网格状传送带，避免胶体粘连及黏稠液粒分离；辅助加压滚筒装置输送带，实现更换不同孔径传送带生产不同直径果粒产品；引入麻花滚筒，增加摩擦力，避免输送带打滑，同时通过控制电机的转速来增减粒液分离的时间；最终通过高压喷射水循环回收利用提高效率，集液槽循环利用胶体减少污染，达到连续生产的目的。

首创发明一种添加颗粒物的牛乳灌装用灌装头，解决颗粒堵塞灌装头的重大难题。设计的灌装头料腔上小下大，且底部有凹槽，避免压力过大将颗粒物压碎造成堵塞；采用多个中空柱装流道的堵头，保证压盘不会将颗粒物压碎，添加顺畅。该专利灌装头灌装添加大颗粒果粒酸奶，连续灌装10小时以上仍无堵塞现象，有效解决了传统灌装头工作2小时即发生堵塞的技术难题。

（2）首创设计水牛乳 UHT 无菌后均质技术，集成生产线及工艺流程创新　创新引入无菌后均质工艺，灭菌后的水牛乳降温至70摄氏度后进行无菌均质，减小乳脂球粒径，并对生产参数进行实时监控，成功破解水牛乳因含脂率高、易重新热凝聚等造成乳脂上浮等行业重大难题，实现柔性加工，有效保留水牛乳制品优质的营养、风味，确保质量安全，显著提高 UHT 产品货架期内质量稳定性，推动主流产品远距离销售，显著提升销量。

（3）关键设备和生产线集成及推广应用　对极高黏度且含颗粒物的产品，集成创新"反应罐＋分离机＋灌装头"关键设备，实现含颗粒物料产品稳定包埋、高效分离及长时间连续灌装；对易重新热凝聚乳脂上浮 UHT 产品，集成引入后均质技术，创新生产线及工艺流程，均实现稳质增效工业化生产并推广应用。

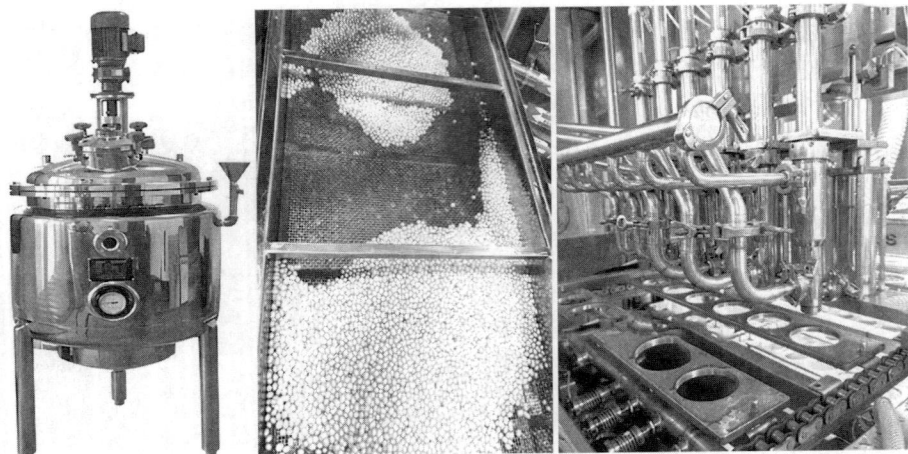

专利反应罐、分离机和灌装头

6. 在国内率先构建基于特征蛋白、基因序列和理化成分的水牛乳中掺杂牛属乳识别技术方案

（1）建立水牛乳及其制品中掺入牛属乳的定性定量检测 RP－HPLC 法　基于水牛乳特征蛋白质，揭示水牛乳和普通牛乳的乳蛋白多态差异规律，构建乳蛋白 RP－HPLC 分离分析方法，以荷斯坦牛乳 $\alpha s1－CN$ 为标记物，峰面积与掺假比拟合线性定量方程，同时建立乳样品的指纹图谱，确定乳源归属，定性鉴别掺假，实现 2 小时快速获得检测结果。

（2）建立水牛乳及其制品中掺入牛属乳的定性检测 PCR 法　通过建立引物设计、特异性比对、灵敏性和重复性等方法，利用特异性条带进行掺假定性判别，实现鲜水牛乳中最低检出限为 1%，高温灭菌乳、干酪及酸奶中为 5%，该技术特异强、准确度高，并已形成广西食品安全地方标准《食品安全地方标准 水牛乳及其制品中掺入牛属乳的定性检测 PCR 法》（DBS 45/023—2015），并在全区推广应用。

（3）建立水牛乳及其制品中掺入牛属乳的定性定量检测实时荧光 PCR 法　基于 Taq-Man－MGB 实时荧光 PCR 技术，以水牛 *Cytb* 基因的保守序列设计特异性引物和探针，构建多物种特异性比对和灵敏性等方法，通过荧光强度变化进行掺假定性定量判别，检测水牛乳灵敏度为 0.01%，技术特异性、精准度高，并在水牛乳制品进出口检测中推广应用。

（4）建立水牛乳及其制品中掺入牛属乳的定性检测免疫层析试剂条法　基于间接竞争法免疫层析技术，创新制备牛 IgG 特异性抗体，成功研制胶体金快速检测试纸条，最低检出限 0.5% 和 15 分钟极速快检，实现批量化落地生产，并在区内外农户、奶站和乳企大规模推广应用。

（5）建立水牛乳及其制品中掺入牛属乳的定量检测化学计量法　基于化学计量学技术，以水牛乳主要理化指标真实数据库为支撑，构建水牛乳中掺牛属乳的定性和定量模型，实现直观地区分掺牛属乳含量不同的样品，判别效果良好。

（6）综合上述技术特点，结合我国实际情况，首次构建基于"RP－HPLC 法企业自检＋

免疫层析试纸条极速快筛＋PCR 法精准判定"的水牛乳中掺杂牛属乳的识别技术方案体系
实现 15 分钟快筛，2 小时高通量 RP－HPLC 自检，以及 PCR 精准复检判定的水牛乳中
掺杂牛属乳的高效、稳定识别，并在区内外推广应用。

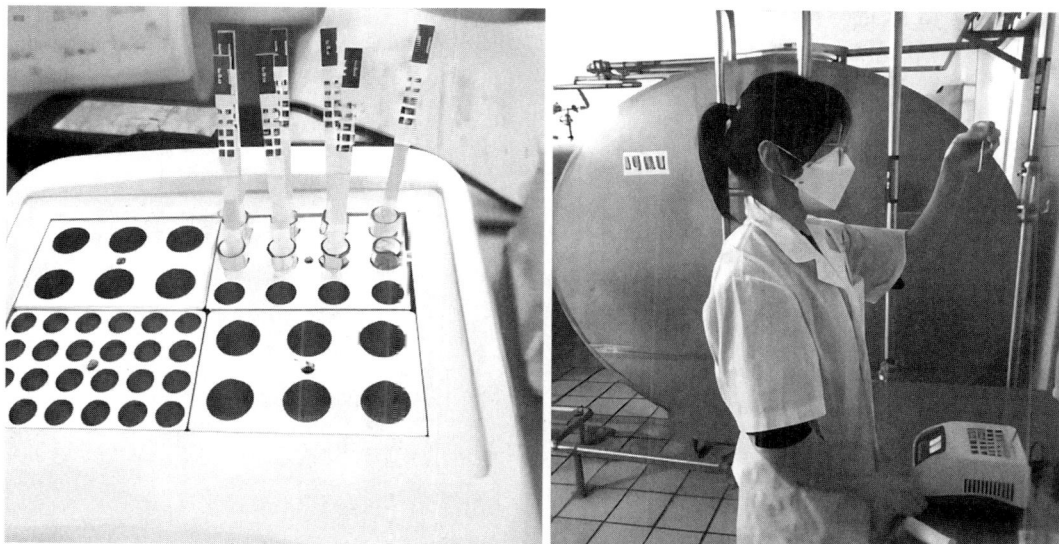

免疫层析试纸条极速快筛现场

7. 首次在国内创建水牛乳及其制品标准体系

基于持续、定点、全覆盖的全区水牛乳质量安全监测数据，2012 年研发并制定了行业
规范《生水牛乳》（RHB 701—2012）、《巴氏杀菌水牛乳、灭菌水牛乳和调制水牛乳》
（RHB 702—2012）及《发酵水牛乳》（RHB 703—2012）；2014 年起升级为强制性标准体系
《食品安全地方标准 生水牛乳》（DBS 45/011—2014）、《食品安全地方标准 巴氏杀菌水
牛乳》（DBS 45/012—2014）、《食品安全地方标准 酸水牛乳》（DBS 45/024—2016）、《食
品安全地方标准 灭菌水牛乳》（DBS 45/037—2017）、《食品安全地方标准 调制水牛乳》
（DBS 45/046—2018）及《食品安全地方标准 风味发酵水牛乳》（DBS 45/047—2018）6
项强制性广西食品安全地方标准，形成覆盖生水牛乳以及市面主流产品的标准体系，得到全
区水牛乳奶站和企业广泛采标或技术对标。推动水牛乳业筑牢安全底线、提高质量、凸显核
心特质、提升品牌效益、提高经济效益。

8. 创建广西生鲜乳质量与安全快检服务平台，并在全区推广应用

依托广西水牛乳质量与安全工程中心，在获得广西农业农村厅批复同意的情况下，参照
CMA 实验室规范，建立广西生鲜乳质量与安全快检实验室，涵盖样品采集、检测分析、数
据分析、报告出具、预警分析等业务。平台应用自主研发的"RP－HPLC法企业自检＋免
疫层析试纸条极速快筛＋PCR 法精准判定"的水牛乳中掺杂牛属乳的识别技术体系、微生
物快检技术，以及常规理化检测技术，为养殖和加工端提供低价高效的水牛乳及其制品质量
指标、安全指标，以及真实属性的常态化检测服务。目前，检测量达到 5 000 多批次。通过
平台服务，推动全区理顺养殖与加工端市场秩序，促进养殖与加工联动、高质量发展，带动
奶水牛养殖提质增收，助力乡村振兴。

三、适宜区域

水牛乳加工企业及奶水牛养殖区。

四、注意事项

无。

技术依托单位

1. 广西水牛研究所

联系地址：广西南宁市邕武路 24-1 号

邮政编码：530001

联 系 人：李　玲

联系电话：13737142721

电子邮箱：lling2010@163.com

2. 广西皇氏乳业有限公司

联系地址：广西南宁市高新区丰达路 65 号

邮政编码：530007

联 系 人：李雯晓

联系电话：13977171325

电子邮箱：41842677@163.com

3. 浙江大学

联系地址：浙江省杭州市余杭塘路 866 号

邮政编码：310058

联 系 人：任大喜

联系电话：15857150583

电子邮箱：dxren@zju.edu.cn

规模猪场数字化集成技术

一、技术概述

（一）技术基本情况

当前，浙江省正全面深化数字化改革和推进共同富裕示范区建设，数字化是促进畜牧业高质量发展的重要举措，也是实现中国畜牧业现代化的具体体现。规模猪场数字化集成技术主要应用物联网、人工智能、云计算、大数据分析等信息技术，集成分析视频监控、智能饲喂、智能环控、智能生物安全防控等各类数字化设施装备产生的数据，通过数字化管理平台进行智能决策，解决规模猪场在生产、管理、经营过程中成本控制难、疫病防控弱、管理效率低、安全隐患多等问题，从而提高规模猪场的数字化水平和核心竞争力。

近几年，浙江省各地积极探索数字化技术在规模猪场中的应用，并取得明显进展。2019年，出台《生猪产业高质量发展规范》，明确将数字化作为生猪高质量发展"六化"的必备要求；2020年，以生猪稳产保供和新建规模猪场为契机，出台《浙江省万头以上规模猪场数字化建设指南（暂行）》，组建全国第一个规模猪场数字化模拟示范参观点——金猪智能厅，大力推进规模猪场的数字化建设；2021年，出台《浙江省万头以上规模猪场数字化建设指南（2021年版）》，制定省级地方标准《畜禽养殖场数字化技术规范》，大力推广数字化集成技术的应用，建设浙江畜牧产业大脑，评选认定全省100家数字牧场；2022年，制定省级团体标准《未来牧场建设导则》，评选认定6家未来牧场和20家数字牧场，数字化集成技术在规模猪场中得到广泛应用。《浙江华腾智能耳标》入选《2022年中国智能畜牧业发展报告》。

（二）技术示范推广情况

规模猪场数字化集成技术已在全省152家新建万头以上规模猪场示范推广，打造完成"产业大脑＋未来牧场"模式。同时，鼓励全省改建、扩建规模猪场，推进数字化转型升级。截至2022年底，全省138家已投产的万头以上新建规模猪场基本实现数字化，打造了浙江华腾猪场、浙江青莲猪场、浙江欣宏源猪场、熊猫猪猪·两头乌国际牧场等一批数字化建设应用典型。

（三）提质增效情况

根据对全省规模猪场数字化建设应用情况的调研调查，数字化集成技术应用成效显著。一是提升生产效率。每万头生猪养殖用工数约为3人，浙江华腾猪场3万头生猪养殖用工数从传统养殖模式的32人下降到10人，浙江青莲猪场每10万头生猪养殖用工数从传统养殖模式的250人降至目前的35人。二是提高养殖水平。浙江华腾猪场平均每头母猪年提供商品猪（PSY）从常规养殖方式的18.5头提高到目前的26.5头，增加43.2%；浙江欣宏源猪场PSY达到30.9头，母猪区健仔率增加2.1%，母猪淘汰率降低7%，断奶仔猪成活率增加3.2%，断奶仔猪均重达到8.8千克，母猪断奶发情率增加5%。三是减少成本投入。浙江欣宏源猪场每年消耗饲料降低6.5%，母猪区年节省饮用水4万吨以上，人力成本减少

100 万元以上；浙江华腾猪场总用水量节省约 60％。四是强化管理能力，实现从群体监测到个体精密智控的突破，数字化管理平台实时呈现各类生产数据，AI 算法自动识别异常事件和行为，向管理人员实时推送各类预警信息，自动汇总生成各类数据分析报告，有效提高决策能力和质量。固化生物安全防控流程，应用智能识别装备实现对人、物、车的有效管理。五是增强共富能力，熊猫猪猪·两头乌国际牧场通过牧旅结合，已累计为周边村庄引流 17万人次，带动村民就业超过 500 人，帮助村民增收 1 200 余万元。六是保障产品安全，智能生物电子耳标绑定猪只个体信息，实时更新猪只个体的喂料、用药、免疫等数据，为开展疫情防控等提供数据支撑。同时，消费者通过猪肉质量溯源系统查阅猪肉产品生产信息和产品质量检测报告，真正实现追踪溯源。

(四) 技术获奖情况

浙江畜牧产业大脑被浙江省委评为浙江省数字化改革"最佳应用"；浙江青莲食品股份有限公司被浙江省委评为浙江省改革突破奖铜奖；浙江华腾牧业有限公司获评第三届"绽放杯"5G 应用征集大赛浙江分赛二等奖、首届世界物联网大会项目奖。

二、技术要点

规模猪场数字化集成技术通过整合视频监控、智能饲喂、智能环控等生产关键环节的数字化功能模块，实现了对各类数字化设施装备的集中统一控制，并汇总、分析各类数字化设施装备产生的数据，自动生成相应报表，用于指导规模猪场的生产、管理和经营。集成技术的应用有利于进一步挖掘数据价值，充分发挥数字化建设效能，全面提升规模猪场的综合效益。

1. 网络应用

应用 5G 等新型通信技术，网络带宽需根据猪场规模、数字化设施装备数量、数据传输量等情况进行科学测算；网络布设应覆盖所有数字化终端、管控系统、智能化管理平台等数字化设施装备工作区域，以确保数据稳定、安全、高速传输。

2. 身份识别

能繁母猪应用智能芯片耳标，标识母猪个体身份，并由耳标识别终端设备实时读取、记录母猪个体的品种、采食、健康、免疫和用药等信息。鼓励仔猪、育肥猪推广应用智能芯片耳标。

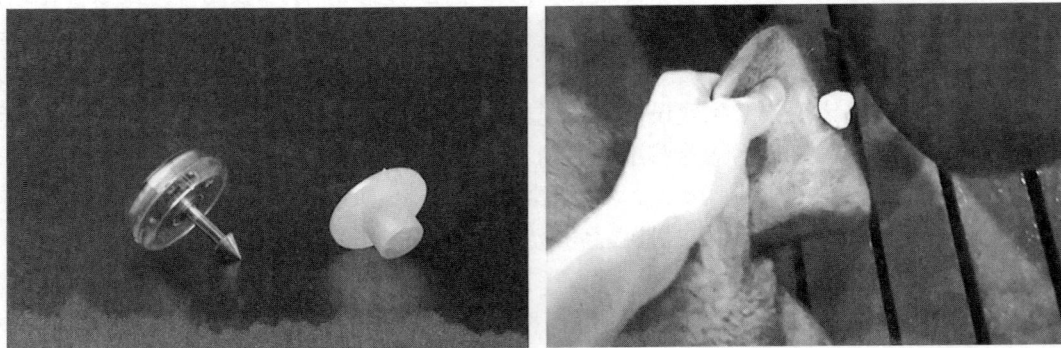

智能芯片耳标

3. 智能环控

配套风机、湿帘、喷淋、喷雾等数字化环控设备，通过环境监测传感器实时监测猪舍内温度、湿度、二氧化碳浓度、氨气浓度等指标，数字化管理平台根据猪只生长环境参数模型，自动控制环控设备运行，确保为猪只提供适宜的生长环境。

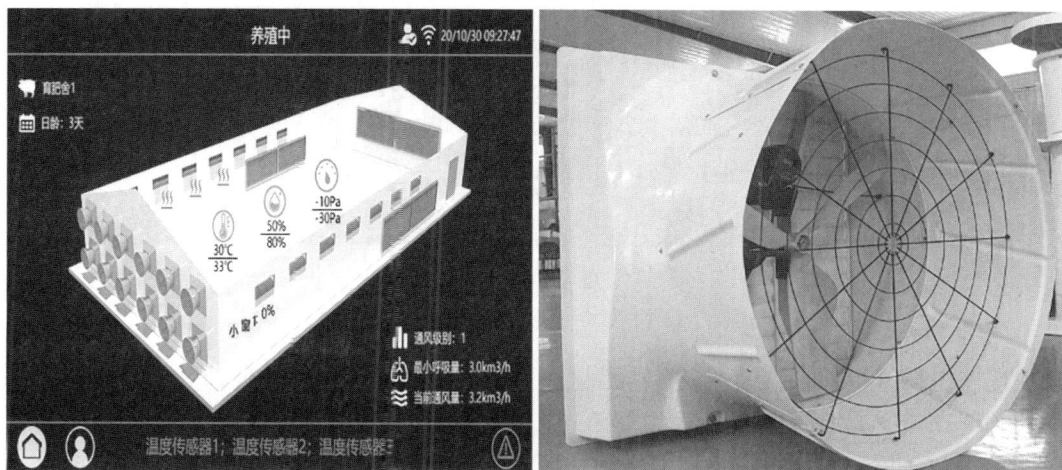

智能环控模型和风机

4. 智能监控

在猪场场界、场区、栋舍内等关键位置安装摄像头、定位传感器、巡检机器人等数字化监控设备，实时监管场内人流、车流、物流、猪流及周边情况，监测舍内猪只行为、状态等信息；在粪污处理区安装水质、流量传感器，实时监测出水口水质、水量等数据；对猪场异常情况实时预警。

智能枪机和鱼眼摄像头

5. 智能饲喂

应用数字化料塔、料线、饲喂器、饮水器等设备，数字化管理平台可根据猪只不同生长阶段和生长情况，设置适宜的饲料配方、投喂数量和投喂时间，并实时记录猪只采食量。

智能饲喂器

6. 智能防控

在场区门口、生产区、生活区，生产区和生活区交界处、病死猪处理区、粪污处理区等区域的关键点位安装人脸识别、车辆管控，以及人、车、物洗消烘等数字化设备，根据生物安全防控规则，自动完成人、车、物的洗消烘流程和流向管理，并对异常情况实时预警。

智能车辆洗消烘系统

7. 设备信息

建立设备信息库，采集、汇总各类数字化设备运行数据，并在数据大屏实时呈现设备运行状态；通过实时监测数据，优化设备运行，实现设备的自感知、自优化、自决策、自执行和协同作业。制定设备维护保养计划，到期自动提醒，确保设备正常运行。

8. 数字化管理平台

建立数字化管理平台，集成各类数字化终端设备数据，并根据数据分析结果控制相应设备运行。配套数据大屏，实时呈现猪场运行数据和预警信息。数字化管理平台对接省数字畜牧应用系统，工作人员可通过移动端接入管理平台，按照权限查看猪场信息并管理猪场运行。

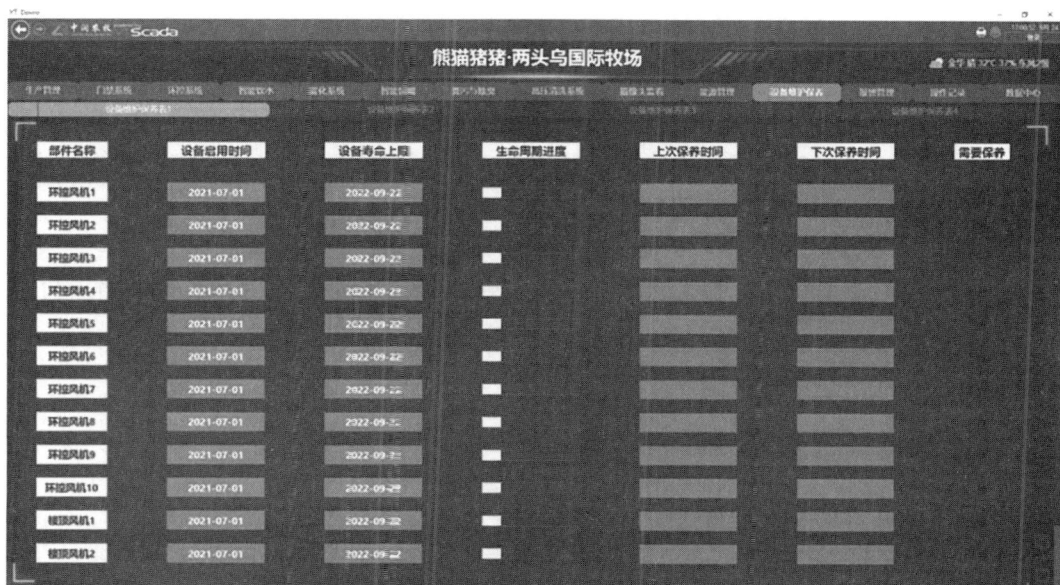

设备信息管理系统

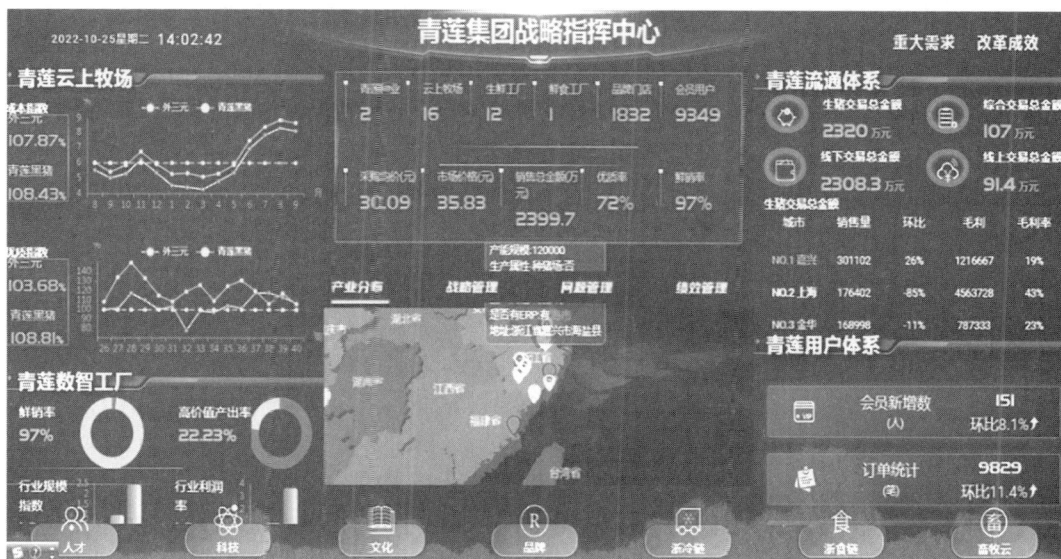

数字化管理平台

三、适宜区域

全国具有高速网络、稳定供电等基础设施条件的规模养殖场。

四、注意事项

1. 猪场在规划设计阶段应统筹考虑数字化需求及发展趋势，为数字化建设提供必要的空间、电力和网络。

2. 猪场要根据自身实际和管理需要，配套适用的数字化设施装备，可统筹推进、逐步实施、综合运用。

3. 猪场选址时应充分考虑周边是否有网络接入点，建议万头以上规模的猪场网络带宽不低于 300 兆，10 万头以上规模的猪场不低于 500 兆，设备网络与生活、办公网络分开。

4. 采购数字化设备时应优先选择开放数据接口的生产厂商。

5. 配备必要的数字化应用技术人才，并制定数字化工作管理制度。

6. 本技术适用于新建万头以上规模猪场，改建、扩建以及万头以下规模的猪场可参照执行。

技术依托单位

1. 浙江省畜牧技术推广与种畜禽监测总站

联系地址：浙江省杭州市上城区御云路 111 号

邮政编码：310021

联 系 人：任永业

联系电话：0571-86496788

电子邮箱：151699765@qq.com

2. 浙江省农业科学院

联系地址：浙江省杭州市上城区德胜路 298 号

邮政编码：310000

联 系 人：周卫东

联系电话：0571-86419136

电子邮箱：zhouwd@zaas.ac.cn

3. 浙江大学

联系地址：浙江省杭州市西湖区余杭塘路 866 号

邮政编码：310012

联 系 人：汪开英

联系电话：0571-88982490

电子邮箱：zjuwky@zju.edu.cn

家蚕微粒子病全程防控技术

一、技术概述

（一）技术基本情况

1. 技术研发推广背景

蚕桑业是我国的传统优势产业，我国是世界上最大的蚕茧和生丝生产国，蚕茧和生丝产量常年占全球总产量的80%以上，在助推乡村振兴中发挥了重要作用。蚕种生产是蚕桑业稳定发展的根基。家蚕微粒子病是蚕种生产中的毁灭性疫病，具有食下和胚种两种传染方式，被世界各蚕业生产国列为法定检疫对象。广东、广西和海南等华南亚热带蚕区是我国最大的蚕区，蚕茧产量占全国总产量的60%以上，常年高温高湿的气候条件以及养蚕批次交叉重叠的生产特点导致各种蚕病更容易发生，家蚕微粒子病的防控形势也更为严峻。然而，生产上一直沿用传统的"镜检母蛾淘汰有毒蚕种"、以预防为主的被动防治策略，治疗药物和技术极度匮乏。20世纪90年代，"原蚕区养蚕＋蚕种场制种"开始成为蚕种生产新常态，养蚕环境更为复杂，镜检母蛾时不断发现新型微孢子虫，其来源、传染与发病规律不明，不知如何处理。另外，蚕粪（沙）是传染性蚕病病原的载体，产地就地处理难度大，未有相关技术研究，成为家蚕微粒子病防控中的薄弱环节。因此，围绕蚕种生产新常态下家蚕微粒子病新病原来源、理化治疗和蚕区环境消毒净化技术开展系统性创新研究，研发家蚕微粒子病防控新技术新产品，构建完善的家蚕微粒子病全程防控技术体系并进行推广应用，对保障蚕种和大面积蚕茧生产安全，维护蚕桑业的稳定健康发展具有重要意义。

2. 能够解决的主要问题

（1）针对家蚕微粒子病无药可治、治疗产品与技术匮乏的问题，先后研发出家蚕微粒子病治疗药物"多菌灵粉（蚕用）"和一种以阿苯达唑为主剂的药物组合物，创制阻遏病原垂直传播的二化性蚕种高温处理新技术，使家蚕微粒子病从原来"单一预防"发展为"预防与治疗相结合"的新技术体系。制定"喷施桑树桑叶、采摘药桑饲蚕"的便捷用药方案，解决

治疗药物"蚕用多菌灵粉"（左）和喷施桑树作业现场（右）

了药物直接添食导致蚕座湿度过大和蚕体水分过多的问题，节约工效 80％以上。

（2）针对广东省蚕种生产新常态下家蚕微粒子病新型病原来源、传染与发病规律不明的问题，系统开展了广东规模最大的病原微孢子虫普查、生理病理和分类研究，揭示了野外昆虫微孢子虫对家蚕的交叉感染是导致家蚕微粒子病流行蔓延的重要原因，提出了防控桑园害虫和桑叶消毒等控制家蚕疫病交叉感染的关键技术措施。

（3）针对传统消毒剂消毒效果不理想，且无法满足生活、办公区消毒需求的问题，创制了适于蚕室蚕具消毒的有机氯消毒剂"三氯异氰脲酸粉（蚕用）"、适于家居办公场所消毒的低腐蚀性消毒剂"戊二醛癸甲溴铵溶液"和桑树叶面专用消毒剂"消微灵"，构建了一体化养蚕环境消毒净化技术体系。

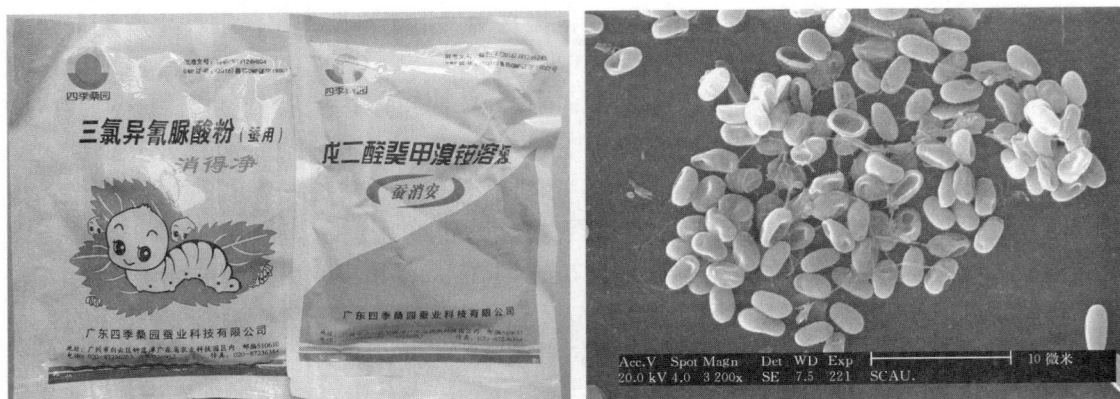

消毒药物（左）和戊二醛癸甲溴铵溶液对微孢子虫的影响（右）

（4）针对蚕沙无害化处理这一微粒子病防治的薄弱环节，率先开展蚕沙无害化与肥料化技术研发，发明蚕沙消毒堆肥一体化技术，针对生产实际建立了无害化静态好氧堆肥、小型设施好氧堆肥、规模化好氧堆肥等蚕沙堆肥模式，研制出蚕沙静态好氧堆肥池和可拆卸式蚕沙堆肥装置等 4 套堆肥设施装置，有效杀灭家蚕病原菌，净化了原蚕区环境。研发系列蚕沙生物肥用于原蚕桑园，提高了桑叶品质和原蚕抗病能力。

蚕沙消毒堆肥一体化技术

3. 专利范围及使用情况

授权发明专利 6 项，实用新型专利 2 项。其中依据"一种桑叶中阿苯达唑持留量的测定方法"（专利号：ZL201410229278.6）和"利用超快速液相色谱-串联三重四级杆质谱测定家蚕血淋巴中阿苯达唑及代谢物含量的方法"（专利号：ZL201310317195.8），分别建立了一种桑叶中阿苯达唑持留量的测定方法和一种检测家蚕血淋巴中阿苯达唑及其代谢物含量的方法，为微粒子病治疗药物用药方案的制定提供了科学依据；依据"一种针对家蚕双交原种微粒子病胚种垂直传播的防治方法"（专利号：ZL201710462792.8）、"针对四元杂交种家蚕微粒子病胚种垂直传播的防治方法"（专利号：ZL201710462723.7）和"一种靶向热处理蚕种治疗家蚕微粒子病的方法"（专利号：ZL201910225294.0），建立了通过蚕种高温处理阻遏家蚕微粒子病胚种传染的绿色防治方法，已在广东四季桑园蚕业科技有限公司、阳山县兴达蚕业有限公司（现广东省丝源集团有限公司阳山分公司）等有关蚕种生产企业示范应用；依据"一种蚕沙无害化静态好氧堆肥处理方法"（专利号：ZL201210338974.1）、"一种可拆卸式蚕沙无害化静态好氧堆肥装置"（专利号：ZL201120523309.0）和"一种蚕沙静态好氧发酵处理池"（专利号：ZL201120523277.4），建立了蚕沙无害化处理与肥料化利用技术，开发出相关堆肥装置，已在广东、广西等蚕区推广应用。

（二）技术示范推广情况

当前，本成果在广东省内蚕区覆盖率已达到 100%。自 2010 年起，该技术成果已推广应用到山东广通蚕种有限公司、广西兴业县华盛蚕业科技有限责任公司、河池市蚕种场、云南姚安天硕蚕种有限公司等 20 多个省份蚕区的主要蚕种生产单位，在全国范围内得到大面积推广应用。

（三）提质增效情况

应用本成果后，2022 年，广东省原蚕区蚕农户均增产蚕茧 133 千克，按照 2022 年种茧平均价格 70 元/千克计算，户均增收 9 310 元。同时，蚕种生产单位有效控制了家蚕微粒子病的发生，取得了显著的经济效益。以山东广通蚕种有限公司为例，本成果自 2010 年在该公司推广应用后，有效保障了蚕种产能和质量，年产蚕种超 200 万张，蚕种畅销国内各地，以及乌兹别克斯坦、越南、泰国等"一带一路"沿线蚕桑生产国，2010—2020 年累计新增销售额 11.9 亿元，助力该公司发展成为我国规模最大的蚕种生产企业。

据统计，家蚕微粒子病全程防控技术已应用到广东省所有蚕种生产企业，系列消毒药物及其规范使用技术、桑叶消毒技术、蚕沙无害化处理技术等在省内蚕区大面积推广应用。此外，该技术成果还推广到 20 多个省份蚕区，有效减少了因微粒子病淘汰蚕种的巨大损失，并保障了蚕种供应，稳定了蚕桑生产，为蚕区提质增效和乡村振兴做出重要贡献，经济、社会和生态效益显著。

（四）技术获奖情况

以该技术为核心的科技成果先后获 2020—2021 年度神农中华农业科技奖二等奖、2020 年度广东省农业技术推广奖一等奖。其中，"家蚕微粒子病新病原鉴定和理化防控新技术研发与应用"经中国蚕学会评价认定整体达到国际先进水平，家蚕微粒子病理化治疗技术研究方面达到国际领先水平。

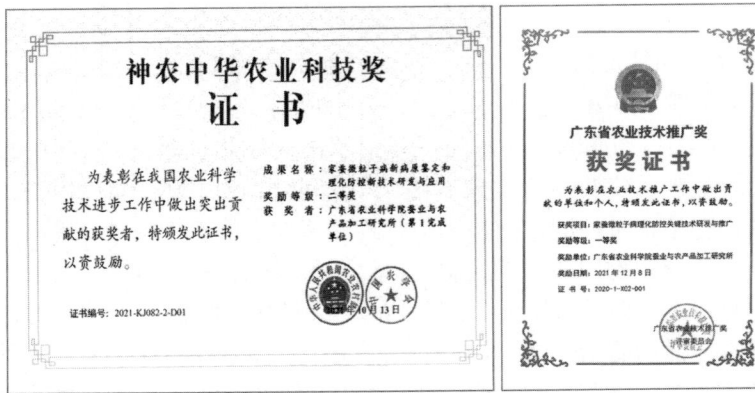

成果获奖证书

二、技术要点

（一）核心技术主要内容

1. 改革消毒药物，彻底杀灭病原

创制适于蚕室蚕具消毒的有机氯消毒剂"三氯异氰脲酸粉（蚕用）"、适于家居办公场所消毒的低腐蚀性消毒剂"戊二醛癸甲溴铵溶液"和桑树叶面专用消毒剂"消微灵"，构建一体化养蚕环境消毒净化技术体系。为确保消毒质量，由蚕种场组织消毒专业队进行地毯式的强化消毒，既保证了消毒效果又提高了工作效率。

2. 扑杀桑园昆虫，减少交叉感染

将防虫杀虫、防止野外昆虫微孢子虫对家蚕交叉感染作为净化环境的一条重要措施落实。桑园冬季剪枝或夏刈时做好清园工作，每亩撒施生石灰 100 千克消毒土壤。桑树生长期定期检查虫害，及时喷药。采叶时，选除虫口叶与泥脚叶。

3. 小蚕桑叶消毒，防止食下传染

消毒剂可选用 0.3% 有效氯制剂，也可用 210 毫克/升表面活性剂戊二醛癸甲溴铵溶液。一般在 1～3 龄期使用消毒液浸消桑叶 5～8 分钟，用清水漂洗除去残留在桑叶表面的消毒液，再经脱水、晾干后喂蚕。

4. 大蚕药物治疗，控制病原增殖

将"消微灵"喷施在桑树叶片上让其迅速内吸，在 7 天有效期内采桑养蚕能有效防治大蚕期食下感染病原微孢子虫引起的家蚕微粒子病。

5. 蚕沙无害化处理，切断病原扩散途径

养蚕结束后把病死蚕拣出用消毒液浸泡处理，然后用 0.4% 有效氯的"三氯异氰脲酸粉（蚕用）"对蚕座蚕沙进行消毒（以每张原种 20 千克液为宜），湿润 1 小时后把桑枝条拣出集中处理，蚕沙搬运至蚕沙池进行无害化静态好氧堆肥处理，或运至有机肥厂进行堆制，经 1 个月处理，就能彻底杀灭微孢子虫病原。

6. 蚕种高温处理，阻断垂直传播途径

浸蚕种，采用高温即时浸酸法处理，最适条件为卵龄 18～22 小时，浸酸温度 47.5～48 摄氏度，浸酸时间 6～7 分钟。冷藏蚕种采用高温湿热法处理，最适工艺参数为卵龄 12～16 小时，温度 46 摄氏度，相对湿度大于 85%，时间 60～80 分钟。

（二）配套技术主要内容

本技术还包括前人在家蚕微粒子病防控中积累的宝贵技术经验，主要包括：①净化原蚕区域，防治关口前移。②全面普查病原，确定消毒重点。③集中镜检母蛾，淘汰有毒蚕种。④实行分户制种，重点防范病户。

对上述技术成果进行整合，构建了家蚕微粒子病全程防控技术体系，有效保障了蚕种和大面积蚕茧生产安全。

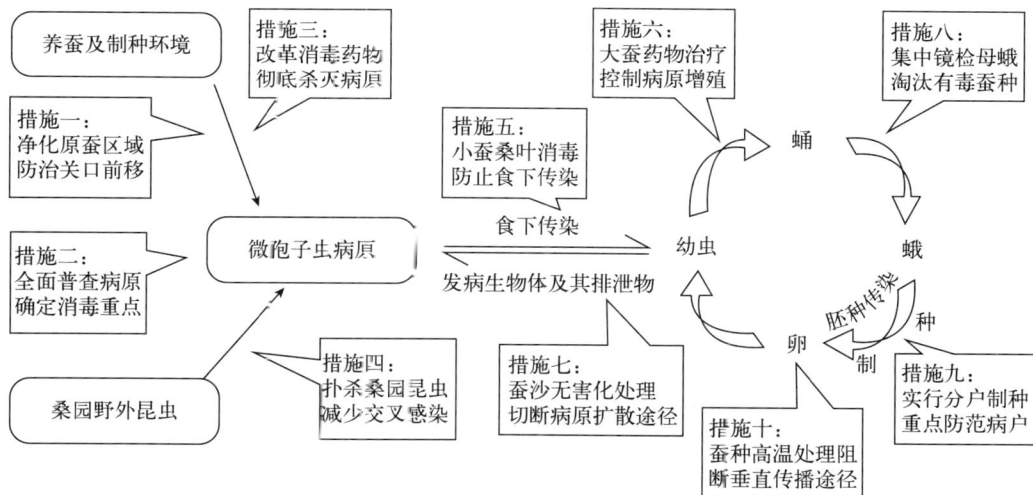

家蚕微粒子病全程防控技术体系

三、适宜区域

适宜我国各蚕桑主产区。

四、注意事项

家蚕微粒子病发生流行原因和规律极为复杂，防治环节很多，往往疏忽了某一环节就会

前功尽弃。因此，在实际生产应用中要将家蚕微粒子病全程防控技术认真落实，做到层层把关、全程覆盖、防治结合、立体防控。

技术依托单位

广东省农业科学院蚕业与农产品加工研究所

联系地址：广东省广州市天河区东莞庄一横路 133 号

联 系 人：邢东旭

联系电话：020-87237320

电子邮箱：dongxuxing@126.com

基于大数据的智慧奶业生产技术

一、技术概述

（一）技术基本情况

河南省是我国奶业主产省，也是乳品生产和消费大省，每年乳品消费 300 亿元，占全国 1/10。奶业中长期存在着生产数字化程度低、选育评价技术不健全、疫病与生鲜乳质量预警追溯体系不完善等问题，严重制约着河南从奶业大省向奶业强省跨越。项目组针对上述突出问题，历时 12 年，以信息化技术为轴线，系统开展奶牛育种评价、疫病防控、质量追溯、生产管理等方面研究，取得了以下创新：

1. 创新了奶牛重要经济性状的遗传学研究，创建了奶牛平衡选择指数，研发了基于大数据的奶牛智能化选种选配系统

首次建立了奶牛 3 类重要经济性状遗传参数评价规程，挖掘了与功能性状相关的 55 个 SNP 和 18 个候选基因，揭示了繁殖性状的基因与环境互作（G×E）效应；研究了 5 类 26 个奶牛重要经济性状的遗传评估技术，创建了包含 3 个产量性状、5 个繁殖性状、3 个体型性状和 1 个健康性状的平衡选择指数，通过该指数选育的种公牛在 2020 年全国评估中排名第一；利用物联网（IoT）、5G 移动通信系统等信息技术、近交衰退和平衡选择指数理论、建模工具软件（PD），开发了系谱分析与遗传优选系统；研究了 B/S 架构的线性评定 App 和品种登记系统，被全国畜牧总站遴选作为"中国奶牛良种登记管理系统平台"和"中国奶牛基因组参考群的数据平台"，采集 242 万条种牛数据。

2. 研究了奶牛常见疾病的发病规律和防控技术，创建了生鲜乳检测全过程信息化系统，建立了疾病防控预警与生鲜乳质量安全追溯体系

研究了日粮因素对瘤胃上皮短链脂肪酸（SCFA）吸收相关载体表达的影响及其机理，揭示了瘤胃酸中毒发生的生理机制；针对奶牛酸中毒、乳腺炎、传染性鼻气管炎、病毒性腹泻和副结核病等疾病开展流行病学调查，创新构建了包括无乳链球菌、微小隐孢子虫、支原体等 24 种病原和 4 个耐药基因的快速分子诊断技术体系；研发了生态抗菌类产品和中草药制剂、疾病检测软件、预防保健设备设施、预警信息系统等，实现了牛群亚健康状态预警，年均发布预警信息和防控建议 3 880 条次；研发了生鲜乳检测全过程信息化系统，覆盖全国 62% 的奶牛生产性能测定（DHI）实验室；建立了生鲜乳质量安全追溯编码体系，建成了涵盖采样、检测、数据上传和异常预警等功能的质量安全追溯平台，覆盖 225 家生鲜乳收购站、27 家乳品企业的 195 辆生鲜乳运输车，实现全程追溯与实时监控。

3. 完善了适合现代奶牛生产的技术标准体系，研发了涵盖奶牛生产全过程的管理决策系统，创建了基于云计算的奶牛大数据综合服务平台

制定了《标准化奶牛场建设》《现代奶业评价——奶牛场定级与评价》标准，规范了奶牛场的建设和评价工作；编制了《牧场繁殖数据采集技术规程》《奶牛遗传评估技术规程》

等 21 项企业标准，使河南省 DHI 整体数据质量跃居全国领先水平；发明了个体精准监控、奶牛场饲料调配、牛舍恒温可控、粪污清理、分群门等装置；围绕"从牧场到餐桌"链条中的关键控制点，开发精准饲喂、兽医保健和牛奶检测等软件系统 28 套；率先建成包括品种登记、性能测定、饲料营养等 8 个数据库的奶牛综合数据服务平台，提供奶业政策咨询、生物安全评估和精准饲养管理等报告 3 132 份。

（二）技术示范推广情况

关键技术在全国 9 个省份 102 个县推广应用，覆盖 118.48 万头奶牛，并输出到"一带一路"国家吉尔吉斯斯坦；建立省部级科研平台 10 个，省产业技术创新战略联盟 2 个；扶持成立奶农合作社 71 家，指导花花牛畜牧科技有限公司成功创建国家奶牛核心育种场、指导国家级休闲观光牧场 4 家；每年为奶牛场提供一对一线上技术指导 1 480 次，线上指导奶牛场 530 家；累计培训人员 16 680 人次，培养技术骨干 1 265 名，新增就业 3 450 人；培养硕博研究生 15 人，孵化高级职称人才 14 人次。开发的奶牛品种登记系统被全国畜牧总站遴选作为"中国奶牛良种登记管理系统平台"，在全国 9 个省份推广应用；开发的 DHI 样品采集系统、体型外貌鉴定软件、自动清洗设备等软硬件已在山东、山西、天津等 8 个省份应用。关键技术的推广应用情况被《农民日报》《大河报》《中国畜牧业》《河南日报农村版》《乳业时报》、河南电视台、河南省政府网站等新闻媒体报道 20 余次。

（三）提质增效情况

（1）技术增效显著　2018 年推广奶牛 24.28 万头，2019 年 28.66 万头，2020 年 21.14 万头；奶牛原平均单产为 8 200 千克/年，技术应用使单产提高 794.37 千克/头，乳腺炎发病损失减少 20.85 元/头。2016—2020 年，关键技术的推广应用将示范场奶牛的平均乳脂率和蛋白率分别提升了 18.18%和 10.52%，体细胞数下降 41.92%，在营养与质量上有较显著的效益。

（2）推动奶业科学技术进步，促进"学产研，政推用"深度融合　组建了省奶牛育种工程技术研究中心等 10 个科研合作平台，2 个河南省奶牛产业技术创新战略联盟，2 个国际联合实验室；授权发明专利 8 项，实用新型专利 20 项，计算机软件著作权 40 项，地方标准 1 项，团体标准 1 项；发表论文 105 篇，出版著作 4 部。

（3）培育大批高素质农民，引导奶业转型升级。扶持成立奶农合作社 71 家，指导创建国家奶牛核心育种场 1 家、国家级休闲观光牧场 4 家，年接待突破 20 万人次，培育了一大批有知识、懂技术、善管理、会经营的高素质农民。

（4）促进奶业信息化技术普及应用，社会影响力巨大　奶牛品种登记系统被全国畜牧总站遴选作为"中国奶牛良种登记管理系统平台"，在全国 9 个省份应用；在"一带一路"国家吉尔吉斯斯坦建立合作示范点；奶牛 DHI 样品采集系统、体型外貌鉴定软件、自动清洗设备等软硬件已在山东、山西、天津等 8 个省份应用；被《中国畜牧业》、河南电视台等新闻媒体报道 20 余次，产生较大的社会影响力。

（5）构建良性循环的奶业生态产业链，生态效益显著　关键技术的推广不仅提高了牛只的生产性能、遗传水平和原奶质量，还从整体上降低了奶牛场对资源的消耗，减少了牧场粪污和温室气体排放。同时，显著降低了重大疾病的发病率和死亡率，有效减少了病原体排放和抗生素使用。项目应用促进了人与牛的和谐、牛场与环境的和谐，构建了良性循环的奶业生态产业链。

2222222

（四）技术获奖情况

相关技术先后获得 2016—2018 年度全国农牧渔业丰收奖成果奖二等奖、2021 年河南省科学技术进步奖二等奖等奖项。

二、技术要点

我国是奶业生产和消费大国，奶业作为强壮民族不可或缺的战略性支柱产业，仍然存在着生产数字化程度低、选育评价技术不健全、疫病与生鲜乳质量预警追溯体系不完善等问题，严重制约着产业健康稳定发展。项目以信息化技术为轴线，创新并结合"种、管、料、病"奶业产业技术，开发了基于大数据的奶牛智能化选种选配、奶牛生产全过程管理决策、奶牛疾病检测预警与诊断、生鲜乳检测全过程信息化 4 套系统，创建了基于云计算的奶牛大数据综合服务、生鲜乳第三方质量安全监测 2 个平台，完善了适合区域性的奶牛遗传改良、高效健康养殖、生鲜乳质量安全追溯 3 个体系，实现了原始创新、集成创新与示范应用的有机结合，推动传统奶业向智慧奶业转型。

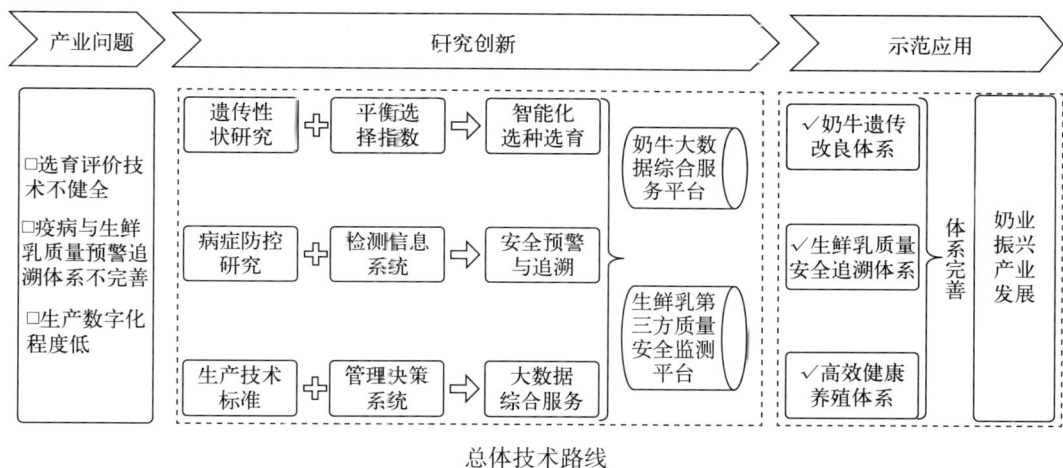

总体技术路线

创新了奶牛重要经济性状的遗传学研究，创建了奶牛平衡选择指数，研发了基于大数据的奶牛智能化选种选配系统。

研究了奶牛常见疾病的发病规律和防控技术，创建了生鲜乳检测全过程信息化系统，建立了疾病防控预警与生鲜乳质量安全追溯体系。

完善了适合现代奶牛生产的技术标准体系，研发了涵盖奶牛生产全过程的管理决策系统，创建了基于云计算的奶牛大数据综合服务平台。

三、适宜区域

适用于国内奶业主产省规模奶牛养殖场（户）。持续参加奶牛生产性能测定与品种登记的养殖场（户）可使用此技术。

四、注意事项

奶牛主要经济性状属于数量性状，受到微效多基因影响，性状遗传机制解析和种用价值

技术研究　　　系统开发　　　应用效果

经济性状遗传参数评价

功能性状基因挖掘

基于三维视觉的奶牛体型线性评定技术

5类26个性状遗传评估

平衡选择指数

系谱分析与遗传优选软件

品种登记和线性外貌评定移动终端

奶牛品种登记和选种选配在线平台系统

河北山东山西天津等9个省份推广应用

中国奶牛良种登记管理系统平台

中国奶牛基因组参考群的数据平台

中国奶牛基因组参考群的主要技术平台

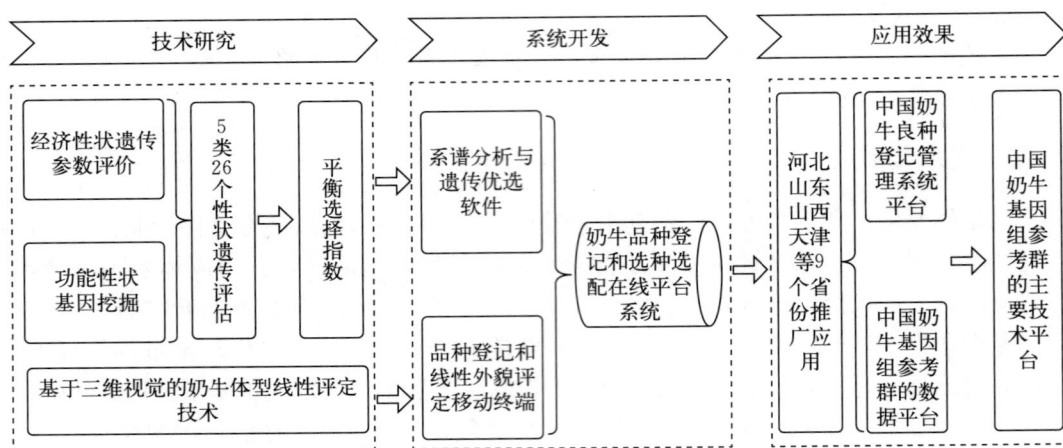

奶牛平衡指数与选种选配构建技术路线

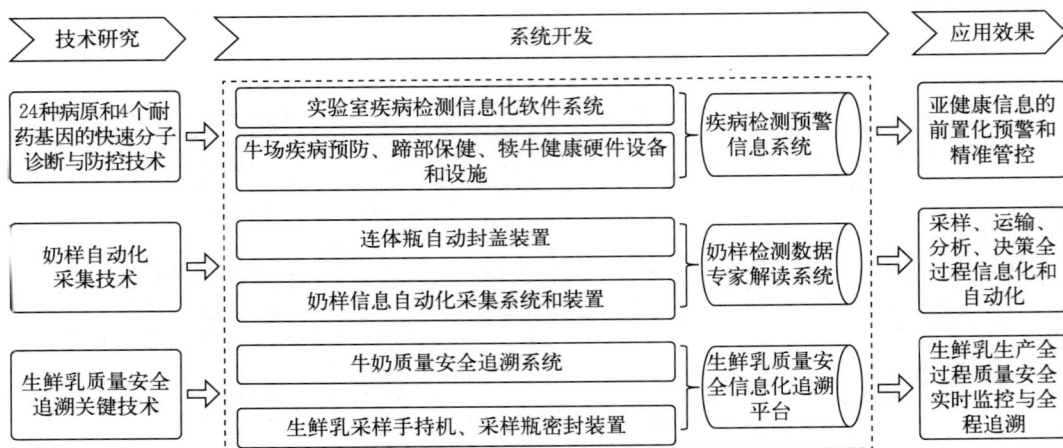

技术研究　　　系统开发　　　应用效果

24种病原和4个耐药基因的快速分子诊断与防控技术

实验室疾病检测信息化软件系统

牛场疾病预防、蹄部保健、犊牛健康硬件设备和设施

疾病检测预警信息系统

亚健康信息的前置化预警和精准管控

奶样自动化采集技术

连体瓶自动封盖装置

奶样信息自动化采集系统和装置

奶样检测数据专家解读系统

采样、运输、分析、决策全过程信息化和自动化

生鲜乳质量安全追溯关键技术

牛奶质量安全追溯系统

生鲜乳采样手持机、采样瓶密封装置

生鲜乳质量安全信息化追溯平台

生鲜乳生产全过程质量安全实时监控与全程追溯

奶牛疾病防控与生鲜乳质量安全追溯体系构建技术路线

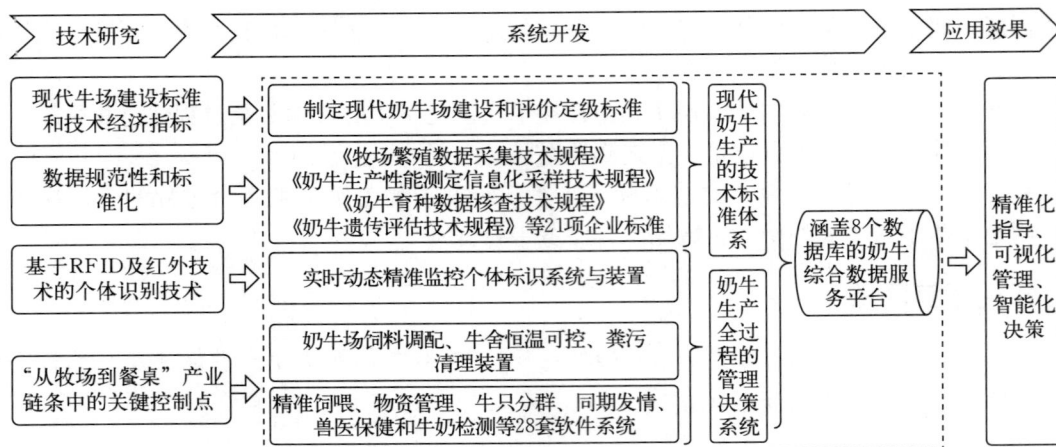

技术研究　　　系统开发　　　应用效果

现代牛场建设标准和技术经济指标

制定现代奶牛场建设和评价定级标准

数据规范性和标准化

《牧场繁殖数据采集技术规程》《奶牛生产性能测定信息化采样技术规程》《奶牛育种数据核查技术规程》《奶牛遗传评估技术规程》等21项企业标准

现代奶牛生产的技术标准体系

基于RFID及红外技术的个体识别技术

实时动态精准监控个体标识系统与装置

奶牛场饲料调配、牛舍恒温可控、粪污清理装置

"从牧场到餐桌"产业链条中的关键控制点

精准饲喂、物资管理、牛只分群、同期发情、兽医保健和牛奶检测等28套软件系统

奶牛生产全过程的管理决策系统

涵盖8个数据库的奶牛综合数据服务平台

精准化指导、可视化管理、智能化决策

奶牛大数据综合服务平台构建技术路线

提升仍是奶牛生产的重要工作任务。由于奶牛基因组参考群质量规模、国内多省联合种牛评价方法有待进一步提升，这需要以信息化技术为抓手开展奶牛联合育种，建立种牛自主评价体系，提升种牛自主培育能力。

技术依托单位

1. 河南省种业发展中心

联系地址：河南省郑州市金水区杨金路 139 号

邮政编码：450003

联 系 人：闫　磊

联系电话：17739778980

电子邮箱：yanleihcy@163.com

2. 河南省奶牛生产性能测定中心

联系地址：河南省郑州市金水区扬金路 8 号聚方科技园 C 座

邮政编码：450003

联 系 人：贺倩倩

联系电话：15850565208

电子邮箱：1249406927@qq.com

3. 济源市农业农村局

联系地址：河南省济源市行政二区 2 号楼

邮政编码：459099

联 系 人：李　静

联系电话：15538930076

电子邮箱：jyxmjxmk@126.com

兽药减量化、饲料环保化养殖技术

一、技术概述

（一）技术基本情况

绿色安全高效是当前畜牧业发展的目标。近30年来，我国畜牧业发展迅速，从量的角度满足了人们对畜产品的需求，但畜禽健康养殖及其对环境的污染日益引起人们的关注。

饲用抗生素在预防疾病、提高生产性能及降低养殖成本等方面做出过巨大贡献，但长期高剂量、多品种抗生素的使用会造成细菌耐药性、畜产品药物残留和环境污染等问题，不仅严重影响畜禽产品安全，同时对人类健康和生态环境造成了严重威胁。饲用抗生素的禁用在全球范围内已经成为行业和社会共识，我国已于2020年7月1日起正式实施"饲料禁抗"政策。鉴于我国养殖现状，抗生素替代产品和相关技术的研发应用，并基于细菌耐药性，针对性地进行抗生素使用，对实现养殖减抗具有重要意义。

畜禽粪便中含有大量有机质及丰富的氮、磷、钾、铜、镁、硫、铁和锌等矿物元素，造成农业面源污染问题日益突出。饲料中过量添加营养物质、矿物元素，畜禽对饲料中的营养物质利用效率不高，以及畜禽养殖废弃物资源化程度低是当前规模化畜禽养殖环境污染的重要原因。我国目前常用的粪污资源化利用途径包括能源化、肥料化和饲料化3种，但畜禽粪便中氮、磷比不均衡，氮磷元素排放不仅造成资源浪费，而且易造成土壤板结、水体富营养化，尤其是重金属元素铜、锌、镉等超标，直接限制了粪污资源化利用。

本技术总结形成了兽药减量化、饲料环保化（以下简称"两化"）养殖技术，在不影响畜禽生产性能的前提下，可有效减少畜禽养殖中兽用抗菌药物的使用，提升畜禽产品质量安全水平；可显著降低养殖排泄物营养物质及重金属水平，提高饲料生物利用效能，减少畜禽养殖对环境的影响；可有效遏制动物源细菌耐药性的发生发展，改善畜禽养殖的生态效益。

（二）技术示范推广情况

2020—2022年，"两化"养殖技术在浙江省委省政府、省农业农村厅的大力支持下，作为省级重点主推技术，已应用推广到200家规模化养殖场。

（三）提质增效情况

"两化"养殖技术在浙江省范围内取得了显著的提质增效成果，动物兽用抗菌药、粗蛋白质和铜锌使用量及药物、铜、锌等污染物排放量显著下降，畜禽产品质量合格率显著提高，畜禽源细菌耐药强度和多重耐药率明显下降。

1. 兽用抗菌药、粗蛋白质和铜锌使用量显著下降

通过采用低蛋白日粮技术，在不影响畜禽生产性能的前提下，实现了畜禽日粮中粗蛋白质水平降低1%～3%，同时豆粕等制约蛋白资源的使用减少了20%～50%，明显提升了地方饲料资源的使用率，饲料成本节约10%～20%；结合无机及有机元素的生物学效应，实现了畜禽饲料中铁、铜、锌、锰、钙、磷等元素的精准定量，矿物元素使用量相较于之前降低 30%～50%；通过加强生物安全防控，提升饲养管理水平，均衡饲料整体营养，针对不同疾病采用中兽药与西药相结合的治疗手段，实现了养殖过程中兽用抗菌药有效减量。相较于之前，目前抗菌药物使用量降低 30%，饲料中粗蛋白质含量减少 10%。

2. 排放水中药物、铜、锌等污染物的含量显著下降

前端举措到位、有力，使养殖粪污中氮水平显著降低，排放水中药物含量呈下降趋势，检出药物种类减少 30% 以上；育肥阶段猪粪便中铜、锌含量分别下降 30% 和 50% 以上。

3. 畜禽产品质量合格率显著提升

使用该技术的场（户）的畜产品药残抽检合格率达到 100%，明显高于同期其他场（户）。

4. 畜禽源细菌耐药强度和多重耐药率明显下降

使用该技术的场（户）动物源大肠杆菌耐药强度系数和多重耐药率均实现三连降，耐药强度系数从 0.99 下降至 0.84，多重耐药率从 93.1% 下降至 87.5%。

（四）技术获奖情况

"畜禽饲用抗生素减量的饲料营养关键技术及应用"获 2017 年农业部神农中华农业科技奖一等奖，"猪健康养殖的饲用抗生素替代关键技术及应用"获 2019 年国家科学技术进步奖二等奖。

二、技术要点

1. 兽药减量化关键技术

（1）促进畜禽消化吸收的促生长抗菌药物替代技术　幼龄畜禽阶段应尽量选择玉米-豆粕型日粮，配合奶粉、乳清粉等高营养易消化蛋白原料。在此基础上，通过添加酶制剂、酸化剂和微生态制剂等，提高幼龄畜禽对营养物质的消化吸收能力。在仔猪断奶后前 2 周特定阶段，使用 1 600 毫克/千克氧化锌或碱式氯化锌（以锌元素计）是缓解仔猪腹泻、提高养分消化吸收的重要措施（农业农村部公告第 2625 号）。生长（育肥）阶段饲料原料的选择也可以更丰富，使用小麦、大麦、高粱等能量饲料原料时，应重点补充非淀粉多糖酶；使用菜粕、棉粕、花生粕等蛋白饲料原料时，要适当补充缺乏的氨基酸。

（2）改善畜禽胃肠道健康的促生长抗菌药物替代品技术　主要包括提高内源抗菌免疫肽表达、平衡肠道微生态和修复保护肠黏膜等核心技术。鉴于目前抗菌免疫肽尚未进入饲料添加剂目录，可以采用外源营养调控，如添加乳铁蛋白、丁酸钠等促进内源抗菌免疫肽的表达，显著改善机体免疫功能。在日粮中添加芽孢杆菌、双歧杆菌、乳杆菌等，同时配合甘露寡糖等益生元，发挥益生菌和益生元的协同增效作用。修复保护肠黏膜对于促进幼龄畜禽胃肠道发育成熟、缓解胃肠道损伤及提高生产性能具有重要作用。在畜禽生产中，重点选择氧化锌（按照农业农村部规定使用）、酸化剂（以有机酸为主）、天然植物及提取物等产品进行组合使用。

（3）增强畜禽机体免疫功能的促生长抗菌药物替代品技术　幼龄畜禽阶段应关注免疫力的形成和适度强化，可添加天然植物及其提取物（如植物精油、姜黄素、茶多酚等）和生物活性肽提高畜禽机体免疫球蛋白含量，促进免疫器官发育和免疫细胞增殖，提高机体免疫功能。生长（育肥）阶段畜禽免疫系统发育完善，此阶段为了保证一定的生长性能，更好地发挥免疫调节功能，提高对疾病的抵抗力，可在饲粮中添加功能性酶制剂、酸化剂、微生态制剂等，改善畜禽肠道的免疫屏障功能，抑制机体炎症，有效降低发病率。

（4）中兽药制剂替抗技术　结合当前地域流行的细菌性疾病流调、中兽药制剂组方和临床实践，对畜禽养殖密集区、当前流行的细菌性疾病、以往流行史，开展流调统计分析，做出科学研判，合理组合现有中兽药制剂，例如，针对育雏鸡使用"芪贞增免颗粒＋三味抗球颗粒＋四黄止痢"的组方减少应激、预防球虫和腹泻等，形成有效的预防-治疗组方，在实际生产中结合养殖场实际情况，合理增减中兽药制剂的组分、使用频次与剂量，提升针对性与适用性，进而减少对兽用抗菌药物的使用。

（5）细菌耐药性检测技术　将细菌耐药性检测作为临床用药的重要依据，集疫病初判、病菌分离培养和药敏试验为一体。通过对染病畜禽的综合征进行观察与询问，判定是否符合细菌感染特征、细菌分级与类别（G＋或 G－）、可选用药物。在符合生物安全要求的前提下，对活体动物或病料中的细菌进行分离培养，验证前期初判结论，并结合初期用药效果评价备选药物。对分离培养得到的病菌和备选药物进行药敏试验，遴选出更具针对性的且有效的抗菌药物，进而减少兽用抗菌药物使用。

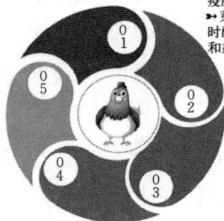

促消化吸收替抗
➤玉米-豆粕型日粮＋奶粉、乳清粉等高营养易消化蛋白原料
➤酶制剂、酸化剂和微生态制剂

促肠道健康替抗
➤乳铁蛋白、丁酸钠等促进内源抗菌免疫肽的表达，显著改善机体免疫功能
➤芽孢杆菌、双歧杆菌、乳球菌等，同时配合甘露寡糖等益生元，发挥益生菌和益生元的协同增效作用

细菌耐药性检测
➤疫病初判、病菌分离培养和药敏试验
➤遴选出更具针对性的且有效的抗菌药物

促机体健康替抗
➤添加天然植物及其提取物（如植物精油、姜黄素、茶多酚等）和生物活性肽提高畜禽机体免疫球蛋白含量
➤添加功能性酶制剂、酸化剂、微生态制剂等，改善畜禽肠道的免疫屏障功能，抑制机体炎症，有效降低发病率

中兽药制剂替抗
➤对当前流行的细菌性疾病、以往流行史开展流调
➤使用"芪贞增免颗粒＋三味抗球颗粒＋四黄止痢"的组方减少应激、预防球虫和腹泻等

兽用抗菌药物使用减量化技术要点

2. 饲料环保化关键技术

（1）低蛋白日粮技术　依据蛋白质和氨基酸营养平衡理论，在不影响畜禽生产性能的条件下，添加饲用氨基酸及其类似物，采用生物发酵、酶解等技术手段优化蛋白源结构，降低日粮粗蛋白质水平。该技术可在不影响动物生产性能的前提下，缓解生猪日粮对大豆蛋白资源的依赖，提升非豆粕蛋白资源的利用率，降低养殖成本，改善养殖环境。生猪日粮配制参照国家团体标准《生猪低蛋白低豆粕多元化日粮生产技术规范》（T/CFIAS 8001—2022）中日粮蛋白质推荐水平，综合性价比，选择适宜的蛋白饲料原料，确定日粮适宜的净能水平和氨基酸平衡模式，同时考虑矿物质、维生素、电解质等养分平衡，合理选用其他饲料添加剂，优化原料预处理工艺，配制低蛋白低豆粕日粮。

（2）矿物元素高效利用的减量减排技术　根据畜禽不同生长阶段对矿物元素的需要量，充分考虑饲料原料本底元素有效利用，结合无机及有机微量元素的生物学效应，精准定位畜禽微量元素的实际添加剂量与剂型。生猪日粮矿物元素的使用参照浙江省团体标准《环保节约型猪配合饲料》（T/ZFAA 001—2019）中的要求进行。磷元素的添加需结合植酸酶的使用予以考虑。

（3）精准营养技术　根据畜禽不同的生长阶段对日粮营养的不同需求，合理进行分阶段饲养，建议生猪饲养参照浙江省团体标准《环保节约型猪配合饲料》（T/ZFAA 001—2019）分成 8 个阶段。

精准营养技术
➤根据畜禽不同的生长阶段对日粮营养的需求不同,合理进行分阶段饲养
➤《环保节约型猪配合饲料》(T/ZFAA 001—2019)

低蛋白日粮技术
➤添加饲用氨基酸及其类似物,采用生物发酵、酶解等技术手段优化蛋白源结构等方法,降低日粮粗蛋白质水平
➤《生猪低蛋白低豆粕多元化日粮生产技术规范》(T/CFIAS 8001—2022)

矿物元素高效利用的减量减排技术
➤充分考虑饲料原料本底元素有效利用,结合无机及有机微量元素的生物学效应,精准定位畜禽微量元素的实际添加剂量与剂型
➤《环保节约型猪配合饲料》(T/ZFAA 001—2019)

饲料环保化技术要点

三、适宜区域

全国范围内的畜禽养殖场（户）及相应饲料生产企业。

四、注意事项

1. 技术使用过程严格遵守《生物安全法》《饲料和饲料添加剂管理条例》《动物疫病防治技术规范》等法律法规要求。

2. 减量化过程中，需注重提升技术人员能力，使病种研判准确、测试药物有效、组方科学。

3. 环保化过程中，需强化饲料原料质量把控、配方准确、辅助成分有效。

技术依托单位

1. 浙江省动物疫病预防控制中心
联系地址：浙江省杭州市钱塘新区外翁线十五堡浙江牧业监测大楼
邮政编码：311119
联 系 人：周　炜
联系电话：0571-56269731
电子邮箱：zhouwei0732@sohu.com

2. 浙江省农业科学院畜牧兽医研究所
联系地址：浙江省杭州市上城区德胜中路 298 号
邮政编码：310021
联 系 人：邓　波
联系电话：0571-86404209　13858117284
电子邮箱：hljdengbo@126.com

3. 浙江大学动物科学学院
联系地址：浙江省杭州市西湖区余杭塘路 866 号
邮政编码：310058
联 系 人：冯　杰
联系电话：0571-88982121　13606704195
电子邮箱：fengj@zju.edu.cn

畜禽集约化饲养专用光源技术

一、技术概述

（一）技术基本情况

河北省是全国畜禽养殖大省，居国内前三。随着河北省畜禽养殖业规模扩大，场舍养殖人为改变畜禽的生活习性和生产条件，生物安全状况堪忧，种源性传播疾病增多、传染性疾病泛滥、空气和饮水污染严重、霉菌毒素超标、营养缺乏症多见。滥用、错用抗生素，产生的耐药性及药物残留问题日趋严重，残留在肉、蛋、奶中的药物被人体摄入，直接损害人类健康。

畜禽在场舍养殖过程中，其活动、进食、休息、生长发育、产蛋和繁殖等行为均受到光、温度、湿度及环境的影响。尤其是密闭式场舍内畜禽缺乏足够的自然界太阳光照射，机体免疫力和抗病力降低，传染病、佝偻病、软骨症等各种疾病增多，直接影响畜禽的生长性能、生产性能及死淘率。本创新技术是河北省 2020 年重点研发计划项目（项目编号：20326628D），属于农业高质量发展关键共性攻关专项，项目 2022 年通过验收（冀科验字〔2022320009〕号），并通过科技成果评价（冀农院农信科评字〔2022〕009 号），获得河北省科学技术成果证书（省级登记号：20221707），在同类研究中达到国内领先水平。

畜禽集约化饲养专用光源

本技术产品能够有效解决场舍畜禽养殖缺乏自然界太阳光照射问题，改善光环境，并且搭建专用光源智能控制系统，实时监控显示专用光源的辐射强度、日常补光灯泡的光照度、温度、湿度、有害气体浓度。物理预防并降低场舍内畜禽常见传染病、呼吸道疾病、佝偻病、软骨症等多发传染病发病率及死淘率，促进畜禽机体钙磷吸收、新陈代谢、血液循环、气体动力和健康发育，提高饲料转化率、生长性能、生产性能和抗病能力，改善肉蛋奶品质，实现"无抗"养殖。

（二）技术示范推广情况

本创新技术产品畜禽集约化饲养专用光源已在石家庄市鹿泉区、灵寿县、藁城区，以及辛集市、张家口市、邯郸市等部分区域进行了育雏、育成、肉蛋鸡试验推广，效果显著。

（三）提质增效情况

畜禽集约化饲养专用光源技术应用以蛋鸡为例：育雏成活率提高 1%，育成死淘率降低

0.5%，平均体重增加 6 克，胫长增加 2 毫米。育成整体均匀度提高 4%～5%，成年蛋鸡产蛋率提高 10%，蛋壳厚度增加 0.02 毫米，蛋品保质期延长 20 天，蛋清、蛋黄明显好于对照组，常见多发传染病、呼吸道疾病、佝偻病、软骨症等疾病的发病率总体降低 11%，改善了场舍内空气环境，有害气体（氨气等）含量下降 20%，改善了场舍内养殖环境，减少了大气污染。

（四）技术获奖情况

无。

二、技术要点

该创新技术产品为自主知识产权，主要应用于畜禽场舍养殖，提高畜禽生长性能、生产性能，物理防病，改善场舍内饲养环境，其配套技术为智慧控制系统及光环境技术规范。

三、适宜区域

适宜饲养肉鸡、蛋鸡、肉牛、奶牛、育肥猪、仔猪、母猪等畜禽的密闭式场舍采用。

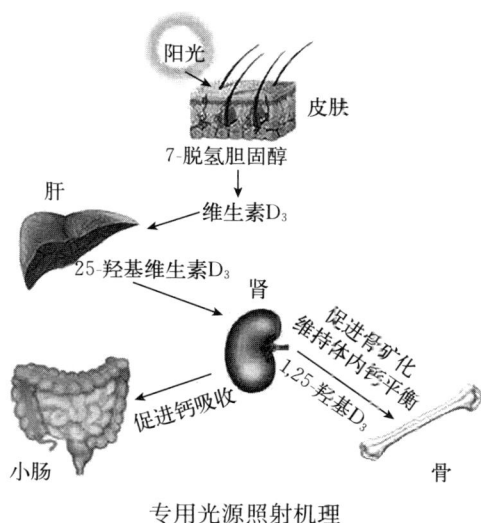

专用光源照射机理

专用光源应用场景

四、注意事项

在技术推广应用过程中需特别注意光环境技术规范。

技术依托单位

1. 河北桑能科技有限公司

联系地址：河北省石家庄市新石北路 368 号金石工业园 2 号楼

邮政编码：050000

联 系 人：王　莉

联系电话：0311-83993821　15533620685

电子邮箱：1345485408@qq.com

2. 河北北方学院

联系地址：河北省张家口市高新区钻石南路 11 号

邮政编码：075000

联 系 人：张立永

联系电话：18931318505

电子邮箱：slsyszly@126.com

3. 辛集市农业农村局

联系地址：河北省辛集市兴华北路 209 号

邮政编码：052360

联 系 人：井润梓

联系电话：19931183521

电子邮箱：kejijiaoyuke@163.com

生猪健康养殖生态环境智能控制技术

一、技术概述

（一）技术基本情况

近年来，受环境、市场和疫情的多重影响，生猪产业传统的发展模式和生产方式遇到了前所未有的挑战，尤其是 2018 年以来，全国多地暴发非洲猪瘟，给养猪行业造成巨大的影响和冲击，猪肉产品正常供给受到了严重威胁。为切实保障猪群安全，稳定生猪生产，河南省畜牧技术推广总站针对非洲猪瘟防控、生猪复养环境控制等生产实际需要，充分发挥河南省畜禽养殖废弃物资源化利用产业技术创新战略联盟的技术资源优势，在组织指导南阳牧原、正阳种猪场、唐河鸿瑞牧业等联盟成员单位技术创新示范的基础上，以"安全环保智能化养殖技术体系创建与产业化应用""家畜养殖数字化关键技术与智能饲喂装备创投与应用"等科技成果转化提升为路径，综合"智能化源头提质减排、数字化远程处理控制、绿色化资源生态循环利用"全产业链生态环境控制，围绕猪场动态信息采集、猪群远程监控跟踪、人猪无接触精准饲养管理、猪场废弃物处理及环境控制等内容，在唐河鸿瑞牧业率先开展了生猪数字化养殖技术集成应用方面的实践尝试、探索示范和应用推广，通过远程监测技术、智能识别技术、大数据技术、云计算技术、物联网技术应用和养殖设备智能化改造，构建了生猪养殖全产业链远程监测与智能饲养管理技术体系，形成了"生猪健康养殖生态环境智能控制技术"，实现了生猪饲养智能化全过程无人值守，生产管理数字化云平台控制，以智能化、数字化驱动生猪产业环境质量的改善和生产水平、效率、效益的提升，为生猪养殖的复产保供、产业的提质增效、行业的绿色低碳发展提供有力的技术支撑。

（二）技术示范推广情况

2021 年 6 月，在农业农村部举办的全国 2021 数字农业农村新技术新产品新模式交流会上做典型技术交流；2021 年 7 月，河南省畜牧总站组织全省各市县畜牧技术推广人员、企业技术员在南阳内乡县举办技术示范推广培训班，对生猪健康养殖生态环境智能控制技术应用的工艺流程、技术要点、注意事项，以及推广服务方式方法进行培训指导和现场观摩。

2021 年 7 月，"生猪健康养殖生态环境智能控制技术"被农业农村部推介为技术创新典型。

2022 年 8 月，在开封祥符区组织全省畜牧技术推广人员、联盟创新人才及企业技术骨干培训，邀请唐河鸿瑞牧业技术总监现场解答生猪健康养殖生态环境智能控制技术推广应用中遇到的难题，并进行智能化远程控制操作平台现场应用。截至 2022 年 12 月，在全省近 776 个规模养殖场落地应用，技术推广覆盖生猪 321.23 万头。

（三）提质增效情况

1. 经济效益

综合唐河鸿瑞牧业、南阳牧原等 27 家大型规模养殖场技术应用情况看，通过该技术应用，从保育猪开始，养到 120 千克出栏，出栏日龄缩短了 13 天，料肉比从 2.75 ∶ 1 下降至 2.45 ∶

1，成活率从 92% 提高到 94.5%，耗水量比传统养殖减少 50% 以上，节约人力成本 50% 以上，头均节约饲料约 30 千克、人工费用约 20 元、电费约 5 元，出栏每头猪综合饲养成本降低 120 元左右。在全省新（扩）建的 726 个大型规模养殖场（年出栏生猪约 3 200 万头）完成推广应用，节约饲料 100 万吨，节约饲养成本 40 亿元。

2. 生态效益

每头猪排污量为 576～910 千克，耗水量比传统养殖降低 50% 左右，按全省常年生猪存栏量估算，节约用水 2 000 多万吨，大大减轻了粪污处理的压力，大量减排了温室气体，有效改善和保护了生态环境。

3. 社会效益

生猪健康养殖生态环境智能控制技术应用，颠覆了传统大量的人工全时守场饲养管理模式。360 度无盲区监控与数据实时传送，完全代替现场人工巡舍，取消 70% 的传统养殖用人岗位，减少人力投入 50% 以上，减少社会劳动力资源的占用，大大解放了社会劳动力，提高了社会生产效率。

（四）技术获奖情况

2021 年 6 月，该技术被农业农村部评为 2021 数字农业农村新技术、新产品、新模式优秀项目；2021 年 7 月，被农业农村部推介为技术创新典型；2021 年 9 月录入《中国农业大事记（2021 卷）》，入选《世界数字农业案例集》。2020 年 4 月，"安全环保智能化养殖技术体系创建与产业化应用"获河南省科学技术进步奖一等奖；2019 年 12 月，"家畜养殖数字化关键技术与智能饲喂装备创投与应用"获河南省科学技术进步奖二等奖。

二、技术要点

（一）技术原理

该技术核心是自主研发的 RDMS 智能养殖系统应用与智能化、自动化生产设施和设备的配套建设，主要由猪场信息采集传输、智联猪场和大数据处理云平台 3 部分构成。采用垂直通风、氧气低限值控制（精准通风）、有害气体控制、温湿度控制、精准饲喂控制、精准供暖、精准用电、可视化无人值守、精准供水、自动消毒、健康异常监测、计划管理、岗位任务管理、实时成本管理等技术，在这些技术的基础上，通过运用现代大数据成像传输技术、物联网信息技术实现猪舍环控设备信息获取和控制，达到事前预防和实时反馈，改变了传统猪场事后干预、事件驱动的管理形态，提高猪场管理精细化和有效性，推动生猪生产工业化和智能化。彻底改变了养殖业对人力过于依赖的传统，全流程无人值守，全覆盖无盲区巡检，全链条远程控制，全产业非接触式管理，从源头阻断了人员、车辆、饲喂、巡检、管理、环控、废弃物处理等环节疫病传播途径，有效解除了生产效率偏低、生产过程难以追溯、生产环节不易量化等因素的制约，是传统养殖业的一次重要变革，是一种全新的数字化、信息化生猪养殖管理模式。

（二）技术特点

1. 全方位自动化巡检

猪舍及场区安装了"高清监控＋可移动视频滑道"可视化系统，颠覆了传统的饲养模式。360 度无盲区监控与数据实时传送，完全代替现场人工巡舍，取消 70% 的传统养殖用人

生猪饲养数字化环境控制平台

岗位，实现了生猪生产管理全天候无人值守，减少人在管理过程中的不可控性，最大化减少了人在生物安全环节的控制风险，提高工作效率。

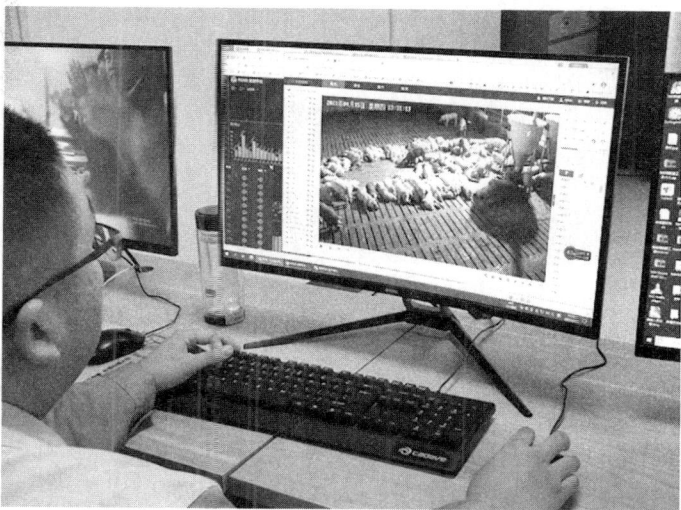

自动化巡检平台

2. 全流程信息化控制

通过现代信息技术，研发配套了适合养殖圈舍环境应用的"一种方便悬挂安装于墙壁的路由器""一种可安装 5G 基站的多功能充电桩"等养殖场物联网数据信息感知采集系统，及时采集传输猪舍温度、湿度、氧气、氨气、耗水量等环控指标；自动生成所有计划、推送岗位任务、完成数据分析、推送异常与故障警告、动态实时进行成本管理、生产安全追溯等；传感器数据每 3 秒更新一次，数据指标可以直接与各用电设备关联、数据异常、设备故障、断电断网等异常情况快速发现和处理，各设备实时高效地进行精准启停，猪舍环境控制精准高效。数据和接口全部进行加密和认证技术处理，保障数据安全。同时，所有猪舍各项环控历史数据、控制日志均可以查询和追溯。

3. 全营养精准化饲喂

基于动物生理需求和仿生学原理开发了 RDMS 环境模拟管理系统，建立了不同生理阶段的管理运行曲线模型，传感器实时数据与设备控制直接关联，风机、料线、照明、地暖、湿帘、喷淋等设备全部实现自动化精准控制；实现了精准饲喂、精准用电、精准饮水、精准通风、精准用药、精准供暖，为生猪提供最精准的供给与舒适健康的生长环境。自主研发云控制器，独有的边缘计算技术，确保猪场断网或网络不稳定时设备依然正常运转。

4. 全链条云平台远程管理

从无人自动饲喂、智能环境控制、自动消毒、无人值守管理 4 个方面进行升级和改造，根据猪场硬件设施差异建立不同的运行模式，并进行人员培训，通过对猪舍智能化、自动化建设，运用互联网、大数据等高科技养殖手段，转变传统的饲养模式，结合配套技术和管理技术的研究开发，建立生物安全防控体系，建立适合生猪养殖的环境系统，有效防控非洲猪瘟等重大动物疫病的发生，逐步提升生猪质量和降低死亡率，降低生产成本，避免资源浪费，节水节电，节约饲料，从而改善养猪场生态环境，实现生猪健康养殖，稳定生猪生产。

实时远程监控猪舍温度

实时远程监控猪舍湿度

三、适宜区域

适宜在全省大型规模养殖场推广应用。

四、注意事项

1. 配套设备选择注重与软件兼容性和性价比，在同等价格的仪器设备当中选择性能最好的，在同样性能的仪器设备当中选择价格便宜的，以实现最好最高的性价比。

2. 采用液体饲料饲喂更宜与此支术相关设备配套。

技术依托单位

1. 河南省畜牧技术推广总站

联系地址：河南省郑州市金水区经三路北 91 号

邮政编码：450008

联 系 人：刘太记　王靖楠

联系电话：0371-65778914

电子邮箱：taiji100@163.com

2. 唐河县鸿瑞牧业开发有限公司

联系地址：河南省南阳市唐河县唐方路口大河物流园南门大河快捷酒店

邮政编码：473401

联 系 人：周先锋

联系电话：13253422959

电子邮箱：605082967@qq.com

肉牛日粮中玉米豆粕减量替代技术

一、技术概述

（一）技术基本情况

肉牛产业是我国畜牧业的重要组成部分。近年来，随着人们消费水平的提高，对牛肉的需求量逐年增加，肉牛养殖数量和规模持续扩大，2020年我国肉牛存栏量达7 685.1万头。与猪禽等类似，肉牛日粮精料补充料也是以玉米-豆粕型为主。玉米、豆粕等大宗饲料原料价格上涨、供需趋紧，严重制约产业发展。2021年，国家出台了日粮中玉米豆粕减量替代战略，旨在保障畜牧业可持续健康发展。构建适用于肉牛养殖业的玉米豆粕减量替代技术，减少玉米和豆粕的使用量，对于促进肉牛产业稳定发展具有重要意义。

本技术通过整合陈化小麦替代玉米豆粕生产利用技术、籽粕和非蛋白氮替代豆粕生产利用技术、青贮高效利用减量替代精饲料技术等，针对性地降低玉米、豆粕和精饲料使用量，组装集成肉牛日粮中玉米豆粕减量替代技术体系，降低肉牛生产中玉米和豆粕的用量，促进肉牛养殖节本增效。

（二）技术示范推广情况

本项技术已完成全部关键技术研究并开展了示范推广。从2015年开始，该技术先后在山东省各地推广应用，建立了陈化小麦替代玉米豆粕生产利用技术、籽粕和非蛋白氮替代豆粕生产利用技术、青贮高效利用减量替代精饲料技术的示范区。2018年以来，技术团队联合山东省畜牧总站，在全国推广示范肉牛15.8万头。该技术操作简便，易学易懂。通过发放明白纸、技术规范和现场培训的形式向社会推广，可广泛应用于各种规模养殖场（户）。

（三）提质增效情况

本技术具有很高的经济价值和生态效益。与传统的玉米-豆粕型日粮技术相比，每头牛的玉米、豆粕用量可分别减少50%、30%以上，而对肉牛的生长性能及肉品质无影响，每头牛的养殖成本降低8%以上，养殖效益增加300元/头以上，并且减少粪氮磷的排泄。

（四）技术获奖情况

本技术成果累计发表论文9篇，制定山东省地方标准2项，授权发明专利3项，获山东省科学技术进步奖一等奖1项，山东省农牧渔业丰收奖三等奖2项。

二、技术要点

1. 陈化小麦替代玉米豆粕生产利用技术

推广陈化小麦在肉牛生产中利用的技术，研究陈化小麦适宜加工工艺改进营养价值，确定小麦替代玉米、豆粕的适宜比例，结合陈化小麦的营养物质变化规律研究，建立陈化小麦替代玉米利用关键技术体系，减少肉牛日粮中玉米豆粕用量。具体技术指标如下：将整粒小麦进行膨化处理后粉碎至1～2毫米，利用膨化小麦替代肉牛日粮中2/3的玉米，可提高日粮干物质和有机物消化率5%～10%，并且小麦的粗蛋白质含量高于玉米，替代玉米后可同时减少豆粕用量5%～10%。

2. 籽粕和非蛋白氮替代豆粕生产利用技术

推广利用棉籽、油菜籽、棉籽粕、玉米干酒糟（DDGS）等替代肉牛日粮中的豆粕，利用复合微生物发酵技术提高棉籽、菜籽的营养价值，利用营养平衡技术调整日粮营养水平，降低豆粕等蛋白饲料原料的使用量。具体技术指标如下：采用米曲霉和酵母菌分别以0.8%和0.2%的量接种于棉籽或菜籽中，进行固态有氧发酵，提高营养价值。棉籽在肉牛精饲料中的用量不高于13.5%，油菜籽的使用量不高于17.4%，棉籽粕和DDGS可大量替代豆粕，结合营养平衡技术，通过调整其他原料添加量，平衡日粮营养水平。推广利用缓释尿素替代肉牛日粮中的豆粕，并在低蛋白日粮中额外添加异丁酰胺，可提高日粮干物质和粗蛋白质消化率3%～5%。缓释尿素在肉牛精饲料中的添加量为1.0%左右，异丁酰胺的添加量为0.5%，减量替代8%～10%的豆粕。

3. 青贮高效利用减量替代精饲料技术

推广全株玉米青贮、全株燕麦青贮、苜蓿裹包青贮等优质青贮饲料高效生产及其在肉牛日粮中添加利用技术，降低肉牛日粮中玉米和豆粕等精饲料添加比例。具体技术指标如下：留茬15厘米以上，收获乳线达到1/2～3/4的全株玉米，铡短至2厘米左右，籽粒破碎率达90%以上，加入乳酸菌制剂厌氧发酵60天以上，达到中等以上质量水平。收获现蕾期苜蓿，含水量控制在50%左右，加菌裹包青贮发酵60天以上，相对饲喂价值达到150以上。收获灌浆后期燕麦草，含水量控制在65%左右，加菌裹包青贮发酵60天以上，品质良好。根据肉牛不同生理阶段营养需要配制日粮，降低肉牛日粮中的玉米、豆粕使用量。繁殖母牛日常饲喂以优质全株玉米青贮饲料和燕麦青贮饲料为主，非妊娠期和妊娠前期不添加或少量添加精饲料，妊娠中后期添加1千克左右精饲料和1千克干草，并补充足量微量元素和维生素，可减少精饲料饲喂量1～2千克/（头·天）。哺乳期日粮添加优质苜蓿青贮饲料，替代25%的玉米青贮饲料，降低豆粕用量5%～8%。

三、适宜区域

根据本技术各项技术要点，适合在替代玉米、豆粕的各原料主产区或邻近产区范围内推广。

四、注意事项

陈化小麦替代玉米豆粕和青贮饲喂时注意防止肉牛瘤胃酸中毒，适当提高日粮中碳酸氢钠的添加量。

技术依托单位

1. 山东省农业科学院畜牧兽医研究所

联系地址：山东省济南市历城区工业北路23788号

邮政编码：250100

联 系 人：赵红波　张相伦

联系电话：0531-66655137　18615251366

电子邮箱：club1126@163.com

2. 山东省畜牧总站

联系地址：山东省济南市历城区唐冶西路 4566 号

邮政编码：250102

联 系 人：柴士名　翟桂玉

联系电话：13705318004

电子邮箱：0531chai@163.com

天然活性物质改善奶牛健康高效养殖关键技术

一、技术概述

（一）技术基本情况

1. 技术研发推广背景

高投入高产出是我国奶牛养殖业实现快速发展的重要生产模式。但是该模式直接导致奶牛机体代谢负荷大、免疫力下降、营养代谢病多发及乳品质下降等一系列问题，即奶牛亚健康状态，如因免疫力下降导致的奶牛乳腺炎发病率达 50％以上，使得奶牛综合养殖效益显著下降。天然活性物质具有的增强机体免疫力、抗氧化应激及改善动物生产性能等生物学功能，成为解决上述问题的核心技术与策略。20 世纪 80 年代，一些发达国家即开始进行天然活性物质在改善畜禽健康、促进优质畜产品生产上的应用研究。

虽然我国对天然活性物质的研究与应用历史悠久，但本项目开始时几乎没有应用于奶牛，究其原因，主要是存在 4 个方面的技术瓶颈问题：天然活性物质作用机制不明、功效评价方法缺乏、鉴别与制备技术落后、新产品创制与利用技术不足。针对上述问题，从 2006 年开始，项目组以营养调控提高奶牛机体免疫力为目标开展联合攻关，阐明了天然活性物质提高奶牛机体免疫力的分子机制，创立了饲料活性物质组学理论，突破了天然活性物质鉴别与制备、功效评价、产品创制与应用的方法及技术，实现了产业化生产，开创了我国利用天然活性物质实现奶牛健康高效养殖的新路径，在主要规模化奶牛养殖场推广应用后取得显著效益。

农业农村部公告第 194 号规定，自 2020 年 1 月 1 日起，退出除中药外的所有促生长类药物饲料添加剂品种，自 2020 年 7 月 1 日起，饲料生产企业停止生产含有促生长类药物饲料添加剂（中药类除外）的商品饲料。2019 年 5 月 1 日，国家市场监督管理总局发布《天然植物饲料原料通用要求》（GB/T 19424—2018）。国家相关政策及标准的出台，为天然活性物质的研究与应用奠定了政策与物质基础。农业农村部将天然植物提取物（精油、黄酮、皂苷、多糖等）作为"饲料停抗"后"替抗"产品研发的主要原料之一，同时也加大了天然植物提取物产品的审批力度。因此，本成果符合我国畜牧业健康发展的重大战略需求，其应用及产业化前景广阔，经济社会效益显著。

2. 解决的主要问题

（1）揭示了天然活性物质提高奶牛免疫力的分子机制，建立了免疫功效的评价方法和有效指标，为天然活性物质研究与应用奠定理论基础。

率先采用基因芯片技术揭示了苷类、酮类、多糖类和酵母类天然活性物质通过保护细菌毒素损伤的微血管内皮细胞，清除感染细菌，阐明了不同活性物质差异化的功效调控路径；提出了天然活性物质"谱-构-量-效"关系新思路；阐明了不同天然活性物质改善免疫功能的协同功效和机理，确立了 CD4/CD8 比值、Th1/Th2 比值等 12 项天然活性物质功效评价指标，创立"饲料活性物质组学理论"。

（2）精细定位了天然活性物质与疾病、基因及蛋白信息的关系网络，开发了活性物质组学数据库，制定了国家标准，推动了天然活性物质应用的创新与发展。

基于特征指纹图谱和生物信息挖掘等技术，获得了天然活性物质名称 5 632 个及相关的疾病名称 9 201 个、基因名称 3 479 个、蛋白名称 3 698 个，构建关系网络 45 670 条，准确率 88.69%，实现了天然活性物质与疾病、基因及蛋白信息关系网络的精细定位；创建了由 117 种饲用天然植物基本信息、功能组分与功效、指纹图谱和关系系统构成的数据库，建立了基于特征指纹图谱和 PCA、神经网络等模式识别分析技术的天然活性物质定性定量分析方法，实现了活性物质组学产品的科学设计及制备，解决了有效成分含量和质量稳定的技术难题；制定了原料国家、团体标准和系列产品标准，引领天然活性物质在养殖业中的标准化应用。

（3）创建了天然活性物质提取、配伍及高效利用的技术体系，研发了以原花青素为代表的 19 种提高奶牛免疫力的天然活性物质组学新产品，奠定了奶牛健康高效养殖的物质基础。

创建以松树皮为原料的"脉冲-生物酶解"原花青素提取新工艺等，缩短提取时间 60%以上；发明微量级甘露聚糖检测方法（最低检出限 0.1 毫克/升），是目前行业内精确度最高的检测方法；创制天然活性物质组学产品 19 种及对应的高效利用技术规范，建立了生产工艺参数 13 套，获批省级生产许可证 7 项，建成年产千吨以上生产基地 3 个。

建设的千吨产品生产线

（二）技术示范推广情况

本成果技术及产品覆盖全国 20 余个省份的 160 余万头奶牛，占全国奶牛存栏量 25%以上，应用后每头泌乳奶牛产奶量提高 1.5～2.0 千克/天，体细胞数降低 30%以上，饲料利用率提高 8%以上，显著改善牛乳品质和奶牛健康状况。

（三）提质增效情况

该技术显著改善奶牛健康状况与牛乳品质，实现了奶牛健康高效养殖。以现代牧业（集团）有限公司为例，本成果于 2014 年在其所属牛场推广使用后，经对 50 余个示范奶牛场 8 年的示范与验证，截至 2022 年，奶牛日粮中添加适宜剂量的活性物质，牛场奶牛平均乳脂率由 2014 年的 3.7%提高至 3.9%，乳蛋白率提高 0.2 个百分点，平均体细胞数由 2014 年的 27.61 万个/毫升降到 17.86 万个/毫升，显著提升了生鲜乳质量；奶牛乳腺炎发病率均低于 10%，平均提高日产奶量 1.5～2.0 千克/头，牛场粪污中的有害菌含量降低 16%左右，经济、社会和生态效益显著。

（四）技术获奖情况

1. 核心科技成果"奶牛绿色无抗养殖关键技术研究与示范推广"获 2017—2019 年度北

京市农业技术推广奖一等奖。

2. 核心科技成果"基于饲料营养活性物质的奶牛精准营养与健康养殖关键技术与应用"获 2022 年度大北农科技奖一等奖。

3. 核心科技成果"基于天然植物活性物质的奶牛健康养殖与提质增效关键技术及应用"获 2022 年度北京市科学技术奖二等奖。

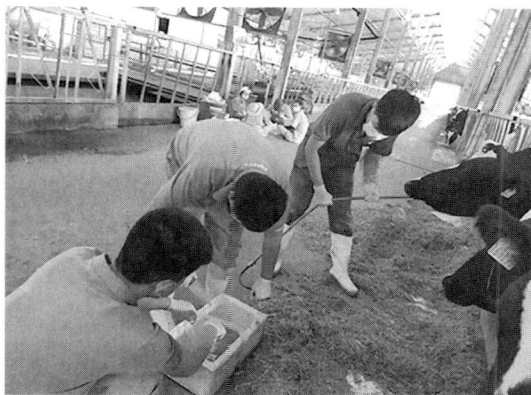
产品生产验证

二、技术要点

1. 建立基于特征指纹图谱的天然活性物质提取及定性定量分析方法

建立了基于特征指纹图谱的天然活性物质提取及定性定量分析方法，解决了因饲料种类、提取方式、产地等差异造成的指纹图谱特征差异等难题，获得了苷类、黄酮类、多糖类和精油类 4 大类共 25 种天然植物（金银花、蒲公英等）中 400 余个微量活性化合物和 25 种有效组分（绿原酸、咖啡酸、沙葱黄酮、竹叶黄酮等）的指纹图谱及含量数据；通过核磁共振（NMR）等技术解析了活性物质的分子结构，结合非靶向代谢组学技术，揭示了同一活性物质在不同提取工艺下，代谢物数量相同但结构与组分含量存在显著差异。上述技术的突破为天然活性物质的产业化应用奠定了方法基础。

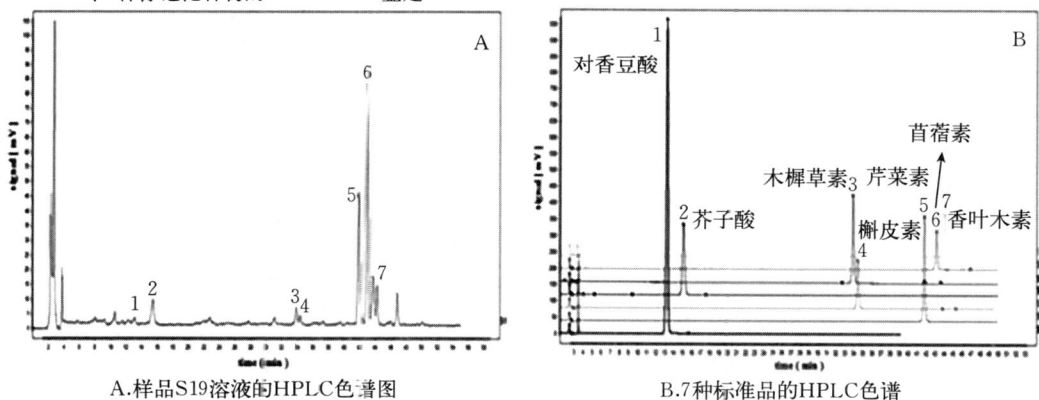
TMR中7种标记化合物的HPLC-UV鉴定

A.样品S19溶液的HPLC色谱图　　　　B.7种标准品的HPLC色谱

天然活性物质定性定量分析方法

注：峰 1 为对香豆酸，峰 2 为芥子酸，峰 3 为木樨草素，峰 4 为槲皮素，峰 5 为芹菜素，峰 6 为苜蓿素，峰 7 为香叶木素

2. 天然活性物质组学产品的精准配伍及应用技术

针对天然植物活性物质组分复杂、功能协同等特征，在国内首次采用均匀设计法结合活性成分定向提取的方法用于天然植物组学产品的研发和设计，设计的组学产品配方通过动物试验结果建立数学模型预测最优组合配方（虚拟筛选复合植提成分），得到最优组合配方的

复合植提产品，再进行动物试验生产验证等，实现了产品有效成分含量和质量的稳定，解决了天然植物产品稳态化问题；创建了"从不同来源植物提取功能组分""不同植物中多糖分离成套技术——确定功效成分（深度挖掘）"等技术规范 3 套。

同时，系统验证了酮类、苷类等主要天然植物活性物质增强奶牛免疫力的功效、作用路径及在奶牛应用上的最适剂量〔茶皂素、大豆异黄酮、壳聚糖、金银花提取物（10% 绿原酸）、竹叶黄酮、葡萄籽原花青素（多酚含量 95.02%）、大蒜素（25%）干粉、大蒜油等 11 种活性物质在泌乳期奶牛饲粮中的适宜添加剂量，分别为 12.5 克/（天·头）、30 毫克/（天·头）、600 毫克/（天·头）、100～200 毫克/（千克·头）、4.82 克/（天·头）、69～76 毫克/（千克·头）、24 克/（天·头）和 2 克/（天·头）等〕，建立了 143 个产品标准及相应的应用技术规范。

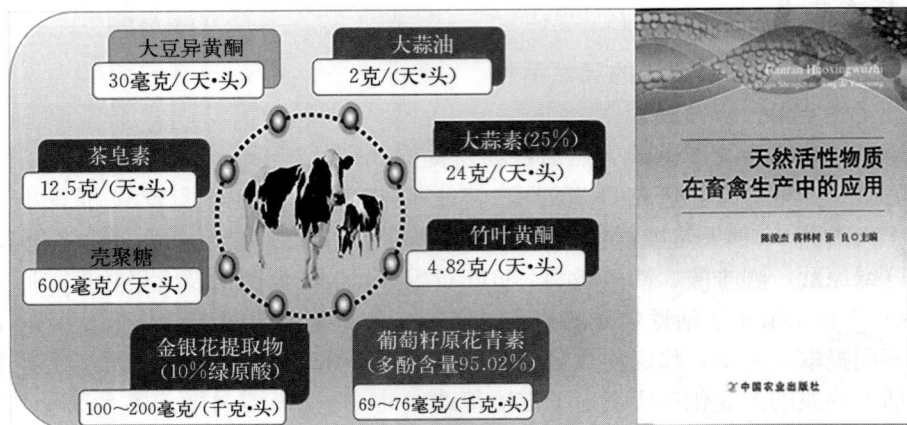

不同活性物质在奶牛日粮中的适宜添加剂量

3. 天然活性物质组学产品创制技术

（1）创建原花青素核心制造技术，产品填补行业空白　以松树皮为原料，采用均质乳化、"脉冲-生物酶解"等核心制造工艺，缩短提取时间 60% 以上，产品得率 3.36%，纯度达到 90% 以上，核心制造技术已获得发明专利保护（专利号：ZL201510502133.3），采用"亚临界水萃取"工艺（专利号：ZL201720291620.4），与传统有机溶剂提取方法相比，实现生产零污染排放。产品已在全国 16 个省份 50 余家上市和规模企业推广应用，获批北京市新技术新产品（服务）证书 7 项，该项技术实现转让费 1 070 万元。2017 年至今，产品实现销售收入 1.6 亿元，利税 2 600 万元。

（2）研发了系列精油类天然植物活性产品　新型植物精油类生物饲料添加剂（XCP2016NY0041）和新型高效诱食植物精油（XCP2019NY0007），产品通过抗菌、调节肠道菌群及提高机体各组织器官的氧化还原平衡能力，提高奶牛的生产性能。

（3）国内首创"大豆糖蜜"产业化发酵工艺　通过高通量组学和合成生物学等技术，从 4 000 多株菌株中选育出能量代谢分配和表达活性强的酵母菌 HKB-36（专利号：ZL201811116994.8），糖分利用率超过 90%，比传统蔗糖蜜发酵制造效率提高 30%。建立"酶促-自溶"破壁技术，优化酶解组方，酵母细胞的破壁率达到 95% 以上。

（4）自主研发恒温储能发酵罐（专利号：ZL201720291647.3）　该发酵罐可满足不同发酵条件下的微生物培养需求，节能环保，降低生产成本 40% 以上；微量级甘露聚糖最低检出限0.1毫克/升（专利号：ZL201710219300.2），是目前行业内精确度最高的检测方法。酵母活性多糖产品中甘露聚糖和β-葡聚糖含量分别达20%和35%以上，是公认的免疫力增强剂，产品主要技术指标达到国际先进水平。2014年至今，产品已在北京、天津、河北、山东和湖南等20多个省份推广应用，累计销售5万余吨，销售收入7.9亿元，利税1.1亿元。2020年，本成果获得中关村国际前沿科技创新大赛（农业科技）前10强，获批北京市新技术新产品（服务）认定12项。

三、适宜区域

该技术成果适用于全国的规模化奶牛场。

四、注意事项

按照推荐剂量在奶牛日粮中添加使用。

技术依托单位

北京农学院

联系地址：北京市昌平区史各庄街道北农路7号

邮政编码：102206

联 系 人：王 慧

联系电话：010-81798091 13426203601

电子邮箱：freezing356@163.com

畜禽智慧养殖关键核心技术

一、技术概述

（一）技术基本情况

1. 技术研发背景

畜牧业是关系国计民生的重要产业。21世纪初，我国主要畜产品生产成本高于国际平均水平1倍，生产效率不高，例如，2007年我国奶牛单产水平为2 813.9千克，仅为美国的30.7%，信息化水平低是重要原因之一。与此同时，物联网、大数据、人工智能（AI）等新一代信息技术迅速渗透到各产业领域。畜牧业信息化发展面临着三大难题：现代信息技术与畜牧业深度融合难、畜禽养殖复杂环境多特征联动监测难、畜禽养殖智能分析预警调控难。由此，在一系列国家项目支持下，全国畜牧总站、中国农业科学院特产研究所和农业信息研究所等单位于2007年启动了相关研究，历经16年，形成"畜禽智慧养殖关键核心技术"。技术形成过程如下：

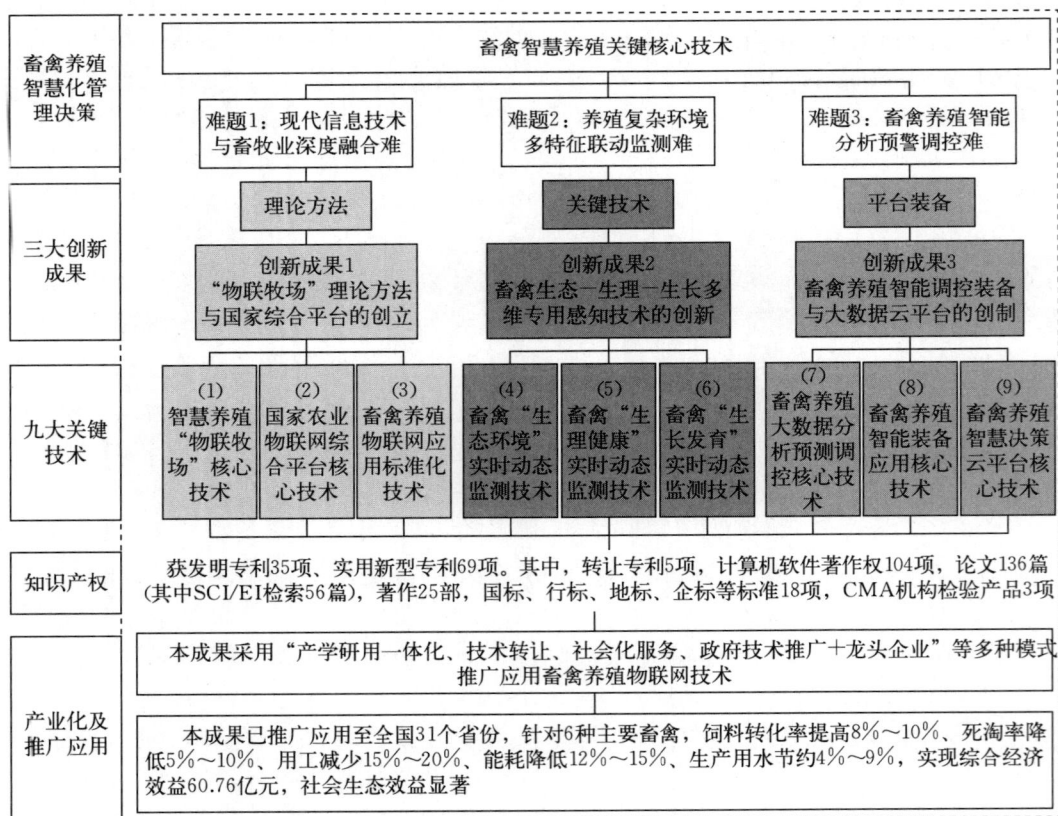

技术形成图

2. 能够解决的主要问题

该技术以奶牛、肉牛、生猪、蛋鸡、肉鸡、肉羊6种畜禽为研究对象，能够解决的主要问题：①物联网理论支撑弱，与畜牧产业深度融合难的问题；②感知技术创新不足，畜禽多特征联动监测难的问题；③模型算法装备缺乏，养殖智能预警与调控难的问题。

3. 专利范围及使用情况

该技术包括授权发明专利35项、实用新型专利69项。其中，转让专利5项，计算机软件著作权104项，论文136篇（其中：SCI/EI检索56篇），著作25部，国标、行标、地标、企标等标准18项，CMA机构检验产品3项。

一是以本技术专利形成的成果"畜禽智慧养殖关键技术和智能装备创制与应用"，经第三方经济效益测算，已实现综合经济效益60.76亿元。

二是以本技术作为核心内容的科技成果"畜禽养殖物联网关键技术和智能装备创制及应用"，被中国农学会组织的专家组评价认为："整体达到国际先进水平，在家畜部分体况智能感知技术与瘤胃传感技术等创新方面居国际领先水平。"

三是以本技术作为核心内容的科技成果，获得中国农业科学院杰出科技创新奖一等奖、北京市科学技术进步奖二等奖、大北农科技奖一等奖。

四是本技术应用示范效果良好。该技术很好地满足了农业农村现代化建设主战场的需要，能够显著提升现代牧场的生产效率，引领了农业农村信息化、现代化发展方向。

（二）技术示范推广情况

目前，该技术虽然已覆盖31个省份，但面广点少、数量不足，整体应用有限，应用推广不充分、不平衡。因此，还处在小范围展示阶段。

目前具有应用证明27份。农业农村部畜牧兽医局：该技术"显著提升了我国畜牧业信息化发展水平，有力推进了畜牧业高质量发展、绿色发展步伐"。农业农村部市场与信息化司：该技术"加快促进了我国现代农业信息技术高水平自立自强，有效提升了我国农业农村信息化发展水平，为全面推进乡村振兴做出了贡献"。北京旗硕基业科技股份有限公司："相关系统设备累计销售达到2.3万余套，应用于1800余家规模养殖场。"北京大北农科技集团股份有限公司：使用该技术"折算后的总体经济收益可增加31%左右，平均节本增效91元/头。近5年来，累计新增产值18900万元"。

（三）提质增效情况

与常规技术相比，针对不同畜禽种类和不同养殖模式，应用该技术可以提高饲料转化率8%～10%、降低死淘率5%～10%、减少用工15%～20%、能耗降低12%～15%、节约生产用水4%～9%，应用成效显著，受到一致好评。已实现综合经济效益60.75亿元，取得了显著社会生态效益，并具有强劲的科技竞争力和广阔的市场应用前景。

（四）技术获奖情况

1. 中国农业科学院杰出科技创新奖（2020年，省部级科技奖一等奖，"畜禽养殖物联网关键技术创新和智能装备研制与应用"）。

2. 北京市科学技术进步奖二等奖（2020年，"畜禽养殖物联网关键技术和智能装备创制与应用"）。

3. 大北农科技奖智慧农业奖（2019年，第十一届大北农科技奖，社会力量一等奖，"畜禽养殖物联网关键技术与智能装备创制及应用"）。

二、技术要点

该技术创立"物联牧场"理论方法与国家物联网综合平台，创新畜禽"生态-生理-生长"多维专用感知技术，创制畜禽养殖智能调控装备与大数据云平台，从而形成了"畜禽智慧养殖关键核心技术"。共包括 9 大核心技术：

1. 智慧养殖"物联牧场"核心技术

"物联牧场"理论方法是智慧养殖的关键核心技术，包括生命本体信息感知、自适应数据传输、智能分析处理、智慧反馈控制 4 个环节 27 项关键技术，能够大幅度提高畜牧业物联网技术应用水平。围绕奶牛、生猪等 6 种主要畜禽，比对不同生理生育期最适宜环境、饮水、采食、防疫的知识网络图谱，以及健康养殖的绿色最佳区间、黄色预控区间和红色预警区间，从而实现畜禽生长发育的最大化、最优化，保障畜禽养殖闭环式的智慧化控制与管理。以"技术突破-设备研制-集成应用"为主线，形成系统解决方案 27 套、工程解决方案 9 套，凝练出 5 种应用推广模式，实现了畜禽养殖闭环式智慧化管理。

2. 国家农业物联网综合平台核心技术

依托首个国家级农业物联网技术创新综合平台，包括"技术创新、仿真测试、技术服务" 3 个子平台、14 个系统、66 台套核心仪器，为我国现代牧场建设提供持续的物联网、大数据、AI 等信息技术支持。一是支撑生物材料、微纳米材料等新型传感器的基础研究，探索新型材料生物电信号、光信号、微电压、细胞膜电阻等特异性的识别机理、实现路径和动态解析，布设新型传感器研发环境。二是支撑畜禽养殖传感器、数据传输设备、物联网装备、网络搭建方式的性能测试评价，包括功能性、稳定性、准确性、安全性、丢包率等性能指标 76 项。三是支撑我国畜禽养殖不同品种、不同区域、不同规模的环境极值和适宜阈值等应用场景的仿真模拟，包括温度 $-40 \sim 85$ 摄氏度、相对湿度 5%～99%、淋雨 0.1～20 升/分、沙尘风速 ≥7.5 米/秒等 16 种极值试验条件。

3. 畜禽养殖物联网应用标准化技术

依托《畜禽养殖物联网环境监测技术规范》《畜禽养殖无线局域网总体技术规范》等国标、行标、地标等标准 18 项，进一步完善畜牧业"信息采集-数据处理-应用服务"技术标准体系，从而建立标准化的现代牧场智慧养殖模式，为畜禽多源数据汇聚与智能平台构建提供了技术支撑。采用 6 种畜禽 14 种养殖模式的自适应无线传感网（WSN）组网方法，能够解决不同畜禽种类、不同气候环境、不同养殖模式的差异化组网难题，为畜禽养殖场全域优化组网提供技术保障。研建与电子标识、条码标识相匹配的畜禽个体和小群体编码规则，构建低频 RFID、二维码等混合标识技术与关联信息库 6 个，能够推动畜禽养殖精细化管理、畜产品质量安全正向跟踪与反向溯源。

4. 畜禽"生态环境"实时动态监测技术

涉及相关专利 35 项，能够实现畜禽养殖过程中多维自校准的智能化监测。采用集空气流量、空气温度、湿度、光照度于一体的畜禽舍外环境"四合一"感知技术，以及集 NH_3、H_2S、CH_4、CO_2、PM2.5 于一体的畜禽舍内环境"五合一"感知技术，实现养殖环境的一体化多维数据采集，功耗降低 26.7%，成本下降 30.3%。应用推广集多种环境因子感知技术、音视频监控系统、目标智能跟踪系统、空中轨道设计于一体的移动感知技术，能够实现养殖环境信息的实时动态采集。应用推广传感网络节点的环绕式垂直覆盖技术，突破禽舍多层次纵向信息获取不均的技术瓶颈，实现了家禽高密度养殖环境的立体感知。

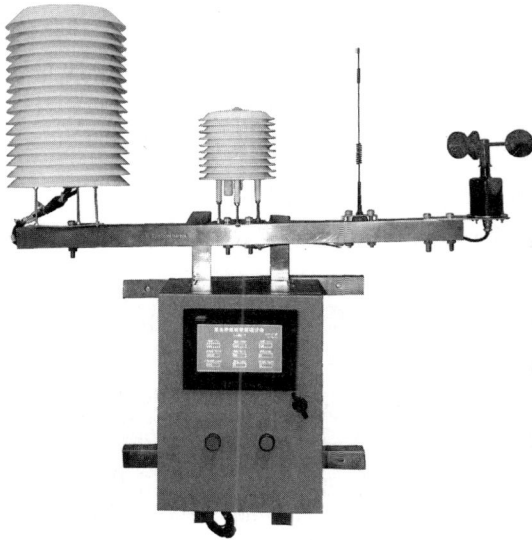

畜禽舍内养殖环境监测仪

传感网络节点的环绕式垂直覆盖技术

5. 畜禽"生理健康"实时动态监测技术

涉及相关专利 32 项，能够实现畜禽生理健康变量的数字化表达。采用基于惯性测量单元（IMU）的奶牛电子项圈技术，提出基于呼吸频次、反刍量、活动量、体温 4 项生理指标一体化采集的奶牛发情综合判定方法，发情鉴定率比单一指标监测提高 10% 以上，达到 95.7%，有利于养殖场（户）奶牛的适时配种，大大缩短全群牛只产犊间隔，节约饲料成本。应用推广奶牛瘤胃电子药丸感知器，能够实现奶牛瘤胃营养状况的实时监测，提早 2 天预警瘤胃酸中毒，可以及早治疗，减少奶牛因酸中毒而造成的损失。应用推广 3D 打印与可穿戴技术一体化融合的低功耗、防水、抗干扰的肉鸡电子脚环技术，实现哨兵家禽体温异常波动的即时感知和重大疫情的早期发现。

6. 畜禽"生长发育"实时动态监测技术

涉及相关专利 28 项，能够实现畜禽生长发育关键参数的自动化采集。采用基于 3D 扫描的非接触式奶牛体征高通量采集技术和智能化评价工具，能够解决人工测定主观性强、应激大的难题，为奶牛精准育种提供先进技术。应用推广基于地面三维应力应变分析的种猪动态称重技术，能够实现种猪在匀速行走、间歇停顿、快速通过 3 种运动模式下的动态称量，精度分别达 98.2%、96.4%、93.8% 以上，减少种猪称重应激反应。应用推广基于 RFID 的种羊个体采食量、饮水量等数据自动上传与对应匹配技术，能够减少人工干扰，实现采食、饮水数据的同步上传和异常状况的及时发现、预测预警，为我国畜禽育种、畜产品采收等关键参数获取提供信息工具。

7. 畜禽养殖大数据分析预测调控核心技术

涉及畜禽生态、生理、生长调控模型算法 56 套，并构成畜禽高效健康养殖决策"智慧大脑"，可以有效节约能耗、减少用料、预防疾病。采用畜禽舍内温湿度增量式自回归（IARX）预测技术，能够实现养殖环境多因素耦合非线性动态系统的精准预控制，误差比

CFD 降低 30％以上，降低了延迟控制对养殖温湿度环境的不利影响。应用推广基于奶牛体况及预期生产性能的干物质采食量预测模型，预测精度高达 95％以上，比 NRC 模型提高 5～8 个百分点，可以有效节约饲料用量。应用推广基于双向长短时记忆网络-连接时序分类（BLSTM-CTC）算法的家禽声纹健康决策树诊断技术，端到端连续识别多场景下家禽咳嗽声，识别准确率为 94.1％，能够做到家禽呼吸道疾病早发现、早治疗。

8. 畜禽养殖智能装备应用核心技术

依托自主设计并创制的主要畜禽智能装备 19 类，推动我国畜禽养殖先进设备自主国产化进程，降低智能设备成本投入。采用畜禽舍内外立柱式、悬挂式、移动式 3 大系列的环境智能控制设备（3.0 版），实现多场景、多环境、自适应的通风、照明、降温等 13 项功能的智能管控。应用推广畜禽粪污清洁机器人，攻克自动上水与避障技术难点，能够实现畜禽舍全天候智能清粪，比国际同类型产品价格降低 31％左右。应用推广具有自主知识产权的妊娠母猪精准饲喂装备，集成个体标识、自动称重、采食记录、变量下料等功能，突破全价配合饲料变量调控难题，能够实现妊娠母猪个体和小群体的精细饲喂，实际采食量与理论采食量的误差不高于 0.5％。

妊娠母猪精准饲喂装备

9. 畜禽养殖智慧决策云平台核心技术

依托基于微服务架构的畜禽养殖智慧决策云平台，能够实现畜禽养殖在线智能分析和实时智慧调控。应用推广智慧养殖大数据中心，包括环境数据 9.6 亿条、音视频样本 890 百万兆字节、养殖数据 25.1 亿条，环境、行为、生理、饲喂、控制等 10 类 DataSet，有利于形

"猪联网"生猪产业数智生态服务平台

成畜牧业智能化基础性数据资产。应用推广"猪联网"生猪产业数智生态服务平台，包括猪管理、猪小智、猪交易、ID猪等核心技术模块，应用"数智＋交易＋金融"三轮联动新模式，构建"端-边-云"智能猪场架构，目前服务生猪约 6 000 万头。应用推广业务流系统 72 个、数据流系统 32 个，能够实现养殖设施和装备单元的远程控制及数据反馈链路。

三、适宜区域

本技术适宜在全国推广应用，尤其适用规模养殖较为发达的区域。

四、注意事项

本技术可以整体推广应用，也可以选择其中的单项技术推广应用，还可以选择其中的某些技术集成创新再推广应用，但要从实际出发，坚持问题导向、目标导向，综合考量不同畜种、不同区域、不同养殖模式、不同生理生长期等因素，选择使用相应的单项技术或集成技术。

技术依托单位

1. 全国畜牧总站
联系地址：北京市朝阳区麦子店街 20 号农牧楼
邮政编码：100125
联 系 人：田建华
联系电话：13651156054
电子邮箱：987631510@qq.com

2. 中国农业科学院特产研究所
联系地址：吉林省长春市净月区聚业大街 4899 号
邮政编码：130112
联 系 人：孔繁涛
联系电话：13911667639
电子邮箱：kongfantao@caas.cn

3. 中国农业科学院农业信息研究所
联系地址：北京市海淀区中关村南大街 12 号
邮政编码：100081
联 系 人：孙 伟
联系电话：13691329164
电子邮箱：sunwei02@caas.cn

数字化种猪育种技术

一、技术概述

（一）技术基本情况

"国以农为本，农以种为先"，在种、料、病、管等影响畜牧业发展各要素中，良种是核心，对畜牧业发展贡献率超过 40%。种畜禽是推动畜牧业发展最活跃、最重要的生产要素。畜牧业每一次突破和跨越，都以良种革命为先导。当今畜产品市场的激烈竞争，实质上是畜牧业生产实力的竞争，核心就是优良品种和科学技术的竞争。猪在我国畜牧业中地位举足轻重，占肉类比重 60% 以上（2019 年受猪肉价格上涨的影响，占比为 56%）。目前，我国饲养的主要品种包括大约克夏猪、长白猪和杜洛克猪等引进品种。2010—2019 年，我国共引进种猪 8.46 万头，占我国当年核心育种群规模的平均比例为 5.42%。2020 年，我国引入种猪数量高达 30 639 头，创历史新高。总结我国前 10 年的生猪遗传改良工作，除了受疾病、环保、合法地位等产业因素影响外，种猪育种的主要问题包括：①分散制种模式制约种猪产业化进程，遗传资源共享与联合育种机制不健全；②育种数据采集、遗传改良工作停留在核心群基础上，遗传改良目标与消费者目标脱离，难以满足我国差异化养殖模式与多元化市场的需求；③研发投入不足，以跟随研究为主，育种原始创新能力弱，育种新技术应用慢；④持续变化的疫病与养殖环境不断干扰生猪遗传改良进展。

本成果主要技术开发内容包括：①以数字化种猪育种技术体系推广为突破口，以国家核心育种场为主体，加快推广种猪智能化数据采集、种猪遗传评估、精准交叉选配等数字化种猪育种技术；②研发了智能化数据分析、杂交育种值计算、跨场间联合遗传评估等关键技术，采用分布式架构集成了以 Kf - BLUP 为核心的广东省种猪遗传评估中心；③创建了"1＋1＋N""数字种猪酷学院"等线下线上相结合的种猪育种"产-学-研-用"深度融合典型技术服务模式，为今后我国规模化种猪育种水平提升奠定了基础。

（二）技术示范推广情况

本成果数字化种猪育种技术体系通过"1＋1＋N"服务模式，目前服务全国种猪场 26 家，其中广东省 12 家。目前，数字化育种服务种猪场核心群种猪存栏量超过 5 万头，26 家企业种猪总存栏量 52 万头、年产种猪 300 万头，可覆盖 1 亿头商品猪生产体系。

（三）提质增效情况

目前，项目服务种猪场主选经济性状包括生长速度、产肉量、繁殖性能等。2012—2022 年，主要经济性状的年度遗传进展分别为：达 100 千克日龄 1 天、产肉量 0.5 千克、饲料转化率 0.05、产活仔数 0.1 头。本项目服务推广可使企业种猪选育增收 65 元/头，按 70% 的遗传传递率估算，预计每出栏 1 头商品猪，增收 45.5 元，预计每年带来经济效益 45.5 亿元。

（四）技术获奖情况

获 2016 年广东省科学技术进步奖二等奖。

二、技术要点

1. 系统研发与集成种猪智能化数据采集、种猪遗传评估、精准交叉选配、基因调控等数字化种猪育种技术，实现种猪育种全程数字化管理

种猪育种全程数字化，通过数据的智能化采集，数据的错误率降至 1% 以下，同时减少了人工；通过数据的自动提交进行种猪育种值、综合选择指数的计算，手动计算准确率高，奠定种猪现场实时选育的基础；同时，根据血缘控制、综合性能进行精准交叉选配，近亲发生率降至 0.5% 以下，同质选配执行率 90% 以上；$kiss1$ 在卵巢组织中可以促进卵泡发育，影响颗粒细胞的功能，从而影响母猪繁殖性能；利用 CRISPR - Cas9 技术纠正猪 kit 基因结构突变，通过体细胞移植获得 kit 基因编辑猪。

2. 采用分布式架构集成了以 Kf - BLUP 为核心的广东省种猪遗传评估中心，解决了广东省种猪场数据管理与遗传评估问题

通过集成数据集建立-模型选择-育种值与指数计算-结果反馈为一体的智能化数据分析技术，同时通过把扩繁、商品猪生产的数据纳入纯种猪重要经济性状育种值的计算，基于场间遗传联系率，构建跨场间联合遗传评估，采用分布式架构开发了以 Kf - BLUP 为核心的广东省种猪遗传评估中心，系统解决了广东省种猪场关键育种数据管理、主要经济性状的育种值计算等实际问题。

3. 创建"1＋1＋N"种猪育种产学研用深度融合典型技术服务模式，解决了种猪育种技术体系落地实践问题

种猪育种属于长周期工作，本成果创新实践以"1 个资深专家＋1 个育种专员＋N 个驻场技术人员"为核心的数字化种猪育种技术服务模式，实现了标准、技术、方法、评价四统一，成为我国"产-学-研-用"深度融合的典范，在全国 27 个省份种猪企业大规模推广应用，解决了种猪育种技术体系落地实践问题。解决了种猪场现场育种技术体系落地实践难、技术实施难等问题，有效推动国家和广东省生猪遗传改良计划的实施。

三、适宜区域

主要适用于全国范围核心育种场、种猪场及规模化商品猪种猪选择与培育等。

四、注意事项

一是注意数据采集、录入要准确、及时、可靠；二是严格执行相关性能测定标准，保证性能数据的可信度；三是尽可能全面导入数字化育种体系。

技术依托单位

中山大学
联系地址：广东省广州市海珠区新港西路 135 号
邮政编码：510275
联 系 人：刘小红
联系电话：020-39332940　13602717940
电子邮箱：xhliu@163.net

猪场废弃物源头减量关键技术

一、技术概述

（一）技术基本情况

猪场废弃物源头减量关键技术通过养殖饲料减排技术、养殖节水减排技术和改进饲喂技术等实现养猪生产营养物质高效利用和废弃物源头减量排放。

（二）技术示范推广情况

已在上海市规模养猪场推广。

（三）提质增效情况

应用益生素生长猪日增重可提高 $3\%\sim15\%$，饲料转化率提高 4% 以上，干物质量和氮排泄量分别降低 $12\%\sim15\%$ 和 $17\%\sim25\%$。使用有机源形式的铜，如 100 毫克/千克赖氨酸铜和 250 毫克/千克硫酸铜提高了断奶仔猪最初 13 天内的体重，提高了饲料转化率。如果改用悬挂式饮水器和碗式饮水器耗水量可节约 $5\%\sim10\%$，同时产生的粪水也会减少 5% 左右。干湿饲喂代替干式饲喂能够大幅度减少粪水的产生量。在饲槽中就能饮到水的猪，其采食量和日增重大于只能从距饲槽 3 米处饮到水的猪。采用干湿饲槽时粪水的产生量可比采用干饲槽时减少 50%。所有的干湿饲槽都可减少水的泼洒，使粪水产生量减少 $20\%\sim30\%$。每圈 20 头猪提供一个 2 孔干湿饲槽，粪水产生量减少了 30%。在猪育肥后期，采用二阶段饲喂比采用一阶段饲喂的氮排泄量减少 8.5%。三阶段低蛋白日粮可使氮的排泄量降至每头猪 3.5 千克，比二阶段传统日粮饲养法每头猪降低 1.1 千克或 20% 的氮排泄量。

（四）技术获奖情况

无。

二、技术要点

（一）养殖饲料减排技术

1. 补充合成氨基酸

在猪日粮中使用合成氨基酸以达到氨基酸平衡，能够降低饲料中粗蛋白质水平，提高日粮中氮的利用率，节省天然蛋白质饲料资源，减少粪尿中氮的排泄量。

2. 酶制剂的使用

猪植物性饲料中约 75% 的磷是植酸磷，其不能被猪利用，大部分从粪尿中排出，进而可能导致土壤和湖水中的磷浓度超过卫生标准。同时，植酸磷又是一种重要的抗营养因子，会严重影响猪对其他微量元素的吸收。植酸酶是能够将植酸（肌醇六磷酸）水解成肌醇与磷酸（或磷酸盐）的一类酶的总称，属磷酸单酯水解酶，包括植酸酶与酸性植酸酶。使用植酸酶可以减少粪尿中磷的排泄量。

3. 有机微量元素的使用

有机微量元素的效价一般高于无机微量元素，所以用有机微量元素替代无机微量元素，可减少饲料中微量元素的添加量，减轻猪微量元素排泄对环境造成的污染。

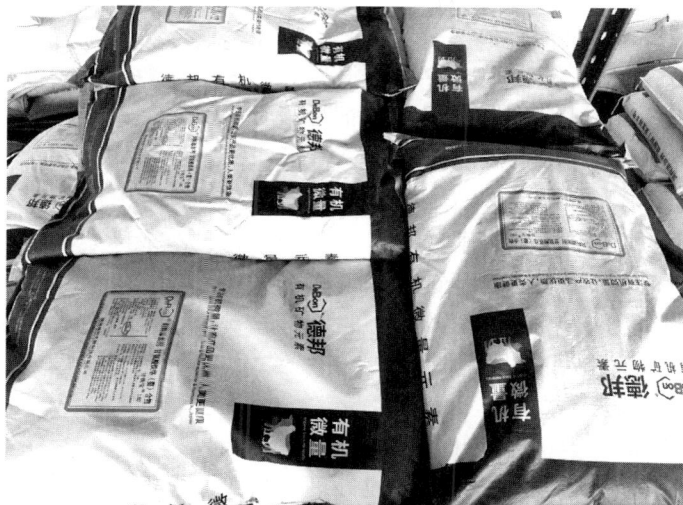

日粮中使用的有机微量元素

4. 益生素的使用

益生素能提高生长猪的日增重、氮存留率和氮利用率；降低血液中氨的浓度，可减弱肠道内氨基酸的脱氨基作用或增强氨的固定作用。

5. 重金属的减量控制

以无机盐形式存在的微量元素普遍存在利用率低、排泄率高、易对环境造成污染等问题。有机微量元素及碱式盐微量元素作为新型矿物元素添加剂，具有生物学效价高、添加量少等特点。因此，在饲料中添加有机微量元素替代无机微量元素也是重金属减排的有效手段。

（二）养殖节水减排技术

从源头上控制污水的排放量和浓度是无害化处理的基础和根本，应从以下几个方面采取减排措施。

1. 选择合适的清粪工艺

清粪工艺主要有干清粪、水冲粪、水泡粪 3 种。干清粪分为人工清粪和机械清粪。与水冲粪、水泡粪相比，干清粪工艺大大节约了猪场的用水量，降低了处理难度。干清粪工艺的具体做法是在舍内实现粪、尿及污水的分离，猪粪通过机械或车运至堆粪场，尿液及污水通过猪场内排污暗沟统一收集到贮粪池。

2. 采取雨污分离技术

采用暗沟排污，主要道路旁边建明沟排雨、雪水。尿液及污水通过暗沟集中到贮粪池或沼气发酵设备内进行处理，而雨、雪水则通过明沟排放到场外水体中，从而做到

猪场用高压水枪冲洗圈舍

雨、污水分离。暗沟可采用水泥、砖块砌筑，也可采用其他管材，如 PVC 管、陶制管等，

要保证暗沟内壁光滑从而利于尿液及污水流动，并兼顾经济适用。注意，无论是明沟还是暗沟都要有一定的坡度。

（三）科学饲喂技术

正确的饲喂模式应是一种尽量减少饲料浪费并提高饲料利用率的简便方法。通过改进饮水系统和饲槽设计，预计可以使污水排放总量减少 30％以上。

1. 提倡干湿饲喂

干湿饲喂就是一种代替干式饲喂的方法，让猪从同一个饲槽中采食饲料和饮水，让猪自行选择如何将两者结合起来进行。干湿饲喂减少粪便排泄量的原理是在这情况下饮水量大幅度减少，从而减少粪尿排泄量。

雨污分流设施

2. 改进饲料加工工艺

猪饲料颗粒度在 700～800 微米时，饲料转化率最佳，且猪不会发生溃疡，饲料不结块。饲料制粒处理有提高饲料转化率和减少养分排出的趋势，使干物质和氮的排泄量分别降低 23％和 22％。饲料的膨化处理和颗粒化处理可使随粪便排出的干物质减少 1/3。使用低质蛋白饲料（如水解羽毛粉）会明显增加氮的排泄量，而通过饲料加工工艺可部分消除饲料中的抗营养因子，提高饲料转化率，降低氮排泄量。

3. 分阶段饲养

一般猪的饲养期分为仔猪期、生长期和育肥期 3 个阶段。这种传统方式不能满足现代养猪生产需要，所以目前提出了阶段式饲养。饲喂阶段分得越细，不同营养水平日粮种类分得越多，越有利于减少氮的排泄量。

干湿饲喂器

三、适宜区域

全国各个地区均适合推广。

四、注意事项

1. 不同饲料添加剂在生猪肠道内的吸收过程中会相互影响，不同的微量元素间可能存在相互抑制吸收的作用，应全面考虑生猪原料饲料的营养成分、消化率、适口性等，使各元素的比例达到平衡，根据动物营养理论和当地的饲料营养成分合理选择添加剂，结合当地生猪的实际养殖情况对日粮的配方进行优化。

2. 不同生长发育阶段的猪对营养的需要不同，通过对不同日龄生猪的营养成分需要量进行试验与总结，确定日粮中微量元素的使用量和比例，以符合生猪对营养成分的实际需要量，做到营养减排，减少养殖污染。

3. 仔猪断奶时要采用公、母分养，进入生长育肥猪舍时，对不同性别的生猪，应配制营养水平不同的日粮，将分性别饲喂和分阶段饲喂结合起来，可以保证生猪正常采食，并且有效减少氮的排泄量。

4. 猪场内应当采用合适的饮水器，将鸭嘴式饮水器改成碗式饮水器，在饮水器安装和流量控制方面加大管理力度，防止猪饮水过程中造成的污水量增加，从源头减少污水的产生。

5. 使用高压冲洗泵代替普通水管冲洗猪舍。如果在舍内供水管上连接一根软管便开始冲洗猪舍，不但浪费水而且不容易冲洗干净。高压冲洗泵可以对水进行加压，形成较大的冲力，采用高压冲洗泵代替普通水管冲洗猪舍，用水量会大大减少且容易冲洗干净，从源头减少污水的产生。

技术依托单位

上海市畜牧技术推广中心

联系地址：上海市长宁区虹井路 855 弄 30 号

邮政编码：201103

联 系 人：薛 云

联系电话：021-62680388　13564923526

电子邮箱：xumuke021@163.com

肉牛早期选种技术

一、技术概述

（一）技术基本情况

肉牛传统种牛的选择主要参考其体重，需要饲养大量犊牛，在其达到18月龄时才能测定种用性能。存在后备种牛饲养量大、后裔测定成本高、选种周期长、工作烦琐且效率不高等问题。

本技术以"犊牛期眼肌面积"和"基因标记"为重要参考指标，结合体重、体尺、体型外貌等指标。创建了"以眼肌面积为首选性状的早期选种技术体系"。将种牛的初选时间提早到6月龄，成年牛特级、一级比例达90%以上，提高了选种效率和种牛质量，解决了后裔测定成本高、周期长、工作烦琐等问题。

（二）技术示范推广情况

该技术在延边东盛黄牛资源保种有限公司、延边畜牧开发集团有限公司等8个国家级肉牛核心场应用。后备种牛初选从18月龄提早到6月龄，初选时间提早1年，成年后特级、一级比例达90%以上。

（三）提质增效情况

犊牛6月龄时，利用超声波测定犊牛眼肌面积，以目标基因检测为主，结合常规选种方法，优选种公牛96头，核心群母牛391头。种牛初选时间提早1年，提前淘汰了不符合种用要求的个体，节约了饲养成本。

早选公牛：5.38万元/头，产值516万元，头均获利1.93万元，效益185万元。

早选母牛：2.4万元/头，产值938万元，头均获利0.87万元，效益340万元。

（四）技术获奖情况

本项技术成果获"2020年吉林省科学技术进步奖一等奖"。

2020年吉林省科学技术奖一等奖

二、技术要点

研究发现，草原红牛和延边黄牛眼肌面积遗传力分别为0.65和0.63；6月龄眼肌面积与不同月龄的体重、眼肌面积和净肉量均呈较强遗传相关（0.657～0.715），证明了眼肌面积可以作为肉用性状早期选择的典型指标。

在犊牛期利用超声波技术测定其眼肌面积，利用生物技术筛选目标基因，同时测定体重、测量体尺、开展体型外貌评分。以上述指标为基础，以不同指标在种牛选择中的重要性为依据，结合生产实际，分别赋予不同指标相应的权重，确定了早选指数。

早选指数（ESI）＝眼肌面积×0.35＋基因标记×0.25＋体重指数×0.20＋体尺指数×0.15＋外貌指数×0.05

根据早选指数为饲养的后备牛排序，根据实际情况淘汰排位靠后的个体。既提早了种牛选择时间，又减少了群体饲养量，节约了成本，提高了效率。

眼肌面积：
第12和第13肋骨之间
背最长肌的横切面积

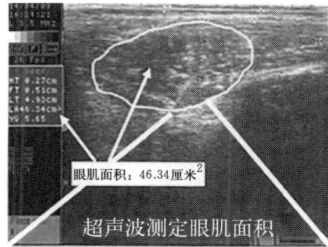

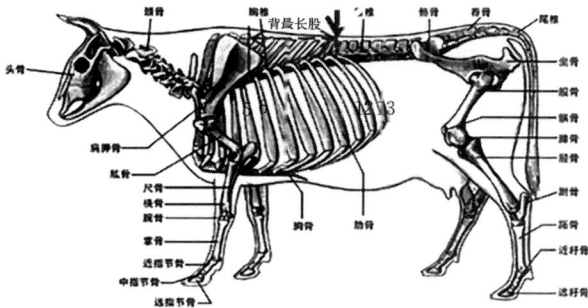

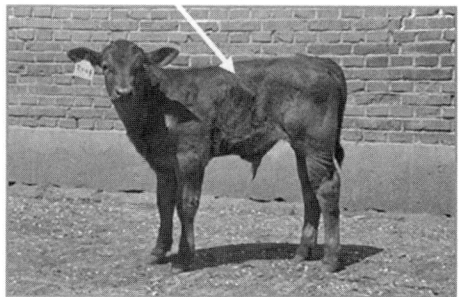

超声波测眼肌面积

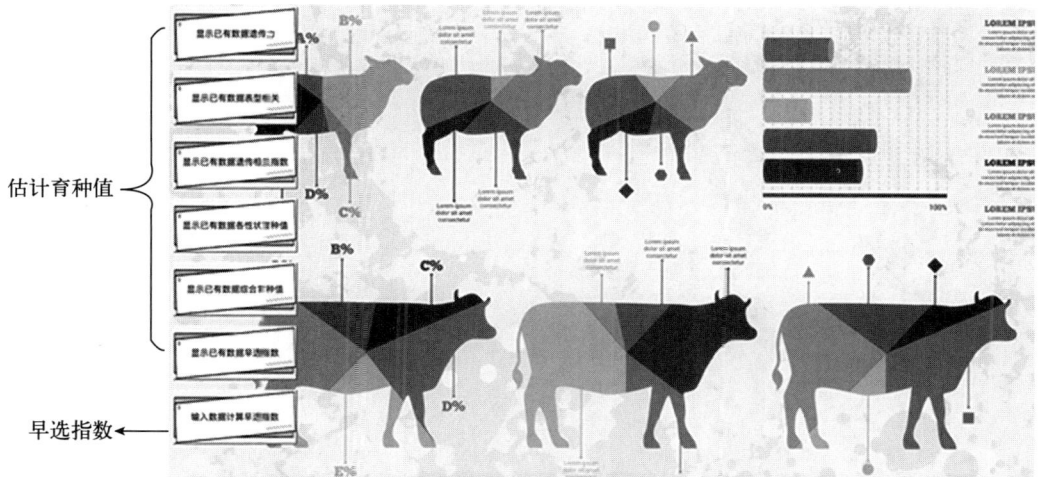

评估软件工作界面

三、适宜区域

适宜在种牛核心场应用。通过应用本技术后备种牛初选时间提早 1 年，从 18 月龄提早到 6 月龄，成年后特级、一级的比例超过 90％。

四、注意事项

本技术是以眼肌面积作为肉用性状早期选择的典型指标。因此，需要在犊牛时期就利用超声波技术测定其眼肌面积，从而确定早选指数，根据早选指数为饲养的后备牛排序，淘汰排位靠后的个体。提早种牛选择时间，减少群体饲养量，节约成本，提高效率。

技术依托单位

1. 吉林省农业科学院

联 系 地 址：吉林省长春市生态大街 1363 号

邮 政 编 码：130033

联 系 人：吴 健

联 系 电 话：15043467772

电 子 邮 箱：wujian0303@126.com

2. 吉林大学

联 系 地 址：吉林省长春市西安大路 5333 号

邮 政 编 码：130062

联 系 人：袁 宝

联 系 电 话：13620792373

电 子 邮 箱：yuanbao1982@163.com

3. 延边畜牧开发集团有限公司

联 系 地 址：吉林省延吉市参花街 3662 号

邮 政 编 码：133000

联 系 人：黄 鑫

联 系 电 话：13304466678

电 子 邮 箱：cnjlybxm168@126.com

秸秆饲料化加工利用关键技术

一、技术概述

（一）技术基本情况

随着近几年我国畜牧业快速发展，粗饲料资源不足、人畜争粮问题日益严峻。2014—2019 年，我国饲料玉米消费由 1.97 亿吨增长到 2.29 亿吨，增长 0.32 亿吨，增长率为 16.24%；目前全国玉米籽粒将近 70% 用于饲料。2021 年，我国草食家畜饲养量达 14 亿只羊单位，所需粗饲料量约 7.62 亿吨。一方面，全国天然草场和人工种植饲草能提供 4.7 亿吨粗饲料，粗饲料缺口量约 3 亿吨；另一方面，我国是农业大国，作物秸秆资源丰富。据统计，2021 年秸秆总量 8.65 亿吨，秸秆利用量 6.47 亿吨，综合利用率达 74.8%，其中饲料化利用率占比为 18%，能填补约 1.16 亿吨粗饲料缺口，粗饲料缺口量仍然有 1.84 亿吨，还需要加大秸秆的饲料利用占比。秸秆因粗蛋白质含量低、木质化程度高、钙磷比例不平衡，导致适口性较差、消化率低。在控制秸秆离田和加工成本的情况下，如何改善秸秆适口性、提高消化率、将农区剩余的秸秆资源饲料化利用、解决牧区饲料短缺的问题、降低牧区养殖成本是当前面临的重要课题。

近 10 年来，项目组主要围绕秸秆饲料化利用加工贮存技术、牛羊低成本养殖技术、家畜健康安全养殖技术等方面进行技术攻关，研制了秸秆专用发酵菌制剂、菌酶联合发酵制剂、秸秆膨化发酵饲料、秸秆（全混合草料复合）颗粒饲料等，推进秸秆资源的饲料化"过腹还田"利用，解决了家畜粗饲料资源短缺的难题，降低了养殖业生产成本，并实现秸秆资源高效与循环利用，缓解了秸秆焚烧造成的资源浪费和环境污染的问题。

（二）技术示范推广情况

通过研发秸秆专用发酵菌制剂，集成秸秆黄贮、秸秆生物发酵技术、秸秆膨化发酵（调制）技术、秸秆颗粒饲料加工技术及其牛、羊饲喂技术，开展小试、中试及牛、羊饲养试验，有效改善秸秆适口性，提高了消化率，实现了"农加＋牧饲""农区秸秆进牧区"，显著提高了养殖户经济效益。目前，全国建立示范基地 25 个，覆盖黑龙江省（讷河市、齐齐哈尔市）、吉林省（公主岭市、农安县、辽源市）、辽宁省（沈阳市、朝阳市）、新疆（麦盖提县）和内蒙古（兴安盟、通辽市、呼伦贝尔市、赤峰市、锡林郭勒盟、乌兰察布市、巴彦淖尔市、呼和浩特市等地），技术覆盖肉羊 300 万只，肉牛 70 万头。

（三）提质增效情况

1. 研发秸秆专用发酵菌制剂，改进了秸秆生物发酵技术，突破了秸秆纤维物质含量高、利用率低的技术瓶颈问题

筛选和分离出降解秸秆粗纤维和木质素的菌种及酶，同时针对单纯菌制剂在常温时保存时间短、活菌数迅速下降的情况，研制出菌制剂的生产工艺，探索出不同载体、不同水分含量下菌体的活性与存放时间等参数，加工生产了秸秆专用发酵菌制剂。该发酵菌制剂具有显著促进秸秆发酵功效，使其消化率提高了 8.96%。

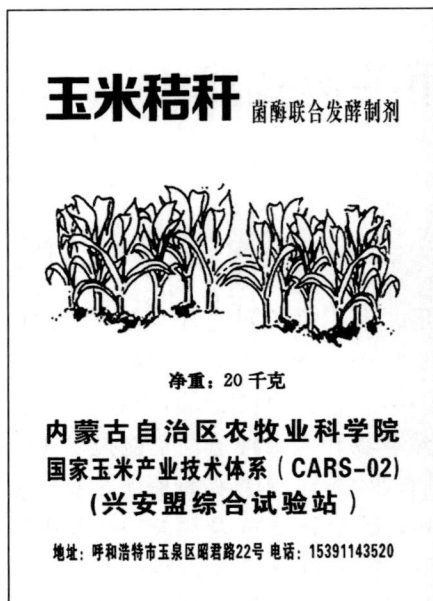

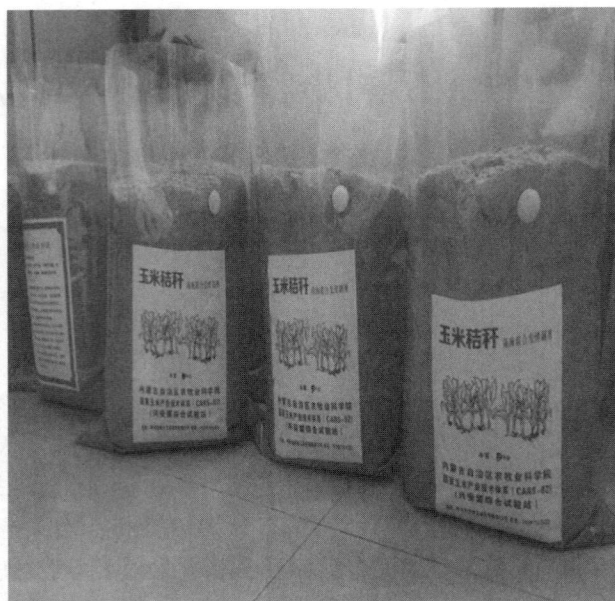

秸秆专用发酵菌制剂

2. 通过膨化处理技术，使秸秆纤维细胞壁断裂，破坏秸秆表面蜡质膜，有效提高秸秆纤维物质的消化率

针对秸秆营养价值低、适口性差、消化率低等问题，通过膨化发酵技术，促进蛋白质、脂肪等有机物的长链结构变为短链结构，使秸秆更易消化，从而提高其利用率。玉米秸秆经过挤压膨化后发酵处理，通过电镜扫描发现，结构形成明显沟壑，有效增大了与乳酸菌制剂的接触面积，经测定，相比普通玉米秸秆，膨化发酵处理后的玉米秸秆半纤维素含量降低6.73%，干物质消化率提高20.06%；棉秆膨化发酵处理后粗蛋白质含量提高4%～6%，采食量提高20%～40%，消化率提高10%～20%。

3. 通过加工调制技术，改善秸秆适口性，提高利用效率

针对秸秆适口性差、营养价值低、消化率低等问题，通过膨化发酵（调制）技术、颗粒加工技术，配方创新，研发了秸秆生物发酵饲料、秸秆膨化发酵饲料、秸秆全混合发酵饲料、秸秆颗粒饲料、秸秆全混合颗粒饲料等产品，改善了秸秆适口性，弥补了秸秆营养不平衡性，提高了家畜采食量和饲料利用率。

4. 通过制粒压块，减小体积，提高秸秆资源的流通性

为实现秸秆的远距离运输，根据不同需求，搭配其他农副产品和地源性饲料资源，设计秸秆颗粒饲料、秸秆全混合颗粒饲料和双颗粒饲料等配方，用颗粒机械制成颗粒饲料，实现了秸秆资源的商品化运输，提高流通性。推进农区秸秆进牧区，实现了秸秆农区加工，牧区饲喂。

5. 通过营养物质平衡和科学配比，提高采食量，降低养殖成本

以玉米秸秆每吨为300～400元计算，调制加工秸秆颗粒饲料，每吨秸秆颗粒饲料成本为700～800元，现在羊草价格约1 600元/吨、国产苜蓿（品质较差）2 300元/吨，秸秆颗粒饲料与羊草、苜蓿价格相比，具有明显的价格优势。以每只羊每天采食1.5千克粗饲料计算，如果用玉米秸秆替代30%～50%的粗饲料，那么1只羊1天可以节约饲料成本（与羊草相比）0.48～0.54 元，1 只羊 1 个枯草季节（以 11 月到翌年 4 月合计 180 天计算）可以节约 86.4～97.2 元，按照养殖户饲养 200 只基础母羊计算，每户一年可以节约饲料成本 1.73 万～1.94 万元。秸秆生物发酵饲料节本效应更为明显。

6. 通过生物转化，过腹还田，促进生态恢复，减少环境污染

建立"农加＋牧饲""自产＋自用"等模式，推进秸秆生物发酵、秸秆膨化发酵、颗粒加工技术，推进秸秆饲料化"过腹还田"利用，减少牧区冬春季节放牧，促进草原生态恢复和资源循环利用，减少了农区秸秆资源过剩，减少了资源浪费和环境污染。

（四）技术获奖情况

"北方牧区绵羊母仔一体化高效养殖关键技术集成示范与推广应用"，其中包括秸秆饲料化加工利用内容。

二、技术要点

针对秸秆适口性差、消化率低、营养价值低、运输不方便等问题，创制膨化技术、膨化发酵技术、营养物质平衡调制技术，优化了制粒工艺参数，完善了牛羊饲喂技术，研发了秸秆膨化发酵饲料、秸秆颗粒饲料、秸秆全混合颗粒饲料等产品，提出了农区秸秆加工离田，向牧区供应调运的利用思路，建立"农加＋牧饲"模式，解决北方牧区及农牧交错区冬季越冬母畜粗饲料不足的难题。

1. 秸秆膨化发酵饲料

将秸秆除尘除杂，铡短（1～3 厘米）、粉碎或揉碎，再用膨化设备膨化后，补水加菌（菌制剂可加可不加）调制后，打捆裹膜，入库发酵。膨化是依靠秸秆与挤压腔中的螺套壁及螺杆之间相互挤压、摩擦作用，产生热量和压力，当秸秆被挤出喷嘴后，压力骤然下降，从而使秸秆体积膨大的操作工艺。秸秆膨化发酵饲料含水量一般控制在 60%～70%，菌制剂添加量为秸秆重量的 0.1%，拉伸膜包裹一般为 4 层。

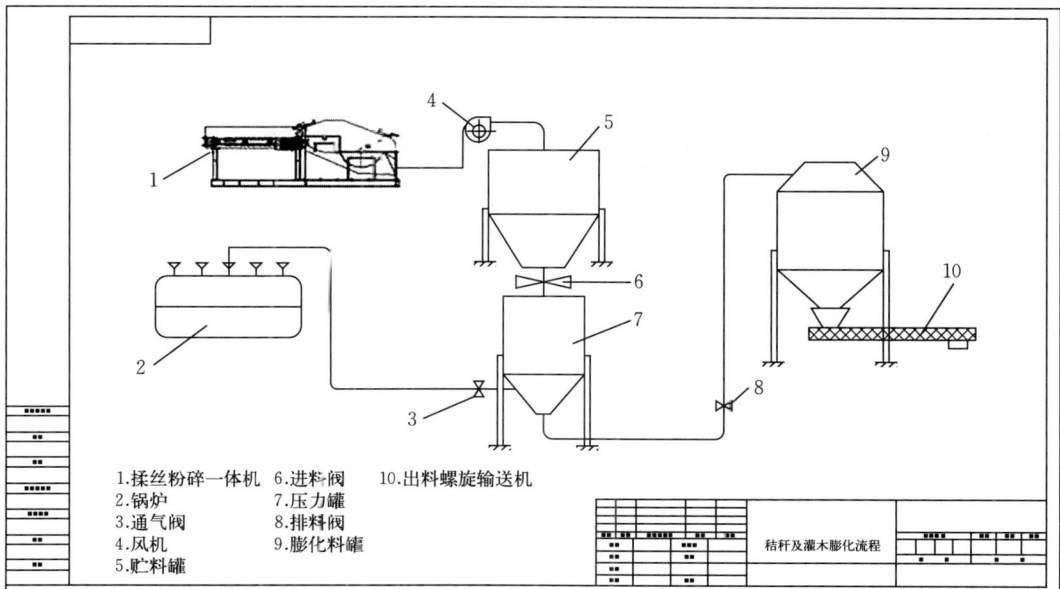

1. 揉丝粉碎一体机　6. 进料阀　10. 出料螺旋输送机
2. 锅炉　　　　　　7. 压力罐
3. 通气阀　　　　　8. 排料阀
4. 风机　　　　　　9. 膨化料罐
5. 贮料罐

秸秆及灌木膨化流程

秸秆及灌木膨化流程

膨化玉米秸秆饲料

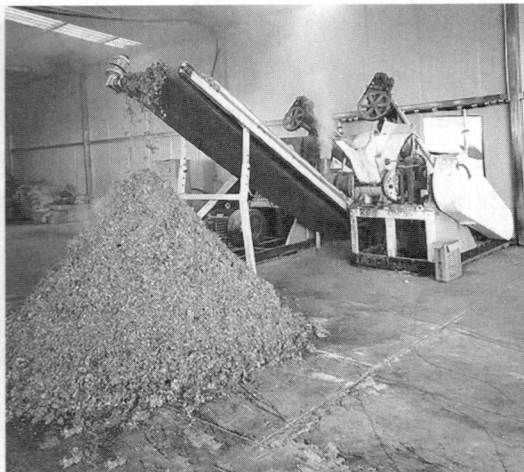

棉秆膨化饲料

2. 秸秆颗粒饲料

秸秆除尘除杂，铡短、粉碎成粉末，烘干，经过制粒机压制形成的一定形状和大小的颗粒。调制含水量应控制在 14%～17%。物料温度控制在 70～90 摄氏度，入机蒸汽应减压至 220～500 千帕，入机蒸汽温度控制在 115～125 摄氏度，调节机器压缩比为 1：（5～6）；根据饲喂对象选择不同规格模具，加工玉米秸秆颗粒应选用加厚型环模。羊用颗粒饲料选择环模孔径 4～6 毫米，牛用颗粒饲料选择环模孔径 6～8 毫米，颗粒长度为直径的 2～5 倍。

3. 秸秆全混合颗粒饲料

根据不同生长时期的牛、羊营养需要量，在粉碎好的秸秆中添加不同比例的非蛋白氮、玉米、麸皮、维生素、矿物质、糖蜜、黏合剂等进行调制，经过完全搅拌混合，利用制粒装置加工成秸秆全混合颗粒饲料。制粒条件与上述颗粒饲料加工方法相同。

秸秆全混合颗粒饲料

4. 秸秆饲料饲喂技术

根据秸秆饲料的实测营养成分含量，结合家畜不同生长时期营养需要量，配以精饲料、矿物质，以及其他牧草等制定饲喂计划，制作日粮配方。秸秆饲料开始喂量要由少到多，逐渐增加。秸秆饲料建议饲喂量：母羊 800～1 000 克/天；育肥羊育肥前期的日粮中秸秆占比约 40%，育肥后期的日粮中秸秆占比约 30%。奶牛 4 000～5 000 克/天，育肥牛 1 500～2 000 克/天。

秸秆颗粒饲料补饲放牧羊　　　　秸秆膨化发酵饲料饲喂育肥肉羊

三、适宜区域

北方农区、牧区，以及农牧交错区，包括黑龙江、吉林、辽宁、内蒙古、山东、山西、河北、河南、宁夏、甘肃、新疆等地区。

四、注意事项

1. 秸秆饲料化利用中除尘除杂是关键环节，建议采用籽粒兼收方式，从源头解决秸秆离田带土的问题，避免尘土较多，影响家畜采食适口性和健康。

2. 发酵饲料存放期间防止鼠害、鸟害，定期检查有无进水等。

技术依托单位

1. 内蒙古自治区农牧业科学院

联系地址：内蒙古呼和浩特市玉泉区昭君路 22 号

邮政编码：010031

联 系 人：薛树媛

联系电话：13947189385

电子邮箱：shuyuanxue@163.com

2. 中国农业科学院饲料研究所

联系地址：北京市海淀区中关村南大街 12 号

邮政编码：100081

联 系 人：屠 焰

联系电话：13641207606

电子邮箱：tuyan@caas.cn

3. 内蒙古兴安盟农牧业科学研究所

联系地址：内蒙古兴安盟乌兰浩特市乌察路农研巷 9 号

邮政编码：137400

联 系 人：徐兴健

联系电话：18644992661

电子邮箱：xxjclean@126.com

兽 医 类

家禽禽流感综合防控技术

一、技术概述

（一）技术基本情况

高致病性禽流感是危害养禽业的一类烈性传染病，感染禽死亡率高达 100％，其暴发不仅给养禽业造成巨大的经济损失，而且威胁着人类生命健康。低致病性 H9 亚型禽流感病毒在多个国家广泛存在，常与其他细菌或病毒病等混合感染而使鸡死亡、生产性能下降等，给养禽业造成较大的经济损失。

推广"家禽禽流感综合防控技术"，解决家禽禽流感有效防控的问题，不仅可以避免因家禽暴发高致病性禽流感而造成巨大经济损失，而且能阻断禽流感病毒由禽向人传播，对于保障养禽业持续、稳定、健康发展和增进人类健康均具有十分重要的作用。

本技术包含多项专利，获得国家新兽药注册证书 21 项，其中国际首创的一类新兽药产品 4 项。本技术具有自主知识产权，已经在实践中使用。

中华人民共和国
新兽药注册证书

证号：（2019）新兽药证字 37 号

新兽药名称：重组禽流感病毒（H5+H7）二价灭活疫苗（H5N1 Re-8株+H7N9 H7-Re1株）
注 册 分 类：一 类
研 制 单 位：中国农业科学院哈尔滨兽医研究所、哈尔滨维科生物技术有限公司
根据《兽药管理条例》，该兽药符合规定，准予注册，特发给兽药注册证书。

发证日期：二〇一九年六月二十六日

一类新兽药证书之一：重组禽流感病毒（H5＋H7）二价灭活疫苗（H5N1 Re-8 株＋H7N9 H7-Re1 株）

（二）技术示范推广情况

禽流感防控技术于 2004 年在我国应用以来，各项技术逐步完善，疫苗种毒不断更新。当前，家禽禽流感综合防控技术已经在全国范围内的家禽中应用，但还存在免疫空白和薄弱环节，仍需加大技术推广力度。我国水禽的高致病性禽流感疫苗免疫覆盖率和抗体合格率偏低，存在暴发疫情的风险。同时，也容易感染和传播野鸟携带的流感病毒，给鸡等家禽带来疫情风险。继续加大技术推广力度，对减少或避免由禽流感暴发造成的经济损失和对人类健康的威胁意义重大。

（三）提质增效情况

感染高致病性禽流感病毒后，鸡死亡率可达 100％，鸭、鹅等水禽死亡率为 0～100％。

多年来，我国高致病性禽流感防控效果显著，仅偶有疫情发生；而世界动物卫生组织（WOAH）数据显示，仅 2020 年以来，欧美等多个国家由于高致病性禽流感集中暴发累计导致 2.16 亿只家禽死亡或被扑杀，造成了巨大的直接和间接经济损失。与国外疫情相比，我国采取禽流感综合防控技术防控禽流感非常有效，给我国养禽业带来的经济效益、社会效益和生态效益均极其显著。

（四）技术获奖情况

中国禽流感防控技术研究居世界领先水平，成效举世瞩目。以禽流感综合防控技术为核心的科技成果获得 10 多项国家和省部级重要科技奖励，其中"H5 亚型禽流感灭活疫苗的研制与应用"获国家科学技术进步奖一等奖，"禽流感、新城疫重组二联活疫苗"获国家技术发明奖二等奖，"重组禽流感病毒（H5＋H7）灭活疫苗的创制及应用"获黑龙江省科学技术进步奖一等奖。

国家科学技术进步奖一等奖，"H5 亚型禽流感灭活疫苗的研制与应用"

国家技术发明奖一等奖，"禽流感、新城疫重组二联活疫苗"

黑龙江省科学技术进步奖一等奖，"重组禽流感病毒（H5＋H7）灭活疫苗的创制及应用"

二、技术要点

禽流感综合防控技术包括多方面内容，不同主体重点实施的内容不同。本技术以疫苗免疫为核心，辅以临床诊断、实验室检测、及时发现病原及彻底处理疫情和防止病原传入及消灭病原等一系列综合技术措施，指导养殖过程中有效防控禽流感，保障养禽业健康发展，保障人类健康。

1. 诊断和检测技术

（1）临床症状及病理变化诊断　H5 及 H7 亚型高致病性禽流感病毒引起的疫病具有发病急、死亡率高的特点。典型临床症状是鸡冠和肉髯淤血、发绀，有的呈紫黑色，有时有坏死；病鸡腿上无毛处及脚鳞片间出现红色或紫黑色出血斑。病禽头部和眼睑水肿，眼结膜发炎，头部和面部水肿；呼吸困难，叫声沙哑，排黄绿或黄白色稀粪；个别鸡出现神经紊乱，鸭、鹅等水禽一般神经症状更明显；产蛋禽产蛋量突然下降，甚至停产。免疫禽或致病性低的 H5 或 H7 病毒感染后的禽有时会出现非典型症状。

低致病性禽流感（目前主要是 H9），病禽常表现为呼吸、消化、泌尿和繁殖器官的异常。以轻度乃至严重的呼吸道症状最为常见，如咳嗽、打喷嚏、啰音、喘鸣和流泪等；产蛋量下降，蛋壳褪色，沙皮蛋、软壳蛋、畸形蛋增多；精神沉郁，间或下痢；有并发或继发感染时临床症状加重，有时死亡率可高达 20%～30%。病理变化主要在呼吸道（产蛋禽主要在生殖道），气管黏膜水肿、充血并偶有出血；气管渗出从浆液性到干酪样不等，有时可造成阻塞，导致呼吸困难或窒息。在气囊和体腔（胸腹腔）可发现卡他性到纤维素性炎症，常可看到卵黄性腹膜炎；输卵管水肿、充血、出血或萎缩，有时输卵管内有乳白色分泌物及凝块；卵巢发生退化，卵泡出血、液化。有的禽肾肿胀，伴有尿酸盐沉积。

通过临床症状及病理剖检变化并结合流行病学分析，可以初步怀疑是禽流感，确切诊断需要进行实验室检测。

（2）实验室诊断和检测技术

① 血清学检测技术。目前，应用最多的是禽流感血凝（HA）-血凝抑制（HI）试验，当前主要用于检测免疫抗体，评估疫苗免疫效果或禽群免疫状态，也可以用已知禽流感血清对病毒进行亚型鉴定。具体操作步骤按《高致病性禽流感诊断技术》（GB/T 18936—2020）进行。已经发现不同实验室或不同人对同一样品检测结果相差较大，需注意检测结果的准确性，必要时可开展比对试验或使用标准样品对实验室检测结果进行准确性评估。

② 病原学检测技术。病毒分离和鉴定是最准确的禽流感诊断方法，但该方法不能在养殖企业使用，一是国家对于 H5 和 H7 禽流感病毒等高致病性病原微生物操作有明确规定，有关实验室活动必须经过审批，且必须在高级别生物安全实验室内进行操作；二是在养殖企业或养殖场的实验室操作病毒有巨大的散毒风险，甚至可能直接造成疫情暴发。

我国已经研制出一系列禽流感病毒检测试剂盒。其中，商品化的反转录-聚合酶链反应（RT-PCR）和荧光定量反转录-聚合酶链反应（荧光定量 RT-PCR）试剂盒已经在有条件的实验室用于 H7 和/或 H5 禽流感病毒核酸检测，检测阳性者可以判定为禽群有相应的病毒感染，进而判定为疑似禽流感。疑似禽流感阳性样品送国家禽流感参考实验室进行最终确诊。

2. 及时发现病原及彻底处理疫情技术

及时发现病原，彻底处理疫情，防止病毒扩散和蔓延，减少养殖环境中的病毒载量，是禽流感综合防控的重要组成部分，也是避免整个养禽业陷入禽流感病毒威胁之中的重要举措。

对禽群进行定期监测，是及时发现病原的主动措施。临床上，养禽业者应密切观察禽群的健康状态，一旦发现怀疑高致病性禽流感病例，或者 H5 或/和 H7 病原检测阳性时，应及时向当地动物防疫监督机构报告，有关部门接到报告将按规定程序进行禽流感疫情确认。

确认 H5 或 H7 高致病性禽流感疫情后，有关部门将依据《重大动物疫情应急条例》《全国高致病性禽流感应急预案》，以及一系列的禽流感防控技术规范等进行处置。在此过程中，养殖业者应密切配合。按规定，有关部门宣布本次疫情扑灭后，才可恢复养禽生产。

3. 防止病原传入禽场及消灭病原的技术和措施

（1）建立良好的生物安全设施，提倡规模化、标准化养殖　良好的生物安全设施和有效的生物安全措施是避免病原传入、预防传染病发生的重要保障。各养殖场应加强对生物安全设施的检查，重点检查各项设施是否运转良好，必要时增设新的生物安全设施。

提倡规模化、标准化养殖，推广全进全出、封闭管理的养殖模式，配备良好的生物安全设施等都可大大降低疫病发生的风险。

（2）采取有效的生物安全措施　建立切实可行的生物安全管理制度并有效实施，是防止病原传入的关键。

做好车辆管理。应禁止一切外来车辆进入生产区。运输雏禽、禽粪以及商品肉禽或淘汰禽的车辆是病原传入的重要风险因素，建议实行二次转运；没有实行全进全出的养殖场，发生疾病的风险更大。确需进入生产区的一切车辆，均需进行严格、彻底的消毒。

人员活动是传播疾病的又一重要因素。建议饲养员实行封闭式管理，并禁止在不同栋舍之间随意走动。外来人员禁止进入生产区；若根据需要必须进入时，要换消过毒的工作服、鞋、帽甚至需要沐浴等方可进入。

避免将活禽交易市场等地的病毒带回养殖场。研究表明，活禽交易市场是禽流感病毒的重要疫源地，当前分离的多数禽流感病毒均来自市场的禽群或环境中。车辆和人员来往于市场和养殖场是极其危险的，更不要将未售出的活禽带回养殖场。当前，部分活禽交易市场实行的"一日一清洁消毒、一周一大扫除、一月一休市、零存档（简称'1110'）"制度，对于减少禽流感病毒数量，降低禽流感发生的风险具有重要意义。

做好防鸟、灭鼠、灭蝇及灭蚊工作，尤其是防止鸟类进入禽舍，以及防止鸟类污染饲料、饮水等对于预防野鸟传播禽流感有十分重要的作用。

（3）切实做好消毒工作　消毒是防止禽流感病毒传入的重要措施，也是将进入禽场的禽流感病毒杀灭、防止疫病发生的重要举措。禽流感病毒对各种自然条件及消毒剂抵抗力弱，对日光中的紫外线敏感。漂白粉、过氧乙酸、新洁尔灭、高锰酸钾、福尔马林等消毒剂按规定剂量使用均能迅速杀灭病毒。

禽流感病毒受粪便等有机物保护会阻碍消毒药的杀灭作用，因此消毒前进行彻底清洗有利于保障消毒效果。

若家禽需要进行活疫苗免疫，在免疫前2天和免疫后3天内，不要对禽群进行消毒；若用灭活苗免疫则不用考虑此问题。

不宜对禽群频繁消毒，预防性消毒至少间隔1周，紧急消毒对家禽连续消毒不应超过7天。带禽消毒时需温度、湿度、雾滴大小和消毒剂均适宜，否则效果不好；消毒不当可能或多或少地引起增重和产蛋等性能下降。

4. 免疫技术

疫苗免疫是预防禽流感的主动措施、关键环节和最后防线。使用农业农村部批准使用的疫苗，按程序进行免疫，可有效预防禽流感的发生。

（1）预防H5和H7亚型禽流感　我国采取了强制免疫和扑杀相结合的综合防控策略预防高致病性H5和H7亚型禽流感，取得了良好效果。

禽流感病毒容易变异，根据禽流感病毒流行情况及时更新疫苗种毒、合理选用疫苗是有效预防的关键。免疫时必须选用

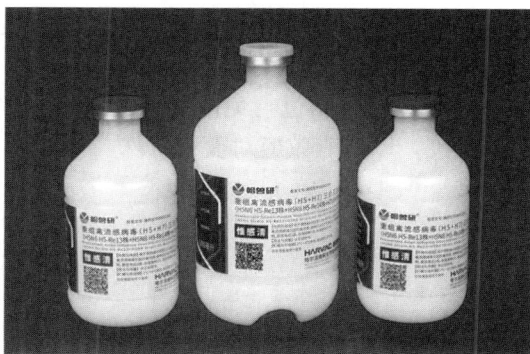

重组禽流感病毒 H5＋H7 三价灭活疫苗
(H5N6 H5－Re13 株＋H5N8 H5－Re14 株＋H7N9 H7－Re4 株)

国家批准使用的疫苗，疫苗品种一般会在每年的《国家动物疫病免疫技术指南》中推荐，在

进行种毒更新之前均是有效的。2023 年，我国推荐使用的是重组禽流感病毒 H5＋H7 三价灭活疫苗，对鸡、鸭和鹅等家禽均有良好的免疫效果。禽流感-新城疫重组二联活疫苗也获得了生产文号，可酌情选用。

在免疫程序方面，很难推荐一个通用的免疫程序，抗体产生的多少以及抗体消亡的快慢与疫苗、禽的品种，以及禽群状态等诸多因素有关，此处给出免疫程序仅供参考。推荐免疫程序：对蛋鸡、种鸡、蛋鸭、种鸭、蛋鹅、种鹅，可于 14～21 日龄首次免疫，间隔 3～4 周加强免疫，开产前进行第三次免疫，之后根据免疫抗体检测结果决定免疫时间或每间隔 4～6 个月免疫 1 次；生长期超过 70 天的肉禽如肉鸡、肉鸭和肉鹅，建议于 7～10 日龄时，进行首次免疫，间隔 2～4 周加强免疫 1 次；疫苗免疫接种方法及剂量按相关产品说明书规定操作。在免疫接种灭活疫苗的同时，或者与灭活疫苗免疫间隔 2～3 周后，可用禽流感-新城疫重组二联活疫苗进行免疫，以使免疫禽同时获得体液免疫、细胞免疫和黏膜免疫，起到更好的临床保护作用。

（2）预防 H9 亚型禽流感　针对 H9 亚型禽流感，我国采取自主免疫的政策，养禽者可根据自己的需要对家禽进行免疫。

当前，H9 禽流感疫苗的种毒至少有 20 多种，形成的系列产品至少有 50 种，同时存在同一种疫苗多家企业生产和同一企业生产多种疫苗的现象。毒株之间、不同厂家之间的疫苗存在免疫保护率的差异，养禽者制定免疫程序时应注意疫苗的选择，可使用不同来源毒株的疫苗，提升疫苗免疫交叉保护作用。最终的免疫效果可通过免疫禽是否发病来评判。

免疫时可结合考虑其他病的预防，选择 H9 禽流感单苗或联苗进行免疫。

从目前情况看，鸡感染 H9 禽流感病毒后引起发病甚至死亡多与混合感染有关。在做好疫苗免疫的同时需加强饲养管理，做好生物安全措施，防止合并感染和继发感染，可有效降低 H9 禽流感造成的经济损失。

三、适宜区域

家禽禽流感综合防控技术适用于全国范围内所有家禽养殖过程中禽流感的防控。

四、注意事项

1. 做好生物安全措施是预防包括禽流感在内的各种家禽传染病最经济、有效的措施。

2. 养殖场一旦发现怀疑高致病性禽流感的病例或检测到病原阳性，应及时向当地动物防疫监督机构报告。

3. 使用合法疫苗进行免疫。更新后的 H5/H7 疫苗批准使用后，养殖者应尽快使用新毒株疫苗免疫，以便有效应对变异毒株。

技术依托单位

中国农业科学院哈尔滨兽医研究所

联系地址：黑龙江省哈尔滨市香坊区哈平路 678 号

邮政编码：150069

联 系 人：田国彬　曾显营

联系电话：0451-51051681　13946058527　0451-51051678

电子邮箱：tianguobin@caas.cn　zengxianying@caas.cn

重组口蹄疫疫苗毒株构建与
高效灭活疫苗创制技术

一、技术概述

（一）技术基本情况

口蹄疫是严重危害猪、牛、羊等重要家畜的世界性烈性动物传染病。非洲、中东和东南亚等地区长期流行口蹄疫，形成了"国际流行长廊"，成为口蹄疫重灾区。我国紧邻该"长廊"，境外新毒株和变异毒株不断传入，如2009年A型东南亚-97（A/Sea-97 G1分支）、2010年O型缅甸-98（O/MYA-98）、2013年A型东南亚-97（A/Sea-97 G2分支）、2017年印度-2001（O/Ind-2001）等毒株传入，"免疫防线"不断被冲击甚至被突破，致使我国养殖业同时面临2个血清型5个口蹄疫流行毒株（O型4个和A型1个）的感染风险，急需创制能够同时预防O型和A型的高效口蹄疫疫苗。

技术团队以国家口蹄疫防疫重大需求为导向，针对境外毒株传入导致多毒株同时流行的复杂情况、猪A型口蹄疫流行加重但无猪用A型口蹄疫疫苗、田间流行毒株难以驯化成疫苗种毒等困扰防疫的紧迫问题，从基础研究、应用研究到产业化"全链条"布局，系统开展口蹄疫病原流行与变异、致病和免疫机制等基础研究，以之为理论，指导设计构建重组口蹄疫疫苗毒株并创制疫苗，为国家口蹄疫防疫提供了重要支撑：①发明了重组口蹄疫疫苗种毒构建方法。用独创的单质粒口蹄疫病毒拯救系统，实现了对疫苗种毒的定向设计构建，突破了田间流行毒株抗原性差、抗体应答晚、免疫保护期短等技术瓶颈难题，解决了应对新发和外来疫情时快速制备疫苗种毒的战略技术问题。②设计构建了生产性能高、抗原匹配性和稳定性好、抗原谱广的2株疫苗种毒Re-A/WH/09和Re-O/MYA98/JSCZ/2013，实现了口蹄疫疫苗种毒制备的原创性技术突破，从源头提升口蹄疫疫苗的抗原性、免疫效力和安全性等多种性能指标。③创制了国际首例口蹄疫反向遗传疫苗"猪口蹄疫O型、A型二价灭活疫苗（Re-O/MYA98/JSCZ/2013株＋Re-A/WH/09株）"，解决了我国无猪用A型口蹄疫疫苗的问题。获得国家一类新兽药注册证书1项，国家三类新兽药注册证书2项，均实现了产业化生产和应用。重组口蹄疫高效疫苗制备技术授权国家发明专利5项，重组口蹄疫二价灭活疫苗的制备和应用技术获得国际专利1项。创制的疫苗免疫效力技术指标高于世界动物卫生组织标准，能有效防控我国O型和A型的5个流行毒株，

猪口蹄疫O型、A型二价灭活疫苗
获国家一类新兽药注册证书

满足了国家口蹄疫防疫需求，引领了动物疫苗行业发展。

口蹄疫O型、亚洲Ⅰ型、A型三价灭活疫苗
获国家三类新兽药注册证书

猪口蹄疫O型、A型二价三组分灭活疫苗
获国家三类新兽药注册证书

（二）技术示范推广情况

创制了系列重组口蹄疫疫苗，获得国家新兽药注册证书3项，其中国家一类新兽药注册证书1项，国家三类新兽药注册证书2项，疫苗产品全部转让给国内龙头企业生产并在全国推广应用，自2014年开始，累计销售额超过400亿元，是我国防控口蹄疫的主导产品。其中，"猪口蹄疫O型、A型二价灭活疫苗（Re-O/MYA98/JSCZ/2013株＋Re-A/WH/09株）"，技术水平国际领先，获得国家一类新兽药注册证书，产业化生产应用全国。成果转化后，2018—2021年，累计销售21.22亿毫升，总计收入34.65亿元，新增利润13.67亿元，实现利税16.69亿元，成果应用产生间接经济效益超300亿元。系列重组口蹄疫疫苗提高了疫苗企业竞争力，推动了动物疫苗行业科学技术进步，有力保障了畜牧业健康发展，经济和社会效益显著。

（三）提质增效情况

创制的系列重组口蹄疫疫苗全部转让给国内龙头企业生产，并在全国31个省份推广使用，彻底满足了国内O型和A型口蹄疫免疫防疫的需求，成为我国口蹄疫防控的主导产品。疫苗应用以来，有效控制了我国口蹄疫大流行，防疫效果显著。2018年，我国报告发生口蹄疫疫情27次，2021年和2022年共报告发生4次，且2019年后，我国已连续4年无A型口蹄疫疫情。该技术为我国口蹄疫有效控制和净化根除提供了关键技术支撑，有力保障了畜牧业健康发展，对稳定国内O型口蹄疫疫情、有效控制猪A型口蹄疫疫情和逐步推进口蹄疫免疫无疫等方面具有重要意义。

（四）技术获奖情况

该技术获甘肃省技术发明奖一等奖1项（2022）、神农中华农业科技奖科学研究类成果一等奖1项（2021）、中国专利优秀奖1项（2016）、甘肃省专利奖一等奖1项（2016）、甘肃省工业优秀新产品一等奖1项（2019）、大北农科技奖特等奖1项（2022）、中国农业科学院科学技术成果奖2项（2015、2020）。

二、技术要点

针对我国口蹄疫流行毒株复杂、境外变异株传入导致疫苗免疫效力不足等防疫问题，技术团队以国家防疫需求为导向,分析流行和变异毒毒株,鉴定病原的复制、抗原性和致病性等生物学特性,揭示宿主嗜性和抗原变异的分子基础,系统阐明口蹄疫病毒天然免疫抑制的机制。发明了口蹄疫疫苗种毒的构建方法,理论指导疫苗种毒设计构建,设计构建了生产性能高、与流行毒株抗原匹配、稳定性好、抗原谱广的疫苗种毒 Re－O/MYA98/JSCZ/2013 株和 Re－A/WH/09 株,并创制了国内外首例口蹄疫反向遗传技术疫苗"猪口蹄疫 O 型、A 型二价灭活疫苗"等 3 种疫苗,满足了国内口蹄疫免疫防疫的需求,推广应用全国,效益显著。主要技术要点如下:

1. 发明了口蹄疫疫苗种毒的构建方法,用独创的单质粒口蹄疫病毒拯救系统实现了对疫苗种毒的定向设计构建,突破了田间流行毒株抗原性差、抗体应答晚、免疫保护期短、难以驯化成疫苗种毒的技术瓶颈难题,解决了应对新发和外来疫情时,快速制备疫苗种毒的战略技术问题

(1) 独创了基于单质粒口蹄疫病毒拯救系统的疫苗种毒构建方法,为病毒定向设计、构建和拯救提供了技术平台 发明了用鼠源聚合酶启动子、终止子和核酶等元件构建的单质粒口蹄疫病毒拯救系统,使口蹄疫病毒感染性克隆简化成一个单质粒,实现在质粒水平上编辑病毒基因组,突破了拯救效率低、操作复杂的技术难题,为病毒定向设计、构建和拯救提供了技术平台。

(2) 以病原的复制、抗原性和致病性及免疫抑制机制为理论依据,实现了对病毒性能原创性定向设计改造,提升了繁殖性能和抗原性,降低了致病性和生物安全风险 分离和鉴定了我国口蹄疫流行和变异毒毒株,鉴定了病原的复制、抗原性和致病性,揭示了宿主嗜性和抗原变异的分子基础,系统阐明了病原免疫抑制的机制,为毒株定向设计构建改造提供了理论依据。以上述构建的单质粒口蹄疫病毒拯救系统为技术平台,修改其复制调控基因,提升其繁殖性;通过替换流行毒株的 $P1$ 基因,提高抗原匹配性和免疫交差性;突变结构蛋白免疫抑制的位点,提早了免疫应答、降低免疫抑制性和致病性,提高抗原性;删除 L 基因的免疫抑制位点,降低免疫抑制性和致病性,提高抗原性。通过上述一系列改造,提升了病毒的繁殖性能、拓展了抗原性、降低了致病性和生物安全风险,为疫苗种毒设计构建提供可行方案。

2. 设计构建了生产性能高、抗原匹配性和稳定性好、抗原谱广的疫苗种毒 Re－O/MYA98/JSCZ/2013 株和 Re－A/WH/09 株,实现了口蹄疫疫苗种毒制备的核心技术突破,从源头提升了口蹄疫疫苗的抗原性、免疫效力和安全性等多种性能指标

(1) 提高了抗原产能和生产效能,节约了生产成本 用发明的高产能疫苗种毒构建方法,修饰流行毒株 $P1$ 基因的免疫抑制位点和稳定氨基酸,替换进重组质粒,拯救出重组制苗种毒 Re－A/WH/09 株和 Re－O/MYA98/JSCZ/2013 株,在生产用悬浮 BHK－21 细胞上生长,满足了悬浮培养工业化生产的需求。重组制苗种毒抗原产能较田间流行毒工业生产产能提高 5~10 倍,提高了生产效能。

(2) 提高了抗原匹配性,拓宽了抗原谱,提升了免疫效力 用重组口蹄疫制苗种毒 Re－A/WH/09 株制备的疫苗对 A/GDMM/2013 和 A/WH/09 两株流行毒的 r_1 值为 0.68~0.94、PD_{50} 为 10.81~15.59;而用 A/WH/09 流行毒株制苗对流行毒株的 r_1 值为 0.48~0.81、PD_{50} 为 3.60~5.57;A/GDMM/2013 流行毒株制备的疫苗对流行毒株的 r_1 值为 0.48~0.81、PD_{50} 为 1.99~5.20。重组制苗种毒 Re－O/MYA98/JSCZ/2013 株制备灭活

疫苗用 O 型 3 个拓扑型的代表性田间流行毒攻毒。免疫效力及交叉攻毒试验测定结果表明，O 型口蹄疫重组毒株对 MYA－98（分属 SEA 拓扑型）、PanAsia（分属 ME－SA 拓扑型）和新猪毒－2（分属 CATHAY 拓扑型）的 r_1 值为 0.68～1.0、PD_{50} 分别为 13.59、7.05、9.0。鉴于上述 2 株重组毒株的抗原匹配性好、抗原谱广，且免疫效力明显高于流行毒株，被 OIE/FAO 口蹄疫参考实验室网络推荐作为本地区使用的制苗种毒。

（3）减弱了对猪和牛的致病性，提高了生物安全性　按照 ID_{50} 测定方法，用相同剂量的重组制苗种毒和流行毒株进行致病力比较。重组制苗种毒 Re－A/WH/09 株对猪和牛的致病力均比流行毒株 A/WH/09、A/GDMM/2013 的弱，并且重组制苗种毒 Re－O/MYA98/JSCZ/2013 株对猪和牛的致病力大幅减弱。从制苗种毒对猪和牛的致病力比较结果分析，重组制苗种毒减弱了其致病性，从而降低了疫苗及疫苗生产过程中的生物安全风险。

3. 创制了国际首例口蹄疫反向遗传疫苗"猪口蹄疫 O 型、A 型二价灭活疫苗（Re－O/MYA98/JSCZ/2013 株＋Re－A/WH/09 株）"，获国家一类新兽药注册证书；口蹄疫 O 型、亚洲 I 型、A 型三价灭活疫苗（O/MYA98/BY/2010 株＋Asia1/JSL/ZK/06 株＋Re－A/WH/09 株）和猪口蹄疫 O 型、A 型二价灭活疫苗（O/MYA98/BY/2010 株＋O/PanAsia/TZ/2011 株＋Re－A/WH/09 株）获国家三类新兽药注册证书，并全部实现了产业化生产

创制的系列疫苗免疫效力技术指标高于世界动物卫生组织标准，能有效防控我国口蹄疫 O 型和 A 型现有流行毒株，满足了国家口蹄疫防疫的需要。创制的系列重组口蹄疫疫苗转让给国内生产口蹄疫疫苗的龙头企业，均实现了产业化生产和推广使用，疫苗在全国推广应用，有效遏制了 2013 年以来我国 A 型口蹄疫流行，疫情由 2013 年 17 起降至 2019 年 0 起，并且自 2019 年后我国再无 A 型口蹄疫疫情报道。一类新兽药产品对猪群主要流行毒 O/MYA－98 变异株和 O/CATHAY 新毒株的攻毒保护率分别为 15/16 和 13/16，均高于 OIE 的 12/16 标准，2018 年我国 O 型口蹄疫 26 起，2019 年降为 5 起，有效遏制了我国口蹄疫大流行，有力支撑了国家防控需求，保障畜牧业健康发展。

三、适宜区域

农业农村部批准的中国大陆的口蹄疫疫苗生产企业。

四、注意事项

无。

技术依托单位

中国农业科学院兰州兽医研究所

联系地址：甘肃省兰州市城关区盐场堡徐家坪 1 号

邮政编码：730046

联系人：杨　帆　张克山

联系电话：13919496368　15214078335　0931-8167664

电子邮箱：yangfan02@caas.cn　zhangkeshan@caas.cn

禽白血病综合防控关键技术

一、技术概述

(一) 技术基本情况

禽白血病是严重危害家禽的重要肿瘤病和种源性垂直传播疫病，在我国广泛流行，给养禽业造成了巨大的经济损失，同时也严重威胁我国家禽种源的安全。因此，在《国家中长期动物疫病防治规划 (2012—2020 年)》和《全国肉鸡和蛋鸡遗传改良计划 (2021—2035 年)》中，均将禽白血病列为优先净化的疫病。

禽白血病主要依靠种群净化来控制，然而由于国产检测试剂研发起步晚、稳定性差，该病的检测试剂主要依赖进口，不仅净化成本高，而且更易被人"卡脖子"，严重阻碍了该病的有效净化。中国农业科学院哈尔滨兽医研究所禽免疫抑制病团队经 10 余年持续研究，成功研制了自主知识产权的系列禽白血病检测试剂，包括禽白血病病毒 (ALV) ELISA 群特异抗原和亚群特异性抗体 ELISA 检测试剂盒、群特异抗原快速检测试纸条和 ALV 分群核酸检测技术等共 7 种检测试剂盒及检测技术，形成了完善的禽白血病检测技术体系，实现了产品和技术的国产替代，为我国种禽场禽白血病净化提供了质量可靠的检测试剂，建立了禽白血病净化技术体系，有效提升了我国禽白血病的净化能力，支撑了我国首批白羽肉鸡新品种的培育。

(二) 技术示范推广情况

2020 年中央经济工作会议上，国家提出要大力开展种业"卡脖子"技术攻关。禽白血病作为重要的种源性垂直传播疫病，是家禽育种过程中必须净化与根除的。自主知识产权的禽白血病检测试剂已转让了 11 家生物制品企业，实现了产业化，产品已在北京市华都峪口禽业有限公责任公司、福建圣农发展股份有限公司等多个地方品种鸡龙头企业应用。同时，也得到了国家和省级动物疫病预防与控制中心、各级海关、北京中科基因等机构的高度认可，市场占有率超 70%。不仅打破了禽白血病检测试剂进口垄断的局面，也解决了禽白血病净化检测试剂的"卡脖子"问题，真正实现了国产替代，具有重要的经济与社会意义。

(三) 增产增效情况

禽白血病系列检测试剂盒的研制及全链条高效禽白血病净化技术体系的建立，为我国大型养殖企业开展禽白血病的净化提供了检测手段和技术指导，自主研发的检测试剂盒较国外同类试剂盒有明显的价格优势，使净化成本降低 30% 左右，极大地提高了养殖企业开展净化工作的积极性，增产增效明显。禽白血病检测试剂盒和净化技术方案在福建圣农发展股份有限公司、福建圣泽生物科技发展有限公司、北京市华都峪口禽业有限责任公司、上海家禽育种有限公司等 30 余家大型养鸡企业应用，为这些企业新增销售额 19.03 亿元，新增利润 5.53 亿元，并为我国首批自主选育的白羽肉鸡新品种"圣泽 901"提供了全程技术保障。该技术体系的广泛推广应用，将有效控制我国禽白血病的发生，也将保障我国本地鸡品种安全，促进养禽业健康发展。

（四）技术获奖情况

本技术于 2021 年获得大北农科技奖二等奖，2022 年获得中国农业科学院杰出科技创新奖。

二、技术要点

（一）禽白血病检测技术与产品的创制

1. 禽白血病病毒 ELISA 群特异性抗原检测试剂盒

p27 为 ALV 衣壳蛋白，在各亚群中高度保守，是 ALV 重要的群特异性抗原，是禽白血病净化过程中重要的检测抗原。针对该抗原，制备了 3 株针对不同表位的高亲和力单克隆抗体，利用这些单克隆抗体，研制了禽白血病病毒 ELISA 群特异性抗原检测试剂盒。由于包被抗体和检测抗体使用了抗 p27 蛋白的不同单克隆抗体，在保证特异性的前提下，敏感性比进口同类试剂盒高 1 倍。同时，研制了高效的防腐剂和酶标抗体保护剂配方，使试剂盒具有良好的稳定性。该试剂盒获得了国家发明专利，于 2016 年获得了国家新兽药注册证书。

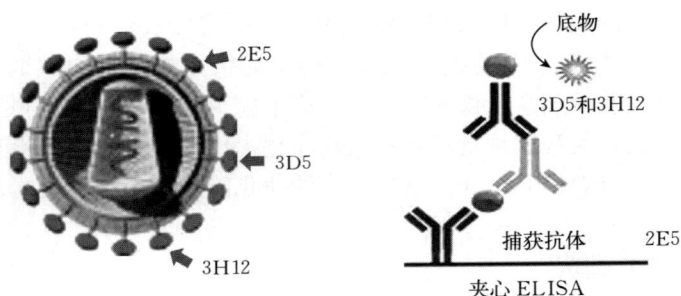

ALV 的 3 个位于不同空间位置的 B 细胞抗原表位

2. 禽白血病病毒群特异性抗原胶体金检测试纸条

在禽白血病净化方案中，1 日龄雏鸡胎粪检测是非常重要的环节，需要在 24 小时内完成检测，技术难度要求非常高，为此，研制了禽白血病病毒群特异性抗原胶体金检测试纸条。该试纸条特异性好，敏感性接近于 ELISA 方法，且不需要专门的仪器，操作简单，使胎粪样品的检测由原来的 3 小时缩短到 15 分钟，极大地缩短了检测时间，提高了检测效率，解决了胎粪样品检测时限要求高的技术难题。该产品填补了禽白血病快速检测的国际空白，获得了国家发明专利，于 2020 年获得了国家一类新兽药注册证书。

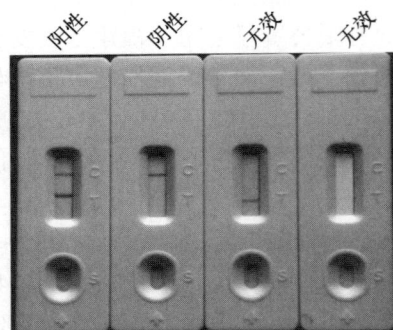

禽白血病病毒群特异性抗原
胶体金检测试纸条判定标准

3. 禽白血病 A、B、J 三重 PCR 检测试剂盒

ALV 亚群众多，引起家禽发病的主要有 A、B 和 J 亚群。由于家禽基因组内含有内源性反转录病毒的基因片段，导致 ALV 核酸检测方法很容易出现非特异性反应，设计难度大。为此，我们分析了大量内源性反转录病毒和外源性 ALV 的基因序列，根据二者基因完整度及排列顺序不同的特点，采取了跨基因策略设计了高特异性引物，建立了 ALV 多重 PCR 检测技术、A 亚群和 B 亚群特异性的环介导等温扩增技术，获得 2 项国家发明专利。

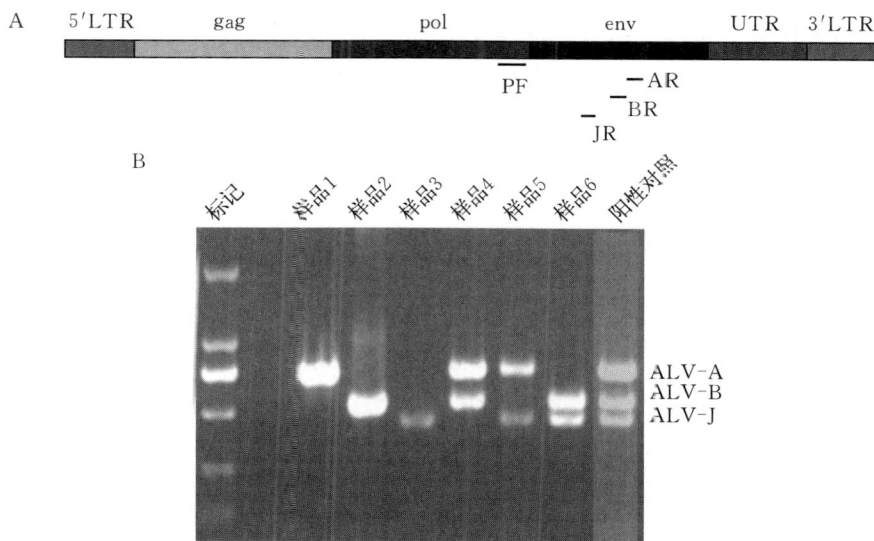

禽白血病 A、B、J 三重 PCR 检测方法

A. 禽白血病 A、B、J 三重 PCR 检测引物设计　　B. 禽白血病 A、B、J 三重 PCR 检测结果

4. 禽白血病抗体检测试剂盒

除了抗原检测，禽白血病抗体检测也是净化效果评估与临床诊断的重要技术手段。目前，常用的有 A/B 亚群和 J 亚群 ALV 抗体检测试剂盒，完全依赖进口，检测成本很高。我们通过基因序列、表达盒等表达系统的优化，以慢病毒为载体，首次建立了表达不同亚群 ALV gp85 蛋白的 293F 悬浮稳定表达细胞系，表达的 gp85 蛋白具有天然结构，反应原性良好，表达量高达 30 毫克/升。以细胞系表达的 gp85 蛋白为包被抗原，分别创制了检测 A/B 亚群和 J 亚群 ALV 抗体检测试剂盒。两个试剂盒的特异性良好，敏感性高于同类进口试剂盒。目前，检测 A/B 亚群和 J 亚群 ALV 抗体检测试剂盒已经获得了国家发明专利。

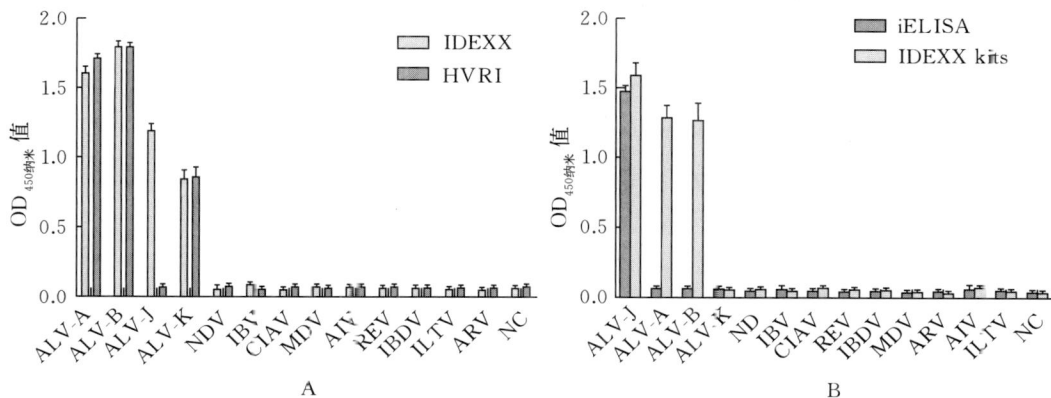

禽白血病抗体检测试剂盒敏感性

A. A/B 亚群禽白血病抗体检测试剂盒敏感性　　B. J 亚群禽白血病抗体检测试剂盒敏感性

（二）禽白血病净化技术体系的创制

结合自主研发检测试剂的快速和高敏感性特点及已建立的样品高通量检测技术规程，创立了"自主知识产权检测试剂-高通量检测操作技术规程-科学净化技术方案"全链条高效禽白血病净化技术体系。该技术体系不仅降低了样品检测操作难度，开产后主要检测蛋清，避免了采用肛拭子检测的高假阳性率，大幅度提高了净化效率。该净化技术体系为养殖企业开展禽白血病净化提供了强有力的技术支撑、行动方案和操作指南。

三、适宜区域

该技术适用于大型养殖场、保种场、各级疫控中心等需要开展禽白血病净化、检测等单位。

四、注意事项

1. 试剂盒必须严格按照说明书要求使用。
2. 需按照净化程序采样检测，种鸡编号，一一对应。
3. 阳性鸡必须及时淘汰。
4. 蛋清检测时，每只母鸡需采集 2～3 枚种蛋进行检测。

技术依托单位

中国农业科学院哈尔滨兽医研究所

联系地址：黑龙江省哈尔滨市香坊区哈平路 678 号

邮政编码：150069

联 系 人：高玉龙

联系电话：0451-51051691　18945083045

电子邮箱：gaoyulong@caas.cn

鸡新城疫、传染性支气管炎二联活疫苗（LaSota 株＋LDT3－A 株）技术

一、技术概述

（一）技术基本情况

新城疫和鸡传染性支气管炎均为侵害禽类的急性呼吸道传染病，发病率和死亡率很高，给世界各地养禽业及相关行业带来重大连锁经济损失。近年来，新病毒变异株的出现造成现有商品化的疫苗不能有效预防新城疫和传染性支气管炎的发生，尤其是自 20 世纪 90 年代以来，我国出现了可引起气管和肾病变的变异鸡传染性支气管炎病毒，并成为目前主要流行毒株类型，其血清型异于国外目前分离和报道的病毒，与我国现有商品疫苗的血清型也不同。现有商品化疫苗并不能完全预防我国流行的新型鸡传染性支气管炎病毒的感染和传播，导致该病在我国免疫和非免疫鸡群普遍存在和流行，给养殖企业和广大养殖农户造成较大的经济损失。同时，鸡新城疫作为《国家中长期动物疫病防治规划（2012—2020 年)》要消灭的重要疫病，一直以来给我国养鸡业带来重大危害，这两种重要禽呼吸道疫病流行情况也造成区域内大养殖环境进一步恶化，对整个养殖业构成严重威胁。针对我国新城疫和传染性支气管炎的流行态势及危害，尽快研制出适合国情的疫苗非常必要。鉴于现有商品化疫苗不能完全预防我国鸡传染性支气管炎病毒流行株的现状，以及 LaSota 疫苗毒株优异的免疫保护特点，中国农业科学院哈尔滨兽医研究所利用我国主要流行亲本毒株培育出了具有良好免疫原性，并与其他型的传染性支气管炎具有良好交叉保护性的传染性支气管炎弱毒株，研制成鸡新城疫、传染性支气管炎二联活疫苗（LaSota 株＋LDT3－A 株）。通过对该疫苗的临床应用发现，该联合疫苗安全性好、保护率高，为实际生产带来方便，并确保了对两种主要传染性疫病的有效预防，更加适合我国养禽业的实际应用。该疫苗中传染性支气管炎弱毒疫苗株是我国第一个具有自主知识产权的传染性支气管炎疫苗株，种毒获得国家发明专利，疫苗获得国家新兽药注册证书，合作转让该疫苗的兽用生物制品企业 10 余家。该疫苗于 2020 年投入生产，为我国有效防控新城疫和传染性支气管炎的流行提供了技术手段。

（二）技术示范推广情况

鸡新城疫、传染性支气管炎二联活疫苗（LaSota 株＋LDT3－A 株）于 2020 年投入生产以来，根据农业农村部对新兽用生物制品推广应用政策要求，由 2 家获得生产文号的兽用生物制品企业销售推广，2020—2022 年新兽药监测期间在全国养鸡地区推广应用累计超过 3.65 亿羽份，为我国有效防控新城疫和传染性支气管炎的流行提供了技术支撑。

（三）提质增效情况

鸡新城疫、传染性支气管炎二联活疫苗（LaSota 株＋LDT3－A 株）技术转让 10 余家国内兽用生物制品企业，2022 年新兽药监测期已经结束，6 家企业现已投入大批量生产，在全国各大养鸡场推广应用，获得显著的经济效果，疫苗免疫保护力 85％以上，与未接种疫苗或同类产品对比，平均发病率和死亡率降低 8％，药物使用量减少 30％，每只蛋鸡节约成

本 0.15 元；与国内外同类疫苗对比，主要性能指标优于同类产品水平，市场售价仅为进口产品的 1/3，为养鸡企业和农户节约大量费用，取得了良好的经济效益。

该项技术从 2020 年开始应用推广，监测期间在哈尔滨维科生物技术有限公司、齐鲁动物保健有限公司生产销售。在全国 32 个省份推广应用。2020—2022 年监测期疫苗推广规模 3.65 亿羽份，销售额为 511 万元，新增利润 132.86 万元，新增税收 44 万元。

（四）技术获奖情况

1. "新型禽用疫苗与诊断试剂研究团队"获中华农业科技奖优秀创新团队奖。

2. "中国鸡传染性支气管病毒流行、变异机制及毒株资源库的建立"获黑龙江省自然科学成果奖一等奖。

3. "鸡传染性支气管炎病毒弱毒疫苗株及其应用"获第二十届中国专利奖优秀奖。

二、技术要点

1. 培育的疫苗毒株是建立在对我国传染性支气管炎病毒分子流行病学研究基础之上的，是针对我国流行的鸡传染性支气管炎病毒血清型的疫苗毒株，具有良好的免疫原性，并与其他型的传染性支气管炎病毒具有良好的交叉保护性。

2. 疫苗毒株经细胞培养传 120 代，繁殖性能稳定，毒价达 $10^{7.5}$ EID_{50}/毫升以上，制备的疫苗抗原含量高。

3. 该疫苗不仅可以点眼或滴鼻免疫，还能喷雾免疫而不激发感染，安全性好。

4. 疫苗株受母源抗体影响较小，接种后刺激机体产生抗体快、免疫能力强。

5. 疫苗给任何品种、年龄的健康鸡群接种后无任何毒副作用。

6. 疫苗免疫鸡攻毒保护率达 80% 以上，免疫持续期达 4 个月。

7. 临床应用效果显著，在 3 个一直受鸡传染性支气管炎感染影响的养殖场，原发病率维持在 5%～35%，困扰着产蛋雏鸡的存活率及所产鸡蛋质量和数量，给企业经济效益造成不小的损失。应用该疫苗后证实了该疫苗对从雏鸡到产蛋种鸡的安全可靠性，同时免疫新型二联疫苗后能够给试验雏鸡提供对新城疫及传染性支气管炎的有效防护，而免疫其他市售疫苗组均不能提供对传染性支气管炎的有效防护。

8. 与现有进口或市售同类疫苗对比，该疫苗由于毒株抗原性匹配，主要有效性指标明显优于市售同类疫苗，且售价低，为进口同类产品的 1/4～1/2，节约防疫成本。

9. 配套的血清抗体检测诊断试剂盒获得国家新兽药注册证书（2018 新兽药证字 44 号），为疫苗免疫效果评价提供了手段。

三、适宜区域

适宜全国所有养鸡地区。

四、注意事项

该疫苗产品为活疫苗，与其他活疫苗类似，仅接种健康鸡群；滴鼻用滴管、瓶及其他器械事先消毒，免疫剂量应准确；疫苗稀释后置阴凉处，限 4 小时内用完；使用后的疫苗瓶和相关器具应进行无害化处理，由于疫苗毒株成熟度高，无其他特别需要注意的环节。

技术依托单位

中国农业科学院哈尔滨兽医研究所

联系地址：黑龙江省哈尔滨市香坊区哈平路 678 号

邮政编码：150069

联 系 人：刘胜旺

联系电话：0451-51051698　13199565326

电子邮箱：liushengwang@caas.cn

水 产 类

鲫鱼养殖饲料精准配方与投喂技术

一、技术概述

（一）技术基本情况

鲫鱼是我国的主要养殖对象之一，针对目前鲫鱼饲料营养平衡差、利用效率低、饲料系数高、粮食资源浪费、养殖废物排放多，以及水体污染严重等问题，通过研究形成鲫鱼养殖饲料精准配方与投喂技术，研发出鲫鱼养殖全程不同阶段的营养需求数据库和主要原料消化率数据库；研发出一系列鲫鱼饲料新型蛋白源技术、绿色添加剂技术、糖源高效利用技术、高能饲料配方技术、热应激配方技术；研发出鲫鱼品质改善调控技术、养殖全程精准饲料配方技术；构建了能量收支与养殖关键因子摄食水平、水温和体重之间的数学模型，由此建立了养殖的精准投喂动态模型。本技术研发过程中制定了国家标准《水产配合饲料第12部分：鲫鱼配合饲料》，授权国家发明专利2项。本技术立足于精准化饲料配方设计和高效投喂，有效降低了氮磷排放及养殖成本，具有较高的社会和环境效益。本技术的应用推广引领了鲫鱼及淡水水产养殖动物饲料业的技术进步，促进了鲫鱼养殖业发展。

（二）技术示范推广情况

该技术在湖北省内外14家企业、养殖单位或专业合作社推广应用。2018—2020年，示范推广面积达90.80万亩，共计新增产值181 295.8万元，新增利润66 558.2万元。

（三）提质增效情况

与常规技术相比，应用该技术可使饲料系数由1.8降低至1.35，按全国鲫鱼年产量300万吨计算，可节约饲料135万吨，按每吨3 500~4 500元计算，节省47.3亿~60.8亿元，减小氮排放6.98万吨，减小磷排放2 244吨。为鲫鱼饲料生产提供科学依据，不仅可以带动鲫鱼饲料业发展，还可以带动鲫鱼养殖业发展，具有较高的经济效益。通过无公害饲料生产，为社会提供安全优质的水产品，具有较高的社会效益，有利于减小渔业废物排放，具有较高的环境效益。综上所述，该技术在保障农民增收、渔业稳定、保护养殖水体环境、促进水产养殖绿色发展等方面发挥了重要作用。

（四）技术获奖情况

2015年获湖北省科学技术进步奖一等奖，以及中国水产科学研究院科学技术进步奖一等奖。

二、技术要点

1. 新型蛋白源的应用

乙醇梭菌、黄粉虫、棉籽浓缩蛋白、小球藻、螺旋藻等新型蛋白源的混合利用。

2. 绿色添加剂的使用

通过在饲料中添加姜黄素、白藜芦醇、白术提取物、大黄素、富硒螺旋藻等绿色饲料添加剂促进鱼类营养代谢、增强免疫力和抗病力。

3. 养殖全程精准饲料配方技术的应用

根据鲫鱼养殖全程不同阶段的营养需求数据库和主要原料消化率数据库来设计鲫鱼不同生长阶段的饲料配方。

4. 品质调控技术的应用

通过饲料中添加肌苷酸、谷氨酸、鸟苷酸、核糖等物质改善异育银鲫肌肉的品质，增加风味物质的沉积。

5. 精准投喂技术的应用

根据饲料精准投喂技术，准确预判和设定不同养殖条件下饲料日投喂量，并准确预测不同条件下的生长状况和氮磷排放，实现绿色健康养殖。

三、适宜区域

适应在全国鲫鱼主养区域推广。

四、注意事项

不同的环境条件可能会影响技术效果，在养殖过程中该技术需要根据实际情况进行适当调整。

技术依托单位

中国科学院水生生物研究所

联系地址：湖北省武汉市武昌区东湖南路7号

邮政编码：430072

联 系 人：解绶启

联系电话：027-68780667　13971688103

电子邮箱：sqxie@ihb.ac.cn

水产绿色圈养技术

一、技术概述

(一) 技术基本情况

当前池塘养殖普遍采用高密度放养、大量投饲散养模式，面临着养殖水环境恶化、病害颁发、养殖效率不高、产品质量安全隐患多等诸多问题，严重制约了池塘养殖业可持续发展。传统养殖模式转型升级已刻不容缓。在池塘养殖模式转型时，应大力发展具有集排污功能的新模式。华中农业大学基于"能实时打扫卫生"的理念，创新性地提出了池塘绿色高效圈养模式。水库等大水面退出施肥投饵、"三网"养殖后，也存在如何发展保水型生态渔业和构建低污染的绿色精养模式问题。圈养因具有高效率集排污和尾水处理效果，若应用于水库等大水面，并合理结合生态渔业手段，可大幅提升水库等大水面的渔业经济效益。

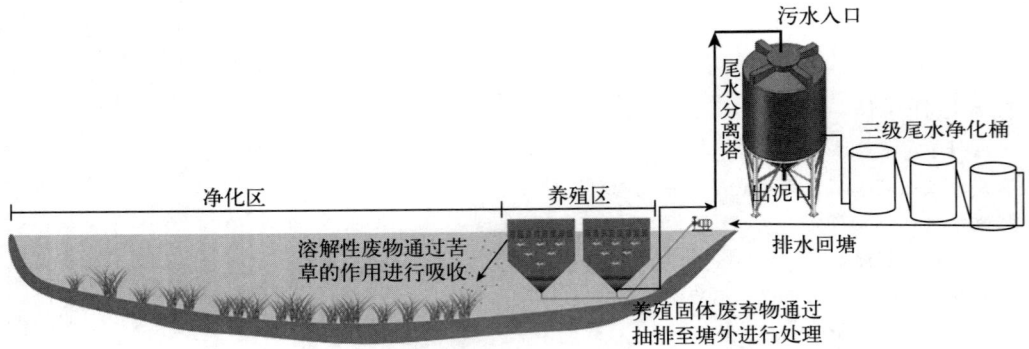

池塘"零排放"圈养模式原理图

该模式将养殖对象圈养在圈养桶内，通过圈养桶下部锥形集污装置高效率收集残饵、粪便等固物，再经吸污泵抽排进入尾水分离塔；固废沉淀分离、收集后资源化再利用；去除固废的尾水经人工湿地脱氮除磷后再回流池塘重复使用。

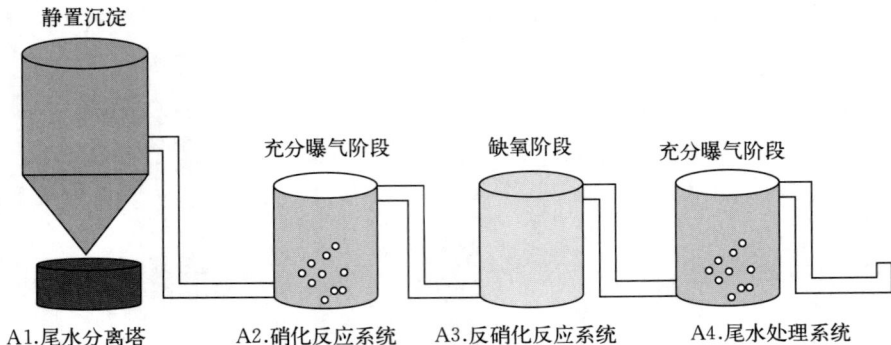

圈养模式尾水净化处理原理图

（二）技术示范推广情况

已经实现较大范围推广应用。截至 2022 年底，已在全国 17 个省份推广应用 2 742 个圈养桶（圈养设施面积 3.44 万米²）。

湖北宜昌当阳市池塘圈养系统(8个圈养桶)

湖北宜昌枝江市池塘圈养系统
(60个圈养桶)

江西上饶玉山县王宅水库圈养系统
(208个圈养桶)

圈养系统尾水净化处理系统

圈养模式实物图

（三）提质增效情况

单产 3 000～5 000 千克/亩，产值 9 万～16 万元/亩，纯利润 2 万～8 万元/亩；池塘养殖容量提升 3 倍；综合效益提高 50％以上；产品品质得到显著提升；发病率降低 50％以上；养殖尾水可实现 100％回用；养殖用工节约 30％以上；水资源节约 50％以上。

（四）技术获奖情况

"水产绿色圈养技术"入选农业农村部 2019 年度和 2020 年度重大引领性农业技术，并居全国渔业新技术 2022 年度优秀科技成果入选名单榜首。

二、技术要点

1. 圈养强度

池塘：1 组/亩，1 组包括 4 个圈养桶＋1 套尾水处理系统。

水库等大水面：每亩水面不超过 1 个圈养桶。

2. 水环境提升措施

池塘：种植苦草或轮叶黑藻，种植面积为池塘面积的 30％左右；挂生物刷 1 000 个/亩；放养鲢鳙 100～150 尾/亩。

水库：按照圈养强度计算未排出的氮、磷量，以此为依据，按照一定利用比例设计增殖放流鱼类数量，将圈养排放到水体中的氮、磷充分转化为鱼产品，保障水库水环境维持不变。

3. 适宜圈养对象

出塘体重不超过 1.5 千克的商品鱼或规格鱼种，如鲈、鳜、鲇、鮰、鳢等名优鱼类，以及草鱼、鳙等大宗鱼类。可多品种单养。

4. 放养密度

不同养殖对象适宜密度不同。一般情况下，圈养产量为 25～50 千克/米³。以加州鲈为例，成鱼阶段圈养密度为 1 300～1 500 尾/圈，上市规格越大，圈养密度越小。

5. 饲喂管理

同散养池塘。

6. 排污

每天排污 1～2 次，每次 1 小时，黑水入尾水分离塔，清水入养殖池塘。入塔尾水静置3 小时后排出上清液，入三级尾水处理桶降氮除磷后回池重复使用；固废每 4 天排出 1 次，资源化再利用。

7. 收获

采用专用捕捞网即可快速起捕，捕捞时其他圈养桶正常饲喂。

8. 保持水位稳定

当蒸发或渗漏等引起池塘水位下降时，及时补充新水至正常水位。

三、适宜区域

全国所有水产养殖主养区。

四、注意事项

1. 除圈养桶内投饵外，圈养池塘禁止投饵施肥。若水体透明度不足 60 厘米，可泼洒微生态制剂等改善水质。

2. 若停电，应及时开启备用电源或纯氧增氧以防缺氧。

3. 科学预防疾病，忌用抗生素。

技术依托单位

1. 华中农业大学

联系人：何绪刚　侯　杰　张　敏

联系电话：15827118986　13517245007　13545208981

2. 湖北省水产科学研究所

联系人：温周瑞

联系电话：18086422095

3. 湖北省水产技术推广总站

联系人：汤亚斌

联系电话：13995561660

中华绒螯蟹江海 21 培育技术

一、技术概述

（一）技术基本情况

中华绒螯蟹（*Eriocheir sinensis*），俗称河蟹，是我国特有的重要水产经济动物。自1991年以来，我国中华绒螯蟹养殖产量快速、稳定增长。2021年，成蟹产量为80.8万吨，比1991年的0.84万吨增加了近100倍。此外，中华绒螯蟹是我国最具文化底蕴的水产品，有丰富的文化内涵，其养殖业堪称独立于世界水产养殖业之林的一朵奇葩，是我国水产养殖中具有活力和发展前景的支柱产业之一。全国许多地区将中华绒螯蟹产业作为调整农业产业结构、增加农民收入、发展农村经济、建设和谐社会的支柱产业。

中华绒螯蟹虽然是我国特种水产养殖中养殖面积最大、产量最高、效益最好的养殖对象，但支撑如此巨大产业的中华绒螯蟹种源基本上也是未经遗传改良的野生群体。更为严重的是，这些野生群体种质混杂且衰退严重，养殖性能衰退明显。近年来，全国各地对中华绒螯蟹良种的呼唤及需求极为强烈，开展中华绒螯蟹育种工作十分必要而迫切。在本品种申报时，我国虽然选育出，并经全国水产原种和良种审定委员会审定通过了3个中华绒螯蟹良种，但与其庞大的产业规模和巨大的苗种需求量相比，中华绒螯蟹的良种数量实在太少，对产业发展的贡献仍然十分微小。

自2004年以来，在上海市相关课题的支持下，上海海洋大学联合上海市水产研究所、上海宝岛蟹业有限公司、安徽明光永言水产（集团）有限公司等单位开展了中华绒螯蟹的良种选育。以长江干流和中华绒螯蟹原种场筛选的亲蟹为奠基群体，应用配套系育种的技术路线，首先对奠基群体按长江水系的种质特点和相关选育标准进行分类，建立A、B两个配套选育系（或称专门化品系），应用群体选育（闭锁群继代选育）方法对A选育系（选育目标：生长速度快、步足长）和B选育系（选育目标：生长速度快、额齿尖）进行平行选育和提纯，当选育系进行至F4时，开始进行选育系间的配套效果分析，最终筛选以A选育系为母本，B选育系为父本的最佳配套组合用于生产性养殖，命名为江海21。

通过江海21的品种选育，创立了"系内群体选育＋系间配套杂交"的水产动物育种技术体系和平台，克服了当前水产动物育种中单纯利用加性效应，而忽略显性效应的弊端，能够高效聚合双亲的目标性状，提高了水产动物育种的精准性和时效性。同时，在江海21育种过程中将科研院所、良种生产单位、技术推广机构、公司和养殖专业合作社的资源与人才联合起来，建立了产学研结合、育繁推一体化的育种联盟，形成了边育种、边生产、边应用、边产生效益的水产动物育种新格局，改变了先选育、后推广、后效益的传统水产动物选育格局。

（二）技术示范推广情况

江海21已在江苏、安徽、山东、河南、江西、湖南、湖北、广西、浙江、新疆、云南、四川、贵州、宁夏、重庆、上海等16个省份推广养殖，年养殖面积约20万亩，年创产值

15 亿元以上。养殖江海 21 的部分企业参加全国中华绒螯蟹大赛，年获"金蟹奖"的数量占全国获奖企业所获奖项的 30％左右，获最佳种质奖的数量约占 40％。在中华绒螯蟹产业界有"大长腿"之称。

（三）提质增效情况

中华绒螯蟹江海 21 的成功选育，实现了上海中华绒螯蟹产业从种源到品种的转变。通过品种应用和技术提升，上海中华绒螯蟹的种源生产实现了跨越式发展。在蟹种方面，在崇明地区平均亩产量从 2011 年的 100～120 千克提高到 2021 年的 160～170 千克，蟹种售价从 2011 年 40 元/千克提高到 2021 年的 90 元/千克；在松江等地区平均亩产量从 2011 年的 120～150 千克提高到 2021 年的 250～300 千克，扣蟹售价达 160～200 元/千克。在成蟹方面，江海 21 在上海地区的良种覆盖率达 73％以上，平均亩产量从 2011 年的 50～60 千克提高到 2021 年的 80～100 千克，成蟹平均规格从 160 克/只提高到 220 克/只，大规格蟹比例从 20％～30％提高到 60％～70％。上海中华绒螯蟹产业从以前的崇明"一花独放"发展到崇明、松江、宝山和浦东四足鼎立，青浦和金山为尾翼的多极发展格局。

在上海，通过江海 21 品种与生态绿色养殖方法的配合使用，形成了标准化池塘、优质化种源、生态化养殖、高质化效益的上海特色中华绒螯蟹养殖模式与技术，并得到了广泛肯定。

江海 21 的产业转化应用效果显著。2017 年 3 月，江海 21 转让给上海、江苏 3 家苗种单位 5 年品种生产使用权。2018 年 3 月，江海 21 转让给电商企业品牌使用权。2018 年 11 月，江海 21 种源 10 年排他使用权进行了转让。2020 年 8 月，上海的有关转化单位、生产企业组建中华绒螯蟹江海 21 育繁推一体化联盟。

江海 21 及其成果转化情况

（四）技术获奖情况

以江海 21 为主体的"中华绒螯蟹新品种选育与产业关键技术集成创新"获 2019 年度上海市科学技术进步奖一等奖。在实施江海 21 品种选育过程中，建立了国内甲壳类动物第一个配套选育系和选育方法（专利号：ZL201110413782.8），目前该专利已实施转化应用。中华绒螯蟹江海 21 水产新品种获第十八届中国国际工业博览会高校展区优秀产品奖特等奖（在 10 个特等奖中排第一）。

江海 21 相关获奖情况

二、技术要点

（一）江海 21 蟹种培育技术要点

1. 蟹苗放养前准备

（1）池塘基本情况　面积 5 亩内为宜，规范整洁，进排水系统完善。

（2）池塘清整　排干池水，暴晒池底，清除杂物和淤泥，填补漏洞和裂缝，修整池埂及进排水口。

（3）清塘消毒　清塘药物常用生石灰和漂白粉。生石灰干法清塘的用量为每亩 50～75 千克，漂白粉干法清塘的用量为每亩 10 千克（有效氯含量为 30%）。如用漂白精，其用量减半。

（4）注水与培育水质　清塘后，向蟹种培育池注水，直至水位 0.3～0.4 米。注水时用 60 目网片包扎进水口，以防止外界敌害生物进入。蟹种放养前 7～10 天，每亩使用有机肥料 200～300 千克培育浮游动物，以增加蟹种下塘后的活饵料。

（5）水花生移栽　在 4 月下旬，向蟹种培育池塘移植水花生。水花生下塘前应清洗干净，并最好在阴凉干燥处晾放 24 小时以上，以去除鱼卵、螺类等水生动物。水花生投放面积为池塘的 1/4～1/3，并用尼龙绳整齐固定水花生，使水花生在池塘不仅能有序生长，而且还能美观池塘，有效地为中华绒螯蟹提供生长、蜕壳等场所。

2. 蟹苗放养

（1）蟹苗质量标准

① 日龄。6 日龄以上。

② 体色。淡姜黄色，群体无杂色苗。

③ 规格。群体大小一致，14 万～16 万只/千克。

④ 活动能力。将其放在蟹苗箱中能自行迅速散开；手握松开后蟹苗能立即扩散。

（2）蟹苗运输

① 运输方法。运苗箱干法运输。

② 蟹苗运输要求与注意事项。

蟹苗箱：运输前，蟹苗箱需在水中浸泡约 4 小时。

蟹苗装箱：将蟹苗沥干水分后称重，然后均匀地分散在蟹苗箱内。

运输时间：夜晚出发，黎明到达，最多不超过 24 小时。

温度：以空调车或加冰运输，温度控制在 10～18 摄氏度为宜。

其他：下雨及刮大风时不宜运输。

（3）蟹苗放养

① 放养密度。每亩放养蟹苗 1.5～1.75 千克。

② 放养方法。蟹苗下塘时温差控制在 3～5 摄氏度，将蟹苗均匀撒在池塘四周的水面或水草上。

3. 饵料投喂

（1）饵料种类　蟹种培育所需饵料有天然饵料，如浮游生物、底栖生物等；人工饵料，如麦子、菜饼、豆饼、南瓜等，以及配合饲料。

（2）投喂方法

① 仔蟹阶段投喂方法。蟹苗下塘后至Ⅲ期仔蟹期间以池中的浮游生物为饵料，Ⅲ期仔蟹至Ⅴ期仔蟹根据实际情况投喂粉状配合饲料。

② 蟹种阶段投喂方法。蟹种培育期间投喂专用配合饲料，日投喂量为蟹体总重的 5% 左右，同时应根据天气、水质、前 1 天的摄食情况等灵活掌握。投饵时应将饵料均匀撒在池塘。

③ 投饵原则。投喂饵料应遵循"四定"原则，即定时、定量、定质、定位，投喂的饵料以在 2 小时内吃完为宜。

4. 日常管理

（1）水质管理　蟹塘的池水透明度以 40～50 厘米为宜。当透明度低于 40 厘米时，可以考虑换水，但换水时要控制蟹塘的水温在 3 摄氏度以内变化。

（2）防逃　经常检查防逃设施是否破损，一经发现立即修补。要经常注意天气预报，台风、汛期应加固，台风、暴雨之后要彻底检查 1 次防逃设施。同时，应注意进、排水口是否用网布包扎好，防止中华绒螯蟹逃逸。

（3）防敌害　清塘是防病的主要手段，但清塘后可能还会有青蛙、水蛇等敌害生物进入，故清塘前，就设置防蛙网片。进水时，进水口必须用网袋过滤，防止敌害生物进入养蟹水体。

（4）日常管理　在管理上坚持做好"四查""四勤""四定"和"四防"工作。四查，即查蟹种吃食情况、查水质、查生长、查防逃设备。四勤，即勤除杂草、勤巡塘、勤做清洁卫生工作、勤记录。四定，即投饵要定质、定量、定时、定位。四防，即防敌害生物侵袭、防水质恶化、防蟹种逃逸、防偷。

5. 蟹种捕捞

采用夜间干塘冲水起捕法进行捕捞。

(二) 江海 21 成蟹培育技术要点

1. 养殖前准备

(1) 池塘条件与要求　池塘要规范整洁，进排水系统完善，5～30 亩为宜。冬季，清除池塘过多的淤泥，并经阳光暴晒 1 个月。

(2) 池塘消毒　在蟹种放养前 1 个月，每亩用生石灰 100～150 千克，化浆后全池泼洒，以改善池塘底质和杀灭病原体。

(3) 防逃设施　池塘内周用加防逃膜 (30 厘米高) 的网片做成防逃设施，网片高 2 米，入土深 20～30 厘米，高出水面 1.5～1.8 米。池塘外周用防逃膜做好防逃设施，材料做成圆角。

(4) 水草种植　种植伊乐藻、轮叶黑藻、苦草。伊乐藻的栽培时间为 1 月下旬至 2 月初，每株草 1.5～2.0 千克，株间距 4 米。轮叶黑藻和苦草在 3 月播撒芽孢，每亩 0.5 千克，全池均匀播撒。

2. 蟹种放养

蟹种放养时间为当年 2～3 月，水温 3～10 摄氏度，应避开冰冻严寒期。蟹种放养时用 0.3％生理盐水进行消毒。放养密度为每亩 600～1 200 只，蟹种规格为每千克 50～80 只，要求规格整齐、肢体健全、反应敏捷、行动迅速、体表无附着生物和寄生虫、无病斑、无早熟。

3. 套养的品种选择及放养

(1) 适宜混养的品种　适宜混养的品种主要是鳙、鳜鱼鱼种等。

(2) 放养　3 月初每亩蟹池搭配放养规格为 250 克/尾鳙鱼鱼种 10 尾，6 月底每亩套养规格为 3～5 厘米的鳜鱼鱼种 5 尾。

4. 养殖管理

(1) 水位控制与管理　养殖池塘水位按照"春浅、夏满、秋适中"的原则进行控制和管理。

(2) 配合饲料投喂　投喂蛋白质含量为 36％～43％的优质中华绒螯蟹全价配合饲料。3 月底开始每天投喂 1 次中华绒螯蟹成蟹配合饲料，投饲量为中华绒螯蟹体重的 2％～4％。

(3) 水草的生长管理　水草种植初期要控制好水位，一般超过水草 5～10 厘米即可。水草长势不好的池塘要及时进行补种。高温季节前要割除伊乐藻上层部分，保持藻体距水面 15 厘米左右；轮叶黑藻高温季节会出现过密情况，采取打通道的方法疏通，保留 60％的水草。养殖后期应及时清除过多的水草，减少水草覆盖面积，便于捕捞及保持中华绒螯蟹品质。

(4) 水质调控　整个饲养期间，始终保持水质清新，溶解氧充足，透明度保持在 50 厘米以上。适时采用增氧设施进行增氧，根据水质情况定期使用微生物制剂调节水质。每周检测池塘的氨氮、亚硝酸盐、pH、溶解氧等指标，发现异常，及时采取加水和换水等措施改善水质。

（5）病害防控　蟹病防治以生态防病为主，通过应用健康养殖技术、实行严格的清塘消毒、放养健康蟹种、保持池塘良好的水质、投喂新鲜优质的饲料等综合管理措施，可有效预防病害的发生。在养殖中后期可使用 EM 菌、芽孢杆菌等生物制剂。坚持每天巡塘，发现问题及时解决。

（6）生长监测　主要生长季节每月定时进行生长情况监测，雌、雄蟹各抽样 30 只，测量壳宽、壳长、体重，记录备案。发现生长异常时及时分析处理。

5. 捕捞

中华绒螯蟹成熟即开始捕捞。捕捞方式主要有地笼捕捞、塘埂捕捞和干塘捕捞 3 种。

三、适宜区域

全国人工可控的主要淡水养殖区。

四、注意事项

无。

技术依托单位
上海海洋大学
联系地址：上海市浦东新区沪城环路 999 号
邮政编码：201306
联 系 人：王成辉
联系电话：021-61900439　15692165267
电子邮箱：wangch@shou.edu.cn

淡水池塘绿色养殖尾水治理技术

一、技术概述

（一）技术基本情况

2022 年，我国人均水产品占有量已达 47.36 千克，是世界平均水平的 1 倍。其中，淡水池塘养殖生产了近 70％的淡水鱼类，成为新中国成立 70 多年来我国发展最快的水产养殖方式，为保障食品安全做出了突出贡献。目前，我国水产品产量已超过猪肉产量，成为城乡居民主要的动物蛋白。据 FAO 预测，至 2030 年，世界水产品产量将再增长 14％以上，其中水产养殖将发挥主要作用。但是，由于淡水池塘养殖方式粗放，所以池水恶化、尾水污染、土腥味重等"水问题"成为制约池塘养殖可持续发展的瓶颈。本技术围绕"好水养好鱼"，集中突破了养殖水质精准调控、池塘尾水生态治理、池塘生态工程化绿色养殖新模式构建等关键技术，形成了完整的技术体系，整体技术水平评价国际领先，可解决我国池塘养殖绿色发展中的关键"水问题"。本技术制定行业标准 4 项，获发明专利 94 件，软件著作权17 件，发表论文 230 篇，出版专著 16 部，生态、经济、社会效益显著。

主要专利、软件著作权列举

知识产权类别	知识产权具体名称	国家（地区）	授权号	授权日期	证书编号	权利人	发明人	发明专利有效状态
发明	一种池塘复合养殖水质调控方法及调控系统	中国	ZL200910194931.9	2011－08－17	824932	中国水产科学研究院渔业机械仪器研究所	刘兴国*、徐皓、顾兆俊*、吴凡、陈子国	有效
发明	一种抑制蓝藻门微囊藻属水华的方法	中国	ZL201410366191.3	2016－08－17	2187696	中国水产科学研究院渔业机械仪器研究所	王小冬*、刘兴国*、吴宗凡、顾兆俊、朱浩*、车轩*	有效
发明	氨氧化古菌及淡水池塘的氨氧化古菌富集培养方法	中国	ZL201910222048.1	2021－03－26	4323845	中国水产科学研究院渔业机械仪器研究所	陆诗敏*、刘翀、刘兴国*、周润锋、沈泓烨	有效
发明	一种太阳能水质改良机	中国	ZL201210249913.8	2013－09－18	1274619	中国水产科学研究院渔业机械仪器研究所	刘兴国*、徐皓、张拥军、邹海生、虞宗勇、徐国昌	有效
发明	一种机械式水质改良装置	中国	ZL201410241238.3	2015－04－08	1625792	中国水产科学研究院渔业机械仪器研究所	车轩*、刘兴国*、田昌凤、朱林*、顾兆俊*、杨家朋	有效

（续）

知识产权类别	知识产权具体名称	国家（地区）	授权号	授权日期	证书编号	权利人	发明人	发明专利有效状态
发明	一种提高能效的养殖池塘系统	中国	ZL201410415815.6	2017-01-25	2362902	中国水产科学研究院渔业机械仪器研究所	刘兴国*、朱浩*、顾兆俊*、徐皓	有效
发明	一种集约化池塘内循环水养殖系统	中国	CN109984078A	2019-07-09	4408420	中国水产科学研究院渔业机械仪器研究所	程果锋*、刘兴国*、陆诗敏*、顾兆俊*、沈泓烨	有效
软件著作权	淡水池塘养殖水质分类评价系统 V1.0	中国	2021SR0029480	2021-01-07	07183751	中国水产科学研究院渔业机械仪器研究所	中国水产科学研究院渔业机械仪器研究所	有效

注：姓名后加"*"表示成果主要发明人。

（二）技术示范推广情况

截至 2020 年 12 月 31 日，应用本技术成果改造养殖场超过 1 000 余家 800 多万亩，技术辐射全国 30％以上的池塘。其中，池塘循环水模式在江苏、河南、广东等地应用 150 万亩以上；池塘多级复合模式在太湖、微山湖、珠江口等区域推广超过 500 余万亩；池塘湿地渔业模式在黄河、淮河等河滩区推广 100 万余亩；以渔治碱模式在甘肃、陕西、河南等应用超过 50 万亩。技术成果先进，为全国编制 20 余项发展规划，多项技术产品打入国际市场，并写入十部委《关于加快推进水产养殖业绿色发展的意见》等重要文件，符合 2023 年中央 1号文件和农业农村部 1 号文件精神，可在全国淡水池塘养殖区推广应用。

（三）提质增效情况

本技术已辐射全国 1 200 万亩（占全国淡水池塘 1/3）及东南亚地区，年增收超 200 亿元，年节水 54 亿米³、减排化学需氧量（COD）2.7 万吨。①创建的水质关系模型，首次实现池塘养殖水质量化评判，准确率超 80％；创立池塘"水质-底质"原位精准调控技术，以及对应开发"太阳能底质改良机"等专用调控设备，使养殖水质全程达标，池塘养殖的周期换水率从 300％下降到 60％以下，增产超 15％。②本技术中的"生态坡预处理-生态沟渠沉淀-生态塘吸收-复合湿地净化"池塘尾水生态工程化处理技术，以及对应创新"池塘复合人工湿地""模块净化设施"等 5 种高效尾水处理设施系统，可实现养殖尾水达标排放或循环利用，比传统尾水处理方式节水 50％，减排 60％。③本技术中集成创新的池塘养殖"智能增氧、精准投喂"和"异味防控"等提质增效技术及装备，以及创建的"池塘循环水、多级复合、湿地渔业、以渔治碱"4 种覆盖"主产区"的生态工程化示范模式，可大面积应用，催生了黄浦江大闸蟹等 5 个优质水产品的规模化生产，综合增效 20％以上，生态、经济、社会效益显著。

（四）技术获奖情况

本技术先后获各级奖励 6 项。

主要获奖情况列举

成果名称	获奖时间	奖项名称	奖励等级	所有获奖人（本成果主要完成人姓名后加"*"）	授奖单位	获奖类别
淡水池塘规范化改造和产业升级技术集成示范推广	2014	全国农牧渔业丰收奖	一等奖	徐皓、刘兴国*、谢骏、吴凡、张根玉、郁蔚文*、杨菁、倪琦、郭焱、王健、朱浩*、王广军、程国锋*、谷坚、陈琳、赵治国、顾兆俊*、车轩*、时旭、周寅*、王小冬*、韩永峰、青洛勒	农业部	科学技术进步
淡水池塘养殖生态调控关键技术与应用	2015	中华农业科技奖	一等奖	徐皓、刘兴国*、谢骏、吴凡、张根玉、郁蔚文*、杨菁、吴旭东、倪琦、郭焱、王建、朱浩*、王广军、程果锋*、谷坚、顾兆俊*、黄薇、车轩*、田昌凤*、王小冬*	农业部	科学技术进步
池塘生态养殖水质调控关键技术及设施设备	2019	中国水产科学研究院大渔创新奖	一等奖	刘兴国*、车轩*、徐国昌、田昌凤*、郭益顿、顾兆俊*、徐皓、程果锋*、张拥军、邹海生、朱浩*、曾宪磊、王小冬*、唐荣、陆诗敏*	中国水产科学研究院	科学技术进步
淡水池塘环境生态工程调控与尾水减排关键技术及应用	2020	广东省技术发明	一等奖	谢骏、刘兴国*、程香菊、李志斐、王广军、郁二蒙、余德光、张凯、刘汉生、龚望宝、潘厚军、符云、蒋天宝、夏耘、桑朝炯	广东省人民政府	技术发明
池塘养殖水质调控与尾水治理	2021	中国产学研合作与促进奖	一等奖	刘兴国*、车轩*、郁蔚文*、朱浩*、陆诗敏*、王小冬*、朱林、陈晓龙*	中国产学研促进会	科学技术进步
刘兴国	2022	全国农业丰收奖	贡献奖	刘兴国*	农业农村部	贡献

二、技术要点

（一）池塘"水质-底质"原位精准调控技术

我国淡水池塘主要分布在华中、华东、华南、西北"四大产区"，主要养殖鱼、虾、蟹"三大类"约 40 个品种。水质是池塘养殖的首要条件。项目实施前，养殖生产采取"肥、活、爽、嫩"的经验方法判断水质，养殖过程中依靠大量换水改善水质，养殖周期换水率达 300％以上，养殖风险高，水资源浪费很大。项目实施后，围绕"水质恶化机制-水质量化评判-水质精准调控"开展了系统研究，创建了"水质-底质"原位精准调控技术，解决了水质恶化问题。

1. 池塘养殖水质量化评价技术

（1）阐释水质恶化机制　在对全国"四大产区、三大类"池塘养殖容量、结构、方式，以及水质变化、换水、排放、品质等长期研究的基础上，探明了养殖水质恶化的直接原因是水体碳（C）、氮（N）、磷（P）失衡，而引起 C、N、P 失衡的主要因素为养殖结构、容量、环境、气象等；尤其是揭示了当水体中 C/N＞30 或≤10，N/P＞10 或≤3 时出现"氮淤积"，而当"淤积"超出水体自净能力 300％以上时，池塘养殖系统出现"功能衰退或丧失"，进而导致水质恶化，为水质量化评判和精准调控提供了依据。

（2）创立量化评判技术　针对水质依靠经验判断的缺陷，通过分析揭示养殖水体溶解氧、pH、C、N、P 等与浮游生物、微生物和养殖生产性能的关系，建立了池塘"水质多因子关系模型""水质与水色模型""水质与气象因子关系模型"多因子关系模型，分别开发了淡水池塘养殖水质分类评价系统（2021SR0029480）等 5 套评判软件，首次实现养殖水质快速量化评判，准确率达 80％以上，远超人工经验判断，结束了几千年依靠经验判断水质的历史，奠定了池塘养殖水质精准调控的基础。

多因子水质模型　　　3 层 BP 神经网络（BCPGA）分析　　　基于水色的水质评判

池塘养殖水质量化评价模型

2. 池塘养殖"水质-底质"原位调控技术

长期以来，由于忽视池塘"水质-底质"协同影响研究，池塘养殖水质调控效果不好。本项目从水质"微生物调控-蓝藻控制-高效增氧"和底质"碳缓释-磷释放-有机质氧化"调控关键技术进行攻关：①在水质调控方面，创建了"生物基"微生物调控技术，解决了养殖水体 C、N、P 比例动态调控的难题，获得 5 项专利技术；发明了通过控制水体 C、N、P 比例抑制蓝藻暴发技术，蓝藻水华发生率从 80％下降到不足 20％，获得 3 项专利技术；开创性地将"机械增氧与光合增氧结合，水层交换与移动增氧结合"，创立了池塘养殖复合增氧技术，提高增氧效率 40％，解决了传统增氧效率低、溶解氧不足的难题。②在底质调控方面，根据研究掌握的池塘底质 C、N、P 赋存与迁移特征，创立了池塘底质"间歇硝化-反硝化"调控、底泥扰动释磷、臭氧处理 3 项关键技术，底质氮磷含量降低 50％以上，初级生产力提升 30％，底质恶化现象减少，"泛塘死鱼"情况不再发生；应用"水质-底质"原位调控技术后，养殖周期换水率从过去的 300％下降到 60％以下，增产超过 15％。

3. 高效专用水质调控设备

对应"水质-底质"原位调控技术，研发了 6 类高效专用水质调控设备，实现了精准调控。①发明生物基调控微生物技术，优化了水体中菌群结构，水体总氮、总磷和高锰酸钾指数（COD_{Mn}）稳定在 3 毫克/升、0.8 毫克/升和 10.0 毫克/升之内。②发明的复合生物浮床具有过滤、生化、植物吸收等功能，应用后蓝藻水华发生率从 80％以上下降到 5％～20％。

③ 发明的"涌浪机"，其辐射半径比叶轮增氧机增加 30 米，增氧效率提高了 50%，成为国际著名水产养殖机械。④首创的"太阳能移动增氧机"，水面移动范围 80%，增氧效率大于 2.59 千克/（千瓦·时），被评为上海市高新技术转化项目。⑤发明的太阳能底质改良机，可在水深 0.5～2.0 米的池塘中自主运行，提高水体初级生产力 20% 以上，被国外媒体评价为"一台小机器解决池塘养殖大问题"。⑥发明的太阳能移动臭氧改良机，臭氧产量随光照变化，有效解决了臭氧残留危害问题，通过了农机部门的产品鉴定。

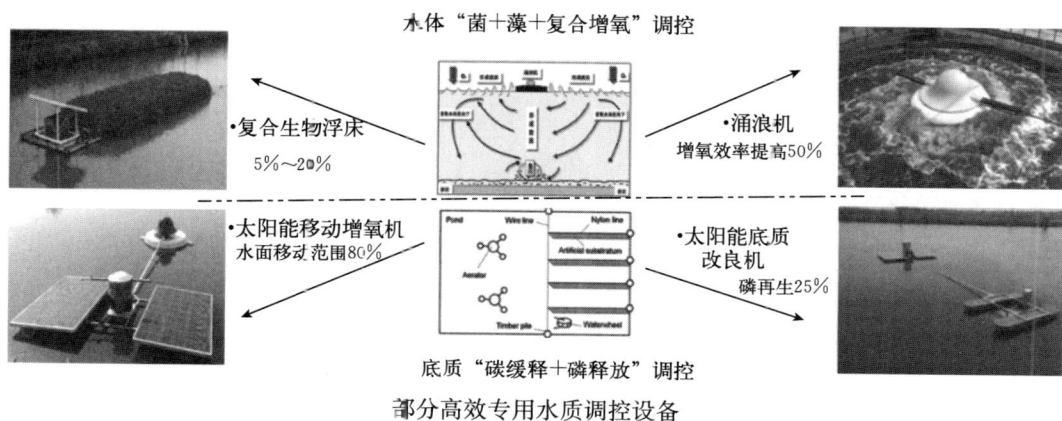

部分高效专用水质调控设备

（二）池塘尾水生态工程化治理新设施

尾水污染是池塘养殖的问题之一。在一些地区，尾水污染已成为重要面源污染，被列入环保重点关注对象。2017 年，全国水产养殖年排放总氮 8.21 万吨，总磷 1.56 万吨，化学需氧量 55.83 万吨，环保压力很大。2020 年以来，虽采取了一定措施，但因技术设施研发不足，存在效率低、成本高等问题。对此，项目围绕尾水"污染特征-治理技术-处理设施"开展了系统研究，实现了尾水达标排放或循环利用。

1. 池塘尾水处理行业标准

（1）查明尾水排放污染特征　在对全国池塘养殖尾水调查研究基础上，查明了"四大区、三大类"池塘养殖尾水具有"富营养化、中低浓度、面源化、时空双重不确定性"特征，探明了尾水污染物的输出通量依次为化学需氧量、总氮、氨态氮、硝态氮、总磷和亚硝酸盐氮，创建了全国首个"主要淡水养殖品种的综合排放系数"，提出了尾水治理的对象和目标。

（2）制定尾水治理技术标准　根据"四大区、三大类"的排放强度，提出了全国池塘养殖尾水的控制性排污系数（>100 克/千克），为生态环境部《淡水生物水质基准推导技术指南》（HJ 831—2022）提供了技术支撑，制定了《淡水池塘养殖小区建设通用要求》（SC/T 6101—2020）等 3 项包含尾水处理技术要求的行业标准。

2. 尾水生态工程化高效处理设施

对应尾水处理要求，开发了 5 种池塘尾水工程化处理设施。

（1）发明的生态坡由取水、布水、立体植被网、水生植物组成，对总氮、总磷、化学需氧量的净化效率分别达 0.27 克/（时·米^2）、0.015 克/（时·米^2）和 0.94 克/（时·米^2）。

（2）发明的复合生态沟渠，由植物区、滤杂食性鱼类区、生化区组成，对尾水中总悬浮固体、总氮、总磷的去除率分别达 58.3%、15%、30%，化学需氧量减少 43.1%，显著高于传统生态沟渠。

（3）创新的生态净化塘通过底形结构控制植物生物量和种类，通过导流结构调节水流并减少死角，通过植物浮床吸附颗粒物，对水体中总氮、总磷去除率分别可达 15%、30%，化学需氧量减少 43.1%，成为国内水产养殖尾水处理的主要组成部分。

（4）创建的池塘复合湿地对应养殖尾水特点，由生态池、潜流湿地、复氧池等组成，具有特殊的水力停留时间、孔隙率、植物布局，比传统潜流人工湿地净化效率高 30%。

（5）创新研发的模块化净化设施，由特定结构、体积、比重、结构孔、孔隙率、栽培孔构成，可根据尾水特点投放碳源、配置水生植物，比传统潜流湿地的水力效率高 15.6%。

3. 池塘尾水生态工程化处理系统

结合池塘养殖尾水特征及设施特点，创建了"生态坡预处理-生态沟渠沉淀-生态塘吸收-复合湿地净化"一体化尾水生态工程化处理系统，制定了《水产养殖池塘水质人工湿地调控技术规范》等，对尾水中总氮、总磷的去除率超 80%，处理后达到排放标准或循环利用要求。

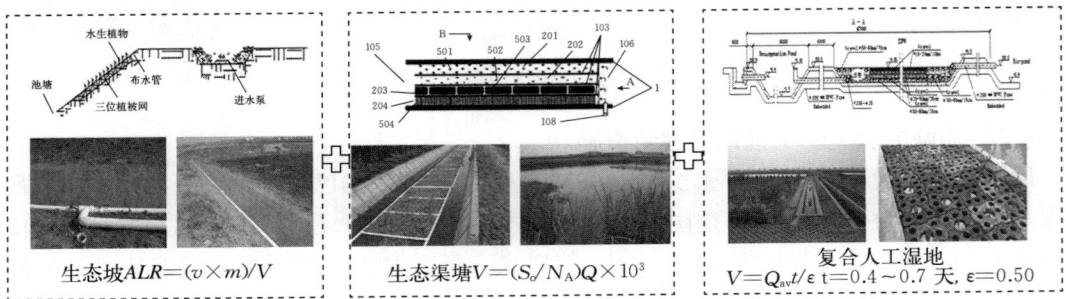

池塘养殖尾水生态工程化处理系统

（三）池塘生态工程化绿色养殖模式

我国多数池塘"因地制宜、因陋就简、因水而建"，不符合绿色高效发展要求。本成果围绕"提质增效，绿色发展"目标要求，开展了"提质增效、智能增氧、精准投喂、系统构建"技术集成创新，创建了池塘生态工程化养殖示范模式，为全国池塘绿色高质量发展提供了引领性模式。

1. 提质增效技术

（1）针对淡水池塘养殖水产品"异味"等导致品质下降问题，查明了造成池塘养殖水产品"异味"的物质是土臭素（GSM）和 2-甲基异莰醇（2-MIB），产生"异味"的根源是颤藻、鱼腥藻等蓝藻和部分放线菌，而氮、磷等营养素失衡（N∶P＞7∶1）则是诱发以上微生物暴发的原因；对此，建立了利用芽孢杆菌、底泥扰动、曝气增氧、碱度调控等措施改善水质并抵制放线菌、蓝藻水华技术，应用后水体中 C、N、P 比例达到最优态的 50∶12∶3，水产品"异味"消除，品质提升，催生了黄浦江大闸蟹、光明鱼、脆肉鲩、黄河谷大鲤鱼等优质水产品牌。

（2）针对养殖效率低的问题，创建了池塘养殖水质、溶解氧、投喂等的数学模型，对应开发了水质预警、智能增氧、精准投喂等数字化管控系统，建立了国内首个池塘养殖数字化管控平台，获得 5 项专利技术及 6 个软件著作权，提高生产效率 50%，节约饲料 15%。

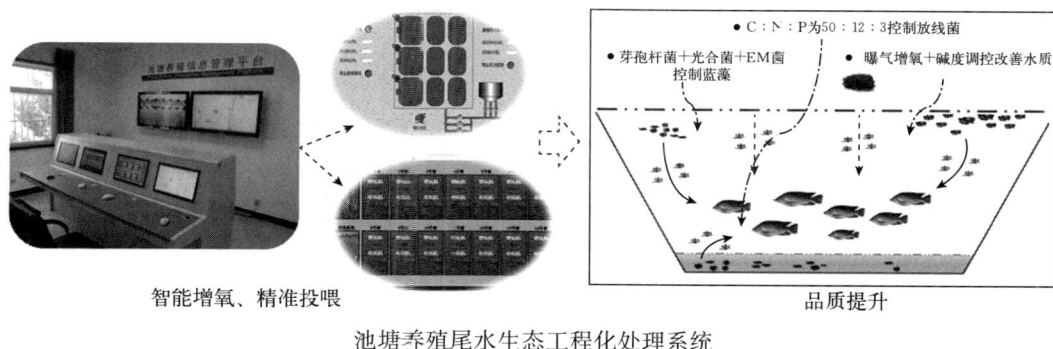

智能增氧、精准投喂　　　　　　　　　　品质提升

池塘养殖尾水生态工程化处理系统

2. 池塘生态工程化模式

基于以上研究，在国内首先提出了池塘养殖生态工程，出版了《池塘养殖生态工程》等 16 部专著，制定了《淡水池塘养殖设施要求》等 3 部行业标准，建立了符合全国池塘需求的 4 种生态工程化示范模式。

（1）在华东、华中等水质性缺水地区，创建了"池塘＋复合人工湿地＋生态沟渠"的池塘循环水养殖模式，池塘水体中 N、P、COD 等控制在 GB 18407.4 要求范围之内，换水减少 60%，减排 50%，增效 25% 以上，推广应用 150 余万亩。

（2）在太湖、微山湖等湖滨区，创建了"蟹＋虾＋鱼＋水生植物"的池塘多级复合模式，实现了"污染零排放"，解决了水产养殖对湖泊的污染问题，推广 300 余万亩；在珠江口、长江口等经济发达区，创建了"生物膜＋底部改良＋轮捕轮放"的池塘多级复合模式，池塘养殖 3 年污染"零排放"，保障了脆肉鲩等的规模化生产，增效 20% 以上，推广 200 余万亩。

（3）在黄河、淮河等河滩区，创建了"生物浮床＋生态沟渠＋生态塘（藕或有机稻）"的池塘湿地渔业模式，减少换水 60% 以上，保护了生态环境，发展了渔业，培育了黄河谷大鲤鱼等品牌，推广 100 万余亩。

（4）在西北、华中等盐碱地区，创建了"水系分隔＋渗水排碱＋养殖降碱"的池塘"以渔治碱"模式，降盐排碱 80%，增效 60%，推广 50 余万亩，成为盐碱治理的典范。

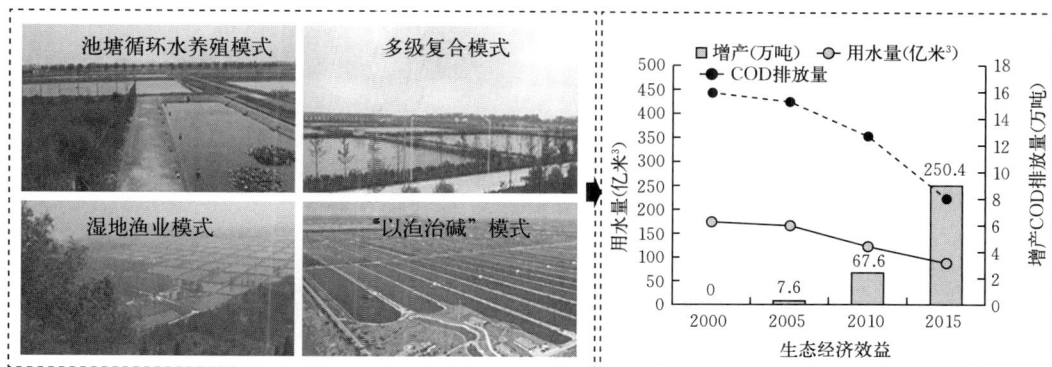

池塘生态工程示范模式及经济生态效果

三、适宜区域

全国淡水池塘。

四、注意事项

冬季气温较低时，尾水系统水质净化效果下降，可采取延长水力停留时间，强化微生物制剂泼洒方式，提高净化效果。

技术依托单位

1. 中国水产科学研究院渔业机械仪器研究所

联系地址：上海市杨浦区赤峰路 63 号

邮政编码：200095

联 系 人：刘兴国

联系电话：021-55128360   13301856629

电子邮箱：liuxingguo@fmiri. ac. cn

2. 中国水产科学研究院珠江水产研究所

联系地址：广东省广州市荔湾区白鹤洞西塱兴渔路 1 号

联 系 人：谢 骏

联系电话：020-81616178   18688903880

电子邮箱：xj@prfri. ac. cn

3. 上海海洋大学

联系地址：上海市浦东新区沪城环路 999 号

联 系 人：刘利平

联系电话：15692165025

电子邮箱：lp-liu@shou. edu. cn

"以渔降盐治碱"盐碱地渔业综合利用技术

一、技术概述

(一)技术基本情况

我国盐碱水土资源分布广泛,遍及西北、华北、东北以及华东等地区的 19 个省份。盐碱水质类型繁多,具有典型地域特征。虽然近年来盐碱水土资源分布的各省份均有不同程度的盐碱水土渔业开发利用,但仍存在盲目性、不合理、发展不均衡的问题,缺乏适合我国不同区域盐碱水土特点的技术支撑体系,瓶颈主要聚焦在如何选择合适的养殖品种、拓展水产养殖空间、提供优质蛋白;如何提高盐碱水养殖成功率、推进规模化和规范化发展、提高盐碱水土资源的利用率。

盐碱生境生态脆弱,农用土地次生盐碱化情况严重,经常出现减产退耕情况,严重影响了当地农民的生产生活。实践证明,科学有序地开展盐碱水土的渔业综合利用,不仅可以增效,还能有效降低周边土壤的盐碱程度,使退耕或荒置的盐碱地重焕生机。"以渔降盐治碱"盐碱地渔业综合利用技术,针对不同区域的区位资源和物候条件,集成盐碱综合改良调控、苗种盐碱水质驯养、盐碱水绿色养殖,以及"挖塘降盐、以渔降碱"渔业综合利用等关键技术,构建区域性、特色性养殖生产模式,促进盐碱水土资源的科学综合利用,推进盐碱地渔业综合开发利用高质量发展。

(二)技术示范推广情况

"以渔降盐治碱"盐碱地渔业综合利用技术在甘肃、宁夏、内蒙古、新疆、天津、河北、江苏、山东、黑龙江、吉林等 10 余个省份建立了 30 多个不同类型的盐碱地水产养殖示范区,累计示范推广面积达到 200 余万亩,开拓了盐碱水土资源的利用途径,对乡村振兴和改善盐碱土壤生态环境起到了积极的作用。

(三)提质增效情况

近年来,"以渔降盐治碱"盐碱地渔业综合利用技术在全国范围开展示范推广,累计总产值 378.4 亿元,总收益 95.39 亿元,年新增纯效益 23.75 亿元。以甘肃景泰为例,以盐碱池塘养殖为切入点,按照"挖塘降水、抬土造田、渔农并重、修复生态"的技术思路,在推进盐碱地治理、修复生态环境等方面取得了显著成效,利用盐碱回归水开展棚塘接力对虾养殖,每亩效益达到 1.33 万元,帮助景泰县实现了次生盐碱地的退碱还田及盐碱水养殖增收,为景泰农民致富开辟了新途径。

(四)技术获奖情况

"以渔降盐治碱"盐碱地渔业综合利用技术核心科技成果获得全国农牧渔业丰收奖农业技术推广成果奖二等奖。

二、技术要点

(一)盐碱水质综合改良调控技术

针对盐碱水质高 pH、高碳酸盐碱度、缓冲能力差等制约因子,通过生石灰化学降碱、复合增氧物理稳碱、培菌抑藻生物控碱等方法，使养殖用盐碱水 pH 稳定在 9.0 以下。

（二）苗种盐碱水质驯养技术

通过盐度驯化、离子驯化、水质驯化三步法，提高主养品种的苗种入塘成活率。以南美白对虾为例，第一步，进行盐度驯化，使暂养水质与养殖水质盐度相近；第二步，比较暂养水质与养殖水质的离子浓度，变化幅度较大的进行离子适应性驯化；第三步，利用池塘盐碱水进行 3～5 天的水质驯化，大幅提高了虾苗入塘成活率。

（三）盐碱水绿色养殖技术

根据不同盐碱水质类型，在滨海盐碱地、内陆盐碱地和次生盐碱地因地制宜地进行种类结构的优化组合，开展盐碱池塘多生态位养殖、盐碱地棚塘接力增效养殖、盐碱水域增殖养殖等模式应用示范。

（四）"挖塘降盐、以渔降碱"渔业综合利用技术

盐碱地池塘-稻田渔业综合利用模式：结合盐碱地农业种植区域的浸泡洗盐压盐，基于水盐平衡和物质能量循环原理，通过田塘尺度和土柱水盐运动规律研究，将浸泡稻田的废弃盐碱水定向迁移进入池塘，构建盐碱地池塘-稻田渔业综合利用模式。池塘与稻田通过排水渠进行连接，稻田面积：池塘面积以（3～8）：1 为宜。稻田一般高于池塘底部 1.5～2.0 米，依据地下水临界深度进行调整，盐碱池塘所养生物量根据当地气候、养殖种类、模式，以及养殖技术确定，对保障盐碱地区的农业生产安全具有积极意义。

盐碱地池塘-抬田降盐渔业综合利用模式：结合盐碱地治理，根据土质和地下水埋深等情况，合理配置抬田高度，使抬田种植与池塘养殖有机结合起来。池塘与抬田比例以 1：1.5 为宜。

盐碱地池塘-抬田降盐渔业综合利用模式

盐碱地池塘-稻田渔业综合利用模式

盐碱地棚塘接力养殖模式

三、适宜区域

技术适宜推广应用的区域包括我国西北、华北、东北内陆盐碱地分布区域，以及华东滨海盐碱地分布区域。

四、注意事项

1. 开展盐碱水养殖前，要进行水质检测，掌握盐碱水质水化学组成，确定盐碱水质类型，依照标准，选择适宜的养殖品种。

2. 根据盐碱土壤成因、地下水埋深和物候条件，选择合适的渔业生态修复模式：淡水资源充足的盐碱地区可选择池塘-稆田渔业综合利用模式，地下水埋深浅的盐碱地区可选择池塘-抬田降盐渔业综合利用模式。

技术依托单位

中国水产科学研究院东海水产研究所

联系地址：上海市杨浦区军工路300号

邮政编码：200090

联 系 人：来琦芳

联系电话：021-65684655

电子邮箱：laiqf@ecsf.ac.cn

水产养殖精准投喂智能管控技术

一、技术概述

（一）技术基本情况

中国水产养殖约 80% 的产量依赖于饲料投喂。饲料成本占养殖成本的 70% 左右。传统水产养殖的粗放投喂方式不仅降低了养殖效益，而且增加了水体环境负荷，严重制约了水产养殖业绿色发展。本技术基于生物能量学原理、养殖大数据和鱼类生长规律构建的投喂管控系统，通过独有的大数据分析模型、摄食行为传感器、水质传感器、可视化系统，以及自行研制的饲料投喂机，为养殖户提供精准投喂智能分析与决策，以及智能化管控，实现从放苗到上市的自动化投料及高效生产智能管控，解决了养殖投喂不精准、劳动力投入大、饲料浪费等关键问题。

（二）技术示范推广情况

该技术已应用于湖北省公安县崇湖渔场 60 亩的黄颡鱼池塘、250 米³ 草鱼池塘零排放圈养系统、250 米³ 草鱼和团头鲂网箱养殖；武汉市五七东方水产养殖有限公司 300 米³ 大口黑鲈陆基循环水系统；中国科学院水生生物研究所梁子湖养殖基地 8 亩大口黑鲈和异育银鲫"中科 5 号"养殖池塘；武汉市北湖农特水产品专业合作社 25 亩黄颡鱼池塘等。

（三）提质增效情况

该技术应用后，养殖吃食性鱼类的饲料系数降低 10%～15%，存活率提高 3%～5%，经济效益提高 10%～15%，每吨鱼减少氮排放约 60 千克，每吨鱼增加养殖效益 500～1 800 元，有效解决了尾水排放、劳动力投入大、饲料浪费等问题。

（四）技术获奖情况

"水产养殖精准投喂智能管控技术"入选渔业新技术 2022 年度优秀科技成果。

二、技术要点

1. 养殖设施

配备增氧机、投饵机、水质监测装置、摄食感应装置、手机或电脑。

2. 信息录入

系统后台中录入饲料基本营养组成、鱼种放养规格、预期上市规格等信息，用于系统智能计算每天投饲量、预计上市日期等信息。

3. 适宜养殖对象

加州鲈、尖吻鲈、草鱼、团头鲂、鲫等吃食性鱼类。

4. 饲料监测

养殖期间饲料投喂量由系统智能决定并实施，但需要养殖人员监测料仓饲料剩余量，并及时上料。

5. 水质管理

利用水质监测设备实时监测水质状况，主要包括水温、溶解氧，监测数据实时上传到手机 App 或电脑端应用软件，并提醒渔民如何根据水温和溶解氧水平调控增氧机开关，以及相关养殖管理。

6. 增氧机管理

根据水质监测设备智能监测溶解氧状况，若低于设定阈值则自动开启增氧机。

7. 定期采样

养殖期每半个月采样 1 次，用于观察主养鱼类生长状况，并录入系统修正投喂量。

8. 设备检修

养殖期每周检查 1 次水质传感器溶解氧探头的清洁程度，防止自洁装置出现故障导致数据不准确。其余设备故障可通过系统自动发送的邮件进行监管。

三、适宜区域

全国所有水源充足、水质良好的池塘、网箱、陆基循环水养殖、工厂化养殖等区域。

四、注意事项

1. 饵料管理

关注料仓内剩余饲料量，避免料仓中饲料余量不足。

2. 停电应急处理

若出现停电，应及时开启备用电源，以防止投喂不及时，或根据系统指示投喂量进行手动投喂，并关注溶解氧状况。

技术依托单位

1. 华中农业大学

联系地址：湖北省武汉市洪山区狮子山街 1 号

邮政编码：430070

联 系 人：李大鹏　王春芳

联系电话：027-87281021　15307118600　18971489832

电子邮箱：ldp@mail.hzau.edu.cn　cfwang@mail.hzau.edu.cn

2. 湖北省水产技术推广总站

联 系 人：胡　振　汤亚斌

联系电话：18802702233　13995361660

3. 武汉大学

联 系 人：沙宗尧

联系电话：15802758601

稻渔生态种养提质增效关键技术

一、技术概述

（一）技术基本情况

水稻和水产品作为重要的食物来源，对于确保国家粮食安全、应对各类风险挑战和促进经济社会持续健康发展至关重要。本技术针对传统稻田养鱼模式技术粗放、资源综合利用效率不高、产品品质无保障等问题，突破了以"合理密植、控肥减药、精准管控"为核心的 8 项关键技术，研发了适宜不同地区的稻-鱼、稻-鳖、稻-虾、稻-鳅、稻-蟹、稻-蛙、稻-鸭-鱼 7 大类模式，创新了以"水稻＋水产品"为主体的跨产业多学科深度融合的示范推广方式，引领了稻渔种养产业转型升级和健康可持续发展。

（二）技术示范推广情况

自 2012 年以来，通过技术服务、转让、培训、媒体传播和建立示范基地等形式进行应用推广，建立涵盖各级农业和水产技术推广、高素质农民的人才队伍，支撑建设了国家级稻渔综合种养示范区 10 个，实现了"产业链、创新链、价值链"三链融合，先后在四川、江苏、辽宁、湖北、湖南等 10 多个省份累计示范推广，面积超过 594.2 万亩。

（三）提质增效情况

1. 化肥施用量平均降低 22.1%，农药施用量平均降低 51.5%，化肥和农药支出成本每亩降低 80 元以上，同时降低了面源污染。

2. 水产品养殖和产量实现精准管控技术，水产品平均产量达到 100～150 千克/亩。

3. 通过边沟密植等水稻栽培技术，水稻总产量平均比单作增加 2.9%，提升了水稻和水产品品质。

4. 构建了以"生物控制、立体防控"为要点的绿色防控技术体系，稻飞虱和纹枯病发病率分别降低 45.0% 和 70.0%，杂草的去除率达 37.2%。

稻渔生态种养田间工程 　　　　稻渔生态种养防逃设施

5. 2012—2021 年累计创经济产值近 241.5 亿元，新增经济效益近 61.54 亿元。

6. 改变了千百年来山区丘陵稻田只种单季稻、效益低下的耕作模式，实现了哈尼梯田等文化遗产的保护。

哈尼梯田冬闲田稻渔生态种养模式

（四）技术获奖情况

本技术先后获 2020 年度中国水产学会范蠡科学技术奖一等奖、2021 年度神农中华农业科技奖一等奖、2019—2021 年度全国农牧渔业丰收奖二等奖 3 项。

二、技术要点

（一）配套田间工程设施关键技术

田间工程设计的基本原则：①不能破坏稻田的耕作层和犁底层；②稻田开沟不得超过总面积的 10%。稻-鱼、稻-虾、稻-蟹、稻-鳖等模式，因地制宜地进行环沟、边沟、鱼凼等田间工程，沟坑面积占比在 5%～10%。通过合理优化田埂、鱼沟的大小、深度，利用宽窄行、边际加密的插秧技术，保证水稻产量不减。稻-虾、稻-鳖、稻-蟹、稻-蛙模式需配套防逃设施。

田埂： 丘陵地区的田埂应高出稻田平面 40～50 厘米，平原地区的田埂应高出稻田平面 50～60 厘米，冬闲水田和湖区低洼稻田应高出稻田平面 80 厘米以上。田埂截面呈梯形，埂底宽 80～100 厘米，顶部宽 40～60 厘米。

鱼沟： 主沟位于稻田中央，宽 30～60 厘米，深 30～40 厘米；稻田面积 0.3 公顷以下的呈"十"字形或"井"字形，面积 0.3 公顷以上的呈"井"字形或"目"字形、"囲"字形。围沟开在稻田四周，距离田埂 50～100 厘米，宽 100～200 厘米，深 70～80 厘米。

防逃设施： 防逃墙材料采用尼龙薄膜，将薄膜埋入土中 10～15 厘米，剩余部分高出地面 60 厘米，其上端用草绳或尼龙绳作内衬，将薄膜裹缚其上，然后每隔 40～50 厘米用竹竿作桩，将尼龙绳、防逃布拉紧，固定在竹竿上端，接头部位避开拐角处，拐角处做成弧形。进排水口设在对角处，进、排水管长出坝面 30 厘米，设置 60～80 目防逃网。稻-蛙模式还需增加柱体，在四周及顶部架设防逃网。

进排水：进、排水口设在稻田相对两角田埂上，用砖、石砌成或埋设涵管，宽度一般为40～60 厘米，排水口一端田埂上开设 1～3 个溢洪口，以便控制水位。

（二）配套水稻高效栽培关键技术

水稻应选择抗倒伏、抗病力强、高产优质水稻品种，通过"合理密植、环沟加密"，改常规模式 30 厘米行距为 20 - 40 - 20（厘米）行距，利用边行优势密插、环沟沟边加密，弥补工程占地减少的穴数。

（三）配套协同施肥关键技术

按"基肥为主，追肥为辅"的思路，肥料以发酵腐热的有机肥为主，无机肥以尿素、钙磷镁肥为主。基肥：一般每公顷施厩肥 2 250～3 750 千克、钙镁磷肥 750 千克，硝酸钾120～150 千克。追肥：施追肥量每公顷、每次为尿素 112.5～150 千克。施化肥分两次进行，每次施半块田，间隔 10～15 天施肥 1 次。不得直接撒在鱼沟内。

（四）配套水产品生态养殖关键技术

1. 鱼沟消毒

放养前，可用生石灰 10～15 千克/亩，对鱼沟进行消毒，隔天灌水入沟，使水位达到40 厘米。

2. 放养密度

鱼苗放养规格为 3～5 厘米，密度控制在 400 尾/亩以下；鳖苗放养规格为 0.4～0.5 千克/只，密度控制在 200 尾/亩以下；虾苗放养规格 2～4 厘米，密度控制在 5 000～8 000 只/亩；鳅苗放养规格 3～5 厘米，密度控制在 30 000 尾/亩以下；蟹苗放养规格为 120～160 只/千克，密度控制在 400～600 只/亩；鸭苗放养规格 700 克以上，约 50 日龄，密度控制在 15 只/亩以下。

3. 苗种消毒

上述水产品种放养前要用 15～20 毫克/升的高锰酸钾溶液浸浴 10～20 分钟，或用1.5％的食盐水浸浴 10 分钟。

4. 茬口衔接

鱼苗一般在秧苗返青后即可放养；鳖苗一般在 7 月中上旬放养；虾苗一般在每年 8～10月或翌年 3 月底放养，即水稻种植前后 1～2 个月内放养；鳅苗一般在秧苗返青后即可放养；蟹苗一般在插秧后 15 天后放养；鸭苗一般在鱼苗投放 1 个月后放养。

5. 水质调控

主要利用益生菌（枯草芽孢杆菌等）和益生藻（小球藻等）调控，菌-藻协同改善稻田环境，调优外部生长环境，防控病害的发生。同时，还需视水质状况进行定期消毒及改底。收割稻穗后，田水保持水质清新，水深在 50 厘米以上，定期疏通鱼沟，保证水流通。有条件的可在鱼沟中安装增氧设备。

6. 投喂管理

观察投喂，根据天气、水温、水质状况，以及饲料品种确定。日常定点投喂，在鱼沟内选择相对固定的位置，每天上、下午各投喂 1 次。配合饲料按水产品总体重的 2％～4％投喂。饲料以全价配合饲料为主，辅以豆粕、玉米、豆渣等。配合饲料应符合相关标准；粗饲料应清洁、卫生、无毒、无害。另外，养殖虾、蟹的还可在鱼沟内种植水草作为补充饲料。

7. 病害防治

采用"预防为主，防治结合"的原则，苗种入稻田前须严格消毒，在鱼病多发季节，可定期在饲料中添加维生素 C 进行预防，并定期对水体进行消杀处理。

8. 日常管理

经常检查防逃设施、田埂有无漏洞，加强雨期的巡察，及时排洪、捞渣。

9. 捕捞方式

由于养殖品种不同，且稻田水深较浅，环境也较池塘复杂，捕捞时采用网拉、排水干田、地笼诱捕，配合光照、堆草、流水迫聚等辅助手段，提高水产品起捕率、成活率。

10. 质量管控

利用传感网络、可视化监控网络、RFID 电子标签等手段，建立稻渔生态种养产业链全时空监控和质量安全动态追溯系统，对生产过程及产品质量进行全程管控。

（五）配套病虫害生态防控技术

以生态防控为主、减少农药使用量，应选用高效、低毒、低残留农药防治水稻病虫害，或通过基于地理信息的物理精准诱空系统、智能 LED 单波段太阳能杀虫灯、CMYK 调色降解诱虫板等新型设备防控水稻虫害。

三、适宜区域

全国水稻种植区均适宜推广该模式。可根据各地区的水产养殖和消费特点选择适宜的水产品种。

四、注意事项

1. 稻种宜选用抗病、防虫品种，以减少农药使用；水稻施药前，先疏通鱼沟，加深田水至 10 厘米以上。

2. 养殖品种病害防治采用"预防为主，防治结合"的原则。

3. 及时清除水蛇、水老鼠等致害生物，驱赶鸟类，或加设防天敌网。

4. 在养殖品种生长季节要加强投喂。

5. 做好进排水设施构建，提高防洪抗旱能力。

技术依托单位

中国水产科学研究院淡水渔业研究中心

联系地址：江苏省无锡市滨湖区山水东路 9 号

邮政编码：214081

联 系 人：李 冰

联系电话：0510-85550414　134□0003030

电子邮箱：libing@ffrc.cn

刺参陆基池塘设施化高效养殖技术

一、技术概述

（一）技术基本情况

刺参被誉为"海八珍"之首，具有丰富的营养价值和药用价值。进入 21 世纪，刺参养殖快速发展，形成了以山东、辽宁、河北沿海为主产区，并以"北参南养""东参西养"的形式逐步延伸到闽浙沿海和黄河口地区，推动了海水养殖第五次浪潮的形成。2021 年，全国刺参养殖面积达 24.7 万公顷，年产量 22.27 万吨，成为我国海水养殖中单品种产值较高的种类之一，对沿海产业转型升级、渔民增收和沿海新渔村经济建设做出了重要贡献。

我国刺参养殖已经实现了养殖模式的多元化，主要有浅海底播增养殖、池塘养殖、工厂化养殖、浮筏吊笼养殖、网箱养殖等养殖模式。其中，池塘养殖是我国沿海地区最大的刺参养殖模式，具有易于管理、易于采捕、养殖成本低等优点。然而，多数养殖池塘结构简单、设施化程度低、养殖工艺粗糙，一般养殖密度低、成活率低、产量低（三低），年产 50～150 千克/亩。特别是 2013 年以来，数次夏季高温灾害对刺参池塘养殖的稳定产出来说是巨大的挑战，每年因高温灾害造成的刺参损失高达百亿元以上。

设施农业是现代农业发展的重要方向。渔业生产过程中的设施化养殖也得到越来越多的应用，推动了渔业健康可持续发展。2023 年中央 1 号文件提出了：发展现代设施农业，推进水产养殖池塘改造升级。因此，本技术围绕刺参池塘养殖中的重要环节，集成设施设备和生产要素，建立"抗逆新品种＋环境调控＋工艺优化＋设施提升"一体化的刺参陆基池塘设施化高效养殖技术，保障养殖环境的优良和稳定，为养殖高产稳产和设施化水平提升等方面提供科技支撑，对刺参产业绿色高质量发展具有重要现实意义。

（二）技术示范推广情况

陆基池塘设施化高效养殖技术在刺参池塘养殖主产区山东、河北、辽宁等地进行了推广应用，推广面积 2.16 万亩。

（三）提质增效情况

在示范区域内采取了优良性状新品种推广、池塘工程化升级改造、养殖环境调控、池塘高温灾害防御、生态混养技术优化，以及设施设备提升等措施，构建良好的刺参养殖生态圈。示范效果表明，通过刺参池塘养殖的标准化改造和气悬降温增氧装置等设施设备铺设，刺参平均亩产达 360.7 千克，实现了池塘养殖的高产稳产。与普通池塘相比，养殖效益提高 50％以上，刺参高温热毙征发生率降低了 63.6％，保障了刺参安全度夏。同时，通过参虾混养有效降低了池塘中玻璃海鞘、红线虫、才女虫等刺参敌害生物的数量，起到了重要病害的生态防控作用，有效提高了养殖成活率，生态养殖对虾平均亩产 10～20 千克，取得了良好的经济和生态效益。

（四）技术获奖情况

以该技术为核心形成的科技成果："刺参'参优 1 号'育繁推技术体系建设及产业化示

范"，获青岛市科学技术进步奖一等奖、中国产学研合作创新成果奖一等奖；"刺参规模化繁育与养殖模式创建及其产业化推广"获全国农牧渔业丰收合作奖；"水产养殖参虾共养系统构建与虫害防控增效技术"获第 24 届中国国际高新技术成果交易会优秀产品奖。

二、技术要点

针对刺参池塘养殖设施化程度低、产量低，以及高温引发大量死亡等问题，该技术以池塘优良生态圈的标准化建设、高温防御设施设备研发为核心技术，配套苗种选择、环境调控、参虾混养、安全投喂等技术工艺，形成"抗逆新品种＋环境调控＋工艺优化＋设施提升"一体化的刺参陆基池塘设施化高效产出体系。其中，池塘护坡改造、排污闸门、复层立体附着基、冷水礁、碟状颗粒饲料、微生态制剂、流体饲料投喂装置等技术和产品获得国家专利。

1. 优良苗种选择

选择具有生长速度快、抗病、耐高温等优良性状的刺参苗种种质，如刺参"参优 1 号"等新品种，提高苗种的抗逆能力、成活率，以及生长速度。苗种选择在 4～5 月、9～10 月投放；苗种规格为 5～10 克/头，放苗密度为 5 000～10 000 头/亩；池塘在未采取降温措施的情况下，为躲避夏季高温灾害，可采用分级养殖的方式，在室内或池塘培育大规格苗种的基础上，秋季选取 15～30 克/头的大规格苗种进行投放，密度为 5 000～7 000 头/亩，力争在翌年刺参"夏眠"前达到市场销售规格，躲避夏季高温灾害。

2. 池塘的设施化改造

对养殖池塘进行设施化改造，池塘深度要求一般在 2.5～3.0 米；池塘两端建进、排水闸门，排水闸门处设置排淡水装置，保障进排水通畅和汛期表层淡水的排出；坝体内侧进行护坡处理，护坡以水泥或土工布喷涂水泥的形式加固坝体。池塘底部设置中央沟、环沟；池塘底部布设复层组合式立体硬质附着基和冷水礁，为刺参创造良好的栖息环境。同时，配备饲料投喂装置、冷能气悬降温装备、微孔增氧装备、水质实时监测设备等设施设备。

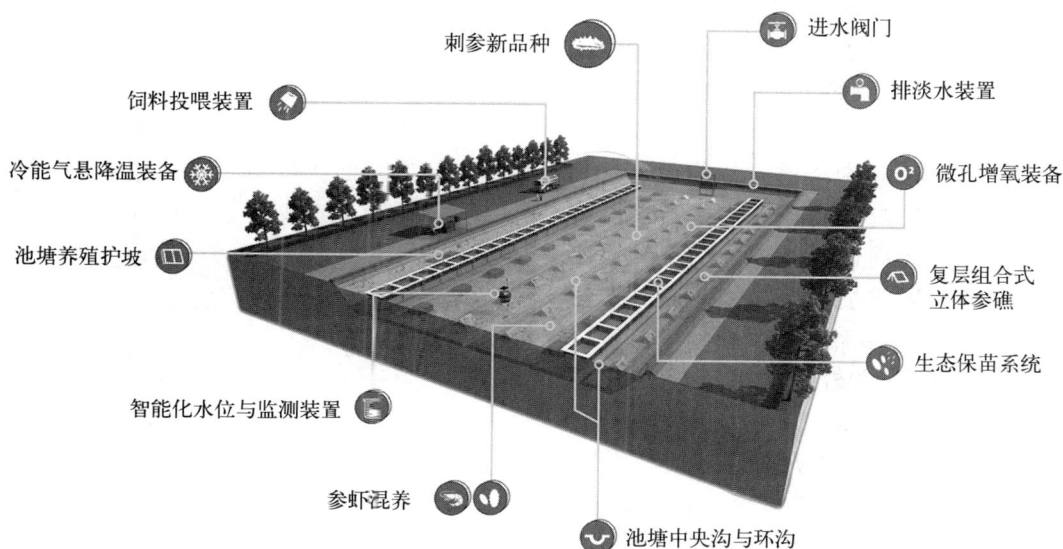

刺参新品种　进水阀门　排淡水装置　微孔增氧装备　复层组合式立体参礁　生态保苗系统　池塘中央沟与环沟　参虾混养　智能化水位与监测装置　池塘养殖护坡　冷能气悬降温装备　饲料投喂装置

刺参陆基池塘设施化高效养殖系统

3. 生态环境调控

换水工艺：春季（3～5 月）天气开始变暖，池塘水深不宜过浅，保持水深 1.2～1.5 米，每次大潮时的换水量为 20％～30％。夏季高温来临前，水位增加至 2 米以上，每次大潮时的换水量可增加到 30％～50％，为刺参营造良好的夏眠环境。冬季北方水温较低，为了防止刺参冻伤，水深尽可能保持在 2 米以上。

适时肥水：在春季适时进行肥水，以培养池塘中的浮游生物和底栖生物，控制水体透明度为 40～60 厘米，防止光照过强，抑制池底大型藻类的爆发式增长。

微生物调控：养殖过程中，池塘底部会积累大量的残饵、粪便等有机物，易产生氨氮、亚硝酸盐等有害物质，滋生病原微生物。因此，在春、秋刺参摄食旺盛的季节，定期在池塘中泼洒具有净化水质、拮抗病原菌、提高刺参免疫力等功能的益生菌，如贝莱斯芽孢杆菌、副干酪乳杆菌，施用后的池塘水体益生菌浓度在 10^3～10^4 CFU/毫升为宜，控制池水中的有机物和有害微生物。

4. 饲料的制备与投喂

以川蔓藻、鼠尾藻、海带等加工成的藻粉为主要原料，添加豆粕、扇贝边、海泥等原料，制备成刺参配合饲料。饲料一般为 100～200 目粉末状，加水制成流体饲料进行泼洒投喂；根据刺参规格、投喂工艺和存储方式的需求，也可将饲料制作成碟状、条状、微粒状。

饲料投喂选择 3～5 月、10～11 月进行，在刺参夏眠和冬蛰时期不要投喂；刚结束夏眠和冬蛰时刺参摄食量比较小，同时池塘中积累了大量生物饵料，此时一般不需要投喂；具体投喂时间可根据刺参摄食活力、池塘底部生物饵料丰度来确定。刺参饵料的日投喂量（干重）为刺参体重的 1％ 左右，2～3 天投喂 1 次，避免过量投喂。饲料的投喂量可根据刺参的生长情况、肠道的充盈程度，以及排便等情况及时调整。

5. 参虾混养

充分发挥刺参、对虾在池塘中的生态位互补优势，确立了以刺参养殖为主的参虾混养比例和苗种投放工艺。对虾苗种投放时间为 5 月中下旬，投放密度为 1 000～3 000 尾/亩，虾苗规格为 1 万～3 万尾/千克；混养对虾种类可选择中国对虾、日本囊对虾、南美白对虾、斑节对虾，对虾苗种可单一或混合投放。该养殖系统中仅投喂刺参饲料，其混养对虾可捕获水中部分饲料颗粒和刺参敌害生物为食，并利用刺参清道夫的作用，由刺参摄取、吸收对虾粪便的营养，再次降解粪便有机物，进而避免粪便的积累和池水污染。由此，形成了一个从刺参单一产出到刺参和对虾等多种水产品的产出系统，实现营养能量的高效利用和病害的生态防控。

参虾共养生态系统中养殖的日本囊对虾

6. 配套设施设备提升

预防夏季高温灾害的设施设备：夏季高温灾害是制约刺参稳定可持续产出的关键性因素，可在池塘上方架设遮阳网，防止夏季高温期强光直射池塘，遮阳网应高于池坝 1～2 米。有条件的养殖者可安装冷能气悬降温装备，装备包括制冷系统、送风系统、能量交换系统和微孔曝气系统，制冷系统将送风系统中的空气制冷后，利用管线输送到池塘底部的纳米气盘，冷能气体以纳米气泡的形式扩散到池塘底部，以到达降温、增氧的效果，纳米气盘的间距为 10～14 米。

饲料投喂设备：设备包括负载车体、饲料储运罐、饲料喷洒枪、饲料搅拌装置、臭氧消毒装置、饲料泵和操作平台，搅拌好的流体饲料通过喷洒枪高效均匀地喷射到池塘中，具有效率高、节省人力、成本低等优点，并且可有效杀灭饲料中的病原生物，保证饲料的清洁卫生和安全投喂。

冷能气悬降温装备

水质的物联网实时监测设备：池塘配套智能化水位与水质监测设备，设备包括监测探头、数据无线传输装置、太阳能板、手机终端软件等，可实时监测池塘中的水位以及水体中的 DO、pH、盐度、温度等水质指示。监测数据可通过无线传输装置与手机终端相连接，实时观测池塘水位和水质等相关信息。

三、适宜区域

辽宁、河北、天津、山东、江苏等刺参池塘养殖主产区。

四、注意事项

1. 夏季高温期间，避免在白天气温较高时进行池塘换水，应在夜间或凌晨外海海水温度较低时进行换水操作。

2. 参虾混养要控制好对虾混养的密度，全养殖过程不投喂对虾饲料的情况下，对虾密度不宜过高，密度过高会造成对虾生长缓慢或缺少饲料造成死亡现象。

3. 春季刺参摄食旺盛期投喂发酵饲料，进入夏季水温升高且刺参摄食量降低时，应提前停止饲料投喂，避免刺参进入夏眠期后池底积累大量残饵，影响池塘水质、导致底质恶化。

4. 夏季高温期利用冷能气悬降温装备进行池塘降温时，应在 22:00 至翌日 7:00 进行，禁止白天阳光强烈时进行降温操作。

技术依托单位

1. 中国水产科学研究院黄海水产研究所

联系地址：山东省青岛市南京路 106 号

邮政编码：266071

联系人：李 彬 王印庚 廖梅杰

联系电话：0532-85817991 13963998361

电子邮箱：libin@ysfri.ac.cn

2. 东营市万德海水养殖装备有限公司

深远海可移动式养殖工船船载舱养技术

一、技术概述

（一）技术基本情况

2050年，全球人口预计达到90多亿，满足人类对粮食不断增长的需求将是一项紧迫任务，同时也是一项艰巨挑战。联合国粮食及农业组织围绕粮食安全提出了蓝色增长倡议，将发展可持续的捕捞渔业和水产养殖业作为保障未来粮食安全的重要组成部分。中国人要把饭碗端在自己手里，而且要装自己的粮食。发展健康持续的渔业对保障中国粮食安全至关重要。受全球海洋渔业资源过度开发影响，满足水产品刚性增长需求，依赖海洋捕捞已不现实，只能实施由捕转养的发展路径。中国是全球水产养殖大国，特别是淡水养殖，但近几年我国淡水养殖发展趋缓，而海水鱼类养殖产量逐年增加，年均增长达到8.1%，中国海水鱼养殖发展潜力巨大。

我国近海养殖强度是世界平均水平的60多倍（FAO），致使近海养殖水域环境恶化、鱼类病害频发。因此，在渔业主战场发展深远海养殖，拓展养殖新空间是落实"大食物观"、保障粮食安全的必然途径。目前，我国深远海养殖产业配套不完善，在台风频繁和水温变化较大等情况下的生产设施与养殖鱼类的安全性无法得到保障。

在海洋科学与技术试点国家实验室和上海市科学技术委员会、山东省科技厅的支持下，系统开展了深远海船载舱养、高效养殖作业装备，以及养殖平台工程化技术研究，首创了深远海大型养殖工船。以工船为平台，工业化作业装备为抓手，全程数字化管控为支撑，构建了深远海工业化养殖生产新体系。

本技术累计形成系列性技术成果70余项，申请发明专利30余项，获得授权10余项，国际发明专利1项。

（二）技术示范推广情况

技术在养殖工船中试船"国信101"、深蓝1号配套试验船，以及"国信1号"上得到系统验证，技术成熟度达到TRL8～9级，通过优化定型已开始批量生产，包括正承担的5艘"国信1号"升级版以及4艘10万吨级大型养殖工船。深远海养殖工船装备入选2022年"渔业新技术新产品新装备优秀科技成果"和"中国农业农村部重大新技术新产品新装备"，并作为拓展渔业发展空间的典型案例获国家发展和改革委员会经验推介与推广；综合性能优于国外网箱，是世界深远海游弋式养殖系统技术领跑者，将引领水产养殖生产方式变革。

（三）提质增效情况

全球首艘10万吨级大型养殖工船已投入运营，该船养殖水体8万米^3，大黄鱼生产能力3 700吨；养殖成活率90%以上，200克以后成鱼平均增重60～80克/月，运行数据好于投资预期。

（四）技术获奖情况

技术成果入选2022年全国农业科技成果展，受到了唐仁健部长的肯定，以及中央、地方媒体的广泛报道，入选 2022 年中国十大科技进展新闻 20 个候选成果，入选水产学会"渔业新装备 2022 年度优秀科技成果"、农学会"2022 中国农业农村重大新装备"，获中国水产科学研究院科学技术进步奖一等奖。

二、技术要点

1. 创新大型养殖工船"船载舱养"新技术，构建鱼类集约化养殖新环境，创立世界深远海养殖新方法

基于船舶平台的工业化养殖系统具备游弋于适温水域、高效集约化管控、躲避台风赤潮等自然灾害影响和防止人工物种逃逸等功能，能够破解深远海养殖产业发展的制约性瓶颈。在船载工况下开展鱼类养殖，除短暂的活鱼运输船之外，少有养殖过程的研究试验，要实现这一构想，首先需要解决的关键问题是：在船载工况下的舱内养殖水质环境维持、船舶振动晃荡控制以及舱养结构等。本成果首创了船舱环境下的鱼类养殖，创建了"船载舱养"新技术体系，主要包括：

（1）创制集约化舱室养殖新技术 基于大西洋鲑和大黄鱼等游泳性养殖鱼类生长特性，开展集约化养殖关键核心技术研究，创建了鱼类舱养条件下水温、水流、溶解氧、光照、噪声、晃荡等关键环境因子的耐受性与适宜性阈值，构建了工程化控制模型及养殖工艺参数，建立了鱼类船载舱养生长方程，制定了主养品种标准化生产工艺与规程。

（2）首创适渔性工船舱养结构 融合船舶流体力学与养殖工程学，开展全封闭大水体养殖舱空间流场水动力学特性与构建方式研究，创立了复杂波浪环境下舱内水体水动力特性数值模型，突破了舱养环境下水体交换、流态调控与旋流集污等关键技术；研发了养殖水体减振制荡控制技术，构建了"纵向隔板，横向隔舱"的适渔性舱养结构。

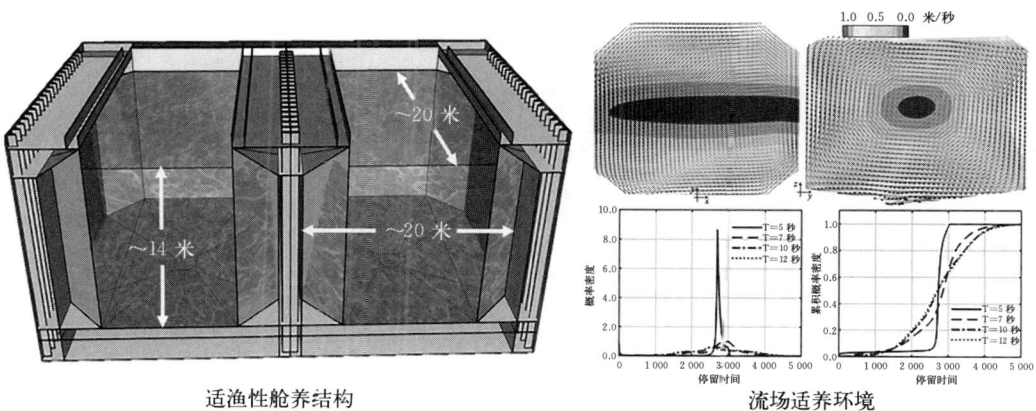

适渔性舱养结构

流场适养环境

2. 创新深远海大型养殖工船新船型，研发智能化核心装备，突破海上超大型养殖设施构建技术瓶颈

对应深远海鱼类工业化养殖生产功能，以及大型液货船基本结构构建要求，开展大型养殖工船研发，需要破解的关键问题是：船型功能与规模经济性、船体减振制荡结构与安全性，以及专业化装备配置等。本成果首创了大型养殖工船基础船型，完成了中试验证以及 2 型 10 艘 10 万吨级养殖工船的船型推广，主要包括：

（1）首创深远海大型养殖工船 针对大型船载舱养系统构建要求，开展深远海风浪流联合作用多变工况下工船船体结构、养殖工艺、功能区划等多目标优化研究，构建船体载荷与运动响应模型，创新了 10 万吨级大型船舶大容积比、大自由液面基础船型；集成海上高效养殖、信息感知、船载加工等功能为一体的船舶平台，构建了深远海养殖综合生产系统。结果表明，船型符合国家安全性规范，适应无限航区海况要求；中试试验鱼类成活率达到 95%，日增重率 1% 以上；养殖周期较传统网箱缩短 1/4。

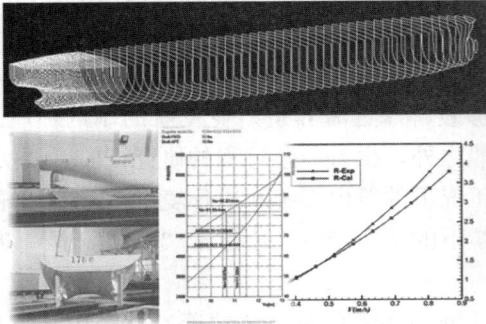

工船多目标优化与基础船型　　　　　　　　　　10 万吨级深远海大型养殖工船

（2）研创船载舱养智能作业装备　针对船载舱养工况及工业化高效生产要求，开展大型养殖工船自动化、智能化关键核心装备研发，研制气力式精准投喂、成鱼围赶式吸捕、真空式低损泵吸、自行式舱壁清洁机器人等智能装备，构建了高效作业系统；研发舱养鱼类行为与形体智能识别技术，构建了养殖过程智能控制与信息集成的船岸一体化系统。

气力式精准投喂系统　　　　　成鱼围赶式吸捕系统　　　　　自行式舱壁清洁机器人

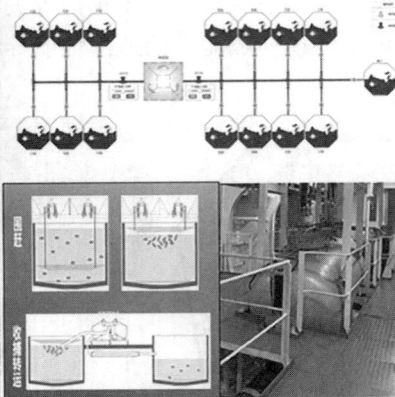

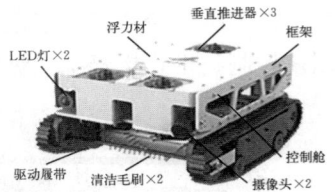

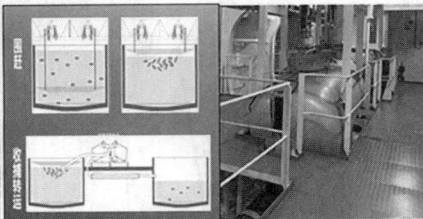

3. 创建海上游弋式养殖新模式，构建大黄鱼工业化生产新体系，开辟深远海养殖新途径

10 万吨级大型养殖工船基础船型由青岛国信发展（集团）有限责任公司实施产业化应用，确定了以我国海水养殖鱼类产量居首位的大黄鱼为主养对象，需要解决的关键问题是：工船适温水域的游弋规划、船载舱养阶段控制及养殖策略，以及陆海联动全产业链生产方式等。研究成果创建了全球首艘大型养殖工船及海上游弋式工业化生产模式，实现了产业化生产，主要包括：

（1）创新大黄鱼游弋养殖新模式　针对我国东黄海海域水温变化、台风侵袭及赤潮危害等环境条件，开展基于养殖工船的大黄鱼集约化、全季节生产体系研究，研发全程养殖工艺及锚泊策略，构建了全船生产体系；集合加工、仓储、转运、管控，以及船舶运行等功能，创制了 10 万吨级养殖工船。

（2）构建大黄鱼深远海工业化养殖生产新体系　围绕深远海大型养殖工船生产要求，开展全产业链工业化生产体系创建研究，建立大规模鱼种供给管控体系，构建了大黄鱼苗种繁育、鱼种养殖生产系统；制定大黄鱼船载舱养营养策略，实现了舱养全过程配合饲料养殖；实施大黄鱼养殖全程质量管控，通过了世界水产养殖管理委员会（ASC）认证。

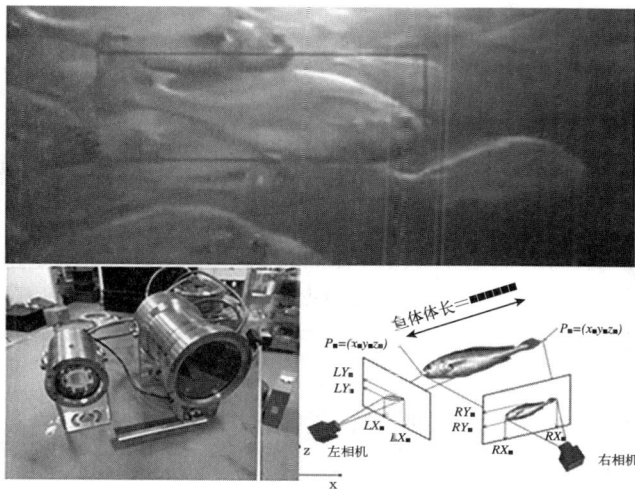

舱养鱼类行为与形体智能识别系统

养殖过程智能控制与信息集成的
船岸一体化系统

三、适宜区域

全国海域。

四、注意事项

苗种、饲料及市场等需要提前进行配套。

技术依托单位

1. 中国水产科学研究院渔业机械仪器研究所

联系地址：上海市杨浦区赤峰路 63 号

邮政编码：200092

联 系 人：崔铭超

联系电话：15021080119

电子邮箱：cuimingchao@126.com

2. 国信中船（青岛）海洋科技有限公司

联系地址：山东省青岛市即墨区蓝谷国信海创基地

邮政编码：266200

联 系 人：张　璐

联系电话：18954215225

电子邮箱：tiannaidong@126.com

特色淡水鱼饲料鱼粉豆粕替代技术

一、技术概述

（一）技术基本情况

特色淡水鱼饲料严重依赖鱼粉、豆粕等主要蛋白源，而我国鱼粉和大豆严重依赖进口，均80％以上。目前，全球鱼粉资源短缺，大豆供给也成为我国受制于人的"卡脖子"问题，且饲料用粮无法占用更多耕地。因此，鱼粉、豆粕减量替代技术的研发对于突破我国饲料原料短缺的瓶颈具有重要意义。按照农业农村部"提效减量、开源替代"，实施鱼粉和豆粕减量替代行动的总体要求，特色淡水鱼产业技术体系组织营养与饲料岗位科学家，系统开展了特色淡水鱼的新型蛋白源替代鱼粉和豆粕等关键技术研究，集成鱼粉、豆粕减量替代的营养调控技术，开发高效绿色饲料并推广应用。

本技术建立完善的特色淡水鱼低蛋白的鱼粉、豆粕减量替代的饲料配制技术体系，包括新型饲料蛋白源替代鱼粉技术、低蛋白高能配合饲料技术、限制性氨基酸平衡技术、新型饲料添加剂使用技术等。本技术可显著提高特色淡水鱼饲料的蛋白质利用效率，控制鱼粉和豆粕的使用量，降低蛋白质饲料资源消耗，对节约饲料蛋白质资源、积极开辟新饲料资源、减少对进口饲料原料的依赖、保障我国饲料粮安全具有重要指导意义。

（二）技术示范推广情况

集成研制的新技术及新产品，构建了特色淡水鱼健康养殖营养调控与饲料高效利用的核心技术体系，建立养殖、动保产品和饲料生产基地。有"产品"和"标准"，可规模、规范生产，成果在饲料和动保企业、特色淡水鱼体系试验站和养殖户进行培训、应用并辐射全国。

（三）提质增效情况

根据研发成果，筛选针对性和功能明显及效果显著的产品，梳理产品应用的技术路线，分别在饲料生产企业和动保生产企业进行中试和生产，生产的产品和集成的鱼类健康养殖营养调控技术分别在养殖单位和体系综合试验站进行培训、示范和推广。

1. 经济效益

以特色淡水鱼产业发展实际对技术的需求为出发点，结合地域、饲料等资源特点和区位优势，以降低碳排放、减少污染和提高鱼类质量及产量为目标，进行"新型蛋白源应用的低鱼粉饲料使用技术""提供防治肝胆代谢异常和肠炎的功能饲料添加剂技术""提供调控环境胁迫的水产免疫增强剂的使用技术"等培训、示范及推广。该项目通过产学研合作形式进行转化，带动渔民增收致富，新增总产值194 100.4万元，新增收入11 319.7万元。

2. 社会效益

本技术和产品应用推广后，可降低特色淡水鱼各阶段的饲料粗蛋白质水平1％～2％，替代鱼粉15％～30％，替代豆粕30％～80％，降低养殖成本10％左右，减少氮排泄5％～10％，提高饲料利用率10％左右，减少营养代谢病的发生，促进特色淡水鱼的肝肠健康。

乌鳢抢食本技术产品　　　　利用本技术形成的罗非鱼安康产品

（四）技术获奖情况

该技术部分成果获得了省部级科技奖励，其中包括：黑龙江省科学技术进步奖二等奖（2016）、黑龙江省农业科学技术奖一等奖（2015）、吉林省科学技术进步奖二等奖（2022、2019、2017、2015）、湖北省科学技术进步奖三等奖（2020）。

二、技术要点

1. 提供新型蛋白源替代鱼粉的适宜添加量

系统研发并评估饲料现有蛋白源（如动物性蛋白源和豆粕、菜粕等）和新型非粮蛋白源的消化率、替代量及复配比例等。如藻源性复合蛋白、羽毛粉、乙醇梭菌蛋白等菌体蛋白、黄粉虫和黑水虻等昆虫蛋白、微藻和棉籽浓缩蛋白等国内非粮自给蛋白源。

2. 提供蛋白源品质提升技术

通过氨基酸平衡、补充鱼粉生物活性物质（牛磺酸、羟脯氨酸、维生素 D_3 等）和促进蛋白合成的添加剂（磷脂酸、β-羟基-β-甲基丁酸、三丁酸甘油酯等）等改善蛋白原料的蛋白品质，修复新型蛋白源抗营养因子导致的负面影响的添加剂（谷氨酰胺、壳聚糖、蛋白酶、复配植物精油和青蒿素等），提出替代鱼粉、豆粕的添加剂技术。

3. 技术集成

集成蛋白源复配、发酵及功能性物质添加等技术，开发出系列可高水平替代饲料中鱼粉、豆粕的新蛋白源产品。

三、适宜区域

适宜全国特色淡水鱼养殖区。

四、注意事项

1. 本技术可以直接指导特色淡水鱼饲料生产及使用，但是由于受饲料原料供求关系的影响，饲料原料的价格变化较大，饲料配方也需要根据饲料价格的变化进行动态调整。

2. 特色淡水鱼饲料效率受品种、养殖阶段和养殖模式等综合因素影响。因此，在实际生产中，应根据实际情况，对饲料配方和投喂进行适当调整。

技术依托单位

1. 吉林农业大学
联系地址：吉林省长春市净月旅游开发区新城大街 2888 号
邮政编码：130118
联 系 人：王桂芹
联系电话：15543125236
电子邮箱：wgqjlau@aliyun.com

2. 中国水产科学研究院长江水产研究所
联系地址：湖北省武汉市东湖新技术开发区武大园一路 8 号
邮政编码：430223
联 系 人：文　华
联系电话：15107182166
电子邮箱：jiangming@yfi.ac.cn

3. 中国水产科学研究院黑龙江水产研究所
联系地址：黑龙江省哈尔滨市道里区河松街 232 号
邮政编码：150070
联 系 人：刘红柏
联系电话：13796050776
电子邮箱：liuhongbai@hrfri.ac.cn

工厂化循环水养殖技术

一、技术概述

（一）技术基本情况

工厂化循环水养殖是当前国际上先进水产养殖技术的代表，备受世界各国的关注。我国的工厂化养殖始于20世纪70年代的温流水养殖，初期以吸收、引进国外技术和设备为主，但由于高昂的投入和运行成本，大多数引进的设备被束之高阁。因而，建立符合中国国情的循环水养殖技术与工程装备是水产养殖业绿色发展的必然要求。本项技术针对水处理设施设备成本高、耦合性差，养殖系统运行能耗高、稳定性差，虾参循环水养殖模式缺乏等制约我国循环水养殖技术发展的突出问题，在国家科技支撑计划课题"节能环保型循环水养殖工程装备与关键技术研究"（2011BAD13B04）、国家重点研发计划项目"工厂化智能净水装备与高效养殖模式"（2019YFD0900500）等支持下，项目组历经近20年自主研发、联合攻关与集成创新，突破了循环水养殖关键技术瓶颈，研制出系列循环水处理关键工程装备，构建了鱼类循环水高效养殖技术体系，实现了海水循环水养殖技术产业化，创建了虾参循环水高效清洁养殖模式，有力支撑了工厂化养殖的绿色发展。经中国农学会成果评价，成果总体处于国际先进水平，其中在循环水处理关键装备研制和循环水养殖系统构建方面处于国际领先水平。

支持该项技术的授权发明专利包括：工厂化循环水养鱼水处理方法（ZL200310114410.0）、养鱼池循环水模块式紫外杀菌装置（ZL200810014131.X）、养鱼池循环水高效溶氧器（ZL200810014132.4）、海水鱼类工厂化循环水养殖系统多功能回水装置（ZL201210091105.3）、一种海水工厂化全封闭循环水养殖系统（ZL201410629575.X）、一种利用双循环亲虾培育的水处理系统进行养殖的方法（ZL201710422289.X）等。

（二）技术示范推广情况

近年来，在全国建立推广基地30余家，推广面积66万米²，累计新增销售额10余亿元，新增利润超3亿元。应用项目成果企业数占全国循环水养殖企业总数的16%、建设面积的33%、运行面积的59%，促进了我国循环水养殖技术的进步和发展。入选2022年度山东省渔业主推技术，2023年全国水产技术推广总站、中国水产学会重点推广水产养殖技术。

（三）提质增效情况

采用自主研发设施设备，构建的循环水高效清洁养殖系统具有造价低、运行能耗低、运行平稳等显著特点，水质指标达到：溶解氧含量≥6毫克/升，氨氮含量≤0.15毫克/升，亚硝酸盐氮含量<0.02毫克/升，化学需氧量<2毫克/升；水循环利用率95%，养殖鱼类单产40千克/米³，养殖成活率96%；运行能耗仅为国内同类产品的1/2，国外的2/5。该项技术提高了循环水养殖系统的稳定性，降低了系统建设和运行成本，充分发挥了循环水养殖系统在高效、节水、节能方面的技术优势。构建的系统具有养殖密度高、生长速度快、饲料利

用率高等显著特点，与传统流水养殖相比，单位养殖产量提高了 3 倍以上、节地 66%、控温能耗降低 47%、可实现 95% 的养殖用水循环利用、经济效益总体提高 30% 以上，同时养殖水产品免药物使用、绿色无公害，有力推动了水产养殖的绿色发展。

（四）技术获奖情况

国家海洋局海洋创新成果奖一等奖、中华农业科技奖二等奖、中国产学研合作创新成果奖二等奖、青岛市科学技术进步奖二等奖、山东省海洋与渔业科学技术奖一等奖、中国水产科学研究院大渔创新奖、第十六届中国国际高新技术成果交易会优秀产品奖等。

二、技术要点

（一）水处理车间设计

1. 结构设计

水处理车间为单层结构，低拱形透光屋顶，屋梁下沿设计 PVC 扣板吊顶，并开 4 个采光中旋窗，屋顶和 PVC 吊顶之间留有一定的空气层。该屋顶结构具有抗风能力强、夏天隔热、冬天保温的优点。

2. 高程设计

系统工程水循环设计为一级提水，水泵将低位储水池的水经高效过滤器输送到高位生物滤池，生物滤池的水自流进水温调节池、紫外线消毒池、高效溶氧罐，溶氧后自流进养殖池，循环量的变化用开启水泵台数及阀门调节。该水循环系统节约能源，便于操作、管理与维护。

3. 工程设计参数

设计养鱼水面 1 000 米^2，养鱼池水深 0.8 米，有效水体 800 米^3，最大水循环量 400 米^3/时，单位时间的流量可调，循环水利用率 95% 以上。

（二）水处理系统设计与运行

由固体颗粒物分离、生物净化、消毒杀菌、脱气、增氧和控温 6 部分组成。固体颗粒物分离系统由弧形筛（过滤直径≥70 微米的固体颗粒物）、气浮池（分离直径≤20 微米的固体颗粒物和水中的黏性物质）和生物净化池（去除沉淀直径≥20 微米的固体颗粒物和溶解性有机物）3 部分组成。固定床生物净化池以立体弹性填料为附着基。消毒杀菌由紫外消毒与臭氧消毒协同作用。脱气由气浮、生物净化池曝气、微孔曝气池和增氧池 4 部分共同完成。增氧采用气水对流增氧，氧源为液态氧。控温保温由保温车间、水源热泵和余热回收装置共同完成。通过对蛋白质泡沫分离器、高效溶氧器与脱气塔等主要水处理设备的设施化改造，以弧形筛替代微滤机、以气浮泵替代蛋白质泡沫分离器、以纳米增氧板替代高效溶氧器，优化了生物滤池结构，强化了生物滤池排污功能，增设了脱气池，不但大幅降低了系统造价与运行能耗，而且有效提高了水处理能力和系统运行的平稳性、可操作性，具有造价低、运行能耗低、功能完善、操作管理简单、运行平稳等显著特点。

（三）管控系统

根据生产需要，集成水质在线监测系统、室内视频监控系统、自动投饲系统、水处理设备管控系统和绿色产品质量追溯系统，一方面节省了人力、减少了人员操作污染，另一方面可提升企业自动化、智能化管理水平。

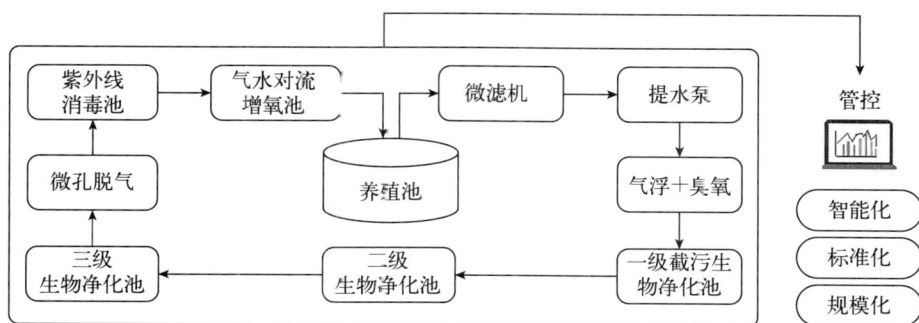

技术工艺原理

工厂化循环水处理装备

工厂化循环水养殖红鳍东方鲀

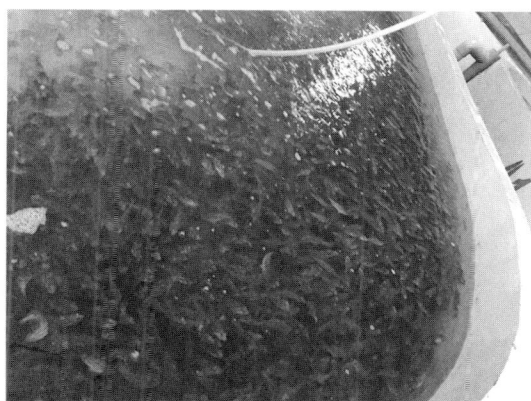

工厂化循环水育苗

三、适宜区域

本项技术适用于沿海地区的海水陆基工厂化循环水养殖，并根据区域特点拓展到淡水养殖领域。养殖品种涉及鲆鲽鱼类、石斑鱼、红鳍东方鲀、南美白对虾、刺参等。

四、注意事项

1. 双循环养殖系统

对于育种、育苗等水质要求较高的循环水系统可采用内、外双循环的系统工艺。养殖车间内循环系统包含固体颗粒物去除、生物净化、增氧、脱气、消毒杀菌和温度调控等水处理要素；外循环系统包含快速沉淀、生物修复、蛋白分离等水处理手段。经过双循环处理后综合利用率达到 99.5％以上，在节约养殖用水和控温能耗的同时，可有效降低外源水中病原菌的侵害风险，为高效健康养殖提供保障。

2. 对虾高效清洁养殖模式

工厂化对虾循环水养殖系统采用了专用回水装置、虾壳与死虾快速去除装置 2 项新技术，以防止虾壳和死虾阻塞水处理系统。

3. 刺参高效清洁养殖模式

工厂化海水循环水养殖系统设计使用了一种刺参工厂化循环水养殖自清洁附着装置，可实现刺参粪便的自动清洗。

技术依托单位

中国水产科学研究院黄海水产研究所
联系地址：山东省青岛市市南区南京路 106 号
邮政编码：266071
联 系 人：曲克明
联系电话：0532-85813271　13608967599
电子邮箱：qukm@ysfri.ac.cn

水产生物活性饲料添加剂应用技术

一、技术概述

（一）技术基本情况

1. 技术研发推广背景

我国是世界水产品生产、消费和出口大国。自 1989 年以来水产品产量连续多年位居世界首位。我国水产品主要来自水产养殖，其比重超过水产品总量的 70%，水产养殖贡献明显。随着人们对水产品需求量的增长，"以高密度、强投饲"为典型特征的集约化水产养殖模式得到迅猛发展。饲料是集约化水产养殖模式的重要物质和能量基础，也是水产养殖重要的成本组成，占养殖成本的 60%～70%。同时，饲料也是影响水产养殖环境和水产品质量安全的重要因素。随着集约化水产养殖模式的不断发展，资源、环境、品质及安全已成为水产养殖健康可持续发展的三大刚性约束。

我国水产养殖转型升级，绿色生态、提质增效是必由之路。饲料添加剂是饲料的核心技术。既能保持生产性能又无安全隐患的新型安全产品的研制和应用，是破解水产养殖"资源、环境、品质及安全"三大刚性约束的有效途径。在新形势背景下，"高效、安全、绿色"饲料添加剂产品的开发成为水产饲料产业发展的紧迫要求，备受各界关注。生物活性饲料物质具有增强机体抗应激能力、促进生长、提高营养物质利用率、减少养殖排放的效果，可以满足人们对天然、绿色、健康的要求，开发潜力极大，推广应用前景非常广阔。开展生物饲料添加剂在水产动物领域的研发和综合利用，对于开发新的资源节约型饲料、新的替代抗生素饲料、改善养殖品质、提升水产动物生产性能和养殖效益、促进水产动物健康可持续发展具有深远意义。

2. 技术能够解决的主要问题

（1）水产动物养殖密度高、养殖环境可控性不强所导致的水产动物代谢功能失调、抗应激能力弱问题。

（2）饲料配方不合理或低值原料使用所导致的营养不均衡、饲料营养物质利用率低、水体氮磷等排放量大问题。

（3）"高密度、强投饲"养殖模式下，饲料营养及投饲导致的肝、肠、胆囊等代谢负荷大所造成的组织器官损伤问题。

（4）营养、环境、病害等应激所致机体免疫力下降，药物使用和产品品质安全问题。

（5）水产动物饲料原料资源短缺，特别是鱼粉、鱼油紧缺限制性问题。

3. 专利范围及使用情况

对涉及单位相关产品及技术的专利享有独占实施权。

（二）技术示范推广情况

本技术适合在我国以及东南亚水产养殖区域推广。

生物活性饲料添加剂相关产品　　添加含生物活性饲料添加剂的饲料产品

生物活性饲料添加剂在甲壳动物养殖中的应用　　生物活性饲料添加剂在杂交鳢养殖中的应用

（三）提质增效情况

本技术推广应用过程中，提质增效明显。具体表现在：①促进摄食、提高养殖过程中的饲料利用率；②降低水体饲料源污染 N、P 排放，减轻环境污染；③保肝护肠、提高机体免疫力和抗氧化能力，增强抗应激抗逆性能，增加单位空间产量；④减少药物使用量，改善养殖产品品质，确保养殖环境和产品质量安全。

本技术及相关新产品在我国主要水产饲料养殖大省，近 100 多家饲料企业推广应用。参与单位广州飞禧特生物科技有限公司近 3 年累计推广水产饲料生物活性添加剂产品近 4 000 吨，新增产值约 7 400 万元，新增利润约 635.0 万元。

（四）技术获奖情况

1. "水产免疫刺激剂 β-1,3-D-葡聚糖的开发研究" 获得 2008 年广东省科学技术奖三等奖。

2. "对虾环保高效饲料的应用与推广" 获得 2010 年广东省农业技术推广奖一等奖。

3. "微胶囊化晶体氨基酸及其在水产饲料中的应用" 获得 2011 年度广东省科学技术奖二等奖。

4. "微胶囊化晶体氨基酸及其在水产饲料中的应用" 获得 2012 年广东省农业技术推广奖一等奖。

5. "生物活性饲料添加剂在南美白对虾健康养殖中研究与应用" 获得 2013 年度广东省

科学技术奖三等奖。

6. "水产饲料多糖制剂与应用推广"获 2015 年广东省农业技术推广奖一等奖。

7. "水产动物系列功能性添加剂及配合饲料的研发与应用"获 2015 年中华农业科技奖一等奖。

二、技术要点

1. 营养素，如氨基酸平衡的水产饲料营养物质高效利用技术

β-1,3-D-葡聚糖、低聚木糖、有机微量元素硒和锌、植物提取物、乳酸菌和复合酶制剂等免疫调节技术、肠道健康改善技术，提高了水产动物饲料营养物质利用率、抗应激能力和成活率。如抗白斑病毒和抗嗜水气单胞菌感染、抗亚硝酸盐能力分别提高 18.2% 和 255.8%，水体中氮、磷排放分别降低 15.1% 和 6.0%。植物提取物抗虹彩病毒及亚硝态氮能力明显提升。

2. β-1,3-D-葡聚糖制备技术

最大限度发挥其细胞内蛋白酶活力的同时，充分破碎降解酵母细胞壁，减少葡聚糖酶使用；微胶囊氨基酸制备适用水产饲料工业化生产，产品中赖氨酸和蛋氨酸含量分别高于 25%、35%，粒径低于 80 目；微胶囊化 B 族维生素较晶体 B 族维生素稳定性提高 20%，水中溶失率延缓 25 分钟。

3. 技术的应用、示范与推广

本技术应用领域为水产饲料工业和水产健康养殖业，开发可批量生产的生物活性饲料添加剂产品已成功地在水产健康养殖中得到示范与推广应用，每吨饲料推荐添加量为 1～2 千克。

4. 水产生物饲料技术

本技术建立的水产生物饲料技术，可阶段性应用于水产养殖过程中，具备提高养殖产品品质、增强养殖水产品机体免疫力和抵抗不良环境因子应激的效果。

三、适宜区域

我国以及东南亚水产养殖区域。

四、注意事项

按技术操作规程及配套产品说明书使用。

技术依托单位

1. 广东省农业科学院动物科学研究所

联系地址：广东省广州市天河区五山大丰一街1号

邮政编码：510640

联系人：孙育平

联系电话：020-38765013　13480205165

电子邮箱：sunyuping@gdaas.cn

2. 广州飞禧特生物科技有限公司

"小龙虾＋水稻＋罗氏沼虾"轮作与共生技术

一、技术概述

（一）技术基本情况

传统"两虾一稻"模式为第一茬养殖小龙虾，水稻插秧后进行水稻和小龙虾共生养殖第二茬小龙虾。该模式第二茬小龙虾养殖期间恰逢高温，存在龙虾高温打洞、发病死亡、成虾规格小、饲料系数高和亩产低等问题。此外，高温期稻田中小龙虾大量打洞，难以杀灭稻田中残留龙虾，翌年大量繁殖，不利于育养分离。安徽省水产技术推广总站、上海海洋大学和宣州区水产技术推广站合作，经过连续3年的研究与示范，探索出"小龙虾＋水稻＋罗氏沼虾"轮作与共生技术模式（简称"虾稻虾模式"）。

该技术模式第一季进行小龙虾早虾养殖，通常在5月下旬出售完毕，这为水稻提供了更长的生长时间；第二茬为罗氏沼虾与水稻共生，利用罗氏沼虾耐高温、食性杂和规格大的特点，实现小龙虾和罗氏沼虾轮作。该模式一方面通过两种虾的轮养，降低了病害风险；另一方面稻田低密度养殖的罗氏沼虾规格大、品质好、市场售价高，可以获得较高的经济效益。在不影响水稻产量的基础上，每亩可以产出小龙虾175千克、罗氏沼虾30千克和稻谷500千克，亩产值和利润分别为9 000元和4 000元左右，具有巨大的应用价值和市场潜力。

（二）技术示范推广情况

该技术起源于安徽省定远县和宣城市洪林镇的上海海洋大学稻渔科研基地，先后在安徽宣城、定远和上海崇明等地进行试验和示范，经过总结提升形成"小龙虾＋水稻＋罗氏沼虾轮作与共生技术模式"，2022年在安徽省进行了4 000亩的示范，且在江苏、浙江和上海等地开始试点。

（三）提质增效情况

小龙虾早虾养殖可以提早上市，获得较高的市场售价。近两年，早虾平均售价30元/千克，亩产175～200千克，亩产值5 000元以上；第二茬大规格罗氏沼虾售价平均100元/千克，亩产约30千克，亩产值约3 000元；稻谷亩产500千克，亩产值约1 200元，三者合计亩产值约为9 200元，净利润约为4 000元。该技术模式减少化肥用量40%以上，减少农药使用量60%左右；可以稳定粮食生产，提高经济效益、降低稻渔种养风险，有利于传统稻虾模式转型升级。

二、技术要点

该模式主要技术要点为3月投放小龙虾早苗，5月底小龙虾捕捞完毕后插秧；水稻秧苗活棵后投放罗氏沼虾苗，在环沟中种植轮叶黑藻；8月中旬开始出售罗氏沼虾。重点在"虾苗投放、水草种植、饲料投喂和适时捕捞"4个操作环节。同时，需要做好常规日常管理，如水质调控、水位控制和水稻管理。

第二茬沼虾塘种草

育秧田水稻秧苗捆扎备用

（一）田块选择与简易改造

选择水源充足、土壤肥沃和田埂坚硬田块，田块四周需要开挖宽 2 米、深 40～50 厘米的环沟，或者在稻田中间挖宽 2～4 米的"十"字沟，以便轮叶黑藻种植和罗氏沼虾捕捞。四周田埂高度需高出中间田面 60～30 厘米，稻田四周铺设 40 厘米高的防逃围板，靠近大路的田埂预留 3 米宽机耕通道，便于农机进出稻田作业，机耕通道处围板建议使用可拆卸式围板。

（二）种草

当年 12 月至翌年 1 月，对稻田进行旋耕翻土，每亩使用适量的基肥，然后在边沟和平台上种植伊乐藻（水草直径为 50 厘米左右），株距和行距各 2 米左右，用泥土压住伊乐藻；伊乐藻种植后，在平台上加水深至 30 厘米左右。经常检查水草生长情况，适时使用肥料，及时移栽或者割除多余水草，确保翌年 3 月放苗时水草覆盖池塘面积约 50%。罗氏沼虾放养前（5～6 月底），在环沟中种植轮叶黑藻，种植后做好施肥和药虫工作。

（三）小龙虾放苗

3 月投放虾苗（平均体重 3 克；密度 6 000～7 000 只/亩），虾苗尽量在 5 天之内放完。选择温度较高的晴天中午投放，将虾苗慢慢投放在浅水区域，让其自行爬入水草中。虾苗尽量就近购买，减少运输损伤。

（四）小龙虾日常管理

小龙虾的养殖周期为 3～5 月底。4 月 1 日前，主要投喂发酵饲料，辅以少量配合饲料和豆粕。4 月 1 日后，根据水温变化及吃食情况加大配合饲料投喂量（建议蛋白含量 35% 左右）。水温低于 10 摄氏度，不投喂；10～15 摄氏度，每 3～4 天投喂 1 次；16～20 摄氏度，每 2 天投喂 1 次；水温高于 20 摄氏度，建议每天投喂 1 次。饲料投喂量为每亩 0.5～2 千克。低温阶段，水质调控主要采用腐殖酸钠遮光防止青苔生长，适量施用有机肥和复合肥，适当补碳；水温高于 20 摄氏度时，少施肥或不施肥，根据底质和水质情况，适当使用底改和微生物制剂调控水质及底质。

（五）小龙虾捕捞与清塘

根据小龙虾的平均体重和市场价格确定捕捞时间，通常 4 月中上旬即可开始捕捞，采用网眼直径为 2.5～3 厘米的地笼捕捞成虾。捕捞期间，适当减少投喂量以增加小龙虾的活动量，提高捕捞效率。5 月底至 6 月初完成早虾捕捞，放水晒田和清塘。

（六）插秧及水稻管理

水稻品种建议用南粳 9108、嘉优中科六号和甬优 4901 等。5 月底至 6 月初采用机插秧

（水稻行距 30 厘米，株距 20 厘米），每隔 10 米左右少插秧 1 行，以增加罗氏沼虾的活动空间；插秧前每亩施用复合肥 10 千克作为基肥；插秧后，水位控制在淹没秧苗 2 厘米左右，秧苗活棵以后适当降低水位，让秧苗扎根；水稻分蘖期，每亩施 10 千克复合肥＋3 千克尿素，分 2 次施用，以提高肥效；水稻灌浆期，根据具体情况，确定合适的施肥量和肥料种类。6～9 月，逐步加深水位，种稻平台上水深 30～50 厘米；10 月中旬，罗氏沼虾出售完毕后，排水晒田，准备收割水稻。

（七）罗氏沼虾放苗与管理

5 月下旬至 7 月初投放罗氏沼虾苗（平均规格 5～10 克/只；投放密度 600～800 只/亩；平均规格 1～2 克/只，投放密度 1 000～1 600 只/亩）。虾苗投放后开始投喂，投喂量为存塘虾总重量的 1％～4％，饲料中蛋白含量为 35％～40％。投喂方式为全田泼洒，环沟中适当多投喂，有条件者可使用无人机投喂，以节省人工；平均水温超过 32 摄氏度，2 天投喂 1 次。高温期间，有条件的稻田可在四周环沟或者中间"十"字沟架设水车增氧机（0.1 千瓦/亩），防止高温天气时缺氧导致罗氏沼虾死亡。

（八）水质测定与管理

每周使用水质测定试剂盒测定 1 次水质，记录稻田中的水温、氨氮、亚硝酸盐和 pH，要求氨氮＜0.5 毫克/升，亚硝酸盐＜0.2 毫克/升，pH 7～9；定期消毒和改底（半个月 1 次），可以经常灌注新水，改善水质。每天 21:00 和 6:30 左右巡塘，观察罗氏沼虾吃食和活动情况，并做好记录。

（九）罗氏沼虾捕捞与销售

8 月中旬至 10 月初，采用网眼直径为 3 厘米的地笼捕捞罗氏沼虾，捕捞前清除四周环沟和中间"十"字沟中的水草，促进罗氏沼虾活动和进笼；大规格虾苗（6～10 克/只）在稻田中养殖 50 天，平均体重可达到 60 克/只，即可捕大留小，分批上市；小规格虾苗（1～2 克/只）养殖 80 天左右，平均规格可达 40 克/只，即可捕捞上市；日平均水温低于18 摄氏度时，需要逐步排水至沟中，将存塘虾全部捕捞完毕，防止低温造成罗氏沼虾死亡。罗氏沼虾长途运输需要使用专用运输箱，进行增氧运输。

（十）水稻收割

罗氏沼虾捕捞完后，根据水稻生长情况将稻田水体排干晒田，待水稻完全成熟后，采用收割机收割，通常在 10 月中旬至 11 月初完成水稻收割；水稻收割后，进行秸秆还田，晒田至 12 月底上水和种草。

三、适宜推广区域

本技术适宜在安徽、湖北、湖南、江苏、浙江和上海等长江中下游地区推广应用，这些地区的无霜期通常在 210 天以上，气温和水温条件适合采用"小龙虾＋水稻＋罗氏沼虾"种养模式，且这些地区是罗氏沼虾的传统养殖区域和消费市场。其他无霜期在 210 天以上，且种植单季水稻的地区可参考使用。

四、注意事项

1. 苗种密度

10～11 月水稻收割后，对稻田进行暴晒可以杀死大部分杂鱼虾和敌害生物。伊乐藻种植前采用生石灰或漂白粉清除稻田中残留小龙虾，防止自繁，确保小龙虾密度可控。小龙虾捕捞结束后（5月底至6月初），再次彻底清塘消毒，杀死残留的小龙虾，以免影响罗氏沼虾养殖，使得第二茬罗氏沼虾的养殖密度可控。

2. 茬口衔接

由于第一茬是养殖早虾，需要在3月投放苗种，5月中下旬捕捞完毕，5月底至6月底插秧。不同插秧时间选择的水稻品种有所不同，5月底至6月初插秧宜选择中熟品种，6月下旬至7月初插秧，宜选择晚熟品和；水稻秧苗返青后即可投放罗氏沼虾苗种，罗氏沼虾苗种放养时间为5月底至7月初，投放小规格苗种（1～3克/只），养殖时间相对较长，投放大规格苗种（6～10克/只），养殖时间较短。罗氏沼虾捕捞需要考虑日平均水温和水稻收割，稻田日平均水温低于18摄氏度时，罗氏沼虾开始死亡。罗氏沼虾捕捞应该在水稻收割前完成，以便晒田后收割水稻。

3. 水草种植

小龙虾和罗氏沼虾养殖成功的关键点之一就是水草种植。小龙虾养殖需要在环沟和平台上种植伊乐藻，后期需要清除过多的伊乐藻。罗氏沼虾养殖需要在环沟中种植轮叶黑藻。轮叶黑藻不仅可以作为罗氏沼虾的天然饲料，而且可以为罗氏沼虾蜕壳提供隐蔽环境和净化水环境。罗氏沼虾养殖后期，需要清除稻田中过多的轮叶黑藻，防止罗氏沼虾缺氧。罗氏沼虾捕捞时，需要清除大部分轮叶黑藻，以防止罗氏沼虾隐藏在轮叶黑藻中，难以捕捞干净。

技术依托单位

1. 安徽省水产技术推广总站
联系地址：安徽省合肥市包河区洞庭湖路3355号
邮政编码：230601
联系人：蒋军 奚业文 吴敏 魏涛
联系电话：18956048592 18956048622 18056072973 19955108810
电子邮箱：xiyewen@126.com

2. 上海海洋大学
联系地址：上海市沪城环路999号
邮政编码：201306
联系人：吴旭干 李嘉尧 成永旭
联系电话：15692165021 13524316001 15692165236
电子邮箱：xgwu@shou.edu.cn

3. 安徽定远县农业农村局
联系地址：安徽省定城镇幸福路农业大厦
邮政编码：233200
联系人：薛贵胜 付成海 曹永明 王黎明 夏传柱
联系电话：13865509369（薛贵胜） 13818662888（王黎明）
电子邮箱：2835535835@qq.com

杂交鲟京龙 1 号养殖及配套技术

一、技术概述

（一）技术基本情况

鲟是一种古老的鱼类，隶属于鱼纲辐鳍亚纲鲟形目。世界现存的鲟类主要包括鲟科类和白鲟科类。其中，长江白鲟于 2022 年 7 月被世界自然保护联盟（IUCN）官宣灭绝，因此现存共 26 种。鲟全身都是宝，除了"黑色黄金"之称的鱼子酱之外，鲟肉、鲟龙筋、鲟鳔等营养价值丰富，具有极高的养殖经济价值。我国鲟的商品鱼养殖于 20 世纪 90 年代中期才开始，但是发展迅速。2021 年，我国鲟养殖总产量超过 12 万吨，占世界总养殖产量的 85％以上，我国已经成为世界上最重要的鲟生产大国，鲟养殖业的发展前景广阔，市场空间很大。

杂交鲟选育，一方面是为了选育生产性状更优的鲟新品种，另一方面可以避免近亲繁殖，提高后代苗种质量。根据市场需求有目的地开展杂交鲟新品种的选育有利于规范化管理鲟杂交种的生产，引导养殖户生产优质杂交种，避免无序杂交造成的种质混乱。同时，有利于鲟产品贸易，杂交种可以直接证明产品是来自人工养殖子一代，打破有些国家故意设置的鲟贸易壁垒。

西伯利亚鲟和施氏鲟是我国主要的鲟养殖品种，属于中型鲟种类，10 千克左右即可达到性成熟。这两个亲本的量在我国主要鲟繁育场占据 80％以上。随着产业化发展，暴露出来养殖鲟缺乏高效生产的优良品种。例如，西伯利亚鲟虽然适应养殖环境，但生长速度较慢，耐高温能力较差。施氏鲟对养殖环境的耐受力较差，导致苗种成活率偏低，不耐运输等。因此，开发养殖新品种以提高生产效率是鲟产业化发展的必由之路。研究团队通过对西伯利亚鲟、施氏鲟、达氏鳇、俄罗斯鲟和小体鲟的线粒体控制区 D-loop 的研究发现，这几种鲟养殖群体遗传距离为 0.002～0.024，遗传变异极度缺乏，通过杂交育种可以避免苗种生产时发生近交，导致苗种质量不稳定。另外，鲟性成熟晚，即使养殖条件下性成熟年龄缩短一半，也要 7 龄以上才能性成熟，而杂交制种是能快速改善种质性状的一个途径。研究团队通过对多种杂交组合比较发现，西伯利亚鲟（母本）和施氏鲟（父本）的杂交种显示出比较明显的生长优势。因此，选定对西伯利亚鲟和施氏鲟通过群体选育固定生长优势性状，然后再杂交的方法，进行新品种选育。

经过 21 年的选育，杂交鲟京龙 1 号（西伯利亚鲟♀×施氏鲟♂）于 2022 年通过全国水产原种和良种审定委员会审定为水产新品种（审定号：GS-02-002—2022）。该品种以 1999—2004 年从欧洲引进的受精卵及鱼苗，经过两代选育的西伯利亚鲟为母本，以 1998—2002 年从黑龙江捕获的野生亲鱼人工繁殖苗种，经过两代选育的施氏鲟为父本，通过人工杂交获得的 F_1 代，即为杂交鲟京龙 1 号。在相同养殖条件下，杂交鲟京龙 1 号具有生长速度快的优势，与母本西伯利亚鲟相比，1 龄鱼生长速度平均提高 25％；与父本施氏鲟相比，1 龄鱼生长速度平均提高 27％。杂交鲟京龙 1 号适宜在我国各地淡水池塘，工厂化养殖车间等人工可控淡水水体中进行养殖。

（二）技术示范推广情况

杂交鲟京龙 1 号自 2012 年开始规模化制种以来，深受广大鲟养殖户的欢迎。在北京地区、河北地区乃至全国的鲟规模化繁育场，以及养殖场得到快速产业化应用，显著提高了鲟苗种繁育及养殖生产效率，提高了养殖户收益，带动了饲料、餐饮、加工等相关行业的快速发展，有力地保障了鲟产业健康可持续发展，经济、社会效益及生态效益显著。2019 年企业调研结果表明，以杂交鲟京龙 1 号为代表的"西杂"苗种产量占北京市苗种产量的 50% 以上；2021 年再次调研，在杂交鲟京龙 1 号带动下，"西杂"苗种产量已经占北京市苗种产量的 85% 以上。2022 年，北京市农林科学院水产科学研究所房山十渡鲟繁育场及北京鲟龙种业有限公司生产的杂交鲟京龙 1 号达 1 500 万尾以上。

目前，北京市农林科学院水产科学研究所房山十渡鲟繁育场具有年产 1 000 万尾的能力，北京鲟龙种业有限公司年产杂交鲟京龙 1 号的能力可达上亿尾。研发团队通过集中培训、入户技术指导等方法，指导京郊鲟繁育企业进行后备亲鱼及亲鱼的选留，将会进一步规范及扩大杂交鲟京龙 1 号的苗种生产，实现养殖鲟优良品种的更新换代。

（三）提质增效情况

1. 1 龄杂交鲟京龙 1 号与 1 龄西伯利亚鲟和施氏鲟养殖生长对比（小试）

（1）在重庆武隆进行的试验（小试）表明：1 龄杂交鲟京龙 1 号新品种的生长比 1 龄西伯利亚鲟快 28.42%～37.51%，平均快 33.79%；比 1 龄施氏鲟快 34.42%～44.07%，平均快 39.79%。杂交鲟京龙 1 号新品种的饲养成活率最高，可达到 96.40%，而西伯利亚鲟和施氏鲟的饲养成活率分别为 88.37% 和 86.27%。

（2）在云南上村进行的试验（中试）表明：1 龄杂交鲟京龙 1 号的放养密度分别为 6 000 尾/亩、8 000 尾/亩，规格为 20 厘米左右，养殖出池时的平均规格分别为 885.47 克/尾和 894.98 克/尾，平均亩产量分别为 5 100.84 千克和 6 817.60 千克，平均饲养成活率分别为 96.01% 和 95.22%。杂交鲟京龙 1 号的生长速度分别比西伯利亚鲟快 26.80% 和 32.24%，分别比施氏鲟快 30.55% 和 37.70%；亩产量比西伯利亚鲟分别提高 39.38% 和 49.45%，比施氏鲟分别提高 41.98% 和 51.10%；饲养成活率分别比西伯利亚鲟高 9.93% 和 13.01%，分别比施氏鲟高 8.76% 和 9.73%。

（3）在河北涉县进行的试验（中试）表明：1 龄杂交鲟京龙 1 号的放养密度分别为 6 000 尾/亩、8 000 尾/亩，规格为 20 厘米/尾左右，养殖出池时平均规格为 786.53 克/尾和 779.57 克/尾，平均亩产量为 4 503.04 千克和 5 973.38 千克，平均饲养成活率为 95.42% 和 95.78%。杂交鲟京龙 1 号生长速度分别比西伯利亚鲟快 27.75% 和 30.32%，分别比施氏鲟快 29.34% 和 29.61%；亩产量分别比西伯利亚鲟提高 37.43% 和 43.82%，分别比施氏鲟提高 40.77% 和 41.64%；饲养成活率分别比西伯利亚鲟高 7.58% 和 10.36%，分别比施氏鲟高 8.84% 和 9.28%。

2. 杂交鲟京龙 1 号与普通西杂生产性能对比养殖试验

2016 年和 2017 年分别在云南上村及河北涉县进行了杂交鲟京龙 1 号与同样规格市售普通西杂生产性能生长对比试验。结果表明，杂交鲟京龙 1 号比市售普通西杂生长速度快 14.0%～14.9%，变异系数显著低于市售杂交种，具有生长快、规格整齐、养殖成活率高的特点。

3. 杂交鲟京龙 1 号与不同养殖时期西伯利亚鲟和施氏鲟商品鱼生产性能对比试验

2017—2020 年，杂交鲟京龙 1 号苗种除了在北京市怀柔区、房山区、延庆区养殖外，还在河北省阜平县、曲阳县等地进行了连续生产对比和养殖测试中试试验示范。相比西伯利亚鲟和施氏鲟，杂交鲟京龙 1 号表现出明显的生长优势，在 9~24 个月的商品鱼养殖阶段，比西伯利亚鲟平均增重 23.6%，比施氏鲟平均增重 27.6%，养殖杂交鲟京龙 1 号商品鱼比西伯利亚鲟和施氏鲟能够提前至少 1 个月上市，取得了良好的经济效益。

4. 杂交鲟京龙 1 号养殖中试示范

2017—2020 年，在河北井陉、阜平、曲阳，河南林州等地示范推广养殖面积 1 000 余亩，具有生长快、养殖成活率高的特点，经济效益明显提高。

经统计，在项目执行期间杂交鲟京龙 1 号及其制种技术已经示范推广到北京市各鲟繁育场。近 3 年，京冀两地生产示范推广以杂交鲟京龙 1 号为代表的西杂苗种和商品鱼配套技术，其中生产示范优质西杂苗种 3.5 亿尾，新增销售额 6 971 万元，新增利润 3 486 万元；河北省生产优质西杂商品鱼 2.07 万吨，新增销售额 2.05 亿元，新增利润 5 115 万元。3 年合计新增销售额 2.74 亿元，新增利润 8 600 万元。

（四）技术获奖情况

本课题组自 2001 年在国内率先突破西伯利亚鲟的全人工繁殖，相关研究"西伯利亚鲟人工繁殖及商品鱼养殖配套技术研究与应用"获 2001 年北京市科学技术进步奖二等奖。进而突破了养殖鲟周年人工繁殖技术，实现了规模化的鲟人工繁殖，完全摆脱了鲟养殖苗种靠进口的限制。2009 年，相关研究"鲟鱼繁育及养殖产业化技术与应用"获国家科学技术进步奖二等奖；"鲟鱼全人工繁殖优质苗种生产与示范"获 2009 年北京市农业技术推广奖一等奖；2022 年相关研究"优质杂交鲟苗种创制及配套技术推广应用"获得 2022 年北京市农业技术推广奖一等奖。

二、技术要点

（一）杂交鲟京龙 1 号亲本来源、选育过程和制种方法

1. 亲本来源

母本：西伯利亚鲟，1999—2004 年从德国、法国、匈牙利、意大利等欧洲国家引进的 1 批次 10 万尾仔鱼及 9 批次 240 万枚受精卵，经过 2 代以生长速度作为选育指标的群体选育后获得的 6 龄以上西伯利亚鲟选育系作为杂交鲟京龙 1 号母本。

父本：施氏鲟，1998—2002 年，从黑龙江省特产鱼类研究所购买的在黑龙江省抚远县捕捞的野生施氏鲟人工繁殖后代苗种 5 批次 56 万尾苗种，经过 2 代以生长速度为选育指标的群体选育后获得的 6 龄以上施氏鲟作为杂交鲟京龙 1 号父本。

其间，苗种推广到北京市房山区、怀柔区、延庆区、密云区等京郊大型鲟繁育企业，部分留作后备亲鱼培育。

2. 选育过程

选育方法：西伯利亚鲟母本和施氏鲟父本均以生长速度作为选育指标，进行 2 次群体选育。在 1~1.5 龄达到商品鱼规格前以 10% 选择率，进行第一次选育；在 5 龄达到性成熟前，以 50% 选择率，进行第二次选育；两次综合选择率 5%。

西伯利亚鲟 F_1 代选育：1999—2004 年，引进的 1 批次 10 万尾仔鱼及 9 批次 240 万枚受精卵，每批次随机选择 5 000 尾 1 月龄仔鱼作为基础选育群体，第一次选育在 1~1.5 龄进行，选择体格健壮、具有生长优势的鱼种留作后备亲鱼继续培育，选留率为 10%；第二次选育在 5 龄左右进行，选留体格健壮、具有生长优势的后备亲鱼做体外标记，并鉴别雌雄，雌雄比例 2∶1，继续培育用作 F₁ 代亲鱼，选留率 50%；两次合计选择率 5%。截至 2010 年，经过 11 年选育，完成 F₁ 代选育，最终选留 6 龄以上达到性成熟年龄的 F₁ 代西伯利亚鲟雌鱼 1 080 余尾，雄鱼 520 余尾。

西伯利亚鲟 F₂ 代选育：最早筛选到性成熟的 F₁ 代为 2006 年（1999 年引进的苗种）。2006—2010 年，连续 5 年从 6 龄以上 F₁ 代群体中选择体型好的亲鱼进行人工催产，制备 F₂ 代的选育群体。为避免近交衰退，雌雄亲本选择来自不同年龄段，至少不同批次引进的 F₁ 代。每尾雌鱼至少配 3 尾雄鱼精液进行人工授精。每年选留 5 尾以上雌鱼后代。在 1 月龄生长稳定后，从每尾雌鱼后代中随机兆选活力好的鱼苗 1 000～2 000 尾，每年不超过 1 万尾鱼种留作 F₂ 代选育群体。在 1+龄左右达到商品鱼规格时进行第一次选择，选留无畸形、体格健壮、具有生长优势的个体继续培育为后备亲鱼，选择率 10%；5 龄性成熟前进行第二次选择，选择个体健壮，雌雄比例 2∶1 的后备亲鱼作为 F₂ 代选育系，选择率 50%，继续培育至性腺发育成熟。F₂ 代首批达到性成熟年龄是 2012 年，完成最后一批选育时间为 2016 年，最终选留 6 龄以上 F₂ 代西伯利亚鲟雌性亲鱼 2 210 尾，雄性 986 尾，并用 PIT 电子芯片标记。

施氏鲟选育：选育路线同西伯利亚鲟。

F₁ 代：1998—2002 年，购买从黑龙江（主要在佳木斯市抚远县黑龙江特产鱼类研究所）捕获的野生施氏鲟亲鱼剖腹取卵进行人工繁殖的受精卵和鱼苗 5 批次 56 万尾，每批次选留 5 000 尾 1 月龄鱼种，作为选育基础群体。选育路线同西伯利亚鲟，依据生长优势，分别在 1+龄和 5 龄进行选育，选留率分别为 10%和 50%。截至 2007 年，完成 F₁ 代选育，选留 6 龄以上 F₁ 代选育系 1 035 尾，雌雄比例约 1∶1。

F₂ 代：最早筛选到性成熟的 F₁ 代施氏鲟雌鱼为 2005 年（1998 年引进的苗种）。2005—2007 年，连续 3 年从 6 龄以上 F₁ 代群体中选择体型好的雌鱼及 5 龄以上性腺发育成熟的雄鱼进行人工催产，制备 F₂ 代选育群体。每年选留 5 尾以上来自不同母本的 1 月龄鱼种 1 万尾左右，作为 F₂ 代选育群体。选育路线同西伯利亚鲟，依据生长优势，分别在 1+龄和 5 龄进行选育，选留率分别为 10%和 50%。截至 2014 年，选留 7 龄以上 F₂ 代施氏鲟选育系 1 092 尾，雌雄比例 1∶1，并用 PIT 电子芯片标记。

3. 杂交鲟京龙 1 号制备

从 2012 年开始，筛选到第一批性腺发育成熟的西伯利亚鲟 F₂ 代选育系雌鱼（1999 年引进种，2006 年 F₁ 选育系繁殖的 F₂ 代苗种），及 F₂ 代施氏鲟选育系雄鱼（2005—2007 年 F₂ 代苗种），经过人工催产、人工授精，制备了西伯利亚鲟 F₂ 代选育系（雌）与施氏鲟 F₂ 代选育系（雄）杂交鲟 F₂ 代。2019 年，由北京市农学会组织成果验收，暂命名为京龙 1 号。

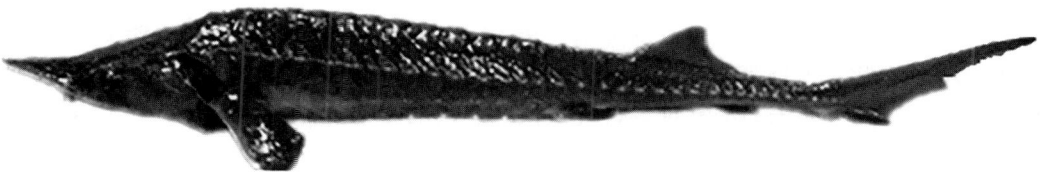

杂交鲟京龙 1 号外部形态

（二）西伯利亚鲟、施氏鲟人工繁殖及杂交鲟京龙 1 号的制种

在北京市农林科学院水产科学研究所房山十渡鲟繁育场，进行杂交鲟京龙 1 号的制备及生产示范、苗种推广。

亲鱼选择：杂交鲟京龙 1 号亲本选自北京市农林科学院水产科学研究所连续两代选育的西伯利亚鲟 F_2 代选育系（雌鱼）和施氏鲟 F_2 代选育系（雄鱼）。

人工繁殖：按照北京市地方标准——《西伯利亚鲟全人工繁殖技术规范》（DB11/T 1220—2015）操作人工繁殖过程，按照杂交制种需求选择亲本。选取西伯利亚鲟、施氏鲟选育的亲鱼，活体穿刺后挑选卵细胞发育到Ⅳ期末以上的鲟，用 LHRH－A 及 DOM 催产，雌鱼注射 2 次，注射剂量随种类和繁殖水温不同进行调整。检查到卵粒游离后进行腹部切口手术取卵，游离于卵巢腔的卵子从生殖孔和手术切口同时被挤出，卵粒挤净后，用医用丝线缝合伤口。雄鱼注射 1 次，即可诱导排精。人工授精前滤掉卵巢液，将收集好的精液稀释 100 倍左右，迅速与卵子混合，并不断用羽毛搅拌 3～5 分钟完成授精。在滑石粉悬浊液中脱黏 40 分钟左右，使卵粒彻底分离，然后上孵化器进行胚胎孵化，进入小卵黄栓期后随机取样统计受精率。

（三）鲟冷冻精子技术研发及其在杂交育种中的应用

鲟精液冷冻技术可以打破不同繁殖期或地理间隔的种系障碍，扩大杂交育种范围，避免近亲繁殖，为长期开展鲟遗传育种研究提供精子材料。建立鲟类冷冻精子库，可为保存优质的鲟基因和种质资源保护提供有效途径。

经过冷冻剂、稀释剂及降温程序的对比试验，获得高效鲟冷冻精子技术，对西伯利亚鲟、施氏鲟、俄罗斯鲟、匙吻鲟等多个鲟种类进行了精液冷冻保存研究。在冷冻 24 小时后对部分精液解冻进行检测，发现快速活动精子数占 30％～70％，与被冷冻精子初始活力紧密相关。在此基础上，对冷冻精液的配方和方法进一步优化，利用程序降温仪对施氏鲟、西伯利亚鲟精液进行批量冷冻及保存。将解冻后精子活力高于 50％的西伯利亚鲟和施氏鲟冷冻精液与催产后获得的新鲜精子进行受精率对比试验，结果显示，受精率没有显著差异。在保证解冻精子活力的基础上，用大容量冻存管代替毛细管进行冷冻精液保存，更有利于在生产实践中应用。每年累计冷冻保存施氏鲟精液 500 毫升和西伯利亚鲟精液 500 毫升，用于反季节繁殖及杂交育种。

（四）鲟纯种及杂交种种质鉴定技术研发与应用

所有鲟都被列入《国际濒危野生动植物种贸易公约》（CITES）附录中，因此养殖具有清晰种质背景的鲟是鲟商品鱼养殖和销售的要求。我国养殖鲟至少 5 种，往往出现无序杂交导致种质混乱。传统分类学已经不能满足对这些杂交鲟的鉴定。在此产业发展需求下，课题组建立了用线粒体 DNA 多重 PCR 结合微卫星分子标记辅助检测鲟种质的技术，根据课题组建立的数据库，能够检测西伯利亚鲟、施氏鲟、俄罗斯鲟、达氏鳇、小体鲟，以及这 5 种鲟的正反杂交种；制定了鲟种质鉴定的北京市地方标准 1 项，获得国家发明专利 1 项，并用该技术对课题组繁育示范基地进行亲鱼和后备亲鱼的种质鉴定，确保优质苗种生产。应一些外埠良种场和大型繁育企业的要求进行技术服务。例如，山东省海洋水产研究所对当地申报良种场的样品检测，为当地的良种场管理提供了有效的技术支撑。此外，对北京市鲟繁育企业、保种场及我国大型鲟繁育企业云南阿穆尔鲟鱼繁育有限公司，以及千岛湖鲟龙科技股份有限公司的鱼子酱等出口产品及保种种质鉴定均提供技术服务。

三、适宜区域

杂交鲟京龙 1 号适宜在我国各地淡水流水、微流水池塘及工厂化养殖车间等人工可控水域养殖。禁止天然水域网箱养殖，防止直接逃逸到自然水域。

四、注意事项

做好养殖水体防护，避免直接逃逸到自然水域。

技术依托单位

1. 北京市农林科学院水产科学研究所

联系地址：北京市丰台区角门 18 号院

邮政编码：100068

联 系 人：胡红霞

联系电话：010-67583152　13910775341

电子邮箱：huhongxiazh@163.com

2. 北京鲟龙种业有限公司

联系地址：北京市怀柔区九渡河镇

邮政编码：101400

联 系 人：石振广

联系电话：010-69625057

优质高效配合饲料替代冰鲜杂鱼养殖鲆鲽类的应用技术推广

一、技术概述

（一）技术基本情况

雷霁霖院士于 1992 年将大菱鲆引进至我国，在北方沿海地区开展了工厂化养殖，经过近 20 年的发展，鲆鲽类养殖产业已成为我国北方海水养殖业的重要产业。然而，在鲆鲽类养殖中主要投喂冰鲜杂鱼，全程使用配合饲料的比例仍然不到 20%。这种"以鱼养鱼"的落后生产方式严重浪费野生渔业资源，并且还大大提高了养殖成本、污染养殖环境、传播疾病、威胁水产品质量安全，进而影响鲆鲽类养殖业可持续发展。

针对鲆鲽类养殖中主要投喂冰鲜杂鱼的问题，经过大量营养学基础研究和饲料生产实践，研制出了鱼粉用量少、饲料效率高、环境污染小、生长速度快的优质高效环境友好型鲆鲽类专用系列配合饲料，

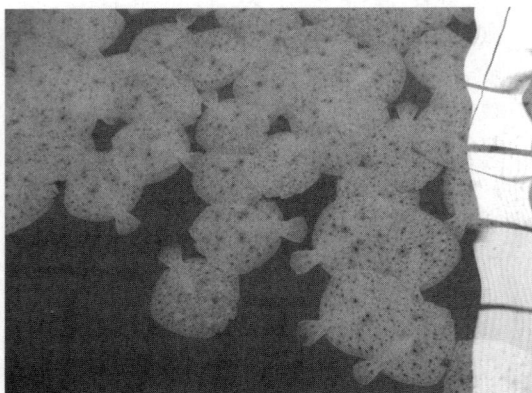

工厂化养殖大菱鲆

自 2010 年 1 月开始规模化生产并进行示范推广。在推广过程中，坚持不断总结科学养殖模式，于 2013 年总结出《鲆鲽类饲料增效技术手册》，于 2015 年升级为《大菱鲆黄金养殖模式手册》，包括大菱鲆养殖的七大关键技术，并开创了"养殖小讲堂"的技术推广模式，将讲堂搬到养殖一线，为养殖户培训饲料应用和养殖技术，逐渐改变了传统养殖观念，减少了冰鲜杂鱼的使用量，将鲆鲽类养殖中配合饲料的普及率提高至 60% 以上，氮磷排泄率降低了 65%，保护了水环境，推动了我国鲆鲽类养殖健康可持续发展。

优质高效大菱鲆配合饲料

大菱鲆养殖中投喂的冰鲜杂鱼（鳀）

（二）技术示范推广情况

本技术自 2010 年 1 月开始进行示范推广，一方面在养殖场开展试验示范，另一方面在市场上做推广和技术服务，不断总结科学养殖模式，开创了"养殖小讲堂"的技术推广模式，以现场授课的方式，将讲堂搬到养殖一线，免费为广大养殖户培训饲料应用和养殖技术。截至 2022 年 12 月，共举办了 400 多场，培训养殖户 4 000 余人次，并在全国各大鲆鲽类养殖区举办"大菱鲆黄金养殖模式技术经济论坛"19 场，培训养殖户达到 5 000 余人次；出版承载水产品市场前沿资讯、养殖技术总结、养殖实证案例经验分享等内容的内部刊物《养殖技术通讯》73 期，共计 32 万余份。通过多年的技术总结，于 2013 年归纳总结出《鲆鲽类饲料增效技术手册》第一版，并于 2014 年、2015 年先后进行进一步完善修订，形成《大菱鲆黄金养殖模式手册》第二版和第三版，手册涵盖了鲆鲽类养殖整套养殖规划与养殖技术方案。

13 年来，本技术共推广优质高效环境友好型鲆鲽类专用系列配合饲料 5.74 万吨，广泛应用于山东、辽宁、河北、天津、江苏等鲆鲽类养殖区，应用该技术模式的鲆鲽类工厂化养殖面积达 400 万～500 万米^2，逐渐改变了传统"以鱼养鱼"的鲆鲽类养殖模式，减少使用冰鲜杂鱼达 22.96 万吨以上。同时，通过高性能饲料的应用，降低了氨氮等代谢废物排泄，推动了养殖企业走向可持续发展的道路，对于促进养殖产业结构优化升级和实现行业技术跨越起到了明显的促进作用。

（三）提质增效情况

本技术研制出了优质高效环境友好型鲆鲽类配合饲料，创立了一套能够提高大菱鲆养殖效益的饲料应用模式，于山东、辽宁、河北、天津、江苏等省份进行了市场验证，通过了青岛市、山东省科技厅、教育部科教司等组织的现场验收和成果评价，达到国际领先水平。

幼鱼和养成饲料的饲料系数分别为 0.5～0.8 和 0.7～0.9，比原有国产饲料分别降低 0.4～0.5 和 0.6；饲料蛋白质、磷的消化率分别提高 24％和 20％，氮磷排泄率分别降低 21％和 48％；饲喂大菱鲆饲料与国际知名品牌饲料相比，鲆鲽类生长效果一致，饲料成本降低 40％；与投喂冰鲜杂鱼相比，每千克鱼的饲料成本降低 3.2～21.2 元，氮、磷排泄率降低 65％，节约 46％的冰鲜杂鱼，推动鲆鲽类养殖中配合饲料的普及率提升至 60％以上，有效保护了野生鱼类资源和养殖生态环境，引领了我国鲆鲽类养殖产业转型升级，辐射带动解决 2 000 人的就业问题，具有良好的经济、环境和社会效益。

（四）技术获奖情况

本技术核心的科技成果"优质高效环境友好型鲆鲽类配合饲料研制及产业化推广"经评价达到国际领先水平，于 2016 年获青岛市科学技术进步奖二等奖、2017 年获山东省科学技术进步奖二等奖，广泛应用于山东、辽宁、河北、天津、江苏、福建等所有鲆鲽类养殖区，入选 2019 年山东省农业主推技术。

二、技术要点

（一）鲆鲽类配合饲料应用技术经济图

大菱鲆体重增重情况

| 3克 | 10克 | 25克 | 50克 | 100克 | 200克 | 350克 | 500克 | 600克 |

大菱鲆体重增重情况

0天 — 1#料 共39千克 喂28天 每千克鱼需 饲料0.56千克, 计14.0元

28天 — 2#料 共85.5千克 喂26天 每千克鱼 需饲料 0.57千克, 计12.6元

54天 — 3#料 共154千克 喂27天 每千克鱼 需饲料 0.62千克, 计9.8元

81天 — 4#料 共338.5千克 喂36天 每千克鱼 需饲料 0.68千克, 计9.8元

117天 — 5#料 共738.5千克 喂52天 每千克鱼 需饲料 0.74千克, 计10.6元

169天 — 6#料 共1 200.5千克 喂58天 每千克鱼 需饲料 0.80千克, 计11.6元

227天 — 7#料 共1 258千克 喂44天 每千克鱼 需饲料 0.84千克, 计11.8元

271天 — 8#料 共889千克 喂29天 每千克鱼 需饲料 0.89千克, 计12.4元

300天

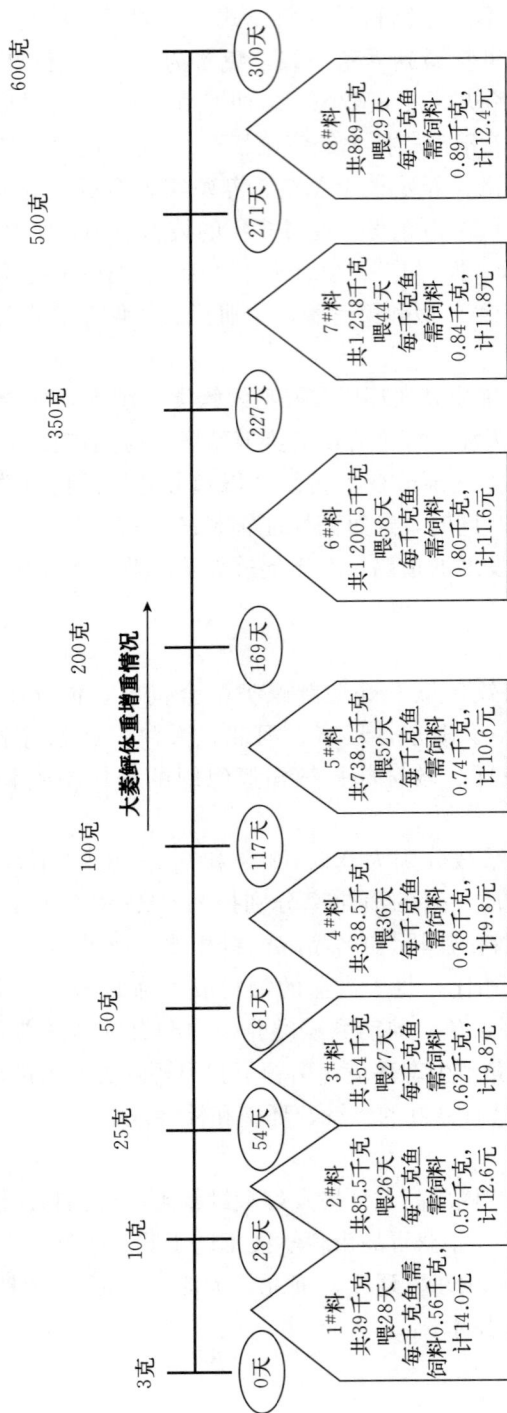

鲆鲽类配合饲料应用技术经济图

（二）鲆鲽类配合饲料经济效益参数

应用大菱鲆黄金养殖模式，全程投喂配合饲料，10 个月可出头鱼，12 个月大批量出鱼，1 万尾鱼饲料成本仅需 7.0 万元，成活率高达 95％以上。

鲆鲽类配合饲料经济效益参数

饲料规格	1#料	2#料	3#料	4#料	5#料	6#料	7#料	8#料	全程
使用条件	标准养殖工况：1 万尾大菱鲆，体长≥5 厘米，溶解氧≥7 毫克/升，水温 15～19 摄氏度，盐度 15～25，水体交换每天 3～5 次								
鱼的平均体重范围（克）	3～10	10～25	25～50	50～100	100～200	200～350	350～500	500～600	—
日投喂率（％/体重）	2.7～2.00	2.0～1.8	1.8～1.4	1.4～1.2	1.2～0.9	0.9～0.7	0.7～0.6	0.6～0.5	—
日投喂次数（次/天）	4	3	3	3	3	2	2	2	
日投喂量（千克/天）	0.8～2.0	2.0～4.5	4.5～7.0	7.0～12.0	12.0～17.0	17.0～25.0	25.0～29.0	29.0～32.5	
总需投喂天数（天）	28	26	27	36	52	58	44	29	300
技术经济性能									
料肉比（饲料系数）（千克料/千克鱼）	0.56	0.57	0.62	0.68	0.74	0.80	0.84	0.89	0.79
长 1 千克鱼的平均饲料成本（元/千克）	14.0	12.6	9.8	9.8	10.6	11.6	11.8	12.4	11.4
养至不同阶段累计饲料成本（元/尾）	0.1	0.3	0.5	1.0	2.1	3.8	5.6	6.8	6.8

（三）大菱鲆黄金养殖模式技术要点

本技术团队总结的大菱鲆黄金养殖模式 7 大关键技术，包括"选好苗、稳增产""喂饲料、长鱼快""巧分鱼、提效益""提溶氧、增食量""巧排水、水质清""调长势、多产鱼""勤消毒、重预防"。

1. 选好苗、稳增产

熟悉育苗企业的苗种质量，投放优质鱼苗。

2. 喂饲料、长鱼快

在标准养殖工况下，养殖 1 万尾大菱鲆，全程投喂高质量配合饲料，养殖 330 天可达到出鱼规格，平均体重 0.6 千克/尾，每养 0.5 千克鱼的饲料成本仅 6 元。

3. 巧分鱼、提效益

根据长势定期筛分鱼苗，保持经济合理的养殖密度，并淘汰 5％～10％的尾鱼及不健康的鱼，减少养殖风险，节约 5％以上的成本，提高经济效益。

4. 提溶氧、增食量

保持水体溶解氧达到 7.0 毫克/升以上，与溶解氧为 5.0 毫克/升相比，摄食量提高 10％～20％，生长速度提高 15％～20％，鱼的养殖周期可缩短 30 天以上。

5. 巧排水、水质清

大排污、小排污巧妙结合，既能保持水质清新、溶解氧充足，又可大量节约人工清刷鱼池的费用。

6. 调长势、多产鱼

利用标准养殖技术手段来调控鱼的长势，纠正与标准参数的偏差，保证鱼快速健康生长，缩短养殖周期，提高养殖产量。

7. 勤消毒、重预防

制定有效的防疫方案，避免使用抗生素类药物，定期进行消毒和疾病防疫，可大大降低疾病风险，不但可降低防疫费用 50％以上，且可使死亡率由 15％降低到 5％以下，增加养殖产量 10％。

三、适宜区域

本技术适宜推广应用于山东、辽宁、河北、天津、江苏、福建等所有鲆鲽类养殖区。

四、注意事项

1. 本模式相关数据来源于大菱鲆标准养殖工况（鱼苗体长≥5 厘米，溶解氧≥7 毫克/升，水温 15～19 摄氏度，盐度 15～25，水体交换 6～8 次/天）条件下，如实际养殖条件与标准养殖工况存在差异，可适当调整日投喂率。如河北和辽宁沿海，因养殖水温偏低，日投喂率偏低，会延长养殖周期。

2. 全程投喂配合饲料时池水的混浊度会比投喂幼杂鱼时高，养殖户会人为降低投喂量或者定期停食，导致投喂配合饲料时鱼的生长速度慢于投喂幼杂鱼。遇到此情况时，应尽可能投喂高质量的配合饲料，减轻水的混浊度，延长停食周期，并尽可能提高投喂量。即便出现投喂配合饲料比投喂幼杂鱼生长慢的情况，也不影响整体的养殖效益。

3. 各地可以因地制宜创新推广模式，总结出适合当地环境条件的配合饲料应用模式。

技术依托单位

1. 青岛农业大学

联系地址：山东省青岛市城阳区长城路 700 号

邮政编码：266109

联 系 人：陈京华

联系电话：0532-86550511 13793291821

电子邮箱：Chen_jinghua@163.com

2. 青岛七好营养科技有限公司

联系地址：山东省青岛市莱西市望城镇友谊路 7 号

邮政编码：266601

联 系 人：金 丹

联系电话：0532-82428877 18954572201

电子邮箱：jdzq2003@163.com

深远海网箱工程化养殖关键技术

一、技术概述

深远海水域远离陆地，与沿海和近海养殖相比，具有空间广阔、水质优良、水温适宜、环境容纳量大、病害影响小等良好的养殖生产条件，可以有效实现鱼类健康高效生长。然而，深远海海域复杂的海况环境和远离岸线的客观条件对工程化养殖提出了新挑战新要求。为解决深远海养殖工程技术问题，拓展开放海域养殖空间，针对深远海养殖环境和养殖品种，采用工程化养殖发展理念，集成深远海养殖的新设施、新装备、新技术，构建深远海高效养殖生产模式，对于促进我国深远海养殖产业形成和发展、拓展我国海洋养殖新空间、打造中国深远海养殖示范区具有十分重要的意义。从 2004—2022 年在中国南海区推广应用大型网箱 8 000 多个，在渔业产业结构调整及深远海养殖的作用十分突出，在南海区建立了深远海网箱养殖产业基地，构建了"产前、产中、产后""一条鱼"工程养殖产业。通过该技术的实施，可以充分利用深远海优越的水质条件，使养殖鱼类生境接近自然状态，单位水体产量是普通网箱的 2.5 倍以上，成活率比普通网箱高 20％以上，单位养殖水体网箱造价成本节省 15％，饲料系数降低 20％。本技术成果获 2021 年度广东省科学技术奖二等奖、海洋科学技术奖一等奖、2019 年度广东省农业技术推广奖一等奖。

二、技术要点

深远海网箱由框架、网衣、锚泊三大系统构成。框架主要提供浮力、承担外部载荷；网衣主要解决养殖水体包围空间；锚泊主要解决养殖系统固定及安全。选用深远海网箱设施实施养殖的技术要点如下：

1. 深远海网箱选型

高密度聚乙烯（HDPE）深水网箱主系列 HDPE C60～C120 成套装备，可按 10 年一遇台风等级设计制造；养殖最大载荷达 120 吨/箱；养殖生产载荷 100 吨。抗风浪性能达 14 级台风、6 级波浪，耐流能力达 1.96 节。

HDPE 深水网箱

大型桁架类深远海网箱成套装备，结构安全工况达台风 17 级，适应 20～100 米水深海域区间养殖，养殖水体可达 1 万～10 万米^3，养殖最大载荷达 1 000 吨。

大型桁架类深远海网箱

2. 深远海网箱选址

养殖海域最好选择水位较深、流速不大，且流向不复杂的海域。适宜的养殖海域条件：盐度 15～30，水温 22～31 摄氏度，流速在 0.75 米/秒以内。考虑深远海网箱的设置，水深要求为以最低潮位计网箱底部距离海底大于 2 米为宜。

3. 大规格苗种放养

苗种放养规格与商品鱼的养殖、产量及效益有直接关系。深远海网箱由于体积大、养殖容量高，换网、倒箱等操作难度较大，而且网箱养殖受流速、风浪的限制，应尽量选择大规格的苗种进行放养，可避免养殖操作的困难，缩短养殖周期，提高养殖效率。选择军曹鱼 30 厘米以上，卵形鲳鲹 8 厘米以上的苗种放养，利于生产安排和养殖操作，同时也加快了养殖企业的资金流转。

4. 放养适宜密度

可根据深远海网箱的规格、计划养殖的品种、所处的养殖环境、养殖技术与管理水平等，做出综合评估。一般来讲，深远海网箱的苗种放养密度以 3～5 千克/米^3，最终养殖密度以 15～25 千克/米^3 较为适宜。

5. 工程化养殖投喂

工程化养殖投喂方式可采用船载式自动投饵或平台固定式多路自动投饵系统装备进行养殖自动化智能化方式投喂。投饵原则：一般每天投饵 1～3 次。在投喂方法上，应掌握"慢、快、慢"三字要领：开始应少投、慢投以诱集鱼类上游摄食，等鱼纷纷游向上层争食时，则多投快投，当部分鱼已吃饱散开时，则减慢投喂速度，以照顾弱者。

船载式自动投饵装备

6. 网衣自动化清洗

在养殖过程中，随着鱼的生长需要更换网衣和清洗网箱网衣上的附着物来保证网箱内的养殖环境。网箱网衣置于海水中一段时间后，极易被一些生物所附着，不仅增加了网箱的重量，而且阻碍网箱内水体的交换，影响养殖鱼类的正常生长。对任何附着于网箱网衣的生物，都应及时清除。工程化养殖过程中网衣更换可采用轻型起网机等机械化的方式来进行，这样可大大降低劳动力成本。利用水下高压空化清洗装备对网衣进行自动化清洗，无须起换网即可完成洗网操作。

7. 渔获高效起捕

深远海网箱养殖（军曹鱼、卵形鲳鲹），因养殖水环境好、病害少，比传统小网箱更接近野生状态，养殖出的商品鱼成色好，市场价格也高。除此之外，影响商品鱼价格的主要因素还有上市季节和上市规格。上市季节和上市规格与放养收获时间有关。市场上军曹鱼一般8千克/尾以上、卵形鲳鲹0.5千克/尾的价格相对较高，当然规格大养殖周期就长，养殖成本就会相对增加，也可放早苗或越冬苗、放大规格苗，利用抗风浪网箱养殖生长快的特点，提前上市。春节前后价高时上市，养殖效益更佳，当然这样也存在着一定的越冬低温风险。目前，深远海网箱养殖单箱成品鱼产量一般在10吨以上。养殖鱼类收获可采用吸鱼泵等机械化方式进行，这样将大大减少渔获时间，减少渔获鱼体损伤。

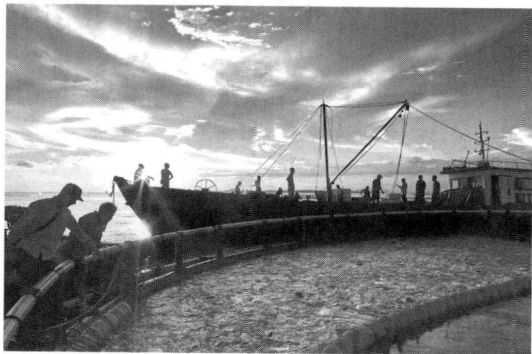

深远海网箱渔获起捕

三、适宜区域

中国南海水深20～100米海区。

四、注意事项

深远海网箱养殖是一个系统工程，涉及具体的设置海域与养殖品种时又是非常个性化的，所以每个设置海域和养殖品种应用的技术又有所区别。

技术依托单位

中国水产科学研究院南海水产研究所

联系地址：广东省广州市海珠区新港西路231号

邮政编码：510300

联系人：胡　昱　黄小华

联系电话：020-34066940

新型绿色环保网箱养殖技术

一、技术概述

(一) 技术基本情况

我国近海小型网箱养殖面积超过 5 000 万米^2，是我国海水养殖的主体模式之一。网箱多以木质框架加装泡沫浮子结构为主，规格为（3 米×3 米）～（5 米×5 米）。由于此类网箱抗风浪能力较差，只能设置在避风条件较好的浅海内湾。大量网箱集中于局部海区，造成流速减缓，同时由于缺乏安全、有效防止污损生物在网箱附着的方法，导致网箱内外水体交换能力差，养殖过程中的残饵、鱼类排泄物等大量沉积。据有关调查，在一些老化的网箱养殖区，其底部的污染沉积物竟达 1 米以上。局部海域的网箱养殖已成为影响海洋环境的新污染源，一些浅海内湾水域又多受陆源污染的影响，养殖自身污染加上陆源污染，很容易导致海区富营养化、病害发生、养殖鱼品质下降和生态环境破坏。全国每年因病害和赤潮发生所造成的网箱养殖的经济损失高达数亿元。此外，传统网箱抵御自然灾害的能力较差，遭遇台风袭击则会造成严重经济损失。因此，亟须转变养殖生产方式，利用新型绿色环保网箱养殖技术，实施近海网箱养殖产业模式与技术升级，发展离岸生态养殖，建立标准化养殖技术工艺并进行示范应用，以推动我国海水鱼类网箱养殖业持续健康发展。

(二) 技术示范推广情况

本技术针对福建省宁德地区传统网箱养殖存在的设施简陋、抗风浪能力差、渔排布放过密、养殖病害频发、养殖效益下降等问题，采用 HDPE 环保材料，研发了"大套小"方形塑胶浮台式网箱和 HDPE "板材＋环保浮球"式渔排，并通过网箱设施海域布放方式与数量优化，达到提升产业形象、生态环保和绿色发展的要求。新设施的研发与新模式的构建，不仅提高了养殖设施的抗风浪能力，解决了传统网箱养殖"白色污染"问题，而且满足了宁德地区养殖户"渔排"式养殖操作习惯，有力支撑了宁德地区海上渔排养殖设施升级改造总体任务的实施。目前，宁德市蕉城区已累计完成传统网箱升级改造近 10 万个，面积约 200 万米^2。昔日设施陈旧、布局过密、污染严重的网箱养殖区现今已换新颜，并成为海上一道亮丽的风景。

大黄鱼传统小型网箱养殖升级改造

（三）提质增效情况

通过该技术的推广应用，宁德市蕉城区白基湾海域 80% 以上的传统网箱实现了升级改造。网箱设施抗风浪能力的提升、海域渔排的合理布局及健康苗种、营养饲料、疾病免疫防控等技术集成，加速推动了区域传统粗放养殖模式向现代绿色养殖模式的转型，大幅提升了宁德地区海水网箱养殖可持续发展能力。2022 年，生态环境部部长黄润秋在介绍我国海洋环境质量显著改善方面提到了福建宁德集中开展海上养殖绿色转型，将传统泡沫网箱升级为环保塑胶网箱，大幅减少渔业垃圾，昔日的海漂垃圾场被改造成为"海上田园"。

宁德蕉城区海上网箱养殖设施与养殖模式的转型升级，极大地提升了示范县区大黄鱼养殖的产业形象。同时，通过网箱规格的放大，增加了鱼类的游动空间，为鱼类生长提供了优良的环境，养殖大黄鱼的品质得到改善，使"宁德大黄鱼"品牌更具市场竞争力。随着大黄鱼品牌影响力逐年增大，宁德大黄鱼品牌体系已初步形成，全区大黄鱼企业拥有普通商标 576 件，其中中国驰名商标 4 件，产品销售网遍布全国各地，并出口韩国、美国、加拿大、南非等国家和我国港澳台地区。

（四）技术获奖情况

无。

二、技术要点

新型绿色环保网箱养殖技术体系主要由"新型绿色环保网箱研制＋配套养殖装备＋网箱养殖区的环境调查和评估"3 部分构成。各部分的技术要点如下：

（一）新型绿色环保网箱研制

方形、圆形浮台式 HDPE 绿色环保新型网箱和 HDPE"板材＋环保浮球"式渔排，用以替代传统的木质港湾渔排网箱。其中，周长 80 米的圆形网箱相当于传统木质网箱 60～95 个，20 米×20 米×7 米的方形网箱相当于传统木质网箱 50～75 个，在养殖水体相同的条件下，可大幅减少网箱布设数量，减轻近海环境压力。

圆形浮台式 HDPE 绿色环保新型网箱

HDPE "板材＋环保浮球" 式渔排

PET 新型网衣材料网箱，采用 PET 聚酯材质代替现有的金属材质、尼龙材质制成的网衣投放到海洋中，不受海水腐蚀，生态环保，且 PET 聚酯材料表面光滑，藻类不容易附着。该新型 PET 网不仅具有良好的耐生物附着性能，而且表现出优良的抗风浪和耐流性能。

PET 新型网衣材料网箱

（二）配套养殖装备

主要配套养殖装备包括网箱智能投饵设备、网衣自动清洗机、鱼类规格分级装置、渔获起捕设备（分为大抄网起捕和吸鱼泵起捕）、网箱水下监视系统（包括声学监测和光学监测模块）、养殖环境监测系统、死鱼残饵收集装置等。以上设施装备可根据养殖场自身条件和需要选配。

（三）网箱养殖区的环境调查和评估

选取近海环保网箱养殖区、环保网箱养殖对照区、升级改造示范区进行水环境变化监测，共设置 5 个点位。以 1 年 2 次的频率对其进行网箱养殖环境基础数据采集，掌握深水网箱、近岸新型塑胶网箱和近岸传统木质网箱养殖对环境影响的状况，通过对比分析，从环境和污染负荷等方面评价网箱设施装备升级改造效果。调查的主要环境因子包括：表层和底层的温度、盐度、溶解氧、pH、硝酸氮、氨氮、亚硝酸氮、活性磷酸盐、硅酸盐、悬浮颗粒物浓度、COD、总有机碳、石油类及沉积物（硫化物、总有机碳、总氮、总磷、细菌生物量）等。

三、适宜区域

新型绿色环保网箱对于近岸与离岸养殖区均适合。近岸养殖区可利用 HDPE "板材＋环保浮球"式渔排取代传统木质小网箱或渔排，圆形浮台式 HDPE 绿色环保新型网箱可用于离岸养殖区。此外，装配 PET 新型网衣材料的网箱具有较好的抗风浪和耐流性能，可用于流速较大的开放海域。

四、注意事项

新型绿色环保网箱养殖过程中应特别注意以下环节和要点：①根据海况条件和养殖种类选择适宜的网箱；②定期检查网箱设施的安全性，及时清理网衣附着物，并开展鱼类生长情况监测；③在半开阔或开阔海域条件下，建议采用单个网箱锚泊的固定方式，同时可装配PET 新型网衣提高网箱的耐流性能；④加强日常管理，开展年度养殖水环境监测；⑤开展养殖病害监控，及时清除死鱼、残饵与排泄物等。

技术依托单位

中国水产科学研究院黄海水产研究所

联系地址：山东省青岛市南京路 106 号

邮政编码：266071

联 系 人：关长涛　崔　勇

联系电话：0532-85821672　13964233159

电子邮箱：guanct@ysfri.ac.cn

资源环境类

松土促根土壤改良技术

一、技术概述

(一) 技术基本情况

1. 技术研发与推广背景

粮食安全是"国之大者"。耕地是粮食生产的命根子，粮食安全的根本在耕地，关键在耕地质量。农业农村部《2019年全国耕地质量等级情况公报》数据显示，我国耕地平均等级4.76等，四等地以下占耕地总面积的68.76％，中低产田占比达2/3以上，整体质量不高。特别是近30年来，因自然、耕作方式不当及不科学施肥等因素，耕地耕层变浅、土壤板结、土壤盐渍化等现象日益突出。2020年农业农村部耕地质量监测保护中心统计数据显示，我国耕层厚度小于20厘米的耕地占71.24％，其中耕层厚度小于15厘米的有2.67亿亩，15～20厘米的有11.75亿亩，耕层浅薄、土壤板结已成为我国耕地质量退化的主要问题，严重影响了粮食产能进一步提高和农业可持续发展。

针对土壤板结、耕层浅薄这一突出问题，河南省土壤调理与修复工程技术研究中心先后与河南省土壤肥料站、中国农业科学院、商丘职业技术学院、河南省农业科学院、河南农业大学等高等院校和科研单位联合组成研发团队，本着改良土壤结构、改善土壤理化性质和调控土壤养分的技术集成思路，采用边试验研究、边示范推广的技术路线，于2014年成功研制出了具有疏松土壤、增加根系、加深耕层等作用的核心新技术——松土促根土壤改良技术，为改良耕层浅薄、土壤板结等结构性障碍土壤提供了新的技术模式，是落实"藏粮于地，藏粮于技"战略措施的具体体现，对夯实国家粮食安全基础、促进农业可持续发展具有重要作用。

2. 能够解决的主要问题

松土促根土壤改良技术经多年、多地、多种作物、多种土壤类型上示范应用，能够解决农业生产中长期存在的三大突出问题。

(1) 耕层浅薄问题　2015—2022年连续8年在小麦、玉米、水稻、大豆、棉花、花生、油菜等作物上，示范推广松土促根土壤改良技术，特别近几年在高标准农田建设项目中应用，经农业农村部全国农业技术推广服务中心、耕地质量监测保护中心、河南省土壤肥料站等相关部门组织专家测定，耕层加深5.6～10.3厘米，耕层厚度由12～15厘米加深到20厘米以上，使土壤达到宜耕状态。

(2) 土壤板结问题　经高等院校、科研院所、农业技术推广部门专家、教授多年试验示范研究，应用该技术，土壤容重降低0.13～0.24克/厘米^3，相对降低10.3～19.0个百分点，土壤孔隙度平均值提高4.9～9.0个百分点；土壤硬度减少36～128牛/厘米^2。以上结果说明应用该技术能够降低土壤容重，提高土壤孔隙度，降低土壤硬度，疏松土壤，打破耕层土壤板结，构建健康耕层。

(3) 作物根系少、下扎浅问题　2014年4月，安徽农业大学对应用松土促根土壤改良技术的商丘试验田的 0～40 厘米土层小麦根系进行电子扫描分析发现，同为旋耕田，应用松土促根土壤改良技术的处理相比对照处理：根系总长度增加 26.4%～208.4%，根系表面积增加 27.6%～164.3%，根叉数量增加 16.9%～257.3%，根尖数量增加 15.0%～213.7%，根干重增加 49.0%～177.8%。

3. 松土促根土壤改良技术基本特点

（1）先进性强　松土促根土壤改良技术经 2015 年河南省科技厅组织专家鉴定委员会鉴定，研究成果达到国际先进水平，是土壤改良历史上一大突破。

（2）适用性广　该技术自研发以来，以河南省为中心，在全国多地、多种土壤类型、多种作物上进行广泛的试验示范和应用，均表现出显著的改土、增产效果，突显其广泛的实用性和适用于多种生态类型区的广谱性。

（3）安全性高　通过多年应用该技术的实践证明，该技术对环境无污染、对土壤无污染，是一种安全、绿色、环保、无公害的技术。

（4）绿色高效　该技术以构建健康土壤耕层为核心，以提高作物产量和品质为目标，制定了整套的技术标准和操作规程，符合资源环境安全、耕地质量保护、优质绿色高效等高质量发展要求。

4. 专利范围及使用情况

松土促根土壤改良技术适用于结构性障碍土壤的改良，广泛应用于小麦、玉米、水稻、甘蔗等多种作物。2016 年通过农业部行政许可专家评审委员会评审批准在全国推广，2022 年获农业农村部全国农牧渔业丰收奖二等奖，目前已广泛应用于河南，并辐射全国。

（二）技术示范推广情况

松土促根土壤改良技术自研发以来，以河南省为中心，利用农技推广渠道、农业科研渠道、市场渠道等以点带面，点面结合，做好田间试验示范应用，结合家庭农场、农民专业合作社和种植大户树立样板，利用现场观摩会、培训会和网络、多媒体等多种形式进行多层次宣传，示范推广力度逐年扩大。2016 年、2017 年由全国农业技术推广服务中心安排，分别在全国 9 个省（区）的粮、棉、油、糖、菜、果等优势农作物上应用示范，均取得了显著效果；2021 年农业农村部耕地质量监测保护中心安排在北大荒集团黑土地开展松土促根土壤改良技术应用试点，也取得较显著的示范效果。

2020 年、2021 年、2022 年，河南省农业农村厅连续三年把健康耕层构建核心技术——"松土促根土壤改良技术"作为河南省农业主推技术在全省推广（豫农文〔2020〕286 号、豫农文〔2021〕101 号、豫农文〔2022〕177 号）；并先后被列入 2014—2016 年国家农业科技成果转化项目（项目编号：2014D00000079），2017—2019 年河南省重大科技专项（项目编号：181100110400），2021—2023 年中国科学院科技成果转移转化项目（项目编号：2021111），2022—2027 年国家"十四五"科技创新重点专项。该技术示范推广形成了以河南为中心、向全国辐射的发展态势。

推广应用区域以河南为中心，涉及全国 16 个省 200 多个县（市、区）；推广作物涵盖了粮、棉、油、菜、果等 20 多种作物；应用土壤类型涉及潮土、褐土、红壤、棕壤、黑土、水稻土等多种土壤类型。近 10 年来，累计推广应用面积 1 000 多万亩，粮食作物亩增产49.5～136.2 千克，增幅 10.6%～25.3%，经济作物亩增收 520～2 191 元，直接经济效益30 亿元以上，取得了显著的社会效益和生态效益。

该技术作为河南省农业主推技术以来，已在商丘市等 9 个省辖市的 69 个县（市、区）应用。应用作物包括小麦、玉米、水稻等，推广面积 180 多万亩。其中高标准农田推广应用面积 150 多万亩，据多地多点专家测产结果小麦亩增产 50.8～136.2 千克，增产幅度 12.6%～25.3%，平均亩增产 93.5 千克，实现增产粮食 14 025 万千克，小麦价格按 2.8 元/千克计算，实现农业增收 39 270 万元。

该技术 2022 年在河北省赞皇县等地首次推广应用，经第三方评价，玉米示范田亩产 572.2 千克，较对照田（510.2 千克）亩增产粮食 62.0 千克，增产幅度 12.2%；安徽省固镇县小麦亩增产 94.4 千克，增产幅度 18.6%；河南省南召县水稻亩增产 99.8 千克，增产幅度 17.6%。

（三）提质增效情况

1. 增产增收

自 2010 年以来，在 101 个试验示范点，经第三方组织共计 243 位农业专家测产评价，应用该技术，主要粮食作物小麦亩增产 49.5～136.2 千克，增幅 10.6%～25.3%；玉米亩增产 62.0～112.3 千克，增幅 12.6%～16.6%；水稻亩增产 68.9～98.8 千克，增幅 13.3%～17.8%。经济作物（马铃薯、花生、大蒜、甘薯、油菜、烤烟、果树、蔬菜等）按当地市场价计算，亩增收 520～2 191 元。

2. 节本增效

在小麦玉米连作一年两熟区，以 2021 年河南省武陟县为例，亩投资 100 元，亩增产小麦 98.5 千克，亩增产玉米 63.6 千克，亩总增值 453.88 元，亩净增效益 353.88 元，投产比 1∶4.54。经济作物（果树、蔬菜、甘蔗、中药材等）投产比更高。

3. 提升品质

据试验测定，应用该技术，可提高小麦淀粉的热稳定性，增强淀粉糊的凝胶性和凝沉性，进而起到改善小麦籽粒淀粉品质的作用；可使苹果一、二级果率增加 5.0%～8.0%，苹果可溶性固形物含量提高 0.8～1.0 个百分点；可使西瓜可溶性固形物含量提高 1.1～1.4 个百分点，增幅达 9.0%～11.5%；可使辣椒果实维生素 C 含量提高 6.75%～19.91%，还原糖含量提高 6.12%～20.77%，改善了辣椒果实的品质和风味；另外，可使葡萄、甘蔗、火龙果、草莓可溶性固形物含量提高 0.5～1.1 个百分点。

4. 改良土壤，提升耕地质量

该技术推广近 10 年来，已改良耕层浅薄、土壤板结结构性障碍土壤 1 000 多万亩，亩增产粮食 49.5～136.2 千克，增产幅度 10.6%～25.3%；耕层厚度由 12～15 厘米加深到 20 厘米以上，仅从粮食产能和耕层深度两个指标来看耕地地力提高了 0.5～1.3 个等级。

5. 保护农业生态环境

该技术的应用，可有效构建健康耕层，提高土壤养分、土壤水分和肥料利用率，减少化肥、农药施用量；增加作物抗逆能力，促进作物根系发育和植株生长健壮，增加根系数量和生物学产量；结合秸秆还田，可提高土壤有机质含量，增加土壤碳库容。同时，该技术的应用，被农业农村部耕地地力提升专家誉为"一种非机械的松土新方法"，可以减少机械作业次数，节能减排，助力"碳中和""碳达峰"双碳目标的实现，推进农业绿色可持续发展。

2022年6月，河南省农业农村厅领导到西平县老王坡农场实地视察应用松土促根土壤改良技术示范效果

2022年6月，河南省西平县老王坡农场高标准农田建设土壤改良大面积应用松土促根土壤改良技术

2021年4月28日，河南省梁园区高标准农田应用松土促根土壤改良技术加深耕层效果对比（应用的耕层深度21厘米，对照耕层深度13厘米，应用的耕层深度较对照耕深8厘米）

应用松土促根土壤改良技术打破土壤板结

（四）技术获奖情况

1. 2015年，获河南省政府科学技术进步奖二等奖。

2. 2015年，经河南省科技厅组织专家鉴定委员会鉴定，国内外未发现类似报道，研究成果达到国际先进水平。

3. 2016 年，通过农业部行政许可专家评审委员会评审批准，在全国推广。

4. 2022 年 12 月，"松土促根土壤改良增产增效技术集成与推广"获农业农村部全国农牧渔业丰收奖二等奖。

二、技术要点

（一）技术原理

松土促根土壤改良技术，是通过改变土壤的物理和化学吸附性能及离子交换性能，改良土壤结构，促进土壤团粒结构形成，打破土壤板结，疏松修复土壤，构建健康耕层，在农业生产中达到改良土壤、培肥地力、提高产量、改善作物品质的目的。

（二）技术要求

1. 土壤温湿度

（1）土壤温度 在 0～38 摄氏度土壤温度下均可施用。

（2）田间持水量 田间干湿均可施用，土壤持水量在 40%～80% 效果最佳。

2. 土壤调理剂品种与剂型选择

选择适宜于结构性障碍土壤改良的土壤调理剂。土壤调理剂有三种剂型（固体颗粒、粉剂、水剂），均适于所有作物的大田栽培和保护地栽培，其效果没有显著差异。在有滴灌条件的地方或有水肥一体化设施的田块，宜使用水剂型。

3. 施用时期

粮食作物（小麦、玉米、水稻等）整地前结合基肥施入，或种肥异位同播方式施入；经济作物（花生、马铃薯、大蒜等）播种前结合基肥施入；果树（葡萄、苹果、梨等）上一年 9～10 月结合秋施基肥施入，或当年 3 月底结合萌芽前追肥施入。由于松土促根土壤改良技术主要作用于土壤，原则上以基施为主，也可以在作物生长的各时期追施，但对于一种作物的年生育周期而言，施用的时间越早效果越好。

4. 施用量

颗粒剂和粉剂：一般亩施用量在 1～2 千克，高标准农田推荐亩施用量 2 千克；水剂：一般亩施用量 500～1 000 毫升。配套秸秆全量还田、测土配方施肥技术，有机质含量低的地块增施有机肥。

5. 施用方法

将土壤调理剂直接施入土壤，撒施、条施、沟施或穴施均可；大型农场、种植大户可选用飞机撒施；也可单独施用，与细土按照 1∶10 混匀后撒施；水剂可结合浇水冲施或水肥一体化施用。

6. 施用次数

一般结构性障碍土壤每年施用 1 次，黏重土壤或严重板结的土壤每年施用 2 次。

（三）技术集成模式

为使松土促根土壤改良技术应用效果最大化，多年来河南省土壤调理与修复工程技术研究中心技术研发团队，针对不同耕作方式、不同栽培模式应用该技术进行试验示范研究，不断进行深度探索和广度应用，实现与良种良法、农艺农机密切结合，初步形成了以下三种以应用松土促根土壤改良技术为核心的技术集成模式，分别是："旋耕＋松土促根土壤改良技术＋秸秆还田""免耕＋松土促根土壤改良技术""保护地栽培＋松土促根土壤改良技术"集成模式。

"松土促根土壤改良增产增效技术集成与推广"项目，2022年5月5日，以中国工程院农学部院士委员会主任康绍忠院士为组长，中国科学院南京土壤研究所所长沈仁芳研究员、河南省农业科学院卫文星研究员为副组长，由农业农村部耕地质量监测保护中心副主任李荣研究员、农业农村部耕地质量建设管理专家组长徐明岗研究员、农业农村部科技发展中心饶智宏研究员、河南农业大学郭天财教授等组成专家组，对该成果进行评价：该项技术整体属国内领先水平。2022年12月，该项目获农业农村部全国农牧渔业丰收奖二等奖。

三、适宜区域

适用于潮土、褐土、红壤、棕壤、黑土、水稻土等多种土壤类型的结构性障碍土壤。

四、注意事项

1. 松土促根土壤改良技术主要作用于土壤，禁止在植物地上部器官施用。
2. 禁止与碱性农药、芽前除草剂混合应用。

技术依托单位

1. 农业农村部耕地质量监测保护中心

联系地址：北京市朝阳区麦子店24号楼（农业农村部北办公区）

邮政编码：100125

联　系　人：杨　帆

联系电话：13910744953

2. 河南省土壤调理与修复工程技术研究中心

联系地址：河南省商丘市睢阳区金桥路198号

邮政编码：476000

联　系　人：张传忠

联系电话：13700839687

电子邮箱：zzzhang888@sina.com

南方稻田镉砷污染同步阻控技术

一、技术概述

（一）技术基本情况

土壤是生态文明的载体，是保障国家粮食安全与人民身体健康的基础。由于经济社会快速发展与高强度的人类活动，我国农田土壤重金属污染形势不容乐观，已威胁国家粮食安全和人民身体健康。据 2014 年全国土壤污染状况调查公报数据：我国农田土壤重金属点位超标率高达 19.6%，在镉、砷、铅、铬、汞等五个重点控制的污染元素中，镉与砷占到 70%。因此，镉砷污染稻田是农田重金属污染治理的重点与难点；传统的工程治理技术难以满足我国大面积中轻度污染农田安全利用需求。本技术创新性地提出了调控稻田铁循环降低土壤镉砷的活性与移动性、调控水稻硅硒营养阻隔镉砷从叶片向籽粒转运的重金属污染农田安全利用新思路；发明了硅/硒营养调控的生理阻隔技术、土壤铁循环调控的镉砷同步钝化技术，以及前期钝化"控"吸收、中后期生理"阻"转运的协同控制技术；开辟了农田镉砷污染治理新途径，解决了长期困扰土壤环境工程领域的镉砷同步控制的难题。经过多年在广东、广西、湖南等南方多个省份应用证实，可以将轻度污染稻田安全利用率由不足 50% 提高至90%；中度污染稻田提升至 80%。建立了生理阻隔剂、铁基钝化剂生产线，获国家产品登记认证 3 个，其中铁基生物炭获我国第一个稻田镉砷钝化产品认证。相关技术被国家土壤污染防治行动计划先行区作为核心技术采纳，实现了我国农田重金属污染治理由经验型的农艺措施向阻控技术工程应用转变，工程化应用规模超过 300 万亩次。

（二）技术示范推广情况

该成果在广东、湖南、广西、江西等国家土壤污染治理重点省份主推应用，推广面积总计 339.8 万亩次，占我国同期治理总面积的 10% 以上。大面积应用，可降低稻米镉 30%～75%，降低无机砷 20%～50%；提高水稻抗逆性，增产 5%～20%；轻度污染稻田稻米镉达标率由 46.3% 提升至 91.5%，中度污染稻田稻米镉达标率由 28.6% 提高至 91.4%。

（三）提质增效情况

在水稻主产区广东、湖南、广西、江西等省份示范应用表明：以水稻有益元素硅、硒等为原料，研制了"喷喷富""降镉灵"等生理阻隔剂产品；以具有镉/砷同步钝化功能的铁改性生物质炭/腐殖质/黏土等系列功能材料为原料，研制了"U 盾""土十调"等多个土壤调理剂新产品。以此技术作为大面积推广载体，在水稻主产区多省份应用，确定了稻米 90%达标率的技术适宜范围为轻中度镉砷污染稻田。

叶面阻隔技术可以使稻米降镉 33.7%～37.4%、降砷 15.6%～24.8%，单季成本低于1 000 元/公顷；阻隔效果分别是土壤施硅的 2.5、3.5 倍，成本仅 20%。

优化的铁改性生物质炭施用剂量为 150 千克/亩；稻米平均降镉 41.6%，降无机砷29.5%；稻米镉砷钝化效果分别为日本同和公司铁粉技术的 3.1、2.1 倍，成本仅 20%。同时，铁改性生物质炭产品可以提高土壤有机碳、改良土壤结构，亩施 300～500 千克生物炭土壤调理剂可以提升土壤有机质含量约 1%，而且克服了石灰等施用量大、破坏土壤结构、活化砷的缺陷。

铁改性木本泥炭电子穿梭复合材料与传统木本泥炭相比，有效促进活性镉转化为残渣态，土壤中镉钝化率从 78.7% 提升至 94.4%，提升 15.7 个百分点；稻米中镉含量从 0.83 毫克/千克显著降低至 0.18 毫克/千克，降镉率达 78.1%。铁改性木本泥炭有效抑制了有机碳在土壤中分解，显著提高了土壤难分解态有机碳比例，具有长效固碳作用，实现了土壤质量改良与重金属固定的协同。

针对中轻度污染农田，依据边际效益优化、功能互补的原则，优化组合上述三大核心技术，构建了土壤与作物一体化调控的技术体系。中度镉污染区应用后，稻米镉由 0.47 毫克/千克下降至 0.17 毫克/千克，降镉率 64%，稻米达标率由 8.4% 提高至 83%；在轻度镉污染区，稻米镉由 0.26 毫克/千克下降至 0.035 毫克/千克，降镉率 86%，稻米达标率由 50% 提高至 91%。中度镉砷复合污染稻田应用后，稻米降镉率平均 71.3%，平均降砷率 42.8%。实现了中轻度污染稻田高效率、低成本大面积治理。

（四）技术获奖情况

该技术的核心专利"一种铁基生物炭材料、其制备工艺以及其在土壤污染治理中的应用"（ZL201410538633.8）获中国专利奖银奖（2018），是我国第一个获银奖的农田重金属治理技术专利；同时作为核心技术创新，"镉砷污染稻田安全利用关键技术及产业化"获得 2018 年度的大北农环境工程奖，"稻田镉砷污染阻控关键技术与应用"获得 2019 年度的国家科学技术进步奖二等奖，"典型重金属污染耕地精准治理技术及标准化应用"获得 2021 年度广东省科学技术进步奖一等奖，"耕地污染风险分级管控技术体系构建与应用推广"获得 2019—2021 年度全国农牧渔业丰收奖农业技术推广合作奖；技术团队获得 2019 年"中国生态文明奖先进集体"和第十届"母亲河奖"绿色团队奖。

二、技术要点

叶面阻隔技术采用水热合成法制备活性硅/硒复合溶胶（叶面阻隔剂），硅/硒复合溶胶 pH 为 5.0～7.0，硅含量大于 80 克/升，硒含量 0.5%～1%。在水稻拔节期到孕穗期叶面喷施，在晴天午后喷施效果最佳；喷施时对水稀释 20～50 倍均匀喷施，喷施叶面阻隔剂 2～3次，每次每亩 500～800 毫升；可以有效地抑制农作物对重金属的吸收和积累。

多孔生物炭负载甲硫氨酸碳材料铁基生物炭可以利用棕榈丝、椰壳等农业废弃物，在 300～500 摄氏度高温下，进行厌氧裂解制备生物炭，并通过铁基、甲硫氨酸负载等改性增加生物炭吸附重金属砷的性能；铁基生物炭 pH 为 5.0～7.0，铁含量 2% 左右，固定碳含量大于 50%，比表面积大于 80 米^2/克；水稻插秧前一周左右一次性施用 100～200 千克/亩。

铁改性木本泥炭电子穿梭复合材料利用木本泥炭大分子结构对镉等重金属离子有强烈的络合能力；铁循环是调控土壤镉砷活性的关键过程，加上铁改性木本泥炭可以促进水稻根表铁膜形成等机理，以优质木本泥炭为主要原料，对其进行铁基改性，制备稳定的铁改性木本泥炭材料；铁改性木本泥炭有机物总量≥60%，游离腐殖酸含量≥12%，还原性铁含量≥2%。水稻插秧前一周左右一次性施用铁改性木本泥炭 150～250 千克/亩，可以显著提高水稻产量，增产幅度在 15% 左右；显著降低稻米镉含量，降幅为 35%～60%；显著降低稻米砷含量，降幅为 40%～70%。

土壤调理剂生产线及产品

叶面阻隔剂生产线及产品

田间试验现场图

大规模示范推广现场航拍图

三、适宜区域

适用于南方中轻度镉砷污染稻田土壤治理，且可以有效提升耕地地力。在稻米重金属含量超标 1～2 倍的稻田使用该技术，可以生产出合格的稻米。

四、注意事项

1. 叶面阻隔剂喷施的适宜生育期为水稻拔节后期至抽穗期，一般应在晴天或多云天气的下午喷施；喷施后 24 小时内若下雨则需要补喷一次。

2. 钝化剂需要在水稻插秧前 1 周以上施用，且最好能在施用后与土壤混合均匀。

3. 钝化剂施用后 1 周内尽量保持田间淹水 1～3 厘米状态，确保钝化剂与土壤充分反应。

4. 钝化剂需要存放在干燥的地方，钝化剂受潮会变质影响功效。叶面阻隔剂产品存放在阴凉处，注意防冻；叶面阻隔剂暴晒或者低温受冻后会出现沉淀，影响效果。

技术依托单位

1. 广东省科学院生态环境与土壤研究所
   联系地址：广东省广州市天河区天源路 808 号
   邮政编码：510650
   联 系 人：刘传平
   联系电话：13760648498
   电子邮箱：cpliu@soil.gd.cn

2. 农业农村部农业资源与生态保护总站
   联系地址：北京市朝阳区麦子店街 24 号楼 1316
   邮政编码：100125
   联 系 人：李晓华　郑顺安
   联系电话：010-59196362
   电子邮箱：stzzpjzx@163.com

瘠薄黑土耕地心土改良培肥地力提升技术

一、技术概述

（一）技术基本情况

黑土是地球上最宝贵的土壤资源之一，以土壤肥沃、质量优良著称，为全球的粮食生产做出重要贡献。全世界黑土总面积 423 万千米^2，其中东北平原黑土面积为 109 万千米^2，约占世界黑土的 1/4。东北黑土耕地面积 2.78 亿亩，其中黑龙江省黑土耕地面积为 1.56 亿亩，占 56.11%，是东北黑土核心区。黑龙江省 2022 年粮食总产量 776.3 亿千克，连续十三年位居全国第一，为保障国家粮食安全做出重要贡献。

然而，长期以来在自然因素和人为因素影响下，黑土耕地土壤有机质含量持续下降、肥力变差，耕层变浅、变薄，土壤紧实度增加，导致粮食产能下降，产量波动性增加，作物产量与邻近的优质黑土耕地相比，产量低 10% 以上，在水热失调年份，产量差异更大。尽管近些年来，我国黑土保护利用工作取得了显著成效，但是由于资金投入、技术装备等原因，黑土耕地中低产田仍占相当比例。《2019 年全国耕地质量等级情况公报》数据表明，东北地区中低等耕地面积占比 72%；其中黑龙江省中低等耕地面积占其耕地面积 67.0%，其中瘠薄黑土耕地约占 50%，面积达到 676.08 万公顷。瘠薄黑土耕地改良培肥后，可增产 10%，如果种植玉米，每年可增产 50 亿千克以上。

心土改良培肥技术锚定瘠薄黑土耕地的薄、瘦、硬问题，通过专用机械打破障碍土层，改良心土层，增加有效土层深度，构筑长期稳定的耕层结构，有效扩充作物根系生长空间；通过心土层精准培肥施肥，有效提升土壤养分库容，强化瘠薄黑土供肥能力，是集土壤物理、化学和生物改良培肥措施于一体的耕地质量综合提升技术，具有后效持久、增产效果明显等优点，如果能够大面积推广应用，对于黑龙江省粮食产能再次跃升具有十分重要的支撑作用。

心土培肥机械

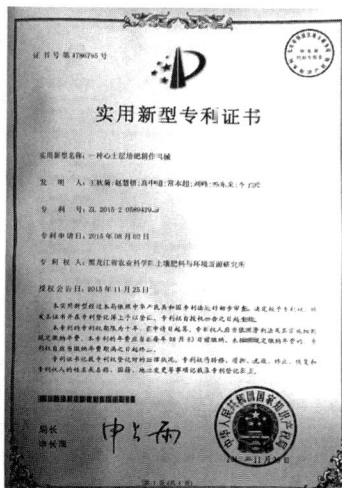

研发机械授权专利

　　黑龙江省黑土保护利用研究院土壤改良团队历经十几年刻苦攻关，探明了瘠薄黑土耕地产能限制因子及作用机制，研发了集物理、化学和生物措施于一体的改土培肥技术，创制了瘠薄黑土专用改土培肥机械，并进行了较大面积的示范验证，明确了改土培肥效果。该技术配套机械已获得国家授权专利1项，正在申报的国家发明专利1项。

（二）技术示范推广情况

　　该技术从2013年开始首先在三江白浆土、松嫩平原瘠薄黑土上进行大面积示范，总示范面积达到294万亩，平均增产13%以上，累计增产粮食1.5亿千克。

瘠薄黑土心土培肥机械田间作业现场

技术示范推广证明

土壤改良研究媒体报道

（三）提质增效情况

白浆土是典型的瘠薄黑土，黑龙江省有 3 000 万亩耕地是白浆土，占整个耕地面积的 1/8 还多，且集中连片分布，仅在三江平原地区就有 2 100 万亩左右的白浆土，有利于大机械规模化连片改土培肥作业。白浆土黑土层薄，耕层养分瘠薄，存在障碍土层白浆层，作物根系下扎困难，土壤旱涝严重，导致作物产量低而不稳等问题。在白浆土应用心土培肥技术既可打破白浆层，又可以培肥白浆层。在白浆土上应用心土培肥技术后，白浆层硬度降低 50% 以上，通气透水性提高 1~2 个数量级，土壤肥力有效磷含量提高 1 个数量级；每年平均增产 15%~20%，改土后效 5 年以上，是目前消减白浆土障碍最有效的技术。该技术在瘠薄黑土耕地上连续 3 年试验示范，年平均增产 10% 以上。实践证明，心土培肥技术适合所有黑土层薄的瘠薄土壤。

该技术每亩一次性投入 155 元，后效 5 年以上，按大豆每亩可增产 15% 计算，亩增收 135 元，净收益 104 元，投入产出比 1∶3.35，是一项工省效宏的黑土地保护与地力提升技术。

应用该技术有利于黑土耕地地力水平提升，有利于资源的可持续利用。

（四）技术获奖情况

该技术获得奖励 4 项：第一项是"黑土区耕地土壤快速培肥关键技术创新与应用"，于 2020 年获得黑龙江省科学技术进步奖一等奖，瘠薄黑土耕地心土改良培肥地力提升技术是其中一项核心技术内容；第二项是"东北农田黑土有机质提升关键技术研究与示范"，于 2019 年获得中国土壤学会科学技术奖；第三项是"低产土壤改良技术与配套机械的研究示范"，于 2017 年获得黑龙江省科学技术进步奖三等奖；第四项是"心土培肥改良白浆土效果及机理的研究"，于 2011 年获得中华农业科技奖三等奖。

出版《低产土壤心土改良与利用》专著 1 部，发表"心土培肥改良瘠薄土壤的效果""深耕培肥改良瘠薄黑土理化性质及提高大豆产量的研究""心土层肥力差异对大豆生长特性及产量的影响"等相关论文 20 余篇，并制定相关标准。

该技术于 2022 年被评为黑龙江省科技农业典型，也是"十四五"国家重点研发专项"三江平原区白浆土障碍消减与产能提升关键技术与示范"中的示范推广核心技术。

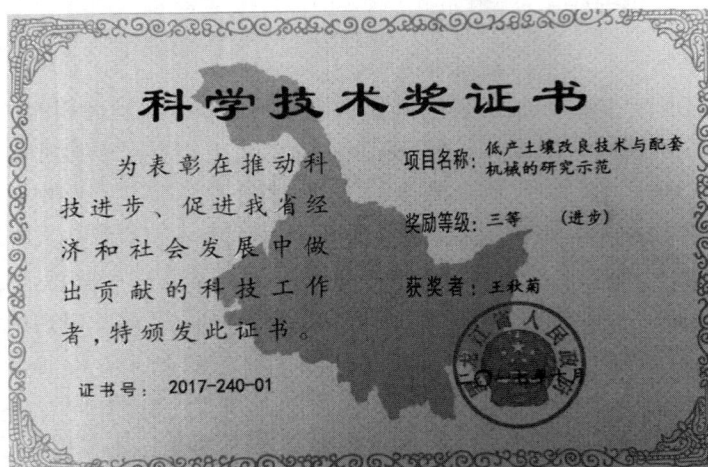

瘠薄黑土耕地心土改良培肥地力提升技术获得的奖励

瘠薄黑土心土改良与利用出版专著

二、技术要点

该技术采用瘠薄黑土专用心土培肥机械实施田间培肥作业，作业幅宽 2.6 米，表层翻耕，心土层破碎培肥，即在保证黑土层位置不变的前提下，机械打破黑土层下的坚硬土层（白浆层或犁底层）的同时加入培肥物料，心土培肥的有效作业深度为 40 厘米。培肥物料根据心土层土壤肥力水平分级培肥，按照白浆层有机质含量＞1.5％或全磷含量＞0.1％、有机质含量 1.0％～1.5％或全磷含量 0.05％～0.1％、有机质含量＜1.0％或全磷含量＜0.05％水平分为高、中、低三个水平，高等肥力水平可以不培肥或培肥纯磷 90～120 千克/公顷，中等肥力水平培肥纯磷 120～150 千克/公顷，低等肥力水平培肥纯磷 150～180 千克/公顷。

其他类型瘠薄黑土技术要点可以参考白浆土改土培肥作业要点，但在作业难度和动力消耗上要低于白浆土。

三、适宜区域

该项技术研发最早可追溯至 2000 年，从 2000 年的第一代改土机械到现在的第三代改土机械，在性能特别是精准性和作业速度上有了质的飞越，能够在生产中经得起考验。2013 年开始，在松嫩平原地区的薄层黑土上大面积示范应用；2021—2022 年，在三江平原进行示范推广，在曙光农场和八五二农场分别建立了千亩示范区。通过示范带动，推进技术推广与应用，全面覆盖黑龙江省的黑土地，为黑龙江省瘠薄黑土地产能提升提供技术支撑。该技术适合所有瘠薄的黑土地。

综上所述，本项技术及装备已经成熟，并在典型区域开展了大规模示范验证，增产效果明显，反响良好，有很好的群众基础，可以进行大面积推广应用，不存在技术风险。

四、注意事项

该技术在黑土层薄、贫瘠、心土层肥力低的土壤上效果显著，在黑土层厚、有机质含量 s 超过 5％的土壤上增产效果不明显，建议用于有机质含量低于 5％的土壤上。该技术一次作业后效 5 年以上，不需要年年处理，每 3～5 年改土培肥作业一次。

技术依托单位

1. 黑龙江省黑土保护利用研究院

联系地址：黑龙江省哈尔滨市南岗区学府路 368 号

邮政编码：150086

联 系 人：王秋菊　刘　杰

联系电话：0451-87505295　139-5151855

电子邮箱：bqjwang@126.com

2. 黑龙江省农业环境与耕地保护站

联系地址：黑龙江省哈尔滨市南岗区珠江路 21 号

邮政编码：150036

联 系 人：马云桥

联系电话：0451-8233112　15904618828

电子邮箱：qiaoyun228@163.com

3. 北大荒集团黑龙江八五二农场有限公司

联系地址：黑龙江省双鸭山市宝清县八五二农场

邮政编码：155608

联 系 人：韩东来　王洪志

联系电话：0469-5308479　18088767666

电子邮箱：hdl _ 23@163.com

畜禽粪污集中处理低碳循环利用技术

一、技术概述

（一）技术基本情况

针对当前我国种养主体分离、规模不匹配、联结不紧密等导致粪肥还田渠道不畅，畜禽粪污处理和利用规范化标准化水平不高，环境污染风险大等问题，逐步探索研发出了畜禽粪污集中处理低碳循环利用技术。该技术以畜禽养殖大县和规模养殖场为重点，以沼气生物天然气为主要处理方向，以就近就地用于农村能源和农用有机肥为主要使用方向，按照"源头减量-过程控制-末端利用-资源循环"的技术路径，采取第三方集中处理的方式，对接区域内多家畜禽养殖企业和种植大户，建立了"减量化生产、全量化处置、无害化处理、资源化利用"相结合的"四轮驱动"运行机制，打通种养循环关键点，为推进畜禽粪污处理减污降碳协同增效提供了解决方案。

一是研发了基于沼气工程的循环农业关键技术与装备。研发了养殖场生态化改造、第三方全量化收储运、高效预处理、连续高浓度多原料厌氧发酵、沼肥深加工等工艺技术，优化创新了沼气工程前处理、高浓度全量化粪水一体沼气发酵、中高压长距离大规模稳定供气输配等设施装备，为沼气工程与循环农业提供关键技术与装备。二是构建了基于沼气工程的循环农业技术模式。以实现区域内畜禽粪污全量化处理与循环利用为目标，创建了县域大循环"N2N"模式、区域中循环"1+N"模式、规模养殖场种养一体化小循环等典型模式；首创以质定价、受益者付费的全量化收储运体系，实现畜禽养殖业、第三方集中处理业及种植户多方盈利，破解了沼气工程落地推广重大难题。三是创新了基于沼气工程的循环农业推广服务平台。建立规模集中供气沼气工程在线监测平台、沼肥施用"社会化农技服务"平台、现代化信息管理平台，形成了"项目＋基地＋企业""推广管理部门＋科研院所＋生产单位＋龙头企业"等推广机制，有力推进了沼气产业的发展。

（二）技术示范推广情况

该技术连续 2 年（2019—2020 年）作为江西省农业主推技术进行推广应用，目前已在江西省 92 个县（市、区）建立畜禽粪污资源化利用示范区 1 365 个，并在贵州、海南、广西等省份多区域、多主体成功复制推广。2019 年，农业农村部科教司、中国农业生态环境保护协会在江西省新余市召开了全国生态循环农业发展经验推介会，重点推介该技术发展经验。2020 年，依托该技术的"区域沼气生态循环农业发展模式"和"利用废弃矿山发展生态循环农业"两项模式，被列入《国家生态文明试验区改革举措和经验做法推广清单》（发改环资〔2020〕1793 号），作为国家生态文明试验区绿色循环低碳发展先进经验模式，向全国进行推广。2021 年，依托该技术的江西省新余市 N2N 区域沼气循环项目，列入国际能源署（IEA）创新沼气示范工程项目，作为 37 项典型案例（其中中国 3 项）之一，向全球进行推介。

（三）提质增效情况

一是实现了环保、民生、生态三大公共产品融合发展。养殖粪污第三方集中全量化处理，实现区域农业废弃物趋零排放；沼气集中供气解决了集镇居民对优质、清洁燃气的迫切需求与天然气管网无法覆盖的矛盾，发挥了沼气发电稳定、绿色且可储能调峰的优质电源特点；沼渣沼液生产有机肥还田利用，可以减少化肥使用，提升农田土壤地力，改善农业生态环境，支撑农业绿色生态品牌创建。二是建立了可靠的赢利模式和多方共赢机制。第三方集中处理企业，通过畜禽粪污处理收费（10元/吨）、沼气工程集中供气、发电上网和有机肥销售等获得较高的投资回报率，实现持续稳定运营；参与的养殖企业通过减量化改造，节省粪污处理设施建设投资和养殖成本；秸秆等农业废弃物得到合理有效处理，并通过合理施用沼肥，减少化肥农药施用，提升农产品质量，实现节本增效；集中供气的农户通过使用沼气等清洁能源，改善厨房卫生条件，每户每月还可节省约30元燃料费用。三是取得了良好的生态、社会和经济效益。通过技术的推广应用，近三年来累计处理畜禽粪污13 035万吨，产生沼气30.83万米^3，可发电55.50亿千瓦·时，产生固态有机肥912.12万吨、沼液肥12 378.81万吨，覆盖农田果园面积2 194.41万亩，增加就业人数7 490人，培训带动农户41 553人次，通过"减量化"减少养殖场粪污6 418万吨，为养殖企业节本11 042万元，产生的直接经济效益超百亿元，生态、社会和经济效益显著。

（四）技术获奖情况

以该技术为核心的成果获2019—2021年度全国农牧渔业丰收奖农业技术推广合作奖、2019年江西省科学技术进步奖三等奖和2019年江西省农牧渔业技术改进奖一等奖。

二、技术要点

核心技术包括养殖场生态化改造技术、畜禽粪污高效厌氧发酵技术、沼气高值化利用技术、沼渣沼液深加工利用技术，以及信息化服务平台。

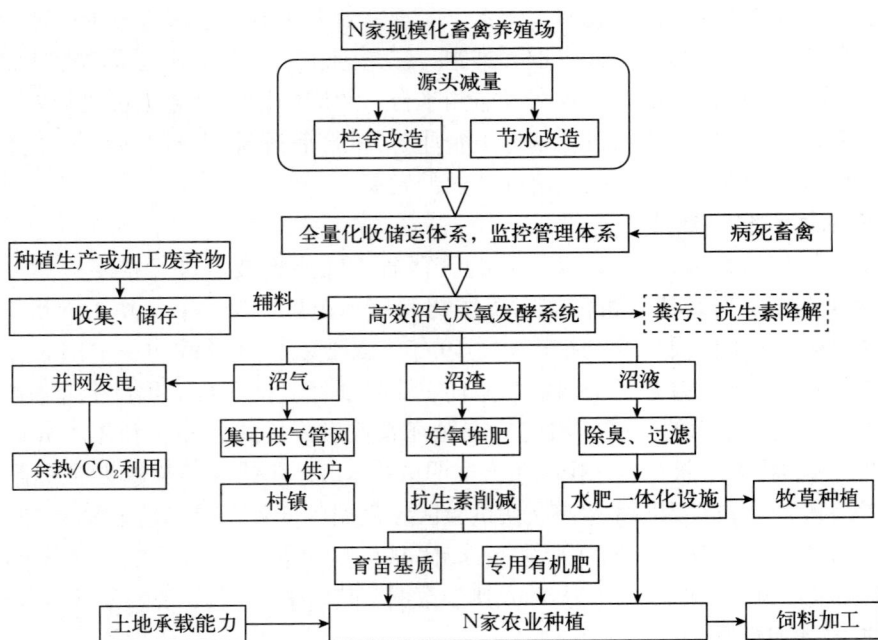

畜禽粪污集中处理低碳循环利用技术路线图

1. 养殖场生态化改造技术

养殖场生态化改造包括高床栏舍和雨污分离改造、采用节水型饮水器和余水收集装置、机械清粪等，改无限用水为控制用水，平均每头猪每天废水量控制低于 5 千克，粪污浓度达到 6% 以上；养殖场按规范建设粪污集污池（每存栏 1 头生猪集污池容积不少于 0.3 米³），以 10 元/吨的价格，通过专用密闭运输车将全部粪污集中交由第三方全量化收集处理，在保证生物安全的同时减少了臭味问题和甲烷等温室气体排放。另外，病死畜禽通过改造运输车进行收集，经高温生物降解后制备有机肥。

2. 畜禽粪污高效厌氧发酵技术

采用连续厌氧发酵关键技术"沼气工程集中供气的卧式并联发酵工艺"，以全量化处理养殖粪污为主，辅以稻秆、猪粪调整碳氮比，实现沼气发酵浓度 6% 以上的持续稳定运行，通过梯度有机负荷率（OLR）进行生物强化，较生物强化前，有机负荷率和容积产气率（VBPR）分别提高 2.1 倍和 4.3 倍。经过连续多年的监测，实际运行单位容积产气率由 0.75 米³/（米³·天）

畜禽粪污集中处理中心——沼气工程

提高到 1.43 米³/（米³·天），提高了传统发酵罐容积产气率和供气稳定性。

3. 沼气高值化利用技术

采用梯级降压供气技术，实现沼气集中供气长距离（> 10 千米）、集镇式（6 000 户）周年持续安全稳定供气，优选低压干式储气膜和高压干式储气柜作为储气设备、输配系统，采用 0.8 兆帕高压储气、0.2 兆帕中压输气、2 千帕低压用气的工艺，经输送至用户区域二次减压至 5 千帕，满足城镇燃气输配工程建设标准和规范。为适应农村用气时节性突增的特点，满足最大用气生产负荷（单户最大日均用气量不少于 1 米³）设计发酵装置规模，并配套沼气发电上网系统，在保障居民全天候生活用气需求的基础上实现并网发电。

沼气发电机组

4. 沼渣沼液深加工利用技术

商品固态肥生产，利用高温好氧堆肥技术对沼渣进行无害化处理，之后与生物菌剂按照一定的配比，混合搅拌均匀，通过好氧堆肥发酵 20 天，然后将有机原料进行粉碎、筛分、包装，制成生物固态有机肥。商品液态肥生产，将固液分离后的沼

有机肥生产车间

液泵送至预发酵池中，进行预发酵，并储存一定量的备用沼液，按照生产效率要求进行调节，再经过沉降过滤、复发酵、絮凝、超细过滤、络合、复合配位、灌装环节，最终生产出液态商品有机肥。

5. 规模化沼气工程在线监测平台

利用物联网、GPS及视频技术，对沼气站、签约的大型养殖场粪污病死畜禽收储运、沼气站沼液消纳、生态农产品生产全程进行实时监控。该在线监测平台可以直接显示某一具体沼气工程的总产气量，以及实时流量、温度、压力等信息；同时，通过该信息平台的数据管理系统，可以获得省、市、县、单个工程的月报表和年报表等具体信息，提高沼气工程的长期运营维护水平，可监控沼气工程运行状况和节能效果，为沼气工程碳减排监测提供数据。

6. 沼肥施用"社会化农技服务"平台

采用"政府引导＋企业主导＋农户加盟"的市场化运作模式，通过沼气工程运营企业牵头，组织服务人员建立农技合作社，在种植密集区建设沼肥加肥站，统一沼肥质量标准、统一施肥技术标准、统一服务管理标准，农技员自沼气站灌装沼肥，支付沼肥费用，然后运输至需要的种植户田间，根据种植园土质和作物品种帮种植户适量施用沼肥，收取服务费，解决沼肥施用的标准问题、技术问题和价格问题等，完全市场化导向。

沼液田间施用

7. 现代化管理系统平台

统筹考虑畜禽养殖废弃物资源化利用产业的经济性、安全性、可持续性等问题，建设现代化的信息管理系统，具体包括：前端畜禽养殖废弃物收储运环节的畜禽粪污收储运信息系统和病死畜禽监控调度系统，中端沼气数据采集处理系统和沼气集中供气监控系统，后端资源化利用的蔬菜水肥一体化滴灌智能监控系统、农田数据采集系统、农作物信息采集系统、智慧农业气象因子监控系统，形成了基于沼气工程的循环农业全产业链智慧服务平台。

三、适宜区域

畜禽养殖规模相对集中的区域，具有大面积的大田种植或其他可消纳沼肥的种植面积；达到高标准农田建设要求或具有水肥一体化技术实施基础的区域可以优先考虑。

四、注意事项

1. 在技术推广中，应做好集中处理中心的选址调研，充分考虑收储运体系安全及成本问题，以及后续沼肥消纳市场及施用标准。

2. 区域内的养殖场在进行生态化改造后，应实现粪污源头减量化、不含危害粪源发酵的物质，达到合理的粪源浓度和 pH。

3. 强化安全生产管理和制度建设，形成沼气生产、沼气供气和发电等生产安全体系，保障生产安全、环境安全。

4. 有机肥生产和沼气发电作为该技术模式运营中主要经济收入，应提高生产效率、充分发掘资源转化利用的价值。开发高品质有机肥产品。

技术依托单位

1. 农业农村部农业生态与资源保护总站

联系地址：北京市朝阳区麦子店街 24 号楼 13 层

邮政编码：100125

联 系 人：李惠斌　徐文勇

联系电话：13811435933

电子邮箱：kzsnyc@126.com

2. 江西省农业生态与资源保护站

联系地址：江西省南昌市省府大院东二路 02 号

邮政编码：330046

联 系 人：黄振侠　熊江花

联系电话：15070992368

电子邮箱：jxnyb@126.com

3. 江西正合环保工程有限公司

联系地址：江西省南昌市青云谱区施尧路 1111 号天使水榭公馆 A 座 5 楼

邮政编码：330001

联 系 人：万里平

联系电话：18601157067

电子邮箱：wanlp0413@126.com

密集养殖区畜禽粪便避雨堆贮技术

一、技术概述

(一) 技术基本情况

现阶段我国仍存在大量以中小规模和农民家庭散养为主的畜禽养殖场，畜禽粪便产生量大，收集难度大，特别是以小规模、高密度养殖为主要特征的密集养殖区，畜禽粪便露天堆置问题普遍，收贮过程问题突出，不仅为其资源化利用带来很大难度，也造成了严重的环境污染问题，成为农业面源污染的重要成因。为此，在国家水污染防治重大专项、公益性行业(农业)科研专项等项目支持下，经过10余年攻关，研发形成了密集养殖区畜禽粪便避雨堆贮技术。该技术突破了养殖户规模小、土地紧张、收集难度大、治理成本高的问题，解决了中小规模及家庭畜禽养殖粪便收集的问题。通过合理选址、优化设计和建设工艺、优化避雨堆贮设施内功能分区和布局，实现畜禽粪污固液分离、脱水和除臭等目标，避免二次污染。将密集养殖区畜禽粪便避雨堆贮技术进一步科学化、规范化和指标化，有力促进密集养殖区畜禽粪便收集、贮存和资源化利用。

(二) 技术示范推广情况

2015年以来，先后在云南、湖北、江苏、江西、辽宁等省进行推广应用。本技术被"十三五"和"十四五"国家重点流域农业面源污染治理规划采纳，并由农业农村部和国家发改委正式颁布实施。目前，已经在长江、黄河流域等我国重点流域农业面源污染治理项目及全国畜禽污染资源化利用整县推进项目中得到了广泛的应用，取得了良好效果。本技术已形成农业行业标准《密集养殖区畜禽粪便收集站建设技术规范》(NY/T 3670—2020)，并于2022年12月被农业农村部农产品质量安全中心授予全国农业农村行业标准研制实施典范。

本技术支撑了农业污染防治攻坚战工作，先后被中国中央电视台《朝闻天下》《农民日报》头版、云南网、大理州电视台等多家媒体宣传报道。

(三) 提质增效情况

本技术的实施有力支撑了农业面源污染防治攻坚战行动，特别是对于控制中小规模和农村家庭散养畜禽污染发挥了重要作用。在长江和黄河流域100余个试点县的广泛应用，提高了畜禽粪便有序收集量，减少了污染物流失量，为长江、黄河流域保护，耕地地力提升，有机肥资源化利用提供了有力的支撑。

据初步统计，技术实施后，密集养殖区氮磷面源污染减排超过2万吨，农民环境意识显著提高，农村人居环境质量显著改善，畜禽粪便资源化利用水平和耕地地力均得到显著提高，为国家粮食安全和生态文明建设提供了支撑。

(四) 技术获奖情况

以该技术为核心关键技术之一的科技成果"南方典型区域农业面源污染防控关键技术与应用"(2021-KJ025-1-R01)，获得2020—2021年度神农中华农业科技奖一等奖。目前，该技术已形成 1 项国家农业行业标准《密集养殖区畜禽粪便收集站建设技术规范》（NY/T 3670—2020），获首届全国农业农村行业标准研制实施典范。授权发明专利 2 项：① 一种基于磁铁微粒强化堆肥过程中碳氮转化的方法（ZL 202210094259.1）；② 一种沼液灌溉预处理及农田灌溉系统（ZL 2021114446□4.1）。

二、技术要点

1. 总体方面

避雨堆贮设施包括畜禽粪便堆存、渗滤液收集、附属设施，有条件的还可配置堆肥辅料贮存设施、堆肥场地；配备磅秤、封闭运输车辆、铲车、装载机等，有条件的还可配备温度水分测定仪器、翻抛机和粉碎机等设备。避雨堆贮设施服务区域半径在 5 千米以内。按畜禽粪便堆存设施、渗滤液收集设施和附属设施占地面积，确定畜禽粪便避雨堆贮设施占地面积。进行堆肥处理的，需考虑辅料贮存设施和堆肥场地占地面积需求，具体占地面积计算方法如下。

不同畜禽日产粪量、收集系数、固体粪便密度因畜种、饲养管理水平、气候、季节等情况会有很大差异，不同统计资料提供的数据不尽相同，缺少实际数据的可参考下表。

不同畜禽日产粪量和收集系数

项目	单位	奶牛	肉牛	生猪	蛋鸡	肉鸡	鸭
日产粪量	千克/（只·天）	30.3	13.63	1.21	0.13	0.14	0.13
密度	千克/米³	990	1 000	990	970	1 000	970
收集系数	—	0.95	0.95	0.95	0.95	0.95	0.90

避雨堆贮设施内堆存设施占地面积 S_S（米²）可按照公式（1）确定：

$$S_S = \frac{\eta \times RT \times \sum Q_i F_i}{\rho_M \times h_S} \tag{1}$$

式中：

η——收集系数；

RT——滞留时间（天）；

Q_i——区域内第 i 种畜禽养殖量（只）；

F_i——区域内第 i 种畜禽日产粪量［千克/（只·天）］；

ρ_M——固体畜禽粪便密度（千克/米³）；

h_S——堆存设施内畜禽粪便可堆积的最高高度（米）。

渗滤液收集设施占地面积 S_l（米²）可按照公式（2）确定：

$$S_l = \frac{\alpha \times S_S \times h_S}{h_l} \tag{2}$$

式中：

α——渗滤液收集设施与堆存设施的体积比；

S_S——堆存设施占地面积（米²）；

h_S——堆存设施内畜禽粪便可堆积的最高高度（米）；

h_l——渗滤液收集设施最大深度（米）。

渗滤液收集设施体积与堆存设施的体积比为 5%～10%；附属设施占地面积与堆存设施的面积比为 7% 以内，最多不超过 1 公顷；进行堆肥处理的避雨堆贮设施中，堆肥场地建于堆存设施内，面积为堆存设施的一半。

按当地规划、土地使用类型、避雨堆贮设施占地面积，并充分考虑村庄、地表水体等自然要素和环境敏感区分布确定建设地址。选择交通便利、电源及供水可靠、施工和运行管理方便并有扩建余地的地址进行建设。不在生活饮用水水源保护区、风景名胜区、自然保护区的核心区及缓冲区、城市和城镇居民区、县级人民政府依法划定的禁养区域，以及国家或地方法律、法规规定需特殊保护的其他区域建设避雨堆贮设施并至少保持 500 米的防护距离，与畜禽养殖场至少保持 500 米的防疫距离，与种畜禽养殖场至少保持 1 000 米的防疫距离，与地表水体至少保持 400 米的安全防护距离。设置区域主导风向的下风向或侧风向处，地方政府另有规定的按照其规定执行。

避雨堆贮设施内各设施按畜禽粪便收集、处理、转运的程序合理布局。渗滤液收集设施在整个避雨堆贮设施最低处，设置于避雨堆贮设施外。附属设施位于整个避雨堆贮设施的上风向处，其他各项设施按照功能紧凑布局。进行堆肥处理与不进行堆肥处理的两种避雨堆贮设施的平面布局如下图所示。

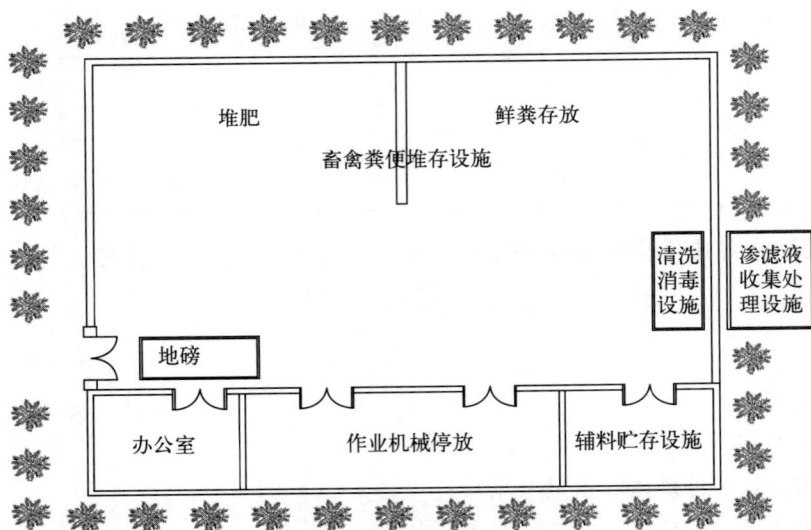

进行堆肥处理的避雨堆贮设施平面布置图

2. 建设方面

避雨堆贮设施建设主体包括地磅秤、堆存设施、渗滤液收集设施。选用与常用运输车辆相匹配的地磅秤，地磅秤安装浇筑混凝土基础，安装在排水良好的位置。

堆存设施为地上或半地下结构。地面和墙体采用混凝土浇筑，墙体厚度不少于 240 毫米，地面厚度不少于 200 毫米，渗透系数 $\leqslant 1.0 \times 10^{-5}$ 毫米/秒。地面向渗滤液收集设施方向适当倾斜，坡底设渗滤液收集暗沟或暗管并与渗滤液收集处理设施相连。顶部建设带阳光板屋顶的钢结构雨棚，雨棚下弦与设施地面间净高不低于 3.5 米。地面强度满足作业机械的荷载要求。

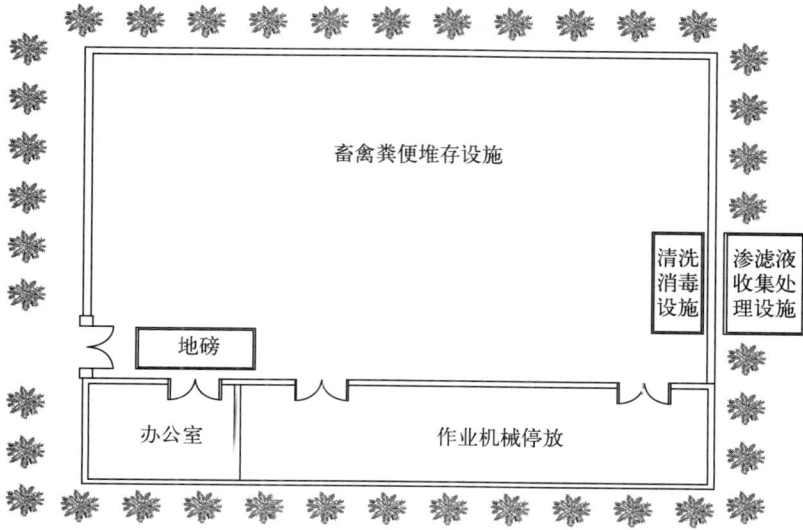

不进行堆肥处理的避雨堆贮设施平面布置图

渗滤液收集设施有效容积满足渗滤液在设施内的滞留时间不少于 30 天。渗滤液收集设施采用混凝土浇筑，进行防渗和防腐蚀处理，并配备排污泵。上部用混凝土预制板封闭或采用其他防雨设施。设置围栏，围栏高度不低于 1.8 米。北方地区建在冻土层以下，有条件的地区可采用三格式地下结构，三格式地下结构示意图如下图所示。

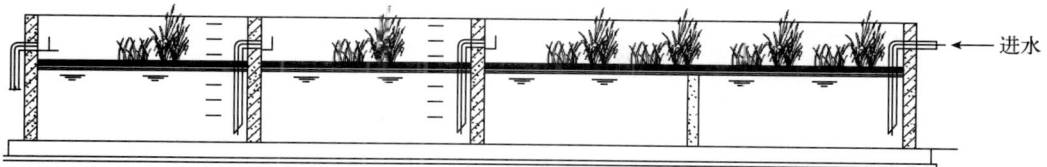

三格式地下结构渗滤液收集设施样式示意图

附属设施包括运输车辆清洗消毒、作业机械存放和办公等设施。有条件可建设辅料贮存设施。避雨堆贮设施配备除臭设备，周边建设 5～10 米的植物缓冲带，配备消防设施，消防设施满足避雨堆贮设施消防需求。

3. 运行机制方面

明确避雨堆贮设施管护主体、管护责任和义务，由管护主体对避雨堆贮设施进行日常检查维护。畜禽粪便在避雨堆贮设施堆存设施中的贮存时间为 15～20 天。畜禽粪便的运输防止遗撒、流失、渗漏并控制臭气。采取严格措施防止二次污染，严格实行雨污分流措施，渗滤液不能直接向环境排放，防止雨污混合及渗滤液下渗。当次畜禽粪便转运结束后，转运车辆进行清洗消毒。采用不产生二次污染的消毒剂，清洗过程节约用水，清洗废水与渗滤液一同收集处理。经过处理的渗滤液进行肥料化还田利用。在畜禽粪便堆体表面覆盖秸秆、锯末、膨润土、生物炭等吸附材料；喷洒双氧水、臭氧等无二次污染风险的强氧化剂，氧化臭气中的主要恶臭物质；添加生物提取物、酶制剂、生物菌剂等，减少臭气生成。夏季避雨堆贮设施内采取灭蝇网等灭蝇措施。在避雨堆贮设施醒目位置处设置危险警示标识。

制定全面的运行管理、维护保养制度和安全生产操作规程并张贴于醒目位置，建立明确的岗位责任机制，各类设施、设备均严格按照设计的工艺要求及说明使用。运行管理人员上岗前进行相关法律法规、专业技术、安全防护和紧急处理等理论知识和操作技能培训，熟悉避雨堆存设施内各类设施、设备的运行要求与技术指标；具备应急处理能力，发现异常情况采取相应解决措施并及时上报有关主管部门。

三、适宜区域

畜禽养殖密度大于 1 万头/千米^2 生猪当量，且各单体畜禽养殖量均不高于有关部门规定的畜禽养殖场规模标准的法定允许养殖区域。

四、注意事项

1. 收集的畜禽粪便及时转运，并防止转运过程遗撒。
2. 畜禽粪便堆存设施内严禁烟火，运行管理人员严格按照程序作业。

技术依托单位
1. 中国农业科学院农业资源与农业区划研究所
联系地址：北京市海淀区中关村南大街 12 号
邮政编码：100081
联系人：潘君廷　王洪媛　刘宏斌
联系电话：010-82106899　13501098823
电子邮箱：panjunting@caas.cn
2. 云南省农业科学院农业资源环境研究所
联系地址：云南省昆明市盘龙区北京路 2238 号
邮政编码：650224
联系人：胡万里　付　斌
联系电话：13888167144
电子邮箱：13888167144@163.com

水稻安全生产协同固碳减排技术

一、技术概述

（一）技术基本情况

土壤是生态文明的载体，是保障国家粮食安全与人民身体健康的基础。针对我国耕地重（类）金属污染严重，危害国家粮食安全，大面积治理能耗大，且与国家"双碳"战略不相匹配的问题，本技术以富含穿梭基团和附着基团的生物质炭或木本泥炭为原料，依据穿梭体加速铁还原、亚铁催化加速矿物晶相转化的原理，研制了炭基大分子有机功能材料。该复合材料通过表面沉积、促进生物膜形成、提高基因表达来加速电子传递，促进铁的循环过程，可加速重金属固定转化；同时有效抑制了有机碳在土壤中分解，显著提高了土壤中难分解态有机碳比例，具有长效固碳作用，实现了土壤质量改良与重金属固定的协同。据此创制了铁改性木本泥炭电子穿梭复合材料、多孔生物炭负载甲硫氨酸碳材料、炭基多硫化铁复合材料，实现了我国南方红壤重金属污染耕地水稻安全生产协同固碳减排的目标。并在国家先行区大面积应用，韶关武江区应用：稻米达标率由 65% 提高至 95%；净碳收支从 -6.34 吨（CO_2 等同物）/公顷提高至 16.13 吨（CO_2 等同物）/公顷，土壤环境质量达标面积从 53.5% 提高至 93.4%，可持续指数从 67 提高至 96。形成靶向调控协同固碳减排的可持续技术体系，达到国际领先水平。解决了技术可靠性、可复制性的难题，为解决我国南方红壤重金属污染耕地水稻安全生产协同固碳减排提供了技术支撑。

（二）技术示范推广情况

该成果在广东、湖南、江西等国家土壤污染治理重点省份主推应用，应用面积 349.1 万亩，新增达标稻谷 151.02 万吨，农业新增直接效益 9.51 亿元，新增碳汇 12.85 万吨；企业新增营收 4.18 亿元，利润 0.57 亿元。

（三）提质增效情况

铁改性木本泥炭电子穿梭复合材料与传统木本泥炭相比，有效促进活性镉转化为残渣态，土壤中镉钝化率从 78.7% 提升至 94.4%，提升 15.7 个百分点；稻米中镉含量从 0.83 毫克/千克显著降低至 0.18 毫克/千克，下降率达 78.1%。铁改性木本泥炭有效抑制了有机碳在土壤中分解，显著提高了土壤中难分解态有机碳比例，具有长效固碳作用，实现了土壤质量改良与重金属固定的协同。与对照相比，多孔生物炭负载甲硫氨酸碳材料有效提升土壤甲基砷含量 10 倍，降低甲烷排放量 50% 以上，显著降低稻米砷总量 58.7%；稻米无机砷比例从 74.7% 下降至 36.6%。炭基多硫化铁显著抑制汞甲基化，抑制汞甲基化 45.0%，稻米甲基汞和总汞含量分别降低 61.1% 和 64.3%。

工程应用表明：与国内外同类技术对比，稻米重金属达标率由 65% 提升至 95%；每公顷甲烷排放量从 7.85 吨 CO_2 当量降低至 3.64 吨 CO_2 当量，净碳收支从 -6.34 吨/公顷提升至 16.13 吨/公顷，实现了增碳减排，可持续性指数从 67 提升至 96。

（四）技术获奖情况

典型重金属污染耕地精准治理技术及标准化应用，获 2021 年度广东省科学技术进步奖一等奖。

二、技术要点

多孔生物炭负载甲硫氨酸碳材料铁基生物炭可以利用棕榈丝、椰壳等农业废弃物，在 300～500 摄氏度高温下，进行厌氧裂解制备生物炭，并通过铁基、甲硫氨酸负载等改性材料增加生物炭吸附重金属砷的性能；铁基生物炭 pH 为 5.0～7.0，铁含量 2％左右，固定碳含量大于 50％，比表面积大于 80 米^2/克；水稻插秧前一周左右一次性施用 100～200 千克/亩。铁改性木本泥炭电子穿梭复合材料因其木本泥炭大分子结构对镉等重金属离子有强烈的络合能力；铁循环是调控土壤镉砷活性的关键过程，加上铁改性木本泥炭可以促进水稻根表铁膜形成，以优质木本泥炭为主要原料，对其进行铁基改性，制备稳定的铁改性木本泥炭材料；铁改性木本泥炭有机物总量≥60％，游离腐殖酸含量≥12％，还原性铁含量≥2％。水稻插秧前一周左右一次性施用铁改性木本泥炭 150～250 千克/亩，可以显著提高水稻产量，增产幅度在 15％左右；显著降低稻米镉含量，降幅为 35％～60％；显著降低稻米砷含量，降幅为 40％～70％。

土壤调理剂生产线及产品

大规模示范现场

三、适宜区域

适用于南方中轻度镉砷污染稻田土壤治理，且可以有效提升耕地地力、固碳减排。在稻米重金属含量超标1～2倍的稻田使用该技术，可以生产出合格的稻米。

四、注意事项

1. 钝化剂需要在水稻插秧前1周以上施用，且最好能在施用后与土壤混合均匀。

2. 钝化剂施用后1周内尽量保持田间淹水1～3厘米状态，确保钝化剂与土壤充分反应。

3. 钝化剂需要存放在干燥的地方，钝化剂受潮变质会影响功效。

技术依托单位

广东省科学院生态环境与土壤研究所

联系地址：广东省广州市天河区天源路808号

邮政编码：510650

联 系 人：刘传平

联系电话：13760648498

电子邮箱：cpliu@soil.gd.cn

稻田氮磷控源增汇技术

一、技术概述

（一）技术基本情况

水稻是我国第一口粮作物，也是肥水资源消耗大户，耗水量占农业用水量的 60%～70%，化肥用量约占农业化肥用量的 25%。稻田氮磷流失量接近全国种植业源氮磷流失量的 40%，成为我国水体富营养化的重要来源。不合理施肥与秸秆等有机物料投入不足，是稻田氮磷流失的根本原因，也是稻田地力下降、土壤酸化、还原性物质积累、水稻产量难以稳定提高的重要原因。

为此，在公益性行业（农业）科研专项、国家重点研发计划等项目支持下，经过 10 余年攻关，研发了稻田氮磷控源增汇技术。该技术通过创新兼顾经济与环境效益的水稻施氮阈值核算方法、制定水稻施肥阈值清单，创制新型氮肥增效剂——高分子量聚天冬氨酸（PASP）及其化肥复配工艺，采用变速效肥料为缓释增效肥料、变表施为深施、基肥前移、增施高碳氮比有机物料等技术措施，实现氮磷化肥减施增效、土壤碳库稳步增加、稻田氮磷流失显著降低、水稻产量持续增加。

（二）技术示范推广情况

该技术的 2 项核心发明专利"生物炭基聚天冬氨酸缓释尿素、其制备方法及应用"和"高分子量有机胺和马来酸酐改性聚天冬氨酸盐及其制法"已有效转化，新型缓释增效尿素及复合肥等技术产品实现了规模化生产，近年来累计销售 72 万吨，公司新增利润 1.65 亿元。

2014 年以来，该技术已在湖北、辽宁、江西等省建立了核心示范区，并在我国水稻主产区进行了试验示范和推广应用。农业农村部和国家发改委在湖北安陆示范区举办了 2 场全国现场观摩会，来自云南、湖北、江苏、河南等 12 个省农业主管部门和 50 余个长江经济带农业面源污染综合治理项目县有关人员到基地观摩学习。

农业农村部农业生态与资源保护总站前站长王衍亮研究员认为："稻田氮磷控源增汇技术不仅在水稻稳产和丰产上起到了积极作用，而且减少了化肥施用，促进了秸秆等农业废弃物的循环利用，改良了土壤，培肥了地力，这项技术不仅有利于粮食安全，也解决了农业面源污染问题，促进了水稻绿色生产，做到了'藏粮于地，藏粮于技'，值得在水稻产区推广应用。"

（三）提质增效情况

农业农村部科技发展中心组织的第三方监测评价结果表明：辽宁、湖北、江西等示范区应用该技术后，土壤有机质含量提高 0.4～1.2 个百分点，氮素利用率提高 5～9 个百分点，施肥期田面水氮磷浓度分别降低 11%～37%，氨挥发减少 25%，氮、磷流失量降低 34%、23% 以上，水稻增产 7% 以上，节支增收 60 元/亩以上。

（四）技术获奖情况

该技术形成国家农业行业标准 1 项，授权发明专利 4 项。其中，"高分子量有机胺和马来酸酐改性聚天冬氨酸盐及其制法""生物炭基聚天冬氨酸缓释尿素、其制备方法及应用" 2 项发明专利已有效转化，专利权转让金额 500 万元。"生物炭基聚天冬氨酸缓释尿素、其制备方法及应用"获得第二十二届中国国际高新技术成果交易会优秀产品奖。

二、技术要点

（一）技术原理

基于水稻稳产、丰产和环境安全，确定施肥总量；在总量控制的条件下，优选肥料种类，优化施肥方法，变速效肥为缓释增效肥、变表施为深施，并因地制宜选用高碳氮比有机物料，提高土壤碳库，促进氮磷微生物同化，显著降低风险期田面水氮磷浓度，减少氮磷流失，同时实现了土壤肥力提升、化肥减量及水稻稳产丰产。

（二）操作要点

1. 氮磷肥料用量控制

采用测土配方施肥等技术确定水稻氮磷肥施用量，控制氮磷肥施用量不超过上限值。各稻区不同产量水平下水稻施氮量上限值及不同土壤速效磷含量下水稻施磷量上限值如下表所示。

各稻区水稻施氮量上限值

	产量水平（y，千克/公顷）	施氮量上限值（千克/公顷）
北方稻区单季稻	$y<7\,500$	180
	$7\,500{\leqslant}y<9\,000$	210
	$9\,000{\leqslant}y<10\,500$	240
	$10\,500{\leqslant}y<12\,000$	270
	$y{\geqslant}12\,000$	300
南方稻区双季早稻、晚稻	$y<6\,000$	165
	$6\,000{\leqslant}y<7\,500$	195
	$7\,500{\leqslant}y<9\,000$	210
	$y{\geqslant}9\,000$	240
南方稻区中稻/一季晚稻	$y<6\,000$	180
	$6\,000{\leqslant}y<7\,500$	210
	$7\,500{\leqslant}y<9\,000$	240
	$9\,000{\leqslant}y<10\,500$	270
	$y{\geqslant}10\,500$	300

水稻施磷量上限值

土壤速效磷含量（毫克/千克）	施磷（P_2O_5）量上限值（千克/公顷）
${\leqslant}30$	120
>30	90

2. 肥料种类选择及施用

优先选用聚天酶尿素等稳定性肥料、缓控释肥料等，有条件的地区可采用有机肥替代部分化肥，替代比例为 20%～30%（以 N 计）。基肥应深施，追肥以水带氮或浅水施用。避免雨前施肥。

3. 高碳氮比有机物料选用

因地制宜施用水稻、小麦、油菜等前茬作物秸秆及绿肥等高碳氮比有机物料。

在北方单季稻区，主要选用水稻秸秆。水稻收获时，将秸秆粉碎，均匀覆盖于田面，留茬高度为 15～20 厘米，粉碎长度小于 10 厘米。翌年春季，将秸秆与基肥联合翻埋入土，翻埋深度为 15～20 厘米。

在南方水旱轮作稻区，小麦、油菜等旱季作物收获时，将秸秆粉碎，并均匀抛撒在田面，粉碎长度宜小于 10 厘米，留茬高度低于 15 厘米。水稻移栽前，将秸秆和基肥翻埋或旋耕入土。

北方单季稻区秸秆翻埋作业

南方水旱轮作稻区旱季作物秸秆还田作业

在南方双季稻区，联合选用绿肥和水稻秸秆。晚稻收获前 7～15 天，套播绿肥，优选豆科绿肥。套播绿肥时，施用 30～45 千克/公顷（以 P_2O_5 计）的钙镁磷肥。晚稻收获时，将秸秆高留茬粉碎，均匀抛撒于田面，留茬高度为 30～40 厘米，粉碎长度小于 10 厘米。早稻播栽前 10～15 天，将绿肥、晚稻秸秆与早稻基肥联合翻压入土。早稻收获时，将秸秆粉碎，均匀抛撒于田面，粉碎长度小于 10 厘米，留茬高度低于 15 厘米。晚稻播栽前，将早稻秸秆和基肥翻埋或旋耕入土。

南方双季稻区冬季绿肥种植

（三）配套农艺措施

耕整泡田期，控制泡田灌水深度，不主动外排泡田水。其他施肥期，根据当地水资源条件选择适宜的节水灌溉模式，在水稻耐淹能力范围内充分发挥稻田的蓄水功能。

三、适宜区域

北方单季稻区，南方水旱轮作稻区，南方双季稻区。

四、注意事项

1. 土壤有机质含量小于 20 克/千克，适当提高基肥施氮量。
2. 病害较严重地区、重金属污染突出地区秸秆不宜还田。

技术依托单位

1. 中国农业科学院农业资源与农业区划研究所

联系地址：北京市海淀区中关村南大街 12 号

邮政编码：100081

联 系 人：刘宏斌　胡万里　牛世伟　杨晋辉

联系电话：010-82108763　13911095956

电子邮箱：liuhongbin@caas.cn

2. 中国绿色食品发展中心

联系地址：北京市海淀区学院南路 59 号

邮政编码：100081

联 系 人：张志华

联系电话：13911389022

3. 湖北省农业科学院植保土肥研究所

联系地址：湖北省武汉市洪山区南湖大道 18 号

邮政编码：430064

联 系 人：张富林　范先鹏　陈蓉蓉　徐昌旭

联系电话：13545036815

电子邮箱：fulinzhang@126.com

东北黑土区旱地肥沃耕层构建技术

一、技术概述

（一）技术基本情况

针对东北黑土地由于过度垦殖和用养失调导致土壤有机质含量下降，黑土层变薄，耕层变浅、犁底层上移增厚限制土壤中水、热、气传导和作物根系生长，土壤水养库容降低影响作物的水分和养分吸收利用及产量等问题，经系统研究形成了东北黑土区旱地肥沃耕层构建技术体系。通过该技术实现了玉米秸秆全量还田，通过加深秸秆还田深度，解决了秸秆浅混还田土壤跑墒、影响下季作物播种质量导致缺苗和苗弱的问题；通过秸秆和有机肥深混还田，增加耕层厚度，提高全耕层土壤有机质及养分含量，构建肥沃耕层，增加土壤储水能力及作物水分利用效率。在白浆土上，通过一次性增施秸秆、有机肥和化肥，改良白浆层，实现白浆土快速培肥；通过化肥农药减施，保证作物品质、提高肥料利用效率。实现了东北黑土地保护利用的农机农艺融合，提高了秸秆和畜禽粪污等的综合利用，减少秸秆焚烧、畜禽粪污随处堆放对环境造成的污染，实现了生态环境协调发展。

（二）技术示范推广情况

核心技术"肥沃耕层构建技术"作为其他技术的核心内容，2017 年被遴选为农业部农业主推技术。2015 年以来，作为东北黑土地保护利用试点项目的主推技术被广泛应用；同时在辽宁、吉林和内蒙古东四盟等省、市多地也进行了示范、推广，获得良好效果。2015—2019 年，在黑龙江黑河的暗棕壤、海伦的中厚黑土、双城的薄层黑土、富锦的白浆土、龙江的黑钙土，吉林公主岭的草甸土，辽宁铁岭和大连的棕壤、阜蒙的褐土开展试验示范，采用该技术后耕层土壤有机质、速效氮、速效磷和速效钾含量的增加量平均增加了 1.85 克/千克、20.16 毫克/千克、1.56 毫克/千克和 17.20 毫克/千克，亚耕层较耕层进一步增加了 2.09 克/千克、12.06 毫克/千克、2.18 毫克/千克和 3.84 毫克/千克。在黑龙江海伦的试验研究表明，采用该项技术显著增加了土壤总孔隙度，特别是通气孔隙增加了 24.31%～43.43%，土壤饱和导水率提高了 13.35%～26.71%，饱和持水量增加了 9.84%～21.12%，促进了大气降水的入渗，增加了黑土持水能力，减少了地表径流发生的风险。目前该技术正在东北黑土地保护利用项目县（市）推广应用。

（三）提质增效情况

与常规技术相比，应用该技术土壤有机质含量提高 5.6% 以上，耕层厚度增加至 30 厘米以上，耕地地力等级提高 0.5～1 个等级，大豆和玉米增产 11.5% 以上，水分利用效率提高 18.2%，节约化肥、农药用量 5.5% 以上，肥料利用率提高 4.3 个百分点，亩增收节支 65 元以上；而且秸秆和有机肥还田在培肥土壤的同时，还可杜绝因秸秆焚烧和畜禽粪污随意堆放造成的环境污染。通过黑土肥沃耕层构建、提升耕地地力后减肥、减药，提高作物品质。

（四）技术获奖情况

1. 获奖："黑土地肥沃耕层构建关键技术创新及技术集成与应用"2017 年获得黑龙江省科学技术进步奖一等奖；"黑土区耕地土壤快速培肥关键技术创新与应用"2020 年获得黑龙江省科学技术进步奖一等奖。

2. 行业标准：《东北黑土区旱地肥沃耕层构建技术规程》，NY/T 3694—2020，2020 年 8 月 26 日发布。

3. 地方标准：《耕地肥沃耕层构建技术》，DB23/T 1986—2017，2017 年 9 月 7 日发布；《白浆土厚沃耕层构建技术规程》，DB23/T 2671—2020，2020 年 9 月 11 日发布。

二、技术要点

1. 玉米收获

玉米进入完熟期，适时采用带有秸秆粉碎装置的联合机械收获，将秸秆自然抛撒在田块上，玉米留茬 15 厘米以下。

2. 秸秆处理

利用秸秆粉碎机对秸秆进行二次破碎，使长度＜10 厘米的秸秆较为均匀地分布在田块上。

3. 有机肥抛撒

秋季收获后利用有机肥抛撒机，将有机肥均匀抛撒在田面上，有机肥施用量为 22.5 米³/公顷以上。

4. 构建肥沃耕层

利用螺旋式犁壁犁在平铺秸秆或秸秆和有机肥的田块上进行土层翻转作业，土层翻转 60～120 度角，作业深度为（32.5±2.5）厘米；然后利用圆盘耙对地块进行秸秆深混和碎土平整作业。

5. 整地

使用联合整地机械进行起垄或平作、镇压，使土壤达到待播种状态。

黑土地肥沃耕层构建技术-玉米秸秆粉碎

黑土地肥沃耕层构建技术-有机肥抛撒　　　黑土地肥沃耕层构建技术-秸秆深混还田

三、适宜区域

东北黑土区黑土、黑钙土、草甸土、暗棕壤、白浆土、棕壤及其他具有相似性质的土壤类型。

四、注意事项

1. 黑土层厚度≥30 厘米的旱地土壤，宜采用玉米秸秆全量一次性深混还田技术，以达到扩容耕层、构建肥沃耕层的目的。

2. 黑土层厚度<30 厘米的旱地土壤，肥力较低、物理性质较差的耕作土壤，宜采用秸秆配施有机肥深混还田构建肥沃耕层技术和有机肥深混还田构建肥沃耕层技术，以弥补因熟土层和新土层混合后导致的土壤肥力下降问题。

3. 白浆土在采用秸秆配施有机肥深混还田构建肥沃耕层技术的同时，应适当施用石灰调节土壤酸度，适当增施磷肥，以达到一次性改造白浆土白浆层的目的。

4. 位于缓坡区的旱地肥沃耕层构建应同时采取水土保持措施。

5. 肥沃耕层构建机械作业时间宜在秋季作物收获后，土壤封冻前，土壤含水量为 20％左右实施。

技术依托单位

1. 中国科学院东北地理与农业生态研究所

联系地址：黑龙江省哈尔滨市南岗区哈平路 138 号

邮政编码：150081

联 系 人：韩晓增　邹文秀

联系电话：0451-86602940　13804533516

电子邮箱：xzhan@iga.cn

2. 农业农村部耕地质量监测保护中心

联系地址：北京市朝阳区麦子店 24 号楼

邮政编码：100125

联 系 人：杨　帆　贾　伟

联系电话：010-59196339

电子邮箱：jiawei@agri.gov.cn

3. 黑龙江省农业环境与耕地保护站

联系地址：黑龙江省哈尔滨市香坊区珠江路 21 号

邮政编码：150090

联 系 人：马云桥　王云龙

联系电话：0451-82310527　13796679996

电子邮箱：82310527@163.com

盐碱地水田"三良一体化"丰产改良技术

一、技术概述

（一）技术基本情况

1. 技术背景

2021年10月，习近平总书记在山东考察时指出"开展盐碱地综合利用对保障国家粮食安全、端牢中国饭碗具有重要战略意义。"我国有大量未利用盐碱地尚未得到根本治理和高效开发利用，是一种珍贵的后备土地资源。生物改良选育耐盐碱品种是有效的改良方式，但对于新垦重度盐碱地，必须采用综合"良田＋良种＋良法"抗逆栽培技术才可以实现高产高效利用。苏打盐碱地改良的难度最大，治理周期更长、见效更慢。长期实践表明，在水利配套条件下，盐碱地开发种稻（以稻治碱）是高效改良利用苏打盐碱地的最佳选择，兼具恢复生态和发展经济的双重作用，对保障国家粮食安全和生态安全均具有重要意义。

2. 作用与效果

本技术是在吉林省农业主推技术"盐碱地以稻治碱改土增粮关键技术"的基础上凝练提升出来的一种创新技术。本技术重点围绕东北苏打盐碱地亟待破解的技术难题，创建了多种快速高效的适用土壤改良技术，选育和推广耐盐碱水稻品种，形成了低成本、可复制、易推广的"良田＋良种＋良法"三良一体化高产高效技术和大安模式，可加速盐碱地变良田进程，快速实现盐碱地增产增收。

重度盐碱地未改土种稻景观

重度盐碱地改土后种稻景观

盐碱地开发种稻现场

盐碱地改土种稻示范区

（二）技术示范推广情况

东北地区是我国苏打盐碱地典型集中分布区，土壤贫瘠、碱性强，荒漠化严重，加剧了该区域的生态贫困和经济贫困。苏打盐碱地以稻治碱改土增粮关键技术多年来被推选为吉林省农业主推技术大面积推广应用，选育的耐盐碱超高产系列抗逆水稻新品种长白9号、东稻4号等先后被列入吉林省盐碱地区主导品种，并在松嫩平原西部建立了苏打盐碱地水田核心技术示范区。此外，通过集中培训、印发技术资料、田间现场指导等多种形式，培训农民、企业技术人员和乡镇技术骨干。上述技术成果的大面积应用，产生了显著的社会效益、经济效益和生态效益，具有广阔的应用前景。

（三）提质增效情况

1. 创建了苏打盐碱地物理化学同步快速改良技术，克服了苏打盐碱地高 pH 土壤理化障碍，解决了新垦重度盐碱地有水也无法成功种稻的技术难题，实现了苏打盐碱地当年治理、当年见效的治理目标。应用该技术使 pH 达 9.5～10.5 的重度盐碱地在开垦当年水稻产量从 0～100 千克/亩提高到 400 千克/亩以上，第 3 年高达 533 千克/亩，土壤 pH 由 10.5 降到 8.5 以下，比传统水洗改良法缩短改良时间 3～5 年。

2. 利用生态聚合抗逆育种理论，历经 16 年育成耐盐碱超高产水稻新品种东稻 4 号，该品种打破了吉林省超高产历史记录，实现了抗盐碱品种的更新换代。通过研发水稻抗逆栽培配套关键技术和高产模式，根据苏打盐碱地轻度、中度、重度的差异，建立了集盐碱地治理、壮苗培育、旱育密植、节水灌溉等于一体的技术体系，实现了盐碱地均衡增产与节本增效。

（四）技术获奖情况

1. 技术获奖

"苏打盐碱地大规模以稻治碱改土增粮关键技术创新及应用" 2015 年获国家科学技术进步奖二等奖；"超高产耐盐碱优质水稻新品种东稻 4 的选育及应用团队" 2015 年获中国科学院科技促进发展奖一等奖。

2. 申请专利

"盐碱地水稻育苗过程中床土酸碱度的监测与调控方法" 2012 年获国家发明专利，专利号 ZL 201010535824.0；"一种苏打盐碱地水稻窄行密植插秧方法" 2013 年获国家发明专利，专利号 ZL 201210405420.9；"一穴多株盐碱地水稻密植的种植方法" 2013 年获国家发明专利，专利号 ZL 201210404822.7；"盐碱地水稻快速旱育苗方法" 2014 年获国家发明专利，专利号 ZL 201310090185.5；"一种苏打盐碱地水稻本田施肥的方法" 2016 年获国家发明专利，专利号 ZL 201610877208.0。

二、技术要点

（一）核心技术

1. 重度盐碱地土壤快速改良技术

对于轻度苏打盐碱地可以采用传统 "以水洗盐" 的方法种稻，但对于中度和重度苏打盐碱地种稻必须实施 "改土" 技术才能缩短土壤改良年限，达到节本增效的目的。以下列举的土壤改良方法在生产实践中既可以单独使用，也可组合使用。具体操作要点如下：

（1）以沙压碱物理改良法　需根据盐碱轻重确定使用量，一般风沙土用量 50～150 米^3/亩，在平整田面上均匀施用后旋耕入土 15～18 厘米，即可进入泡田洗盐排碱作业。

（2）以钙治碱化学改良法　需根据盐碱轻重确定使用量，酸性磷石膏用量一般为 0.5～2 米³/亩，在平整田面上均匀施用后旋耕入土 15～18 厘米，即可进入泡田洗盐排碱作业。

（3）理化同步＋有机肥改良法　需根据盐碱轻重确定使用量，风沙土 30～50 米³/亩＋磷石膏 0.5～1 米³/亩＋腐熟有机肥 2～3 吨/亩，在平整田面上均匀施用后旋耕入土 15～18 厘米，即可进入泡田洗盐排碱作业。

2. 种植耐盐碱水稻品种

选用耐盐碱高产水稻品种是提高盐碱地水稻产量的前提。目前适合吉林西部种植的主要耐盐碱中早熟品种有"东稻系列"和"长白系列"等耐盐碱优良水稻品种。

（二）辅助配套技术

1. 土地平整技术

在改土操作之前，为了使土壤改良剂能够均匀地施入新垦重度盐碱地水田，要严格整平土地后再采用上述 3 种土壤改良法，建议种稻当年最好是种稻前一年先旱整地，然后再水整地均匀找平。田面高差最好控制在 5 厘米以内，如果整地不平就急于施用改良剂，将导致改良剂分布不均，高处得不到改良，而低洼处改良剂过多可能造成局部盐碱危害。

2. 泡田洗盐排碱技术

在实施完土壤改良作业后，要放水泡田 3～5 天后将水排干，连续 2～3 次洗盐降碱。洗盐后再施用基肥可显著减少养分流失。生产上难以操作时也可以结合水整地施用基肥后一起进行泡田洗盐 2～3 次，沉降 5～7 天开始插秧。

3. 均衡施肥技术

新垦重度苏打盐碱地建议施肥量：①施肥总量：纯 N 160～170 千克/公顷，P_2O_5 80～90 千克/公顷，K_2O 80～100 千克/公顷；②磷钾肥以 100％作基肥施用；③氮肥分期调控，基肥 40％，追肥 60％分 2～3 次施用。有条件的地区建议使用腐熟有机肥快速提升地力水平，有机肥施用量 1～2 吨/亩，一次施肥量过大容易发生烧苗现象。

4. 旱育密植技术

培育壮苗是确保新垦盐碱地水田秧苗返青成活率和分蘖率的关键。合理的插秧密度需要根据土壤改良状况和地力决定。针对改良后的高产田块可以采用旱育稀植的方法，但对于吉林西部新垦重度盐碱地水田，由于前期盐分危害较大，严重抑制水稻分蘖导致基本穗数不足而减产，生产初期不宜采用传统的"旱育稀植"技术，建议采用"旱育密植"高产栽培技术，即采用行株距 30 厘米×10 厘米，基本苗数为 5～7 株/穴，新垦重度盐碱地水田最大可增加到 8～10 株/穴。

5. 水分调控技术

盐碱地稻田水分科学管理非常重要，兼有调控盐碱和预防早衰的双重作用。①全生育期需保持水层，勤换水，不宜晒田，防止返盐返碱；②返青与分蘖初期保持 2～3 厘米浅水分蘖，分蘖末期至抽穗前期深灌（5～8 厘米）；③抽穗后期至开花期浅灌（3～4 厘米）；④蜡熟前深灌（5～8 厘米），蜡熟后浅灌（3～4 厘米）；⑤收获前 7～10 天断水，断水不宜过早，以防早衰倒伏。

6. 适时收获技术

盐碱地种稻要把握好收获时期才能保证稻米的品质。收获过早籽粒灌浆不充分，稻谷水分过高不宜储藏；断水过早或收获过晚，随着叶片的迅速失水，土壤中的盐碱成分会沿着茎秆向籽粒中倒流,严重影响稻米品质。

三、适宜区域

本技术主要适宜推广应用的区域为松嫩平原西部苏打盐碱地及部分滨海盐碱稻作区。

四、注意事项

1. 本技术在有水利设施配套的轻度、中度和重度盐碱地改良种稻上加以推广应用。

2. 对于 pH>9.5 的重度盐碱地,必须在改土的基础上种稻。对于土壤 pH>10.5 的极重度盐碱地改良成本较大,改良剂月量应因地制宜并加强洗盐排碱作业。

技术依托单位

1. 中国科学院东北地理与农业生态研究所

联系地址:吉林省长春市高新北区盛北大街 4888 号

邮政编码:130102

联系人:梁正伟　刘　淼　王明明

联系电话:0431-85542347

电子邮箱:liangzw@iga.ac.cn

2. 吉林省农业科学院

联系地址:吉林省长春市生态大街 1363 号

联系人:侯立刚　刘　亮

3. 吉林农业大学

联系地址:吉林省长春市新城大街 2888 号

联系人:邵喜文　武志海

碱性腐殖酸水溶肥热区酸性土壤改良技术

一、技术概述

（一）技术基本情况

土壤酸化是制约土壤环境质量、养分有效供给、作物优质高产及有害金属有效性活化的重要影响因素之一。土壤酸化在自然条件下是一个相对缓慢的过程，近年来，受高强度人为活动的影响，土壤酸化的进程大大加速。热区是我国重要的热带粮菜和水果产区，独特的气候环境适宜作物一年四季生长，在农业生产上，耕地复耕指数高，化肥使用量大，尿素、过磷酸钙、硫酸铵、氯化铵、氯化钾等酸性或生理酸性肥料长期超量不合理使用对农田土壤造成污染，加快了土壤酸化的速度，加剧了土壤环境压力。热区高温高湿强降水的气候条件还会导致土壤中盐基离子流失，降低土壤酸碱缓冲体系能力，加剧土壤酸瘠。研究显示，热区耕层土壤 pH 平均值为 4.6～5.8，土壤酸化仍有加重的趋势。

目前，土壤酸化调节措施主要包括使用碱性改良剂、科学施肥、调整作物及耕作模式等，应用比较普遍的方法主要有施用石灰、钢渣磷肥、生物质炭及钙镁磷肥等碱性物料。石灰类土壤调理剂可以快速提高土壤 pH，但会有其他副作用，如土壤反酸、微生物种群失衡、土壤板结等。近些年来，一些新型的酸性土壤调理剂不断出现，该类物质的投入也必将额外增加农业生产成本。因此，为保障作物优质高效高产和耕地可持续利用，集成建立一套适合海南的调酸培土、钝化重金属活性、节本增效、绿色高效的酸性土壤改良技术体系具有重要现实意义。

碱性腐殖酸水溶肥作为一种新型肥料，依托国家发明专利"一种降低水稻大米中镉含量的酸性土壤改良降镉肥"而研发。以保障人民生命健康为根本导向，从农业之根本土壤做起，形成了一套行之有效的热区耕地酸性土壤改良产品和高效施肥技术，既可调节土壤酸性还兼具肥料特性，用于解决热区土壤酸性强、地力低、施肥不科学和重金属污染等的"卡脖子"技术问题，可提高热区土壤环境质量、提升耕地生产力，实现了热区农产品的优质高产和安全生产。

（二）技术示范推广情况

自 2009 年以来，应用碱性腐殖酸改良酸性土壤技术在热区（海南、湖南、湖北、福建、广东、广西、四川、云南等）多省份的主要瓜菜上开展试验和示范，实施内容为改良酸性土壤促进产地环境健康，具有作物壮根促苗、增强抗逆性、减施农药的作用，提升了作物的品质，保证农产品质量安全，产生了良好的社会效益和经济效益。示范作物超过 20 种（火龙果、荔枝、香蕉、芒果、哈密瓜、柚子、草莓及冬季瓜菜），实施应用 14 余年，技术成熟，累计推广面积超过 10 万亩；2017—2022 年，该技术在海南海口、白沙、东方，以及湖北长治、湖南株洲、广东韶关和广西南宁等市（县）的水稻上开展示范推广应用，示范内容为受污染耕地安全利用和地力提升，提升土壤 pH、有机质含量和降低稻米中镉含量，推广面积上万亩。

（三）提质增效情况

该技术和产品在产前土壤质量控制和产中农产品品质提升上取得了良好的社会和经济效益，主要表现在以下 3 个方面：

1. 创新热区土壤阻酸和地力提升协同改良技术，改良酸性土壤

改良技术有效提升土壤 pH 0.3～0.7 个单位，改良土壤理化性质，镰刀菌等致病菌丰度减少，曲霉等拮抗菌类群增加，土壤微生物区系更平衡；而且可提供作物生长发育所需营养物质，在改良酸性土壤的同时起到培肥地力的效果。

（1）改良技术对香蕉枯萎病防控的盆栽试验　土壤 pH 提高 0.53 个单位，土壤交换性钙和阳离子交换量增加，土壤颗粒数量增加，体积变大，土壤团聚体蜂窝状物质增多，根系发达，植物生长量增多，试验组 T2 根部发病率较对照组 T1 下降 14%，对香蕉枯萎病有一定防控效果。

（2）改良技术对酸性富铝土交换性铝及圣女果生长的影响的盆栽试验　改良肥处理的植株株高、根冠比、干物质积累量等指标处于最优水平；土壤在弱酸性环境，交换性铝含量降低 14.8%，增加了砖红壤中团聚体的数量及其蜂窝结构，提高了砖红壤 pH 0.72～0.92 个单位，还降低了交换酸含量 39.49%～43.03%，显著提高了土壤有机质含量、阳离子交换量和氮、磷、钾有效性。

2. 建立绿色安全调酸钝镉技术，保障食品安全

（1）镉胁迫下树仔菜盆栽试验　围绕改良肥对树仔菜镉、锌迁移积累及其根际细菌真菌群落特征的影响，经过 16 周镉胁迫盆栽试验，树仔菜的株高、叶面积、叶片数和叶绿素含量均有所下降，在 30 毫克/千克的镉浓度下树仔菜仍可生长良好。随着土壤镉浓度增加，镉从根部和茎部向叶子的迁移能力逐渐下降，在根部富集较多。除了土壤镉总量的影响，土壤 pH 和镉有效态含量是影响树仔菜镉积累的关键因子；通过树仔菜可食部位的镉含量与土壤镉总量构建回归模型，推导出树仔菜土壤镉安全阈值为 0.087 毫克/千克，远低于现行标准，为树仔菜安全种植和风险管控提供了理论依据。

（2）水稻土壤重金属镉阻控技术示范效果　在海南、湖南、湖北、广东和广西等省份，针对不同受重金属镉污染耕地情况形成相应的改良方案，开展中低度镉污染区阻控土壤镉和降低稻米镉试验与示范，采用自主研发的不同耕作期的酸性土壤改良肥＋优化施肥的综合措施，使稻米中镉含量低于《食品安全国家标准 食品中污染物限量》中规定的限量值，可恢复重金属镉污染区水稻安全种植，实现了镉污染土壤的农业安全种植，助力稻田重金属污染区安全种植技术推广，保障了农产品质量安全，产量增加 6%～10%。其中，2018 年在湖南株洲与湖南土壤肥料研究所合作开展水稻降镉试验，土壤 pH 由 5.4 提高到 6.3，提高 0.9 个单位，土壤有效镉含量由 0.44 毫克/千克降到 0.30 毫克/千克，降镉率 30% 左右；稻米降镉率为 84%，产品接近无公害要求，产量提高 10%。2021 年在广西开展水稻应用试验结果表明，在水稻拔节期和孕穗期各叶面喷施碱性腐殖酸肥 2 次，稀释 500 倍，可有效增加水稻的株高、稻穗长和籽粒数，提高水稻的千粒重，增产率为 7.4%。

（3）海南奇楠沉香土壤重金属镉阻控技术示范效果　2019—2020 年，在海南省海口市琼山区云龙镇中泰汇云龙御养吉享农庄开展奇楠沉香树叶片降镉试验，5 个月后，30 天与 60 天小区的嫩叶和老叶均达到《绿色食品 代用茶》标准（小于 0.5 毫克/千克）。

（4）五指山树仔菜土壤重金属镉阻控技术示范效果　2015—2017 年，采用酸性土壤改良肥取代常规复合肥，每10天施用5千克/亩，6个月后土壤pH由4.8~5.3提高到6.1~6.6，有机质含量由21.3克/千克提升到32.3克/千克，树仔菜每5天采集一次样品，每次试验均比对照区多采集3~5千克/亩；土壤交换性钙、镁和有效铁含量呈上升趋势，未发生土壤板结和连种障碍。示范区的树仔菜嫩梢更鲜嫩、可食率更高，蛋白质含量提高19%，维生素C含量提高31%，钝化活性镉60%以上，镉含量达到无公害产品要求。

3. 建立作物优质高效高产平衡施肥技术模式，实现提质增效

采用酸性土壤改良肥配施有机肥、微生物菌剂及微量元素等，集成一套碱性腐殖酸改良酸性土壤、提升地力及作物提质增效的施肥技术，在抑制土传病害、提升养分利用率，替代化肥或减施化肥，实现化肥"高替代"的平衡施肥措施上，极大地提升农产品品质和产量，延长采摘期、防治裂瓜、增加农户收入。

其中，海南陵水6~10月高温暴晒后，应用该技术改良酸性土壤后有效使火龙果黄化枝条转绿，可溶性固形物含量提高3个百分点，每亩节约肥料成本1 000元，提高产量10%。助力福建平和县小溪镇旧楼村柚子减施肥料60%，于2020年9月获得第十六届平和县蜜柚节品质奖"三红蜜柚"三等奖。海南儋州圣女果基地在减少肥料60%的基础上，黄星、美莎和千禧樱桃番茄营养品质优于或等同于复合肥处理。云南德宏玉米试验基地，在与常规处理产量相当的情况下，每亩少施用化肥200千克，品质指标有提高。在海南陵水荔枝基地，园地经过土壤改良后，枝叶茂盛浓绿，荔枝上架期提前3~5天，提高了企业的定价权。在湖北高山蔬菜（番茄、白萝卜、大白菜和辣椒）上应用，抗土传病害率达13.5%以上，平均每亩增收超过1 100元。针对广东澄海区溪南董坑村草莓减产甚至绝收情况开展土壤改良，草莓的发病率大大减低，用药减少，品质良好，农户对改良效果满意。改良肥在草莓防病增产的应用上起到了明显的抗病增效作用。

酸性土壤改良技术在湖北高山蔬菜抗土传病害效果及增收情况

作物	抗病类型	抗病率（%）	投入（元/亩）	产出（元/亩）	增加收入（元/亩）
番茄	青枯病	15.2	88	1 872	1 784
白萝卜	根肿病	12.9	88	1 220	1 132
大白菜	根肿病	37.2	88	1 200	1 112
辣椒	枯萎病	>13.5	512	1 728	1 216

技术在广东澄海草莓上的应用效果对比1（左对照、右改良）

技术在广东澄海草莓上的应用效果对比 2（左对照，右改良）

海南陵水火龙果基地第五次施月改良肥试验区　　海南陵水火龙果基地第五次施用改良肥对照区

（四）技术获奖情况

该技术中部分核心成果于 2012 年获得海南省科学技术进步奖三等奖，2020 年获得中国热带农业科学院成果转化奖二等奖。

二、技术要点

1. 核心技术主要内容

（1）创新热区土壤阻酸和地力提升协同改良技术　该技术载体为碱性腐殖酸水溶肥，其 pH（1：250 倍稀释）约 9.8，腐殖酸 $\geqslant$ 30 克/升，$N + P_2O_5 + K_2O \geqslant$ 200 克/升，采用产品配方组分有效中和土壤 H^+，增强土壤酸碱缓冲性，提高土壤 pH，钝化交换态铝，提高阳离子交换量，有效治理土壤酸化问题。改善土壤酸性为弱酸性后，激活作物对土壤和肥料中养分的吸收，替代部分化肥，结合水肥一体化极大降低化肥施用量，助推化肥减施行动，提升作物品质和产量。同时，该水溶肥含有作物生长发育所需的氮、磷、钾、有机质和鱼蛋白等营养成分，改善土壤环境后更加高效促进土壤储存营养成分，可达到培肥地力的效果。

（2）建立绿色安全调酸钝镉技术　依据土壤 pH 与镉赋存形态变化规律的相关性，建立水稻、树仔菜、沉香叶有效镉形态调控方案，形成绿色安全的镉阻控技术，保障农产品质量安全。

碱性腐殖酸水溶肥施肥技术要点：

蔬菜类：在施基肥时，每亩施用 5 千克，稀释 300 倍，减少复合肥用量 30%。追肥期，每次施用 2～3 千克/亩，稀释 600～1 000 倍，施用 1～2 次。

水稻：在施基肥时，根据土壤酸碱度，一次性施入 10～30 千克，并犁地充分混匀，减少复合肥用量 30%。或在水稻拔节期和孕穗期各进行叶面喷施 2～3 次，稀释 500 倍，每亩用量 1～3 千克。

果树类：在施基肥时，每亩施用 5 千克，稀释 300 倍，减少复合肥用量 30%。追肥期，每次施用 2～3 千克/亩，施用 2～3 次。

2. 配套技术

（1）水肥一体化技术　配套水肥一体化精准高效施肥措施，采用少量多次施用方式，具有节水节肥、省时省工、节本增效和提高肥料利用率的优势，能够增强该技术应用效果。

（2）叶面调控降镉技术　在水稻重要生育期，如分蘖期、灌浆期，喷施硅、硒等可溶性叶面肥，树仔菜可每月使用该配套技术一次，进而从地上部位抑制镉向稻米转运。

（3）测土施肥技术　根据土壤和叶片养分需求，选择不同配比和含量的大量元素精准供给作物营养，避免肥料浪费和面源污染。施入有机肥料和微生物肥料，可提升土壤地力，增强微生物活性，抑制土传病害；施用钙镁磷肥和微量元素肥料等，可满足作物正常生长所需，促进作物健康生长。

三、适宜区域

适宜热区酸性土壤水稻、蔬菜和水果种植区。

四、注意事项

1. 该技术载体碱性腐殖酸水溶肥不宜与农药一起混用，建议分时间段使用，应避免雨天使用。

2. 该技术载体碱性腐殖酸水溶肥，pH（1∶250 倍稀释）约 9.8，使用时需做好防护，以防进入眼睛、腐蚀手皮肤，需要稀释 500～1 000 倍施用。

技术依托单位

中国热带农业科学院分析测试中心

联系地址：海南省海口市城西学院路口 4 号

邮政编码：571101

联 系 人：赵　敏

联系电话：15289776625

电子邮箱：zmhb313@163.com

秸秆全量还田条件下水稻丰产减排技术

一、技术概述

（一）技术基本情况

水稻是重庆市最主要的口粮作物，同时，稻田也是重要的甲烷排放源，稻田如何实现水稻丰产和甲烷减排的协同是保障粮食安全和农业绿色可持续发展的重要组成部分，直接关系着重庆市农业农村领域"双碳"目标的能否实现。秸秆还田作为最有效的耕地质量提升措施，一方面可以增加土壤有机质，提升土壤碳汇，另一方面会增加稻田甲烷产生菌的碳源，提高稻田甲烷产生量。如何在秸秆全量还田的前提下实现水稻丰产和稻田甲烷减排是本技术解决的主要问题。本技术以旱耕湿整好氧耕作、增密控水增氧栽培为核心，以高产低碳排放水稻品种、碳氮互济秸秆还田为配套，实现了重庆市水稻丰产稳产、稻田甲烷减排、农民节本增收的协同，可为粮食安全和农业农村领域减排固碳等重大行动提供关键技术支撑。

（二）技术示范推广情况

该技术实现秸秆均匀入土率90%以上，耕层和根际氧气含量增加，可有效促进稻田甲烷氧化，降低甲烷排放；同时，解除还原性物质（H_2S 等）对水稻根系的毒害，有效缓解秸秆还田下水稻前期僵苗和后期贪青等问题。该技术实现了水稻丰产与稻田甲烷减排的协同，目前已在重庆市垫江县、江津区和铜梁区示范应用。

（三）提质增效情况

该技术实现水稻增产 4.1%～8.8%，平均增产 38.9 千克/亩，甲烷减排 31.7%～75.7%，节本增收 103.5 元/亩，丰产减排增效增收效果显著。

（四）技术获奖情况

以该技术为部分内容的科技成果已联合申报 2022—2023 年度神农中华农业科技奖。

二、技术要点

1. 选用高产低碳排放水稻品种，提高植株输氧能力

选择收获指数高、通气组织壮、根系活力强，并且生育期适宜、抗逆性强的优质丰产水稻品种。

2. 旱耕湿整好氧耕作，提升耕层通透性和氧含量

（1）秸秆粉碎匀抛还田　稻-油轮作模式下，采用带有秸秆粉碎功能和抛撒装置的收获机进行油菜收割，完成秸秆切碎、均匀抛撒。油菜秸秆全量还田后，每亩均匀撒施 2 千克秸秆腐熟剂。一季中稻或中稻-再生稻模式下，上一年水稻采用带有秸秆粉碎功能和抛撒装置的收获机进行收割，留茬高度≤15 厘米，秸秆粉碎长度≤10 厘米，均匀覆盖地表，实现高质量覆盖还田。

（2）稻田旱耕增氧，浅水整地埋茬　前季作物收获后，用三铧犁或旋耕机旱耕或旱旋一次，翻耕深度 20～25 厘米，旋耕深度 12～15 厘米。水稻移栽前，田面保持浅水（1～2 厘米）泡田半天，免旋整地埋茬，减少田面秸秆及根茬漂浮，田块四周平整一致。

3. 增密控水增氧栽培，提升根系生长和根际氧含量

（1）缩株增密，保苗扩根，保证群体数量，增加根系泌氧量　在高产栽培基础上，缩小株距（或增加基本苗数），栽插密度提高 20％左右。以土壤微生物碳氮比为参照，调整水稻前期和后期氮肥施用比例，协调水稻与土壤微生物的养分竞争。减穗肥氮（氮总量 20％），基肥、蘖肥、穗肥调整为 37.5％、50％、12.5％。

（2）沟畦配套控水，促根强秆，提高群体质量，增加稻株输氧量　栽插后浅水护苗，缓苗后适时露田 3～5 天，增加土壤含氧量，促进根系生长；之后保持田面湿润，促进秧苗早发快长及甲烷氧化，增强水稻根系活力和泌氧能力；有效分蘖临界叶龄期前后看苗晒田，苗到不等时，时到不等苗；孕穗扬花期浅水保花，齐穗后干湿交替；收获前提前 7～10 天断水。控水增氧促根，提高甲烷氧化能力，实现甲烷减排。

三、适宜区域

我国西南海拔 600 米以下的沿江河谷及丘陵、平坝地区，农田水利设施完善，排灌方便，有水源保证的宜机化水旱轮作适宜区。

四、注意事项

1. 对于前茬病虫草严重的田块，建议进行秸秆就地堆腐还田，或者秸秆离田无害化处理。

2. 旱耕地作业前，需保证田间土壤含水量≤30％。整地前如遇连续降雨，需排净田面水，进行湿耕湿整。该技术在洼地或排水不畅田块的丰产减排效果可能会受影响，应根据实际情况进行技术调整。

技术依托单位
重庆市农业科学院
联系地址：重庆市九龙坡区白市驿镇高峰寺村农科大道
邮政编码：401329
联 系 人：杭晓宁　廖敦秀
联系电话：023-68643826　18983691705
电子邮箱：hangxiaoning@163.com　xiuchai2006@163.com

大兴安岭不同等级耕地差异化保护与利用技术

一、技术概述

（一）技术基本情况

大兴安岭沿麓区域是我国北方重要的生态屏障，也是我国重要的商品粮油生产基地。现有耕地面积 1.3 亿亩，其中黑土耕地面积达 4 600 万亩，占内蒙古自治区耕地总面积的 32%，年粮食产量达到 242.9 亿千克（2021 年），占全自治区粮食总产量的 66.3%，商品粮产量占全自治区的 80% 左右，是国家重要的粮食生产基地，也是内蒙古粮食生产的压舱石，为内蒙古自治区农牧业生产和国家粮食安全做出了巨大贡献。

长期以来，受气候灾害增加、土地资源利用不合理、开发利用强度过大等因素影响，农田风水蚀加剧、水土流失严重、生态环境脆弱等问题十分突出，区域 60% 以上农田存在不同程度的退化，中低产田占耕地总面积的 84.4%，导致耕地生产能力维持难、稳定提升难，对区域农业可持续发展造成严峻挑战。内蒙古自治区农牧业科学院、吉林省农业科学院、黑龙江省农业科学院等单位，依托内蒙古重大科技专项"农牧交错风沙区退化农业生态系统修复关键技术研究与示范""农牧交错区农田污染防治与可持续利用关键技术研究与示范"等省部级重大科技项目，历时 10 余年，针对区域特点和立地条件，在理论研究和关键技术研发的基础上，以防风固土、减蚀保土、轮耕轮作、增碳培肥、肥料调盈补亏等关键技术为核心，集成创建了"大兴安岭不同等级耕地差异化保护与利用技术"，同时依托项目成果编制发布了《大兴安岭北麓农牧交错区耕地质量分级与保护利用技术规程》（DB15/T 1785—2019），并在生产中大面积推广应用。

（二）技术示范推广情况

2013 年以来，"大兴安岭不同等级耕地差异化保护与利用技术"分别在内蒙古兴安盟、呼伦贝尔市、赤峰市、通辽市等地区试验示范并大面积推广，也在吉林、黑龙江等省（区）进行示范应用，累计推广面积达 5 000 万亩以上，经济、社会和生态效益十分显著。

（三）提质增效情况

本技术通过秸秆还田、有机无机配施、粮豆轮作、绿肥养地等措施不断提升土壤肥力和蓄水保墒能力，提高水分和肥料利用率，技术的大面积推广应用减少土壤风蚀 38%～60%，年均增加土壤有机质含量 0.03～0.09 个百分点，作物增产 9.0% 以上，为耕地质量提升和粮食丰产增效提供了有力支撑。

（四）技术获奖情况

以本技术为核心的成果，先后获得省部级科技奖励 4 项，主要包括：①"北方农牧交错风沙区农艺农机一体化可持续耕作技术创新与应用"项目，获 2015 年中华农业科技奖一等奖；②"北方农牧交错区耕地保育与高效利用技术应用"项目，获 2019 年全国农牧渔业丰收奖一等奖；③"退化农田地力提升综合配套技术与装备"项目，获 2020 年内蒙古自治区农牧业丰收奖一等奖；④"北方农牧交错区退化农田风蚀防治与地力培育关键技术"，获

2021 年神农中华农业科技奖一等奖。

二、技术要点

（一）耕地等级划分

根据农业农村部《耕地质量等级标准》（GB/T 33469）和原国土资源部《中国耕地质量等级调查与评定》评价要求，结合大兴安岭沿麓农田地形地貌、坡度、侵蚀程度、灌溉条件、有机质、有效土层厚度、耕层质地、清洁程度等实际情况，将耕地质量分等定级为三等五级，包括优等（优级、良级）、中等（中级、较低级）、低等（低级），并在实践中大面积应用。

耕地质量划分主要指标及分级标准

项目	分级				
	优	良	中	较低	低
地形部位	丘岗坡麓、河谷阶地、丘岗坡面、沉积平原		丘岗坡麓、丘岗坡面、河谷阶地、河漫滩	丘岗坡麓、丘岗坡面、河谷阶地、丘岗顶部	丘陵顶部、河漫滩
成土母质	黄土状物、冲洪积物、河湖沉积物、残坡积物		黄土状物、冲洪积物、残坡积物		冲洪积物、河湖沉积物
坡度（度）	≤2	≤6	2～15		≥10
侵蚀程度	无	无、轻度	轻度、中度	中度、重度	
耕层质地	壤土			黏壤、沙壤	沙土、黏壤
有机质（克/千克）	≥45		35～45		<35
有效磷（毫克/千克）	≥20		10～20		<20
速效钾（毫克/千克）	≥200			200～300	<200
有效土层厚度（厘米）	≥80		50～80	<50	
清洁程度	清洁、尚清洁				

（二）耕地利用方向

1. 优等耕地利用以作物高效产出为目标，结合实施耕地保育与资源高效利用措施，发展规模化、集约化程度高的精准农业和特色农业。

2. 中等耕地利用兼顾粮食生产和耕地保育，确定适度的目标产量，通过提高生产效率、降低成本等措施增加生产收益。以发展农业为主，适度发展畜牧业。

3. 低等耕地利用以减少水土流失、培育地力为主要目标，应减少耕作，加强土壤保护，调整种植结构，适度轮作牧草。符合退耕条件的进行退耕还草。

（三）保护利用技术

1. 秸秆覆盖技术

（1）优等耕地可采用秸秆少量覆盖技术，作物收获后秸秆少量覆盖越冬。原则上要求玉米秋季收获时留茬 10 厘米以上，并有部分秸秆留于地表越冬，播前秸秆覆盖率在 15%～30%。其他作物秸秆全部留于地表。

（2）中等耕地可采用秸秆部分覆盖技术，作物秋季收获后留高茬覆盖越冬。原则上要求玉米秋季收获时留高茬 25 厘米左右，并有部分秸秆留于地表越冬，播前秸秆覆盖率在 30%～60%。

（3）低等耕地可采用秸秆全量覆盖技术，作物秋季收获后秸秆全量覆盖越冬。要求玉米秋季收获时秸秆整秆留于地表越冬，或收获时留高茬 20 厘米左右，上部秸秆切碎覆盖地表越冬，播前秸秆覆盖率在 60％ 及以上。

2. 少免耕播种技术

不同等级耕地采用圆盘破茬开沟免少耕播种、施肥、镇压一体化作业。优等耕地前茬为玉米等穴播大根茬作物，采用窄开沟少耕播种方式；前茬为小麦和杂粮等条播小根茬作物，采用免耕播种方式，动土量≤30％。中等、低等耕地采用免耕播种作业，动土量≤10％。

3. 有机肥还田技术

（1）优等耕地结合作物秸秆还田，实施适年增施有机肥技术。每 2～3 年增施 1.0～1.5 吨/亩有机肥，并翻耕混土还田。

（2）中等耕地结合作物秸秆还田，适年增施有机肥。可每 3 年结合秸秆全量粉碎还田，增施 1.5～2.0 吨/亩有机肥，并翻耕混土养地。

（3）低等耕地结合秸秆全量还田和绿肥适年还田技术，适年增施有机肥。每 3～4 年结合休耕或种植绿肥，增施 2.0～3.0 吨/亩有机肥，并夏季翻压混土还田养地。

4. 轮作技术

该区域主要种植玉米、大豆、小麦、油菜、马铃薯、杂粮、杂豆等作物，年际可实施玉米-大豆、小麦-油菜或小麦-油菜-小麦-马铃薯（其他经济作物）等轮作模式。其中优等耕地可每 3 年深松浅翻一次，深松≥25 厘米、浅翻 15～20 厘米；中等耕地每 4～5 年深松浅翻或深翻一次，深翻≥30 厘米；低等耕地每 4～5 年休耕 1 年，或结合种植绿肥翻压还田。

5. 水肥高效利用技术

（1）从低等到优等耕地，玉米推荐亩施肥量 N 2.5～7.5 千克、P_2O_5 4.6～9.2 千克、K_2O 2.5～4.0 千克，拔节期时结合中耕，每亩追施尿素 10～15 千克。

播种后墒情较差农田，播后 3～5 天内进行补水增墒促进出苗，采用滴灌补水一般每亩灌水量 10～15 米³；在拔节期、大喇叭口期、抽雄吐丝期、灌浆期进行灌水，全生育期灌水 3～5 次，每次亩灌水量为 15～20 米³。

（2）从低等到优等耕地，大豆推荐施肥量 N 2.0～5.0 千克、P_2O_5 4.6～7.5 千克、K_2O 2.0～4.0 千克，侧位深施在种子侧下方 3～5 厘米处。在大豆封垄前结合中耕除草和大豆需肥情况，每亩追施尿素 5～10 千克，也可进行叶面喷施。

（3）从低等到优等耕地，小麦结合目标产量和土壤状况进行测土配方施肥，一般亩施复合肥 15～25 千克。也可在拔节期结合浇水追施尿素 5～10 千克。生长后期小麦出现脱肥现象可在灌浆期喷施叶面肥，延长功能叶片光合时期，提高产量。

（4）从低等到优等耕地，油菜结合目标产量和土壤状况进行测土配方施肥，一般亩施复合肥 12～20 千克。也可在封垄前结合中耕除草每亩追施尿素 8～12 千克。生长后期出现脱肥现象，可喷施叶面肥，提高产量和品质。

根据区域耕地等级、作物种类、产量目标及农牧业发展情况，科学合理配施水肥，以提高作物产量，实现耕地保护与增产增效。

三、适宜区域

适宜在呼伦贝尔市、兴安盟等大兴安岭沿麓地区全面推广，也可在黑龙江省、吉林省等生态类型相近区域推广应用。

四、注意事项

1. 秸秆全量覆盖保墒效果好，但地温回升较慢，宜在坡岗地或土质疏松的壤土、沙壤土、沙土等地块上应用。在积温较低的地区，应进行秸秆归行、耙碎或条耕等有利于地温提升的处理。

2. 留高茬覆盖地温回升接近翻耕地块，但保墒效果不及全量覆盖，播种前应少动土，尽量直接免耕播种。

3. 春季易干旱的区域，耙糖、灭茬、条耕等处理宜在春季播种前进行，处理后及时播种；春季不易干旱且有效积温偏低的区域，宜在秋收后进行作业。

技术依托单位

1. 内蒙古自治区农牧业科学院

联系地址：内蒙古呼和浩特市玉泉区昭君路 22 号

联 系 人：张向前

联系电话：18847199351

电子邮箱：zhangxiangqian _ 2008@126.com

2. 吉林省农业科学院

联系地址：吉林省长春市生态大街 1363 号

联 系 人：杨向东

联系电话：15604456755

电子邮箱：xdyang020918@126.com

3. 黑龙江省农业科学院

联系地址：黑龙江省哈尔滨市南岗区学府路 368 号

邮政编码：150000

联 系 人：周保库

联系电话：13936078348

电子邮箱：zhoubaoku@aliyun.com

养殖废弃物高值转化土壤修复肥料关键技术

一、技术概述

（一）技术基本情况

养殖废弃物资源化利用是目前阻碍畜禽养殖业绿色、健康发展的重点和难点问题。2017年国务院办公厅发布了《关于加快推进畜禽养殖废弃物资源化利用的意见》（国办发〔2017〕48号），随后各省份发布了各自的实施方案。目前畜禽粪便的主要处理方式有三种：①传统的农民自然堆肥还田，占产出量的70%以上。但是，自然堆沤的处理方式较为粗放，容易造成农作物烧苗及污染水源和环境等问题，且随着养殖业规模化、集约化的发展趋势，造成畜禽粪便的产生量大而集中的情况，区域农田的承载力已经满足不了实施就地消纳的需求。②有机肥生产企业将畜禽粪便转化为商品有机肥出售，占产出量的20%左右。因商品有机肥的价格高于自然堆沤的粪肥、农民的使用积极性不高、利润薄的缺点，导致运输半径一般在50千米范围内，销售成为困扰有机肥产业发展的卡脖子问题。③沼气发酵，处理周期长，处理量不足畜禽粪便总量的10%。沼渣沼液利用不畅是影响其正常运转的主要因素，因此急需在种养循环生产机制和关键技术两方面实现创新与突破。

为此，项目组始终围绕种养循环模式与关键技术开展创新性研究，取得以下成果：

（1）在前期针对规模养殖创立的大、中、小3种可推广的循环模式（"种养一体园区小循环""种养肥三产融合中循环""第三方肥料化大循环"）基础上，优化构建了适于中小规模养殖场应用的4种新模式：①"猪-肥（沼）-粮"园区循环模式；②"猪-沼（肥）-果（菜或粮）"契约循环模式；③"牛-肥（垫料）-粮（果）"循环模式；④第三方"肥料化"利用循环模式，打破生产方式制约，为破解种养两业分离的机制障碍奠定了基础。

（2）研发出了养殖废弃物高效发酵技术、发酵菌剂和配套设备。

（二）技术示范推广情况

自2014年12月，项目核心技术"低温启动型高效有机物料腐熟剂研制"（国际先进水平）和"土壤修复功能链霉菌TOR3209的筛选研究与应用"（国际领先水平）通过专家鉴定以来，依托河北省农业创新技术体系，联合河北省有机与生物肥料产业技术创新战略联盟，开展系列微生物菌剂、土壤修复生物有机肥和全封闭有机肥快速发酵反应器的产业化开发，在以河北省为中心的农牧结合区进行了较大范围的推广应用。培育生物肥料产业化龙头企业5家，有机肥应用企业54家；依托产业体系和推广组织，在全省布局建设示范基地93个，其中国家级示范基地4个；规模养殖场应用282家，产生了较大的综合效益。

（三）提质增效情况

大量应用证明，开发出的低温启动型有机肥腐熟菌剂和全封闭有机肥快速发酵反应器，缩短发酵周期3倍以上，大幅提高了有机肥生产效率和产品质量；开发出具有退化土壤修复功能的系列生物有机肥，提高有机肥商品价值2倍以上，打通有机肥应用通道；创新了颗粒生物肥产业化工艺和设备，建成国内首条全自动无尘生产线，颗粒成型率达90.1%，克服了造粒难、活菌保存难、产品销售难等行业共性难题。研发的系列产品应用于设施蔬菜和果园，因土壤退化导致的减产和品质下降问题明显改善，增产 18% 以上，产品品质大幅度改善，亩节本增效 550 元以上，蔬菜、水果的耐储性能提高 2 倍以上；在海兴、黄骅等的盐碱地花生、甘薯、玉米、小麦上进行了应用，结果表明，作物耐盐能力明显提高，在中低产田玉米产量提高 33.5%，品质和风味明显改善，在以盐碱地利用为基础的高品质农产品生产方面具有广阔应用前景。

（四）技术获奖情况

2018 年河北省农业技术推广奖一等奖。

二、技术要点

（一）有机肥快速发酵技术

特点：环境温度 15 摄氏度下可启动发酵，比同类产品低 5 摄氏度以上，发酵周期比堆肥工艺缩短 3 倍以上。

（1）原料及辅料准备要求　原料为养殖场畜禽粪便，含水量控制在 85% 以下；辅料为秸秆粉、谷糠粉、麸皮、花生壳粉等农业废弃材料，要具有良好的吸水性和保水性，粒径不大于 2 厘米。

（2）配比工艺技术要点　原辅料碳氮比控制在（23～30）：1；配比后鸡粪、猪粪和牛粪的含水量控制在 52%～68%；容重控制在 0.4～0.8 克/厘米^3；微生物速腐剂的添加量为物料总重的 0.3%～0.5%。

（3）发酵技术要点　将所有的物料粉碎至 2 厘米以下，不同物料混合，使碳氮比 25:1，水分调整到 60% 左右（手攥紧物料，指缝间可见水但不滴水，松开手，轻轻一碰就散开）；用过磷酸钙调节 pH 达到 6.5，一般添加量在 2.5%～3%。

（4）发酵方式选择　根据生产场地地形和大小，选择条垛式、地上槽式、滚筒式、塔式发酵。

（5）翻堆管理要点　待堆温升至 40 摄氏度以后，开始第一次翻堆，以后每天或隔天翻堆一次，通风透气。正常发酵温度为 50～70 摄氏度，当物料温度高于 65 摄氏度时要增加翻堆次数降温。

（6）发酵结束　发酵完整的堆肥过程由低温、中温、高温和降温四个阶段组成。温度由低向高再逐渐回落，此时物料应无任何异味，即可结束发酵。

（7）干燥、粉碎、存放　将发酵好的有机肥均匀摊放在遮阴、通风的场地上晾晒、风干，或通过低温烘干机（物料温度不超过 80 摄氏度）烘干，避免阳光直射；当堆肥晾晒至含水量小于 25% 后就可以进行粉碎筛分（筛网孔径 3 毫米）。将上述筛下物混合好后，进行抽样检测，产品应符合《有机肥料》（NY 525—2021）的规定要求。合格成品可用编织袋包装，置于通风、阴凉、避光、避雨处保存，保质期 1 年。

（二）土壤修复生物有机肥生产技术

以充分腐熟发酵的有机肥为载体，添加芽孢杆菌、链霉菌等具有防病、促生的功能微生物原菌，即转化为土壤修复生物有机肥。产品形态可以是粉剂也可以是颗粒剂，质量需达到《生物有机肥》（NY 884—2012）技术标准要求。

三、适宜区域

无地域限制，有机肥快速发酵技术适于规模养殖场和有机肥料厂应用，土壤修复生物有机肥生产技术适于生物肥料企业应用。

四、注意事项

1. 有机肥生产过程需要高度重视物料碳氮比和水分含量的调整，一般碳氮比（20～25）：1，水分含量50%左右，这是影响发酵周期和肥料质量的关键。

2. 生物有机肥料没有移动性，使用时尽量与根系接触，并与土壤拌匀。其不能与化学杀菌剂同时应用，忌日晒，吸潮。

技术依托单位

1. 河北省农林科学院农业资源环境研究所
联系地址：河北省石家庄市新华区和平西路598号
邮政编码：050051
联 系 人：王占武
联系电话：0311-87652134 13833193728
电子邮箱：zhanwuw@126.com

2. 河北省畜牧总站
联 系 人：孟宪华

3. 河北省畜牧兽医研究所
联 系 人：颜国华

"燕麦耐盐碱品种＋农艺措施" 盐碱地利用改良技术

一、技术概述

（一）技术基本情况

盐碱地有机质含量低、土壤结构差、易板结紧实、通气性差、pH 高、盐分含量高，严重影响作物生长，制约区域农业生产。燕麦具有较强耐盐碱特性，是改良盐碱地的先锋作物。本团队以"静态治理"转变为"动态改良利用"为思路，选育、认定蒙农大 3 号、白燕 2 号、白燕 7 号等耐盐碱燕麦新品种，通过连续多年试验研究，集成创新了"耐盐碱燕麦品种＋混作耐盐碱饲用作物＋深翻深播"改良利用中轻度盐碱地技术、"耐盐碱燕麦品种＋土壤调理剂"改良利用中轻度盐碱地技术、"耐盐碱燕麦品种＋覆膜穴播"改良利用中轻度盐碱地技术、"耐盐碱燕麦品种＋秸秆还田＋微生物菌肥＋深翻深播"改良利用中重度盐碱地技术等，构建了"耐盐碱燕麦品种＋N 个农艺措施"综合改良利用盐碱地技术模式。该模式能够提高土壤有机质含量，降低土壤 pH 和容重，减少土壤全盐含量，促进作物出苗，提高产量。该技术成果已获得内蒙古科学技术进步奖一等奖、二等奖及内蒙古自然科学奖二等奖、三等奖以及内蒙古农牧业丰收奖各 1 项。相关技术已经制定地方标准 9 项，授权实用新型专利 1 项，登记科技成果 5 项。

（二）技术示范推广情况

2005 年至今，耐盐碱燕麦品种、深翻深播、秸秆还田及微生物菌肥等方式种植燕麦综合改良利用盐碱地技术已经在内蒙古和林格尔县、托克托县、武川县、土默特左旗、土默特右旗、达拉特旗、鄂托克旗、五原县、科右中旗、扎赉特旗、库伦旗等地区盐碱地以及宁夏、黑龙江盐碱地进行示范推广，累计面积 300 多万亩。

（三）提质增效情况

2005 年至今，在土默特左旗、达拉特旗等地开展了盐碱地"秸秆还田＋微生物菌肥"深翻深播燕麦种植技术研究和技术示范。

1. 品质

该技术在盐碱地燕麦籽粒和生物产量达到 168～220 千克/亩和 463～557 千克/亩；籽粒粗蛋白和粗脂肪含量分别提高 8.97％和 19.51％，籽粒中 Na^+ 和 K^+ 含量分别提高了 40.00％和 6.13％；植株中粗蛋白和粗脂肪含量分别提高 64.01％和 82.00％，植株中 Na^+ 和 K^+ 含量分别降低了 50.00％和 18.46％。

2. 投入成本

投入秸秆粉碎还田费用 200 元/亩，微生物菌肥 150 元/亩，作业费 150 元/亩，化肥费用 40 元/亩，中耕 80 元/亩，拌种霜 4 元/亩，铺设滴灌带 200 元/亩。

3. 经济效益

根据 2021—2022 年中轻度盐碱地产量结果，燕麦籽粒平均产量 140.83 千克/亩，干草产量 495.12 千克/亩，按照燕麦籽粒价格 3.5 元/千克，干草价格 2 400 元/吨计算，亩收入约 1 681 元。

4. 生态效益

重度盐碱地土壤 pH 降低 0.8～1.2 个单位，有机质含量提升 0.1 个百分点，全盐含量减少 0.5% 左右，容重降低 12.90%，孔隙度提高 18.48%，作物产量提高 50% 以上；中度盐碱地土壤 pH 平均降低 0.5 个单位，全盐含量减少 0.3%～0.5%，有机质含量提升 0.1 个百分点，容重降低 14.7%，作物产量提高 20% 以上。

（四）技术获奖情况

本技术应用的耐盐碱燕麦品种及栽培技术获得 2016 年内蒙古科学技术进步奖一等奖（燕麦高产优质品种选育与栽培技术集成创新与应用），饲用燕麦耐盐碱栽培生理基础研究获得 2010 年内蒙古自然科学奖二等奖，农牧交错风沙区农田覆被固沙保水耕作技术体系获得 2013 年内蒙古科学技术进步奖二等奖，燕麦治理荒漠化生态生理基础研究等成果获得 2014 年内蒙古自然科学奖三等奖，中国-加拿大肉羊饲用作物种植技术研究与示范成果获得 2017 年内蒙古农牧业丰收奖一等奖；登记计算机软件著作权 3 项，主编专著 2 部。

二、技术要点

（一）核心技术

1. 选择耐盐碱燕麦品种

选择耐盐碱燕麦品种，如白燕 2 号、白燕 7 号、坝莜 18 号、张莜 14 号，选择饱满、均匀一致的种子。适当加大播种量，确保出苗。裸燕麦播种量为 10～15 千克/亩，皮燕麦播种量为 15～20 千克/亩。

2. 深翻

秋季深翻或春季播种前 1 个月深翻，深翻深度 25～30 厘米。

春季播前深翻

3. 适当深播

播种深度 3～5 厘米。采用麦类播种机进行条播,行距 20～25 厘米。播后及时耙糖,起到蓄水保墒效果。

4. 灌水

秋季或春季进行大水灌溉 1 次,主要是起到洗盐压盐效果。生育期灌水采用滴灌或喷灌高效节水灌溉方式。若遇干旱,播种后需灌水,滴灌量为 15～30 米³/亩;苗期到分蘖期灌溉 1 次,灌溉量为 20～30 米³/亩;拔节期到抽穗期灌溉 1 次,灌溉量为 30～40 米³/亩;抽穗期到灌浆期灌溉 1 次,灌溉量为 20～25 米³/亩。具体灌水视降水情况而定。

播种后糖地

5. 中耕除草

盐碱地应及时中耕除草。灌溉或降雨后尽早中耕,可避免造成土壤板结,盐分积于地表。

6. 收获

(1) 籽粒生产　进入蜡熟期即可用稻麦联合收割机直接脱粒或用小型割晒机收获籽粒。

(2) 饲草生产　进入灌浆期即可收获饲草,留茬高度 8～10 厘米,鲜草裹包青贮或调制青干草。

(3) 晾晒与贮藏　收获后及时晾晒,籽粒含水量达到 13% 以下即可贮藏。饲草含水量达到 14%～16% 即可打捆。

(二) 配套技术

1. 秸秆还田与施用微生物菌肥

播种时将 400 千克/亩粉碎的玉米秸秆和 100 千克/亩微生物菌肥撒施地表,然后进行旋耕,旋耕深度 10～15 厘米。

2. 燕麦与其他耐盐碱饲用作物混作

利用燕麦耐盐碱、种子大顶土能力强的特点,通过燕麦与苜蓿(披碱草)混作而克服苜蓿和披碱草因种子小在易板结的盐碱地上顶土能力差而不易出苗的问题。

关键技术是选用耐盐碱燕麦和苜蓿(披碱草)品种,播种深度 3～5 厘米,混播时播种量燕麦为 10 千克/亩、苜蓿(披碱草)为 1.5 千克/亩,种植行距 20～25 厘米,苜蓿(披碱草)第一年越冬后可多年生长。

秸秆还田后旋耕

3. 燕麦双季种植

第一茬播种时间可在 4 月初;第二茬可在第一茬燕麦收获后免耕播种,一般在 7 月中下旬,适当晚播,以便使种子在较高的温度下快速发芽,缩短盐害时间。

4. 覆膜穴播技术

利用全生物降解地膜覆盖，地膜选用厚度 0.008～0.01 毫米，地膜宽度 1 200～1 300 毫米；采用燕麦一膜五行覆膜穴播一体机播种，行距 20 厘米，穴距 10～15 厘米，每穴 8～12 粒；苗期到拔节期在膜间中耕 1 次。

三、适宜区域

内蒙古地区轻度及中重度盐碱地，且具有灌溉条件的农田。

四、注意事项

1. 选择耐盐碱燕麦品种和耐盐碱饲用作物品种。
2. 播前深翻、秸秆还田后进行旋耕。
3. 燕麦需适当深播，深度 3～5 厘米，适当加大播种量。

技术依托单位

内蒙古农业大学

联系地址：内蒙古呼和浩特市赛罕区内蒙古农业大学东区农学院

邮政编码：010019

联 系 人：刘景辉

联系电话：13848150459

电子邮箱：cauljh@163.com

冬小麦-夏玉米调肥改土技术

一、技术概述

（一）技术基本情况

施肥与土壤中的不良因素影响了农作物产量与品质，加重了土壤退化与环境污染风险。肥料不但是粮食的粮食，还是土壤养分的高效来源。化肥对粮食产量的贡献率为50％左右，现有技术与生活刚性需求条件下，当前和今后一段时期化肥都不可能被完全替代。冬小麦-夏玉米调肥改土技术旨在尽可能降低投入成本，通过创新集成化肥安全使用技术，"调肥改土"，既保证农作物增产增收，又维护改善土壤理化性质，保障耕地可持续生产，实现"藏粮于地、藏粮于技"。

（二）技术示范推广情况

本技术模式是在酸化土壤治理、测土配方施肥、化肥减量增效等基础上综合集成而来。自2013年开始在河南省范围内推广应用，重点区域在驻马店、漯河、信阳、南阳、周口、平顶山等6市，同时，也辐射到了周边省、市。针对不同区域特点，因地制宜示范推动相关技术，通过设置大量试验和建立技术示范区，逐渐积累工作和实践经验，逐步完善熟化技术模式和体系。突破原有的施肥习惯与模式，统筹"耕层土壤酸碱度、耕层土壤养分供给、作物养分需求、肥料养分供应、施肥方法运筹"5个关键点，升级测土配方施肥技术，建立化肥安全使用技术体系。分技术模块形成标准化技术规程和规范，如省级地方标准《酸化土壤化肥安全使用技术规范》《粮食作物施肥配方设计规范》《冬小麦夏玉米两熟制农田有机肥替减化肥技术规程》等，促进各项技术在全省范围内推广应用。

（三）提质增效情况

冬小麦-夏玉米调肥改土技术自推广应用以来，已经取得了显著的经济、社会和生态效益。

该技术的推广应用有效地改善了土壤理化性质。项目监测效果与试验结果表明，技术覆盖区域，耕层土壤 pH≤4.5 提升了约1个单位，pH 4.5（不含）～5.5 提升了约0.5个单位，pH 5.5（不含）～6.5 提升了约0.2个单位，pH 6.5（不含）～7.5 基本不变，pH 7.5（不含）～8.5 降低了约0.1个单位，pH>8.5 降低了约0.3个单位。土壤酸碱化现状得到了有效的调节，耕地可持续生产能力、潜力稳步提升，农产品质量安全性得到提升。在酸碱害影响区域，经"调肥改土"，增产达6％～316％。显著的成效得到了各级农业主管部门的高度肯定，也推动了退化（酸化）耕地治理项目实施。

该技术体系还通过不良投入品田间试验、治理与防控大田示范展示、多渠道培训宣传、关键季节现场观摩等方式，使农民群众充分了解不良投入品的危害、化肥安全使用的增产与改土效果。2018年7月20日，《农民日报》以"河南西平：'把脉问诊'配良方酸化耕地变良田"，《河南日报》以"土壤改良的'西平模式'"为题分别进行了报道，在社会上引起了较大的反响。"调肥改土"新体系，提升了技术服务水平，获得了农民群众的高度认可。"治理的头一年就有效果了，当季小麦亩产 450 多千克，是治理前产量的三倍多。"示范户西平县小王庄村刘来运高兴地说："去年是治理的第三个年头，小麦亩产达到了 500 千克，今年小麦亩产也在 500 千克左右。这多亏了土肥站的专家，他们不仅给出治理思路和施肥方案，还在我们需要技术指导时，打个电话就来了。"

2016 年 5 月 23 日由国家小麦工程技术研究中心、河南农业大学、郑州大学和河南省农业科学院等单位专家对酸化耕地修复试验示范区进行了测产。修复两年地块 15 亩，共选取样点 6 个，平均亩穗数 34.5 万，平均穗粒数 48.9 粒，千粒重按该品种前三年平均 45 克计算，理论亩产 759.2 千克，八五折后亩产为 645.3 千克；修复一年地块 14 亩，共选取样点 6 个，平均亩穗数 31.6 万，平均穗粒数 47.8 粒，千粒重按该品种前三年平均 45 克计算，理论亩产 679.7 千克，八五折后亩产为 577.8 千克；相邻未修复地块 10 亩，共选取样点 3 个，平均亩穗数 21.4 万，平均穗粒数 27 粒，千粒重按该品种前三年平均 45 克计算，理论亩产 260.0 千克，八五折后亩产为 221.0 千克，修复增产效果极显著。

2017 年 5 月 22 日由河南农业大学、河南省农业科学院与西平县农技中心等单位专家对黄褐土酸化土壤修复暨安全使用示范区进行了测产。示范区平均亩穗数 38.9 万，平均穗粒数 35.1 粒，千粒重按低于该品种前三年平均以 45.0 克计算，理论亩产 522.3 千克（八五折）；对照区平均亩穗数 15.6 万，平均穗粒数 20.8 粒，千粒重按低于该品种前三年平均以 45.0 克计算，亩产为 124.1 千克（八五折）。示范区较对照增产 398.2 千克/亩，增产效果显著。

2019 年 5 月 23 日由西平县农技中心、县土肥站和县植保站等单位专家对 2018—2019 年西平县土壤保育与安全高效施肥技术体系构建与应用项目的示范区进行了测产，共取样点 8 个，示范区平均亩穗数 43.9 万，穗粒数 35.2 粒，千粒重按 43.0 克计算，平均亩产 564.8 千克（八五折）；相邻地块平均亩穗数 43.1 万，穗粒数 33.9 粒，千粒重按 43.0 克计算，平均亩产 534.0 千克（八五折），亩增产 30.8 千克，增产 5.8%。

2020 年 5 月 6 日由河南农业大学和河南省农业科学院等单位专家对示范区进行了测产。共选取样点 4 个，平均亩穗数 40.24 万，平均穗粒数 37.5 粒，千粒重按低于该品种前三年平均以 43.0 克计算，理论亩产 648.9 千克，八五折后亩产为 551.5 千克；相邻农民习惯施肥地块 8 亩，共选取样点 3 个，平均亩穗数 33.7 万，平均穗粒数 37.8 粒，千粒重按低于该品种前三年平均以 43.0 克计算，理论亩产 547.7 千克，八五折后亩产为 465.6 千克。与农民习惯相比，亩增产 85.9 千克，增产 18.45%，技术措施增产效果显著。

2020 年 5 月 20 日由河南农业大学和河南省农业科学院等单位专家对示范区进行了测产，共选取样点 6 个，平均亩穗数 29.95 万，平均穗粒数 36.4 粒，千粒重按该品种前三年平均以 43 克计算，理论亩产 468.8 千克，八五折后亩产为 398.5 千克；相邻农民习惯施肥地块 10 亩，共选取样点 3 个，平均亩穗数 18.1 万，平均穗粒数 23.1 粒，千粒重按该品种前三年平均以 43 克计算，理论亩产 179.8 千克，八五折后亩产为 152.8 千克。与农民习惯（对照）相比，亩增产 245.7 千克，增产 160.8%，技术措施效果显著。

"调肥改土"技术是近年来集成的一种新技术体系，确立化肥安全使用新思路。推广应用更新了因土、因作物施肥新观念，改变了施肥品种组合，不仅提升了化肥利用效率，而且推动了肥料产业新发展。农业面源污染明显减少，不仅保护了生态环境，还推动了农业绿色发展。

(四) 技术获奖情况

无。

二、技术要点

本技术体系在综合生态区域特点和土壤理化性质后划定土壤酸碱性分区，结合分区调整肥料结构和施用技术进行酸碱治理防控；同时，结合冬小麦-夏玉米生态种植区和生产需求，以及农业绿色发展要求，确定肥料施用策略。

(一) 耕层土壤酸碱空间分布特征

1. 区域分布

河南省 pH>8.5 的碱性土壤，主要分布在开封、新乡、郑州、安阳、三门峡和周口等市，占总耕地面积的 2.3%，其中 pH>9.0 的强碱性土壤，主要分布在濮阳、安阳、新乡、开封等市，占总耕地面积的 0.1%。pH 6.5（不含）～8.5 的中性微碱性土壤遍及全省，占总耕地面积的 77.1%。pH≤6.5 的酸性土壤，主要分布于信阳、驻马店、南阳、平顶山与漯河等市，其他省辖市零星分布，占总耕地面积的 20.6%，其中 pH 4.5（不含）～6.5 的酸性微酸性土壤主要分布于信阳、驻马店、南阳、漯河和平顶山等市，占总耕地面积的 20.5%；pH≤4.5 的强酸性土壤，主要分布在信阳、南阳、驻马店等市，安阳市、焦作市、洛阳市、漯河市、商丘市和周口市零星分布，面积已达 9 万亩。其他省份可以参照河南省划分方式进行划分和面积统计。

2. 土类分布

河南省 pH>8.5 的碱性土壤主要发生在潮土、褐土和红黏土，其中 pH>9.0 的强碱性土壤主要在发生在潮土、褐土。pH≤5.5 的酸性土壤，主要发生在黄褐土、水稻土、砂姜黑土、潮土和黄棕壤，其中 pH 4.5（不含）～5.5 的微酸性土壤，面积最大的为水稻土，其余依次为黄褐土、砂姜黑土、潮土、黄棕壤；pH≤4.5 的强酸性土壤，面积最大的为黄褐土，其余依次为水稻土、砂姜黑土、潮土、黄棕壤。其他省份可以参照河南省划分方式进行划分和面积统计。

(二) 耕层土壤酸碱治理防控技术

1. 酸碱治理防控调肥技术指标

pH>9.0 的强碱性土壤，应施用以过磷酸钙等为磷源的酸性或生理酸性肥料；pH 8.5（不含）～9.0 的碱性土壤，宜施用以磷酸一铵、过磷酸钙等为磷源的酸性或生理酸性肥料，避免施用钙镁磷肥等碱性或生理碱性肥料，适当降低土壤碱度；pH 7.5（不含）～8.5 的微碱性土壤，宜施用以磷酸一铵等为磷源的中性、酸性或生理酸性肥料；pH 6.5（不含）～7.5 的中性土壤，周期性轮换投入酸性、碱性或生理酸碱性肥料；pH 5.5（不含）～6.5 的微酸性土壤，宜施用以钙镁磷肥、磷酸二铵为磷源的碱性肥料；pH 5.0～5.5 的酸性土壤，宜连续施用以钙镁磷肥、磷酸二铵为磷源的碱性肥料；pH 4.5～5.0 的酸性土壤，在以钙镁磷肥、磷酸二铵为磷源的基础上，每两年每亩增施 50～60 千克粉状石灰或 pH 为 10 以上的土壤调理剂 1 次；pH<4.5 的强酸性土壤，在以钙镁磷肥、磷酸二铵为磷源的基础上，每两年每亩增施 60～75 千克粉状石灰或 pH 为 10 以上的土壤调理剂 1 次。酸化治理与防控 pH 目标值以全国第二次土壤普查各土壤类型 pH 平均值为参考。

酸化土壤碱性土壤调理剂（石灰）施用对苗情有利

酸化土壤酸性投入品（硫酸亚铁）施用对苗情有害

2. 酸碱治理防控深翻耕技术指标

用于酸碱治理的，宜选用粉状肥料，一般在冬小麦整地时结合深翻耕进行。以生石灰调节土壤酸度的，整地前将生石灰均匀撒于地表，深耕深翻 25～30 厘米，待耕层土温降至正常温度时方可进行施肥与播种；以钙镁磷肥、熟石灰、过磷酸钙、土壤调理剂等进行调节的，方式方法同一般大田。无深翻条件的，旋耕深度不小于 15 厘米。

碱性土壤调理剂（石灰）撒施

碱性土壤调理剂（石灰）撒施后翻耕

（三）主要农作物测土配方施肥技术

1. 农作物目标产量与氮肥用量

各施肥单元目标产量可由基础产量与最高产量拟合得出，如 $Y=0.656\,4X+264.39$（冬小麦），$Y=0.759\,6X+234.39$（夏玉米），也可根据当地测土配方施肥技术成果选用；或可在前 3 年平均产量的基础上上浮 10%～15% 而定，单位面积目标产量需氮量与土壤供氮量之差即为氮肥用量。

2. 耕层土壤磷钾丰缺指标与磷钾肥用量

各施肥单元磷钾肥用量由田间试验的相对产量与单元内土壤有效磷、速效钾测定值拟合确定丰缺等级。按照农作物养分吸收量，结合耕层土壤磷钾丰缺指标，磷肥用量按农作物携出量的 0.3～2.0 倍、钾肥用量按农作物携出量的 1～2 倍提出相应的推荐施肥量。土壤有效磷、速效钾丰缺指标拟合方程，如：黄褐土有效磷 $Y=9.453\ln X+58.437$（冬小麦）、速效钾 $Y=12.761\ln X+25.54$（冬小麦）、有效磷 $Y=9.711\,9\ln X+56.301$（夏玉米）、速效钾 $Y=14.384\ln X+20.736$（夏玉米）；砂姜黑土有效磷 $Y=8.513\,6\ln X+60.687$（冬小麦）、速效钾 $Y=8.804\,3\ln X+47.647$（冬小麦）、有效磷 $Y=15.738\ln X+37.672$（夏玉米）、速效钾 $Y=10.478\ln X+60.914$（夏玉米）。也可根据当地测土配方施肥技术成果选用。

3. 区域基肥大配方与氮肥基追比

河南省冬小麦，除岗岭雨养旱作区可一次性施肥（25-15-5）外，其他 5 个分区磷钾肥一次基施，氮肥分次施用；基肥配方与氮肥基追比为：豫北高产区 18-18-9、5：5～6：4，豫东及豫北沿黄中高产区 22-15-8、6：4～7：3，豫中南中高产区 18-15-12、6：4～7：3，豫西南中低产区 19-13-13、7：3～8：2，沿淮低产区 22-13-10、8：2。夏玉米除豫西北豫北山地丘陵褐土红黏土区可一次性施肥（27-9-4）外，其他 3 个分区磷钾肥一次基施，氮肥分次施用；基肥配方与氮肥基追比为：豫东豫北平原潮土区 16-11-13、4：6～5：5，豫中南豫西南砂姜黑土黄褐土区 14-12-12、4：6～6：4，沿淮砂姜黑土黄褐土水稻土区 15-13-12、4：6～6：4。若采用缓释肥料技术全生育期一次性施肥时，一般壤质土壤氮肥缓释养分占总氮素养分的 30%～40%，沙质土壤氮肥缓释养分占总氮素养分的 40%～50%。其他区域参考当地测土配方施肥技术指导意见。

4. 施肥时间与位置

整地播种前（时）与需肥关键期将肥料施入作物根系集中生长区。冬小麦，基肥于整地时机械撒施，深翻 20～25 厘米，或旋耕不少于 15 厘米；剩余的氮肥于返青拔节期开沟追施。夏玉米，铁茬播种推荐采用种肥同播或种肥异位分层施肥，肥料位于种子垂直间距 5 厘米、横向间距 7 厘米以上，作业深度 15～20 厘米；剩余的氮肥于喇叭口期开沟追施。冬小麦、夏玉米追肥时，隔行行间开沟，沟深 8～10 厘米。

（四）有机肥替减与化肥减量技术

1. 化肥减量范围与指标

在秸秆全量还田的基础上，氮肥用量：高肥力地块可适当调减 5%～10%；磷肥用量：当土壤有效磷含量高于 25 毫克/千克时，可适当调减 10%～20%；钾肥用量：当土壤速效钾含量高于 130 毫克/千克时，可适当调减 10%～20%。

2. 化肥总量控制与限量指标

河南省冬小麦化肥总量控制与氮、磷、钾单项养分限量指标分别为：豫北高产区 28、19、8、9 千克/亩，豫东及豫北沿黄中高产区 27、18、8、8 千克/亩，豫中南中高产区 26、17、7、8 千克/亩，豫西南中低产区 25、16、7、7 千克/亩，岗岭雨养旱作区 27、15、8、7 千克/亩，沿淮低产区 25、16、8、8 千克/亩；夏玉米化肥总量控制与氮、磷、钾单项养分限量指标分别为：豫东豫北平原潮土区 26、18、7、9 千克/亩，豫中南豫西南砂姜黑土黄褐土区 24、16、6、8 千克/亩，沿淮砂姜黑土黄褐土水稻土区 24、16、7、8 千克/亩，豫西北豫北山地丘陵褐土红黏土区 22、15、7、5 千克/亩。其他区域可参考当地测土配方施肥技术化肥总量控制与氮、磷、钾单项养分限量指标。

3. 有机肥品种选择与用量

有机肥料品种宜选用商品有机肥、生物有机肥、农家肥等。有机肥料宜全部在冬小麦季作基肥施用，三个品种的推荐每亩用量分别为 $50\sim100$ 千克、$50\sim100$ 千克、$1\,000\sim2\,000$ 千克。绿肥适宜种植地区可种植绿肥，翻压还田一般可减施化肥 20% 左右。农家肥要经过腐熟发酵等无害化处理后方可使用。

三、适宜区域

冬小麦-夏玉米周年轮作种植区。

四、注意事项

施用技术应根据生产实践进行选择，或因地制宜进行一定的调整。具体田块应结合实际酸碱性及其影响范围和程度确定肥料品种和施肥技术；冬小麦-夏玉米施肥配方应结合基础地力情况进行大配方小调整。在连年推广应用技术的情况下，应注意农业生产动态变化，适时调整方向和侧重点。

技术依托单位
河南省土壤肥料站
联系地址：河南省郑州市金水区经三路 91 号
邮政编码：450002
联 系 人：孙笑梅　闫军营　黄 达
联系电话：0371-65778727　13643841286　13676938870
电子邮箱：sunxm9@126.com　tg36963@126.com

种养结合增效减污技术模式

一、技术概述

（一）技术基本情况

粮食主产区自古以来承担着国家粮食、蔬菜、肉类供给的"重担"，"接纳"了过量的化肥农药，重点流域面临氮、磷高污染风险。尽管我国农业面源污染治理已卓有成效，但种养脱链、粪污资源利用率低排放量大仍然是污染治理的"痛点"。主要问题：一是养殖粪污治理如何与种植系统结合起来形成高效的生态循环链欠缺经济可行的技术模式，制约了污染治理的可持续性；二是农业面源污染治理涉及亿万农民，面散而广，生态循环治理的长效运行缺少内在经济动力；三是单点单项的治理难以形成组合拳进行协同防控，肉粮刚性需求下急需全域式生产与治污协同调控技术。

因此，在保障粮食安全前提下以流域污染负荷削减为核心目标，从基础理论-关键技术-场景驱动开展系统研究，揭示种养系统养分高效循环的调控机制，以粪污变粪肥循环利用为纽带，污染治理向产业链条延伸，通过结合产业链上下游，创新了养殖废弃物前段混合发酵-中段强化产气-后段菌肥制备多级综合利用技术，从抗性基因削减-承载力估算-最适消纳施用等多维度突破关键技术，构建了种养结合减污降碳清洁生产模式，提出以"农民和农业企业为主力军"的多元主体治理及运维机制，破解了肉粮主产区面源污染治理参与主体动力不足的困境，实现了由关键技术突破到技术链式集成和循环耦合的技术迭代升级。

（二）技术示范推广情况

该技术已在华北、西北、东北、西南及正大集团典型种养结合型农业区推广应用，累计示范农田面积16.7万亩，生猪养殖存栏量79万头的粪污资源化能源化利用。其中，华北平原山东省示范推广面积68 000亩，生猪养殖50 000头。西北河套灌区宁夏回族自治区示范推广10 000亩，生猪养殖10 000头。在西南丘陵区四川省中江县建立示范区15 780亩，生猪养殖5 000头。在正大集团内蒙古正缘基地、东营现代农业科技生态园、襄阳种养结合基地、宁乡双江口种植区4个点位示范推广，累计示范面积73 139亩，生猪养殖72.5万头。

（三）提质增效情况

研发的种养结合增效减污关键技术和典型模式已在华北山东省滨州市、西北宁夏回族自治区、东北吉林省梨树县、西南四川省中江县等地区，以及正大集团大企业推广应用，解决了集约化养殖污染问题，实现了粪污变粪肥资源循环利用，取得了显著的经济、环境和社会效益，有力支撑了我国农业面源污染防治攻坚战、农业绿色发展等重大战略的实施。

在华北平原山东省滨州市，通过技术示范，能保障在北方冬季低温环境下正常发酵产沼气，猪粪的处理过程中提高了沼气产量12%，沼液中益生菌的含量显著提高，养殖废弃物资源化利用率提高到90%，显著降低小麦-玉米整个轮作周期氮磷肥投入量和产排量。综合计算可以实现节本增效 2 400 元/公顷，节本增效 1 568 万元，促进了重点流域粮食主产区种养生态循环产业链技术升级。

在西北宁夏引黄灌区，优化集成区域种养循环生态产业链技术和工程化示范，年产气量 25 万米³，年减排 COD、TN、TP 分别为 420、49、13 吨，养殖场污染物削减率分别达到 62.9%、36.5%、62.5%，可年产有机肥 1.5 万吨，节本增效 170 余万元。

在东北吉林省梨树县黑土区，研发的粪肥带菌还田及仿生养护技术，对优化农作物根际环境及粪肥存在的周围土壤生态环境作用显著，推广应用面积 60 多万亩，养殖废弃物资源化利用率提高到 90%以上，当季可增加土壤有机质输入量 0.4%～1.0%，低成本替代商品炭基肥，可减施纯氮肥 10%。

在西南丘陵区四川省中江县，串联形成的以养促种就地消纳技术，累计减少化学氮肥使用 246.16 吨、化学磷肥使用 99.41 吨（以纯氮和五氧化二磷计），化肥利用率平均提高了 3.9%，生猪养殖粪污处理率达到 90.7%。

在正大集团襄阳种养结合基地，通过对种植、养殖、加工等产业进行循环利用和开发，累计消纳自养场沼液 60 万吨/年，节约成本 350 万元/年。同时，带动 154 个种植大户消纳沼液，配套种植面积 26 968 亩，消纳沼液 106 万吨/年，节约成本 742 万元/年。还发展种饲结合，累计种植玉米 46 万亩，玉米亩均增收 75 元/吨，合计增收 3 450 万元。

（四）技术获奖情况

1. "基于种养结合生态循环的农业面源污染治理关键技术"入选 2019 年度中国生态环境十大科技进展。

2. "区域种养一体化农业增效减负关键技术与应用"入选 2019 年度中国农业科学院十大科技进展。

3. 《科技日报》报道了变传统农业"资源-产品-废物排放"为现代农业"物质多次、多级、多梯度循环利用"的农业生产与水质改善研究成果。

4. 国家水体污染控制与治理科技重大专项"种养一体化增效减负示范工程"被评为优秀。

二、技术要点

种养结合增效减污技术模式，打通了产业链上下游关键环节，构建了高效种植-生态养殖-废弃物资源化能源化利用的道路，包含两个核心技术：养殖废弃物混合多级综合利用技术、种养结合型废弃物安全高效还田技术。

（一）养殖废弃物混合多级综合利用技术

该技术打通产业链上下游，将小麦深加工过程产生的酒糟作为饲料主体，经高温杀菌等处理，再配入麸皮、玉米面形成液态蛋白饲料用于生猪养殖；揭示了猪舍储粪池原位强化水解酸化机制，酒糟废液与猪粪共发酵，突破了纳米铁强化发酵技术，优化了单级封闭式厌氧塘死区的水力条件，强化产甲烷效率，生物天然气提纯，沼液作为有机肥回到种植。

1. 猪粪酒糟混合发酵技术

前段采用全混合厌氧消化器对猪粪和酒糟进行联合中温发酵，突破了纳米 Fe_3O_4 强化发酵技术，能够保障在北方冬季等低温环境下正常进行发酵产沼气，纳米铁强化技术累积产气量可提高 21.51%，最大产气速率提高 17.6%，降低能耗。

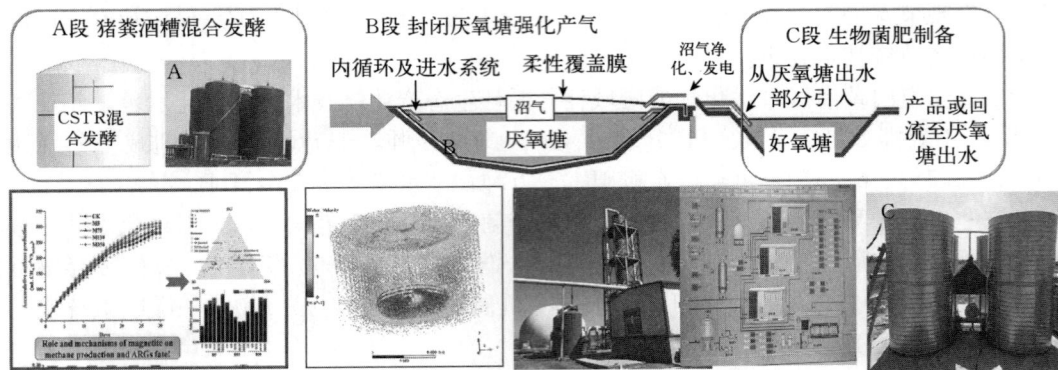

种养结合增效减污技术流程图

2. 封闭厌氧塘强化产气技术

中段研发低成本封闭厌氧塘、两相废弃物厌氧发酵等关键技术，优化了单级封闭式厌氧塘死区的水力条件，解决了厌氧处理设施冬季运行单级封闭式厌氧塘存在 70% 以上死区的问题。

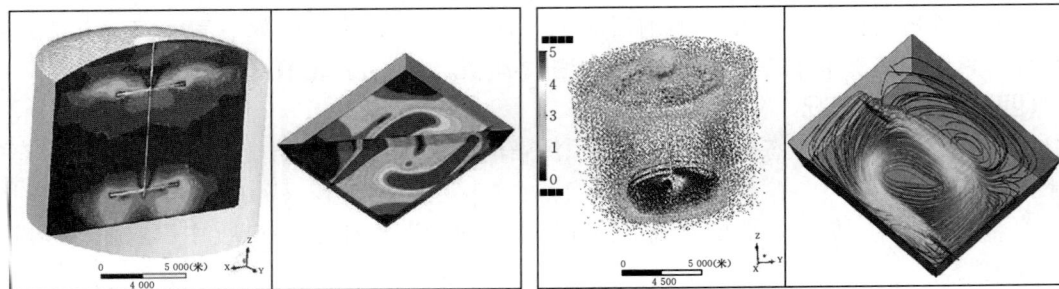

中心截面液相速度分布和厌氧罐内速度分布

3. 生物菌肥制备技术

后段以废水为培养基主要原料，获得液态微生物肥料的最佳配比，优选植物促生菌和发酵微生物菌株，接种菌剂进行氨氮臭味控制和益生菌增殖，制成高品质生物菌肥，用于农作物种植；揭示了微生物介导的沼液生物菌肥资源化作用机制，分析了不同农业废弃物作用下

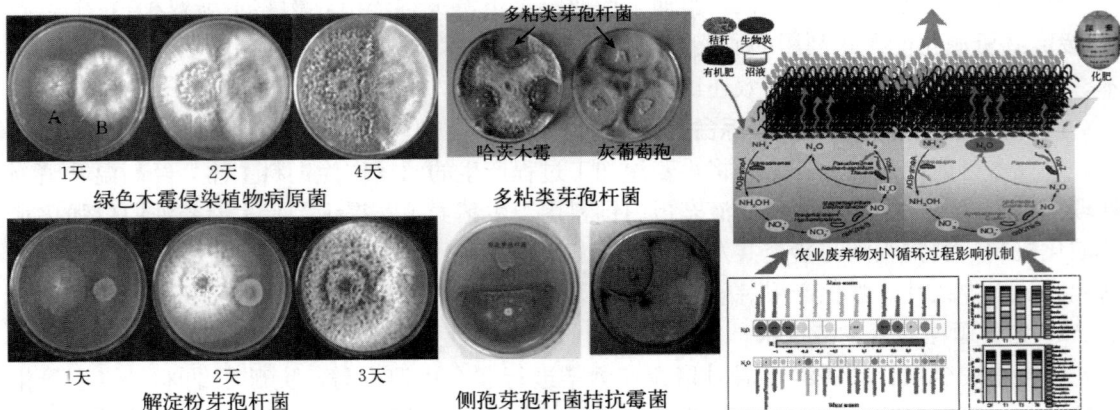

筛选高效植物促生菌/生防菌及中试田间应用

土壤 N_2O 排放规律，发现了影响 N_2O 排放的关键微生物，阐明了土壤 N_2O 排放与硝化和反硝化微生物之间的关系。

（二）种养结合型废弃物安全高效还田技术

种养结合最大症结在于养殖废弃物的安全性和消纳阈值的不确定性。针对养殖废弃物的安全性难题，明确了酒糟混合中温厌氧发酵对抗生素和耐药基因去除机制、为抑制环境中抗生素耐药性传播提供了新途径，为沼液无害化、安全农田提供支撑，研发了中温厌氧发酵削减抗生素和抗性基因的技术。从环境功能、微生物应用及作物吸收污染物分子调控角度，探明农业面源污染物在多界面迁移转化规律和削减机制；酒糟混合中温厌氧消化的抗生素总量下降了 $14\%\sim46\%$，四环素类、大环内酯类 TILM 和氟喹诺酮类均下降约 55%；抗性基因相对丰度下降了 $7\%\sim20\%$。其中 *ermE* 下降幅度最大，说明厌氧消化对猪粪中优势 ARGs 有明显削减作用。

	B	C	D	E
tetA	0.136 0	0.026 2	0.152 0	−0.010 7
tetG	−2.764 1	−0.216 4	−0.046 8	−0.126 0
tetM	1.065 8	−2.231 6	1.243 6	−3.215 2
tetX	4.040 7	2.841 6	1.553 6	1.171 3
sulI	−1.898 4	−0.051 3	−0.382 7	−0.916 0
sulII	−0.772 9	−0.113 5	−0.101 7	−2.122 2
ereA	0.002 5	0.003 0	−0.000 6	−0.007 0
ermB	15.968 9	23.536 9	23.815 7	23.089 2
ermF	1.791 1	0.631 5	0.546 6	1.062 3
mefA	−3.441 3	−2.780 0	−5.228 2	−12.159 6
aac(6′)-Ib-cr	−0.143 9	−0.379 7	−0.896 5	−2.349 9
blaTEM	0.162 0	0.015 1	0.005 0	0.003 9
mcr-1	0.114 8	0.015 8	0.006 4	0.003 7
intI1	1.081 2	−1.046 0	−0.589 5	−2.519 5
czcA	0.149 8	0.127 3	0.120 5	0.058 0
pcoA	1.916 5	0.220 7	0.086 5	0.043 7

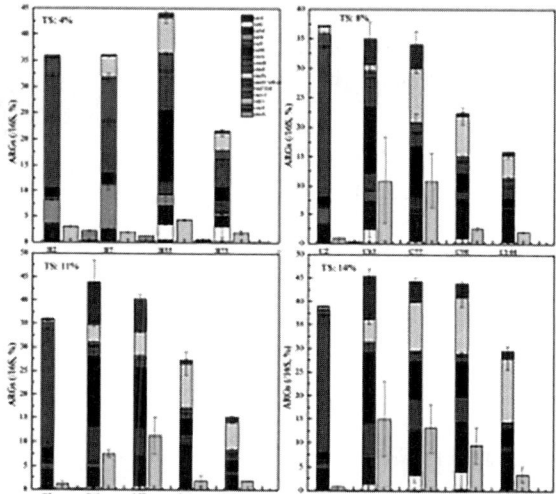

中温厌氧消化后抗生素总量和抗性基因相对丰度下降

针对消纳阈值的不确定性难题，融合食物链环境与资源营养流模型，建立了种养结合产业链物质流循环核算模型，从全国-省域-田块多尺度定量评估了产业链碳、氮流动路径和通量；揭示了沼液化肥配施对农田氮素过程影响的硝化反硝化微生物协同作用机制；采用多元混合模型，以气态活性氮为指示因子，综合考虑产量和环境效应，提出了沼液替代化肥的最佳比例（38：62），为量化沼液还田适宜消纳量提供了方法；估算了我国省级尺度的畜禽粪污土地承载力，探索了区域内畜禽粪污养分产生量与农田作物养分需求量之间的匹配性。

研发了智能沼液灌溉控制系统（软著登字第 4223886 号）和肥水一体化自动灌溉系统（软著登字第 3427145 号）、大量元素沼液水溶肥生产装置（ZL202220427648.7）；技术依托单位牵头编制了 2021 年绿色种养循环农业试点技术指导意见，牵头修订了《肥料合理使用准则 有机肥料》（NY/T 1868—2021），为种养结合粪肥安全高效还田提供了技术支撑。

三、适宜区域

该模式适用于西北、华北、东北、西南生猪养殖和玉米、小麦、水稻种养结合良性循环的复合型农作区域，养殖规模和大田种植面积不限，但养殖规模和废弃物消纳大田面积要匹配。

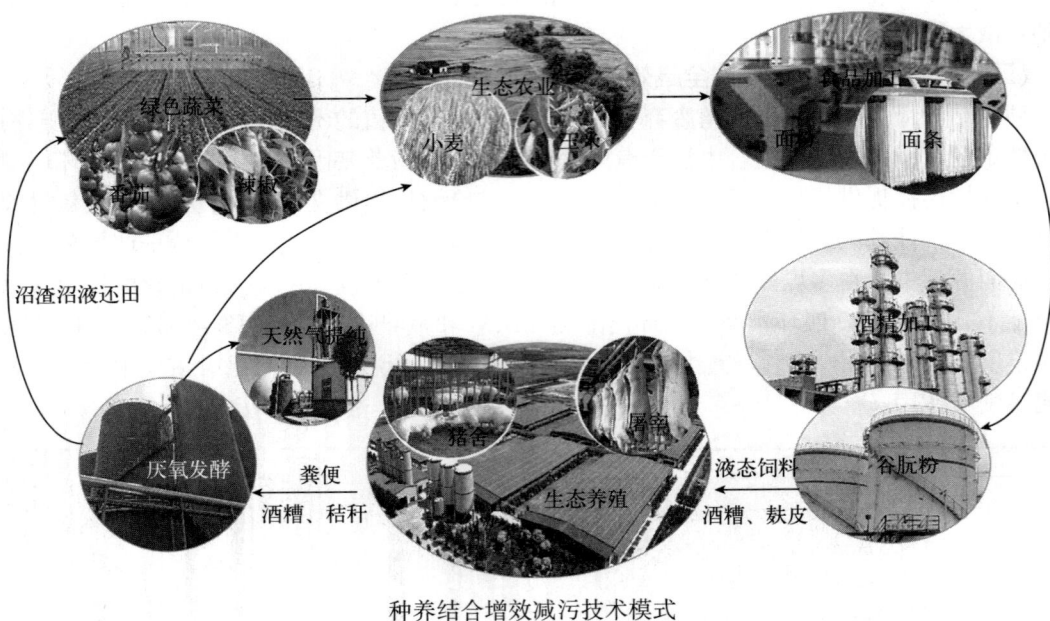

种养结合增效减污技术模式

四、注意事项

在技术实施过程中，需因地制宜分区分作物类型实施，定时监测土壤抗生素及重金属含量。

技术依托单位

1. 中国农业科学院农业环境与可持续发展研究所

联系地址：北京市海淀区中关村南大街12号

联 系 人：张晴雯

联系电话：15801230229

电子邮箱：zhangqingwen@caas.cn

2. 全国农业技术推广服务中心

联系地址：北京市朝阳区麦子店街20号

联 系 人：杜 森

联系电话：13910589637

电子邮箱：dusen@agri.gov.cn

3. 中国科学院生态环境研究中心

联系地址：北京市海淀区双清路18号

联 系 人：王亚炜

联系电话：13522676276

电子邮箱：wangyawei@rcees.ac.cn

裸露农田扬尘抑制保护性耕作质量监测技术

一、技术概述

（一）技术基本情况

1. 技术研发推广背景

（1）行业发展需求　　主要农作物全程机械化水平已进入高级发展阶段，但要进一步实现农机作业节本增效、提高作业质量、提升农机管理能力，发展农机信息技术、智能装备是重要途径。然而农机信息化技术、智能装备起步晚、积累少，各技术应用独立，集成度低，应用系统数据整合困难，国外很多同类技术长期对我国进行封锁，必须依靠自主创新。

（2）技术水平　　按照《全国农机深松整地作业实施规划（2016—2020年)》要求，"十三五"期间，北京市积极开展农机深松整地技术推广，在农机深松整地作业补贴政策引导下，农机深松整地作业累计完成面积44万亩，农机深松整地作业在全市取得了较好的推广应用效果。但秸秆粉碎覆盖还田、少免耕播种两项关键技术尚无明确补贴政策，全环节保护性耕作技术推广应用水平近几年呈下降趋势，亟须政策引导，加快应用水平提升。

（3）政策要求　　在政策支撑方面，国家政策《国务院关于加快农业机械化和农机装备产业转型升级的指导意见》国发〔2018〕42号：加快推广应用农机作业监测、维修诊断、远程调度等信息化服务平台，实现数据信息互联共享。《国务院关于印发全国农业现代化规划（2016—2020年）的通知》政策、《北京"十三五"时期信息化发展规划》京政发〔2016〕57号：深化应用新一代信息技术，实现农业生产、经营、管理和服务的精准化智能化。从2020年度开始，北京在全市范围内全面加强农机深松整地、秸秆粉碎覆盖还田、少免耕播种三项季节性裸露农田扬尘抑制关键保护性耕作质量监测技术集成推广应用，力争"十四五"期间，在全市实现三项关键保护性耕作质量监测技术应用率达到80%以上，全面建成覆盖主要裸露农田区域的扬尘监测体系。

2. 能够解决的主要问题

（1）解决三项保护性耕作作业质量无法保证的问题　　随着季节性裸露农田扬尘抑制关键保护性耕作质量监测技术推广应用，农机深松整地、少免耕播种、秸秆还田作业面积不断扩大，补贴金额也在逐年增长，如何保证作业质量、精准地统计作业面积已经成为工作中的棘手问题。

（2）解决作业补贴发放依靠人工抽查，费时费力，抽查面积比例太小的问题　　传统的深度质量检测，以及是否为少免耕播种、是否秸秆还田等工作主要是人工抽查，在此过程中常伴随着耗费时间长，测量数据点少，面积统计多报、漏报的现象，以及不能保证补贴安全发放等问题。

（3）解决作业补贴发放缺乏科学量化依据的问题　　作业质量与作业面积监测没有纳入农机管理部门全程信息化管理，存在安全隐患。

（二）技术示范推广情况

从 2020 年开始，北京市农业农村局农机处申请市级转移支付资金，并设计农机深松整地、秸秆粉碎覆盖还田、少免耕播种三项扬尘抑制保护性耕作质量监测技术作业补贴，引导各区在秋、春两季加大季节性裸露农田扬尘抑制保护性耕作质量监测技术推广力度，通过相关技术措施应用辅助减少农田扬尘。

（1）项目实施至今，累计安装车载监测终端设备 749 台，推广应用总面积达 124.6 万亩，应用覆盖率达到 80％以上，面积精准达 99.05％～99.30％。

（2）全市设立账户 147 个，其中市级管理账户 2 个，区级管理账户 8 个，农机合作社和农机户使用账户 137 个。

（3）农田扬尘抑制效果显著，与传统耕作相比，农田扬尘可减 32.81％～40.42％。

（4）项目实施以来，共开展各类技术指导、技术培训、现场观摩会等 200 余次，累计培训人员超过 5 000 人次。

（三）提质增效情况

1. 经济效益

2020—2022 年，借助季节性裸露农田扬尘抑制关键保护性耕作质量监测补贴政策，在顺义、密云、平谷、昌平、怀柔、延庆、房山、大兴共计 8 个区开展保护性耕作监测作业及作业补贴发放。其中，共计监测深松作业面积 42.3 万亩，监测秸秆还田面积 51.4 万亩，监测少免耕播种面积 30.9 万亩，产生经济效益 5 756.6 万元。

2. 社会效益

（1）提升市区两级农机管理部门信息化管理科学水平　农机管理调度中心平台的应用，为产业宏观决策提供科学数据支撑，便于和各区农机主管部门掌握市、区各级农机实时及历年作业信息、机具投入使用情况和使用效率等。指导政府对农机作业补贴进行监管，通过建设大数据平台，为补贴的发放提供依据，提高补贴发放精准度和信息化程度。

（2）为保护性耕作推广和补贴发放提供科技手段支撑　集物联网、大数据应用于一体的保护性耕作信息化监测技术应用，有效解决了农机深松整地、少免耕播种、秸秆还田作业人工查验工作量大、工作效率低、抽查范围小及监管难度大等问题，由传统的人工 5％比例抽样转变为 100％面积信息监测，为作业补贴提供了科学量化依据。

（3）提质增效，藏粮于地、藏粮于技　农机作业质量监测系统推广应用效果显著，通过深松监测技术大面积应用，实现深松作业面积 100％监测，确保了深松作业质量。有效的深松作业有利于最大限度发挥土地的生产能力。秸秆还田和少免耕播种监测技术的推广，大幅提高了农机合作社实际作业质量，为土壤改良、作物增产提供了保障。

（4）促进全市农机行业健康发展，为农机经营主体提供信息化管理手段　通过技术手段和严格、有效管理相结合，实现公平、公正、公开的农机作业补贴管理，营造了良好的农机作业社会化服务市场；提升合作社经营主体管理水平、提高资源利用率、提升效率，推进规范管理、规范作业，提升合作组织的经营能力和盈利水平。

3. 生态效益

2020 年，项目组在顺义等 8 个区选择合适位置各安装了 3 套扬尘监测设备，总计 30 套，对顺义区、大兴区等 8 个区实施保护性耕作监测技术前后的扬尘进行监测，组织中国农业大学专家团队对监测数据分别进行采集和分析，形成 8 份专业报告。数据表明：采用以秸秆粉碎覆盖还田和少免耕播种为核心的保护性耕作技术对农田扬尘抑制效果显著，与传统耕作相比，农田扬尘可减少 32.81%～40.42%，采用多覆盖、少动土的高质量保护性耕作地块抑制扬尘效果尤为明显。

（四）技术获奖情况

技术获 2020—2022 年北京市农业技术推广奖二等奖，入选 2022 年北京市农业主推技术。

二、技术要点

在国内首次创新研发"一机多具"结构的农机智能监测终端，创新开发并推广应用基于北斗的农机管理调度中心平台，创新农机合作社智能装备生产作业模式，为作业补贴提供了科学量化依据，并实现全程信息化管理。

（一）系统设计及原理

保护性耕作主要包括秸秆粉碎覆盖还田、少免耕播种和农机深松整地等关键技术。保护性耕作质量监测技术有助于农机管理部门及合作社掌握农业生产进度、作业面积，并且方便机手对作业面积、作业质量及作业功耗进行实时把控，终端应安装在农机上，具备卫星定位、无线通信、作业深度监测、机具识别、图像采集、显示报警等功能。平台通过接收终端上传的详细作业信息来进行存储和管理农机作业数据、精准计量农机深松作业面积、对深松作业质量数据进行统计汇总分析，并具有重叠作业和跨区域作业检测与分析、数据导出和报表打印等功能。用户可通过电脑、手机查看平台数据。

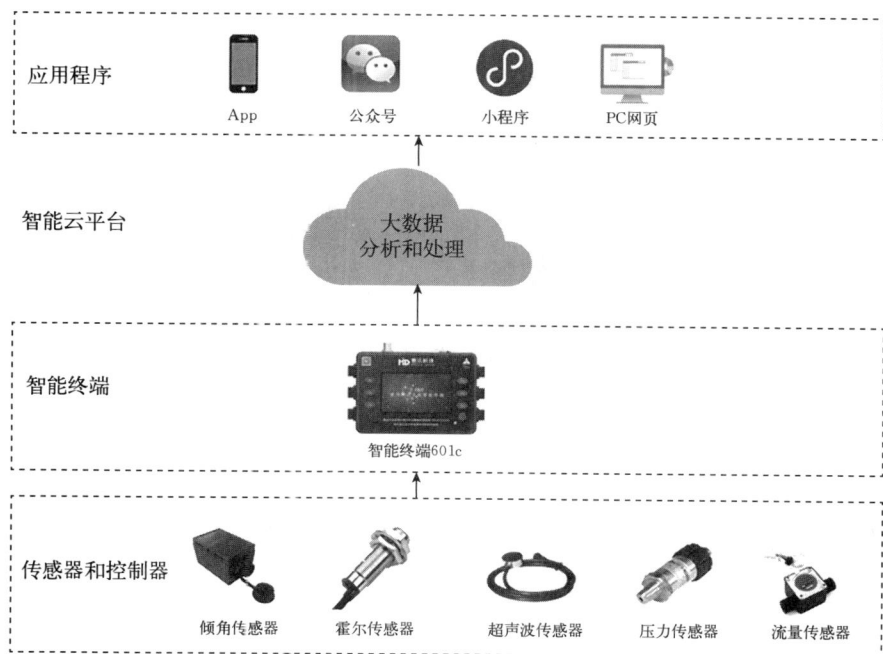

系统架构图

（二）农机管理调度中心平台设计开发

1. 框架设计

该平台用户群体为市级管理用户、区级管理用户、合作社用户。其中，市级管理用户能够通过平台掌握全市保护性耕作作业监测数据情况及全市合作社基本情况；区级管理用户能够通过平台掌握区内保护性耕作作业监测数据情况及区内合作社基本情况。

2. 管理端用户功能设计开发

补贴作业监管主界面，可以进入补贴作业监管详细展示界面，包括设置、作业概况、车辆明细、深松作业、秸秆还田、少免耕播种、轮作图、人工复核等模块。

3. 设备架构

设备由数据采集终端和精准作业平台两部分组成。终端进行数据采集，平台进行数据计算、统计、显示。

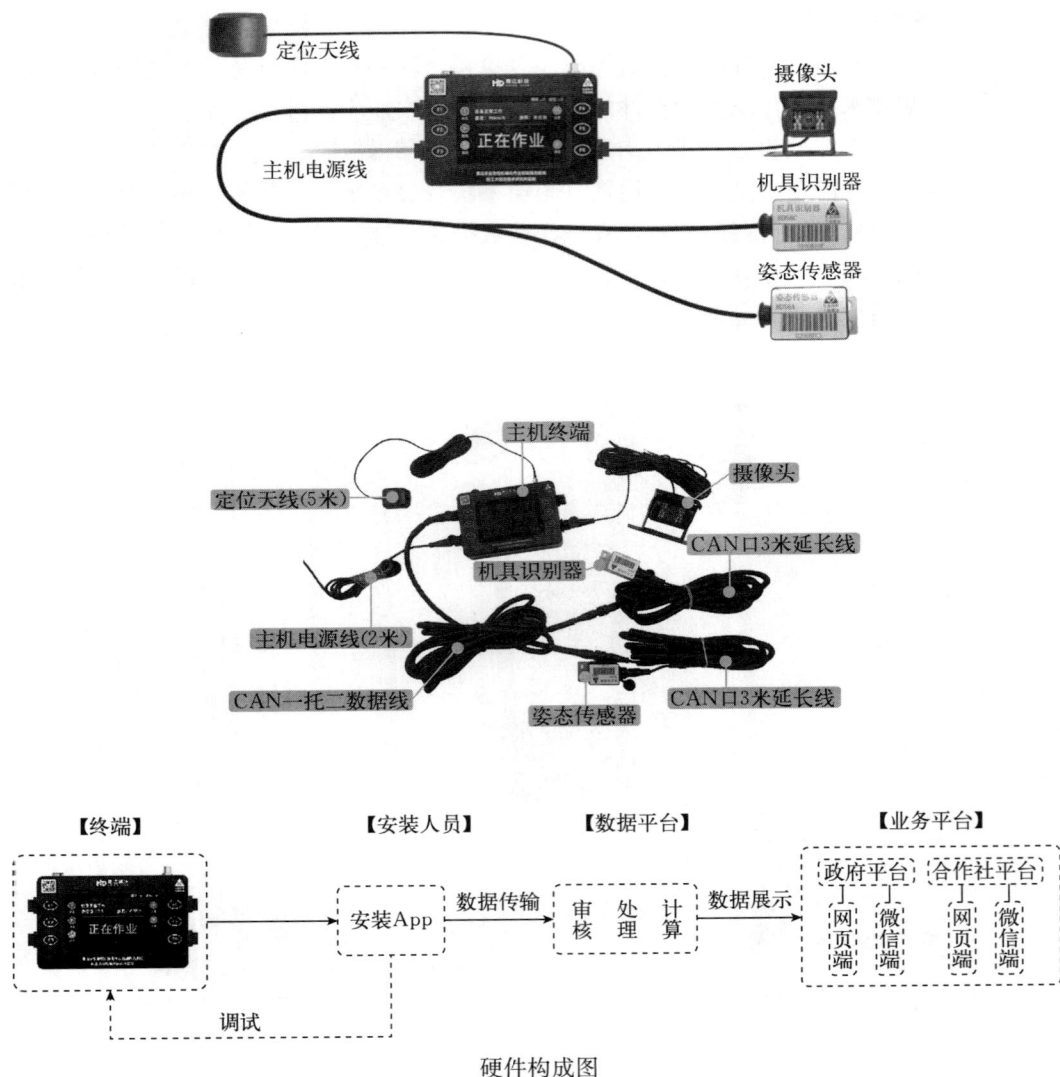

硬件构成图

4. 合作社用户功能设计

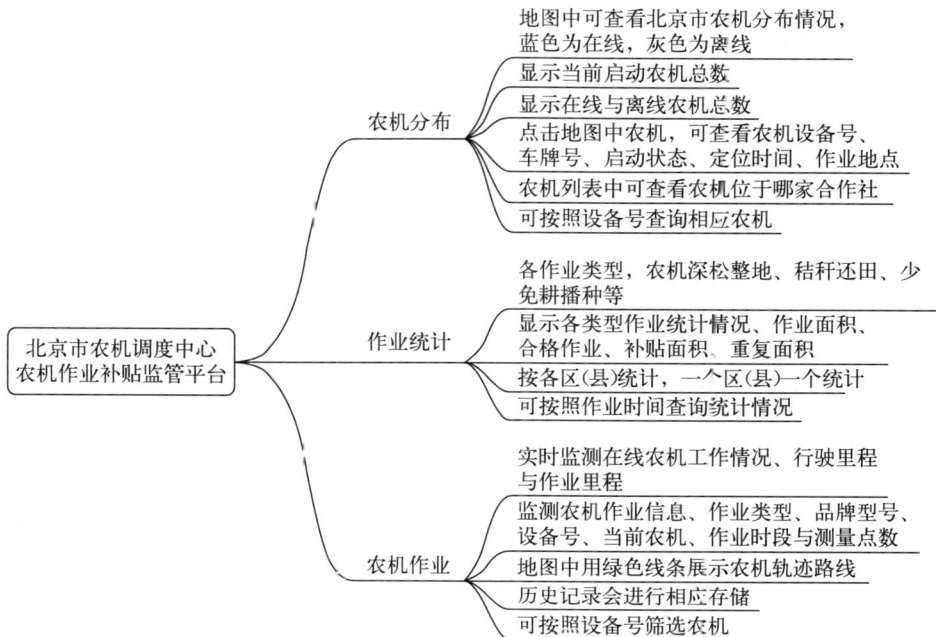

北京市农机调度中心农机作业补贴监管平台

- 农机分布
  - 地图中可查看北京市农机分布情况，蓝色为在线，灰色为离线
  - 显示当前启动农机总数
  - 显示在线与离线农机总数
  - 点击地图中农机，可查看农机设备号、车牌号、启动状态、定位时间、作业地点
  - 农机列表中可查看农机位于哪家合作社
  - 可按照设备号查询相应农机
- 作业统计
  - 各作业类型，农机深松整地、秸秆还田、少免耕播种等
  - 显示各类型作业统计情况、作业面积、合格作业、补贴面积、重复面积
  - 按各区(县)统计，一个区(县)一个统计
  - 可按照作业时间查询统计情况
- 农机作业
  - 实时监测在线农机工作情况、行驶里程与作业里程
  - 监测农机作业信息、作业类型、品牌型号、设备号、当前农机、作业时段与测量点数
  - 地图中用绿色线条展示农机轨迹路线
  - 历史记录会进行相应存储
  - 可按照设备号筛选农机

App 监测图

（三）智能农机监测终端设备研发

1. 终端主机

主机为整个系统的核心部分，承载着农机定位、运算显示、数据存储、数据上传等功能。定位精度≤2 米，作业面积计量误差<1.5%。

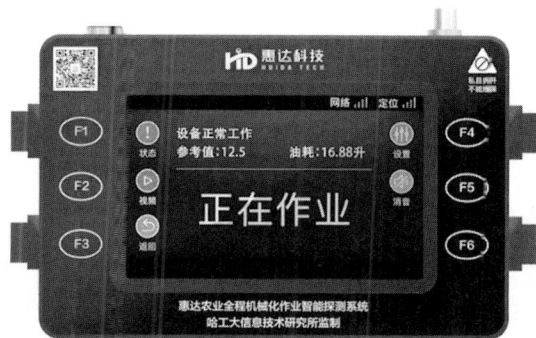

车载终端

2. 机具识别器（有线方式和蓝牙方式）

机具识别器为系统组成的重要部分，内含存储模块，在使用前，模块中存储不同的数值对应不同的机具类型。当主机识别到不同类型的机具时，根据该机具的固定配置，读取相应的参数，用于主机及服务器计算耕作亩数。

（1）身份标识　机具识别模块，安装在作业的农具上，相当于给农具做了唯一的身份标识。

（2）参数记录　标识中记录了传感器的初始状态信息等重要参数，参数可提供给主机进行分析，提供给云平台进行计算。

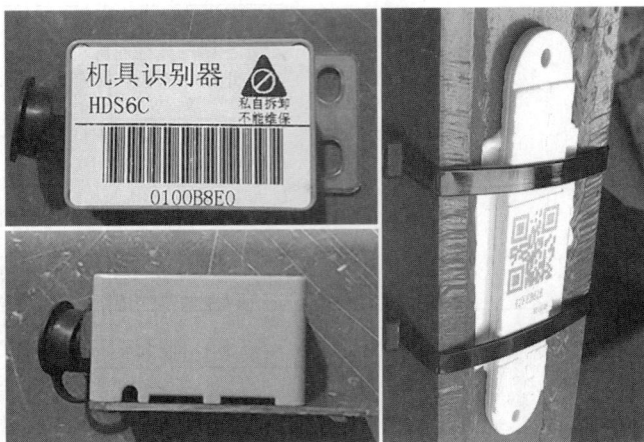

机具识别器

3. 摄像头

摄像头

4. 机具传感器

角度（姿态）传感器：全程机械化系统的数据采集部分，针对不同作业类型适配不同的传感器，角度传感器通过不同位置的角度变换来区分农机的作业与行驶。

姿态传感器

5. 不同作业类型终端配套情况

深松作业：拖拉机上安装终端主机、双高清摄像头，深松机上安装蓝牙机具识别器。可实现农机定位、作业图片、作业面积、作业质量监测等功能。

秸秆还田：收割机上安装终端主机、双高清摄像头、霍尔传感器。主要功能为农机定位、轨迹查询、作业图片、作业面积、作业质量监测。

少免耕播种：拖拉机上安装终端主机、双高清摄像头，播种机上安装蓝牙机具识别器。

6. 深松监测设计

技术原理：通过安装在拖拉机后部提升臂上倾角传感器的角度变化，判断是否为作业状态，并计算机架与地面的距离变化，得到深松机深松铲的入土深度，即实际的深松深度值；安装摄像头采集农机作业图片信息以确保真实作业。同时，后台经过统计分析可以监测每年深松轮作情况。

深松作业质量监测技术展示图及深松作业轮作图

深度测量原理：通过监测安装在大臂上姿态传感器的角度变化，已知臂长 L，利用三角函数来计算耕深 H，计算公式如下。

$$H = L(\sin b - \sin a)$$

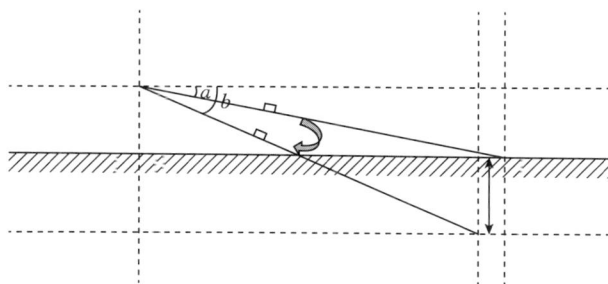

深度计算原理

三、适宜区域

该技术设备需要获取位置信息，因此，技术适合在卫星定位信号良好的区域应用。该技术可以监测深松作业、秸秆还田作业、少免耕播种作业，适宜在华北地区、东北地区等种植小麦、玉米的区域使用。

四、注意事项

1. 在作业季来临前，需要开展设备检查和测试，确保设备供电、运行正常，检查各部件、线缆是否完好，并前往田间开展测试，确保网络数据传输、面积计算显示均正常。

2. 该技术设备工作环境恶劣，线缆容易损坏，注意查修。目前的监测系统与其他部件以有线连接方式为主，机具借助主机提供的电源供电，以实现机具传感器的正常运行，在实际应用中，若受到恶劣农业环境的影响，连接线可能出现扯断、接触不良等问题，后期因连接线损坏造成的维护概率较高，建议加强维护，定期检查。

3. 在一些山区等偏远地区，要注意卫星信号是否稳定有效。

4. 与设备安装企业协商好后期服务问题，定期检查作业数据传输，防止车载终端通信欠费后，安装企业没有及时提示，致使数据未能及时上传。

5. 部分农机合作社移机需求大，要与设备企业技术人员充分沟通，防止因自行移机造成设备无法正常监测。

技术依托单位

1. 中国农业大学

联系地址：北京市海淀区清华东路 17 号

邮政编码：100083

联 系 人：王庆杰

联系电话：13581818086

电子邮箱：wangqingjie@cau.edu.cn

2. 经纬物联科技有限公司

联系地址：北京市朝阳区东三环南路 96 号农机化总站科研楼 216

邮政编码：100122

联 系 人：王　慧

联系电话：13940541935

电子邮箱：huiwang1935@foxmail.com

3. 金色大田科技有限公司

联系地址：北京市海淀区中关村南大街 12 号百欣科技楼 7 层 717

邮政编码：100098

联 系 人：杜　娟

联系电话：13810807560

电子邮箱：duj@nongji360.com

高效智能农田残膜回收技术及装备

一、技术概述

（一）技术基本情况

高效智能农田残膜回收技术可以实现自动连续完成秸秆粉碎和抛撒、残膜捡拾、清杂、打包等作业功能，其残膜回收装备主要用于棉花和玉米作物秸秆粉碎还田、残膜回收，具有秸秆粉碎效果好、残膜拾净率高、含杂率低、作业效率高的性能。本技术装备产品如下图所示。

牵引式高效智能残膜回收机

自走式高效智能残膜回收机

1. 技术研发推广背景

地膜是重要的农业生产资料，具有增温、保墒等功能，能有效提高农作物产量和品质。目前，我国地膜使用量每年近 140 万吨，覆盖面积达到 2.8 亿亩，均为世界第一。但由于重使用、轻回收，地膜残留污染问题日益严重，农田"白色污染"已成为制约保产增收、绿色农业可持续发展的一大"痛点"。农业农村部、国家发改委等六部委联合发布了《关于加快推进农用地膜污染防治的意见》，意见要求到 2025 年，农膜基本实现全回收，全国地膜残留量实现负增长，农田白色污染得到有效防控。但是，目前市场残膜回收机具保有量不足 1 000 台，仅新疆地区（3 800 万亩覆膜棉田）残膜回收机每年需求量超过 1 万台，市场空间巨大，对高性能智能残膜回收技术及产品需求十分迫切。

我国对残膜污染治理技术及装备研究虽已持续 30 多年，寻求解决残膜回收的技术路线多种多样，但因残膜与其他混合物分离技术等技术难点，残膜回收装备发展缓慢。现有的残膜回收机残膜拾净率（≤80%）虽然不低，但杂质含量特别高（≥70%），把残膜、秸秆与土包混杂在一起，从田间搬到地头，根据环保部门的要求残膜不能烧、不能埋，随着时间风化又会造成二次污染。一些地区建设了残膜处理厂，把残膜集中拉到一起，但杂质太多，分离残膜的成本远超过残膜本身的价值，产业链无法延续，残膜回收企业无法正常运作。

为了加快推进残膜白色污染的治理，中国工程院陈学庚院士组建了石河子大学、江苏大学联合创新团队，联合常州汉森机械股份有限公司，开展高效残膜回收技术攻关，先后研制了十几种样机、数十种不同结构，对多种技术路线进行试验验证，对秸秆粉碎还田、捡拾、清杂、打包各技术环节和装置进行了改进，形成了适合新疆地区作业的高效智能农田残膜回收技术，以及牵引式、自走式秸秆粉碎还田与残膜回收一体机装备。

本技术的推广实施，将突破残膜回收关键技术，通过开展大面积推广示范，促进农田保产增收、提升绿色农业可持续发展，对实现农田残膜资源化利用具有重要意义。

2. 能够解决的主要问题

突破了后摆齿式辊筒捡拾机构研发、残膜连续捡拾、残膜杂质分离、捡拾器防缠膜、打包成型等关键核心技术难点，形成了高拾净率、低含杂率、高效率的机械化残膜回收技术体系，研发了牵引式、自走式高效智能残膜回收机装备，达到工程化应用水平，研制了拥有自主知识产权的秸秆粉碎还田与残膜回收一体机，实现了高回收率（表层拾净率≥90%）、低含杂率（膜包中含杆类杂质重量占比≤10%）、高效率（作业效率≥15 亩/时）的高效智能农田残膜回收技术及机具。

3. 专利范围及使用情况

本技术专利范围涉及农田残膜捡拾技术、捡拾链条技术、卷膜卸膜技术、脱膜技术及装置、地膜回收打包技术、农田地膜回收作业技术等，获国家授权专利 30 多项，这些专利技术已经在企业得到转化应用、生产检验和推广验证。

（二）技术示范推广情况

该技术已经实现较大范围推广应用。2017 年起，陈学庚院士科研团队与合作企业常州汉森机械股份有限公司，先后对 12 种残膜机、数十种装置进行试验研究，验证了本技术原理的可行性，研制了多种类型样机，凝练定型为牵引式、自走式高效智能残膜回收机，如下图所示。

牵引式高效智能残膜回收机　　　　　自走式高效智能残膜回收机

前期在新疆维吾尔自治区的阿拉尔、沙雅、石河子、博乐等地进行多次田间试验示范，近几年试验示范面积累计 20 万亩，田间试验效果良好，地表残膜回收率超过 90%，作业速度 6~8 千米/时，每天作业面积 150~200 亩。机具的可靠性、安全性得到验证，得到各农户和合作社的认可。

（三）提质增效情况

2021 年新疆棉花播种面积达 3 760 万亩，玉米 1 100 万亩，辣椒 30 万亩，大豆 100 万亩，地膜覆盖栽培作物种植面积约 4 990 万亩。目前市场机械化残膜回收装备保有量严重不足，而且现有装备但使用可靠性太低，市场还处在一个无机好用的局面。据统计，残膜回收机全国需求量超过十万台，产值上百亿元，市场空间巨大。

高效智能农田残膜回收技术及装备，适应国家政策、市场需求、用户需求，突破农田残膜连续捡拾、残膜杂质分离、捡拾器防缠膜、打包成型等关键核心技术难点，解决了残膜回收率低、含杂率高、无法回收再利用的行业难题。本技术的推广实施，有助于加快推进我国农田残膜污染问题的解决，促进农业绿色可持续发展，同时促进农田残膜废弃物资源化利用行业的做大做强，带动残膜回收及其资源化再利用装备相关产业链上下游的科学发展。

（四）技术获奖情况

无。

二、技术要点

本技术针对我国主流农用地膜（0.01 毫米厚度）和棉秆特性，首先将地面棉秆粉碎、输送抛撒到已完成残膜回收作业地表，同时秸秆粉碎轴高速旋转形成的强劲气流将棉叶、棉铃壳、短秸秆吹离膜面，运到清洁膜面杂质、裸露出地膜的目的。然后，由钉齿链捡拾装置挑起地膜，在残膜输送过程中，通过抛振、抖动原理，清杂装置进一步清除残膜混合物中的杂土、棉叶、棉铃壳、短秸秆等。最后，由输送装置结合脱膜装置，协同将残膜混合物输送到卷膜打包装置，进行压缩、成捆打包，待打包箱装满后卸至地头。整个作业过程中，秸秆粉碎和抛撒、残膜捡拾、清杂、打包这几道作业工序前后合理衔接，实现秸秆粉碎效果好、残膜回收率高、含杂率低、作业效率高的目标。

核心技术一：差速传动前置清杂技术

整膜捡拾便于抖落清理膜上杂质，而存在的难点是随着捡拾距离的增加，膜上杂质不断翻滚堆积，恶性循环而影响捡拾正常作业。

差速传动前置清杂技术，突破了整膜回收技术路线中残膜上杂质随着作业时间推移，出现物料翻滚堆积增加的技术难题。实现了前置清杂装置残膜防缠绕技术，与同类产品相比缠绕率下降 50%，为地膜回收及杂质清理创造了良好的条件，降低了残膜中杂质率，提升了捡拾部件的工作稳定性。

核心技术二：柔性钉齿链捡拾-振动清杂技术

钉齿式捡拾摩擦链技术是止钉齿和链条承受捡拾过程中的磨损和冲击力，通过齿链外包橡胶和鼓盘的侧边摩擦力带动钉齿链运动，使链条传动具有一定柔性，实现地膜被挑起但不拉断撕裂的效果；利用摩擦柔性传动技术，在坚硬地面或撞击到田间石块时，对应齿链受力不转动，从而避免机构损坏，实现各类复杂土壤状态下残地膜捡拾的稳定作业。当季表层残膜回收率≥90%。

开发的双曲柄平面振动装置和抛振技术，实现了整膜回收与膜面杂质的有效分离，将

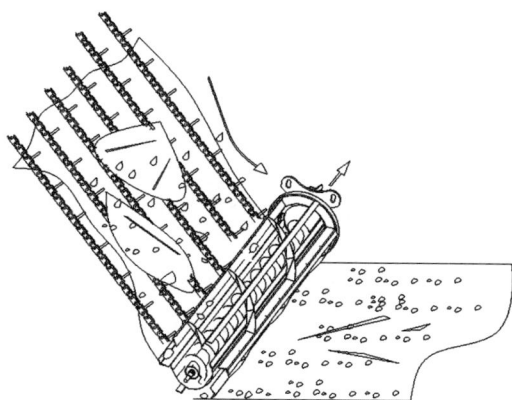

柔性钉齿链捡拾及前置清杂示意图

渣土抖落，捡拾链上的棉秆抛送到前方清杂滚筒内，实现了残地膜和渣土、棉秆杂质的分离，含秆率≤10%。

核心技术三：捡拾打包协同智能控制技术

整膜捡拾的显著优点是便于膜杂清理，同时存在的问题就是如何避免捡拾过程中残地膜被拉断，这要求解决捡拾与前进速度不匹配的难题。本技术采用电控液压传动控制技术，开发了随动式残膜捡拾智能控制技术及装备，解决了捡拾与前进速度不匹配的难题，减少地膜拉断，实现了清杂、捡拾和打包转速协同匹配，提高残膜回收捡拾作业的整体可靠性，设备作业速度达到 6～8 千米/时，作业效率≥15 亩/时。

三、适宜区域

主要适宜区域包括新疆等我国西北地区残膜污染重点区域省份，用于棉花等覆膜作物的地膜回收作业。地膜覆盖栽培是我国冷凉干旱地区保障经济作物稳产增产的必备支撑技术，机械化回收是解决农田残膜污染问题的重要手段。通过推广高效智能残膜回收关键技术与装备，开展大面积应用推广示范，可解决我国农田残膜污染问题的卡点。

四、注意事项

在技术推广应用过程中，需特别注意棉花农艺措施、种植的模式、所用农田地膜的厚度，建议使用的地膜符合《新疆维吾尔自治区农田地膜管理条例》要求，或采用农业农村部推广使用的标准地膜。实施"66＋10"与"76"等行距的机采棉种植模式，滴灌带采用与种植模式相配套的窄行铺设与苗侧铺设模式。

技术依托单位

1. 江苏大学

联系地址：江苏省镇江市学府路 301 号

联 系 人：陈学庚　王新忠

联系电话：13852989966

电子邮箱：chenxg130@sina.com　xzwang@ujs.edu.cn

2. 石河子大学

联系地址：新疆石河子市北四路 221 号

联 系 人：温浩军

联系电话：13709932276

电子邮箱：547273950@qq.com

3. 常州汉森机械股份有限公司

联系地址：江苏省常州市新北区环保四路 89 号

联 系 人：李小春

联系电话：13651509898

电子邮箱：294423204@qq.com

机械装备和设施工程类

设施大棚茄果类蔬菜机械化生产技术

一、技术概述

（一）技术基本情况

设施蔬菜生产中，受设施结构、作物栽培模式等条件制约，目前存在用工多、用工贵、劳动强度大、劳动效率低等问题，影响设施蔬菜种植效率和效益以及高质量发展。为此经过多年攻关、试验示范，将设施茄果类蔬菜传统南北垄栽培方式创新为东西向宜机化栽培方式，通过设施宜机化改造、长垄种植方式和"大垄距＋宽沟窄垄"起垄方式，集成配套施底肥、旋耕、起垄、铺管/带、覆膜、移栽、运输等环节的机具，构建和研发出设施大棚茄果类蔬菜机械化生产技术体系，实现撒肥、耕整地、定植、田间管理、运输及残秧处理等环节的机械化作业。该技术通过"设施-农机-农艺"的深度融合，突破现有设施结构限制难题，形成设施茄果类蔬菜关键生产环节机械化解决方案。应用该技术，中小型机具可以进出设施并顺畅开展作业，提高了生产效率、降低了劳动强度、减少了用工量，提升了种植效益，为我国设施蔬菜产业提档升级和高质量发展提供了支撑。

（二）技术示范推广情况

设施大棚茄果类蔬菜机械化生产技术适用于日光温室和塑料大棚两种设施类型。自2015年以来，"塑料大棚茄果类机械化生产技术"在北京、辽宁、山东、宁夏、浙江、内蒙古、河南、河北等省份多地进行示范推广，获得良好效果。例如，2016—2018年在北京市怀柔区和平谷区，2019—2020年在浙江省龙港市的试验基地，采取宜机化大垄距栽培模式，实现了耕整地和起垄覆膜等环节的机械化作业，番茄产量、商品率提高。2020—2022年在国家大宗蔬菜产业技术体系专项和国家重点研发计划"设施蔬菜优质轻简高效生产技术集成与示范"课题的支持下，先后在宁夏吴忠国家现代农业示范基地、浙江温州农业科学院示范基地和辽宁依农农业科技有限公司示范基地累计进行了700多亩塑料大棚番茄、黄瓜、辣椒和西甜瓜等果菜类蔬菜轻简化生产的规模化种植推广应用，用工量和成本减少20%以上；采取宜机化栽培模式，产量、质量和效益均有所提高。目前该技术正在我国塑料大棚蔬菜主产区推广应用。

塑料大棚番茄宜机化栽培　　　　　　　　塑料大棚黄瓜宜机化高效栽培

2018 年以来，在国家大宗蔬菜产业技术体系专项和国家"十三五"重点研发项目"设施蔬菜优质轻简高效生产技术集成与示范"课题支持下，先后在辽宁、北京、宁夏、内蒙古、山东、河北、陕西、青海、河南、新疆和西藏等 11 个省份日光温室蔬菜主产区进行了日光温室茄果类蔬菜机械化生产试验示范，取得显著成效。目前该技术正在我国北方多个省份设施园区逐步推广应用。

日光温室高糖番茄东西垄宜机化栽培

日光温室辣椒东西垄宜机化栽培

（三）提质增效情况

通过设施结构宜机化改造和种植模式宜机化改进，日光温室的垄长由传统种植的南北向 6～7 米，增加到现在的东西向 60 米以上，茄果类蔬菜生产撒肥、耕整地、定植、田间管理、运输及残秧处理等环节实现了机械化。通过连续 5 年的对比试验，设施宜机化改造后的茄果类蔬菜机械化生产，实现了茄果类蔬菜有序移栽，并且在节本增效方面效果显著，如下表所示。

机械化作业节本增效情况

序号	环节	机械作业效率	与人工或传统作业方式相比
1	撒施肥	0～1.14 米³/分	50 倍以上
2	旋耕	1 500 米²/时（旋耕机）	8 倍（微耕机）
3	起垄、铺管铺膜	860 米²/时	15 倍
4	自走式移栽机进行移栽	420 米²/时	4 倍

通过使用设施机械化配套技术，提高了作业效率，缩短了工期，保证了农事进度，降低了劳动强度。采用该技术进行茄果类蔬菜机械化生产，每亩能降低作业成本 320 元以上，以建有 100 栋左右设施的规模园区为例，每年至少能节省 3 万元的种植成本，经济效益可观。

设施大棚茄果类种植采用该技术，施肥、耕整地、起垄、移栽、植保、环境调控、水肥一体化灌溉、采运等关键环节都可实现机械化或轻简化作业，全程机械化率可提升到 70% 以上，作业效率大幅度提高；总本用工减少 30% 以上，劳动强度降低，人工减少，仅起垄、移栽环节即可减少用工 70% 以上。设施大棚番茄、黄瓜等果菜产量可提高 5%～10%；宜机化的大垄距栽培方式改善了植株的光温和通风环境，番茄、黄瓜等产量一般可提高 10% 左右，商品率提高 8% 以上，增加农户效益 10% 以上，经济效益显著提高。

(四) 技术获奖情况

"设施蔬菜生产机械化关键技术"于 2016 年获得北京市农业技术推广奖一等奖。2020 年"塑料大棚蔬菜高效生产机械化技术"入选北京市农业主推技术，2022 年"日光温室蔬菜生产机械化技术"入选北京市农业主推技术。2022 年"日光温室茄果类蔬菜机械化生产模式""塑料大棚茄果类蔬菜机械化生产模式"被农业农村部农业机械化总站评选为设施蔬菜机械化生产先进模式。

二、技术要点

(一) 基本要求

1. 日光温室宜机化条件

建议日光温室的跨度≥8.5 米；温室内距前屋面底脚 0.5 米处的骨架下沿高度应≥1.5 米，1.0 米处的骨架下沿高度应≥1.8 米；室内无立柱；落蔓固定拉绳高度应≥1.8 米；在保证结构强度、保温等功能不受影响的前提下，在前屋面东西两端靠近山墙位置，设置高度≥2.0 米、宽度≥1.8 米的机具进出口。

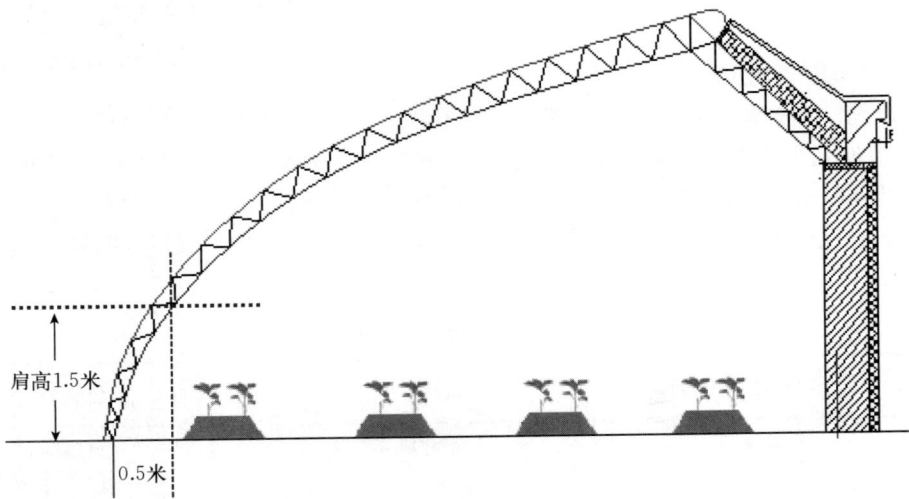

宜机化日光温室优型结构（北纬 40 度）

2. 塑料大棚宜机化条件

对塑料大棚结构进行适当改造。在塑料大棚的南北两端，留出宽、高为 2～2.5 米的农机进出通道；塑料大棚的东西两侧肩高适当增高（大于 1.5 米），满足农机具的操作要求；大棚跨度按照宜机化种植参数进行优化，充分满足农艺和农机的需求。跨度大于 10 米的塑料大棚除了东西两侧外，顶部再增加一套自动放风器，实现塑料大棚东西两侧和顶部的自动化放风降温。

3. 品种选择与育苗

优选专业化育苗场集约化培育的优质穴盘壮苗。移栽时秧苗高度为 10～18 厘米，苗坨盘根好，不散坨。侧枝少、节间短、叶柄夹角小的品种更好。番茄亩定植 2 200～2 400 株，黄瓜亩定植 3 300～3 600 株。

（二）技术要点

1. 施底肥

（1）农艺要求　室内地块应平整，无明显障碍物，土壤含水率为 15%～25%，有机肥含水率应≤40%。

（2）作业要点　使用撒肥机进行机械施底肥。撒肥机作业时，与操作机器无关者要远离撒肥机，撒肥区域不能有旁观者，撒肥装置转动时严禁操作者接近转动装置。撒施颗粒肥料时，抛撒幅宽不应大于温室跨度，以免塑料棚膜破损；肥料撒施要均匀，变异系数应≤30%；撒肥量按照农艺种植要求及作物品种视情况确定，如番茄一般可亩施有机肥 2～4 吨。

撒施肥作业

2. 旋耕/灭茬

（1）农艺要求　土壤细碎、疏松，地表平整，土层上虚下实。

（2）作业要点　旋耕深度≥15 厘米，耕深稳定性≥85%，碎土率≥80%。旋耕要不留死角，无漏耕。旋耕后土壤细碎松软，满足后续作业要求。

3. 起垄（作畦）、铺管/带、覆膜

（1）农艺要求　采取宜机化的大垄距种植方式。垄形应完整，垄沟回土、浮土少。垄体土壤上层细碎紧实，下层粗大松散。滴灌管/带铺放位置既要满足灌水需要，

旋耕作业

也要避开移栽机栽植位置，地膜要覆土严实。

（2）作业要点　日光温室采用东西向起垄方式。相邻两垄之间的中心距一般为 1.8 米，垄底宽 80 厘米，垄顶宽 60 厘米，垄沟宽 100 厘米，垄高 15～20 厘米（冬季取高值，夏季取低值）。8.5～10 米跨度的日光温室可起 4 条垄，10～12 米跨度的日光温室内可起 5 条垄。注意垄底宽、垄高等要与所用移栽机械相匹配。铺滴灌管/带、覆地膜作业应随起垄作业同时进行，确保机具作业顺畅。

日光温室东西垄向"起垄＋铺滴灌带＋覆膜"机械化作业

塑料大棚可根据当地气候、地理位置和棚室条件选用以下模式的垄型参数：垄底宽＋垄沟宽，分别为 1.8 米（0.6 米＋1.2 米）、2.0 米（0.8 米＋1.2 米）。

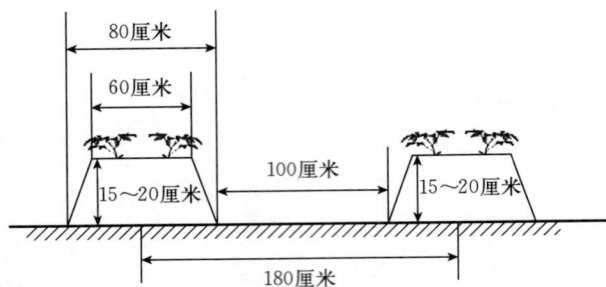

日光温室垄型尺寸

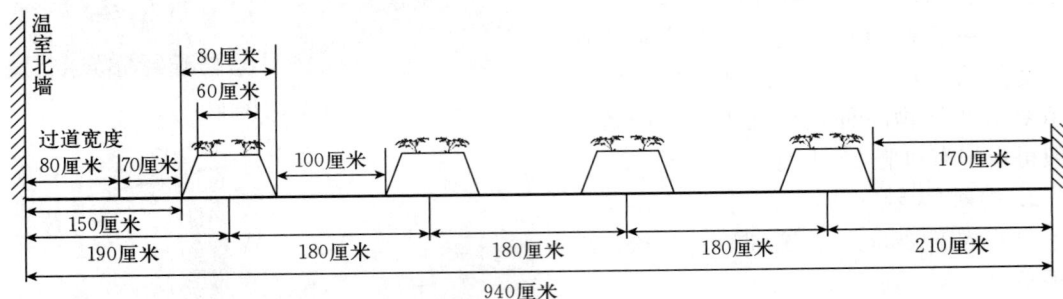

10 米跨日光温室垄型布局图

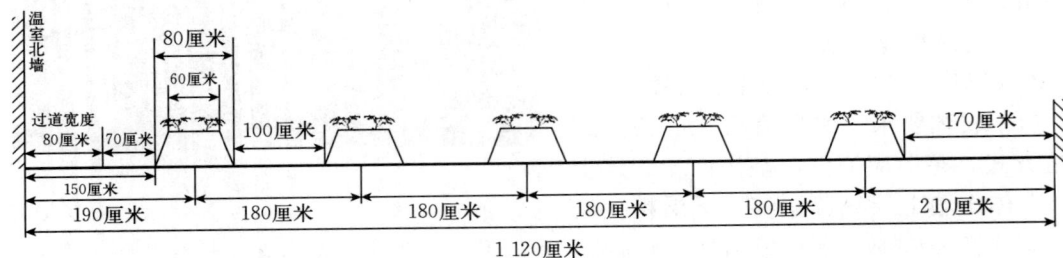

12 米跨日光温室垄型布局图

塑料大棚起垄、铺管/带、覆膜作业

4. 移栽

（1）农艺要求　土壤表面要平整．土块细碎，无藤蔓等杂物。根据茄果类作物品种的要求确定合适的株距、行距，如番茄每亩定植 1 800～2 200 株，冬季宜稀植，夏季宜密植。

（2）作业要点　移栽机栽植合格率≥90％，株距合格率≥90％，定植深度以封掩时苗坨上表面低于地面 1 厘米以内为宜。移栽时秧苗高度在 15 厘米左右最佳。作业开始时，应先确认周围有无特殊状况，与辅助者共同作业时，要得到示意后再进行作业。去除没有落下的秧苗时，要在停止移栽机和栽插机后进行。

塑料大棚移栽作业

塑料大棚移栽作业效果

5. 田间管理

（1）水肥管理　使用水肥一体化装备进行灌溉施肥，灌溉要均匀一致。建议在规模化塑料大棚生产区，使用小型自动控制灌溉机实现水肥一体化的滴灌或膜下微喷灌溉，能提高水肥利用率和劳动效益 20％以上。

日光温室移栽作业

苗液混合设备

（2）植保

① 农艺要求。要选用高效、低毒、低残留的农药并采用合理施药方法。施药时行走要匀速，搭接要严密，无重施、漏施，均匀施药。

② 作业要点。采用相应规格的植保打药机，满足机具行走及植保打药作业要求。液态农药的施液量误差率≤10％，常规喷雾的药液附着率≥33％（内吸剂除外），作物机械损伤

率≤1％。作业时注意操作安全并做好人身防护，防止产生人身意外伤害和危害。

温室变量施药机

可采用弥雾机与弥粉机等新型高效植保装备，实现大棚的植株、地面和棚膜等空间病虫害的整体性消杀，不仅省时省工，打药频率和次数减少 50％以上，用工减少 70％，打药时间只有原来的 1/3，而且疾病控制率提高 60％以上。

6. 收获

采用收获辅助平台进行，果实人工采摘、机械运输。收获作业应减少植株损伤。收获后应及时补充水分及营养。还可利用平台进行物料运输、植株管理、喷施农药等作业。

7. 残秧处理

（1）农艺要求　干/湿藤蔓、菜帮、菜叶应粉碎处理。粉碎要均匀，粉碎后可直接还田，或者与畜禽粪肥混合发酵后再还田。

（2）作业要点　可采用拖拉机配套灭茬/秸秆还田机，直接将残秧还田利用，根茬粉碎率≥70％。采用专用粉碎机进行定点集中粉碎前，应检查待粉碎的残秧有无混入铁器、石块等

人机分离式遥控喷雾机

残秧处理作业

秸秆粉碎还田作业

杂物；粉碎过程中喂料口堵塞时，不能用手或铁棒帮助喂入。作业时如发生异常声响，应立即停机检查，禁止在机器运转时排除故障。

三、适宜区域

适用于我国塑料大棚果菜类蔬菜主产区和北方地区日光温室中的黄瓜、番茄、茄子、椒类等茄果类蔬菜生产。设施应具备适宜农机装备进出和作业的条件。

四、注意事项

1. 机具进出设施作业时除机手外，至少应有 1 名作业人员引导，防止驾驶人或机具受到伤害。

2. 在设施内作业前应对机手进行操作培训，避免作业时发生意外，造成人员和财产损失。

3. 设施-农机-农艺要相互融合，确定农艺要求时要把便于机具在设施内的作业考虑在其中，降低作业难度、提高作业效率。

技术依托单位

1. 农业农村部农业机械化总站
联系地址：北京市朝阳区东三环南路 96 号农丰大厦
邮政编码：100122
联 系 人：何丽虹
联系电话：13661268412
电子邮箱：872814983@qq.com

2. 沈阳农业大学
联系地址：沈阳市沈河区东陵路 120 号
邮政编码：110866
联 系 人：孙周平
联系电话：18842556848
电子邮箱：suner116@126.com

3. 北京市农业机械试验鉴定推广站
联系地址：北京市丰台区南方庄甲 60 号
邮政编码：100079
联 系 人：李治国
联系电话：13810042573
电子邮箱：li.zhiguo@126.com

果蔬商品化处理技术与成套智能装备

一、技术概述

（一）技术基本情况

随着现代科技的发展和人们生活水平的不断提高，人们对水果品质的要求也越来越高。同时，对水果产后进行品质检测与分级，可提高水果的市场竞争力，实现优质优价销售，提升品牌。通过智能检测分选，形成标准化、智能化的果蔬品质分等分级生产模式，提升商品化率，是现代农业的发展需求，也是农业增效、农民增收的重要保障。

然而，我国水果存在品种多、差异大，现有检测分选装备适应品种单一、人工投入大、分选过程损伤率高等问题，急需增加投入，加快果蔬品质在线无损检测技术与智能分选成套智能装备的研发与推广应用，推进乡村振兴、助力高质量发展。

（二）技术示范推广情况

技术成果目前已在浙江、四川、云南、广西、海南、广东、山东、重庆、江苏、江西、新疆、福建、安徽、湖南等省份推广应用，主要用于柑橘、苹果、红美人、桃、褚橙、砂糖橘、李子、火龙果、荔枝、枇杷、蓝莓、石榴等水果商品化处理。

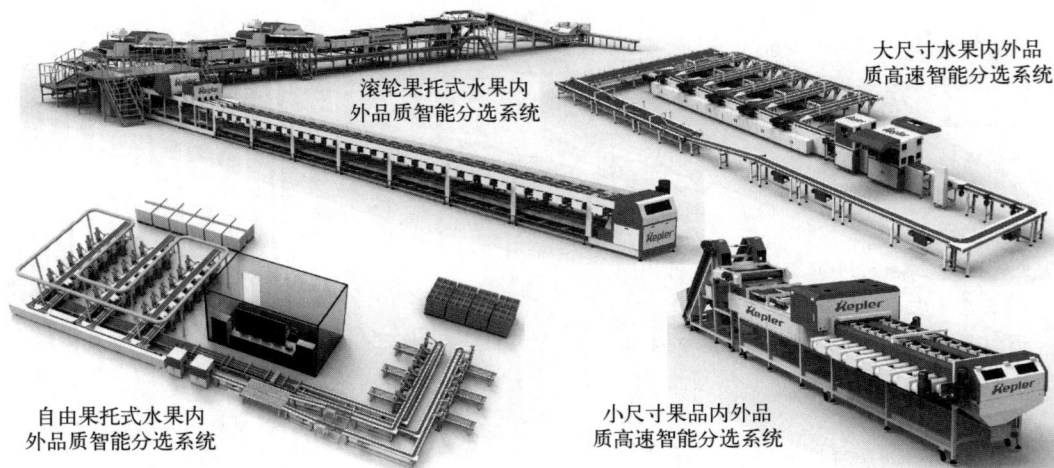

滚轮果托式水果内外品质智能分选系统

大尺寸水果内外品质高速智能分选系统

自由果托式水果内外品质智能分选系统

小尺寸果品内外品质高速智能分选系统

（三）提质增效情况

2020年，我国农产品总产量19.80亿吨，其中生鲜果蔬产量已达到11亿吨。以水果为例分销市场的规模已达到了4 508亿元，是关系到生产和民生的重要经济作物，在高质量发展共同富裕中发挥着重要作用。当年，我国农产品加工业产值与农业总产值比进一步升至2.4：1，但与发达国家相比尚有差距，低于发达国家3.5：1的水平。农产品加工转化率为67.5%，比发达国家低近18个百分点。以生鲜果蔬为例，据有关调查表明，我国生鲜果蔬的商品化设备使用率仅为 21.78%，远低于欧美、日本等发达国家的 90%。

提质增效案例：2022 年，由浙江大学应义斌教授团队与浙江开浦科技有限公司联合研发的一条超大型褚橙内外部品质多指标同步无损检测与高速智能分选生产线应用于云南褚氏农业云冠橙的产后商品化处理，该分选生产线总长 153 米、12 个通道、53 个分级出口，每小时生产量达到 60 吨。此生产线使用了拥有完全自主知识产权的光学检测系统和独创的人工智能算法，能检测重量、尺寸、形状、表面颜色、表面瑕疵、暗伤、冻伤、糖度、酸度等品质指标，实现了优质优价销售，促进了品牌建设。同时采用了机器人拆垛、自动翻箱、空箱自走、周转框定量自动装箱、精品果自动定量入箱、机器码垛等多个高度自动化的作业系统，向少人化智能生产车间迈进了一大步，大大减少了人工参与，降低了劳动强度，提高了生产效率。这是一次我国拥有完全自主知识产权的先进智能农业装备与头部农业企业的强强联合，为当地的乡村振兴和共同富裕提供了技术支撑。

大型果蔬智能分选装备分级包装主线段

大型果蔬智能分选装备控制中心

不同等级水果箱机器人码垛

（四）技术获奖情况

1. "基于计算机视觉的水果品质智能化实时检测分级技术与装备"获 2008 年度国家技术发明奖二等奖、2007 年教育部技术发明奖一等奖。

2. "典型农产品内部品质、隐性缺陷和重量高能量检测与商品化处理装备"获 2018 年度教育部技术发明奖一等奖。

二、技术要点

1. 创制了"滚轮果托式水果内外部品质智能检测分选线""自由果托式水果内外部品质智能检测分选线""大尺寸水果内外部品质高速智能检测分选线""小尺寸果品内外部品质高速智能检测分选线"等多种类型的水果商品化处理技术与成套智能装备。

2. 通过自主创新，拥有完全自主知识产权的全视角获取水果表面信息的机器视觉技术、小空间全透射的近红外光谱连续积分＋AI预测模型的水果内部品质无损检测技术。

3. 可实现外观品质（大小、颜色、形状、表面瑕疵、着色面积等）、内部品质（糖度、酸度、可食率、内部缺陷、冻伤、枯水病等）及重量等内外部品质的智能无损检测分级。

4. 可用于大尺寸水果（西瓜、柚子等）、中型果（桃、苹果、梨、柑橘、猕猴桃、石榴等）、小尺寸水果（李子、蓝莓、枇杷、枣、樱桃、圣女果等）以及萝卜、红薯、马铃薯等果蔬。

5. 设有果农水果生产作业质量评价系统，根据分选设备数据，可对每一果农的水果进行数字化评价，可应用于果园生产管理的科学指导，促进优等果率的提升。

三、适宜区域

全国适用。

四、注意事项

无。

技术依托单位

1. 浙江大学生物系统工程与食品科学学院

联 系 人：应义斌　徐惠荣

联系电话：13857161943

电子邮箱：hrxu@zju.edu.cn

2. 浙江开浦科技有限公司

联 系 人：李　麟

联系电话：13777443845

设施园艺智能化成套装备技术

一、技术概述

（一）技术基本情况

我国是世界设施园艺生产大国，设施园艺总面积约占全球的 85％，在保障和丰富蔬菜供给、提高农业经济效益等方面发挥了重要作用。由于我国设施园艺环境调控不够精准，装备过于简陋，智能化技术体系尚未形成，导致经济效益低，资源浪费严重；因气候、农艺、经济等差异较大，国外先进温室环境测控技术引进后"水土"不服。

针对以上问题，我们研发了集设施园艺作物信息感知与环境智能化调控技术、设施园艺高效生产智能化关键装备技术、设施园艺智能化成套装备和技术体系等三大核心技术于一体的设施园艺智能化成套装备技术（以下简称本技术），提出了设施园艺从种到收成套智能化装备整体解决方案，解决了我国设施园艺产业中存在的环控感知难、调控不准，以及设施生产机械化装备技术落后和现有装备不成体系等问题。

本技术已授权相关发明专利 75 件（其中美国、英国发明专利 7 件），授权实用新型专利 11 件，登记软件著作权 5 件。已在北京、上海、江苏、山东、广东等 16 个省份，以及美国、俄罗斯等多个国家推广应用，经济、社会和生态效益显著。总体技术达到国际先进水平，3 项关键核心技术达到国际领先水平；成果入选中国科协"2021 中国智能制造十大科技进展"，获省部级科技奖一等奖 3 项。

（二）技术示范推广情况

本技术在北京京鹏、昆山永宏等 10 余家包括设施农业领域龙头企业的单位实施产业化和转化应用；联合常熟佳盛、广州绿康等国内骨干温室设施园艺种植企业和合作社，针对不同区域气候特点和需求，建造了智能化系列高效节能设施结构，组装、集成、配套了设施园艺智能化育苗装备、蔬菜穴盘苗自动移栽机、智能化植保装备、水肥耦合装备、采收与物流装备、生长信息巡检机器人、低成本环境测控装备。在北京、上海、江苏、山东、广东、浙江、安徽等 16 个省份进行了推广应用，还出口美国、俄罗斯、加拿大等多个国家。

（三）提质增效情况

与国内现有的技术相比，本技术节肥 25％～32％，节水 25％～28％，节药 30％～60％，提高劳动生产率 1～3 倍，提高产量 32％～38％。实现了节能、节水、节肥、节药，降低了环境污染，提高了劳动生产率和产量，取得了显著的社会效益和生态效益，有效保障了设施蔬菜的高效、优质、环保、安全生产。

（四）技术获奖情况

本技术各项核心技术先后获以下 3 项奖励：①2019 年，"温室生境信息检测与环境控制技术及装备"获教育部技术发明奖一等奖；②2021 年，"绿色高效温室装备与环境智慧管控技术"获大北农科学技术奖一等奖，同年被评为中国智能制造十大科技进展；③2022 年，"设施园艺智能化装备技术及应用"获中国机械工业科学技术进步奖一等奖。

二、技术要点

（一）设施园艺作物信息感知与环境智能化调控技术

发明了设施作物多重互作营养和全生长期表型信息的智能感知技术、基于作物营养-表型信息的设施园艺环境多目标智能化调控技术，实现了对作物营养和表型信息的现场、全过程智能感知，攻克了依据经验值控制、作物产量-品质-节能相互冲突的设施园艺环境调控的难题。

1. 设施作物多重互作营养和全生长期表型信息的智能感知技术

（1）突破了氮磷钾信息建模和感知技术　建立了基于视觉、光谱、偏振等多维光信息的响应矩阵和营养交互作用矩阵的氮、磷、钾营养水平检测模型，将感知信息从单一图像或光谱信息推进到多维光信息表达；通过海量的数据分析，优选出反射光谱分布、图像颜色和形态、偏振态等氮磷钾有效特征向量。番茄、黄瓜、甜椒、生菜等设施园艺典型作物氮含量检测误差 $\leqslant 1.7\%$，磷钾含量检测精度 $\geqslant 90\%$。

（2）设施园艺作物表型信息原位全生长周期感知技术　通过典型设施园艺作物番茄、生菜等全生长周期表型和环境参数长期协同连续监测，构建了植株几何外观表征集对不同生长发育阶段光、温、水、肥的响应关系，提出番茄果、叶、茎的指示性特征，以及生菜冠幅投影面积、冠幅周长和株高的指示性特征。在此基础上，发明了设施园艺作物表型信息原位全生长周期感知技术，即创制了双位深度视觉作物表型传感器，连续原位检测苗期、花期和坐果期等全生长周期的指示性特征，给出了各器官的动态检测时序，形成全生长周期的综合长势检测技术，实现了作物表型的数字化表征，检测误差 1.3%～4.7%。

2. 基于作物营养-表型信息的设施园艺环境多目标智能化调控技术

提出了作物营养-表型信息反馈的设施园艺环境控制方法。建立了基于生物学机理的设施典型作物生长发育与产量预测模型，以及适合我国不同气候区域和不同设施类型的环境动态模型库，解决了现有模型缺乏系统性和普适性的问题。建立了作物生长参数与环境因子的人工智能模型，基于检测的作物综合长势和营养信息对环境和作物调控的响应进行效果评价，反馈修正优化后的环境因子。进而提出了计划上市期-各生长期-每日三层次决策的多目标优化方法，实现了基于作物生长信息的设施园艺环境反馈控制。应用该成果的作物的产量是国内同类设施园艺传统生产方式的 2～3 倍。

（二）设施园艺高效生产智能化关键装备技术

创新了气动成排取苗-间隔有序投苗技术、多通道水肥耦合调配方法、多信息融合自主跟随技术；创制了设施园艺智能化育苗与移栽、植保、水肥耦合、采收与物流等装备，补齐了设施园艺智能化作业装备短板。

1. 设施园艺智能化育苗与移栽装备

以品质特性、取苗成功率、投苗成功率、伤苗率为目标，优化提出一套适合自动移栽兼顾育苗质量的穴盘育苗标准化工艺，实现移栽机构与育苗农艺有机融合。

双行蔬菜穴盘苗全自动移栽机

发明了具有自清洁吸嘴的穴盘播种机，该机能够提高播种效率和播种精度。研发了穴盘苗育苗精密播种流水线，节省了 2/3 的人工成本，提高了育苗质量。发明了气动成排取苗、间隔有序投苗技术，气动四指多针低损高效取苗技术，以及基于脉冲补偿的苗盘精准快速平移输送、机电气多源驱动整机协调控制技术。创制了双行蔬菜穴盘苗全自动移栽机，如图所示，栽植速率达到 61 株/(分·行)，株距变异系数为 2%，栽植合格率为 93%，栽植深度合格率为 96%。

2. 设施园艺智能化植保装备

创新了超声波对靶自适应喷杆施药技术。喷杆上安装有高、中、低三个高度的超声波传感器，通过超声波传感器可自动探测到植物病虫害的位置，当病虫害在作物植株范围内时，喷杆的超声波传感器探测到病虫害的位置并执行喷药命令，实现精准喷药，节省成本，提高施药精度。创制了自适应升降喷杆施药机，如图所示，药箱容量为 27 升，单头喷药流量达 1.2 升/分，能够实现设施内精量施药的无人化操作，避免操作人员因操作不当而引发中毒等问题，能自动适应番茄、辣椒等高秆作物，最大限度地利用农药资源，节省药液。

自适应升降喷杆施药机

3. 设施园艺智能化水肥耦合装备

针对设施农业产出量大、肥料消耗多，过量施用氮、磷、钾肥，不仅造成肥料资源的浪费，还容易造成环境面源污染，引起作物品质下降，甚至减产问题，通过水肥耦合试验分析了灌溉量和施肥量对番茄产量和水肥利用率的影响规律，确定了番茄生长的基础灌溉量和施肥量；采用实际株高和茎直径生长速率与标准生长速率的差值来表征番茄的水肥盈缺情况，建立了番茄需肥与需水量预测模型；提出了多通道营养液精确调配方法。开发了 WGF-6-12 型设施园艺智能化水肥耦合装备，如图所示，EC 值、pH 和灌溉量控制误差分别为 0.05 毫西门子/厘米、0.01 和 1.0%，营养元素配比误差为 0.6%～2.8%。

设施园艺智能化水肥耦合装备

4. 智能化采收与物流装备

针对设施内部空间狭窄、高秆作物采摘困难，缺少智能化采收与物流装备的问题，采用低成本的 UWB 无线射频定位信息，研究信号到达相位差测距定位算法以及卡尔曼滤波技术，进行工作人员与物流作业平台的相对定位；建立十轴传感器与左转、右转、下蹲、起立等人体姿态的识别，实现工作人员实时姿态识别、精确定位。在授粉、疏花疏果、绑枝套袋、采摘等作业环境下，融合 UWB 无线射频定位信息、工作人员姿态以及障碍物雷达检测信息，研发 PID 控制电机直线跟随算法，实现作业直线协同跟随；在转弯、换行和转场的自由自主跟随模式下，实现对工作人员行走轨迹的自由自主跟随。开发了运输与物流装备的行走运动电驱动、剪叉机构升降、单液压缸驱动、带碰撞检测的分层高度控制的可升降平台自动控制技术，创制了可升降自主移动多功能作业平台。设计了一种四杆滚轮式仿形探测机来探测垄面信息，拨禾轮转速随作业速度变化而变化，拨禾轮高度通过控制拨禾轮升降的贯通式步进电机进行调节。开发了轻简型叶类蔬菜收获机，如图所示。该机具有整机电驱动·行走、收割时拨禾轮分别可调，转向方便，结构轻巧，割台仿形测控、拨禾轮高度调节等功能。收获机收获成功率为 91.2%。

轻简型叶类蔬菜收获机

（三）设施园艺智能化成套装备和技术体系

创新了设施园艺生长信息巡检机器人、系列高效节能智能化温室，构建了检测＋网络＋云服务＋远程诊断决策的高效设施环境测控服务平台，提出设施园艺智能化成套装备整体解决方案、连栋温室蔬菜绿色高效生产技术模式，形成了系列化、成套化的设施园艺智能化装备核心技术体系。

（1）创新了系列智能化设施园艺装备

针对设施作物种类多、株形差异大等实际问题，以及温室群自动巡航探测需求，研发了悬轨式、自走式设施园艺生长信息巡检机器人，如图所示。该机器人创新了双目视觉、多光谱图像、激光测距、红外冠层温度等多源传感集成检测技术和实时光环境动态补偿技术，实现了设施大棚复杂环境下作物生长全过程长势信息的快速巡航检测，有效克服了光强和温湿度等环境因素的干扰，具有精度高、非接触、循环巡检及造价低等优点。开发了设施园艺通用型环境控制器，低成本、低功耗、多

自走式设施园艺生长信息巡检机器人

参数通信节点、高精度、高可靠性的小气候信息的动态采集和无线传输系统，以及融物联网、环境控制、远程诊断与决策的设施园艺云感知终端及数据服务平台，实现设施园艺低成本、精确全面的作物和环境信息的检测与控制。

（2）提出了设施园艺智能化成套装备整体解决方案　通过选型优化旋耕机、起垄机、动力机械等装备，将研发的设施园艺智能化育苗装备、蔬菜穴盘苗全自动移栽机、智能化植保装备、水肥耦合装备、收获与物流装备、生长信息巡检机器人、系列高效节能温室、低成本

环境测控装备优化集成，提出智能化设施园艺成套装备整体解决方案，构建了检测＋网络＋云服务＋远程诊断决策的高效设施园艺环境测控服务平台，负责制订了设施园艺环境调控、物联网技术、水肥耦合灌溉等国家标准 1 项、行业标准 3 项，形成了系列化、成套化、低成本的设施园艺智能化装备核心技术体系。该解决方案在北京、上海、江苏、山东、广东等省份进行了试验示范和推广。设施园艺自动移栽机等自动化生产装备集成示范场景如图所示，实现生产效率提高 1～3 倍，产量提高了 32%～38%，效益提高了 40% 以上。与现有的技术及装备相比，生产成本大幅降低，生产

设施园艺自动移栽机等自动化生产装备集成示范

效率提高效果明显，为大规模设施园艺生产提供了装备和技术支撑。

三、适宜区域

适宜于国内现代化的连栋温室/日光温室使用。其中整体技术适用于连栋温室或大型单跨度温室场景；装备技术可以单独使用，可用于日光温室、塑料大棚场景。

四、注意事项

在技术推广中应根据地域、作物品种和农艺要求，选择合适的温室结构类型和配套装备。

技术依托单位

1. 江苏大学
联系地址：江苏省镇江市学府路 301 号
邮政编码：212013
联 系 人：毛罕平　左志宇
联系电话：0511-88797338　13511695868　13861353098
电子邮箱：maohp@ujs.edu.cn　zuozy@ujs.edu.cn

2. 北京京鹏环球科技股份有限公司
联系地址：北京市海淀区丰慧中路 7 号新材料创业大厦 A 座
邮政编码：100094
联 系 人：周增产
联系电话：010-82915049　13910536737
电子邮箱：zengchan@sina.com

油菜精量联合播种与高质低损收获机械化技术

一、技术概述

（一）技术基本情况

针对油菜播种精度低、黏重土壤条件下种床整备质量差、油菜收获装备适应性差、收获损失率高、收获青籽影响油品等问题，研究形成油菜精量联合播种与高质低损收获机械化技术。油菜精量联合播种技术与装备解决了油菜小粒径、易破碎种子的精量播种难题，作畦开沟、旋耕灭茬、种肥同播技术解决了种床整备与联合作业问题；开发了制备微垄种床的新型微垄精量联合播种机，实现了垄上垄下同时播种，有效解决了播种期的干旱和涝渍问题，保证成苗率。油菜高质低损收获机械化技术采用1+3油菜分段/联合收获装备攻克了高大和倒伏油菜割晒、实时仿形捡拾、高效脱粒清选、模块化割台快速挂接等关键技术，首创1个共用底盘与3种割台组合的成套分段割晒、联合收获装备，实现了油菜广适低损高效高品质收获，同时能够兼收稻麦、青稞等作物。

（二）技术示范推广情况

油菜机械化生产技术自2014—2022年连续被遴选为农业农村部主推技术，连续多年在全国油菜主产区推广应用。主要核心技术与装备在新疆、吉林、湖北、湖南、江西、安徽、江苏、浙江等多个省份进行了试验示范和推广应用，提高了油菜生产率，降低了油菜生产成本，促进了农民增产增收，受到农户广泛欢迎。

（三）提质增效情况

精量联合播种装备可一次性完成旋耕、灭茬、开畦沟、精量播种、精量施肥等多道工序，播种合格率指数超过96%，工作效率比人工作业提高80倍以上。1+3油菜分段/联合收获装备通过更换割台实现分段与联合收获转换，联合收获对于小规模农田具有高效便捷的优势；分段收获更适用于规模化种植，具有适收期长、收获质量高、无青籽、损失率低等优点；机器利用率较单一收获方式提高2.2倍，与现有装备相比收获损失率降低4.5个百分点以上，降幅达30%以上。

（四）技术获奖情况

"广适低损油菜分段/联合收获技术与装备"，被评选为2019农业农村部十大新装备，"油麦兼用精量联合直播机"获得2020农业农村部十大新装备，"油菜机械化耕播关键技术与装备创制及应用"获得2020年湖北省科学技术进步奖一等奖，"油菜分段联合收获技术与装备"获2017年江苏省科技成果二等奖和机械工业科学技术奖一等奖，"油菜生产全程机械化技术"被评为"十三五"十大农业科技标志性成果。

二、技术要点

（一）油菜机械化精量联合直播技术

1. 田块准备

田块表面要相对平整，坡度不大于15度；前茬作物留茬高度不大于30厘米；待播种土壤湿度适中，相对湿度为 40%～60%。

2. 种子准备

根据当地生态条件和生产特点，选择适宜当地环境的高产、双低、抗病、抗倒、抗裂角、花期集中、株型紧凑等适合机械化收获的油菜品种。播种前精选种子，清除秕、碎、病粒和杂质。

3. 肥料准备

肥料应采用颗粒肥料，以防止化肥在肥箱内结块。

4. 播期选择

冬油菜直播，9 月 15 日至 10 月 25 日为直播油菜的适宜播期，推荐在 9 月 20 日至 10 月 15 日适期雨前早播。春油菜根据当地气候条件确定。机械直播用量一般控制在 200～300 克/亩，土壤墒情差或推迟播期应适当增加播量，推荐使用系列油菜精量联合直播机。

5. 选用油菜微垄精量联合直播机时应厢面旋切成微垄，微垄垄沟与畦沟垂直相通，垄上垄下同时播种。

（二）油菜分段/联合收获技术

应用该技术可以方便地实现油菜联合收获和分段收获，用户根据种植规模、田块条件、当地气候条件等因地制宜地选择收获方式，以获得最佳收获效果和最大经济效益。对于规模化种植、对菜籽油品质要求较高以及倒伏较重，都应优先选择分段收获；对规模小或田块零散的，建议选择联合收获，一次完成，更加便捷。

1. 油菜联合收获技术要点

（1）油菜联合收获时应将拨禾轮降到适当位置，收获倒伏作物时，逆倒伏方向收割，以免增加油菜籽的损失。

（2）采用联合收获应在 95% 以上油菜角果变成黄色或褐色，植株、角果中含水量下降，冠层略微抬起时进行，并尽量避免晴天的中午进行，以减少损失；割茬高度应符合当地农艺要求，一般应在 35 厘米以下。

（3）油菜联合收获机应加装秸秆粉碎装置，秸秆的切碎长度≤10 厘米，便于秸秆的还田，避免秸秆焚烧造成的环境污染等问题。

2. 油菜机械化分段收获技术要点

（1）油菜分段收割应在全株 80% 左右的角果呈黄绿或淡黄色，主序角果已转黄色，分枝角果基本褪色，种皮也由绿色转为红褐色时期进行，割晒后后熟 3～5 天，油菜籽粒含水率降到 15% 以下，再用捡拾机收获。

（2）割晒机作业时，割茬高度应选择 20～40 厘米，以便于割倒的油菜晾晒在割茬上。

（3）捡拾作业时一般要等露水稍干后再进行。油菜割倒晾晒期间遇到降雨，一般不影响后续捡拾作业，也不会增加损失，只是要延迟几天等油菜上的雨水干了方能进行捡拾作业。

三、适宜区域

适合全国油菜产区。

四、注意事项

1. 精量联合直播技术注意事项

（1）播种完成后应及时清理与完善沟渠，做到"三沟"齐全、排水畅通。

（2）化学除草应在播种后选用除草剂进行土壤封闭处理。

（3）土壤相对含水量在 70％时可不灌水，长江流域一般秋冬干旱比较普遍，应注意抗旱保苗。

（4）注意田间追肥和防治病虫害，根据油菜生产农艺规程要求合理施用氮、磷、钾和硼肥。

（5）选用微垄精量联合直播机时微垄距为 150～350 毫米，微垄高 75～150 毫米，为兼顾蓄水、灌水和排水，微垄沟与两侧畦沟相通，畦沟沟底低于微垄沟 20 毫米。

（6）机具操作严格按照使用说明要求执行。

2. 油菜分段/联合收获技术注意事项

（1）联合收获必须按油菜成熟度要求选择正确的收获时机，根据作物状态调整作业参数，方能降低收获损失。

（2）油菜完全成熟后不宜在有太阳的中午进行联合收获或捡拾作业，以减少割台损失。

（3）分段收获晾晒时间依据天气情况确定，一般不少于 4 个阳光日。

（4）联合收获菜籽含水率高，要及时晾晒或机械烘干以防止霉变。

技术依托单位

1. 农业农村部南京农业机械化研究所

联系地址：江苏省南京市玄武区柳营 100 号

邮政编码：210014

联系人：张　敏

联系电话：025-58619526

电子邮箱：zhangmin01@caas.cn

2. 华中农业大学

联系地址：湖北省武汉市洪山区南湖狮子山街 1 号

邮政编码：430070

联系人：廖庆喜

联系电话：027-87282121

电子邮箱：903621239@qq.com

蔬菜穴盘苗自动移栽技术

一、技术概述

（一）技术基本情况

蔬菜是我国仅次于粮食的非常重要的经济作物，移栽作为蔬菜种植的一项关键环节直接影响蔬菜产业发展。目前蔬菜移栽机械化率不到 20%，且大多采用半自动移栽机，用工多、效率低、劳动强度大，难以支撑我国蔬菜产业转型升级和规模化生产。全自动移栽作业相比于半自动移栽作业有如下优势：①减少了供盘、取投苗操作劳动力需求，解放了人工，降低了劳动强度和人工成本；②提高了移栽质量，促进田间植株精准分布和便于后期田间管理、收获等机械化操作，提高了最终蔬菜产品质量；③提高了移栽作业效率，保证在最佳农时窗口期内及时移栽，提高作物生长发育一致性，增产增收。然而，我国全自动移栽机目前主要依靠国外产品，价格高，与我国地块条件、育苗技术、栽植农艺等不配套。

本技术针对我国以通用硬塑穴盘育苗为主、栽植蔬菜品种多、行株距变化范围大等农艺特点，创新发明了链条平移输送及双传感器精准定位的苗盘输送装置、气动多爪并列高效自动取苗机构、鸭嘴式电驱栽植器，开发了移盘-取投-分苗-栽植协同控制系统及株距和栽深在线调控技术，创制了 2~8 行系列化自动移栽机，有效解决了苗盘输送定位不准、单爪取苗效率低、伤苗率高、株距栽深等参数调控难等难题，打破了我国全自动移栽机长期依赖国外产品的局面，突破了自动移栽机须配套专用穴盘的限制，可适应普通硬塑穴盘育苗蔬菜在丘陵山区、平原地区和设施内的移栽。

本技术拥有授权发明专利 20 余件，包括了自动移栽全部核心技术，已在相关企业小批量试制生产和推广示范。

（二）技术示范推广情况

2019 年以来，本技术产品——2ZBA-2 型自动移栽机在江苏、上海、湖南、湖北、山东、贵州和北京等地均进行了示范推广，获得了良好效果。在江苏南京、镇江、扬州、南通、盐城、宿迁等地，针对甘蓝、西兰花等蔬菜品种，通过穴盘育苗、整地起垄到自动移栽试验，建立了一整套作业规范，2020—2022 年连续三年在江苏盐城响水县 10 万亩西兰花种植基地进行栽植试验示范，受到了用户的一致好评。2021 年，由江苏大学和润禾（镇江）农业装备有限公司联合研制的 2ZBA-2 型自动移栽机入选由农业农村部组织专家遴选的先进适用设施蔬菜种植机械清单目录，同年 5 月该研发产品在中央电视台 17 套"我爱发明"栏目进行了专题播放。2022 年新产品 2ZBA-6/8 型多行高密度自动移栽机在上海农业科学院奉贤区庄行蔬菜基地和家标蔬菜合作社进行了小青菜高密度移栽，首次实现了小青菜 12~18 厘米行距、10~15 厘米株距的高密度自动移栽，一次可移栽 6~8 行，整机只需要 1 人操作，栽植效率比人工提高 10 倍以上，获得了上海市农委的充分肯定。2022 年 2ZBA-2 型自动移栽机产品在北京农机推广站和贵州山地蔬菜研究所的支持下，分别针对北京露地甘蓝和贵州丘陵山区辣椒、番茄等蔬菜进行了穴盘育苗和移栽试验，验证了本技术产品的适应性和可靠性。

（三）提质增效情况

和传统人工移栽相比，本技术的自动移栽效率提高 10 倍以上，行、株距和栽深一致性好，栽植质量明显提高，增产效果明显；与半自动移栽机相比，1 台机子节省用工 2 人以上，栽植效率提高 2 倍以上，实现了节本增效；与国外同类自动移栽机相比，本技术使用国内普通硬塑穴盘，单张苗盘购置成本在 1.5 元以下，而日本洋马蔬菜自动移栽机单张专用苗盘在 4.5 元左右，日本日神自动移栽机单张专用苗盘在 12 元左右，使用本技术产品可大大节约配套苗盘使用成本。

（四）技术获奖情况

1. 参与的"甘蓝类蔬菜绿色轻简化高效生产技术集成与推广"项目，2022 年获得农业农村部全国农牧渔业丰收奖二等奖。

2. 参与的"设施园艺智能化装备及应用"项目，获得 2022 年中国机械工业科学技术奖一等奖。

3. 2021 年 12 月，"2ZBA-2 型自走式蔬菜穴盘苗自动移栽机技术"经机械工业联合会组织有关专家鉴定（JK 鉴字〔2021〕第 2260 号），一致认为整体技术达到国际先进水平，其中苗盘精准输送技术、鸭嘴式栽植电驱技术达到国际领先水平。

二、技术要点

1. 普通硬塑穴盘育苗技术

精选饱满充实、没有病虫害的优质种子，保证种子发芽率，进行种子消毒和浸种催芽处理。采用每盘重 150 克的塑料穴盘、基质土（营养土＋蛭石或珍珠岩）、苗床温室育苗。主要技术规范：采用螺旋滚筒搅拌基质土（营养土 2：蛭石 1），同时可添加水、肥、杀菌剂等，搅拌均匀；将搅拌均匀的基质土装入穴盘，进行压实刮平、打孔；采用精量播种机将种子播入穴孔；将基质土盖住种子并刮平，完成播种后覆土；苗盘进入自动洒水机构，进行均匀喷灌洒水。设施内集中育苗管理，不受气候影响，缩短蔬菜田间生育期。

2. 旋耕碎土起垄技术

起垄可把地表层土壤聚在一起，增加了土壤层的厚度，具有抗旱防涝、蓄水保肥、便于浇灌等优点；把基肥撒在垄中心的底部，能够增大基肥的利用率，减少基肥用量和养分流失；增加了吸收外界空气中养分的能力，提高了通透性，同时增加了地表受光及散热面积，吸热散热快，提升了光合效能，积极促进蔬菜生长，利于根系下扎、生长，提高了抗逆性，对肥水的吸收率也显著增强；植株基部通风好，阳光充足，减少病菌的滋生、繁衍以及虫害的入侵概率。起垄使土壤、采光、通风、光合作用效能、肥水利用率等各方面都得到了改善和提高，积极促进蔬菜的生长，提升了蔬菜的品质和产量。

起垄注意事项：垄面要平整、垄距均匀，除去硬质的大土石块；垄距及其高度要根据蔬菜品种、环境气候和实际情况确定，不能太高太宽；垄的宽度要根据蔬菜品种的根系确定，因为垄的宽度也代表着根系生长的宽度，如果过窄了，会导致根系发育不良。

3. 起垄覆膜技术

该技术可根据当地移栽气候条件选择性使用。在移栽期温度较低或较干旱的地区，进行起垄做畦土床的地膜覆盖作业，地膜覆盖要完整，与地面贴合度高，可以在地膜上方增加一定土壤给予固定，防止风吹或其他原因造成地膜移位、撕裂等破坏。该技术可以使土床保温保墒，更利于蔬菜穴盘苗的生长发育，同时可以限制杂草的生长，减少杂草生长对蔬菜养分、水分的争夺，对丰产提质作用明显。

4. 机械自动移栽技术

蔬菜穴盘苗全自动移栽机可实现"苗盘输送、取苗、投苗、栽植、覆土、压实、苗盘回收"全过程自动化，主要内容如下：给苗部件和取苗部件是实现全自动移栽的关键，苗盘输送定位精确度必须能够保证取出苗或抓到苗；农机农艺深度融合，突破全自动变间距取苗、苗盘进给、通用型分苗以及运动协同控制等关键技术，以满足不同类型典型蔬菜穴盘苗的机械化移栽作业要求，实现不同类型、不同尺寸的穴盘苗快速准确地从穴盘抓取，变距条件下的分苗托杯的投苗，取苗爪插、夹、拔、移必须高度协同配合，实现上述穴盘苗分苗时的准确定位、高成功率；此外，栽植深度也是衡量移栽机栽植性能的重要指标之一，必须能够根据不同种类蔬菜栽植深度的农艺要求进行调节，最终实现高质量高速度移栽、高成活率、高作业效率，且能提升产品的产量与质量。

2ZBA－2 型自动移栽机作业效果

2ZBA－2 型自动移栽机在江苏南通参加试验示范活动

2ZBA－6 型多行高密度自动移栽机在
上海进行试验示范

上海市农委及农业科学院领导考察多行高密度
自动移栽机作业情况

上海市农业科学院蔬菜专家测评上海青蔬菜机械移栽后的长势情况

三、适宜区域

适宜全国丘陵山区、平原地区和温室设施结构内的蔬菜的露地移栽或覆膜移栽，适合番茄、辣椒、黄瓜、茄子、甘蓝、西兰花、生菜、小青菜等规模化蔬菜种植地区。

四、注意事项

1. 配套穴盘育苗要规范化，保证育苗质量和苗的盘根性，便于机械爪取苗。
2. 栽植土床需要经过整地细碎，确保床面平整和高度一致。
3. 可根据蔬菜种植区的气候特点，对栽植土床进行覆膜或不覆膜处理。
4. 如因天气原因导致土壤湿度过大，需要等土壤湿度降到适合机器移栽时再作业。

技术依托单位

1. 江苏大学
联系地址：江苏省镇江市学府路301号
邮政编码：212013
联 系 人：胡建平　杨启志
联系电话：13852984643　13815172929
电子邮箱：hujp@ujs.edu.cn　yangqz@ujs.edu.cn

2. 润禾（镇江）农业装备有限公司
联系地址：江苏省镇江市梦溪路42号
邮政编码：212001
联 系 人：尹云祥
联系电话：13655280586
电子邮箱：yyx511@163.com

茶园机械化生产和茶叶采摘技术

一、技术概述

（一）技术基本情况

茶园机械化生产和茶叶采摘技术的核心是《茶园全程机械化生产技术规范》（NY/T 4253—2022）、茶园化肥减施增效生产技术（2021 年农业主推技术）、茶园机械化采摘技术。茶叶属多年生叶用作物，具有较高的经济效益，在特经作物结构调整、减肥增效、乡村振兴中具有重要的积极作用。茶叶生产中耕作、施肥、修剪、采摘等关键环节均需大量的劳动力投入，属劳动密集型产业，生产效率低，生产成本高，是目前茶叶生产最大的限制因素。机器换人是推动茶产业持续高效发展的必然需求。

本技术以节省人工为抓手，高效为驱动，耕作、施肥、修剪、采摘等环节机械化生产技术为载体，真正意义上做到茶园全程机械化生产技术在我国平、缓、陡三类典型茶园的应用，系统集成了仿生耕作、精准施肥、双侧边修剪、智能仿生采摘等原创技术，创制了适宜三类茶园的通用底盘及全程作业机具，制定了差异化机具配备方案，形成了完备的茶园机械化生产和茶叶采摘技术体系。

（二）示范推广情况

茶园机械化生产和茶叶采摘技术是国家茶产业技术体系茶园生产管理机械化岗位和智能化岗位围绕茶产业"卡脖子"关键核心问题，经重点攻关集成的关键技术，经历 12 年技术研制，8 年试验示范和大面积推广，2017—2019 年连续作为农业农村部主推技术，并写入 2017 年茶园机械化生产技术指导意见。2021 年核心技术"茶园化肥减施增效生产技术"被遴选为农业农村部主推技术。

该技术已在云、贵、皖、苏、浙等全国 18 个茶叶主产省应用达到 223 万亩次，累计节本增效 8.73 亿元，经济、社会和生态效益显著。

（三）提质增效情况

该技术同人工作业相比：耕作、除草效率提高 8～10 倍；施肥效率提高 5～10 倍，肥料利用率提高 50%；修剪效率提高 10～20 倍，修剪成本降低 30%；大宗茶采摘效率提高 6～8 倍，完整率≥83%，且 70% 以上为高品质茶原料，采摘质量明显优于国外同类机具。每亩新增纯收益高达 880.23 元，推广投资年均纯收益率达 3.3%。

（四）获得奖励情况

1. "茶园生产机械化关键技术及应用"获 2019 年全国农牧渔丰收奖一等奖。

2. "茶叶机械化采摘技术装备创制与应用"获 2018 年中国农业科学院科技成果奖杰出科技奖。

3 "茶园全程机械化关键技术装备及应用"获 2018 年江苏省科学技术奖三等奖。

4. "茶园生产机械化作业技术集成应用"获 2017 年江苏省农业技术推广奖二等奖。

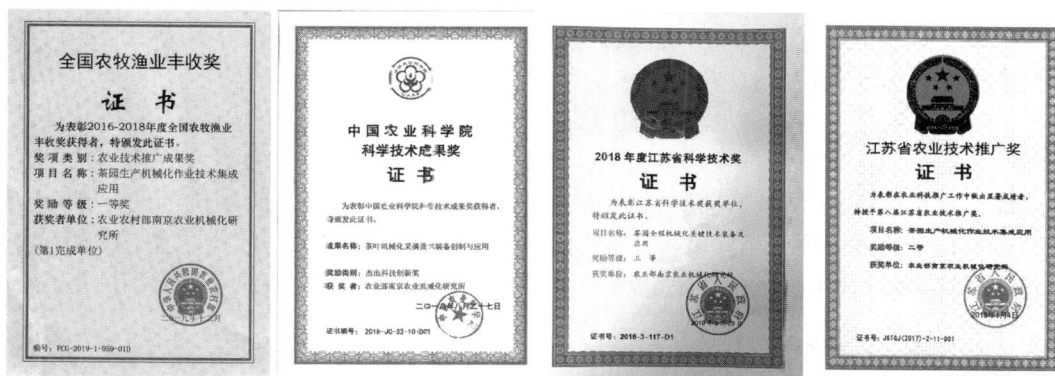

核心技术获奖证书

二、技术要点

（一）茶园机械化生产

1. 机械化耕作

机械化耕作包括浅耕、中耕、深耕。

（1）浅耕　浅耕宜在 2～7 月结合追肥、除草等作业进行。深度为 8～15 厘米，每年耕作 2～3 次。浅耕宜选用微耕机、旋耕机、茶园多功能管理机配套旋耕等机具进行作业。

（2）中耕　一般在春季茶芽萌发前进行，早于施催芽肥的时间，耕深 10～15 厘米。

（3）深耕　深耕宜在 3～10 月或秋茶采摘结束后进行，深度为 20～30 厘米，宽度不超过 50 厘米，茶行中间深、两边浅。作业时应松碎土块，平整地面，不能压伤茶树。深耕可结合施用基肥如复合肥、有机肥等。深耕宜选用齿式深耕机、茶园多功能管理机配套齿式深松、深耕或螺旋式耕作等机具进行作业。

适用机械：小型茶园除草机、中耕机，乘用型茶园多功能管理机配套中耕除草、旋耕机等。

茶园仿生耕作装备

2. 机械化施肥

根据茶园机械化减施增效施肥技术模式，对茶园进行配方施肥。

（1）施基肥　将有机肥和专用肥拌匀后，装入茶园专用施肥机械，机具前进速度调至0.15~0.5米/秒，施肥量按照生产需要调至0.4~1.0米/秒，肥料箱容量为200升，将肥料施在茶行中间，用茶园机械化施肥技术进行耕作、施肥、填土一体化作业，深度为15~20厘米，土肥充分混合，均匀分布在垂直土层上，可提高肥效50%。

（2）追肥　包括催芽肥、春茶后追肥、夏茶后追肥。由于追肥深度较浅，主要采用人工或自走式撒肥机进行地表撒肥，肥料箱容量为62升。撒肥后使用茶园翻耕机进行肥料与土壤的耕翻，机具前进速度调至0.14~0.35米/秒，耕深5~10厘米，可满足追肥技术需求。

适用机械：茶园仿生耕作施肥装备、茶园螺旋施肥装备、自走式撒肥机和茶园翻耕装备等。

茶园螺旋施肥装备　　　　　　　　　　自走式撒肥机

茶园翻耕装备

3. 机械化修剪

（1）侧边修剪技术　　1.5米行间距种植的封行茶树底部空间为40～80厘米，最大角度为60度，随着高度增加至40厘米处时角度陡然增加封行，茶树距离地面≤10厘米处基本呈竖直状态，作业空间仍为80厘米。因此，茶树侧边修剪作业宽度为20～35厘米，修剪高度为100厘米，修剪刀与地面角度为60度。

（2）茶蓬修剪技术　　每年机采后选择性剪去采摘面上突出枝叶；机采茶园树高应维持在60～80厘米，每2年留养一次，夏茶不采；机采茶园每次机采切口比上次切口提高1～2厘米，每年比上一年提高约5厘米，连续机采4～5年后进行重修剪（离地40～50厘米处剪去）。

适用机械：单人修剪机、双人修剪机、侧边修剪机、乘坐式修剪机等。

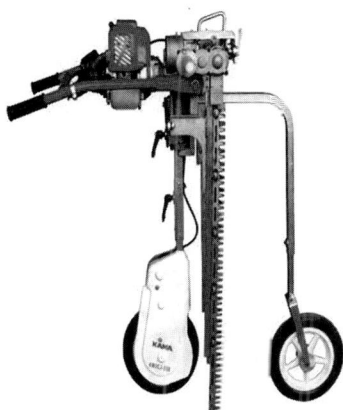

侧边修剪机

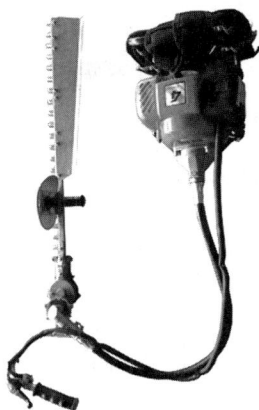

单人修剪机

（二）茶叶采摘

根据大宗茶切割式采摘的技术模式，结合茶园行间距、茶蓬面高度进行参数设置，对茶园的茶叶进行连续切割式采摘。

1. 跨行式大宗茶仿形采茶机

（1）参数调整　　根据茶园行间距、茶蓬面高度调整机具的履带中心距和刀具的初始高度。根据茶叶品种和长势，设置切割深度为5～15厘米。

（2）茶叶采摘　　采摘时机宜选标准新梢达到60%～80%，批次应根据茶树品种、茶类、茶季确定，春茶采1～2次，夏茶采1次，秋茶采1～2次。收集袋容量为80千克，机具前进速度为0.3～0.6米/秒，可实现原地调头换行，适应非标准茶园和不同长势的茶叶，采摘质量优于双人/单人机采，提质增效明显。

跨行式大宗茶仿形采茶机

适用机械：大宗茶仿形采茶机。

2. 单边自走式大宗茶仿形采茶机

行间行走，履带轨距（外延）＜80 厘米，根据茶叶品种和长势，适宜茶蓬高度为 50～90 厘米，设置切割深度为 5～15 厘米，采口高度根据留养要求掌握，留鱼叶采或在上次采摘面上提高 1～2 厘米采摘。

适用机械：单人采茶机、双人采茶机、跨行式大宗茶仿形采茶机、单边自走式大宗茶仿形采茶机等。

单边自走式大宗茶仿形采茶机

三、适宜区域

适宜平地、15 度以下缓坡，横向坡度小于 8 度，规划机耕道、机械掉头区域等机械化作业条件的茶园。

四、注意事项

1. 茶行两端应留有 1.5～2.5 米的地头，供茶园机械顺利转向或调头作业。

2. 机具操作人员必须经过岗前培训，具有较强的安全意识，熟练掌握操作技术并严格按照机具使用说明书和安全操作规程进行调整、作业和维护。

3. 施肥机作业时不得后退。必须后退时，应将施肥机排肥器暂时关闭。

4. 茶叶耕作、施肥、采摘技术，需与修剪技术联合开展，解决成龄茶树因封行导致机械无法进入作业的问题。

技术依托单位

1. 农业农村部南京农业机械化研究所

联系地址：江苏省南京市玄武区中山门外柳营 100 号

邮政编码：210014

联 系 人：宋志禹

联系电话：15366093037

电子邮箱：songzy1984@163.com

2. 浙江理工大学

联系地址：浙江省杭州市钱塘区 2 号街 928 号

邮政编码：310018

联 系 人：贾江鸣

联系电话：13705810950

电子邮箱：jarky@126.com

基于免疫层析试纸条和移动终端的农产品安全智能快速检测技术

一、技术概述

（一）技术基本情况

中国农业科学院农业质量标准与检测技术研究所"农产品质量安全检测技术"创新团队围绕国家重大战略需求，针对传统实验室检测农产品中农药残留等因专业性强、成本高、时效性差而制约其不能满足生鲜农产品即时现场检测的现状，组织力量开展保障农产品安全的快速检测技术及产品研发，经过十余年系统攻关，发明了全球领先的"基于免疫层析试纸条和移动终端的农产品安全智能识别技术和系统"，该成果是在2019年国家科学技术发明奖二等奖"农产品中典型化学污染物精准识别与检测关键技术"基础上的再突破。成果集成了半抗原合成、抗体制备、条形码标记免疫层析试纸条及其标准化、多通道阵列托盘、智能图像识别算法、云计算、物联网和大数据技术，通过开发的微信小程序拍照，5分钟完成6种农药等污染物的快速判读，检测结果直接显示在手机上。

该技术创造性地提供了一种准确、快速、便利、低成本、可对多目标成分同时进行定性/半定量检测的方法，主要特点是可现场实时测、多目标物同时测，不需读卡仪，智能化程度高，数据可追溯，系统兼容性好（任何智能手机都可判读），特别适合基层一线政府监管、生产经营者自查、消费者居家自检。在该成果基础上研发的人工智能图像识别系统是一个开放的平台，可兼容所有层析试纸条的定性/半定量判读，并能作为大数据的移动终端实时收集数据。

基于纸制和手机拍照的农兽药残留快速智能识别技术

1. 技术研发推广背景

按照习近平总书记重要指示批示精神，为切实解决禁限用药物违法使用、常规农兽药残留超标等问题，农业农村部等七部委联合发布实施食用农产品"治违禁 控药残 促提升"三年行动。该行动方案针对问题较为突出的11种重点治理农产品提出了重点任务，包括：

（1）开展常规农药残留速测技术攻关，解决速测针对性不强问题，加快推进常规农兽药残留速测工作。

（2）对无法提供产品质量合格凭证的食用农产品进行抽样检验或速测，检测结果合格方可进入市场销售。

（3）鼓励食用农产品批发市场开办者对"三棵菜"中克百威、三唑磷等禁限用农药，以及腐霉利、灭蝇胺等易超标的常规农药残留开展针对性速测。

2023 年 1 月 1 日实施的新修订《农产品质量安全法》从立法层面认可了快速检测技术在农业执法中的法律地位，这对我国的农产品生产源头、流通体系、质量监管和追溯体系都提出了更高要求。快速检测技术作为重要支撑手段之一，将对农业执法的落地、承诺达标合格证的开具以及农产品质量追溯体系的建立等发挥极其关键的作用。

由中国农业科学院农业质量标准与检测技术研究所研发的农产品质量安全智能快速检测技术能够精准响应"治违禁 控药残 促提升"三年行动方案中的要求，为重点任务提供针对性强的农兽药残留智能快速检测解决方案；100 余款农产品智能快速检测产品和智能检测一体箱可为农业执法提供"快、准、简、多"的技术手段；同时，随该技术推出的检测软件和数据管理平台能够实现"样本信息录入-人员管理-数据分级管理-检测报告生成-承诺达标合格证生成"全链条闭环管理，助力农产品产业链真正实现质量安全的数字化追溯，促进农产品质量安全的全面提升。

2. 能够解决的主要问题

（1）试纸条判读只需一部智能手机，实现了去仪器化　传统试纸条专业判读仪器非标准化、不通用、成本高、不便民，不适宜于田间地头、农贸市场等低附加值生鲜农产品安全在最基层的把关，亦对消费者居家自检并不友好。

（2）克服环境光等因素的影响，所有手机适用，系统兼容性好　攻克了在环境光条件下基于移动终端拍照判读易受到环境光、拍照位置、兼容性等因素影响，每次只能针对一个目标物检测的限制。

（3）实现定性/半定量精准检测　传统胶体金试纸条检测结果肉眼判读人为因素影响大，存在误判错判，且只能做到定性检测。

（4）实现了高通量、智能检测　解决了传统试纸条检测通量低、不智能、效率低，以及无法对多目标物同时智能精准检测的难题。

3. 专利范围及使用情况

该技术拥有自主知识产权 19 件，包括授权国内专利 5 件、受理 2 件、软著 4 件、PCT专利（美、日、澳等）8 件，多角度、多层次，对核心技术构筑了完善的保护屏障，并且提升了我国快速检测技术的国际影响力。利用该技术已形成系列农产品质量安全专用检测产品，并应用于大型活动保障、农产品入市把关、政府督查、买菜平台和企业把关自查及安全控制、消费者自检，为保障农产品质量安全提供重要科技支撑和有效手段。

（二）技术示范推广情况

该专利技术已应用于"博鳌亚洲论坛"、农业农村部海南驻点豇豆督察、"每日优鲜"、财政部食堂、北京小罐茶业有限公司、中化现代农业有限公司和北京、山东、海南等多省蔬菜基地及课堂教学等，农业农村部和多地监管部门拟将本技术用于年度例行监测工作，国外多家公司通过相关部门寻求产品订购。

基于该专利技术，目前已开发出 100 余款农产品/食品安全智能快速检测试剂盒，为豇豆、韭菜、芹菜、茶叶、牛奶、鸡蛋等重点产品中的农兽药残留、非法添加物等高风险污染物提供了高效快速检测手段。未来可推广至致病微生物、环境污染物等的安全监控。

除了农产品/食品安全领域，该技术还可应用于医疗体外诊断、动物疫病、环境保护、海关检疫、公安物证等众多领域。该技术的人工智能图像识别系统是一个开放的平台，可兼容所有胶体金试纸条的定性/半定量判读，已与尼沃诺斯（苏州）生物工程有限公司共同开发完成了系列病毒的快速判读技术。将该技术应用于人及动物疫病的诊断，有助于政府第一时间掌握流行病学调查的真实情况，从而早预警、早介入；有助于消费者对个人健康情况进行及时监控，早发现、早治疗。

（三）提质增效情况

本专利技术，相对于现有的同类检测技术而言，是一种质变，在提质增效方面有颠覆性的社会作用。

1. 简化检测设备，形成对目标成分快速、便捷、全天候检测

目前，我国快速检测尚不能达到城乡全覆盖，其根本原因在于现有的检测方法都需要采用特定设备进行检测。本技术创造性地去除特定检测设备的限制，使用移动终端（手机、平板、PDA）配合特定的试纸托盘完成检测过程，完全省去特定检测设备的限制，5分钟得到结果，且对操作人员专业度要求不高，使检测能够随时随地便捷地进行。

2. 对多目标物同步进行检测，实现高通量，提高了检测效率

本技术能够实现多通道试纸条的检测。利用圆周阵列的试纸条排布方式，能够实现多条通道同时检测，且对于每一个通道的试纸条的检测都能够输出可靠的检测结果。举例说明：如果一根试纸条能检测一个目标物，用该技术可实现单次拍照对 1～6 种目标物的不同通量需求；如果一根试纸条本就能检测 3 种目标物，那么用该技术可实现单次拍照对 1～18 种目标物的不同通量需求。

3. 实现了半定量检测，判读更精准

依据国家污染物残留限量标准，结合构建的胶体金试纸显色精准调控计量化学模型和独创的可见光条件下免疫层析图像识别算法，5分钟可完成农产品/食品中的农兽药残留、违禁添加物等的高通量快速定性/半定量检测，并已研发完成多种病毒快速判读的专用程序和系统。

4. 大幅降低检测成本

利用移动终端对目标成分进行检测的系统，仅使用微型多孔样品池、搭载条形码标记试纸条的多通道光源平衡阵列托盘（塑料材质，<12 厘米）和载有图像采集、测试结果接收、数据处理的移动终端即可以实现多目标成分的检测，去仪器化，大幅降低了检测成本，可实现基层一线现场和家庭使用，易于市场化推广。

本技术将有效解决"检不快、检不准、检不多、成本高、不智能"的行业痛点与难题，对快检行业带来的是突破性的变革。操作者利用手机，可以随时对试纸条进行高通量判读，既可以为国家和企业省去读卡仪的购买经费，也满足了消费者居家自检的需求，监管效率大大提高，监管成本大大降低，利国利民。

目前，在食品安全检测和体外诊断领域，英国 ABINGDON 公司、美国 BD、德国 R-Biopharm 和武汉明德生物科技股份有限公司、深圳市易瑞生物技术股份有限公司、北京勤邦生物技术有限公司代表着国内外行业领先水平。下表为本发明技术与上述公司检测技术提质增效的重要指标比较。

国内外相近技术比较

代表企业	方法	代表性专利	技术特点	检测成本	检测时间	定性/半定量
英国 ABINGDON	体外诊断试纸条＋移动终端	EP 12718728.4	利用手机对目标物进行智能定性检测，手机内置光源，试纸条固定在暗盒中，拍照位置相对固定，需拍照两次	试纸条约100元/个	15分钟/个	定性
美国 BD	新冠病毒试纸条＋移动终端	US 8655009B2	手机拍照判读自检新冠抗原试剂，手机拍照与试纸条位置需相对固定，对光源强度有要求	试纸条＄39.99/两次检测	15分钟/个	定性
德国 R-Biopharm	毒素试纸条＋移动终端	EP 13796146.2A	通过 RIDA® SMART App-Food & Feed Analysis RIDA® SMART App，需固定特定手机和试纸条的相对位置拍照判读	试纸条25元/个	10分钟/1个毒素	定性
武汉明德	一种试剂卡识别检测系统及方法	CN 106056156A	通过读卡系统和方法对体外诊断试纸卡在暗箱内扫描定性	0.8万～1.5万元/读卡仪	15分钟/个	定性
深圳易瑞	试纸条＋单（多）通道读卡仪	无专利	利用单/多通道读卡仪对单/多联试纸卡在暗箱内扫描定性	试纸条6～10元/个 读卡仪0.8万～3万元	5～10分钟/1～4个污染物	定性
北京勤邦	试纸条＋单通道读卡仪	ZL201410646009X	利用单通道读卡仪对单试纸卡在暗箱内扫描定性	试纸条6～10元/个 读卡仪0.8万～1.5万元	5～10分钟/1个污染物	定性
本技术	食品安全及系列病毒试纸条＋移动终端	ZL201911126008.1	利用移动终端对多目标物同步进行快速、全天候进行精准检测，大幅降低成本	试纸条6～10元/个	5分钟/多个污染物 15分钟/多个病毒	定性/半定量

通过对比可见，该技术在检测范围、检测成本、检测时间以及准确性（定性/半定量）方面全面处于全球领先状态。

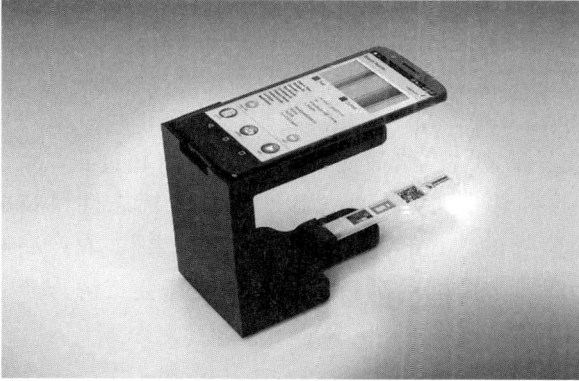

德国 R‐Biopharm 手机判读真菌毒素

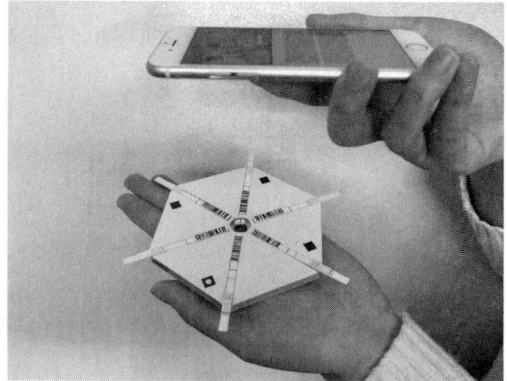

本专利技术手机判读多目标物

本技术和产品：

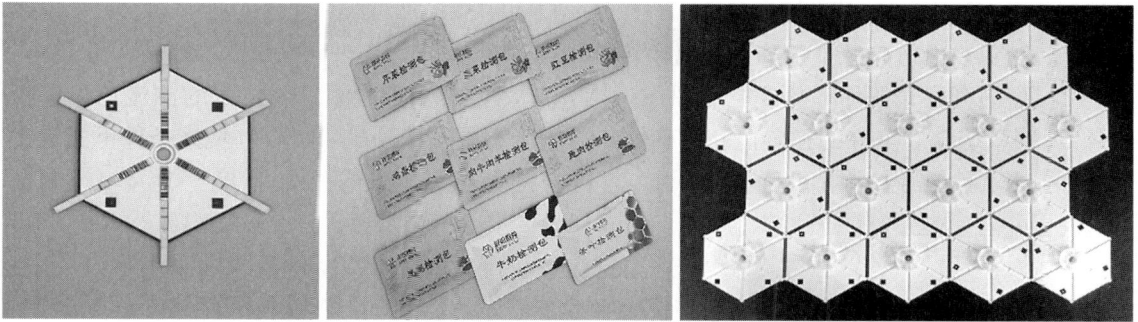

系列试纸条、样品池和托盘；国家 11 类重点治理品种全覆盖

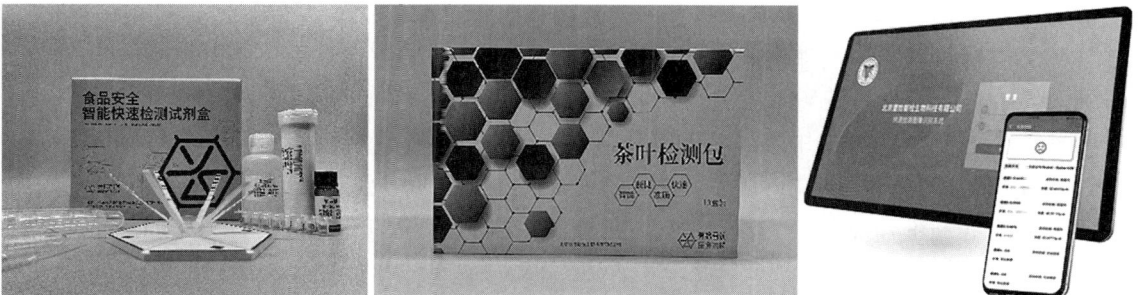

100 余种胶体金试剂盒产品（B 端）；茶、乳专用检测包（C 端）；
配套微信小程序和手机 App

综上，与国内外先进技术相比，该技术实现了从定性到半定量检测的升级，检测准确率与实验室仪器呈一致性，符合率达 95％以上；因实现了高通量检测，检测效率至少提高 5 倍；因实现了去仪器化，同样的经费投入从读卡仪获得 150 万个检测数据将提高到 450 万个检测数据，检测成本减少 2/3；以本技术为核心的颠覆性检测技术成功应用将推动我国农产品/食品安全快速检测水平跃居世界一流。

（四）技术获奖情况

1. 2019 年，获国家科学技术发明奖二等奖。

2. 2022 年，获全国农业高新技术成果交易活动"网络最受关注项目奖"（超过 600 余个项目中仅有 3 项获此殊荣）；9 月被中国农业科学院列为十八大以来"十大标志性科技成就"；（第二届）全国农业科技成果转化大会发布的"100 项重大农业科技成果"、农产品质量安全领域的代表性重大科技成果；第二十四届中国国际高新技术成果交易会"优秀产品奖"；中国农业科学院 2022 年度重大科技产出奖。

二、技术要点

1. 构建胶体金试纸显色精准调控计量化学模型，实现智能化、去仪器化。该技术基于精准计量化学模型，利用智能图像识别技术捕获并识别胶体金试纸条显色结果，利用云计算技术快速实现从光信号到数字信号的快速、准确转化，从而实现精准半定量检测。

2. 发明多通道光源平衡阵列托盘，可实现高通量检测。

3. 独创可见光条件下免疫层析图像识别算法，实现准确检测。该技术的侧流免疫层析图像识别系统具有良好的稳定性和准确性，适用于不同品牌手机，可在环境光条件下实现多靶标的同时定性、半定量和定量检测。

三、适宜区域

该技术可在全国乃至全球应用推广，涉及农产品/食品安全领域和医疗体外诊断领域。针对不同的使用群体和场景，可满足不同需求。

针对政府监管用户：可用于农产品生产基地、农贸市场、批发市场、超市、口岸等基层现场监管检测。农残速测能做到针对性，助力农业农村系统、市场监管系统等推进"治违禁控药残-促提升"三年行动方案的落实；无须仪器，操作界面简单友好，特别适用于基层监管需求；开放型数据平台服务，无缝对接农产品质量和市场监管系统数据化管理平台，帮助实现数据化闭环管理。

针对企业用户：可用于农产品生产基地、农贸市场、批发市场、超市、大型食堂等自查管控。无须仪器，省空间、省成本，不受采样地点限制，可无限增加终端数；可定制不同的目标物组合，精准监测风险，提高风险防控性价比；最大限度减少人为因素对检测结果的影响。

针对个人消费者用户：可用于居家自检。无须专业知识，无须专业设备，操作简单友好；茶叶、奶粉即泡即冲即测，全程最快 5～15 分钟即可了解所饮茶叶、牛奶的农兽药残留污染风险；微信小程序拍照，一次可测 6 种农兽药。

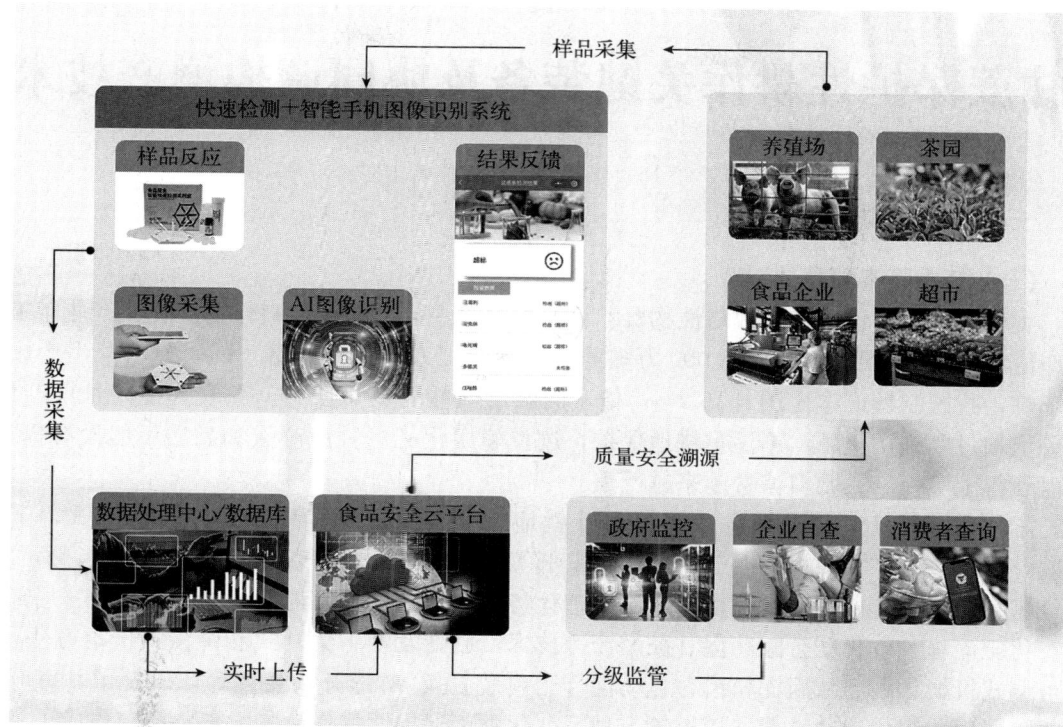

四、注意事项

无。

技术依托单位

1. 中国农业科学院农业质量标准与检测技术研究所

联系地址：北京市海淀区中关村南大街12号

邮政编码：100081

联 系 人：曹 振 王 静

联系电话：010-82106808　16619777201　010-82106568　15901335090

电子邮箱：caozhen01@caas.cn　w_ _ing2001@126.com

2. 北京壹拾智检生物科技有限公司

联系地址：北京市海淀区中关村南大街12号培训中心四层A418

邮政编码：100081

联 系 人：靳 桢

联系电话：010-62133855　17600856121

电子邮箱：yishibiotech@163.com

甘蔗保护性耕作关键装备及协同调控增产技术

一、技术概述

（一）技术基本情况

食糖是关系国计民生的战略性物资，而甘蔗是最主要的食糖原料作物。甘蔗产业年工农总产值约 2 000 亿元，关系着 3 000 万多蔗农、产业工人就业和致富。因受原料蔗生产成本的影响，我国制糖成本比国外高 2～4 倍，面临着严峻的竞争压力。蔗农为提高甘蔗产量，主要依赖过度施用化肥，不注重耕地保护，过量施用化肥后甘蔗产量和品质不但没有提升，反而使得土壤板结、肥料浪费越来越严重。

本技术针对我国蔗区普遍采用甘蔗叶就地焚烧、浅翻耕、浅施肥等耕作方式，土壤"酸、瘦、黏、板"、保水性差、有机质含量低等现状所导致地力衰退产量下降问题，通过探究红壤耕层质量特征及保护性耕作对红壤理化特性影响，构建甘蔗叶还田增氮控酸、局部深松、化肥深施、生化联合减药促甘蔗增产等技术，创新发明了集叶式和弹齿式捡拾方法、T形可调式机架、耐磨减阻深松齿、自动混合肥料装置及 W 形开沟装置等，研发了甘蔗叶高效粉碎还田、深松施肥、节能深松等 8 种系列化甘蔗保护性耕作及其配套装备，集成了甘蔗保护性耕作协同调控增产技术模式，大大改善红壤耕层结构、提高甘蔗地土壤 pH、增加土壤肥力，有利于促进我国甘蔗单产稳步提高。

（二）技术示范推广情况

本技术以科研项目为纽带，通过在国内打造科技创新中心、研发中心、科普基地以及国外建立科技合作基地、技术转移中心等结合方式，所地、所企、所际协同推广，促进成果推广应用。已在广东、广西、云南、海南等甘蔗主产区推广应用，面积达约 4 000 万亩，同时服务 6 个省级农业产业园并出口印尼、柬埔寨、越南等 10 个国家，推动我国乃至"一带一路"沿线国家甘蔗产业升级。

研制的 1GYF-200 型粉碎还田机（右）在印尼与意大利甘蔗叶粉碎还田机作业对比示范应用

（三）提质增效情况

技术综合甘蔗农艺种植要求、气候条件、甘蔗叶还田量、局部深松等要素，基于甘蔗实施新植蔗和宿根蔗两种种植耕作方式，集成甘蔗叶粉碎覆盖→宿根蔗平茬破垄→增施混施微生物肥→中耕深松施肥培土→轮作其他作物以及甘蔗叶粉碎还田→增施混施微生物肥→深松整地→间作豆科类作物→中耕施肥培土保护性耕作模式。与传统耕作相比，使示范区土壤有机质含量由 24.85 克/千克提高至 25.06 克/千克，提高 0.21 克/千克；pH 由 4.55 提高至 5.15，提高 0.60；容重由 1.34 克/厘米^3 降低至 1.28 克/厘米^3，减少 0.06 克/厘米^3；土壤含水量提高 20%，蓄水率提高至 25%，甘蔗亩产由 2012 年的 5.6 吨提高到 2021 年的 6.5 吨，甘蔗单产稳步提高。

（四）技术获奖情况

2021 年获广东省农业技术推广奖二等奖；2022 年获广东省科技成果推广奖，并入选广东省农业主推技术。

二、技术要点

（一）核心技术

1. 机械化粉碎还田技术装备

通过设计正反两把 L 形改进型甩刀与可拆卸锯齿定刀粉碎刀组，并采用动定刀等距分布且重叠 2～5 毫米，实现动刀定刀重叠切面间隙无堵塞，研发 1GYF（单辊）及 1JR（双辊）两系列机具，适应不同种植农艺需求，一次进地作业替代原来 2 次粉碎作业，粉碎率提高 8%，同时大大提升机具稳定性和可靠性。

甘蔗叶机械化粉碎还田技术

2. 少耕深松技术装备

通过创新仿生弧线犁壁、减黏降阻齿面以及设计组合镶嵌式耐磨深松齿，研发出 1SL 系列及 1SG 系列少耕深松整地装备。齿距由 40～45 厘米变为 55～60 厘米，实现降低作业成本约 5%。结合可调式整体焊合机架设计，实现不同作业行距、深松深度调整以及深松机构前置或后置作业，大大提高装备作业适应性和可靠性。实施深松深度为 35～50 厘米，可有效打破犁底层，改善土壤结构，实现土壤含水率提高 11%～18%。

甘蔗地深松整地联合作业技术

3. 深施肥技术装备

基于肥料自动混合与智能监控技术，创新设计刮板式定量下肥装置、T 形可调式机架等关键部件，研发了 1 千克系列深开沟施肥、3ZSP 系列中耕管理精准施肥、2CLP 系列宿根蔗平茬管理等机具；为缓解蔗区干旱以及甘蔗叶还田腐解争夺水分等问题，还研制了 2FYS 系列粪便深埋还田机，加快甘蔗叶还田腐解和养分释放。通过配套机械化深施肥技术，比传统施肥深

甘蔗深松中耕施肥技术

5～10厘米，提高工效25％，降低作业成本15％，提高肥料利用率8％，减少了肥料投入。

（二）配套技术

1. 甘蔗叶还田增氮控酸及化学物理减药联合促增产技术

实施甘蔗机械化粉碎还田时，在土壤一定湿度范围内，通过增加氮肥（苗期亩施约10千克）可显著提高浅层（0～10厘米）土壤细菌总数，提高深层（30～40厘米）土壤细菌多样性；增氮同时，以有机物质（秸秆、有机肥、滤泥、蔗渣灰、畜禽粪便等）为原料的多种阻控土壤酸化的方法，使土壤 pH 由 4.55 上升到 5.15。以生态调控为基础，结合生物农药应用、高效药剂利用技术，辅助以环保物理诱杀技术和减药控害技术模式。

物理化学联合减药控害技术

2. 局部深松改善土壤结构技术

甘蔗叶还田结合后通过局部深松，对耕层土壤贯入阻力、抗剪强度、容重有持续改善效应，特别对甘蔗生长的关键土层（21～30厘米）改善效应显著。深松作业深度达40厘米时，土壤的容重由 1.34 克/厘米^3 减小到 1.28 克/厘米^3，土壤孔隙度由 49.43％ 增加到 52.45％，减小了机械作业响应的贯入阻力；同时，降低了土壤固相容积率，提高了液相容积率，提高了土壤含水量、田间持水量和饱和含水量。

3. 深开沟深施肥技术

根据甘蔗生长营养需求，发现肥料深施 25 厘米左右（比牛犁开沟深约 10 厘米）对甘蔗生长更有利，可达到深施底肥、保水保肥、抗倒伏的目的，提高肥料利用率8％，促进甘蔗增产增收，尤其是对广东、广西、海南受台风影响严重的蔗区，增产效果明显。

三、适宜区域

我国南方甘蔗种植区以及东南亚甘蔗种植国。

四、注意事项

1. 对于不留宿根蔗地开展甘蔗叶粉碎后进行耕整地作业，先用重耙横直各耙1遍，把蔗头耙碎，然后深松和犁各1遍，再旋耕或耙平；蔗地整理好后用开沟机开沟（甘蔗种植机联合种植），开沟深度达30厘米以上。

2. 甘蔗叶较多或者人工收获甘蔗叶集堆现状，可实施第二次粉碎，或者作业时降低拖拉机前进速度以提高粉碎率，尽可能在甘蔗收获 15 天以后再实施粉碎作业。甘蔗叶直接还田后，增施石灰可中和酸度，减少有乳酸的危害，促进土壤中有益微生物的活动，加速甘蔗叶的腐烂和养分的释放。

3. 实施甘蔗叶还田时，如土壤水分含量达不到 40%，则要淋水或实施节水滴灌淋水，甘蔗叶腐解的最适宜湿度是饱和持水量的 60%～80%，有条件的可淋酒精废液，增强土壤保水性，确保土壤湿度，加快蔗叶软化腐烂，释放养分，供作物吸收。

技术依托单位

中国热带农业科学院农业机械研究所

联系地址：广东省湛江市霞山区社坛路 5 号

邮政编码：524000

联 系 人：韦丽娇

联系电话：0759-2090319　13229504890

电子邮箱：406775423@qq.com

日光温室生产数字化管控技术

一、技术概述

（一）技术基本情况

我国设施园艺面积超过 4 000 万亩，居全球首位，其中日光温室占 29%左右。日光温室的快速发展对保障我国北方地区食物多元化均衡供应、提高土地利用率发挥了重要作用。针对现有大部分日光温室环境调控能力较差、管理方式较为粗放、配套装备服务缺失、产能未完全开发、人工投入成本占比高等问题，利用物联网、人工智能、大数据、云计算等新一代信息技术赋能，从"智能感知—综合管控—服务平台"三个方面驱动创新与集成应用，形成了技术创新型、平台服务型和场景应用型的日光温室生产数字化技术集成与多场景应用体系。

通过该技术，实现了数字驱动生产技术成果在温室中的落地应用，解决了温室生产中自有决策调控方法缺失、本地适用性装备缺失、数字化管理服务缺乏和技术应用模式适配差等难题；通过开发应用自主知识产权的系列传感器、控制器及装备，建立基于数据衍生的日光温室便捷化调控方法，打造由经验决策转向数据驱动的智能化决策技术，实现了轻简化装备的赋智提升；通过构建托管式、订制化的设施园艺数字生产管理云平台，提供数据汇聚分析、环境智能调控和农资、农事、劳动力等管理的云上服务，实现了多层次用户的多元化需求，打造了以"轻简节本、智慧提质、管理增效"为特色的果菜、叶菜和食用菌生产数字技术装备产品国产化套餐，形成了场景驱动的新型温室园艺生产管理服务体系，实现了设施农业数字化管理的提档升级。

核心技术支撑专利具体如下表所示。

核心技术支撑专利列表

序号	专利名称	授权号	专利权利人	专利范围	使用情况
1	自适应空气温湿度测量防辐射罩	ZL201010623964.3	北京农业智能装备技术研究中心	设计了大范围光范围、快响应的防辐射罩结构，提出了跟随辐射变化的自调节空气温湿度测量方法	在东北、华北、西北、山东等地广泛应用
2	一种土壤含水量传感器的标定方法及装置	ZL201911348898.0	北京农业信息技术研究中心	提供土壤含水量传感器的仪器自动标定方法	在东北、华北、西北、山东等地广泛应用
3	菌棒含水量测量方法及菌棒含水量测量系统	ZL202010431605.1	北京农业智能装备技术研究中心	提供一种用于菌棒水分含量测量方法及装置，用以实现菌棒含水量的实时监测	在北京地区有示范应用

（续）

序号	专利名称	授权号	专利权利人	专利范围	使用情况
4	一种环境数据采集器	ZL202120218214.1	北京农业智能装备技术研究中心	设计了一体化温室环境数据采集器	在华北、山东等地广泛应用
5	菇房环境云检测设备	ZL202020852284.8	北京农业智能装备技术研究中心	设计用于菇房环境监测的低功耗云端设备	在东北、华北、山东等地均有规模化应用
6	卷帘机智能控制器	ZL201510483373.7	北京农业智能装备技术研究中心	提供佩戴式运动检测设备和机电一体化的管控设备，实现对卷膜机的能耗、位置、倾斜度等参数在线监测	在北京、河北地区有规模化应用
7	一种温室水面蒸发量测定装置、灌溉系统及方法	ZL201811002037.3	北京农业智能装备技术研究中心	设计温室水面蒸发量自动测定装置及系统，该装置可以实时自动采集温室内的水面蒸发量	在北京、河北地区有规模化应用
8	一种植物基质栽培的营养液灌溉控制系统与方法	ZL201910721588.2	北京农业智能装备技术研究中心	提供一种植物基质栽培的营养液灌溉控制系统与方法，用以解决现有技术中营养液灌溉量依赖经验值的问题	在北京、河北、山东等地均有应用
9	水培作物的氮肥管理方法及装置	ZL201811152100.0	北京农业智能装备技术研究中心	提供水培生菜生产营养液氮肥管理方法及系统	在华北、山东等地均有应用
10	一种香菇工厂化生产的二次养菌方法	ZL201410538682.1	上海市农业科学院	提供香菇高效工厂化生产的菌棒养菌阶段的环境调控方法	在山东等地区有应用

（二）技术示范推广情况

技术成果以北京为核心，京郊示范、辐射全国。2019—2022年，在顺义、大兴、通州、密云、怀柔、延庆等北京10个设施农业生产区和全国其他16个省份多个园区大面积应用，累计推广应用的感知传感器近34 786台（套），配套数据采集设备5 031套，温室环境测控系统1 830套，云托管平台接入661个用户，推广应用的设施园艺种植面积达141.11万亩，提高了设施园艺的数字化管理水平和生产者的专业技术水平，推动传统设施农业向现代农业的快速发展。

（三）提质增效情况

在全国范围实现亩均增产 279.20 千克，总增产 3.94 亿千克；亩均节水 31.90 米³，总节水 4 501.41 万米³；亩均省工 16 个，总省工 2 257 万个；亩均节本增收 595.96 元，总节本增收 8.41 亿元。

集成的数字化技术装备套餐在适配的日光温室生产场景中应用，实现了数字驱动生产技术成果的快速落地应用，有效降低了能耗、生产资料和劳动力投入，提升了数字化管理水平，提高了果菜、叶菜和食用菌的产量和品质，增加了农民收入，节本增效显著。同时，生产等管控的数字化、智能化提升，有效提高了资源利用率，缓解了水资源短缺和环境面源污染的压力，有效减弱了对人力的依赖，提高了生产者从事农事活动的舒适性；结合项目执行和示范推广工作开展，进行线下、线上有机结合的技术指导和培训，显著提高了管理人员、技术人员、生产人员的专业水平，社会、生态效益显著。

（四）技术获奖情况

2023 年 1 月 16 日该技术核心成果在中国农学会组织的成果鉴定中，获得中国工程院李天来、喻景权两位院士在内的国内设施园艺领域权威专家较高评价，得分 94.81，达到国际先进水平。该技术获 2019 年高等学校科学研究优秀成果奖技术发明奖一等奖、2021 年度北京市科学技术进步奖二等奖、2021 年度宁夏回族自治区科学技术进步奖二等奖。

二、技术要点

1. 日光温室信息传感技术

通过材料升级、结构优化、复杂环境变化下自补偿、自校准算法开发等多项核心技术集成创新，研发了空气温湿度传感器、光辐射传感器、CO_2 浓度传感器、介质水分温度传感器、作物体征传感器等环境传感器集群，创制了一体式环境采集设备和作物生境与长势同步采集装备，有效实现了关键因子的高湿度、宽温域下精确感知。

（1）空气温湿度传感器　针对温湿度传感器易受辐射、外风速干扰问题，提出主动式自调节风量模式，实现了不同光强及风速下的自适应调节。

（2）光辐射传感器　实现关键芯片的国产化替代，与国外同类产品性能相当，售价仅为其 1/8。

（3）CO_2 浓度传感器　利用全氟磺酸离子交换膜和聚四氟乙烯膜双重防湿技术，大幅延长了高湿冷凝环境中 CO_2 在线测量周期。

（4）介质水分温度传感器　针对介质水分传感器存在温变动态精度劣化问题，建立了温度补偿算法，消除了动态环境变化对原位监测精度影响。

（5）作物体征传感器　解析参数扩展至作物-介质水平衡、生长速率、气孔导度等 15 种，填补国内对作物小群体生长系统动态监测的空白。

（6）一体式环境采集设备　具有低成本、易安装、低功耗、无线传输等优点，克服了当前部分温室供电条件差、维护复杂等问题。

〔7〕作物生境长势同步采集装备　安装简便，实现了空气温湿度、光辐射、CO_2 浓度、介质水分温度和作物图像信息同步监测。

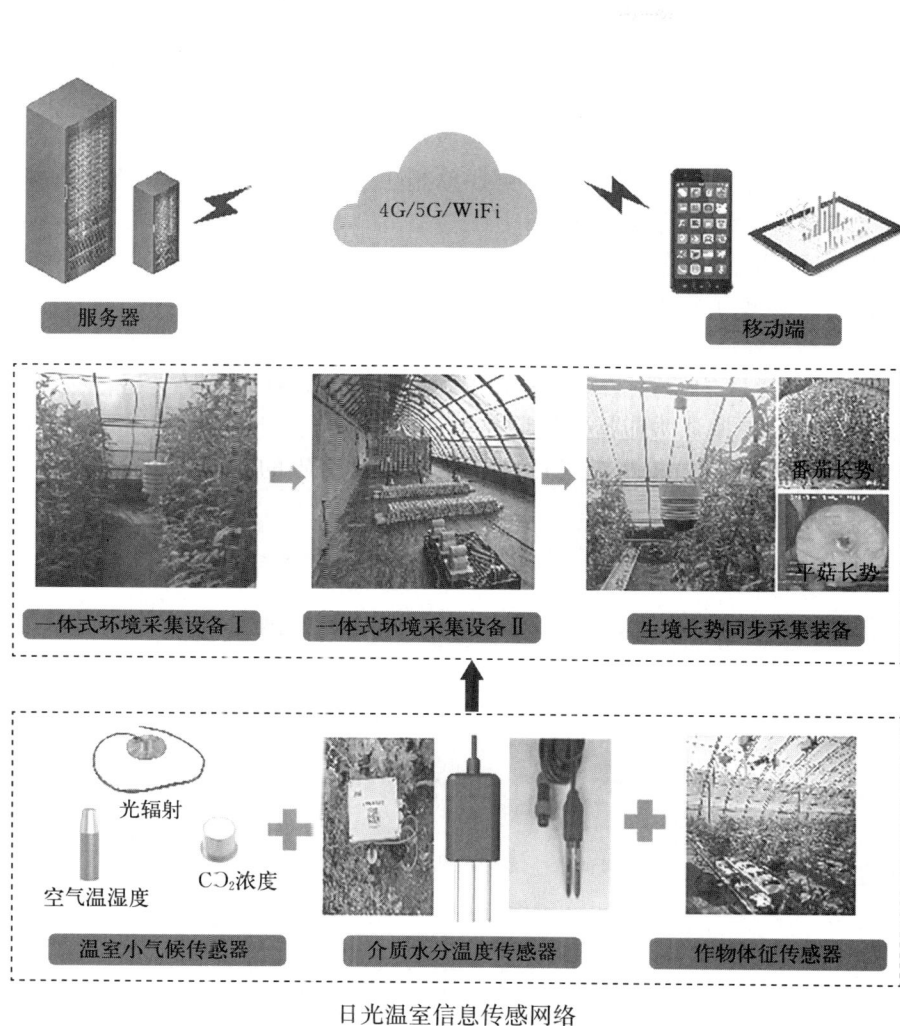

日光温室信息传感网络

2. 日光温室环境综合调控技术

部署室内外环境信息传感网络，以卷膜通风调控设备或集保温、降温、增湿、CO_2 补施等于一体的环境综合调控设备为载体，通过日光温室环境精细化调控决策模型来智能决策通风、保温等设备动作时机，确保在调控能力范围内的环境自动、实时和精准调控。

（1）自然通风调控策略及设备　通过运用磁式位移追踪传感技术，实现了卷膜开度全过程精准监控，建立了基于作物多段通风需求下（日出升温段、高效光合段、降温排湿段等）以室内温湿度和 CO_2 浓度为综合调控目标的日光温室自然通风调控策略，解决了传统通风调控中单纯依靠温湿度阈值、事后调控、过度调控等问题，实现病害发生率减少30％以上。

（2）环境综合调控策略及设备　利用实时多任务编程技术和模块化硬件设计，实现了环境综合调控设备的输入/输出通道可扩展、逻辑可编程。以作物生长参数范围为目标，构建了非固定时域滚动与前馈控制耦合的日光温室环境优化控制算法，通过植物光合、蒸腾在线监测预测、环境预测模拟、反馈优化调控等手段，实现温度控制精度±2摄氏度、湿度±3%。

3. 日光温室水肥管控技术

开发了中央灌溉控制器及无线电磁阀等灌溉设备和单通道/多通道水肥装备，通过微喷灌、滴灌等形式，结合基于知识分析与数据驱动相融合的水肥决策方法，解决了面向不同栽培模式时日光温室科学化水肥难管理的问题。

（1）技术创建了面向土壤、水培、基质培的3种水肥决策方法：①基于土壤轮廓线的智能灌溉决策模型。实现了灌溉计划湿润层深度的在线修正，设施番茄灌溉水利用率提高30%。②水培叶菜营养液消耗模型。引入基于叶面积指数–氮胁迫响应因子，创立了减氮、控磷、调钾和稳EC/pH的营养液多目标优化调控策略，水培叶菜氮肥投入量减少30%，硝酸盐含量下降40%。③基质番茄营养液调控模型。创建了基于主茎叶片数的基质栽培番茄营养液浓度递增式调控方法，改变了传统以生育期为基础的跳变式浓度调控，实现增产11%、节水16.4%。

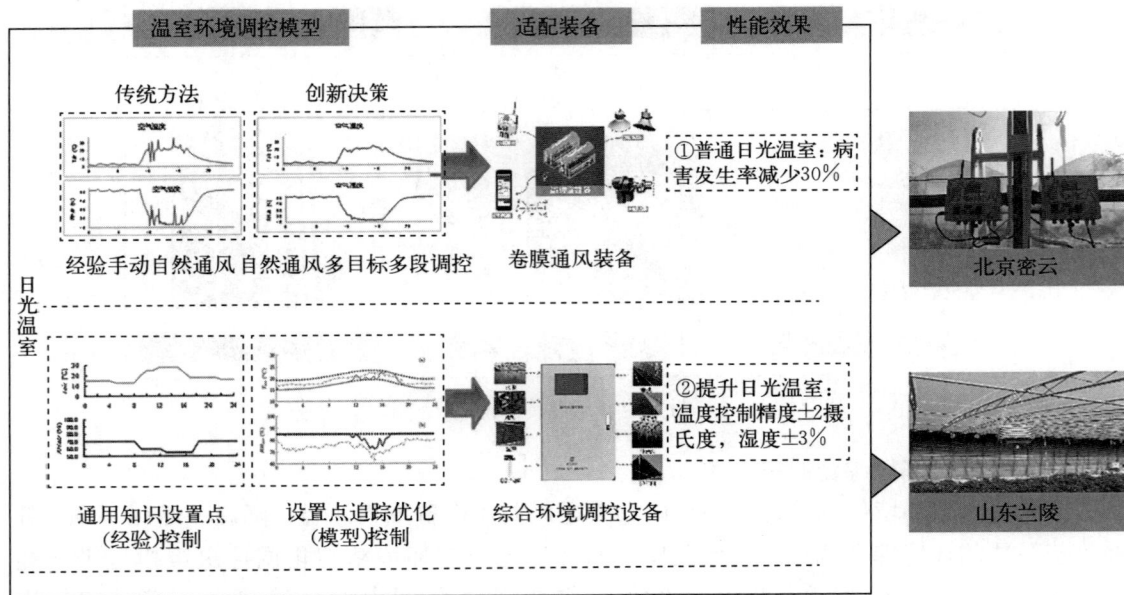

环境综合调控技术及设备

（2）研制菌菜灌溉及蔬菜水肥管理设备3种：①灌溉控制器。灌溉控制器支持16组灌溉分区，分区可布设无线或有线电磁阀；设备可独立执行基于时间或介质含水量的灌溉决策，联网时可通过远端Web或App端协同执行智能灌溉决策方法，实现对蔬菜和食用菌智能化灌溉。②单通道水肥机。设计一种环保控堵磁化装置，对进入施肥机的水肥混合液流进行加磁处理，有效减少肥料析出沉淀导致的灌溉系统堵塞问题。③多通道水肥机。利用双冗余传感器设计检测pH和EC传感器漂移，有效地提升了pH（EC）配液精度。

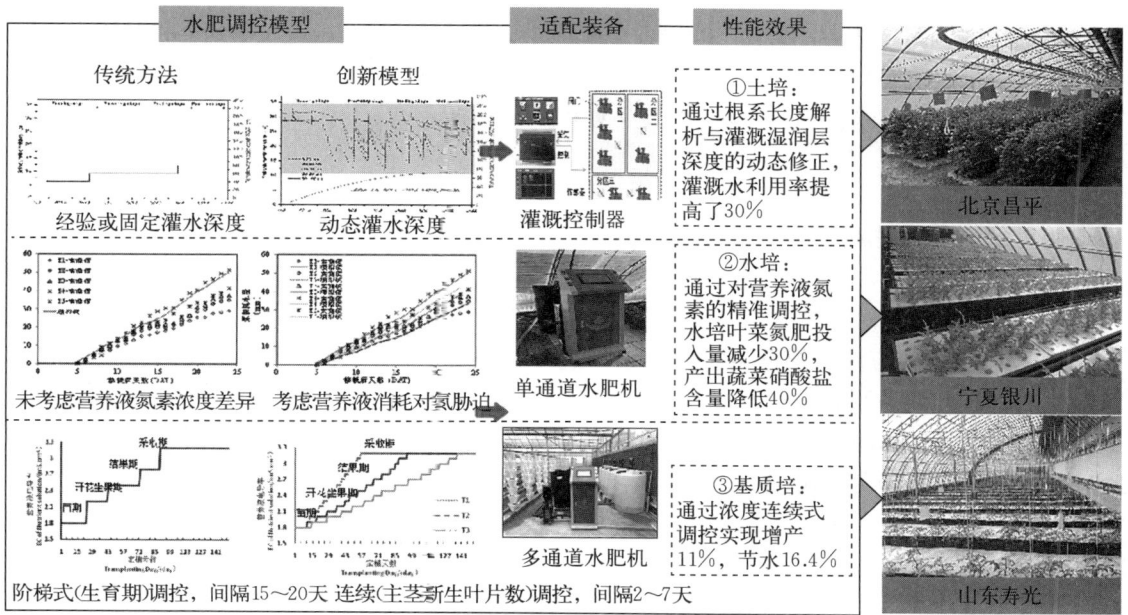

F 光温室水肥管控技术及设备

4. 日光温室数字化生产管理与服务平台

运用物联网、云计算和大数据技术，围绕设施作物生产管理的关键环节，平台通过物联网设备实现全面的数据采集传输，获取设施环境和作物生长数据，结合农业专家知识、大数据分析和自动控制，实现智能化的云端远程管理。平台提供设施环境、作物、设备工况等多渠道数据的汇集、统计与分析，支持环境预测与调控、灌溉需求诊断与决策等在线管控和农资、农事、劳动力等智能管理。面向不同用户群，开展针对性托管服务，对于散在个体农户和小型用户，建立账号式服务模式，通过手机 App 进行数据采集与监测，实现简单环境与灌溉控制操作。针对集群或大型园区，对数字化信息服务要求较高的种植管理者开展定制化平台服务。

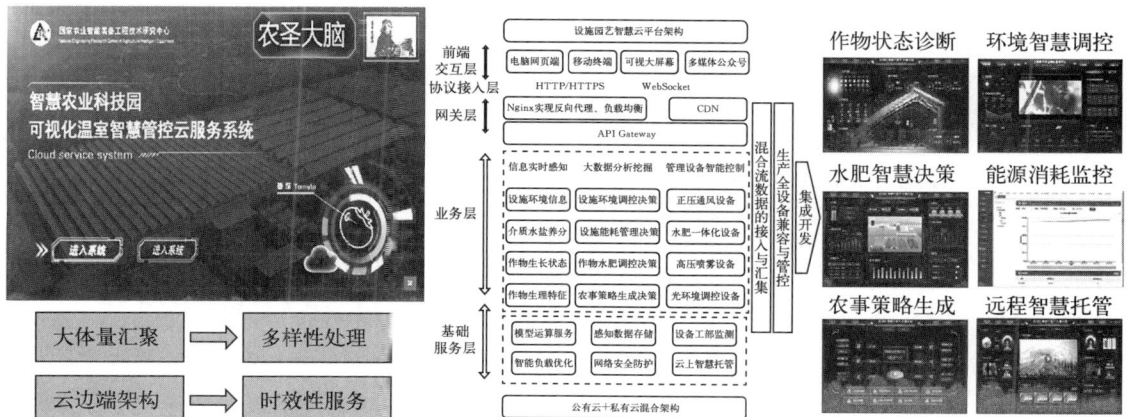

"云托管式"温室数字化生产管理与服务平台

5. 面向多场景的套餐式服务模式

针对我国典型日光温室结构和主栽作物,为促进成果多元化落地、满足不同经营主体的应用需求,创建了全程数字化的技术装备组配套餐,具有完全自主知识产权,系统适配性强,降低生产运行成本30%以上,减少用工量25%以上。

三、适宜区域

适宜蔬菜和食用菌日光温室生产。

四、注意事项

1. 推广应用中应注意根据温室实际条件选择传感器、调控设备等,并根据实际生产需求对生产管理与服务平台进行订制。

2. 根据温室种植类型、栽培方式、供电及网络条件科学部署环境传感器,以便准确反映作物生长状态与所处环境信息。

技术依托单位

1. 北京市农林科学院智能装备技术研究中心
联系地址:北京市海淀区曙光花园中路11号
邮政编码:100097
联 系 人:郑文刚　王明飞　王利春
联系电话:010-51503590　13661262410
电子邮箱:zhengwg@nercita.org.cn

2. 北京市农林科学院信息技术研究中心
联系地址:北京市海淀区曙光花园中路11号
邮政编码:100097
联 系 人:吴华瑞　张钟莉　张　馨
联系电话:010-51503921　13910293903
电子邮箱:wuhr@nercita.org.cn

3. 上海市农业科学院
联系地址:上海市奉贤区金齐路1000号
邮政编码:201403
联 系 人:于海龙
联系电话:021-62208660　18918162447
电子邮箱:18918162447@189.cn

果园全程机械化生产技术

一、技术概述

（一）技术基本情况

1. 技术研发推广背景

全国果园种植面积达 1.8 亿亩，总产量近 3 亿吨，我国是世界上最大的水果生产国和消费国。"果盘子"是农业供给侧结构优化、促进乡村振兴的重要支柱产业。果园生产是劳动密集型产业，开沟定植、施肥打药、疏花疏果、中耕除草、采摘运输、枝条修剪等环节生产投入多、劳动强度大，传统的人工作业方式效率极低。目前，我国水果生产综合机械化水平仅为 27%，生产人工成本占比高达 50% 以上。不仅如此，水果生产还面临着农机农艺不配套、劳动力成本过高、务农人口老龄化等产业难题，迫切需要加快果园生产机械化"两融两适"转型升级。推广果园全程机械化生产技术，将推动果园生产管理向着省力、高效、安全、优质、绿色的方向可持续发展。它有利于提升农业生产效率、降低生产成本；有利于促进农业发展方式转变，不断提高我国果品的综合生产能力和市场竞争力；有利于发展效益农业和推动果品产业化的发展，产生巨大的社会效益和经济效益。

2. 能够解决的主要问题

本技术围绕我国主要水果（桃、梨、葡萄、苹果等）高效省力化管理所需，推广果树定植、花果管理、生草管理、灌溉追肥、病虫害防治、采收转运、深施基肥、枝条修剪与粉碎、分选预冷保鲜等作业环节机械化技术，集成应用动力机械、挖穴机/开沟机、疏花机、割草机（避障割草机）、喷灌设备/水肥一体机、风送喷雾机、多功能平台、开沟施肥机、枝条粉碎机、贮藏保鲜库等果园机械化管理装备。一是优化升级了定植、生草管理、花果管理、采收转运、深施基肥等多个环节的装备技术集成应用，实现了果园生产关键环节装备技术零突破和全面提档升级；二是解决了果园生产过程劳动力短缺、生产效率低、使用成本高等问题；三是创制果园生产机械化模式及技术路线、装备配置方案和技术规范；四是探索形成果园生产装备社会化服务模式，提高果品品质和经济效益。

3. 专利范围及使用情况

该技术专利主要适宜国内水果（桃、梨、苹果、葡萄等）主产区果园的机械化生产，特别是连片种植区域果园的机械化生产。该技术依托各类项目实施已经得到了充分的熟化与推广，先后在江苏省泰兴、江宁、江阴、宜兴、锡山、张家港、睢宁、沛县、武进、盱眙、赣榆、仪征、丹徒、宿豫、泗阳等地 21 个县（市、区）建立试验示范基地 61 个，核心示范面积超过 12 200 亩。其中，泰兴烨佳梨园经第三方机构进行了机械化率测算及经济效益分析，该技术与成套装备的集成应用，有效解决了果园管理劳动力成本高、作业效率低、劳动强度大的产业问题，核心示范果园机械化水平可由现有的 30% 提高至 80%，每亩果园每年平均减少用工 10～12 个。

（二）技术示范推广情况

2016 —2022 年在江苏省泰兴、江宁、江阴、宜兴、锡山、张家港、睢宁、沛县、武进、盱眙、赣榆、仪征、丹徒、宿豫、泗阳等 21 个县（市、区）打造了 61 个果园生产机械化核心示范区，核心区面积在 12 200 亩以上，辐射面积为 21 000 亩。近 5 年，在河北、山东、陕西、山西、江西、湖南、湖北、四川、陕西、宁夏、新疆等省（自治区）建立 14 个果园生产机械化核心示范区，核心区面积 47 000 多亩，辐射面积 100 多万亩。重点以主栽品种、栽培模式、种植规模为基础，因地制宜形成机具选型和优化配置方案，提出适合机械化作业的栽培技术要点，形成农机农艺融合的果园生产机械化技术规范。

（三）提质增效情况

1. 在标准化规模化果园集成应用情况

该技术在泰兴 1 200 亩标准化梨园进行了集成应用，采用三节臂机载式疏花机、多功能果园作业平台、果园风送喷雾机、果园避障割草机、电动修枝剪、有机肥大流量条施机、双链条深松机、移动式水肥一体化系统等 8 种机具替代传统人工作业。除了疏果、套袋、采摘等 3 个环节的机械化水平为零以外，其他环节机械化水平均为 100%，按照《农业机械化水平评价 第 5 部分：果、茶、桑》（NY/T 2852—2015）仅评价中耕（本处用开沟水平替代）、施肥、植保、修剪、采收、田间转运（该果园查田间转运机械化水平 100%）6 个环节，得出该果园机械化水平为 80%。

如表所示，规模化标准果园生产进行 7 个环节机械化管理，每亩每年可节约成本 749.13 元，1 200 亩总节本 89.895 6 万元，机械化生产节本增效显著。

果园机械化各环节装备节本增效情况

装备名称	每年节本增效（元/亩）
三节臂疏花机	223.38
多功能果园作业平台	20.56
风送式果林喷雾机	11.78
果园避障割草机	50.04
电动修枝剪	53.64
施肥深松机械组合	282.11
移动式水肥一体化系统＋管道	1.89

2. 在传统密植果园集成应用情况

该技术在不同栽培模式、不同规模的传统果园进行了部分或宜机化环节集成应用，按各示范基地实际情况开展了机械化工艺流程和作业模式对比分析，得出每亩节省人工 2.22～5.33 个，每亩节约成本 76.3～1 260 元。

试验点集成应用机械化技术节本情况

项目单位	种植品种	机械化生产环节	节省人工（个/亩）	节约成本（元/亩）
张家港	桃、梨	栽植、中耕除草、植保、施肥、修剪	2.22	76.3
睢宁	苹果	开沟、植保、除草	8.4	1 260
泰兴	梨	除草、耕整、枝条修剪、枝条粉碎、植保	5.33	350.67

通过机械化作业实施前后的经济效益对比发现：梨单季每亩净收入增加 570 元，葡萄单季每亩净收入增加 2 925 元，黄桃单季每亩净收入增加 448.2 元。

机械化作业前后经济效益对比

种植品种	生产周期	机械化作业前每亩情况					机械化作业后每亩情况				
		产量（千克）	单价（元）	总成本（元）	总收入（元）	单季净收入（元）	产量（千克）	单价（元）	总成本（元）	总收入（元）	单季净收入（元）
梨	1 年	3 500	2	2 250	7 000	4 750	3 500	2	1 680	7 000	5 320
葡萄	1 年	2 500	25	5 500	62 500	55 625	2 800	25	5 000	65 000	58 550
黄桃	1 年	2 420	1.5	1 088.7	3 630	2 541.3	2 485	1.5	738	3 727.5	2 989.5

（四）技术获奖情况

该技术已成功入选 2022—2023 年江苏省农业重大技术、江苏省花茶果主推技术，形成了农业行业标准《标准化果园全程机械化生产技术规范》（NY/T 4252—2022）。研发的果园风送喷雾、果树枝条粉碎等单项技术形成了 2 项江苏省地方标准，获得了农业机械科学技术奖二等奖和神农中华农业科技奖三等奖。

二、技术要点

该技术围绕我国果园高效省力化管理所需，集成应用和推广机械化疏花、机械化割草、病虫害防控、节水灌溉、机械化辅助采收、预冷贮藏、有机肥深施、枝条粉碎、机械化定植、宜机化栽培模式优化、园区宜机化改造、机具选型优化配置等技术。

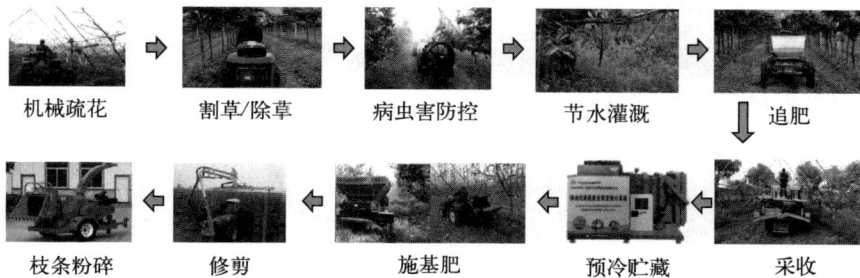

果园全程机械化生产技术路线

1. 核心技术

（1）机械化疏花技术　应用手持电动疏花器、机载疏花机进行疏花作业，根据不同果树花朵或果穗特性、疏密程度、疏花器大小等，确定疏花轴转速和前进速度，仿形疏花，打掉多余花朵或切除多余果穗。正常气候条件下，盛果期果树花朵疏除率一般控制在 40% 左右。

适宜机型主要技术参数：疏花击打力 2～3 牛，疏花绳间隙 4 厘米，疏花轴转速 0～400 转/分可调。

（2）机械化割草/除草技术　应用拖拉机、动力平台配套避障割草机、行间割草机或手扶式、乘坐式、遥控式割草机进行割草作业，割草留茬高度控制在 5～10 厘米，割草作业漏割率≤5%。应用拖拉机配套旋耕机、圆盘耙或田园管理机进行除草作业，除草旋耕深度为 10～15 厘米，地表无明显杂草。

柔性仿形疏花技术（机载式柔性仿形疏花机、手持式电动疏花器）

机械化割草/除草技术（树下避障割草机、联合避障割草机）

适宜机型主要技术参数：避障刀盘最大延伸距离为 0.5～1.0 米，刀盘单次避障复位时间<1 秒，刀盘直径为 0.5～0.6 米，避障节臂摆动角度 0～75 度可调。行间割幅 1.0～1.5米，刀辊转速>2 000 转/分。

（3）病虫害机械化防控技术　应用风送式喷雾机、喷杆喷雾机、植保无人飞机、烟雾机、动力喷雾机等进行施药作业，示范推广仿形、对靶、变量、高效植保技术，施药量和风送气流量应与果树枝叶密度、冠层尺寸匹配，雾流场应集中在冠层区域，农药雾滴在叶片上覆盖率应达到 40% 左右，减少化学农药施用和农药雾滴飘失。

果园风送喷雾技术（牵引式果园风送喷雾机）

适宜机型主要技术参数：风机转速可调，风机风量为 2 000～4 500 米³/时，风机出口风速＞15 米/秒，风机单侧最大射程＞10 米；导流板与喷头角度可调。

（4）节水灌溉与追肥技术　选用水肥一体化系统、喷灌设备进行果园节水灌溉、施肥作业。灌溉管线排布合理，暗管埋管深度≥30 厘米，明管设于第一分枝之上或树冠层内，喷滴竖管高度可调整，可降至距离地面≥30 厘米，不妨碍机械作业。采用喷灌时喷头高度根据旋喷半径与根系区域来调整，采用滴灌时铺设滴灌管或滴灌带，距树干中心距离≤30 厘米。在喷滴灌作业范围应保持灌溉均匀。排水沟深度≥30 厘米，宽度≥25 厘米。

果树节水灌溉与追肥技术（微喷灌系统、双螺旋追肥机）

适宜机型主要技术参数：水肥一体化系统肥料通道数≥2，灌溉量、施肥量控制误差≤5%，智能系统响应时间≤10 秒；追肥机钻土部件高度＞30 厘米，转速＞200 转/分，作业速度＞0.1 米/秒，土肥混合均匀度＞80%。

（5）机械化辅助采收技术　应用多功能果园作业平台、轨道运输机、搬运机、减振拖车、果箱叉车等进行采收准运作业。采收机械运行时，低挡匀速进行，保证人员安全和果品不滚动损伤，果品损伤率＜5%。

机械化采收技术（升降式多功能采收机）

适宜机型主要技术参数：最大载重≥250 千克，工作最大高度为 1.5～4.5 米，适应倾斜平衡角度≥10 度。

（6）预冷贮藏技术　根据预冷、分级、包装、入库的流程，以及水果的生理特点选用专业预冷（风冷、水冷）设备和贮藏保鲜库进行预冷贮藏。采收到入库时间越快越好，一般不超过 48 小时，水果出库遵照"先入先出"的原则，贮藏温度需符合不同水果的贮藏要求。

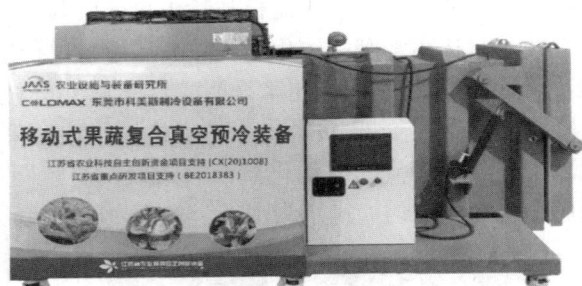

预冷贮藏保鲜技术（预冷机）

适宜机型主要技术参数：单箱体容积＞4 米³，单次处理量为 350～500 千克，单次处理时间为 15～30 分钟，制冷量为 24 千瓦左右，运行功率为 16 千瓦左右。

（7）有机肥深施技术　选用撒肥机配套旋耕机、有机肥条施机、开沟机（链式、盘式）、深松机、开沟施肥一体机进行有机肥的深施作业，应在距离树体滴水线内 50 厘米左右处开沟/深松；开沟/深松作业深度不小于 30 厘米，宽度不小于 25 厘米；采用撒肥机进行撒肥，应抛撒均匀，再用旋耕机将肥料和土壤充分混拌，旋耕深度不小于 10 厘米。

有机肥深层混施技术（有机肥大流量条施机、双链条深松机）

适宜机型主要技术参数：配套动力≥50 马力，全液压驱动；作业部件偏置≥0.5 米；作业区域土肥混合均匀度＞90%；施肥区域深度≥0.4 米，宽度为 0.3～0.4 米；作业效率＞500 米/时；有机肥投放流量在 0～20 升/秒内可调。

（8）枝条粉碎技术　选用枝条粉碎机、枝条粉碎还田机、枝条捡拾粉碎收集一体机等进行枝条处理。修剪后的枝条进行粉碎处理，针对枝条粉碎后不同用途对粉碎颗粒大小的要求：用于发酵床垫料粉碎颗粒平均粒度应≤5 毫米，用于菌基质粉碎颗粒平均粒度应≤5 毫米，用于堆肥处理粉碎颗粒平均粒度应≤15 毫米，用于直接还田粉碎颗粒平均粒度应≤30 毫米。

适宜机型主要技术参数：粉碎机最大粉碎直径 10～12 厘米，作业效率 600～800 千克/时，粉碎颗粒平均直径＜2 厘米；粉碎还田机刀辊转速＞2 000 转/分，最大粉碎直径＜7 厘米，作业速度＞0.5 米/秒。

果树枝条粉碎技术（枝条粉碎机、枝条粉碎还田机）

2. 配套技术

（1）机械化定植技术　应用开沟机、起垄机、挖穴机、挖掘机等进行开沟、挖穴、起垄作业，确保果树栽植标准、规范、统一，为宜机化奠定基础。

（2）宜机化栽培模式优化技术　推广与机械化作业相适应的宽行种植、生草覆盖、暗管排水、高光效树形修剪等种植模式与栽培方式。

（3）园区宜机化改造技术　农机装备作业需要行间通过、地头转弯、近树操作、机体平衡等，园区需进行宜机化改造，地势相对平坦或修建成等高梯田，行间地面平整，机耕道宽度便于机具调头。

（4）机具选型优化配置技术　根据地区、品种、模式、规模的不同，从经济性、实用性、适用性角度提出果园生产全程机械化机具选型和配置方案。

三、适宜区域

国内水果（桃、梨、苹果、葡萄等）主产区，特别是连片种植区域。

四、注意事项

"果园全程机械化生产技术"的推广应用最好在宜机化果园中进行，有利于果园机械化发挥最大效率。

1. 果园宜机化要求

园区建设应选在水果主导产业集聚区，地势相对平坦、坡度<15度的成片规整地块，以长方形为宜。田块坡度≥15度宜建成等高梯级。园区规划好道路、种植规格、水利、生态循环、防护系统等设施以及种植、储藏、管理等功能区。作业区无障碍物，相邻地块间、地块与道路间应互联互通，田间道路满足农业机械通行、进出作业和农资运输需要。平地园区通达度达到100%，丘陵及山坡地园区通达度≥90%。应符合 NY/T 2627—2014、NY/T 2628—2014 等标准果园建设规范要求。

2. 机械要求

选用的定植、生草管理、施肥、水分管理、疏花疏果、病虫害防治、采收、转运、整形修剪、枝条粉碎、分级分选等环节机械机具的宽度、高度、性能应满足果园生产的作业要求。提倡使用智能化作业机械和配套机械。

3. 农艺要求

果树行距应大于动力主机宽度的 2 倍且≥4 米，株距≥1.5 米，每行长度≥50 米。树型选择主干型、Y 形、T 形或水平棚架式，果树分枝高度≥50 厘米，果树结果部位和树体开张角度应满足机具作业要求。地头应留有机械转弯调头的空地，空地宽度不小于机组转弯半径。园区大棚及避雨设施门高和门宽不影响机械作业，大棚及避雨设施的肩高应＞1.8 米，支撑杆（柱）间宽度适宜，不影响作业机组通行。

技术依托单位

1. 江苏省农业科学院
联系地址：江苏省南京市玄武区钟灵街 50 号
邮政编码：210014
联 系 人：吕晓兰
联系电话：15062270867
电子邮箱：lxlanny@126.com

2. 江苏省农机具开发应用中心
联系地址：江苏省南京市南湖路 97 号
邮政编码：210017
联 系 人：马拯胞
联系电话：13851780516
电子邮箱：13851780516@163.com

3. 农业农村部农业机械化总站
联系地址：北京市朝阳区东三环南路 96 号农丰大厦
邮政编码：100122
联 系 人：吴传云
联系电话：13693015974

4GXJ 型电动割胶刀

一、技术概述

（一）技术基本情况

天然橡胶是重要的国防战略资源和工业原料，是 200 余万户胶农家庭的主要收入来源。我国大面积种植橡胶 60 年以来，天然橡胶产业对热带边疆地区经济发展、繁荣稳定、生态环境保护以及满足国家战略需求做出了重大贡献。近年来，因国际天胶价格持续低迷，植胶企业亏本经营，胶工植胶割胶收入难以维持生计，胶工从业积极性严重受挫，大量青壮年胶工流失，胶工老龄化现象日益严重，"谁来割胶"问题愈加凸显。目前，全国每年约有 60 万亩胶园弃管弃割，每年少产干胶 15 万吨、损失约 15 亿元，干胶自给率已下降至 12%，产业发展陷入瓶颈。另外，当前地缘政治愈加复杂，国内天胶产业"压舱石"作用日益凸显，天然橡胶的稳产保供是当前重要政治任务。现行的天然橡胶生产方式主要以传统人工割胶作业为主，使用的割胶工具落后，对胶工技术要求高、劳动强度大、作业效率低，已无法适应产业的发展需求。因此，采用生产效率更高、技术门槛更低的机械化割胶作业方式，是产业未来发展的必然趋势，是突破产业发展困境的重要发力点。

机械化割胶一直是世界性难题，国内外研究了近 40 年，一直都难以突破关键技术和加工制造工艺难题，试制的装备通用性不强，割胶效果距生产标准要求尚有不小差距，且成本高〔平均每亩成本约 1.5 万元，胶园毛收益平均仅约 1 000 元/(亩·年)〕，难以产业化应用。究其原因在于天然橡胶收获的特殊性：胶乳存在于接近木质部的树皮乳管（树皮厚度为 7~15 毫米，产胶区域仅为 2~4 毫米），液态易污染；树皮厚薄不一、树干不规则，难以有标准参照面；胶树多年生，单株收获，不能伤及形成层；生产要求割胶深度达木质部外 1.8~2.0 毫米，割浅了无产量，割深了伤树，每刀次耗皮量 1.1~1.3 毫米，因此世界大面积植胶 100 年来都完全依赖技术胶工割制。研究表明：切割深度和耗皮厚度高精度控制，是割胶生产应用的核心基础；实现复杂树干工况科学仿形切割，是提升作业效率、保障产量、减少伤树的技术关键；实现电动割胶刀高可靠性和多用途、广适性，是推广应用的必备条件。

经过多轮技术攻关和产品迭代升级，研发团队从农机农艺融合出发，成功研制出一款轻量便携、经济实用、高效广适的电动割胶刀，即 4GXJ 型电动割胶刀，率先实现了割胶机械的"从无到有"，填补了行业应用空白。该型电动割胶刀技术应用范围广，适应性强，可推割或拉割，也可实现新开割线、水线，高低割线、阴阳刀割胶等功能；设有限位导向器且前后、上下连续可调，割胶深度和厚度精确可控；割胶作业质量良好，下收刀够深、整齐，割线平顺，产胶量稳定；切割下的树皮呈长条片状，无树皮碎屑污染胶水；采用人机工程学设计，手感舒适，主机净重量小于 300 克，有效减小胶工作业强度和身体疲劳度。4GXJ 型电动割胶刀的成功研制改变了传统割胶对胶工技术高度依赖的现状，解决了胶工因技术差异、操作不规范等导致的伤树、减产等问题。割胶劳动强度和技术难度降低 60%，单株割胶速度提升 1 倍以上，解放劳动力 40%；新胶工培训时间减少 80%、节本 70%，伤树率降低

30％，年耗皮量减少 20％，可延长橡胶树经济周期 2～3 年。4GXJ 型电动割胶刀的推广和应用，极大降低了割胶作业的技术门槛和工作强度，从而重振胶工的从业积极性，缓解了产业用工荒难题，推动了产业发展；提升了我国天然橡胶割胶整体技术水平和劳动生产效率，保证了胶园产胶量稳定提升的同时，使植胶企业和胶工有余力和动力开展弃割弃管胶园的复割工作；在促进胶农及企业增收、增加农村就业岗位、助力巩固脱贫攻坚，以及保障国防战略物资和工业原料的安全供给等方面均发挥了积极作用。

（二）技术示范推广情况

4GXJ－2 型电动割胶刀在海南、云南、广东三大植胶区开展了技术培训与小规模推广应用，开展技术培训 300 余场，培训 11 500 余人次，推广 6 500 余台。据不完全统计，尽管受新冠疫情影响，4GXJ 型电动割胶刀国内市场占有率达 70％，累计应用面积超过 100 万亩。在云南西双版纳、广东东升农场、海南儋州、海南琼中、海南白沙等地开展了 4GXJ 型便携式电动割胶刀推广应用，共建立应用示范基地 17 个，示范面积 36 326 亩，辐射带动面积 84 100 亩。

同时，为积极响应国家"一带一路"倡议和服务国家科技"走出去"战略，研发团队协助开展电动割胶刀援外技术培训 10 期、500 余人次参加，4GXJ－2 型电动割胶刀已推广覆盖缅甸、老挝、越南、泰国、柬埔寨、印尼、马来西亚、斯里兰卡、印度、菲律宾等主要植胶国的 13 个植胶园，应用数量累计 3 500 余台，取得了良好推介效果。作为响应国家"一带一路"倡议和服务国家科技"走出去"战略的一个新的科技亮点，4GXJ－2 型电动割胶刀受到中央电视台、新华社、光明日报、新华每日电讯等媒体报道，提升了我国在该领域的影响力。

（三）提质增效情况

由于割胶作业的高标准和特殊性，传统人工割胶主要依赖壮年技术胶工。而电动割胶刀的出现使割胶作业由"专业依赖型"转变为"大众傻瓜型"，对于缓解产业用工荒和增加胶农家庭收入有重要意义。据统计，使用 4GXJ－2 型电动割胶刀，每培训一名新胶工可节约培训成本 1 500 元；等量胶工割胶面积增加 20％～30％；胶工收入增加 20％，植胶企业节本增效 20％。4GXJ－2 型电动割胶刀推广应用 5 年来，实现产业总经济收益 17.66 亿元、新增纯收益 2.26 亿元，社会经济效益显著，为世界天然橡胶产业割胶工具的变革起到了较好的示范、辐射与带动作用。4GXJ 型电动胶刀可解放产业中 40％的壮年劳动力，助力海南建档立卡贫困胶农 4 240 余户割胶脱贫，对于缓解产业技术胶工短缺、增加弃管弃割胶园复割，助力脱贫攻坚、乡村振兴、产业可持续发展，稳定人工生态林种植面积，维持热区森林覆盖率，跨行"绿水青山就是金山银山"发展理念具有重要意义。

（四）技术获奖情况

（1）获选 2022 年中国农业农村重大新装备。

（2）获海南省科学技术进步奖一等奖 1 项。

（3）获中国国际高新技术成果交易会优秀产品奖。

（4）获中国技术市场协会金桥奖优秀项目奖。

（5）获第八届中国创新创业大赛（海南赛区）创新创业大赛二等奖。

（6）获中国热带科学院科技创新一等奖、转化技术成果奖。

（7）通过海南省农机专项鉴定（农机鉴定专项证书 Z202146460004），纳入农机专项补贴。

（8）被列为海南省 2021 年农业主推技术（琼农办〔2021〕45 号）。

二、技术要点

（一）技术突破与创新

1. 采用往复切削割胶方式，创新研制了高效、低振的传动装置以及 L 形切割刀片、拱桥形限位导向器，各部件精准协同，解决了割胶深度及耗皮量精准、标准化控制、树皮碎屑污染液态胶水等技术难题，有利于实现标准化割胶。

2. 研究了复杂树干仿形技术，以割线内切口为标准基线，利用限位导向器侧面顶点贴合树干内侧表面，沿基准线割胶，解决了树干不规则、树皮厚度不均匀对割胶深度的影响，减少了伤树，割胶深度均匀一致，保障了产量。

3. 研究了基于功能要素模块化设计、一体化集成技术，创新集成往复切削式电动割胶刀，可根据品种、割龄（8～30 年）、树皮厚度、季节、割制（3～7 天/刀）要求，灵活调节动力转速、割胶深度和耗皮量标准，极大提升了本电动割胶刀广适性，满足了不同割胶作业功能（新开水线、新开割胶，高线、低线割胶，阴刀、阳刀割胶）和国内外胶工不同割胶习惯（推式割胶、拉式割胶）的需要，胶工接受度高。

4. 集成了一套标准化、轻简化、高效化电动割胶刀技术，机械割胶深度调节范围 0～2毫米、耗皮量调节范围 0～3 毫米，改变了以往依赖胶工技术经验控制的方式。"一推、二靠、三拉、四走"四个动作、2～5 刀完成一棵树的割胶作业（传统胶刀需要 30 刀以上），胶工 3～5 天就能熟练掌握（传统胶刀需 30 天以上）。发布了电动割胶技术企业规程，用于指导生产标准化割胶，解决了以往人工割胶技术操作不规范而寻致的伤树、减少产量等问题，割胶劳动强度和技术难度降低 60%，单株割胶速度提升 1 倍以上 [40～50 亩/（人·年），割胶效率 180～220 株/时]，操作简单、易学，使新胶工技术培训时间减少 80%，节约培训成本 70%，伤树率降低 30%，年耗皮量减少 20%，延长橡胶树经济周期 3～4 年。

（二）技术规程

1. 操作要领

采用本机割胶的技术要领同传统胶刀：手、脚、眼、身要配合协调；做到"稳、准、轻、快"，即拿刀稳，接刀准，行刀轻，割胶快；达到"三均匀"，即深度均匀，接刀均匀，切片厚薄、长短均匀。割胶操作切忌顿刀、漏刀、重刀、压刀和空刀。

2. 阳刀高割线拉割操作技术要领

（1）操作要领　将导向器正向安装，使导向器置于刀片后面。用电动割胶刀右侧刀片割胶，按照"一推、二靠、三拉、四走"动作要领操作。一推，将电动割胶机前端置于橡胶树割线起始端，距离前水线 1.5 厘米处，采用传统割胶方法推割至水线处；二靠，看好接刀位置，将导向器轻轻靠在树干及割线上，启动开关按钮；三拉，由割线起始部位开始沿割线方向正常拉割，眼观树皮出皮是否正常；四走，割胶者以橡胶树为中心，顺势绕树干以正常交叉步后退行走，直至割完胶线。

（2）注意事项　拉割割胶深度与耗皮量厚度由导向器控制，适合新老胶工操作。拉割割胶过程中，注意"三个保持、五个放松"，即保持导向器与未割面和树干时刻贴合，保持刀片与割线平行，保持刀刃与树一垂直；做到手握割胶机放松、双眼放松、双臂放松、腰部放松、腿部放松，顺势引刀。

3. 阳刀高割线推割操作技术要领

（1）操作要领　用电动割胶刀右侧刀片割胶。方式一：将导向器反向安装，用割胶机切割刀片前端刀刃向前推割。在起刀位置，使切割刀片前端刀刃垂直于树干，启动开关，前推切割到合适深度，立即转向 90 度，沿割线向前推刀直至割完。推割过程中，做到"手、眼、身、脚"四配合。方式二：将导向器反向安装，用割胶机切割刀片前端刀刃向前推割。在距起刀位置 1.5 厘米处，使切割刀片后端刀刃垂直树干，启动开关，后拉切割至水线处，再看好接刀位置，用切割刀片前端刀刃沿割线向前推刀，直至割完。推割过程中，做到"手、眼、身、脚"四配合。

（2）注意事项　方式一：导向器正向安装推割，割胶深度与耗皮量厚度控制，需由胶工凭经验和技术自行掌握，否则易伤树。适合有经验和技术的熟练胶工操作。不建议新胶工使用推割方式，否则容易伤树。方式二：导向器反向安装推割，割胶深度与耗皮量厚度由导向器控制，新老胶工均可使用。

4. 阳刀低割线割胶

用电动胶刀左侧刀片割胶，可采用拉割或推割方式割胶。参照阳刀拉割或推割技术要领和注意事项进行操作。

5. 阴刀割胶

用割胶机右侧切割刀片立刃进行推割。参照阳刀推割操作技术要领和注意事项进行操作。

6. 新树开割

根据割面规划，确定好割线倾斜角度，利用切割刀片前端圆角刃（小圆杆）开好前后水线。采用向后拉割或向前推割，或拉割和推割配合割 2～4 刀，直至割出理想胶线。

7. 每年第一刀开割

参照新树开割操作即可。

三、适宜区域

4GXJ 型电动割胶刀在海南、云南及广东等我国主要产胶区域均可适应推广应用；设备多用途、适应性广，适合不同胶工的使用习惯和生产需求，胶工可接受程度高。在国外市场方面，4GXJ 型电动割胶刀同样适合应用于缅甸、老挝、越南、泰国、柬埔寨、印尼、马来西亚、斯里兰卡、印度、菲律宾等主要植胶国的采胶作业，极大促进了世界割胶工具技术革新和国际橡胶产业转型升级。

四、注意事项

参见技术要点部分。

技术依托单位

中国热带农业科学院橡胶研究所

联系地址：海南省海口市龙华区学院路 4 号

邮政编码：571101

联　系　人：肖苏伟

联系电话：13851565258

食用菌菌棒一体化自动生产技术

一、技术概述

（一）技术基本情况

2021年我国食用菌总产量已达4 133.94万吨，总产值3 475.63亿元，占世界总产量的80%以上，已成为粮食、蔬菜、水果、糖料之后的第五大农作物。针对占食用菌总量90%以上的袋栽品种，国内外一直应用着"拌料-装袋-灭菌-冷却-接种-培育"各自分步、分离操作的工艺技术，其中"装袋-灭菌-冷却-接种"四个环节主要依赖人工操作，用工量大、能耗高、周期长、环境维护用药多、杂菌侵染概率高、成品率不稳定、生产效率低，严重制约着向规模化转变的产业升级等问题，研究形成了食用菌菌棒自动化高效生产技术体系。该技术成果首次建立装袋灭菌接种一体化自动制棒工艺，首创多联罐食用菌液体菌种繁育技术，创新与集成食用菌制棒全封闭一体化自动控制装备系统，通过机械、装备与工程、工艺的创新，变国内外多年惯用的起点成型、节点分步制棒技术工艺为灭菌、冷却、接种、装袋一体化终点自动成型的技术，实现了一套装备可规模化、工程化、自动化生产各种食用菌菌棒，将菌棒生产变成全程自动化、工厂化操作，使菌棒生产效率大幅度提高，满足了食用菌产业向集约化、标准化、周年化转变的产业升级和高质量发展的要求。

（二）技术示范推广情况

食用菌菌棒自动化高效生产技术研发成功后，首先在翔天科技股份有限公司自有占地面积860余亩、菇棚350个、年栽培600万袋的两处食用菌栽培示范基地推广应用。随之在河北涿州裕农食用菌合作社全面推广，带动当地农民发展食用菌产业，产生了良好的经济、社会效益，以香菇棚为例，暖棚栽培的可以四季出菇，一户一棚一年引进菌棒2～3批次，规范管理每棚每年可获收益8万元以上。采用冷棚栽培的农户一年出菇1～2批次，按照指导规范管理每棚每年可获收益4万元以上。农户单棚可增加产值和收入30%以上，显著提高了经济效益，综合节能70%，减少化学药品90%以上，显著提升了产业的生态效益。

翔天科技股份有限公司依托本技术，在全国多地开展食用菌菌棒一体化自动生产技术装备项目落地推广工作，该项目预计投资1.5亿元，占地70亩，建设"散料灭菌冷却、全料均匀接种、终点装袋成型、富氧同龄发菌"日产10万个、年产3 000万个菌棒厂一座，配置棚顶发电棚内出菇四季生产智能菇棚，打造集科研展示、观光采摘、储藏营销、现代服务业于一体的智慧型食用菌产业园，可实现年产值1.05亿元，带动千户农民直接种菇，户均年增收6万元，吸纳千余弱劳力就业，人均年增收万元以上，实现总产值4.6亿元。截至2022年底，食用菌菌棒一体化自动生产技术装备已在新疆若羌县、河北平山县、安徽南谯等地开展了项目落地工作，签约投资金额6.8亿元，已达成合作意向待签署项目合作协议6项，签约金额约15.6亿元，将示范引领带动我国食用菌产业转型升级和高质量发展，为河北省乃至全国农业高质量发展做出巨大贡献。

（三）提质增效情况

与传统生产技术相比较，以香菇为例，菌棒制作周期由 4 天压缩至 3 小时，发菌期由 60 天缩短至 12 天，产菇期由 6 个月缩短至 5 个月，可减少生产用工 85%，降低菌袋制作成本 20%，并实现了菌棒制作几乎"零污染"，一户一棚一年引进 2~3 批次菌棒可获纯收益 8 万元以上，企业生产一个菌棒可节本增效 1 元左右，比现有技术增加产值和收入 30% 以上。食用菌生产不占耕地，可用荒山地立体栽培，用水量不足粮食的 1/6、蔬菜的 1/10，生产过程不施肥、不用药、不需阳光，旱、雹、阴、霜等自然灾害对其生长影响不大，是天然的绿色食品。出菇后的每吨菌糠相当于 0.5 吨标准煤或 0.9 吨饲料、0.8 吨肥料。因此，菌菇生产是最好的资源循环型农业。我国食用菌年栽培各种食用菌约 450 亿棒，每年随消费需求增长 7% 左右，推广应用本成果，每年可节本增效 450 亿元，减少用煤约 300 万吨，减少化学药品万吨以上，能极大地提高生产效率，促进食用菌产业集约化、标准化、产业化发展，显著提升产业的组织化水平。

（四）技术获奖情况

2020 年 5 月 17 日，中国农学会组织中国工程院赵春江、李玉、李天来 3 位院士，国内食用菌主产地、科研机构的 6 位权威专家共 9 人，给予该技术 93.5 分，国际领先、创新颠覆了传统食用菌生产技术的评价结论。2020 年 11 月被河北省工业和信息化厅列入河北省重点领域首台（套）重大技术装备产品公告目录。2020 年 8 月 25 日，河北省科学技术厅颁发了成果水平为国际领先的科学技术成果证书。"食用菌周年高效培育技术创新集成与推广"项目入选 2022 年度河北省农业技术推广合作奖（公示中）。

二、技术要点

（一）食用菌液体菌种智速繁育技术

研发出集三罐（50 升、500 升、5 000 升）串联、三系统（空气过滤系统、蒸汽灭菌系统、现场控制系统）联动的液体菌种发酵系统，创新纯氧低速搅拌发酵、恒温培养传输、质量分步监测控制、一体化自动操作等核心技术，优化集成管道传送、压力接种、同步发酵三级菌种自动繁育技术体系，较传统液体菌种生产缩时 30% 以上，可应用于香菇、木耳、平菇、灵芝、猴头菇等食用菌液体菌种生产。

（二）散基料的高效低耗快速灭菌技术

散基料的高效低耗快速灭菌技术与设备，主要是通过高温蒸汽对设备罐内的散基料进行高温高压灭菌。在灭菌过程中精准地控制罐内通入的蒸汽压力、温度、流量和时间等要素，实现对罐内散基料全方位无死角的高温灭菌，确保在散基料中有害杂菌"零存活"。罐体结构与操作流程设计保证了在灭菌过程中能源的高效利用，大大缩短了灭菌时间，改善了人员的劳动强度与作业环境，同时设备的自动化控制与机械化执行更大大减少了对劳动力的需求。

（三）散基料的低耗高效快速冷却技术

散基料在灭菌后，在全密封的无菌环境下，利用真空预冷等方法，对散基料进行快速的冷却，从而达到菌种接种所需要的温度。在快速冷却过程中，通过从罐体结构与操作流程来保证散基料不被外界杂菌感染，保证了散基料所要求的温度与湿度，为菌种在基料上存活创造了最佳条件。设备全程自动化控制与机械化执行，在高效低耗运行的基础上，极大地减少了人工的使用量与人员的劳动强度。

（四）液体菌种安全输送定量匀播技术

通过管道输送，将液体菌种从菌种罐无污染地输送至散基料，并按照菌种设计的接种量将菌种均匀地接种到散基料中，并在菌种输送与接种过程中保证菌种的活性不受影响、菌种不受杂菌感染。设备全程自动化控制与机械化执行，没有人工参与，确保了菌种的活性、纯度及剂量。

（五）菌棒自动化装袋技术与设备

菌棒快速成型技术与设备，可针对不同的品种，在无菌条件下将接种后的散基料用不同规格的菌袋进行包装并窝口或卡口密封，形成不同规格菌棒的技术与设备。可按要求制作各种袋栽食用菌菌棒，单机产量 600～700 袋/时。设备所用的菌袋、卡口及其他配件均经过灭菌处理，确保菌棒成形后无杂菌污染。设备全程自动化控制与机械化执行，没有人工参与，确保菌棒不被污染。

食用菌菌棒自动化高效生产技术系统创制了散料灭菌罐、散料冷却罐等设备；发明了种源质量检测小型发酵装置、发酵罐的自动清洗装置、纯氧输入培养装置、液体菌种输送设备、接种装置；制订了设备使用与保养、生产技术规程、精准技术参数、质量控制等系列技术标准；应用 PLC 模块化自动控制技术，实现了食用菌制棒的规模化、工程化、自动化生产。

多联罐食用菌液体菌种繁育装备

食用菌菌棒自动化高效生产灭菌冷却装备

食用菌菌棒自动化高效生产技术的菌棒菌丝生长情况

三、适宜区域

食用菌菌棒自动化高效生产技术实现了菌棒工厂化生产，生产不受地域气候条件限制，可在全国适宜食用菌产业发展的地区推广普及。

四、注意事项

无。

技术依托单位

1. 河北省农业特色产业技术指导总站

联系地址：河北省石家庄市裕华区裕华东路 88 号

邮政编码：050011

联 系 人：赵　清

联系电话：0311-86256895　18931367945

电子邮箱：17667037@qq.com

2. 翔天科技股份有限公司

联系地址：河北省涿州市亨通南街南口翔天产业园

邮政编码：072750

联 系 人：王龙庭

联系电话：0312-3698780　13513422842

电子邮箱：13513422842@126.com

3. 农业农村部南京农业机械化研究所

联系地址：江苏省南京市玄武区柳营 100 号

邮政编码：210014

联 系 人：宋卫东

联系电话：025-84346252　15366093009

电子邮箱：songwd@163.com

马铃薯产地分级技术与装备

一、技术概述

（一）技术基本情况

我国马铃薯产量已跃居世界第一，以鲜销为主，加工仅为 10％左右。无论是鲜销还是加工，对分级分等提出了更高要求，迫切需要能够量化生产、准确高效分级的马铃薯分级设备，以提高马铃薯的经济价值，解决使用人工分选的工作效率低、分级标准不一致、产品质量不稳定的问题。

马铃薯产地分级技术包括除土净理、尺寸分级、外部缺陷与内部品质快速检测分级等技术环节，能够减小马铃薯贮藏损失，剔除土传病害薯，优化马铃薯产地分等分销、适等加工、按质论价的商业化发展模式。该技术具有完全自主知识产权，创新研制了马铃薯表层泥土无损干法去除技术和清洗风干装备、马铃薯尺寸分级设备，采用机器视觉和可见/近红外光谱技术，通过泛化能力强、精度高、速度快的多指标并行计算，解决外部缺陷和内部品质难以识别的技术难题，通过设备组套实现快速、动态在线检测和分选，保障鲜薯品质。

（二）技术示范推广情况

研发的马铃薯分级设备，在湖北恩施三岔惠生马铃薯专业合作社商品化处理中心、恩施建始县官店镇及其周边乡镇种植区域、河北沽源县久恩农业开发有限公司、甘肃定西等进行了推广应用。马铃薯除土、水洗、尺寸分级、品质分选的成套生产线适合当地餐饮行业对水洗小马铃薯和远销除土包装的市场需求。

研制的马铃薯外部缺陷检测装备应用于华北、西南等马铃薯主产区，分别在湖北恩施、河北张家口和云南曲靖建立示范点 5 个。其中在恩施三岔惠生马铃薯专业合作社商品化处理中心，结合除土净理和分级装备，推广应用了外部缺陷检测装备，如图所示。

马铃薯除土净理、缺陷检测生产线

研制的马铃薯内部品质检测设备在河北省高碑店益丰农蔬菜经销部进行了示范应用，对示范点经销的 V7 和希森 6 号马铃薯进行了内部品质检测。

（三）提质增效情况

马铃薯除土、水洗、尺寸分级、品质分选的成套生产线运营以来，针对南方小马铃薯消费市场的大量需求，持续改进升级设备，重点针对 45 毫米以下短径尺寸马铃薯开展了 5 等级分选设备改造和技术服务，筛分效率提高 4 倍，合作社盈利能力提升 5%。

马铃薯外部缺陷检测装备在实际生产应用中的处理能力达到 3 吨/时，直接节约了 6 人 8 小时的人工工作量，与人工 1.5 吨/（人·时）相比，工作效率提高了近 2 倍，带来直接收益 12 万元。

马铃薯内部品质检测设备对河北省高碑店益丰农蔬菜经销部 V7 和希森 6 号马铃薯进行了内部品质检测，推广约 1 000 吨规模，减少由品质判定不准确导致的损失 8 万元。

（四）技术获奖情况

2022 年 11 月，以马铃薯产地分级为关键技术与装备的"马铃薯标准化初制加工技术与智能化装备开发"项目获"中国农机工业科学技术进步二等奖"。

二、技术要点

（一）高效除土净理技术与设备

针对薯块芽眼土壤难清除、黏土黏结紧等问题，研发了 2 套除土净理技术设备，分别为对辊式毛刷表面净理和刮刷净理技术设备。

1. 对辊式毛刷表面净理技术与设备

沙性土壤黏性差，种植在此类土壤中的马铃薯一般通过刷洗即可清除表层土壤。但对于芽眼较深的品种，芽眼中土壤清理较为困难，为此专门针对深芽眼马铃薯土层清理研发了对辊式毛刷表面净理技术。

对辊式毛刷表面净理设备

马铃薯在毛刷辊上除土效果的好坏，在一定程度上与其在刷辊上的翻滚能力存在直接关系。在下排毛刷辊上设置毛刷高低结构，可增强物料的翻滚强度，提高表面土层的刷洗效果，此种刷辊结构对芽眼较浅的马铃薯基本能解决表面土层净理的问题。

而对于芽眼较深的马铃薯，仅仅依靠提高物料翻转能力难以从根本上解决芽眼中土层的清理，需要对物料进行定位刷洗，在结构中还设置了上排毛刷辊，上排毛刷辊与下排毛刷辊呈交错排布。当马铃薯进入到下排中两毛刷辊之间时，上排长毛毛刷辊会对马铃薯物料产生下压作用力，同时会刷洗物料表面，刷辊上的长毛会伸至芽眼中，经多个刷辊作用后，将芽眼中的土层清理出来。

2. 刮刷净理技术与设备

黏性土壤生长的薯块，土层黏结紧，采用毛刷难以去除，为此研发了刮刷结合的净理技术设备，包括刮泥辊、刷泥辊和传动机构。

刮泥辊采用尼龙辊，经加工制成螺旋状沟槽结构。由于尼龙刮泥辊具有很好的耐磨性，加工后表面光滑，不易粘土，用于对马铃薯表面黏附的不规则土层进行刮除，具有很好的净理效果。为提高刮泥效果，相邻两尼龙辊的旋向呈相反设置。

刷泥辊上刷毛软硬度的选取是设计的关键，选择适中软硬度和较好耐磨性能的刷毛，保证土层刷洗洁净度，避免损伤原料表面。

传动机构由刷辊实现。通过试验优化，确定刷辊设置方案。除土过程为取得更好的搓洗除土效果，设计了两种不同的辊组转速，即相间设置的除土辊转速相同。为了方便对不同粒径物料除土参数的调整，刷辊采用两台变频电机驱动，相邻刷辊转速可以调为等速或者不同转速，从而达到不同清洗效果。物料在不同转速的两个刷辊间可以达到搓洗的目的。为了进一步增强刷洗效果，在刷泥辊的上方空间还安装了可自适应上下位置弹性调节的面板刷结构，面板刷上的刷毛与刷泥辊上的刷丝相同，目的是控制面板刷下方的物料翻转，增强其表面的搓洗过程，如图所示。

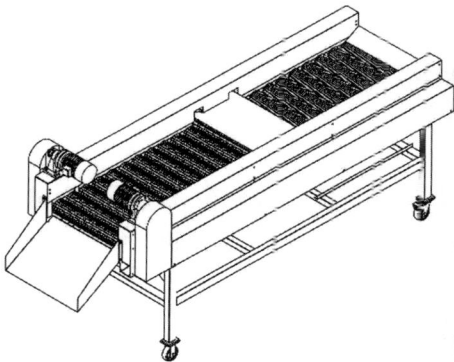

刮刷除土净理设备

（二）马铃薯低损尺寸分级技术与装备

针对国内现有的下调游动辊马铃薯分级设备易挤压薯块的问题，创新采用上调游动辊方式研发马铃薯尺寸分级技术和设备，缓解物料的硬性挤压受力。设计采用回转辊杠式分级结构，通过驱动电机带动分选辊做回转运动，其中分选辊的两端各设置一条回转的输送链，输送链带动分选辊做回转运动，在分选处设置多级调节机构，对所分选的物料进行尺寸调节。

分选辊分为旋转游动辊和旋转固定辊。其中旋转游动辊的两端设置于游动支撑板的调节板上，沿调节板做回转和自转的同时上下游动，实现与固定辊之间的间隙调整，同时与旋转固定辊构成分选空间；旋转固定辊的下端设置有摩擦导轨，固定辊做回转运动的同时依靠摩擦导轨的摩擦作用产生自旋转，这样有利于物料的转动，避免分级时表皮破损。在分选区设置有可以调节旋转游动辊上下移动的调节机构，通过调节机架上端的手柄对调节机构进行调整，使旋转游动辊与旋转固定辊所形成的分选空间满足分级尺寸的要求。尺寸分级等级根据需要自行调整。

马铃薯尺寸分级设备

（三）薯块外部缺陷自动检测剔除技术与装备

针对目前缺陷薯块人工挑选费时、成本高的问题，研发了缺陷自动检测剔除技术与装备。根据不同类型的外部缺陷，分别建立识别模型，搭建缺陷检测软件和硬件平台，可对马铃薯逐一进行视觉检测，收集马铃薯外部缺陷信息，并反馈给缺陷剔除机构，实现定位剔除。

1. 外部缺陷薯块机器视觉识别技术

基于构建的外部损伤、发绿、发芽及疮痂病、粉痂病、黑痣病等外部缺陷薯图像库，融合数据清洗、快速标注、数据增强、特征提取、深度学习等技术，建立了马铃薯外部损伤、发绿、发芽、疮痂病等外部缺陷薯的机器视觉识别模型。

2. 在线缺陷检测设备与软件平台

研制了马铃薯分级检测硬件设备。该设备主要由马铃薯暗箱、检修窗、光源、摄像头及计算机构成；采用 VC＋＋2010 语言编写系统软件，进行模块化编程；软件由图像采集、参考标准、图像识别、检测计数、控制面板五大模块组成。

外部缺陷检测设备

3. 马铃薯柔性上料与缺陷剔除系统

马铃薯柔性上料与缺陷剔除系统由托盘、有序上料系统、剔除分选系统组成。

托盘包括两旋转滚轮、托盘支架和滚轮支撑三部分。

有序上料系统针对马铃薯外部缺陷机器视觉检测需求，确定薯块排成一列通过检测区域且完成360度旋转的上料目标。在链轨的两侧区域设置了供托盘上两滚轮旋转的托轨，同时在检测区域的前段铺设托轨，通过滚轮滚动使马铃薯完成滚动方位的调整，同时缓冲物料的碰撞作用力，然后输送至检测区域对马铃薯外部品质进行检测，如图所示。

托　盘

物料排序与检测

剔除分选系统。剔除分选的目的是对各类马铃薯品质进行分选，即筛选出存在发芽、绿斑、疮痂等外部缺陷的马铃薯。可以根据前方对物料的检测信息对移动至此位置的缺陷马铃薯执行剔除动作，对不同缺陷的马铃薯进行归类处理。

（四）马铃薯内部品质快速检测技术与装备

针对马铃薯传统内部品质检测方法时效差、成本高等问题，研发了基于可见/近红外光谱的快速检测技术和设备。

1. 可见/近红外漫透射光谱检测技术

为了避免外部光线的干扰，保证每次测量时光源、光谱仪、样品的相对位置一致，设计并研制了在线式和便携式马铃薯内部品质检测设备。该设备的硬件系统主要包括信号光源模块、采集模块、信号处理模块、电源模块。检测时，光源发出的光通过样品表面进入样品内部，一部分透过样本材料，另一部分被样本散射并返回表面，由耦合透镜收集并传输给光谱仪，光谱仪将光信号转为电信号再传输给计算机。

2. 薯块内部品质预测模型

利用检测设备分别对马铃薯样品进行光谱曲线的采集。由于设备采集的原始漫透射光谱中除了包含与马铃薯内部品质有关的信息外，还可能受外界温度、测试条件等因素的影响，而且近红外的吸收峰光谱谱线互相重叠，因此，需要对光谱进行预处理，以降低光谱的噪音，提高信噪比。以近红外光谱的波长点作为对象，利用蚁群优化算法，经过多次试验验证，分别对干物质、淀粉和还原糖进行特征波长的筛选。采用偏最小二乘回归法作为马铃薯内部品质的建模方法，对提取的波点进行偏最小二乘模型的建立。该法检测马铃薯含水率、淀粉含量等。

3. 便携式检测设备软硬件

便携式检测设备由显示单元、电源扩展单元、离散光谱采集单元、数据处理单元、光源单元、稳压单元等构成。编写了便携式马铃薯内部品质模型传递分析软件，将软件植入到设备中，实现多品种马铃薯内部品质无损快速预测，提高了设备普适性。

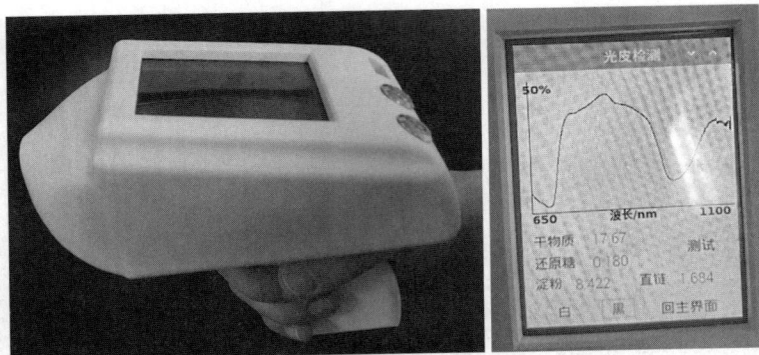

马铃薯内部品质快速检测装置

三、适宜区域

马铃薯主产区。

四、注意事项

严格按照技术规范执行。

技术依托单位

1. 中国农业机械化科学研究院集团有限公司

联系地址：北京市德胜门外北沙滩1号

邮政编码：100083

联 系 人：吕黄珍

联系电话：010-64882533　13521354210

电子邮箱：lvhz@caams.org.cn

2. 中国包装和食品机械有限公司

联系地址：北京市德胜门外北沙滩1号

邮政编码：100083

联 系 人：王世光

联系电话：010-64882180　18910962175

电子邮箱：18910962175@163.com

农用无人机及作物智慧管理装备与应用技术

一、技术概述

（一）技术基本情况

我国长期依赖经验的肥水药施用导致作业粗放低效、生产成本高和环境污染严重。农田信息快速精准获取是肥药减施的前提和基础，基于实测信息的农田智慧管理是实施化肥农药"双减"的重要手段。为满足作物全周期、高效率、高精度获取与精准管理的需要，充分发挥无人机主动、高效、适应性广和卫星遥感效率高、覆盖面广等优势，急需研发无人机、卫星遥感信息获取和智能作业技术装备，开发多源信息融合的作业管理云平台系统，破解农业生产决策、作业关键环节"缺芯少智"难题，推动我国农业生产模式向智慧农业加速转变。经过近十年产学研联合攻关，在无人机及卫星遥感信息高效融合获取与智慧管理的核心技术、装备和系统上取得了重大突破，攻克了信息快速感知与肥水药精准管理两大难题，研发的技术和产品已实现了技术落地和产业化。相关技术授权发明专利44件（美国专利3件），发表论文64篇，出版专著3部，软著登记14项。经多位院士和专家评审，成果达到国际领先水平。制定国家标准3项、地方标准2项、浙江制造标准1项。研发的产品获北京市新技术新产品证书，14种产品被列入国家及省市农机推广补贴目录，并出口欧美、东南亚等，创汇近2亿元。

（二）技术示范推广情况

该技术成果在全国20多个省市推广应用，近三年空天地多源信息快速获取与融合、无人机变量精准喷施和智慧作业管理等技术累计推广面积10亿多亩次，亩均节水9%、节药20%，省工22%，出口创汇近2亿元，间接经济效益累计11.4亿元。技术成果入选国家"十二五"科技创新成就展，参加国家"一带一路"博览会，产品出口到巴基斯坦、印度、哈萨克斯坦等国家，培养了一大批掌握智能装备、无人机应用、农业信息管理的复合型人才，有力彰显了我国数字农业领域的实力，社会、经济和生态效益显著。

（三）提质增效情况

1. 社会效益

（1）推动了我国数字农业科学技术进步，促进了农业传感器和智能装备产业发展　创制了12种农用无人机及3种微型机载光谱仪、16种智能作业装备及云管理平台，开发了国内首套农业多模式专用飞控系统，打破了国外的技术垄断；创新形成了国际领先的空天地信息融合和肥水药精准管控技术产品，满足了作物不同生长阶段水分、养分和病虫害关键信息全周期、大面积、高精度获取需求，推动了我国农业向信息化、精准化和智能化的转型升级。

（2）支撑国家农药化肥"双减"和浙江省"双强"，助力共同富裕和乡村振兴战略　实现了基于实测信息的精准肥药管理，节肥省药效果显著，减少了农田面源污染，改善了生态环境，有力推动了"双减"和"双强"，为浙江共同富裕示范区建设、农业可持续发展、乡村振兴提供了科技支撑。

（3）推动数字农业的普及与推广，有效支持了国家"一带一路"倡议 该技术成果入选国家"十二五"科技创新成就展，参加国家"一带一路"博览会，产品出口到巴基斯坦、印度、哈萨克斯坦等国家，培养了一大批掌握智能装备、无人机应用、农业信息管理的复合型人才，有力彰显了我国数字农业领域的实力。

2. 间接经济效益

该技术成果在全国 20 多个省市推广应用，近三年空天地多源信息快速获取与融合、无人机变量精准喷施和智慧作业管理等技术累计推广面积 10 亿多亩次，亩均节水 9%、节药 20%，省工 22%，出口创汇近 2 亿元，间接经济效益累计 11.4 亿元。

（四）技术获奖情况

该技术获 2021 年浙江省科学技术进步奖一等奖。

二、技术要点

该技术的核心技术框架如图所示。

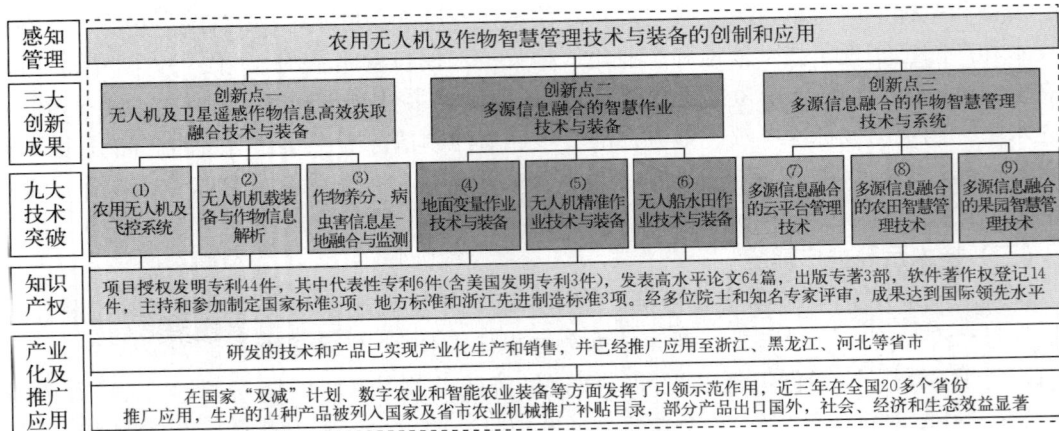

技术框架

（一）主要技术一：无人机及卫星遥感作物信息高效获取融合技术与装备

1. 自主研制了农用专用无人机及飞控系统，打破了国外无人机和飞控系统对我国的封锁和垄断

首次提出了基于无人机实时飞行性能的 GNSS-IMU 导航捷联解算控制融合算法，开发了集飞行环境、任务载荷和实时监测于一体的专用飞控系统，轨迹拟合率达 97%，高度误差<10 厘米，攻克了无人机低空飞行稳定性差的难题；采用了机器视觉与毫米波雷达融合避障技术，构建了无人机多源实时动态环境建模方法，发明了障碍物最小避障安全区优化算法，实现了 0~15 米/秒速度下的多向有效避障；应用 Dspace 实时仿真系统和一体化成形技术，自主研制了多旋翼、直升机等两类 12 种农用无人机，实现了农田复杂环境下的精准定位、路径自动规划、智能避障、仿地飞行、断电（点）续航、自主起飞与降落等功能；打破了日本雅马哈、韩国 Remo 等同类无人机和 MicroPilot 等著名飞控系统对我国的封锁和垄断。

农用无人机及飞控系统（多旋翼、直升机、飞控系统硬件及软件）

2. 首次研制了3种无人机机载微型光谱仪，实现了作物冠层信息的快速准确测量

创制了国内最轻快拍式28波段（重520克）、5波段（重250克）成像光谱仪和首款OFFNER凸面全反射式光栅成像微型高光谱仪（480～950纳米）；攻克了微型光谱仪高次谐波光谱信号污染、像差及等效噪声大的难题，信噪比达80分贝，分辨率为2纳米，优于德国Cubert公司UHD-85的8纳米；开发了激光雷达与高光谱成像一体化的机载农田信息获取系统；发明了光谱仪、GPS/INS传感器融合的光谱校正方法（US10204402B2），几何校正精度达到厘米级；研发了载荷自适应、姿态自调整、POS位置自校正和抗干扰能力强的通用云台系统，攻克了机载光谱成像畸变难题；揭示了不同光照、高度、速度等对反射光/图谱的影响规律，首次建立了水稻、油菜等典型作物生物量、养分、病虫害、表型等光谱定量分析模型，相关系数为0.86～0.96，实现了作物生长信息无人机快速检测，引领了我国无人机农田遥感监测技术的发展。

机载装备及信息解析（高光谱成像仪、多光谱成像仪、激光雷达与光谱、作物信息解析）

3. 突破了地-星融合的作物养分和病虫害检测技术，实现了遥感与农学模型高精度时空统一，显著提升了作物检测信息的时空分辨率和病虫害测报精度

构建了叶片氮素光谱传输机理模型，首次建立了叶片-土壤-冠层-大气全链路光谱传输模型，实现了高分遥感作物氮素、LAI 等参量解析，显著提升了模型精度和普适性；发明了基于端元指数空-谱融合和作物水氮耦合的 NNI 养分分析方法，攻克了遥感数据缺失和作物养分纵向检测难题；发明的空天地遥感与作物模型多变量驱动的融合方法，实现了时序 MODIS 数据解析误差由 8～16 天 1 千米提升到逐日 10～30 米；提出了叶片与冠层条锈病、稻瘟病及二化螟、稻飞虱等典型病虫害光谱特征提取方法，创建了病虫害图谱特征知识库和危害程度遥感解析模型，预测精度达 90%；发明了气象、生境和作物长势遥感病虫害多维预测方法，首次融合先验知识和 Logistic 模型，病虫害发生短期预测精度比单一模型提高了 8%。

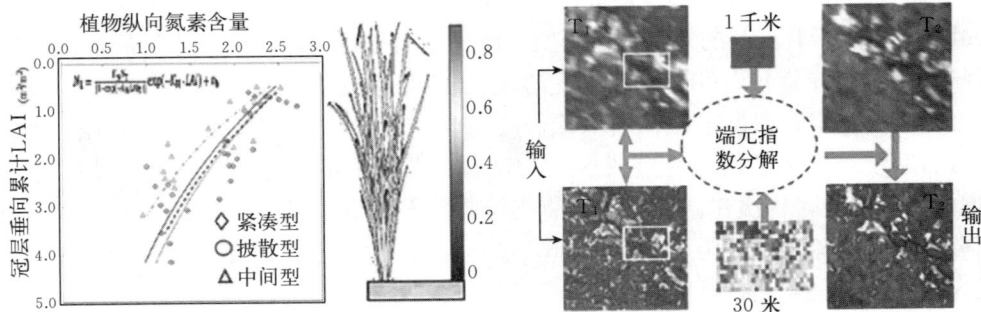

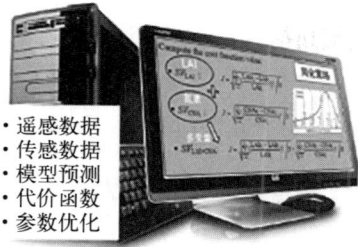
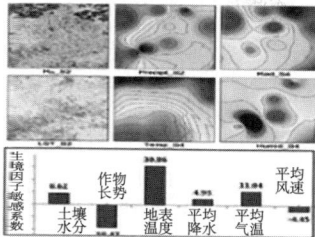
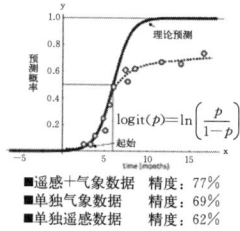

- 遥感数据
- 传感数据
- 模型预测
- 代价函数
- 参数优化

时空分辨率：1天10～30米

作物生境因子与长势信息融合

病虫害流行学 Logistic回归模型

$$logit(p)=\ln\left[\frac{p}{1-p}\right]$$

■ 遥感＋气象数据　精度：77%
■ 单独气象数据　精度：69%
■ 单独遥感数据　精度：62%

地-星融合作物信息检测（氮素冠层纵向检测、端元指数空-谱融合、时空分辨率解析与预测）

（二）主要技术二：多源信息融合的智慧作业技术与装备

1. 攻克了 GNSS 信号缺失下的农机自动导航技术，开发了精准变量喷施装备，实现了农田和果园作物的智慧化管理

研发了基于机器视觉/GNSS/IMU 多源信息融合的自适应定位导航技术，首次提出了基于界点的导航基准线确定方法，导航线解算误差＜1 厘米，导航误差＜2 厘米；发明了路径跟踪组合控制算法和分段式地头转弯精准接轨优化策略，攻克了 GNSS 信号缺失下的农机自动导航难题；建立了肥水药流量与控制器占空比模型，设计了自适应调控装置，研制了基于作物高度/作物密度/病害程度的精准对靶施药系列机具，制定了相应的国家和先进制造标准。研发的 14 种机具被列入国家及省市农业机械推广补贴目录。

精准变量作业装备（自动导航、高地隙精准变量喷施、果园对靶喷药）

2. 攻克了无人机多任务变载荷下的重心平衡技术，开发了模块化机载作业设备，实现了喷药、施肥、播种、授粉等精准变量作业

发明了机载喷施流量自适应调节装置和喷药重心自配平药箱，攻克了农用无人机作业中重心变化大、易倾翻和易震荡难题，实现了根据飞行速度、作物高度和作物处方图的精准变量喷施，节肥省药 10%～35%；揭示了种子和花粉在飞行作业中的飘移和沉降规律，研制了机载变量播种和授粉装置。研发了集群控制算法，实现了集群变量喷施和无人机-地面一体化病虫害协同防控，显著提高了防治效果。

3. 国内首次研制了适用于水稻、水生蔬菜等水田环境的农用无人空气动力船系统，实现了水田的自动化除草、施肥和施药作业

发明了水面复杂多向流无人船姿态解算方法，动姿态误差小于 0.1 度。首次将 Nomoto 模型应用于空气动力船精准控制，攻克了风浪流影响无人船稳定控制的技术难题；研制了遥控/自动导航的双模远程控制系统，构建了多阈值 Otsu 算法与自适应聚类算法相融合的稻田作物行识别技术，解决了导航线稳定提取难题，航线提取方向误差小于 0.02 度，解算误差小于 10 像素；自主研制了无人船和变量施肥施药装置，解决了水稻苗期人机入田作业难的困境。

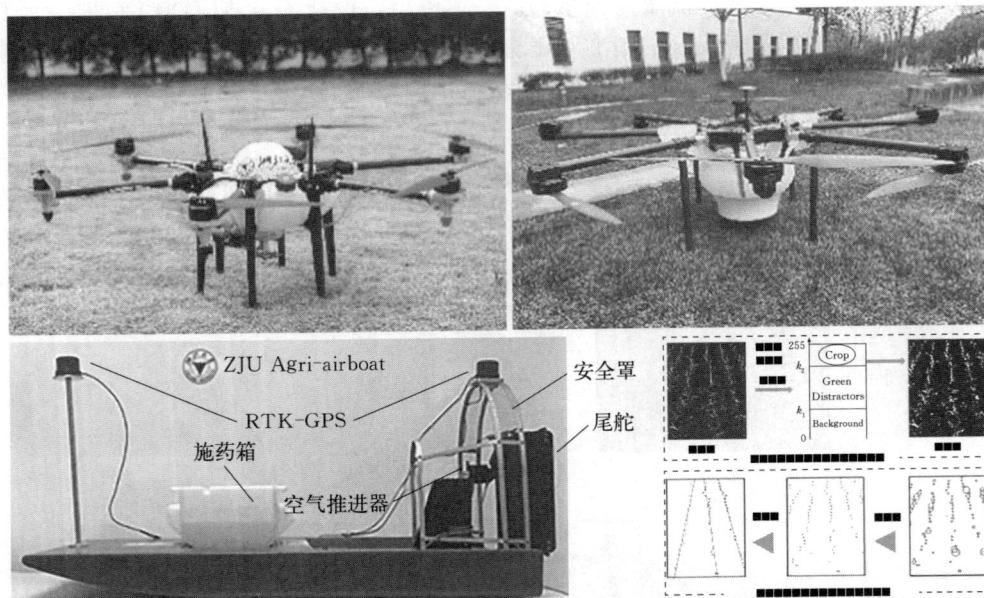

无人机无人船及变量作业装备（无人机喷药、无人机播种、农用无人船及稳定导航）

（三）主要技术三：多源信息融合的作物智慧管理技术与系统

1. 提出了空天地多源异构信息融合算法，创建了集地面/无人机/卫星遥感信息获取、融合、智慧决策和精准作业管理于一体的农业云平台

提出了多模态信息获取融合方法，实现了多源异构信息的实时获取和时空融合，显著提升了信息的时空分辨率；提出了基于农业生产大数据和实测信息融合的优化决策方法和云平台智慧管理技术，首次创建了集空天地信息融合获取、肥水药精准管控和农机装备智慧管理

于一体的云平台系统。平台采用 .net core 框架和 SaaS 模式，为 Web 与 App 提供实时数据服务，具有省、市、县多层级和农田、机具、从业人员等多类别管理功能，实现了作业智慧管理、生产资源智能调配和作业供需交互的一体化，已在浙江、宁夏、新疆等 20 多个省份推广应用。

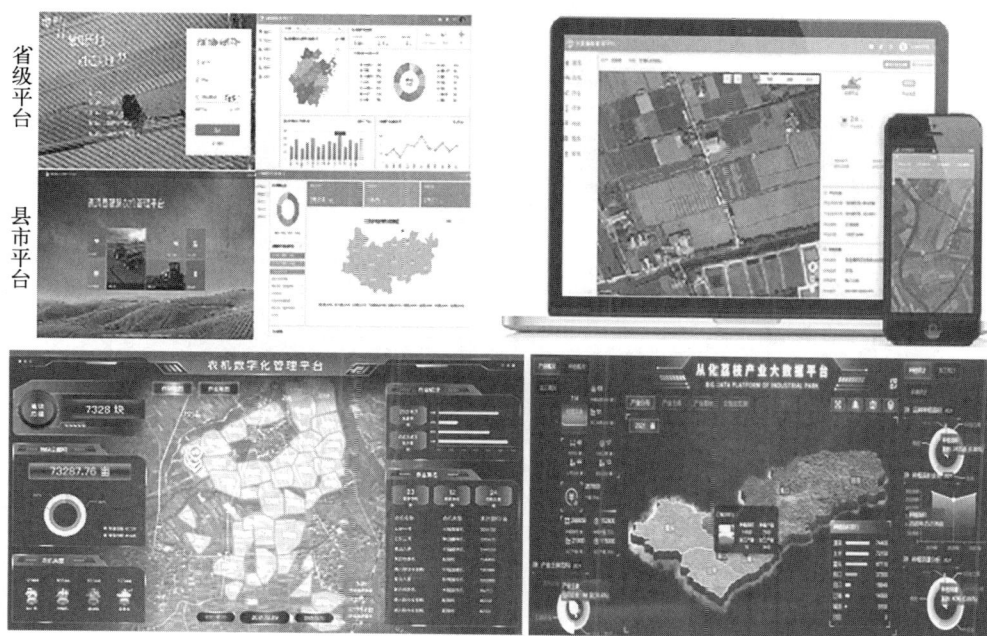

省级平台
县市平台

空天地一体化的云平台管理系统（云平台、Web 与 App 端、资源调配与管理、智慧果园）

2. 提出了植物-土壤养分一体化平衡施肥策略，应用空天地多源信息融合技术实现了农田的智慧化管理

揭示了植物养分根系吸收、转运和生物量积累的关系。首次提出了耦合叶绿素荧光和可见-近红外波谱的植物养分诊断方法，相关系数达 0.92。融合空天地多源信息，实现了省域氮、磷、钾、有机质、pH 等田块养分解析图（1∶2 000）。构建了高质量土壤基础肥力大数据中心（涵盖 13 万个检测点、200 多万项次数据）。研发了精量施肥决策系统、肥料精量配置设备及多终端应用平台，覆盖浙江省"两区一田"，实现了大田作物不同生长阶段水分、养分和病虫害等关键信息全周期、大面积、高精度获取和智慧化管理。

3. 创建了高精度三维数字果园和多源信息融合的果园智慧管理系统，实现了无人机-地面一体化的精准施药、授粉和巡园等智能作业

应用云管理平台实现果园土壤、果树长势和病虫害信息高精度实时监测，建立了融合历史大数据和实时感知信息的养分诊断和病虫害测报模型，实现了肥水药自动灌溉和无人机、地面对靶喷药机具协同作业，显著提升了病虫害防治效果。采用数字孪生多级动态联动技术，构建了三维数字化果园和一树一码标准化管理与溯源体系，在全球最大的荔枝生产茂名基地和砂糖橘和皇帝橘等高价值林果产业进行了应用，平均节水 8%、减药 25%，减少劳力20%，单株增产 10%，优果率提高 23%。

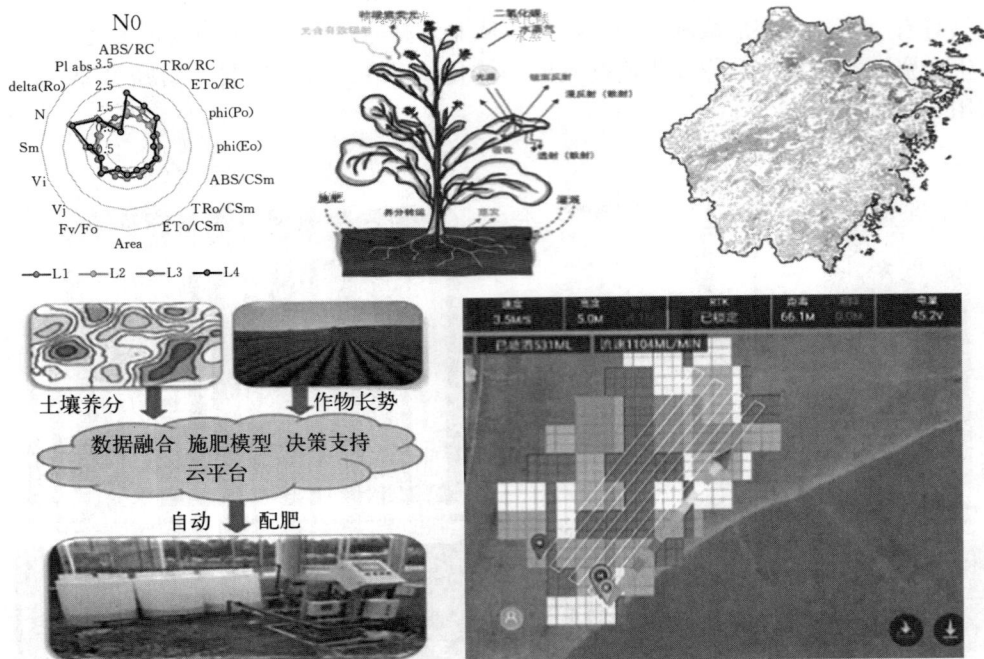

空天地一体化信息融合的大田智慧管理（光能分配、氮素转运、养分亏缺、肥药配制、智慧管理）

三、适宜区域

该技术适用于大田种植的作物耕种管收运储的全周期。

四、注意事项

1. 需避免恶劣天气等复杂农业环境，以免损伤高科技设备。

2. 需对传感器进行校准，避免因设备操作失误造成数据失准。

3. 需合理规范操作设备，减小对农作物的损伤。

技术依托单位

1. 浙江大学

联系地址：浙江省杭州市西湖区余杭塘路 866 号

邮政编码：310058

联 系 人：何　勇

联系电话：13857143505

电子邮箱：yhe@zju.edu.cn

2. 北京市农林科学院信息技术研究中心

联系地址：北京市海淀区曙光花园中路 11 号北京农科大厦 A1009

邮政编码：100097

联 系 人：杨贵军

联系电话：13466592328

电子邮箱：yanggj@nercita. org. cn

3. 广东技术师范大学

联系地址：广东省广州市天河区中山大道西 293 号

邮政编码：510630

联 系 人：唐 宇

联系电话：13560153192

电子邮箱：yutang@gpnu. edu. cn

华北区甜菜全程机械化提质增效栽培技术

一、技术概述

（一）技术基本情况

食糖与粮、棉、油同属涉及国计民生的大宗农产品，它既是人们生活的必需品，也是我国农产品加工业特别是食品和医药行业及下游产业的重要基础原料和国家重要的战略物资。我国是世界第三大食糖生产国和第二大食糖消费国。从近十年国际和国内食糖供需总的趋势看，国际是丰年有余，灾年不足；国内是需大于供，年缺口在 500 万吨左右。因此，要保障国内食糖有效供给，应立足国内解决。甜菜是我国第二大糖料作物，主要分布在内蒙古、新疆、黑龙江等省份，近年来甜菜发展势头良好，国家"十四五"种植业规划中明确指出将甜菜种植面积稳定在 300 万亩。

华北区是我国甜菜第一大产区，是我国重要制糖基地。随着甜菜产业的快速发展，华北区甜菜种植面积由 2010 年的 2.67 万公顷增加至 2020 年的 14.29 万公顷，占全国总种植面积的 60% 以上。华北区的自然条件最适宜甜菜种植，甜菜制糖在华北区具有明显的区位优势，是具有明显竞争力的地方特色产业，也是目前农民收益高、企业利润大、地方财政有税收以及脱贫攻坚多方受益的产业。甜菜是冷凉地区国家调减玉米种植最好的替代作物，甜菜茎叶和块根榨糖后的菜丝是非常好的优质多汁饲料，是种养加与一二三产业融合最好的产业。随着华北区甜菜产业快速发展壮大，与之而来的一些突出问题亟待解决。

"十二五"以来，国家糖料产业技术体系甜菜专家团队针对甜菜生产中机械化作业程度低、精准度差、劳动强度大，春季低温干旱不能适时播种、播种后保苗率低、密度不足、生育期短，甜菜含糖和单产低、生产成本高、种植甜菜效益差、综合竞争力不强等现状，着重以新品种选育、品种筛选与精准鉴定、农机选型与机械化作业，节水、配方施肥、水肥合理分配与科学密植，病虫草害的科学防控等关键核心技术为一体进行研发集成，形成华北区甜菜全程机械化提质增效综合栽培技术。该模式在全程机械化直播、纸筒育苗移栽等关键核心技术上取得突破。在解决适时播种，提高出苗率、保苗率、密度，延长生育期，提高甜菜含糖率和单产，降本增效，节水减肥减药，减轻劳动强度等方面取得显著成效，实现了农民增收、企业增效的双赢局面。

（二）技术示范推广情况

该项技术在内蒙古的兴安盟、赤峰市、锡林郭勒盟、乌兰察布市、包头市、呼和浩特市及河北省坝上等甜菜主产区的各个旗县均进行了一定规模的示范推广，示范效果良好，近 3 年累计推广面积 200 万亩。为了进一步推动华北甜菜产业快速稳定发展，应加大华北区甜菜全程机械化提质增效综合栽培技术的推广应用面积，实现甜菜产业高质量发展。

（三）提质增效情况

华北区甜菜全程机械化提质增效综合栽培技术在内蒙古甜菜主要种植区进行示范推广，对实现内蒙古地区甜菜集约化、规模化、机械化种植起到了推动和引领作用，具有明显节本增效优势。全程机械化作业可以解放劳动力，降低劳动强度，提高作业效率，同时在机械化作业过程中配备 GPS 导航系统，实现甜菜全生育时期机械化作业的便捷高效，机械化节约生产成本 200 元/亩。滴灌甜菜较大水漫灌可减少用水量 60 米³/亩，节约用水 30％左右，节肥 10 千克/亩，肥料利用率提高 10％以上，含糖率在 15.5％以上，增产 10％以上。无人机在甜菜病虫草害防控中，可节约用药 30％左右，降低成本 30 元/亩，达到节本增效的目的。

（四）技术获奖情况

该技术 2022 年获全国农牧渔业丰收奖二等奖，2020 年获内蒙古自治区农牧业丰收奖一等奖，2019 年获全国农牧渔业丰收奖一等奖，2018 年获内蒙古自治区科学技术进步奖一等奖，2017 年获内蒙古自治区农牧业丰收奖二等奖。

二、技术要点

（一）核心技术

以节本、高效、全程机械化作业为核心，围绕适宜于全程机械化作业的甜菜优良品种、合理群体构建、节水灌溉技术、科学施肥、中耕、病虫草害绿色防控技术及相应的机械化配套技术，通过培训、现场观摩与指导，进行大面积推广应用，推动华北区甜菜产业优质、高效、持续发展。

（二）配套技术主要内容

1. 品种选择

选择植株叶片紧凑、青头小、抗病性强、高产优质适宜机械化播种的丸粒化种子。

2. 选地、选茬

应选择 3 年以上未种植过甜菜、地势平坦、土层深厚、土质肥沃、具备灌溉条件，以及坡度不超过 15 度、适宜机械化作业的地块，前茬以小麦、玉米等作物为宜。

3. 整地

推荐进行深松、深翻。牵引动力机械选用 120 马力以上的拖拉机，配套机具选用适合本地土壤条件的耕整地机械。推荐采用联合整地机械，一次完成深松、翻地、耙耱、镇压等作业。翻耕深度为 30～35 厘米，深松深度为 40～50 厘米，旋耕深度为 15～20 厘米。要求土壤达到细、碎、平，无坷垃、无根茬。

联合整地

4. 科学施肥

翻地前将基肥利用撒肥机均匀进行撒施；或者结合播种，随播种机分层施入。甜菜专用肥每亩施用 50～60 千克（N－P_2O_5－K_2O＝12－18－15），有条件的每亩可施入 100 千克以上生物有机肥。

5. 机械化精量点播

表土 5 厘米土壤温度稳定在 5 摄氏度时即可播种。采用甜菜专用气吸式精量播种机作业，机械配备精准 GPS 导航系统。行走速度为 6～8 千米/时，行向要直，空穴率和漏籽率＜1%。株距为 15 厘米，行距为 60 厘米，播种深度为 1.0～1.5 厘米。

精量播种

6. 纸筒育苗移栽

（1）育苗技术　3 月下旬至 4 月上旬进行育苗。每亩按 5 册育苗，需熟土 300 千克左右，腐熟有机肥 40～50 千克，用搅拌机拌入甜菜育苗专用肥 2 千克，将苗床土搅拌均匀装入纸筒后，用甜菜专用墩土机墩土，用播种盘播种，播深 0.5 厘米，每穴播 1 粒。水温以 15～20 摄氏度为宜，一次性浇足浇透。育苗土选择无除草剂残留的表土，加强苗床温湿度控制，防止幼苗徒长，适时喷施壮苗剂。

（2）机械移栽　4 月下旬到 5 月上中旬移栽。移栽前对苗床"嫁水""嫁肥""嫁药"。移栽株距为 18～20 厘米，行距为 60 厘米，保苗株数不少于 5 000 株/亩。采用 2 行移栽机或 4 行移栽机一次性完成移栽、覆土、镇压等作业，动力机械配备 GPS 导航系统。

2 行移栽机作业

4 行移栽机作业

7. 中耕

甜菜叶龄 6～8 片叶、12～15 片叶时用中耕机各中耕 1 次，进行培土。

8. 灌溉

播种后及时进行滴灌，灌溉量为 30 米³/亩左右；6 月中下旬和 7 月中旬进行灌溉，每次灌溉量 30 米³/亩，起收前 20 天要严格禁止灌溉。

9. 病虫草害绿色防治

（1）虫害防治

① 地下害虫防治。翻地前结合施肥施入 3%辛硫磷颗粒剂 1.5～3 千克/亩，或 10%毒死蜱

颗粒剂1.5～2千克/亩，或10%二嗪磷颗粒剂0.2～0.25千克/亩，或8%毒辛颗粒剂2～3千克/亩。②象甲和跳甲防治。幼苗期田间发现象甲和跳甲类危害甜菜叶片，及时进行防治。用4.5%高效氯氰菊酯乳油25毫升/亩或22%噻虫·高氯氟悬浮剂20毫升/亩，对水15～30升。

（2）草害防治 甜菜田杂草3～4叶期，16%甜安宁330～400毫升/亩，或20%安宁乙呋黄300～350毫升/亩、20%烯禾啶（拿捕净）乳油100毫升/亩；或加10.8%精喹禾灵（精禾草克）50～80毫升/亩，或10%喹禾灵（禾草克）80～100毫升/亩。

多年生禾本科杂草可用15%精吡氟禾草灵乳油50～70毫升/亩，或施用35%吡氟禾草灵乳油50～100毫升/亩（可与安宁乙呋黄或甜安宁混用）、10.8%高效氟吡甲禾灵（高效盖草能）乳油30～35毫升/亩。用于防治芦苇、白茅、狗牙根等多年生禾本科杂草时亩用量60～80毫升用药后1个月再施药1次。

（3）褐斑病防治 在6月下旬至7月上旬，田间病株率达到3%时或出现中心病株时开始定点防治，选用无人机或自走式喷雾机进行大面积联合防治。用药剂量：40%氟硅唑乳油4～8毫升/亩，或10%苯醚甲环唑水分散粒剂25～30克/亩，或45%三苯基乙酸锡可湿性粉剂60～70克/亩，或30%苯醚甲环唑-丙环唑30毫升/亩。自走式喷雾机对水30～45升/亩，无人机对水1～2升/亩。根据发生趋势和第一次喷药效果，确定第二次是否防治以及防治时间。用药原则：在一个生长季节每种药剂只用1次，减少抗药性菌株出现。

自走式喷雾机作业

无人机作业

10. 机械化收获

10月上、中旬采用分段式或联合式收获机及时进行收获。

分段式收获

联合式收获

三、适宜区域

该技术适宜在内蒙古兴安盟、赤峰市、锡林郭勒盟、乌兰察布市、包头市、呼和浩特市及河北省坝上等甜菜百亩以上规模化种植区域推广应用。

四、注意事项

1. 主持人负责制,分工明确,责任到人。
2. 强化技术培训,提高农民科技素质。
3. 除草剂残留对甜菜出苗的影响。
4. 控制纸筒育苗的苗床温湿度,提高移栽质量。
5. 提高农田耕作质量、机播质量、机收质量。
6. 病虫草害预警预测和及时防控(提早防控褐斑病、苗期草害)。
7. 制定甜菜生育期内防灾减灾应急措施,及时止损。

技术依托单位

1. 内蒙古自治区农牧业科学院
联系地址:内蒙古呼和浩特市玉泉区昭君路 22 号
邮政编码:010031
联 系 人:苏文斌
联系电话:13704710568
电子邮箱:swb1964@sina.com

2. 内蒙古自治区农牧业技术推广中心
联系地址:内蒙古呼和浩特市赛罕区鄂尔多斯东街尚东国际 2 号楼 1212 室
邮政编码:010000
联 系 人:肖 强
联系电话:13848916481
电子邮箱:327531828@qq.com

3. 全国农业技术推广服务中心
联系地址:北京市朝阳区麦子店街 20 号
邮政编码:100125
联 系 人:陈常兵
联系电话:13621346811
电子邮箱:1973789627@qq.com